KUHMINSA

한 발 앞서나가는 출판사, 구민사
독자분들도 구민사와 함께 한 발 앞서나가길 바랍니다.

구민사 출간도서 中 수험서 분야

- 용접
- 자동차
- 조경/산림
- 품질경영
- 산업안전
- 전기
- 건축토목
- 실내건축

- 기술사
- 기계
- 금속
- 환경
- 보일러
- 가스
- 공조냉동
- 위험물

전문가를 위한 첫걸음, 구민사는 그 이상을 봅니다!

전국 도서판매처

     영광도서

• 일산남부서점 • 안산대동서적 • 대전계룡서점 • 대구북앤북스 • 대구하나도서
• 포항학원사 • 울산처용서림 • 창원그랜드문고 • 순천중앙서점 • 광주조은서림

www.kuhminsa.co.kr

자격증 시험 접수부터 자격증 수령까지!

1. 필기 원서 접수
큐넷(www.q-net.or.kr)
필기 시험은 회원 가입 후
인터넷 접수만 가능
(사진 파일, 접수비(인터넷 결제) 필요)
응시자격 요건 반드시 확인

2. 필기 시험
입실 시간 미준수 시 시험 **응시 불가**
준비물 : 수험표, 신분증, 필기구 지참

5. 실기 시험
필답형과 작업형으로 분류
원서 접수 시 선택한 장소와
시간에 맞게 시험을 봅니다.
준비물 : 수험표, 신분증, 필기구 지참!

6. 최종합격 확인
큐넷(www.q-net.or.kr)
사이트에서 확인

전문가를 위한 첫걸음, 구민사는 그 이상을 봅니다!

상시시험 12종목
굴삭기운전기능사, 지게차운전기능사, 미용사(일반), 미용사(피부), 미용사(네일)
미용사(메이크업), 조리기능사(양식, 일식, 중식, 한식), 제과·제빵기능사

3. 필기 합격 확인
큐넷(www.q-net.or.kr) 사이트에서 확인

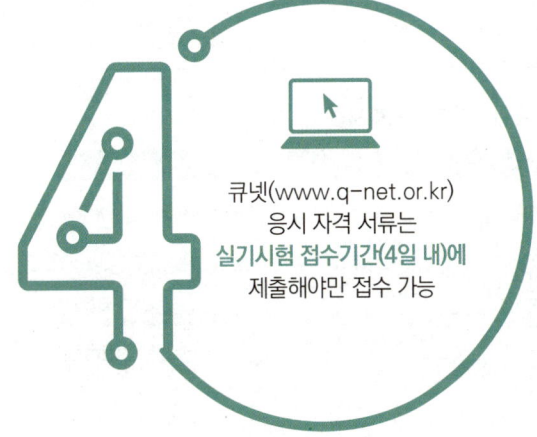

4. 실기 원서 접수
큐넷(www.q-net.or.kr)
응시 자격 서류는
실기시험 접수기간(4일 내)에 제출해야만 접수 가능

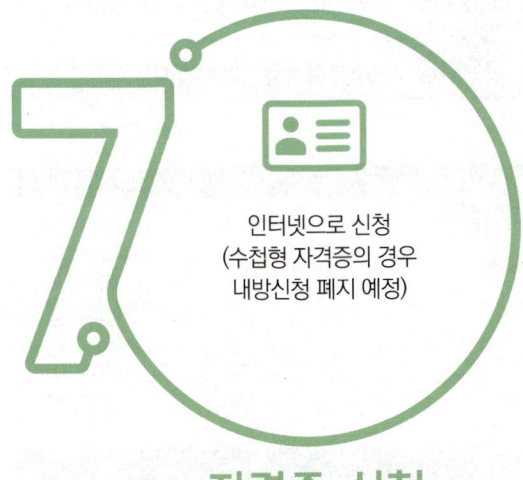

7. 자격증 신청
인터넷으로 신청
(수첩형 자격증의 경우
내방신청 폐지 예정)

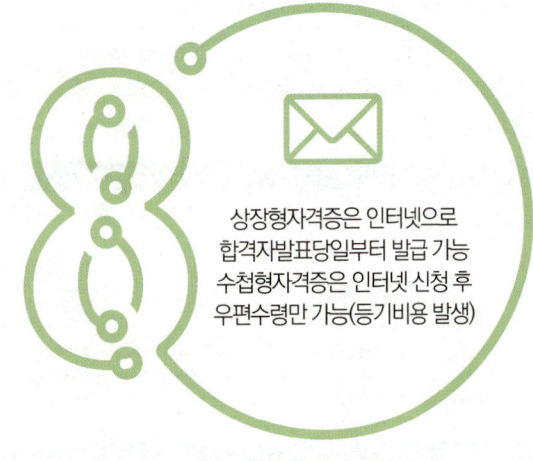

8. 자격증 수령
상장형자격증은 인터넷으로
합격자발표당일부터 발급 가능
수첩형자격증은 인터넷 신청 후
우편수령만 가능(등기비용 발생)

국가자격 검정시행 안내

1. 수험원서 접수

수험원서 접수방법 | http://www.q-net.or.kr(인터넷 접수만 가능)
접수시간 | 원서 접수 첫날 10:00부터 마지막 날 18:00까지

◆ 지필식 필기시험 및 필답형 실기시험 시간

등급	부	시험시간	비고
기능사	1부	09:30 ~ 10:30	- 입실시간은 시험시작 30분 전임 - 종목별 시험 시작시간은 별도 공고 - 기능장, 기능사 등급은 필답형 실기시험만 해당
	2부	11:30 ~ 12:30	

◆ CBT 필기시험 부별 시험시간

등급	부	입실시간	시험시간	비고
기능장 기능사	1부	9:10	09:30~10:30	- 입실시간은 시험시작 20분 전임 - 산업기사 등급은 종목별 시험시간 이상임 - 종목별 시험 시작시간은 별도 공고 - 산업기사 등급은 기사4회 CBT 도입되는 일부종목만 해당
	2부	9:40	10:00~11:00	
	3부	10:40	11:00~12:00	
	4부	11:10	11:30~12:30	
	5부	12:40	13:00~14:00	
	6부	13:10	13:30~14:30	
	7부	14:10	14:30~15:30	
	8부	14:40	15:00~16:00	
	9부	15:40	16:00~17:00	
	10부	16:10	16:30~17:30	

※ CBT 필기시험은 시험종료 즉시 합격 여부가 확인이 가능하므로, 별도의 ARS 자동응답 전화를 통한 합격자 발표 미운영

2. CBT 필기시험 미리보기

① http://www.q-net.or.kr
큐넷에 접속한 후, 메인화면 하단의
〈CBT 체험하기〉 버튼을 클릭한다.

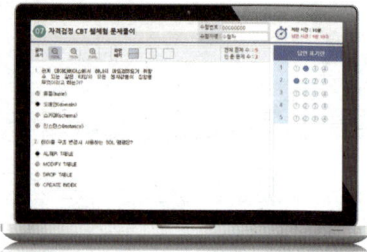

② http://www.q-net.or.kr/cbt/index.html
〈CBT 웹 체험 서비스〉를 시행한다.

◆ 정기검정 시행일정

등급	회별	필기시험			응시자격서류제출 (필기시험 합격자 결정)	실기(면접)시험		
		원서접수	시험시행	합격(예정)자 발표		원서접수	시험시행	합격자 발표
기능사	제1회	1.14~1.17	2.9~2.15	2.28	해당없음	3.2~3.5	4.4~4.19	4.29(1차) 5.8(2차)
	제2회	3.24~3.27	4.19~4.25	5.8	해당없음	5.11~5.14	6.13~6.28	7.10(1차) 7.17(2차)
	제3회	6.2~6.5	6.28~7.4	7.17	해당없음	7.20~7.23	8.29~9.13	9.25(1차) 10.8(2차)
	제4회	9.8~9.11	10.11~10.17	10.23	해당없음	10.26~10.29	11.28~12.13	12.24(1차) 12.31(2차)

시험장 가기 전에 Tip!

Q : 계산기를 따로 가져가야 하나요?
A : 시험을 치르는 PC에 설치된 계산기를 이용하실 수 있습니다. (개인 계산기 지참 가능)

Q : PC로 시험을 치르면 종이는 못쓰나요?
A : 시험장에서 필요한 사람에 한해 종이를 제공합니다. 시험장마다 상황이 다를 수 있으니 전화로 해당 시험장의 상황을 파악해보시길 권장합니다. 이때, 시험끝나고 종이 반납은 필수입니다.

머리말

오늘날 우리나라의 경제 발전은 고도로 성장하여 선진국의 대열에 한발 다가서고 있다. 따라서 에너지의 수요도 급격히 증대되었고 특히 고압가스는 우리 산업분야에 더욱 더 필수적인 에너지로 각광받고 있으며 고압가스를 취급하는 모든 업체는 법적으로 자격증 소지자의 채용을 의무화하고 있으므로 최근 유망 직종으로 부각되고 있는 분야이기도 한다.

따라서, 본 저자는 고압가스에 대한 수험 내용을 교과서적으로 요점 정리하여 기초이론부터 현장실무까지 내용별로 세분화하여 자세하게 수록하였고, 출제 예상문제를 삽입하여 수험대비에 만전을 기하도록 집필하였다. 따라서 이 책의 특징은

◎ 각 단원마다 이론 및 실무에 꼭 필요한 요점정리를 체계적으로 설명하였고,
◎ 새로운 출제기준에 맞도록 각 장마다 이론 및 예상문제와 해설을 삽입하여 이해도 및 수험준비에 철저를 기하였으며,
◎ 최근의 출제문제 이론 및 실기를 수록하여 시험대비에 도움이 되도록 하였다.

이와 같은 특징에 따라 정성을 다하여 본서를 집필하였으나, 내용 중 미비된 점이 있으면 수험보완할 것을 약속하면서 어려운 여건 하에서도 출판에 애써주신 도서출판 구민사 조규백 대표님과 임직원 여러분께 깊은 감사를 드립니다.

저자씀

차례

제1편 가스 일반
13

제1장 가스의 개론

1-1 고압가스에 대한 기초 사항 15
    1. 고압가스 적용범위 15
    2. 고압가스 분류 15
    3. 가스의 기초 지식 16
    4. 기체의 성질 및 법칙 17
    5. 기체의 용해도 22

1-2 가스의 연소와 폭발 23
    1. 연소와 폭발 23
    2. 폭굉 및 폭굉 유도거리 24
    3. 가스폭발의 발생(폭발의 원인) 24

1-3 화재 및 소화 29
    1. 화재의 종류 29
    2. 소화의 방법 29
    3. 소화기의 적응성 30
    4. 전기불꽃 30

1-4 기초 물리 및 열역학 31
    1. 압력(pressure) 31
    2. 온도(temperature) 32
    3. 열량(heat quantity) 34
    4. 열역학의 법칙 37
    5. 밀도, 비중량, 비체적, 비중 38
    6. 엔탈피, 엔트로피(enthalphy, entropy) 39
    7. 임계온도와 임계압력 40
    예상문제 / 41

제 2 장 가스의 특성

2-1 제법 및 용도 ·· 63
1. 수소(Hydrogen : H_2) ·· 63
2. 산소(Oxygen : O_2) ··· 65
3. 질소(Nitrogen : N_2) ··· 68
4. 희가스(Rare gas) ··· 69
5. 염소(Chlorine : Cl_2) ··· 70
6. 암모니아(Ammonia : NH_3) ··· 71
7. 일산화탄소(Carbon Oxide : CO) ··· 73
8. 이산화탄소(Carbon Dioxide : CO_2) ··· 74
9. L.P.G(Liquefied Petroleum Gas) ··· 75
10. 메탄(Methane : CH_4) ··· 78
11. 에틸렌(Ethylene : C_2H_4) ·· 79
12. 포스겐($COCl_2$) ·· 80
13. 아세틸렌(Acetylene : C_2H_2) ··· 80
14. 산화에틸렌(Ethylene Oxide : C_2H_4O) ·· 82
15. 프레온(Freon) ··· 83
16. 시안화수소(Hydrogeu Cyanide : HCN) ·· 84
17. 벤젠(Benzene : C_6H_6) ·· 84
18. 황화수소(Hydrogen Sulfide : H_2S) ·· 85
19. 이황화탄소(CS_2) ·· 86
20. 아황산가스(Sulfurous acid gas : SO_2) ··· 87
 연습문제 / 89

제 2 편 고압가스장치 및 기기
105

제 1 장 고압장치

1-1 기화장치 및 정압기 ·· 107
1. 기화장치 ·· 107
2. 정 압 기 ·· 109
 연습문제 / 118

1-2 고압장치 요소 및 배관 ········· **123**
1. 고압장치 요소 ········· 123
2. 고압장치의 배관 ········· 130
   연습문제 / 149

1-3 용기 및 탱크 ········· **168**
1. 고압가스 용기 ········· 168
2. 용기용 밸브 ········· 170
3. 용기의 검사 ········· 171
4. 고압가스 저장설비 ········· 176
   연습문제 / 180

1-4 압축기 및 펌프 ········· **190**
1. 압축기(compressor) ········· 190
2. 펌프(pump) ········· 209
   연습문제 / 220

1-5 고압장치의 재료 · 강도 · 부식 및 방식 ········· **245**
1. 금속재료 ········· 245
2. 금속재료의 강도 ········· 249
3. 부식 및 방식 ········· 250
   연습문제 / 260

제 2 장 저온장치

2-1 가스액화 분리장치 ········· **275**
1. 가스액화의 원리 ········· 275
2. 팽창기 이용에 의한 단열팽창의 원리 ········· 275

2-2 저온장치의 단열법 ········· **278**
1. 상압 단열법 ········· 278
2. 진공 단열법 ········· 279

2-3 저온장치용 금속재료 ········· **280**
1. 저온취성 ········· 280

2. 저온장치용 금속재료 ……………………………… 280
3. 저온장치에서 단열재 ………………………………… 280

2-4 저온액화 분리장치 …………………………………… 281
1. LNG의 액화장치 ……………………………………… 281
2. 고형탄산 제조장치 …………………………………… 281
   연습문제 / 283

제 3 장 가스설비

3-1 고압가스설비 ………………………………………… 286
1. 오토 클레이브(auto clave) ………………………… 286
2. 고압가스 반응기 ……………………………………… 287
3. 공기액화 분리장치 …………………………………… 289
4. 암모니아 합성가스 분리장치 ……………………… 294
5. 에틸렌 분리장치 ……………………………………… 295
6. 아세틸렌 제조장치 …………………………………… 296
   연습문제 / 299

3-2 LP 가스설비 …………………………………………… 306
1. LP가스의 일반적인 특성 …………………………… 306
2. LP가스의 연소특성 …………………………………… 307
3. 도시가스와 비교한 LP가스의 특징 ……………… 308
4. LP가스를 자동차용 연료로 사용시 특징 ……… 309
5. LP가스 사용시 주의사항 …………………………… 310
6. LP 가스용기 …………………………………………… 311
7. LP가스 공급방식 ……………………………………… 312
8. LP가스 이송설비 ……………………………………… 313
9. LP가스 부속설비 ……………………………………… 316
10. LP가스 소비설비 …………………………………… 324
11. LP가스 연소기구 …………………………………… 328
    연습문제 / 336

3-3 도시가스설비 ………………………………………… 347
1. 도시가스의 원료 ……………………………………… 347
2. 도시가스의 제조 ……………………………………… 349

3. 가스공급방식 351
4. 가스 홀더(gas holder) 354
5. 압송기 354
6. 부취제 355
    연습문제 / 357

제 4 장 측정기기 및 가스분석

4-1 측정기기 **364**
1. 압력계 364
2. 온도계 368
3. 유량계 373
4. 액면계 376

4-2 가스분석 **378**
1. 가스검지 378
2. 가스분석 380
    연습문제 / 385

제3편 가스 안전관리
397

제 1 장 일반 고압가스 안전관리

1-1 가스 안전관리 용어의 정의 **400**
1. 고압가스 400
2. 용기 402
3. 저장탱크 402
4. 가스설비 403
5. 그 밖의 용어 404

1-2 고압가스 제조에 관한 안전 **405**
1-3 고압가스저장 및 판매상의 안전 **417**
1. 고압가스 저장시설 417
2. 고압가스 판매시설(저장시설과 중복되는 내용은 생략) 418

1-4 고압가스의 운반·취급에 관한 안전 ······················· **418**
    1. 고압가스 충전용기의 운반기준 ····················· 418
    2. 차량에 고정된 저장탱크의 운반기준 ··············· 419

1-5 특정 고압가스 사용시설의 안전 ······················· **421**

1-6 고압가스 품질검사 ······································· **422**
    1. 품질검사 방법 ·· 422

1-7 용기 등의 수리자격자별 수리범위 등 ··············· **423**
    1. 용기 ··· 424
    2. 냉동기의 각인 또는 표시방법 ····················· 428
    3. 합격 특정설비의 각인 또는 표시방법 ············ 429
    4. 재검사에 합격한 용기 및 특정설비의 각인 또는 표시방법   430
    5. 공급자의 안전점검기준 ····························· 432

제 2 장 액화석유가스 안전관리

2-1 정의 ·· **433**

2-2 액화석유가스 충전사업에 관한 사항 ················ **435**
    1. 용기 충전시설 ·· 435
    2. 자동차용기 충전시설 ································ 437
    3. 차량에 고정된 탱크 충전시설 ····················· 437

2-3 액화석유가스 집단공급사업에 관한 안전 ·········· **438**

2-4 액화석유가스 판매사업 및 영업소·용기저장소에 관한 안전 ····· **439**

2-5 가스용품 제조사업의 기준 ···························· **440**
    1. 압력조정기 ·· 440
    2. 배관용 밸브 ·· 441
    3. 콕 ··· 441
    4. 저압호스 ·· 441
    5. 고압호스 ·· 442
    6. 가스누출 자동차단 장치 중 가스누출 자동차단기 ·········· 442
    7. 연소기 ··· 443

2-6 액화석유가스 저장소의 시설기준 및 기술기준 ········· **444**

| 2-7 | 공급자의 안전점검기준 .... **446** |

    1. 안전 점검자의 자격과 인원 446
    2. 점검장비 446
    3. 점검기준 446

| 2-8 | 용기의 안전검검기준 .... **447** |
| 2-9 | 액화석유가스 사용시설에 관한 안전 .... **447** |

제 3 장 도시가스 안전관리

| 3-1 | 정의 .... **451** |
| 3-2 | 가스도매사업의 가스공급시설의 시설·기술·검사·정밀안전진단·안정성평가의 기준 .... **454** |

    1. 제조소 및 공급소 454
    2. 정압기(지) 및 밸브기지 459
    3. 제조소 및 공급소 밖의 배관 461
    4. 도시가스의 유해성분, 열량, 압력 및 연소성의 측정 467

| 3-3 | 일반 도시가스사업의 가스공급시설 .... **469** |

    1. 제조소 및 공급소의 안전설비 469
    2. 정압기 469
    3. 지하매설 배관의 깊이 469
    4. 안전점검원 470
       연습문제 / 471

부1록 　고압가스 안전관리 고시요약
499

    1. 경계표시등 501
    2. 독성가스의 식별표지 및 위험표지 503
    3. 저장실의 경계책 503
    4. 설비의 점검요령 504
    5. 에어졸제품 시험합격 기준 506
    6. 통신시설 507
    7. 방류둑 508

8. 독성가스배관의 2중관 ··· 510
9. 배관 등의 재료규격 ·· 510
10. 물 분무장치의 설치기준 ·· 511
11. 저장탱크 주위의 온도상승방지 조치기준 ······················· 512
12. 가스설비의 수리 및 청소요령 ·· 512
13. 독성가스 배관 접합기준 ·· 513
14. 아세틸렌용기에 침윤시키는 용제의 규격 및 침윤량 ········ 514
15. 증지의 규격 ·· 516
16. 방호벽의 규격 ··· 516
17. 고압가스설비 및 배관의 두께 산정에 관한 기준 ············· 517
18. L.P.G 자동차 연료장치의 구조 및 부착방법 ···················· 518
19. 긴급차단장치(emergency shut off valve) ······················· 521
20. 정전기의 제거기준 ·· 522
21. 액면계 설치기준 ·· 523
22. 고압설비의 안전밸브 ··· 524
23. 통풍구조 및 강제통풍 시설기준 ···································· 525
24. 압력계(냉매설비용) 설치기준 ·· 526
25. 독성가스의 제독조치기준 ·· 526
26. 가스보일러 제조기술기준 ·· 529
27. 가스보일러 설치기준 ··· 530
28. 공기압축기의 내부윤활유규격 ······································· 532
29. 용기의 방청도장방법 ··· 532
30. 합격용기의 표시방법 및 재검사 표시 ···························· 533
31. 냉동능력의 합산기준 ··· 534
32. 부압을 방지하는 조치기준 ·· 534
33. 독성가스의 과충전방지조치기준 ···································· 534
34. 배관의 상온초과 방지조치기준 ····································· 534
35. 비상전력등 설비기준 ··· 535
36. 배관의 설치기준 ·· 536
37. 독성가스 운반시 휴대하는 보호구 및 자재 등 ··············· 536
38. 가연성가스 또는 산소의 운반시 휴대하는 소화설비 및 자재 등
    ·· 537
39. 초저온 용기의 기밀시험 및 단열성능시험 기준 ············· 538
40. 기화장치의 제조 및 검사기준 ······································· 539
41. 역화방지장치의 제조 및 검사기준 ································ 540
42. 통풍구조 및 강제통풍시설 ·· 542
43. 가스누설 검지경보장치의 설치장소 ······························ 543
44. 가스누설 자동차단장치 설치기준 ·································· 544

45. 내압 및 기밀시험에 관한 기준 ·· 545
46. 벤트스택 ··· 547
47. 플레어스택 ··· 548
48. 긴급이송설비 ·· 548
49. 계기실 ·· 549
50. 공동구벽의 관통부의 배관손상 방지조치 ································· 550
51. 운전상태의 감시장치 ·· 550
52. 배관의 전기방식조치 기준 ··· 551
53. 배관의 가스누설검사 기준 ··· 552
54. 누설확산방지 조치 ··· 552
55. 각 가스의 시험지 및 변색상태 ·· 553
56. 전기설비의 방폭성능기준 ·· 553
57. 냉동기에 사용하는 재료중 금지할 재료 ································· 555
58. 차량에 고정된 탱크를 운행할 경우 구비할 서류 및 기준 ·· 555
59. 충전용기 등의 적재·하역·운반요령 ······································ 555
60. 고압가스 운반시 재해발생 또는 확대를 방지하기 위한 필요조치
    및 주의사항 ·· 555
61. 액화가스 중 독성가스 저장 탱크 부속설비 이외의 설비와 방류둑
    의 외면 사이에 유지하여야 할 안전거리 ······························ 556

예상문제 / 557

부2록   과년도 문제
579

가스기능사(2012년 2월 12일 시행) ·· 581
가스기능사(2012년 4월 8일 시행) ·· 590
가스기능사(2012년 7월 22일 시행) ·· 600
가스기능사(2012년 10월 20일 시행) ·· 610

가스기능사(2013년 1월 27일 시행) ·· 620
가스기능사(2013년 4월 14일 시행) ·· 629
가스기능사(2013년 7월 21일 시행) ·· 638
가스기능사(2013년 10월 12일 시행) ·· 647

가스기능사(2014년 1월 26일 시행) ·· 656
가스기능사(2014년 4월 6일 시행) ·· 665
가스기능사(2014년 7월 20일 시행) ·· 674
가스기능사(2014년 10월 11일 시행) ·· 683

가스기능사(2015년 1월 25일 시행) ·· 692
가스기능사(2015년 4월 4일 시행) ·· 701
가스기능사(2015년 7월 19일 시행) ·· 711
가스기능사(2015년 10월 10일 시행) ·· 720

가스기능사(2016년 1월 24일 시행) ·· 729
가스기능사(2016년 4월 2일 시행) ·· 739
가스기능사(2016년 7월 10일 시행) ·· 749

가스기능사 시험안내

- 🎓 자 격 명 : 가스기능사
- 🎓 영 문 명 : Craftsman Gas
- 🎓 관련부처 : 산업통상지원부
- 🎓 시행기관 : 한국산업인력공단
- 🎓 관련학과 : 실업계 고등학교 및 전문대학의 기계공학 또는 화학공학 관련학과
- 🎓 시험과목 : – 필기시험 : 1. 가스안전관리   2. 가스장치 및 기기   3. 가스일반
  - 실기시험 : 가스실무
- 🎓 검정방법 : – 필기시험 : 전과목 혼합, 객관식 **60문항(60분)**
  - 실기 : 작업형[동영상(1시간) + 배관작업(2시간 정도)]
- 🎓 합격기준 : 100점 만점에 **60점 이상**

🎓 **개 요**

경제성장과 더불어 산업체로부터 가정에 이르기까지 수요가 증가하고 있는 가스류 제품은 인화성과 폭발성이 있는 에너지 자원이다. 이에 따라 고압가스와 관련된 생산, 공정, 시설, 기수의 안전관례에 대한 제도적 개편과 기능인력을 양성하기 위하여 자격제도 시행

🎓 **수행직무**

고압가스 제조, 저장 및 공급시설, 용기, 기구 등의 제조 및 수리시설을 시공, 조작, 검사하기 위한 기술적 사항의 관리, 생산공정에서 가스생산기계 및 장비를 운전하고 충전하기 위해 예방조치 점검과 고압가스충전용기의 운반, 관리 및 용기 부속품 교체 등의 업무 수행

가스기능사 출제기준(필기)

직무분야	안전관리		중직무분야	안전관리	
자격종목	가스기능사		적용기간	2016.01.01 ~ 2020.12.31	
직무내용	가스 제조, 저장 및 공급시설, 용기, 기구 등의 제조 및 수리시설을 시공, 조작, 검사하기 위한 기술적 사항의 관리, 생산 공정에서 가스 생산기계 및 장비를 운전하고 충전하기 위해 예방조치점검과 가스충전용기의 운반, 관리 및 용기부속품 교체 등의 업무 수행				
필기검정방법	객관식	문제수	60	시험시간	1시간

주요항목 / 출제비율(%)	세부항목	세세항목	
1. 가스안전관리 **50.0%**	1. 가스의 성질	1. 가연성 가스 3. 기타 가스	2. 독성 가스
	2. 가스제조 및 충전	1. 일반가스 제조시설 3. 고압가스 충전시설 5. 도시가스 제조시설	2. 특정고압가스 제조시설 4. 액화석유가스 충전시설 6. 도시가스 충전시설
	3. 가스저장 및 사용 시설	1. 고압가스 저장시설 3. 액화석유가스 저장 5. 도시가스 사용시설	2. 고압가스 사용시설 4. 액화석유가스 사용시설
	4. 고압가스 특정설비, 가스용품, 냉동기, 용기 등의 제조 및 검사	1. 고압가스 특정설비 제조 및 검사 2. 고압가스 냉동기의 제조 및 검사 3. 고압가스 용기의 제조 및 검사 4. 가스용품 제조 및 검사	
	5. 가스판매, 운반, 취급	1. 고압가스, 액화석유가스 판매시설 2. 고압가스, 액화석유가스 운반 3. 고압가스, 액화석유가스 취급	
	6. 가스화재 및 폭발예방	1. 폭발범위 3. 폭발의 피해 영향 5. 폭발의 위험성 평가 7. 위험장소	2. 폭발의 종류 4. 폭발 방지대책 6. 방폭구조
2. 가스장치 및 기기 **25.0%**	1. 가스장치	1. 기화장치 및 정압기 3. 가스용기 및 탱크 5. 가스 장치 재료	2. 가스장치 요소 및 배관 4. 압축기 및 펌프
	2. 저온장치	1. 가스액화분리장치	2. 저온장치 및 재료
	3. 가스설비	1. 고압가스설비 3. 도시가스설비	2. 액화석유가스설비
	4. 가스계측기	1. 온도계 및 압력계측기 3. 가스분석 5. 제어기기	2. 액면 및 유량계측기 4. 가스누출검지기
3. 가스일반 **25.0%**	1. 가스의 기초	1. 압력 3. 열 5. 가스의 기초 법칙	2. 온도 4. 밀도, 비중 6. 이상기체의 성질
	2. 가스의 연소	1. 연소현상 3. 가스의 종류 및 특성 5. 연소계산	2. 연소 특성 4. 가스의 시험 및 분석
	3. 가스의 성질, 제조방법 및 용도	1. 고압가스 3. 도시가스	2. 액화석유가스

※ 세세항목은 큐넷(http://www.q-net.or.kr/) 홈페이지를 참고해 주시기 바랍니다.

제1편 가스 이론

제1장 기초 가스지식
1. 고압가스에 대한 기초 사항
2. 가스의 연소와 폭발
3. 화재 및 폭발
4. 기초 물리 및 열역학

제2장 가스설비 및 기계장치
1. 제도 및 용법

제1장 가스의 개론

제1편 가스 일반
가스의 개론 | 가스의 특성

1-1 고압가스에 관한 기초 사항

1. 고압가스 적용범위

(1) **압축가스** : 상용온도 또는 35[°C]에서 1메가파스칼(1MPa) 이상인 것.

(2) **아세틸렌** : 상용온도 또는 15[°C]에서 0메가파스칼(0MPa) 이상인 것.

(3) **액화가스** : 상용온도 또는 35[°C]에서 0.2메가파스칼(0.2MPa) 이상인 것.

(4) 액화가스 중 HCN, C_2H_4O, CH_3Br은 35[°C]에서 0파스칼(0Pa) 이상인 것.

2. 고압가스 분류

(1) 상태에 따른 분류

① 압축가스 : H_2, O_2, CH_4 등과 같이 상온에서 압축하여도 액화되지 않는 가스를 그대로 압축한 가스

② 액화가스 : NH_3, Cl_2, C_3H_8, C_4H_{10}, HCN 등과 같이 상온에서 압축하면 비교적 쉽게 액화하는 가스

③ 용해가스 : C_2H_2 등과 같이 용제속에 가스를 용해시킨 가스

(2) 성질에 따른 분류

① 가연성가스 : H_2, CO, C_2H_2, C_3H_8, C_4H_{10}, CH_4 등 법규상 폭발 하한이 10[%] 이하, 상한과 하한 차이가 20[%] 이상인 것으로 연소가 가능한 가스

② 조연성(지연성)가스 : O_2, O_3, Cl_2, N_2O, NO_2, 공기 등과 같이 자신은 타지 않고 타물질의 연소를 돕는 가스

③ 불연성가스 : N_2, CO_2, He, Ne, Ar 등 연소가 불가능한 가스

(3) 독성에 의한 분류

① 독성가스 : CO, Cl_2, NH_3, $COCl_2$, C_2H_4O 등 허용농도가 200[ppm] 이하인 가스
② 비독성가스 : O_2, H_2, N_2, C_3H_8, CO_2 등 허용농도가 200[ppm] 이상되는 가스

> **[참고]**
> ■ 허용농도
> 공기 중에 노출되더라도 통상적인 사람에게 건강상 나쁜 영향을 미치지 아니하는 정도의 공기중의 가스의 농도로써 [ppm]으로 나타내며 1[ppm]은 100만분의 1을 나타낸다.

3. 가스의 기초 지식

(1) 원자와 분자

① 원자 : 물질을 구성하고 있는 가장 작은 입자이다.
② 원자량 : $^{12}_{6}C$(탄소)의 원자량을 12로 정하고, 이와 비교한 다른 원자들의 질량비를 원자량이라 한다.
  ㉮ 1[g]원자(1[mol]원자) : 원자량에 [g]를 붙여 나타낸 값을 말한다.
    [예] 탄소(C) 1[g]원자=탄소(C)12[g]=탄소(C)원자 6.02×10^{23}개(아보가드로수)
  ㉯ 고체 물질의 원자량측정(듀롱・프티의 법칙)

$$금속의\ 원자량 = \frac{6.4}{비열}$$

③ 분자 : 순물질(단체, 화합물)의 성질을 띠고 있는 가장 작은 입자로서 2 이상의 원자가 모여서 형성된다(단, 비활성기체 He, Ne, Ar, Kr, Xe, Rn은 1원자 분자이다).
④ 분자량 : 분자량을 구성하는 원자의 원자량의 총합을 분자량이라 한다.
  ㉮ 1[g]분자(1[mol]) : 분자량에 [g]을 붙여 나타낸 값이다.

    1[mol]=1[g] 분자=분자량[g]

  ㉯ 혼합물의 평균분자량 : 성분의 조성(함량)을 이용하여 평균분자량을 계산한다.
    [예] 공기의 성분 중 N_2 : 78[%], O_2 : 21[%], Ar : 1[%]일 때
    공기의 평균분자량=$(28 \times 0.78)+(32 \times 0.21)+(40 \times 0.01)=29[g]$

⑤ 몰[mol]과 기체 부피와의 관계
  ㉮ 아보가드로 법칙 : 온도와 압력이 일정하면, 모든 기체는 같은 부피속에 같은 수의 분자가 들어 있다.
  ㉯ 표준상태(0[℃], 1[atm])에서 모든 기체의 1[mol]의 부피는 22.4[l]이고, 22.4[l] 속에 6.02×10^{23}개의 분자가 존재한다.

기체 1[mol](1[g] 분자)=22.4[l]=분자 6.02×10^{23}개(표준상태)

$$n몰\,[\text{mol}] = \frac{W(무게)}{M(분자량)} = \frac{부피[l]}{22.4} = \frac{분자수}{6.02 \times 10^{23}}$$

4. 기체의 성질 및 법칙

(1) 이상 기체(완전가스)의 성질

① 기체분자 상호간에 작용하는 인력과 분자의 크기도 무시되며, 분자간의 충돌은 완전 탄성체로 이루어진다.
② 보일-샬의 법칙을 만족한다.
③ 아보가드로법칙에 따른다.
④ 온도에 관계없이 비열비 ($K = C_p/C_v$)가 일정하다.
⑤ 내부 에너지는 부피(체적)에 관계없이 온도에 의해서만 결정된다. 즉 내부 에너지는 줄(Joule)의 법칙이 성립된다.

(2) 이상 기체의 법칙

① 보일의 법칙(Boyle law) : 일정한 온도에서 일정량의 기체가 차지하는 부피는 압력에 반비례한다.

$$P_1 V_1 = P_2 V_2 \qquad \begin{bmatrix} P_1 : 처음의\ 압력 \\ V_1 : 처음의\ 부피 \end{bmatrix} \begin{bmatrix} P_2 : 나중의\ 압력[\text{atm}] \\ V_2 : 나중의\ 부피[l] \end{bmatrix}$$

② 샬의 법칙(Charle's law) : 일정한 압력에서 일정량의 기체가 차지하는 부피는 절대온도에 비례한다.(온도가 1[°C] 상승함에 따라 0[°C]때 부피의 $\frac{1}{273}$ 만큼씩 증가한다)

$$\frac{V_1}{T_1} = \frac{V_2}{T_2} \qquad \begin{bmatrix} V_1 : 처음의\ 부피 \\ T_1 : 최초의\ 절대온도 \end{bmatrix} \begin{bmatrix} V_2 : 나중의\ 부피[l] \\ T_2 : 나중의\ 절대온도[°K] \end{bmatrix}$$

③ 보일-샬의 법칙 : 일정량의 기체의 부피는 압력에 반비례하고 절대온도에 비례한다.

$$\frac{P_1 V_1}{T_1} = \frac{P_2 V_2}{T_2}$$

[예제] 1[atm], 25[°C], 200[m³]의 공기를 300[atm], -100[°C]로 하면 그 부피는 몇 [l]가 되겠는가?

[해설] $V_2 = \dfrac{P_1 \cdot V_1 \cdot T_2}{T_1 \cdot P_2} = \dfrac{1 \times 200 \times (273-100)}{(273+25) \times 300} = 0.387\,[\text{m}^3] = 387\,[l]$

[해답] 387[l]

④ 이상 기체의 상태 방정식 : 이상 기체의 상태를 나타내는 온도, 압력, 부피와의 관계를 나타내는 방정식이다.

$$PV = nRT, \quad \left(n = \frac{W}{M}, \quad R = 0.08205\left[\frac{l \cdot \text{atm}}{\text{mol} \cdot °K}\right]\right)$$

- n : 몰수
- M : 분자량
- V : 부피[l]
- R : 기체정수
- W : 질량[g]
- P : 압력[atm]
- T : 절대온도[°K]

[예제] 600[l]의 용기에 40[atm], 27[°C]에서 O_2가 충전되어 있다. 몇 [kg]의 O_2가 충전되어 있는지를 계산하여라.

[해설] $W = \dfrac{PVM}{RT} = \dfrac{40 \times 600 \times 32}{0.082 \times 300} = 31219.5 [\text{g}] = 31.22 [\text{kg}]$

[해답] 31.22[kg]

$$\boxed{PV = GRT}$$

- P : 압력[kg/m²a]
- V : 부피[m³]
- G : 질량[kg]
- R : 기체상수 $\left(\dfrac{848}{M}\right.$ [kg·m/kg, °K]$\left.\right)$
- T : 절대온도[°K]

[예제] 수소 2[kg]이 내용적 6000[l]의 용기에 4[kg/cm²G]로 충전되어 있다. 이때 수소의 온도[°C]는 얼마인가?(단, 가스의 상수는 848[kg · m/Kmol · °K]이다.)

[해설] $T = \dfrac{PV}{GR} = \dfrac{5.033 \times 10^4 \times 6}{2 \times \dfrac{848}{2}} = 356.1 [°K]$

∴ 356.1[°K] − 273 = 83[°C]

※ P : 압력 [kg/cm²] = (4 + 1.033) × 10⁴[kg/cm²]

[해답] 83[°C]

[예제] 분자량이 32인 가스 1[kg]이 압력 5[atm], 온도 150[°C]이다. 이 가스가 차지하는 부피는 몇 [m³]인가?

[해설] 가스 정수가 주어지지 않았으므로, 가스 정수(R)는

$R = \dfrac{848}{M} = \dfrac{848}{32} = 26.5 [\text{kg·m/kg·°K}]$이므로

$V = \dfrac{GRT}{P} = \dfrac{1 \times 26.5 \times (273 + 150)}{5 \times 10^4} = 0.22 [\text{m}^3]$

[해답] 0.22[m³]

> **[참고]**
>
> ■ **기체상수 R의 값**
> 단위의 선택 방법에 따라 다음과 같이 변한다.
> $PV = nRT$ 에서
>
> (1) $R = \dfrac{PV}{nT} = \dfrac{1[\text{atm}] \times 22.4[l]}{1[\text{mol}] \times 273[°K]} = 0.08205 \left[\dfrac{l \cdot \text{atm}}{\text{mol} \cdot °K}\right]$
>
> (2) $R = \dfrac{PV}{nT} = \dfrac{1.0332 \times 10^4[\text{kg/m}^2] \times 22.4[\text{m}^3]}{1[\text{kmol}] \times 273[°K]} = 848 \left[\dfrac{\text{kg} \cdot \text{m}}{\text{kmol} \cdot °K}\right]$
>
> (3) $R = 848 \left[\dfrac{\text{kg} \cdot \text{m}}{\text{kmol} \cdot °K}\right] \times \dfrac{1[\text{kcal}]}{427[\text{kg} \cdot \text{m}]} = 1.986 \left[\dfrac{\text{kcal}}{\text{kmol} \cdot °K}\right]$
>
> (4) $R = \dfrac{PV}{nT} = \dfrac{1.01325 \times 10^6[\text{dyne/cm}^2] \times 22.4 \times 10^3[\text{cm}^3]}{1[\text{mol}] \times 273[°K]} = 8.314 \times 10^7 \left[\dfrac{\text{erg}}{\text{mol} \cdot °K}\right]$
>
> (5) $R = 8.314 \left[\dfrac{\text{Joule}}{\text{mol} \cdot °K}\right]$

⑤ **돌턴의 분압법칙** : 기체 혼합물의 전체 압력은 각 성분 기체의 분압의 합과 같다.

㉮ 혼합 기체에서 각 성분의 분압은 전압에 각 성분의 몰분율(또는 부피분율)을 곱한 값과 같다.

$$\text{분압} = \text{전압} \times \dfrac{\text{성분 기체 몰수}}{\text{전몰수}} = \text{전압} \times \dfrac{\text{성분 기체 부피}}{\text{전부피}}$$

$$= \text{전압} \times \dfrac{\text{성분 기체 분자수}}{\text{전분자수}}$$

> **[예제]**
> 수소 8[mol]과 질소 4[mol]의 혼합기체가 나타내는 전압이 18기압이었다면 이때의 수소의 분압은?
>
> **[해설]** 분압 $= 18 \times \dfrac{8}{(8+4)} = 12$기압(따라서 질소의 분압은 6기압)
>
> **[해답]** 12기압

> **[예제]**
> 10[atm]의 공기중에 질소와 산소의 분압은?
>
> **[해설]** 공기중에 질소와 산소의 부피비는 4 : 1이므로
>
> N_2 분압 $= 10 \times \dfrac{4}{5} = 8[\text{atm}]$
>
> O_2 분압 $= 10 \times \dfrac{1}{5} = 2[\text{atm}]$
>
> **[해답]** 질소 : 8[atm], 산소 : 2[atm]

$$\boxed{\text{압력비} = \text{몰수비} = \text{부피비} = \text{분자수의 비}}$$

㉯ 혼합 기체의 전압을 구하는 식

$$PV = P_1 V_1 + P_2 V_2$$

$$P(\text{전압}) = \dfrac{P_1 V_1 + P_2 V_2}{V(\text{전부피})}$$

> [참고]
> ■ 몰분율 = $\dfrac{\text{성분 기체의 몰수}}{\text{전몰수}}$

> [예제]
> 2기압의 수소 2[l]와 3기압의 산소 4[l]를 5[l]의 그릇에 넣으면 전압은 얼마나 되는가?
> [해설] $\dfrac{(2\times 2)+(3\times 4)}{5}=3.2$기압
> [해답] 3.2기압

> [예제]
> 5[l]들이 탱크에는 9기압의 기체가 들어 있고 10[l]들이 탱크에는 6기압의 같은 종류의 기체가 들어 있다. 이 탱크를 연결하여 양쪽 기체가 서로 섞이어서 평형에 도달하였을 때의 기체의 압력은 몇 기압인가?
> [해설] $\dfrac{5\times 9+10\times 6}{5+10}=7$기압
> [해답] 7기압

(3) 실제 기체의 상태방정식(반데르 발스의 방정식)

이상 기체의 상태방정식 $PV=nRT$는 분자의 부피나 분자간의 인력이 무시된 상태에서 성립되는 식이다. 따라서 실제 기체의 상태식은 분자간의 인력과 부피에 대한 보정이 필요하다.

① 실제 기체의 1(mol)의 경우

$$\left(P+\frac{a}{V^2}\right)(V-b)=RT$$

$\dfrac{a}{V^2}$: 기체 분자간의 인력
b : 기체 자신이 차지하는 부피

② 실제 기체의 n(mol)의 경우

$$\left(P+\frac{n^2 a}{V^2}\right)(V-nb)=nRT$$

> [예제]
> NH_3 17[g]을 내용적 0.2[l]의 내압용기에 충전하여 온도를 60[°C]로 하였을 때 압력은 얼마인가?(단, a : 4.17[$l^2 \cdot atm/mol^2$], b : 3.72×10^{-2}[l/mol])
> [해설] $\therefore P=\dfrac{RT}{V-b}-\dfrac{a}{V^2}$
> $=\dfrac{0.082\times 303}{0.2-0.0372}-\dfrac{4.17}{(0.2)^2}=63.48$[atm]
> [해답] 63.48[atm]

> **[예제]**
> CO_2 220[g]을 1[*l*]용기에 충전하였다. 온도 60[°C]에서의 압력은 얼마인가를 실제 기체상태식을 써서 계산하시오.(단, 정수 $a : 3.6[l^2 \cdot atm/mol^2]$, $b : 4.28 \times 10^{-2}[l/mol]$이다.)
>
> **[해설]** $P = \dfrac{nRT}{V-nb} - \dfrac{n^2 a}{V^2}$
>
> $= \dfrac{5 \times 0.082 \times 333}{1 - 5 \times 0.0428} - \dfrac{5^2 \times 3.6}{1^2} = 83.7$ [atm]
>
> **[해답]** 83.7[atm]

③ 압축계수(Z)

같은 온도와 압력에서 같은 몰수에 대한 실제 기체의 부피와 이상 기체 법칙으로부터 구한 이상 기체의 부피와의 비를 압축계수라 한다.

$$PV = ZnRT$$

Z : 압축계수(보정계수), 단위는 없음.

> **[예제]**
> 50[°C], 30[atm]의 질소 1[m³]을 60[atm], -50[°C]로 했을 경우 부피는 몇 [m³]인가? (단, 압축계수는 50[°C], 30[atm]에서 1.001이고 -50[°C], 60[atm]에서는 0.930이다.)
>
> **[해설]** $P_1 V_1 = Z_1 \cdot n_1 \cdot R_1 \cdot T_1$ ……… ①식
> $P_2 V_2 = Z_2 \cdot n_2 \cdot R_2 \cdot T_2$ ……… ②식
> ② ÷ ①식
> $\dfrac{P_2 V_2}{P_1 V_1} = \dfrac{Z_2 n_2 R_2 T_2}{Z_1 n_1 R_1 T_1}$
>
> $V_2 = \dfrac{Z_2 T_2 P_1 V_1}{P_2 Z_1 T_1} = \dfrac{0.930 \times 223 \times 30 \times 1}{60 \times 1.001 \times 323} = 0.32$ [m³]
>
> **[해답]** 0.32[m³]

(4) 기체의 분자량 측정법

① 같은 부피의 무게의 비로부터 구하는 법

$$\begin{bmatrix} A질량 : B질량 \\ M_A : M_B \end{bmatrix}$$

$$\therefore M_B(B의 분자량) = M_A(A의 분자량) \times \dfrac{B질량}{A질량}$$

② 기체의 밀도 및 비중으로부터 구하는 법(표준상태)

㉮ 밀도 $(d) = \dfrac{M}{22.4}$ [g/*l*]

$\therefore M(분자량) = d \times 22.4$

㉯ 기체비중 $= \dfrac{M}{29}$

$\therefore M(분자량) = 기체비중 \times 29(공기분자량)$

③ 기체의 상태방정식으로부터 구하는 법

$$PV = \frac{W}{M}RT \text{에서}, \quad \therefore M = \frac{WRT}{PV}$$

④ 기체의 확산속도법칙으로부터 구하는 법

$$\frac{U_B}{U_A} = \sqrt{\frac{M_A}{M_B}} = \frac{t_A}{t_B}$$

식을 이용한다.

[예제] 같은 조건에서 산소와 수소의 확산 속도비는?

[해설] $\frac{H_2}{O_2} = \sqrt{\frac{32}{2}} = \sqrt{\frac{16}{1}} = \frac{4}{1}$ 즉, 1 : 4

[해답] 1 : 4

---

(5) 혼합기체의 조성

① 몰 [%] = $\frac{\text{어느 성분 기체의 몰수}}{\text{기체 전체의 몰수}} \times 100$

② 용량 [%] = $\frac{\text{어느 성분 기체의 용량}}{\text{기체 전체의 용량}} \times 100$ (용량[%] = 부피[%])

③ 중량 [%] = $\frac{\text{어느 성분 기체의 중량}}{\text{기체 전체의 중량}} \times 100$

5. 기체의 용해도

(1) 기체의 용해도

① 기체의 용해도는 온도에 반비례하고, 압력에 비례한다.
② 혼합 기체의 용해도는 압력에 비례하므로 각 성분 기체의 분압에 비례한다.

(2) 헨리의 법칙

① 정의 : 일정한 온도에서 일정량의 용매에 용해하는 기체의 질량은 압력에 정비례한다. 단, 용해하는 기체의 부피는 보일의 법칙에 의해 압력에 관계없이 일정하다.
② 헨리의 법칙은 물에 대한 용해도가 작은 기체(H_2, O_2, N_2, CO_2 등)에만 적용되며, 용해도가 큰 기체(NH_3, HCl, SO_2, H_2S 등)에는 적용되지 않는다.

1-2 가스의 연소와 폭발

1. 연소와 폭발

(1) 연 소

가연성 물질이 공기중에 산소와 결합하여 빛과 열의 발생을 수반하는 급격한 산화현상을 말한다.

(2) 연소의 3요소

① 가연물 : 산화되기 쉬운 물질 즉, 타기 쉬운 물질을 말한다.
② 산소공급원 : 지연물이라고도 하며 공기, 염소, 불소, 산화질소 등이 있다.
③ 점화원 : 열원, 에너지원으로서, 화기, 전기불꽃, 마찰, 충격에 의한 불꽃, 산화열 등이 있다.

(3) 연소의 형태

① 확산연소 : 가연성가스 분자와 공기 분자가 확산에 의해 급격하게 혼합되면서 연소가 일어나는 것(수소, 아세틸렌 등).
② 증발연소 : 인화성 액체의 온도 상승에 따른 증발에 의해 연소가 일어나는 것(알콜, 에테르, 등유, 경유 등).
③ 분해연소 : 연소시 열분해에 의해 가연성가스를 방출시켜, 연소가 일어나는 것(중유, 석탄, 목재, 종이, 고체 파라핀 등).
④ 표면연소 : 고체 표면과 공기와 접촉되는 부분에서 연소가 일어나는 것(숯, 알루미늄 박, 마그네슘 리본 등).
⑤ 자기연소 : 질산 에스테르, 초산 에스테르 등 산소 없이 연소하는 것.

(4) 폭 발

급격한 압력의 발생 또는 해방의 결과로서 격렬하거나 또는 음향을 발하며 파열되거나 팽창하는 현상으로서 급격한 연소를 특히 폭발이라 한다.

(5) 폭발의 유형

③ 압력의 폭발 : 불량 용기의 폭발, 고압가스 용기의 폭발, 보일러 폭발
② 화학적 폭발 : 폭발성 혼합가스에 점화시 일어나는 폭발(산화 폭발), 화약의 폭발 등
① 산화 폭발 : 가연성가스의 연소 폭발
④ 분해 폭발 : 가압하에서 단일 가스의 폭발(C_2H_2, C_2H_4O)
⑤ 중합 폭발 : 중합열에 의한 폭발(시안화수소 등)
⑥ 촉매 폭발 : 수소와 염소의 혼합가스에 직사 일광 등에 의한 폭발
⑦ 분진 폭발 : 분말의 폭발(Mg, Al 등)

2. 폭굉 및 폭굉 유도거리

(1) 폭굉(detonation)

① 폭발 중에서도 특히 격렬한 경우를 폭굉이라 하며, 폭굉이라 함은 가스 중의 음속보다도 화염전파속도가 큰 경우로 이때는 파면선단에 충격파라고 하는 솟구치는 압력파가 발생하여 격렬한 파괴작용을 일으키는 원인이 된다.
② 폭속 : 폭굉이 전하는 연소속도를 폭속(폭굉속도)이라 하는데 음속보다 빠르며 폭속이 클수록 파괴작용이 격렬해진다.
- 폭굉시 : 1,000~3,500[m/sec](폭굉파)
- 정상연소시 : 0.03~10[m/sec](연소파)

(2) 폭굉 유도거리(DID)

① 최초의 온만한 연소가 격렬한 폭굉으로 발전할 때까지 거리를 폭굉 유도거리라 한다.
② 폭굉 유도거리가 짧은 경우
  ㉮ 정상 연소속도가 큰 혼합가스일수록 짧다.
  ㉯ 관속에 방해물이 있거나 관지름이 작을수록 짧다.
  ㉰ 압력이 높을수록 짧다.
  ㉱ 점화원의 에너지가 강할수록 짧다.

3. 가스폭발의 발생(폭발의 원인)

가스가 폭발하는데는 먼저 발화(또는 착화)가 일어나야 하며, 발화의 발생 원인은 ① 온도, ② 조성, ③ 압력, ④ 용기의 크기와 형태의 4가지가 있다.

(1) 발화온도(발화점 또는 착화점)

가연성가스가 발화하는데 필요한 최저 온도를 말하며, 공기 중에서 가연성 물질을 가열하여 점화원이 없이 스스로 연소할 수 있는 최저 온도라 할 수 있다.
① 발화지연 : 어느 온도에서 가열하기 시작하여 발화에 이르기까지의 시간을 말한다.
  ㉮ 고온, 고압일수록 발화지연은 짧아진다.
  ㉯ 가연성가스와 산소의 혼합비가 완전 산화에 가까울수록 발화지연은 짧아진다.
② 발화점에 영향을 주는 인자
  ㉮ 가연성가스와 공기의 혼합비
  ㉯ 발화가 생기는 공간의 형태와 크기
  ㉰ 가열 속도와 지속 시간
  ㉱ 기벽의 재질과 촉매 효과
  ㉲ 점화원의 종류와 에너지 투여법

③ 가스 온도가 발화점까지 높아지는 원인
㉮ 가스의 균일한 가열
㉯ 외부 점화원에 의해 어떤 에너지를 한 부분에 국부적으로 주는 것.

▼ 가연성 물질의 착화온도

물 질	착화온도[°C]	물 질	착화온도[°C]
메 탄	615~682	건 조 한 목 재	280~300
프 로 판	460~520	목 탄	250~320
부 탄	430~510	석 탄	330~450
가 솔 린	210~400	코 크 스	450~550
아 세 틸 렌	400~440	에 틸 렌	500~519
수 소	580~590	일 산 화 탄 소	637~658

※ 탄화수소의 발화점은 탄소수가 많을수록 낮아진다.

> **[참고]**
> ■ **외부 점화원**
> 화염, 충격, 마찰, 전기불꽃, 단열압축, 열복사, 충격파, 정전기방전, 자외선 등
> ■ **최소 점화 에너지**
> 가스가 발화하는데 필요한 최소의 에너지를 말하며, 가스의 온도, 압력, 조성에 따라 다르다.
> ■ **인화점**
> 가연물을 가열할 때 가연성 증기가 연소 범위 하한에 달하는 최저 온도를 말한다.

(2) 조 성

① **폭발 범위** : 가연성가스와 공기 또는 산소의 혼합가스에 점화원을 주었을 때 연소(폭발)가 일어날 수 있는 혼합가스의 농도 범위(부피 [%])를 폭발 범위라 하며, 낮은 쪽의 농도 한계를 폭발하한계, 높은 쪽의 농도한계를 폭발 상한계라 한다.

　　　　　폭발 범위=폭발 한계=연소 범위=연소 한계

[예] C_2H_2의 폭발범위 : 2.5[%](폭발하한계)−81[%](폭발상한계)

▼ 주요 가스의 산소 중 폭발한계(1[atm], 상온)

가 스	하한계	상한계	가 스	하한계	상한계
수 소	4.0	94	프 로 필 렌	2.1	53
일 산 화 탄 소	12.5	94	사 이 크 로 프 로 판	2.5	60
아 세 틸 렌	2.5	93	에 테 르(에틸)	2.0	82
메 탄	5.1	59	지비니루에테르	1.8	85
에 탄	3.0	66	암 모 니 아	15.0	79
에 틸 렌	2.7	80			

주요 가스의 공기 중 폭발한계(1〔atm〕, 상온)

가 스	하한계	상한계	가 스	하한계	상한계
수 소	4.0	75.0	벤 젠	1.4	7.1
일산화탄소	12.5	74.0	톨 루 엔	1.4	6.7
시안화수소	6.0	41.0	시클로프로판	2.4	10.4
메 탄	5.0	15.0	시클로헥산	1.3	8.0
에 탄	3.0	12.4	메틸알콜	7.3	36.0
프 로 판	2.1	9.5	에틸알콜	4.3	19.0
부 탄	1.8	8.4	이소프로필알콜	2.0	12.0
펜 탄	1.4	7.8	아세트알데히드	4.1	57.0
헥 산	1.2	7.4	에테르(에틸)	1.9	48.0
에 틸 렌	3.1~32	36.8	아 세 톤	3.0	13.0
프 로 필 렌	2.4	11.0	산화에틸렌	3.0	80.0
부 텐-1	1.7	9.7	산화프로필렌	2.0	22.0
이소부틸렌	1.8	9.6	염화비닐	4.0	22.0
1.3 부타디엔	2.0	12.0	암모니아	15.0	28.0
4 불화에틸렌	10.0	42.0	이황화탄소	1.2	44.0
아 세 틸 렌	2.5	81.0	황화수소	4.3	45.0

> C_2H_2(아세틸렌), C_2H_4O(산화에틸렌), N_2H_4(히드라진) 등은 조성없이 단독으로도 조건이 형성되면 폭발할 수 있다.

② 폭굉 범위 : 폭발 범위 내에서도 특히 격렬한 폭굉을 생성하는 조성 범위를 폭굉 범위라 한다.

주요가스의 폭굉 범위(1〔atm〕, 상온)

가 스	공기 또는 산소	폭굉 하한계	폭굉 상한계
수 소	공기 산소	18.3 15.0	59.0 90.0
일산화탄소	공기 산소	15.0 38.0	70.0 90.0
메 탄	공기 산소	6.5 6.3	12.0 53.0
아 세 틸 렌	공기 산소	4.2 3.5	50.0 92.0
에틸에테르	공기 산소	2.8 2.6	4.5 40.0
프 로 판	산소	2.5	42.5
n-부 탄	산소	2.1	38.0
i-부 탄	산소	2.8	31.0
프 로 필 렌	산소	2.5	50.0
암 모 니 아	산소	25.4	75.0

③ 르샤트리에(Lechatelier)의 법칙(혼합가스의 폭발 범위를 구하는 식)

$$\frac{100}{L} = \frac{V_1}{L_1} + \frac{V_2}{L_2} + \frac{V_3}{L_3}$$

- L : 혼합가스의 폭발 한계값
- $L_1, L_2, L_3 \cdots$: 각 성분의 단독 폭발 한계값
- $V_1, V_2, V_3 \cdots$: 각 성분의 체적[%]

[예제] 메탄 70[%], 에탄 20[%], 프로판 6[%], 부탄 4[%]인 혼합가스의 폭발하한계를 구하여라.(단, 메탄, 에탄, 프로판, 부탄의 폭발범위는 각각 5.3~14[%], 3.0~12.5[%], 2.2~9.6[%], 1.9~8.5[%]이다.)

[해설] $\frac{100}{L} = \frac{70}{5.3} + \frac{20}{3} + \frac{6}{2.2} + \frac{4}{1.9}$ ∴ 4.05[%]

[예답] 4.05[%]

혼합가스 각 성분간에 반응이 일어나면 값이 틀려지고, 메탄과 황화수소, 수소와 황화수소 등은 실제 측정과 차가 있으므로 적용이 곤란하다.

(3) 압력의 영향

① 일반적으로 가스 압력이 높아질수록 발화온도는 낮아지고, 폭발 범위는 넓어진다.
② 수소와 공기의 혼합가스는 10[atm] 정도까지는 폭발 범위가 좁아지나 그 이상의 압력에서는 다시 점차 넓어진다.
③ 일산화탄소와 공기의 혼합가스는 압력이 높아질수록 폭발 범위가 좁아진다.
④ 가스의 압력이 대기압 이하로 낮아질 때는 폭발 범위가 좁아지고, 어느 압력 이하에서는 변화하지 않는다.

(4) 안전 간격 및 폭발 등급

① 소염(quenching) 또는 화염일주 : 발화한 화염이 전파하지 않고 도중에서 꺼져버리는 현상이다.
  ㉮ 소염거리 : 두 장의 평행판의 거리를 좁혀 가면서 화염이 틈사이로 전달되는가의 여부를 측정하여 화염이 전달되지 않게 될 때의 평행한 사이의 거리
  ㉯ 한계지름 : 파이프 속을 화염이 진행할 때 화염이 전파되지 않고 도중에서 꺼지는 한계의 파이프 지름
② 안전 간격 : 8[*l*]의 구형 용기안에 폭발성 혼합가스를 채우고 점화시켜 발생된 화염이 용기 외부의 폭발성 혼합가스에 전달되는가의 여부를 측정하였을 때 화염을 전달시킬 수 없는 한계의 틈 사이를 말한다(안전 간격이 작은 가스일수록 위험하다).

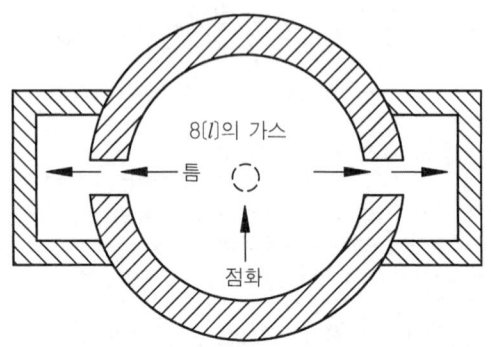

▲ 안전 간격의 측정방법

③ 안전 간격에 따른 폭발 등급
  ㉮ 폭발 1등급(안전 간격 : 0.6[mm] 초과)
  [예] 메탄, 에탄, 프로판, n 부탄, 가솔린, 일산화탄소, 암모니아, 아세톤, 벤젠, 에틸에테르

  ㉯ 폭발 2등급(안전 간격 : 0.6 이하~0.4 초과[mm])
  [예] 에틸렌, 석탄가스

  ㉰ 폭발 3등급(안전 간격 : 0.4[mm] 이하)
  [예] 수소, 아세틸렌, 이황화탄소, 수성가스

④ 안전 공간 : 액화가스 충전 용기나 탱크에서 온도상승에 따른 가스의 팽창을 고려한 공간 즉, 체적[%]을 말한다.

$$\text{안전 공간} = \frac{V_1}{V} \times 100$$

- V : 전체의 부피
- V_1 : 기체 상태의 부피(전체 부피 - 액체 부피)

> **[예제]** LPG 내용적 47[l]에 프로판이 20[kg] 충전되어 있다. 이때 안전공간은 몇 [%]인가? (C_3H_8의 밀도는 0.5[kg/l])
>
> **[해설]** $\dfrac{47 - \dfrac{20}{0.5}}{47} \times 100 = 14.89[\%]$
>
> **[해답]** 14.85[%]

⑤ 위험도

폭발 범위를 하한계로 나눈 값을 말하며, H로 표시한다. H값이 클수록 위험하다.

$$H = \frac{U - L}{L}$$

- H : 위험도
- U : 폭발 상한값[%]
- L : 폭발 하한값[%]

1-3 화재 및 소화

1. 화재의 종류

  (1) **가스 화재** : LPG, LNG, SNG, 도시가스, 아세틸렌 및 기타의 가스 화재

  (2) **유류 화재** : 원유, 등유, 휘발유 등의 가연성 액체의 화재

  (3) **가연물 화재** : 목재, 종이, 섬유 등 고체 가연성 물질의 화재

  (4) **전기 화재** : 전기 기기에 쓰이는 전기 절연물질의 화재

  (5) **금속 화재** : 마그네슘, 알루미늄, 철, 티탄 등의 분말 화재

2. 소화의 방법

(1) 산소공급의 차단

공기 중의 산소함량이 10~15[%] 이하이면 연소가 계속되지 않고 소화된다.

① 포말 소화 방법

  ㉮ 화학포 : 탄산수소나트륨($NaHCO_3$)와 황산알루미늄[$Al(SO_4)_3$]을 혼합하여 사용한다.

  ㉯ 공기포(기계포) : 가수분해 단백질, 계면활성제를 주성분으로 하여 물에 타서 발포장치에 의해 포를 만든다.

② 할로겐 소화제 : 사염화탄소 및 일염화일취화메탄(하론 1011)의 소화제 이용

③ 분말소화제 : 탄산수소나트륨($NaHCO_3$), 탄산수소칼륨($KHCO_3$), 인산암모늄($NH_4H_2PO_4$) 사용

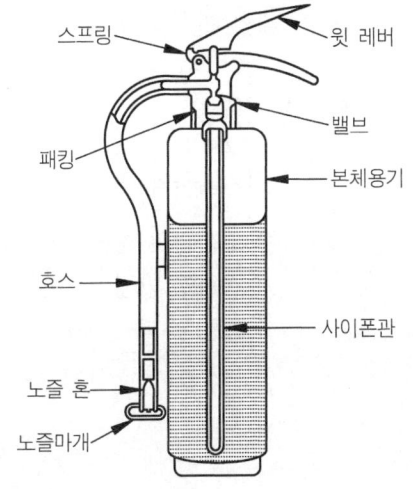

🔼 분말 소화기의 구조

(2) 가연물 제거

가연물을 연소지역에서 없애줌으로서 소화시키는 방법

(3) 냉각효과

연소가 발생되는 부분에 다량의 물이나 탄산가스를 사용하면 발화점 이하가 되어 소화된다.

3. 소화기의 적응성

(1) A급 화재(백색 표시)
① 일반 가연물의 화재이며 목재, 종이 등의 연소이다.
② 소화제는 물 또는 수용액이 사용된다.

(2) B급 화재(황색 표시)
① 인화성 물질, 즉 유류 및 가스 화재를 말한다.
② 소화제는 포말, 하론 1301, CO_2, 분말 소화제를 사용한다.

(3) C급 화재(청색 표시)
① 전기합선에 의한 전기화재이다.
② 소화제는 불연성 기체인 CO_2 분말소화제를 사용한다.

(4) D급 화재(색상이 없음)
① 금속 화재이며 Mg, Al 분말 화재이다.
② 소화제는 건조사가 적당하다.

4. 전기불꽃

(1) 전기불꽃의 종류
① 고전압의 방전 : 고전위차에 의한 스파크 방전
② 스파크 방전 : 누전, 단전, 선의 접촉불량 등에 의한 스파크 방전
③ 접전 스파크 : 자동제어기의 릴레이 접점, 모터의 정류자 등에서의 스파크

1-4 기초 물리 및 열역학

1. 압력(pressure)

압력이란 단위면적당 작용하는 수직방향의 힘을 말한다. 단위로는 [kg/cm²]를 게이지상 나타내며 [mH₂O], [mmHg], [N/m²](M.K.S 단위) [dyne/cm²](C.G.S 단위), [bar] 등이 있다.

(1) 표준 대기압[atm]

토리첼리의 진공 시험압력으로 0[℃]의 수은주 760[mmHg]에 상당하는 압력이다.

$$P = rh = 13,595 \,[\text{kg/m}^3] \times 0.76 \,[\text{m}]$$
$$= 10332 \,[\text{kg/m}^2]$$
$$= 1.0332 \,[\text{kg/cm}^2]$$

$\begin{bmatrix} P : 압력[\text{kg/m}^2] \\ r : 비중량[\text{kg/m}^3] \\ h : 높이[\text{m}] \end{bmatrix}$

$$1\,[\text{atm}] = 760\,[\text{mmHg}] = 1.0332\,[\text{kg/cm}^2\text{a}] = 10.332\,[\text{mH}_2\text{O}]$$
$$= 10332\,[\text{mmH}_2\text{O}] = 30\,[\text{inHg}] = 14.7\,[\text{Lb/in}^2] = 1.013\,[\text{bar}]$$
$$= 101.325\,[\text{N/m}^2]$$

(2) 공학기압(ata)

$$1\,[\text{at}] = 1\,[\text{kg/cm}^2] = 735.5\,[\text{mmHg}] = 10\,[\text{mH}_2\text{O}] = 14.2\,[\text{PSI}]$$

(3) 절대 압력(abs)(진공도 100[%])

완전 진공을 기준으로 계산된 압력(absolute)

절대압력 = 대기압 + 게이지압력 = 대기압 - 진공 게이지 압력
[kg/cm²a] = 1.0332 + [kg/cm²g]

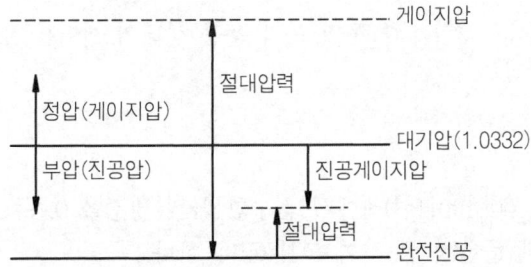

(4) 게이지 압력(atg)(진공도 0[%])

대기압을 0으로 계산된 게이지가 측정한 압력

게이지 압력＝절대압력－대기압력

(5) 진공압력(atv)

- 대기압에다 절대압력을 뺀 값
- 대기압보다 압력이 낮은 압력
- 대기압보다 낮은 상태의 압력을 말하며 단위는 [cmHgV] 또는 [inHg 진공] 등으로 표현된다.

① [cmHgV] ➡ [kg/cm²a]로   ∴ h=진공도[cmHgV]

$$P=1.033\times\left(1-\frac{h}{76}\right)$$

② [cmHgV] ➡ [Lb/in²a]로

$$P=14.7\times\left(1-\frac{h}{76}\right)$$

③ [inHgV] ➡ [kg/cm²a]로

$$P=1.033\times\left(1-\frac{h}{30}\right)$$

④ [inHgV] ➡ [Lb/in²a]로

$$P=14.7\times\left(1-\frac{h}{30}\right)$$

(6) 수주(mmH₂O, mH₂O)

$$1[kg/cm^2]=10[mH_2O]=10,000[mmH_2O]$$
$$=10,000[kg/m^2]=14.22[lb/in^2]$$

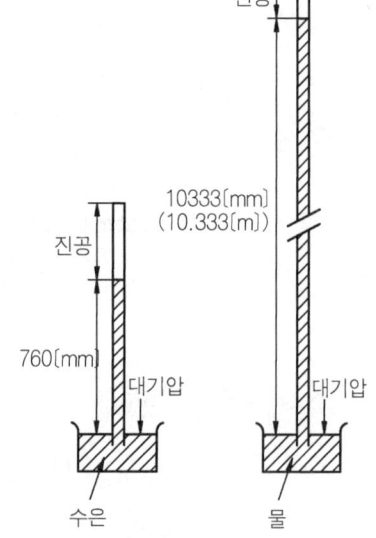

🔼 대기압과 수은주, 수주의 높이

2. 온도(temperature)

뜨겁다・차갑다의 정도를 나타내는 척도, 즉 물질 분자 운동 상태의 세기를 표시하는 척도를 온도라 한다.

(1) 섭씨 온도[°C](Centigrade)

표준 대기압(1.0332[kg/cm²]・760[mmHg])하에서 순수한 물의 빙점을 0, 끓는점을 100으로 하여 두 점 사이를 100 등분한 눈금 사이를 1[°C]라 한다.

(2) 화씨 온도[°F](Fahrenheit)

섭씨와 동일 조건하에 순수한 물의 빙점을 32, 끓는점을 212로 두 점 사이를 180 등분한 눈금 사이를 1[°F]라 한다.

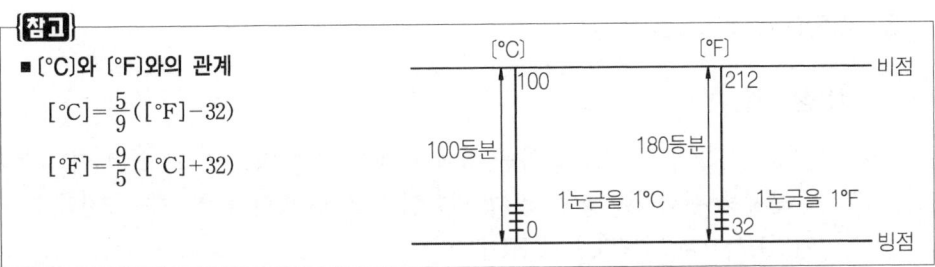

(3) 절대온도(Absolute temperature)

열역학적으로 분자운동이 정지한 상태, 즉 기체의 용적을 일정히 해 두고 온도를 낮추어 주면 압력이 내려가는데 그 압력이 줄어드는 율이 1[°C] 내려갈 때마다 0[°C]의 압력이 $\frac{1}{273}$ 만큼 줄어든다. 따라서 기체의 온도가 −273[°C]가 되면 그 기체의 압력은 0으로 된다. 이 −273[°C]를 기준하여 나타낸 온도를 절대온도라 한다.

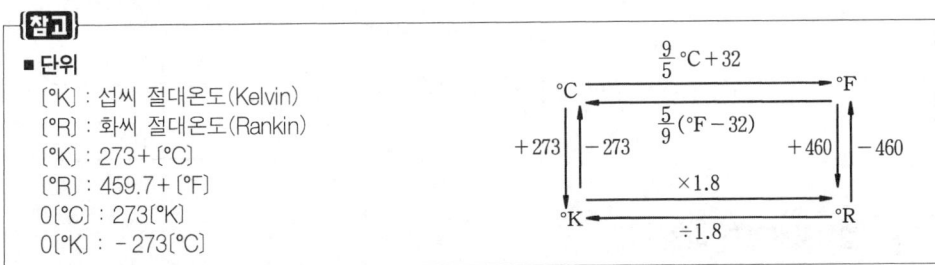

(4) 각 온도의 환산

① $0[°K] = -273[°C] = -460[°F] = 0[°R]$
② $273[°K] = 0[°C] = 32[°F] = 492[°R]$
③ $373[°K] = 100[°C] = 212[°F] = 672[°R]$

[예제] −40[°C]를 [°F]로 환산하면?
[해설] $\frac{9}{5}(-40) + 32 = -40\,[°F]$
[해답] −40[°F]

[예제] 20[°K]는 몇 [°R]인가?
[해설] [°R] = [°F] + 460 = 20[°K] × 1.8 = 36[°R]
[해답] 36[°R]

> **[참고]**
> - 1[°K] = 1.8[°R]   ■ 1[°R] = 1/1.8[°K]

3. 열량(heat quantity)

(1) 정 의

열은 무게가 없으므로 그 양을 직접 측정할 수는 없으나, 그 열이 어떤 물체에 작용하면 그 물체는 변화하게 되는데 그 변화의 대소에 의하여 열량을 측정하게 된다.
[단위] : [kcal], [BTU], [CHU]
　　　　　　　　 └─ B.T.U(British Thermal Unit의 약자)

① 1[kcal] : 대기압에서 물 1[kg]의 온도를 1[°C] 올리는데 필요한 열량
② 1[B.T.U] : 대기압에서 물 1[lb]의 온도를 1[°F] 올리는데 필요한 열량
③ 1[C.H.U] : 대기압에서 물 1[lb]의 온도를 1[°C] 올리는데 필요한 열량

> **[참고]**
> ■ [kcal]과 [B.T.U]의 관계
>
> $$1[kcal] = \frac{[kg]}{[°C]} = \frac{[lb]}{[°F]} = \frac{2.2}{\frac{1}{1.8}} = 3.968[B.T.U]$$
>
> $$1[B.T.U] = \frac{[lb]}{[°F]} = \frac{[kg]}{[°C]} = \frac{0.453}{1.8} = 0.252[kcal]$$
>
> ■ 열량단위의 비교
>
> | [kcal] | [B.T.U] | [C.H.U] |
> |---|---|---|
> | 1 | 3.968 | 2.205 |
> | 0.252 | 1 | 0.556 |
> | 0.4536 | 1.8 | 1 |
> | 0.23885 | 0.94783 | 0.52657 |

(2) 열용량과 비열

① 열용량(heat capacity thermal) : 어떤 물질의 온도를 1[°C] 만큼 올리는데 필요한 열량을 그 물질의 열용량이라고 한다.

$$\text{열용량}(H) = \text{물질의 질량}(G) \times \text{비열}(C)$$

② 비열(specific heat) : 어떤 물질 1[kg]의 온도를 1[°C] 올리는데 필요한 열량을 그 물질의 비열이라고 한다. [단위] : [kcal/kg°C], [B.T.U/lb°F]

[예]

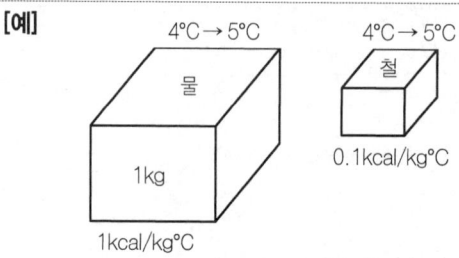

※ 물의 비열 : 1[kcal/kg°C], 얼음의 비열 : 0.5[kcal/kg°C]
㉮ 정압비열(specific heat at constant pressure, C_P) : 기체를 가열할 때, 압력을 일정하게 유지하면서 가열할 때의 비열
㉯ 정적비열(specific heat at constant volume, C_V) : 기체의 체적을 일정히 하고 가열할 때의 비열
㉰ 비열비 (C_P/C_V) : 기체에만 적용하며 정압비열과 정적비열의 비로서 나타내며 그 값은 항상 1보다 크다. 정압비열 (C_P)이 정적비열 (C_V)보다 항상 크기 때문이다.

[참고]
- NH_3 : 1.313
- R-12 : 1.136
- R-22 : 1.184
- 공기 : 1.4

(3) 일(work)

물체에 힘을 가하여 그 물체가 힘의 방향으로 움직인 경우 주어진 힘에 물체가 움직인 거리를 곱한 값을 일이라 한다.

[단위] : [kg·m], [ft·lb]

일 = 힘 × 힘이 작용한 방향으로 움직인 거리

[예] 1[kg·m]은 1[kg]의 물체를 1[m] 이동
5[kg·m] ┌ 1[kg]의 물체를 5[m] 이동
         └ 5[kg]의 물체를 1[m] 이동

(4) 동력(power)

단위시간당의 일량[kg·m/s], 즉 일의 양을 시간으로 나눈 값

[단위] : [kg·m/s], [ft·lb/s], [kW], [HP]

$$동력 = \frac{일}{시간} = \frac{힘 \times 움직인거리}{시간} = 힘 \times 움직이는 속도$$

[참고]
- 1[HP] = 76[kg·m/s] = 641[kcal/h] (영국마력)
- 1[PS] = 75[kg·m/s] = 632[kcal/h] (미터마력)
- 1[kW] = 102[kg·m/s] = 860[kcal/h]
- 1[HP] = 746[W] ≒ 0.75[kW]

▶ 동력 환산표

[kW]	영국마력	미터마력	[kg·m/s]	[kcal/h]
1	1.34	1.36	102	860
0.746	1	1.014	76	641
0.736	0.986	1	75	632

(5) 열량과 동력의 단위 관계

$$1\,[\text{kWh}] = 102\,[\text{kg}\cdot\text{m/s}] \times \frac{1}{427}\,[\text{kcal/kg}\cdot\text{m}] \times 3{,}600\,[\text{s/h}] = 860\,[\text{kcal/h}]$$

$$1\,[\text{PS}] = 75\,[\text{kg}\cdot\text{m/s}] \times \frac{1}{427}\,[\text{kcal/kg}\cdot\text{m}] \times 3{,}600\,[\text{s/h}] = 632\,[\text{kcal/h}]$$

> ※ 동력의 단위 : (공률이라고 함)
> [HP](Horse Power), [PS](Pferde Starke), [kW](Kilo Watt), [kg·m/s], [ft·lb/s] 등이며 상호 관계는
> - 1[PS] = 75[kg·m/s] = 632.3[kcal/h] = 0.7355[kW] = 735.5[W] = 542.5[ft·lb/s]
> - 1[HP] = 76[kg·m/s] = 641.6[kcal/h] = 0.7461[kW] = 746.1[W] = 550[ft·lb/s]
> - 1[kW] = 102[kg·m/s] = 860[kcal/h] = 1.36[PS] = 1[KJ/s] = 1,000[J/s]

(6) 물질의 3태

기체, 액체 및 고체상태를 물질의 3태라 하며 상태변화는 그림과 같다.
① 융해열 : 고체에서 액체로 될 때 필요한 열
② 응고열 : 액체에서 고체로 될 때 필요한 열
③ 증발열 : 액체에서 기체로 될 때 필요한 열
④ 응축열 : 기체에서 액체로 될 때 필요한 열
⑤ 승화열 : 고체에서 기체로 될 때 필요한 열

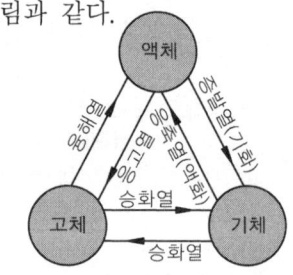

(7) 감열과 잠열

① 감열(sensible heat) : 어떤 물질이 상태의 변화가 생기지 않고 온도변화만 일으키는 데 사용되는 열을 말하며 현열이라고도 한다.

$$Q_s = G \cdot C \cdot \Delta t$$

Q_s : 감열량[kcal]
G : 물질의 중량[kg]
C : 물질의 비열[kcal/kg°C]
Δt : 온도차[°C]

② 잠열(latent heat) : 어떤 물질이 온도변화는 생기지 않고 상태변화만 일으키는데 필요한 열량을 말한다.

$$Q_L = G \cdot r$$

Q_L : 잠열량[kcal]
G : 물질의 질량[kg]
r : 물질의 잠열[kcal/kg]

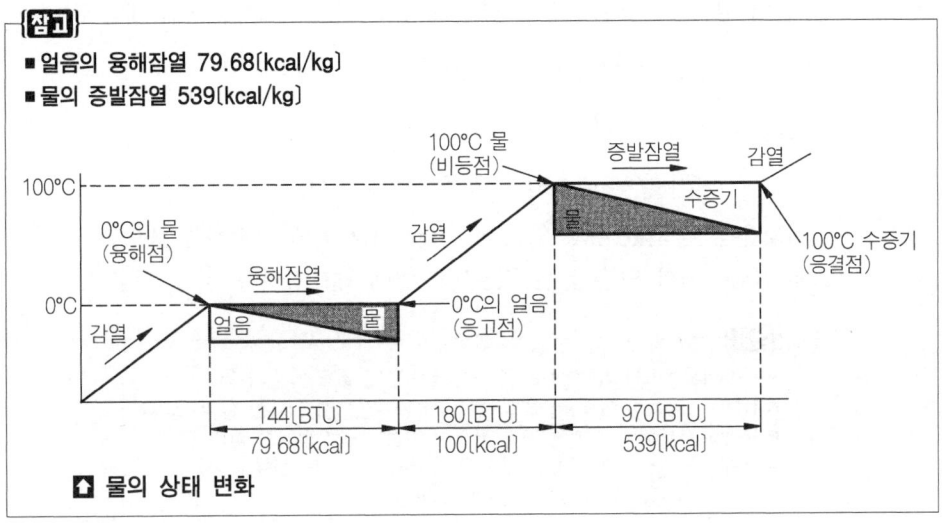

■ 물의 상태 변화

【예제】

1. 0[℃]의 얼음 10[kg]을 100[℃]의 물로 만들 때 몇 [kcal]의 열량이 필요한가?

[해설] (1) 0[℃] 얼음 → 0[℃] 물 : $Q_L = G \times r = 10 \times 79.68 = 796.8$ [kcal]
(2) 0[℃] 물 → 100[℃] 물 : $Q_S = G \times C \times \Delta t = 10 \times 1 \times 100 = 1,000$ [kcal]
∴ $Q = Q_L + Q_S = 1796.8$ [kcal]

[해답] 1796.8[kcal]

4. 열역학의 법칙

(1) 열역학 제0법칙(열평형의 법칙)

두 개의 물체가 또 다른 물체와 서로 열평형을 이루고 있으면 그 두 물체는 서로 열평형 상태라고 표현한다. 실상 열역학 제0법칙은 온도측정의 기초를 이루는 중요한 개념으로서 물체의 온도를 말할 때 온도계와 그 물체가 열평형을 이루었을 때 온도계의 눈금으로 그 물체의 온도를 표시할 수 있는 것이다.

(2) 열역학 제1법칙(에너지보존의 법칙)

열은 일로, 일은 열로 상호 쉽게 교환시킬 수 있는 법칙, 에너지는 한 형태에서 변화할 수 있으며, 이때 에너지는 일정한 비율로 변화한다.

일 W를 소비하여 Q의 열량이 발생하였다면,

$$Q \rightleftharpoons W$$
$$Q \rightleftharpoons AW, \quad W = JQ$$

W : 일[kg·m]
Q : 열량[kcal]
J : 열의 일당량[kg·m/kcal]
A : 일의 열당량[kcal/kg·m]

① 일의 열당량 : 단위일량이 얼마의 열로 환산되는가를 나타내는 것.

$$\frac{1}{427}[kcal/kg_f \cdot m] = \frac{1}{778}[B.T.U/ft \cdot lb]$$

② 열의 일당량 : 단위열량이 얼마의 일로 환산되는가를 나타내는 것.

$$427[kg_f \cdot m/kcal] = 778[ft \cdot lb/B.T.U]$$

이것은 결국 1[kcal]의 열은 427[kg·m]의 일에 상당하는 것을 표시하는 것이며, 반대로 1[kg·m]의 일은 1/427[kcal]의 열에 해당한다는 것을 뜻한다.

> **[참고]**
> - **1(Joule)** : 1[N]의 힘으로 1[m] 움직이는데 필요한 일의 양
> - **1(N)** : 1[kg]의 물체를 매초 1[m] 가속시키는 데 필요한 힘의 크기
> - **1(dye)** : 1[g]의 물체를 매초 1[cm] 이동하는데 필요한 힘의 크기
> - **1(Watt)** : 1[Ω]의 저항에 1[A]가 흘러서 소비되는 전류
>   ∴ 1[N] = 10^5[dye], 1[J] = 1[W/sec]

(3) 열역학 제2법칙(에너지흐름의 법칙)

일은 쉽게 열로 바뀌나 열은 쉽게 일로 바꿀 수 없다는 법칙, 또한 열은 고온의 물체에서 저온의 물체로 옮겨 갈 수 있지만 그 자신으로서는 저온의 물체에서 고온의 물체로 옮겨갈 수 없다.

① 크라우시우스의 표현
  열은 그 자신만으로는 저온물체에서 고온물체로 이동할 수 없다.

② 켈빈의 표현
  열기관에서 동작유체가 일을 하기 위해서는 그것보다 더 낮은 저온 물체를 필요로 한다.

(4) 열역학 제3법칙

독일의 물리학자 Nernst에 의해 수립된 법칙으로 어떠한 이상적인 방법으로라도 어떤 계를 절대온도 0도에 이르게 할 수 없다는 법칙

5. 밀도, 비중량, 비체적, 비중

(1) 밀도 (ρ)(density)

단위체적당 유체의 질량[kg/m³][kg/ℓ]

$$\rho = \frac{m(질량)}{V(체적)}, \quad 기체밀도 = \frac{분자량}{22.4}$$

∴ 물의 밀도 $\rho w = 1,000 [kg/m^3] = 102[kg \cdot s^2/m^4]$

(2) 비중량 (γ)(specific weight)

단위체적당 유체의 중량[kg/m³]

$$r = \frac{중량}{체적} = \frac{G}{V} = \frac{1}{\Delta v}$$

물은 4[℃]일 때 가장 무겁고 이때를 기준으로 물의 비중량 $1[g/cm^3] = 1[kg/l] = 1,000[kg/m^3] = 1[ton/m^3]$

(3) 비체적 (Δv)(specific volume)

단위중량당의 체적이며 밀도의 역수이다.

$$\Delta v = \frac{체적}{중량} [m^3/kg] = \frac{1}{r} \qquad 기체의\ 비체적 = \frac{22.4}{분자량}$$

(4) 비중 (S)

물의 무게(4[℃])와 같은 체적을 갖는 어떤 물질의 질량비, 즉 물의 비중량 $1,000[kg/m^3]$을 1로 보고 어떤 물질과 비교한 중량, 물의 비중 $Sw=1$, 수은비중 $SHg=13.595=13.6$(수은비중량 $13,595[kg/m^3]$)

6. 엔탈피, 엔트로피(enthalphy, entropy)

(1) 엔탈피〔kcal/kg〕

열역학 상태량으로 어떤 단위 중량당 물질이 가지는 총 에너지열량

$$H = u + APV$$

- H : 엔탈피[kcal/kg]
- u : 내부 에너지[kcal/kg]
- A : 일의 열당량[kcal/kg·m]
- P : 압력[kg/cm²]
- V : 비체적[m³/kg]

※ 표준 상태하의 증기 엔탈피=639〔kcal/kg〕=〔100(현열)+539(잠열)〕

(2) 엔트로피〔kcal/kg°K〕

가열할 때의 총열량을 그 상태의 절대온도로 나눈 값

$$ds = \frac{dQ}{T}$$

- ds : 엔트로피[kcal/kg°K]
- dQ : 변화된 총열량[kcal/kg]
- T : 절대온도[°K]

7. 임계온도와 임계압력

기체는 고체나 액체보다 분자간의 거리가 크기 때문에 그 분자가 자유로이 운동할 수 있다. 이 기체의 분자를 적절한 방법으로 거리를 가깝게 하면 결국은 액체가 된다. 분자간의 거리를 가깝게 하려면 압력을 가하면 되는데, 어느 온도 이상에서는 아무리 큰 압력을 가해도 액화하지 않는다. 이 액화할 수 있는 최고의 온도를 임계온도라 하고 그 온도에 있어서 액화시킬 수 있는 최저의 압력을 임계압력이라 한다.

> **참고**
> ■ 압력을 높이고 온도를 낮추면 쉽게 액화된다.

(1) 임계상태(critical state)

어떤 기체가 등온선을 따라서 임계온도에 이르면 임계압력도 일치되는데, 이 점을 임계점이라하며 이때의 상태를 임계 상태라 한다.

> **참고**
> ■ 등온선(isothermal line)
> 어떤 기체의 일정한 온도에서의 압력과 부피의 관계를 나타내는 곡선

(2) 임계부피(critical volume), 임계밀도(critical density)

임계점에서의 부피를 임계부피라하며 임계부피의 역수를 임계 밀도라 한다.

(3) 임계상수(critical constant)

임계온도, 임계압, 임계부피, 임계밀도 등의 값은 몰(mol)에 따라 일정한 값을 갖고 있는데 이 값을 임계상수라 한다.

제1장 가스의 개론 예상문제

제1편 가스 일반
가스의 개론 | 가스의 특성

문제 1 표준 대기압은 몇 [lb/in²a][PSIA]인가?

㉮ 14.7　　㉯ 14.2　　㉰ 7.0　　㉱ 1.013

문제 2 1[BTU]와 관계가 없는 것은?

㉮ 0.252[kcal]　　㉯ 1[°F]　　㉰ 1[lb]　　㉱ 0.453[kcal]

문제 3 순수한 물 1[lb](파운드)의 온도를 1[°C] 변화시키는데 소요되는 열량은?

㉮ 1[kcal]　　㉯ 1[CHU]　　㉰ 1[BTU]　　㉱ 1[cal]

문제 4 물 1,200[kg]을 30[°C]에서 100[°C]까지 온도를 올리는데 필요한 열량은?

㉮ 36,000[kcal]　　㉯ 45,000[kcal]　　㉰ 70,000[kcal]　　㉱ 84,000[kcal]

해설 현열=질량×비열×온도차=1,200×1×(100−30)=84,000[kcal]이다.

문제 5 −20[°C]의 얼음 50[kg]을 100[°C]의 증기로 변화시킬 때 필요한 열량은?(단, 얼음의 비열은 0.5[kcal/kg°C], 물의 비열은 1[kcal/kg°C])

㉮ 3,000[kcal]　　㉯ 6,000[kcal]　　㉰ 36,450[kcal]　　㉱ 38,420[kcal]

해설 −20[°C] 얼음 ~ 0[°C] 얼음 ~ 0[°C] 물 ~ 100[°C] 물 ~ 100[°C] 증기
　　　　　　　Q_1　　　　　Q_2　　　　Q_3　　　　　Q_4

Q_1=질량×비열×온도차이므로 50×0.5×20=500[kcal]
Q_2=질량×잠열이므로 50×80=4,000[kcal]
Q_3=질량×비열×온도차이므로 50×1×100=5,000[kcal]
Q_4=질량×잠열이므로 50×539=26,950[kcal]
그러므로 $Q=Q_1+Q_2+Q_3+Q_4$이므로
500+4,000+5,000+26,950=36,450[kcal]

문제 6 비열이 0.5[kcal/kg°C]인 어떤 연료 10[kg]을 50[°C]에서 80[°C]까지 예열하고자 한다. 이때 필요한 열량은?

㉮ 300[kcal]　　㉯ 250[kcal]　　㉰ 220[kcal]　　㉱ 150[kcal]

해설 현열=질량×비열×온도차이므로 10×0.5×(80−50)=150[kcal]이다.

문제 7 열량의 값 중 1[BTU]는 몇 [kcal]에 해당하는가?

㉮ 5.26　　㉯ 0.252　　㉰ 3.968　　㉱ 4.53

해설 1[kcal]=3.968[BTU]=0.4536[CHU]이고 1[BTU]=0.252[kcal]=0.5556[CHU]이다.

해답 1.㉮ 2.㉱ 3.㉯ 4.㉱ 5.㉰ 6.㉱ 7.㉯

제1편 가스 일반

문제 8 어떤 물의 온도가 59[°F]로 측정되었다면 캘빈도(절대온도)로는 얼마인가?

㉮ 15[°K]   ㉯ 288[°K]   ㉰ 475[°K]   ㉱ 47[°K]

해설 $K = t[°C] + 273$이므로 먼저 $[°C] = \dfrac{5}{9}(°F - 32) = \dfrac{5}{9}(59 - 32) = 15[°C]$이므로
$K = 15 + 273 = 288[°K]$이다.

문제 9 다음 단위 중 열량의 단위가 아닌 것은?

㉮ [W]   ㉯ [kcal]   ㉰ [BTU]   ㉱ [Therm]

해설 ㉮ 일의 단위 1[Therm] = 100,000[BTU]

문제 10 부피 V, 비중 p, 비열 C인 물질의 열용량은 다음 어느 것으로 표시하는가?

㉮ PCV ㉯ V/CP ㉰ P/CV ㉱ $P+CV$

해설 ① 비열 : 어떤 물질 1[kg]을 온도 1[°C] 높이는데 소요되는 열량[kcal/kg°C] 또는 어떤 물질 1[kg]의 열용량
② 열용량[kcal/°C] : 어떤 물질의 온도를 1[°C] 높이는데 소요열량
 열용량 = 비열[kcal/kg°C] × 질량[kg] 여기서, 질량 = 비중 × 부피이다.

문제 11 열용량에 대한 설명으로 옳은 것은?

㉮ 어떤 물질 1[kg]의 온도를 1[°C] 변화시키기 위하여 필요한 열량
㉯ 어떤 물질의 온도를 1[°C] 변화시키는데 필요한 열량
㉰ 열의 많고 적음을 나타내는 량
㉱ 정적비열에 대한 정압비열을 백분율로 표시한 값

문제 12 열량의 단위인 [kcal] 중 15[°C kcal]은 표준 기압하에서 어떻게 정의된 것인가?

㉮ 순수한 물 1[kg]을 0[°C]로부터 1[°C] 올리는데 요하는 열량
㉯ 순수한 물 1[kg]을 0[°C]로부터 100[°C]까지 올리는데 필요한 열량의 1/100을 말한다.
㉰ 순수한 물 1[kg]을 14.5[°C]로부터 15.5[°C] 올리는데 필요한 열량
㉱ 순수한 물 1[kg]을 15[°C]로부터 1[°C] 올리는데 요하는 열량

해설
• 1[kcal] = 표준 대기압하에서 순수한 물 1[kg]을 14.5~15.5[°C]까지 온도 1[°C] 높이는데 소요되는 열량
• 1[BTU] = 표준 대기압하에서 순수한 물 1[*lb*]를 60~61[°F]까지 온도 1[°F] 높이는데 소요되는 열량
• 1[CHU] = 표준 대기압에서 순수한 물 1[*lb*]를 14.5~15.5[°C]로 온도 1[°C] 높이는데 소요되는 열량

문제 13 150[kg]의 물을 18[°C]로부터 100[°C]까지 가열하는데 필요한 열량은 몇 [kcal]인가?

㉮ 11,200   ㉯ 11,300   ㉰ 12,300   ㉱ 12,400

해설 $Q = G \cdot C \cdot \Delta t = 150 \times 1 \times (100 - 18) = 12,300$ [kcal]

해답 8. ㉯ 9. ㉮ 10. ㉮ 11. ㉯ 12. ㉰ 13. ㉰

문제 14 물체의 온도변화는 없이 상태변화를 일으키는데 이용된 열량을 무엇이라 하는가?

㉮ 감열　　㉯ 비열　　㉰ 잠열　　㉱ 반응열

해설 ① 현열(감열) : 온도변화하는데 소요되는 열량
$Q = G \cdot C \cdot \Delta t$　　G : 질량[kg], Δt : 온도차[°C], C : 비열[kcal/kg°C]
② 잠열(숨은열) : 상태변화하는데 소요되는 열량
$Q = G \cdot r$　　Q : 열량[kcal], G : 질량[kcal kg]
r ┌ 물의 기화잠열 : 539[kcal/kg]
　　└ 얼음의 융해잠열 : 80[kcal/kg]

문제 15 다음 중 10[°C]의 물 1[kg]이 90[°C]의 물로 가열될 때 흡수된 열량에 가장 가까운 것은?

㉮ 8,000[cal]　　㉯ 800[cal]　　㉰ 80[kcal]　　㉱ 8[kcal]

해설 온도 변화에 따른 열량은 현열이므로 $Q = G \cdot C \cdot \Delta t = 1 \times 1 \times (90 - 10) = 80$ [kcal]

문제 16 물의 온도를 올리는데 필요한 열량은?

㉮ 잠열　　㉯ 기화열　　㉰ 숨은열　　㉱ 현열

문제 17 1[J]은 몇 [cal]의 열량에 해당하는가?

㉮ 4.2　　㉯ 0.24　　㉰ 2.4　　㉱ 1,000

문제 18 다음 중 열량의 단위가 아닌 것은?

㉮ 줄[J]　　㉯ 칼로리[kcal]　　㉰ 뉴턴[N]　　㉱ 와트시[wh]

해설 [N](뉴턴)은 힘의 단위이다.

문제 19 다음 식 중 섭씨 온도와 화씨 온도와의 상관관계를 바르게 표현한 것은?

㉮ $[°C] = \dfrac{9}{5} + 32$　　㉯ $[°F] = \dfrac{5}{9} \times ([°C] - 32)$

㉰ $\dfrac{180}{[°C] - 32} = \dfrac{100}{[°F]}$　　㉱ $\dfrac{[°C]}{100} = \dfrac{[°F] - 32}{180}$

해설 ① 섭씨 온도는 $\dfrac{[°C]}{100} = \dfrac{[°F] - 32}{180}$ 이므로 $[°C] = \dfrac{100(F - 32)}{180}$
그러므로 $[°C] = 5(F - 32)/9$ 이다.

문제 20 다음 중 온도의 기본단위는 어느 것인가?

㉮ [°C]　　㉯ [°F]　　㉰ [°R]　　㉱ [°K]

해설 • 기본단위 : 물리량의 측정에 있어서 없어서는 아니 될 원초적인 단위
(길이 : [m], 질량 : [kg], 시간 : [sec], 온도 : [K], 전류 : [A], 광도 : [cd], 물질의 양 : [mol])

해답 14. ㉰　15. ㉰　16. ㉱　17. ㉯　18. ㉰　19. ㉱　20. ㉱

문제 21 섭씨온도란?

㉮ 물의 끓는점을 0[°C], 어는점을 200[°C]로 한 것이다.
㉯ 물의 끓는점을 32[°C], 어는점을 212[°C]로 한 것이다.
㉰ 물의 끓는점을 212[°C], 어는점을 32[°C]로 한 것이다.
㉱ 물의 끓는점을 100[°C], 어는점을 0[°C]로 한 것이다.

문제 22 열역학 제 1법칙은?

㉮ 질량불변의 법칙   ㉯ 에너지 보존의 법칙
㉰ 엔트로피 보존의 법칙   ㉱ 작용, 반작용의 법칙

해설 열역학 제1법칙=에너지 보존의 법칙

문제 23 샬의 법칙은 모든 기체의 온도가 1[°C] 상승에 따라 체적이 증가한다면 몇 배나 증가하는가?

㉮ 22.4배   ㉯ 1/273   ㉰ 1/700   ㉱ 1/180

해설 ① 보일의 법칙 : 온도가 일정할 때 기체의 부피는 압력에 반비례
② TIF의 법칙 : 압력이 일정할 때 기체의 부피는 그 절대 온도에 비례(온도 1[°C] 상승에 1/273.5씩 증가)
③ 보일·샬의 법칙 : 일정량의 기체의 부피는 그 절대 온도에 비례하고 압력에 반비례

문제 24 293[°F]는 섭씨 몇 [°C]인가?

㉮ 135   ㉯ 212   ㉰ 145   ㉱ 150

해설 섭씨 온도 [°C]=$5 \times \frac{(F-32)}{9}$ 이고 화씨온도 [°F]=$\frac{9}{5} \times C + 32$ 이다.

[°C]=$\frac{1}{9}C + 32$ 이므로 $\frac{5}{9} \times (293-32) = 145$ [°C]이다.

문제 25 이상기체의 부피가 절대 온도에 비례한다면 다음 어떠한 조건이 필요한가?

㉮ 부피가 일정하다.   ㉯ 밀도가 일정하다.
㉰ 온도가 일정하다.   ㉱ 압력이 일정하다.

문제 26 일을 열로 바꾸는 것은 용이하나 열을 일로 바꾸는 것은 제한을 받는다. 이 법칙은?

㉮ 열역학 제 1법칙   ㉯ 열역학 제 2법칙
㉰ 게이뤼삭의 법칙   ㉱ 보일·샬의 법칙

해설 제2종 영구기관 제작 불가능의 법칙

해답 21. ㉱ 22. ㉯ 23. ㉯ 24. ㉰ 25. ㉱ 26. ㉯

제1장 가스의 개론 예상문제

문제 27 열역학 제1법칙에 의한 일의 열당량은?
- ㉮ 426.8[kcal/kg·m]
- ㉯ 860[kcal/kg·m]
- ㉰ 1/426.7[kcal/kg$_f$·m]
- ㉱ 1/860[kcal/kg·m]

해설 $Q = A \cdot W$, $WJ \cdot Q$이다. Q=열량, W=일량, J=일의 열당량, A=열의 일당량
- 일의 열당량 : $(1/427)$[kcal/kg$_f$·m]
- 열의 일당량 : 427[kg$_f$·m/kcal]

문제 28 S.T.P에서 560[ml]의 무게가 1.55[g]인 기체분자량의 근사값은 얼마인가?
- ㉮ 60.00
- ㉯ 62.0
- ㉰ 64.0
- ㉱ 66.04

해설 $PV = \dfrac{W}{M} RT$, $M = \dfrac{1.55 \times 0.082 \times 273}{1 \times 0.56} = 62.0$

문제 29 18[℃]에서 765[mmHg]인 어떤 기체 1.29[l]의 무게는 2.71[g]이다. 이 기체의 분자량은?
- ㉮ 39.2
- ㉯ 46.4
- ㉰ 94.2
- ㉱ 49.8

해설 $PV = \dfrac{W}{M} RT$, $M = \dfrac{WRT}{PV}$, $M = \dfrac{2.71 \times 0.082 \times 291}{\dfrac{765}{760} \times 1.29} = 49.8$

문제 30 S.T.P에서 산소 4.0[g]이 차지하는 부피는 얼마인가?
- ㉮ 22.4[l]
- ㉯ 2.8[l]
- ㉰ 4.6[l]
- ㉱ 11.2[l]

해설 $32[g](1[mol]) \longrightarrow 22.4[l]$
$4[g] \longrightarrow x$ $x = 2.8[l]$

문제 31 20[℃]의 5[atm]에서의 CH$_4$의 밀도를 구하여라.
- ㉮ 3.42
- ㉯ 3.33
- ㉰ 2.96
- ㉱ 6.70

해설 $M = \dfrac{d}{P} RT$, $d = \dfrac{MP}{RT}$, $d = \dfrac{16 \times 5}{0.082 \times 293} = 3.33$

문제 32 CO의 밀도는 −20[℃] 2.35[atm]에서 3.17[g/l]이다. CO의 분자량은 얼마인가?
- ㉮ 28.0
- ㉯ 30
- ㉰ 26
- ㉱ 20.4

해설 $M = \dfrac{d}{P} RT$, $M = \dfrac{3.17}{2.35} \times 0.082 \times 253 = 28.0$

문제 33 작은 구멍을 통하면 H$_2$와 CO$_2$의 상대 유출속도를 구하여라.(단, H$_2$=2, CO$_2$=44)
- ㉮ 2.8
- ㉯ 3.2
- ㉰ 4.7
- ㉱ 5.0

해설 $\dfrac{U_1}{U_2} = \sqrt{\dfrac{M_2}{M_1}}$ ∴ $\dfrac{UH_2}{UCO_2} = \sqrt{\dfrac{44}{2}} = \sqrt{22} = 4.7$ ∴ $UH_2 = 4.7 \times UCO_2$

해답 27.㉰ 28.㉯ 29.㉱ 30.㉯ 31.㉯ 32.㉮ 33.㉰

문제 34 다음 압력 중 제일 큰 압력은 어느 것인가?

㉮ 120[g/mm²]　㉯ 1,400[kg/m²]　㉰ 16[kg/cm²]　㉱ 14[kg/mm²]

해설
㉮ $\dfrac{120[g]}{[mm^2]} \times \dfrac{10^2[mm^2]}{1[cm^2]} \times \dfrac{1[kg]}{1,000[g]} = 12[kg/cm^2]$

㉯ $\dfrac{1,400[kg]}{[m^2]} \times \dfrac{1[m^2]}{100^2[cm^2]} = 0.14[kg/cm^2]$

㉰ $16[kg/cm^2]$

㉱ $\dfrac{14[kg]}{[mm^2]} = \dfrac{10^2[mm^2]}{1[cm^2]} = 1,400[kg/cm^2]$

문제 35 어떤 액의 비중 2.5이다. 이 액의 액주 6[m]의 압력은 다음의 어느 압력과 같은가?

㉮ 1.7[atm]　㉯ 1.5[kg/cm²]　㉰ 120[cmHg]　㉱ 17[mHg]

해설 $2.5[g/cm^2] \times \dfrac{1[kg]}{1,000[g]} 6[m] \times \dfrac{100[cm]}{1[m]} = 1.5[kg/cm^2]$

문제 36 수은주의 높이가 15[inch Hg]일 때의 압력은?

㉮ 14.7[lb/in²]　㉯ 0.5[kg/cm²a]　㉰ 0[kg/cm²]　㉱ 7.35[lb/in² · a]

해설 $15[inHg] \times \dfrac{2.54[cmHg]}{1[inHg]} = 38.1[cmHg]$

대기압 − 진공압 = 절대압　∴ $1 - \dfrac{38.1}{76} = 0.5$

$0.5[kg/cm^2] \times 14.7 = 7.35[lb/in^2]$

문제 37 완전 기체의 부피를 현재의 1/2로 하고, 절대온도[°K]를 현재의 2배로 한 경우에 압력은 원래의 몇 배로 되겠는가?

㉮ 2배　㉯ 4배　㉰ 6배　㉱ 8배

해설 $\dfrac{PV}{T} = \dfrac{xP \times \dfrac{1}{2}V}{2T} \quad x = 4$

문제 38 다음 압력에 관한 사항들이다. 맞는 것은?

㉮ 봄베 압력 = 게이지압 − 대기압　㉯ 물기둥 10[m]의 압력은 1[kg/cm²]이다.
㉰ 1기압은 1.0332[kg/cm²]이다.　㉱ 게이지 압력 = 절대압력 + 대기압

해설 게이지 압력 = 절대압력 − 대기압

문제 39 내용적 40[l]의 용기에 10[°C]에서 120[kg/cm²]까지 충전된 수소가 공기 중에서 연소했다고 하면 몇 [kg]의 물이 생성되는가?(단, 이상기체로 한다)

㉮ 5.32　㉯ 3.75　㉰ 7.45　㉱ 9.04

해답 34.㉱　35.㉯　36.㉱　37.㉯　38.㉯　39.㉯

해설
$$\frac{PV}{T} = \frac{P'V'}{T'}$$

$P_1 = 1\,[\text{kg/cm}^2],\ V_1 = x,\ T_1 = 273\,[°K]$
$P_2 = 120 + 1 = 121\,[\text{kg/cm}^2],\ V_2 = 40\,[l]$
$T_2 = 273 + 10 = 283\,[°K]$

$$V_1 = \frac{T_1 P_2 V}{P_1 T_2} = \frac{273 \times 121 \times 40}{1 \times 283} = 4668.9\,[l]$$

수소의 연소식은 $H_2 + \frac{1}{2}O_2 \longrightarrow H_2O$

$\qquad\qquad\qquad$ 1[mol] $\qquad\qquad$ 22.4[l]
$\qquad\qquad\qquad\quad x \qquad\qquad\qquad$ 4668.9
$\qquad\qquad\qquad\qquad x = 208.4\,[\text{mol}]$

∴ $H_2O = 18[g] \times 208.4 = 3571[g]$
∴ 3.751[kg]

문제 40 밀폐된 용기의 용기 중에서 압력이 15기압일 때 O_2의 분압은 얼마인가?(단, 공기 중의 부피 : $N_2 = 79[\%]$, $O_2 = 21[\%]$)

㉮ 5.6[atm]　　㉯ 7.4[atm]　　㉰ 3.15[atm]　　㉱ 1.3[atm]

해설 분압 = 전압 × $\dfrac{\text{성분 몰수}}{\text{전몰수}}$　　∴ $15 \times \dfrac{21}{79+21} = 3.15$

문제 41 어떤 액체의 밀도가 $0.65\,[\text{g/cm}^3]$이다. 이 액의 기둥의 10[m]의 압력은 대략 어느 압력과 같은가?

㉮ 1.0332[kg/cm²]　㉯ 14.7[lb/in²]　㉰ 10[mH₂O]　㉱ 48[cm−Hg]

해설 $P = d \times h$

$0.65\,[\text{g/cm}^3] \times \dfrac{1[\text{kg}]}{1,000[\text{g}]} \times \dfrac{100^3[\text{cm}^3]}{1[\text{m}^3]} = 650\,[\text{kg/m}^3]$

$650\,[\text{kg/m}^3] \times 10[\text{m}] = 6,500\,[\text{kg/m}^2]$

$6,500\,[\text{kg/m}^2] \times \dfrac{1[\text{m}^2]}{100^2[\text{cm}^2]} = 0.65\,[\text{kg/cm}^2]$

76 [cm-Hg] $\longrightarrow$ 1.0332[kg/cm²]
$x \longleftarrow$ 0.65 [kg/cm²]　　$x \fallingdotseq 48$ [cm-Hg]

문제 42 산소용기에 산소를 온도 35[°C]에서 약 몇 [kg/cm²]의 압력까지 충전해야 하는가?

㉮ 120[kg/cm²]　㉯ 150[kg/cm²]　㉰ 130[kg/cm²]　㉱ 140[kg/cm²]

해설 • 보일−샬의 법칙(V = 일정)
$P_1 = 200\,[\text{kg/cm}^2],\ T_1 = 273 + 35\,[K]$
$P_2 = x,\ T_2 = 273 + 0\,[K]$
∴ $\dfrac{200}{273+25} = \dfrac{x}{273+0}$　　$x = 177.2$

해답 40. ㉰　41. ㉱　42. ㉮

제1편 가스 일반

문제 43 수소용기에 수소가 충전되어 있다. 가스의 온도가 25〔℃〕, 압력이 150〔kg/cm²·a〕이다. 지금 외부에서 열을 가하고 용기내 온도가 40〔℃〕 상승했다고 하면 가스압력은 게이지 압력으로 얼마이겠는가?

㉮ 135〔kg/cm²〕　㉯ 1724〔kg/cm²〕　㉰ 94.3〔kg/cm²〕　㉱ 157〔kg/cm²〕

해설 • 샬의 법칙 이용(V=일정)

$P_1=150$, $T_1=273+25$
$P_2=x$, $T_2=273+40$

∴ $\dfrac{150}{273+25}=\dfrac{x}{273+40}$　$x=157.55$　∴ ≒158(절대압)

게이지압＝절대압－대기압

∴ $158-1=157\,[\text{kg/cm}^2]$

문제 44 0〔℃〕 1기압에 있던 5〔l〕의 기체가 273〔℃〕 1기압일 때 몇〔l〕인가?

㉮ 10〔l〕　㉯ 5〔l〕　㉰ 4〔l〕　㉱ 2〔l〕

해설 • 샬의 법칙 이용(P=일정)

$T_1=273$　$V_1=5[l]$
$T_2=273+273$　$V_2=x$

$\dfrac{5}{273}=\dfrac{x}{546}$　$x=10[l]$

문제 45 수소 4〔l〕를 완전히 연소시키면 적어도 몇〔l〕의 산소가 필요한가, 또 이때 생기는 수증기의 부피는 얼마인가?

㉮ $O_2 : 4[l]$, $H_2O : 2[l]$　㉯ $O_2 : 4[l]$, $H_2O : 4[l]$
㉰ $O_2 : 1[l]$, $H_2O : 6[l]$　㉱ $O_2 : 4[l]$, $H_2O : 1[l]$

해설 $2H_2+O_2 \longrightarrow 2H_2O$

O_2의 부피 : $4[l] \times \dfrac{1}{2} = 2[l]$

H_2O의 부피 : $4[l] \times \dfrac{2}{2} = 4[l]$

문제 46 압력이 740〔mmHg〕에서 200〔l〕의 어떤 기체가 있다. 온도는 그대로 두고 압력을 610〔mmHg〕로 변화시킬 때의 부피를 계산하여라

㉮ 426.2〔l〕　㉯ 168.4〔l〕　㉰ 242.6〔l〕　㉱ 422.6〔l〕

해설 • 보일의 법칙　$PV=P'V'$

문제 47 27〔℃〕에서 100〔l〕의 산소가 있다. 압력을 그대로 두고 온도만을 변화시켰더니 150〔l〕로 되었다. 변화시킨 온도는 몇〔℃〕인가?

㉮ 487〔℃〕　㉯ 450〔℃〕　㉰ 510〔℃〕　㉱ 177〔℃〕

해설 • 샬의 법칙 이용　$\dfrac{V}{T}=\dfrac{V'}{T'}$　$\dfrac{100}{300}=\dfrac{150}{x}$ · $x=450\,[°K]$

∴ $450-273=177\,[°C]$

해답 43. ㉱　44. ㉮　45. ㉯　46. ㉰　47. ㉱

문제 48 1기압 17[°C]에서 290[l]의 기체가 있다. 이 기체가 2기압에서 151.5[l]로 되게 하기 위해서는 온도를 몇 [°C]로 해야 되나?

㉮ 30   ㉯ 15   ㉰ 60   ㉱ 45

해설 $\frac{PV}{T} = \frac{P'V'}{T} = \frac{290 \times 1}{290} = \frac{2 \times 151.5}{273+x}$

$x = 30$

문제 49 2기압의 산소 4[l]와 5기압의 수소 8[l]를 10[l]들이 그릇에 넣으면 전체의 압력은 얼마인가?(단, 온도는 일정하다)

㉮ 5   ㉯ 4.2   ㉰ 4.8   ㉱ 4.4

해설 $P = \frac{P_1V_1 + P_2V_2}{V}$

$P = \frac{2 \times 4 + 5 \times 8}{10} = \frac{48}{10} = 4.8$

문제 50 표준 상태에서 산소의 밀도는 얼마인가?

㉮ 22.4[g/l]   ㉯ 29[g/l]   ㉰ 29.842[g/l]   ㉱ 1.429[g/l]

해설 $\frac{32}{22.4} = 1.429 [g/l]$

문제 51 10[°C], 750[mmHg]에서 220[cc]의 기체의 무게가 0.3[g]이다. 이 기체의 분자량은 얼마인가?

㉮ 35.95   ㉯ 35.89   ㉰ 30.452   ㉱ 36.21

해설 $PV = nRT$ $PV = \frac{W}{M}RT$ $M = \frac{RT}{PV} \times W$

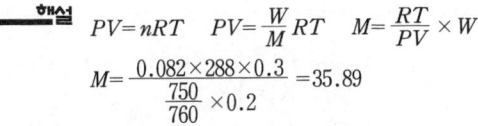

문제 52 10[g]의 산소(이상 기체라고 가정)는 100[°C] 740[mmHg]에서는 몇 [l]의 용적을 차지하겠는가?

㉮ 3.47   ㉯ 4.64   ㉰ 9.83   ㉱ 2.92

해설 $PV = nRT$ $V = \frac{nRT}{P}$ $V = \frac{(10/32)(0.082)(373)}{740/760} = 9.83 [l]$

문제 53 10[l]의 밀폐된 용기속에 들어 있는 1[mol]의 물을 150[°C]로 가열할 때 나타낼 압력을 계산하여라

㉮ 3.47   ㉯ 2.87   ㉰ 4.64   ㉱ 4.04

해설 $PV = nRT$ $P = \frac{nRT}{V}$ $P = \frac{1 \times 0.082 \times 423}{10} ≒ 3.47$

해답 48. ㉮   49. ㉰   50. ㉱   51. ㉯   52. ㉰   53. ㉮

문제 54 프로판 5.5[g]을 완전히 연소시켰을 때 얻어지는 CO_2의 부피는 몇 [l]인가?(단, S. T. P 라고 가정)

㉮ 4.7[l]　　㉯ 6.2[l]　　㉰ 7.7[l]　　㉱ 8.4[l]

해설 $C_3H_8 + 5O_2 \longrightarrow 3CO_2 + 4H_2O$
44[g]　　　:　　3×22.4[l]
5.5[g]　　　:　　x

$x = \dfrac{5.5 \times 3 \times 22.4}{44} = 8.4[l]$

문제 55 어떤 압력용기 안에 액화부탄 5[kg]이 차지하는 부피는 다음과 같다. 어느 것이 옳은가?(단, 액화 C_4H_{10}의 밀도는 0.5[g/cm³]이다)

㉮ 4[l]　　㉯ 8[l]　　㉰ 10[l]　　㉱ 12[l]

해설 $0.5[g/cm^2] \times \dfrac{1[kg]}{1,000[g]} \times \dfrac{1,000[cm^3]}{1[l]} = 0.5[kg/l]$

∴ $\dfrac{5[kg]}{0.5[kg/l]} = 10[l]$

문제 56 10[℃] 2기압에서 4[l]를 차지하는 산소와 10[℃] 4기압에서 6[l]를 차지하는 헬륨을 혼합하여 2[l]로 하면 압력은 몇 기압이 되겠는가?

㉮ 10기압　　㉯ 14기압　　㉰ 16기압　　㉱ 20기압

해설 • 보일의 법칙 응용　$PV = P_1V_1 + P_2V_2$
∴ $P \times 2 = 2 \times 4 + 4 \times 6$　$P = 16$기압

문제 57 다음 온도에 관한 식들 중 옳지 않은 것은 어느 것인가?

㉮ [℃] = 460[°R] + [°F]　　㉯ [°R] = 460 + [°F]
㉰ [°K] = 273 + [℃]　　㉱ [°K] = 1.8[°R]

해설 • 온도의 종류는 섭씨온도, 화씨온도, 절대온도
　－섭씨온도 : [℃] = $\dfrac{5}{9}$([°F] − 32)
　－화씨온도 : [°F] = $\dfrac{9}{5}$[℃] + 32
　－절대온도 : [°K] = 273 + [℃]
　－랭킨온도 : [°R] = 460 + [°F]

문제 58 다음 기재한 온도 중 가장 높은 온도는 어느 것인가?

㉮ 273[°K]　　㉯ 32[°K]　　㉰ 3[℃]　　㉱ 460[°R] + 32[°F]

해설 ① [°F] 온도 : 얼음의 융해점을 32[°F] 물의 비등점을 212[°F]로 하고 그 사이를 1[°F]로 한 것.
② [°K] 온도 : 물체의 분자운동 에너지가 0으로 되는 상태를 정한 온도, 0[°K]는 섭씨온도 −273[℃]에 해당

해답 54. ㉱　55. ㉰　56. ㉰　57. ㉰　58. ㉰

제 1 장 가스의 개론 예상문제

문제 59 48[cmHgV]일 때 [lb/in²]의 압력으로 환산하려면 맞는 식은 어느 것인가?

㉮ $14.7 \times \dfrac{48}{76}$ ㉯ $14.7 \times \left(1 - \dfrac{48}{76}\right)$

㉰ $14.7 \times \left(\dfrac{76}{48}\right)$ ㉱ $2.54 \times \left(1 - \dfrac{48}{76}\right)$

해설 ㉮ [cmHgV]시에 ➡ [kg/cm²a] $P = 1.0332 \times \left(1 - \dfrac{h}{76}\right)$

㉯ [cmHgV]시에 ➡ [lb/in²a] $P = 14.7 \times \left(1 - \dfrac{h}{76}\right)$

㉰ [inHgV]시에 ➡ [kg/in²a] $P = 1.0332 \times \left(1 - \dfrac{h}{30}\right)$

㉱ [inHgV]시에 ➡ [lb/in²a] $P = 14.7 \times \left(1 - \dfrac{h}{30}\right)$

문제 60 진공도가 76[cmHg]일 때 해당하는 압력은 어느 것과 같은가?

㉮ 1.033[kg/cm²a]   ㉯ 1.0332[kg/cm²a]
㉰ 0[kg/cm²a]   ㉱ 0[kg/cm²]

해설 [cmHgV]시에 ➡ [kg/cm²a] $P = 1.0332 \times \left(\dfrac{76-76}{76}\right) = 0\,[kg/cm^2 a]$

문제 61 다음 압력 중 가장 작은 압력을 나타내는 것은 어느 것인가?

㉮ 100[mmHg]   ㉯ 2[kg/cm²]   ㉰ 2[atm]   ㉱ 50[kg/mm²]

해설 ㉮ 100[mmHg] = 0.1358[kg/cm²]
㉰ 2[atm] = 2.0664[kg/cm²a]
㉱ 50[kg/mm²] = 5,000[kg/cm²]

문제 62 다음은 압력에 관한 기술들이다. 이중 맞는 것은 어느 것인가?

[보기]
① 10[mH₂O]의 압력은 1[kg/cm²a]이다.
② 1[atm]은 1.0332[kg/cm²a]와 같다.
③ 게이지 압력 = 절대압 + 진공압이다.
④ 절대압 = 게이지압 − 대기압이다.

㉮ ②④   ㉯ ①②   ㉰ ①③   ㉱ ①④

해설 • 절대압 = 게이지 압력 + 대기압
• 게이지압 = 절대압 − 대기압

문제 63 게이지 압력 10[kg/cm²]이라면 절대압력은 얼마이겠는가?

㉮ 15[lb/in²]   ㉯ 10[kg/cm² − abs]
㉰ 11.0332[atm]   ㉱ 11.0332[kg/cm² − abs]

해답 59. ㉯   60. ㉰   61. ㉮   62. ㉯   63. ㉱

문제 64
압력 20[kg/cm^2]은 몇 [mH$_2$O]가 되겠는가?

㉮ 20[mH$_2$O]　　㉯ 150[mH$_2$O]　　㉰ 200[mH$_2$O]　　㉱ 250[mH$_2$O]

해설 1[kg/cm^2]=10[mH$_2$O]
∴ 20[kg/cm^2]=20×10=200[mH$_2$O]

문제 65
대기압 740[mmHg]하에서 게이지 압력이 2.54[kg/cm^2]이었다. 이 때 절대압으로 환산하면?

㉮ 3.546[kg/cm^2]　　㉯ 1.006[kg/cm^2]　　㉰ 3.28[kg/cm^2]　　㉱ 4.782[kg/cm^2]

해설 절대압=게이지 압력+대기압
1[atm]=1.0332[kg/cm^2]=760[mmHg]
760 ⟶ 1.0332
740 ⟶ x　　x=1.006
∴ 1.006+2.54=3.546[kg/cm^2]

문제 66
다음 중 연소의 3요소에 해당하는 것은 어느 것인가?

㉮ 가연물, 산소, 점화원　　㉯ 가연물, 빛, 탄산가스
㉰ 가연물, 산소, 열　　㉱ 가연물, 공기, 산소

문제 67
연소에 대한 설명이다. 옳지 않는 것은?

㉮ 착화온도가 낮은 물질일수록 위험성이 크다.
㉯ 인화점이 너무 높으면 연소하기가 어렵다.
㉰ 인화점이 낮은 것은 착화온도가 낮다.
㉱ 인화점이 낮은 물질일수록 위험성이 크다.

문제 68
가연성 물질을 공기로 연소시키는 경우에 공기 중의 산소농도를 높게 하면 연소속도와 발화온도는 어떻게 되는가?

㉮ 연소속도, 발화온도 모두 크게 된다.
㉯ 연소속도는 크게 되고, 발화온도는 낮게 된다.
㉰ 연소속도는 낮게 되고, 발화온도는 크게 된다.
㉱ 연소속도, 발화온도 모두 낮게 된다.

해설 ① 증대 : 연소성, 연소속도, 화염온도, 폭발 범위
② 저하 : 발화온도, 점화 에너지

문제 69
다음 가스 중 발화점(착화점)이 가장 낮은 가스는?

㉮ 프로판　　㉯ 프로필렌　　㉰ 부탄　　㉱ 메탄

해설 탄화수소계 가스의 경우 탄소수가 적을수록 발화점은 높아진다.
C_3H_8 : 460~520[℃]　　C_4H_{10} : 430~510[℃]　　메탄 : 615~682[℃]

해답 64. ㉰　65. ㉮　66. ㉮　67. ㉰　68. ㉯　69. ㉰

문제 70 다음 중 연소의 종류가 아닌 것은?

㉮ 확산연소　　㉯ 증발연소　　㉰ 분해연소　　㉱ 중합연소

문제 71 일반적으로 발화가 생기는 요인이 아닌 것은?

㉮ 온도　　㉯ 조성　　㉰ 풍속　　㉱ 압력

문제 72 다음 중 공기 중에서 가스의 정상연소속도는?

㉮ 0.03~10[m/s]　㉯ 0.4~15[m/s]　㉰ 1~3.5[m/s]　㉱ 0.03~15[m/s]

문제 73 코크스나 목탄 등이 고온으로 가열되면 표면이 빨갛게 빛을 내면서 연소 반응이 일어나 고체 표면에서 이루어지는 현상은?

㉮ 표면연소　　㉯ 증발연소　　㉰ 분해연소　　㉱ 확산연소

문제 74 물질의 연소와 직접적인 관계가 없는 것은?

㉮ 연소열　　㉯ 발화온도　　㉰ 허용온도　　㉱ 최소 점화 에너지

문제 75 다음 중 산소공급원이 아닌 것은 어느 것인가?

㉮ 공기　　㉯ 산화제　　㉰ 자기 연소물　　㉱ 환원제

해설 환원제란 가연물이다.

문제 76 고체가 액체로 되었다가 기체로 되어 불꽃을 내면서 연소하는 경우를 어떠한 연소라 하는가?

㉮ 표면연소　　㉯ 증발연소　　㉰ 분해연소　　㉱ 확산연소

문제 77 폭속이란 폭굉이 전하는 속도이다. 가스의 폭속은?

㉮ 0.03~10[m/sec]　　　㉯ 350~1,000[m/sec]
㉰ 10~100[m/sec]　　　㉱ 1,000~3,500[m/sec]

문제 78 다음 중 연소의 종류가 잘못 연결된 것은?

㉮ 확산연소 – 목탄이 탄다.　　㉯ 증발연소 – 알콜이 탄다.
㉰ 분해연소 – 목재가 탄다.　　㉱ 표면연소 – 코크스가 탄다.

해설 확산연소는 가스의 연소에 해당된다.

해답 70. ㉱　71. ㉰　72. ㉮　73. ㉮　74. ㉰　75. ㉱　76. ㉯　77. ㉱　78. ㉮

문제 79 다음 중 폭굉 유도길이(DID)가 짧아질 수 있는 조건 중 잘못 설명된 것은?

㉮ 정상 연소속도가 큰 혼합가스일수록 짧아진다.
㉯ 관속에 방해물이 있거나 관지름이 가늘수록 짧아진다.
㉰ 압력이 낮을수록 짧아진다.
㉱ 점화원의 에너지가 강할수록 짧아진다.

해설 폭굉 유도거리(DID)란 최초의 완만한 연소가 격렬한 폭굉으로 발전할 때까지의 거리를 말하며, DID가 짧은 가스일수록 위험성이 큰 가스라고 볼 수 있으며 압력이 높을수록 짧아진다.

문제 80 가연성가스의 발화점에 영향을 주는 인자가 아닌 것은?

㉮ 질소가스의 혼합비율
㉯ 가스를 넣은 용기의 재질, 형상, 크기
㉰ 가열시간 또는 온도를 높이는 속도
㉱ 반응속도와 반응열의 대소

해설 ㉯, ㉰, ㉱ 또는 공기와 가연성가스와의 혼합비, 점화원의 종류와 에너지 투여방법이 있다.

문제 81 다음은 화재의 성질에 따라 소화기의 적응성에 대한 설명이다. 틀린 것은?

㉮ A급 화재 : 목재 등의 고체화재로 소화액은 물 또는 수용액을 사용한다.
㉯ B급 화재 : 유류 및 석유류의 화재로 소화제는 포말, 분말, CO_2를 사용한다.
㉰ C급 화재 : 전기화재로 소화제는 불연성의 기체를 사용한다.
㉱ D급 화재 : 마그네슘이나 알루미늄 등의 분말화재로 소화제는 사염화탄소를 사용한다.

해설 D급 화재는 소화제로 건조사 사용

문제 82 다음 가연성가스 중 순수한 단일가스만으로 분해폭발을 일으키지 않는 것은?

㉮ 아세틸렌(C_2H_2)
㉯ 에틸렌(C_2H_4)
㉰ 산화에틸렌(C_2H_4O)
㉱ 시안화수소(HCN)

문제 83 르샤틀리에의 공식 $\dfrac{100}{L} = \dfrac{V_1}{L_1} + \dfrac{V_2}{L_2} + \dfrac{V_3}{L_3}$ ···은 폭발성 혼합가스의 폭발한계를 구하는데 이용된다. 식 중 V_1, V_2, V_3는?

㉮ 혼합가스의 폭발한계값
㉯ 각 성분의 단독 폭발한계값
㉰ 각 성분의 부피[%]
㉱ 각 성분의 중량[%]

해설 L_1, L_2, L_3 : 각 성분 가스의 폭발한계[%]

문제 84 소화기는 화재의 종류별로 색깔이 표시되는데 연결이 잘못된 것은?

㉮ A급 화재 – 백색
㉯ B급 화재 – 황색
㉰ C급 화재 – 청색
㉱ D급 화재 – 적색

해답 79. ㉰ 80. ㉮ 81. ㉱ 82. ㉱ 83. ㉰ 84. ㉱

문제 85 가스에 의한 화재는 어느 화재에 속하는가?

㉮ A급 화재　　㉯ B급 화재　　㉰ C급 화재　　㉱ D급 화재

해설 ① A급 : 재를 남기는 화재(목재, 종이 등)
② B급 : 재를 남기지 않는 화재(유류, 가스)
③ C급 : 전기에 의한 화재
④ D급 : 금속에 의한 화재(마그네슘 분말 등)

문제 86 가연성가스 저장실에는 소화기를 설치하게 되어 있다. 여기에 설치해야 할 소화제는?

㉮ 물　　㉯ 모래　　㉰ 4염화탄소　　㉱ 분말(중탄산소다)

문제 87 점화원에 대한 설명이다. 옳은 것은?

㉮ 정전기에 의한 방전은 점화원이 될 수 없다.
㉯ 금속의 충격에 의한 불꽃은 점화원이 될 수 없다.
㉰ 전기 기기의 불꽃은 점화원이 될 수 없다.
㉱ 수증기는 점화원이 될 수 없다.

문제 88 다음 중 유류 소화에 부적합한 것은?

㉮ 포말 소화기　　㉯ 분말 소화기　　㉰ CO_2 소화기　　㉱ 수조부 펌프 소화기

문제 89 액화 석유가스가 누출되어 연소되고 있을 때 알맞은 소화제는 다음 중 어느 것인가?

㉮ 분말 소화기(중탄산소다)　　㉯ 사염화탄소 소화기
㉰ 산, 알칼리 소화기　　㉱ 탄산가스 소화기

문제 90 전기 불꽃에 의한 발화원이라 볼 수 없는 것은?

㉮ 고전압에 의한 방전　　㉯ 스파크 방전
㉰ 접점 스파크　　㉱ 정전기

문제 91 고압가스 제조장치의 정전기에 대한 설명 중 맞는 것은?

㉮ 어스의 접지저항은 클수록 좋다.
㉯ 액의 유동에 의해서는 정전기가 발생하지 않는다.
㉰ 순수한 가스의 유동에 의해서도 정전기는 발생된다.
㉱ 두 종류의 물질이 접촉한 뒤 서로 떨어질 때 발생된다.

문제 92 가연성가스의 제조설비 중 전기설비는 방폭성능을 가지는 구조로 해야 하는데 이로부터 제외된 가스는?

㉮ 브롬화메탄　　㉯ 프로판　　㉰ 수소　　㉱ 메탄

해설 NH_3 및 CH_3Br은 방폭구조에서 제외

해답 85.㉯　86.㉱　87.㉱　88.㉱　89.㉮　90.㉱　91.㉱　92.㉮

문제 93 완전 연소시키기에 가장 좋은 연료는?
　㉮ 목탄　　㉯ 석탄　　㉰ 프로판　　㉱ 코크스
　해설 완전연소란 연소 후 생성물이 없어야 한다.

문제 94 가연성 물질을 공기로 연소시킬 경우에 공기 중의 산소농도가 증가될 때의 현상이 아닌 것은?
　㉮ 연소속도는 증가한다.　　㉯ 발화온도는 낮아진다.
　㉰ 화염온도는 높아진다.　　㉱ 폭발한계는 좁아진다.

문제 95 일반적으로 연소가 일어나는 요인이 아닌 것은?
　㉮ 산소　　　　　　㉯ 혼합가스의 종류
　㉰ 온도　　　　　　㉱ 압력

문제 96 다음 가연물 중에서 발화점이 가장 높은 것은?
　㉮ 가솔린　　㉯ 목탄　　㉰ 프로판　　㉱ 메탄
　해설 • 가연물의 발화온도는 다음과 같다.
　　－가솔린 : 210~400[°C]
　　－목탄 : 250~320[°C]
　　－프로판 : 460~520[°C]
　　－메탄 : 615~682[°C]

문제 97 다음 중 자연발화가 아닌 것은?
　㉮ 산화열에 의한 발열　　㉯ 분해열에 의한 발열
　㉰ 중합열에 의한 발열　　㉱ 촉매열에 의한 발열
　해설 자연발화를 일으킬 수 있는 요인으로는 분해열, 발화열, 산화열, 중합열에 의한 발열 등이 있다.

문제 98 보통 가연성 물질의 위험성 척도가 되는 것은?
　㉮ 발화점　　㉯ 인화점　　㉰ 폭발범위　　㉱ 연소점

문제 99 다음은 폭발의 종류에 대한 설명이다. 틀린 것은?
　㉮ 화학적 폭발－직사일광에 의한 수소의 폭발
　㉯ 압력의 폭발－고압가스용기의 폭발
　㉰ 분해폭발－가압하에서 아세틸렌가스의 폭발
　㉱ 중합폭발－중합열에 의한 시안화수소의 폭발

해답 93. ㉰　94. ㉱　95. ㉮　96. ㉱　97. ㉱　98. ㉯　99. ㉮

문제 100
자연발화를 방지하고자 한다. 틀리게 설명된 것은?

㉮ 통풍을 잘 시킬 것.
㉯ 습도가 높은 것은 피할 것.
㉰ 열이 쌓이지 않게 퇴적 방법에 주의할 것.
㉱ 각 부분의 온도를 높여 줄 것.

문제 101
화학적 폭발과 관계가 없는 것은?

㉮ 분해　　㉯ 연소　　㉰ 산화　　㉱ 파열

해설 ① 화학적 폭발 : ㉮, ㉯, ㉰ 외에 중합, 촉매 폭발 등이 있다.
② 물리적 폭발 : 백열전등, 고무풍선, 용기의 파열 등

문제 102
다음 중 폭발 범위가 가장 넓은 것은?

㉮ 시안화수소　　㉯ 아세틸렌　　㉰ 암모니아　　㉱ 이황화탄소

해설 중요 가스의 폭발범위

가 스 명	폭발범위[%]	가 스 명	폭발범위[%]
아 세 틸 렌	25~81	프 로 판	2.1~9.5
산 화 에 틸 렌	3~80	시 안 화 수 소	6~41
수 소	4~75	핵 산	1.2~75
일 산 화 탄 소	12.5~74	벤 젠	1.4~7.1
암 모 니 아	15~28	아 세 톤	3~11
이 황 화 탄 소	1.25~44	브 롬 화 메 탄	13.5~14.5
에 틸 렌	3.1~32	알 콜	2.1~12
부 탄	1.8~8.4	톨 루 엔	1.4~6.7

문제 103
다음 폭발의 종류가 아닌 것은?

㉮ 화학적 폭발　　㉯ 중합 폭발　　㉰ 분해 폭발　　㉱ 정압 폭발

해설 ① 화학적 폭발 : 폭발성 혼합가스에 의한 점화적 폭발로서 산화폭발 화약의 폭발이 여기에 속한다.
② 압력의 폭발 : 보일러의 폭발, 고압가스 용기의 폭발 등
③ 분해 폭발 : 가압하에서 아세틸렌 가스의 분해 폭발 등(110[℃] 이상)
④ 중합 폭발 : 시안화수소 등 중합열에 의한 폭발
⑤ 촉매 폭발 : 수소, 염소 등의 혼합가스에 직사일광 등의 촉매가 작용하여 폭발

문제 104
다음 폭발 1등급의 안전간격은?

㉮ 안전간격이 0.4[mm] 미만의 가스
㉯ 안전간격이 0.4~0.6[mm]의 가스
㉰ 안전간격이 0.6[mm]를 초과하는 가스
㉱ 안전간격이 0.4[mm] 이상의 가스

해답 100. ㉱　101. ㉱　102. ㉯　103. ㉱　104. ㉰

제1편 가스 일반

문제 105 폭굉(detonation)이란 가스중의 (①)보다 (②)가 큰 경우로 파면선단에 충격파라고 하는 솟구치는 압력파가 생겨 격렬한 파괴작용을 일으키는 현상을 말한다. ( ) 내에 들어갈 용어는 무엇인가?
  ㉮ ① 음속 ② 화염 전파속도 ㉯ ① 연소 ② 화염 전파속도
  ㉰ ① 화염속도 ② 폭발속도 ㉱ ① 폭발속도 ② 음속

문제 106 다음 일산화탄소와 공기의 혼합가스 압력이 높아지면 폭발한계는 어떻게 되는가?
  ㉮ 낮아진다. ㉯ 좁아진다. ㉰ 넓어진다. ㉱ 높아진다.
  해설 일산화탄소는 고압일수록 폭발한계가 좁아진다.

문제 107 아세틸렌이나 과산화수소 등이 일으키는 자연발화 현상은?
  ㉮ 분해열 ㉯ 산화열 ㉰ 발화열 ㉱ 중합열

문제 108 폭발 3등급에 속하는 가스는 어느 것인가?
  ㉮ CO ㉯ CH_4 ㉰ C_2H_4 ㉱ C_2H_2
  해설 ① 폭발 1등급 : 0.6[mm] 초과 [예] NH_3, CO, C_3H_8, C_4H_{10}, CH_4……
  ② 폭발 2등급 : 0.6[mm]~0.4[mm] [예] C_2H_4, 석탄가스
  ③ 폭발 3등급 : 0.4[mm] 미만 [예] C_2H_2, H_2, 이황화탄소, 수성가스

문제 109 다음 중 폭발 1등급 가스가 아닌 것은?
  ㉮ 일산화탄소 ㉯ 에탄 ㉰ 암모니아 ㉱ 에틸렌

문제 110 폭발 범위에 관한 설명 중 옳은 것은?
  ㉮ 연소하는 가스와 공기와의 혼합비율 ㉯ 물질이 연소할 수 있는 최저온도
  ㉰ 발화온도의 상한과 하한 차이 ㉱ 완전연소가 될 때의 산소공급관계

문제 111 다음의 가스 중 조건에 따라서 10[%]에서도 폭발할 수 있는 가스가 아닌 것은?
  ㉮ C_2H_2 ㉯ AgN_2 ㉰ C_2H_4O ㉱ N_2H_4

문제 112 다음 중 허용농도에 대한 설명으로 옳은 것은?
  ㉮ 건강한 성인남자가 1일 8시간의 작업을 해도 인체에 지장을 초래하지 않는 한계의 농도
  ㉯ 건강한 성인남자가 그 분위기 속에서 호흡하면 단시간 내에 이상을 일으키는 한계의 농도
  ㉰ 건강한 성인남자가 24시간의 작업을 해도 인체에 해를 일으키지 않는 한계의 농도
  ㉱ 건강한 성인남자가 1일 8시간 이상 200[ppm] 이하의 작업장에서 작업을 해도 인체에 해를 일으키지 않는 한계의 농도

해답 105. ㉮ 106. ㉯ 107. ㉮ 108. ㉱ 109. ㉱ 110. ㉮ 111. ㉯ 112. ㉮

문제 113 다음 공기 중에서 가연성 물질을 가열하여 점화원이 없이 스스로 연소할 수 있는 최저 온도를 무엇이라 하는가?

㉮ 착화점   ㉯ 인화점   ㉰ 임계점   ㉱ 점화점

문제 114 산화 에틸렌(C_2H_4O)을 금속 염화물과 반응시 예견되는 위험은?

㉮ 분해폭발   ㉯ 중합폭발   ㉰ 촉매폭발   ㉱ 산화폭발

해설 HCN 이나 C_2H_4O은 중합폭발을 일으킨다.

문제 115 소염거리에 대한 설명 중 맞게 된 것은?

㉮ 화염이 전파되지 않을 때까지 좁혀간 두 장의 평행판 사이 거리
㉯ 화염이 전파되지 않고 꺼지는 유리 파이프 지름
㉰ 소염거리가 작을수록 안전한 가스이다.
㉱ 소염거리 측정은 8[l]의 구형용기에서 실시한다.

해설 ㉯번은 한계 지름을 설명한 것이다.

문제 116 아세틸렌 가스의 위험도는 얼마인가?

㉮ 31.4   ㉯ 3.3   ㉰ 0.9   ㉱ 17.7

해설 $H = \dfrac{U-L}{L}$

H : 위험도
U : 폭발상한[%]
L : 폭발하한[%]

$H = \dfrac{81-2.5}{2.5} = 31.4$

문제 117 가연성가스가 발화하는데 필요한 최소 에너지값을 좌우하는 것은?

㉮ 점화원의 종류와 에너지 투여법에 따라 다르다.
㉯ 가연성가스의 종류와 용기의 필요 본수가 다르다.
㉰ 가연성가스의 온도, 압력, 조성에 따라 다르다.
㉱ 가연성가스의 유량 및 유속에 따라 다르다.

문제 118 프로판은 폭발 범위가 좁아서 다른 가스에 비해 위험도가 낮다. C_3H_8의 위험도는?(단, 폭발범위는 2.1~9.5[%])

㉮ 약 2.1   ㉯ 약 3.5   ㉰ 약 3.9   ㉱ 약 4.3

문제 119 연소시 불꽃의 색깔이 휘백색이다. 이 때의 온도는 약 몇 [°C]인가?

㉮ 850[°C]   ㉯ 1,100[°C]   ㉰ 1,300[°C]   ㉱ 1,500[°C]

해답 113. ㉮   114. ㉯   115. ㉮   116. ㉮   117. ㉰   118. ㉯   119. ㉱

문제 120 다음 중 바르게 설명한 것은?

㉮ 가연성가스는 CO와 혼합하면 잘 탄다.
㉯ 가연성가스는 O_2가 적을수록 완전 연소한다.
㉰ 가연성가스는 공기와의 비율이 어떤 결정된 범위 안에서만 연소한다.
㉱ 가연성가스는 산소만 있으면 어떤 때든 연소한다.

문제 121 가스연료의 화염진행속도에 영향을 미치는 것이 아닌 것은?

㉮ 연소장치의 형상　　　㉯ 온도
㉰ 압력　　　　　　　　㉱ 열량

문제 122 폭굉에 대한 설명 중 잘못된 것은?

㉮ 폭발 중에 특히 격렬하여 화염 전파속도가 음속보다 빠른 경우를 폭굉이라 한다.
㉯ 폭굉시의 폭속은 1~3.5[km/s]이다.
㉰ 밀폐된 공간에서 폭굉이 일어나면 압력이 7~8배 상승한다.
㉱ 폭굉시 온도는 가스의 연소시보다 40~50[%] 상승한다.

해설 ㉱번은 10~20[%] 상승

문제 123 연소를 잘 일으키는 요인에 대한 설명이다. 틀린 것은?

㉮ 화학적 친화력이 클수록 연소는 잘 된다.
㉯ 열전도율이 좋을수록 연소는 잘 된다.
㉰ 온도가 상승할수록 연소는 잘 된다.
㉱ 산소와의 접촉을 잘 시킬수록 연소는 잘 된다.

해설 연소란 열전도율이 불량할수록 잘 일어난다.

문제 124 연소에 관한 설명 중 내용이 틀린 것은?

㉮ 연소 범위는 동일 가스라도 온도, 압력에 따라 다르다.
㉯ 발화온도란 일반적으로 산화반응이 일어나기 위한 최저 온도이다.
㉰ 연소의 화염온도는 혼합비에 관계없이 동일 연료에 대해서는 일정하다.
㉱ 공기중의 산소 농도가 높게 되면 연소 속도는 크게 된다.

문제 125 다음 중 잘못 설명된 것은?

㉮ 단일 가스라도 자기 분해 폭발을 일으키는 가스로는 C_2H_2, C_2H_4O, N_2H_4, O_3 등이다.
㉯ 압력이 높아지면 발화온도는 낮아지며, 대기압 이하일 경우에는 발화는 중지된다.
㉰ 용기의 크기가 크면, 발화하지 않으며, 발화해도 곧바로 꺼져 버린다.
㉱ 소염이란 발화한 화염이 발전되지 못하고 도중에서 꺼져버리는 현상을 말한다.

해답 120. ㉰　121. ㉱　122. ㉱　123. ㉯　124. ㉰　125. ㉰

문제 126 안전간격에 대한 설명 중 잘못 설명된 것은?

㉮ 2개의 평형 금속면의 틈사이로 조정하면서 화염이 틈사이로 전달되는가의 여부를 측정하여 화염이 전달되지 않는 한계의 틈사이를 안전간격이라 한다.
㉯ 고온 고압일수록 안전간격은 좁아진다.
㉰ 아세틸렌과 수소는 조건에 따라 0.2[mm] 이하에도 통관된다.
㉱ 안전간격이 작은 가스일수록 최소 점화 에너지도 작고 폭발하기도 쉽다.

해설 ㉮는 소염거리의 정의

문제 127 다음은 폭발에 관한 가스의 성질을 설명한 것이다. 옳은 것은?

[보기]
① 고온 고압일수록 폭발 범위는 상한계쪽으로 넓어진다.
② 압력이 대기압보다 낮아지면 폭발 범위는 좁아진다.
③ 폭발한계 산소농도값 이하에서는 폭발성, 혼합가스를 형성하지 않는다.
④ 일산화탄소와 공기의 혼합가스는 저압일수록 폭발 범위가 좁아진다.

㉮ ①②③   ㉯ ①②③④   ㉰ ②③④   ㉱ ②③

문제 128 발화온도와 폭발등급에 의하여 위험성을 비교할 때 가장 위험성이 큰 가스는?

㉮ 아세틸렌   ㉯ 이황화탄소   ㉰ 수소   ㉱ 수성가스

문제 129 다음은 가스 중 위험성이 큰 것부터 나열된 것은?

[보기] C_3H_8, C_4H_{10}, C_2H_2, C_2H_4

㉮ $C_2H_2 > C_2H_4 > C_3H_8 > C_4H_{10}$ ㉯ $C_2H_2 > C_2H_4 > C_4H_{10} > C_3H_8$
㉰ $C_2H_2 > C_3H_8 > C_4H_{10} > C_2H_4$ ㉱ $C_2H_2 > C_4H_{10} > C_3H_8 > C_2H_4$

문제 130 다음 가스 중 폭발 범위가 넓은 것으로부터 좁은쪽의 순서로 나열된 것은?

㉮ H_2, C_2H_2, CH_4, CO ㉯ CH_4, CO, C_2H_2, H_2
㉰ C_2H_2, H_2, CO, CH_4 ㉱ C_2H_2, CO, H_2, CH_4

해설 $C_2H_2 : 2.5 \sim 81[\%]$, $H_2 : 4 \sim 75[\%]$
$CO : 12.5 \sim 74[\%]$, $CH_4 : 5 \sim 15[\%]$

문제 131 폭발 범위(폭발한계)의 설명 중 옳은 것은?

㉮ 폭발한계 내에서만 폭발한다.   ㉯ 상한계 이상이면 폭발한다.
㉰ 하한계 이상이면 폭발한다.   ㉱ 하한계 이하에서 폭발한다.

해설 폭발 범위 내에서 공기 산소와 혼합하면 점화원 등에 의해 연소

해답 126. ㉮ 127. ㉮ 128. ㉯ 129. ㉯ 130. ㉰ 131. ㉮

문제 132 다음 중 소화방법에 대한 설명 중 잘못된 것은?
㉮ 탄산가스나 물에 의한 소화는 냉각효과이다.
㉯ 가연성 물질을 연소구역에서 없애줌으로써 소화시키는 방법은 제거효과이다.
㉰ 산소공급원의 차단에 의한 소화는 산소효과이다.
㉱ 가연성 액체의 소화방법은 억제효과이다

해설 ㉰는 질식소화이다.

문제 133 다음 두 종류의 가스를 혼합시켰을 때 가장 위험한 것은?
㉮ 수소와 일산화탄소   ㉯ 염소와 암모니아
㉰ 염소와 이산화탄소   ㉱ 암모니아와 수소

해설 가연성과 조연성 가스를 혼합하면 위험하다.

해답 132. ㉰   133. ㉯

제 2 장 가스의 특성

제1편 가스 일반
가스의 개론 | 가스의 특성

2-1 제법 및 용도

1. 수소(Hydrogen : H_2)

(1) 일반적 성질

① 상온에서 무색·무미·무취의 가연성 기체이다.
② 모든 기체 중 비중이 가장 작고, 확산속도가 가장 빠르다.
③ 열전도율이 대단히 크고, 열에 대해 안정하다.
④ 산소 또는 공기와 혼합하여 폭발할 수 있다.
  ㉮ 폭발범위 : 공기 중(4~75[%]) 산소 중(4~94[%])
  ㉯ 폭굉범위 : 공기 중(18.3~59[%]) 산소 중(15~90[%])
⑤ 수소는 산소, 염소, 불소와 반응하여 격렬한 폭발을 일으켜 폭명기를 형성한다.
  ㉮ $2H_2 + O_2 \longrightarrow 2H_2O + 136.6 kcal$ (수소폭명기)
  ㉯ $H_2 + Cl_2 \longrightarrow 2HCl + 44[kcal]$ (염소폭명기)
  ㉰ $H_2 + F_2 \longrightarrow 2HF + 128[kcal]$ (불소폭명기)
⑥ 수소는 고온에서는 금속산화물을 환원시키는 성질이 있다.

$$CuO + H_2 \longrightarrow Cu + H_2O$$

⑦ 고온·고압에서 강재 중 탄소의 성분과 반응하여 수소취성(탈탄반응)을 일으킨다.

$$Fe_3C + 2H_2 \longrightarrow CH_4 + 3Fe$$

> [참고]
> - **탈탄 촉진조건** : 고온, 고압, 탄소 함유량이 많을수록
> - **탈탄 방지재료** : 5~6[%] Cr강 18-8 스테인리스강
> - **탈탄방지 첨가원소** : W, Cr, Ti, Mo, V

⑧ 고온·고압에서 질소와 반응하여 NH_3 생성

$$3H_2 + N_2 \rightarrow 2NH_3 + 24[kcal]$$

⑨ 수소는 고온·고압에서 모든 금속재료를 쉽게 투과한다.

(2) 공업적 제조법

① 물의 전기분해법(수전해법)

㉮ 순도가 높은 수소를 제조하고자 할 때 유효한 방법이다.

㉯ 경비(전력)가 많이 소요되는 단점이 있다.

㉰ 음극에서 수소(H_2), 양극에서 산소(O_2)가 2 : 1의 비율로 발생된다.

$$2H_2O \longrightarrow 2H_2 + O_2$$
$$\quad\quad\quad\quad (-) \quad (+)$$

▶ 수소의 성질

구 분	수치(경수소)
분자량 [g]	2.016
비중(공기=1) [−]	0.0695
증기밀도(0[℃], 1[atm]) [g/l]	0.0899
융점 [℃]	−259.1
비점 [℃]	−252.5
임계온도 [℃]	−239.9
임계압력 [atm]	12.8
정압비열(0~200[℃]) [cal/g·deg]	3.44

㉱ 농도 20[%] 정도의 수산화 나트륨(NaOH)을 전해액으로 사용한다.

㉲ 전극은 니켈 도금한 강판을 사용한다.

㉳ 직류를 사용, 2[V]의 전압으로 전기분해한다.

② 석탄 또는 코크스의 가스화법(수성가스법)

㉮ 1,400[℃] 정도로 적열된 코크스에 수증기를 작용시키면, 수소와 일산화탄소가 혼합된 수성가스가 발생된다.

$$C + H_2O \longrightarrow CO + H_2 - 31.4[kcal]$$

> **[참고]**
> - 수성가스 생성반응은 흡열반응이다.
> - 수성가스는 폭발 3등급에 속하는 위험성이 큰 가스이다.

㉯ 석탄의 완전가스화 방법은 미분탄에 탄산가스와 수증기를 반응시켜 흡열반응과 발열반응을 동시에 일으키고, 1,100[℃] 이상의 고온을 유지시키면서 연속적으로 수성가스를 발생시킨다.

$$C + H_2O \longrightarrow CO + H_2 - 29.6[kcal] (흡열반응)$$
$$C + \frac{1}{2}O_2 \longrightarrow CO + 26.4[kcal] (발열반응)$$

③ 석유의 분해법

나프타 또는 원유를 분해하여 수소를 얻는 방법으로 수증기개질법과 부분산화법이 있으나, 주로 수증기개질법이 이용된다.

$$C_3H_8 + 3H_2O \longrightarrow 3CO + 7H_2$$

④ 천연가스 분해법
　㉮ 수증기 개질법 : 천연가스의 주성분인 메탄과 수증기와의 반응으로 흡열반응이다.
$$CH_4 + H_2O \rightleftarrows CO + 3H_2 - 49.3[kcal]$$

> **[참고]**
> ■ 반응속도 : 1,400[°C](촉매를 사용하지 않을 때)
> 　　　　　650~680[°C](Ni 촉매를 사용할 때)
> ■ 반응압력 : 상압~10[kg/cm^2] 정도

　㉯ 부분산화법(파우더법) : 메탄을 니켈 촉매를 사용하여 산소와 결합시켜 반응시킴으로써 합성가스를 얻는 방법이다.
$$2CH_4 + O_2 \rightleftarrows 2CO + 4H_2 + 17[kcal]$$

> **[참고]**
> ■ 반응온도 : 800~1,000[°C] 정도
> ■ 반응압력 : 15[kg/cm^2] 정도

⑤ 일산화탄소 전화법
　㉮ 일산화탄소에 수증기를 반응시켜 철·크롬계 촉매와 함께 가열하여 수소를 얻는 방법으로 특이한 점은 발열반응이 된다는 것이다.
$$CO + H_2O \rightleftarrows CO_2 + H_2 + 9.8[kcal]$$

　㉯ 통상반응은 2단계로 구분되어 행한다.
　　• 제1단계 전화반응(고온전화반응) ┌ 촉매 : Fe_2O_3, Cr_2O_3
　　　　　　　　　　　　　　　　　　└ 반응온도 : 350~500[°C]
　　• 제2단계 전화반응(저온전화반응) ┌ 촉매 : CuO, ZnO
　　　　　　　　　　　　　　　　　　└ 반응온도 : 200~250[°C]

(3) 용 도

① 암모니아 합성의 원료가스
② 경화유나 제조용, 메타놀의 합성원료
③ 윤활유 정제용, 나프타·중유 등의 수소화 탈황
④ 환원성을 이용한 금속제련용
⑤ 로킷(rocket) 추진연료

2. 산소(Oxygen : O_2)

(1) 일반적 성질

① 공기 중에 21[Vol%] 함유되어 있으며, 상온에서 무색·무미·무취의 기체이다.
② 성질상 조연성가스로 자신은 연소되지 않는다.

③ 유기물의 분해 · 합성 등에 필요한 가스이다.

④ 금속에 산화작용이 강하다.

⑤ 유지류 · 용제 등이 부착되면 산화폭발의 위험이 있다.

⑥ 액체가 기화되면 약 800배 부피의 기체가 된다.

⑦ 산소 또는 공기 중에서 무성 방전시키면 오존(O_3)이 생성된다.

$$3O_3 \rightleftarrows 2O_3 - 117.3[\text{kcal}]$$

산소의 성질

구 분	수 치
분자량 [g]	32
밀도(기체 0[°C], 1[atm]) [g/l]	1.4289
(액체 −183[°C]) [g/ml]	1.14
융점 [°C]	−218.4
비점 [°C]	−183
임계온도 [°C]	−118.4
임계압력 [atm]	50.1

(2) 연소에 관한 성질

① 폭발한계 및 폭굉범위가 공기와 비교하여 산소 중에서 현저하게 넓어져 위험성이 크다.

② 고압에서 산소를 사용할 때 유기물이나 유지류와 접촉시키면 산화폭발의 위험성이 크므로 사염화탄소(CCl_4) 등의 용제로 충분히 세척한다.

③ 공기중의 산소농도가 증가할수록 연소속도 증가, 화염온도 상승, 화염길이 감소, 자연발화온도 저하 등의 현상이 일어난다.

(3) 산소 취급상 주의사항

① 산소가스 용기는 가연성가스 용기와 구분하여 저장한다.

② 산소가스 용기나 계기류에는 윤활유 · 그리스 등이 부착되지 않도록 한다.

③ 압력계는 금유라는 표시가 있는 산소 전용압력계를 사용한다.

④ 용기 밸브를 열 때는 천천히 열도록 한다.

⑤ 산소용기는 보일러 · 화기 등과 멀리 떨어져야 한다.

⑥ 액화산소를 이충전할 때는 불연재료를 상면에 깐뒤 행한다.

참고

① 산소용기는 주로 이음새 없는 용기를 사용
② 용기재질은 Mn강 · Cr강 · 18−8 스테인리스강 사용
③ 최고충전압력은 150[kg/cm^2]
④ 안전 밸브는 파열판식을 주로 사용
⑤ 산소용기 도색은 녹색(의료용은 백색)
⑥ 산소 압축기의 윤활유는 물이나 10[%] 이하의 묽은 글리세린 사용

(4) 산소의 제조법

① 실험적 제조법

㉮ 묽은 과산화수소(H_2O_2)에 이산화망간(MnO_2)을 가한다.

$$2H_2O_2 + MnO_2 \longrightarrow 2H_2O + MnO_2 + O_2$$

㉯ 염소산칼륨($KClO_3$)에 이산화망간을 혼합가열분해시킨다.

$$2KClO_3 \longrightarrow 2KCl + 3O_2$$

㉰ 적색 산화수은 가루를 가열시켜 얻는다.

$$2HgO \longrightarrow 2Hg + O_2$$

② 공업적 제조법

㉮ 물의 전기분해방법

$$2H_2O \longrightarrow 2H_2 + O_2$$

㉯ 공기액화분리방법 : 공기를 액화시켜 산소(-183[℃])와 질소(-195.8[℃])의 비등점 차이를 이용, 분별 정류하여 저비점 성분의 질소를 탑정(상부)에서, 고비점 성분의 산소를 탑저에서 얻어내는 방법으로 산소, 질소 제법 중 가장 경제적인 방법이다.

(5) 용 도

① 산소용접·금속판절단용
② 산소호흡에 의한 의약용
③ 합성원료가스 제조에서 탄화수소 부분산화용
④ 제철·열처리용
⑤ 로킷 추진용

> **[참고]**
> ① **액화순서** : 산소 → 질소
> ② **기화순서** : 질소 → 산소
> ③ **공기액화 분리장치 종류**
>   ㉠ 전저압식 공기 분리장치
>   장치의 조작압력은 5[kg/cm²g] 이하이며, 산소발생용 500[Nm³/h] 이상의 대용량에 적합하다.
>   ㉡ 중압식 공기 분리장치
>   장치의 조작압력은 10~30[kg/cm²g] 정도이며, 산소에 비하여 질소의 취득량이 많을 때, 소용량에 적합하다.
>   ㉢ 저압식 액산 플랜트
>   장치의 조작압력은 25[kg/cm²g] 이하의 중압팽창 터빈을 사용한 것으로 Ar회수가 가능하다.
> ④ **공기액화분리장치 세척**
>   1년에 1회정도 사염화탄소(CCl_4)로 세척한다.

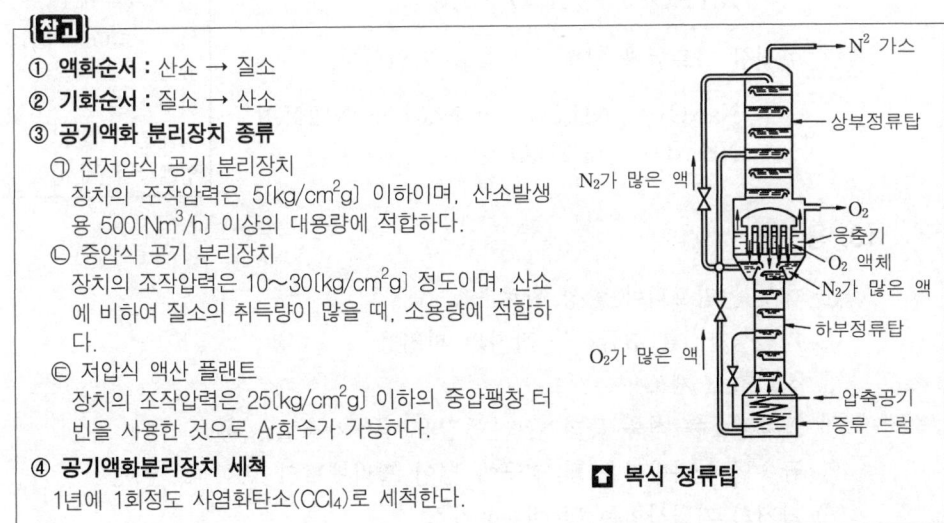

🔼 복식 정류탑

3. 질소(Nitrogen : N_2)

(1) 일반적 성질

① 공기중에 약 78.1(Vol%) 함유되어 있으며, 상온에서 무색·무미·무취의 기체이다.
② 상온에서 다른 원소와 반응하지 않는 기체이며, 타지도 않는 안정된 불연성 가스이다.
③ 분자상의 질소(N_2)는 안정하나, 원자상 질소(N)는 화학적 반응이 활발하다.
④ 고온에서 산소와 반응하여 산화질소가 된다.

$$N_2 + O_2 \xrightarrow[\text{방전}]{3000[°C]} 2NO$$

⑤ Mg·Li·Ca 등과 화합하여 질화 마그네슘(Mg_3N_2), 질화 리듐(Li_3N_2), 질화 칼슘(Ca_3N_2) 등을 생성시킨다.

※ 내질화성원소 : Ni

⑥ 고온·고압(550[°C]·250[atm])에서 철 촉매 등을 사용, 수소와 반응시키면 암모니아를 생성한다.

$$N_2 + 3H_2 \xrightarrow[550[°C] \cdot 250[atm]]{Fe \cdot Al_2O} 2NH_3$$

⑦ 비점이 대단히 낮아(-195.8[°C]) 극저온의 냉매로 이용된다.

(2) 제조법

① 주로 액체공기를 비점차이로 분류하여 산소와 같이 얻는다.
② 아질산 암모늄 NH_4NO_2를 가열한다.

$$NH_4NO_2 \xrightarrow{\triangle} 2H_2O + N_2 \uparrow$$

③ 아질산 나트륨과 염화 암모늄을 가열한다.

$$NaNO_2 + NH_4Cl \longrightarrow NaCl + NH_4NO_2$$
$$NH_4NO_2 \xrightarrow{\triangle} 2H_2O + N_2$$

■ 질소의 성질

구 분	수 치
분자량 [g]	28.02
밀도(기체 0[°C], 1[atm]) [g/l]	1.2507
융점 [°C]	-209.89
비점 [°C]	-195.8
임계온도 [°C]	-147.0
임계압력 [atm]	33.5

(3) 용 도

① 대부분 암모니아 합성 원료가스
② 가연성가스를 취급하는 장치의 퍼지용
③ 석회질소 제조용
④ 액체질소는 식품 등의 급속 동결용 냉매가스로 이용
⑤ 금속의 산화방지용 및 전구에 넣어 필라멘트의 보호제로 사용
⑥ 기기의 기밀시험용 및 치환용가스

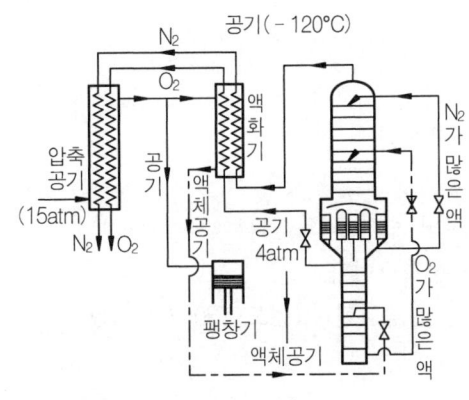
(a) 클로우드식 정류장치

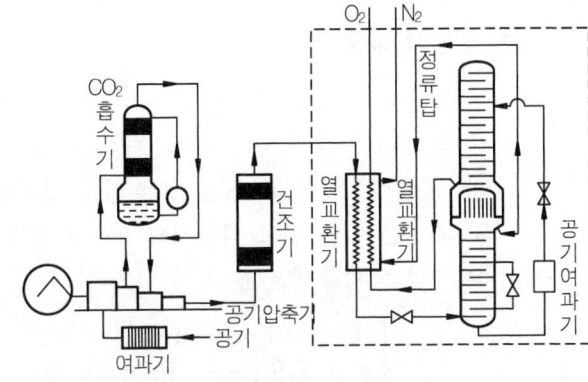
(b) 린데식 공기분리장치

■ 질소의 제조공정도

4. 희가스(Rare gas)

(1) 일반적 성질

① 주기율표 0족에 속하는 기체로 다른 원소와 거의 화합하지 않는 불활성가스이다.
② 상온에서 무색·무미·무취의 기체이다.
③ 희가스를 방전관 속에서 방전시키면 특유의 빛을 발생시킨다.

　　[예] He : 황백색　Ar : 적색　Ne : 주황색　Kr : 녹자색　Xe : 청자색　Rn : 청록색

■ 희가스의 성질

명 칭	분자량	공기중(Vol%)	융 점	비 점	임계온도	임계압력
Ar	39.94	0.93	−189.2	−185.87	−22	40
Ne	20.18	0.0015	−248.67	−245.9	−228.3	26.9
He	4.003	0.0005	−272.2	−268.9	−267.9	2.26

(2) 제조법

희가스 중에서 공업적으로 실용가치가 있는 것은 Ar·Ne·He의 3종이며, 이들은 대부분 액체 공기 분리에 의한 부산물로 얻어진다.

(3) 용 도

① 네온사인용
② 형광등의 방전관용
③ 가스크로마토그래피 분석 캐리어가스용
④ 금속의 제련 및 열처리 등에서 공기와의 접촉을 방지하기 위한 보호가스용

5. 염소(Chlorine : Cl_2)

(1) 일반적 성질

① 상온에서 강한 자극성 냄새가 나는 황록색 기체이다.
② 극히 유독한 맹독성 기체이다.(1[ppm])
③ -34[℃] 이하, 6~8[atm] 이상의 압력을 가하면 쉽게 액화된다.
④ 자신은 타지 않고 타물질의 연소를 돕는 조연성가스이다.
⑤ 수분을 함유하면 철 등의 금속과 반응, 부식을 발생시킨다.(온도 120[℃] 이상)

$$H_2O + Cl_2 \longrightarrow HClO + HCl$$
$$Fe + 2HCl \longrightarrow FeCl_2 + H_2$$

⑥ 상온에서 물에 용해되면 소량의 염산 및 차아염소산(HClO)을 생성하여 살균·표백 작용을 한다.
⑦ 수소와 혼합하여 염소폭명기가 되어 격렬한 폭발을 일으킨다.

$$H_2 + Cl_2 \longrightarrow 2HCl$$

(2) 공업적 제조법

① 수은법에 의한 소금의 전기분해

$$2NaCl + (Hg) \longrightarrow Cl_2 + 2Na(Hg)$$
$$2Na(Hg) + 2H_2O \longrightarrow 2NaOH + H_2 + (Hg)$$

② 격막법에 의한 소금의 전기분해

$$NaCl \longrightarrow Na + Cl$$
$$2Na + 2H_2O \longrightarrow 2NaOH + H_2$$

③ 염산의 전기분해

$$2HCl \longrightarrow Cl_2 + H_2$$
$$(+) \quad (-)$$

▶ 염소의 성질

구 분	수 치
분자량 [g]	71
비점 [℃]	-34.05
융점 [℃]	-102.4
임계온도 [℃]	144
임계압력 [atm]	76.1
색 [-]	황록색

> **[참고]**
> ① **용기재질** : 탄소강, 무계목용기
> ② **도색** : 갈색
> ③ **밸브 재질** : 황동
> ④ **안전 밸브** : 가용전(65~68[℃]에서 용융)
> ⑤ **염소의 재해제** : 소석회($Ca(OH)_2$), 가성소다 수용액(NaOH), 탄산소다 수용액(Na_2CO_3)

(3) 용 도

① 염화 비닐, 염화수소, 염화 메틸, 포스겐의 원료, 펄프·종이 제조
② 상수도 살균용
③ 섬유 표백용
④ 금속 티탄·알루미늄 공업용

6. 암모니아(Ammonia : NH₃)

(1) 일반적 성질

① 물리적 성질

㉮ 무색, 자극성의 기체로 물에 잘 용해된다.

$$NH_3 + H_2O \longrightarrow NH_4OH(암모니아수)$$

㉯ 용해량은 물 1[cc]에 800~900[cc]가 용해된다.
㉰ 상온에서 8.46[atm]이 되면 쉽게 액화된다.
㉱ 증발잠열이 크므로 냉매로(대형) 사용된다.
㉲ 허용농도는 25[ppm]이다(폭발범위 15~28[%]).

▶ 암모니아의 성질

구 분	수 치
분자량 [g]	17
비점 [℃]	-33.3
융점 [℃]	-77.7
임계온도 [℃]	132.3
임계압력 [atm]	111.3
증발잠열 [cal/l]	313

② 화학적 성질

㉮ 염화수소(HCl)와 만나면 흰연기(백연)를 낸다.

$$NH_3 + HCl \longrightarrow NH_4Cl \uparrow$$
(백색)

㉯ 산소와 혼합하여 700[℃]로 백금 존재하에서는 산화질소를 생성한다.

$$\boxed{4NH_3 + 5O_2 \xrightarrow[700[℃]]{Pt} 4NO + 6H_2O}$$

㉰ 암모니아는 동(Cu)이나 동합금과 반응하여 착염을 생성하므로 완전하게 보관할 수 없으므로 사용할 수 없다.

$$Cu(OH)_2 + 4NH_3 \longrightarrow Cu(NH_3)_4^{+2} + 2OH^-$$

㉱ 암모니아의 용기 재질은 보통 탄소강을 사용한다.
㉲ 고온·고압하에서 강재를 질화, 취화시키므로 18-8 스테인리스강을 사용한다.

(2) 제조법

① 실험실적 제조법

㉮ 암모니아수를 가열시켜 제조

$$NH_4OH \longrightarrow NH_3 \uparrow + H_2O$$

④ 염화암모늄에 강알칼리를 가하여 제조

$$NH_4Cl + Ca(OH)_2 \longrightarrow CaCl_2 + 2NH_3\uparrow + 2H_2O$$
$$NH_4Cl + KOH \longrightarrow KCl + NH_3\uparrow + H_2O$$

② 공업적 제조법

㉮ 하아버보시법 : 질소와 수소를 반응하여 450~550[℃] 촉매 Fe+Al$_2$O$_3$, 200~1,000[atm]에서 제조

$$N_2 + 3H_2 \rightleftarrows 2NH_3 + 23[kcal]$$

㉯ 석회질소법

$$CaCO_3 \longrightarrow CaO + CO_2$$
$$CaO + 3C \longrightarrow CaC_2 + CO$$
$$CaC_2 + N_2 \longrightarrow CaCN_2 + C$$
$$CaCN_2 + 3H_2O \longrightarrow CaCl_3\downarrow + 2NH_3\uparrow$$

㉰ 암모니아 합성 공정에 따라 고압법, 중압법, 저압법 등으로 나눌 수 있다.
- 고압법(600~1,000[kg/cm^2] 이상) : 클로우드법, 카자레법
- 중압법(300[kg/cm^2]) : IG법, 뉴 파우더법, 동고시법, J·C·I법
- 저압법(150[kg/cm^2]) : 구우데법, 켈로그법

통상적으로 경제적인 측면을 고려하여 저압법, 중압법 등을 많이 사용한다.

(3) 용 도

① 요소· 질소비료 제조용(가장 많이 사용)
② 드라이아이스 제조용
③ 대형 냉매에 사용(소형은 프레온 사용)
④ 탄산 암모늄, 탄산 마그네슘 등의 탄산염 제조용

(4) 누설검사

① 네스러 시약 : 소량-황색, 다량-자색
② 적색 리트머스 시험지 : 청색
③ HCl(염화수소) : 백색연기
④ 페놀프탈렌지 : 홍색
⑤ 취기

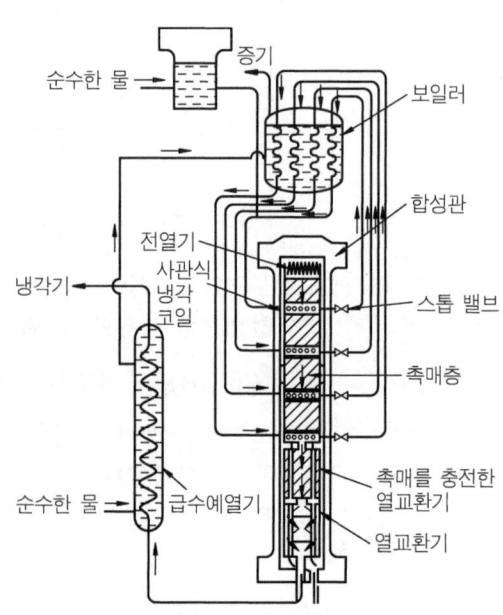

🔺 뉴파우서법 반응탑

7. 일산화탄소(Carbon Oxide : CO)

(1) 일반적 성질

① 물리적 성질

㉮ 무색, 무취, 무미의 기체이며, 공기의 질량과 거의 비슷하다.
㉯ 물에 잘 녹지 않아서 수상치환으로 포집한다.
㉰ 독성가스이다(50[ppm])

■ 일산화탄소의 성질

구 분	수 치
분자량 [g]	28
밀 도 [g/l]	1.25
비 점 [℃]	-192
융 점 [℃]	-207
임계온도 [℃]	-139
임계압력 [atm]	35

② 화학적 성질

㉮ 상온에서 염소와 반응하여 포스겐을 생성한다.
$$CO + Cl_2 \longrightarrow COCl_2$$
㉯ 강한 환원성을 가지고 있어 각종 금속을 단체로 생성한다.(금속의 야금법에 사용)
$$CuO + CO \longrightarrow CO_2 + Cu$$
㉰ 고온·고압하에서 카보닐을 생성한다
$$Fe + 5CO \longrightarrow Fe(CO)_5 \cdots\cdots 철 카보닐$$
$$Ni + 4CO \longrightarrow Ni(CO)_4 \cdots\cdots 니켈 카보닐$$
따라서, CO(일산화탄소)는 Fe, Ni 용기에 보관할 수 없다.
㉱ 카보닐을 방지하기 위해서는 금속 내면에 은(Ag), 동(Cu), 알루미늄(Al) 등의 라이닝을 하면 사용할 수 있다.
㉲ 공기와는 잘 연소한다.
$$2CO + O_2 \longrightarrow 2CO_2$$

(2) 제조법

① 실험실적 제조법 : 개미산에 진한 황산을 작용시켜 얻는다.
$$\boxed{HCOOH \xrightarrow{H_2SO_4} CO + H_2O}$$

② 공업적 제조법
$$CH_4 + H_2O \longrightarrow CO + H_2$$
$$C + H_2O \longrightarrow CO + H_2$$

(3) 용 도

① 메탄올 합성
$$CO + 2H_2 \longrightarrow CH_3OH \quad 촉매 : CuO, ZnO, Cr_2O_3$$

② 포스겐 제조
$$\boxed{CO + Cl_2 \xrightarrow{활성탄} COCl_2}$$

8. 이산화탄소(Carbon Dioxide : CO_2)

(1) 일반적 성질

① 물리적 성질
- ㉮ 공기중에 0.03[%] 정도 포함되어 있다.
- ㉯ 무색·무미·무취의 기체로 공기보다 무겁다.
- ㉰ 불연성이며, 수상치환으로 포집한다.
- ㉱ 드라이 아이스의 제조원료가 된다.

▶ 이산화탄소의 성질

구 분	수 치
분자량 [g]	44
비점(승화) [℃]	-78.5
융점(5.2[atm]) [℃]	-56
임계온도 [℃]	31
임계압력 [atm]	72.9

② 화학적 성질
- ㉮ 물에 거의 녹지 않으나, 물에 조금 녹아 탄산을 만들어 약산성을 나타낸다. 배관 속에 CO_2가 습기와 반응하면 탄산을 만들어 강을 부식시킬 우려가 있으므로 방습조치를 한다.

$$CO_2 + H_2O \longrightarrow H_2CO_3$$

- ㉯ 석회유와 반응하면 백색침전이 생긴다(CO_2 검출에 이용).

$$CO_2 + Ca(OH)_2 \longrightarrow \underset{\text{탄산칼슘}}{CaCO_3\downarrow} + H_2O$$

- ㉰ 압력을 가하면 액화 또는 응고된다. CO_2 기체를 100[atm]까지 액화한 후 -25[℃]로 냉각하여 단열 팽창시키면 드라이 아이스가 된다.

(2) 제조법

① 일산화탄소 전화반응의 부산물이다.

$$CO + H_2O \longrightarrow CO_2\uparrow + H_2$$

② 석회석을 가열, 분해시켜 제조한다.

$$CaCO_3 \longrightarrow CaO + CO_2\uparrow$$

③ 코크스 연소시 발생하는 가스 속에서 발생된다.

$$C + O_2 \longrightarrow CO_2\uparrow$$

④ 가연물의 연소시 부산물로 얻을 수 있다.

(3) 용 도

① 탄산수, 사이다 등의 청량제에 이용
② 소화제로 이용
③ 드라이 아이스의 제조에 이용
④ 요소$(NH_2)_2CO$의 원료에 쓰이며 소다회제조에 쓰인다.

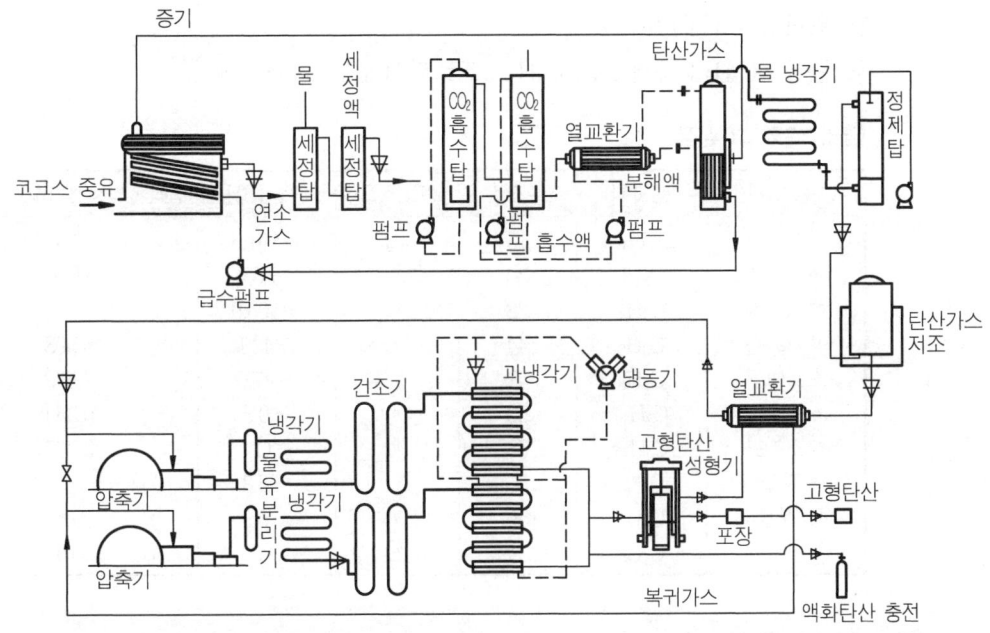

🔺 고형 탄산(드라이 아이스) 제조계통도

9. L.P.G(Liquefied Petroleum Gas)

L.P.G는 액화석유가스라고 하며, 저급 탄화수소(탄소와 수소의 혼합물)로서 보통 C_3~C_4까지를 말한다. 【참고】 주성분은 C_3H_8

[예] C_3H_8 : 프로판	C_4H_{10} : 부탄	C_3H_6 : 프로필렌
C_4H_8 : 부틸렌	C_3H_4 : 프로틴	C_4H_6 : 부타디엔

(1) 탄화수소의 분류

① 알칸족 탄화수소
  ㉮ 파라핀계 탄화수소, 메탄계 탄화수소, 포화탄화수소가 있다.
  ㉯ 일반식 : $\boxed{CnH_{2n+2}}$
  ㉰ 종류 ┌ CH_4 : 메탄 C_2H_6 : 에탄 C_3H_8 : 프로판
         └ C_4H_{10} : 부탄 C_5CH_{12} : 펜탄

② 알켄족 탄화수소
  ㉮ 올레핀계 탄화수소, 에틸렌계 탄화수소가 있다.
  ㉯ 일반식 : $\boxed{CnH_{2n}}$
  ㉰ 종류 － C_2H_4 : 에틸렌, C_3H_6 : 프로필렌, C_4H_8 : 부틸렌, C_5CH_{10} : 펜텐

③ 알킨족 탄화수소
  ㉮ 아세틸렌계 탄화수소

㈏ 일반식 : C_nH_{2n-2}

㈐ 종류 − C_2H_2 : 아세틸렌, C_3H_4 : 프로틴, C_4H_6 : 부타디엔

▶ LPG와 그 성질

명 칭	분자식	분자량	15[℃]	비점[℃]	액체의 비중(15[℃])
메 탄	CH_4	16	가스	−161.5	0.3
에 탄	C_2H_6	30	〃	−88.6	0.37
에 틸 렌	C_2H_4	28	〃	−103.9	−
프 로 판	C_3H_8	44	〃	−42.1	0.508
프로필렌	C_3H_6	42	〃	−47.0	0.522
n−부탄	C_4H_{10}	58	〃	−0.5	0.584
이소부탄	C_4H_{10}	58	〃	−11.7	0.562
n−부틸렌	C_4H_8	56	〃	−6.3	0.6
이소부틸렌	C_4H_8	56	〃	−6.9	0.6
부타디엔	C_4H_6	54	〃	−5	0.6

(2) L.P.G의 특성

① 공기보다 무겁다(프로판 $\frac{44}{29}=1.52$, 부탄 $\frac{58}{29}=2$) 가스상태에서 공기보다 무겁기 때문에 누설시 대기 중에 확산되지 않고, 낮은 곳에 고여서 인화 위험성이 크다.

② 액체 상태에서는 물보다 가볍다(물의 비중=1[g/ml]=1[g/cm^3]) 비중계로 측정한 결과 C_3H_8(0.509), C_4H_{10}(0.582)이다. 또한 물과 혼합하면 물에 녹지 않고 물 위에 뜬다.

③ 기화하면 부피(체적)는 약 250배 정도 늘어난다.

$$1[l]=0.509[kg]$$
$$\begin{bmatrix} 44[g] : 22.4[l] \\ 0.509[kg] : X[l] \end{bmatrix}$$
$$X=\frac{22.4\times 509}{44} ≒ 250[l]$$

C_3H_8의 비중은 0.509[g/ml]=0.509[kg/l]=0.509[ton/m^3]

> **[참고]**
> 액체온도에 따른 부피변화가 크다. 온도가 상승하면 부피가 커지므로 팽창을 고려하여 용기 충전시 약 10[%] 정도의 안전공간을 둔다.
> 안전공간 $=\frac{V-V_1}{V}\times 100[\%]$　　V : 저장실의 부피[l]
> 　　　　　　　　　　　　　　　　V_1 : 충전된 액의 부피[l]

④ 기화·액화가 용이하다 : 비점 이하로 냉각시킨다. 즉, 대기압(1[atm]) 상태에서 프로판(−42.1[℃]), 부탄(−0.5[℃])은 냉각되면 액화된다.

⑤ 기화잠열이 크다 : 프로판은 기화잠열이 커서 누설시 주위의 열량을 빼앗아 가므로

용기 주위에 서리가 생기는 것을 볼 수 있다.

C_3H_8 : 101.8[kcal/kg]
C_4H_{10} : 92[kcal/kg]

⑥ 무색·무미·무취이다 : 누설을 확인할 수 있도록(사람이 냄새로 검지할 수 있도록) 하기 위해 일정량의 메르갑탄(RSH)을 첨가한다(착취농도 : 공기중의 $\frac{1}{1,000}$ 상태 (0.1[%])

⑦ 용해성이 있다 : 물에는 녹지 않으나 에테르(ROR′), 알콜(ROH)에는 녹고, 천연고무를 녹이므로 호스는 합성고무를 사용한다.(실리콘 고무 사용)

⑧ 연소 발열량이 크다.

$C_3H_8 + 5O_2 \longrightarrow 3CO_2 + 4H_2O + 530$[kcal/mol]
$C_4H_{10} + 6.5O_2 \longrightarrow 4CO_2 + 5H_2O + 700$[kcal/mol]

⑨ 프로판의 연소

프로판 1[kg]이 완전연소할 경우 : $\frac{1,000[g]}{44[g]} \times 530[kcal] = 12,000[kcal/kg]$

프로판 1[m³]를 완전연소할 경우 : $\frac{1,000[g]}{22.4[g]} \times 530[kcal] = 24,000[kcal/m^3]$

> **[참고]**
> ① L.P.G는 열량이 크기 때문에 연소 기구에 많이 사용한다. 또한, 열량 자체가 크기 때문에 희석가스(공기)를 혼합시켜 열량을 조절할 수 있다.
> ② 공기 자체는 열량이 없기 때문에 희석가스로 사용 가능.
> ③ 공기를 희석가스로 사용하는 목적
> • 열량을 조절할 수 있다.   • 연소효율증대
> • 재액화 방지   • 누설시 손실감소

⑩ 연소시 다량의 공기가 필요하다.

$C_3H_8 + 5O_2 \longrightarrow 3CO_2 + 4H_2O$(완전연소반응식)

➡ $C_mH_n + \left(m+\frac{n}{4}\right)O_2 \longrightarrow mCO_2 + \frac{n}{2}H_2O$

프로판 1[mol]의 연소시 산소는 5[mol]이 필요하다. 공기량은 5×5=25[mol]이 필요 즉, 25~30배의 공기가 있어야 연소한다. 불완전 연소시 나오는 가스는 CO, H_2가 있다.

⑪ 연소범위가 좁다.
  ㉮ C_3H_8의 폭발범위 ➡ 2.1~9.5[%]
  ㉯ C_4H_{10}의 폭발범위 ➡ 1.8~8.4[%]

⑫ 발화온도(착화점)가 높다.
  ㉮ C_3H_8 발화점 : 460~520[℃]
  ㉯ C_4H_{10} 발화점 : 430~510[℃]

㉰ 발화점에 영향을 주는 요소
  ㉠ 가연성가스와 공기의 혼합비
  ㉡ 가열속도와 지속시간
  ㉢ 점화원의 종류와 에너지 투여법
  ㉣ 발화가 생기는 공간의 형태와 크기
  ㉤ 기벽의 재질과 촉매효과

> [참고]
>
> ■ LPG의 제조법
> ① 습성 천연가스 및 원유로부터의 제조
>   ㉮ 압축 냉동법 : 가스를 8[kg/cm^2] 정도로 압축 후 냉각하여 액화시킨 후 다시 24[kg/cm^2]로 압축하여 제조한다.
>   ㉯ 흡수법 : 경유를 용제로 10~30[kg/cm^2]로 가압하여 탄화수소를 흡수시킨 후 가열하여 정류한다.
>   ㉰ 활성탄에 의한 흡착법
> ② 제유소 가스로부터의 제조
>   석유정제 과정에서 발생하는 가스를 가스분리장치에 넣어 분리시킨다.
> ③ 나프타 분해 생성물로부터의 제조
> ④ 나프타 수소화 분해 생성물로부터의 제조

10. 메탄(Methane : CH_4)

(1) 일반적 성질

① 물리적 성질
  ㉮ 무색·무취의 기체로서 가연성가스이다(5~15[%]).
  ㉯ 자연계에서 존재하며 천연가스, 탄광, 유기물의 분해로 발생하는 파라핀계 탄화수소이다.

② 화학적 성질
  ㉮ 연소가 잘 된다.

$$CH_4 + 2O_2 \longrightarrow CO_2 + 2H_2O + 2/2.8530[kcal]$$

  ㉯ 할로겐 원소 등과 반응하여 치환반응을 한다

$$CH_4 + Cl_2 \xrightarrow{hr} CH_3Cl + Cl_2 \xrightarrow{hr} CH_2Cl_2 + Cl_2 \xrightarrow{hr} CHCl_3 + Cl_2 \xrightarrow{hr} CCl_4$$
$$(+HCl) \quad\quad (+HCl) \quad\quad (+HCl)$$

▶ 메탄의 성질

구 분	수 치
분자량 [g]	16
비점 [°C]	−161.5
융점 [°C]	−184
밀도 [g/l]	0.716
임계온도 [°C]	82.1
임계압력 [atm]	45.8

(2) 제조법

① 금속 니켈을 촉매로 하여 일산화탄소를 수소로 분해하여 제조한다.

$$CO + 3H_2 \longrightarrow H_2O + CH_4 \uparrow$$

② 천연가스 속에 존재한다.

(3) 용 도

① 메탄올 합성가스의 원료

$$CH_4 + H_2O \longrightarrow CO + 3H_2$$
$$CO + 2H_2 \longrightarrow CH_3OH$$

② 연료로 주로 사용
③ 불완전 연소시켜 카본 블랙의 흑색 잉크 제조용으로 사용
④ 메탄 속에서 AC 방전시켜 아세틸렌을 제조한다.

11. 에틸렌(Ethylene : C_2H_4)

(1) 일반적 성질

① 물리적 성질
  ㉮ 물에 용해되지 않는다.
  ㉯ 무색의 달콤한 냄새를 가진 마취성 가스이다.
  ㉰ 알콜, 에테르에는 잘 용해된다.

▶ 에틸렌의 성질

구 분	수 치
분자량 [g]	28.05
융점 [℃]	-169.2
비점 [℃]	-103.71
임계온도 [℃]	9.9
임계압력 [atm]	50.0

② 화학적 성질
  ㉮ 공기 속에서 연소하여 열량을 낸다.

$$C_2H_4 + 3O_2 \longrightarrow 2CO_2 + 2H_2O + 337.2[kcal]$$

  ㉯ 각종 부가반응을 일으킨다.

$$C_2H_4 + H_2O \longrightarrow C_2H_5OH(\text{에틸 알콜})$$
$$C_2H_4 + H_2 \longrightarrow C_2H_6(\text{에탄})$$

  ㉰ 중합반응을 일으킨다.

(2) 용 도

① 폴리에틸렌 제조
② 산화에틸렌 제조

$$C_2H_4 + \frac{1}{2}O_2 \rightarrow C_2H_4O$$

③ 에틸 알콜 제조

$$C_2H_4 + H_2O \rightarrow C_2H_5OH$$

④ 에틸 벤젠, 에틸렌 글리콜 제조
⑤ 금속의 용접, 절단 등에 이용

12. 포스겐($COCl_2$)

(1) 일반적 성질

① 물리적 성질

㉮ 염화카보닐이라고 하며, 상온에서 자극성인 냄새를 가진다.
㉯ 유독한 가스이다(허용농도 0.1[ppm]).
㉰ 유기용매에 잘 녹는다(벤젠, 에테르).
㉱ 무색의 액체이나 담황녹색으로 시판한다.

■ 포스겐의 성질

구 분	수 치
분자량 [g]	98.92
비점 [℃]	8℃
융점 [℃]	-128℃
임계온도 [℃]	181.85℃
임계압력 [atm]	56atm
허용농도	0.1PPM

② 화학적 성질

㉮ 포스겐에 압력을 가하면 쉽게 액화하여, 가수분해하면 이산화탄소와 염산이 된다.

$$COCl_2 + H_2O \longrightarrow CO_2 + 2HCl$$

㉯ 흡수제로 알칼리를 사용한다.

$$COCl_2 + 4NaOH \longrightarrow Na_2CO_3 + NaCl + 2H_2O$$

(2) 제조법

① 일산화탄소와 염소로부터 제조

$$CO + Cl_2 \xrightarrow{\text{활성탄}} COCl_2$$

② 사염화탄소와 공기중, 산화철, 습한 곳에서 발생

$$2CCl_4 + O_2 \longrightarrow 2COCl_2 + 2Cl_2$$
$$3CCl_4 + FeO_3 \longrightarrow 3COCl_2 + 2FeCl_3$$
$$CCl_4 + H_2O \longrightarrow COCl_2 + 2HCl$$

(3) 용 도

① 염료, 의약, 가소제 등에 사용
② 농약제조에도 사용
③ 폴리우레탄, 접착제, 도료 등의 원료로 쓰인다.

13. 아세틸렌(Acetylene : C_2H_2)

(1) 일반적 성질

① 물리적 성질

㉮ 무색의 기체로 약간 에테르 향기가 있고 불순물로 인하여 특이한 냄새가 난다(불순물 : H_2S, PH_3, NH_3, SiH_4)
㉯ 융점(-81[℃]), 비점(-84[℃])이 비슷하고 고체 아세틸렌은 융해하지 않고 승화한다.

㉰ 액체 아세틸렌보다 고체 아세틸렌이 안전하다.
㉱ 물에는 거의 녹지 않고 유기용매(아세톤, D.M.F)에는 용해된다.

② 화학적 성질

아세틸렌의 성질

구 분	수 치
분자량 [g]	26
비점 [°C]	-83.8
융점 [°C]	-82
임계온도 [°C]	36
임계압력 [atm]	61.6

㉮ 흡열화합물이므로 압축하면 분해 폭발할 우려가 있다.

$$C_2H_2 \longrightarrow 2C + H_2 + 54.2[kcal]$$

㉯ Cu, Hg, Ag 등의 금속과 화합시 폭발성 물질인 아세틸라이드를 생성

$$C_2H_2 + 2Cu \longrightarrow Cu_2C_2(동아세틸라이드) + H_2$$
$$C_2H_2 + 2Hg \longrightarrow Hg_2C_2(수은아세틸라이드) + H_2$$
$$C_2H_2 + 2Ag \longrightarrow Ag_2C_2(은아세틸라이드) + H_2$$

㉰ 산소 혼합시 점화하면 산화폭발한다.

$$2C_2H_2 + 5O_2 \longrightarrow 4CO_2 + 2H_2O + 301.5[kcal]$$

(2) 제조법

① 카바이드(carbide)에 물을 가하여 제조

$$CaC_2 + 2H_2O \longrightarrow C_2H_2 \uparrow + Ca(OH)_2$$

② 석유 크레킹으로 제조

$$C_3H_8 \xrightarrow[1,000 \sim 1,200[°C]]{creaking} C_2H_2 \uparrow + CH_4 + H_2$$

(3) 용 도

① 아세틸렌 불꽃으로 용접에 이용
② 벤젠(C_6H_6), 부타디엔(합성고무), 합성수지, 알콜, 초산 등을 생성

(4) 아세틸렌의 제조공정

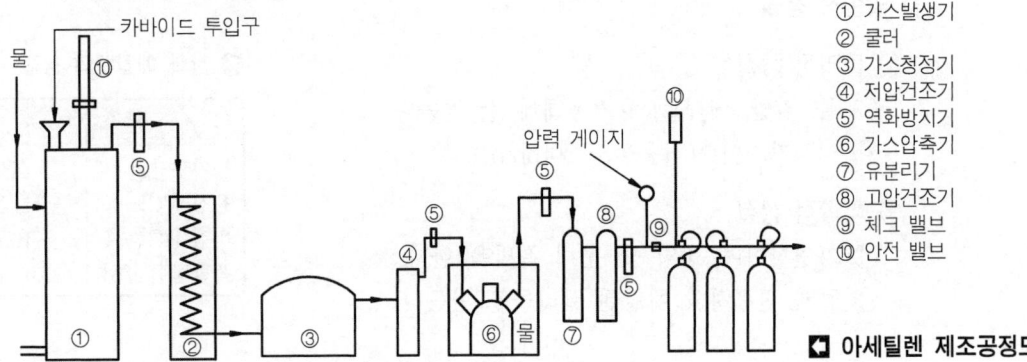

① 가스발생기
② 쿨러
③ 가스청정기
④ 저압건조기
⑤ 역화방지기
⑥ 가스압축기
⑦ 유분리기
⑧ 고압건조기
⑨ 체크 밸브
⑩ 안전 밸브

아세틸렌 제조공정도

① 가스발생기
  ㉮ 가스발생 방법에 따라 분류하면 주수식, 침지식, 투입식이 있다.
  ㉯ 이중 투입식이 공업적으로 가장 많이 이용된다.
② 습식 아세틸렌 발생기의 표면온도는 70[℃] 이하로 유지하고 그 부근에는 불꽃이 튀는 작업을 하지 말 것(적정온도는 50~60[℃]).
  ㉮ 아세틸렌 압축기
    ㉠ 윤활유는 양질의 광유를 사용할 것.
    ㉡ 온도상승 방지를 위해 압축기는 수중에서 작동할 것(20[℃] 이하).
    ㉢ 아세틸렌 충전 중에는 온도에 불구하고 2.5MPa이상 올리지 말 것.
  ㉯ 유분리기 : 아세틸렌 압축기에서 압축된 가스 중의 오일을 분리한다.
  ㉰ 건조기 : $CaCl_2$(염화 칼슘)으로 아세틸렌 중의 수분을 제거한다.
  ㉱ 역화방지기 : 아세틸렌의 고압건조기와 충전용 지관의 밸브 사이의 배관에는 각각 역화방지장치를 설치한다.
  ㉲ 가스청정기 : 아세틸렌 속에 들어 있는 불순물을 제거한다.
    불순물포함시 현상 : 순도저하, 악취발생, 용제에 용해되는 것이 저해된다.
  ㉳ 청정제 : 에퓨렌, 카타리솔, 리카솔
  ㉴ 용제 : 아세톤, D.M.F(디메틸포름아미드)
    분해 폭발을 방지하기 위해 용해가스로 만들어 주는데 용제로 사용된다.
  ㉵ 다공질물 : 용기의 내부를 미세한 간격으로 하여 아세틸렌의 분해 및 연소의 기회를 만들지 않기 위해 채워 넣는 물질로 목탄, 규조토, 석면, 석회석, 탄산마그네슘, 산화철, 다공성 플라스틱 등이 있다.
  ㉶ 다공도 측정방법

$$(V-E) \times \frac{100}{V} = 다공도[\%]$$
V : 다공질물의 용적
E : 아세톤 침윤잔용적

14. 산화 에틸렌(Ethylene Oxide : C_2H_4O)

(1) 일반적 성질

① 물리적 성질
  ㉮ 물, 알콜, 에테르, 유기용매에 잘 녹는다.
  ㉯ 독성가스이다(허용농도 50[ppm]).
② 화학적 성질
  ㉮ 가연성이며, 중압 및 분해 폭발을 한다.
  ㉯ 물과 반응하여 에틸렌 글리콜을 만든다.

◘ 산화 에틸렌의 성질

구 분	수 치
분자량 [g]	44.05
융점 [℃]	-111.3
비점 [℃]	10.73
폭발범위 [%]	3.0~80.0

$$C_2H_4O + H_2O \longrightarrow \begin{matrix} CH_2OH \\ CH_2OH \end{matrix} (HOC_2H_4OH)$$

㉱ 암모니아와의 반응에 의해 아민을 생성한다.

$$C_2H_4O + NH_3 \longrightarrow HOC_2H_4NH_2(에타놀아민)$$

(2) 제법(산화에틸렌 접촉기상산화법)

에틸렌을 은(Ag)을 촉매로 산화시켜 제조

$$C_2H_4 + \frac{1}{2}O_2 \longrightarrow C_2H_4O$$

(3) 용 도

에틸렌 글리콜 제조, 폴리에스테르 섬유 등에 사용.

15. 프레온(Freon)

(1) 일반적 성질

① 무색, 무미, 무취이다.
② 불연성, 비폭발성이며 열에 대해 안정하다.
③ 액화하기 쉽고 증발잠열이 커서 냉매로 사용된다.

> [예] $CClF_3$: 프레온 13 CCl_2F_2 : 프레온 12 $CHClF_2$: 프레온 22

④ 800[℃]의 불에 접촉하면 포스겐($COCl_2$)의 유독가스가 발생된다.
⑤ 전기적 절연내력이 크다.
⑥ 천연고무나 수지를 침식시키며 Mg 및 Mg을 2[%] 함유한 Al 합금을 부식
⑦ 탄화수소 CH_4, C_2H_6)와 할로겐 원소(F, Cl)의 화합물로 구성

(2) 용 도

① 가정용 냉장고, 공기조화용, 제빙용 등의 냉매로 사용된다.
② 과산화물 촉매를 사용하여 중합하며 테트라프올에틸(테프론) 수지를 얻는다.
③ 에어졸의 용제
④ 우레탄의 발포제

(3) 누설검사

① 비눗물의 기포발생 여부
② 헤라이드 토치 램프의 불꽃색으로 검사
　㉮ 누설이 없을 때 : 청색　　㉯ 소량 누설시 : 녹색
　㉰ 다량 누설시 : 자색　　　㉱ 극심할 때 : 불이 꺼짐

16. 시안화수소(Hydrogeu Cyanide : HCN)

(1) 일반적 성질

① 무색이고, 복숭아 냄새가 나는 기체로서 독성이 강하다(허용농도 10[ppm]).
② 극히 휘발하기 쉽고, 물에 잘 용해한다.
③ 오래된 시안화수소는 급격한 중합에 의해 폭발의 위험이 있으므로 충전 후 60일을 넘지 않도록 한다.
④ 시안화수소의 안정제로는 황산(H_2SO_4), 아황산가스(SO_2), 염화 칼슘($CaCl_2$), 인산(H_3PO_4), 오산화인(P_2O_5), 동망(Cu) 등을 사용한다.
⑤ 인화성 액체이다.
⑥ 아세틸렌과 반응하여 아크릴로니트릴을 만들 수 있다.

$$C_2H_2 + HCN \longrightarrow CH_2=CHCN$$

■ 시안화수소의 성질

구 분	수 치
분자량 [g]	27.03
융점 [℃]	-13.2
비점 [℃]	25.6
임계온도 [℃]	183.5
임계압력 [atm]	55

(2) 제조법

① 앤드류소(Andrussow)법 : 메탄에 암모니아를 산화시켜 제조

$$CH_4 + NH_3 + \frac{3}{2}O_2 \longrightarrow HCN + 3H_2O + 11.3[kcal]$$

② 폼아미드법

$$CO + NH_3 \longrightarrow \underset{(폼아미드)}{HCNONH_2} \longrightarrow HCN + H_2O$$

(3) 용 도

살충제, 메타크릴 수지, 아크릴 섬유의 원료

17. 벤젠(Benzene : C_6H_6)

(1) 일반적 성질

① 물리적 성질
  ㉮ 무색, 특유의 냄새가 나는 휘발성 액체로 가연성이며 독성이 있다.
  ㉯ 물에는 녹지 않으나, 유기용매에는 잘 녹는다.
② 화학적 성질
  ㉮ 탄소수에 비해 수소수가 너무 적으므로 연소시 그을음이 난다.

$$2C_6H_6 + 15O_2 \rightarrow 12CO_2 + 6H_2O$$

㉯ 2중 결합이 있으나, 치환반응을 잘한다.
㉰ 고농도 흡입시 사망할 경우도 있다.

(2) 용 도

① D.D.T. 염료에 사용
② 페놀 수지, 나이론 제조용

18. 황화수소(Hydrogen Sulfide : H_2S)

(1) 일반적 성질

① 화산 속에 포함되어 있다.
② 달걀 썩은 냄새를 가진 유독성 기체이며, 물에 약간 녹아 산성을 나타낸다.
③ 공기 중에서 완전 연소한다.

$$2H_2S + 3O_2 \longrightarrow 2H_2O + 2SO_2\uparrow$$

※ SO_2는 환원제이나, 여기서는 산화제로 사용된다.

④ 양이온 금속 중에서 2족의 시약으로 금속 이온의 정성 분석에 사용

[예] CuS : 흑색   HgS : 흑색   PbS : 흑색   ZnS : 흰색   CdS : 황색

⑤ 연당지($(CH_2COO)_2Pb$)와 반응으로 흑색으로 변화시킨다.(H_2S 검출에 사용).

$$H_2S + (CH_2COO)_2Pb + PbS\downarrow + 2CH_3COOH$$

◘ 황화수소의 성질

구 분	수 치
분자량 [g]	34.08
융점 [℃]	−82.9
비점 [℃]	−61.80
임계온도 [℃]	100.4
임계압력 [atm]	88.9

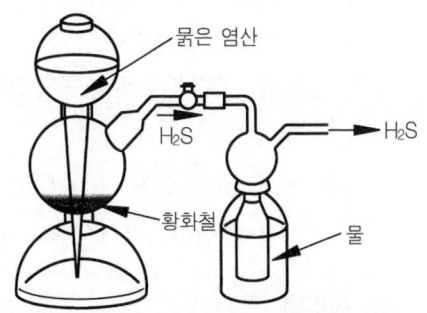

◘ 킵 장치에 의한 황화수소의 제법

(2) 제조법

킵 장치로 제조한다.

$$FeS + 2HCl \longrightarrow FeCl_2 + H_2S\uparrow$$

> **참고**
>
> ■ 킵 장치
> 가스(gas)를 발생시킬 수 있는 장치로서 주로 H_2S(황화수소), CO_2(이산화탄소), H_2(수소) 등을 제조하는 장치

(3) 용 도

① 환원제로 쓰인다.
② 정성분석에 이용된다.
③ 금속정련, 형광물질원료(ZnS, CdS) 제조
④ 공업약품, 의약품 제조원료

19. 이황화탄소(CS_2)

(1) 일반적 성질

① 상온에서 무색, 투명 또는 담황색 액체이며 순수한 것은 거의 무취이나 일반적으로 특유의 불쾌한 냄새가 있다.
② 대단히 인화하기 쉬운 액체로 유독하다(허용농도 20[ppm]).
③ 비교적 불안정하여 상온에서도 특히 빛에 의해 천천히 분해된다.
④ 고온에서 수소에 의해 환원되고 황화수소, 탄소, 메탄 등이 생긴다.
⑤ 인화점 −30[℃], 발화온도 100[℃]로 전구 표면이나 증기 파이프에 접촉만해도 발화한다.

$$CS_2 + 3O_2 \longrightarrow CO_2 + 2SO_2$$

⑥ 증기를 흡입하거나 액체에 장시간 접촉시 신경계의 장애를 일으킨다.

◘ 이황화탄소의 성질

구 분	수 치
분자량 [g]	76.14
융점 [℃]	−111.53
비점 [℃]	46.25
임계온도 [℃]	279
임계압력 [atm]	78
폭발범위(공기중) [%]	1.25~50

(2) 제조법

에탄·코크스·목탄 등의 탄소질물질을 약 850~900[℃]로 황가스와 반응하여 얻는다.

(3) 용 도

① 비스코스레이온 및 셀로판의 제조에 사용
② 사염화탄소, 고무가황촉진제 및 살충제 등에 이용

20. 아황산가스(Sulfurous acid gas : SO_2)

(1) 일반적 성질

① 강한 자극성을 가진 무색의 기체이며 불활성으로 안정된 가스이고 2,000[°C]로 가열해도 분해되지 않는다.

② 물에 용해되어 (20[°C]에서 36배) 산성을 나타낸다.

$$SO_2 + H_2O \rightleftharpoons H_2SO_3, \ H_2SO_3 + \frac{1}{2}O_2 \longrightarrow H_2SO_4(황산)$$

③ 액체 이산화황은 순수하면 전도도가 낮으나 용해성의 염을 소량 가하면 전도도가 대단히 높다.

▶ 아황산가스의 성질

구 분	수 치
분자량 [g]	64
비중	1.45
융점 [°C]	−78.5
비점 [°C]	−10
임계온도 [°C]	157.5
임계압력 [atm]	77.8

(2) 제조법

황을 연소시켜 제조

$$S + O_2 \longrightarrow SO_2 \uparrow$$

(3) 용 도

① 황산 제조용
② 하이드로설파이드($Na_2S_2O_2$, 표백제, 의약품원료)의 제조에 사용
③ 제당, 펄프 공업에서 표백제로 이용

[참고]

■ 각종 가스의 일반적 성질

가스명칭	분 류	1[atm]상온 폭발범위 (공기중)	1[atm]상온 폭발범위 (산소중)	허용농도 [ppm]	임계온도 [°C]	비등점 [°C]	융 점 [°C]
수소 (H_2)	가연성	4~75	4~94	−	−239.9	−252.8	−259.1
산소 (O_2)	지연성	−	−	−	−118.4	−183	−218.4
아르곤 (Ar)	불활성	−	−	−	−122	−185.87	−189.2
네온 (Ne)	불활성	−	−	−	−228.3	−245.9	−248.67
헬륨 (He)	불활성	−	−	−	−267.9	−286.9	−272.2
이산화탄소 (CO_2)	불연성	−	−	5,000	31	(승화) −78.5	−56.6
염소 (Cl_2)	독성	−	−	−	−144	−34	−101±2
암모니아 (NH_3)	가연성 독성	15~28	15~79	25	132.3	−33.3	−77.7

가스명칭	분 류	1[atm]상온 폭발범위 (공기중)	1[atm]상온 폭발범위 (산소중)	허용농도 [ppm]	임계온도 [°C]	비등점 [°C]	융 점 [°C]
아세틸렌 (C_2H_2)	가연성	2.5~81	2.5~93	−	36	−84	−81
질소 (N_2)	불연성	−	−	−	−147	−195.8	−209.89
산화에틸렌 (C_2H_4O)	가연성 독성	3~80	3~100	50	195.8	10.44	−112.5
시안화수소 (HCN)	가연성 독성	5.6~40	−	10	183.5	25.7	−13.2
포스겐 ($COCl_2$)	독성	−	−	0.1	182	8.2	−128
일산화탄소 (CO)	가연성 독성	12.5~74 (습기존재시)	15.94 (습기존재시)	50	−139	−192	−205.0
메탄 (CH_3)	가연성	5~15	5.1~61.0	−	−82.1	−161.5	−182.4
프로판 (C_3H_8)	가연성	2.1~9.5	−	−	96.8	−42.1	−187.69
부탄 (C_4H_{10})	가연성	1.8~8.4	−	−	152	−0.5	−138.35
에탄 (C_2H_6)	가연성	3~12.5	−	−	37.27	−88.63	−183.27
에틸렌 (C_2H_4)	가연성	3.1~32	−	−	9.9	−103.7	−169.2
이산화황 (SO_2)	독성	−	−	5	157.5	−10	−75.5
프로필렌 (C_3H_6)	가연성	2~11.1	2.1~53	−	91.8	−47.7	−185
부타디엔 (C_4H_6)	가연성	2~12	−	−	152	−4.15	−108.915
아산화질소 (N_2O)	지연성	−	−	−	36.5	−89.5	−102.3
황화수소 (H_2S)	가연성 독성	4.3~45.5	−	10	100.3	−61.8	−82.9
염화메틸 (CH_3Cl)	가연성 독성	8.25~18.7	−	100	143.1	−23.73	−97.7
브롬화메틸 (CH_3Br)	가연성 독성	13.5~14.5	−	20	191	3.96	−93.7

제1편 가스 일반
가스의 개론 | 가스의 특성

제 2 장 가스의 특성 예상문제

문제 1 다음 중 LP가스가 완전 연소시 생성되는 물질명은?

㉮ CO_2와 H_2O ㉯ CO와 H_2 ㉰ CO와 C ㉱ CO_2와 CO

해설 $C_mH_n + \left(m+\dfrac{n}{4}\right)O_2 \longrightarrow mCO_2 + \dfrac{n}{2}H_2O$

문제 2 다음 수소의 성질 중 재해발생의 원인이 아닌 것은?

㉮ 가장 가벼운 기체로서 아주 좁은 간격으로부터 확산하기 쉽다.
㉯ 공기와 혼합될 경우 폭발범위가 4~75[%]이다.
㉰ 고온 고압에서 강에 대하여 탈탄작용을 일으킨다.
㉱ 임계압력은 20[atm]이다.

해설 수소(H_2)의 ┌ 임계압력은 12.8[atm]
　　　　　　　　└ 임계온도는 −239.9[°C]

문제 3 다음 중 에틸렌에 관한 설명 중 틀린 것은?

㉮ 가장 대량으로 소비되는 용도는 염화 비닐 제조용이다.
㉯ 공업적으로는 나프타의 열분해에 의해 제조된다.
㉰ 에틸렌은 가연성가스이다.
㉱ 폭발범위는 공기 중에서 3~32[%]이다.

해설 염화 비닐 제조에 가장 많이 사용되는 것은 아세틸렌(C_2H_2)이다.

$C_2H_2 + HCl \xrightarrow{\text{첨가중합}} CH_2CHCl$(염화 비닐)

문제 4 염소와 수소의 부피비가 얼마일 때 폭명기라고 하는가?

㉮ 1 : 1 ㉯ 2 : 1 ㉰ 1 : 3 ㉱ 1 : 2

해설 $Cl_2 + H_2 \rightarrow 2HCl$

문제 5 이산화탄소의 용도가 아닌 것은?

㉮ 살충제의 원료　　　　　㉯ 청량음료의 탄산수
㉰ 드라이 아이스　　　　　㉱ 액체 탄산으로 소화제에 이용

해설 이외의 용도로는 소다회 제조 및 요소제조용, 주물사의 응결제로 사용된다.

해답 1. ㉮ 2. ㉱ 3. ㉮ 4. ㉮ 5. ㉮

문제 6 다음은 암모니아 용기 및 기타 재료에 대한 것이다. 틀린 것은?

㉮ 용기재료 : 탄소강 ㉯ 밸브 스핀들 : 스테인리스강
㉰ 밸브 : 강재 ㉱ 안전 밸브 : 스프링식

해설 안전 밸브는 파열판식 또는 가용전식이다.

문제 7 아세틸렌 가스가 공기 중에 완전 연소하기 위해서는 약 몇 배의 공기가 필요한가?

㉮ 2.5배 ㉯ 8배 ㉰ 10배 ㉱ 12.5배

해설 $C_2H_2 + 2.5O_2 \rightarrow 2CO_2 + H_2O$ 에서
$22.4 : 2.5 \times 22.4$
$100 : x$
$x = 2.5 \times 22.4 \times \dfrac{100}{22.4}$
(공기중 산소 농도는 약 20%이므로)
$= \dfrac{250}{50} = 12.5$

문제 8 습식 아세틸렌 제조법에서 가장 널리 사용되는 방법은?

㉮ 접촉식 ㉯ 침지식
㉰ 투입식 ㉱ 주수식

해설 • 투입식의 특징
① 대량생산에 용이하다. ② 불순가스 발생이 적다.
③ 후기가스 발생이 적다. ④ 온도상승이 느리다.

문제 9 다음 중 알칸족 탄화수소계 가스가 아닌 것은?

㉮ 프로판 ㉯ 에틸렌
㉰ 부탄 ㉱ 메탄

해설 ① 알칸족(메탄계, 파라핀계) 식 : C_nH_{2n+2} 예) 메탄, 프로판, 에탄, 부탄
② 알켄족(에틸렌계, 오레핀계) 식 : C_nH_{2n} 예) 에틸렌, 프로필렌, 부틸렌
③ 알킨족(아세틸렌계) 식 : C_nH_{2n-2} 예) 아세틸렌, 프로틴, 부타디엔

문제 10 시중의 LP가스가 기화하면 몇 배의 부피가 되는가?

㉮ 230배 ㉯ 250배 ㉰ 280배 ㉱ 300배

해설 C_3H_8의 액비중이 0.5이므로
$44 : 22.4 = 500 : x$ $x = 254$배

문제 11 암모니아가스 누설시 검지방법이 아닌 것은?

㉮ 자극성 냄새 ㉯ 적색 리트머스 시험지가 청변
㉰ 질소에 반응시키면 백연발생 ㉱ 네슬러 시약이 황색변

해설 ㉰ : $HCl + NH_3 \longrightarrow NH_4Cl$

해답 6. ㉱ 7. ㉱ 8. ㉰ 9. ㉯ 10. ㉯ 11. ㉰

문제 12 염소의 공업적 제법으로 틀린 것은?

㉮ 천연가스 분해법 ㉯ 격막법
㉰ 수은법 ㉱ 염산 전해법

해설 ① 격막법 : 양극에 탄소, 음극에 철망을 두어 NaCl를 자기분해
② 수은법 : 양극에 탄소, 음극에 수은
③ 염산 전해법 : $2HCl \rightarrow Cl_2 + H_2$

문제 13 암모니아 6[kg]이 수소와 질소로 분해될 때 수소는 몇 [m³]가 생성되는가?

㉮ 9.86[m³] ㉯ 10.86[m³] ㉰ 11.86[m³] ㉱ 12.86[m³]

해설 $3H_2 + N_2 \longrightarrow 2NH_3$의 반응에서 표준상태에서 수소와 질소, 암모니아의 비는 (3 : 1 : 2)이므로

$3 \times 22.4[l] : 2 \times 17[g]$
$x[l] : 6,000[g]$

$\therefore x = \dfrac{3 \times 22.4 \times 6,000}{2 \times 17} = 11858.82[l]$
$\quad = 11.86[m^3]$

문제 14 다공도 측정은 용기에 다공질을 충전한 상태에서 온도 몇 [°C]에서 측정하는가?

㉮ 15[°C] ㉯ 20[°C] ㉰ 5[°C] ㉱ 35[°C]

해설 • 아세틸렌 용기 진동시험방법
① 다공도 80[%] 이상은 콘크리트 바닥에 놓은 강괴에서 7.5[cm]의 높이에서 용기를 세로로 1,000회 이상 반복 낙하하여 용기를 세로로 전단하였을 때 다공질물의 침하, 공동, 갈라짐이 없을 것.
② 다공도 80[%] 미만은 목제연화로 만든 바닥위 5[cm]의 높이에서 1,000회 이상 반복 낙하하여 세로로 절단 후 다공질물의 공동이 없고, 침하량이 3[mm] 이하일 것.

문제 15 아세틸렌은 치환반응을 한다. 치환반응을 하지 않는 금속은?

㉮ Cu ㉯ Ag ㉰ Hg ㉱ Ar

해설 $C_2H_2 + 2Cu \longrightarrow Cu_2C_2 + H_2$
$C_2H_2 + 2Ag \longrightarrow Ag_2C_2 + H_2$
$C_2H_2 + 2Hg \longrightarrow Hg_2C_2 + H_2$

문제 16 일산화탄소의 고온, 고압시 카보닐화에 대해 틀리게 표현한 것은?

㉮ 고온, 고압일수록 현저해 진다.
㉯ 철, 니켈, 코발트 등과 휘발성의 금속 카보닐을 만든다.
㉰ 내면 깊이 침투하므로 강관 표면에 은, 동, 알루미늄을 라이닝하는 것만으로는 미흡하다.
㉱ 150[°C] 이상된다면 이의 방지책으로 강구해야 한다.

해답 12. ㉮ 13. ㉰ 14. ㉯ 15. ㉱ 16. ㉰

해설 땨는 얇게 라이닝을 실시

$$Ni+4CO \longrightarrow Ni(CO)_4$$
$$Fe+5CO \longrightarrow Fe(CO)_5$$

문제 17 다음 항 중 희가스를 충전한 방전관의 발광색으로 옳지 않은 것은?

㉮ He - 황백색   ㉯ Ne - 주황색
㉰ Ar - 적색   ㉱ Rn - 청자색

해설 • 희가스의 발광색

가 스	발광색	가 스	발광색
Ar	적 색	Kr	녹자색
Ne	주황색	Xe	청자색
He	황백색	Rn	청록색

문제 18 수소가 고온, 고압에서 탄소강에 접촉하여 메탄을 생성하는 것을 무엇이라 하는가?

㉮ 냉간취성   ㉯ 수소취성   ㉰ 메탄취성   ㉱ 상온취성

문제 19 물을 전기분해하여 수소를 얻고자 할 때 전해액은 무엇인가?

㉮ 묽은 염산
㉯ 10~25[%]의 수산화 나트륨
㉰ 10~25[%]의 탄산칼슘용액
㉱ 10[%] 정도의 황산용액

문제 20 LPG는 Liquefied Petroleum Gas의 약자로서 석유계 저급 탄화수소의 혼합물로 탄소수가 5개 이하의 것을 말한다. 다음 중 LP가스가 아닌 것은 어느 것인가?

㉮ C_3H_8 ㉯ C_3H_6 ㉰ C_4H_{10} ㉱ C_4H_{12}

해설 LP가스의 종류는 C_3H_8, C_3H_6, C_4H_{10}, C_4H_8, C_4H_6 등이 있으며 이중 C_3H_8이 가장 많이 함유되어 있다.

문제 21 다음 수소가스의 용도가 아닌 것은?

㉮ 냉동기의 냉매   ㉯ 메타놀의 합성원료
㉰ 부양용 가스   ㉱ 인조보석, 유리제조용이나 연료용

해설 수소가스의 용도는 이외에 암모니아 가스의 합성원료, 해면철, 텅스텐, 몰리브덴 등 제련용의 환원성 가스 등에 사용된다.

문제 22 다음은 산소에 관한 사항이다. 잘못된 것은?

㉮ 공기 중의 산소농도가 16[%] 이하이면 산소 결핍을 일으키고, 25[%] 이상이면 이상연소를 일으키며, 60[%] 이상의 산소를 12시간 이상 호흡하면 폐에 충혈을 일으켜 위험하므로 18~22[%]를 유지해야 한다.
㉯ 산소농도가 증가할수록 연소성, 연소속도, 화염온도 등이 증가한다.

해답 17. ㉱ 18. ㉯ 19. ㉯ 20. ㉱ 21. ㉮

㉰ 산소농도가 증가할수록 폭발범위, 발화온도, 발화 에너지는 감소한다.
㉱ 무색, 무취이며 기체는 공기보다 무겁고 액체 산소는 물보다 가볍다.

문제 23 다음 산소 제조장치에서 건조제로 주로 쓰이는 물질이 아닌 것은?
㉮ NaOH　㉯ 사염화탄소　㉰ Al_2O_3　㉱ 실리카겔

문제 24 산소의 성질로서 잘못된 것은?
㉮ 산소와 결합하면 모두 많은 열을 발생한다.
㉯ 그 자신은 연소하지 않으나 연소를 돕는 지연성가스이다.
㉰ 황과 연소하면 이산화황이 생성된다.
㉱ 화학적으로 활성이 강하여 많은 원소와 반응하여 산화물을 만든다.

문제 25 다음은 수소의 제조법이다. 이 중에서 맞지 않는 것은?
㉮ 수성가스법　㉯ 천연가스 분해법
㉰ 석회질소법　㉱ 석유분해법

문제 26 수소의 탈탄 작용을 방지하기 위하여 첨가하는 금속이 아닌 것은?
㉮ Cr　㉯ W　㉰ Mo　㉱ Ni

문제 27 수성가스의 주성분으로 바르게 이루어진 것은?
㉮ CO, CO_2　㉯ CO_2, N_2　㉰ CO, H_2O　㉱ CO, H_2

문제 28 수소의 공업적 제법 중 일산화탄소 전화법에 사용되는 촉매는?
㉮ 철-크롬계　㉯ 니켈-크롬계
㉰ MnO_2　㉱ Mo

문제 29 아세틸렌에 관한 다음 사항 중 틀린 것은?
㉮ 아세틸렌은 공기보다 가볍고 무색인 가스이다.
㉯ 아세틸렌은 구리, 은, 수은 및 그 합금과 폭발성의 화합물을 만든다.
㉰ 폭발범위는 수소보다 좁다.
㉱ 공기와 혼합되지 아니하여도 폭발하는 수가 있다.

문제 30 탄화수소에 탄소의 수가 증가할 때 생기는 현상이 아닌 것은?
㉮ 비등점이 낮아진다.　㉯ 폭발 하한계가 낮아진다.
㉰ 증기압이 낮아진다.　㉱ 발화점이 낮아진다.

해답 22. ㉰　23. ㉯　24. ㉮　25. ㉰　26. ㉱　27. ㉱　28. ㉮　29. ㉰　30. ㉮

문제 31 암모니아가스(NH₃)의 용도가 아닌 것은?
   ㉮ 질소비료의 원료   ㉯ 냉동기의 냉매
   ㉰ 질산제조의 원료   ㉱ 수돗물의 살균

문제 32 다음 중 브롬화 메틸(CH₃Br)의 취급시 주의점이 아닌 것은?
   ㉮ 400[°C]에서 열분해한다.
   ㉯ 가연성(연소범위 13.5~14.5[%])이며 독성가스(허용농도 20[ppm])이다.
   ㉰ 알루미늄을 부식하므로 알루미늄용기에 보관할 수 없다.
   ㉱ 용기의 충전구 나사는 왼나사로 되어 있다.

문제 33 아세틸렌가스(C₂H₂)의 성질에 대한 설명이다. 틀린 것은?
   ㉮ 무색, 무취, 무미이나 불순물을 함유시엔 냄새가 나는 기체이다.
   ㉯ 치환반응을 한다.
   ㉰ 흡열화합물로 압축하면 분해폭발을 일으킨다.
   ㉱ 산소와 연소시키면 3,000[°C] 이상의 고열을 내며 화합폭발을 한다.

문제 34 다음 식은 탄화수소의 완전연소 반응식이다. ( )에 알맞은 기호는?

[반응식] $C_mH_n + \left(m+\dfrac{n}{4}\right)O_2 \longrightarrow mCO_2 + (\ \ )H_2O$

   ㉮ n ㉯ $\dfrac{n}{2}$ ㉰ $\dfrac{m}{4}+\dfrac{n}{2}$ ㉱ $\dfrac{m}{2}$

문제 35 다음 가스와 재료의 용도가 적당하지 않는 것은?
   ㉮ 액체산소 탱크-알루미늄   ㉯ 수분없는 액화염소-보통강
   ㉰ 암모니아 탱크-동   ㉱ 상온·고압의 수소용기-보통강

문제 36 다음은 다공도 계산식이다. 여기서 V는 무엇을 나타내는가?

[보기]   다공도 $[\%] = \dfrac{V-E}{V} \times 100$

   ㉮ 아세톤 침윤 잔용적   ㉯ 다공질물의 용적
   ㉰ 아세틸렌 침윤 잔용적 ㉱ 다공질물의 질량

문제 37 희가스에 대한 설명 중 잘못된 것은?
   ㉮ 불활성 가스   ㉯ 무색, 무미, 무취
   ㉰ 단원자분자   ㉱ 산소와 잘 화합한다.

해답 31. ㉱ 32. ㉱ 33. ㉱ 34. ㉯ 35. ㉰ 36. ㉯ 37. ㉱

문제 38 다음 성질을 만족하는 기체는 어느 것인가?

[보기] ① 독성이 매우 강한 기체이다.
② 연소시키면 잘 탄다.
③ 물에 매우 잘 녹는다.

㉮ HCN　　㉯ NH_3　　㉰ Cl_2　　㉱ SO_2

문제 39 다음 중 화학적으로 안정하여 화학결합을 잘하지 않는 것은?

㉮ Ne　　㉯ O_2　　㉰ H_2　　㉱ F_2

문제 40 극저온용 냉동기의 급속동결냉매로서 사용되는 가스는?

㉮ 프레온　　㉯ 암모니아　　㉰ 질소　　㉱ 탄산가스

문제 41 다음 일산화탄소의 성질에 옳지 못한 것은?

㉮ 비등점 −192[°C], 임계압력 35[atm], 임계온도 −139[°C]이다.
㉯ 무색, 무취의 기체로 독성(50[ppm])이 강하고, 불완전 연소에 의해 생성되며 가스중독을 일으킨다.
㉰ 상온에서 염소와 반응하여 포스겐을 만든다.
㉱ 불연성가스이므로 공기 중에 연소하지 않는다.

문제 42 큰 고압용기나 탱크 및 라인(line) 등의 퍼지(purge)용으로 쓰이는 기체는?

㉮ 질소 또는 아르곤　　㉯ 산소 또는 수소
㉰ 탄산가스 또는 공기　　㉱ 질소 또는 탄산가스

문제 43 다음은 일산화탄소의 금속에 대한 부식성을 나열한 것이다. 틀린 것은?

㉮ 고온 고압에서는 탄소강의 사용이 가능하다.
㉯ 고온에서는 강재를 침탄시키고 심하면 강을 취화시킨다.
㉰ 크롬(Cr)이나 니켈(Ni)강은 침탄이 현저하다.
㉱ 규소(Si), 알루미늄(Al), 티탄(Ti), 바나듐(V) 등은 침탄방지 금속이다.

문제 44 아세틸렌은 공기 중에서 몇 [°C] 정도이면 자연폭발하는가?

㉮ 305~315[°C]　　㉯ 405~515[°C]
㉰ 505~515[°C]　　㉱ 605~615[°C]

문제 45 공기 중에서 희가스 존재량이 큰 것부터 나열된 것은?

㉮ 아르곤−네온−헬륨　　㉯ 아르곤−헬륨−네온
㉰ 헬륨−아르곤−네온　　㉱ 헬륨−네온−아르곤

해답　38. ㉯　39. ㉮　40. ㉰　41. ㉱　42. ㉮　43. ㉰　44. ㉰　45. ㉮

문제 46 희가스란 주기율표의 0족에 속하는 불활성을 띤 가스로 공기 중에 소량씩 존재한다. 공기 중에 존재하지 않는 희가스는?

㉮ 라돈(Rn)　　㉯ 아르곤(Ar)　　㉰ 네온(Ne)　　㉱ 헬륨(He)

문제 47 염소가스의 누설 검출방법이 아닌 것은?

㉮ 암모니아의 접촉시 흰연기 발생　　㉯ 요드칼리 시험지의 청색변화
㉰ 취기(약 3[ppm] 정도)　　㉱ 가성소다 수용액에 의한 황색변화

문제 48 질소(N_2)가스의 용도 중 틀린 것은?

㉮ 암모니아 석회질소의 질소비료의 원료
㉯ 금속의 산화방지용 가스 및 전구의 봉입가스
㉰ 고온용 냉동기 냉매
㉱ 가스설비의 치환용 가스 또는 기밀시험용 가스

문제 49 염소(Cl_2)의 재해 방지용으로 사용되는 흡수제가 아닌 것은?

㉮ 가성소다 수용액(NaOH)　　㉯ 탄산소다 수용액(Na_2CO_3)
㉰ 석회유($Ca(OH)_2$)　　㉱ 암모니아성 염화제1동 용액

문제 50 상온에서 강한 자극성 냄새가 나는 황록색의 기체로 −33.7[℃] 이하로 냉각시키거나 6~8기압의 압력을 가하면 쉽게 액화하여 갈색의 액체가 되는 가스는?

㉮ NH_3　　㉯ Cl_2　　㉰ H_2　　㉱ HCN

문제 51 다음 중 암모니아 가스의 장치에 사용될 수 있는 재료는?

㉮ 탄소강　　㉯ 동　　㉰ 동합금　　㉱ 알루미늄 합금

> **해설** 암모니아 가스는 동, 동합금 및 알루미늄합금 등에 대하여서는 심한 부식성을 나타내므로 철이나 철합금을 사용해야 한다.

문제 52 암모니아에 대한 설명 중 맞지 않는 것은?

㉮ 강한 자극성이 있고 물에 잘 녹는다.
㉯ 증발잠열이 크고 냉매용으로 사용한다.
㉰ 0[℃] 1기압에서 부피비로 물의 1,146배, 상온 상압에서 800배이다.
㉱ 염화수소와 접촉하면 염화암모늄의 검은 연기가 난다.

문제 53 아르곤(Ar)가스의 용도로서 가장 옳지 않은 것은?

㉮ 네온사인용 가스로 사용　　㉯ 전구용 봉입가스로 사용
㉰ 용접용 보호가스로 사용　　㉱ 냉동용 가스로 사용

해답 46.㉮　47.㉱　48.㉰　49.㉱　50.㉯　51.㉮　52.㉱　53.㉱

문제 54 고온 고압의 수소와 작용시키면 화합하여 암모니아를 생성하는 가스는?

㉮ 질소　　㉯ 탄소　　㉰ 염소　　㉱ 메탄

문제 55 아연, 구리, 은, 코발트 등과 같은 금속과 반응하여 착이온을 만드는 가스는?

㉮ 암모니아　　㉯ 염소　　㉰ 아세틸렌 가스　　㉱ 질소

문제 56 염소의 유해성에 대한 다음 설명 중 틀린 것은?

㉮ 허용농도(1[ppm])가 극히 낮아 위험하다.
㉯ 농도는 공기 중 30[ppm] 정도에서 심하게 기침이 나며 40~60[ppm] 정도를 30분~1시간 정도 호흡시 극히 위험하다.
㉰ 장기간 호흡하면 호흡기가 상한다.
㉱ 조연성 가스로서 질소와 심하게 반응한다.

문제 57 다음 염소의 성질에 옳지 못한 것은?

㉮ 비등점 −33.7[℃], 임계압력 76.1[atm], 임계온도는 144[℃]이다.
㉯ 조연성 가스이면서 허용농도가 1[ppm]인 맹독성 가스이다.
㉰ 수소와 염소와의 체적비가 2 : 1일 때 직사광선, 점화, 가열 등의 변화를 주면 격렬하게 반응하여 염화수소를 생성한다.
㉱ 화학적으로 활성이 강한 가스로서 대부분의 금속과 작용하여 염화물을 만든다.

문제 58 다음 산소가스의 용도가 아닌 것은?

㉮ 가스용접용 및 가스 절단용
㉯ 황산의 제조
㉰ 유리제조, 수성가스 제조, 철강공업의 고로용
㉱ 암모니아 합성가스 원료

문제 59 다음 중 각 가스의 1[m³]당 발열량이 잘못 연결된 것은?

㉮ 프로판−24,000[kcal]　　㉯ 부탄−31,000[kcal]
㉰ 도시가스−7,000~11,000[kcal]　　㉱ 프로필렌−25,000[kcal]

문제 60 가연성 물질을 공기로 연소시키는 경우에 공기 중의 산소 농도를 높게 하면 연소속도와 발화온도는 어떻게 되는가?

㉮ 연소속도는 크게 되고 발화온도는 높게 된다.
㉯ 연소속도는 크게 되고 발화온도는 낮게 된다.
㉰ 연소속도는 낮게 되고 발화온도는 높게 된다.
㉱ 연소속도는 낮게 되고 발화온도는 낮게 된다.

해답　54. ㉮　55. ㉮　56. ㉱　57. ㉰　58. ㉱　59. ㉱　60. ㉯

문제 61 LP가스의 용도가 아닌 것은?
㉮ 가정용 연소기의 연료
㉯ LP자동차의 연료
㉰ 관 및 판의 절단용
㉱ 가스용접용 보호가스

문제 62 다음은 도시가스에 비교한 LP가스의 단점을 나열한 것이다. 틀린 것은?
㉮ 저장탱크 및 용기의 접합공급장치가 필요하다.
㉯ 연소시 다량의 공기를 필요로 한다.
㉰ 배관을 통해서만 가스공급이 가능하다.
㉱ LP가스에 알맞은 연소장치가 필요하다.

문제 63 다음은 도시가스에 비교한 LP가스의 장점을 나열한 것이다. 틀린 것은?
㉮ 열량이 크고 작은 배관경으로 공급할 수 있다.
㉯ 공급압력의 설정이 어렵다.
㉰ 입지적 제약이 없다.
㉱ 가압장치가 불필요하다.

문제 64 다음 중 LP가스의 연소 특성이 아닌 것은?
㉮ 연소시 다량의 공기를 필요로 한다.
㉯ 발열량이 크며, 연소속도가 빠르다.
㉰ 연소범위가 좁다.
㉱ 발화온도가 높다.

문제 65 다음 중 LP가스의 성질로서 틀린 것은?
㉮ 물에는 잘 녹지 않으나 알콜, 에테르, 휘발유 등 유기용매에 잘 녹으며 석유류, 동식물유, 천연고무를 용해시킨다.
㉯ 무색, 무취, 무독성이나 많은 양을 흡입하면 중추신경이 마비된다.
㉰ 온도가 상승하면 부피가 커지고 온도가 낮아지면 부피가 작아진다.
㉱ 일정한 압력, 온도에서 액체가 기체로 변할 때의 열량은 프로판이 92.1[kcal/kg], 부탄이 101.8[kcal/kg]이다.

문제 66 프로판 1[m^3]를 완전히 연소시키는데 필요한 공기량은?
㉮ 5[m^3]　　㉯ 20[m^3]　　㉰ 25[m^3]　　㉱ 30[m^3]

문제 67 다음은 산화 에틸렌(C_2H_4O)의 성질에 관한 사항이다. 옳지 않은 것은?
㉮ 비등점 10.44[°C], 융점 −112.5[°C], 임계온도 195.8[°C]이다.
㉯ 상온에서 무색, 유독한 기체로서 10[°C] 이하에서는 액체로 존재한다.
㉰ 가연성 및 독성가스로서 폭발범위는 3~80[%], 허용농도는 25[ppm]이다.
㉱ 물, 아세톤, 사염화탄소, 알콜, 에테르 및 대부분의 유기용제에 잘 용해된다.

해답 61.㉱　62.㉰　63.㉯　64.㉯　65.㉱　66.㉰　67.㉰

문제 68 다음은 시안화수소의 안전성에 대한 설명이다. 틀린 것은?

㉮ 순도 98[%] 이상으로 착색된 것은 60일을 경과할 수 있다.
㉯ 안정제로는 황산, 인, 인산, 염화 칼슘 등을 사용한다.
㉰ 1일 1회 이상 질산구리 벤젠지로 누설을 검지해야 한다.
㉱ 맹독성 가스이므로 흡수장치나 재해장치를 설치해야 한다.

문제 69 다음 중 이산화탄소의 제조법이 아닌 것은?

㉮ 수소 제조시의 부산물로 제조
㉯ 석회석이나 대리석의 열분해로 제조
㉰ 알콜 발효시의 부산물로 얻는다.
㉱ 코크스 분해시 부산물로 얻는다.

문제 70 이산화탄소의 흡수제는 무엇인가?

㉮ 10[%]$Ca(OH)_2$
㉯ 50[%]KOH
㉰ 피로카롤 용액
㉱ 30[%]NaOH

문제 71 다음 이산화탄소의 성질에 대한 설명 중 틀린 것은?

㉮ 비등점 −78.5[°C], 임계압력 72.9[atm], 임계온도 31[°C]이다.
㉯ 무색, 무취의 기체로 공기보다 무겁고 불연성 가스이다.
㉰ 독성가스로 허용농도가 5,000[ppm]이다.
㉱ 연료나 유기화합물인 연소, 분해 또는 동물의 호흡, 또는 유기물의 부패, 발효에 의해 발생된다.

문제 72 다음 중 일산화탄소의 용도로 맞지 않는 것은?

㉮ 주물사의 응결제
㉯ 메타놀 합성
㉰ 포스겐의 원료
㉱ 개미산이나 화학공업용 원료

문제 73 일산화탄소를 검지하려고 한다. 다음 중 적당한 시험지는?

㉮ 염화 파라듐지
㉯ 하리슨 시험지
㉰ 연당지
㉱ 초산벤지 진지

문제 74 다음은 시안화수소에 대한 설명이다. 틀린 것은?

㉮ 독성이 강하고(허용농도 10[ppm]) 쉽게 액화되며 액체는 무색투명하다.
㉯ 액체는 특히 휘발하기 쉽고 감이나 복숭아 냄새가 난다.
㉰ 액상의 시안화수소는 안정되지만 소량의 수분이나 알칼리 등을 함유하면 중합이 촉진되고 중합의 발열반응에 의해 폭발한다.
㉱ 비등점 25.6[°C], 임계압력 53[atm], 임계온도 238.5[°C]이다.

해답 68. ㉮ 69. ㉯ 70. ㉯ 71. ㉰ 72. ㉮ 73. ㉮ 74. ㉱

문제 75 액체공기에 대한 설명 중 관련이 없는 것은?

㉮ 공기의 임계압력은 37.2[atm]이다. ㉯ 상온에서 기화하면 800배로 증가한다.
㉰ 액체공기의 비등점은 −190[°C]이다. ㉱ 액체공기는 무색, 무취, 무미이다.

해설 액체공기는 순수한 것은 담청색을 띤다.

문제 76 표준상태(STP)에서 산소의 비등점은 몇 [°C]인가?

㉮ −183[°C] ㉯ −195.8[°C] ㉰ −252.8[°C] ㉱ −33.7[°C]

문제 77 다음 물질 중 비등점이 낮은 것부터 나열된 것은?

㉮ 메탄−에틸렌−에탄−프로판 ㉯ 메탄−에탄−에틸렌−프로판
㉰ 에틸렌−메탄−에탄−프로판 ㉱ 메탄−에틸렌−프로판−에탄

해설 • 중요 가스의 비점

가 스 명	비 등 점[°C]	가 스 명	비 등 점[°C]
헬 륨	−269	수 소	−252.5
네 온	−246	질 소	−196
산 소	−183	메 탄	−161.4
산 화 질 소	−151	프 로 판	−42.1
시 안 화 수 소	−25.7	포 스 겐	8.2
산 화 에 틸 렌	10.44	황 화 수 소	−61.8
이 황 화 탄 소	−46.25	이 산 화 황	−10
에 틸 렌	−103.7	아 세 틸 렌	−84 (891[mmHg])
암 모 니 아	−33.35	염 소	−33.8
이 산 화 탄 소	−78.5	일 산 화 탄 소	−192
에 탄	−88.63	염 화 메 틸	−23.73

문제 78 부탄(C_4H_{10})액 1[l]가 누설하여 기화하면 부피는 몇 [l]로 변하는가?

㉮ 250[l] ㉯ 230[l] ㉰ 200[l] ㉱ 150[l]

해설 액부탄의 비중은 0.58이므로 [kg/l]
58[g] : 22.4[l]=580[g] : x
x=224[l]

문제 79 염소에 관한 설명 중 잘못된 것은?

㉮ 습기를 띤 염소는 철재를 부식하기 때문에 용기 충전에 앞서 완전히 건조시켜야 한다.
㉯ 염소를 건조시킬 때는 CO_2도 제거시키기 위하여 고체 수산화 나트륨을 쓰는 것이 좋다.
㉰ 염소와 수소의 1 : 1 혼합기체는 일광 또는 불꽃에 의하여 폭발적으로 결합한다.
㉱ 염소는 물에 용해되면 염화수소와 하이포 염소산으로 된다.

해설 ㉮ $Cl_2+H_2O \longrightarrow HClO+HCl$
㉯ 건조제 : 진한 황산
㉰ $H_2+Cl_2 \longrightarrow 2HCl$

해답 75. ㉱ 76. ㉮ 77. ㉮ 78. ㉯ 79. ㉯

문제 80 HCN를 장시간 저장하지 못하는 이유는?

㉮ 분해폭발　　　㉯ 산화폭발
㉰ 중합폭발　　　㉱ 기타 폭발

해설 • HCN의 안정제 : 아황산가스, 황산, 동, 인, 동망, 오산화인, 염화 칼슘

문제 81 다음 액화가스 중에서 비등점이 맞지 않는 것은?

㉮ 염소 : $-33.8[°C]$　　　㉯ 메탄 : $-196[°C]$
㉰ 프로판 : $-42.1[°C]$　　　㉱ 아세틸렌 : $-84[°C]$

해설 • 메탄의 비등점은 $-161.4[°C]$
• 질소의 비등점은 $-196[°C]$

문제 82 수소와 산소와의 비가 얼마일 때 폭명기라 부르는가?

㉮ 2 : 1　　㉯ 3 : 2　　㉰ 2 : 3　　㉱ 1 : 3

해설 • 수소 폭명기 : $2H_2 + O_2 \longrightarrow 2H_2O$

문제 83 암모니아의 제조법에서 맞는 것은?

㉮ 격막법　　　㉯ 수은법
㉰ 석회질소법　　　㉱ 액분리법

해설 • NH_3제법
① 하아보시법 : $N_2 + 3H_2 \longrightarrow 2NH_3$
② 석회질소법 : $CaC_2 + N_2 \longrightarrow CaCN_2 + C$
③ $CaCN_2 + 3H_2O \longrightarrow CaCO_3 + 2NH_3$
　　칼슘 시안화미드

문제 84 동일한 용량을 소요하는 가스 버너로 부탄가스를 사용하여 완전 연소시키려고 한다. 프로판에 비하여 몇 배의 공기가 필요한가?

㉮ 1.6배　　㉯ 1.3배　　㉰ 1.1배　　㉱ 0.9배

해설 $C_3H_8 + 5O_2 \longrightarrow 3CO_2 + 4H_2O$
$C_4H_{10} + 6.5O_2 \longrightarrow 4CO_2 + 5H_2O$
$\therefore \dfrac{6.5}{5} = 1.3$배

문제 85 산소가스를 이송하는 배관에서 연소사고가 일어나는 원인이 아닌 것은?

㉮ 산소가스 기류 중에 녹, 용접 슬래그 및 건조제의 분말 등이 혼합되어 있다.
㉯ 배관 중에 이물질(유지류, 녹)의 혼입시
㉰ 밸브를 천천히 개폐시
㉱ 산소가스 중에 수분의 혼입시

해설 연소사고 원인은 밸브의 급격한 개폐이다.

해답 80. ㉰　81. ㉯　82. ㉮　83. ㉰　84. ㉯　85. ㉰

문제 86 고압 염소가스 배관에서 연소사고가 발생되는 원인이 아닌 것은?

㉮ 배관 중에 수소가스 등 탄화수소와 반응 연소하였다.
㉯ 배관 내의 압력이 높아져 철과 염소가 반응을 일으켰다.
㉰ 배관 내의 유지가 발화의 원인이 된다.
㉱ 어떤 이유로 배관 내면의 온도가 높아져 철과 염소와의 반응이 일어났다.

문제 87 액화 프로판에 혼합된 향료의 비율은 얼마인가?

㉮ 1/500　　㉯ 1/1,000　　㉰ 1/250　　㉱ 1/300

해설 • 향료의 종류 : 모노메틸캅탄, 메틸메르캅탄

문제 88 질소의 성질 중 틀린 것은?

㉮ 임계압력 33.5[atm], 임계온도 −147[℃], 비등점 −195.8[℃]이다.
㉯ 독성은 없지만 질식의 위험이 있고 연소를 방해하는 불연성 가스이다.
㉰ 상온에서 대단히 불안정된 기체로 각 설비의 치환용 가스로 쓰인다.
㉱ 고온 고압하에서 수소와 작용하여 암모니아를 생성한다.

문제 89 다음은 염소 용기 및 기타 재료에 대한 설명이다. 틀린 것은?

㉮ 용기 재료는 탄소강이며 무계목 용기이다.
㉯ 밸브는 황동제이며 밸브 스핀들은 18-8 스테인리스강을 사용한다.
㉰ 안전 밸브는 스프링식 안전 밸브가 사용된다.
㉱ 패킹 재료는 석면, 납 및 수지제의 성형품이 사용된다.

해설 염소용기의 안전 밸브는 가용전식이 쓰이며 작동 온도는 68[℃]이다.

문제 90 고온 고압하에서 암모니아 가스의 장치에 사용될 수 있는 재료는?

㉮ 탄소강　　　　　　　　　　㉯ 알루미늄합금
㉰ 페라이트계 스테인리스강　　㉱ 오스테나이트계 스테인리스강

해설 암모니아 가스는 고온 고압에서 탄소강에 대해 질화작용 및 수소취성을 동시에 일으키므로 오스테나이트계 스테인리스강이 사용된다.

문제 91 산소 압축기의 윤활유에 있어서 물 또는 10[%] 이하의 묽은 글리세린수만을 사용하는 이유는 무엇인가?

㉮ 윤활유를 사용하면 열분해되어 저급 탄화수소가 되며, 분리기에 들어가 폭발의 위험성이 있기 때문이다.
㉯ 물이나 묽은 글리세린수는 점도가 높기 때문에
㉰ 물이나 묽은 글리세린수는 발화점이 높기 때문에
㉱ 윤활유는 압축기 각 부분의 부식을 일으키기 쉽기 때문에

해답 86. ㉰　87. ㉯　88. ㉰　89. ㉱　90. ㉱　91. ㉮

제 2 장 가스의 특성 예상문제

문제 92 다음 중 고온·고압가스 안전장치(밸브) 종류가 아닌 것은?

㉮ 안전 밸브   ㉯ 가용전   ㉰ 파열판   ㉱ 바이패스 밸브

해설 가용전도 안전장치의 일종이나 고온·고압가스 설비에는 사용하지 않으며, 고압설비의 안전장치는 이외에도 자동제어장치가 있다.

문제 93 다음 질소에 대한 설명 중 잘못된 것은?

㉮ 고온에서 산소와 화합하여 스파크 등에 의하여 오존이 생성된다.
㉯ 고온에서 금속과 화합하여 질화물을 만든다.
㉰ 용기재료는 탄소강이 사용되며 무계목 용기이다.
㉱ 안전 밸브는 스프링식 안전 밸브가 주로 쓰인다.

문제 94 암모니아합성의 촉매작용에 사용되는 촉매는 주촉매 산화철(Fe_3O_4)에 보조촉매를 사용한다. 보조촉매의 종류가 아닌 것은?

㉮ Al_2O_3 ㉯ K_2O ㉰ MgO ㉱ MnO

해설 ① 보조촉매 : Al_2O_3, K_2O, MgO
② 정촉매 : Fe_3O_4

문제 95 다음 상온에서 수소용기의 파열 원인이 아닌 것은?

㉮ 과충전   ㉯ 수소취성
㉰ 용기의 균열   ㉱ 용기의 취급불량

해설 수소취성은 고온, 고압시 발생

문제 96 다음은 아세틸렌(C_2H_2) 가스에 대한 설명이다. 틀린 것은?

㉮ 비점과 융점이 비슷하여 고체 아세틸렌은 융해하지 않고 승화한다.
㉯ 액체 아세틸렌이 고체 아세틸렌보다 안정하다.
㉰ 여러 가지 액체에 잘 용해된다.
㉱ 500[℃] 정도로 가열된 철관을 통하여 3분 자가 중합하여 벤젠으로 된다.

해설 액체 아세틸렌은 고체 아세틸렌보다 엔탈피값이 크므로 불안정하다

문제 97 인화점이 −30[℃]로 전구 표면이나 증기 파이프에 닿기만 해도 발화하는 것은?

㉮ CS_2 ㉯ C_2H_2
㉰ C_2H_4 ㉱ C_3H_8

문제 98 다음 중 산 및 알칼리에 작용하여 수소(H_2)를 발생하지 못하는 금속은?

㉮ Al   ㉯ Zn
㉰ Sn   ㉱ Cu

해답 92.㉯ 91.㉮ 92.㉯ 93.㉮ 94.㉱ 95.㉯ 96.㉯ 97.㉮ 98.㉱

문제 99 겨울 한랭시에 LPG 용기로부터 가스가 나오지 않으나 용기 속에는 액체가 남아있는 것이 확인되었다면, 남아 있는 액체는 무엇인가?

㉮ 부탄　　　㉯ 에틸렌　　　㉰ 물　　　㉱ 경유

문제 100 아세틸렌의 성질 중 틀린 것은?

㉮ 산소와 연소시키면 3,000[℃] 이상의 고열을 낸다.
㉯ 폭발성이 크다.
㉰ 탄소 원자간의 3중 결합을 갖는 불포화 탄화수소로 반응성이 크다.
㉱ 임계온도는 114[℃] 임계압력은 76.1[atm]이다.

해설 ① 임계온도 : 36[℃]
② 임계압력 : 61.6[atm]

문제 101 프레온 성질에 대한 설명에서 틀린 것은?

㉮ 무색, 무취이다.　　　㉯ 독성이 없다.
㉰ 액화하기 쉽고 증발잠열이 크다.　　　㉱ 금속에 대한 부식성이 전혀 없다.

문제 102 압축가스의 충전량은 어디에 기준을 두는가?

㉮ 용기의 두께　　　㉯ 용기의 크기　　　㉰ 압력　　　㉱ 질량

해설 ① 압력이 상승하면 액체가 팽창하여 용기 파열 원인이 된다.
② 소형 지상 탱크는 85[%] 이상 충전금지, 용기는 90[%] 이상 충전금지

문제 103 고압가스 밸브를 개폐시는?

㉮ 신속히 개폐한다.　　　㉯ 천천히 개폐한다.
㉰ 천천히 열다가 빨리 연다.　　　㉱ 유류를 발라서 잘 열리게 한 후 연다.

해답 99. ㉮　100. ㉱　101. ㉱　102. ㉰　103. ㉯

제2편 고압가스장치 및 기기

제1장 고압장치
1. 기화장치 및 정압기
2. 고압장치 요소 및 배관
3. 용기 및 탱크
4. 압축기 및 펌프
5. 고압장치의 재료·강도·부식 및 방식

제2장 저온장치
1. 가스액화 분리장치
2. 저온장치의 단열법
3. 저온장치용 금속재료
4. 저온액화 분리장치

제3장 가스설비
1. 고압가스설비
2. **LP가스 설비**
3. **도시가스설비**

제4장 측정기기 및 가스분석
1. 측정기기
2. 가스분석

고압장치

제2편 고압가스장치 및 기기
고압장치 | 저온장치 | 가스설비 | 측정기기 및 가스분석

1-1 기화장치 및 정압기

1. 기화장치

부속설비에 해당하는 것으로 전열기나 온수에 의해 LPG를 기화시키는 장치
- 구성은 열발생부와 열교환부, 기타 각종 제어장치로 되어 있다.
- 기화기 사용시 잇점은
① LP가스의 종류에 관계없이 한랭시에도 충분히 기화시킬 수 있고
② 공급가스의 조성이 일정하며
③ 설치면적이 적어도 되고 기화량을 가감할 수 있으며
④ 설비비 및 인건비가 절감된다.

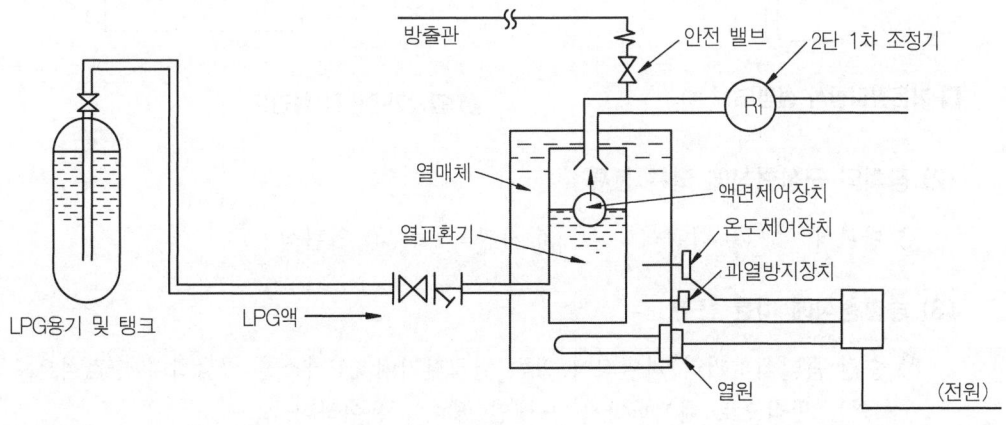

◘ 기화장치의 구조도

> [참고]
> ① **기화부(열교환부)** : 액체상태의 LP가스를 열교환기에 의해 가스화시키는 부분
> ② **열매온도 제어장치** : 열매온도를 일정범위 내에 보존하기 위한 장치
> ③ **열매과열 방지장치** : 열매가 이상하게 과열되었을 경우 열매로의 입열을 정지시키는 장치
> ④ **액면 제어장치** : LP가스가 액체상태로 열교환기 밖으로 유출되는 것을 방지하는 장치
> ⑤ **압력조정기** : 기화부에서 나온 가스를 소비 목적에 따라 일정한 압력으로 조정하는 부분
> ⑥ **안전 밸브** : 기화장치의 내압이 이상 상승했을 때 장치 내의 가스를 외부로 방출하는 장치

(1) 작동원리에 따른 분류

① 가온감압방식 : 열교환기에 액상의 LP가스를 흘려 보내어 온도를 가하고 여기서 기화된 가스를 조정기에 의해서 감압시켜 공급하는 형식으로 일반적으로 많이 사용되고 있는 형식이다.

② 감압가온방식 : 액상의 LP가스를 조정기나 감압 밸브를 통해 감압시키고 이것을 열교환기에 흘려보내어 대기나 온수 등으로 가열하여 기화시키는 방식이다.

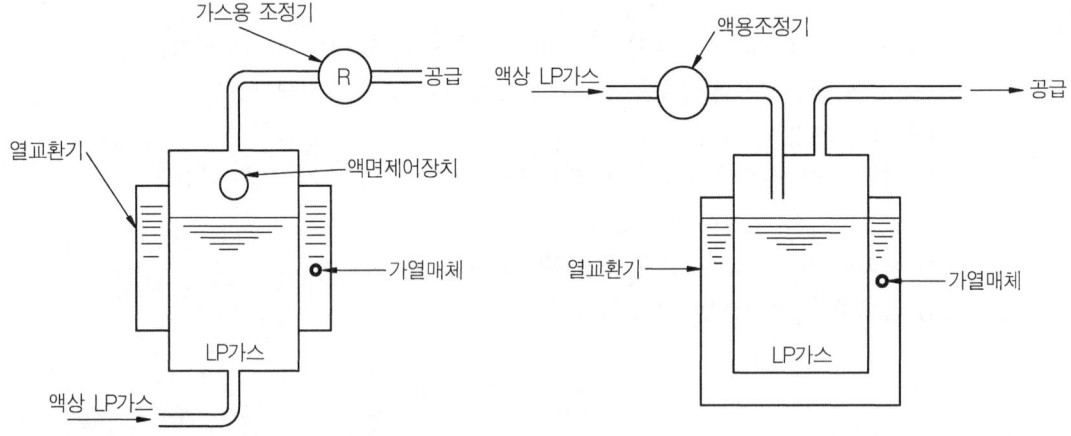

■ 가온감압방식 설명도   ■ 감압가온방식 설명도

(2) 장치의 구성형식에 따른 분류

① 단관식   ② 다관식   ③ 사관식   ④ 열판식

(3) 증발형식에 따른 분류

① 순간 증발식 : 미리 가열되어 있는 열교환기에 LP가스를 공급하여 순간적으로 기화시키는 방식으로 재액화방지, 드레인 배출이 용이하다.

② 유입 증발식 : 액상의 LP가스를 기화기에 넣고 가스를 소비함에 따라 내압이 저하되면 액면에서 LP가스가 기화되는 형식으로 다량의 가스를 기화시킬 수는 있으나 재액화의 우려가 있다.

(4) 가열방식에 따른 분류

① 온수가스가열식 ② 온수전기가열식 ③ 온수스팀가열식 ④ 대기온이용식

> **[참고]**
> ■ 기화기의 사용기준
> ① 부식 및 갈라짐 등의 결함이 없을 것.
> ② 26[kg/cm^2] 이상의 압력으로 행하는 내압시험에 합격한 것일 것.
> ③ 직화로 직접 가열하는 구조가 아닐 것.
> ④ 액상의 LP가스유출을 방지하는 조치를 강구할 것.
> ⑤ 온수부의 동결방지조치를 강구할 것.

2. 정 압 기

(1) 정압기의 설치 목적과 작동원리

가스공급 방법에는 저압공급, 중압공급, 고압공급 방식이 있으므로 가스공급압력을 고압에서 중압으로, 중압에서 저압으로 감압하여 사용기구에 알맞은 압력으로 공급하기 위한 것이 정압기며, 관의 적당한 곳에 설치하여 1차 압력에 관계없이 2차 압력을 일정 압력으로 유지시킨다.

① **직동식 정압기** : 직동식 정압기의 작동원리는 정압기 작동원리의 기본이 된다.

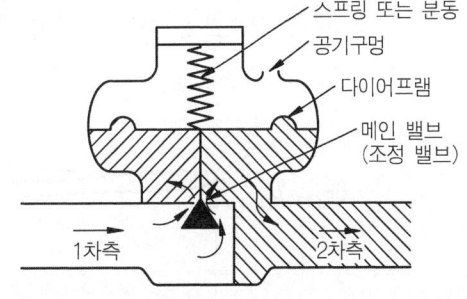

㉮ 설정압력이 유지될 때 : 다이어프램(diaphragm)에 걸려 있는 2차 압력과 스프링의 힘이 평행 상태를 유지하면서 메인 밸브(main valve)는 움직이지 않고 일정량의 가스가 메인 밸브를 통과하여 2차측으로 공급된다.

㉯ 2차측 압력이 설정 압력보다 높을 때 : 2차측 가스 사용량이 감소하게 되면 2차측 압력이 상승하게 되며, 이때 다이어프램을 들어 올리는 힘이 증가하여 스프링의 힘을 이기고 다이어프램에 연결된 메인 밸브를 위쪽으로 움직여 가스의 유량을 제한하므로 2차 압력을 설정 압력으로 유지되도록 작동된다.

㉰ 2차 압력이 설정 압력보다 낮을 때 : 2차측 가스 사용량이 증가하게 되면, 2차 압력이 설정 압력 이하로 떨어지게 된다. 이때 스프링의 힘이 다이어프램을 받치고 있는 힘보다 커서 다이어프램에 연결된 메인 밸브를 열리게 하여 가스의 유량이 증가하게 되며 2차 압력을 설정압력으로 유지되도록 한다.

② **파일럿식 정압기** : 언로딩(unloading)형과 로딩(loading)형이 있으며 직동식 본체 및 파일럿으로 이루어져 있다.

(2) 정압기의 설치시공 기준

① 입구 및 출구에는 가스차단장치를 설치한다.
② 정압기 출구 배관에는 가스 압력이 이상 상승할 경우 통보할 수 있는 경보장치를 설치할 것.
③ 침수 위험이 있는 지하에 설치하는 정압기는 침수방지조치를 할 것.
④ 가스 중 수분의 동결에 의해 정압기능을 저해할 우려가 있을 경우에는 동결방지조치를 할 것.
⑤ 정압기는 설치 후 2년(정압기 입구에 불순물제거 장치가 있을 경우는 3년)에 1회 이상 분해 점검을 실시하며 1주일에 1회 이상 작동 상황을 점검할 것.
⑥ 정압기 출구에는 가스의 압력을 측정·기록할 수 있는 장치를 설치할 것.
⑦ 정압기 입구에는 수분 및 불순물 제거장치를 설치할 것.
⑧ 정압기실에 설치하는 전기설비는 방폭구조일 것.
⑨ 정압기의 분해점검 및 고장에 대비하여 예비정압기를 설치할 것.
⑩ 정압기실은 통풍이 잘되지 않을시는 통풍시는 통풍장치를 설치할 것.

(3) 정압기의 특성

① **정특성** : 정압기의 정특성이란 정상상태에 있어서는 유량과 2차 압력의 관계를 말하며 그림으로는 다음과 같이 표시할 수 있다.

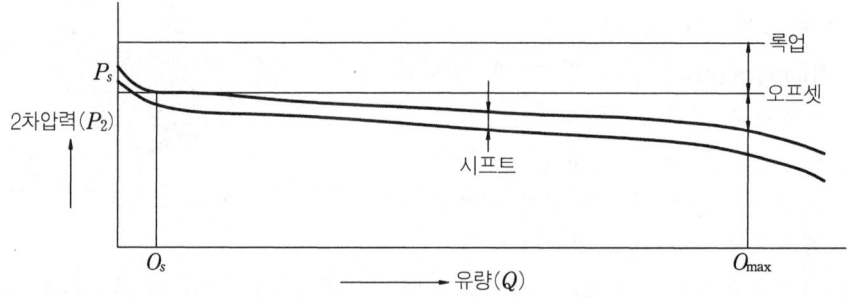

② **동특성(응답속도 및 안정성)** : 동특성은 부하변화가 큰 곳에 사용되는 정압기에 대한 중요한 특성으로 부하변동에 대한 응답의 신속성과 안정성을 나타낸다.

③ **유량특성** : 유량특성이라 함은 메인 밸브의 열림(스트로크-리프트)과 유량의 관계를 말한다.

④ **사용 최대차압** : 메인 밸브에는 1차 압력과 2차 압력의 차압이 작용하여 정압 성능에 영향을 주나 이것이 실용적으로 사용할 수 있는 범위에서 최대로 되었을 때의 차압을 사용최대차압이라 한다.

⑤ **작동 최소차압** : 파일럿식 정압기에서는 2차 압력을 신호로 하여 1차 압력으로부터 구동압력을 얻어서 작동하고 있기 때문에 구동압력은 2차 압력보다 높아지며 파일럿

언로딩형 정압기에 있어서는 전폐시에 구동압력이 가장 높아지므로 이 구동압력 이상의 1차 압력이 없으면 폐지 불능이 된다. 또한 파일럿식 로딩형 정압기에 있어서는 전폐시에 구동압력이 가장 높아지므로 이 구동압력 이상의 1차 압력이 낮으면 전개 불능이 된다. 이와 같이 1차 압력과 2차 압력의 차압이 어느 정도 이상 없으면 파일럿식 정압기는 작동할 수 없게 되며 이 최소값을 작동 최소차압이라 한다.

⑥ 작동식 정압기와 파일럿식 정압기의 특성 비교

특성	구 분	직 동 식	파 일 럿 식
정특성	오프셋 (off set)	• 2차 압력을 신호겸 구동압력으로서 이용하기 위하여 오프셋이 커진다. • 1차 압력이 변화하면 메인 밸브의 평형 위치가 변화하므로 2차 압력도 변화된다.	• 파일럿에서 2차 압력이 적은 변화를 증폭하여 메인 정압기를 작동시키므로 오프셋은 적게 된다. • 기본적으로 1차 압력 변화의 영향은 적으나 파일럿의 입구 압력을 일정하게 함으로 해서 1차 압력이 변화하여도 2차 압력이 변화하지 않도록 할 수 있다.
정특성	록업 (lock-up)	2차 압력을 마감 압력으로 이용하므로 록업은 크게 된다.	오프셋과 같은 이유로 록업을 적게 누를 수 있다.
동특성	응답속도	파일럿식에 비하여 신호계통이 단순하므로 응답속도는 빠르다.	응답속도는 약간 늦게 되나 기종에 따라서 상당히 빠른 것도 있다.
동특성	안정성	스프링 제어식인 것은 상당한 안정성을 확보할 수 있다.	직동식보다는 안정성이 좋은 것이 많으나 웨이트 제어식인 것은 안정성이 부족하다.
	적 성	• 소용량으로 요구유량 제어범위가 좁은 경우에 이용된다. • 저차압으로 사용하는 경우에 적합하다.	• 대용량으로 요구유량 제어 범위가 넓은 경우에 적합하다. • 높은 압력제어 정도가 요구되는 경우에 적합하다.

(4) 정압기의 종류

정압기의 종류에는 여러 가지가 있으나 가장 일반적인 Fisher 식, Axial-flow 식, Reynold 식 정압기에 대하여 설명하도록 한다.

① 피셔(fisher)식 정압기

파일럿식 로딩형 정압기의 작동 원리와 같으나 닫힘 방향의 응답성이 좋아지도록 개량한 것으로 다음과 같이 작동한다.

2차측의 부하가 전혀 없을 때는 2차 압력이 상승하여 파일럿의 공급 밸브가 닫혀지고 배출 밸브는 열리게 되어 주다이어프램의 구동압력이 저하되기 때문에 메인 밸브는 스프링 힘에 의하여 닫혀 있게 된다.

2차측에 부하가 발생하여 2차 압력이 저하되면 2차 압력 조정관으로 연결된 파일럿 상부의 압력도 내려가게 되고 이때 파일럿 하부의 스프링이 작동하여 상하가 함께 움직이게 되어 있는 파일럿 다이어프램을 위쪽으로 밀어 올린다. 이에 의하여 공급 밸브가 열림과 동시에 배출 밸브는 닫히고 1차측의 압력이 공급 밸브에서 주다이어프램 하부에 도입되어 구동압력이 상승되며 정압기 본체의 스프링 힘에 견디어 내어 메인 밸브를 위쪽으로 밀어 올린다. 그렇게 되어 가스는 메인 밸브를 통하여 2차측으로 흘러 가스와 수요를 충당시킨다.

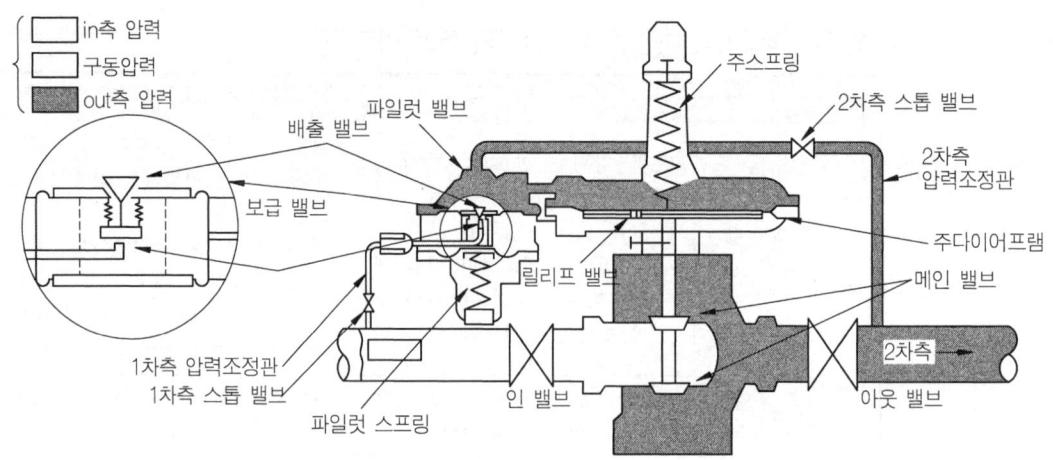

◘ 피셔식 정압기(double board type)

② 레이놀드(reynold)식 정압기

정압기 본체는 복좌 밸브로 되어 있으며 위쪽에 다이어프램을 갖는다. 이 다이어프램의 아래쪽에는 2차압이 도입되어 있으며 2차압 제어기구는 중압보조 정압기, 저압보조 정압기 및 다이어프램을 가지는 조동 볼(oxalic ball)로 형성되어 있다. 다시 다이어프램의 변동을 메인밸브에 전달하기 위하여 레버와 매달림 봉(棒)으로 연결되어 있다.

레이놀드식 정압기의 2차압력 제어는 파일럿식 언로딩형 정압기의 작동원리와 같으나 여기에 이를 구체적으로 설명한다.

2차측의 부하가 전혀 없을 때에는 저압보조 정압기는 폐지한 상태에 있으며, 또한 중압보조정압기는 구동압력(중간압력0이 450~500[mmH$_2$O]로 설정되어 있으므로 조절관을 경유 조동 볼의 다이어프램 아래쪽에 가해져 정압기를 밀어 올려서 메인 밸브를 닫히게 한다.

2차측에 부하가 발생하여 2차 압력이 저하하면 저압보조 정압기가 작동하여 조동 볼(oxalic ball) 내의 가스가 2차측에 흐르기 시작한다. 이때 중압보조 정압기에 작동하기 시작하나 조동 볼과의 사이에 니들 밸브에 의한 조리개가 있어서 유량이 제한되므로 조절관의 중간 압력이 저하하여 조동 볼의 다이어프램이 하강하게 되므로 레버를 내려 메인 밸브가 열린다.

부하가 감소하여 2차 압력이 상승하면 저압보조 정압기의 열림 정도가 작아져 중간압력이 상승하여 메인 밸브의 열림 정도를 낮추게 된다. 2차 압력의 설정은 저압보조 정압기에 올려 놓는 작은 분동의 수로 조절한다.

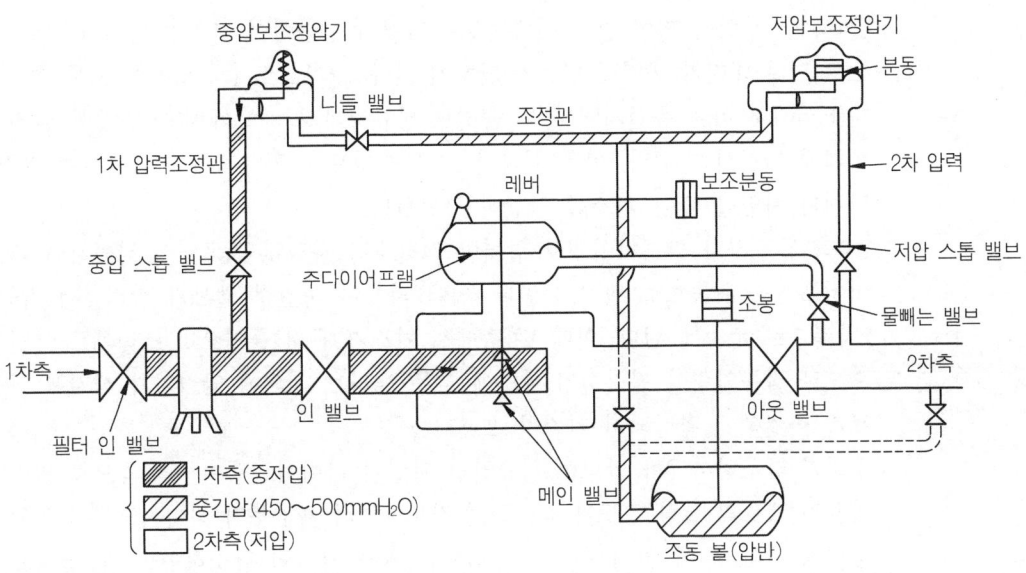

▲ 레이놀드식 정압기

③ 액셜 플로(axial flow)식 정압기

A. F. V식 정압기 매우 콤팩트(compact)하며 작동 원리는 파일럿식 언로딩형 정압기와 같으며 다음과 같이 작동된다.

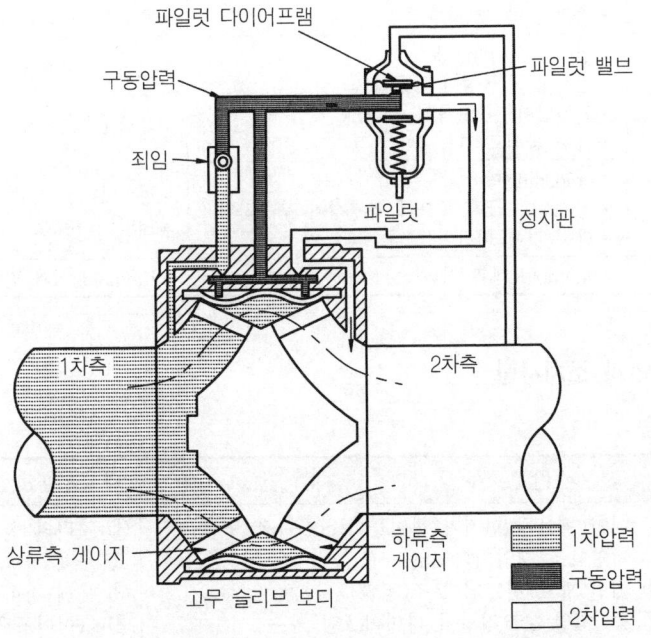

▲ A.F.V 정압기(axial flow)

2차측의 부하가 전혀 없을 때에는 2차 압력이 상승하여 파일럿 다이어프램이 아래쪽으로 밀려 내려가 파일럿 밸브가 닫히게 된다. 그러므로 1차 압력이 고무 슬리브와 보디(body) 사이에 유입되어 고무 슬리브 상류측과의 차압이 없어져 고무 슬리브는 게이지에 밀착하게 된다. 이로 인하여 고무 슬리브는 하류측에 있어서 1차 압력과 2차 압력의 차압을 받아 가스를 완전히 차단한다.

2차측에 부하가 발생하여 2차 압력이 저하되면 파일럿 스프링이 작동하여 파일럿 다이어프램을 위쪽으로 밀어 올린다. 이에 의하여 파일럿 밸브가 열리면서 작동압력은 2차측으로 빠지게 된다. 이때 1차측에서 가스가 흘러 들어오나 조리개로 제한되어 있으므로 작동압력이 저하하기 때문에 고무 슬리브 내외에 압력차가 생겨서 고무 슬리브가 바깥쪽에 확장되어 가스가 흐른다.

부하가 감소하여 2차 압력이 상승하면 파일럿 다이어프램이 아래쪽으로 밀려 내려와 파일럿 밸브의 열림 정도가 감소하여 작동압력의 빠짐부가 작아지므로 작동압력은 상승하게 된다. 이에 의해서 고무 슬리브 내외의 차압이 감소하여, 고무 슬리브가 수축하므로 가스유로가 축소되어 가스량이 감소하게 된다.

> **참고**
>
> ■ 정압기의 종류별 특징
>
> | 종 류 | 특 징 | 사 용 압 력 |
> |---|---|---|
> | Fisher식 | • loading형
• 정특성, 동특성이 양호하다.
• 비교적 콤팩트하다. | • 고압 → 중압A
• 중압 → 중압A, 중압B
• 중압A → 중압B, 저압 |
> | Axial-flow식 | • 변칙 unloading형
• 정특성, 동특성이 양호하다.
• 고차압이 될 수록 특성 양호
• 극히 콤팩트하다. | • 고압 → 중압A
• 중압 → 중압A, 중압B
• 중압A → 중압B, 저압 |
> | Reynolds식 | • unloading형
• 정특성은 극히 좋으나 안정성이 부족하다.
• 다른 것에 비하여 크다. | • 중압 B → 저압
• 저압 → 저압 |
> | KRF식 | • Reynolds식과 같다. | • Reynolds식과 같다. |

(5) 정압기 고장의 원인과 조치사항

① 2차압 이상 상승

종 류	원 인	조 치
Reynolds식 정압기	① 메인 밸브에 먼지가 끼어들어 cut-off 불량 ② 저압보조 정압기의 cut-off 불량 ③ 메인 밸브 시트의 부조(不調) ④ 중, 저압 보조정압기 다이어프램 파손 ⑤ 바이패스 밸브류의 누설 ⑥ 2차압 조절관 파손 ⑦ oxalic ball내에 물이 침입하였을 때 ⑧ 가스 중 수분의 동결	① 필터의 설치 ② 분해 정비 ③ 분해 정비 ④ 다이어프램 교환 ⑤ 밸브의 교환 ⑥ 조절관의 교체 ⑦ 침수방지조치 ⑧ 동결방지조치

종류	원인	조치
Fisher식 정압기	① 메인 밸브에 먼지류가 끼어 들어 cut-off 불량 ② 메인밸브의 밸브 폐쇄부 ③ pilot supply valve에서의 누설 ④ center 스템과 메인 밸브의 접속불량 ⑤ 바이패스 밸브류의 누설 ⑥ 가스 중 수분의 동결	① 필터의 설치 ② 밸브의 교환 ③ 밸브의 교환 ④ 분해 정비 ⑤ 밸브의 교환 ⑥ 동결방지 조치
Axial-flow식 정압기	① 고무 슬리브, 게이지 사이에 먼지류가 끼어 들어 cut-off 불량 ② 파일럿의 cut-off 불량 ③ 파이럿계 필터, 조리개에 먼지 막힘 ④ 고무 슬리브 하류측의 파손 ⑤ 2차압 조절관 파손 ⑥ 바이패스 밸브류의 누설 ⑦ 파일럿 대기측 다이어프램 파손	① 필터의 설치 ② 분해 정비 ③ 분해 정비 ④ 고무 슬리브의 교환 ⑤ 조절관 교환 ⑥ 밸브 교환 ⑦ 다이어프램 교환

이상 승압에 대처할 수 있는 설비로서는 다음과 같은 것이 있으며, 정압기 설치시 이에 대한 검토가 필요하다.

> ※ 승압방지 조치
> 가스의 공급정지가 되지 않을 때에는 방산방식을, 공급정지가 가능할 때에는 차단방식을 주로 채택한다.
> ① 저압 holder의 되도림
> ② 저압 배관의 loop화(누설된 가스에 의한 승압 등 경미한 것의 완화)
> ③ 2차측 압력 감시장치
> ④ 기타, 정압기 2개를 직렬로 설치하는 방법 및 정압기 2개를 병렬로 설치하여 그 한쪽에 자력식 차단 밸브를 조합시키는 방법

② 2차압 이상 저하

종류	원인	조치
Reynolds식 정압기	① 정압기 능력 부족 ② 필터의 먼지류의 막힘 ③ center steam의 부조(不調) ④ 저압보조 정압기의 열림정도 부족 ⑤ 주보조 weight의 부족 ⑥ needle valve의 열림 정도가 클 때 ⑦ 동결	① 적절한 정압기로 교환 ② 필터의 교환 ③ 분해 정비 ④ 분해 정비 ⑤ weight 조정 ⑥ 분해 정비 ⑦ 동결방지조치
Fisher식 정압기	① 정압기 능력 부족 ② 필터의 먼지류의 막힘 ③ 파일럿의 오리피스의 녹 막힘 ④ center steam의 작동 불량 ⑤ stroke 조정 불량 ⑥ 주 다이어프램의 파손	① 적절한 정압기로 교환 ② 필터의 교환 ③ 필터 교환과 분해 정비 ④ 분해 정비 ⑤ 분해 정비 ⑥ 다이어프램의 교환

종 류	원 인	조 치
Axial-flow식 정압기	① 정압기 능력 부족 ② 필터의 먼지류의 막힘 ③ 조리개 열림 정도가 클 때 ④ 고무 슬리브 상류측 파손 ⑤ 파일럿 2차측 다이어프램 파손	① 적절한 정압기로 교환 ② 필터의 교환 ③ 열림 정도 조정 ④ 고무 슬리브 교환 ⑤ 다이어프램 교환

※ 이상감압방지 조치
  ① 저압 배관의 루프(loop)화
  ② 2차측 압력 감시 장치
  ③ 정압기 2계열 설치

(6) 정압기의 배관상 주의점

① 정압기 1차측 배관

1차측의 배관이 정압기의 성능에 영향을 미치는 내용으로서는 정압기 직전의 압력을 소요압력 이상으로 확보할 수 있는지에 문제가 있다. 정압기 1차측에는 정압기 장해를 방지하는 것을 주목적으로 하여 불순물 제거장치가 설치되는데 이에 의한 압력손실에 관하여 특히 주의해야 한다.

② 정압기 2차측 배관

2차측 배관은 파일럿계의 압력조정관에 개하여 그 설정위치, 연장, 관지름 등을 적당히 결정하지 않으면 정압기의 특성을 살릴 수가 없다.

③ 바이패스(by-pass)관

정압기를 설치하였을 때는 분해 및 점검 등에 의하여 정압기를 정지할 필요가 있으므로 가스의 공급을 중단하지 않기 위하여 바이패스관을 설치하여야 된다. 다면 개별로 작동되는 정압기를 병렬로 설치하였을 때는 설치하지 않아도 된다.

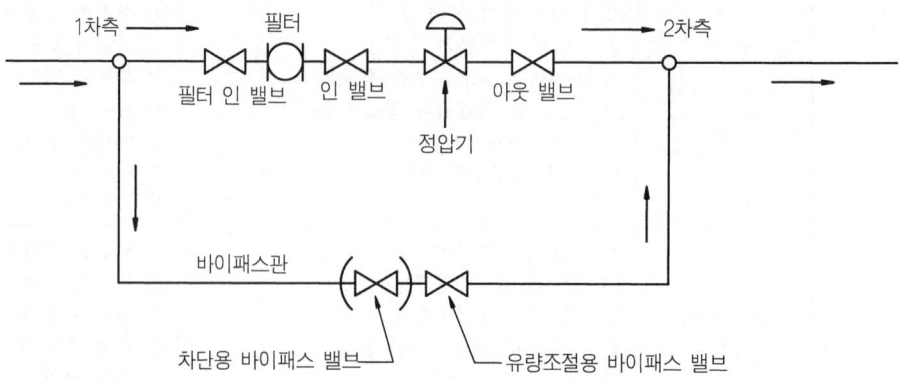

🔼 정압기 바이패스관의 설치

> ■ **지하에 정압기를 설치할 때의 유의점**
> 지하 맨홀, 지하실 등 지하에 정압기를 설치할 때에 유의할 점은 다음과 같다.
> ① **침수 방지 조치** : 지하수 등의 침수의 염려가 있는 지하에 설치하는 정압기에는 이와 같이 침수를 방지하는 조치를 한다.
> ② **대기 균압 조치** : 정압기의 2차압은 대기압과의 차압을 말하는 것이므로 정압기의 제어부는 대기압을 항상 감지하고 있어야 한다.
> ③ **방호 조치** : 도로상의 도로에 근접하여 정압기를 설치할 때에는 차량의 접촉, 기타의 충격에 의한 손상을 방지하는 조치를 취한다.
> ④ **내진(耐震) 조치** : 정압기 및 그 부속장치에는 지진에 대비하여 안전한 방법으로 지지시설을 한다.
> ⑤ **동결방지 조치** : 추운 곳에 설치할 때나 감압폭이 클 때 등 가스 중의 수분의 동결에 의한 정압기능을 잃을 염려가 있는 정압기에는 동결방지를 하기 위한 조치, 즉 보온장치 등을 설치한다.

제1장 고압장치 예상문제

문제 1 액화 프로판 및 액화부탄 사용 시설에 기화기를 사용할 때의 장점이 아닌 것은?
㉮ 한랭시 가스공급이 순조롭다. ㉯ 가스의 조성이 일정하다.
㉰ 기화량의 가감이 용이하다. ㉱ 설비비 또는 시설이 간단하다.

해설 • 강제 기화식의 장점
㉮, ㉰, ㉯ 외에
① 자연 기화식보다 장소가 절약된다.
② 가격이 싼 부탄이용

문제 2 자연기화방식에 대한 설명이다. 잘못 설명된 것은?
㉮ 조성의 변화가 크다.
㉯ 발열량의 변화가 크다.
㉰ 소규모 집합 설비이므로 많은 용기가 필요치 않다.
㉱ 기화능력에 한계가 있어 대량소비처에는 사용이 불가능하다.

문제 3 다음은 가스 정압기의 관리방법을 열거한 글이다. 잘못된 것은?
㉮ 불순물 제거를 위해 3개월에 1회 원거리에 있는 것은 1년에 1회 정도 분해 청소를 실시한다.
㉯ 정압기 내의 압력조정을 할 때에는 정압기를 가동한 채로 행한다.
㉰ 정압기 내부의 동결을 방지하기 위해 면포, 펠트 등으로 방한 시공을 한다.
㉱ 자동기록 압력계의 차트를 대체하기 위해 차례로 순회하며 작업한다.

문제 4 정압기 중에서 구조기능이 가장 우수하여 많이 사용되며 중압관내 압력이 변해도 항상 자동 작동되어 저압측의 공급 압력에 변동을 주지 않도록 되어 있는 정압기는?
㉮ 레이놀드 정압기 ㉯ 엠코 정압기
㉰ 서비스 정압기 ㉱ 다이어프램식 정압기

문제 5 기화기의 장치구성상 분류한 것 중 잘못된 것은?
㉮ 가온감압방식 ㉯ 열판식 ㉰ 사관식 ㉱ 단관식

문제 6 기화기의 가열방식에서 온수를 매체로 할 경우 간접가열방식에서 제외되는 것은?
㉮ 증기가열 ㉯ 가스가열 ㉰ 전기가열 ㉱ 대기온가열

해답 1. ㉱ 2. ㉰ 3. ㉯ 4. ㉮ 5. ㉮ 6. ㉱

제 1 장 고압장치 예상문제

문제 7 정압기에 대한 설명 중 잘못된 것은?
- ㉮ 입구측에 가스차단장치 설치
- ㉯ 출구측에 이상압력상승 방지장치 설치
- ㉰ 정압기의 분해점검은 3년에 1회씩 실시
- ㉱ 정압기의 점검에는 순회, 분해점검이 있다.

해설 ㉰번은 2년에 1회씩 실시

문제 8 다음 중 파일럿식 정압기와 관계가 먼 것은?
- ㉮ 로딩형 정압기
- ㉯ 언로딩형 정압기
- ㉰ 레이놀드식 정압기
- ㉱ 직동식 정압기

문제 9 정압기의 특성 중 유량과 2차 압력과의 관계를 나타내는 것은?
- ㉮ 정특성
- ㉯ 유량특성
- ㉰ 동특성
- ㉱ 사용최대차압 및 작동최소차압

해설 ① 정특성 : 정상상태에서 유량과 2차 압력과의 관계
② 동특성 : 부하변동에 대한 응답속도 및 안정성
③ 유량특성 : 메인 밸브의 열림과 유량의 관계

문제 10 파일럿식 정압기의 설정압력 조정 중 2차 압력을 감지하여 그 2차 압력의 변동을 메인 밸브에 전달하는 장치는?
- ㉮ 스프링
- ㉯ 언로딩
- ㉰ 다이어프램
- ㉱ 아웃 밸브

문제 11 정압기의 승압을 방지하기 위하여 설치한 장치 중 틀린 것은?
- ㉮ 2차 압력 감시장치
- ㉯ 저압배관의 loop화
- ㉰ 저압 홀더로 되돌림
- ㉱ 2차측에 가용전 설치

문제 12 기화기의 구성요소가 아닌 것은?
- ㉮ 열교환기
- ㉯ 과열방지장치
- ㉰ 긴급차단장치
- ㉱ 안전 밸브

해설 ① 열교환기 : 액상의 LPG를 열교환기에 의해 기화
② 열매온도제어장치 : 열매체의 온도를 일정 범위 내에 보존
③ 열매과열방지장치 : 열매체가 이상 과열시 입열금지
④ 액유출방지장치 : 액상 LPG가 열교환기 밖으로 유출방지
⑤ 압력조정기 : 사용측에 알맞게 압력조정
⑥ 안전 밸브 : 이상 압력 상승시 가스를 분출

해답 7. ㉰ 8. ㉱ 9. ㉮ 10. ㉰ 11. ㉱ 12. ㉰

문제 13 정압기를 사용 압력별로 분류한 것이 아닌 것은?
　㉮ 저압 정압기　　　　　㉯ 중압 정압기
　㉰ 고압 정압기　　　　　㉱ 초고압 정압기

　해설 ① 저압 정압기 : 가스 홀더의 압력을 실제 사용 압력으로 조정하는 작용을 한다.
　　② 중압 정압기 : 중압력을 일정한 저압력으로 조정한다.
　　③ 고압 정압기 : 공장이나 정압소에서 압송된 고압가스를 중압력으로 낮추는 작용을 한다.

문제 14 다음 중 LPG 강제 기화방식이 아닌 것은?
　㉮ 생가스 공급방식　　　㉯ 공기 혼합가스 공급방식
　㉰ 변성가스 공급방식　　㉱ 직접 혼입가스 공급방식

문제 15 기화기, 혼합기에 의해서 기화한 부탄에 공기를 혼합하는 방식으로 부탄의 대량 소비처에 사용되는 공급방식은?
　㉮ 변성가스 공급방식　　㉯ 생가스 공급방식
　㉰ 직접 혼입가스 공급방식　㉱ 공기 혼합가스 공급방식

문제 16 수중에 부유하는 탱크에 밸브가 달려 있으며 탱크 내의 승강과 더불어 밸브가 상하로 움직여 압력을 조정하는 정압기는?
　㉮ 레이놀드 정압기　　　㉯ 엠코 정압기
　㉰ 수요자 정압기　　　　㉱ 부종형 정압기

문제 17 다음 언로딩(unloading)형과 로딩(loading)형 2종류가 있는 정압기는?
　㉮ 레이놀드식 정압기　　㉯ 파일럿식 정압기
　㉰ 수요자 정압기　　　　㉱ 직동식 정압기

문제 18 지역 정압기의 종류가 아닌 것은?
　㉮ 직동식 정압기　　　　㉯ 엠코 정압기
　㉰ 레이놀드식 정압기　　㉱ 엑사일 흐름 밸브 정압기

문제 19 Fisher식 정압기에서 2차측 압력의 이상 저하 원인이 아닌 것은?
　㉮ 정압기 능력부족
　㉯ 필터가 먼지류로 막힘
　㉰ 메인 밸브에 먼지류가 끼어 cut-off 불량
　㉱ 주 다이어프램의 파손

해답 13. ㉱　14. ㉱　15. ㉱　16. ㉱　17. ㉯　18. ㉮　19. ㉰

문제 20 레이놀드식 정압기의 2차압 이상 저하 원인이 아닌 것은?
- ㉮ 정압기의 능력부족
- ㉯ 필터가 먼지류로 막힘
- ㉰ 저압 보조 정압기의 열림정도 부족
- ㉱ 바이패스 밸브류의 누설

문제 21 기화기의 종류가 아닌 것은?
- ㉮ 다관식 기화기
- ㉯ 단관식 기화기
- ㉰ 쌍관식 기화기
- ㉱ 열판식 기화기

해설 • 구성 형식에 따른 기화기 분류
 ① 다관식 기화기 ② 단관식 기화기 ③ 사관식 기화기 ④ 열판식 기화기
• 증발 형식에 따른 기화기 분류
 ① 순간 증발식 ② 유입 증발식

문제 22 다음 정압기 중 작동원리의 가장 기본이 되는 정압기는?
- ㉮ 직동식 정압기
- ㉯ 파일럿식 정압기
- ㉰ 레이놀드식
- ㉱ 엠코 정압기

문제 23 비점이 높고 증기압이 낮은 가스는 기화가 쉽지 않기 때문에 기화기(vaporizer)를 사용한다. 기화기를 필요로 하는 가스는?
- ㉮ C_3H_8
- ㉯ C_3H_6
- ㉰ C_4H_{10}
- ㉱ C_4H_8

문제 24 기화기의 내압시험압력은?
- ㉮ 15.6[kg/cm^2]
- ㉯ 26[kg/cm^2]
- ㉰ 30[kg/cm^2]
- ㉱ 46.5[kg/cm^2]

문제 25 레이놀드식 정압기의 2차측 압력 이상 상승 원인이 아닌 것은?
- ㉮ 저압보조 정압기의 cut-off 불량
- ㉯ 바이패스 밸브류의 누설
- ㉰ 2차압 조절관 파손
- ㉱ 정압기의 능력부족

해설 ㉮, ㉯, ㉰ 외에
① 메인 밸브류에 먼지가 끼어 cut-off 불량
② 보조 정압기의 다이어프램의 파손
③ 가스 중의 수분동결
④ 조동 볼 내에 물 침입

문제 26 LPG 기화방식에서 자연기화방식의 특징이 아닌 것은?
- ㉮ 용기수가 다량 필요하다.
- ㉯ 조성변화가 크다.
- ㉰ 발열량이 사용에 따라 변한다.
- ㉱ 재액화방지를 위해 배관을 보호한다.

해답 20. ㉱ 21. ㉰ 22. ㉮ 23. ㉰ 24. ㉯ 25. ㉱ 26. ㉱

문제 27 가스 배관에 설치되는 정압기가 하는 일은?

㉮ 시간별 가스 사용량의 증감에 따라 가스 압력을 공급량에 알맞게 조정한다.
㉯ 공급지역의 증가에 따른 가스의 부족 압력을 충당한다.
㉰ 제조공장에서 정제된 가스를 저장한다.
㉱ 가스의 사용량을 눈금에 의해 알 수 있도록 되어 있다.

해설 ㉯는 압송기, ㉰는 가스 홀더, ㉱는 가스 계량기의 작용을 나타낸 것이다.

문제 28 정압기를 용도별로 분류한 것이다. 아닌 것은?

㉮ 기 정압기
㉯ 지구 정압기
㉰ 공급자 전용 정압기
㉱ 수요자 전용 정압기

해설 ㉮ 기 정압기 : 가스 제조 공장 또는 공급소에서 사용한다.
㉯ 지구 정압기 : 일반 지역의 가스 공급용으로 사용한다.
㉰ 수요자 전용 정압기 : 지구 정압기로는 가스의 사용량과 압력을 원활하게 조정하기 어려울 때 사용한다.

문제 29 다음은 중앙가스공급 방법에 관한 설명이다. 잘못된 것은?

㉮ 게이지 압력 2,500[g/cm^2]을 초과하는 압력으로 공급한다.
㉯ 압송시설비 및 동력비가 많이 든다.
㉰ 압송기→지구 정압기→수요자의 순으로 공급한다.
㉱ 소구경으로 광범위한 지역에 균일한 가스를 보낼 수 있다.

문제 30 다음 액화가스 중에서 강제기화방식을 사용하면 편리한 가스는?

㉮ 메탄
㉯ 에틸렌
㉰ 프로판
㉱ 부탄

문제 31 액체 LPG를 강제 기화시켜 공급할 때 배관을 보온해야 하는 공급방식은?

㉮ 생가스 공급방식
㉯ 공기 혼합방식
㉰ 변성가스 공급방식
㉱ 직접 공급방식

해답 27. ㉮ 28. ㉰ 29. ㉰ 30. ㉱ 31. ㉮

1-2 고압장치 요소 및 배관

1. 고압장치 요소

(1) 고압관 및 고압 원통

일반적으로 내압벽으로서는 두꺼운 단층원통이 사용된다.

① 수축원통 : 내·외 2층으로 된 원통을 말하며 단축원통에 비하여 응력분포가 균등하므로 실용화된 원통이다.

② 용접형 다층권 원통 : 약간 두꺼운 단층 원통의 외조에 미리 반원통형으로 굽힌 얇은 강판을 감고 종이음을 용접하면 용접부분의 냉각에 의해 원통을 결합하여 성형한다.

③ 강대권 원통 : 외주의 강대에 스파이럴상으로 수십층 감아 올려서 외압효과를 한층 강화한 원통

④ 스파이럴식 다층권 원통 : 길이 이음을 생략하여 대강의 폭에 길이가 결정되게 만든 원통

⑤ 자긴 원통 : 고압에 잘 견디는 구조로 고응력의 발생을 방지

(2) 고압 조인트

① 뚜껑(덮개판)
  ㉮ 분해의 유무에 따른 분류
   ㉠ 영구뚜껑

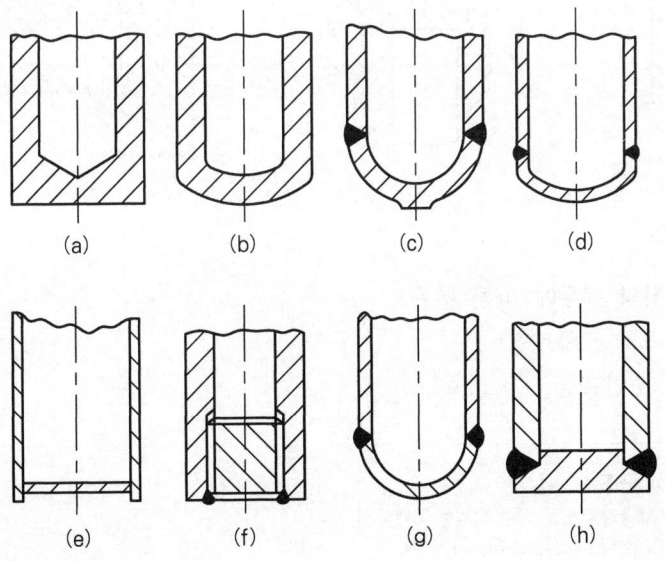

■ 영구뚜껑(영구합)

> **[참고]**
> 그림(a)는 상당 고압까지 사용하며 내부에 스테인레스, 동, Ag 등의 라이닝도 할 수 있으며 주로 실험용의 소형 용기에 적합하다.
> (b)는 350~700[atm] 정도, (c)는 용접에 의한 것으로 350[atm] 정도, (d)는 대형용이며 200[atm] 전후, (e)는 극히 간단, 값이 싸고 낮은 곳에 사용, (f)는 나사 플러그를 비틀어 넣어 극간을 막아 용접한 것으로 소구경용, (g)는 배관 말단관 등에 개방할 필요가 없는 부에 사용한 캡이다.
> (h) 소구경관은 말단에 나사가 아닌 용접으로 플러그를 행한 것이다.

  ㉡ 분해가능한 뚜껑
  - 플랜지식
  - 스크루식
  - 자긴식

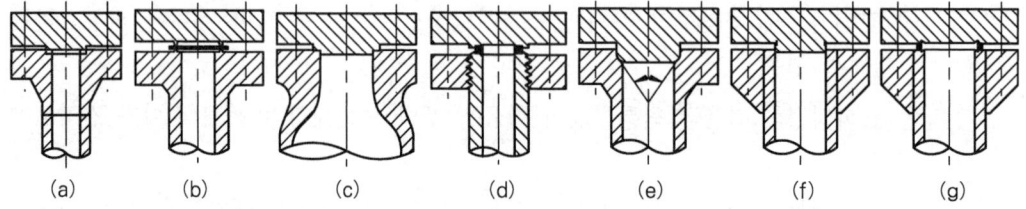

▲ 플랜지식 합판

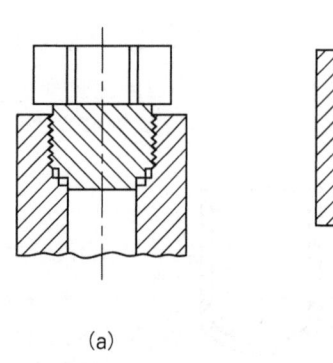 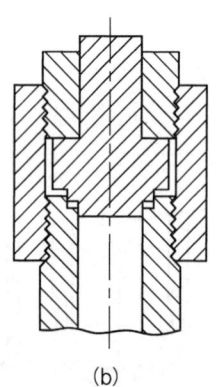 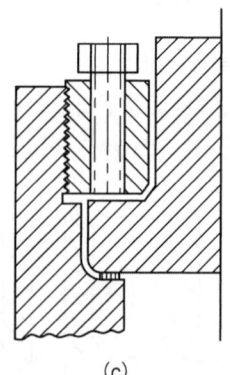

▲ 스크루식 조인트

  ㉣ 가스킷의 유무에 따른 분류
   ㉠ 가스킷 조인트형
   ㉡ 직 조인트형

> **[참고]**
> ■ 자긴식 구조
> ① 반지름방향으로 자긴작용을 하는 것.
>   렌즈 패킹, O링, △링, 파형 링
> ② 축방향으로 작용하는 것.
>   브리지만(Bridgemann)형, 해치드럭 어프레이트바(Hochdruck apparatebau)형

② 배관용 조인트
  ㉮ 영구이음 조인트 : 용접, 납땜 등에 의한 것이며 누설에 대하여 안전하다.
  ㉯ 분해 조인트 : 플랜지. 스크루 등의 접속에 의한 것으로 점검, 보수, 교체시 분해 결합을 하는 곳에 사용

③ 다방 조인트
  일반적으로 T.Y.크로스를 말하며 여러 방면으로 분기, 또는 합류할 경우 사용한다.

④ 신축 조인트
  온도변화에 따른 관의 신축으로 관의 무리를 흡수·완화시켜 주기 위한 장치로 종류로는
  ㉮ 상온 스프링(cold spring) : 자유팽창량을 먼저 계산하여 자유팽창량의 1/2만큼 짧게 시공하는 이음
  ㉯ 루프형(만곡관형) : 고온, 고압용에 사용하며 주로 옥외용 배관에 쓰인다(굽힘반지름은 6배 이상).
  ㉰ 슬리브형 : 주로 8[kg/cm^2] 이하의 유체 수송관에 사용한다(50[A] 이하는 나사식, 65[A] 이상은 플랜지식).
  ㉱ 벨로즈형 : 주로 저압에 널리 쓰이며 청동 또는 스테인레스강을 주름잡아 만든 이음으로 냉·난방용에 사용한다.
  ㉲ 스위블형 : 엘보 2개 이상 사용하여 나사 회전방향에 따라 신축을 흡수하는 장치로 보통 직관부 30[m]당 만곡부 1.5[m]가 필요하다.

> **참고**
> ■ 신축이음의 허용길이가 큰 순서
> 루프 > 슬리브 > 벨로즈 > 스위블

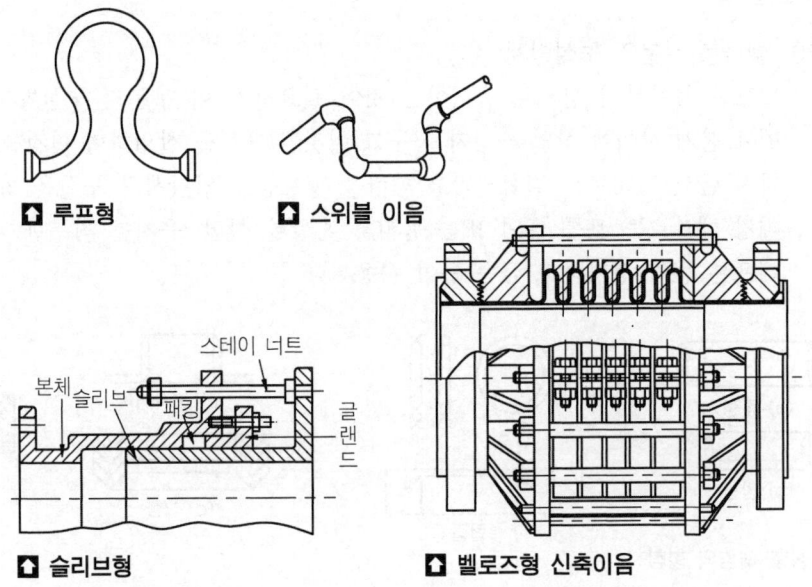

🔼 루프형   🔼 스위블 이음

🔼 슬리브형   🔼 벨로즈형 신축이음

> **참고**
>
> ■ **신축 및 열팽창**
> 관속을 흐르는 유체는 관에 접하는 외기의 온도 변화에 따라 관에 팽창과 수축이 일어난다. 철의 선팽창 계수는 0.000012 이므로 온도 1[℃] 변화에 따라 1[m]에 0.012[mm] 만큼 신축하게 된다. 이런 팽창에 의해 배관에 지장을 일으킨다든지 기기에 손상을 부여하는 것을 막기 위해 신축 이음을 설치하는 경우에는 고정철물을 가지고 관을 견고히 고정해 두지 않으면 그 효과가 없고 관 이음에서 누설이 생기므로 주의해야 한다.
>
> ■ **열팽창 및 열응력**
> ① 열팽창량 : $\lambda = l \cdot a \cdot \Delta t$
>   - a : 열팽창율(선팽창계수)
>   - l : 전길이[mm]
>   - λ : 변한길이[mm]
>   - Δt : 온도차[℃]
>
> - 각종 재료의 열팽창율(선팽창계수)
>   - 연강 : $11.2 \sim 11.6 \times 10^{-6}$ Cu : 1.65×10^{-6}
>   - 경강 : $10.7 \sim 10.9 \times 10^{-6}$ 7.3황동 : 19×10^{-6}
>   - Al : 23×10^{-6}
> - **열팽창량이 큰 금속** : Al > 황동 > 연강 > 구리
>   열팽창량이 큰 금속일수록, 길이가 길수록, 온도차가 높을수록 신축량이 커진다.
>
> > **예제**
> > 파이프의 길이가 3[m]이고, 선팽창계수 a는 0.000015, 온도가 20[℃]에서 60[℃]로 올라 갔다면 늘어난 길이는 몇 [mm]인가?
> > **해설** $0.000015 \times 3,000 \times 40 = 1.8$[mm]
> > **해답** 1.8[mm]
>
> ② 열응력 : $\sigma = E \cdot a \cdot \Delta t$
>   - σ : 응력[kg/mm²]
>   - E : 영율(세로탄성 한계)[kg/mm²]
>   - a : 선팽창계수
>   - Δt : 온도차

(3) 고압 밸브

① 밸브봉 부분의 누설방지

밸브는 봉부분이 상하로 움직이는 것이 필요하며 이 부분의 누설방지에는 밸브봉과 밸브 본체 사이에 삽입물 상자를 두고 이것에 패킹을 삽입하며 이것을 글랜드로 눌러 다시 글랜드 너트로 결합시키고 패킹을 밸브봉을 압착시켜 누설을 방지한다.

패킹 재료로는 보통 흑연 또는 유지를 혼합한 석면, 유지를 침투한 피혁, 고무 또는 테프론 등의 성형품과 금속 등이 사용된다.

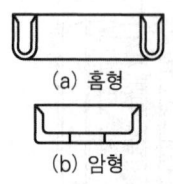
(a) 홈형
(b) 암형

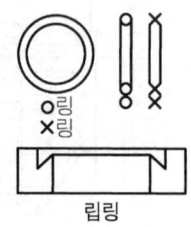
O링
X링
립링

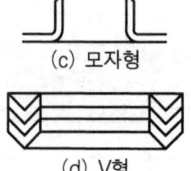
(c) 모자형
(d) V형

콤바인트 립링

⬆ **성형 패킹의 형상**

② 고압 밸브의 특징
 ㉮ 주조품보다 단조품을 깎아서 만든다.
 ㉯ 밸브 시트는 내식성과 경도가 높은 재료를 사용한다.
 ㉰ 밸브 시트는 교체할 수 있도록 되어 있는 것이 많다.
 ㉱ 기밀유지를 위해 스핀들에 패킹이 사용된다.

③ 고압 밸브의 종류
고압 밸브는 용도에 따라 스톱 밸브, 감압 밸브, 조절 밸브(제어 밸브), 안전 밸브, 체크 밸브 등으로 구분된다.
 ㉮ 스톱 밸브
  ㉠ 관내경 3~10[mm] 정도의 소형 스톱 밸브이며 압력계, 시료채취구의 어니시얼 밸브 등에 많이 사용된다.
  ㉡ 밸브체와 스핀들이 동체로 되어 있다.
  ㉢ 30~60[mm] 정도의 대형 밸브는 시트와 밸브체가 교체될 수 있도록 되어 있다.
  ㉣ 슬루스 밸브, 글로브 밸브, 콕 등이 있다.
 ㉯ 감압 밸브
  ㉠ 유체의 높은 압력을 낮은 압력으로 감압하는데 사용한다.
  ㉡ 감압 밸브의 양끝은 가늘고 길게 되어 있어 미세한 가감을 할 수 있다.
 ㉰ 조절 밸브
  온도, 압력, 액면 등의 제어에 사용되고 있다.
 ㉱ 안전 밸브
  ㉠ 역할 : 고압장치에서 가스의 압력이 이상 상승했을 경우 스스로 작동하여 가스를 외부나 다른쪽으로 바이패스시켜 정상압력을 유지시키는 밸브이다.
  ㉡ 작동압력
   ⓐ 내압시험압력(TP)의 $\frac{8}{10}$ 배 이하
   ⓑ 상용압력의 1.2배
  ㉢ 종류
   ⓐ 스프링식
    • 고압장치에 가장 널리 사용된다.
    • 반영구적이다.
    • 스프링 작동에 의해 이상 고압시 가스를 외부로 분출시킨다.
   ⓑ 가용전식
    • 퓨즈 메탈이라고도 하며 용융점은 60~70[℃] 정도이다.
    • 아세틸렌 및 염소용기 등에 사용된다.
    • Pb, Sn, Sb, Bi, Cd 등의 합금으로 구성된다.

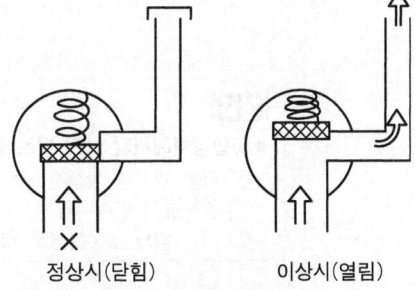

🔺 스프링식 안전 밸브 작동개요

ⓒ 파열판식
- 랩쳐 디스크라고도 하며 구조가 간단하고 취급이 용이하다.
- 부식성유체, 괴상물질을 함유한 유체에 적합하다.
- 한번 작동하면 새로운 박판으로 교체해야 한다.
- 밸브 시트 누설이 없다.
- 취출 용량이 많아 압력상승속도가 극격한 중압 분해와 같은 반응장치에 사용된다.

ⓓ 중추식
- 추의 일정무게를 이용하여 가스압력이 높아질 경우 작동하여 가스를 외부로 방출시킨다.
- 재래식이므로 일반적으로 잘 사용되지 않고 있다.

㉡ 안전 밸브 최소 분출면적 계산

$$A[\text{cm}^2] = \frac{W}{230P\sqrt{\frac{M}{T}}}$$

W : 시간당 가스 분출량[kg/h]
P : 안전 밸브 작동압력[kg/cm²a]
M : 가스 분자량[g]
T : 분출 직전의 가스 절대온도[°K]

㉢ 압력용기 안전 밸브 구경 산출식

$$d[mm] = C\sqrt{\left(\frac{D}{1,000}\right) \times \left(\frac{L}{1,000}\right)}$$

D : 용기의 바깥지름[mm]
L : 용기의 길이[mm]
C : 가스 상수 $\left(C = 35\sqrt{\frac{1}{P}}\right)$

[참고]
■ 고압장치에서의 안전 밸브 설치장소
① 저장 탱크의 상부   ② 압축기, 펌프의 토출측에 설치
③ 왕복동식 압축기의 각단에 설치   ④ 반응탑, 정류탑 등에 설치
⑤ 감압 밸브, 조정 밸브 뒤의 배관

㉣ 체크 밸브(check valve)
㉠ 유체의 역류를 막기 위해서 설치한다.
㉡ 체크 밸브는 고압배관 중에 사용된다.
㉢ 유체가 역류하는 것은 중대한 사고를 일으키는 원인이 되므로 체크 밸브의 작동은 신속하고 확실해야 한다.
㉣ 체크 밸브는 스윙형과 리프트형의 2가지가 있다.
ⓐ 스윙형 : 수평, 수직관에 사용   ⓑ 리프트형 : 수평 배관에만 사용

④ 밸브의 설치
  ㉮ 밸브의 설치 목적
    ㉠ 차단 밸브 : 배관중에 돌발적인 사고가 발생하면 그 지역만을 차단하여 다른 지역에는 지장을 주지 않게 하고 보다 큰 사고를 예방하며, 수요 증가시나 배관 중 설치하여, 효율적으로 유지관리하게 위하여 사용되고 있다.
    ㉡ 퍼지 밸브(purge valve) : 공급 초기에 가스공급을 위한 공기 퍼지(air purge)와 수요증가에 따른 배관 증설, 지진 등으로 인한 배관내 압력을 저하시킬 경우 사용할 수 있도록 설치한다.
  ㉯ 밸브의 설치 기준
    ㉠ 차단 밸브
      ⓐ 배관에서 분기되는 곳이나 운전조작상 필요한 곳(약 1[km]마다)
      ⓑ 교량 및 철도양쪽
      ⓒ 장래 확장계획이 있는 곳
      ⓓ 가스 사용자가 소유 또는 점유한 토지에 인입한 배관으로서 공급관 호칭지름이 50[A] 이상의 Sector 분활선
      ⓔ 지하실 등에서 분기하는 장소
    ㉡ 퍼지 밸브(purge valve) : 차단 밸브의 전단, 후단.

⑤ 밸브의 종류 및 용도
  ㉮ 플러그(plug) 밸브
    ㉠ 용도 : 중, 고압용
    ㉡ 장점 : 개폐 신속
    ㉢ 단점 : 가스관 중의 불순물에 따라 차단효과 불량
  ㉯ 글로브(globe) 밸브
    ㉠ 용도 : 중, 저압관용 등 관계기구 및 장치 설비용으로 사용
    ㉡ 장점 : 기밀성 유지 양호, 유량조절 용이
    ㉢ 단점 : 압력손실이 크다.
  ㉰ 볼(ball) 밸브
    ㉠ 용도 : 고·중·저압관용 등으로 주로 사용
    ㉡ 장점 : 배관의 안지름과 동일하여 관내 흐름이 양호, 압력손실이 적음
    ㉢ 단점 : 볼과 밸브 몸통 접촉면의 기밀성 유지가 곤란

⑥ 밸브의 검사
  ㉮ 외관검사   ㉯ 재료검사   ㉰ 구조, 치수검사   ㉱ 내압시험
  ㉲ 기밀시험   ㉳ 작동검사   ㉴ 내구시험

2. 고압장치의 배관

배관은 재질에 따라 다음과 같이 나눌 수 있다.
- 강관 : 탄소강관, 스테인레스강관, 합금강관
- 주철관 : 일반 보통주철관, 고급주철관, 구상흑연주철관(덕타일 주철관)
- 비철금속관 : 황동관, 연관, 알루미늄관
- 비금속관 : P.V.C관, 폴리에틸렌관(P·E), 석면 시멘트관, 흄관, 도관

> **[참고]**
> ■ 배관 계획이 있어 관 종류는 특히 다음의 문제를 고려해야 한다.
> ① 관내 흐르는 유체의 화학적 성질   ② 관속을 흐르는 유체의 온도
> ③ 유체의 압력(관이 받는 내압조건)   ④ 관의 외벽에 접하는 환경조건
> ⑤ 관이 받는 외압(지중압)   ⑥ 관의 접합 방법
> ⑦ 관의 중량과 수송조건

(1) 강관(steel pipe)

강관은 일반적으로 건축물, 공장, 선박, 가스배관, 광산 등 가장 광범위하게 사용되며 특수고압의 유압배관 보일러의 수관이나 연관 등에 널리 사용된다. 강관을 제조방법에 따라 분류하면 다음과 같다.

① 이음매 있는 관(seamed pipe)
  ㉠ 전기저항 용접관
  ㉡ 단접관
  ㉢ 전기 용접관

② 이음매 없는 관(seamless pipe)
  유체의 압력이 300[kg/cm^2] 이상인 고압에 사용

③ 특징
  ㉠ 연관, 주철관에 비해 가볍고 인장강도가 크다.
  ㉡ 내충격성, 굴요성이 크다.
  ㉢ 관의 접합 작업이 용이하다.
  ㉣ 연관, 주철관 보다 가격이 저렴하다.

④ 종류
  ㉠ 배관용 강관
    ⊙ 배관용 탄소강 강관(SPP)
      ⓐ 사용압력이 낮은 증기, 물, 기름, 가스 및 공기 등에 사용
      ⓑ 가스관이라 한다.
      ⓒ 호칭지름이 300[A] 이하 관 끝은 나사 또는 플레인 엔드(plane end)
      ⓓ 호칭지름이 300[A] 이상 관 끝은 플레인 엔드 또는 베벨 가공을 한다.

ⓔ 화학성분은 P : 0.04[%], S : 0.04[%]
ⓕ 주철관에 비해 부식하기 쉽기 때문에 아연도금을 한다.
ⓒ 압력 배관용 탄소강 강관(SPPS)
  ⓐ 350[℃] 이하에서 사용하는 압력 배관용 관의 호칭은 호칭지름과 두께(스케줄 번호)에 의하며, 호칭지름 6~500[A]
  ⓑ 보일러의 증기관, 유압관, 수압관(10[kg/cm^2]~100[kg/cm^2]에 사용
  ⓒ 화학성분 2종 C : 0.25[%] 이하, Si : 0.35[%] 이하, Mn : 0.3~0.9[%], P : 0.04[%] 이하, S : 0.04 이하, 인장강도 3.8[kg/mm^2] 이상, 항복점 22[kg/mm^2] 이상
ⓒ 고압 배관용 탄소강 강관(SPPH)
  ⓐ 350[℃] 이하에서 상용압력이 높은 고압 배관용, 관지름 6~168.3[mm] 정도이나 특별한 규정이 없다.
  ⓑ 암모니아 합성배관, 내연기관의 연료분사관, 화학공업의 고압배관에 사용(100[kg/cm^2] 이상)
  ⓒ 제조방법은 킬드강으로 심리스강이다.
ⓔ 고온 배관용 탄소강 강관(SPHT)
  ⓐ 350[℃] 이상 온도의 배관용(350~450[℃]), 관의 호칭은 호칭지름과 스케줄 번호에 의한다. 호칭지름 6~500[A]
  ⓑ 관의 제조방법은 3종류가 있으며, 2·3종은 조립의 킬드강(심리스강), 4종은 띠강이나 강판을 전기 저장 용접에 의해서 제조한다.
ⓜ 배관용 아크 용접 탄소강 강관(SPW, SPPY)
  ⓐ 사용압력 10[kg/cm^2]의 낮은 증기, 물, 기름, 가스 및 공기 등의 배관용 호칭지름 350~1,500[A](17종)
  ⓑ 일반 수도관(15[kg/cm^2] 이하), 가스 수송관(10[kg/cm^2] 이하)
  ⓒ 관의 양끝 모양은 베벨 가공을 하고, 수압시험은 21[kg/cm^2] 이상
ⓗ 배관용 합금강 강관(SPA)
  ⓐ 주로 고온도의 배관용
  ⓑ 호칭지름 6~500[A]
  ⓒ 두께는 스케줄 번호로 표시
ⓢ 배관용 스테인레스 강관(STS×TP)
  ⓐ 내식용, 내열용 및 고온 배관용, 저온 배관용에도 사용된다.
  ⓑ 호칭지름 6~500[A]
  ⓒ 두께는 스케줄 번호로 표시
ⓞ 저온 배관용 강관(SPLT)
  ⓐ 빙점 이하, 특히 저온도 배관용(LPG 저장 탱크 제조 등에 사용)
  ⓑ 호칭지름 6~500[A], 1종은 -40[℃](0.25[%] C의 킬드강)이고, 2종은 -

100[°C](3.5[%] Ni강)까지 사용
ⓒ 두께는 스케줄 번호로 표시
㉯ 수도용 강관
㉠ 수도용 아연도금 강관(SPPW)
ⓐ 정수두 100[m] 이하의 수두로서 주로 급수 배관용
ⓑ 호칭지름 10~300[A]
㉡ 수도용 도복장 강관(STPW)
ⓐ 정수두 100[m] 이하의 수두로서 주로 급수 배관용
ⓑ 호칭지름 80~2,400[A]
㉰ 열전달용 강관
㉠ 보일러·열교환기용 탄소강 강관(STH)
㉡ 보일러·열교환기용 합금강 강관(STHA, STHB)
㉢ 보일러·열교환기용 스테인레스 강관(STS×TB)
ⓐ 관의 내외에서 열의 수수를 행함을 목적으로 하는 장소에 사용된다. 보일러의 수관, 연관, 과열관, 공기예열관, 화학공업, 석유공업의 열교환기, 가열로 관등에 사용한다.
ⓑ 보일러 열교환기 중 탄소강 강관은 4종이 있으며, 1종은 50[kg/cm^2], 2종은 70[kg/cm^2], 3~4종은 100[kg/cm^2]의 수압시험에 합격해야 한다.
㉣ 저온 열교환기용 강관(STLT)
ⓐ 빙점하의 특히 낮은 온도에서 관의 내외에서 열의 수수를 행하는 열교환기관, 콘덴서관
ⓑ 강관은 2종이 있으며, 1종은 킬드강(심리스관), 2종은 전기저항용접, 수압시험은 25[kg/cm^2] 이상
㉱ 구조용 강관
㉠ 일반 구조용 탄소강 강관(SPS) : 토목, 건축, 철탑, 지주와 기타의 구조물용으로 사용되며, 정밀 다듬질이 필요한 기계부품에 사용한다.
㉡ 기계 구조용 탄소강 강관(STM, SM) : 기계, 항공기, 자동차, 자전차 등의 기계부품용
㉢ 구조용 합금강 강관(STA) : 항공기, 자동차 기타의 구조물용으로 사용되며, Cr-Mo 강이 2종류, Cr-Ni-Mo의 2종류, 스테인레스강 6종류, 모두 10종류가 사용된다.

[참고]
- E : 전기저항 용접관
- B : 단접관
- A : 아크 용접관
- S—H : 열간가공 이음매 없는 관
- E—C : 냉간 완성 전기저항 용접관
- B—C : 냉간 완성 단접관
- A—C : 냉간 완성 아크 용접관
- S—C : 냉간 완성 이음매 없는 관

(2) 주철관(鑄鐵棺 : cast iron pipe)

① 용도 : 급수관, 배수관, 통기관, 케이블 매설관, 오수관 등에 사용된다.

② 분류
   ㉮ 재질별 분류 : ㉠ 일반 보통 주철관 ㉡ 고급 주철관 ㉢ 구상 흑연 주철관
   ㉯ 용도별 분류 : ㉠ 수도용 ㉡ 배수용 ㉢ 가스용 ㉣ 광산용

③ 특징
   ㉮ 내구력이 크다.
   ㉯ 내식성이 강해 지중매설시 부식이 적다.
   ㉰ 다른 관보다 강도가 크다.
   ㉱ 압력이 낮은 저압에 사용한다($7 \sim 10[kg/cm^2]$ 정도).

④ 종류 및 용도

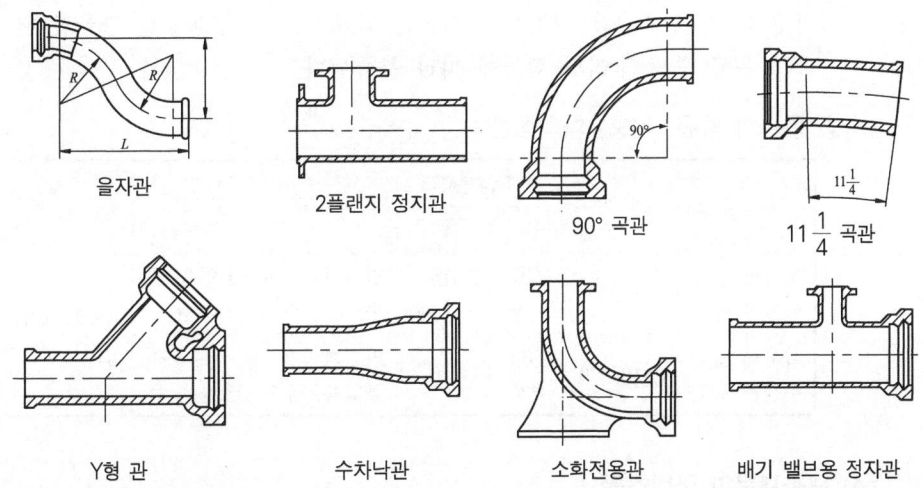

🔺 **수도용 주철 이형관**

㉮ 수도용 수직형 주철관 : 보통 압관과 저압관이 있으며, 최대 사용 정수두는 보통 압관이 75[m] 이하, 저압관이 45[m] 이하이다.

㉯ 수도용 원심력 사형 주철관 : 재질이 균일하고 강도가 크며, 고압관(최대 사용 정수두 100[m] 이하), 보통 압관(75[m] 이하) 및 저압관(45[m] 이하)의 3가지로 분류한다.

㉰ 수도용 원심력 금형 주철관 : 고압관(최대 사용 정수두 100[m] 이하)과 보통압관(75[m] 이하)으로 분류된다.

㉱ 원심력 모르타르 라이닝 주철관 : 주철관 내벽의 부식을 방지할 목적으로 관 내면에 모르타르를 바른(라이닝) 관이며, 취급시에는 큰 하중과 충격에 특히 유의해야 한다.

⑪ 배수용 주철관 : 내압이 거의 없으며, 일반용 주철관보다 두께가 얇고 1종과 2종의 두 종류가 있다.

(3) 비철금속관(非鐵金屬管)

① 동관 : 주로 이음매 없는 관(seamless pipe)으로 터프 피치관, 인탈산 동관, 황동관 등이 있다.
  ㉮ 용도 : 열교환기용관, 급수관, 압력계관, 급유관, 냉매관, 급탕관 기타 화학공업용에 쓰인다.
  ㉯ 특징
  • 장점 : ㉠ 유연성이 커서 가공하기가 쉽다. ㉡ 내식성, 열전도율이 크다. ㉢ 알칼리에 강하다.
  • 단점 : ㉠ 외부 충격에 약하다. ㉡ 값이 비싸다. ㉢ 산에 침식된다.
② 동의 종류 : 일반적으로 동이라 함은 터프 피치(tough-pitch)동, 인탈산동, 무산소동의 3가지를 일컫는데 이것은 전기동을 원료로 하여 신동품을 가공할 때 용해 방법이나 불순물 중의 구리의 함량에 따라 분류된다.
③ 동관의 종류, 기호, 화학성분

분 류	기 호	화학성분〔%〕		용 도	비 고
		Cu	P		
이음매 없는 인탈산 동관	C 1220 T	99.90 이상	0.015 ~0.440	열교환기, 화학공업용 급수, 급탕용, 가스관 등	KS D 5301 ASTMB 88 JISH 3300에 의한다.
이음매 없는 무산소 동관	C 1020 T	99.96 이상	—	열교환기용, 전기용, 화학공업용, 급수·급탕용 등	

(4) 배관재료의 구비조건

LP가스 제조·저장·사용시설 중 도관 및 배관과 가스공급시설 중 배관의 재료는 다음 각호에 적합한 것으로 하여야 한다.
 －배관의 가스 유통이 원활할 것일 것.
 －내부의 가스압과 외부로부터의 하중 및 충격 하중 등에 견디는 강도를 가지는 것일 것.
 －토양, 지하수 등에 대하여 내식성을 가지는 것일 것.
 －관의 접합이 용이하고 가스의 누설을 방지할 수 있는 것일 것.
 －절단 가공이 용이한 것일 것.

① 관과 배관의 차이점
  ㉮ 관(管) : 속이 비어 있는 둥근 봉으로 유체가 통하게 되어 있는 형상의 것.
  ㉯ 배관(配管) : 관이 어떤 설비나 기계에 연결되어 유효한 일을 할 수 있는 형상의 것.

② 관의 크기 기준
  ㉮ 안지름 기준식(pipe) : 철금속의 대부분
  ㉯ 바깥지름 기준식(tube) : 비철금속의 대부분

> **[참고]**
> ■ 단위 표시
>   ① 배관 도면에서 [mm] 단위는 A로 표시한다.
>   ② 배관 도면에서 [inch] 단위는 B로 표시한다.
>   [예] $15A = \frac{1}{2}B$, $20A = \frac{3}{4}B$, $25A = 1B$ ※ 가정용 상수도 : $15A = \frac{1}{2}B$
> ■ 스케줄(schedule) 번호
>   관의 두께를 나타내는 번호로 스케줄 번호가 큰 것이 두께가 두꺼운 관이며, 내압성능이 우수하다.
>   스케줄 번호(SCH) $= 10 \times \frac{P}{S}$ $\begin{cases} P : 사용압력[kg/cm^2] \\ S : 허용응력[kg/mm^2] = 인장강도 \times \frac{1}{4} \end{cases}$

(5) 배관의 접합

① 나사 이음 : 관용 평형나사와 관용 테이퍼나사가 있다(각도 55[°], 테이퍼 1/16).
② 유니온 이음 : 유니온 부속을 사용하여 관의 접속이나 분리한 경우 사용
③ 플랜지 이음 : 주철관이나 강관에 사용되는 것으로 관을 분해할 필요가 있는 경우에 사용되며 플랜지 사이에 가스킷을 사용하여 볼트로 조인 이음방식이다.
④ 기계적 이음 : 작업이 간단하고 기밀성이 큰 접합에 사용하는 방식이다.
⑤ 용접 이음 : 영구적으로 분해할 필요가 없는 경우에 사용한다.

(6) 보온재료

보온재는 유기질, 무기질, 금속질의 3종류(재질과 안전사용온도에 따라)로 대별되며 유기질, 무기질은 재질 자체에 다공질 구조를 형성시켜 미세한 공백층에 의하여 열전도를 지연시키는 효과를 이용한 것이다.

① 보온재의 구비 조건
  ㉮ 보온 능력이 커야 한다. 즉, 열전도율이 적어야 한다.
  ㉯ 장시간 사용해도 사용온도에 변질되지 않아야 한다.
  ㉰ 가벼워야 한다. 즉, 부피 비중이 적어야 한다.
  ㉱ 어느 정도의 기계적 강도가 있어야 한다.
  ㉲ 시공이 용이하고 확실하게 할 수 있어야 한다.

② 보온재의 열전도율
  보온재에서 중요한 성질은 열전도율이 작아야 한다. 정지되어 있는 공기의 열전도율은 극히 적으므로(20[°C]에서 0.022[kcal/mh°C]) 공기의 이동이 없는 독립된 기포 층이 많은 보온재는 열전도율이 적다. 수분을 함유하게 되면(특히, 보냉의 경우) 열전도율은 커진다(물의 열전도율 0[°C]에서 0.48[kcal/mh°C]).

③ 보온 효율

$$n = \frac{Q_0 - Q}{Q_0}$$

Q_0 : 물체의 확산(방산)열량
Q : 보온면의 확산열량

보온 효율은 보온재의 두께가 증가할수록 커지나 직선적으로 비례하지는 않는다.

> **[참고]**
> - **유기질** : ① 펠트 ② 탄화 코르크 ③ 기포성 수지(폼류) ④ 텍스
> - **무기질** : ① 탄산마그네슘 ② 암면 ③ 석면 ④ 유리섬유 ⑤ 포유리 ⑥ 규조토 ⑦ 규산 칼슘 ⑧ 팽창질석 ⑨ 세라믹 파이버 ⑩ 실리카 파이버
> - **금속질** : 금속고유의 복사열에 대한 반사 특성을 이용. 대표적으로 알루미늄박이 있다.

④ 보온재의 종류와 특성

㉮ 펠트(felt)
  ㉠ 양모 펠트와 우모 펠트가 있으며 주로 방로 피복에 사용한다.
  ㉡ 안전 사용온도는 100[℃] 이하이며, 아스팔트로 방온한 것은 −60[℃]까지 사용한다.
  ㉢ 관의 곡면부분의 시공에도 가능하다.
  ㉣ 열전도율은 0.042~0.045[kcal/mh℃]이다.

㉯ 탄화 코르크(cork)
  ㉠ 액체, 기체의 침투를 방지하는 작용이 있어 보냉, 보온 효과가 좋다.
  ㉡ 탄력성이 풍부하며 경량이나 재질이 여리고, 굽힘성이 없어 곡면에 사용하면 균열이 생기기 쉽다.
  ㉢ 최고 안전 사용온도는 −200~130[℃]이다.
  ㉣ 냉수, 냉매 배관, 냉각기, 펌프 등의 보냉용에 사용된다.
  ㉤ 열전도율은 0.04~0.045[kcal/mh℃]이다.

㉰ 기포성 수지(plastic form)
  ㉠ 고무나 합성수지를 주원료로 해서 발포제를 가하여 다공질 제품으로 한 것이다.
  ㉡ 경량이고 흡수성은 좋지 않으나 굽힘성이 풍부하다. 불에 잘 타지 않으며 보온성, 보냉성이 좋다.
  ㉢ 열전도율은 0.03[kcal.mh℃]이다.
  ㉣ 안전 사용 온도
    ⓐ 고무 : −50~50[℃]
    ⓑ 염화비닐(PVC) : −200~60[℃]
    ⓒ 폴리우레탄 : −200~130[℃]
    ⓓ 폴리스틸렌 : −50~70[℃]

㉔ 탄산마그네슘($MgCO_3$)
  ㉠ 염기성 탄산마그네슘 85[%]와 석면 15[%]를 배합한 것으로 물에 개서 사용하는 보온재이다.
  ㉡ 330~320[°C]에서 열분해하고 열전도율은 0.045~0.065[kcal/mh°C]이다.
  ㉢ 최고 안전 사용온도는 30~250[°C]이다.
  ㉣ 경량이고 습기가 많은 곳의 옥외배관에 적합하며 25[°C]의 보냉용에 적합하다.

㉕ 석면
  ㉠ 아스베스트질 섬유로 되어 있어 파이프, 탱크 노벽 등에 적합하다.
  ㉡ 400[°C] 이상에서 탈수하고 800[°C]에서 강도와 보온성을 잃게 한다.
  ㉢ 열전도율은 0.045~0.065[kcal/mh°C]이다.
  ㉣ 사용 중 잘 갈라지지 않으므로 진동을 받는 장치의 보온재로 사용한다.

㉖ 암면(록 울 ; rock wool)
  ㉠ 안산암, 현무암에 석회를 섞어 용융하여 섬유모양으로 만든 것이다.
  ㉡ 석면보다 꺾어지기 쉬우나 값이 싸고, 아스팔트를 가공한 것은 보냉용으로 쓰인다.
  ㉢ 열전도율은 0.04~0.05[kcal/mh°C]이고 섬유상 보온재 중 흡수성이 가장 적다.
  ㉣ 최고 안전 사용온도는 400[°C] 이하이다.

㉗ 포 유리
  ㉠ 미세분말에 발포제를 가하여 가열 용융시켜 발포와 동시에 경화 용착시켜 만든다.
  ㉡ 기계적 강도가 크고 흡습성이 작아 통모양으로 만들어 사용한다.
  ㉢ 열전도율은 0.05~0.06[kcal/mh°C]이다.
  ㉣ 최고 안전 사용온도는 -200~300[°C]이며 보냉제로 적합하다.

㉘ 유리면(글라스 울)
  ㉠ 용융유리를 압축공기, 증기 또는 원심력으로 섬유화시킨 것이다.
  ㉡ 보냉용으로 많이 사용하며 펠트, 판상, 통상으로 성형하여 사용한다.
  ㉢ 열전도율은 0.03~0.05[kcal/mh°C]이다.
  ㉣ 최고 사용온도는 300[°C] 이하이다.

㉙ 규조토
  ㉠ 규조토의 건조분말에 석면 또는 삼염물 등을 혼합하여 물반죽 시공하여 만든다.
  ㉡ 고순도는 부드럽고 순백색이며 열전도율은 0.08~0.095[kcal/mh°C] 이다.
  ㉢ 다른 보온재에 비해 단열효과가 작아 다소 두껍게 시공한다.
  ㉣ 갈라지기 쉽기 때문에 충격, 진동에 주의.
  ㉤ 안전사용온도는 500[°C] 이하이다.

㉚ 기타 : 세라믹 파이버(1300[°C]이상), 실리카 파이버 등 고온용(1100[°C]이상)에 사용하는 것도 있다.

(7) 패킹 재료

이음부에서 유체의 누설을 방지하기 위하여 사용하는 재료이다.
- 재료의 종류 : 고무제품, 섬유제품, 합성수지제품, 금속제품
- 용도별 : 플랜지 패킹, 나사용 패킹, 그랜드 패킹
- 선택시 주의사항
  - 유체의 물리적인 사항 : 온도, 압력, 밀도, 점도, 기체, 액체
  - 유체의 화학적인 사항 : 화학성분과 안정도, 부식성, 용해능력, 휘발성, 인화성, 폭발성
  - 기계적인 사항 : 교체의 난이, 진동의 유무, 내압과 외압

① 플랜지 패킹

플랜지에 사용하는 패킹은 보통 가스킷(gasket)이라 하며 2개의 플랜지 사용에 끼워져 죄는 볼트의 힘에 의하여 압축되며 플랜지면에 밀착되어 누설을 방지하는 것이다. 가스킷은 약간의 탄성이 있어야 한다. 볼트가 헐거워졌을 때 탄성이 없으면 누설이 생긴다.

㉮ 고무제품
　㉠ 특징
　　ⓐ 탄성이 좋고 흡수성이 없다.
　　ⓑ 약품에 침식이 잘 안되고 누설이 없다.
　　ⓒ 강도를 요할 때는 고무속에 천이나 철망을 넣어서 사용한다.
　㉡ 천연고무
　　ⓐ 탄성이 크고 흡수성이 없으며 산, 알칼리에 침식이 어렵다.
　　ⓑ 열과 기름에 극히 약하다(100[℃] 이상의 기름 배관에 사용 못한다).
　　ⓒ $-55[℃]$에서 경화된다.
　㉢ 네오프렌(neoprene)
　　ⓐ 합성고무로 천연고무보다 우수한 성질이 있다.
　　ⓑ 내유, 내후(耐候) 및 내산화성이 있다.
　　ⓒ 내열도는 $-46 \sim 121[℃]$ 사이에서 안정하다.

㉯ 섬유제품
　㉠ 식물성 섬유제품
　　ⓐ 오일 시트 패킹 : 한지를 여러겹 붙여서 일정한 두께로 하여 내유가공한 것으로 내유성은 있으나 내열도가 작다.
　　ⓑ 발카나이즈드 : 나무 패킹으로 적갈색의 단단한 얇은 판의 가스킷이다. 내유성이 있어 기름 배관에 사용한다.
　㉡ 동물성 섬유제품
　　ⓐ 가죽 : 강인하고 장기 보존에 적합한 잇점이 있다. 그러나 다공질로 관속의 유체가 투과하여 누설되는 결점이 있다.

　　　　ⓑ 펠트 : 극히 거친 섬유제품이지만 강인하기 때문에 압축성이 풍부하다. 산에는
　　　　　견디나 알칼리에는 용해되며 기름에 견디기 때문에 기름 배관에 적합하다.
　　ⓒ 광물성 섬유제품
　　　　ⓐ 석면 ┌유리섬유, 형석, 규산 알루미늄 등으로 만든 섬유제품이다,
　　　　　　　 └광물성 천연섬유로 질이 섬세하고 450[℃]까지 고온에 잘 견딘다.
　　　　ⓑ 슈퍼 히트 : 석면에 천연고무, 합성고무를 섞어서 판모양으로 가공한 것.
　㉰ 합성수지제품 : 가장 대표적인 것은 테프론이다.
　　ⓒ 테프론 : 약품이나 기름에도 침해되지 않으며 내열 범위는 −260~260[℃]이다.
　　　　　　　탄성이 부족하여 석면, 고무파형, 금속관으로 싼 것이 쓰인다.
　㉱ 금속제
　　㉠ 철, 구리, 납, 알루미늄, 크롬강이 사용되고 있으며 납이나 강이 많이 쓰인다.
　　㉡ 고온, 고압의 배관에는 철, 구리, 크롬강의 패킹이 사용된다.
　　㉢ 고무와 같은 탄성이 없기 때문에 죄어진 볼트가 온도 때문에 팽창되거나, 진동
　　　때문에 헐거워지면서 누설을 일으킬 수도 있다.

② 나사용 패킹
배관의 나사이음에서 이음부의 누설을 방지하여 나사부에 사용하는 패킹이다. 나사부에
삼을 사용하면 삼이 부식하여 관부식이 일어나기 쉬우므로 삼을 사용해서는 안 된다.
　㉮ 페인트 : 페인트와 광명단을 혼합하여 사용하며, 고온의 기름 배관 외에는 모든 배
　　　관에 사용한다.]
　㉯ 일산화연 : 냉매 배관에 많이 사용하며 빨리 굳기 때문에 페인트에 일산화연을 조
　　　금씩 타서 사용한다.
　㉰ 액상 합성수지 : 화학약품에 강하고 내유성이 크며 내열범위는 −30~130[℃]이다.
　　　증기, 기름, 약품 배관에 사용된다.

③ 글랜드 패킹(gland packings)
밸브, 펌프 등의 글랜드 부분에 설치하여 누설을 방지하는 패킹이다.
　㉮ 석면 각형 패킹 : 석면을 각형으로 짜서 흑연과 윤활유를 침투시킨 패킹제이다. 내
　　　열, 내산성이 좋아서 대형의 밸브 글랜드에 사용한다.
　㉯ 석면 얀 패킹 : 석면실을 꼬아서 만든 것으로 소형의 밸브, 수면계의 콕 밸브 글랜
　　　드에 사용한다.
　㉰ 몰드 패킹 : 석면, 흑연 수지등을 배합하여 만든 것으로 밸브, 펌프 등의 글랜드에
　　　사용한다.

(8) 방청도료

관의 부식은 금속관 특히 강관에서 심하게 일어난다. 관의 부식 정도는 관의 재질, 관속 유체의 화학적 성질, 물(습기), 산소(공기)의 상태에 따라 다르다.
- 관재질 : 강관은 부식이 많고, 주철관은 부식이 적으며 비금속은 부식이 없다.
- 관속의 유체 : 관의 내면을 부식시키는 것으로 화학적 성질에 따라 부식정도가 다르다.
- 물(습기) : 관에 물(습기)이 있으면 부식은 더욱 촉진된다.
- 산소(공기) : 진공 중에서는 부식이 일어나지 않는다.

① 조합 페인트
　㉮ 보일유에 안료를 넣어서 그대로 도장에 사용한다.
　㉯ 용제에 녹여서 사용하지 않고 그대로 사용한다.
　㉰ 용도에 알맞게 완성품을 만들어 사용하며 내열성이 약하다.

② 광명단 도료
　㉮ 연단(鉛丹)에 아마인유(亞麻仁油)를 배합하여 만든 것이다.
　㉯ 밀착력이 강하고 도료의 막이 굳어서 풍화에 강하며 내수성, 흡수성이 작은 방청 도료이다.
　㉰ 다른 도료의 밑칠용으로 우수하다.

③ 산화철 도료
　㉮ 산화철에 보일유나 아마인유와 혼합한 것이다.
　㉯ 도장피막이 부드럽고 값이 저렴하다.
　㉰ 방청효과는 좋지 않다.

④ 알루미늄 도료(은분)
　㉮ 알루미늄 분말을 유성 니스에 혼합한 도료이다.
　㉯ 방청효과가 좋으며, 열반사와 확산이 크기 때문에 탱크 표면, 방열기 표면에 칠하여 열방산 효과가 크다.
　㉰ 수분이나 습기가 통하지 않기 때문에 대단히 내구성이 풍부하다.
　㉱ 더욱 충분한 효과를 얻으려면 밑칠용을 수성 페인트를 칠하는 것이 좋다.
　㉲ 내열성(400~500[℃])이 양호하며 가열하면 금속 알루미늄이 철 표면에 녹아 붙어 내열성의 피막이 형성된다.

⑤ 합성수지 도료
　㉮ 프탈산계(phthal acid)
　　㉠ 상온에서 도장의 피막을 건조시키는 풍건성 도료이다.
　　㉡ 내후성, 내유성이 우수하나 도장피막이 충분하지 못하면 내수성(耐水性)이 불량하다.
　　㉢ 5[℃] 이하에서는 건조가 매우 늦다.

④ 염화 비닐계
  ㉠ 상온에서 건조시키는 풍건성 도료이다.
  ㉡ 내약품성, 내유성, 내산성이 우수하고 건조가 빠르다.
  ㉢ 잘 타지 않으므로 금속의 방식도료에 양호하다.
  ㉣ 부착력, 내후성, 내열성이 나쁘다.
⑤ 멜라민계
  ㉠ 고온의 가스와 맞닿아 금속의 부식을 보호할 때 내열 도료로 사용한다.
  ㉡ 요소 멜라민계는 내열도가 150~200[℃]이고 내열, 내수성이 우수하며 소부(燒付 : quenching) 도료에 알맞다.
  ㉢ 실리콘 수지계 : 내열도료 및 소부도료로 사용된다. 내열도는 200~350[℃]이다.
⑥ 타르 및 아스팔트
  ㉮ 지중 매설에서 금속관과 물과의 접촉을 차단하는데 사용한다.
  ㉯ 도료의 종류는 콜타르(coaltar), 니스(varnish), 아스팔트(asphalt)이다.
  ㉰ 노출배관일 때는 온도변화에 의하여 벗겨지거나 균열이 생긴다.
  ㉱ 단독으로 사용하는 것보다 주트(黃麻)와 함께 사용하거나 130[℃]로 열처리하여 사용한다.
⑦ 기타 도료
  ㉮ 고농도 아연 도료 : 붓으로 칠하는 도금도료이며 일종의 방청도료이다.
  ㉯ 페인트 : 안료에 전착제(물, 기름, 니스)를 섞어서 사용한다.
  ㉰ 니스 : 정제 니스와 유성 니스가 있다.
  ㉱ 래커 : 정제 니스 가운데 질산 셀룰로즈를 사용한 것이다.
  ㉲ 내산 도료 : 금속 표면의 산성 물질에 의한 부식 방지용으로 사용한다.

(9) 관 지지금속

지지금속은 앵글, 연강환봉, 평강 등으로 만들고 파이프의 이동을 방지하기 위해 건물에 견고하게 설치한다.
- 인서트는 지지금속을 장치하기 위해 미리 천정, 바닥, 벽 등에 매립하여 두는 것으로 자재 인서트와 고정 인서트가 있다.
- 지지금속은 배관 지지상태에 따라 행거, 서포트, 리스트레인트 등으로 나눌 수 있다.

① 행거(hanger)
배관의 하중을 위에서 걸어 당겨 받치는 지지구이며 리지드 행거, 스프링 행거, 콘스탄트(턴버클) 행거 등이 있다.

② 서포트(support)
아래에서 위로 떠받쳐 지지하는 기구로서 파이프 슈, 리지드 서포트, 롤러 서포트, 스프링 서포트 등이 있다.

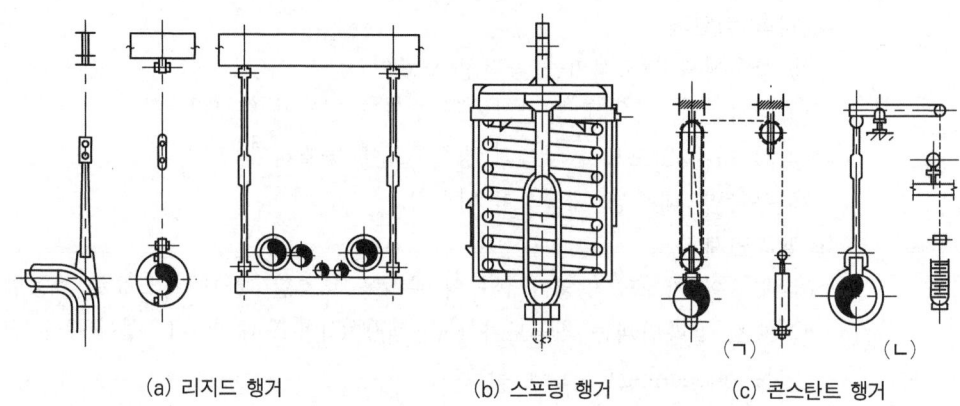

(a) 리지드 행거   (b) 스프링 행거   (c) 콘스탄트 행거

🔼 행거의 종류

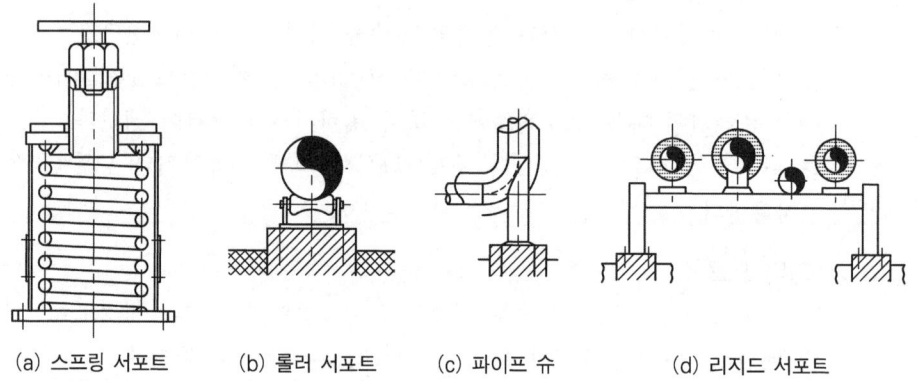

(a) 스프링 서포트   (b) 롤러 서포트   (c) 파이프 슈   (d) 리지드 서포트

🔼 서포트의 종류

> [참고] 강관이나 PVC는 2~3[m], 동관은 1~2[m], 주철관 1.2[m], 연관은 0.6[m] 마다 지지한다.

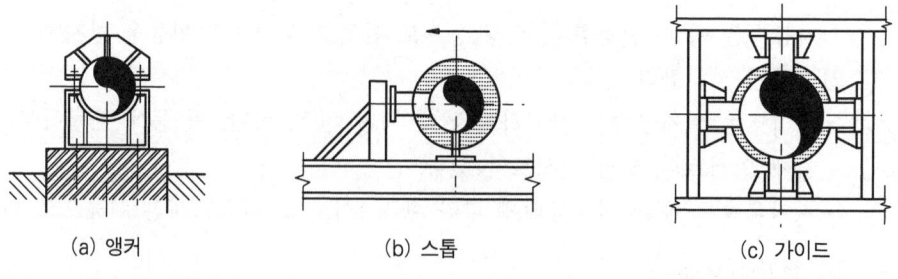

(a) 앵커   (b) 스톱   (c) 가이드

🔼 리스트레인트의 종류

③ **리스트레인트(restranint)** : 금속이 열에 의해 팽창하는 배관의 이동을 구속 또는 제한한다.

㉮ **앵커(anchor)** : 배관을 지지점 위치에 완전히 고정하는 지지구이다.

㉴ 스톱(stop) : 배관의 일정방향의 이동과 회전만 구속하고 다른 방향의 이동과 회전은 자유롭게 이동하게 한다.
㉵ 가이드(guide) : 축과 직각방향의 이동을 구속한다. 파이프 랙(rack) 이 배관의 곡관 부분과 신축 이음부분에 설치한다.

(10) LP가스 배관설비

LP가스배관은 가정용, 공업용 및 3[m] 이내에는 고무 호스가 사용되나 공급거리가 멀거나 공급규모가 큰 것은 금속배관(강관 및 동관)을 사용한다.

> **[참고]**
> ■ 배관을 시공할 때 고려할 사항
> ① 배관 내의 압력손실(허용압력 강하)   ② 가스소비량의 결정(최대가스유량)
> ③ 배관 경로의 결정(배관의 길이)   ④ 관지름의 결정(파이프 치수)
> ⑤ 용기의 크기 및 필요본수 결정   ⑥ 감압방식의 결정 및 조정기의 선정

> **[참고]**
> ■ 저압배관설계 4요소
> ① 배관 내의 압력손실   ② 가스소비량(유량의 결정)
> ③ 배관길이의 결정   ④ 관지름의 결정
> ■ 관지름결정 4요소
> ① 가스소비량   ② 허용압력손실   ③ 배관거리와 부속품 수   ④ 가스의 종류
> ■ 배관설비의 완성검사방법
> ① 내압시험   ② 기밀시험   ③ 가스치환   ④ 기능검사

① 배관내의 압력손실
　㉮ 마찰저항에 의한 압력손실
　　㉠ 유속의 2제곱에 비례한다(즉, 유속이 2배이면 압력손실은 4배이다).
　　㉡ 관의 길이에 비례한다(길이가 2배이면 압력손실도 2배이다).
　　㉢ 관내경의 5제곱에 반비례한다(관내경 1/2배이면 압력손실은 32배).
　　㉣ 관내벽의 상태에 따라 변화한다(내면에 요철부가 있으면 압력손실도 크다).
　　㉤ 유체의 점도에 따라 변화한다(유체 점성이 크면 압력손실이 커진다).
　㉯ 입상배관에 의한 압력손실
　　배관이 입상되면 가스의 자중에 의해 압력강하가 발생한다.

> **[참고]**
> ■ 압력강하 산출식
> $h = 1.293(S-1)H$
> h : 가스의 압력손실[mmH$_2$O]
> S : 가스의 비중(프로판=1.52, 부탄=2)
> H : 배관의 입상높이[m]

■ 수직배관에서의 압력손실(15[°C], 수주 280[mm]의 경우)

상승높이 [m]	압력 강하(수주[mm])		상승높이 [m]	압력 강하(수주[mm])	
	프로판	부탄		프로판	부탄
1	0.72	1.38	40	28.9	55.3
3	2.13	4.15	50	36	69
5	3.61	6.91	60	43	83
10	7.20	13.8	70	51	97
15	10.8	20.7	80	58	111
20	14.4	27.6	90	65	124
30	21.7	41.5	100	72	138

㉰ 밸브나 엘보 등 배관부속품에 의한 압력손실

배관부속물의 상당직관길이

삽입물 \ 관 별	갯수	동관	강관
엘보 측방향 티	1개당	0.2[m]	1[m]
글로브 밸브	1개당	1[m]	3[m]
콕	1개당	1[m]	3[m]

> **참고**
> ■ LP가스 공급 및 소비설비의 압력손실 요인
> ① 배관의 직관부에서 발생하는 압력손실   ② 관의 입상에 의한 압력손실
> ③ 엘보, 티, 밸브 등에 의한 압력손실   ④ 가스미터, 콕 등에 의한 압력손실

② 가스소비량의 결정

가스소비량은 전체 기구를 통해 사용하는 총가스 소비량과 사용할 기구를 감안해야 한다.

㉮ 기구의 안내문(카탈로그)에 의해 연소기구별 최대 소비량 합산
㉯ 가스기구의 종류로부터 산출
㉰ 가스기구의 노즐 크기에 의한 산출

> **참고**
> ■ 노즐에 의한 LP가스 분출량 계산식
> $$Q = 0.009 D^2 \sqrt{\frac{P}{d}}$$
> Q : 분출가스량[m³/h]
> D : 노즐 지름[mm]
> P : 노즐 직전의 가스압력[mmH₂O]
> d : 가스비중

> **[예제]**
> 연소기구에 접속된 고무관이 노후되어 지름 0.5[mm]의 구멍이 뚫려 수주 280[mm]의 압력으로써 LP가스가 5시간 유출하였을 경우 LP가스 분출량은 몇[l]인가?(단, LP가스가 분출압력 280[mmH$_2$O]에 비중은 1.7로 한다)
>
> **[해설]** $Q = 0.009D^2\sqrt{\dfrac{P}{d}} = 0.009 \times (0.5)^2 \sqrt{\dfrac{280}{1.7}} \times 5시간 \times 1,000 = 144.38[l]$
>
> **[애답]** 144.38[l]

③ 관내경 결정

㉮ 저압배관의 굵기

$$Q = K\sqrt{\dfrac{D^5 h}{SL}}$$

- Q : 가스유량[m^3/h]
- K : 유량계수(폴의 정수 : 0.707)
- D : 파이프의 안지름[cm]
- h : 허용압력손실[mmH$_2$O]
- S : 가스비중
- L : 파이프 길이[m]

■ 저압배관치수 조견표

배관의 길이[m]	배관 중의 압력손실(수주 [mm])																				
3	0.3	0.5	0.8	1.0	1.3	1.5	1.8	2.0	2.3	2.5	3.0	3.5	4.0	4.5	5.0	6.0	7.0	8.0	10.0	12.0	14.0	16.0
4	0.4	0.7	1.1	1.3	1.7	2.0	2.4	2.7	3.1	3.3	4.0	4.7	5.3	6.0	6.7	8.0	9.2	10.7	13.3	16.0	18.7	21.3
5	0.5	0.8	1.3	1.7	2.2	2.5	3.0	3.3	3.8	4.2	5.0	5.8	6.7	7.5	8.3	10.0	11.7	13.3	16.7	20.0	23.3	26.9
6	0.6	1.0	1.6	2.0	2.6	3.0	3.6	4.0	4.6	5.0	6.0	7.0	8.0	9.0	10.0	12.0	14.0	16.0	20.0	24.0	28.0	
7	0.7	1.2	1.9	2.3	3.0	3.5	4.2	4.7	5.4	5.8	7.0	8.2	9.3	10.5	11.7	14.0	16.3	18.7	23.3	28.0		
8	0.8	1.3	2.1	2.7	3.5	4.0	4.8	5.3	6.1	6.7	8.0	9.3	10.7	12.0	13.3	16.0	18.7	21.3	26.7			
9	0.9	1.5	2.4	3.0	3.9	4.5	5.4	6.0	6.9	7.5	9.0	10.5	12.5	13.5	15.0	18.0	21.0	24.0	30.0			
10	1.0	1.7	2.7	3.3	4.3	5.0	6.0	6.7	7.7	8.3	10.0	11.7	13.3	15.0	16.7	20.0	23.3	26.7				
12.5	1.25	2.1	3.3	4.2	5.4	6.2	7.5	8.3	9.6	10.4	12.5	14.6	16.7	18.7	20.8	25.0	29.2					
15	1.5	2.5	4.0	5.0	6.5	7.5	9.0	10.0	11.5	12.5	15.0	17.5	20.0	22.5	25.0	30.0						
17.5	1.75	2.9	4.7	5.8	7.6	8.7	10.5	11.7	13.4	14.6	17.5	20.4	23.3	26.2	29.2							
20	2.0	3.3	5.3	6.7	8.7	10.0	12.0	13.3	15.3	16.7	20.0	23.3	26.7	30.0								
22.5	2.25	3.8	6.0	7.5	9.8	11.3	13.5	15.0	17.3	18.8	22.5	26.3	30.0									
25	2.5	4.2	6.7	8.3	10.8	12.5	15.0	16.7	19.2	20.8	25.0	29.2										
27.5	2.75	4.6	7.3	9.2	11.9	13.7	16.5	18.3	21.1	22.9	27.5											
30	3.0	5.0	8.0	10.0	13.0	15.5	18.0	20.0	23.0	25.0	30.0											
배관의 치수	가스유량[kg/h]																					
ϕ8	0.05	0.07	0.08	0.09	0.10	0.11	0.12	0.13	0.14	0.15	0.16	0.17	0.18	0.20	0.21	0.23	0.24	0.26	0.29	0.32	0.34	0.37
ϕ10	0.11	0.14	0.18	0.20	0.23	0.25	0.27	0.29	0.31	0.32	0.35	0.38	0.41	0.53	0.46	0.50	0.54	0.58	0.65	0.71	0.76	0.82
3/3B	0.37	0.48	0.61	0.68	0.77	0.83	0.91	0.96	1.03	1.07	1.17	1.27	1.36	1.44	1.52	1.66	1.79	1.92	2.14	2.35	2.54	2.71
1/2B	0.73	0.95	1.20	1.34	1.53	1.64	1.80	1.90	2.03	2.12	2.32	2.51	2.68	2.84	3.00	3.28	3.55	3.79	4.24	4.64	5.02	5.36
3/4B	1.70	2.19	2.77	3.10	3.53	3.79	4.16	4.38	4.70	4.09	5.37	5.80	6.20	6.57	6.93	7.59	8.20	8.76	9.80	10.7	11.6	12.4
1B	3.39	4.37	5.53	6.18	7.05	7.57	8.30	8.75	9.38	9.78	10.7	11.6	12.4	13.1	13.8	15.1	16.4	17.5	19.6	21.4	23.1	24.7
1 1/4B	6.94	8.97	11.3	12.7	15.4	15.5	17.0	17.9	19.2	20.0	22.0	23.7	25.4	26.9	28.4	31.1	33.5	35.9	40.1	43.9	47.4	50.7
1 1/2B	10.6	13.7	17.7	19.4	22.1	23.7	26.0	27.4	29.4	30.6	33.5	36.2	38.7	41.1	43.3	47.4	51.2	54.7	61.2	67.0	72.4	77.4

* 표를 사용할 때는 관의 길이, 가스유량은 큰 수를 택하고 압력손실은 적은 수를 택한다.

> **[예제]**
> 다음과 같은 경우 파이프 안지름은 몇 [mm]로 하면 좋겠는가?(단, 1단 감압방법으로 한다.)
>
> 최대 소비량 : 20[m³/h], 허용압력손실 : 수주 14[mm], 배관길이 : 24[m]
> 폴의 정수 : 0.707, 가스비중 : 1.52
>
> **[해설]** 폴식에 의해
>
> $$Q = K\sqrt{\frac{D^5 H}{SL}}, \quad D^5 = \frac{Q^2 \cdot S \cdot L}{K^2 \cdot H} = \frac{20^2 \times 1.52 \times 24}{0.707^2 \times 14} = 2,085 \, [cm]$$
>
> $$\therefore D = 4.6[cm] = 46[mm]$$
>
> **[해답]** 46[mm]

④ 중·고압 배관의 굵기

$$Q = K\sqrt{\frac{D^5(P_1^2 - P_2^2)}{SL}}$$

- Q : 가스유량[m³/h]
- K : 유량계수(콕스의 정수 : 52.31)
- D : 파이프의 안지름[cm]
- P_1 : 초압[kg/cm²a]
- P_2 : 종압[kg/cm²a]
- S : 가스비중
- L : 파이프의 길이[m]

④ 가스배관 경로선정 4요소
㉮ 최단거리로 할 것.
㉯ 구부러지거나 오르내림을 작게 할 것.
㉰ 은폐하거나 매설을 피할 것.
㉱ 가능한 한 옥외에 설치할 것.

⑤ 배관계에서 발생하는 응력 및 진동
㉮ 응력의 원인
㉠ 열팽창에 의한 응력
㉡ 내압에 의한 응력
㉢ 냉간가공에 의한 응력
㉣ 용접에 의한 응력
㉤ 배관부속품, 밸브, 플랜지 등에 의한 응력
㉥ 배관재료의 무게(파이프 및 보온재 포함) 및 파이프속을 흐르는 유체의 무게에 의한 응력
㉯ 진동의 원인
㉠ 펌프 및 압축기에 의한 영향
㉡ 관내를 흐르는 유체의 압력변화에 의한 영향
㉢ 관의 굴곡에 의한 영향

㉣ 안전 밸브 작동에 의한 영향
㉤ 바람 및 지진 등에 의한 영향

⑥ 배관시설
㉮ 신축흡수장치 : 매몰되어 있는 배관 이외의 배관(옥외 공동구 내에 설치된 것과 굴착에 의하여 주위가 노출된 것을 제외한다)은 온도변화에 의한 신축을 흡수하는 조치를 한다.
㉯ 수취기 : 물이 체류할 우려가 있는 배관에는 수취기를 설치한다.
㉰ 방식조치 : 전기적 부식의 우려가 있는 장소에 설치하는 배관에는 전기적 부식을 방지하기 위한 조치를 한다.
㉱ 방호조치 : 배관으로서 도로의 노면에 노출되어 있는 것에는 차량의 접촉 기타 충격에 손상될 우려가 없도록 충격에 의한 손상을 방지할 수 있는 조치를 한다.
㉲ 가스차단장치 : 최고사용압력이 고압 또는 중압인 배관에서 분기되는 배관에는 그 분기점 부근 기타 배관의 유지관리에 필요한 곳에는 위급한 때에 가스를 신속히 차단할 수 있는 장치를 설치한다.
㉳ 배관의 설치장소 : 지반이 약한 곳에 설치하는 배관은 부등침하에 의하여 배관이 손상되지 아니하도록 필요한 조치를 하고 배관을 설치한다. 배관은 하수 등 암거내에 설치하여서는 안 된다. 다만 부득이한 경우에는 보호관 기타 부식방지를 위한 조치를 한 후 설치하여야 한다.
배관으로서 본관 및 공급관은 건물의 내부(당해 건물에 가스를 공급하기 위하여 설치하는 배관의 경우에는 제외한다) 또는 기초의 밑에 설치하지 아니하여야 하며, 건물 내의 배관은 노출하여 시공하고, 옥외배관은 건물의 기초 밑에 설치하면 안 된다.
㉴ 배관의 지지 : 가스전용 다리 등에 설치하는 배관은 풍압, 지진 등에 대하여 안전한 구조의 지지물로 지지되어 있어야 한다.
㉵ 공동구 내의 시설
㉠ 배관을 옥내 공동구 내에 설치하는 경우에는 다음 각 호에 적합해야 한다.
ⓐ 환기장치가 있어야 한다.
ⓑ 전기설비가 있는 것은 그 전기설비가 방폭구조이어야 한다.
㉡ 옥외 공동구에 설치되는 배관은 다음 각 호에 적합해야 한다.
ⓐ 벨로즈형 신축이음매 또는 플렉시블 튜브에 의하여 온도변화에 의한 신축을 흡수하는 조치를 한다.
ⓑ 옥외 공동구벽을 관통하는 배관의 관통부 및 그 부근에는 배관의 손상방지를 위한 조치를 한다.
ⓒ 가스유입을 차단하는 장치를 설치한다.
㉶ 입상관 : 입상관의 화기의 우려가 있는 주위를 통과할 경우에는 불연재료로 차단장치를 하고 입상관의 밸브는 플랜지형으로 한다. 다만, 입상관의 외부에 노출되어 외부인의 조작 우려가 있는 경우에는 지면에서 1.6[m] 내지 2[m] 이내에 설치한다.

㋧ 지하매설 : 배관을 지하에 매설하는 경우에 그 깊이는 지면으로부터 1[m] 이상으로 한다. 다만, 폭 8[m] 이상의 도로에 매설되는 것은 1.2[m] 이상이어야 한다.

㋨ 배관의 보호관 : 지하구조물 암반 기타 특수한 사정으로 매설 깊이를 확보할 수 없는 곳의 배관에는 당해 배관과 동등 이상의 강도를 갖는 보호관으로 보호한다. 건물의 벽을 관통하는 부분의 배관에는 보호관 및 방식피복을 한다.

㋩ 배관의 고정 : 배관은 움직이지 않도록 건물의 벽과 고정부착하는 조치를 할 것이며, 배관이 옆으로 길게 설치된 경우에는 그 배관의 관지름이 13[mm] 미만의 것은 1[m] 마다, 13[mm] 이상 33[m] 미만의 것에는 2[m] 마다, 33[mm] 이상의 것에는 3[m]마다 고정 설치한다.

㋪ 배관의 접합 : 배관의 접합으로 할 때에는 한국산업규격 KS B 0222(관용 테이퍼 나사)를 준용한다.

제 1 장 고압장치 예상문제

제2편 고압가스장치 및 기기
고압장치 | 저온장치 | 가스설비 | 측정기기 및 가스분석

문제 1 다음은 가스킷(패킹)의 선택시 고려해야 할 사항이다. 관내 물체의 화학적 성질이 아닌 것은?

㉮ 밀도　　㉯ 부식성　　㉰ 인화성　　㉱ 안정도

해설 가스킷(패킹)의 선택시 고려해야 할 사항은 다음과 같다.
① 관내 물체의 물리적 성질 : 온도, 압력, 밀도, 점도
② 관내 물체의 화학적 성질 : 화학성분과 안정도, 부식성, 용해능력, 인화성, 폭발성
③ 기계적 조건 : 교체의 난이, 진동의 유무, 내압과 외압

문제 2 수직 배관에서 역류 방지를 위해 적당한 밸브는 다음 중 어느 것인가?

㉮ 안전 밸브　　㉯ 스윙식 체크 밸브
㉰ 리프트식 체크 밸브　　㉱ 콕

문제 3 펌프의 최하단 흡입부에 장치하여 프라이밍을 방지할 수 있는 체크 밸브는?

㉮ 글로브 밸브　㉯ 안전 밸브　㉰ 푸트 밸브　㉱ 게이트 밸브

문제 4 글로브 밸브(glove valve or stop valve ; 옥형변)은 관지름이 몇 [A] 이상일 때 플랜지를 사용하는가?

㉮ 40[A]　　㉯ 50[A]　　㉰ 65[A]　　㉱ 80[A]

해설 50[A] 이하는 포금제 나사 결합형이며 65[A] 이상은 주철제 플랜지형이다.

문제 5 글로브 밸브의 일종이며 유체의 흐름 방향을 직각으로 변하게 할 때 쓰이는 밸브는?

㉮ 게이트 밸브　㉯ 앵글 밸브　㉰ 플래시 밸브　㉱ 푸트 밸브

문제 6 파열판식 안전 밸브의 특징이 아닌 것은?

㉮ 구조가 간단하므로 취급·점검이 용이하다.
㉯ 스프링식 안전 밸브보다는 취출용량이 많으므로 압력 상승이 급격한 중합분해와 같은 반응장치에 사용한다.
㉰ 스프링식 안전 밸브와 같이 밸브 시트 누설이 있다.
㉱ 부식성 유체 또는 괴상물질을 함유한 유체에 적합하며 한번 작동하면 박판을 교환해야 한다.

문제 7 동관의 납땜 접합시 익스팬더(expander)를 사용하여 끝부분을 확관한다. 이 때 깊이는 얼마 정도가 좋은가?

해답 1.㉮　2.㉰　3.㉰　4.㉰　5.㉯　6.㉰

㉮ 10[mm]   ㉯ 15[mm]   ㉰ 20[mm]   ㉱ 25[mm]

문제 8 용접이음 배관에서 용접 후 피닝을 하는 주된 이유는?
㉮ 슬래그의 제거
㉯ 용입이 잘되기 위하여
㉰ 균열방지
㉱ 잔류 응력 제거

문제 9 배관의 피복재료로서 구비해야 할 조건 중 맞지 않는 것은?
㉮ 다공질일 것.
㉯ 흡수성이 적을 것.
㉰ 열전도율이 양호할 것.
㉱ 부식성이 없을 것.

문제 10 강관이 이음방법에 속하지 않는 접속법은?
㉮ 나사이음   ㉯ 플랜지 이음   ㉰ 용접이음   ㉱ 소켓 이음

해설 소켓 이음은 주철관의 이음방법에 해당된다.

문제 11 고압가스장치 중 안전 밸브의 설치 위치가 아닌 것은?
㉮ 압축기 각단의 토출측
㉯ 저장 탱크 상부
㉰ 펌프의 흡입측
㉱ 감압 밸브 뒤 배관

문제 12 고압가스 제조장치 또는 저장 탱크에 대한 안전장치 중 밸브류가 아닌 것은?
㉮ 긴급차단 밸브   ㉯ 릴리프 밸브   ㉰ 자동제어 밸브   ㉱ 버터 플라이 밸브

해설 제조장치 및 저장 탱크의 밸브류는 ㉮, ㉯, ㉰ 외에 안전 밸브, 역류방지 밸브 등이 있다.

문제 13 안전장치의 종류가 아닌 것은?
㉮ 스프링식 안전 밸브
㉯ 중추식 안전 밸브
㉰ 스윙식 안전 밸브
㉱ 박판식 안전 밸브

해설
• 안전 밸브 스프링식 안전 밸브 중추식 안전 밸브 레버식 안전 밸브
• 가용전
• 파열판식(박판식)

문제 14 400[℃] 이하의 증기, 온수, 고온의 기름 배관에 적합한 패킹은?
㉮ 석면 조인트 시트
㉯ 합성수지 패킹
㉰ 금속 패킹
㉱ 아마존 패킹

문제 15 동관의 접합법 중 방사난방의 매립 배관시 온수 접합 및 진동이 심한 곳에 사용하는 접합법은?

해답 7. ㉮   8. ㉱   9. ㉰   10. ㉱   11. ㉰   12. ㉱   13. ㉰   14. ㉮

㉮ 납땜 접합   ㉯ 플레어 접합   ㉰ 용접 접합   ㉱ 분기관 접합

해설 용접 접합은 산소, 수소, 프로판, 전기용접 등으로 접합시공하며 접합부간에 발생하는 전해 작용으로 인한 부식현상을 방지할 수 있다.

문제 16 다음 문장의 ( )속에 적당한 보온재의 종류를 기입한 것은 어느 것인가?

[보기]
LP가스 프랜트에서는 일반적으로 보온재료는 강도, 내열성, 내수성, 높은 ( ) 보온재가 많이 사용되고, 보냉재료는 단열성이 우수하고 시공상의 경제성을 고려하여 초난연성의 ( )이 사용되고 있다.

㉮ 암면, 탄화 코르크   ㉯ 규산 칼슘, 우레탄 폼
㉰ 석면, 우모 펠트   ㉱ 펄라이트, 글라스 울

문제 17 내식성, 내열성을 가지고 있으며 고온용 배관에 주로 쓰이는 강관은?

㉮ 배관용 아크 용접 탄소강관   ㉯ 수도용 아연도금 강관
㉰ 배관용 스테인레스 강관   ㉱ 일반 구조용 탄소강관

문제 18 고온 배관용 탄소강 강관의 KS도시 기호는?

㉮ SPHT   ㉯ SPPH   ㉰ SPLT   ㉱ SPPW

문제 19 철은 온도가 1[℃] 변화함에 따라 1[m]에 몇 [mm]만큼 신축하는가?

㉮ 0.00012[mm]   ㉯ 0.0012[mm]   ㉰ 0.012[mm]   ㉱ 0.12[mm]

문제 20 황동관의 호칭지름은?

㉮ 파이프의 유효지름   ㉯ 파이프의 바깥지름
㉰ 파이프의 안지름   ㉱ 파이프 나사의 바깥지름

해설 황동 = Cu + Zn
 • 연관호칭지름=안지름×두께
 • Al관 호칭지름=바깥지름×두께
 • 동관 호칭지름=파이프의 바깥지름

문제 21 극연수 배관, 구조용, 열교환기용 튜브 등에 사용되는 것은?

㉮ 이음매 없는 동관   ㉯ 주석관
㉰ 탄산동 파이프   ㉱ 이음매 없는 황동관

문제 22 다음 중 열전도율이 가장 작은 것은?

㉮ 탄산마그네슘   ㉯ 암면   ㉰ 규조토   ㉱ 석면

해답 15. ㉰ 16. ㉯ 17. ㉰ 18. ㉮ 19. ㉰ 20. ㉯ 21. ㉱ 22. ㉮

문제 23 보냉재의 구비조건 중 합당하지 않은 것은?

㉮ 재질 자체의 모세관 현상이 커야 한다.
㉯ 표면 시공이 좋아야 한다.
㉰ 보냉효율이 좋아야 한다.
㉱ 난연성이나 불연성이어야 한다.

해설 모세관 현상이 큰 것은 흡습성이 크므로 연전도율이 커질 수 있다.

문제 24 사용압력 10[kg/cm²]의 증기, 물, 기름, 가스 및 공기 배관에 사용하는 강관은 어느 것인가?

㉮ SPPY   ㉯ SPA   ㉰ SPPH   ㉱ SPPS

문제 25 다음은 동관의 용도에 대하여 쓴 것이다. 틀린 것은?

㉮ 열교환기 튜브   ㉯ 압력계   ㉰ 급유관   ㉱ 배수관

문제 26 나사용 패킹 중 냉매 배관용으로 많이 쓰이는 패킹은?

㉮ 페인트   ㉯ 일산화연   ㉰ 콤파운드   ㉱ 액상 합성수지

문제 27 배관용 탄소강관에 아연(Zn)을 도금하는 이유는 무엇인가?

㉮ 내식성을 증가시키기 위해   ㉯ 부식성을 증가시키기 위해
㉰ 굴요성을 증가시키기 위해   ㉱ 보온성을 증가시키기 위해

문제 28 압축공기 배관에서 사용압력 300[kg/cm²] 이상에는 어느 관을 사용하여야만 이상적인가?

㉮ 전기 용접관   ㉯ 단접 강관   ㉰ 특수 용접관   ㉱ 이음매 없는 강관

해설 이음매 없는 강관(seamless steel pipe)은 저탄소강의 원형 빌릿(파이프를 제조하기 위한 중간재)를 사용하여 만네스만식 천공법으로 제조되며, 300[kg/cm²] 이상의 고압 배관용으로 사용된다.

문제 29 다음 강관의 접합법 중 자주 분해결합하거나 진동 충격을 흡수할 수 있는 접합법은?

㉮ 나사 접합   ㉯ 플랜지 접합   ㉰ 용접 접합   ㉱ 소킷 접합

문제 30 동관의 납땜 접합시 접합부를 몇 [°C]로 가열하는가?

㉮ 200~300[°C]   ㉯ 250~300[°C]   ㉰ 350~400[°C]   ㉱ 400~500[°C]

문제 31 다음 도료 중 도막이 부드럽고 가격은 저렴하나 녹방지 효과가 불량한 도료는?

해답 23. ㉮ 24. ㉮ 25. ㉱ 26. ㉯ 27. ㉮ 28. ㉱ 29. ㉯ 30. ㉰

㉮ 광명단 도료　　㉯ 산화철 도료　　㉰ 알루미늄 도료　　㉱ 합성수지 도료

문제 32 행거(hanger)는 배관의 중량을 지지하는 목적에 사용된다. 다음 중 행거의 종류에 속하지 않는 것은?
㉮ 리지드 행거(rigid hanger)　　㉯ 스프링 행거(spring hanger)
㉰ 콘스탄트 행거(constant hanger)　　㉱ 서포트 행거(support hanger)

문제 33 다음 중 경제적인 보온 두께란?
㉮ 값이 싼 보온재를 말한다.
㉯ 값이 비싼 보온재를 말한다.
㉰ 보온재가 두꺼운 것을 말한다.
㉱ 보온 재료비와 방산 열량이 적어야 하며 사용에 지장이 없어야 한다.

문제 34 다음 중 강관의 용접 접합의 장점이 아닌 것은?
㉮ 유체의 손실저항이 적다.
㉯ 중량이 무겁다.
㉰ 보온피복 시공이 용이하다.
㉱ 접합부의 강도가 강하며 누수의 염려도 없다.

문제 35 증기, 기름, 가스 등 비교적 사용압력이 낮은 배관에 많이 사용하며 일명 가스관이라고도 하는 것은?
㉮ 배관용 탄소강 강관　　㉯ 수도용 아연도금 강관
㉰ 압력배관용 강관　　㉱ 배관용 합금 강관

문제 36 강관의 스케줄 번호는 무엇으로 결정하는가?
㉮ 파이프의 길이　　㉯ 파이프의 바깥지름
㉰ 파이프의 안지름　　㉱ 파이프의 두께

문제 37 강관의 신축이음은 직관 몇 [m] 마다 설치해 주는가?
㉮ 30[m]　　㉯ 20[m]　　㉰ 10[m]　　㉱ 5[m]

해설 강관 신축이음은 직관 30[m] 마다 설치하고 경질염화비닐은 10~20[m] 마다 1개소씩 설치

문제 38 콕(cock)에 대한 설명 중 틀린 것은?
㉮ 유체의 저항이 적다.　　㉯ 유료를 급속히 개폐할 수 있다.
㉰ 기밀유지가 있다.　　㉱ 대유량에 적합하다.

해답 31. ㉯　32. ㉱　33. ㉱　34. ㉯　35. ㉮　36. ㉱　37. ㉮　38. ㉱

문제 39 파이프 벽면과 물과의 사이에 내식성의 도막을 만들어 물의 흡수를 방지하나 노출의 상태에서는 외부적 원인에 따라 균열을 일으키기 쉬운 도료는?

㉮ 합성수지 도료 ㉯ 타르 및 아스팔트
㉰ 광명단 ㉱ 산화철

문제 40 다음 중 글로브 밸브(glove valve or stop valve)의 설명으로 틀린 것은?

㉮ 관로 폐쇄 또는 유량조절용으로 사용된다.
㉯ 나사 결합형과 주철재 플랜지형이 있다.
㉰ 일명 게이트 밸브라고도 한다.
㉱ 유체의 저항이 크다.

문제 41 온도가 높은 물체의 내면을 Q_0, 그 보온면으로부터의 방산열량을 Q라 하면 보온효율은?

㉮ $\eta = \dfrac{Q_0 + Q}{Q_0}$ ㉯ $\eta = \dfrac{Q_0 - Q}{Q_0}$

㉰ $\eta = \dfrac{Q}{Q_0}$ ㉱ $\eta = \dfrac{Q_0}{Q_0 - Q}$

해설 보온효율 $\eta = 1 - \dfrac{보온면의\ 방산열량}{물체의\ 방산열량}$

문제 42 다음 중 최고 안전사용 온도가 가장 낮은 보온재는 다음 중 어느 것인가?

㉮ 우모 펠트 ㉯ 우레탄(polyurethane)
㉰ 폴리스틸렌(polystyrence) ㉱ 염화 비닐(PVC)

문제 43 고압가스 배관 재료에서 몇 [°C] 이상이면 허용응력 중 크리프의 영향을 고려해야 하는가?

㉮ 150[°C] ㉯ 250[°C] ㉰ 350[°C] ㉱ 450[°C]

문제 44 강관에 대한 설명으로 바른 것은?

㉮ 재질은 보통 고속도강이다.
㉯ 통쇠 파이프 뿐이다.
㉰ 내식성을 위해 구리 도금을 하였다.
㉱ 두께는 얇으나 상당한 고압에도 사용할 수 있다.

문제 45 다음 중 강관의 종류와 KS규격 기호를 짝지운 것 중 알맞는 것은?

㉮ SPHT : 고압 배관용 탄소강관 ㉯ SPPH : 고온 배관용 탄소강관
㉰ SPPS : 압력 배관용 탄소강관 ㉱ STHB : 저온 배관용 탄소강관

해답 39. ㉯ 40. ㉰ 41. ㉯ 42. ㉱ 43. ㉰ 44. ㉱ 45. ㉰

제1장 고압장치 예상문제

문제 46 배관 재료의 선택시 고려하지 않아도 되는 사항은?
  ㉮ 유체와 작용하여 화학적으로 안정될 것.
  ㉯ 경제적이고 신축성이 우수할 것.
  ㉰ 가공하기 쉬울 것.
  ㉱ 내식성이 클 것.

문제 47 관지지구 중 서포트(support)의 종류에 속하지 않는 것은?
  ㉮ 파이프 슈   ㉯ 브레이스 서포트
  ㉰ 리지드 서포트   ㉱ 스프링 서포트

문제 48 다음은 석면 보온재에 대한 설명이다. 틀리게 설명한 것은?
  ㉮ 아스베스트질 섬유로 되어 있다.
  ㉯ 400[℃] 이하의 보온재로 적합하다.
  ㉰ 진동이 생기면 갈라지기 쉬우므로 탱크, 노벽의 보온에 적합하다.
  ㉱ 800[℃]에서는 강도와 보온성을 잃게 된다.

문제 49 가스용 연관은 몇 종이나 되는가?
  ㉮ 1종   ㉯ 2종   ㉰ 3종   ㉱ 5종

  해설 • 1종 : 화학공업용   • 2종 : 일반용   • 3종 : 가스용

문제 50 지름 20[mm] 이하의 동관을 이음할 때 기계의 점검·보수·기타 관을 떼어내기 쉽게 하기 위한 동관의 이음방법은?
  ㉮ 플레어 이음   ㉯ 슬리브 이음   ㉰ 플랜지 이음   ㉱ 스위블 이음

문제 51 다음 중 유기질 보온재의 종류가 아닌 것은?
  ㉮ 펠트   ㉯ 코르크   ㉰ 기포성 수지   ㉱ 규조토

문제 52 사용압력이 40[kg/cm²], 관의 인장강도가 20[kg/mm²]일 때의 스케줄 번호(Sch-No)는?(단, 안전율은 4로 한다)
  ㉮ 20   ㉯ 40   ㉰ 80   ㉱ 100

  해설 $Sch = 10 \times \dfrac{P}{S}$, 허용응력 $S = 인장강도 \times \dfrac{1}{4}$

  ∴ $Sch = 10 \times \dfrac{40}{5} = 80$

문제 53 LP가스 배관 재료의 구비조건을 열거한 다음 사항 중 잘못된 것은?
  ㉮ 관내의 가스유통이 원활할 것.
  ㉯ 내압과 외압 등에 견디는 강도를 가질 것.
  ㉰ 토양, 지하수 등에 대해 내식성을 가질 것.
  ㉱ 관의 접합 방법은 다소 복잡해도 가능하나 가스의 누설을 방지할 수 있을 것.

해답 46. ㉯   47. ㉯   48. ㉰   49. ㉰   50. ㉮   51. ㉱   52. ㉰   53. ㉱

문제 54 고압장치의 배관이음에 대하여 다음 중 적당하지 않은 것은?

㉮ 나사이음이 플랜지이음보다 고압에 잘 견딘다.
㉯ 반지름 방향의 자기 기밀식 이음으로 ○링, △링, 렌즈 링이 사용된다.
㉰ 고온·고압의 덮개에 쓰이는 가스킷으로는 동이 적당하다.
㉱ 고압장치에 쓰이는 이음에는 영구이음과 일시적 이음이 있다.

문제 55 스프링 안전 밸브에 대한 설명 중 옳지 못한 것은?

㉮ 분출시초압력은 내압시험압력의 80[%] 이하이다.
㉯ 압축가스에 주로 사용한다.
㉰ 고압가스의 양을 결정하여, 이 양을 충분히 분출시킬 수 있는 구경일 것.
㉱ 한 번 작동하면 밸브 전체를 교환하여야 한다.

문제 56 다음은 도시가스 배관시 유의할 사항을 열거한 것이다. 잘못된 것은?

㉮ 공급관은 하중에 견딜 수 있도록 0.6[m] 이상 깊이에 매설해 준다.
㉯ 내관도 유지 관리상 건물 지하에는 배관하지 않는다.
㉰ 매설관의 접속부분, 매설관이 옥내로 들어오는 부분은 부식이 크므로 방식처리를 한다.
㉱ 유지관리, 가스장치의 변경을 위해서라면 가능한 콘크리트 내 매설을 해주는 것이 좋다.

해설 가스관은 가능한 콘크리트 내 매설을 피하고 천장, 벽 등을 효과적으로 이용하여 배관하며 옥내 저압 전선과는 15[cm] 거리를 유지시킨다.

문제 57 고압 배관의 검사에 관한 기술 중 틀리는 것은?

㉮ 고압 배관의 신설, 증설 또는 변경이 있었을 때는 완성검사를 받는다.
㉯ 내압시험을 상용압력의 1.5배에서 한다.
㉰ 내압시험을 상용의 기체 또는 액체로 사용한다.
㉱ 기밀시험은 사용압력 이상의 압력에서 공기 또는 불활성 기체를 사용한다.

문제 58 LP가스 수송관의 연결부에 사용되는 패킹으로 적당한 것은?

㉮ 종이   ㉯ 구리   ㉰ 천연고무   ㉱ 실리콘 고무

문제 59 고압장치에 사용하는 밸브의 특징 중 틀린 것은?

㉮ 주조품보다 단조품에서 깎아내어 만든 것이 많다.
㉯ 밸브 시트는 내식성과 경도가 높은 재료를 쓴다.
㉰ 밸브 시트는 교체할 수 없으므로 사용시 주의를 요한다.
㉱ 기밀 유지를 위해 스핀들에 패킹이 끼워져 있다.

해답 54. ㉮ 55. ㉱ 56. ㉱ 57. ㉰ 58. ㉱ 59. ㉰

문제 60 배관공사 후 행하는 검사는?
㉮ 가스압력은 언제나 100[mmHg] 이하로 된다.
㉯ 조정기와 연소기 사이의 배관은 100[mmH₂O]의 기밀시험을 한다.
㉰ 접합부는 성냥불로 점검한다.
㉱ 접합부에 비눗물을 취하여 누설을 점검한다.

문제 61 고압가스 배관계에 생기는 응력의 원인이라 생각할 수 없는 것은?
㉮ 열팽창에 의한 응력   ㉯ 내압에 의한 응력
㉰ 펌프 및 압축기의 진동에 의한 응력   ㉱ 용접에 의한 응력

문제 62 저압배관의 설계 4요소에 해당되지 않는 것은?
㉮ 배관내의 압력손실   ㉯ 가스소비량의 결정
㉰ 배관 길이의 결정   ㉱ 배관 재료의 무게 결정

문제 63 고압가스용기용 밸브에 관하여 다음 설명 중 틀리는 것은?
㉮ 수소용 밸브 본체의 재질은 단조용 황동이다.
㉯ 염소용 밸브 스핀들의 재질은 18-8 스테인레스강이다.
㉰ 암모니아용 밸브 본체의 재질은 탄소강, 황동품이다.
㉱ 아세틸렌 밸브 본체의 재질은 탄소강 단조품이다.

문제 64 LP가스 배관에 있어서 저압배관 설계가 아닌 것은?
㉮ 최대가스 유량 ㉯ 유효 압력 강하 ㉰ 마찰 손실 ㉱ 관길이

문제 65 가스배관 경로 선정방법 중 아닌 것은?
㉮ 최단거리로 할 것.   ㉯ 구부러지거나 오르내림이 적을 것.
㉰ 은폐, 매설을 할 것.   ㉱ 가능한한 옥외에 설치할 것.

문제 66 배관계에서 발생하는 진동의 원인이 아닌 것은?
㉮ 펌프 및 압축기에 의한 영향   ㉯ 관의 굴곡에 의한 영향
㉰ 용접에 의한 영향   ㉱ 안전 밸브 작동에 의한 영향

문제 67 상온 스프링(cold spring)은 파이프의 길이를 조금 짧게 절단하여 배관한다. 이 때 절단하는 길이는 얼마나 짧게 하는가?
㉮ 자유 팽창의 1/2 정도   ㉯ 최고 사용 온도 팽창 길이만큼
㉰ 최고, 최저 온도의 평균값   ㉱ 지름의 1/3 정도

해답 60. ㉱ 61. ㉰ 62. ㉱ 63. ㉰ 64. ㉱ 65. ㉰ 66. ㉰ 67. ㉮

문제 68 고압가스에 사용하는 감압 밸브는 어떤 때에 사용하는가?
㉮ 유체의 역류를 방지하는 데 사용한다.
㉯ 감압 밸브의 종류에는 체크 밸브와 리프트형이 있다.
㉰ 높은 압력을 낮은 압력으로 낮추는 데 사용한다.
㉱ 규정 압력 이상이 되면 분출된다.

문제 69 안전 밸브에 사용되는 종류가 아닌 것은?
㉮ 스프링 안전 밸브 ㉯ 중추식 안전 밸브
㉰ 박판식 안전 밸브 ㉱ 스윙식 안전 밸브

문제 70 다음은 박판식 안전 밸브의 설명이다. 설명이 맞지 않는 것은?
㉮ 1회만 사용할 수 있으며, 구조가 간단하다.
㉯ 스프링식 안전 밸브보다 먼저 분출하는 것이 좋다.
㉰ 누설이 없어 부식성 유체 및 고형물이 함유된 유체에 적합하다.
㉱ 점검이 수월하다.

문제 71 강관 연결부속 중 4방향으로 유체를 나누어 보낼 때 사용하는 것은?
㉮ 소킷 ㉯ 크로스 ㉰ 90° 엘보 ㉱ 곡관

문제 72 배관에서 지름이 다른 관을 연결하는데 사용하는 것은?
㉮ 엘보 ㉯ 티 ㉰ 레듀샤 ㉱ 플랜지

문제 73 다음 배관용 연결부속 중 분해조립이 가능하도록 하려면 무엇을 설치하면 되는가?
㉮ 엘보, 티 ㉯ 레듀샤, 부싱 ㉰ 유니언, 플랜지 ㉱ 캡, 플러그

문제 74 다음에서 배관의 끝을 막을 때 사용되는 강관용 연결부속으로 짝지워진 것은?
㉮ 소킷, 니플 ㉯ 플러그, 캡 ㉰ 엘보, 티 ㉱ 레듀샤, 부싱

문제 75 열팽창에 의해 배관 및 배관 지지부에 응력을 방지하기 위하여 사용하는 것이 아닌 것은?
㉮ 콜드 스프링 ㉯ 벨로즈 이음
㉰ U벤드(루프형 이음) ㉱ 렌즈형 이음

해설 렌즈형 이음은 300[kg/cm²] 이상의 고압 이음의 명칭이다.

문제 76 슬리브형 신축 이음쇠를 공기, 가스, 기름에 사용할 때 사용압력은?
㉮ 5[kg/cm²] 이하 ㉯ 8[kg/cm²] 이하
㉰ 10[kg/cm²] 이하 ㉱ 15[kg/cm²] 이하

해답 68. ㉰ 69. ㉱ 70. ㉯ 71. ㉯ 72. ㉰ 73. ㉰ 74. ㉯ 75. ㉱ 76. ㉯

제1장 고압장치 예상문제

문제 77 슬리브형 신축 이음쇠로 흡수할 수 있는 신축은 대체로 얼마 정도인가?
- ㉮ 30~50[mm]
- ㉯ 50~300[mm]
- ㉰ 200~500[mm]
- ㉱ 500~1,000[mm]

문제 78 다음은 슬리브형 신축 이음쇠의 장점에 대하여 설명하였다. 옳지 않은 사항은?
- ㉮ 곡선부분이 있어도 비틀림이 생기지 않는다.
- ㉯ 대개의 경우 압축력을 수반하지 않고 팽창을 흡수할 수 있다.
- ㉰ 특별한 설치공간이 필요하지 않다.
- ㉱ 신축의 흡수에 따른 이음쇠 자체의 응력이 생기지 않는다.

문제 79 다음 중 벨로즈형 신축 이음쇠의 장점에 해당하는 것은?
- ㉮ 패킹이 마모되어 누설되지 않는다.
- ㉯ 벨로즈에 받는 강도는 그다지 영향이 없다.
- ㉰ 주름이 있는 곳의 응축수로 부식이 없다.
- ㉱ 벨로즈 재질에 영향이 없다.

문제 80 루프형 신축 이음쇠의 곡률 반지름은 관지름의 몇 배 이상으로 하는 것이 가장 이상적인가?
- ㉮ 4배 이상
- ㉯ 6배 이상
- ㉰ 8배 이상
- ㉱ 10배 이상

문제 81 진동 밸브는 회전운동을 왕복운동으로 바꾸며 자동제어, 원격조작을 하는데 쓰이는데 이들 중 제어할 수 없는 것은?
- ㉮ 유체온도
- ㉯ 유체압력
- ㉰ 유체속도
- ㉱ 유체유량

문제 82 가스입상관의 설치 높이는 지면으로부터 몇 [m] 이내인가?
- ㉮ 1[m] 이내
- ㉯ 1.6[m] 이상~2[m] 이내
- ㉰ 2[m] 이상~3[m] 이내
- ㉱ 1.6[m] 이상~3[m] 이내

문제 83 스프링식 안전 밸브를 밸브의 양정에 의해 분류한 것 중 해당이 없는 것은?
- ㉮ 저양정식
- ㉯ 중양정식
- ㉰ 고양정식
- ㉱ 전양정식

문제 84 고압장치에 쓰이는 밸브의 특징 중 틀린 것은?
- ㉮ 간단한 것은 주철로 만들 수 있다.
- ㉯ 밸브 시트는 내식성과 강도가 높은 것을 사용한다.
- ㉰ 밸브 시트는 교체할 수 있는 것으로 사용한다.
- ㉱ 기밀 유지를 위하여 스핀들에 패킹을 사용한다.

해답 77. ㉯ 78. ㉮ 79. ㉮ 80. ㉯ 81. ㉰ 82. ㉯ 83. ㉯ 84. ㉮

문제 85 배관의 압력손실과 관계없는 것은?

㉮ 유속의 2제곱에 비례한다. ㉯ 관의 길이에 반비례한다.
㉰ 관 안지름의 5제곱에 반비례한다. ㉱ 관 내벽의 상태에 따라 변화한다.

문제 86 −50[℃] 이하의 저온에 노출되는 배관에는 어떠한 재료를 첨가시켜야 하는가?

㉮ Ni(2~4[%]) ㉯ Cu(5~10[%]) ㉰ Cr(1~2[%]) ㉱ Mn(10~15[%])

문제 87 다음 설명 중 옳은 것은?

[보기] ① 유니온이나 플랜지 접합면의 기밀을 유지하기 위하여 사용하는 패킹을 가스킷이라 한다.
② 가스킷의 재질은 고무, 가죽, 석면, 금속 등이 있다.
③ 붉은 고무의 가스킷은 LPG 배관에는 사용하지 않는다.
④ 합성고무재 패킹에서도 LPG용으로 적당하지 않다.

㉮ ③과 ④ ㉯ ①, ②와 ③
㉰ ①, ②, ③과 ④ ㉱ ②와 ④, ③

문제 88 아세틸렌 용기에 대한 설명으로 맞지 않는 것은?

㉮ 용기색 : 황색
㉯ 밸브 동결할 때 : 40[℃] 이하의 열습포 사용]
㉰ 용기 형식 : 무계목 용기
㉱ 안전 밸브 : 가용전

문제 89 다음은 체크 밸브에 관한 설명이다. 잘못된 것은?

㉮ 리프트식은 수직배관에만 사용된다.
㉯ 스윙식은 수평, 수직배관, 어느 배관에나 사용할 수 있다.
㉰ 체크 밸브는 유체의 역류를 방지한다.
㉱ 펌프 흡입관에 사용되는 풋 밸브도 체크 밸브의 일종이다.

문제 90 유로의 급속한 개폐에 사용되며 주고 가스용으로 많이 사용되는 밸브는?

㉮ 콕 ㉯ 안전 밸브 ㉰ 체크 밸브 ㉱ 전동 밸브

문제 91 배관 신축이음의 허용 길이가 가장 큰 것은?

㉮ 루프형 ㉯ 슬리브형 ㉰ 벨로즈형 ㉱ 스위블형

문제 92 다음은 각종 밸브의 종류와 용도의 관계를 서로 연결하였다. 잘못된 것은?

㉮ 안전 밸브 : 이상압력조정 ㉯ 글로브 밸브 : 유량조절
㉰ 체크 밸브 : 역류방지 ㉱ 콕 : 유체의 완만한 개폐

해답 85. ㉯ 86. ㉮ 87. ㉯ 88. ㉰ 89. ㉮ 90. ㉮ 91. ㉮ 92. ㉱

문제 93 저압 LP가스 배관 내부에 흐르는 가스 압력은?
㉮ 0.1[kg/cm²] 미만   ㉯ 0.1~2[kg/cm²] 미만
㉰ 2[kg/cm²] 이하   ㉱ 3[kg/cm²] 이하

문제 94 고온 고압에 사용하는 플랜지 가스킷의 재질로 적당하지 않은 것은?
㉮ 알루미늄   ㉯ 철   ㉰ 은   ㉱ 납

문제 95 다음은 각종 밸브에 대하여 설명하였다. 설명이 부적당한 것은?
㉮ 콕은 개폐가 빠르며 구조가 간단하다.
㉯ 버터플라이는 저압의 죔 용으로 쓰이며 완전개폐가 어렵다.
㉰ 감압 밸브는 사용유량에 관계없이 항상 압력이 일정하다.
㉱ 슬루스 밸브는 유량조절에 많이 사용한다.

문제 96 도시가스에 수분이 있으면 배관의 부식이나 정압기를 빙결시키는 저해원이 된다. 탈수 방법에 해당되지 않는 것은?
㉮ 액체 또는 고체 흡수제에 의한 흡수   ㉯ 가열하여 수증기로 변화시켜 분류
㉰ 활성고체 건조제에 의한 흡착   ㉱ 승압 및 냉각에 의한 응축 분류

문제 97 다음은 용접용기의 장점을 나열하였다. 용접용기의 장점과 관계가 없는 것은?
㉮ 이음매 없는 용기에 비해 가격이 저렴하다.
㉯ 용기의 모양, 치수가 자유로이 선택된다.
㉰ 두께 공차가 적다.
㉱ 고압에 알맞아 압축가스용기에 알맞다.

문제 98 다음은 용기의 파열사고의 원인에 대해 적은 것이다. 파열사고와 관련이 없는 것은?
㉮ 재질불량   ㉯ 과충전   ㉰ 온도상승   ㉱ 압력계불량

문제 99 배관을 지하에 매설시 폭 8[m] 이상의 도로에서의 매설 깊이는?
㉮ 1[m]   ㉯ 1.2[m]   ㉰ 60[m]   ㉱ 1.5[m]

문제 100 LP가스 기구에서 LP가스의 분출량 Q[m²/h]을 구하는 식은 어느 것인가?

Q : 노즐에서의 가스분출량[m²/h] D : 노즐의 지름[mm]
h : 노즐 직전의 가스압력[mm 수주] d : 가스의 비중

㉮ $Q=0.009d^2\sqrt{\dfrac{h}{D}}$ ㉯ $Q=0.005D^2\sqrt{\dfrac{d}{h}}$
㉰ $Q=0.009D^2\sqrt{\dfrac{h}{d}}$ ㉱ $Q=0.008d^2\sqrt{\dfrac{D}{h}}$

해답 93.㉮ 94.㉱ 95.㉱ 96.㉯ 97.㉱ 98.㉱ 99.㉯ 100.㉰

문제 101 LP가스 배관에 있어서 저압배관의 가스 유량 계산식은?

> Q : 가스유량[m³/h] S : 가스비중
> L : 관의 길이[m] H : 허용압력손실(수주 [mm])
> D : 관의 안지름[cm] K : 유량계수(폴의 정수 0.707)

㉮ $Q = K\sqrt{\dfrac{SL}{D^5 H}}$ ㉯ $Q = L\sqrt{\dfrac{D^5 S}{KH}}$

㉰ $Q = K\sqrt{\dfrac{D^5 H}{SL}}$ ㉱ $Q = H\sqrt{\dfrac{D^5 K}{SL}}$

문제 102 LP가스를 사용할 중앙집중 배관시공을 위해 고려할 사항 중 아닌 것은?
㉮ 배관내의 압력 손실   ㉯ 외관 검사
㉰ 용기의 크기 및 필요   ㉱ 감압방식의 결정 및 조정기의 선정

문제 103 파이프의 크기는 무엇으로 나타내는가?
㉮ 안지름   ㉯ 바깥지름   ㉰ 유효지름   ㉱ 파이프 두께

문제 104 LPG 배관의 압력손실 중에서 유속이 2배 빨라지면 압력손실은 몇 배가 크겠는가?
㉮ 2배 증가   ㉯ 4배 증가   ㉰ 8배 증가   ㉱ 4배 감소

문제 105 다음은 감압 밸브의 특징을 나타낸 것이다. 옳지 않은 것은?
㉮ 고압관과 저압관 사이에 설치하여 사용한다.
㉯ 고압측의 압력에 관계없이 저압측 압력이 일정하다.
㉰ 압력조절 밸브라 하며 벨로즈형, 다이어프램형, 피스톤형이 있다.
㉱ 유체의 온도와 사용량에 따라 저압측의 압력이 변한다.

문제 106 보온재의 열전도율에 관한 사항 중 옳게 말한 것은 어느 것인가?
㉮ 열전도율이 0.5[kcal/mh℃] 이하를 기준으로 하고 있다.
㉯ 재질 내에 수분이 많을수록 열전도율은 감소한다.
㉰ 비중이 클수록 열전도율은 작아진다.
㉱ 밀도가 적을수록 열전도율이 작아진다.

해설 밀도가 적을수록, 부피 비중이 적을수록 열전율이 작아진다.

문제 107 다음은 테프론에 대한 설명이다. 틀린 것은?
㉮ 합성수지 제품의 패킹재이다.   ㉯ 내열 범위가 −260~260[℃] 이다.
㉰ 약품이나 기름에 침해된다.   ㉱ 탄성이 부족하다.

해답 101. ㉰ 102. ㉯ 103. ㉮ 104. ㉯ 105. ㉱ 106. ㉱ 107. ㉰

문제 108 LP가스용 배관시설비의 완성검사방법에 해당되지 않는 것은?

㉮ 내압시험　　㉯ 수압시험　　㉰ 가스치환　　㉱ 기밀시험

문제 109 고압, 고온에 사용되는 배관이 가지고 있어야 할 성질 중 맞지 않는 것은?

㉮ 크리프 강도가 높을 것.　　㉯ 조직이 안정할 것.
㉰ 경도가 높고 신축성이 클 것.　　㉱ 내식성이 높을 것.

문제 110 상용압력이 100[kg/cm²]인 고압설비의 안전 밸브의 작동압력 및 기밀시험압력은?

㉮ 작동압력 150[kg/cm²], 기밀시험압력 120[kg/cm²]
㉯ 작동압력 120[kg/cm²], 기밀시험압력 100[kg/cm²]
㉰ 작동압력 175[kg/cm²], 기밀시험압력 155[kg/cm²]
㉱ 작동압력 155[kg/cm²], 기밀시험압력 175[kg/cm²]

해설
- 안전 밸브의 작동압력 = $TP \times \frac{8}{10}$ [kg/cm²]
- 내압시험압력은 상용압력의 1.5배
- 기밀시험압력은 상용압력 이상

문제 111 액화석유가스 사용시설의 저압부분의 배관은 몇 [MPa] 이상의 압력으로 하는 내압 시험에 합격한 것이어야 하는가?

㉮ 0.8[MPa] 이상　　㉯ 2.6[MPa]
㉰ 1.5[MPa] 이상　　㉱ 0.3[MPa] 이상

문제 112 다음 ( )속에 적당한 용어를 기입한 것은 어느 것인가?

[보기]
일반적으로 보온재의 경제성은 ( )×( )로 표시하고 이 값이 ( )수록 유리하다.

㉮ 단위체적당 가격, 단위면적, 작을　　㉯ 단위체적당 가격, 열전도율, 작을
㉰ 단위체적당 가격, 단위면적, 클　　㉱ 단위길이당 가격, 열전도율, 클

문제 113 용접이음의 특징이 아닌 것은?

㉮ 용접부의 강도가 크며 누설이 적다.
㉯ 중량이 가볍고 유체의 저항 손실이 적다.
㉰ 이음부에 대한 검사가 용이하다.
㉱ 응력집중 현상이 발생한다.

문제 114 고압장치의 패킹 재료로서 틀리는 것은?

㉮ 스테인레스　　㉯ 테프론　　㉰ 구리　　㉱ 납

해답 108.㉯　109.㉰　110.㉯　111.㉮　112.㉯　113.㉰　114.㉯

제 2 편 고압가스장치 및 기기

문제 115 다음 중 보온재의 구비조건 중 맞지 않는 것은?
  ㉮ 내구성이 커야 한다. ㉯ 열전도율이 적어야 한다.
  ㉰ 가볍고 기계적 강도가 커야 한다. ㉱ 흡습성과 흡수성이 있어야 한다.
  해설 열전도율이 0.1[kcal/mh°C] 이하가 되어야 한다.

문제 116 다음은 슬루스 밸브의 단점을 나열하였다. 이 중 옳지 않은 것은?
  ㉮ 유체의 저항이 많다. ㉯ 밸브의 개폐시간이 길다.
  ㉰ 반정도만 열면 와류가 생긴다. ㉱ 유량 조절용으로 부적당하다.

문제 117 다음 무기질 보온재 중 진동이 많은 곳에 사용할 수 있는 것은?
  ㉮ 규조토 ㉯ 암면 ㉰ 석면 ㉱ 탄산마그네슘

문제 118 허용응력 S [kg/mm^2], 사용압력 P [kg/cm^2]인 강관의 스케줄 번호를 나타내는 식은?
  ㉮ $10 \times \dfrac{S}{P}$ ㉯ $10 \times \dfrac{P}{S}$ ㉰ $10 \times S \times P$ ㉱ $10 \times \dfrac{1}{P \times S}$

문제 119 연관의 특징에 대하여 설명하였다. 틀리는 것은?
  ㉮ 전연성이 풍부하며 굴곡이 용이하다.
  ㉯ 부식성이 적다.
  ㉰ 신축에 잘 견딘다.
  ㉱ 중량이 가볍고 알칼리에 강하다.

문제 120 다음 보온재 중 안전사용 온도가 가장 높은 것은?
  ㉮ 글라스 파이버 ㉯ 플라스틱 폼 ㉰ 규산 칼슘 ㉱ 세라믹 파이버
  해설 규산 칼슘 : 650[°C]
  플라스틱 폼 : −50~130[°C]
  글라스 파이버 : 300~350[°C]
  세라믹 파이버 : 1,200~1,300[°C]

문제 121 다음 중 약품이나 기름에 침식되지 않는 패킹 중 합성수지 제품으로 내열범위가 가장 우수한 것은?
  ㉮ 네오프렌 ㉯ 아마존 패킹 ㉰ 몰드 패킹 ㉱ 테프론

문제 122 아스팔트로 방습 피복한 것은 −60[°C] 정도까지의 보냉용으로 사용할 수 있으며 곡면시 공도 쉽게 할 수 있고 양모나 우모를 사용한 보온재료는?
  ㉮ 코르크 ㉯ 기포성수지 ㉰ 펠트 ㉱ 암면

해답 115. ㉱ 116. ㉮ 117. ㉰ 118. ㉯ 119. ㉱ 120. ㉱ 121. ㉱ 122. ㉰

문제 123 다음 도료 중 증기관, 보일러, 압축기 등의 도장용으로 쓰이는 것은?

㉮ 광명단 도료　㉯ 산화철 도료　㉰ 알루미늄 도료　㉱ 합성수지 도료

문제 124 단열재, 보온재, 보냉재는 무엇을 기준으로 구분되는가?

㉮ 열전도율　㉯ 내화도　㉰ 내압강도　㉱ 최고안전 사용온도

문제 125 다음 중 밸브의 역할이 아닌 것은?

㉮ 유체의 유량조절　㉯ 유체의 흐름 단속
㉰ 유체의 방향전환　㉱ 유체의 속도 조절

문제 126 펌프나 배관 내에서 유체의 압력 상승을 방지하기 위해 설치되는 밸브로 일정한 압력이 이상 상승하면 유체는 밸브를 통해 배출되어 저장 탱크나 펌프의 흡입측으로 되돌리므로 직접 대기중으로 방출되지 않게 하는 밸브는?

㉮ 바이패스 릴리프 밸브　㉯ 릴리프 밸브
㉰ 제어 밸브　㉱ 역류방지 밸브

문제 127 앵커, 스톱, 가이드 등으로 분류되며 열팽창에 의한 배관의 측면 이동을 구속 또는 제한하는 역할을 하는 지지구를 무엇이라 하는가?

㉮ 행거(hanger)　㉯ 턴버클(turn buckle)
㉰ 리스트레인트(rest raint)　㉱ 서포트(support)

문제 128 다음 관 중 매설시 부식에 가장 영향이 큰 것은?

㉮ 주철관　㉯ 흄관　㉰ 흑관　㉱ 백관

문제 129 타 보온재에 비해 단열효과가 적으며 500[℃] 이하의 관, 탱크, 보온용으로 사용되는 것은?

㉮ 규조토　㉯ 탄산마그네슘　㉰ 글라스 울　㉱ 암면

문제 130 고압가스용기에서 안전 밸브가 작동하였을 때 조치 사항이 아닌 것은?

㉮ 분출가스에 직접 사람이 닿지 않도록 한다.
㉯ 분출가스 방향에 연소하기 쉬운 물질이 있는 경우 안전한 장소로 옮긴다.
㉰ 부근에 충전용기가 있는 경우에는 충전용기를 안전한 장소에 옮긴다.
㉱ 소리도 크고 위험성도 뒤따르므로 재빨리 대피한다.

해답 123. ㉱　124. ㉱　125. ㉱　126. ㉯　127. ㉰　128. ㉰　129. ㉮　130. ㉱

문제 131 강관의 벤딩시 벤딩의 잇점이 아닌 것은?
㉮ 연결 부속이 불필요하다.　　㉯ 접합 작업이 불필요하다.
㉰ 관내 유수의 마찰 저항이 적다.　㉱ 중량이 무겁다.

해설 벤딩 작업시 관에 주름이 생기는 원인은 다음과 같다.
① 관이 미끄럽고 코어바가 너무 내려져 있다.
② 굽힘 모형의 채널이 관지름보다 작다.
③ 바깥지름에 의해 두께가 얇다.
④ 굽힘 모형이 주축에 대하여 편심되어 있다.

문제 132 고압장치에서 안전 밸브를 설치할 장소가 아닌 것은?
㉮ 저장 탱크 하부　　　　　　　㉯ 반응탑, 정류탑
㉰ 압축기의 각단에 설치　　　　㉱ 압축기, 펌프의 토출측에 설치

해설 ㉮ 저장 탱크 상부, 또는 감압 밸브, 조정 밸브 뒤의 배관 등에 설치

문제 133 LP가스를 사용할 중앙집중배관공사에서 설계시 고려사항이 아닌 것은?
㉮ 감압방식의 결정 및 조정기의 선정
㉯ 용기의 크기 및 필요본수의 결정
㉰ 배관내의 압력손실 및 가스소비량의 결정
㉱ 배관의 재료 및 스케줄 번호 결정

문제 134 가용전식의 가용합금이 아닌 것은?
㉮ Pb　　　　㉯ Sn　　　　㉰ Cd　　　　㉱ Cu

문제 135 배관공사 후 행하는 기밀시험으로 맞는 것은?
㉮ 가스압력은 언제나 100[mmHg] 이하로 한다.
㉯ 조정기와 연소기 사이의 배관은 100[mmHg]의 기밀시험을 한다.
㉰ 접합부의 비눗물을 칠하여 누설을 점검한다.
㉱ 접합부에 성냥불로 점검한다.

해설 저압배관의 기밀시험압력은 840~1,000[mmAq]이며, 시험시간은 10[l] 이하는 5분, 10[l]~50[l]는 10분, 50[l] 초과시엔 24분간 실시

문제 136 배관내의 유체 압력손실을 나타낸 것 중 틀리게 설명된 것은?
㉮ 유량의 2제곱에 비례한다.　　㉯ 관의 길이에 반비례한다.
㉰ 관내경의 5제곱에 반비례한다.㉱ 관내벽에 의해 관계한다.

해설 ① 유량의 2제곱에 비례　② 관길이에 비례
③ 가스의 비중에 비례　④ 관지름의 5제곱에 반비례

해답 131. ㉱　132. ㉮　133. ㉱　134. ㉱　135. ㉰　136. ㉯

문제 137
C_3H_8 비중이 1.5라고 할 때 30[m] 높이의 옥상까지의 압력손실은?

㉮ 19.4[mmAq]　　㉯ 18.2[mmAq]　　㉰ 21.2[mmAq]　　㉱ 22.4[mmAq]

해설 • 입상에 의한 압력손실
$$h = 1.293(s-1)H$$
$$= 1.293 \times (1.5-1) \times 30$$
$$= 19.4 [mmAq](손실)$$
※ 윗식에서 $s>1$이면 손실, $s<1$이면 상승

문제 138
가스배관 내의 압력손실 요인 중 틀린 것은?

㉮ 배관 입상에 의한 손실　　㉯ 마찰저항에 의한 손실
㉰ 유량에 의한 압력 손실　　㉱ 밸브, 플랜지 등의 계수에 의한 손실

해설 ① 직관부의 마찰저항에 의한 손실
$$H = \frac{Q^2 \cdot S \cdot L}{K^2 \cdot D^5}$$
② 수직 입상에 의한 손실
$$H = 1.293(1-s)h$$

문제 139
LP가스 배관에 있어서 중·고압배관의 가스유량 산출식은?

> Q : 가스유량[m³/hr]　　　　　L : 관길이[m]
> S : 가스비중　　　　　　　　D : 파이프 안지름[cm]
> P_1 : 초압[kg/cm²abs]　　　　P_2 : 종압[kg/cm²abs]
> K : 콕의 계수(52.31)

㉮ $Q = k\sqrt{\dfrac{(P_1^2 - P_2^2 \cdot h)}{S \cdot D^5}}$　　㉯ $Q = k\sqrt{\dfrac{(P_1 - P_2)D^5}{S \cdot L}}$

㉰ $Q = k\sqrt{\dfrac{(P_1^2 - P_2^2)D^5}{S \cdot L}}$　　㉱ $Q = k^2\sqrt{\dfrac{(P_1^2 - P_2^2)D^5}{S \cdot L}}$

문제 140
관지름이 15[mm]인 배관의 고정장치는 몇 [m]마다 설치하는가?

㉮ 1[m]　　㉯ 2[m]　　㉰ 3[m]　　㉱ 4[m]

해답 137. ㉮　138. ㉰　139. ㉰　140. ㉯

1-3 용기 및 탱크

1. 고압가스 용기

(1) 종 류

① 무계목 용기(심레스 용기, 이음새없는 용기)
  ㉮ 용도 : 이음부분이 없는 용기로서 산소, 수소, 질소, 천연가스, 아르곤, 헬륨 등 고압 압축가스 또는 상온에서 높은 증기압을 갖는 고압액화가스(CO_2, C_2H_4) 등을 충전할 때 사용된다.
  ㉯ 재료 : 염소(Cl_2)같은 저압을 충전하는 것에는 주로 탄소강, 산소 및 수소 등의 고압용에는 망간강 또는 크롬강, 초저온용에는 18-8 스테인레스강, Al 합금 등이 사용된다.
  ㉰ 화학성분 : 탄소(C)량 0.55[%] 이하, 인(P)량 0.04[%] 이하, 황(S)량은 0.05[%] 이하로써 구성된다.
  ㉱ 제조법 : 이음새 없는 강관의 끝을 적열상태에서 단접성형(900~1,200[°C])하는 만네스만(mannesman)식과 각 강편을 적열상태에서 프레스로 제조하는 에르하르트(ehrhardt)식, 강판을 재료로 하는 딥 드로잉(deep drawing)식이 있다.

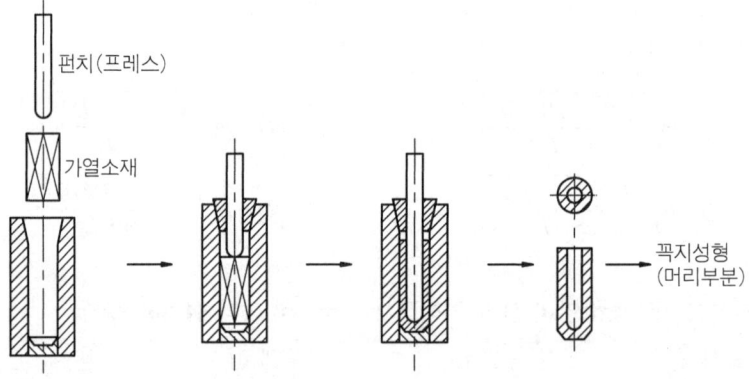

◘ 에르하르트식

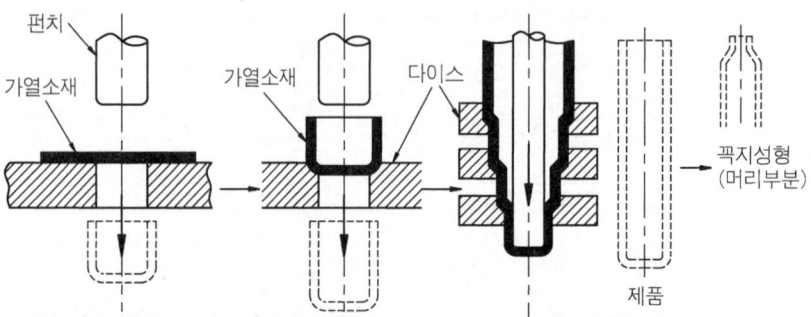

◘ 딥 드로잉식

㈑ 무계목 용기의 장점
  ㉠ 이음새가 없으므로 고압에 잘 견딜 수 있다.
  ㉡ 내압에 의한 응력분포가 균일하다.

② 계목용기(용접용기, 웰딩 용기)
  ㉮ 용도 : 3[mm] 정도의 강판을 사용하여 용접에 의해 제작되는 것으로 LPG, 암모니아, 아세틸렌 등 상온에서 낮은 증기압을 갖는 가스를 충전하는 곳에 사용된다.
  ㉯ 재료 : 탄소강을 주로 사용(NH_3는 동 및 62[%] 이상의 동합금은 사용 금지돼야 하며 고온, 고압하에서 강재에 대한 탈탄작용과 질화작용을 동시에 일으키므로 18-8 스테인레스강을 사용한다.
  ㉰ 화학성분 : 탄소(C)량 0.33[%] 이하, 인(P)량 0.04[%] 이하, 황(S)량 0.05[%] 이하의 것을 사용
  ㉱ 제조법
    ㉠ 심교용기(원주방향 이음용기) : 강판을 컵형으로 2개를 만들어 주위를 용접한 용기로 10[kg]의 LPG, 아세틸렌 등의 보통용기
    ㉡ 종계용기(길이방향 이음용기) : 강판을 롤러에서 감아 동판부를 만들고 양단의 경판을 용접하여 만든 용기로 대형의 탱크, 탱크로리, 탱크 카 등의 제작에 사용
  ㉲ 계목용기의 장점
    ㉠ 저렴한 강판을 사용하므로 경제적이다.
    ㉡ 재료가 판재이므로 용기의 형태 및 치수가 자유로이 선택된다.
    ㉢ 두께 공차가 적다.

> [참고]
> 용기의 최대 두께와 최소 두께의 차이는 평균 두께의 20[%] 이하로 규정되어 있다.

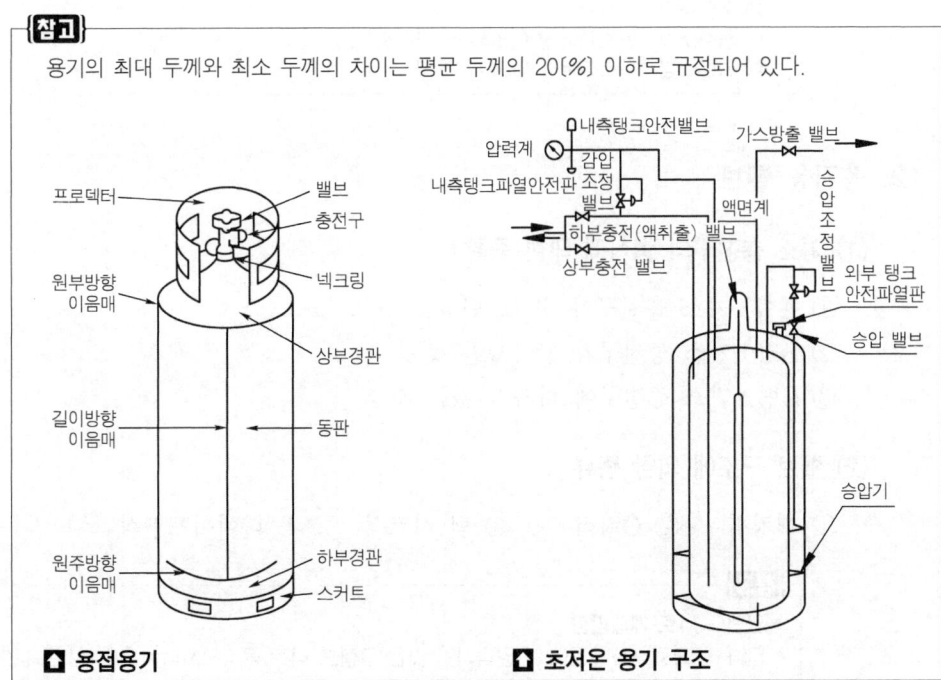

▣ 용접용기   ▣ 초저온 용기 구조

③ 초저온 및 저온 용기
  ㉮ 초저온 용기 : 임계온도가 −50[°C] 이하인 액화가스(액화산소, 액화질소, 액화아르곤 등)를 충전하기 위한 용기로서, 단열재로 피복, 단열하여 용기 내의 가스온도가 상용의 온도를 초과하지 않도록 조치한 용기
  ㉯ 저온 용기 : 단열재로 피복 또는 냉동설비로 냉각하여 용기 내의 가스온도가 상용의 온도를 초과하지 않도록 조치한 용기로서 초저온 용기 이외의 것을 말한다.

(2) 용기의 재료

① 고압가스 용기의 구비조건
  ㉮ 가볍고 충분한 강도를 가질 것.
  ㉯ 저온 및 사용온도에 견디는 연성, 점성강도를 가질 것.
  ㉰ 내식성 및 내마모성을 가질 것.
  ㉱ 가공성, 용접성이 좋고 가공 중 결함이 생기지 않을 것.

② 용기의 재료
  ㉮ 탄소강 : 염소, 아세틸렌 및 암모니아, LPG 등의 저압 이음매 있는 용기
  ㉯ 망간강 : 산소, 수소, 탄산가스 등 고압 이음매 없는 용기
  ㉰ 알루미늄 합금 : 산소, 질소, 탄산가스, 프로판의 저온가스 용기
  ㉱ 오스테나이트계 스테인레스강(Cr 18[%]−Ni 8[%]인 STS) : 초저온 가스의 용기

> [참고]
> ■ 탄소강을 탄소 함유량에 따라 분류하면 다음과 같다.
>   ㉮ 저탄소강 : 탄소함유량 0.3[%] 미만
>   ㉯ 중탄소강 : 탄소함유량 0.3[%]~0.6[%]
>   ㉰ 고탄소강 : 탄소함유량 0.6[%] 초과

2. 용기용 밸브

(1) 가스 충전구의 형식에 의한 종류

① A형 : 가스 충전구가 숫나사인 것.
② B형 : 가스 충전구가 암나사인 것.
③ C형 : 가스 충전구에 나사가 없는 것.

(2) 밸브 구조에 의한 종류

① 패킹식   ② O링식   ③ 백 시트식   ④ 다이어프램식

> [참고]
> ■ 글랜드 너트 개폐방향
>   왼나사, 오른나사가 있으며 왼나사인 것은 글랜드 너트 육각모서리에 "V"자형 홈각인

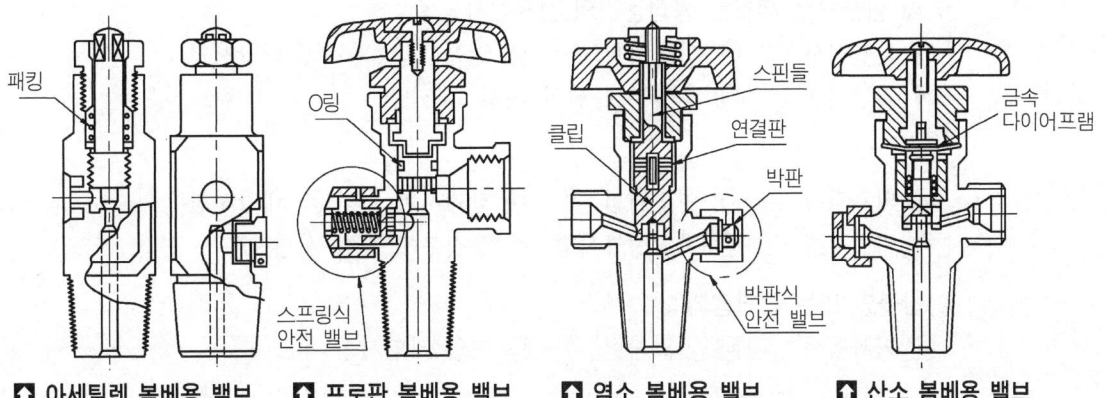

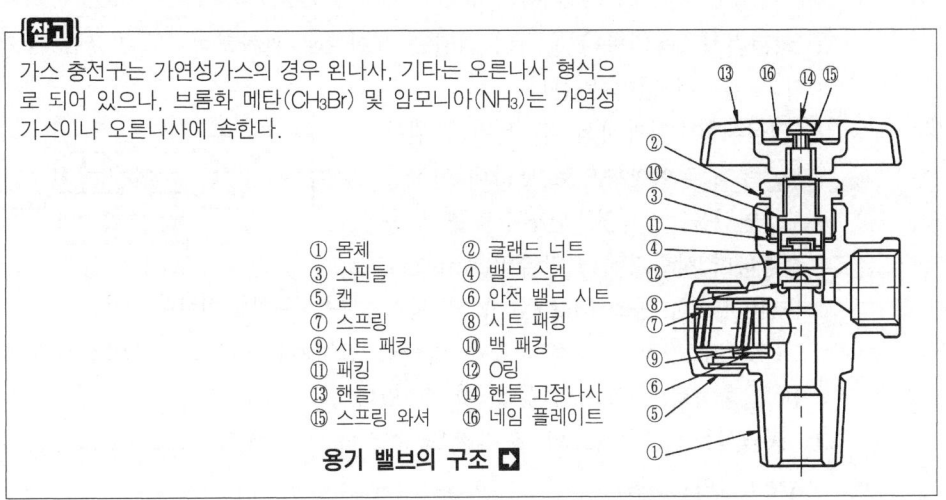

3. 용기의 검사

(1) 용기의 신규검사

① 강으로 제조한 무계목용기의 신규검사항목

㉮ 외관검사　　㉯ 인장시험　　㉰ 충격시험　　㉱ 압궤시험

㉲ 파열시험　　㉳ 내압시험　　㉴ 기밀시험

② Al 합금으로 제조한 무계목용기의 신규검사항목

㉮ 외관검사　　㉯ 인장시험　　㉰ 압궤시험　　㉱ 내압시험　　㉲ 기밀시험

③ 강으로 제조한 용접용기의 신규검사항목

㉮ 외관검사　　㉯ 인장시험　　㉰ 충격시험　　㉱ 압궤시험

㉲ 내압시험　　㉳ 기밀시험

㉴ 용접부에 관한 시험(이음매 인장시험, 측면굽힘시험, 이면굽힘시험, 용착금속인장시험, 방사선검사, 안내굽힘시험)

④ Al 합금으로 제조한 용접용기의 신규검사항목
  ㉮ 외관검사   ㉯ 인장시험   ㉰ 압궤시험   ㉱ 내압시험
  ㉲ 기밀시험   ㉳ 용접부에 관한 시험

⑤ 초저온 용기
  ㉮ 외관검사   ㉯ 인장시험   ㉰ 압궤시험   ㉱ 내압시험
  ㉲ 기밀시험   ㉳ 단열성능시험   ㉴ 용접부에 관한 시험

⑥ 납붙임 또는 접합용기
  ㉮ 외관검사   ㉯ 기밀시험   ㉰ 고압 가압시험

(2) 각종 용기의 검사방법

① **외관검사** : 용기마다 용기의 외관을 육안으로 관찰하여 주름, 균열, 구김, 부식 등 기타의 결함이 없어야 한다.

② **인장시험** : 압궤시험 후 용기의 원통부로부터 길이방향으로 오려내 인장강도, 연신율, 항복점, 단면수축률 등을 측정하며 시험기에는 암슬러(Amsler), 올센(Olsen), 몰스(Mohrs) 등의 형식

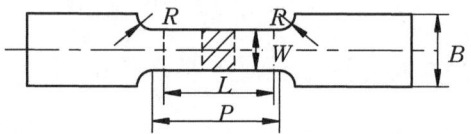

🔼 인장시험 시험편

이 있는데 가장 대표적인 것은 암슬러 만능재료시험기로서 인장시험 외에도 굽힘시험, 압축시험, 항절시험 등을 할 수 있다.

③ **충격시험** : 금속재료의 충격값을 측정하는 것으로 샤르피(Charpy)식과 아이조드(Izod)식이 있다.

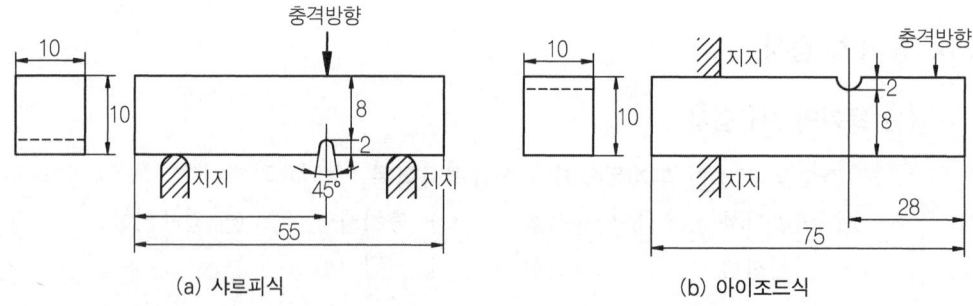

(a) 샤르피식   (b) 아이조드식

🔼 각 충격시험식의 시험편

④ **압궤시험** : 꼭지각 60[°]로서 그 끝을 반지름 13[mm]의 원호로 다듬질한 강제틀을 써서 시험용기의 중앙부에서 원통축에 대하여 직각으로 천천히 눌러서 2개의 꼭지각 끝의 거리가 일정량에 달하여도 균열이 생겨서는 안 된다.

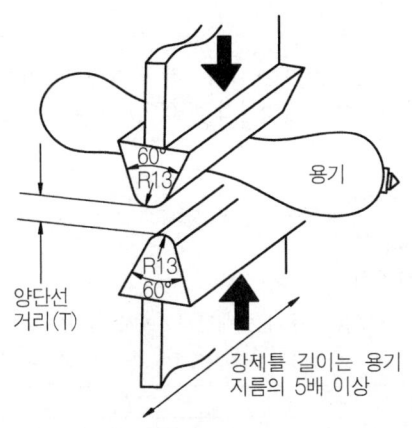
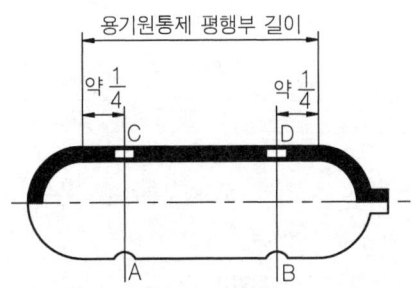

압궤시험과 두께 측정

⑤ 내압시험 : 물 또는 오일 등을 사용하며 시험압력으로 가압한 후 재료의 변화량에 따른 유무로 그 재질의 내압에 의한 강도 및 경도를 측정하는 시험이다.

> **[참고]**
> ■ 내압시험 압력
> ㉠ 압축가스 및 액화가스의 내압시험(TP) 압력 = 최고충전압력(FP) × $\frac{5}{3}$ 배
> ㉡ 아세틸렌 용기의 내압시험압력 = 최고충전압력(FP) × 3배
> ㉢ 고압 가스설비의 내압시험압력 = 사용압력 × 1.5배

㉮ 수조식
  ㉠ 용기를 수조에 넣고 수압으로 가압한다.
  ㉡ 수압에 의해 용기가 팽창된 전량을 전증가량이라 하고 수압을 제거시킨 다음 측정된 변화량을 항구(영구) 증가량이라 했을 때

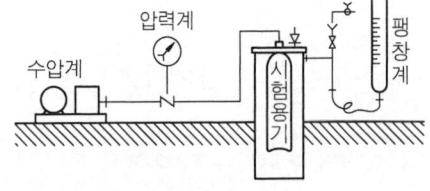

수조식 내압시험장치

$$항구증가율 = \frac{항구증가량}{전증가량} \times 100[\%]$$

로 계산되며 이때 항구증가율이 10[%] 이하이어야 내압시험에 합격한 것으로 한다.

> **[예제]**
> LPG용기의 재검사 과정중 내압시험을 실시한 결과 전증가량이 175[cc] 항구증가량이 19[cc]였다면 항구증가율은 얼마이며 재검사 합격여부를 판정하시오.
> **[해설]** $\frac{19}{175} \times 100 = 10.86[\%]$
> **[해답]** 10[%]를 초과하므로 불합격

[예제]
내용적이 40[*l*]인 용기에 30기압의 압력을 가한 경우, 전 증가가 40.110[*l*]로 증가하였다. 이 압력을 다시 상압으로 낮췄을 때 항구 증가량이 40.002[*l*]로 되었다면, 항구 증가율은 얼마인가?

[해설] 항구증가율[%] = $\frac{항구증가량}{전증가량} \times 100$

전 증가량 : 40.110 − 40 = 0.110[*l*]
항구증가량 : 40.002 − 40 = 0.002[*l*]
항구증가율 = $\frac{0.002}{0.110} \times 100 ≒ 1.8[\%]$ (이 용기는 내압시험에서 합격)

[해답] 1.8[%]

[참고]
■ 수조식의 특징
① 보통 소형 용기에서 행한다.
② 내압시험 압력까지의 각 압력에서 팽창이 정확하게 측정된다.
③ 비수조식에 비해 측정결과에 대한 신뢰성이 크다.

④ 비수조식 : 용기를 수조에 넣지 않고 용기 자체 내에 삽입하여 가압한 다음 용기 내에 압입된 물의 양을 조사하고 다음 식에 의해 압축된 물의 양에서 빼내어 용기의 팽창량을 조사하는 방법이다.(대형 용기나 특수 형상 또는 수조식이 어려운 경우에 사용)

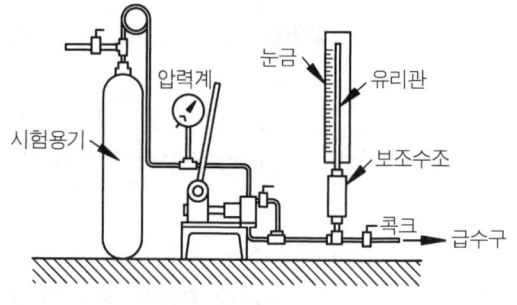

▲ 비수조식 내압시험장치

$$\Delta V = (A-B) - [(A-B)+V] \cdot P \cdot \beta t$$

- Δt : 전증가량[cc]
- A : P기압에 있어서의 압입된 모든 물의 양[cc]
- B : P기압에 있어서의 용기 이외의 압입된 물의 양[cc]
- V : 용기 내용적[cc]
- P : 내압시험[atm]
- βt : t[℃]에 있어서의 물의 압축계수

⑥ 기밀시험 : 기체압에 의해 장치의 누설여부정도를 측정하는 시험이며 질소(N_2), 이산화탄소(CO_2), 건조공기 등의 불활성 가스를 사용한다.

[참고]
■ 기밀시험 압력
① 초저온 및 저온 용기의 기밀시험 압력(Ap) = 최고충전 압력(Fp) × 1.1배
② 아세틸렌 용기의 기밀시험 압력(Ap) = 최고충전 압력(Fp) × 1.8배
③ 기타 용기의 기밀시험 압력(Ap) = 최고충전 압력 이상

⑦ **파열시험** : 길이가 60[cm] 이하, 동체의 바깥지름이 5.7[cm] 이하인 무계목용기에 대하여 다음표의 압력을 가하여 파열하는가의 여부를 알아보는 시험으로 인장시험 및 압궤시험은 파열시험을 행하므로 생략할 수 있다.

재료에 의한 용기의 구분	압력(최고 충전압력에 대한 배수로 표시)	
	하 한	상 한
탄소강으로 제조된 용기	4배	8배
망간강으로 제조된 용기	3배	6배
크롬-몰리브덴강으로 제조된 용기	2.7배	5.4배

⑧ **단열성능시험** : 액화질소, 액화산소, 액화아르곤 같은 초저온용기의 단열상태를 보는 것으로서 시험시 충전량은 저온액화가스의 용적이 용기 내용적의 1/3 이상, 1/2 이하가 되도록 하고 침입열량에 의한 기화가스량의 측정은 저울 또는 유량계에 의한다. 또한 합격기준은 다음 산식에 의해 침입열량이 내용적 1,000[l] 이하인 경우 0.0005[kcal/l·h℃] 이하, 내용적 1,000[l]를 초과하는 것에 있어서는 0.002[kcal/l·h℃] 이하의 경우를 합격으로 한다.

$$Q = \frac{W \cdot q}{H \cdot \Delta t \cdot V}$$

- Q : 침입열량[kcal/l·h℃]
- W : 측정중의 기화가스량[kg]
- H : 측정시간[h]
- V : 용기 내용적[l]
- q : 시험용 액화가스의 기화잠열[kcal/kg]
- Δt : 시험용 저온액화가스의 비점과 외기와의 온도차[℃]

단, 시험용 저온액화가스의 비점 및 기화잠열은 다음값에 의한다.
- 액화질소 : 비점(-196[℃]), 기화잠열(48[kcal/kg])
- 액화산소 : 비점(-183[℃]), 기화잠열(51[kcal/kg])
- 액화아르곤 : 비점(-186[℃]), 기화잠열(38[kcal/kg])

> **[예제]**
> 내용적 5,000[l]인 액화산소를 충전하는 초저온용기의 단열성능 시험시 최초에 2,000[kg]의 액화산소를 넣고 모든 밸브를 닫고 가스 방출관의 스톱 밸브를 열어 12시간 경과하였더니 1,952[kg]만 남았다고 했을 때 외기온도 17[℃], 기화잠열은 51[kcal]이다. 이 때의 초저온용기에 침입된 열량은 얼마인가? 또, 단열성능 시험시 합격도를 판정하여라.
>
> **[해설]** $Q = \dfrac{(2,000-1,952) \times 51}{12 \times (17+183) \times 5,000} = 0.000204$ [kcal/hr·℃·l]
> 따라서, 내용적이 1,000[l]를 초과하는 용기에 있어서 합격기준 0.002[kcal/hr·℃·l] 이하이므로 합격이다.
>
> **[답]** 0.000204[kcal/hr·℃·l], 합격

⑨ **고압 가압시험** : 납붙임용기나 접합용기는 소형으로 내압시험이 부적합하므로 최고충전압력의 4배 이상의 압력을 가하여 납붙임 및 접합부가 파열되지 아니하였을 때 합격으로 한다.(아세틸렌 용기도 재검사시에는 고압 가압시험을 실시한다.)

(2) 재검사

① 외관검사 : 용기의 내외면(C_2H_2 용기는 외면)의 부식, 주름, 금이 없는 것을 합격으로 한다.
② 도색 및 표시 : 용기의 외부도색 및 표시를 검사한다.
③ 스커트 : 스커트 부착용기의 저면 간격 및 부식, 마모, 변형 등을 검사한다.
④ 내압시험 : 신규검사와 동일(가스배관의 내압시험의 재검사는 기체압으로 시험가능함)
⑤ 질량검사 : 용기의 두께 감소율을 측정하는 것으로 내용적이 500[l] 미만의 용기는 최초각인 질량의 95[%] 이상이 합격이며, 내압시험에서 영구 팽창율이 6[%] 이하인 것은 90[%] 이상이 합격이다.
⑥ 다공질물 : 아세틸렌 용기는 밸브 바로 아래의 가스취입, 취출부분을 제외하고 다공질물을 빈틈없이 고루 채운 것을 합격으로 하고, 다공질물이 고형인 경우에는 용제를 침윤시킨 상태에서 용기 벽을 따라 용기 지름의 1/200 또는 3[mm]를 초과하지 않는 틈이 있는 것은 합격이다.

> **[참고]**
> ■ 법규정에 따른 재검사를 받아야 할 용기
> ① 산자부령이 정하는 기간이 경과된 용기
> ② 손상이 발생된 용기
> ③ 합격표시가 훼손된 용기
> ④ 충전할 고압가스의 종류를 변경할 용기

4. 고압가스 저장설비

(1) 원통형 저장 탱크

원통형 저장 탱크는 동체와 경판으로 분류되며 설치방법에 따라 횡형과 입형으로 구분하고 경판은 압력에 따라 접시형(10~15[kg/cm^2]), 반타원형(15[kg/cm^2] 이상), 반구형(고압부), 원뿔형(저장 탱크의 취출용 및 입형 탱크의 드레인용) 등이 있다.

① 특 징
　㉮ 동일용량일 경우 구형 탱크에 비하여 무겁다.
　㉯ 구형 탱크에 비해 제작 및 조립이 용이하다.
　㉰ 운반이 쉽다.

② 입형과 횡형 장단점
　㉮ 입형 : 탱크의 축방향을 지면에 대하여 수직으로 설치하는 것으로서 설치면적은 작게 차지하나 풍압 및 지진 등에 의한 굽힘 모멘트를 받기 때문에 판두께를 두껍게 해야 한다.
　㉯ 횡형 : 탱크의 축방향을 지면에 수평되게 설치하는 것으로 입형에 비해 설치면적은 크나 안전성이 크므로 횡형설치가 많다.

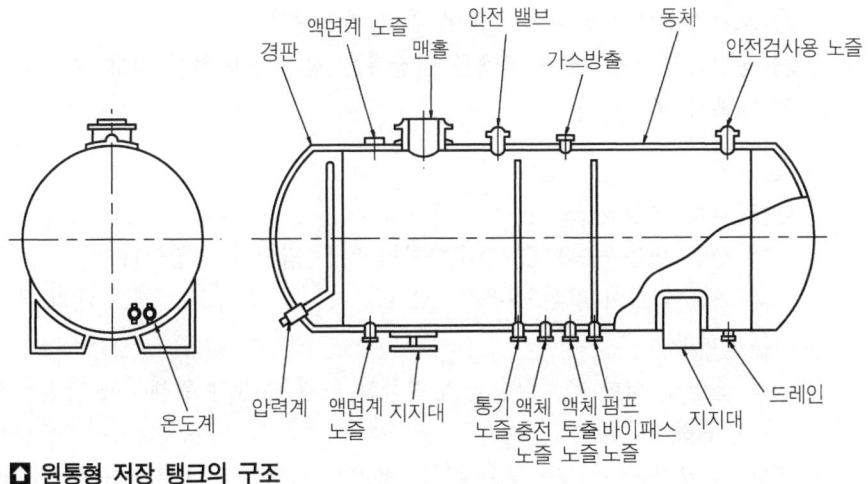

△ 원통형 저장 탱크의 구조

③ 원통형

㉮ 입형 저장 탱크

$$V = \pi r^2 l$$

- V : 탱크 내용적[m³]
- r : 탱크 반지름[m]
- l : 원통부 길이[m]

㉯ 횡형 저장 탱크

$$V = \pi r^2 \left(l + \frac{l_1 + l_2}{3} \right)$$

L : 저장 탱크의 전길이[m]

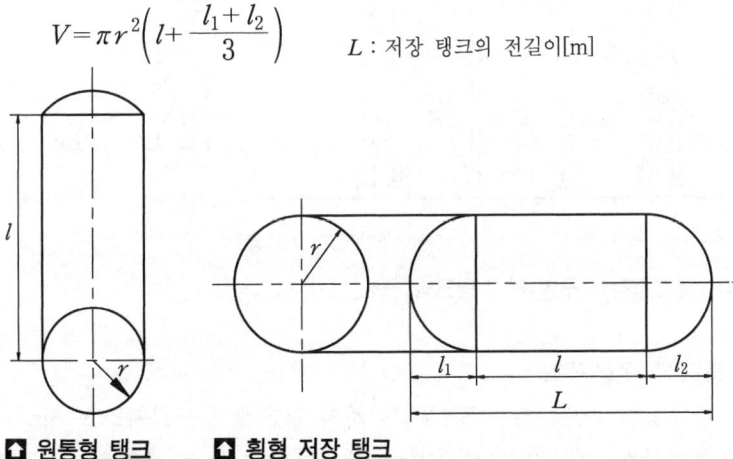

△ 원통형 탱크 **△ 횡형 저장 탱크**

(2) 구형 저장 탱크

구형 저장 탱크는 저장하는 유체가 가스 체인 경우를 구형가스 홀더라 하고, 액체인 경우를 구형 탱크라 하나 구조적으로는 큰 차이가 없다.

① 특 징

㉮ 고압 저장 탱크로서 건설비가 싸다.

㉯ 기초 및 구조가 단순하며 공사가 용이하다.

㉰ 보존면에서 유리하고 누설이 완전 방지된다.
㉱ 동일량의 가스 또는 액체를 저장하는 경우 표면적이 적고 강도가 높다.
㉲ 형태가 아름답다.

② 종 류
㉮ 단각식 구형 저조
㉠ 상온 또는 -30[°C] 전후까지의 저온 범위에 적합하다.
㉡ 저온 탱크의 경우 일반적으로 냉동장치를 설비하고 탱크 내의 온도와 압력을 조절한다.
㉢ 흡열에 의한 온도상승을 방지하고 동결을 막기 위해서는 단열재 및 방습조치가 필요하다.
㉣ 각 부분의 재료는 상온에서는 용접용 압연강재, 보일러용 압연강재 또는 고장력 강이 사용되나, 저온에서는 2.5[%] Ni강 및 3.5[%] Ni강이 사용된다.

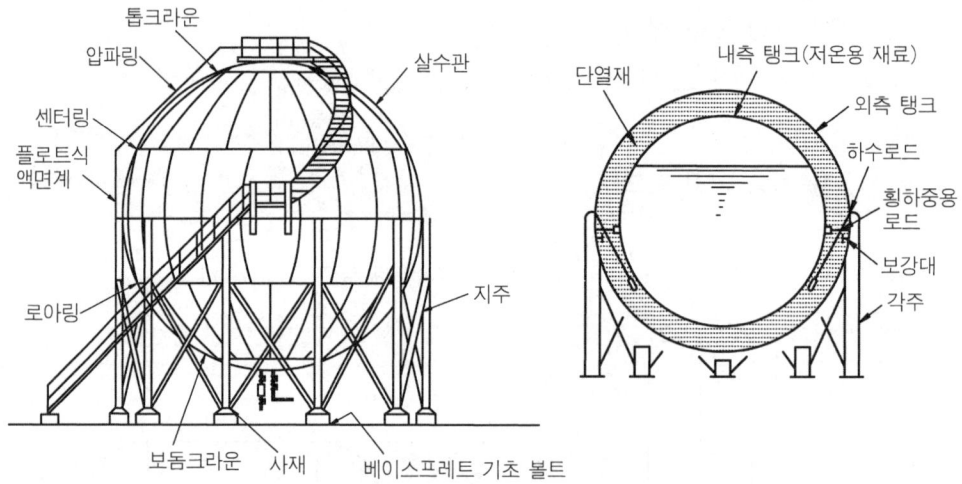

◘ 단각식과 2중각식 구형 저장 탱크의 구조

㉯ 2중각식 구형저조
㉠ 단열성이 높으므로 -50[°C] 이하의 저온에서 액화가스를 저장하는데 적합하다.
㉡ 액화산소, 액화질소, 액화메탄, 액화에틸렌 등의 저장에 사용된다.
㉢ 내구에 저온 강재를, 외구에는 보통 강판을 사용한 것으로 내외 공간은 진동 또는 건조공기 및 질소가스를 넣고 펄라이트와 같은 보냉재를 충전하여 단열조치한다.
㉣ 내구는 스테인레스강, 알루미늄, 9[%] Ni강 등을 사용한다.

㉰ 구면지붕형(돔 루프) 저조
㉠ 단각식 구면 지붕형 저조 : 암모니아, LPG 등 비교적 액화하기 쉬운 액화가스의 탱크로 사용된다.
㉡ 2중각식 : 산소, 질소, LNG 등 특히 저온을 필요로 하는 것의 탱크로 사용된다.

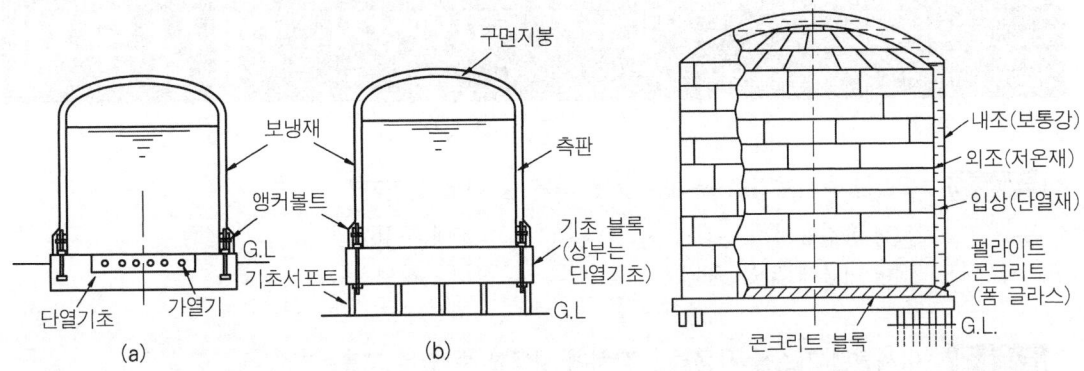

▲ 단각 구면 지붕식 저온 탱크   ▲ 2중각 구면 지붕 저조

③ 구형 저장 탱크의 내용적 계산

$$V = \frac{4}{3}\pi r^3 = \frac{\pi}{6} D^3$$

- V : 구형 탱크의 내용적[m³]
- r : 구형 탱크의 반지름[m]
- D : 구형 탱크의 지름[m]

(3) 초저온 액화가스의 저장 탱크

초저온 액화가스 저장조(Cold Evaporator : CE)는 공업용 액화가스 즉, 산소, 질소, 아르곤, 수소, 액화 천연가스(LNG), 헬륨 등의 액화가스를 저장 및 충전하는데 사용되며 외조와 내조의 중간부분은 외부로부터의 열 침입을 방지하기 위하여 단열재를 충전시킨 특수 구조로서 분말 진공형과 다층 진공형으로 구분되나 분말 진공형(펄라이트 충전)이 일반적으로 많이 사용되고 있다.

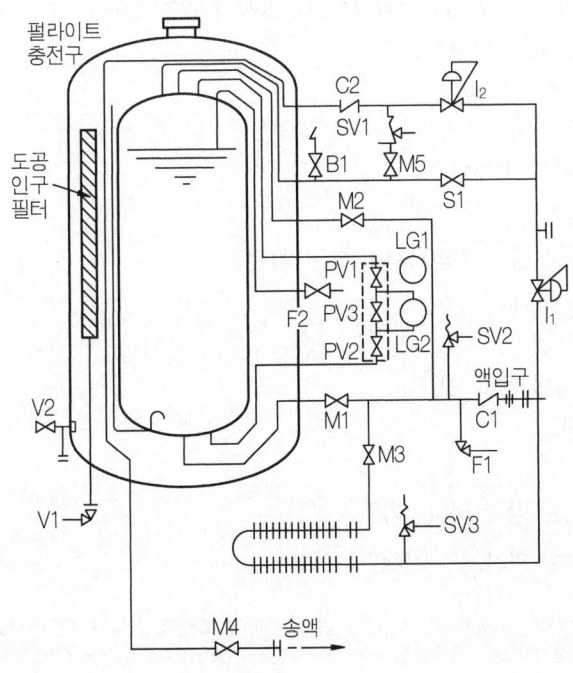

M1-하부액입구 밸브	M2-상부액입구 밸브
M3-가압원 밸브	M4-송액 밸브
M5-내조안전 밸브 원 밸브	S1-내조 방출 밸브
B1-내조방출 밸브	F1-액입구 방출 밸브
F2-검액 밸브	C1-액입구 역지 밸브
C2-이코너마이저용 역지 밸브	I1-가압 자동 밸브
I2-이코너마이저	V1-진공입구 밸브
V2-진공계용 밸브	SV1-내조 안전 밸브
SV2-액입구 안전 밸브	SV3-가압증발기 안전 밸브
PV1-액면계 상부 밸브	PV2-액면계 하부 밸브
PV3-액면계 균압 밸브	LG1-내조압력계
LG2-액면계	

▲ 초저온 액화가스의 저장 탱크

제2편 고압가스장치 및 기기
제1장 고압장치 예상문제

고압장치 | 저온장치 | 가스설비 | 측정기기 및 가스분석

문제 1 프로판 충전용기로 쓰이는 것은 다음 중 어느 것인가?
- ㉮ 용접용기
- ㉯ 주철용기
- ㉰ 이음새 없는 용기
- ㉱ 리벳 용기

문제 2 아세틸렌 가스를 사용하는 장치에 사용할 수 있는 재료는?
- ㉮ 은
- ㉯ 수은
- ㉰ 구리
- ㉱ 크롬강

문제 3 동 및 동합금을 장치하는 재료로 사용할 수 있는 물질은?
- ㉮ 아르곤
- ㉯ 황화수소
- ㉰ 아세틸렌
- ㉱ 암모니아

문제 4 다음은 이음새 없는 용기에 관한 사항이다. 틀린 것은?
- ㉮ 산소, 수소, 아르곤의 용기 등을 말한다.
- ㉯ 용기제조방법은 만네스만식과 에르하르트식이 있다.
- ㉰ 저압용기에는 망간강을 사용하여 고압용기는 탄소강을 사용한다.
- ㉱ C : 0.55[% 이하, P : 0.04[%] 이하, S : 0.05[%] 이하이다.

해설 저압용기에는 탄소강을 사용하고 고압용기에는 망간강을 사용한다.

문제 5 다음은 용접용기의 장점을 나열하였다. 용접용기의 장점과 관계가 없는 것은?
- ㉮ 이음매 없는 용기에 비해 가격이 저렴하다.
- ㉯ 용기의 모양, 치수가 자유로이 선택된다.
- ㉰ 두께 공차가 작다.
- ㉱ 고압에 알맞아 압축가스용기에 알맞다.

문제 6 초저온용기나 저온용기의 단열재 선정시 주의사항이 아닌 것은?
- ㉮ 흡습성 및 열전도가 클 것.
- ㉯ 불연성 또는 난연성 재료일 것.
- ㉰ 화학적으로 안정하고 반응성이 작을 것.
- ㉱ 밀도가 작고 시공이 쉬울 것.

문제 7 계목용기에 있어서의 C, P, S 비는 각각 얼마인가?
- ㉮ C : 0.55[%] 이하, P : 0.04[%] 이하, S : 0.05[%] 이하

해답 1. ㉮ 2. ㉱ 3. ㉮ 4. ㉰ 5. ㉱ 6. ㉮

④ C : 0.33[%] 이하, P : 0.04[%] 이하, S : 0.05[%] 이하
④ C : 0.25[%] 이하, P : 0.04[%] 이하, S : 0.05[%] 이하
④ C : 0.65[%] 이하, P : 0.04[%] 이하, S : 0.05[%] 이하

해설 • 무계목용기
C : 0.55[%], P : 0.04[%], S : 0.05[%]

문제 8 무계목용기의 제조법이 아닌 것은?
㉮ 에르하르트식 ㉯ 만네스만식 ㉰ 딥 드로잉식 ㉱ 웰딩식

문제 9 계목용기(seambombe)에 충전할 고압가스가 아닌 것은?
㉮ 일산화탄소 ㉯ 암모니아 ㉰ 아세틸렌 ㉱ 액화석유가스

문제 10 고압가스용기용 재료 구비조건이 아닌 것은?
㉮ 중량이고, 충분한 강도를 가질 것.
㉯ 저온 및 사용 중에 견디는 연성, 점성, 강도를 가질 것.
㉰ 내식성, 내마모성을 가질 것.
㉱ 가공성, 용접성이 좋고 가공 중 결함이 생기지 않을 것.

해설 ㉮번은 경량이고, 충분한 강도를 가질 것.

문제 11 용기의 최대 두께와 최소 두께의 차는 평균 두께의 몇 [%] 이하로 규정하는가?
㉮ 10[%] ㉯ 20[%] ㉰ 30[%] ㉱ 40[%]

문제 12 용기 충전구에 "V"홈의 의미는?
㉮ 왼나사를 나타낸다. ㉯ 오른나사를 나타낸다.
㉰ 가연성가스를 나타낸다. ㉱ 위험한 가스를 나타낸다.

문제 13 다음 중 현재 고압가스용기에 잘 사용되지 않는 안전 밸브의 형식은?
㉮ 스프링식 ㉯ 중추식 ㉰ 가용전식 ㉱ 파열판식

문제 14 초저온용기에 대한 설명으로 옳은 것은?
㉮ 저온용기와 동일한 것이다.
㉯ 동판과 알루미늄 합금판으로 제조된 용기
㉰ 임계온도가 섭씨 영하 50도 이하인 액화가스를 충전하기 위한 용기
㉱ 단열재로 피복하여 용기 내의 가스온도가 상용의 온도를 초과하도록 조치한 용기

해설 ① 초저온용기 : 임계온도가 −50[°C] 이하인 가스(액화산소, 액화질소, 액화아르곤)를 충전하기 위한 용기로서 단열재로 피복단열하여 용기 내의 가스가 상용의 온도를 초과하지 않도록 조치한다.

해답 7. ㉰ 8. ㉱ 9. ㉮ 10. ㉮ 11. ㉯ 12. ㉮ 13. ㉯ 14. ㉰

② 저온용기 : 단열재로 피복 또는 냉동설비로 냉각하여 용기 내의 가스온도가 상용의 온도를 초과하지 않도록 조치한 용기로서 초저온용기 이외의 것을 말한다.

문제 15 다음 가스 중 충전구의 나사 형식이 오른 나사인 가스는?

㉮ C_2H_2　　㉯ CH_3Br　　㉰ C_3H_8　　㉱ C_2H_4O

해설 모든 가연성가스의 충전구 나사 형식은 왼나사이나, 가연성가스이면서 오른나사인 가스는 암모니아와 브롬화 메탄 뿐이다. 기타 가스는 오른나사.

문제 16 다음 중 각 가스의 밸브 재료가 잘못 연결된 것은?

㉮ NH_3 : 강재　　㉯ Cl_2 : 황동　　㉰ C_2H_2 : 동합금　　㉱ LPG : 단조항동

해설 아세틸렌 용기의 밸브 재질은 단조강 또는 동함유량이 62[%] 이하의 동합금인 것을 사용한다.

문제 17 용기 충전구의 나사가 암나사인 것은 무슨 형식인가?

㉮ A형　　㉯ B형　　㉰ C형　　㉱ D형

해설 A형 : 충전구가 숫나사
C형 : 충전구에 나사가 없는 것.

문제 18 용접용기의 이점 중 틀린 것은?

㉮ 가격이 저렴한 강판을 사용함으로서 경제적이다.
㉯ 용기의 모양, 치수가 자유로이 선택된다.
㉰ 두께 공차가 적다.
㉱ 재료의 변형이 적다.

문제 19 액화석유가스를 충전하는 용기 중 방청도장에 제외되는 용기가 아닌 것은?

㉮ 스테인레스강　　㉯ 탄소강
㉰ 알루미늄합금　　㉱ 내식재료로 제조된 용기

문제 20 용기의 인장시험 목적이 아닌 것은?

㉮ 인장강도　　㉯ 연시율　　㉰ 항복점　　㉱ 경도

해설 인장시험을 함으로써 알 수 있는 것은 인장강도, 연신율, 단면수축률, 항복점 등을 알 수 있다.

문제 21 다음은 고압장치의 내압시험압력에 관한 것이다. 아세틸렌가스에 해당되는 것은?

㉮ 최고충전압력의 3배　　㉯ 최고충전압력의 5/3배
㉰ 상용압력의 1.5배　　㉱ 상용압력 중 최고압력

문제 22 내용적 50[l]의 용기에 수압 30[kg/cm^2]를 가해 내압시험을 하였다. 이 경우 30[kg/cm^2]의 수압을 걸었을 때 용기의 용적이 50.5[l]로 늘어났고 압력을 제거하여 대기압으로 하니 용기용

해답 15. ㉯　16. ㉰　17. ㉯　18. ㉱　19. ㉯　20. ㉱　21. ㉮

적이 50.025[*l*]로 되었다. 이때 항구 증가율은 얼마인가?

㉮ 0.3[%] ㉯ 0.5[%] ㉰ 3[%] ㉱ 5[%]

해설 항구증가율 = $\frac{항구증가율}{전증가율} \times 100 = \frac{50.025-50}{50.5-50} \times 100 = 5[\%]$

문제 23 에어졸을 충전하기 위한 충전용기, 밸브, 충전용지관의 가열 방법은?

㉮ 열습포 또는 40[°C] 이하의 물 ㉯ 열습포 또는 20[°C] 이하의 물
㉰ 열습포 또는 10[°C] 이하의 물 ㉱ 열습포 또는 5[°C] 이하의 물

문제 24 초저온용기 및 저온용기의 기밀시험 압력은 얼마인가?

㉮ 최고충전 압력의 1.1배의 압력 ㉯ 최고충전 압력의 1.5배의 압력
㉰ 최고충전 압력의 1.2배의 압력 ㉱ 최고충전 압력의 2배의 압력

문제 25 다음은 내압시험의 합격기준에 대한 설명이다. 틀린 것은?

㉮ 신규검사시에서는 영구증가율이 10[%] 이하가 합격이다.
㉯ 재검사시에는 용기질량이 최초 제조시 각인된 질량의 95[%] 이상시는 영구증가율이 10[%] 이하가 합격이다.
㉰ 재검사시 용기질량이 최초 제조시 각인된 질량의 90[%] 이상, 95[%] 미만시는 영구증가율이 6[%] 이하가 합격이다.
㉱ 재검사시 용기질량이 최초 제조시 각인된 질량의 90[%] 이상, 95[%] 이하시는 영구증가율이 6[%] 이상이 합격이다.

문제 26 알루미늄 합금용기를 재료로 하여 제조된 고압가스 종류가 아닌 것은?

㉮ 산소(O_2) ㉯ 수소(H_2) ㉰ 탄산가스(CO_2) ㉱ 프로판(C_3H_8)

문제 27 다음 구형 탱크의 잇점이 아닌 것은?

㉮ 모양이 아름답다. ㉯ 건설비가 싸다.
㉰ 표면적이 크다. ㉱ 기초가 간단하고 강도가 높다.

문제 28 고온, 고압의 일산화탄소(CO)를 저장하는 탱크에 사용하는 재료로서 가장 적합한 것은?

㉮ 저합금강 ㉯ 탄소강
㉰ Ni-Cr계 스테인레스강 ㉱ 철 및 알루미늄

문제 29 구형 저장 탱크의 내용적을 환산하는 식중 옳은 것은?(V : 내용적[m^3], r : 탱크의 반지름[m], D : 구의 안지름[m])

해답 22. ㉱ 23. ㉮ 24. ㉮ 25. ㉱ 26. ㉯ 27. ㉰ 28. ㉰

㉮ $V=\frac{4}{3}\pi D^3$　　㉯ $V=\frac{4}{6}\pi D^3$　　㉰ $V=\frac{\pi}{6}D^3$　　㉱ $V=\frac{2}{3}\pi r^3$

해설 $V=\frac{4}{3}\pi r^3=V=\frac{\pi}{6}D^3$

문제 30 용기의 내압시험 합격 기준은 항구 증가율이 몇 [%] 이하일 때인가?

㉮ 10[%] 이하　　㉯ 6[%] 이하　　㉰ 3[%] 이하　　㉱ 2[%] 이하

해설 용기의 질량이 제조시 질량의 90[%] 이상 95[%] 미만일 때 6[%] 이하

문제 31 초저온용기라 함은 임계온도가 몇 [°C] 이하를 말하는가?

㉮ −50[°C]　　㉯ −20[°C]　　㉰ −15[°C]　　㉱ 1[°C]

문제 32 이음새 없는 고압가스용기의 제조법이 아닌 것은?

㉮ 이음새 없는 강관을 재료로 하는 방법(Mannesmann 식)
㉯ 천공식으로 하는 방법
㉰ 각 강편을 재료로 하는 방법(Ehrhardt 식)
㉱ 강판을 재료로 용접하는 방법

문제 33 수소용기의 내압시험압력 및 기밀시험압력은 몇 [kg/cm²]인가?

㉮ 250・150　　㉯ 200・150　　㉰ 150・150　　㉱ 200・200

해설 내압시험압력 : $150\times\frac{5}{3}=250\,[kg/cm^2]$

문제 34 납붙임용기 또는 접합용기의 고압가압 시험압력은 최고충전압력의 몇 배로 실시하는가?

㉮ 3.6배　　㉯ 4배　　㉰ 4.6배　　㉱ 5배

문제 35 용량 500[*l*]인 액산 탱크에 액산을 넣어 방출 밸브를 개방하여 12시간 방치했더니 탱크내의 액산이 4.8[kg] 방출되었다. 이 때 액산의 증발잠열은 50[kcal/kg]이라 하면 1시간당 탱크에 침입하는 열량은 몇 [kcal]인가?

㉮ 10[kcal]　　㉯ 20[kcal]　　㉰ 30[kcal]　　㉱ 40[kcal]

해설 $Q[kcal/hr]=\frac{4.8[kg]\times 50[kcal/kg]}{12시간}=20[kcal/hr]$

문제 36 다음 중 원통형 저장 탱크의 부속품이 아닌 것은?

㉮ 안전 밸브　　㉯ 드레인 밸브　　㉰ 액면계　　㉱ 유량계

해설 원통형 저장 탱크의 부속품으로는 안전 밸브, 드레인 밸브, 액면계, 압력계, 온도계, 유체의 입출구, 맨홀 등이 있다.

해답 29. ㉰　30. ㉮　31. ㉮　32. ㉱　33. ㉮　34. ㉯　35. ㉯　36. ㉱

문제 37 고압가스용기 밸브 재료로 주로 쓰이는 것은?
㉮ 단조 황동 ㉯ 탄소강 ㉰ Cu ㉱ 인청동

문제 38 상용압력 15[kg/cm²]의 고압가스 저장 탱크의 내압시험압력은 몇 [kg/cm²]인가?
㉮ 15.5[kg/cm²] ㉯ 22.5[kg/cm²] ㉰ 16.5[kg/cm²] ㉱ 25[kg/cm²]

해설 내압시험압력=상용압력×1.5=15×1.5=22.5[kg/cm²]
∴ 기밀시험압력은 상용압력 이상의 압력으로 하면 된다.

문제 39 다음 중 밸브 재료로 적당치 않은 것은?
㉮ 탄소강 ㉯ 단조황동 ㉰ 가단주강 ㉱ 단조강

문제 40 다음은 고압가스용기의 재료를 설명한 것이다. 이 중 올바른 것은?
㉮ 크롬-망간강은 이음새 없는 용기재료로서 많이 사용된다.
㉯ 용기의 재료는 주철을 사용한다.
㉰ 망간강은 이음새 있는 용기재료로서 일반적으로 사용한다.
㉱ 특수강으로서 고장력강은 소형 용기에 사용한다.

문제 41 고압가스용기의 파열 원인이 아닌 것은?
㉮ 용기의 내압력부족 ㉯ 용기의 재질불량
㉰ 용접상의 결함 ㉱ KS 밸브 사용

문제 42 고압가스용기 재료에 사용되는 강의 성분 중 탄소, 인, 황의 함유량은 제한되어 있다. 그 이유로서 옳은 것은?
㉮ 황은 적열취성의 원인이 된다.
㉯ 탄소량이 증가하면 인장강도는 감소하나 충격값은 내려간다.
㉰ 탄소량이 많으면 인장강도는 감소하고 충격값은 증가한다.
㉱ 인은 될수록 많은 것이 좋다.

문제 43 만능재료 시험기(Amsler)로 할 수 없는 시험은?
㉮ 굽힘시험 ㉯ 압축시험 ㉰ 항절시험 ㉱ 내압시험

해설 만능재료 시험기(Amsler)로 할 수 있는 시험은 인장시험, 굽힘시험, 압축시험, 항절시험 등이다.

문제 44 초저온장치의 단열법에는 진공단열법과 단열재에 의한 단열법이 있다. 이중에서 초저온에는 가장 효과적이며 가장 많이 사용하는 것은?
㉮ 석면단열법 ㉯ 스티로플 단열법
㉰ 테프론 단열법 ㉱ 진공단열법

해답 37. ㉮ 38. ㉯ 39. ㉮ 40. ㉮ 41. ㉱ 42. ㉮ 43. ㉱ 44. ㉱

문제 45 용기 밸브를 구조에 따라 분류할 것이 아닌 것은?
㉮ 패킹식 ㉯ O링식 ㉰ 다이어프램식 ㉱ △링식

해설 용기 밸브를 구조에 따라 분류하면 패킹식, O링식, 다이어프램식, 백-시트식 등이 있다.

문제 46 다음 중 인장시험기의 종류가 아닌 것은?
㉮ 샤르피식(Charpy) ㉯ 암슬러(Amsler)
㉰ 올센(Olsen) ㉱ 몰스(Mohrs)

문제 47 같은 강도이고 같은 두께의 재료로서 원통형 용기를 만드는 경우 원통부분의 내압에 대하여 설명한 것 중 옳은 것은?
㉮ 관지름이 작을수록 강하다. ㉯ 관지름이 클수록 강하다.
㉰ 길이가 길수록 강하다. ㉱ 길이가 짧을수록 강하다.

해설 원통용기의 강도는 지름에 반비례하고 길이에는 무관하다.

문제 48 다음은 원통형 탱크에 대한 설명이다. 잘못 설명된 것은?
㉮ 두께가 크므로 중량은 크나 굽힘가공, 용접, 조립 등이 용이하다.
㉯ 횡형은 강도상, 설치상, 안전상이 입형보다 크다.
㉰ 구형 탱크보다 운반이 용이하다.
㉱ 입형은 설치면적이 크고 풍압이나 지진 등을 적게 받는다.

문제 49 고압가스용기를 충전하기 전에 용기에 대한 점검사항 중 틀린 것은?
㉮ 외관검사를 한다.
㉯ 용기의 밸브가 검사품인지 확인한다.
㉰ 용기의 재검사 기간 이내인가 확인한다.
㉱ 용기의 충전량, 압축가스에서는 내압시험 압력을 확인한다.

문제 50 고압가스 제조시설 중 안전 밸브를 설치하려 할 때 도관의 최대 지름이 100[mm]이고 최소 지름이 40[mm]이었다면 안전 밸브의 분출지름은 최소 얼마로 해야 하나?
㉮ 15[mm] 이상 ㉯ 32[mm] 이상 ㉰ 35[mm] 이상 ㉱ 40[mm] 이상

해설 안전 밸브 분출구경은 배관 최대 지름 단면적의 $\frac{1}{10}$로 산출한다.
① 안전 밸브 단면적 $= \frac{\pi}{4} \times 100^2 \times \frac{1}{10} = 785\,[\text{mm}^2]$
② 안전 밸브 지름은 $\frac{\pi}{4}D^2 = 785\,[\text{mm}^2]$이므로
$D = \sqrt{\frac{4 \times 785}{3.14}} = 32\,[\text{mm}]$

해답 45.㉱ 46.㉮ 47.㉮ 48.㉱ 49.㉱ 50.㉯

제1장 고압장치 예상문제

문제 51 내용적 50[*l*]의 LPG 용기에 상온에서 액화 프로판 20[kg]을 충전하면 이 용기 내 안전 공간은 약 몇 [%] 정도인가? (단, 액화 프로판의 비중은 0.5이다)

㉮ 10.5[%]　㉯ 10[%]　㉰ 20[%]　㉱ 20.5[%]

해설 ① $20[kg] \times \dfrac{1[l]}{0.5[kg]} = 40[l]$ ② $\dfrac{40[l]}{50[l]} \times 100 = 80[\%]$ (충전공간)

따라서 안전공간은 $100 - 80 = 20[\%]$

문제 52 상압하에서 액체 프로판을 저장하는 저온저장 탱크에는 어떤 금속재료가 적당한가?

㉮ 탄소강　㉯ 주철　㉰ 스테인레스강　㉱ 마그네슘 합금강

해설 저온재료 : 오스테나이트계 스테인레스강, 내식 알루미늄 합금강

문제 53 고압 밸브의 특징이 아닌 것은?

㉮ 단조품보다 주조품을 사용
㉯ 밸브 시트는 내식성과 경도가 높은 재료를 사용
㉰ 밸브 시트는 교체할 수 있는 구조일 것.
㉱ 스핀들에는 패킹을 끼울 것.

해설 주조품보다 단조품 사용

문제 54 다음은 암모니아에 관한 설명이다. 틀리는 것은?

㉮ 암모니아 용기는 계목 용기이다.
㉯ 용기의 내압시험압력은 30[kg/cm²]이다.
㉰ 밸브 본체는 황동제이며 스핀들은 18-8 스테인레스강을 사용한다.
㉱ 암모니아용기의 부식여유 수치는 1,000[*l*] 이하의 내용적일 경우 3[mm]이다.

해설

용기의 종류	내용적	부식여유수치
암모니아	1,000[*l*] 이하인 경우 1,000[*l*] 이상인 경우	1[mm] 2[mm]
염소	1,000[*l*] 이하인 경우 1,000[*l*] 이상인 경우	3[mm] 5[mm]

문제 55 다음 중 고압가스 저장 탱크에 설치되는 기기가 아닌 것은?

㉮ 안전 밸브　㉯ 압력계　㉰ 역지 밸브　㉱ 액면계

해설 역지 밸브(체크 밸브)는 유체를 한쪽 방향으로만 흐르게 하는 밸브를 말하며 배관 중에 설치한다.

문제 56 강으로 제조한 용접용기의 검사항목이 아닌 것은?

㉮ 외관검사　㉯ 인장시험　㉰ 파열시험　㉱ 방사선검사

해답 51. ㉰　52. ㉰　53. ㉮　54. ㉱　55. ㉰　56. ㉰

제 2 편 고압가스장치 및 기기

문제 57 다음과 같은 조건에서 원통용기를 제작했을 때 안정성이 높은 것부터 순서대로 나열된 것은?

[보기]

번호	내압	인장강도
1	50[kg/cm^2]	40[kg/cm^2]
2	60[kg/cm^2]	50[kg/cm^2]
3	70[kg/cm^2]	55[kg/cm^2]

㉮ 1-2-3 ㉯ 2-3-1 ㉰ 3-1-2 ㉱ 2-1-3

해설 강도 = $\dfrac{\text{인장강도}}{\text{내압}}$

문제 58 산소용기의 내압시험압력 및 안전 밸브 작동압력은 몇 [kg/cm^2]인가?

㉮ 250과 200 ㉯ 200과 200 ㉰ 150과 200 ㉱ 150과 300

해설 ① 내압시험압력 : 최고충전압력 × $\dfrac{5}{3}$ = 150 × $\dfrac{5}{3}$ = 250 [kg/cm^2]

② 안전 밸브 작동압력 : 내압시험압력 × $\dfrac{8}{10}$ = 250 × $\dfrac{8}{10}$ = 200 [kg/cm^2]

문제 59 내압시험시 전 증가량이 120[cc]였다면 이 용기가 검사에 합격하려면 항구증가량은 몇 [cc] 이하인가? 단, 신규용기이다.

㉮ 12[cc] ㉯ 24[cc] ㉰ 10[cc] ㉱ 5[cc]

해설 항구증가율[%] = $\dfrac{\text{항구증가량}}{\text{전증가량}}$ × 100

신규검사시 항구증가율은 10[%] 이하가 합격이므로 [$\dfrac{x[\text{cc}]}{120[\text{cc}]}$] × 100 = 10에서 x를 구하면

100 x[cc] = 120[cc] × 10

∴ x[cc] = 1,200 $\dfrac{[\text{cc}]}{100}$ = 12[cc]

문제 60 도시가스 공장에 내용적 30[m^3]의 저장 탱크가 2개 설치되어 있다면 총저장 능력은 몇 톤인가?(도시가스 비중 0.71)

㉮ 38.34 ㉯ 19.17 ㉰ 42.6 ㉱ 10.65

해설 W = 0.9 dV = 0.9 × 0.71 × 30,000 = 19,170 [kg] (1개의 저장능력)

저장 탱크가 2개 있으므로

W = 19,170 × 2 = 38,240 [kg] = 38.34[ton]

문제 61 용기 밸브 보호장치인 캡에서 구멍의 면적 및 구멍수는?

㉮ 면적 : 3[cm^2] 이하, 구멍수 : 2개 이상
㉯ 면적 : 3[cm^2] 이상, 구멍수 : 2개 이상
㉰ 면적 : 5[cm^2] 이하, 구멍수 : 2개 이상
㉱ 면적 : 5[cm^2] 이상, 구멍수 : 2개 이상

해답 57. ㉱ 58. ㉮ 59. ㉮ 60. ㉮ 61. ㉯

해설 캡에는 면적 3[cm²] 이상의 구멍을 2개 이상 뚫어야 하고 어느 방향에서 15[kg-m]의 타격에도 파괴되지 않아야 한다.

문제 62 용기의 최고충전압력이 150[kg/cm²]이고, 내용적이 40[*l*]인 수소용기의 저장능력은 약 얼마인가?

㉮ 11[m³]　　㉯ 8[m⁴]　　㉰ 6[m³]　　㉱ 4[m²]

문제 63 액화 프로판 350[kg]을 내용적 50[*l*]의 용기에 충전하려면 몇 개의 용기가 필요한가?

㉮ 17개　　㉯ 16개　　㉰ 15개　　㉱ 14개

해설 ① $G = \dfrac{V}{C} = \dfrac{50}{2.35} = 21.28\,[kg]$

② 용기수 $= \dfrac{350}{21.28} = 16.4$개(17개 필요)

문제 64 초저온용기의 단열성능 시험용 저온액화가스가 아닌 것은?

㉮ 액화 아르곤　　㉯ 액화공기　　㉰ 액화산소　　㉱ 액화질소

해설 • 초저온용기 시험용 저온액화가스의 종류

시험용 액화가스의 종류	비점[°C]	기화잠열[kcal/kg]
액화질소	-196	48
액화산소	-183	51
액화 아르곤	-186	38

문제 65 고압가스 용기의 보수시 주의할 사항과 관련이 없는 것은?

㉮ 가스를 방출후 불활성 가스로 치환할 것.
㉯ 가스를 안전한 장소로 방출할 것.
㉰ 작업전에 공기로 완전히 치환할 것.
㉱ 내부가스를 검지하여 산소가 10[%] 이상 되게 한다.

해답 62. ㉰　63. ㉮　64. ㉯　65. ㉱

1-4 압축기 및 펌프

1. 압축기(compressor)

(1) 압축기의 용도

① 화학반응을 촉진으로 하는 것을 목적으로 하는 것.
② 압력을 높이면 용이하게 액화하는 가스를 가압액화저장 또는 운반하는 것을 목적으로 하는 것.
③ 액화가스의 기화잠열을 이용하여 냉각시키는 것을 목적으로 하는 것.
④ 압축가스의 팽창시 온도강하를 이용하여 냉동장치와 조합하여 초저온에서 가스를 액화하는 것을 목적으로 하는 것.
⑤ 기체의 용적을 압축에 의해 축소하고 저장 운반하는 것을 목적으로 하는 것.
⑥ 배관 중의 유동 저항을 극복하여 가스를 수송하는 것을 목적으로 하는 것.
⑦ 고압기체의 압축성을 이용 또는 유동저항이 적은 것을 이용하는 것.

(2) 압축기의 분류

① 압축방식에 의한 분류

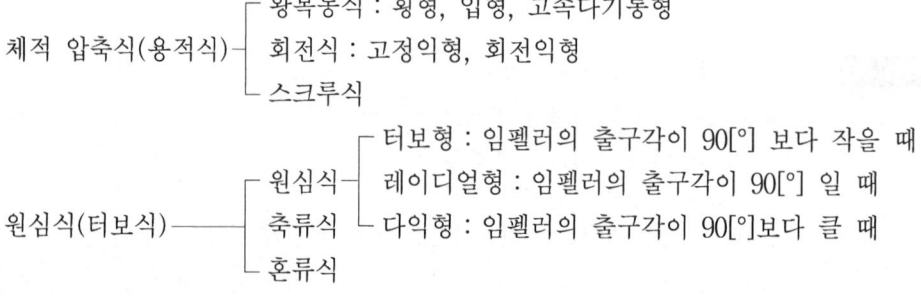

② 작동압력에 따른 분류
㉮ 펜(fen) : 토출압력이 1,000[mmAq] 미만
㉯ 송풍기(blower) : 토출압력이 1,000[mmAq] 이상 1[kg/cm^2] 이하
㉰ 압축기(compressor) : 토출압력이 1[kg/cm^2] 이상

> **참고**
> ■ 압축기 선정시 고려할 사항
> ① 취급가스의 성질 : 가스의 성분, 수증기량, 분자량, 부식성, 제한온도 및 압력 등
> ② 프로세스의 사용조건 : 사용풍량, 흡입온도, 습도, 흡입압력, 토출압력, 흡입가스의 조성 등의 변동 범위, 기기설치장소의 기초조건, 소음제한조건, 기상조건 등
> ③ 각 형식의 특성 및 연속운전시간, 기기수명, 보존의 난이, 구입가격, 설치비, 운전동력비 등

(3) 각 압축기의 종류 및 특성

① 왕복동 압축기

㉮ 특징

회전하는 크랭크축에 연결된 커넥팅 로드에 의해 피스톤을 왕복운동시켜 압축
㉠ 용적형으로 일정량의 가스가 압축된다.
㉡ 운전이 단속적으로 맥동이 있다.
㉢ 저속이며 단단으로도 고압을 얻을 수 있다.
㉣ 흡입 및 토출 밸브가 필요하고 접촉부분이 많으므로 진동·소음 및 밸브의 고장 우려가 있다.
㉤ 중량이 무겁고 설치 면적을 많이 차지하며 견고한 기초를 필요로 한다.
㉥ 전반적으로 효율이 높으며 용량 조절의 폭이 넓고(0~100[%]), 용량 조절이 용이하다.
㉦ 토출압력에 의한 용량변화가 적고 기체의 비중에 관계없이 쉽게 고압이 얻어진다.
㉧ 피스톤이 운동을 할 때 기밀과 마찰저항을 줄이기 위해 오일이 공급되므로 토출 가스 중에 오일이 혼입될 우려가 있다.

㉯ 형식 및 분류
㉠ 실린더의 배열 및 조합에 의한 분류
  ⓐ 횡형 : 피스톤이 수평으로 왕복하는 것.
  ⓑ 입형 : 피스톤이 수직으로 왕복하는 것.
  ⓒ L형 : 피스톤의 하나가 수직으로, 다른 하나는 수평으로 왕복운동하는 것.
  ⓓ V형, W형 : 피스톤의 축이 서로 V형, W형을 하고 있는 것.
  ⓔ 성형 : 실린더가 크랭크축의 양쪽에 서로 맞대어 배치되어 있는 것.

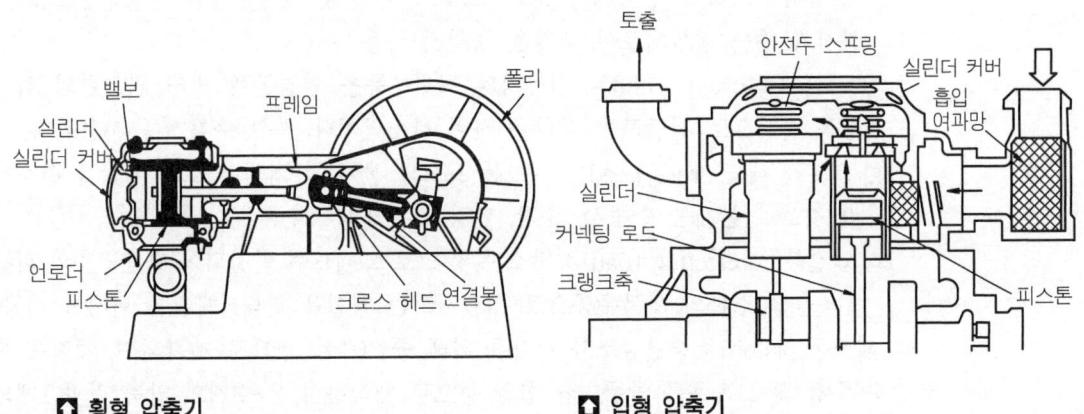

🔼 횡형 압축기　　　🔼 입형 압축기

㉡ 압축방법에 의한 분류
  ⓐ 단동형 : 피스톤의 한쪽에서만 압축이 행하여지는 것.

ⓑ 복동형 : 피스톤의 양쪽에서 압축이 행하여지는 것.
ⓒ 압축단수에 의한 분류
ⓐ 단단형 : 소요 압력까지 1단으로 압축하는 것.
ⓑ 2단형 : 소요 압력까지 2단으로 압축하는 것.
ⓒ 다단형 : 소요 압력까지 여러단으로 압축하는 것.
ⓓ 윤활방법에 의한 분류
ⓐ 비말식 : 회전하는 크랭크축에 의해 윤활유를 공급하는 것.
ⓑ 강제 윤활식 : 오일 펌프 등에 의해 강제적으로 윤활유를 공급하는 것.
ⓔ 설치방법에 의한 분류
ⓐ 정치식 : 기초에 설치하는 것.
ⓑ 가반식 : 바퀴를 장치한 베드 또는 차체에 장치하여 이동할 수 있게 한 것.
ⓕ 구동방법에 의한 분류
ⓐ 전동기 직결식 : 압축기와 모터를 직접 크랭크축에 연결하여 구동시키는 것.
ⓑ 벨트 구동식 : V벨트 및 평 벨트를 이용하여 구동시키는 것.
㈐ 주요 부품
㉠ 실린더(cylinder)와 본체(cylinder block)
ⓐ 30[kg/cm^2] 정도의 압력을 받는 곳 : 주철재 사용
ⓑ 30~100[kg/cm^2]의 압력을 받는 곳 : 고장력 주철재 사용
ⓒ 100[kg/cm^2] 이상의 압력을 받는 곳 : 단강재 사용

🔼 실린더 라이너

㉡ 프레임 부분
ⓐ 프레임 : 크랭크축, 커넥팅 로드, 크로스 헤드 등 회전운동을 왕복운동으로 변화시켜 주는 집합체로서 재질은 주철재 사용
ⓑ 크랭크축(crank shaft) : 전동기의 회전운동을 연결봉에 의해 피스톤의 직선 왕복 운동으로 전달하는 역할을 하며 탄소강이나 특수 주철재를 사용한다.
ⓒ 크로스 헤드(cross head) : 피스톤 로드의 한 끝과 커넥팅 로드의 끝을 결부시킨 것으로 본체는 반주강, 주강, 단강으로 제작된다.
ⓓ 연결봉(connecting road) : 피스톤 및 크로스 헤드에 연결되어 크랭크축의 회전운동을 피스톤의 왕복운동으로 회전시키는 역할을 한다. 재질은 단강을 사용
㉢ 피스톤(piston) : 중량감소와 냉각을 위해 중공(中空)상태로 제작되며, 재질은 특수 주철 및 고속용은 알루미늄 합금 등으로 제작하며, 2~3개의 압축 링과 1개의 오일 링이 삽입되어 있다.
㉣ 축봉장치(shaft seal) : 개방형 압축기에서 크랭크축이 밖으로 나오는 부분을 봉하여 기밀을 유지하는 역할을 하며, 저속 압축기에는 소프트 패킹을 삽입시킨 축

상형 축봉장치(stuffing box type), 고속 압축기에는 벨로즈와 스프링을 이용한 기계적 축봉장치(mechanical seal)가 사용된다.

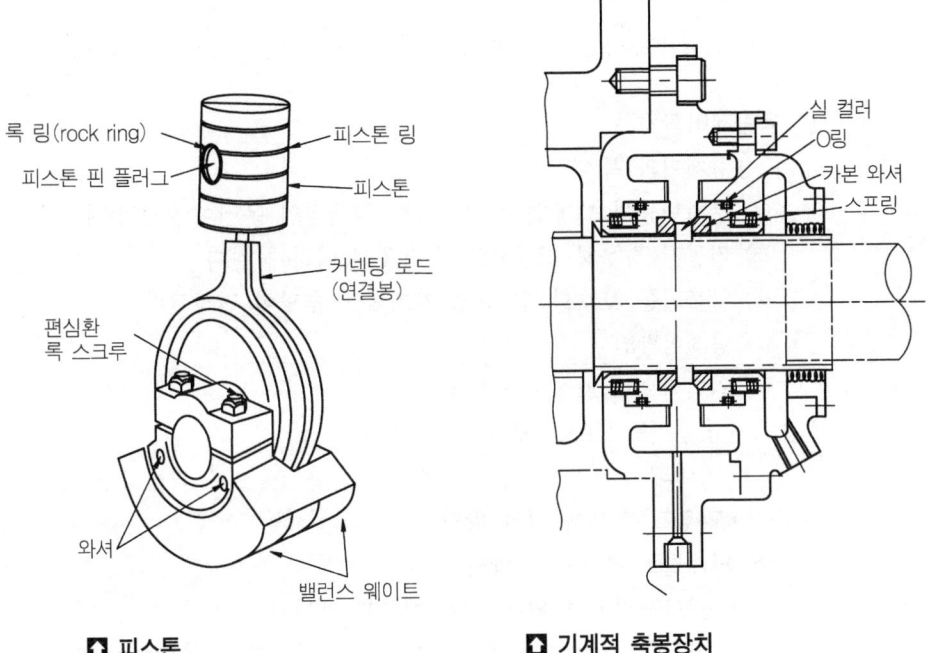

■ 피스톤   ■ 기계적 축봉장치

　㉲ 흡입 및 토출 밸브
　　ⓐ 포핏 밸브(poppet valve) : 중량이 무거워 저속용에 사용되며 관성에 의해 개폐된다.
　　ⓑ 리드 밸브(reed valve) : 1,000[rpm] 이상의 소형에 사용되며 자체의 탄성을 이용하여 개폐된다.
　　ⓒ 플레이트 밸브(plate valve) : 중량이 가벼워 고속 다기통에 주로 사용되며 얇은 원판의 밸브판을 시트에 스프링으로 눌러 놓은 구조이다.

> [참고]
> ■ 밸브의 구비조건
> ① 밸브의 동작이 경쾌하고 확실히 작동할 것.
> ② 마모와 파손에 강하고 고온에서도 변형이 적을 것.
> ③ 충분한 통과면적을 가지고 유체저항이 적을 것.
> ④ 운전 중 분해하는 경우가 없을 것.

　㉳ 압축기의 안전장치
　　㉠ 안전두(safety head) : 압축기 실린더 상부에 스프링을 지지시켜 실린더 내에 액이나 이물질이 들어와 압축될 때 두압이 상승하여 스프링을 밀어 올려 압축기가 파손되는 것을 방지한다.

> ※ 작동압력＝정상고압＋3[kg/cm²]

ⓒ 안전 밸브(safety valve) : 압축기의 압축압력이 일정 이상으로 높아지면 작동하여 가스를 대기나 저압측으로 되돌려 보냄으로써 압축기 파열에 의한 위해를 방지한다.

※ 작동압력＝정상고압＋5[kg/cm^2], 또는 내압시험압력 8/10배 이하

㉮ 용량제어장치
  ㉠ 용량제어의 목적
    ⓐ 부하변동에 대응한 용량제어로 경제적인 운전이 가능하다.
    ⓑ 기동시 경부하 기동으로 운전을 용이하게 한다.
    ⓒ 압축기를 보호할 수 있고 기계적인 수명이 연장된다.
  ㉡ 용량제어방법
    ⓐ 연속적으로 조절하는 방법
      • 흡입 주 밸브를 폐쇄시키는 방법
      • 바이패스 밸브에 의해 압축가스를 흡입측으로 되돌리는 방법
      • 타임드 밸브에 의한 방법
    ⓑ 단계별로 조절하는 방법
      • 언로드 장치에 의해 흡입 밸브를 개방하는 방법
      • 클리어런스 포킷을 설치하여 클리어런스를 증대시키는 방법

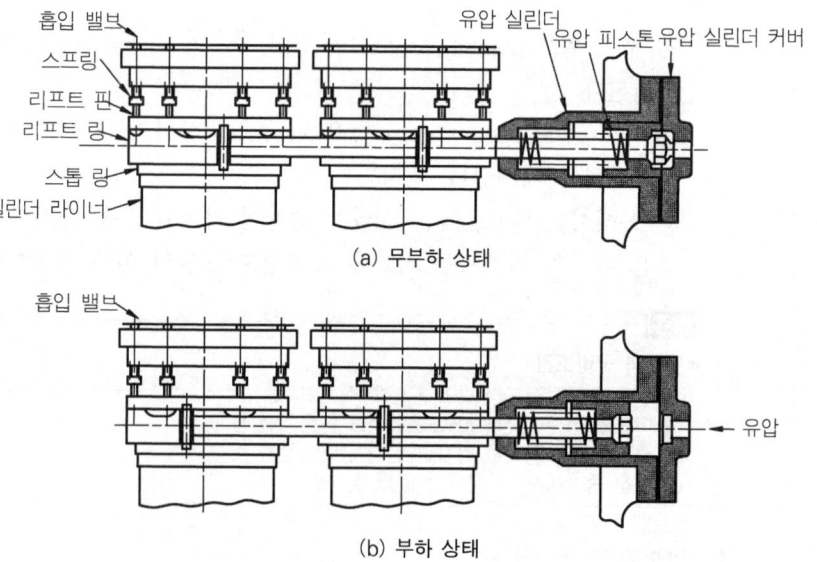

◘ 언로드 장치에 의한 용량제어

(바) 왕복동 압축기의 계산
  ㉠ 이론적인 피스톤 압출량

$$V_a = \frac{\pi}{4} D^2 LNR \times 60$$

  V : 피스톤 압출량[m³/h]
  D : 피스톤의 지름[m]
  L : 행정거리[m]
  N : 기통수
  R : 분당 회전수[rpm]

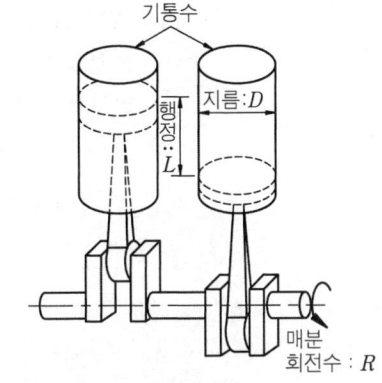

🔼 왕복동 압축기의 계산

> [참고]
> ■ 실제적인 피스톤 압출량
> $$V_g = \frac{\pi}{4} D^2 LNR \times 60 \times \eta_v$$
> η_v : 부피 효율

  ㉡ 부피 효율

$$\eta_v [\%] = \frac{\text{실제적인 피스톤 압출량}(V_g)}{\text{이론적인 피스톤 압출량}(V_a)} \times 100$$

  ㉢ 압축 효율

$$\eta_c [\%] = \frac{\text{이론적 가스의 압축소요동력(이론적 동력)}}{\text{실제적 가스의 압축소요동력(지시 동력)}} \times 100$$

  ㉣ 기계 효율

$$\eta_m [\%] = \frac{\text{실제적인 가스의 압축소요동력}}{\text{축동력}} \times 100 = \frac{\text{유효한 기계적인 일}}{\text{공급받은 에너지}}$$

  ㉤ 압축비
  • 단단압축기의 경우

$$\gamma = \frac{P_2}{P_1}$$

  γ : 압축비
  P_1 : 흡입절대압력[kg/cm²a]
  P_2 : 토출절대압력[kg/cm²a]

  • 다단압축기의 경우

$$\gamma = \sqrt[z]{\frac{P_2}{P_1}}$$

  Z : 단수

> [참고]
> ■ 압축비가 클 때 장치에 미치는 영향
> ① 토출가스온도 상승으로 인한 실린더 과열 우려 ② 윤활유 열화 및 탄화
> ③ 체적 효율 감소   ④ 소요동력 및 축수하중증대
> ⑤ 압축기 능력 감퇴

㉠ 가스 압축방식
  ㉠ 등온압축 : 압축 중에 가해지는 열량을 모두 제거함으로써 압축 전후의 온도차가 없도록 하는 압축방식이나 실제로는 불가능한 압축이다. 다른 압축방식에 비해 일량 및 온도상승이 최소로 된다.

  $P \cdot V =$ 일정에서 $P_1V_1 = P_2V_2$

  P_1 : 압축 전의 가스압력[[kg/cm²a]
  P_2 : 압축 후의 가스압력[kg/cm²a]
  V_1 : 압축 전의 부피[m³]
  V_2 : 압축 후의 부피[m³]

  ※ 등온압축에 필요한 일량 $W = 2.3 \times P_1V_1 = \log \dfrac{V_1}{V_2}$

  ㉡ 단열압축 : 압축 중에 압축열이 방출되지도 않고 외부에서 침입되지도 않는, 열이 완전히 차단된 상태의 이론적인 변화로서 압축중 일량 및 온도상승이 가장 크다.

  $P \cdot V^K =$ 일정에서 $P_1V_1^K = P_2V_2^K$ K : 비열비

  • 단열압축에 소요되는 일량

  $$W = \dfrac{R \cdot T_1}{K-1}\left[\left(\dfrac{V_1}{V_2}\right)^{K-1} - 1\right] = \dfrac{R \cdot T_1}{K-1}\left[\left(\dfrac{P_2}{P_1}\right)^{\frac{K-1}{K}} - 1\right]$$
  $$= \dfrac{R \cdot T_1}{K-1}\left(\dfrac{T_2}{T_1} - 1\right) = \dfrac{R}{K-1}(T_2 - T_1)$$

  R : 기체상수

  • 단열압축 후의 온도

  $$\dfrac{T_2}{T_1} = \left(\dfrac{V_1}{V_2}\right)^{K-1} = \left(\dfrac{P_2}{P_1}\right)^{\frac{K-1}{K}}$$

  ㉢ 폴리트로픽 압축 : 압축 중에 가해지는 열량은, 일부는 외부로 방출되고 또 일부는 가스에 주어지는 실제적인 압축방식이며 등온압축과 단열압축의 중간 형태를 나타낸다.

  $P \cdot V^n =$ 일정에서 $P_1V_1^n = P_2V_2^n$ n : 폴리트로픽 지수

  ※ 폴리트로픽 압축에 필요한 일량
  $$W = \dfrac{n}{n-1}P_1 \cdot V_1\left[\left(\dfrac{P_2}{P_1}\right)^{\frac{n-1}{n}} - 1\right] = \dfrac{n}{n-1}R \cdot T_1\left[\left(\dfrac{P_2}{P_1}\right)^{\frac{n-1}{n}} - 1\right]$$

㉯ 다단압축
　㉠ 다단압축의 목적
　　• 1단압축과 비교한 소요 일량이 절약된다.
　　• 이용효율이 증가한다.
　　• 힘의 평형이 양호해진다.
　　• 가스의 온도상승을 방지할 수 있다.
　㉡ 단수 결정시 고려할 사항
　　• 최종토출압력
　　• 연속운전의 여부
　　• 취급가스량과 취급가스의 종류
　　• 동력 및 제작의 경제성

▼ 단수의 표

압력[kg/cm²a]	10	60	300	1,000
단 수	1~2	3~4	5~6	7~9

② 회전식 압축기
피스톤의 왕복운동 대신에 로터의 회전운동에 의해 압축하는 방식이며 로터리 압축기라고도 한다.

㉮ 특징
　㉠ 용적용(부피형) 압축기이다.
　㉡ 급유식으로서 소용량에 널리 사용된다.
　㉢ 왕복 압축기에 비해 부품수가 적고 구조가 간단하다.
　㉣ 흡입 밸브가 없고 토출 밸브는 체크 밸브로 되어 있으며 크랭크 케이스 내는 고압이다.
　㉤ 압축이 연속적이고 고진공을 얻을 수 있어 진공 펌프로 널리 사용된다.
　㉥ 진동 및 소음이 적고 체적 효율이 양호하다.
　㉦ 활동부분의 정밀도와 내마모성이 요구된다.

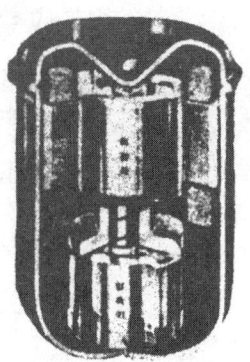
△ 회전압축기의 내부구조

㉯ 분류
　㉠ 고정익형 : 회전자가 편심으로 조립되고 편심축의 회전에 의하여 원통형의 회전자가 실린더 벽에 밀착되면서 회전하는 것이며 고압, 저압간을 차단하는 블레이드(blade)는 실린더의 홈속에서 스프링 또는 가스의 압력으로 회전자에 밀착하고 있다. 편심된 회전자가 돌면 가스를 블레이드의 우측 공간에 흡입되어 압축되고 블레이드 반대쪽으로 토출된다.
　㉡ 회전익형 : 회전자가 축과 동심으로 조립되어 회전자와 실린더가 편심이 되어 있고, 회전자의 홈에 두 개 이상의 베인(vane)이 삽입되어 있으며, 이 베인은 유압, 가스압, 스프링의 원심력에 의하여 실린더 내벽면에 밀착하여 이 베인은 회전자의 회전에 따라 반지름 방향으로 운동한다.

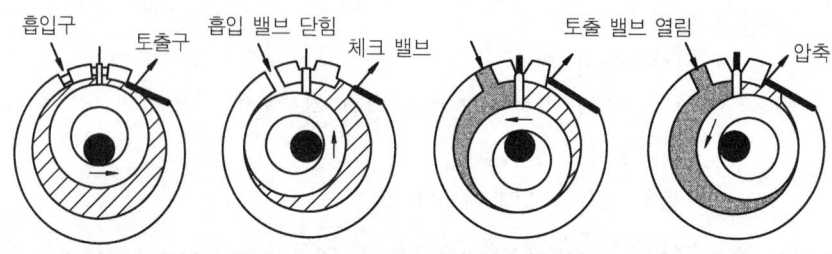

(a) 토출완료(흡입완료) (b) 압축시작(흡입시작) (c) 토출시작(흡입중) (d) 토출중(흡입중)

⬆ 고정익형의 압축방식

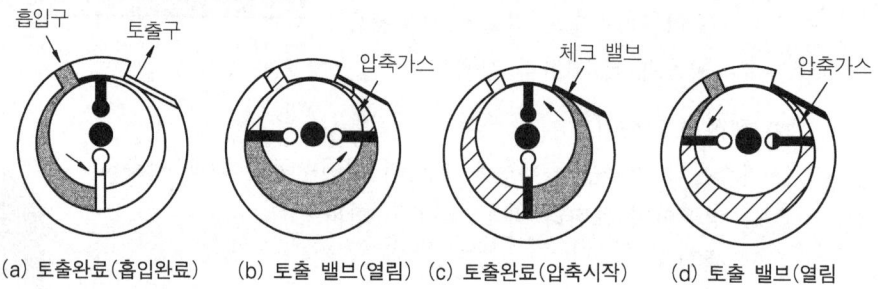

(a) 토출완료(흡입완료) (b) 토출 밸브(열림) (c) 토출완료(압축시작) (d) 토출 밸브(열림)

⬆ 회전익형의 압축방식

㉰ 이론적인 피스톤 압출량

$$V = \frac{\pi}{4}(D^2 - d^2)tR \times 60$$

- V : 피스톤 압출량[m³/h]
- D : 실린더의 안지름[m]
- d : 피스톤의 바깥지름[m]
- t : 회전 로터의 가스압축부분의 두께[m]
- R : 분당 회전수[rpm]

> **[예제]**
> 피스톤 바깥지름이 80[mm], 그 두께가 150[mm], 실린더의 안지름이 200[mm] 회전수가 360[rpm]인 회전식(rotary) 압축기의 시간당 피스톤 압출량[m³/h]은?
>
> **[해설]** $V = \frac{\pi}{4}(D^2 - d^2)t \times R \times 60$
> $= 0.785(0.2^2 - 0.08^2) \times 0.15 \times 360 \times 60 [\text{m}^3/\text{h}]$
> $= 85.458$
>
> **[해답]** 85.458[m³/h]

③ 스크루 압축기(나사식 압축기)

케이싱 내에 암 로터(female rotor) 및 숫 로터(male rotor)의 맞물림에 의해서 서로 역회전하면서 가스를 연속 압축하며 가스의 유동 저항을 적게 하기 위하여 축방향으로 흡입, 압축, 토출한다.

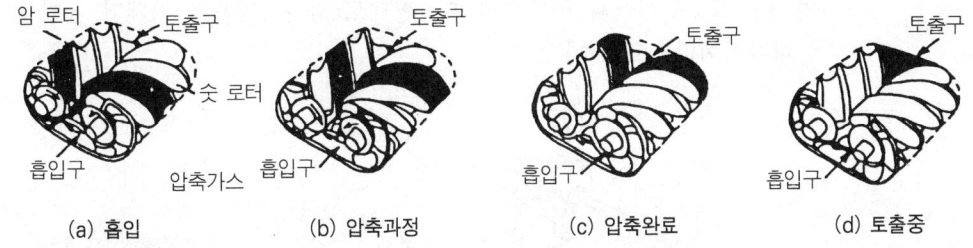

|(a) 흡입|(b) 압축과정|(c) 압축완료|(d) 토출중|

↑ 스크루 압축기의 압축방식

㉮ 특징
  ㉠ 용적형으로서 무급유식(회전수 15,000 [rpm])으로 개발되었으나 현재는 급유식(회전수 3,500[rpm])이 많이 사용되고 있다.
  ㉡ 두 로터의 회전운동에 의해 압축되므로 진동이나 맥동이 없고 연속 송출된다.
  ㉢ 가볍고 설치면적이 작으며 고속으로 중용량 및 대용량에 적합하다.
  ㉣ 토출압력변화에 의한 용량변화가 적고 기체의 비중에 약간 영향을 받는다.

↑ 스크류 압축기의 구조

  ㉤ 일반적으로 효율이 작고 용량조절이 어려우며 용량조절범위도 70~100[%]로 적다.
  ㉥ 소음이 크므로 소음방지장치를 필요로 한다.
  ㉦ 급유식 압축기는 대용량의 유분리기를 필요로 한다.

㉯ 용량제어방법
  슬라이드 밸브를 움직여 흡입된 가스를 압축 개시전에 흡입측으로 바이패스(by-pass) 시킨다.

④ 터보 압축기
고속 회전하는 임펠러의 원심력에 의해 속도 에너지를 압력 에너지로 바꾸어 압축하는 방식이며 원심 압축기(centrifugal compressor)라고도 한다.
  ㉮ 임펠러의 깃 각도에 따른 분류
    ㉠ 터보형 : 임펠러의 출구각이 90[°]보다 작을 때
    ㉡ 레이디얼형 : 임펠러의 출구각이 90[°]일 때
    ㉢ 다익형 : 임펠러의 출구각이 90[°]보다 클 때
  ㉯ 압축방식에 따른 분류
    ㉠ 원심식 : 케이싱 내의 임펠러 회전에 의하여 기체에 원심력을 주어 토출한다.
    ㉡ 축류식 : 축방향으로 가스를 흡입하여 축방향으로 토출하는 방식이다.

ⓒ 혼류식 : 원심식과 축류식의 중간형태로 경사방향으로 기체가 흡입 및 토출되며 사류식이라고도 한다.

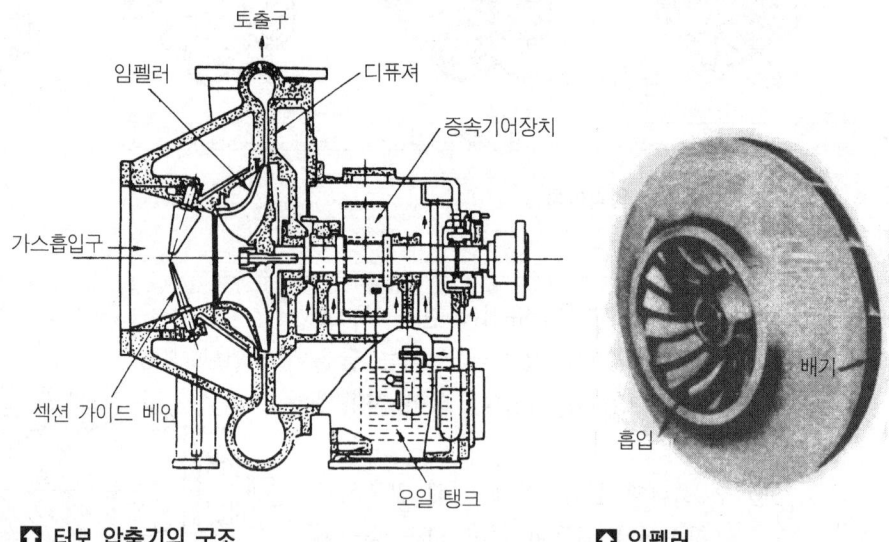

▲ 터보 압축기의 구조   ▲ 임펠러

㉰ 특징
  ㉠ 원심형이며 무급유식이다.
  ㉡ 압축이 연속적으로 기체의 맥동현상이 없다.
  ㉢ 왕복식에 비해 고속으로 소형이며 설치면적이 작고 대용량에 적합하다.
  ㉣ 기계적 접촉부가 작으므로 마찰손실이 적다.
  ㉤ 내부에 윤활유를 사용하지 않으므로 압송유체 중에 오일이 혼입되지 않는다.
  ㉥ 가스의 비중과 비체적에 크게 영향을 받으며 토출압력변화에 의한 용량변화가 크다.
  ㉦ 일반적으로 효율이 적고 용량 범위가 비교적 좁아(70~100[%]) 용량조절이 어렵다.
  ㉧ 1단으로 높은 압축비를 얻을 수 없으므로 압축비가 클 때에는 단수가 많아진다.
  ㉨ 운전 중 서징 현상에 주의할 필요가 있다.

【참고】
■ 서징(surging) 현상
  ① 현상 및 발생원인
    압축기와 송풍기·펌프에서 토출측 저항이 커지면 풍량이 감소하고, 어느 풍량까지 감소하였을 때 관로에 강한 공기의 맥동과 진동을 발생시켜 불안정한 운전이 되는 현상
  ② 방지법
    ㉮ 배관내 경사를 완만하게 고려한다.   ㉯ 가이드 베인을 콘트롤해 풍량을 감소시킨다.
    ㉰ 회전수를 적당하게 변화시킨다.   ㉱ 교축 밸브를 압축기에 가까이 설치한다.
    ㉲ 토출 가스를 흡입측에 바이패스시키거나 방출 밸브에 의해 대기로 방출시킨다.

㉔ 용량제어방법
　㉠ 회전수 가감에 의한 방법
　㉡ 흡입 및 토출 댐퍼에 의한 조절
　㉢ 베인 콘트롤(깃각도 조절)에 의한 방법
　㉣ 바이패스에 의한 방법
　㉤ 냉각수에 의한 방법

㉕ 터보 압축기의 진동
　㉠ 회전체의 언밸런스

원 인	대 책
㉠ 제작시의 잔류 언밸런스 ㉡ 먼지, 기름, 타르 등의 부착에 의한 것. ㉢ 부식이나 마모에 의한 것.	㉠ 제작시 평형시험 등의 철저 ㉡ 정기적인 청소 점검 실시

　㉡ 베어링 간극이 부적당한 경우

원 인	대 책
㉠ 제작시 축과 베어링의 간극 조정 불량 ㉡ 윤활계통의 청소불량에 의한 베어링 마모 ㉢ 장시간 운전에 의한 마모	㉠ 제작시 베어링 간극 재조정 ㉡ 윤활계통의 청소 ㉢ 윤활유 교환 ㉣ 베어링 간극이 항상 허용범위 내에 있도록 한다.

　㉢ 래비린스와 회전체의 접촉

원 인	대 책
㉠ 설치불량에 의한 것. ㉡ 열팽창에 의한 것.	㉠ 정기적인 조사에 의해 항상 허용값 내에 있도록 한다. ㉡ 설치시 래비린스와 회전체의 간극 재조정

　㉣ 설치 또는 센터링 불량

원 인	대 책
㉠ 기초의 강도 부족과 설치 불량에 의한 것. ㉡ 축 조인트면의 직각 불량에 의한 것. ㉢ 압축기의 위치가 열팽창에 의해 변한 경우	㉠ 베이스의 견고한 설치 및 강도 유지 ㉡ 다이얼 게이지에 의한 직각도 수정 ㉢ 열팽창에 의한 축심의 차이를 미리 고려하여 설치

　㉤ 기초불량 : 설치가 불량한 경우 회전체의 언밸런스에 의해 진동이 발생된다.
　㉥ 불안정한 상태에서 운전되고 있는 경우 : 서징의 발생원인 및 기계수명단축과 베어링의 파손 원인이 된다.

각 압축기의 특징 비교

구 분 \ 방 식	왕복식	회전식	원심식
회전식	저속	중속	고속회전
밸브의 유무	흡입 및 토출 측에 자동밸브가 필요하다.	흡입 밸브는 필요 없고 토출 밸브는 체크 밸브이다.	밸브가 없다.
양정 또는 압축비 (1단에 대해)	고양정, 고압력비에 적합 (압력비 2~12)	고양정에 적합	고양정, 고압력에 적당치 않다.(압력비 1.3 이하)
토출량	대용량인 경우는 대형이 되어 적당치 않다.	용량은 중간정도, 중·소용량일 때 효율이 좋다.	대형이라도 비교적 소용량으로 된다.
바닥면적 및 기초	설치장소가 크고, 견고한 기초가 필요하다.	기초는 간단, 바닥면적은 중간 정도이다.	토출량에 비해 바닥면적이 최소이고, 기초가 간단하다.
유체의 흐름	맥동이 있어 불연속, 관성휠, 공기실, 가스저류부 필요	거의 균일, 관성휠 불필요	아주 균일
윤활유	내부 윤활유 필요	내부 윤활유가 필요한 것도 있다.	내부 윤활유가 불필요
고점도 액체에 대한 특성	효율 변화가 없다.	효율 변화가 없다.	고점도일 때 효율이 상당히 저하
이물을 함유한 유체에 대한 특성	격막식을 제외하고, 일반적으로 적당치 않다.	적당치 않다.	유체 속에 섞인 고체입자등에 대해서 비교적 둔감하다.
수리, 고장 등	밸브 고장이 많으나 수리는 힘들지 않다.	고정밀도가 요구되므로 고장수리가 어렵다.	고장이 적고, 운전이 쉽다.
안전 밸브	압입식이므로 과대한 압력 상승을 피하기 위해 필요하다.	왕복식과 동일	필요 없다. 토출측 전폐로 운전해도 일정압력 이상 안 오른다.
토출압력의 변화와 토출량의 변동	토출압력이 변해도 토출량은 거의 증감하지 않는다.	토출량의 변동은 비교적 적다.	토출압력의 변화에 따라 토출량은 크게 변동한다.
음향진동	크다.	중간 정도이다.	작다

⑤ 축류 압축기

동익과 동익간에 놓여진 정익의 조합으로 된 익렬을 가지고 있는 압축기이다.

㉮ 베인의 배열

㉠ 전치 정익형 : 흐름이 축방향으로 유입되고 최초에 놓여진 전치익형에 의해 동익의 회전방향과 반대방향으로 흐름을 굽히고 동익에 의해 축방향으로 되돌려 토출하는 형식으로 압력 상승이 크나 반면에 효율이 낮으며 반동도는 100~120[%]이다.

㉡ 후치 정익형 : 흐름이 축방향으로 유입되고 동익에 의해 굽혀지며 후치 정익에 의해 축방향으로 되돌려 유입하는 형식으로 효율이 비교적 좋고 반동도는 80~100[%] 이다.

ⓒ 전후치 정익형 : 축방향으로 유입한 흐름을 전치 정익에서 회전방향으로 굽히고 동익에서 다시 동방향으로 굽혀진 부분만을 정익에서 원형으로 되돌리는 형식으로 효율은 가장 좋은 고속에 적합하며 다단의 축류 압축기에서는 이 방식이 가장 많이 취급되고 반동도는 40~60[%] 이다.

㉺ 반동도

축류 압축기에서 하나의 단락에 대하여 임펠러에서의 정압 상승에 대하여 차지하는 비율을 말한다.

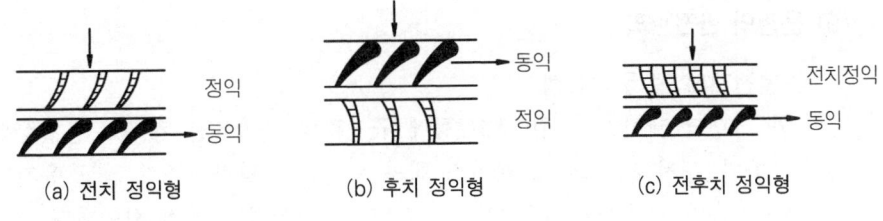

🔹 축류압축기 베인의 배열

(4) 윤활유

① 윤활의 목적
   ㉮ 활동부에 유막을 형성하여 마찰저항을 줄이고, 운전을 원활하게 한다.
   ㉯ 유막을 형성하여 가스의 누설을 방지한다.
   ㉰ 활동부의 마찰열을 제거하여 기계효율을 높인다.
   ㉱ 과열압축을 방지하고 기계수명을 연장시킨다.
   ㉲ 방청효과를 지닌다.

② 윤활유의 구비조건
   ㉮ 화학적으로 안정하여 사용가스와 반응하지 않을 것.
   ㉯ 인화점이 높고 응고점이 낮을 것.
   ㉰ 점도가 적당하고 항유화성이 클 것.
   ㉱ 수분 및 산 등의 불순물이 적을 것.
   ㉲ 열안정성이 좋아 쉽게 열분해하지 않을 것.
   ㉳ 정제도가 높아 잔류탄소가 적을 것.

③ 각 압축기의 내부 윤활유
   ㉮ 공기 압축기 : 양질의 광유(고급 디젤 엔진유)

> **[참고]**
> 공기 압축기의 내부 윤활유는 재생유 이외의 것으로서 잔류탄소의 질량이 전 질량의 1[%] 이하로 인화점이 200[°C] 이상되고 170[°C]의 온도에서 8시간 이상 교반해도 분해하지 않는 것. 또는 잔류탄소의 질량이 전질량의 1[%]를 초과하고 1.5[%] 이하로 인화점이 230[°C] 이상되고 170[°C]의 온도에서 12시간 이상 교반해도 분해하지 않는 것이어야 한다.

㉯ 산소 압축기 : 물 또는 10[%] 이하의 묽은 글리세린수
㉰ 염소 압축기 : 진한 황산류(건조제로도 사용)
㉱ 아세틸렌 압축기 : 양질의 광유로서 점도가 높은 것을 사용
㉲ 수소 압축기 : 양질의 광유로서 항유화성이 높은 것을 사용
㉳ 아황산가스 압축기 : 화이트유나 정제된 용제 터빈유
㉴ 염화 메탄 압축기 : 화이트유
㉵ LP가스 압축기 : 식물성유

(5) 운전의 안전관리

① 운전개시 전 주의사항
㉮ 크랭크 케이스, 오일 탱크 등에 규정량의 윤활유를 채우고 윤활상태를 점검 확인한다.(운전 전 크랭크 케이스 내의 오일의 적당량의 2/3 정도 유지)
㉯ 압축기에 부착된 모든 볼트, 너트의 점검상태를 점검 확인한다.
㉰ 냉각수계통의 밸브를 열고 냉각수의 순환여부를 점검 확인한다.
㉱ 압력계, 압력조정 밸브, 드레인 밸브 등을 모두 열어 압력지시의 이상 유무를 확인한다.
㉲ 소형 압축기는 손으로 몇 번 풀리를 회전시켜 보아 무부하상태인 것을 확인하고, 전동기가 연결된 것은 스위치를 단속적으로 넣어 보아 실린더에 이 물질이 끼지 않았는가를 확인 점검한다.
㉳ 흡입 밸브는 닫혀 있고, 바이패스 밸브나 드레인 밸브가 열린 상태로 스위치를 넣는다.
㉴ 정규회전이 되면 드레인 밸브 및 바이패스 밸브를 잠그고 동시에 흡입 밸브를 개방시킨다.
㉵ 각 단의 압력, 윤활유, 온도, 소음, 진동 및 누설에 주의한다.

② 운전 중의 주의사항
㉮ 각 단의 흡입 및 토출 압력과 온도의 이상유무상태
㉯ 각 단의 누설, 진동, 이상음, 냉각수량 및 수온, 오일의 압력 및 온도의 적정여부
㉰ 베어링 온도의 변화 및 이상 상승유무상태
㉱ 크랭크 케이스의 유면상태
㉲ 전압계 및 전류계의 지시상태
㉳ 자동장치 및 계기의 작동유무상태

③ 정지시의 주의사항
㉮ 전동기의 스위치를 끊고 흡입 밸브를 닫는다.
㉯ 회전이 완전 정지되면 토출 밸브를 닫는다.
㉰ 냉각수 밸브를 닫아 냉각수의 공급을 차단한다.
㉱ 장기간 정지시 워터 재킷이나 기타 응축수 또는 오일을 충분히 드레인 시킨다.

④ 분해 점검시의 주의사항
   ㉮ 분해 점검시 기계가 작동치 않도록 동력원과 확실히 끊어 놓는다.
   ㉯ 내부의 가스가 독성이나 가연성이면 불활성 가스로 완전히 치환한 후 검사나 점검한다.
   ㉰ 분해작업에 들어가기 전 각 단의 압력이 없음을 확인한 후 한다.
   ㉱ 실린더 헤드를 분해시 볼트는 대각선의 방향으로 천천히 풀어 나간다.

⑤ 압축기의 이상 현상
   ㉮ 1단 흡입압력 이상 상승의 원인과 이상 저하의 원인

상 승 원 인	저 하 원 인
㉠ 1단 흡입, 토출, 밸브 불량	㉠ 흡입관로의 저항 과대
㉡ 흡입관계에 의한 고압의 유입	㉡ 발생량과의 밸런스

   ㉯ 중간 압력 이상 상승의 원인과 토출압력 저하의 원인

상 승 원 인	저 하 원 인
㉠ 다음단의 흡입·토출 밸브 불량	㉠ 흡입·토출 밸브의 불량
㉡ 중간단에의 바이패스의 순환	㉡ 흡입측의 바이패스의 순환
㉢ 중간단 냉각기의 능력 저하	㉢ 전단의 냉각기의 과냉
㉣ 다음단의 클리어런스 밸브의 불완전 폐쇄	㉣ 전단의 클리어런스 밸브 불완전 폐쇄
㉤ 다음단의 피스톤 링 마모	㉤ 전단의 피스톤링 마모
㉥ 피스톤의 고압 피스톤 링 마모	㉥ 흡입관 저항 증대
㉦ 토출 배관의 저항 증대	㉦ 흡입관로의 누설
㉧ 다음단의 흡입 밸브 언로드 복귀 불량	㉧ 흡입 밸브 언로드의 복귀 불량

   ㉰ 유압 이상 상승의 원인과 이상 저하의 원인

상 승 원 인	저 하 원 인
㉠ 유여과기의 오손	㉠ 기어 펌프 불량
㉡ 릴리프 밸브의 작동 불량	㉡ 릴리프 밸브의 작동 불량
㉢ 유온이 낮기 때문	㉢ 유온이 높기 때문
㉣ 관로의 오손	㉣ 관로의 오손 때문
	㉤ 관로 기밀 불량에 의한 공기 흡입

   ㉱ 흡입 온도의 이상 상승 원인과 이상 저하의 원인

상 승 원 인	저 하 원 인
㉠ 흡입 밸브 불량에 의한 역류	㉠ 전단의 쿨러 과냉
㉡ 전단 냉각기의 능력 저하	㉡ 바이패스 순환량이 많다.
㉢ 관로에 수열이 있다.	

㉮ 토출 온도의 이상 상승 원인과 이상 저하의 원인

상 승 원 인	저 하 원 인
㉠ 토출 밸브 불량에 의한 역류 ㉡ 흡입 밸브 불량에 의한 고온가스 흡입 ㉢ 압축비 증가 ㉣ 전단 쿨러 불량에 의한 고온 가스의 흡입	㉠ 흡입 가스 온도의 감소 ㉡ 압축비의 감소 ㉢ 실린더의 과냉각

㉯ 유온의 이상 상승 원인과 이상 저하의 원인

상 승 원 인	저 하 원 인
㉠ 기어 펌프의 불량 ㉡ 오일 쿨러의 불량 ㉢ 습동부의 발열 과대 ㉣ 냉각수량의 감소, 수온의 상승	㉠ 오일 쿨러의 과냉각 ㉡ 냉각수량의 증대 및 수온의 저하시

㉰ 베어링 온도 이상 상승의 원인과 쿨러·세퍼레이터 내부에 이상음 발생원인

베어링 온도 이상 상승 원인	쿨러 세퍼레이터 내부에 이상음 발생 원인
㉠ 베어링이 소착하고 있다. ㉡ 베어링의 간극이 과소 ㉢ 유온이 높다. ㉣ 유량이 부족하다. ㉤ 운전이 비정상적이며 중하중을 받고 있다.	㉠ 내부 부품이 이완되고 있다. ㉡ 내부에 이물질이 개입하고 있다. ㉢ 기주의 공진

㉱ 크로스 헤드 및 각 습동부의 온도 상승 원인과 주유 배관의 온도 상승 원인

크로스 헤드 및 각 습동부의 온도 상승 원인	주유 배관의 온도 상승 원인
㉠ 습동부가 소착되었기 때문 ㉡ 피스톤 로드에서 가스누설이 있기 때문	㉠ 배관속의 논리 턴 밸브의 작동 불량 ㉡ 주유가 불량에 의해 급유가 불량하다.

㉲ 프레임에 이상음 발생 원인과 실린더에서의 이상음 발생 원인

프레임의 이상음 발생 원인	실린더에서의 이상음 발생 원인
㉠ 주 베어링 메탈 간극 과대 ㉡ 크랭크 메탈 간극 과대 ㉢ 가드존 핀(gudgeon pin) 간극 과대 ㉣ 크로스 헤드 간극 과대 ㉤ 빅 엔드 볼트의 이완 ㉥ 크로스 헤드, 피스톤 로드 장치여부의 이완 ㉦ 피스톤 결합 너트의 이완 ㉧ 실린더와 피스톤이 접촉한다. ㉨ 실린더 내에 이물질이 개입하고 있다. ㉩ 실린더 내에 다량의 드레인 기름의 혼입에 의해 리키드 해머를 일으키고 있다. ㉪ 실린더 라이너에 편감 또는 손상이 있다.	㉠ 실린더와 피스톤이 닿는다. ㉡ 실린더 내에 이물이 혼입하고 있다. ㉢ 실린더 내에 다량의 드레인, 기름의 혼입에 의해 리키드 해머를 일으키고 있다. ㉣ 피스톤 링이 마모하고 가스의 분출 ㉤ 실린더 라이너가 덜컹거린다. ㉥ 실린더 라이너에 편감 또는 홈이 있다.

㊂ 클리어런스 밸브 내에 이상음 발생 원인과 체크 밸브 내에 이상음 발생 원인

클리어런스 밸브 내의 이상음 발생 원인	체크 밸브 내의 이상음 발생 원인
㉠ 밸브 시트가 이완 ㉡ 완전히 폐쇄되지 않았으므로 시이트를 두드린다. ㉢ 타이트면에서의 가스 누설	㉠ 밸브 시트가 이완 ㉡ 내부에 이물질이 혼입하고 있다. ㉢ 타이트면에서의 가스 누설

⑥ 압축기의 점검주기

점검시간	점검부분	내용
1시간마다	① 각단압력계 ② 유압압력계 ③ 각단온도계 ④ 유, 수온도계 ⑤ 전력, 전압, 전류계 ⑥ 처리 가스량 ⑦ 드레인 밸브	기록한다. 기록한다. 기록한다. 기록한다. 기록한다. 기록한다. 드레인을 배출한다.
8시간마다	① 외부유의 유조의 유면 ② 기동주유기의 유면 ③ 주유용 오일 사이트	유량은 적정한가, 필요하면 추가한다. 유량은 적정한가, 필요하면 추가한다. 주유기의 작동은 정상인가
1,500~2,000 시간마다	① 흡입, 토출 밸브 ② 실린더 내면 ③ 프레임 윤활유 ④ 프레임 윤활유 오일 필터 ⑤ 흡입 필터	① 분해점검, 파손품 또는 소모품의 교환 ② 시트면 점검, 필요하면 접합 또는 수정 ① 라이너 내부의 마진을 조사한다. ② 윤활상태를 조사한다. ① 윤활유의 변질과 오손의 점검, 필요하면 교환 ② 청소
3,500~4,500 시간마다	① 메탈릭 패킹 및 오일 드라워링 ② 피스톤 로드	① 패킹의 분해청소 ② 마모상태 점검, 습동부에 손상 또는 편감이 없는가
8,000~9,000 시간마다	① 프레임 　㉮ 크로스 가이드 　㉯ 프레임 오일 드라워 ② 커넥팅 로드 　㉮ 크랭크 핀 메탈 　㉯ 가드존 핀 메탈 　㉰ 본체 및 빅 엔드 볼트 ③ 크로스 헤드 　㉮ 크로스 슈 　㉯ 가드 존 핀 　㉰ 본체	습동부 마모상태 점검 마모상태 점검, 필요하면 접합 또는 교환 마모상태 점검, 필요하면 교환 마모상태 점검, 필요하면 교환 심상시험(자기심상) ① 마모상태 점검 ② 간극조정(이동슈우) ① 마모상태 점검, 필요하면 교환 ② 심상시험(자기심상)

점검시간	점검부분	내　　　　용
8,000~9,000 시간마다	④ 크랭크 샤프트 　㉮ 크랭크 핀	① 마모상태 점검 ② 심상시험(자기심상)
	㉯ 크랭크 아암	데플렉션의 측정
	㉰ 주베어링 져널부	마모상태 점검
	⑤ 주베어링 　㉮ 주베어링 메탈	마모상태 점검, 필요하면 교환
	⑥ 실린더	
	㉮ 내면	부식은 없는가, 두께검사
	㉯ 타이트면	손상은 없는가, 있으면 수정
	㉰ 재킷 커버	물때 청소
	⑦ 실린더 라이너 　습동면	마모상태 점검, 필요하면 교환
	⑧ 피스톤	
	㉮ 피스톤 링	마모상태 점검, 필요하면 교환
	㉯ 피스톤 슈	마모상태 점검
	㉰ 피스톤 본체	링홈점검, 마모상태점검
	㉱ 피스톤 결합 너트	풀림상태 점검
	⑨ 피스톤 로드	① 습동부마모상태 점검 ② 심상시험(초음파, 자기심상) ③ 스윙의 측정
	⑩ 실린더 헤드	설치상태 점검, 필요하면 조정
	⑪ 각종 스톱밸브, 바이패스밸브	① 분해 점검 ② 밸브 시트 및 밸브 타이트면 검검, 필요하면 접합 또는 분해 점검
	⑫ 드레인 밸브	① 분해점검 ② 시트면의 점검, 필요하면 밸브 주요부의 교환
	⑬ 안전 밸브	① 분해 점검 ② 밸브 시트 및 밸브 타이트면 점검, 필요하면 접합 또는 분해점검 ③ 작동 시험
	⑭ 체크 밸브	① 분해 점검, 파손품 또는 마모부품 교환 ② 시트면 점검, 분해 점검
	⑮ 가스, 오일 쿨러	① 물때 청소 ② 부식의 유무조사, 두께검사 　방식아연판이 있는 것에서는 아연판의 소모 정도 및 교환
	⑯ 세퍼레이터	내면점검, 두께검사
	⑰ 가스배관	필요하면 배관의 부수, 두께검사
	⑱ 유배관	플레싱 시행
	⑲ 주유배관	논리턴 밸브의 분해 점검, 필요하면 교환
	⑳ 급유장치	
	㉮ 기어 펌프	분해 점검
	㉯ 여과기	내부 청소

점검시간	점검부분	내용
8,000~9,000 시간마다	㉑ 계기 ㉒ 계장품	작동확인 작동확인
5~6년 마다	① 크랭크축 ② 실린더 라이너 ③ 실린더 심 ④ 프레임과 크로스 가이드심 ⑤ 기초 콘크리트	크랭크축의 재기반 가공 실린더 라이너 내경 보링 실린더 재심출 평행도수정 크랙 등 콘크리트 재타

2. 펌프(pump)

(1) 펌프의 개요 및 분류

펌프란 액체에 에너지를 주어 이것을 저압부(낮은곳)에서 고압부(높은곳)로 송출하는 기계로서 작동상 크게 분류하면 다음과 같다.

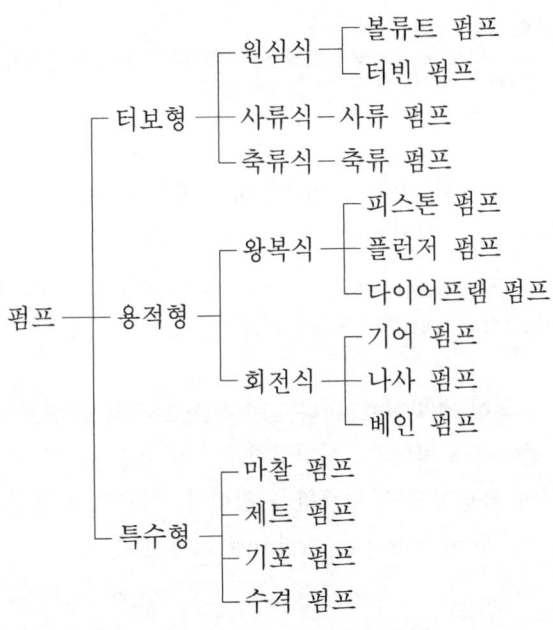
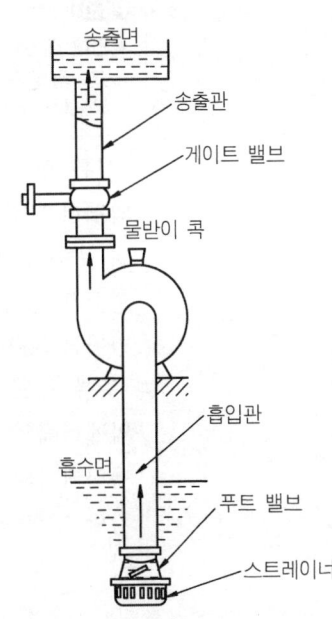

◘ 원심 펌프의 계통도

(2) 각 펌프에 대한 특성

① 터보형 펌프

복류 펌프라고도 하며 임펠러에 흡입된 물은 축과 직각의 복류방향으로 토출된다. 이 물은 그 외주에 설치된 볼류트 케이싱에 유도하고 버텍스 체임버에서 운동 에너지를 압력 에너지로 가급적 수력 손실이 없도록 변화시켜 토출하는 형식의 펌프이다. 비교적 고양정에 적합하며 비속도 범위는 $100 \sim 600 [m^3/min \cdot m \cdot rpm]$에 해당된다.

㉮ 원심 펌프(센트리퓨걸 펌프)
  ㉠ 볼류트 펌프 : 임펠러에서 나온 물을 직접 볼류트 케이싱에 유도하는 형식(안내 날개 없다.)
  ㉡ 터빈(디퓨저) 펌프 : 안내 베인을 통한 다음 볼류트 케이싱에 유도하는 형식(안내날개 있다.)

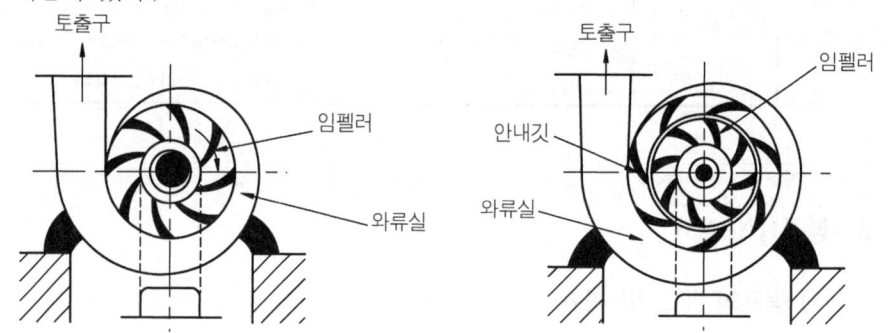

■ 볼류트 펌프   ■ 터빈 펌프

[참고]
■ 안내 베인(깃)을 설치하는 이유
고양정 펌프의 경우에 임펠러에서 나온 유속이 빠른 물을 안내 베인을 통한 다음 볼류트 케이싱에 유도함으로서 효율적으로 압력 에너지로 변화시킬 수 있도록 한다.

㉯ 사류 펌프
임펠러에서 나온 물의 흐름이 축에 비하여 비스듬히 나오는 펌프로서, 임펠러에서의 물을 안내 베인에 유도하여 그 회전방향성분을 축방향성분으로 바꾸어 토출하는 형식과 볼류트 케이싱에 유도하는 형식이 있다. 비교적 중양정에 적합하며 비속도 범위는 500~1,300[m^3/min·m·rpm]에 해당된다.

㉰ 축류 펌프
임펠러에서 나오는 물의 흐름이 축방향으로 나오는 펌프로서 사류 펌프와 같이 임펠러에서의 물을 안내 베인에 유도하여 그 회전방향성분을 축방향으로 고쳐 이것에 의한 수력손실을 적게 하여 축방향으로 토출하는 것이다. 비교적 저양정에 적합하여 비속도 범위는 1,200~2,000[m^3/min·m·rpm]에 해당된다.

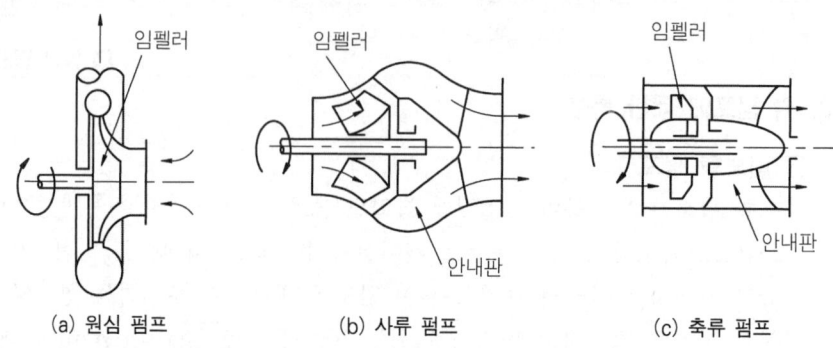

(a) 원심 펌프   (b) 사류 펌프   (c) 축류 펌프

■ 터보형 펌프의 종류

> **[참고]**
> ■ 터보형 펌프의 양정범위
> ① 터빈 펌프 : 20~30[m] ② 볼류트 펌프 : 10~12[m]
> ③ 사류 펌프 : 5~8[m]   ④ 축류 펌프 : 1~5[m]

   ㉣ 터보형 펌프의 구조
      ㉠ 케이싱(casing)
         ⓐ 상하 2분할형
         ⓑ 사이드 커버형
         ⓒ 윤절형
         ⓓ 2중통형
      ㉡ 임펠러(impeller) : 원심 펌프 내에서 회전하는 부분이며 모터에서 받은 기계적 회전력을 물에 주어 압력과 속도 수두(head)로 변화시키는 역할을 한다.

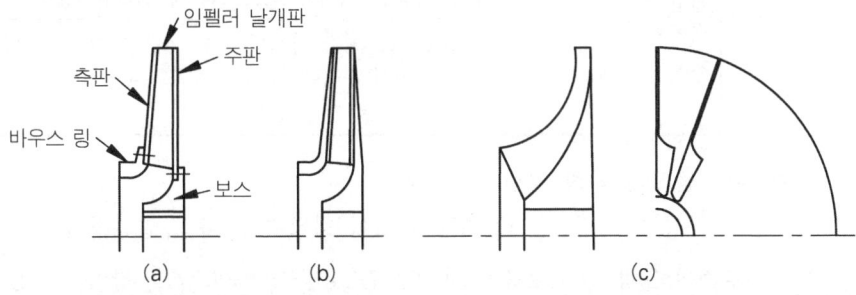

↑ 케이싱

         ⓐ 클로우스 임펠러 : 측판이 있는 것.
         ⓑ 오픈 임펠러 : 측판이 없는 것.

↑ 임펠러 구조의 여러 가지

      ㉢ 가이드 베인(guide vane) : 임펠러에서 얻은 속도 에너지를 압력 에너지로 변화시켜 주며 임펠러의 외곽에서 설치한다.
      ㉣ 축봉장치(shaft seal) : 펌프축과 케이싱이 관통되는 곳에 누설을 방지하기 위하여 설치된다.
         ⓐ 글랜드 패킹형 : 내부의 취급액이 누설하여도 무방한 경우에 사용되며 일반적으로 널리 사용되는 형식으로 섬유나 고무를 삽입하여 기밀을 유지한다.

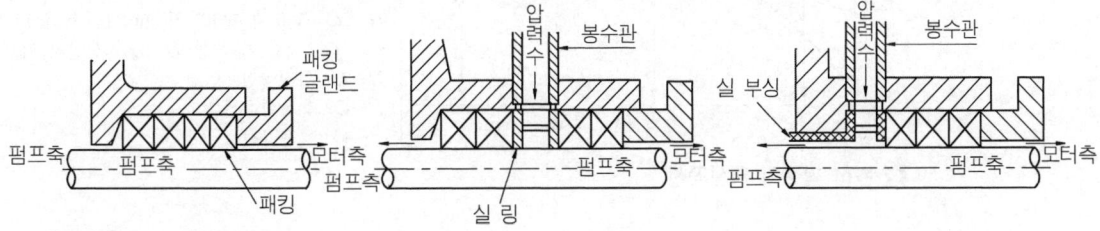

↑ 글랜드 패킹의 형식

ⓑ 메카니컬 실형 : 가연성 및 유독성 등의 액체를 이송하는 경우 정밀한 축봉성을 유지하기 위하여 스프링 및 벨로즈를 이용한 실 형식

◘ 메카니컬 실 방식의 형식 및 특징

형식	분류	특징
실 형식	싱글 실형	일반적으로 사용되는 방식이다.
	더블 실형	① 보온보냉이 필요한 때 ② 인화성 또는 유독액이 강한 액일 때 ③ 누설되면 응고되는 액일 때 ④ 기체를 시일할 때 ⑤ 내부가 고진공일 때
세트 형식	인사이드형	일반적으로 사용되는 방식이다.
	아웃사이드형	① 저융고점의 액일 때 ② 구조재·스프링재가 액의 내식성에 문제점이 있을 때 ③ 점성계수가 100[CP]를 초과하는 액일 때 ④ 스타핑 박스 내가 고진공일 때
면압 밸런스 형식	언밸런스 실	일반적으로 사용되며 윤활성이 좋은 액체로 약 7[kg/cm^2] 이하에 사용한다.(나쁜 액으로는 약 2.5[kg/cm2] 이하일 때
	밸런스 실	① L.P.G, 액화 가스와 같이 낮은 비점의 액체일 때 ② 내압이 4~5[kg/cm^2] 이상일 때 ③ 하이드로 카본일 때

㈑ 원심 펌프의 특성 곡선

펌프의 성능을 표시할 때 그림과 같이 회전수 N과 흡입양정 H_S를 일정하게 하여 가로축에 유량 Q 세로축에 전양정 H, 효율 η, 동력 L을 잡아 $H \sim Q$, $\eta \sim Q$, $L \sim Q$의 3곡선을 그리는데 이것을 펌프의 특성곡선 또는 성능곡선(characteristic curve)이라 한다.

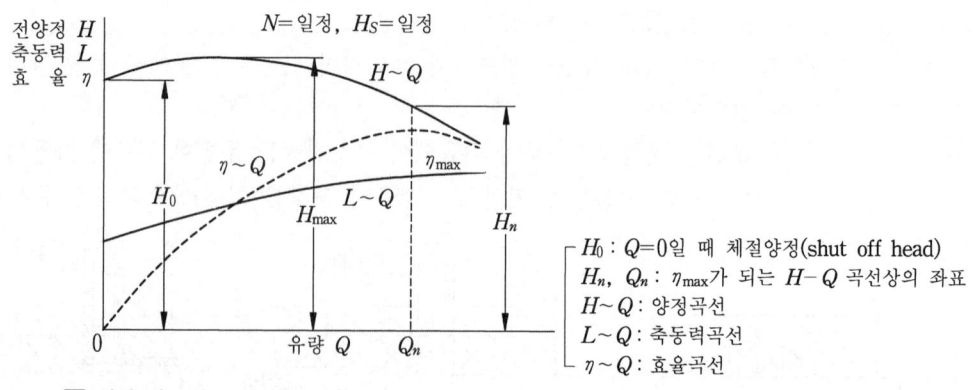

◘ 원심 펌프의 특성곡선

㈐ 원심 펌프의 계산
  ㉠ 실양정 (H_a)

  $$H_a = H_s + H_d \qquad \begin{bmatrix} H_s : \text{흡입 실양정} \\ H_d : \text{토출 실양정} \end{bmatrix}$$

  ㉡ 전양정 (H)

  $$H = H_a + H_{fd} + H_{fs} + h_0 \qquad \begin{bmatrix} H_a : \text{실양정} \\ H_{fd} : \text{토출관의 손실수두} \\ H_{fs} : \text{흡입관의 손실수두} \\ h_0 : \text{잔류속도 수두} \left(\dfrac{V^2}{2g}\right) \end{bmatrix}$$

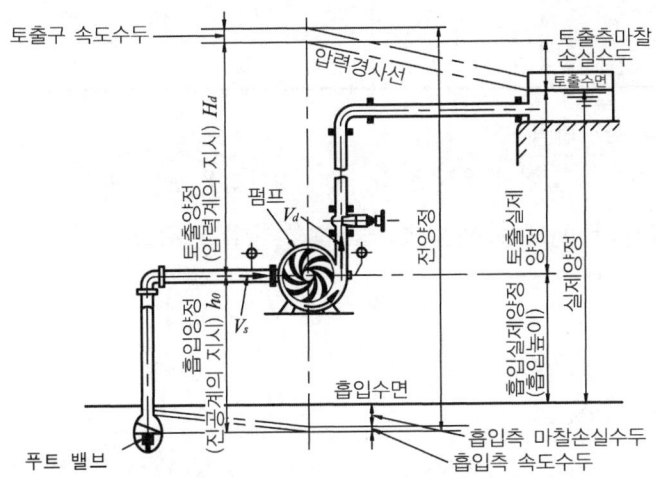

◘ 원심 펌프의 개략도

  ㉢ 펌프의 수동력 : 펌프에 의해 유체에 주어지는 동력

  $$L_W = \frac{rHQ}{75 \times 60} \, [\text{PS}], \quad L_W = \frac{rHQ}{102 \times 60} \, [\text{kW}]$$

  $$\begin{bmatrix} r : \text{액체의 비중량}[\text{kg/m}^3] \\ H : \text{전양정}[\text{m}] \\ Q : \text{유량}[\text{m}^3/\text{min}] \end{bmatrix}$$

  ㉣ 펌프의 축동력 : 원동기에 의해 펌프를 운전하는데 실제로 소요되는 동력

  $$L = \frac{L_W}{\eta} \qquad \eta : \text{펌프의 효율}$$

  따라서 펌프의 효율 $\eta = \dfrac{L_W}{L}$ 가 된다.

㉢ 펌프의 회전수

$$N = n\left(1 - \frac{S}{100}\right) = \frac{120f}{P}\left(1 - \frac{S}{100}\right)$$

- n : 등기속도[rpm]
- S : 펌프를 운전할 때 부하[load] 때문에 생기는 미끄럼율[%]

> **참고**
>
> ■ 등기속도 [n]
>
> $$n = \frac{120f}{P}$$
>
> P : 전동기의 극수
> f : 전원의 주파수

■ 3상유도 전동기의 등기속도[rpm]

극 수	2	4	6	8	10	12	14	16
주파수(60[HZ])	3,600	1,800	1,200	900	720	600	514	450

㉣ 펌프의 상사법칙

2대의 펌프에 있어서 유량을 Q_1, Q_2, 전양정을 H_1, H_2, 축동력을 L_1, L_2라 할 때 회전수가 N_1에서 N_2로 변화된 경우 다음과 같은 비례식이 성립된다.

ⓐ $\dfrac{Q_1}{Q_2} = \dfrac{N_1}{N_2}$ ∴ 토출량 $Q_2 = Q_1 \times \left(\dfrac{N_2}{N_1}\right)$

ⓑ $\dfrac{H_1}{H_2} = \left(\dfrac{N_1}{N_2}\right)^2$ ∴ 양 정 $H_2 = H_1 \times \left(\dfrac{N_2}{N_1}\right)^2$

ⓒ $\dfrac{L_1}{L_2} = \left(\dfrac{N_1}{N_2}\right)^3$ ∴ 축동력 $L_2 = L_1 \times \left(\dfrac{N_2}{N_1}\right)^3$

- N_1 : 최초의 회전수
- N_2 : 나중의 회전수

㉤ 비교회전도(비속도)

ⓐ 1단일 때 : $N_s = \dfrac{N\sqrt{Q}}{H^{3/4}}$

ⓑ n단일 때 : $N_s = \dfrac{N\sqrt{Q}}{\left(\dfrac{H}{n}\right)^{3/4}}$

- N : 임펠러의 회전수[rpm]
- Q : 토출량[m³/min]
- H : 양정[m]
- n : 단수

② 용적형 펌프

㉮ 왕복 펌프

실린더 내의 피스톤 또는 플런저를 왕복시키고 밸브의 개폐와 연동시켜 액체를 압송하는 작용을 한다.

㉠ 피스톤 펌프 : 비교적 용량이 크고 압력이 낮은 경우에 사용
㉡ 플런저 펌프 : 용량이 적고 압력이 높은 경우에 사용

> **[참고]**
> 피스톤과 플런저의 구별은 로드의 단면보다 큰 것을 피스톤이라 하고 동일 치수의 것을 플런저라 한다.

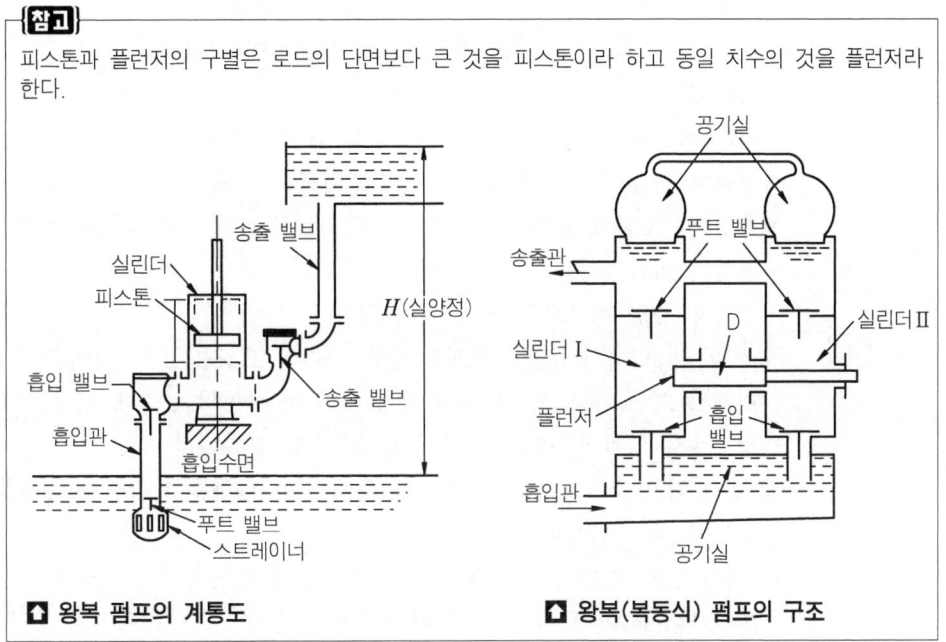

▲ 왕복 펌프의 계통도　　　　**▲ 왕복(복동식) 펌프의 구조**

ⓒ 다이어프램 펌프 : 진흙이나 모래가 많은 물 또는 특수 용액 등을 이송하는데 주로 사용하며 고무막을 상하로 운동시켜, 퍼 올리는 방식으로 글랜드가 없고 누설을 완전히 방지할 수 있으므로 화약액의 이송에 주로 사용된다.

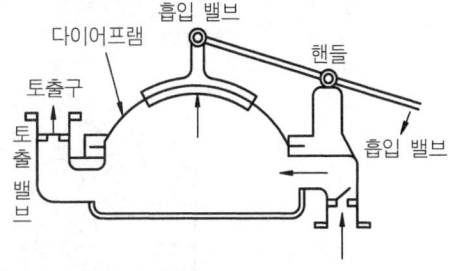

▲ 다이어프램 펌프

ⓔ 왕복 펌프의 구조
　ⓐ 글랜드 패킹
　　• 저속 저압의 경우 : 각형으로 짠 목면이나 마, 피혁 등이 사용
　　• 고압인 경우 : 불소 고무, 폴리우레탄 고무, 테프론 등으로 된 V 또는 U 패킹이 사용
　　• 초고압인 경우 : 화이트 메탈 사용
　ⓑ 밸브
　　• 원판 밸브 : 밸브 본체에 설치한 봉을 안내로 하여 움직이는 일반적인 밸브
　　• 윤형 밸브 : 원판 밸브에 비하여 유로 유효면적이 커지므로 리프트가 적어도 된다.
　　• 원뿔 밸브 : 고압에 적합한 밸브
　　• 구 밸브 : 점성액이나 고형물이 들어가 있는 액에 적합하다.
　ⓒ 공기실(어큐물레이터) : 펌프의 맥동을 감소시키기 위해 흡입 및 토출관에 부착된 것.

- 기액식   • 스프링식   • 중추식

ⓓ 플라이 휠 : 구동력을 평균화시키기 위하여 설치한다.

㉃ 회전 펌프

로터리 펌프라고도 하며 펌프 본체속의 회전자(Rotor)가 본체(케이싱)와의 틈새로 회전하여 액을 흡입측에서 토출측으로 압축하는 펌프로서 그 특징으로는

- 흡입 및 토출 밸브가 없고 연속 회전하므로 토출액의 맥동이 적다.
- 점성이 있는 액체 이송에 좋다.
- 고압용 유압 펌프로서 널리 사용된다.

㉠ 기어 펌프(치차 펌프) : 2개의 같은 크기의 모양을 갖는 기어를 원통 속에서 물리게 하고 케이싱 속에서 회전시켜 이와 이 사이의 공간에 있는 액체를 송출하는 펌프로서 외치식, 내치식, 편심 로터식으로 분류된다.

㉡ 나사 펌프(스크루 펌프) : 관속에 들어 있는 나사를 회전시켜 유체를 축방향으로 흐르게 하는 펌프이다.

㉢ 베인 펌프(편심 펌프) : 원통형 케이싱 안에 편심회전자가 있고 그 홈 속에 판상의 깃(Vane)이 들어 있으며 이 베인이 원심력 또는 스프링의 장력에 의해 벽에 밀착되어 회전하면서 액체를 압송하는 형식의 펌프이며 주로 유압 펌프용으로 사용된다.

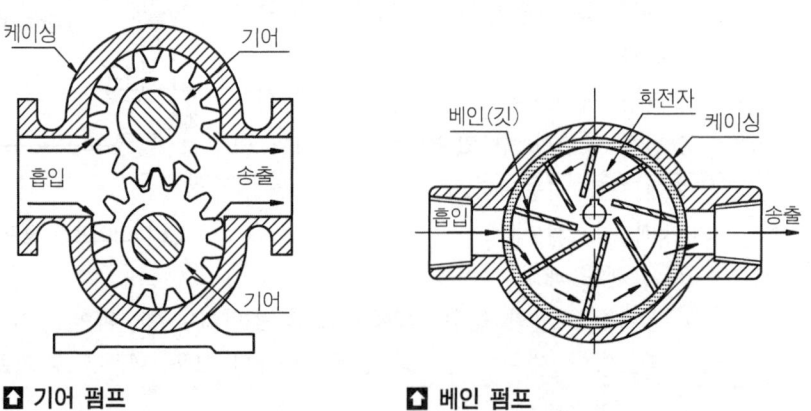

🔼 기어 펌프   🔼 베인 펌프

(3) 펌프의 안전관리

① 터보 펌프의 안전사항

㈎ 시동전 주의사항

㉠ 축심의 점검   ㉡ 모터의 회전방향 확인
㉢ 윤활유의 점검   ㉣ 토출 밸브의 닫힘
㉤ 흡입 밸브의 열림 확인   ㉥ 공기빼기
㉦ 손으로 돌려보아 이물질이 끼어있는가를 확인
㉧ 흡입측 액의 확인

㈐ 시동시 주의사항
  ㉠ 전류계 및 압력계를 확인하고 운전실시
  ㉡ 음향 및 진동에 주의
  ㉢ 축받이 및 모터의 온도에 주의
  ㉣ 누설에 주의
㈑ 운전 요령
  ㉠ 송출 밸브를 전폐한다.
  ㉡ 펌프 케이싱 안에 물을 채운다.
  ㉢ 모터의 스위치를 넣는다.
  ㉣ 소정의 압력을 확인 후 송출 밸브를 천천히 연다.
㈒ 운전정지 순서
  ㉠ 송출밸브를 천천히 닫는다.   ㉡ 모터의 스위치를 정지시킨다.
  ㉢ 흡입 밸브를 닫는다.   ㉣ 잔류액을 드레인시킨다.

② 왕복 펌프의 안전사항
  ㈎ 시동전 주의사항
    ㉠ 윤활유의 점검   ㉡ 손으로 돌려 이물질이 끼어있는가를 확인
    ㉢ 축심이나 패킹의 상태점검   ㉣ 모터의 회전방향을 점검
  ㈏ 운전 요령
    ㉠ 흡입 밸브를 연다(기어 펌프에서는 송출 밸브를 먼저 연다).
    ㉡ 모터 스위치를 넣는다.
    ㉢ 소정의 압력을 확인 후 송출 밸브를 천천히 연다.
  ㈐ 운전정지 순서
    ㉠ 모터의 스위치를 끈다.
    ㉡ 송출 밸브를 닫는다(기어 펌프에서는 흡입 밸브를 먼저 닫는다).
    ㉢ 흡입 밸브를 닫는다(기어 펌프에서는 송출 밸브를 닫는다).
    ㉣ 잔류액을 배출시킨다.

③ 펌프의 고장원인과 대책
  ㈎ 펌프가 액을 토출하지 않는 원인
    ㉠ 탱크 내의 액면이 낮아졌다(탱크와 펌프의 수직간격이 적당하지 않고 액면이 어느 위치 이하로 되면 펌프는 액을 흡입, 토출하지 않는 수가 있다. 이와 같은 펌프의 설치는 피해야 하나 부득이한 때는 탱크의 액면을 높게 한다).
    ㉡ 흡입관로가 막혀 있다(여과기의 막힘, 밸브가 완전히 열리지 않음, 배관의 구경이 가늘 때 캐비테이션을 일으켜 액을 흡입 토출하지 않는 수가 있다. 여과기의 청소, 밸브를 완전히 여는 등의 조치를 한다).
    ㉢ 흡입측에 누설개소가 있다(누설에 의해 액 중에 증기가 발생하여 흐름이 불연속으로 될 수 있다. 누설개소를 점검하여 수리한다).

㈏ 액압이 올라가지 않는 원인
　㉠ 펌프가 액을 토출하지 않는다.
　㉡ 도피 밸브 설정이 적절하지 않다(도피 밸브 조절압력을 조사한다).
㈐ 펌프의 소음 및 진동의 발생 원인
　㉠ 흡입관로가 막혀 있다.
　㉡ 펌프의 구동속도가 빠르다(최대속도가 소정의 속도인가를 조사한다).
　㉢ 펌프의 회전방향이 바르지 않다(방향이 반대일 때는 펌프 부품의 교환을 필요로 하는 경우가 있는 것에 주의한다).
　㉣ 캐비테이션의 발생
　㉤ 공기의 흡입
　㉥ 임펠러에 이물질 혼입
　㉦ 서징 발생시
　㉧ 임펠러 국부 마모 부식
　㉨ 베어링의 마모 또는 파손
　㉩ 기초 불량, 설치 및 센터링 불량
㈑ 펌프의 토출량이 감소할 때의 원인
　㉠ 장기간 운전에 의한 라이닝부의 간극과대
　㉡ 임펠러 자체의 마모부식 : 소음, 진동을 수반할 수 있다.
　㉢ 관로 저항의 증대시(관로의 막힘, 스케일 등의 부착, 토출 밸브 불완전개폐).
　㉣ 공기 흡입시
　㉤ 이물질 혼입시
　㉥ 캐비테이션 발생시
㈒ 전동기의 과부하 원인
　㉠ 펌프가 정상적인 양정 또는 수량으로 운전되지 않을 때, 즉 양정이나 수량이 증가된 때(토출압력 상승, 축동력 상승)
　㉡ 액점도가 증가되었을 때(온도에 의한 영향, 저항 증대)
　㉢ 액비중이 증가되었을 때
　㉣ 베인이나 임펠러에 이물질 혼입시
㈓ 펌프에 공기의 혼입시 영향
　공기를 흡입하면 이상음을 내고 압력계의 지침이 대폭 변동함과 동시에 진동을 수반하며 펌프의 기능불능이나 운전불능의 영향을 끼친다.

(4) 펌프에 발생되는 여러 가지 현상
① 캐비테이션(cavitation)
　유수 중에 어느 부분의 정압이 그때 물의 온도에 해당하는 증기압 이하로 되어 물이 증발을 일으키고 수중에 용입되어 있던 공기가 낮은 압력으로 인하여 기포가 발생하

는 현상으로 공동현상이라고도 한다.
- ㉮ 영향
  - ㉠ 소음과 진동발생
  - ㉡ 깃에 대한 침식
  - ㉢ 양정곡선과 효율곡선의 저하
- ㉯ 발생조건
  - ㉠ 흡입 양정이 지나치게 길 때
  - ㉡ 과속으로 유량이 증대될 때
  - ㉢ 흡입관 입구 등에서 마찰저항 증가시
  - ㉣ 관로 내의 온도가 상승될 때
- ㉰ 방지대책
  - ㉠ 양흡입 펌프를 사용한다.
  - ㉡ 수직축 펌프를 사용하고 회전차를 수중에 잠기게 한다.
  - ㉢ 펌프를 두 대 이상 설치한다.
  - ㉣ 펌프의 회전수를 낮춘다.
  - ㉤ 펌프의 설치위치를 낮추어 흡입양정을 짧게 한다.
  - ㉥ 관지름을 크게 하고 흡입측의 저항을 최소로 줄인다.

② 수격작용(water hammering)
펌프에서 물을 압송하고 있을 때 정전 등으로 급히 펌프가 멈추거나 수량조절 밸브를 급히 폐쇄할 때 관내 유속이 급속히 변화하면 물에 의한 심한 압력의 변화가 생겨 관벽을 치는 현상을 수격작용이라고 한다.

> **[참고]**
> ■ 수격작용 방지책
> ① 완폐 체크 밸브를 토출구에 설치하고 밸브를 적당히 제어한다.
> ② 관지름을 크게 하고 관내 유속을 느리게 한다.
> ③ 관로에 조압수조(surge tank)를 설치한다.
> ④ 플라이 휠을 설치하여 펌프 속도의 급변을 막는다.

③ 서징(surging)
펌프를 운전할 때 송출압력과 송출유량이 주기적으로 변동하여 펌프 입구 및 출구에 설치된 진공계, 압력계의 지침이 흔들리는 현상을 말하며 맥동현상이라고도 한다.
- ㉮ 서징 현상 발생원인
  - ㉠ 펌프를 운전시 주기적으로 운동, 양정, 토출량이 변화될 때
  - ㉡ 수량조절 밸브가 저장 탱크 뒤쪽에 있을 때
  - ㉢ 배관 중에 공기 탱크나 물 탱크가 있을 때
- ㉯ 서징 현상 방지책
  - ㉠ 방출 밸브 등을 사용하여 펌프속 양수량을 서징할 때의 양수량 이상으로 증가시킨다.
  - ㉡ 임펠러나 가이드 베인의 현상과 치수를 바꾸어 그 특성을 변화시킨다.
  - ㉢ 관로에 불필요한 잔류공기를 제거하고 관로의 단면적 및 유속 등을 변화시킨다.

제1장 고압장치 예상문제

제2편 고압가스장치 및 기기
고압장치 | 저온장치 | 가스설비 | 측정기기 및 가스분석

문제 1 다음 압축기의 종류 중 용적형 압축기란?
㉮ 원심식 압축기 ㉯ 축류식 압축기
㉰ 다이어프램식 압축기 ㉱ 혼류식 압축기

문제 2 왕복 압축기 특징이 아닌 것은?
㉮ 용적식이다.
㉯ 오일 윤활식 또는 무급유식이다.
㉰ 압축기 효율이 높다.
㉱ 기체에 맥동이 없고 연속적으로 송출된다.

문제 3 단별 최대 압축비를 가질 수 있는 압축기는 어떤 종류인가?
㉮ 원심식(centrifugal) ㉯ 왕복식(reciprocating)
㉰ 축류식(axial) ㉱ 회전식(rotary)

문제 4 원심 압축기의 설명 중 틀린 것은?
㉮ 임펠러 주위에는 고정된 디퓨저가 있어 가스가 그 곳에 들어가면 속도가 압력으로 변하게 되어 압축이 된다.
㉯ 서징 현상은 운전상 대단히 중요한 현상이므로 흡입온도, 토출온도에 주의를 요한다.
㉰ 원심 압축기가 어떤 한계값 이하의 가스유량으로 운전하게 되면 진동, 소음이 발생한다.
㉱ 원심 압축기는 고속회전을 하기 위하여 증속장치가 필요하다.

문제 5 왕복동식 압축기에서 체적 효율에 영향을 주는 요소가 아닌 것은?
㉮ 톱 클리어런스에 의한 영향 ㉯ 불완전 냉각에 의한 영향
㉰ 기체의 누설에 의한 영향 ㉱ 흡입 및 토출 밸브에 의한 영향

해설 체적 효율에 영향을 주는 인자로는 ㉮ ㉯ ㉰ 외에 사이드 클리어런스에 의한 영향 및 밸브의 하중과 기체의 마찰에 의한 영향 등이 있다.

문제 6 왕복형 다단 압축기의 중간단에서 토출압력이 저하되었다. 그 원인이 아닌 것을 골라라.
㉮ 앞단의 냉각기의 과냉 ㉯ 앞단의 피스톤 링 마모
㉰ 중간단의 흡입 및 토출 밸브의 불량 ㉱ 중간단의 흡입저항 감소

해답 1. ㉰ 2. ㉱ 3. ㉯ 4. ㉯ 5. ㉱ 6. ㉱

해설 • 중간단의 토출압력 이상 저하 원인
  ① 1단 흡입 밸브 누설   ② 1단 토출 밸브 누설
  ③ 1단 흡입관 저항 증대   ④ 1단 및 전단 피스톤 링 마모
  ⑤ 1단 및 전단기능 저하

문제 7 고압가스 제조공장에서 운전 중 왕복동 압축기의 중간단의 압력이 갑자기 상승되었을 때 원인이 아닌 것은?
㉮ 중간단의 냉각 기능 감소   ㉯ 중간단의 흡입관 저항 증대
㉰ 다음 단의 피스톤 링의 마모   ㉱ 다음 단의 바이패스 밸브 순환

해설 • 중간단의 이상압력 상승원인
㉮, ㉰, ㉱ 외에
  ① 다음 단 흡입 밸브 누설   ② 다음 단 토출 밸브 누설
  ③ 다음 단 흡입관 저항 증대 ④ 다음 단 기능 저하

문제 8 다음 중 터보형 압축기(centrifugal compressor)가 아닌 것은?
㉮ 원심식   ㉯ 축류식   ㉰ 스크루식   ㉱ 혼류식

문제 9 다음 원심력을 이용하여 압력과 속도 에너지를 얻어 고속회전이 가능하며 연속적 토출로 맥동이 적은 압축기는?
㉮ 왕복식 압축기   ㉯ 터보 압축기   ㉰ 나사식 압축기   ㉱ 회전식 압축기

문제 10 다음은 원심 압축기와 왕복 압축기를 비교하여 설명한 것이다. 옳은 것은?
㉮ 진동 및 소음은 원심 압축기가 크다.
㉯ 왕복 압축기가 진동 및 기계의 외형이 크다.
㉰ 용량에 비해 원심 압축기가 외형이 크다.
㉱ 원심 압축기가 압축작용이 단속적이라서 기계효율이 좋다.

문제 11 터보 압축기의 진동발생의 주요 원인 중 회전체의 언밸런스에 해당하는 것은?
㉮ 불안정상태에서 운전하는 경우
㉯ 설치 또는 센터링 불량에 의한 것.
㉰ 래비린스와 회전체의 접촉에 의한 것.
㉱ 부식이나 마모에 의한 것.

문제 12 다음 중 회전식 압축기(rotary compressor)의 특징이 아닌 것은?
㉮ 용적형이며 무급유식이다.
㉯ 흡입 밸브가 없고 크랭크 케이스 내는 고압이다.
㉰ 압축이 연속적이고 고진공을 얻을 수 있다.

해답 7. ㉰ 8. ㉰ 9. ㉯ 10. ㉯ 11. ㉱

㈑ 진동이 적으며 고압축비를 얻을 수 있다.

문제 13 스크루 압축기의 특징이 아닌 것은?
㈎ 무급유식 또는 급유식이다.
㈏ 맥동이 없고 연속적으로 압축된다.
㈐ 고속회전이므로 형태가 작고 경량이며, 중·대용량까지 사용한다.
㈑ 기체의 송출에 맥동이 있다.

문제 14 회전 베인형 압축기의 피스톤 가스압축 부분의 두께가 150[mm], 회전수가 360[rpm], 실린더의 안지름이 200[mm], 회전 피스톤의 바깥지름이 80[mm]인 회전 베인형 압축기 압출량은 몇 [l/h]인가?
㈎ 854[l/h]   ㈏ 8545[l/h]   ㈐ 85458[l/h]   ㈑ 854570[l/h]

해설 • 회전 베인형 압축기 압출량 공식
$$V[m^3/h] = 0.785 \times t \cdot R(D^2 - d^2) \times 60 \cdot \eta$$
$$= 0.785 \times 0.15 \times 360 \times (0.2^2 - 0.08^2) \times 60 \times 1$$
$$= 85.458 [m^3/hr]$$

문제 15 흡입 압력이 8[kg/cm²a]인 3단 압축기가 있다. 각 단의 압축비를 3으로 하면 각 단의 토출압력은 몇 [kg/cm²G]가 되는가?(단, 대기압은 1kg/cm²a로 한다)
㈎ 21-63-189   ㈏ 23-71-215   ㈐ 22-64-190   ㈑ 24-72-216

해설 1단 : $8 \times 3 = 24 [kg/cm^2a] = 23 [kg/cm^2G]$
2단 : $24 \times 3 = 72 [kg/cm^2a] = 71 [kg/cm^2G]$
3단 : $72 \times 3 = 216 [kg/cm^2a] = 215 [kg/cm^2G]$

문제 16 다음 보기는 터보 펌프의 정지시 조치사항이다. 정지시의 작업순서가 올바르게 된 것은?

[보기] ① 토출 밸브를 천천히 닫는다.
② 전동기의 스위치를 끊는다.
③ 흡입 밸브를 천천히 닫는다.
④ 드레인 밸브를 개방시켜 펌프속의 액을 빼낸다.

㈎ ①-②-③-④   ㈏ ②-①-③-④
㈐ ①-②-④-③   ㈑ ②-①-④-③

문제 17 터보 압축기에 사용되는 밀봉장치형식이 아닌 것은?
㈎ 테프론 실   ㈏ 메카니컬 실
㈐ 래비린스 실   ㈑ 카본 실

해설 밀봉장치로는 ㈏ ㈐ ㈑ 항 외에 오일 필름 실이 있다.

해답 12. ㈎ 13. ㈑ 14. ㈐ 15. ㈏ 16. ㈎ 17. ㈎

제1장 고압장치 예상문제

문제 18 터보 압축기의 용량조정법 중 틀린 것은?
- ㉮ 속도 조절에 의한 조정
- ㉯ 베인 콘트롤에 의한 조정
- ㉰ 토출 댐퍼에 의한 조정
- ㉱ 체크 밸브에 의한 조정

해설 ㉮, ㉯, ㉰ 외에
① 흡입 댐퍼 조정에 의한 방법
② 바이패스 밸브에 의한 방법

문제 19 터보 압축기의 운전 중 긴급히 정지시켜야 할 원인이 아닌 것은?
- ㉮ 서징 발생시
- ㉯ 압축기의 진동시
- ㉰ 축봉장치 누설 및 윤활유의 압력 상승시
- ㉱ 흡입 드럼의 액면 상승시

해설 운전 중 긴급 정지시켜야 되는 원인으로 ㉮ ㉯ ㉱ 항 외에 축봉장치 및 윤활유의 압력 강하시

문제 20 다음 터보 압축기의 진동발생 원인이 아닌 것은?
- ㉮ 고속 회전시
- ㉯ 베어링 간극이 부적당한 경우
- ㉰ 기초 불량
- ㉱ 불완전한 상태에서 운전되고 있는 경우

해설 • 터보 압축기의 진동발생 원인
① 회전체의 언밸런스   ② 베어링 간극이 부적당한 경우
③ 래비린스와 회전체의 접촉   ④ 설치 또는 센터링 불량
⑤ 기초 불량   ⑥ 불안전한 상태에서 운전되고 있는 경우

문제 21 압축기의 용량조절을 하는 목적 중 해당되지 않는 것은?
- ㉮ 경부하 기동
- ㉯ 소요동력의 절감
- ㉰ 유체의 진동을 방지
- ㉱ 수요공급의 밸런스 유지

해설 ㉮, ㉯, ㉱ 외에 압축기 보호

문제 22 대기압에서 8[kg/cm²G]까지 2단압축하는 경우, 압축동력을 최소로 하기 위해서는 중간 압력은 몇 [kg/cm²G]로 해야 하는가?(단, 대기압은 1[kg/cm²]이다)
- ㉮ 3[kg/cm²]
- ㉯ 2[kg/cm²]
- ㉰ 1[kg/cm²]
- ㉱ 0.5[kg/cm²]

해설 $P_0 = \sqrt{P_1 \cdot P_2}$

문제 23 터보 압축기의 주요 누설부분이 아닌 곳은?
- ㉮ 축이 케이싱을 관통하는 부분
- ㉯ 밸런스 피스톤 주위
- ㉰ 다이어프램 부식
- ㉱ 헤드 가스킷 부분

해설 터보 압축기의 주요 누설부분은 ㉮ ㉯ ㉰ 항 외에 임펠러 입구부분에서의 누설이 있다.

해답 18. ㉱   19. ㉰   20. ㉮   21. ㉰   22. ㉯   23. ㉱

문제 24 왕복동 압축기의 정상적인 운전 중 극도의 진공운전이 되면 윤활에 어떤 영향을 미치게 되는가?

㉮ 오일 포밍이 격심하게 일어난다.
㉯ 오일 펌프로서 윤활유 흡입이 저해되어 충분한 유량이 토출되지 않는다.
㉰ 윤활유의 점도가 낮아진다.
㉱ 윤활유의 열화가 촉진된다.

문제 25 다음 중 왕복동 압축기 흡입, 토출 밸브의 구비조건이 아닌 것은?

㉮ 충분한 통과 면적을 가질 것.   ㉯ 운전 중 분해하는 경우가 없을 것.
㉰ 유체저항이 클 것.   ㉱ 작동이 확실할 것.

문제 26 기계효율에 대한 설명으로 맞는 것은?

㉮ 유효한 기계적인 일÷공급받은 에너지
㉯ 공급받은 에너지÷유효한 기계적인 에너지
㉰ 공급받은 에너지÷소비된 동력
㉱ 유효한 기계적인 일÷소비된 능력

문제 27 터보 압축기의 회전차의 종류가 아닌 것은?

㉮ 터보형   ㉯ 스크루형   ㉰ 레이디얼형   ㉱ 다익형

해설
• 90도 보다 클 때 다익형
• 90도일 때 레이디얼형
• 90도 보다 작을 때 터보형

문제 28 흡입 압력이 대기압과 같으며 최종 압력이 26[kg/cm²G] 3단공기 압축기의 압축비는 얼마인가?

㉮ 1.96   ㉯ 2.96   ㉰ 25   ㉱ 1.01

해설 압축비 $(r) = Z\sqrt{P_2/P_1}$ 이므로

$$\sqrt[3]{\frac{26+1.033}{1.033}} = 2.96$$

문제 29 다음은 윤활유의 사용 목적에 대한 설명이다. 틀린 것은?

㉮ 활동부에 유막을 형성하여 마찰저항을 줄이고 운전을 원활하게 한다.
㉯ 유막을 형성하여 가스의 누설을 방지한다.
㉰ 활동부의 마찰열을 제거하여 기계 효율을 낮춰 준다.
㉱ 과열압축을 방지하고 기계의 수명을 연장시켜 준다.

해설 활동부의 마찰열을 제거하여 기계효율 증대

24. ㉮ 25. ㉰ 26. ㉮ 27. ㉯ 28. ㉯ 29. ㉰

문제 30 윤활유의 구비조건과 거리가 먼 것은?

㉮ 인화점이 낮을 것.
㉯ 화학적으로 안정하고 사용가스와 반응치 않을 것.
㉰ 점도가 적당하고 항유화성이 클 것.
㉱ 정제도가 높아 잔류 탄소량이 적을 것.

해설 ㉯, ㉰, ㉱ 외에
① 인화점이 높을 것.
② 수분, 산 등 불순물이 적을 것.
③ 열안정성이 높아 쉽게 열분해하지 않을 것.

문제 31 왕복동식 압축기의 흡입온도 상승 원인이 아닌 것은?

㉮ 전단의 쿨러 과냉
㉯ 흡입 밸브 불량에 의한 역류
㉰ 전단 냉각기의 능력저하
㉱ 관로에 수열이 있을 경우

문제 32 압축기의 이론 사이클에서 압축기의 정미 일량은?

㉮ 면적 1·4·0·7
㉯ 면적 1·2·6·7
㉰ 면적 2·3·0·6
㉱ 면적 1·2·3·4

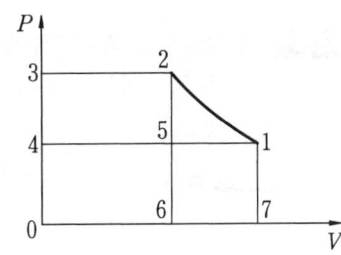

해설 ㉮는 흡입일량
㉯는 압축일량
㉰는 토출일량

문제 33 다음 가스 압축기의 실린더에 사용되는 윤활제가 서로 맞지 않는 것은?

㉮ 산소압축기 : 물, 10[%] 이하의 묽은 글리세린수를 사용
㉯ 염소 압축기 : 진한 황산을 사용
㉰ 아세틸렌 압축기 : 양질의 광유를 사용
㉱ 공기 압축기 : 진한 염산을 사용

해설 • 각종 압축기의 윤활유
① 공기 압축기 : 양질의 광유
  ㉠ 재생유 이외의 것.
  ㉡ 잔류 탄소량이 전질량의 1[%] 이하 : 인화점 200[℃] 이상이고 170[℃]에서 8시간 이상 교반하여도 분해되지 말 것.
  ㉢ 잔류 탄소량이 1~1.5[%] 이하 : 인화점이 230[℃] 이상이고 170[℃]에서 12시간 이상 교반하여도 분해되지 말 것.
② 수소압축기 : 양질의 광유
③ 메틸크로라이드(염화메탄) : 화이트유
④ 아황산가스 : 화이트유나 정제된 용제 터빈유
⑤ LP가스 : 식물성유

해답 30. ㉮ 31. ㉮ 32. ㉱ 33. ㉱

문제 34 왕복 압축기의 운전 중 윤활유 및 실용 오일의 유압부족이 되어 기계를 정지시켰다. 이 때의 원인이 될 수 없는 것은?

㉮ 오일 펌프의 고장　　　　㉯ 여과기의 막힘
㉰ 유압 배관의 누설　　　　㉱ 냉각수 과잉

해설 ① 유압상승 원인
　㉠ 유압계 불량　　㉡ 유순환 회로가 막힐 때
　㉢ 유압조정 밸브 불량　㉣ 유온저하　　㉤ 오일의 과충전
② 유압저하 원인
　㉠ 유압계 불량　　㉡ 유온상승　　㉢ 송유량 부족
　㉣ 유압조정 밸브　㉤ 유여과망의 막힘시　㉥ 기어 펌프 고장시

문제 35 압축기 운전 중 압력이 저하되었을 때 우선 점검해야 하는 것은?

㉮ 흡입 및 토출 밸브　　　㉯ 피스톤 링
㉰ 윤활유　　　　　　　　㉱ 크로스 헤드

문제 36 왕복동식 압축기에서 실린더 지름이 220[mm], 행정 300[mm], 회전수 500[rpm]일 때 소요동력은 몇 [PS]인가? (단, 유효 평균 지시압력 P_1는 2[kg/cm²]이며 효율 η는 0.5이다)

㉮ 40.7　　㉯ 50.7　　㉰ 45.7　　㉱ 55.7

해설 • 압축소요일량을 구하는 식

$$W[PS] = \frac{10^4 \cdot Pi \cdot V}{75 \times 60 \times \eta} = 2.22 Pi \cdot V/\eta$$

$$W[kW] = \frac{10^4 \cdot Pi \cdot V}{102 \times 60 \times \eta} = 1.63 Pi \cdot V/\eta$$

W : 동력
Pi : 유효평균지시압력[kg/cm²]
V : 압축기 용량[m³/min]
η : 효율

문제 37 터보 압축기의 운전 중 주의사항이 아닌 것은?

㉮ 윤활유 온도　　　　　　㉯ 밀봉장치용 급유압력
㉰ 본체 베어링의 진동　　　㉱ 토출 압력에 의한 과열온도

문제 38 압축 후 가스의 온도상승, 소요일량, 압력상승이 가장 큰 압축 방식은?

㉮ 등온압축　　　　　　　㉯ 단열압축
㉰ 폴리트로픽 압축　　　　㉱ 등적압축

해설 압축 후 가스의 온도, 소요일량, 압력이 큰 순서는 단열압축 → 폴리트로픽 → 등온압축순이다.

문제 39 압축기에서 피스톤 행정량이 0.00248[m³]이고, 회전수가 163[rpm], 토출 가스량이 92[kg/hr]이라면, 토출 가스 1[kg]을 흡입상태로 환산한 부피가 0.189[m³]라고 한다면 토출효율은 몇 [%]인가?

해답 34. ㉱　35. ㉮　36. ㉯　37. ㉱　38. ㉯

㉮ 20[%]   ㉯ 40[%]   ㉰ 61.7[%]   ㉱ 71.7[%]

해설 토출효율 $(\eta) = \dfrac{Q \cdot V}{L \cdot N} \times 100 = \dfrac{92 \times 0.189}{0.00248 \times 163 \times 60} \times 100 = 71.7[\%]$

문제 40 압축기의 단수 결정시 고려할 사항이 아닌 것은?

㉮ 최종의 토출압력   ㉯ 취급 가스량
㉰ 단속 운전의 여부   ㉱ 취급 가스의 종류 및 제작의 경제성

문제 41 압축기를 오래 보존하기 위해서 1,500~2,000 시간마다 점검해야 할 곳으로서 잘못된 것은?

㉮ 흡입 필터   ㉯ 흡입 및 토출 밸브
㉰ 실린더 벽   ㉱ 피스톤 로드

해설 1,500~2,000 시간마다 점검할 사항은 ㉮, ㉯, ㉰항 외에 프레임 윤활유, 프레임 윤활유 오일 필터 등이 있으며, 3,500~4,500 시간마다 점검할 사항은 피스톤 로드 및 메탈릭 패킹, 오일 드루워링 등이 있다.

문제 42 다음은 고속 다기통 압축기의 장점이다. 틀린 것은?

㉮ 고속이므로 냉동 능력에 비해 소형으로 제작이 가능하고 또한 경량이다.
㉯ 타기에 비해 체적효율이 좋으며 부품의 교환이 간단하다.
㉰ 용량제어가 타기에 비해 용이하고 자동운전이 가능하다.
㉱ 기통수가 많으므로 실린더 지름이 작고 동적 및 정적 밸런스가 양호하며 진동이 없다.

해설 고속다기통 압축기는 톱 클리어런스가 커서 체적 효율이 나쁘다.

문제 43 압축기의 관리사항으로 틀린 것은?

㉮ 장기 정지시는 사용한 오일을 교환한다.
㉯ 냉각관은 6개월에 1회씩 분해하여 무게를 재어 20[%] 이상 감소하면 교환한다.
㉰ 변, 압력계, 온도계, 여과기 등은 자주 점검한다.
㉱ 가연성가스, 유독성 가스의 누설에 주의하며 가스검출기를 휴대하여 수시 점검한다.

해설 냉각관은 6개월 또는 1년마다 분해하여 수증기로 정확하고 무게가 10[%] 이상 감소하면 교환해야 한다.

문제 44 흡입 압력이 6[kg/cm²abs]인 3단 압축기가 있다. 각 단의 압축비를 3으로 한다면 각 단의 토출압력은 몇 [kg/cm²G]인가?

㉮ 18, 54, 162   ㉯ 17, 53, 161
㉰ 4, 16, 64   ㉱ 3, 15, 63

해답 39. ㉱   40. ㉰   41. ㉱   42. ㉯   43. ㉯   44. ㉯

해설 압축비가 3.0이므로

① $\dfrac{P_2}{P_1}=3.0$ ∴ 1단 토출압력 $[P_2]$

$P_2=P_1\times 3.0=6\times 3=18\,[\text{kg/cm}^2\text{abs}]=17[\text{kg/cm}^2\text{G}]$

② $\dfrac{P_3}{P_2}=3.0$ ∴ 2단 토출압력 $[P_3]$

$P_3=P_2\times 3.0=18\times 3=54\,[\text{kg/cm}^2\text{abs}]=53[\text{kg/cm}^2\text{G}]$

③ $\dfrac{P_4}{P_3}=3.0$ ∴ 3단 토출압력 $[P_4]$

$P_4=P_3\times 3.0=54\times 3.0=162\,[\text{kg/cm}^2\text{abs}]=161[\text{kg/cm}^2\text{G}]$

문제 45 다음 압축기의 취급 중 1시간마다 점검하지 않아도 되는 사항은?

㉮ 각 단의 압력계 ㉯ 각 단의 온도계
㉰ 처리 가스량 ㉱ 피스톤 로드

해설 • 1시간마다 점검할 사항은 다음과 같다.
 ① 각 단의 압력계 ② 각 단의 온도계
 ③ 전압, 전력, 전류계 ④ 처리 가스량
 ⑤ 드레인 밸브의 드레인 배출

문제 46 왕복식 압축기의 회전수를 n(rpm), 피스톤의 행정을 s(m)라 하면 피스톤의 평균속도 V_m (m/s)을 나타내는 식은?

㉮ $\dfrac{\pi\cdot s\cdot n}{60}$ ㉯ $\dfrac{s\cdot n}{60}$ ㉰ $\dfrac{s\cdot n}{30}$ ㉱ $\dfrac{s\cdot n}{120}$

문제 47 회전 피스톤의 가스압축부분의 두께 150(mm), 회전수 360(rpm), 실린더의 안지름 200(mm), 회전 피스톤의 바깥지름 80(mm)인 회전 베인형 압축기의 시간당 피스톤 압출량은 몇 (m³/hr)인가?

㉮ 48.5[m³/hr] ㉯ 85.5[m³/hr] ㉰ 125.5[m³/hr] ㉱ 288.5[m³/hr]

문제 48 실린더 안지름 220(mm), 피스톤 행정 150(mm), 매분회전수 360(rpm)의 수평단단압축기가 있다. 지시평균 유효압력이 2(kg/cm²)라 하면 압축기에 필요한 전동기의 마력은 몇 (PS)인가?

㉮ 4.26[PS] ㉯ 0.54[PS] ㉰ 3.28[PS] ㉱ 9.11[PS]

문제 49 30(kg/cm²)~100(kg/cm²) 정도에서 사용하는 실린더 재료는 어떠한 것을 사용하는가?

㉮ 주철 ㉯ 고장력 주철 ㉰ 탄소강 ㉱ 연강

해설 • 실린더의 재질
 ① 주철 : 30[kg/cm²] 정도

해답 45. ㉱ 46. ㉯ 47. ㉰ 48. ㉱ 49. ㉯

② 고장력 주철 : 30~100[kg/cm²]
③ 단강 : 100[kg/cm²] 이상

문제 50 왕복동 압축기에 있어서 토출량을 Q(흡입상태), 실린더의 단면적을 F, 피스톤의 행정을 L, 회전수를 N으로 할 때 토출효율 η_v를 구하는 식은?

㉮ $\eta_v = F \cdot L \cdot N \cdot Q$ ㉯ $\eta_v = 0.785 F \cdot L \cdot N \cdot Q$

㉰ $\eta_v = \dfrac{Q}{F \cdot L \cdot N}$ ㉱ $\eta_v = F \cdot L \cdot N / Q$

문제 51 나사압축기에서 숫나사의 지름 D[m], 로터의 길이 L[m], 숫로터 회전수 N[rpm]이라고 할 때 이론 토출량을 구하는 식은?(단, C_u는 로터의 형성계수이다.)

㉮ $L = \dfrac{Q \cdot D^2 \cdot N}{60\, C_u}$ [m³/s] ㉯ $D^2 = \dfrac{Q \cdot L \cdot N}{60\, C_u}$ [m³/s]

㉰ $Q = \dfrac{D^2 \cdot L \cdot N}{60\, C_u}$ [m³/s] ㉱ $Q = C_u \cdot D^2 \cdot L \cdot N / 60$ [m³/s]

문제 52 산소가스 압축기에 윤활제로 물 또는 10[%] 이하의 묽은 글리세린수만을 넣는 이유는 무엇인가?

㉮ 유지류를 사용하면 열분해되어 저급탄화수소가 되며 분리기에 들어가 폭발의 위험성이 있기 때문
㉯ 식품과 접촉하면 위험성이 따르기 때문에
㉰ 산소가스 압력으로 인하여 유지류와 화합하여 착이온을 형성하기 때문에
㉱ 산소가스 압축기 내부에는 소량의 유지류가 혼입되어 있기 때문에

문제 53 송수량 8,000[*l*/min], 전양정 30[m]의 펌프를 구동하는데 대략 몇 [kW]의 모터가 필요한가?(단, 펌프 효율 80[%])

㉮ 30 ㉯ 40 ㉰ 49 ㉱ 65

문제 54 유량이 많은 경우 어느 펌프가 적당한가?

㉮ 다단 펌프 ㉯ 양흡입 펌프
㉰ 단단 펌프 ㉱ 단흡입 펌프

문제 55 원심 펌프에 메카니컬 실(seal)이 꼭 필요한 경우는 어느 경우인가?

㉮ 작용 액체가 독성, 부식성, 인화성인 경우
㉯ 저속회전하는 경우
㉰ 수봉장치에서 공기가 흡입될 염려가 있을 경우
㉱ 불결한 액체인 경우

해답 50. ㉰ 51. ㉱ 52. ㉮ 53. ㉰ 54. ㉯ 55. ㉮

문제 56 다음 중 펌프를 운전할 때 펌프 내에 액이 충만되지 않으면 공회전하여 펌프 작업이 이루어지지 않는다. 이러한 현상을 방지하기 위해 펌프 내에 액을 충만시키는 것을 무엇이라 하는가?

㉮ 베이퍼록 ㉯ 프리밍 ㉰ 캐비테이션 ㉱ 서징

문제 57 볼류트 펌프의 소요마력 100[PS]를 1,000[rpm]에서 1,100[rpm]으로 변환시키면 축마력은 얼마인가?(단, 효율은 불변)

㉮ 110[PS] ㉯ 133[PS] ㉰ 135[PS] ㉱ 140[PS]

문제 58 펌프의 전효율 [η]을 구하는 식은?(단, η_m : 기계효율, η_v : 체적효율, η_k : 수력효율이다)

㉮ $\eta = \eta_v \cdot \eta_v / \eta_k$ ㉯ $\eta = \eta_m \cdot \eta_v / \eta_k$
㉰ $\eta = \eta_m \cdot \eta_v \cdot \eta_k$ ㉱ $\eta = \eta_m + \eta_v + \eta_k$

문제 59 다음 터보식 사류 펌프의 비속도 범위는 몇 [m³/min·m·rpm]인가?

㉮ 100~600 ㉯ 500~1,300 ㉰ 1,200~2,000 ㉱ 2,500 이상

문제 60 매시간 6[m³]를 송액하는 펌프가 있다. 전양정을 25[m], 액의 비중량을 0.88[kg/ℓ], 펌프의 효율을 65[%]라 하면 펌프의 축마력은 얼마가 되겠는가?

㉮ 0.49[HP] ㉯ 0.55[HP] ㉰ 0.75[HP] ㉱ 0.82[HP]

문제 61 펌프의 메카니컬 실 방식에 속하지 않는 것은?

㉮ 싱글 실형 ㉯ 인사이드형 ㉰ 밸런스 실형 ㉱ 그랜드 실형

해설 그랜드 실이란 축상형 축봉장치의 형식이다.

문제 62 다음 펌프 중 시동하기 전에 프라이밍이 필요한 펌프는?

㉮ 기어 펌프 ㉯ 원심 펌프
㉰ 축류 펌프 ㉱ 왕복 펌프

해설 • 프라이밍 : 펌프의 운전개시 때 액이 충만되어 있지 않으면 공회전을 하여 펌프 성능이 불량하므로 이 때 액을 충만케 하여주는 작업

문제 63 회전차(impeller)의 바깥둘레에 안내깃(guide vane)이 달린 펌프는?

㉮ 터빈 펌프 ㉯ 볼류트 펌프
㉰ 제트 펌프 ㉱ 사류 펌프

해설 터빈 펌프(turbine pump)란 원심 펌프의 일종으로 디퓨져 펌프(diffuser pump)라고도 하며 안내 베인(guide vane)을 통한 다음 볼류트 케이싱에 유도되는 형식이다.

해답 56. ㉯ 57. ㉯ 58. ㉰ 59. ㉯ 60. ㉰ 61. ㉱ 62. ㉯ 63. ㉮

제 1 장 고압장치 예상문제

문제 64 다음 중 원심 펌프(centrifugal pump)의 특징이 아닌 것은?
㉮ 용량에 비해 소형이고 설치면적이 적다.
㉯ 액의 맥동이 없다.
㉰ 흡입 밸브와 토출 밸브의 크기가 일정하다.
㉱ 가동시에 펌프의 물을 충분히 채워줘야 한다.

해설 원심 펌프는 흡입 및 토출 밸브가 없으며, 자력으로 흡입개시가 안되므로 펌프에 물을 충분히 채워야 하며, 고양정에는 적합하나 캐비테이션이나 서징이 발생하기 쉬운 단점이 있다.

문제 65 다음 펌프의 설명 중 옳지 못한 것은?
㉮ 기어 펌프는 높은 점도의 유체수송에 적합하다.
㉯ 플런저 펌프는 저용량, 고양정의 유체 수송에 적합하다.
㉰ 볼류트 펌프는 대용량, 소양정의 유체수송에 적합하다.
㉱ 다이어프램 펌프는 대용량, 소양정의 유체수송에 적합하다.

해설 • 펌프의 선정
① 대용량, 소양정 : 볼류트 펌프
② 소용량, 고양정 : 점성 펌프
③ 대용량, 고양정 : 다단 볼류트 펌프
④ 아주 많은 유량, 극히 적은 양정 : 혼류 펌프, 축류 펌프
⑤ 고압사용 : 플런저 펌프
⑥ 깊은 우물(흡입측 6[m] 이상) : 수중 펌프, 제트 펌프

문제 66 다음 중 용적형에 속하는 펌프가 아닌 것은?
㉮ 기어 펌프 ㉯ 볼류트 펌프
㉰ 다이어프램 펌프 ㉱ 피스톤 펌프

해설 • 용적형 펌프

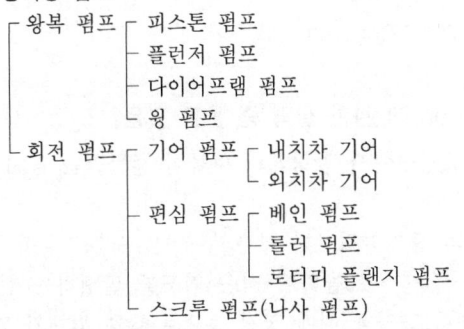

문제 67 다음 펌프 중 베이퍼록 현상이 일어나는 것은?
㉮ 기포 펌프 ㉯ 회전 펌프
㉰ 왕복 펌프 ㉱ 기어 펌프

해답 64. ㉰ 65. ㉱ 66. ㉯ 67. ㉰

문제 68 펌프의 특성곡선상 체절운전이란 무엇인가?
⑦ 유량이 0일 때의 양정
④ 유량이 최대일 때의 양정
⓪ 유량이 이론치일 때의 양정
㉣ 유량이 평균치일 때의 양정

해설 체절운전이란 유량이 0일 때 양정이 최대가 되는 운전

문제 69 펌프의 운전 중 토출량이 급격히 감소했다. 원인이라 할 수 없는 것은?
⑦ 액비중 증대시
④ 임펠러의 마모나 부식시
⓪ 관로에 저항 증대시
㉣ 공기 흡입시

해설 • 펌프의 토출량 감소 원인은 다음과 같다.
① 장기간 운전에 의한 라이닝부의 클리어런스 증대시
② 임펠러의 마모나 부식시
③ 관로의 저항 증대시
④ 공기 흡입시
⑤ 이물질이 임펠러에 끼었을 때
⑥ 캐비테이션 발생시

문제 70 수격작용 방지 사항이다. 다음 중 틀린 것은?
⑦ 수주분리가 발생할 염려가 있는 부분에는 공기 밸브를 설치하고 부압으로 되면 자동적으로 공기를 흡입하여 수주 분리를 방지한다.
④ 체크 밸브를 흡입구에 설치한다.
⓪ 토출 관로에 공기실을 설치하고 압력 저하시의 수주분리 및 압력상승을 완화시킨다.
㉣ 자동 수압조정 밸브를 설치한다.

해설 ① 펌프에 관성차(fly wheel) 설치
② 유속을 줄인다.
③ 완폐 체크 밸브를 토출측에 설치

문제 71 펌프의 공동현상(cavitation)에 관한 설명 중 옳은 것은?
⑦ 펌프의 토출구 및 흡입구에서 압력계의 바늘이 흔들리는 동시에 유량이 감소되는 현상
④ 유수 중에 그 수온의 증기압력보다 낮은 부분이 생기면 물이 증발을 일으키고 수중에 용해하고 있는 증기가 토출하여 적은 기포를 발생하는 현상
⓪ 펌프에서 물을 압송하고 있을 때에 정전 등으로 급히 펌프가 멈춘 경우 또는 수량 조절 밸브를 급히 개폐한 경우 관내의 유속이 급변하여 물에 심한 압력 변화가 생기는 현상
㉣ 저비등점 액체를 이송할 때 펌프의 입구쪽에서 액체에 증발현상이 나타나는 현상

해설 ⑦는 서징 현상, ⓪는 수격작용, ㉣는 베이퍼록 현상이다.

해답 68. ⑦ 69. ⑦ 70. ④ 71. ④

문제 72 펌프의 축봉장치에서 유독성의 액, 인화성인 액이 누설되면 응고되는 액 등에 사용하는 축봉형식은?

㉮ 밸런스 실 ㉯ 더블 실
㉰ 싱글 실 ㉱ 아웃사이드 실

해설 • 아웃사이드 실(outside seal) : 부식성 유체, 고점도 유체, 고진공시 사용

문제 73 다음 설명 중 캐비테이션 방지책으로 틀린 것은 어느 것인가?

㉮ 펌프의 회전수를 높게 한다.
㉯ 양흡입 펌프를 사용한다.
㉰ 펌프의 설치 높이를 될 수 있는 대로 낮게 한다.
㉱ 펌프의 회전차를 수중에 완전히 잠기게 한다.

해설 • 캐비테이션 방지책은 그 외에도
① 흡입 관지름을 크게 한다.
② 흡입관 내면의 마찰손실을 줄인다.
③ 유효흡입양정(NPSH)계산 후 타조건 결정

문제 74 원심 펌프의 연합 운전시 직렬로 연결하여 운전하면 무엇이 증가하는가?

㉮ 유량 ㉯ 양정 ㉰ 동력 ㉱ 효율

해설 • 병렬연결시 : 유량증가, 양정일정
• 직렬연결시 : 유량일정, 양정증가

문제 75 다음 펌프 중 진공 펌프로 사용하기에 가장 알맞은 것은?

㉮ 원심 펌프 ㉯ 회전 펌프 ㉰ 왕복 펌프 ㉱ 나사 펌프

문제 76 마찰 펌프, 웨스코 펌프라 하며 다수의 홈을 낸 원판상 임펠러에 의해 유체를 흡입 토출하는 펌프는?

㉮ 젯 펌프 ㉯ 기포 펌프 ㉰ 재생 펌프 ㉱ 수격 펌프

문제 77 다음 중 펌프의 유효흡수 수두(NPSH)를 표현한 것은?

㉮ 펌프가 흡입할 수 있는 전흡입 수두로 펌프의 특성을 나타낸다.
㉯ 펌프의 동력을 나타내는 척도이다.
㉰ 공동현상에서 얼마나 안전상태로 운전되고 있는가를 나타내는 척도이다.
㉱ 공동현상 발생 조건을 나타내는 척도이다.

문제 78 이론상 펌프의 최대 흡입 양정은 몇 [mH₂O]인가?

㉮ 6[mH$_2$O] ㉯ 8[mH$_2$O] ㉰ 10[mH$_2$O] ㉱ 12[mH$_2$O]

해답 72. ㉮ 73. ㉮ 74. ㉯ 75. ㉯ 76. ㉰ 77. ㉰ 78. ㉰

제 2 편 고압가스장치 및 기기

문제 79 다음 중에서 작용이 단속적이고 송수량을 일정하게 하기 위하여 공기실을 장치할 필요가 있는 것은?
㉮ 기어 펌프　㉯ 원심 펌프　㉰ 베인 펌프　㉱ 왕복 펌프

문제 80 펌프의 공기 흡입 원인이 아닌 것은?
㉮ 탱크의 수위가 낮아졌을 때　㉯ 흡입관로 중에 공기체류부가 있을 때
㉰ 흡입관에 균열이 생겼을 때　㉱ 토출관에 균열이 생겼을 때

문제 81 양정이 고양정일 때 사용되는 펌프는?
㉮ 단흡입 펌프　㉯ 양흡입 펌프　㉰ 단단 펌프　㉱ 다단 펌프

문제 82 다음은 왕복동식 펌프에 대한 특징이다. 잘못 설명된 것은?
㉮ 고점도 액체나 고온물질, 약액 등의 송출에 적당하다.
㉯ 체적효율이 적으며 흡입 양정이 크다.
㉰ 행정(strok)이 일정하고 정량의 토출이 가능하다.
㉱ 고속회전이 가능하며 저유량, 고압력에 사용한다.

문제 83 다음 중 운전 중에 펌프 내에 공기가 흡입되었을 때의 영향은?
㉮ 이상음을 내며 압력계의 바늘이 흔들림과 동시에 진동을 수반하며 기동불능 현상이 일어난다.
㉯ 펌프가 액을 토출하지 못하여 액압이 올라가지 않는다.
㉰ 펌프에 소음과 진동이 일어나며 전동기에 과부하 현상이 일어난다.
㉱ 공기가 흡입되면 펌프 내의 유속이 급변하며, 물에 심한 압력변화가 일어난다.

문제 84 내압이 4~5[kg/cm^2] 이상이고, LPG나 액화가스와 같이 저비점(低沸點)의 액체일 때 사용되는 터보식 펌프의 메카니칼 실(seal) 형식은?
㉮ 밸런스 실　㉯ 더블 실　㉰ 아웃사이드 실　㉱ 언밸런스 실

문제 85 다음 중 저비등점 액체를 이송할 때 펌프의 입구쪽에서 발생하는 현상으로 일종의 액체가 끓는 상태를 무엇이라 하는가?
㉮ 베이퍼록 현상　㉯ 수격작용　㉰ 캐비테이션　㉱ 서징 현상

문제 86 다음 중 서징(surging) 현상의 발생조건이 아닌 것은?
㉮ 배관 중에 물 탱크나 공기 탱크가 있을 경우
㉯ 유량조절 밸브가 탱크 앞쪽에 있을 경우
㉰ 양정곡선이 산고곡선인 경우
㉱ 곡선의 산고상승부에서 운전했을 경우

해답 79.㉱　80.㉱　81.㉱　82.㉱　83.㉮　84.㉮　85.㉮　86.㉯

문제 87 압축기의 실린더를 냉각수로 냉각하였을 때 효과 중 적당치 않은 것은?

㉮ 윤활유 열화방지 ㉯ 소요동력 증가
㉰ 체적 효율 증가   ㉱ 토출가스온도 상승억제

문제 88 1,000[rpm]으로 회전하는 펌프를 2,000[rpm]으로 하였다. 이 경우 양정과 소요 동력은 대략 얼마나 변화하는가?

㉮ 2배, 2배   ㉯ 4배, 2배   ㉰ 2배, 4배   ㉱ 4배, 8배

해설 $N \longrightarrow N'$
$Q \longrightarrow Q' = Q \times \left(\dfrac{N'}{N}\right)$
$H \longrightarrow H' = H \times \left(\dfrac{N'}{N}\right)^2$
$W \longrightarrow W' = W \times \left(\dfrac{N'}{N}\right)^3$
$\eta = \eta'$

문제 89 지름이 7.3[m]인 구형 탱크에 수압시험을 하기 위해 물을 채우고자 한다. 능력이 10[m³/hr]인 볼류트 펌프를 사용한다면 몇 시간이나 걸리겠는가?

㉮ 15시간   ㉯ 20시간   ㉰ 25시간   ㉱ 30시간

해설 $V = \dfrac{\pi D^3}{6} = \dfrac{4}{3}\pi \cdot r^3$ 에서

① $V = \dfrac{3.14 \times (7.3)^3}{6} = 203.6 [\text{m}^3]$

② 시간 $= \dfrac{203.6}{10} = 30.3$시간

문제 90 전양정이 25[m], 유량이 1.7[m³/min]의 펌프가 있다. 이 펌프의 축동력[PS]은 얼마인가?(단, 효율은 82[%]이다)

㉮ 9.3[PS]   ㉯ 10.4[PS]   ㉰ 11.5[PS]   ㉱ 12.7[PS]

해설 $[\text{PS}] = \dfrac{1,000 \times r \cdot Q \cdot H}{75 \times 60 \times \eta} = 0.222\, r \cdot Q \cdot H/\eta$ 식 이용

$[\text{PS}] = \dfrac{1,000 \times 1 \times 1.7 \times 25}{75 \times 60 \times 0.82} = 11.5\,[\text{PS}][\text{PS}]$

문제 91 압축기 취급시 일반적인 주의사항 중 맞지 않는 것은?

㉮ 압축기 단기간 정지시 1일에 1회 정도 공회전을 해본다.
㉯ 밸브 조정기, 압력계는 정기 점검한다.
㉰ 냉각수는 항상 깨끗한 물을 사용하거나 냉각관은 세정할 필요가 없다.
㉱ 항상 청결하게 유지하고 주위는 정리 정돈해 둔다.

해답 87. ㉯ 88. ㉱ 89. ㉯ 90. ㉰ 91. ㉰

문제 92 다음 중 다단압축을 하는 목적은?
㉮ 압축일과 체적효율 증가 ㉯ 압축일 증가와 체적효율 증가
㉰ 압축일과 체적효율 감소 ㉱ 압축일 감소와 체적효율 증가

문제 93 왕복동 압축기의 특징이 아닌 것은?
㉮ 용적형이다. ㉯ 급유식 또는 무급유식이다.
㉰ 압축기의 효율이 낮다. ㉱ 용량조절이 용이하고 범위가 넓다.

해설 • 왕복 압축기의 특징
㉮, ㉰, ㉱ 외에
① 맥동이 있다. ② 저속운전으로 감속장치 필요
③ 흡·토출 밸브 필요 ④ 견고한 기초 필요
⑤ 토출 가스에 오일 혼입 우려가 있다.

문제 94 왕복 압축기의 크랭크 케이스 내부 압력은?
㉮ 고압 ㉯ 저압 ㉰ 대기압 ㉱ 진공압력

해설 회전식 압축기의 내부압력은 고압

문제 95 왕복 압축기의 용량제어 방법이 아닌 것은?
㉮ 깃 각도 조정에 의한 방법 ㉯ 타임드 밸브에 의한 조정
㉰ 회전수 변경에 의한 방법 ㉱ 언로드 장치에 의한 방법

해설 ㉯, ㉰, ㉱ 외에
① 클리어런스 증대법
② 흡입 주 밸브 폐쇄법
③ 바이패스 밸브에 의한 법이 있다.

문제 96 펌프의 구비조건이 아닌 것은?
㉮ 저속회전에 안전할 것. ㉯ 작동이 확실하고 조작이 간단할 것.
㉰ 부하변동에 대응할 수 있을 것. ㉱ 고온, 고압에 견딜 것.

문제 97 유량 3[m³/sec]의 유체를 송유관에 유동시키려 할 때, 유속을 7[m/sec]로 할 경우 안지름은 몇 [cm]의 관을 사용하면 되겠는가?(단, 마찰손실은 무시한다)
㉮ 71.3[cm] ㉯ 73.8[cm] ㉰ 75.6[cm] ㉱ 79.4[cm]

해설 $Q[m^3/sec] = A[m^2] \times V[m/sec]$

$D = \sqrt{\dfrac{Q \times 4}{3.141 \times V}}$ 이므로

$D = \sqrt{\dfrac{3 \times 4}{3.14 \times 7}} = 0.738[m] = 73.8[cm][m]$

해답 92. ㉱ 93. ㉰ 94. ㉯ 95. ㉮ 96. ㉮ 97. ㉯

제1장 고압장치 예상문제

문제 98 다단 압축기에서 중간단의 흡입 밸브가 누설된 경우 어떻게 되는가?

[보기] ① 앞단의 압력 증가 ② 후단의 압력이 상승
③ 앞단의 압력이 감소 ④ 후단의 압력이 감소

㋮ ①, ②   ㋯ ②, ③   ㋰ ③, ④   ㋱ ①, ④

문제 99 총배출량이 0.8[m³/min], 실린더의 지름 100[mm], 피스톤 행정 200[mm], 체적효율 80[%] 실린더수가 5인 왕복압축기의 회전수는?

㋮ 98[rpm]   ㋯ 128[rpm]   ㋰ 200[rpm]   ㋱ 230[rpm]

문제 100 압축기 운전 중 이상음이 발생하였다. 다음 중 틀리는 것은?

㋮ 액 해머
㋯ 기초 볼트의 이완
㋰ 흡입, 토출 밸브의 파손
㋱ 피스톤 링의 마모

문제 101 LPG용 기어 펌프에서 공간부분의 단면적 2[cm²], 기어의 폭이 10[cm], 기어치수 12개 축회전수 200[rpm], 효율 0.7일 때 유량은 얼마인가?

㋮ 1,180[cm³/sec]   ㋯ 1,160[cm³/sec]
㋰ 1,142[cm³/sec]   ㋱ 1,120[cm³/sec]

해설 $Q = \dfrac{2[\text{cm}^2] \times 10[\text{cm}] \times 12개 \times 200[\text{rpm}]}{0.7 \times 60} = 1,142.85\,[\text{cm}^3/\text{sec}]$

문제 102 압축기의 피스톤 링이 마모되었을 경우에 다음 중 맞지 않는 것은?

㋮ 압축기 능력이 감소한다.
㋯ 윤활유 소비가 증가한다.
㋰ 체적효율이 증가한다.
㋱ 크랭크 케이스 내의 압력이 높아진다.

문제 103 스크루 압축기의 장점이 아닌 것은?

㋮ 소형 경량이며 진동이 적다.
㋯ 액 해머 현상이 없다.
㋰ 밸브 및 마찰부가 없다.
㋱ 운전소리가 매우 적다.

해설 회전수가 1,500[rpm] 정도(무급유식인 경우)이므로 소음방지대책 필요

문제 104 축류 펌프에 속하는 것은?

㋮ 플런저 펌프   ㋯ 기어 펌프   ㋰ 플로펠러 펌프   ㋱ 피스톤 펌프

문제 105 가연성가스를 취급하는 압축기의 정지시 주의사항을 순서대로 나열한 것 중 맞는 것은?

[보기] ① 흡입측 밸브를 닫는다.
② 각 단의 압력저하를 확인 후 토출 밸브를 닫는다.

해답 98. ㋱   99. ㋯   100. ㋱   101. ㋰   102. ㋰   103. ㋱   104. ㋰

③ 냉각수 밸브를 잠근다.
④ 드레인 밸브를 개방시킨다.
⑤ 전동기 스위치를 끊는다.

㉮ ①-②-③-④-⑤　　　　　㉯ ②-③-①-④-⑤
㉰ ①-⑤-②-③-④　　　　　㉱ ①-③-⑤-④-②

문제 106 압축기에 대한 설명으로 옳은 것은?

〔보기〕① 실린더에 윤활유를 다량 주유하면 밸브, 피스톤 링 등의 작동이 원활하게 되므로 압축이 양호하다.
② 대형 압축기에서는 기동 회전력이 크므로 무부하상태로 기동시켜야 한다.
③ 플랜지 접합면에서 가스가 누설된 경우는 운전상태에서 스패너와 해머로 너트를 조인다.
④ 플랜지 볼트는 대칭으로 조이는 것이 좋다.

㉮ ①, ②　　㉯ ②, ④　　㉰ ①, ④　　㉱ ③, ④

문제 107 압축기 수리 후 시동 순서가 옳은 것은?

〔보기〕① 바이패스 밸브를 개방한다.
② 토출측 밸브를 열고 압축기를 기동한다.
③ 볼트의 체결부분을 확인하고 확실히 조인다.
④ 바이패스 밸브를 닫고 흡입 밸브를 천천히 연다.
⑤ 수동으로 2~3회 회전시키고 압축기 내부에 이물질이 없는가 확인한다.

㉮ ③, ①, ⑤, ②, ④　　　　㉯ ①, ②, ④, ⑤, ③
㉰ ③, ①, ⑤, ④, ②　　　　㉱ ②, ①, ④, ⑤, ③

문제 108 다음은 메카니컬 실(seal) 형식 중의 하나인 더블 실(double seal)의 용도에 대한 것이다. 틀린 것은?

㉮ 유독액이나 인화성이 강한 액 사용시　㉯ 보온 보냉이 필요시
㉰ 누설되면 응고가 되기 쉬운 액일 때　㉱ 내부가 고압이나 액체를 실할 때

해설 내부가 고진공이거나 기체를 실하는데 쓰인다.

문제 109 양정 220[m], 유량 1.5[m³/min], 회전수 2,900[rpm]인 4단 원심 펌프의 비교 회전도(Ns)는 얼마인가?

㉮ 106[m³/min, m, rpm]　　　　㉯ 116[m³/min, m, rpm]
㉰ 126[m³/min, m, rpm]　　　　㉱ 176[m³/min, m, rpm]

해설 $[Ns] = \dfrac{N\sqrt{Q}}{\left(\dfrac{H}{n}\right)^{3/4}} = \dfrac{2,900 \times \sqrt{1.5}}{\left(\dfrac{220}{4}\right)^{3/4}} \fallingdotseq 176\,[\mathrm{m^3/min,\ m,\ rpm}]$

해답 105. ㉰　106. ㉯　107. ㉮　108. ㉱　109. ㉱

문제 110 토출량이 4.5(m³/min)이고, 펌프 송출구의 안지름이 27(cm)일 때 유속은 몇 (m/sec)인가?

㉮ 1.31[m/sec] ㉯ 2.31[m/sec] ㉰ 3.31[m/sec] ㉱ 4.3[m/sec]

해설 유량(Q)=단면적(A)×유속(V)이므로

$$V = \frac{Q}{A} = \frac{4.5}{\frac{\pi}{4} \times 0.27^2 \times 60} = 1.31 \, [\text{m/sec}]$$

문제 111 단단 펌프에 있어서 유량을 Q(m³/min), 양정을 H(m), 회전수를 N(rpm)이라 할 때 비교회전도 N_s를 구하는 식은?

㉮ $N_s = \frac{N\sqrt{Q}}{H^{3/4}}$　㉯ $N_s = \frac{Q\sqrt{N}}{H^{3/4}}$　㉰ $N_s = \frac{NQ^2}{H^{3/4}}$　㉱ $N_s = \frac{NQ}{H^{3/4}}$

해설 1단일 때 $N_s = \frac{NQ^{1/2}}{H^{3/4}}$ 또는 $\frac{N\sqrt{Q}}{H^{3/4}}$

문제 112 어떤 송풍기에 있어서 전압 100(mmAq)하에 풍량 10(m³/min)를 낸다. 전압 효율을 50(%)가 되도록 하려면 축동력은 몇 (PS)가 되어야 하는가?

㉮ 0.44[PS] ㉯ 0.54[PS] ㉰ 0.64[PS] ㉱ 0.74[PS]

해설 $P = \frac{Pt \cdot Q}{75 \times 60 \times \eta_v} = \frac{100 \times 10}{75 \times 60 \times 0.5} = 0.44 \, [\text{PS}]$

문제 113 원심 펌프의 유량이 100(m³/sec), 전양정 45(m), 효율이 80(%)일 때 회전수를 20(%) 증가시키면 소요동력은 몇 배가 되는가?

㉮ 1.73배 ㉯ 2.56배 ㉰ 3.74배 ㉱ 4.65

해설 동력은 회전수의 3제곱에 비례하므로

$$W' = W \times \left(\frac{N'}{N}\right)^3 = W \times (1.2)^3 = 1.73 \, [\text{배}]$$

문제 114 전양정이 30(m), 유량이 1.5(m³/min), 펌프의 효율이 72(%)인 경우의 펌프의 소요전력은 몇 (kW)인가?

㉮ 7.4[kW] ㉯ 7.72[kW] ㉰ 9.4[kW] ㉱ 10.2[kW]

해설 $[\text{kW}] = \frac{1{,}000 \cdot r \cdot Q \cdot H}{102 \times 60 \times \eta} = 0.163 r \cdot Q \cdot H/\eta$ 에서

　　r : 비중량[kg/l]
　　Q : 유량[m³/min]
　　H : 양정[m]
　　η : 효율

$$[\text{kW}] = \frac{0.163 \times 1 \times 1.5 \times 30}{0.72} = 10.18 \, [\text{kW}]$$

해답 110. ㉮　111. ㉮　112. ㉮　113. ㉮　114. ㉱

문제 115 다음은 압축기의 안전장치에 대한 설명이다. 틀린 것은?
　㉮ 안전두의 작동압력 : 정상압력＋3[kg/cm²]
　㉯ 고압차단 스위치 작동압력 : 정상압력＋4[kg/cm²]
　㉰ 안전 밸브 작동압력 : 정상압력＋5[kg/cm²]
　㉱ 파열판의 작동압력 : 정상압력＋6[kg/cm²]

문제 116 가스의 압축에 관한 설명 중 틀린 것은?
　㉮ 등온압축 동력은 단열압축 동력보다 크다.
　㉯ 압축비가 일정하면 간극 용적비가 클수록 효율은 적다.
　㉰ 동일 가스, 동일 흡입 온도에서는 압축비가 클수록 토출 온도가 높다.
　㉱ 다단 압축에서는 각 단의 압축비가 같을 때 단열압축 동력이 최소이다.

문제 117 고속다기통에서 실린더 지름이 200[mm], 행정 200[mm], 회전수 1,500[rpm], 기통수 4기통의 피스톤 압출량은 몇 [m³/hr]인가?(단, 효율은 0.8)
　㉮ 1.8[m³/hr]　㉯ 18.08[m³/hr]　㉰ 180[m³/hr]　㉱ 1808[m³/hr]

문제 118 펌프의 형식으로 분류한 것 중에서 왕복동 펌프에 속하지 않는 것은?
　㉮ 플런저 펌프　㉯ 기어 펌프　㉰ 피스톤 펌프　㉱ 다이어프램 펌프

문제 119 다음 중 압축비가 커짐으로서 일어나는 현상이 아닌 것은?
　㉮ 소요 동력이 감소한다.　㉯ 실린더 내의 온도가 상승한다.
　㉰ 부피 효율이 저하한다.　㉱ 토출 가스량이 감소한다.

문제 120 다단 압축기의 장점 중 틀린 것은?
　㉮ 가스의 온도 상승이 방지된다.
　㉯ 1단 단열압축과 비교해 일량이 증가된다.
　㉰ 이용 효율이 증가된다.
　㉱ 힘의 평형이 양호하여진다.

문제 121 다음 압축기 중 부피 효율이 가장 나쁜 압축기는 어느 것인가?
　㉮ 스크루 압축기　㉯ 입형 저속 압축기
　㉰ 횡형 압축기　㉱ 회전식 압축기

문제 122 압축비와 부피 효율의 관계 설명 중 틀린 것은?
　㉮ 압축비가 높게 되면 토출량이 증가한다.

해답 115. ㉱　116. ㉮　117. ㉱　118. ㉯　119. ㉮　120. ㉯　121. ㉰

딴 같은 압축비라면 다단 압축의 쪽이 효율이 높다.
딴 부피 효율은 실제적인 피스톤 압출량을 이론적인 압출량으로 나눈 값이다.
랜 압축비가 높게 되면 부피 효율이 높아진다.

문제 123 캐비테이션 발생조건이 아닌 것은?
㉮ 흡입양정이 클 때 ㉯ 흡입관 저항 증대시
㉰ 관속의 유량 증대시 ㉱ 관내의 온도 저하시

문제 124 펌프의 사용조건 특징에 대한 설명 중 틀린 것은?
㉮ 터빈 펌프는 고점도의 유체에 효과적이다.
㉯ 플런저 펌프는 소용량, 고양정에 적당하지만 맥동을 일으키는 결점이 있다.
㉰ 볼류트 펌프는 안내깃이 없고 저양정에 적합하다.
㉱ 기어 펌프는 소용량, 고점도의 유체에 적당하다.

문제 125 진흙탕물이나 모래가 많은 액, 슬러리 함유액 등에 적당한 펌프는?
㉮ 다이어프램 펌프 ㉯ 나사 펌프
㉰ 플런저 펌프 ㉱ 원심 펌프

문제 126 펌프의 축봉장치에 대한 사항 중 잘못된 것은?
㉮ 외부로의 누설을 완전하게 방지하기 위하여 그랜드를 강하게 조여둔다.
㉯ 그랜드 패킹식 축봉장치는 실을 설치하여 냉각수로 냉각시켜야 한다.
㉰ 메카니컬실식 축봉장치는 냉매액 펌프, 연료유 펌프 등에 쓰인다.
㉱ 펌프의 그랜드를 너무 강하게 조이면 그랜드 패킹이나 펌프축이 마모되기 쉽다.

문제 127 캐비테이션 발생에 따르는 여러 가지 현상에 관한 설명으로 틀린 것은?
㉮ 소음(noise)과 진동(vibration)이 생긴다.
㉯ 임펠러에 대해 침식을 일으킨다.
㉰ 효율곡선의 증가를 가져온다.
㉱ 양정곡선의 저하를 가져온다.

문제 128 액화석유가스(LPG)를 펌프에 베이퍼록이 생기는 것을 방지하는 방법이 아닌 것은?
㉮ 흡입관지름을 크게 하고 외부를 단열조치한다.
㉯ 회전수를 줄인다.
㉰ 펌프의 설치 위치를 낮춘다.
㉱ 바이패스를 열어서 가스를 저장 탱크로 보낸다.

해답 122. ㉰ 123. ㉱ 124. ㉮ 125. ㉮ 126. ㉮ 127. ㉰ 128. ㉱

제 2 편 고압가스장치 및 기기

문제 129 펌프의 운전 중 액을 토출하지 않는 경우 원인이라 할 수 없는 것은?
㉮ 탱크 내의 액면이 낮아졌기 때문
㉯ 흡입관로가 막혀 있기 때문
㉰ 흡입측에 누설부분이 있기 때문
㉱ 토출측에 누설부분이 있기 때문

문제 130 왕복동 펌프의 운전정지 순서를 올바르게 나타낸 것은?

〔보기〕 ① 흡입 밸브를 닫는다.   ② 토출 밸브를 닫는다.
③ 모터를 정지시킨다.   ④ 펌프속의 잔류액을 배출시킨다.

㉮ ①-②-③-④
㉯ ②-①-③-④
㉰ ①-③-②-④
㉱ ③-②-①-④

문제 131 왕복동식 압축기의 토출가스온도 저하 원인이 아닌 것은?
㉮ 흡입, 가스의 온도 저하
㉯ 토출 밸브 불량에 의한 역류
㉰ 압축비의 저하
㉱ 실린더의 과냉각

해설 • 토출가스온도 상승원인
① 토출 밸브 불량에 의한 역류
② 흡입 밸브 불량에 의한 고온가스 흡입
③ 압축비의 증가
④ 전단 쿨러 불량에 의한 고온가스의 흡입

문제 132 지름 100〔mm〕, 행정 150〔mm〕, 회전수 600〔rpm〕, 체적효율 80〔%〕인 왕복 압축기의 송출량을 계산하여라.
㉮ 0.565〔m³/min〕
㉯ 0.643〔m³/min〕
㉰ 0.842〔m³/min〕
㉱ 0.759〔m³/min〕

해설 • 왕복 압축기의 압출량 계산식
$$Q[\text{m}^3/\text{min}] = \frac{\pi}{4} D^2 \cdot L \cdot N \cdot R \cdot \eta$$
D : 실린더 지름[m], L : 행정[m], N : 단수, R : 회전수[rpm], η : 효율

문제 133 로터리 압축기에 관한 설명 중 옳지 않은 것은?
㉮ 압축이 연속적이다.
㉯ 왕복운동에 비하여 압축기 동력이 적다.
㉰ 흡입 밸브는 체크 밸브이다.
㉱ R, P, M이 적어도 된다.

해설 로터리 압축기의 회전수는 1,200〔rpm〕 이상이다.

문제 134 실린더의 단면적이 50〔cm²〕, 행정 10〔cm〕, 회전수 200〔rpm〕, 체적효율 80〔%〕인 왕복압축기의 토출량은 몇 〔l/min〕인가?
㉮ 8,000〔l/min〕
㉯ 800〔l/min〕
㉰ 80〔l/min〕
㉱ 8〔l/min〕

해답 129. ㉱ 130. ㉰ 131. ㉯ 132. ㉮ 133. ㉰ 134. ㉰

해설
$\eta_v = \dfrac{Q}{F \cdot L \cdot N}$ 에서
$Q = F \cdot L \cdot N \cdot \eta_v$
$Q = 50[cm^2] \times 200[rpm] \times 0.8 \times 10[cm]$
$= 80,000[cm^3/min](1[l] = 1,000[cm^3])$
$= 80[l/min]$

문제 135 펌프나 송풍기의 운전 중에 한숨 쉬는것과 같은 상태가 되어 펌프인 경우 입구와 출구인 진공계, 압력계의 지침이 흔들리고 동시에 송출유량이 변화하는 현상은?
⑦ 서징(surging) ④ 수격작용(water hammering)
④ 캐비테이션(cavitation) ④ 베이퍼록(vaper rock)

문제 136 압축기의 톱 클리어런스가 크면 어떤 영향이 있는가? 알맞은 것을 골라라.
⑦ 냉동능력이 증대한다. ④ 체적효율이 증대한다.
④ 토출가스 온도가 저하한다. ④ 윤활유가 열화되기 쉽다.

해설 • 통극이 클 경우의 영향
① 소요동력 증대   ② 윤활유 열화, 탄화
③ 체적효율 감소   ④ 실린더 과열
⑤ 토출가스 온도상승 ⑥ 냉능력 저하

문제 137 압축기 운전 중의 주의사항이 아닌 것은?
⑦ 누설 및 진동유무 ④ 작동 중 이상음 유무
④ 온도상승 유무   ④ 벨트의 인장강도 확인

해설 운전 중의 주의사항(점검사항)은 이외에도 냉각수의 온도 유무, 윤활유의 통수상태나 온도 유무 및 압력계가 규정압력을 나타내고 있는가의 유무 확인 등

문제 138 다음 중 터보식 펌프(centrifugal pump)의 형식이 아닌 것은?
⑦ 회전 펌프 ④ 원심 펌프 ④ 사류 펌프 ④ 축류 펌프

해설 터보식 펌프에는 원심 펌프(볼류트 펌프, 터빈 펌프), 사류 펌프 등이 있으며, 용적식 펌프에는 왕복 펌프(피스톤 펌프, 플런저 펌프), 회전 펌프(기어 펌프, 나사 펌프, 베인 펌프) 등이 있다.

문제 139 펌프의 운전 중 소음과 진동의 발생원인이라 할 수 없는 것은?
⑦ 캐비테이션의 발생 때문 ④ 임펠러에 이물질이 혼입됐기 때문
④ 공기의 혼입시   ④ 서징의 발생 때문

해설 • 펌프의 소음과 진동의 발생원인은 다음과 같다.
① 캐비테이션 발생 때문 ② 임펠러에 이물질 혼입시
③ 서징 발생시   ④ 임펠러 국부마모 부식시
⑤ 베어링의 마모 또는 파손시 ⑥ 기초불량 또는 센터링 불량시

해답 135. ⑦ 136. ④ 137. ④ 138. ⑦ 139. ④

문제 140 다음은 회전 펌프의 특징에 대하여 설명한 것이다. 이중 맞지 않는 것은?
　㉮ 왕복 펌프보다 유체의 흐름이 균일하다.
　㉯ 맥동이 다른 펌프보다 적다.
　㉰ 토출 밸브의 고장이 적다.
　㉱ 점도가 높고 고압인 유체에 사용한다.
　　해설　㉮, ㉯, ㉱ 외에
　　　① 구조간단, 취급간단
　　　② 왕복 펌프 같은 흡·밸브 불필요
　　　③ 소유량, 고양정에 적합

문제 141 액송 펌프에 있어서 베이퍼록(vaper rock)의 발생 원인이라 할 수 없는 것은?
　㉮ 액자체 또는 흡입배관 외부의 온도가 상승될 때
　㉯ 흡입관 지름이 크거나 펌프의 설치 위치가 적당치 않을 때
　㉰ 펌프의 냉각기가 정상 작동하지 않거나 설치되지 않은 경우
　㉱ 흡입관로의 막힘 및 스케일 부착 등에 의한 저항증대시

해답 140. ㉰ 141. ㉯

1-5 고압장치의 재료·강도·부식 및 방식

1. 금속재료

(1) 금속의 성질

① 인성 : 외력에 저항하는 성질, 즉 끈기가 있고 질긴 성질을 말한다.
② 연성 : 늘어나는 성질로 그 순서는 금, 은, 알루미늄, 구리, 백금, 납, 아연, 철, 니켈 순이다.
③ 전성 : 타격, 압연작업에 의하여 얇은 판으로 넓게 펴질 수 있는 성질로서 금, 은, 백금, 알루미늄, 철, 니켈, 구리, 아연 순이다.
④ 취성 : 인성의 반대되는 성질로서 잘 부서지고 깨지는 성질이다.
⑤ 가단성 : 단조, 압연, 인발 등에 의해 변형할 수 있는 성질이다.
⑥ 가주성 : 가열했을 때 유동성을 증가시켜 주물로 할 수 있는 성질이다.
⑦ 강도 : 외력에 대해서 재료단면에 작용하는 최대 저항력을 말하며 [kg/mm^2]로 나타낸다.
⑧ 경도 : 재료의 단단한 정도를 나타내는 것으로 내마멸성을 알 수 있다.
⑨ 피로 : 재료에 인장과 압축하중을 연속적으로 반복하여 작용시켰을 때 파괴되는 현상
⑩ 크리프 : 재료가 어느 온도(보통 350[℃]) 이상에서 일정한 응력이 작용할 때 시간이 경과함에 따라 변형이 증대되고 때로는 파괴되는 현상을 말한다.

(2) 금속재료의 종류

① 탄소강 : 보통강이라고도 하며 철(Fe)과 탄소(C)를 주성분으로 하는 합금이며 규소(Si), 망간(Mn), 인(P), 황(S) 등 기타의 원소를 소량씩 함유하고 있다.
   ㉮ 탄소함유량에 의한 분류
      ㉠ 순철 : 탄소 0.035[%] 이하를 함유한 철
      ㉡ 강 : 탄소 0.035~1.7[%]를 함유한 철로서 0.3[%] 이하의 것을 연강, 0.3[%] 이상의 것을 경강이라 한다.
      ㉢ 주철 : 탄소 1.7~6.68[%]를 함유한 철로 취성이 강하다.
   ㉯ 강의 표준조직
      ㉠ 오스테나이트 : γ 철에 탄소를 고용한 γ 고용체이다.
      ㉡ 페라이트 : α 철에 탄소를 고용한 α 고용체이다.
      ㉢ 펄라이트 : 탄소 0.8[%]의 오스테나이트가 A_1 변태점에서 반응해서 된 페라이트와 시멘타이트의 공석정이다.
      ㉣ 시멘타이트 : Fe_3C는 탄소 6.67[%]와 철의 금속간 화합물이다.

> [참고]
> A_1 변태점이란 Fe-C 평행상태도에서 탄소량 0.025~6.67[%] 범위 내에서 723[℃]에 일어나는 공석변태점을 말한다.

❺ 탄소강의 성분과 그 영향

성분	함유원소의 영향
탄소(C)	공석조정(C : 0.77[%])까지도 강도, 경도가 증가하나(C : 0.77[%])에서 최대강도가 되며 이 조성을 넘으면 강도는 감소되나 경도는 계속 높아지고 연신율은 탄소 증가와 함께 감소한다.
망간(Mn)	보통 0.8[%] 이하(0.2~0.8[%])의 양을 포함 황과 화합하여 MnS가 되어 FeS가 타나 내는 적열메짐을 방지한다. 강의점성을 증대시키고 고온가공을 쉽게 하며 고온에서 결정 성장을 감소시킨다. 담금질 효과를 높이고 강도, 경도, 강인성을 증가시키나 연성은 감소한다. 고탄소강, 공구강은 임계 냉각속도를 작게하므로 재료 내외부 온도차로 균열이 생기기 쉬워 그 함유량을 0.2~0.5[%] 정도로 제한한다.
규소(Si)	유동성, 탄성한도, 강도, 경도를 증가시키며, 단점 및 냉간 가공성을 저하시키고, 연신율, 충격값도 감소한다. 결정립의 크기를 증가시키며 소성을 감소시킨다. 탄소강에 보통 0.2~0.6[%] 정도 함유시킨다.
황 (S)	망간과 결합하여 MnS로 제거되고 MnS 상태로 절삭성이 개선된다. 유리상태의 황은 편석되어 기계적 성질을 나쁘게 하고 고온가공성을 저하시키며 적열메짐(취성)의 원인이 된다. 황을 0.25[%] 함유한 강을 쾌삭강이라 한다.
인 (P)	고용체나 Fe_3P 상태로 존재되며, 적당량은 유동성을 개선하지만 결정립은 거칠게(조대하게)되어 상온여림 특히 냉간메짐을 나타낸다. 경도, 인장강도를 높이고 연신율을 감소시킨다. Fe_3P는 편석되어 고우스트라인의 원인이 된다.
가스	질소는 페라이트 중에서 석출경화 현상이 생기며, 산소는 FeO, MnO, SiO_2 등의 산화물을 발생시키고 수소는 백점이나 헤어 크랙(hair crack)의 원인이 된다.

② **특수강** : 일반적으로 고온·고압장치용 재료로 많이 사용되며 탄소강에 크롬(Cr), 망간(Mn), 니켈(Ni) 등의 특수원소를 첨가하여 그 목적에 따라 첨가하는 원소와 첨가량에 의해 기계적 성질을 개선시킨다.
  ㉮ 구비조건
    ㉠ 내식성이 클 것.
    ㉡ 크리프 강도가 클 것.
    ㉢ 저온에서도 재질의 변형이 적을 것.
    ㉣ 가공이 쉽고 가격이 저렴할 것.

④ 종류
  ㉠ 니켈강 : 탄소강에서 니켈을 첨가한 것으로 조직이 치밀해 강도가 크며 내식성, 내마멸성이 크다.
  ㉡ 크롬강 : 경도가 크고, 인성도 양호하며 내마모성, 내식성, 내열성이 증가된다.
  ㉢ 크롬-몰리브덴강 : 고온강도가 크고, 용접성이 좋으며 담금질도 잘 된다.
  ㉣ 니켈-크롬강 : 강인하고 충격에 대한 저항이 크며 담금질 효과가 크고 내마모성, 내열성이 좋다.
  ㉤ 망간강 : 탄소강에 망간을 첨가한 것으로 강도 및 경도가 커서 고압용 재료로 널리 사용된다.
  ㉥ 스테인레스강 : 탄소강에 크롬(Cr)과 니켈(Ni)을 여러 가지 비율로 첨가하여 우수한 기계적 성질을 나타내며 고온 및 저온재료로서 사용되고 페라이트계와 오스테나이트계로 구분된다.
  ㉦ 코발트 : 니켈과 성질이 유사하며 고온에 대한 강도를 증가함에는 니켈보다도 효과가 크다.

> **[참고]**
> 18-8(오스테나이트계)스테인레스강이란 Cr(18[%])과 Ni(8[%])이 함유된 강이다.

▶ 특수강에 각종 원소가 미치는 영향

원소	특징
Ni	인성증가, 저온에서 충격저항증가
Cr	내마모성, 내식성, 내열성, 담금질증가
Mn	점성이 크고, 고온가공을 쉽게 한다. 높은 온도에서 결정이 거칠어지는 것을 막는다. 강도·경도, 인성이 증가한다. 연성이 약간 감소된다.
Mo	뜨임취성방지, 고온에서의 인장강도증가, 탄화물을 만들고 경도 증가
W	고온에서 인장강도, 경도증가
S	절삭성이 좋아진다. 인장강도, 연신율, 충격값 등을 매우 저하시킨다. 적열취성의 원인이 된다.
Cu	대기중 내산화성의 증가
Si	자기 특성, 내열성 증가
V, Ti, Zr	결정입도의 조절

③ 동 및 동합금
  ㉮ 동(Cu) : 동은 연하고 전성 및 연성이 풍부하고 가공성이 우수하며 내식성도 좋으므로 고압장치의 재료로서 널리 사용되고 있으나 암모니아 및 아세틸렌의 가스에는 침식 및 폭발의 위험성이 있으므로 사용상 주의를 요한다.

㉰ 동합금
  ㉠ 황동 : 동과 아연의 합금이며 놋쇠라고도 불리우고 내식성은 동보다 우수하나 비교적 높은 온도에서 항상 해수에 접촉하는 경우에는 침식되기 쉬우며 고압장치의 밸브나, 콕(cock), 계기류 등에 널리 사용된다.
  ㉡ 청동 : 동에 주석을 합금한 것으로 강도가 크고 내마멸성, 주조성이 우수하며 주석의 함유량이 13[%] 이상의 청동은 내식성, 내마모성이 커서 베어링 재료 등으로 사용된다.

④ 알루미늄과 그 합금
  ㉮ 알루미늄(Al) : 비중이 적은 경금속으로 유동성이 불량하고 수축률이 좋으므로 조절하기가 어려운 관계로 일반적으로 구리 및 아연 등을 합금하여 사용한다.
  ㉯ 알루미늄 합금 : 알루미늄에 여러 가지 금속을 합금시켜 기계적 성질 및 경도를 증가시켜 주고 있으며 가볍고 단단하여 실린더 헤드, 크랭크 케이스, 피스톤 등의 압축기 재료로서 많이 사용된다.

> **[참고]**
> **고온, 고압장치와 저온장치의 금속재료 구비조건**
> ① 고온, 고압장치의 조건
>   ㉮ 조직의 균일화로 점성강도가 클 것.
>   ㉯ 고온강도 및 점성강도가 클 것.
>   ㉰ 크리프 강도가 클 것.
>   ㉱ 장시간 가열해도 조직이 안정하고 내구성이 클 것.
> ② 저온장치의 조건
>   ㉮ 저온에서도 기계적 성질이 우수할 것.
>   ㉯ 내식성이 클 것.
>   ㉰ 저온에서도 취성이 없을 것.

(3) 열처리

금속재료를 각종 사용목적에 따라 기능을 충분히 발휘하려면 합금만으로는 되지 않는다. 그러므로 충분한 기능을 발휘하기 위해서 금속을 적당한 온도로 가열 및 냉각시켜 특별한 성질을 부여하는 것을 열처리(heat treatment)라 한다.

① **담금질(quenching)** : 강의 경도 및 강도를 증가시키기 위하여 A_3 변태점보다 30~50[℃] 높게 가열하여 급속히 냉각시키는 방법이다.

> **[참고]**
> A_3 변태점이란 910[℃]에서 발생되는 동소변태점을 말한다.

② **뜨임(tempering)** : 담금질한 강을 변태점 이하의 적당한 온도로 가열하여 재료에 알맞은 속도로 냉각시켜 인성(질긴성질)을 증가시키기 위한 열처리방법이다.

③ **풀림(annealing)** : 상온가공을 용이하게 할 목적으로 뜨임온도보다 약간 높은 온도로 가열하여 가열로 속에서 천천히 냉각시켜 가공경화나 내부응력을 제거시키기 위해 행하는 열처리이다.

④ 불림(normalizing) : 단조, 압연 등의 소성가공이나 주조로 거칠어진 조직을 미세화하고, 편석이나 잔류응력을 제거하기 위해 A_3 또는 A_1 변태점보다 약 30~60[℃] 높게 가열하여 공기 중에서 냉각시키는 열처리이다.

2. 금속재료의 강도

(1) 응력(stress)

재료에 하중을 가했을 때 그 하중에 저항하여 그 힘과 같은 내압이 발생되는데 이 압력을 단면적으로 나눈 것을 응력이라 한다.

따라서 응력, $\sigma = \dfrac{P}{A}$

σ : 응력[kg/cm²]
P : 하중[kg]
A : 단면적[cm²]

> **[참고]**
> ■ 하중이 작용하는 방향에 따른 응력의 분류
> ① 인장응력   ② 압축응력   ③ 전단응력   ④ 비틀림응력

(2) 변형율

물체에 하중을 가했을 때 물체의 원래 크기에 대한 변형된 비율로서 연신율이라고도 한다.

① **가로변형율** : 봉에 축방향으로 인장하중, 압축하중 P[kg]이 작용한 경우 늘어난 변형률 ε_1, 압축된 때의 변형률을 ε_2라 하면

㉮ 늘어난 변형율[ε_1] = $\dfrac{\text{늘어난 길이}}{\text{처음 길이}} = \dfrac{l' - l}{l} = \dfrac{\lambda}{l} \times 100[\%]$

㉯ 줄어든 변형율[ε_2] = $\dfrac{\text{줄어든 길이}}{\text{처음 길이}} = \dfrac{l - l''}{l} = \dfrac{\lambda}{l} \times 100[\%]$

② **세로변형율** : 하중과 직각 방향으로 생기는 변형율을 말하며 늘어난 변형율을 $\varepsilon_1{'}$, 압축된 때의 변형율을 $\varepsilon_2{'}$라 하면

㉮ 늘어난 변형율[$\varepsilon_1{'}$] = $\dfrac{\text{늘어난 지름}}{\text{처음 지름}} = \dfrac{d' - d}{d} = 100[\%]$

㉯ 줄어든 변형율[$\varepsilon_2{'}$] = $\dfrac{\text{줄어든 지름}}{\text{처음 지름}} = \dfrac{d - d''}{d} = 100[\%]$

> **[참고]**
> ■ 프와송의 비(Poisson's ratio)
> 재료는 탄성한도 이내에서는 가로 변형율과 세로 변형율의 비가 항상 일정한 값을 지니는 것을 말하며 $\dfrac{1}{m}$로 표시된다. 즉 $\dfrac{1}{m} = \dfrac{\text{가로 변형율}}{\text{세로 변형율}}$ (m : 프와송의수)

(3) 응력 변형도

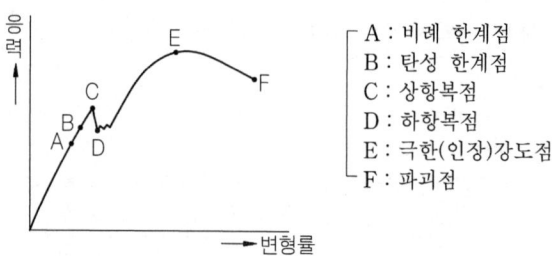

A : 비례 한계점
B : 탄성 한계점
C : 상항복점
D : 하항복점
E : 극한(인장)강도점
F : 파괴점

① 비례한도 : 응력이 작은 사이는 응력과 변형률이 비례하여 증가하나 B점에 달하면 응력의 증가에 비해 변형률의 증가가 크게 된다.
② 탄성한도 : B점 이하에서는 하중을 제거하면 원상태로 복귀된다. 또한 탄성한도 내에서는 응력과 변형이 비례한다(후크의 법칙).
③ 항복점(Yield-point) : 재료에 가하는 하중을 점차 증가하면 하중에 따라 재료의 변형이 증가되며 하중이 어느 정도까지 증가하면 하중을 더 이상 증가하지 않아도 변형을 일으키는 경우를 말한다.
④ 극한(인장)강도 : 재료의 시험편이 견딜 수 있는 최대 하중을 말한다.
⑤ 파괴점 : 재료가 극한 강도를 넘어 파괴하는 지점을 말하며 이때의 응력을 판단응력이라 한다.

> [참고]
> ■ 허용응력과 안전율
> ① 허용응력 : 재료를 실제로 사용하여 안전하다고 생각되는 최대의 응력
> ② 안전율 : 재료의 인장강도와 허용응력과의 비를 말하며 $\frac{인장강도}{허용응력}$ 로 나타낸다.

3. 부식 및 방식

(1) 부식

금속이 부식되기 위해서는 수분과 공기 중의 산소와 반응되어 산화됨으로써 금속의 화학적 및 전기화학적 반응에 의해 표면에서 소모되는 현상을 말한다.

① 부식의 원인
  ㉮ 다른 종류의 금속간의 접촉에 의한 부식
  ㉯ 국부전지에 의한 부식
  ㉰ 농담(濃淡)전지 작용에 의한 부식
  ㉱ 미주전류(迷赴電流)에 의한 부식
  ㉲ 박테리아에 의한 부식

② 부식의 분류
가스관의 부식에는 크게 전식과 자연부식으로 분류된다.

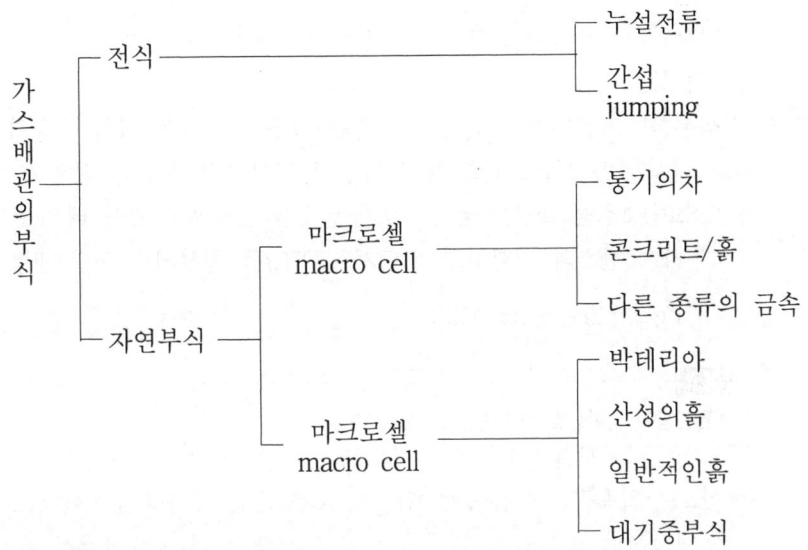

③ 부식의 형태
  ㉮ 전면부식 : 전면이 대략 균일하게 부식되는 양식이며, 부식량은 크나 전면에 파급되므로 그 피해는 적고 비교적 처리하기 쉽다.
  ㉯ 국부부식 : 부식이 특정한 부분에 집중되는 양식이며, 부식속도가 비교적 크므로 위험성은 높고 장치에 중대한 손상을 끼친다.
  ㉰ 선택부식 : 합금중의 특정 성분만이 선택적으로 용출하거나 일단 전체가 용출한 다음 특정 성분만이 재석출하므로써 기계강도가 적은 다공질의 침식층을 형성하는 양식이며, 주철의 흑연화부식, 황동의 탈아연부식, 알루미늄 청동의 탈알루미늄부식 등이 있다.
  ㉱ 입계부식 : 결정입자가 선택적으로 부식되는 양식으로, 스테인레스강 등에서 450~900[℃]열에 의하여 재료중에 고용되었던 탄소가 결정입계로 이동되어 탄화크롬(Cr_4C)의 탄화물이 석출됨으로써 Cr 량이 감소되어 내식성의 저하로 생기는 부식이다.
  ㉲ 응력부식 : 인장응력하에서 부식환경이 되면 금속의 연성재료에 나타나지 않는 취성파괴가 일어나는 현상으로 특히 연강으로 제작한 가성소다 저장 탱크에서 발생되기 쉬운 현상이다.

> **참고**
> ■ 에로숀 및 바나듐어택
>   ① 에로숀 : 배관 및 밴드 부분, 펌프의 회전차 등 유속이 큰 부분은 부식성 환경에서는 마모가 현저하며 이러한 현상을 에로숀이라 하고 황산의 이송배관에서 일어나는 부식현상
>   ② 바나듐어택 : 중유나 연료유의 회분 중에 있는 산화 바나듐(V_2O_5)이 고온에서 용융될 때 발생하는 다량의 산소가 금속표면을 산화시켜 일어나는 부식현상이다.

④ 부식속도에 영향을 끼치는 인자
  ㉮ 내부인자 : 금속재료의 조성, 조직, 구조, 전기화학적 특성, 표면상태, 응력상태, 온도 등
  ㉯ 외부인자 : 부식액의 조성, pH(수소이온 농도), 용존가스 농도, 유동상태, 생물수식 등식 등

⑤ 건식부식 : 고온가스와 금속이 접촉될 경우 양자간의 화학적 친화력이 크면 금속의 산화, 황화, 질화, 할로겐화 등의 반응이 일어나 금속조직 내에 부식이 발생된다.
  ㉮ 수소(수소취성 발생) : 금속재료가 탄소를 함유하고 있을 때 고온, 고압하에서 강에 침투하여 탄소와 결합하여 메탄가스(CH_4)를 형성시켜 탈탄 반응을 일으킨다.

$$Fe_3C + 2H_2 \rightarrow CH_4 + 3Fe$$

> [참고]
> ■ 탈탄방지 첨가원소 : W, Cr, Ti, Mo, V

  ㉯ 산소(산화촉진) : 수분이 존재할 때 고온 뿐만 아니라 상온에서도 산화피막(스케일)을 형성하여 부식되며, 따라서 재료를 선택할 때는 내산화성 강재가 요구된다.

> [참고]
> ■ 내산화성 원소 : Al, Cr, Si, Ni

  ㉰ 질소(질화촉진) : 고온상태에서 질소와 친화력이 큰 Cr, Al, Mo, Ti 등과 반응하여 질화성이 커져 부식

> [참고]
> ■ 내 질화성 원소 : Ni

  ㉱ 일산화탄소(침탄 및 카보닐화 촉진) : 고온, 고압하에서 강자성체 금속인 Fe, Ni, Co 등의 금속과 반응하여 휘발성 화합물인 금속 카보닐을 생성하고 또한 탄소(C)가 침투하여 침탄이 일어나며 그것이 심하면 취화된다.

$$Ni + 4CO \rightarrow Ni(CO)_4 \cdots\cdots 니켈\ 카보닐화$$

$$Fe + 5CO \rightarrow Fe(CO)_5 \cdots\cdots 철\ 카보닐화$$

> [참고]
> ■ 내 침탄성 원소 : Al, Si, Ti, V

  ㉲ 암모니아(탈탄반응 및 질화촉진) : 저온이나 상온에서는 강재에 영향을 끼치지 않으나 고온, 고압하에서 강재에 탈탄반응과 질화작용을 동시에 발생시키며, 특히 Cu 및 Cu 합금은 침식시키므로 사용되지 않는다.

㉥ 염소(염화촉진) : 건조한 상태에서는 수분을 함유하면 수분과 염소가 작용하며 염산(HCl)을 생성하여 부식을 촉진시킨다.

$$Cl_2 + H_2O \rightarrow HCl + HClO$$

$$Fe + 2HCl \rightarrow FeCl_2 + H_2$$

㉦ 아황산가스 및 황화수소(황화촉진) : 황(S)을 함유한 황화수소(H_2S)는 고온에서 거의 모든 금속과 작용하여 황화 현상을 일으키며 특히 철(Fe)과 니켈(Ni)을 심하게 부식시킨다. 또 아황산가스(SO_2)는 온도의 저하와 더불어 삼산화황(SO_3)이 노점에 도달하여 황산(H_2SO_4)이 생성되어 부식을 촉진시킨다.

$$SO_2 + H_2O \rightarrow H_2SO_3$$

$$H_2SO_3 + \frac{1}{2} O_2 \rightarrow H_2SO_4$$

> [참고]
> ■ 내황화성 원소 : Al, Cr, Si

⑥ 부식의 사례

㉮ 토질차이에 의한 부식 : 점토와 모래 사이에 배관공사를 했을 때 점토 중의 관이 부식되는 경향이 있는데 건습의 차, 포장의 유무에 의한 통기성의 차 등으로 인한 부식으로 알려져 있다. 이들은 어느 것이든 토양의 수분 중의 산소농도의 차에 기인하는 것으로 통기차 부식 또는 산소농담 전지부식이라 하며 통기성이 좋지 않고 산소농도가 적은쪽이 부식하게 된다.

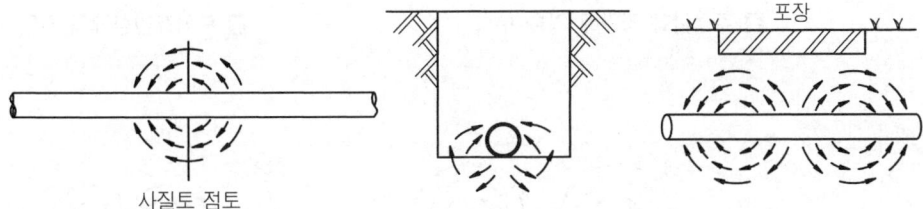

🔼 통기차에 의한 부식

㉯ 콘크리트 영향에 의한 부식 : 콘크리트 속의 철은 중성환경 중의 철에 비하여 높은 전위를 나타내기 때문에 콘크리트와 토양 사이의 배관은 토양 중에서 부식을 일으킨다. 이때의 배관이 콘크리트에 접촉하지 않을 때 다른 금속체를 통하여 철근과 전기적으로 접속되어 있을 때에도 똑같은 현상이 일어나게 되므로 주의를 요한다.

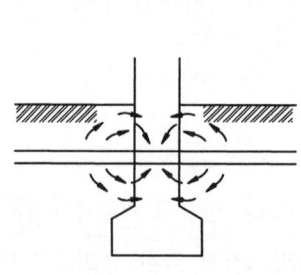 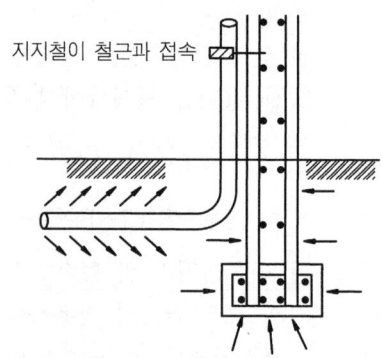

◘ 콘크리트와 토양에 의한 부식

㉰ 관의 재질, 신관과 기존관에 의한 부식 : 주철관과 강관에서는 작기는 하지만 전위차가 있어 주철관이 흑연화하였을 때에는 0.7~0.8[V]의 전위차가 생기므로 강관이 부식된다. 같은 강관이라도 표면에 녹이 있는 강관과 녹이 없는 강관 사이에는 전위차가 있으며 새로운 신관과 녹이 있는 기존관에서는 신관쪽이 부식된다. 후관에 대하여는 파이프렌치 등으로 흑피에 상처를 입힌 부분이 심하게 부식하게 되나 이것은 흑피의 주성분인 자성 산화철(Fe_3O_4)의 전위가 강관에 대하여 높기 때문이다.

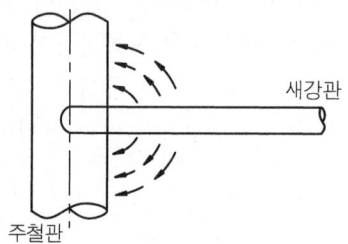 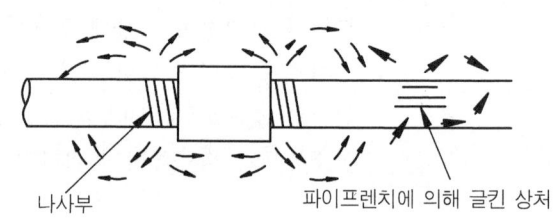

◘ 주철관과 강관에 의한 부식   ◘ 부식표면상태의 차에 의한 부식

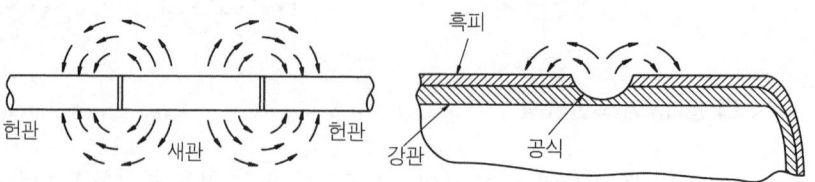

◘ 신관과 기존에 의한 부식   ◘ 표면 상처에 의한 부식

㉱ 이종금속과 접촉 : 중성환경하에서 철은 스테인레스강, 황동 등에 대하여 부식된다. 예를 들면 땅속에 있는 강관 라인에 동합금의 밸브를 부착하면 그 접속부 부근의 철부분이 부식을 일으킨다.

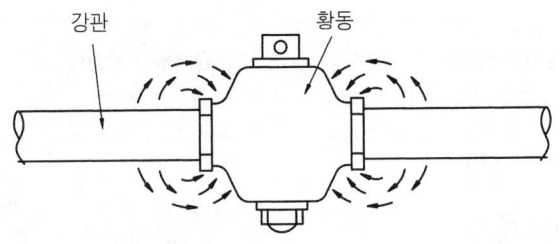

◘ 다른 종류 금속에 의한 부식

㈐ 전기부식 : 주로 전철에 의한 미주 전류에 의한 부식이며 지중(지표면)의 전위차가 클 때에 그 정도가 커지지만 전위경사가 작더라도 배관의 연장이 클 때에는 문제가 된다.

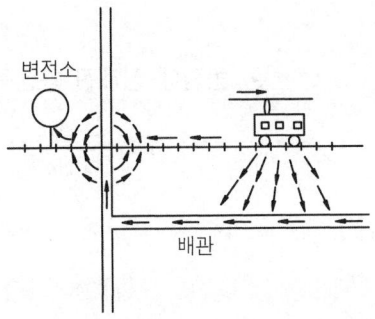

◘ 직류 전기철도에 의한 부식(전식)

(2) 방식

① 부식환경의 처리에 의한 방식법
② 부식억제제(인히비터)에 의한 방식법
③ 피복에 의한 방식법
④ 전기적인 방식법
　㈎ 유전양극법(희생양극법)　㈏ 외부전원법　㈐ 선택배류법　㈑ 강제배류법

(3) 내압(內壓)용기의 강도

① 원통의 접선 방향응력

$$\sigma_1 = \frac{W}{A} = \frac{P \cdot D}{200t} \, [\text{kg/mm}^2]$$

　　D : 안지름[mm]
　　P : 내압[kg/mm^2]
　　t : 두께[mm]

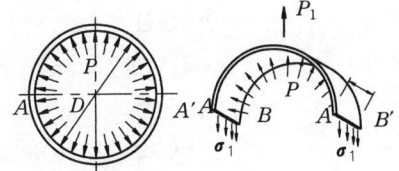

◘ 원통의 접선방향 응력

② 원통의 축방향응력

$$\sigma_2 = \frac{P \cdot D}{400t}$$

　　D : 안지름[mm]
　　P : 내압[kg/mm^2]
　　t : 두께[mm]

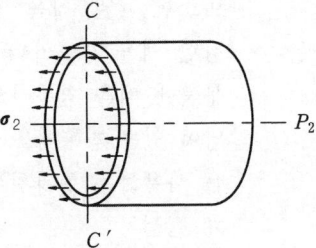

◘ 원통의 축방향 응력

> [참고]
> 원통형 압력용기에 걸리는 최대응력(σ_{max})은 접선응력을 기준한다.

③ 경판에 작용하는 응력

$$\sigma_3 = \frac{P \cdot R}{200t}$$

- P : 내압[kg/mm²]
- R : 경판의 곡률반지름[mm]
- t : 경판의 두께[mm]

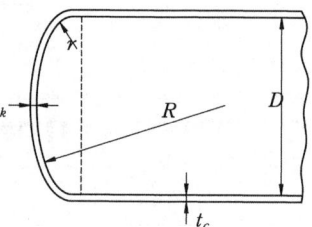

△ 경판에 걸리는 응력

④ 법령에 정해진 용접용기 동판두께를 구하는 식

$$t = \frac{P \cdot D}{200S\eta - 1.2P} + C$$

- t : 동판의 최소두께[mm]
- D : 동판의 안지름[mm]
- η : 용접이음의 효율
- P : 설계압력[kg/cm²]
- S : 허용응력[kg/mm²]=인장강도의 $\frac{1}{4}$ 배에 해당
- C : 부식여부[mm]

(4) 비파괴검사

비파괴검사는 피검사물을 파괴하지 않고 결함의 이상 유무와 결함의 건전성 정도를 검사하여 판정하며 압연재, 단조품, 용접구조물 등의 검사에 널리 사용된다.

① **음향검사** : 테스트 해머를 이용하여 가볍게 물건을 두들기고 음향에 의해 결함유무를 판단하며 청음이 나는 것은 합격이고, 둔탁한 음이 나는 것은 불합격으로 조명검사를 해야 한다.

　㉮ 장점

　　간단한 공구를 사용하여 손으로 가볍게 행할 수 있다.

　㉯ 단점

　　㉠ 숙련을 요하고 개인에 따라 차이가 있다.

　　㉡ 결과의 기록이 되지 않는다.

② **침투검사** : 철, 비철금속, 비자성체, 어느 재료에도 사용이 가능하며, 표면에 나타난 미소한 균열, 작은 구멍, 슬러그 등을 검출하는 방법으로 표면장력이 적고 침투력이 강한 액을 재료의 표면에 도포하거나, 액체 중의 피검사물에 침지케 하여 균열 등의 부분에 액을 침투시킨 다음 표면의 침투액을 씻어내고 현상액을 사용하여 균열 등에 남아 있는 침투액을 출현시키는 방법으로, 염료를 사용하는 염료침투검사와 형광물질을 사용하는 형광침투검사가 있다.

　㉮ 장점

　　㉠ 표면에 나타난 미소한 결함을 검출할 수 있다.

㉡ 전원이 없는 곳에서도 측정이 가능하다.
  ㉢ 비자성체 등 재료에 별 영향을 받지 않는다.
 ㉣ 단점
  ㉠ 내부 결함은 검출하기 힘들다.
  ㉡ 현상과 건조가 있어 결과가 빨리 나타나지 않는다.

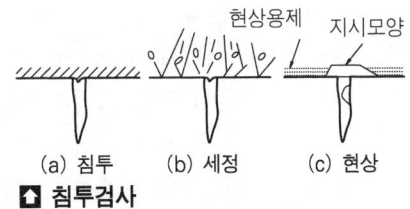
▲ 침투검사

③ **자분(자기)검사** : 피검사물을 자석화시켜 자분의 밀집 여부로서 검사하므로 스테인레스강등 비자성체에는 적용될 수 없다. 액의 사용유무에 따라 건식법과 습식법으로 구분하며 피로파괴 및 취성파괴의 위험이 있는 것은 반드시 자분검사를 실시한다.

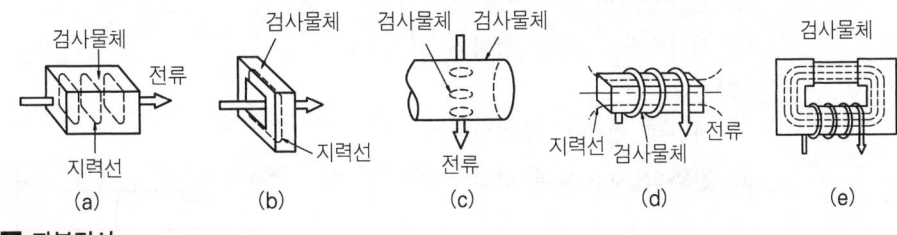
▲ 자분검사

 ㉮ 장점
  ㉠ 표면 또는 표면 근처의 결함, 즉 육안으로 식별할 수 없는 균열 및 손상, 이물질, 편석, 블로홀 등을 검사할 수 있다.
  ㉡ 표면균열의 검사는 X선이나 초음파보다 정밀도가 높다.
 ㉯ 단점
  ㉠ 비자성체의 재질에는 적용되지 않는다.
  ㉡ 깊은 내면의 결함검출은 불가능하다.
  ㉢ 반드시 전원이 필요하며 검사 후 탈자 처리가 필요하다.

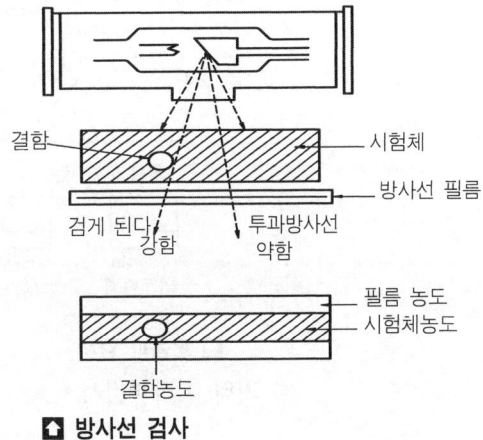
▲ 방사선 검사

④ **방사선 투과검사** : X선이나 γ선을 투과하여 결함의 유무를 검출(예를 들면 기공이 있을 때 둥글고 다른 부분보다 검게 나타난다)하는 방법이며 용접부결함검사에 가장 적합한 방법으로 가장 널리 사용되는 검사법이다.

 ㉮ 장점
  ㉠ 필름에 의해 내부의 결함의 모양, 크기 등을 관찰할 수 있다.
  ㉡ 결과의 기록이 가능하다.

㉱ 단점
  ㉠ 장치가 크므로 가격이 비싸다.
  ㉡ 취급상 신체의 방호가 필요하다.
  ㉢ 두께가 두꺼운 개소에는 검출이 곤란하다.
  ㉣ 선에 평행한 크랙(crack)은 찾기가 어렵다.

⑤ **초음파검사** : $0.5 \sim 15\mu$의 초음파를 피검사물의 내부에 침투시켜 반사파를 이용하여 내부의 결함과 불균일층의 존재여부를 검사하는 방법으로 투상 반향법과 공진법 등이 있다.

㉮ 장점
  ㉠ 균열을 검출하기 쉽다.
  ㉡ 고압장치의 판두께를 측정할 수 있다.
  ㉢ 검사비용이 싸고 결과가 신속하다.

㉯ 단점
  ㉠ 결함의 형태가 부적당하다.
  ㉡ 결과의 보존성이 없다.

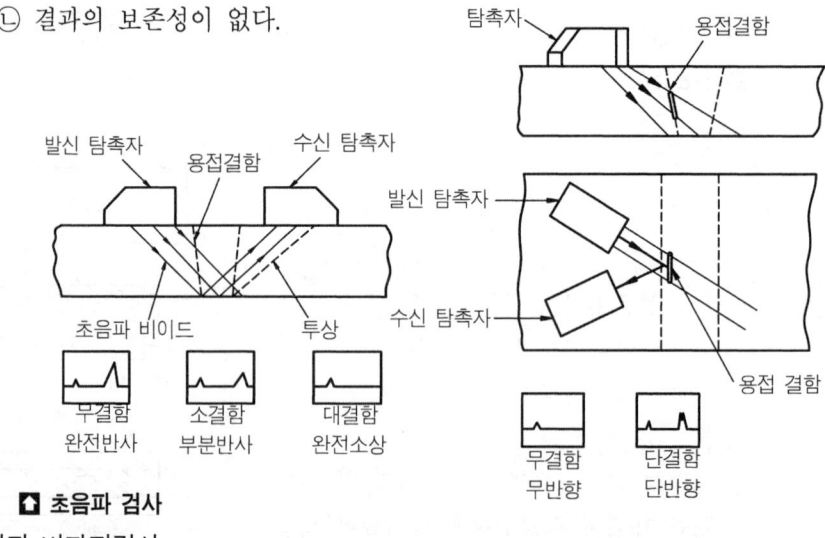

🔲 **초음파 검사**

⑥ 기타 비파괴검사

(a) 투상법 (b) 반향법

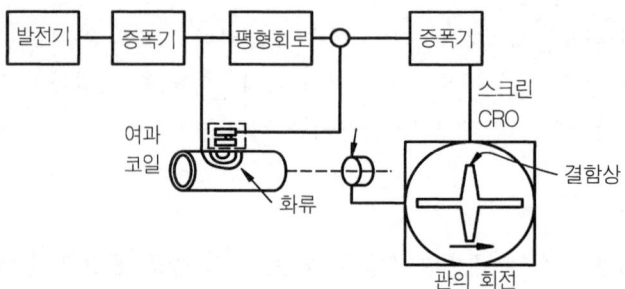

🔲 **관의 와류검사**

㉮ **와류검사** : 교류자계 중에 도체를 놓으면 도체에는 자계변화를 방해하는 와전류가 흐른다. 내부나 표면의 손상 등으로 도체의 단면적이 변하면 도체를 흐르는 와전류의 양이 변화하므로 이 와전류를 측정하여 검사할 수 있다. 또 와류검사는 표면 또는 표면에 가까운 내부의 결함이나 조직의 부정, 성분의 변화 등의 검출에 적용되며 자기검사로 적당하지 않은 동합금관, 오스테나이트계 스테인레스강관 등의 결함검사 및 부식의 검사에 위력을 발휘한다.

㉯ **전위차법검사** : 표면 결함이 있는 금속재료에 표면에서 결함으로 직류 또는 교류를 흐르게 하면 결함의 주위에 전류분포가 균일하지 않고 장소에 따라 전위차가 나타난다. 이 전위차를 측정함으로써 표면균열의 깊이를 조사한다. 흐르는 전류는 1[A] 정도이며 수[mm]까지의 깊이 균열을 측정할 수 있고, 그 측정도는 $\frac{1}{10}$[mm] 정도이다.

㉰ **설파프린트 검사** : 강재 중의 황의 편석분포 상태를 검출하는 방법으로서 인(P)도 검출할 수 있고 황(S)이 있는 부분은 지면이 갈색을 나타내고, 없는 부분은 변하지 않는다. 묽은 황산에 침적한 사진용 인화지를 사용한다.

제1장 고압장치 예상문제

제2편 고압가스장치 및 기기
고압장치 | 저온장치 | 가스설비 | 측정기기 및 가스분석

문제 1 고압장치의 금속재료 방식 방법 중 틀린 것은?
㉮ 적절한 사용재료의 선정
㉯ 방식을 고려한 구조의 결정
㉰ 방식을 고려한 제작 및 설치공정의 관리
㉱ 방식을 고려한 사용시의 조건

문제 2 고온의 일산화탄소에 의한 부식은?
㉮ 질화 ㉯ 침탄
㉰ 산화 ㉱ 황화

해설 ① 방지금속 : Si, V, Ti, Al
② Cr, Ni을 함유한 금속에서는 현저하다.

문제 3 가스의 금속재료 부식에 관한 다음 기술 중 올바른 것은?

〔보기〕 ① 수소는 고온·고압에서는 탄소강 중의 철과 화합하여 취화의 원인이 된다.
② 이산화황(아황산가스)는 건조한 경우에는 금속에 대한 부식은 일어나지 않는다.
③ 염소는 수분이 있으면 거의 모든 금속을 부식시킨다.

㉮ ①, ② ㉯ ②, ③
㉰ ①, ③ ㉱ ①

문제 4 바나듐어택에 대해서 잘못 설명된 것은?
㉮ 방지금속은 시크로멜이 사용된다.
㉯ 고온에서 현저히 일어난다.
㉰ MgO, CaO를 연료에 첨가시켜 연소시킨다.
㉱ 산화 바나듐의 융점을 낮추기 위해서 MgO, CaO를 첨가시킨다.

해설 ① ㉱는 V_2O_5의 융점을 상승시키기 위함이다.
② 시크로멜 : Al, Si를 첨가한 23[%] Cr강

문제 5 용접용기의 두께, 산출식으로 옳게 나타낸 것은? (단, P : 최고충전압력[kg/cm^2], D : 동체의 안지름[mm], C : 부식에 의한 여유두께[mm], S : 재료의 허용응력[kg/mm^2], η : 용접효율)

㉮ $t = \dfrac{PD}{200S\eta - 1.2P} + C$ ㉯ $t = \dfrac{PD}{100S\eta - 2.0P} + C$

㉰ $t = \dfrac{PD}{200S\eta + 1.2P} + C$ ㉱ $t = \dfrac{PD}{100S\eta - 1.0P} - C$

해답 1. ㉱ 2. ㉯ 3. ㉰ 4. ㉱ 5. ㉮

문제 6. 열처리에서 풀림(annealing)의 목적은?

㉮ 잔류응력 제거 ㉯ 조직의 미세화
㉰ 인성증가 ㉱ 강도증가

해설 ㉯는 불림(normalizing)
㉰는 뜨임(tempering)
㉱는 담금질(quenching)

문제 7. 수분이 존재할 때에 강재에 부식을 일으키는 가스가 아닌 것은?

㉮ 염소 ㉯ 암모니아
㉰ 탄산가스 ㉱ 이산화황

해설 수분존재시 강재에 대해 부식을 일으키는 가스로는 염소, 탄산가스, 이산화황, 황화수소, 포스겐 등이 있다.

문제 8. 다음 중 일산화탄소에 의한 침탄방지 금속이 아닌 것은?

㉮ 실리콘(Si) ㉯ 티탄(Ti)
㉰ 바나듐(V) ㉱ 크롬(Cr)

해설 침탄방지 금속에는 Si, Ti, V, Al 등이 있으며, Cr, Ni은 침탄이 현저한 금속이다.

문제 9. 다음 중 고압장치의 부식속도에 영향을 주는 인자가 아닌 것은?

㉮ 유량 ㉯ 유속
㉰ 액온 ㉱ pH

해설 부식속도에 영향을 끼치는 인자는 다음과 같다.
① 외부인자 : 수소이온 농도[pH], 온도, 유동상태, 용존이온, 부식액의 조성
② 내부인자 : 금속재료의 조성, 조직, 표면상태, 응력상태, 유속

문제 10. 결정입자가 선택적으로 부식되는 양상으로 스테인레스강이 열영향을 받아 크롬 탄화물이 석출되는 현상은?

㉮ 전면부식 ㉯ 국부부식
㉰ 입계부식 ㉱ 선택부식

문제 11. 배관재료의 부식속도에 영향을 주는 내부 인자는?

㉮ 용존가스의 농도 ㉯ 부식액의 조성, 온도
㉰ 부식액의 유통상태 ㉱ 재료의 응력상태

해설 ① 외부인자 : 부식액의 조성, pH, 온도 등
② 내부인자 : 금속재료의 조성, 조직, 전기, 화학적 특성 재료의 응력상태 등

해답 6. ㉮ 7. ㉯ 8. ㉱ 9. ㉮ 10. ㉰ 11. ㉱

문제 12 끈기가 있고 질긴 성질을 무엇이라 하는가?
  ㉮ 인성　　　　　　　　　　㉯ 연성
  ㉰ 전성　　　　　　　　　　㉱ 가단성

  해설 연성은 늘어나는 성질이며, 전성은 넓게 펴질 수 있는 성질을 나타낸다.

문제 13 연성이 큰 순서를 올바르게 나타낸 것은?
  ㉮ Cu-Ag-At-Al　　　　㉯ Cu-Al-At-Ag
  ㉰ At-Ag-Al-Cu　　　　㉱ Ag-At-Cu-Al

문제 14 크리프 현상은 어느 온도 이상에서 증가되는가?
  ㉮ 250[℃]　　　　　　　　㉯ 350[℃]
  ㉰ 450[℃]　　　　　　　　㉱ 550[℃]

  해설 크리프란 재료가 350[℃] 이상에서 일정한 응력이 작용할 때 시간이 경과함에 따라 변형이 증대되는 현상을 말한다.

문제 15 금속재료 중 어느 정도까지 온도가 저하하면 급격히 취성이 증대되는 온도를 무엇이라 하는가?
  ㉮ 천이온도　　　　　　　　㉯ 공정온도
  ㉰ 퀜칭온도　　　　　　　　㉱ 냉간온도

문제 16 강의 취성에 관한 연결 중 관련이 없는 것은?
  ㉮ 청열메짐 : 200~300[℃]　㉯ 저온메짐 : 인
  ㉰ 적열메짐 : 황　　　　　　㉱ 뜨임메짐 : 몰리브덴

  해설 뜨임메짐은 Ni-Cr 강을 500~650[℃]에서 뜨임을 한 후 그 온도에서부터 서냉시키면 충격값이 감소하여 취성이 일어나는 현상으로 몰리브덴(Mo)은 뜨임 취성방지 금속이다.

문제 17 고온, 고압에서 사용되는 장치의 재료선정시 고려해야 할 사항이 아닌 것은?
  ㉮ 크리프 강도가 클 것.　　　㉯ 내식성이 클 것.
  ㉰ 조직이 안정되어 있을 것.　㉱ 경도가 크고 신축성이 좋을 것.

문제 18 금속을 상온가공하면 성질이 변한다. 이중 맞지 않는 것은?
  ㉮ 인장강도 증가　　　　　　㉯ 연신율 증가
  ㉰ 경도 증가　　　　　　　　㉱ 항복점 증가

  해설 금속을 상온가공시 연신율은 감소된다.

해답 12. ㉮　13. ㉰　14. ㉯　15. ㉮　16. ㉱　17. ㉱　18. ㉯

문제 19 탄소강에서 탄소의 양을 증가시키면?

㉮ 인장강도, 경도 및 연신율이 모두 증가한다.
㉯ 인장강도, 경도 및 연신율이 모두 감소한다.
㉰ 인장강도와 연신율은 증가하되 경도는 감소한다.
㉱ 인장강도와 경도는 증가하되 연신율은 감소한다.

해설 탄소량이 증가하면 인장강도, 항복점, 경도는 증가되고 연신율, 단면수축률, 충격값은 감소된다.

문제 20 열간가공과 냉간가공은 어느 온도를 기준으로 하는가?

㉮ 재결정 온도
㉯ 상용 온도
㉰ 35[°C]
㉱ 100[°C]

해설 열간가공은 재결정온도 이상, 냉간가공은 재결정온도 이하에서 가공한다.

문제 21 고압가스에 사용되는 고압장치용 금속재료로 고려할 사항이 아닌 것은?

㉮ 내식성
㉯ 내산성
㉰ 내열성
㉱ 내냉성

해설 ㉮ ㉰ ㉱ 외에 내마모성을 고려해야 한다.

문제 22 고압장치 금속재료의 부식억제방식법이 아닌 것은?

㉮ 유해물질의 제거 및 pH를 높이는 방식
㉯ 인히비터(부식억제제)에 의한 방식
㉰ 도금, 라이닝, 표면처리에 의한 방식
㉱ 전기적인 방식

문제 23 다음 중 방사선 투과검사의 단점이 아닌 것은?

㉮ 내부의 결함을 검출하며 사진으로 찍힌다.
㉯ 장치가 크므로 가격이 비싸다.
㉰ 취급상 신체의 방호가 필요하다.
㉱ 고온부 두께가 두꺼운 개소에는 부적당하다.

해설 ㉮는 장점에 해당

문제 24 지름이 5[cm]인 단면에 3,500[kg]의 힘이 작용할 때 발생하는 응력은?

㉮ 168[kg/cm²]
㉯ 178[kg/cm²]
㉰ 188[kg/cm²]
㉱ 198[kg/cm²]

해설 $\sigma = \dfrac{W}{A} = \dfrac{3,500}{\dfrac{3.14}{4} \times 5^2} = 178.25 [kg/cm^2]$

해답 19. ㉱ 20. ㉮ 21. ㉯ 22. ㉮ 23. ㉮ 24. ㉯

문제 25 다음 중 고온고압용 금속재료가 아닌 것은?

㉮ 5[%] 크롬강 ㉯ 스테인레스강
㉰ 탄소강 ㉱ 몰리브덴강

해설 고온·고압용 재료로는 5[%] 크롬강, 9[%] 크롬강, 스테인레스강, 니켈, 크롬, 몰리브덴 등이다.

문제 26 다음 중 내산화성을 증대시키는 금속의 첨가 원소에 들지 않는 것은?

㉮ S ㉯ Si
㉰ Ti ㉱ Cr

문제 27 내질화성 원소는?

㉮ Ni ㉯ Cr
㉰ Ti ㉱ Mo

문제 28 응력을 옳게 표현한 것은?

㉮ 응력 = $\dfrac{하중}{단면적}$ ㉯ 응력 = 하중 × 단면적

㉰ 응력 = $\dfrac{단면적}{하중}$ ㉱ 응력 = 하중 + 단면적

문제 29 다음 황화방지 원소 중 틀린 것은?

㉮ 크롬(Cr) ㉯ 철(Fe)
㉰ 알루미늄(Al) ㉱ 실리콘(Si)

문제 30 일산화탄소에 의한 카보닐을 생성시키지 않는 금속은?

㉮ 니켈(Ni) ㉯ 철(Fe)
㉰ 크롬(Cr) ㉱ 코발트(Co)

해설 Ni + 4CO → Fe(CO)$_4$
150[℃] 이상에서 니켈카보닐 생성
Fe + 5CO → Ni(CO)$_5$
150[℃] 이상에서는 Al, Cu, Ag으로 얇게 라이닝을 시켜서 방지시킨다.

문제 31 지름 13[mm], 표점거리 150[mm]인 연강재 시험판을 인장시켰더니 154[mm]가 되었다. 이때의 연신율을 구하여라.

㉮ 2.66[%] ㉯ 3.66[%]
㉰ 8.2[%] ㉱ 8.8[%]

해설 연신율 = $\dfrac{l'-l}{l} = \dfrac{154-150}{150} \times 100 = 2.66[\%]$

해답 25. ㉰ 26. ㉮ 27. ㉮ 28. ㉮ 29. ㉯ 30. ㉰ 31. ㉮

문제 32 금속재료에 S, P, Ni, Mn과 같은 원소들이 함유하면 강에 악 영향을 미치는데 다음 중 틀린 것은?

㉮ S : 황은 적열취성이 원인이 된다.
㉯ P : 상온에 대한 취성을 감소시킨다.
㉰ Mn : S와 결합하여 황에 의한 악영향을 완화시킨다.
㉱ Ni : 저온취성을 개선시킨다.

해설 인(P)은 상온취성의 원인

문제 33 18-8 스테인레스강은 어느 조직에 속하는가?

㉮ 오스테나이트계   ㉯ 펄라이트
㉰ 페라이트   ㉱ 마르텐사이트

해설 강의 조직강도, 경도의 크기
마르텐사이트〉트루스타이트〉소르바이트〉오스테나이트

문제 34 고압장치용 금속재료 중 탄소함유량이 틀린 것은?

㉮ 저탄소강은 탄소함유량 0.3[%] 이하
㉯ 중탄소강은 탄소함유량 0.3~0.6[%] 이하
㉰ 고탄소강은 탄소함유량 0.6[%] 이상
㉱ 중탄소강은 0.6[%] 이하

해설 탄소강은 탄소의 함유량이 0.035~1.7[%], 순철은 0.035[%] 이하이며, 1.7~6.8[%]은 주철 (실용 주철은 2.5~4.5[%])

문제 35 다음 중 내압강도가 가장 높은 경판은?

㉮ 접시형 경판   ㉯ 원뿔형 경판
㉰ 반타원형 경판   ㉱ 반구형 경판

해설 경판의 강도
반구형〉반타원형〉표준접시형〉접시형〉평형〉원뿔형

문제 36 저온장치용 금속재료에 있어서 온도가 낮을수록 감소하는 기계적 성질은?

㉮ 인장강도   ㉯ 항복점
㉰ 경도   ㉱ 충격값

해설 탄소강을 비롯한 대부분의 금속은 저온으로 될수록 인장강도, 항복점, 경도 등은 증가하나 연신율, 단면수축률, 충격값 등은 감소한다.

문제 37 응력의 단위는?

㉮ [kg/cm^2]   ㉯ [kg/cm]
㉰ [kg-m]   ㉱ [kg]

해답 32. ㉯ 33. ㉮ 34. ㉱ 35. ㉱ 36. ㉱ 37. ㉮

문제 38 고압가스용기의 재료에 사용되는 강의 성분 중 탄소, 인, 황의 함유량은 제한되어 있다. 그 이유로서 옳은 것은?

㉮ 황은 적열취성의 원인이 된다.
㉯ 탄소량이 증가하면 인장강도, 충격값은 증가한다.
㉰ 탄소량이 많으면 인장강도는 감소하나 충격값은 증가한다.
㉱ 인(P)은 될수록 많은 것이 좋다.

해설 탄소량이 증가하면 인장강도, 경도는 증가하나 연신율과 충격값 등은 감소한다. 또한 인(P) 은 저온취성의 원인이 되며, 편석도 일으킨다.

문제 39 같은 강도이고 같은 두께의 재료로서 원통형 용기를 만드는 경우 원통부분의 내압에 대하여 설명한 것 중 옳은 것은?

㉮ 관지름이 작을수록 강하다.
㉯ 관지름이 클수록 강하다.
㉰ 길이가 길수록 강하다.
㉱ 길이가 짧을수록 강하다.

해설 원통용기의 강도는 지름에 반비례하나 길이와는 무관하다.

문제 40 다음 그림의 연강의 응력-변형선도이다. 탄성한도를 표시하는 점은?

㉮ A점
㉯ B점
㉰ C점
㉱ E점

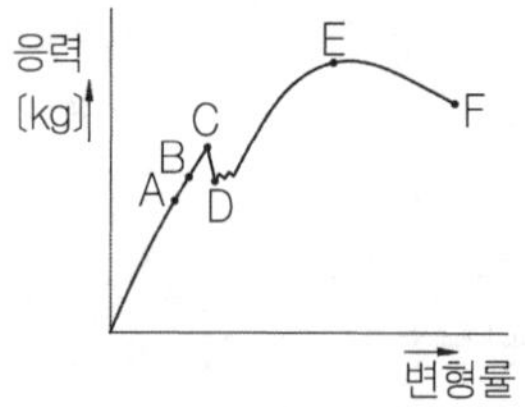

문제 41 저온장치용 금속재료에 있어서 가장 중요시 해야 될 사항은 무엇인가?

㉮ 저온취성에 의한 충격값의 약화
㉯ 저온취성에 의한 충격값의 강화
㉰ 금속재료와 접촉되는 가스의 종류
㉱ 금속재료의 물리적, 화학적 성질

문제 42 다음 STS 27로 나타낸 금속재료의 주성분으로 옳은 것은?

㉮ Fe-Cr-W ㉯ Cr-Ni-Fe
㉰ Al-Mg-Si ㉱ Ni-Cr-W-Fe

문제 43 단면적이 500(mm²)인 봉을 매달고 500(kg)의 추를 그 자유단에 달았더니 이 봉에 생긴 응력이 이 재료의 허용인장응력에 도달하였다. 이 봉의 인장강도가 500(kg/cm²)라면 안전율은 얼마인가?

해답 38. ㉮ 39. ㉮ 40. ㉯ 41. ㉮ 42. ㉯

㉮ 3 ㉯ 4
㉰ 5 ㉱ 6

해설 안전율$(s) = \dfrac{\text{인장강도}(\sigma_b)}{\text{허용응력}(\sigma_a)}$ 에서

허용응력 $\sigma_a = \dfrac{500}{5} = 100$ 이므로

$s = \dfrac{500}{100} = 5$

문제 44 원통형 용기에서 축방향 응력은 원주방향 응력의 몇 배인가?

㉮ 0.5배 ㉯ 1배
㉰ 1.5배 ㉱ 2배

해설 축방향 응력 $\sigma_1 = \dfrac{PD}{4t}$

원주 방향응력 $\sigma_2 = \dfrac{PD}{2t}$ 이므로

$\dfrac{2t}{4t} = 0.5$배

문제 45 안지름 10[cm]의 파이프를 플랜지 접합했다. 이 파이프 내에 40[kg/cm²]의 압력을 걸었을 때 볼트 1개에 걸리는 힘을 400[kg] 이라고 한다면 볼트의 수는 최소한 몇 개 있어야 하는가?

㉮ 7개 ㉯ 8개
㉰ 9개 ㉱ 10개

해설 인장강도$(\sigma) = \dfrac{\text{하중}(W)}{\text{단면적}(A)}$ 에서

하중$(W) = \sigma \times A$ 이므로

$W = 40 \times \dfrac{\pi}{4} \times 10^2 = 3141$[kg] 이다.

볼트 1개당에 하중이 400[kg]이므로 볼트 수는 $3141 \div 400 = 7.85 ≒ 8$개

문제 46 두께 3[mm], 폭 15[mm]의 강판이 1,800[kg]의 인장응력에 의하여 파괴되었다면 이 강판의 인장강도는 얼마인가?

㉮ 600[kg/mm²] ㉯ 300[kg/mm²]
㉰ 100[kg/mm²] ㉱ 40[kg/mm²]

해설 $\sigma = \dfrac{W}{A}$ 에서 $\dfrac{1,800}{3 \times 15} = 40a$[kg/mm²]

문제 47 안지름 0.2[m] 원통형 용기의 뚜껑이 6개의 볼트로 조여져 있었다. 이때 가스압이 15[kg/cm²]일 때, 볼트 1개가 받는 하중은 몇 [kg]인가?

㉮ 4,712[kg] ㉯ 2,174[kg]
㉰ 785[kg] ㉱ 687[kg]

43. ㉰ 44. ㉮ 45. ㉯ 46. ㉱ 47. ㉰

해설 $\sigma = \dfrac{W}{A}$ 에서 $W = \sigma \times A$ 이므로
$W = 15 \times \dfrac{\pi}{5} \times 20^2 = 4,712 \text{[kg]}$, 볼트 6개가 받는 하중이 4,712[kg]이므로 볼트 1개가 받는 하중은 $4,712 \div 6 = 785.39 \text{[kg]}$

문제 48 재료에 일정한 하중을 가하였을 때 재료는 늘어난다. 이와 같이 시간의 경과에 따라 점점 늘어나는 것이 증가하여 판단되는 현상은?

㉮ 피로(fatigue) ㉯ 크리프(creep)
㉰ 전단(shearing) ㉱ 비틀림(torsion)

문제 49 다음은 고압가스와 관련된 유해한 작용을 짝지은 것이다. 이중 맞지 않는 것은?

㉮ 수소-탈탄작용 ㉯ 질소-천연고무용해
㉰ 일산화탄소-카보닐 생성 ㉱ 암모니아-가용성 착염생성

문제 50 200~300[℃]에서 상온온도 연신율이 낮아져서 최저로 되고 강도와 경도가 최대로 되어 취성을 일으키는 현상은?

㉮ 청열메짐 ㉯ 저온메짐
㉰ 적열메짐 ㉱ 뜨임메짐

문제 51 다음 중 풀림(annealing)의 목적과 거리가 먼 것은?

㉮ 내부응력의 제거
㉯ 조직을 개선하고 담금질 효과를 향상
㉰ 기계적 성질의 개선
㉱ 담금질한 재료에 인성증가

해설 풀림의 목적으로는 ㉮㉯㉰항 외에 피절삭성의 개선, 재료의 불균일의 제거 등을 위해 실시한다.

문제 52 다음 금속재료 중 저온용 재료로 사용할 수 없는 것은?

㉮ 주철 ㉯ 동합금
㉰ 니켈 ㉱ 알루미늄

문제 53 금속재료의 용도로서 적당하지 못한 것은?

㉮ 액화산소 탱크-알루미늄
㉯ 수분이 없는 염소 탱크-보통강
㉰ 암모니아 탱크-동
㉱ 상온상압의 수소 탱크-보통강

해답 48. ㉯ 49. ㉯ 50. ㉮ 51. ㉱ 52. ㉮ 53. ㉰

문제 54 금속을 가공하면 경도가 크게 되는 것은 어느 정도 변형이 진행되면 결정 내에 변형이 생기는 등의 원인 때문에 미그럼변형이 생기기 어렵기 때문이다. 이런 현상은?

㉮ 시효경화 ㉯ 경화균열
㉰ 질량효과 ㉱ 가공경화

문제 55 다음 중 수소(H_2)를 용해시키는 금속이 아닌 것은?

㉮ 칼륨(K) ㉯ 칼슘(Ca)
㉰ 아연(Zn) ㉱ 마그네슘(Mg)

해설 수소를 용해시키는 금속으로는 K, Ca, Na, Al, Mg 등이다.

문제 56 고압가스에 사용되는 고압장치용 금속재료가 갖추어야 할 성질이 아닌 것은?

㉮ 내식성 ㉯ 내열성
㉰ 내마모성 ㉱ 내알칼리성

문제 57 금속재료의 부식을 재료의 성질, 상태 및 부식액의 조건에 따라 분류시킨 것 중 틀린 것은?

㉮ 전면부식 ㉯ 국부부식
㉰ 선택부식 ㉱ 방치부식

문제 58 다음 중 질량효과(mass effect)를 잘 설명한 것은?

㉮ 담금질할 때 가열한 강의 표면은 빠르게, 내부는 느리게 냉각되어 재료의 안팎에서 열처리효과의 차이가 생기는 현상
㉯ 탄소 함유량이 많은 강을 가열 후 갑자기 냉각시켰을 때 안팎의 팽창차에 의해 균열이 생기는 현상
㉰ 금속을 가공함에 따라 경도가 크게 되는 현상
㉱ 재료가 시간이 경과됨에 따라 경화되는 현상으로 듀랄루민, 동 등에서 현저하다.

문제 59 인발작업에서 지름 5.5[mm]의 와이어를 4[mm]로 만들었을 때의 단면수축률은 얼마나 되는가? 또한 가공도는?

㉮ 단면수축률 : 47[%], 가공도 : 53[%]
㉯ 단면수축률 : 20[%], 가공도 : 50[%]
㉰ 단면수축률 : 53[%], 가공도 : 47[%]
㉱ 단면수축률 : 50[%], 가공도 : 20[%]

해답 54. ㉱ 55. ㉰ 56. ㉱ 57. ㉱ 58. ㉮ 59. ㉮

문제 60 지름 18(mm)의 강볼트로 고압 플랜지를 조였더니 내압에 의한 1개의 볼트에 작용되는 인장응력이 4,000[kg/cm²]로 되었다. 만약 지름 10(mm)의 볼트를 같은 수로 사용하려면 1개의 볼트에 작용하는 인장응력(kg/cm²)은 얼마인가?(단, 죄임력에 의한 초기응력은 무시한다)

㉮ 12,960[kg/cm²] ㉯ 10,936[kg/cm²]
㉰ 11,435[kg/cm²] ㉱ 13,574[kg/cm²]

해설 $P_2 = \dfrac{P_1 A_1}{A_2}$ 에서

$$= \dfrac{4,000 \times \dfrac{\pi \times 1.8^2}{4}}{\dfrac{\pi \times 1^2}{4}} = 12,960 [kg/cm^2]$$

문제 61 다음은 고압가스 제조장치의 재료에 대한 설명이다. 틀린 것은?

㉮ 상온, 건조상태의 염소가스에 대하여는 탄소강을 사용해도 된다.
㉯ 암모니아, 아세틸렌 배관재료에는 구리재를 사용해도 된다.
㉰ 탄소강의 충격값은 −70[℃] 부근에서 거의 0으로 된다.
㉱ 암모니아 합성탑 내통의 재료에는 18−8 스테인레스강을 사용한다.

문제 62 고압배관에 부식이 있는 경우 그 두께 감소 정도를 알고 싶다. 다음 어떤 방법이 적당한가?

〔보기〕 ① X선 촬영으로 한다.
② 안지름을 측정하여 원관의 바깥지름과 비교한다.
③ 바깥지름을 측정하여 원관의 바깥지름과 비교한다.
④ 초음파 측정기로 두께를 측정하여 원관의 두께와 비교한다.

㉮ ②, ④   ㉯ ③, ④
㉰ ①, ③   ㉱ ②, ③

문제 63 용기제조공정에 있어서 숏 블라스팅(shot blasting)을 실시하는 목적은?

㉮ 무게 측정전 용기의 내외부에 존재하는 녹 및 이물질을 제거하여 정확한 무게측정을 위하여
㉯ 방청도장전 용기에 존재하는 녹 및 이물질 등을 제거하며 방청도장이 용이하도록 하기 위하여
㉰ 용접전 용접부에 존재하는 녹 및 이물질 등을 제거하여 용접이 용이하도록 하기 위하여
㉱ 기밀시험전 용기 내부에 존재하는 녹 및 이물질 등을 제거하여 연소폭발을 방지하기 위하여

해답 60. ㉮   61. ㉯   62. ㉯   63. ㉯

문제 64 바깥지름 35mm), 안지름 25[mm]인 강철재 파이프에 28[ton]의 하중이 작용할 때 이 파이프에 생기는 압축응력은?

㉮ 68.2[kg/mm²]　　㉯ 65.3[kg/mm²]
㉰ 59.4[kg/mm²]　　㉱ 58.3[kg/mm²]

문제 65 응력이 극히 적은 부분에 사용되는 재료 중 틀린 것은?

㉮ 구리 및 구리합금　　㉯ 열처리된 탄소강
㉰ 알루미늄　　㉱ 모넬메탈

문제 66 황화수소(H_2S)에 의한 부식이 되지 않는 금속은?

㉮ 구리(Cu)　　㉯ 금(Au)
㉰ 알루미늄(Al)　　㉱ 철(Fe)

문제 67 탄소량이 많은 강을 갑자기 담금질하면 안팎의 팽창차에 의해 균열이 생기는 현상을 무엇이라 하는가?

㉮ 가공경화　　㉯ 경화균열
㉰ 질량효과　　㉱ 시효경화

문제 68 저온에서 취성에 강한 내한강의 조직은?

㉮ 오스테나이트 조직　　㉯ 펄라이트 조직
㉰ 페라이트 조직　　㉱ 소르바이트 조직

문제 69 고압장치 재료로 구리 및 구리합금을 사용할 수 있는 가스는?

㉮ 아세틸렌　　㉯ 암모니아
㉰ 황화수소　　㉱ 인화수소

문제 70 어떤 고압용기의 지름을 1.5배, 재료의 강도를 1.5배 강한 재질을 사용하면 용적에 변함이 없을 때 용기의 두께는 몇 배 정도라야 되겠는가? (단, 부식성은 없는 것으로 한다)

㉮ 변함없다.　　㉯ 약 0.5배
㉰ 약 1.5배　　㉱ 약 3배

해설 $\sigma = \dfrac{PD}{2t}$ 에서 $t = \dfrac{PD}{2\sigma}$
$= \dfrac{P \times 1.5}{1.5 \times 2} = 0.5$배

해답 64. ㉰　65. ㉯　66. ㉯　67. ㉯　68. ㉮　69. ㉱　70. ㉯

문제 71 다음은 고압장치에 사용되는 금속재료를 열거한 것이다. 틀린 것은?

㉮ NH_3 합성통 내부재료－18－8 스테인레스강
㉯ NH_3 압력계 브르돈관 재료－연강 또는 스테인레스강
㉰ C_2H_2 충전용 지관－탄소함유량이 0.5[%] 이하의 탄소강
㉱ 상온건조상태의 Cl_2 설비－탄소강

문제 72 고온·고압에 대한 가스와 금속과의 관계가 틀린 것은?

㉮ 수소－탄소강과 접촉하면 탈탄작용을 일으킨다.
㉯ 암모니아－대다수의 금속과 화합하여 질화물을 만든다.
㉰ 염소－강과 반응하여 유화철을 만든다.
㉱ 일산화탄소－강과 반응하여 철 카보닐을 만든다.

문제 73 －50[℃] 이하의 저온에 노출되는 배관에는 어떠한 재료를 첨가시켜야 하는가?

㉮ Ni(2~4[%])
㉯ Cu(5~10[%])
㉰ Cr(1~2[%])
㉱ Mn(10~15[%])

문제 74 수소 취성에 대해 틀리게 설명한 것은?

㉮ 탈탄작용이라고 한다.
㉯ 방지금속은 Cr, Mo 등이 사용된다.
㉰ 강으로부터 철(Fe)을 빼앗는다.
㉱ 상온·상압상태에서는 일어나지 않는다.

해설 수소 취성의 방지금속은 Cr, Mo, Ti, W, V이 사용되며 400[℃] 이상의 고온에서 발생되고, 170[℃] 250[atm]까지는 탄소강을 사용하여도 가능하며 수소와 탄소가 반응하여 메탄화시킨다.
반응식은 $Fe_3C + 2H_2 \rightarrow CH_4 + 3Fe$

문제 75 다음 금속재료에 관한 설명 중 맞는 것은?

㉮ 탄성한도 이내이면 하중을 장시간 반복 작용시켜도 변형은 일어나지 않는다.
㉯ 항복점 이상의 응력이 발생되면 소성변형이 일어난다.
㉰ 재료에 하중을 가하면 응력과 변형은 비례한다.
㉱ 일정 하중을 재료에 걸어 둔 상태에서 장시간 방치시키면 시간과 더불어 응력과 변형은 증가한다.

해답 71. ㉰ 72. ㉰ 73. ㉮ 74. ㉰ 75. ㉯

문제 76
다음과 같은 조건에서 원통용기를 제작했을 때 안전성이 높은 것부터 순서대로 나열된 것은?

번호	내압	인장강도
1	50[kg/cm²]	40[kg/cm²]
2	60[kg/cm²]	50[kg/cm²]
3	70[kg/cm²]	55[kg/cm²]

㉮ 1-2-3 ㉯ 2-3-1
㉰ 3-1-2 ㉱ 2-1-3

해설 강도 = $\dfrac{\text{인장강도}}{\text{내압}}$

문제 77
금속재료에 내산화성을 증가시키는 원소의 첨가에도 그 한계가 있는데, 이를 틀리게 설명한 것은?

㉮ Cr은 Fe-Cr-Ni 합금에서 30[%] 정도까지는 내산화성이 증대하지만 40[%] 이상 되면 오히려 감소한다.
㉯ 카로라이징도 표면처리에 의한 내식성 증대로 좋은 방법이다.
㉰ Si는 통상 3[%] 이상 첨가해야 한다.
㉱ Al은 Cr의 보조로서 10[%] 이하로 첨가한다.

해설 Si는 0.03[%] 이하 첨가한다.

문제 78
다음은 열처리의 종류 및 목적에 대해 열거하였다. 잘못 연결된 것은?

㉮ 담금질 : 경도증가 ㉯ 뜨임 : 인성부여
㉰ 풀림 : 강도증가 ㉱ 불림 : 표준조직

문제 79
중탄소강의 온도변화에 따른 변화를 틀리게 설명한 것은?

㉮ 인장강도는 250~300[°C]에서 최고이며, 그 이후에는 급격히 저하한다.
㉯ 신장율이나 단면수축률(교축)은 250~300[°C]에서 최고이다.
㉰ 항복점은 300[°C] 정도까지는 분명하게 나타나지만 400[°C] 이상되면 분명하게 나타나지 않는다.
㉱ 비례한도는 온도가 상승하면 계속 저하된다.

해설 ㉯는 최소

문제 80
다음 중 내산화성 증대 원소가 아닌 것은 어느 것인가?

㉮ 실리콘(Si) ㉯ 크롬(Cr)
㉰ 알루미늄(Al) ㉱ 40[%] 이상의 크롬(Cr)

해답 76.㉱ 77.㉰ 78.㉰ 79.㉯ 80.㉱

문제 81 인장강도 50[kg/mm²]이고 두께 3[mm], 안지름 300[mm]인 용기의 파열압력은 몇 [kg/cm²]인가?

㉮ 10[kg/cm²]   ㉯ 5,000[kg/cm²]
㉰ 100[kg/cm²]   ㉱ 50[kg/cm²]

해설 $t = \dfrac{P \cdot D}{200 S \eta}$ 에서

$P = \dfrac{200 \cdot S \cdot t}{D} = \dfrac{200 \times 50 \times 3}{300}$
$= 100 [kg/cm^2]$

문제 82 다음 중 비파괴검사에 속하지 않은 것은?

㉮ 음향검사   ㉯ 방사선 검사
㉰ 자분검사   ㉱ 기밀 검사

문제 83 비파괴 검사중 용접후 실시하는 것으로서 일반적으로 제일 많이 사용되는 검사는?

㉮ 방사선 검사   ㉯ 초음파 검사
㉰ 침투 검사   ㉱ 자분 검사

문제 84 비파괴 검사 중 초음파 검사의 특징에 해당되지 않은 것은?

㉮ 균열을 검출하기 쉽다.
㉯ 고압장치의 판 두께를 측정할 수 있다.
㉰ 검사 비용이 비싸고 결과가 느리다.
㉱ 결과의 보존성이 없다.

해답 81. ㉰ 82. ㉱ 83. ㉮ 84. ㉰

제 2 장 저온장치

2-1 가스액화 분리장치

공기, 질소, 산소 및 헬륨 등과 같이 임계온도가 낮은 기체를 액화할 때에는 일반적으로 액화하는 기체 그 자체를 냉매로 한 가스액화 사이클이 사용된다.

1. 가스액화의 원리

가스를 액화하기 위해 냉각을 시키는 기본적인 방법은 압축된 가스를 외부로부터 열이 침입하지 못하게 하는 단열팽창으로 이루어진다.

(1) 단열팽창 방법

팽창 밸브에 의한 방법은 자유팽창시켜 온도가 강하되는 줄-톰슨 효과에 의한 방법이다.

(2) 팽창기에 의한 방법

왕복동형, 터빈형이 있으며 이것은 외부에 대해 일을 하면서 단열팽창시키는 방법이다.

2. 팽창기 이용에 의한 단열팽창의 원리

(1) 가역가스 액화 사이클

기체를 가열적으로 액화하는 가스 액화 사이클로서 압력 1[ata], 상온 T_2 의 기체를 액화하려면 1[ata](동압)에서의 비점 T_1 의 0점까지 냉각시킬 필요가 있다. 먼저 점 1에서 압축기로 등온압축을 하여 점 2로 하고 다음에 팽창기로 등 엔트로피를 팽창시켜 점 0, 즉 1[ata]의 포화액으로 한다.

다음에 포화액체를 1[ata] 그대로 가열하면 처음에 온도 T_1 은 변하지 않고 점 3의 포화증기로 되며, 다음에는 온도가 상승하여 온도 T_2 가 되어 점 1에 복귀한다.

① 1-2 간에 흡수하는 열량 $Q_{12} = T_2(S_1 - S_2) = T_2(S_1 - S_0)$

② 0-3 간에 흡수하는 열량 $Q_{03} = I_s - I_0$

③ 3-1 간에 흡수하는 열량 $Q_{31} = I_1 - I_3$

④ 최소일량 $W = Q_{12} - (Q_{03} + Q_{31}) = T_2(S_1 - S_0) - (I_1 - I_0) =$ 면적 1203

⑤ 온도 T_2 에서 방출하는 열량 $Q_{12} = T_2(S_1 - S_0) =$ 면적 $12 S_0 S_1$

⑥ 1[kg]의 기체를 액화시키는데 필요한 제거시킬 열량 $Q_{01} = I_1 - I_0 =$ 면적 $130 S_0 S_1$

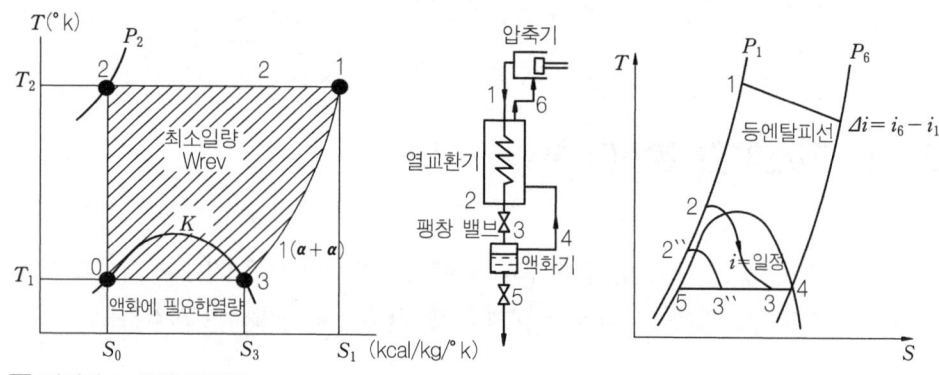

■ 가역가스 액화 사이클

■ 린데식 공기액화 사이클

(2) 린데(linde)의 공기액화 사이클

압축기에 의해 P_1까지 압축된 공기의 일부는 열교환기에 들어가 액화기에서 채 액화되지 못하고 나오는 차가운 저온 용기와 열교환하여 1→2 에 따라 냉각하여 팽창 밸브를 통하여 단열팽창된 후 줄-톰슨 효과에 상당하는 온도만큼 낮아져 액화기로 들어간다. 자유팽창으로 2→3 과정에 의해 일부가 액화되고, 액화되지 못한 포화증기는 4를 통해 열교환기에 들어가 P_1의 압축된 가스와 열교환하여 팽창 밸브로 나가는 공기를 냉각시킨 후 다시 압축기로 들어간다. 액화기에서는 팽창 밸브를 통해 팽창된 공기가 수십[%] 정도 액화하여 액화기 밑에서 밸브 5로 취출하여 저장 탱크에 보내진다.

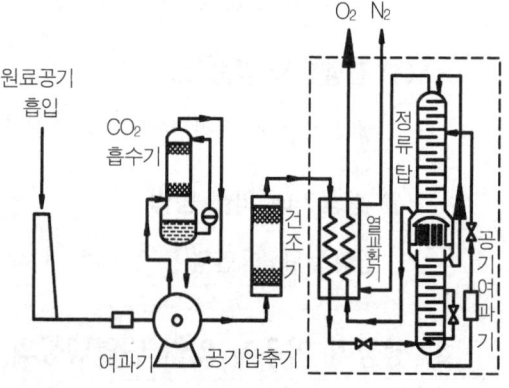

■ 린데식 공기액화 분리장치도

[참고]

■ 액화율 산정공식

액화율 $Y = \dfrac{I_6 - I_1 - Q}{I_6 - I_5}$ Q : 침입열량[kcal/kg]

(3) 클로우드(claude)의 공기액화 사이클

압력 P_1(약 40[kg/cm^2])까지 압축된 공기의 일부는 열교환기에 들어가 액화기와 팽창기에서 나온 저온의 공기와 열교환을 하여 1→2에 따라 냉각되고, 2에서 일부의 공기는 팽창기에 들어가 단열팽창된 후 열교환기에 들어가 액화기로부터 채 액화되지 못하고 나오는 포화증기와 함께 팽창 밸브로 나가는 공기를 냉각시킨 후 다시 압축기로 들어간다. 또 1에서 2의 팽창기로 공급된 공기의 일부는 열교환기에서 열교환후 팽창 밸브를 통해 단열팽창하여 3→4를 따라 등엔트로피 상태로 팽창하여 액화기로 들어가고 액화된 공기는 5로부터 취출하여 저장탱크로 보내진다.

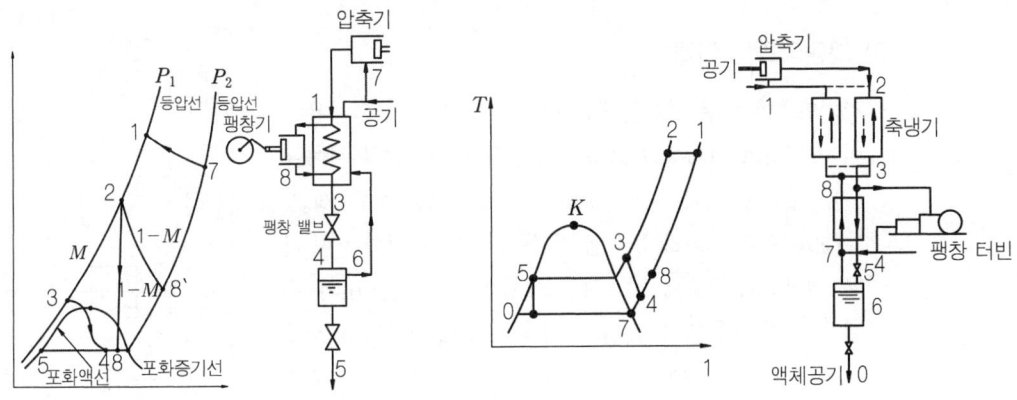

■ 클로우드의 공기액화 사이클   ■ 카피자(kapitza)의 공기액화 사이클

(4) 카피자(kapitza)의 공기액화 사이클

클로우드 사이클 형식과 같고, 공기의 압축압력은 약 7[atm] 정도 낮으며, 열교환에 축냉기를 사용하여 원료공기를 냉각시킴과 동시에 원료공기 중의 수분과 탄산가스를 제거하고 팽창기는 피스톤식 대식에 터빈식의 팽창기를 사용하고 있다.

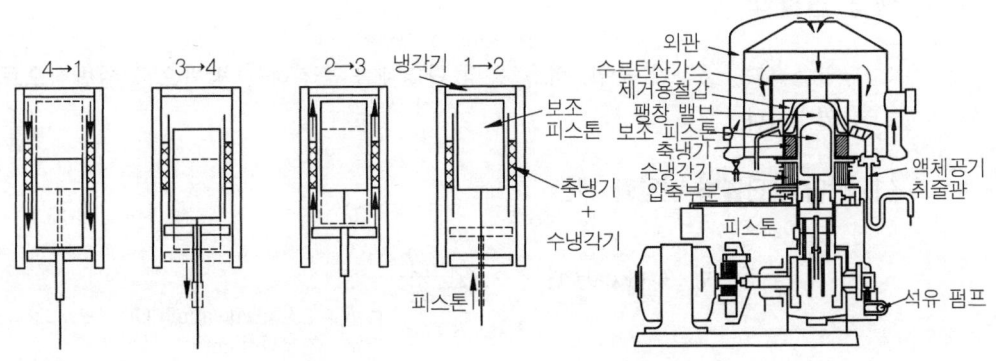

■ 필립스(philips)의 공기액화 사이클   ■ 필립스(philips)사의 공기액화

(5) 필립스(philips)의 공기액화 사이클

수소나 헬륨을 냉매로 한 효율적인 냉동방식의 하나이며 하나의 실린더 중에 피스톤과 보조 피스톤(치환기)이 있고, 두 개의 피스톤 작용으로 상부는 팽창기로 하부는 압축기로 구성되어 수소와 헬륨이 봉입되어 있으며, 중간에는 압축열을 흡수하기 위한 수냉각기와 압축기에서 팽창기로 냉매가 흐를 때 냉매를 냉각시키고, 반대로 흐를 때 냉매를 가열하기 위한 축냉기로 구성되어 있다.

운전이 되면 상부의 냉각기가 −200[°C] 정도의 저온이 되어 공기가 액화되어 공기 중에 함유된 수분이나 탄산가스는 냉각기에 이르는 도중에 제거용 철강주위에 얼어붙어 분리된다.

(6) 다원액화 사이클

증기압축기 냉동 사이클에서 비점이 낮은 냉매를 사용하여 저비점의 기체를 액화하는 사이클을 다원액화 사이클(카스케이드 액화 사이클)이라 하며 암모니아를 상온, 10[atm]으로 액화하고 이를 기화시켜 19[atm]의 에틸렌을 액화하고 다음에 기화하는 에틸렌으로 29[atm]의 메탄을 액화시켜 다시 메탄의 기화로 18.6[atm]의 질소를 액화시킨다. (초저온을 얻기 위해서 2개의 냉동사이클을 조합시켜 비점이 다른 냉매를 사용하는 방식)

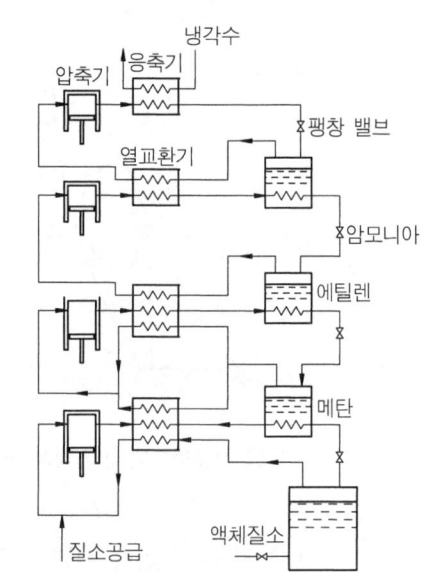

🔹 다원액화 사이클

2-2. 저온장치의 단열법

1. 상압 단열법

단열을 하는 공간에 분말, 섬유 등의 단열재를 충전하는 방법으로 일반적으로 사용되는 단열법이다.

(1) 상압의 단열법 전열량 계산

전열량 $Q[\text{kcal/h}] = -KA\dfrac{dT}{dx}$

- K : 열전도율[kcal/mh°C]
- A : 전열면적[cm²]
- $\dfrac{dT}{dx}$: x 방향의 온도구배

(2) 단열시 주의사항

① 산소, 액체산소를 취급하는 장치 및 공기의 액화온도 이하의 장치에는 불연성의 단열재를 사용할 것.
② 외부 탱크에 수분이 침입하면 단열재 중에 얼음이 생기므로 탱크를 기밀로 하여 탱크내의 공기를 건조질소로 치환하여 탱크 내의 공기와 수분의 침입을 방지하는 것이 좋다.

2. 진공 단열법

공기의 열전도율보다 낮은 값을 얻기 위하여 단열공간을 진공으로 하여 공기에 의한 전열을 제거한 단열법을 말한다.

(1) 고진공 단열법

압력이 10^{-3}[Torr] 정도까지 낮아지면 압력에 비례하여 공기에 의한 전열은 급격히 저하함으로써 단열되는 원리를 이용.

(2) 분말진공 단열법

단열공간 양면간에 미세한 분말을 충진시키면 상압상태에서도 열전도율이 공기보다 약간 작아지며 여기에 다시 압력을 낮추어 주고 분말의 지름을 크게 해주어 진공단열의 효과를 얻는 원리이며 10^{-2}[Torr]의 진공을 유지함으로서 단열효과를 얻을 수 있다.

> **[참고]**
> ■ 충진용 분말 : 펄라이트, 규조토, 알루미늄 분말 등.

(3) 다층진공 단열법

단열공간 양면간에 복사방지용 실드판으로서 알루미늄박과 글라스 울을 서로 다수 포개어 고진공 중에 둔 단열법

> **[참고]**
> ■ **다층진공 단열법의 특징**
> ① 고진공 단열법과 큰 차이 없는 50[mm]의 두께로 고진공 단열법보다 좋은 효과를 얻을 수 있다.
> ② 최고의 단열성능을 얻으려면 10-5[Torr] 정도의 높은 진공도를 필요로 한다.
> ③ 단열층 내의 온도 분포가 복사전열의 영향으로 저온부분일수록 온도분포가 급하다. 이것은 저온단열법으로서 열용량이 적으므로 유리하다.
> ④ 단열층이 어느정도 압력에 견디므로 내층의 지지력이 있다.

2-3 저온장치용 금속재료

공기액화분리장치와 같이 저온에서 조작되는 장치의 구성재료는 저온에서의 기계적 성질이 우수해야 한다.

1. 저온취성

철강재료의 인장강도·항복점은 온도의 하강과 동시에 커지지만, 취성도 커지게 되어 어느 온도 이하에서는 파손의 위험이 있다. 일반적으로 동·놋쇠·니켈 등이 저온취성을 나타내지 않는 금속재료이며, Mo은 저온취성을 적게 하고 니켈-크롬강에서는 Ni이 많을수록 또 Cr과 C가 적을수록 저온취성이 적어진다.

2. 저온장치용 금속재료

① 응력이 작은 부분 : 동 및 동합금, 알루미늄, 니켈
② 응력이 생기는 부분 : 열처리한 탄소강(상온 이하)
　　　　　　　　　　　열처리한 저합금강(-80[°C])
　　　　　　　　　　　18-8 스테인레스강 (극 저온)
③ 용접 : 연납, 은납

3. 저온장치에서 단열재

단열재에 의한 것 : 초저온장치에서 액체산소까지
진공단열에 의한 것 : 초저온장치 이하에서는 진공단열을 사용한다.

> **참고**
> ■ 저온장치에서 열의 침입 원인
> ① 단열재를 넣은 공간에 남은 가스의 분자 열전도
> ② 외면으로부터 열복사
> ③ 지지 요크 등에 의한 열전도
> ④ 연결배관 등에 의한 열전도
> ⑤ 밸브·안전 밸브 등에 의한 열전도
> ⑥ 열복사·분자간의 열전도

2-4 저온액화분리장치

1. LNG의 액화장치

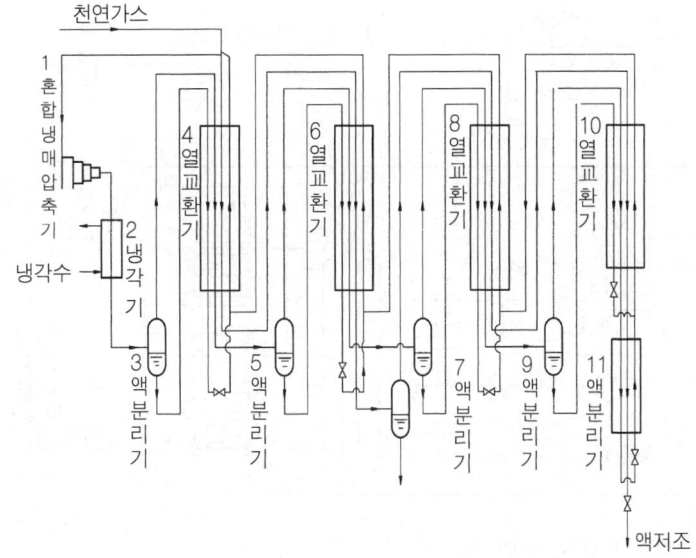

▲ 혼합냉매를 사용하는 다원천연가스액화 플랜트 계통도

LNG의 주성분인 메탄을 비점 -162[°C], 임계온도 -82[°C]이므로 그 액화는 가스액화 사이클에 따르고 있다.

앞면 그림을 설명하면 혼합 냉매 압축기 ①에 의해 5.6[at]에서 41[at]로 압축된 혼합냉매는 수냉가 ②에서 냉각되면 부탄분이 액분리기 ③으로 분리된다. 액화분은 열교환기 ④에서 냉각된 후 팽창하여 복귀 냉매와 혼합하여 동기 ④를 냉각한다. 이 때문에 열교환기 ④내에서 천연가스(압력 38[at]) 중의 고비점 성분이 액화한다. 또 혼합 냉매도 냉각되어 액성분은 액분리기 ⑤로 분리된다. 이와 같이 혼합 냉매는 연차 액화되어 액분리기 ⑦, ⑨에 액을 분리하고 액성분은 복귀되어 열교환기 ⑥, ⑧, ⑩을 냉각시킨다.

이 때문에 천연가스는 열교환기에서 연차 냉각되어 최후로 메탄분이 액화하고 저장 탱크에 저장된다.

2. 고형탄산 제조장치

고형탄산은 대기압하에서는 용해되어도 액체로 되지 않은 점에서 드라이 아이스라고 부르고 있다. CO_2 가스를 약 100[atm]까지 압축하여 냉각시켜 액화된 CO_2를 암모니아 냉동기에 의해 -25[°C] 이하로 냉각한 후 감압 밸브를 통하여 분출시키면 팽창냉각되어 고체로 된다. 얻어진 설상의 드라이 아이스를 압착하여 판상으로 성형하고 제품화한다.

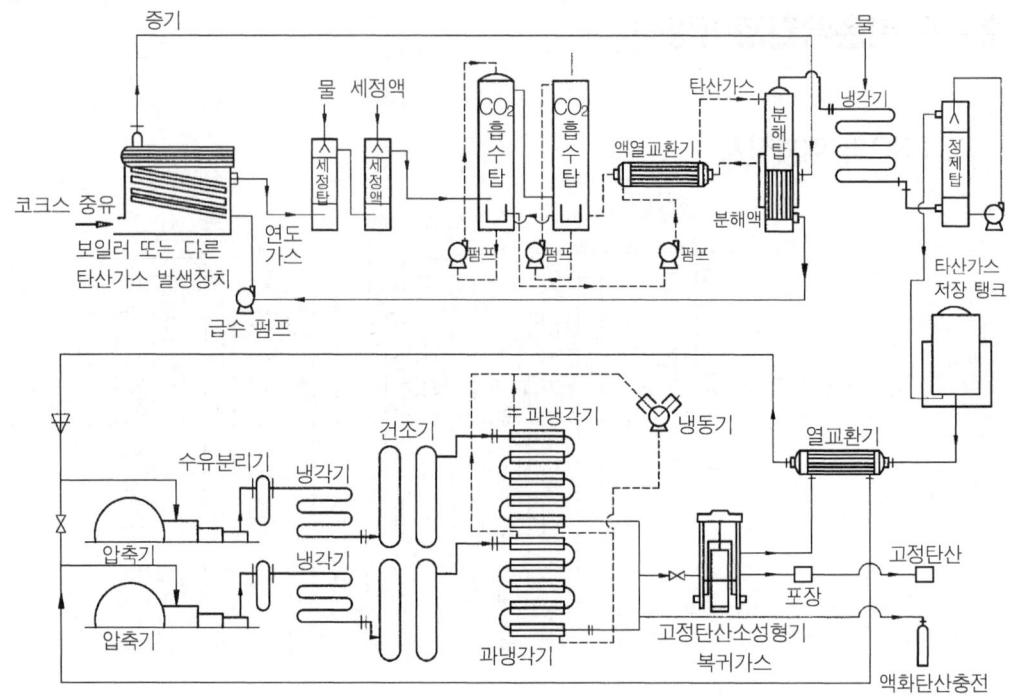

고형탄산 제조장치의 계통도

〈제조방법〉

① 탄산가스원에서 탄산가스를 분리하기 위하여 탄산가스 흡수탑에서 탄산가스를 탄산칼륨 용액(35~40[%])에 흡수시킨다.
② 흡수시킨 용액을 분해탑에서 가열(110[℃])하여 탄산가스를 방출시키고 정제한 다음 탄산가스 저장 탱크에 저장한다.
③ 저장 탱크의 탄산가스를 압축기로 압축한 다음 냉동장치에서 냉각 액화한 후 3중점 이하까지 단열 교축 팽창을 시킨다.
④ 성형된 고체 탄산가스를 성형기로 압축하여 고형 탄산을 제조한다.
⑤ 제조 과정에서 발생한 탄산가스를 압축기에 다시 되돌려 사용한다.

제2장 저온장치 예상문제

제2편 고압가스장치 및 기기
고압장치 | 저온장치 | 가스설비 | 측정기기 및 가스분석

문제 1 린데식 액화장치 구조상에 없는 기기는?
㉮ 열교환기 ㉯ 팽창 밸브 ㉰ 액화기 ㉱ 팽창기
해설 ㉱는 클로우드식 액화장치에 필요

문제 2 저온장치의 단열법에 관한 사항 중 올바른 것은?
㉮ 단열법에는 단열재에만 의한다.
㉯ 초저온장치에서 액체산소까지는 단열재에 의한 보냉방법을 주로 택한다.
㉰ 진공단열방법은 주로 고온장치에 사용된다.
㉱ 초저온장치에서 액화산소까지는 진공단열 방법을 주로 택한다.

문제 3 저온장치의 단열법 중 분말진공단열법에서 충진용 분말로서 부적당한 것은?
㉮ 펄라이트 ㉯ 규조토 ㉰ 글라스 울 ㉱ 알루미늄

문제 4 저온을 얻는 기본적인 원리로 압축된 가스를 단열팽창시키면 온도가 강하한다는 효과는?
㉮ 줄-톰슨 효과 ㉯ 단열 효과 ㉰ 동압팽창 효과 ㉱ 정류 효과
해설 줄-톰슨 효과는 팽창전의 압력이 높고 최초의 온도가 낮을수록 효과가 커진다.

문제 5 석유관계장치 탑식 반응기의 제조가 서로 틀리게 연결된 것은?
㉮ 관식반응기-에틸렌, 염화 비닐의 제조
㉯ 축열식 반응기-아세틸렌, 에틸렌의 제조
㉰ 이동상식 반응기-에틸렌의 제조
㉱ 유동층식 반응기-에틸 알콜, 석유의 접촉개질의 제조
해설 ㉱는 고정 촉매사용 기상접촉 반응기에 해당

문제 6 다음 중 팽창기를 이용한 단열팽창의 원리가 아닌 것은?
㉮ 린데의 공기액화 사이클 ㉯ 가역가스 액화 사이클
㉰ 상압단열 액화 사이클 ㉱ 카피자의 공기 액화 사이클

문제 7 드라이 아이스에 대한 사항이다. 옳지 않은 것은?
㉮ 고체 CO_2이다.
㉯ 대기중에서 승화한다.

해답 1.㉱ 2.㉱ 3.㉰ 4.㉮ 5.㉱ 6.㉰

㉰ 물품 냉각에 주로 쓰인다.
㉱ 대기중에 승화온도는 -48.5[℃]이다.

문제 8 저온 액화가스 저장 탱크에 열침입 원인이라 할 수 없는 것은?
㉮ 단열재를 충전한 공간에 남는 가스의 분자 열전도
㉯ 연결되는 파이프를 따라오는 열전도
㉰ 내면으로부터의 열전도
㉱ 지지 요크에서의 열전도

해설 ㉰는 외면으로부터의 열전도이며 이외에 밸브, 안전 밸브 등에 의한 열전도 등이 있다.

문제 9 질소(N_2) 제너레이터 부속 장치로 흡착제(molecula rsieve)를 두는 이유는?
㉮ 습기를 제거하기 위하여
㉯ 오일이나 탄산가스를 제거하기 위하여
㉰ 액화를 쉽게 하기 위하여
㉱ 먼지를 제거하기 위하여

해설 제너레이터란 먼지를 제거하기 위한 기구이며, 흡착제란 습기를 제거하기 위해 제너레이터 내부에 집어넣는 충진제이다.

문제 10 저온장치에 사용되고 진공단열법을 열거하였다. 진공단열법이 아닌 것은?
㉮ 고진공 단열법   ㉯ 다층 진공단열법
㉰ 고층 진공단열법   ㉱ 분말 진공단열법

문제 11 카피자의 공기액화장치는 공기의 압축압력은 얼마정도인가?
㉮ 5[atm]   ㉯ 7[atm]   ㉰ 9[atm]   ㉱ 3[atm]

문제 12 압력이 10^{-3}[Torr] 정도까지 낮아지면 압력에 비례하여 공기에 의한 전열은 급격히 저하함으로써 단열되는 원리를 이용한 단열법은?
㉮ 다층진공 단열법   ㉯ 분말진공 단열법
㉰ 상압 단열법   ㉱ 고진공 단열법

문제 13 진공 단열법 중 50[mm]의 두께로 고진공 단열법보다 좋은 효과를 얻을 수 있는 단열법은?
㉮ 상압 단열법   ㉯ 분말진공 단열법
㉰ 다층진공 단열법   ㉱ 상온 단열법

해답 7. ㉱ 8. ㉰ 9. ㉮ 10. ㉰ 11. ㉯ 12. ㉱ 13. ㉰

문제 14 저온 취성에 강한 재료는?

㉮ Ni ㉯ C ㉰ Cr ㉱ Fe

문제 15 다음 중 저온장치용 금속재료 중 응력이 작은 부분에 쓰이는 재료가 아닌 것은?

㉮ Cu ㉯ Al ㉰ Ni ㉱ Fe

문제 16 응력이 생기는 부분 또는 극저온에 쓰이는 재료는?

㉮ 18-8 스테인레스강
㉯ 열처리한 탄소강
㉰ 열처리한 저합금강
㉱ 니켈-크롬강

문제 17 LNG의 주성분은 메탄이다. 비점은?

㉮ -181[℃] ㉯ -162[℃] ㉰ -191[℃] ㉱ -173[℃]

해답 14. ㉮ 15. ㉱ 16. ㉮ 17. ㉯

제3장 가스설비

제2편 고압가스장치 및 기기
고압장치 | 저온장치 | 가스설비 | 측정기기 및 가스분석

3-1 고압가스설비

1. 오토 클레이브(auto clave)

액체를 가열하면 온도의 상승과 함께 증기압도 상승한다. 이때 액상을 유지하며 어떤 반응을 일으킬 때 필요한 일종의 고압 반응가마를 말한다.

① 고온, 고압에서는 부식작용이 강하므로, 반응계의 부식성에는 충분한 주의가 필요하며 이와 같은 경우에는 고급 스테인레스강 또는 티탄 라이닝, 글라스 라이닝 등의 오토 클레이브가 사용된다.
② 압력계는 일반적으로 부르동관식 압력계로 측정한다.
③ 안전 밸브는 스프링식 안전 밸브나 박판 안전 밸브를 장치하고 경우에 따라서는 방호벽을 설치하는 등의 안전대책을 강구한다.
④ 반응온도의 측정은 오토 클레이브 기벽에 뚫린 구멍 또는 온도계 보호관에 수은 온도계 또는 열전대 등을 삽입하여 행한다.

(1) 종류

① 교반형
교반기(agitator)에 의해 내용물의 혼합을 균일하게 하는 것으로 종형과 횡형 두 가지가 있다.
㉮ 장점
㉠ 기액반응으로 기체를 계속 유통시키는 실험법을 취급할 수 있다.
㉡ 교반효과는 특히 횡형 교반의 경우가 뛰어나며 진탕식에 비해 효과가 크다.
㉢ 종형 교반에서는 오토 클레이브 내부에 글라스 용기를 넣어 반응시킬 수가 있으므로 특수한 라이닝을 하지 않아도 된다.

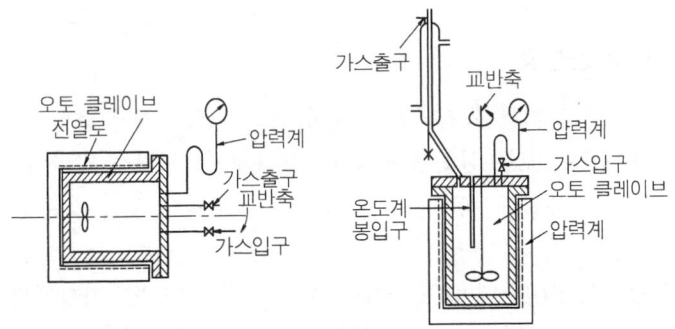

▲ 교반형 오토 클레이브의 구조

  ㉣ 단점
    ㉠ 교반축의 스타핑 박스에서 가스누설의 가능성이 많다.
    ㉡ 회전속도를 증가하거나 압력을 높이면 누설되기 쉬우므로 압력과 회전속도에 제한이 있다.
    ㉢ 교반축의 패킹에 사용한 이물질이 내부에 들어갈 가능성이 있다.
 ② 진탕형
  횡형 오토 클레이브 전체가 수평, 전후 운동을 하므로서 내용물을 교반시키는 형식으로 가장 일반적이다.
  ㉮ 가스누설의 가능성이 없다.
  ㉯ 고압력에 사용할 수 있고 반응물의 오손이 없다.
  ㉰ 장치 전체가 진동하므로 압력계는 본체로부터 떨어져 설치하여야 한다.
  ㉱ 뚜껑판에 뚫어진 구멍(가스출입 구멍, 압력계, 안전 밸브 등의 연결구)에 촉매가 끼어들어갈 염려가 있다.
 ③ 회전형
  오토 클레이브 자체가 회전하는 형식으로 고체를 액체로 처리할 때나 액체에 기체를 작용시키는 경우에 사용하는 것으로 타기에 비하여 교반효과가 좋지 않다.
 ④ 가스 교반형
  가늘고 긴 수직형 반응기로 유체가 순환됨으로서 교반이 행해지는 방식으로 오토 클레이브 기상부에서 반응가스를 채취하고 액상부 최저부에 순환 송입하는 방법과 원료가스를 액상부에 송입하여 배출하는 환류응축기를 통하여 방출시키는 두 가지 형식이 있으며 공업적으로 대형의 화학공간(레페 반응장치 등)에 채택되거나 연속반응의 실험실에 사용된다.

2. 고압가스 반응기

 고압가스 반응기는 비교적 소형일 경우에는 합성관, 촉매사용시는 촉매관이라 하고 대형일 경우에는 합성탑, 합성로, 전화로라고 한다.

(1) 암모니아 합성탑

내압 용기에 촉매를 유지하고 반응과 열교환을 행하기 위한 내부 구조물로 형성되어 있으며, 촉매로는 보통 산화철에 Al_2O_3 및 K_2O를 첨가한 것이나, CaO 또는 MgO 등을 첨가한 것도 사용된다. 촉매는 5~15[mm] 정도의 입도를 갖는 파쇄체형상 그대로 촉매관에 충전된다.

① 고압합성(600~1,000[kg/cm^2]) : 클로우드법, 카자레법
② 중압합성(300[kg/cm^2] 전후) : IG법, 신파우더법, 뉴데법, 케미크법, JCI법, 동공시법
③ 저압합성(150[kg/cm^2] 전후) : 구데법, 켈로그법

(2) 메타놀 합성탑

① 메타놀의 촉매 : 아연-크롬계 촉매(Zn-Cr계), 구리아연계 촉매(CuO-ZnO계)
   아연-크롬-구리계의 촉매(Zn-Cr-Cu계)
② 합성온도 : 300~350[°C]
③ 압력 : 150~300[atm]에서 CO와 H_2로 직접 합성

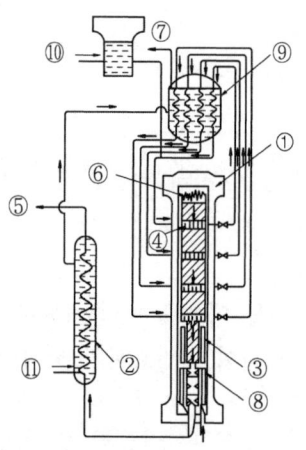

① 합성관
② 급수예열기
③ 촉매를 충진한 열교환기
④ 촉매층
⑤ 냉각기
⑥ 전열기
⑦ 증기
⑧ 열교환기
⑨ 보일러
⑩ 순수한 물
⑪ 급수

◘ 고압가스 반응기

(3) 석유화학장치

석유화학장치는 여러 가지의 단위 기기가 조합되어 있으나 이를 크게 나누면, 반응장치, 전열장치, 분리장치, 저장 및 수송 기기가 있으나 이중 반응장치가 가장 중요하다.

① 반응장치
   ㉮ 탱크식(조식) 반응기 : 아크릴 클로라이드의 합성, 디클로로에탄의 합성
   ㉯ 탑식 반응기 : 에틸벤젠의 제조, 벤졸의 염소화
   ㉰ 관식 반응기 : 에틸렌의 제조, 염화 비닐의 제조

㉣ 내부연소식 반응기 : 아세틸렌의 제조, 합성용 가스의 제조
㉤ 축열식 반응기 : 아세틸렌의 제조, 에틸렌 제조
㉥ 고정촉매 사용기체상 촉매반응기 : 석유의 접촉개질, 에틸 알콜의 제조
㉦ 유동층식 접촉반응기 : 석유개질
㉧ 이동상식 접촉반응기 : 에틸렌의 제조

② 전열장치 및 분리장치

혼합물의 분리를 위하여 정밀증류, 흡착장치, 초저온 분리장치 등 특수한 것이 많이 있으며 간접적으로 온도를 조절하기 위하여는 열 매체유, HTS(Heat Transfer Salt), 수은 등이 사용된다.

③ 접촉 개질장치

접촉 개질법에 사용되는 촉매는 백금-알루미나계와 금속산화물-알루미나계의 2종류로 나누는데 보통 백금-알루미나계가 사용되며 촉매의 크기는 1.6~5[mm] 정도이고, 온도 450~530[°C], 압력 15~35[kg/cm^2]의 범위에서 운전된다.

㉠ 나프텐의 탈수소반응
㉡ 파라핀의 환화(環化) 탈수소반응
㉢ 파라핀 · 나프텐의 이성화반응
㉣ 각종 탄화수소의 수소화 분해반응
㉤ 불순물의 수소화 정제반응

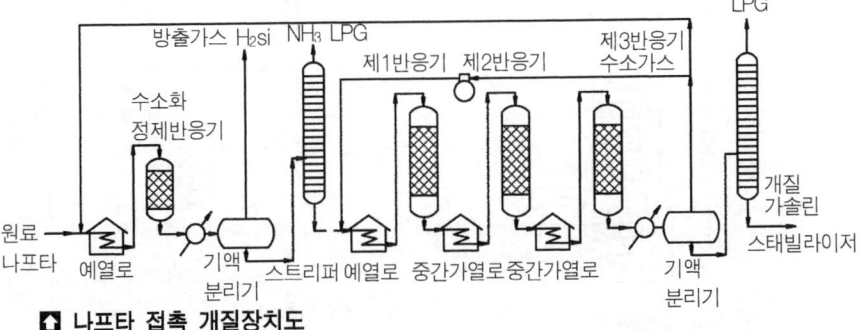

◼ 나프타 접촉 개질장치도

3. 공기액화 분리장치

(1) 공기액화 분리장치의 종류

① 전저압식 공기분리장치 : 장치의 조작 압력은 5[kg/cm^{2}G] 이하의 저압이며 산소의 발생량 500[Nm^3/hr] 이상의 대용량에 적합하다.
② 중압식 공기분리장치 : 장치의 조작압력은 10~30[kg/cm^{2}G]의 중압이며 산소에 비해 질소의 취급량이 많을시 적합하며 소용량에 적합하다.
③ 저압식 액산 플랜트 : 장치의 조작압력은 25[kg/cm^{2}G] 정도이며 중앙 팽창 터빈을 사용한 액화회로를 조합하여 L-O$_2$와 L-N$_2$를 얻는 방식으로 Ar회수가 가능하다.

(2) 공기를 단열팽창시켜 액체공기를 얻는다.

① 팽창 밸브를 통하여 자유 팽창시키고 온도강하는 줄-톰슨 효과에 의한다(냉동장치에 주로 이용)
② 왕복동 터빈형 팽창기에서 외부에 대해서 일을 하면서 단열 팽창시키는 방법이다.

(3) 공기분리에서는 복식 정류탑을 많이 사용한다.

(4) 정류장치

정류장치에서 산소와 질소의 비등점 차이에 의해 정류 분리된다. 정류판에는 다공판식과 포종식이 주로 사용되며 단식 정류장치와 복식 정류장치가 있다.

① 단식 정류장치
  ㉮ 건조공기계통도의 건조기에서 나오는 압축공기가 증류 드럼을 통과하면 저온의 산소와 열교환되어 $-140[°C]$ 정도까지 예냉된다.
  ㉯ 예냉된 압축공기는 다시 팽창 밸브를 통하면 액체공기가 되어 질소와 산소로 분리된다.

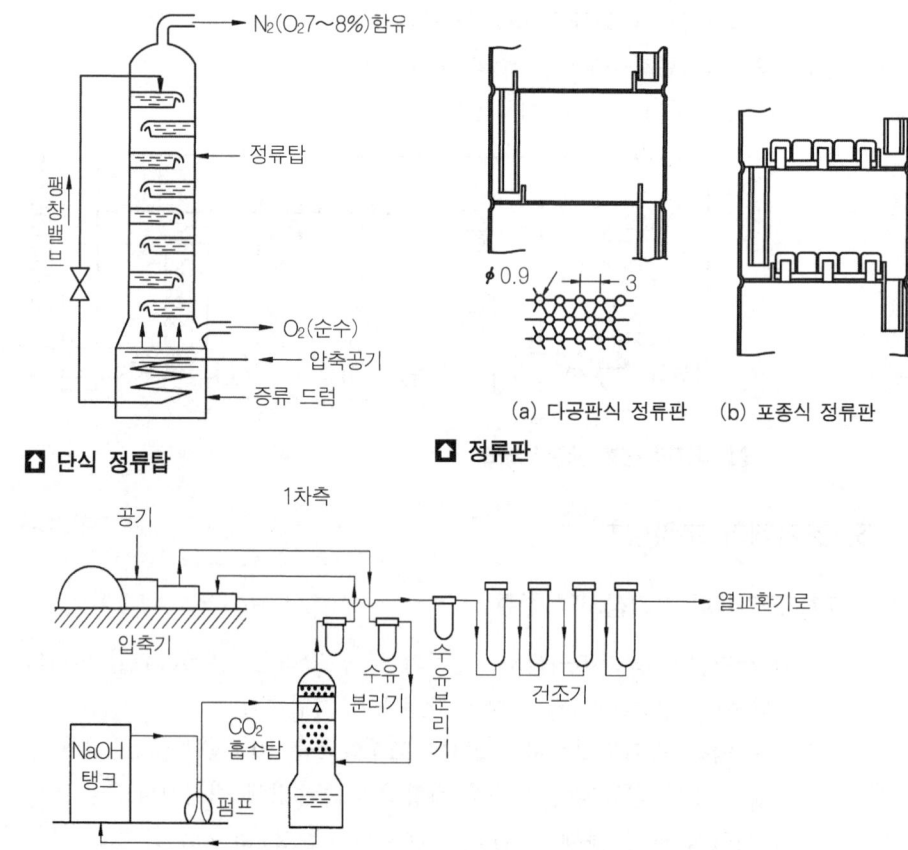

◘ 단식 정류탑 ◘ 정류판

◘ 공기 건조계통도

> **참고**
> ■ 단점
> ① 정류탑 상부로 분리되는 질소 중에 약 7[%] 정도의 산소가 함유되므로 고순도의 질소는 없다.
> ② 정류탑 하부 증류 드럼에 고인 액체 중에서도 미량의 질소가 함유되어 있어 고순도의 산소를 얻을 수 없다.

② **복식 정류장치** : 현재 공기의 정류분리장치에 가장 많이 사용되고 산소순도 99.5[%] 질소 순도 99.8[%]를 얻을 수 있으며, 종류는 고압식 및 저압식 액화산소분리장치가 있다.

㉮ 고압식 액화분리장치

<작동 개요>

㉠ 원료공기는 여과기를 통하여 압축기로 흡입되고(150~200[atm]로 압축) 약 15[atm] 중간단에서 탄산가스 흡수기로 들어간다.

㉡ 원료공기 중에 함유된 CO_2는 CO_2 흡수기에서 가성소다용액이(농도 8[%] 정도에 흡수)되어 제거된다.

㉢ 압축기를 빠져나온 고압의 원료공기는 열교환기(예냉기)에서 약간 냉각되고 건조기에서는 수분이 제거된다.

㉣ 건조기에서 수분이 제거된 원료공기 중 약 반정도는 팽창 터빈에 이송되어 하부 탑의 압력 5[atm] 정도까지 단열팽창을 시켜 약 −150[℃]의 저온이 된다. 이 팽창공기는 여과기를 거치면서 유분이 제거된 후 저온 열교환기에서 거의 액화온도까지 되어 복식정류탑 하부에 이송된다.

㉤ 팽창기에서 이송되지 않은 나머지 반 정도의 원료공기는 고온, 중온, 저온 열교환기에서 냉각된 후 팽창 밸브를 통하여 약 5[atm] 정도의 압력으로 복정류탑 하부에 송입된다. 이때 원료공기의 20[%] 정도는 이미 액화되고 있다.

㉥ 복정류탑 하부에는 다수의 정류판에 의하여 약 5[atm] 정도 압력에서 원료공기가 정류되고 하부탑 상부에 액체 질소가 하부탑 하부의 산소에서 순도 약 40[%]의 액체공기를 분리시킨다.

㉦ 이때 액체질소와 액체공기는 상부탑으로 이송되며 아세틸렌 흡착기에서 액체공기중의 아세틸렌 기타 탄화수소가 흡착된다.

㉧ 상부탑에서는 약 0.5[atm]의 압력하에서 정류되고 상부탑 하부에 순도 약 99.6~99.8[%]의 액체산소가 분리되어 액체 산소저장 탱크에 하부탑 상부에서 분리된 액체질소가 질소 탱크에 저장된다.

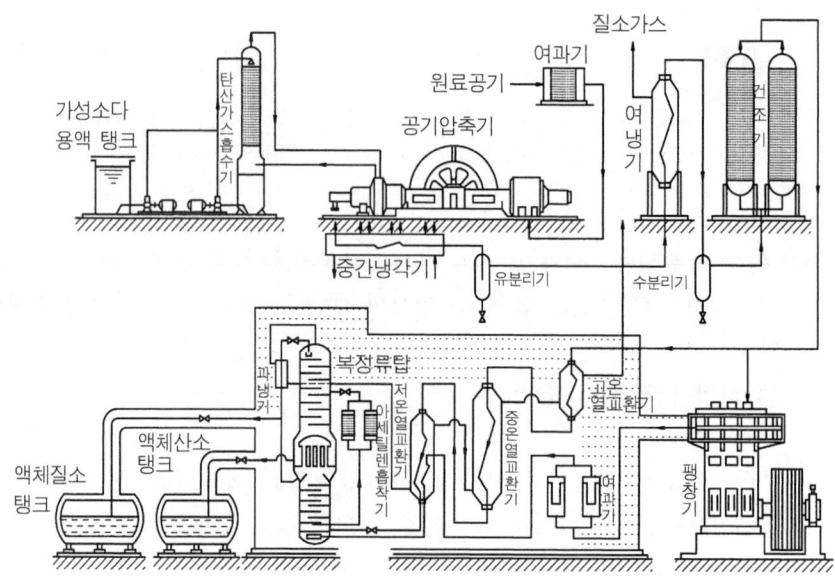

■ 고압식 공기액화분리장치도

㉯ 저압식 공기액화분리장치

<작동 개요>

㉠ 원료공기는 공기여과기에서 이물질이 제거된 후 터보식 압축기에서 약 5[atm] 정도로 압축된다.

㉡ 압축된 공기는 수세정 냉각탑에서 냉각된 후 2기 1조로 된 축냉기에 각각 1개에 송입되며 이때 불순질소가 나머지 축냉기 반대방향으로 흐르며 일정주기가 되면 1조의 축냉기에서 원료공기와 불순 질소류는 서로 교체된다.

㉢ 순수산소는 축냉기 내부에 있는 사관에서 상온으로 채취된다.

㉣ 상온 약 5[atm]의 공기는 축냉기를 통과하는 사이 냉각되어 불순물인 수분과 탄산가스를 축냉체상에 동결 분리되어 약 -170[℃]로 되어 복식 정류탑 하부로 송입된다(이때 원료공기는 축냉기 준가 -120~-130[℃]에서 추기된다. 이 때문에 축냉기 하부의 원료공기량이 감소하므로 교체된 후의 주기에서 불순 질소에 의한 탄산가스 제거가 완전하게 된다).

㉤ 추기된 공기에는 공기 성분량 만큼의 탄산가스를 함유하고 있으므로 탄산가스 흡착기로 제거한다.

㉥ 흡착기에서 나온 원료공기는 축냉기 하부에서 약간의 공기와 혼합하며 -140~-150[℃]가 되어 팽창 터빈으로 들어간 공기는 대략 상부탑 압력까지 약 -190[℃]가 되어 상부탑으로 송입된다.

㉦ 복식정류탑 하부탑에서 약 5[atm] 압력하에서 원료공기가 정류되고 동탑상부에 98[%] 정도의 액체질소와 하단 산소[%] 정도의 액체공기로 분리된다.

㉧ 이 액체질소와 액체공기는 상부탑으로 이송되어 터빈에서는 공기와 더불어 약

0.5[atm] 압력하에서 정류된다.
ⓩ 이때 상부탑 하부에서 순도 99.6~99.8[%]의 산소가 분리되고 축냉기 내의 사관에서 가열된 후 채취된다.
ⓩ 불순 질소는 순도 96~98[%]로 상부탑 상부에서 분리되고 과냉기 액화기를 거쳐 축냉기에 이른다. 이 불순 질소는 축냉기에서 축냉체 상에서 빙결된 탄산가스 수분을 승화, 흡수함과 동시에 온도가 상승되어 축냉기를 나온다.
㉣ 다음 불순 질소는 냉수탑에 이르러 냉각된 후 대기로 방출된다.
㉤ 원료공기 중에 함유된 아세틸렌 등의 탄화수소는 아세틸렌 흡착기, 순환흡착기 등에서 흡착 분리된다.

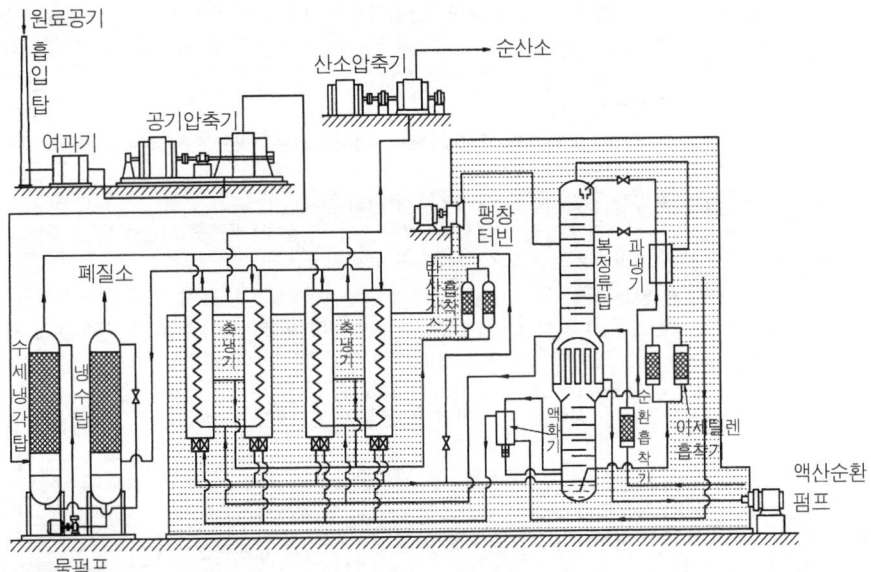

🔺 저압식 액화분리장치도

[참고]

(1) 여과기의 역할
① 원료공기 중에 포함된 먼지, 이물질, 매연, 불순가스(질소산화물, 탄화수소류 등)등이 혼입되면 압축기에 장해를 가져오므로 제거하여야 한다.
② 치밀하게 짜여진 모포, 플란넬, 라시히링(금속의 세편으로 제작에 접착성이 강한 필터 오일 피막을 만들어 미립자를 부착시킨다.

(2) 탄산가스 흡착기
① 탄산가스는 저온장치에서 고형의 드라이 아이스가 되고 수분은 얼음으로 변하여 밸브 및 배관의 흐름을 폐쇄하기 때문이다.
② CO_2 흡수제는 NaOH 수용액이 쓰인다.
  $2NaOH + CO_2 \rightarrow Na_2CO_3 + H_2O$
  ∴ CO_2 1[g]을 제거하는데 NaOH는 1.8[g]이 필요하다.

(3) 공기압축기
① 주로 왕복 피스톤 다단압축기가 사용된다.
② 대용량 공기를 압축할 때는 원심식 또는 축류식 압축기가 쓰인다.
③ 원심압축기는 대용량의 공기를 5~10[kg/cm^2]로 압축하는 저압식이 많이 쓰인다.

④ 압축량의 한계는 ┌ 왕복동식 $2 \times 10^2 [m^3/min]$
　　　　　　　　├ 원심력 $2 \times 10^3 [m^3/min]$
　　　　　　　　└ 축류식 $3 \times 10^3 [m^3/min]$

(4) 중간냉각기
① 압축기에서 토출된 고압원료공기의 압축열을 제거하며 다관식 사관식이 있다.
② 사관식은 보통 $30 [kg/cm^2]$ 이상의 경우에 사용된다.

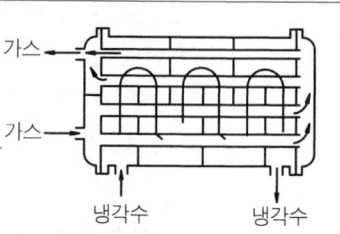

◘ 중간냉각기

(5) 건조기
① 물이나 기름이 압축기 내에 들어가면 액 해머링이 일어나 압축기의 파손이 일어난다.
② 또한 수분리기에서 제거하지 못한 수분을 최종적으로 제거한다.
③ 소다건조기와 겔건조기가 있다.
　　• 소다건조기의 흡수제 : 입상 가성소다.
　　• 겔건조기의 흡착제 : 실리카겔(SiO_2), 활성 알루미나, 염화 칼슘, 뮬레쿨레시브 등
◆ 소다건조기는 수분과 CO_2를 제거할 수 있지만 겔건조기는 수분은 제거할 수 있으나 CO_2는 제거할 수 없다.

(6) 팽창기
① 압축기에서 고압으로 압축된 공기를 저온저압으로 낮추는 방법으로 자유팽창에 의한 것과 단열팽창에 의한 것이다.
◆ 줄-톰슨 효과(Joule-Thomsom)
압축된 가스를 단열팽창시키면 온도가 강하한다. 즉 저온을 얻는 기본적인 원리로서 팽창전의 압력이 높고, 온도가 낮을수록 효과가 크다.

(7) 열교환기
① 고온유체로부터 저온유체로 전열면을 통해 열을 전달하는 장치로서 저온의 산소와 질소가스와 열교환되어 공기는 $-140[°C]$ 정도까지는 예냉된다.
② 종류에는 단순히 금속관을 코일 모양으로 만든 것으로 관접촉식, 이중관, 다관식의 셀 코일형, 셀 튜브식 형이 있다. 또는 고온, 저온 유체의 흐름 방향이 평행인 병류형, 반대인 향류형, 직각인 직교형으로 나눈다.

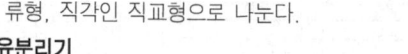
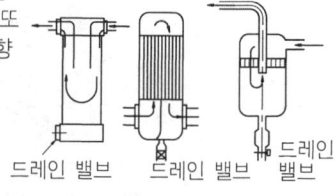

(8) 유분리기
공기압축기에 사용된 내부 윤활유 찌꺼기를 분리 제거한다.

(9) 수분리기
원료공기 중에 함유된 수분을 일차적으로 제거한다.

◘ 수·유 분리기

4. 암모니아 합성가스 분리장치

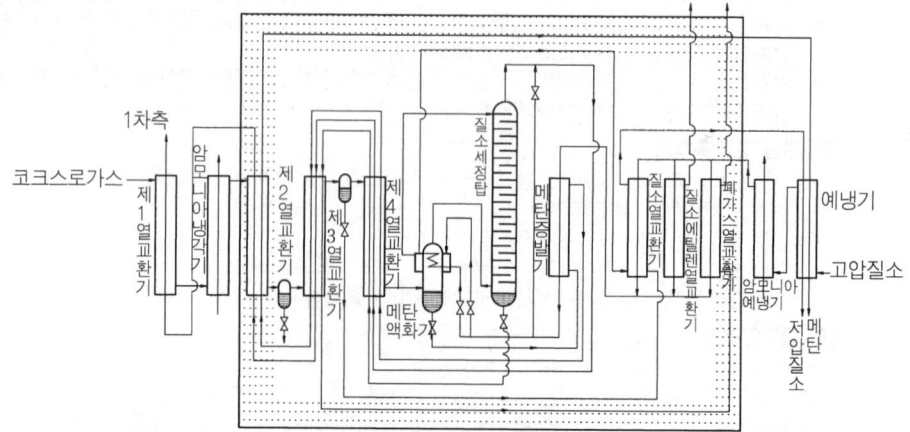

◘ 린데식 암모니아 합성가스분리 플랜트 계통도

암모니아 합성에 필요한 조성(H_2+N_2)의 혼합가스를 분리하는 장치이다. 위의 그림은 린데식의 암모니아 합성가스 분리장치도이다. 12~25[at]로 압축되어 예비 정제된 코크스 로가스는 제1열교환기, 암모니아 냉각기 제2, 제3, 제4열교환기에서 순차 냉각되어 고비점 성분이 액화분리된다. 이 가운데 에틸렌은 제3열교환기에서 액화한다. 제4열교환기에서 약 -180[°C]까지 냉각된 코크스 로가스는 메탄 액화기에서 -190[°C]까지 냉각되어 거의 메탄이 액화하여 제거된다.

메탄 액화기를 나온 가스는 질소 세정탑에서 액체질소에 의해 세정되고 남아 있던 일산화탄소, 메탄, 산소 등이 제거되어 수소 90[%], 질소 10[%]의 혼합가스가 된다. 이것에 과량의 질소를 혼합하여 채취된다. 또한 고압질소는 100~200[at]의 압력으로 공급되고 각 열교환기에서 냉각되어 액화한 후 질소 세정탑에서 공급된다.

5. 에틸렌 분리장치

다음 그림은 나프타 분해가스에서 에틸렌을 분리하는 stone과 webster의 장치이다.
여기서,
① 제 1분리탑에서 C_5 이상을 분리한다.
② 탈 프로판탑에서 C_3 이하와 C_5 이상으로 분리한다.
③ 탈 메탄탑에서 수소, 메탄과 C_2, C_3 글루프로 분리한다.
④ 탈 메탄탑에서 C_2 와 C_3 으로 분리한다.
⑤ 에틸렌탑에서 에틸렌과 프로필렌으로 분리한다.
⑥ 제 2탈 메탄탑에서 에틸렌 중에 존재하는 메탄을 제거한다.
에틸렌 분리에 필요한 저온은 프로필렌, 에틸렌을 냉매로 하는 냉동기에서 공급된다.

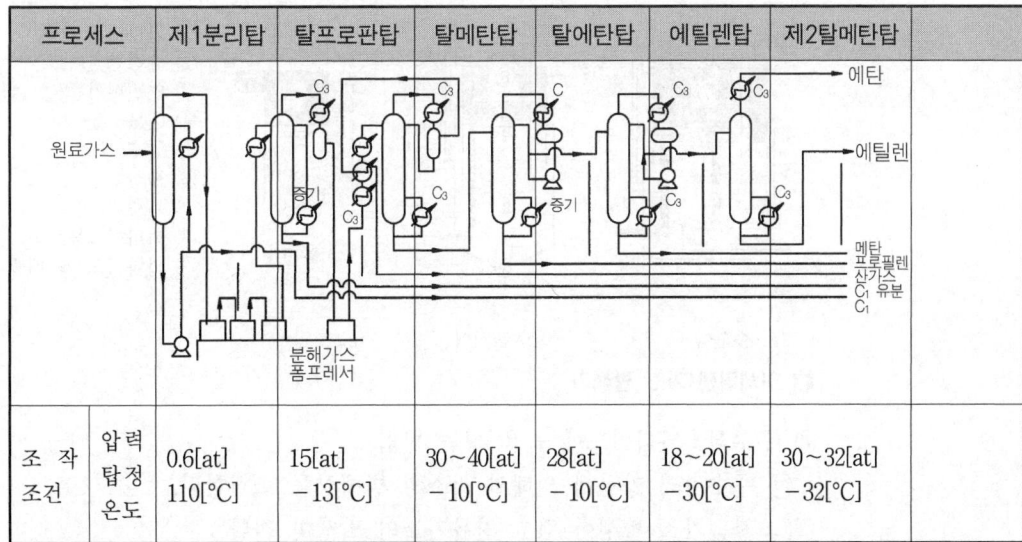

프로세스		제1분리탑	탈프로판탑	탈메탄탑	탈에탄탑	에틸렌탑	제2탈메탄탑
조작 조건	압력 탑정 온도	0.6[at] 110[°C]	15[at] -13[°C]	30~40[at] -10[°C]	28[at] -10[°C]	18~20[at] -30[°C]	30~32[at] -32[°C]

6. 아세틸렌 제조장치

(1) 아세틸렌의 제조시설

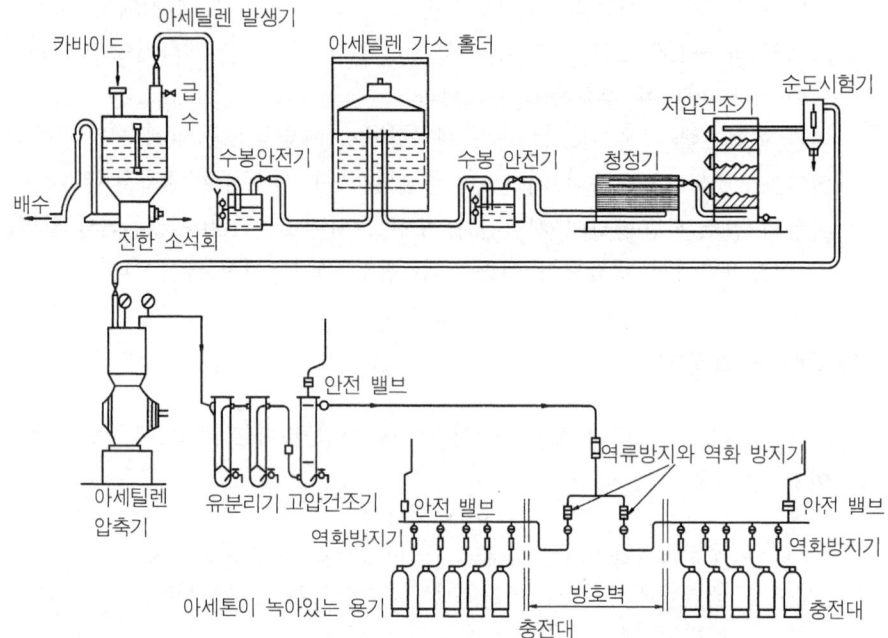

◘ 아세틸렌 제조공정도

① 가스 발생기 : 카바이드(carbide)와 물을 가지고 아세틸렌을 발생시키는 철강재 탱크로써 주수식, 침지식, 투입식이 사용되며 투입식이 가장 많이 사용된다.

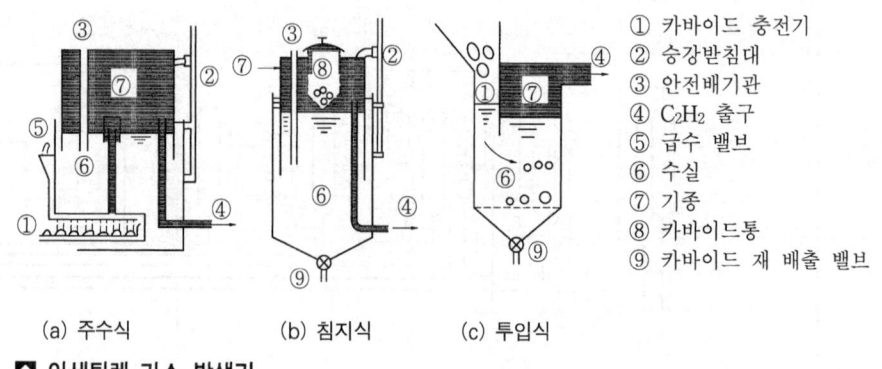

◘ 아세틸렌 가스 발생기

㉮ 주수식 : 카바이드에 물을 넣는 방법
　㉠ 주수량의 가감에 의해서 가스의 발생량을 조절한다.
　㉡ 불순가스 발생이 적고 잔류가스의 발생이 적다.
　㉢ 카바이드 교체시 공기혼입의 우려가 있다.

㉤ 카바이드에 접촉하는 물이 적기 때문에 온도상승으로 분해 및 중합의 우려가 있다.
㉯ **침지식(접촉식)** : 물과 원료를 소량씩 접촉시키는 방법
  ㉠ 발생기의 온도 상승이 쉽다.
  ㉡ 가스 발생량을 자동조절할 수 있다.
  ㉢ 불순가스와 잔류가스가 발생할 수 있다.
  ㉣ 카바이드 교체시 공기혼입 우려가 있다.
㉰ **투입식** : 물에 카바이드를 넣는 방법
  ㉠ 공업적으로 대량생산에 적합하다.
  ㉡ 불순 가스 발생은 적지만 잔류가스가 발생한다.
  ㉢ 카바이드 투입량에 의해 아세틸렌 가스 발생량을 조절할 수 있다.
  ㉣ 카바이드가 수중에 있으므로 온도상승이 적다.

> **[참고]**
> **(1) 가스 발생기를 발생 압력에 따라 구분하면**
>   ① 저압식 : 0.07[kg/cm^2] 미만
>   ② 중압식 : 0.07~1.3[kg/cm^2]
>   ③ 고압식 : 1.3[kg/cm^2] 이상
> **(2) 가스 발생기 자체로서 구비조건**
>   ① 구조가 간단하고 견고하며 취급이 간편할 것.
>   ② 가열, 지연발생이 적을 것.
>   ③ 가스의 수요에 맞고 일정한 압력을 유지할 것.
>   ④ 안전기를 갖추고 산소역류, 역화시 발생기에 위험을 미치지 않을 것.
>   ⑤ 가스 발생기의 적당한 온도는 50~60[℃] 정도이며, 습식 아세틸렌 발생기 표면온도는 70[℃] 이하로 유지하고 부근에서 불꽃이 튀는 작업을 하지 말 것.

② **쿨러** : 발생된 가스를 냉각하여 수분, 암모니아를 제거하는 역할을 한다.
③ **가스 청정기**
  ㉮ 아세틸렌 중의 불순물로는 인화수소(PH_3), 황화수소(H_2S), 질소(N_2), 산소(O_2), 암모니아(NH_3), 수소(H_2), 일산화탄소(CO), 메탄(CH_4) 등이 있다.
  ㉯ 불순물이 존재하면 아세틸렌의 순도저하 및 충전시 아세톤이 용해되는 것이 저해되고 악취가 발생하므로 반드시 제거해야 한다.
  ㉰ 아세틸렌의 청정제
    에퓨렌(epurene), 카탈리솔(catalysol), 리가솔(rigasol)이 여기에 속한다.
④ **유분리기(오일 세퍼레이터)** : 아세틸렌 압축기에서 압축된 가스 중의 오일을 분리한다.
⑤ **건조기** : $CaCl_2$로 아세틸렌 중의 수분을 제거한다.
⑥ **아세틸렌 압축기**
  ㉮ 윤활유는 양질의 광유를 사용할 것.
  ㉯ 온도 상승을 방지하기 위해 압축기는 수중에서 작동할 것.
  ㉰ 급격한 압력 상승을 막고, 회전수 100[rpm] 전후의 저속 2~3단의 왕복동압축기를 사용하며 압축기의 용량은 보통 15~60[m^3/hr]를 사용한다.

㈐ 아세틸렌 충전 중에는 온도에 불구하고 2.5MPa이상 올리지 말 것이며, 2.5MPa압력으로 할 경우 N_2, CH_4, CO, C_2H_4, H_2, C_3H_8 등의 희석제를 첨가할 것.

⑦ **역화 방지기** : 역화 방지기 내부에는 보통 페로 실리콘이나 물, 모래 및 자갈이 사용된다.

⑧ **다공물질**

㈎ 다공물질의 명칭 : 규조토, 석면, 목탄, 석회석, 산화철, 탄산마그네슘, 다공성 플라스틱

㈏ 다공도는 법규상 75[%], 이상에서 92[%] 미만으로 규정되어 있다.

㈐ 다공질의 구비조건은
　　㉠ 고다공도 일 것.　　　　　㉡ 화학적으로 안정할 것.
　　㉢ 기계적 강도가 클 것.　　㉣ 안전성이 있을 것.
　　㉤ 가스 충전이 쉬울 것.　　㉥ 경제적일 것.

제 3 장 가스설비 예상문제

제2편 고압가스장치 및 기기
고압장치 | 저온장치 | 가스설비 | 측정기기 및 가스분석

문제 1 액체공기에 대한 설명 중 관련이 없는 것은?

㉮ 공기의 임계압력은 37.2[atm]이다.
㉯ 상온에서 기화하면 800배로 증가한다.
㉰ 액체공기의 비등점은 −190[℃]이다.
㉱ 액체공기는 무색, 무취, 무미이다.

해설 액체공기는 순수한 것은 담청색을 띤다.

문제 2 공기액화분리법에 의한 산소 제조과정 중 틀린 것은?

㉮ 원료공기 중의 먼지를 여과기에 의해 제거한다.
㉯ 원료공기 중의 이산화탄소를 CO_2 흡수탑에서 제거한다.
㉰ 먼지나 CO_2가 제거된 공기를 압축기에서 압축한다.
㉱ 압축된 원료공기 주의 수분을 유분리기에 의해 완전히 제거한다.

문제 3 공기를 압축시 주로 사용되는 압축기 형식은?

㉮ 왕복동식 다단압축기   ㉯ 터보형 압축기
㉰ 축류식 압축기   ㉱ 원심식 압축기

해설 공기를 액화시 사용되는 압축기는 왕복동식 압축기와 터보형 압축기가 쓰이나 보통 왕복동식 다단압축기가 쓰이고 있다.

문제 4 고온 고압하에서 화학적인 합성이나 반응을 위한 고압반응 솥을 무엇이라 하나?

㉮ 오토클레이브   ㉯ 합성탑   ㉰ 합성 버너   ㉱ 반응기

문제 5 오토클레이브의 종류에 들지 않는 것은?

㉮ 고정형   ㉯ 교반형   ㉰ 진탕형   ㉱ 회전형

해설 오토클레이브란 고압에 견딜 수 있는 밀폐 반응가마로 재료로는 스테인레스강이 사용된다.

문제 6 암모니아합성 중에서 고압(600~1,000[kg/cm^2])합성에 사용되는 방식은?

㉮ 클로우드법   ㉯ 뉴 파우더법   ㉰ 케미크법   ㉱ 켈로그법

해설 ① 중압합성 : 300[kg/cm^2] 전후(뉴 파우더법, 케미크법)
② 저압합성 : 150[kg/cm^2] 전후(켈로그법)

해답 1. ㉱   2. ㉱   3. ㉮   4. ㉮   5. ㉮   6. ㉮

문제 7 다음 산소 제조장치에서 건조제로 주로 쓰이는 물질이 아닌 것은?
- ㉮ NaOH
- ㉯ 사염화탄소
- ㉰ Al$_2$O$_3$
- ㉱ 실리카겔

문제 8 공기액화분리장치의 폭발 원인이 아닌 것은?
- ㉮ 공기 중에 있는 산화질소, 과산화질소 등 질소화합물의 흡입
- ㉯ 압축기용 윤활유의 분해에 따른 탄화수소의 생성
- ㉰ 공기 취입구로부터의 아세틸렌 침입
- ㉱ 액체 공기 중에 오존(O$_3$)의 불혼입

문제 9 공기를 냉각시키면 산소와 질소는 어떠한 현상이 일어나는가?
- ㉮ 비점이 낮은 질소가 먼저 액화한다.
- ㉯ 비점이 높은 산소가 먼저 액화한다.
- ㉰ 산소, 질소가 동시에 액화한다.
- ㉱ 비점이 높은 산소가 먼저 기화한다.

해설 공기를 냉각시키면 비점이 높은 산소가 먼저 액화하고 비점이 낮은 질소가 먼저 기화한다.

문제 10 공기액화분리장치에서 아세틸렌 흡착기 내부에 충전된 물질명은?
- ㉮ 실리카겔, 몰레큘러 시브
- ㉯ 실리카겔, 활성탄
- ㉰ 활성알루미나, 입상가성소다
- ㉱ 소바비드, 실리카겔

문제 11 아세틸렌 제조공정 중 압축기를 기준으로 저압측 및 고압측에 설치해야 되는 기기 명칭은?
- ㉮ 건조기
- ㉯ 청정기
- ㉰ 역화방지기
- ㉱ 방호벽

문제 12 아세틸렌가스 중에 함유되는 불순물이 아닌 것은?
- ㉮ NH$_3$
- ㉯ PH$_3$
- ㉰ H$_2$S
- ㉱ HCN

문제 13 아세틸렌가스를 온도에 불구하고 25[kg/cm^2]으로 충전시에는 분해폭발을 방지하기 위해 희석제를 첨가한다. 다음 중 희석제의 종류가 아닌 것은?
- ㉮ N$_2$
- ㉯ CH$_4$
- ㉰ O$_2$
- ㉱ H$_2$

문제 14 다음 중 아세틸렌 및 합성용 가스의 제조에 사용되는 반응장치는?
- ㉮ 내부 연소식 반응기
- ㉯ 축열식 반응기
- ㉰ 탑식 반응기
- ㉱ 유동층식 접촉반응기

해답 7. ㉯ 8. ㉱ 9. ㉯ 10. ㉮ 11. ㉰ 12. ㉱ 13. ㉰ 14. ㉮

문제 15 압축전 아세틸렌 중에 존재하는 수분을 제거하여 액이 압축되는 것을 방지하는 기기는?
㉮ 압축기   ㉯ 청정기   ㉰ 저압건조기   ㉱ 고압건조기

문제 16 아세틸렌가스 중에 함유되어 있는 불순물을 제거하기 위해 사용되는 청정제의 종류가 아닌 것은?
㉮ 에퓨렌   ㉯ 카다리솔   ㉰ 리카솔   ㉱ 소바비드

문제 17 아세틸렌가스의 수분 건조제는?
㉮ 사염화탄소   ㉯ 진한황산   ㉰ 염화 칼슘   ㉱ 활성 알루미나

문제 18 다공질물의 구비조건이 아닌 것은?
㉮ 화학적으로 안정할 것.   ㉯ 고다공도일 것.
㉰ 가스충전이 쉬울 것.   ㉱ 가스 방출이 없을 것.

문제 19 다음 중 아세틸렌 검지에 사용되는 시험지는?
㉮ 염화 제1구리 착염지   ㉯ 하리슨씨 시약
㉰ 염화 파라듐지   ㉱ 적색 리트머스지

문제 20 공기는 액화하기 어려운데 공기를 액화하는데 필요한 조건은?
㉮ 임계온도 이하로 냉각시키고 임계압력 이상으로 압축을 가한다.
㉯ 임계온도 이상으로 냉각시키고 임계압력 이상으로 압축을 가한다.
㉰ 임계온도 이하로 냉각시키고 임계압력 이하로 압축을 가한다.
㉱ 임계온도 이상으로 냉각시키고 임계압력이하로 압축을 가한다.

문제 21 다음 중 발생기가 구비해야 할 조건이 아닌 것은?
㉮ 구조 간단, 견고, 취급이 용이할 것.
㉯ 가스의 수요에 맞고 일정한 압력을 유지할 것.
㉰ 가열되거나 가스의 지연발생이 적을 것.
㉱ 안전기를 갖추고 아세틸렌의 역류, 역화시 발생기에 위험이 미치지 않을 것.

문제 22 저압식 공기액화 분리기에서 터보 압축기에 의해 원료공기는 몇 기압 정도로 압축되는가?
㉮ 5[atm]   ㉯ 5~15[atm]
㉰ 150~200[atm]   ㉱ 100~150[atm]

해설 고압식은 150~200[atm]으로 압축

해답 15. ㉰ 16. ㉱ 17. ㉰ 18. ㉱ 19. ㉮ 20. ㉮ 21. ㉱ 22. ㉮

문제 23 공기액화 분리장치의 안전에 관한 다음 설명 중 옳은 것의 번호로만 된 것은?

> ① 원료 공기 중에 포함된 미량의 가연성가스가 장치의 폭발 원인이 되는 경우가 많다.
> ② 공기 압축기의 윤활유는 비점이 낮은 것일수록 좋다.
> ③ 정기적으로 장치 내부를 불연성 세제로 세척할 필요가 있다.

㉮ ①, ② ㉯ ②, ③
㉰ ①, ③ ㉱ ①, ②, ③

문제 24 아세틸렌 제조시 불순물에 의한 영향이 아닌 것은?

㉮ 순도저하 ㉯ 악취
㉰ 용해충전시 용해도 저하 ㉱ 발생기의 폭발 원인

문제 25 공기를 액화시켜 생성된 주요 가스는?

> [보기] ① 질소 ② 수소 ③ 염소 ④ 불소 ⑤ 산소

㉮ ①, ②   ㉯ ③, ⑤   ㉰ ②, ⑤   ㉱ ①, ⑤

문제 26 다음 중 카바이드 제조에 관한 방정식 중 옳은 것은?

㉮ $CaC_2 + H_2O \rightarrow C_2H_2 + Ca(OH)_2$
㉯ $CaCO_3 + CO_2 \rightarrow CaC_2 + 5O_3$
㉰ $CaO + 3C \rightarrow CaC_2 + CO$
㉱ $3C + Ca \rightarrow CaC_2 + C + C$

해설 ㉮번은 아세틸렌 제조방정식

문제 27 공기를 압축하여 냉각시키면 액체공기로 된다. 다음 중 옳은 것은?

㉮ 산소가 먼저 액화한다.
㉯ 질소가 먼저 액화한다.
㉰ 산소와 질소 동시에 액화한다.
㉱ 질소와 산소의 액화온도차는 대단히 크다.

해설 산소가 먼저 액화하고 질소부터 기화한다.

문제 28 다음 중 정류탑에 대한 설명 준 틀린 것은?

㉮ 정류탑에는 단식과 복식정류탑이 있다.
㉯ 정류판에는 포종식과 다공판식이 있다.
㉰ 열교환기에서 예냉된 공기는 정류탑에서 산소와 질소의 임계 온도차로 정류분리된다.
㉱ 정류탑의 상부탑 하부에서 순도 99.6~99.8[%]의 액체 산소가 분리되며 하부탑 상부에서는 순도 99.8[%]의 액체 질소가 분리된다.

해답 23. ㉰ 24. ㉱ 25. ㉱ 26. ㉰ 27. ㉮ 28. ㉰

문제 29 공기액화분리장치의 압력에 따른 분류가 아닌 것은?
- ㉮ 전저압식 공기분리장치
- ㉯ 중압식 공기분리장치
- ㉰ 저압식 액산 플랜드
- ㉱ 고압식 공기분리장치

문제 30 다음 공기액화분리법은 어떤 제법에 사용되는가?
- ㉮ 수소의 제법
- ㉯ 산소의 제법
- ㉰ CO_2의 제법
- ㉱ 암모니아의 제법

문제 31 공기를 액화할 때 흡입공기에 함유되는 불순물이 아닌 것은?
- ㉮ 질소화합물
- ㉯ 탄화수소류
- ㉰ 염소
- ㉱ 질소

해설 원료공기에 함유되면 안되는 물질로는 질소화합물(NO, NO_2), 탄화수소류, 염소 이산화황, 먼지, 아세틸렌 등이다.

문제 32 수소가 고온, 고압에서 탄소강에 접촉하여 메탄을 생성하는 것을 무엇이라 하는가?
- ㉮ 냉간취성
- ㉯ 수소취성
- ㉰ 메탄취성
- ㉱ 상온취성

문제 33 물을 전기분해하여 수소를 얻고자 할 때 전해액은 무엇인가?
- ㉮ 묽은 염산
- ㉯ 10~25[%]의 수산화 나트륨
- ㉰ 10~25[%]의 탄산칼슘용액
- ㉱ 10[%] 정도의 황산용액

문제 34 고압가스 반응기 중 NH_3 합성탑의 구조에 속하지 않는 기기는?
- ㉮ 급수예열기
- ㉯ 기액분리기
- ㉰ 열교환기
- ㉱ 보일러

문제 35 아세틸렌(C_2H_2)의 용제는?
- ㉮ N_2
- ㉯ O_2
- ㉰ 아세톤
- ㉱ CO_2

해설 용제 : $(CH_3)_2CO$, D. M. F.

문제 36 아세틸렌가스를 압축하여 온도에 불구하고 25[kg/cm^2]의 압력으로 할 때에 첨가하는 희석제로서 가장 거리가 먼 것은?
- ㉮ 부탄
- ㉯ 메탄
- ㉰ 질소
- ㉱ 수소

해설 희석제 : N_2, C_2H_4, CH_4, CO, H_2, C_3H_8

문제 37 공기액화 분리장치의 폭발방지를 위한 대책과 거리가 먼 것은?
- ㉮ 여과기 설치
- ㉯ 공기가 맑은 곳에 공기취입구 설치
- ㉰ 윤활유는 물을 사용

해답 29.㉱ 30.㉯ 31.㉱ 32.㉯ 33.㉯ 34.㉯ 35.㉰ 36.㉮

㉥ 년 1회 정도 정기적으로 사염화탄소로 세척

해설 ㉡는 양질의 광유 사용

문제 38 공기액화 분리장치의 액화산소 5[*l*] 중에 메탄 360[mg], 에틸렌이 196[mg] 섞여 있다면 탄소 함유량은 얼마인가?

㉮ 338[mg]　　㉯ 438[mg]　　㉰ 538[mg]　　㉱ 638[mg]

해설 액화산소 5[*l*] 중 아세틸렌이 5[mg], 탄화수소계 가스 중 탄소의 양이 500[mg]이면 위험하므로 운전중지.

$$x = \left(360 \times \frac{12}{16}\right) + \left(196 \times \frac{24}{28}\right)$$
$$= 438 \, [mg]$$

문제 39 공기액화 분리기 내에 설치된 액화산소 통내의 액화산소는 1일 몇 회 이상 분석해야 하는가?

㉮ 1일 1회 이상　　㉯ 1일 2회 이상　　㉰ 1일 3회 이상　　㉱ 1일 4회 이상

문제 40 다음 중 암모니아 합성탑에서 합성 공정이 아닌 것은?

㉮ 저압 합성　　㉯ 중압 합성　　㉰ 중저압 합성　　㉱ 고압 합성

문제 41 다음 메타놀 합성탑에서 메타놀의 촉매제로 쓰이는 것이 아닌 것은?

㉮ Zn-Cr계　　㉯ CuO-ZnO계　　㉰ Zn-Cr-Cu계　　㉱ MgO계

문제 42 교반형 오토클레이브의 특징 중 맞지 않은 것은?

㉮ 진탕식에 비해 효과가 크다.
㉯ 내용물의 혼합물을 균일하게 하는 것으로 횡형과 종형이 있다.
㉰ 고압력에 사용할 수 있고 반응물의 오손이 없다.
㉱ 스타핑 박스에서 가스누설 가능성이 많다.

문제 43 아세틸렌의 발생기 압력에 따라 분류한 것이 아닌 것은?

㉮ 저압식　　㉯ 중압식　　㉰ 준저압식　　㉱ 고압식

해설 ㉮는 0.07[kg/cm²] 미만
㉯는 0.07~1.3[kg/cm²]
㉱는 1.3[kg/cm2] 이상

문제 44 아세틸렌 발생기 자체로서 구비조건 중 틀린 것은?

㉮ 구조 간단하며 견고할 것

해답 37. ㉰　38. ㉯　39. ㉮　40. ㉰　41. ㉱　42. ㉰　43. ㉰

㉯ 가열, 지연 발생이 클 것
㉰ 수요에 맞고 일정한 압력을 유지할 것
㉱ 가스발생기의 적당한 온도는 50~60[°C] 정도일 것

문제 45 아세틸렌의 다공도는 법규정상 몇 [%]로 규정 되었는가?

㉮ 75 이상~92 미만　　　　㉯ 72 이상~95 미만
㉰ 70 이상~80 미만　　　　㉱ 72 미만

해답　44. ㉯　45. ㉮

3-2 LP 가스설비

1. LP가스의 일반적인 특성

LPG는 액화석유가스(Liquefied Petroleum Gas)라고 하며, 저급탄화수소계로서 탄소(C)의 수가 3~4개이며 주로 프로판(C_3H_8)과 부탄(C_4H_{10})이 주성분이다.

(1) 기화 및 액화가 용이하다.

상온에서 프로판은 약 7[kg/cm^2], 부탄은 약 2[kg/cm^2]로 가압하거나, 상압(대기압)하에서 프로판은 -42.1[℃], 부탄은 -0.5[℃]로 냉각하면 쉽게 액화된다.

(2) LP가스는 공기보다 무겁다.

LP가스의 기체상태에서 비중은 공기(비중=1) 보다 크므로 누설시 대기중으로 확산되지 않고 낮은 곳으로 모여 인화 위험성이 크다.

> 【참고】
> ■ 비중(0[℃], 1기압) : 프로판 : 44/29 = 1.52
> 　　　　　　　　　　　 부탄 : 58/29 = 2

(3) 액상의 LP가스는 물보다 가볍다.

액체상태의 LP가스는 프로판의 비중이 0.51, 부탄의 비중이 0.58로 물(비중=1)보다 가벼우며 물과 혼합시 물과 잘 용해되지 않고 물 위에 뜬다.

◘ LPG의 성분 및 특성

가스명 구분	프로판	부탄	프로필렌	부틸렌
분자식	C_3H_8	C_4H_{10}	C_3H_6	C_4H_8
분자량	44	58	42	56
가스비중	1.52	2	1.44	1.93
비점[℃]	-42.1	-0.5	-47.7	-6.26
임계온도[℃]	96.8	152	91.9	146.4
임계압력[atm]	42	37	45.4	39.7
임계밀도[kg/l]	0.220	0.228	0.233	0.238
증발잠열[kcal/kg]	101.8	92.1	104.6	93.3
폭발범위[%] 상한	9.5	8.4	10.3	9.3
하한	2.1	1.8	2.4	1.6

(4) 기화하면 부피가 커진다.

액체상태의 LP가스가 기화하면 프로판은 250배, 부탄은 230배로 각각 부피가 늘어난다. 따라서 액체 누설시 위험이 커진다.

(5) 증발 잠열이 크다.

프로판은 증발 잠열이 101.8[kcal/kg], 부탄은 92.1[kcal/kg] 정도로 커서 가스 소비시 용기 주위에 서리가 생기는 것을 볼 수 있다.

(6) 용기 내의 증기압은 온도, 가스의 종류에 따라 다르다.

2. LP가스의 연소특성

(1) 연소시 많은 공기가 필요하다.

① 프로판 연소 반응식 : $C_3H_8 + 5O_2 \rightarrow 3CO_2 + 4H_2O + 530[kcal/mol]$
② 부탄 연소 반응식 : $C_4H_{10} + 6.5O_2 \rightarrow 4CO_2 + 5H_2O + 700[kcal/mol]$

> [참고]
> 위 반응식에 의해 완전연소에 필요한 산소량은 프로판 1[m³]에 5[m³], 부탄 1[m³]에 6.5[m³]의 산소가 필요하며 따라서 필요한 공기량은 공기 중에 산소가 21[%]로 포함되어 있으므로 프로판 1[m³]에 24[m³], 부탄 1[m³]에 31[m³]의 공기가 각각 필요로 한다.

(2) 연소시 발열양이 크다.

▼ LP가스를 타연료에 비교한 발열량

연료 종류	총 발열량
프로판	12,000[kcal/kg]
부탄	11,800[kcal/kg]
등유	8,800[kcal/l]
경유	9,200[kcal/l]
벙커유	9,800[kcal/l]
무연탄	6,960~7,650[kcal/kg]
전기	860[kcal/kWh]

(3) 연소범위(폭발한계)가 좁다.

LP가스는 연소범위가 아주 좁아 타연료가스에 비해 안전성이 크다. 공기 중 프로판의 연소범위는 2.1~9.5[%], 부탄은 1.8~8.4[%]이다.

(4) 착화온도(발화온도)가 높다.

LP가스의 발화온도는 타연료에 비하여 높으므로 가열에 따른 발화확률이 적어 안전성이 크나 점화원(불꽃)이 있을 경우는 발화온도에 관계없이 영하의 온도에서도 인화하므로 주의를 요한다.

> **[참고]**
> ■ 각 연료의 발화온도
> ① 메탄 : 615~682[℃]   ② 프로판 : 460~520[℃]   ③ 부탄 : 430~510[℃]
> ④ 휘발유 : 210~300[℃]   ⑤ 석탄 : 330~450[℃]   ⑥ 아세틸렌 : 299[℃]

(5) 용해성이 있다.

고무나 페인트, 그리스 및 윤활유 등을 용해하는 성질이 있으므로 LP가스를 취급하는 기기에 사용되는 고무나 밀봉제 등은 내유성을 갖는 특수한 것을 사용하여야 한다.

(6) 연소속도가 늦다.

LP가스는 다른 가스에 비하여 연소속도가 비교적 느리므로 안전성이 있다. 프로판의 연소속도는 4.45[m/s], 부탄은 3.65[m/s], 메탄은 6.65[m/s]이다.

(7) 무색, 무취, 무독하다.

순수한 LP가스는 무색, 무미, 무취하며 중독성은 없으나 많은 양을 흡입하면 신경마비를 일으킬 위험이 있으며, 누설시 인화폭발위험을 방지하기 위해 공기 중의 1/1,000의 가스가 존재해도 사람이 감지할 수 있도록 일정의 향료를 첨가토록 되어 있다.

> **[참고]**
> ■ LP가스가 연소시 불완전 연소하면 일산화탄소(CO)의 독성 가스를 발생시킨다.

3. 도기가스와 비교한 LP가스의 특징

(1) 장점

① LP가스는 열용량이 크기 때문에 관지름이 작은 배관으로 공급할 수가 있다.
② 발열량이 높기 때문에 최소의 연소장치로서 최고의 열량을 낼 수 있으며, 또 단시간에 온도를 상승시킬 수 있다.
③ LP가스 특유의 증기압을 이용하여 쓸 수 있으므로 특별한 가압장치를 요하지 않는다.
④ 입지적 제약이 없다. 즉 도시가스는 배관을 하지 않고는 사용할 수 없으나 LP가스는 언제 어디서나 사용할 수 있다.
⑤ 자가공급이기 때문에 도시가스와 같이 조석으로 바쁠 때와 주야로 한가할 때 공급

압력의 변동, 가스공급의 부족 등을 일으키지 않아서 언제나 일정하게 공급이 될 수 있다.

⑥ 공급 가스압을 자유로이 설정할 수 있어서 다방면으로 이용되며 이용도에 알맞은 압력으로 설계할 수 있다. 따라서 LP가스는 가정용으로 약 85[%]가 사용되며 공업용으로는 15[%] 정도가 사용된다.

⑦ LP가스는 조성이 일정하며 가격이 저렴하여 경제성이 높다.

(2) 단점

① 저장 탱크 또는 용기의 집합공급장치가 필요하며 부탄의 경우 재액화방지를 고려해야 한다.
② 연소용 공기 또는 산소가 다량으로 필요하다. 즉, 도시가스가 10배 정도에 비해서 프로판의 경우 24배, 부탄의 경우 31배가 필요하다.
③ 공급을 중단시키지 않기 위하여 예비용기를 확보하는 등 고려가 필요하다.
④ 연소장치는 LP가스에 알맞은 구조이어야 한다.

4. LP가스를 자동차용 연료로 사용시 특징

(1) 장점

① 배기가스에는 독성이 적다. LP가스는 가솔린과 같이 사에틸렌납을 포함하고 있지 않으므로 배기가스가 깨끗하며 완전연소하기 쉽기 때문에 일산화탄소 기타 유독가스의 배출은 약 1/20로 아주 적다.
② 발열량이 높고 기체로 되기 때문에 완전연소한다.
③ 완전연소에 의해 탄소의 퇴적이 적어 점화전(spark plug) 및 엔진의 수명이 연장된다.
④ 엔진 오일을 희석하지 않으므로 오일 소비량이 가솔린 엔진의 경우에 비해 아주 적어진다.
⑤ 엔진의 출력은 가솔린의 경우와 거의 같다.
⑥ 황분이 적어서 기관의 부식, 마모가 적으므로 보링기간이 연장된다.
⑦ 균일하게 연소하기 때문에 열효율이 높다.

(2) 단점

① 고압가스용기를 부착해야 하므로 무게가 있고 장소를 차지한다.
② 급가속의 경우 곤란성이 발생하는 경우가 있으므로 시동시 급가속은 피하는 것이 좋다.
③ 누설시 가스가 차내에 들어오지 않도록 트렁크와 차 실간을 완전히 밀폐시켜야 한다.
④ 봄베 교환식의 경우는 다소 불편한 점이 있다.(고정식으로 하고 주유기에서 보급 받는 것은 휘발유의 경우와 마찬가지이다.)

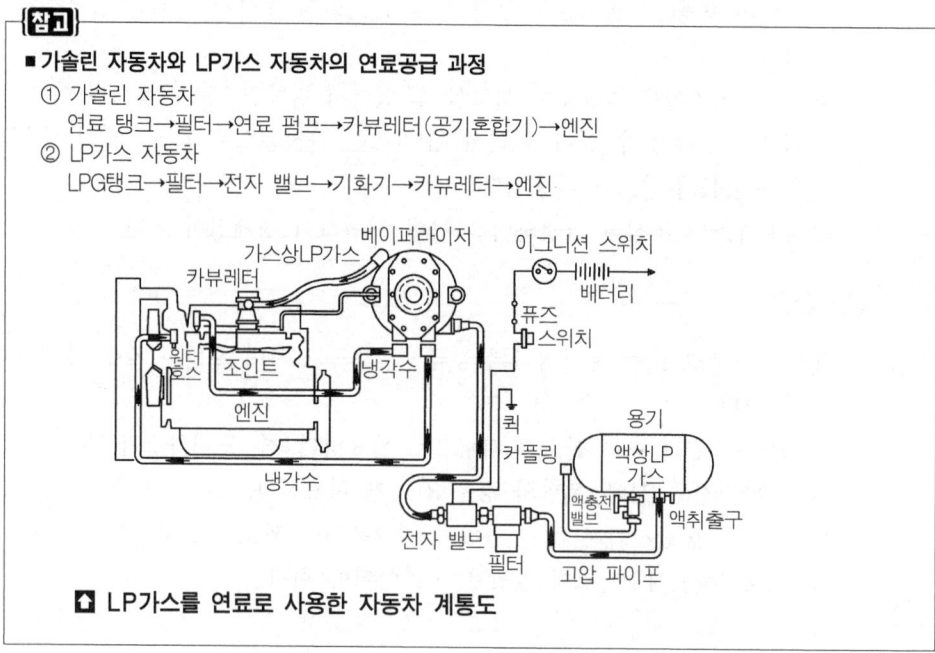

🔼 LP가스를 연료로 사용한 자동차 계통도

5. LP가스 사용시 주의사항

(1) 사용전의 주의사항

① 가스누설의 유무를 취기로 확인한다.
② 연소기구 주위에 가연물을 두지 말 것.
③ 용기 밸브, 가스전, 콕 등은 천천히 열 것.
④ 고무관의 노화, 흠, 갈라짐은 항상 면밀히 점검할 것.
⑤ 비눗물 등을 이용하여 누설을 점검할 것.

(2) 점화 및 사용 중의 주의사항

① 완전연소가 되도록 공기조절장치(댐퍼)를 정확히 점검할 것.
② 화력의 조절은 가스 콕으로 개폐를 조절한다.
③ 사용 중 불꽃의 꺼짐에 주의할 것.
④ 연소기 주위는 환기에 주의하여 산소부족으로 자연소화하지 않도록 할 것.
⑤ 사용 중 가스가 떨어져 소화되었을 경우 반드시 밸브 및 가스전을 잠글 것.
⑥ 사용 중 조정기는 마음대로 건드리지 말 것.

(3) 사용 후의 주의사항

① 연소기구의 콕은 확실하게 잠근다.
② 빈 용기의 밸브는 필히 잠궈둘 것.

③ 외출 또는 야간시에는 가스용기 밸브를 확실하게 잠궈둘 것.

(4) 누설시의 조치사항

① 주위의 화기를 제거한다.
② 용기의 원 밸브를 닫는다.
③ 창문을 열고 환기를 시킨다.
④ 용기 및 가스기구에 이상이 있을시는 판매점에 연락하여 조치를 취한다.

6. LP 가스용기

(1) 용기구분

① 용기의 종류 : 용접용기
② 용기의 재질 : 탄소강(C : 0.33[%], P : 0.04[%], S : 0.05[%] 함유)
③ 용기의 도색 : 회색(글씨는 적색)
④ 안전 밸브형식 : 스프링식
⑤ 최고충전압력 및 기밀시험압력 : 15.6[MPa]
⑥ 내압시험압력 : 2.6[MPa](최고충전압력의 5/3배)
⑦ 용기 스커트 부착대상 : 내용적 20[l] 이상 125[l] 미만
⑧ 용기증지부착대상 : 내용적 10[l] 이상 125[l] 미만

(2) LPG용기 설치시 주의사항

① 가능한한 용기는 옥외에 설치할 것.
② 용기주의 2[m] 이내에는 화기를 두지말 것
③ 설치장소는 통풍이 양호하고 직사광선을 받지 않을 것.
④ 충전용기는 40[℃] 이하의 온도를 유지할 것
⑤ 습기가 없는 곳에 설치하고 녹슬지 않게 받침대 위에 고정시킬 것.
⑥ 옥외 설비로서 금속관과 고무관의 접속부는 호스 밴드로 꼭 조일 것.
⑦ 용기 교환시는 화기가 없는 상태에서 밸브 및 콕을 잠그고 행할 것.
⑧ 용기 교환 후 비눗물 등으로 누설검사를 실시할 것.

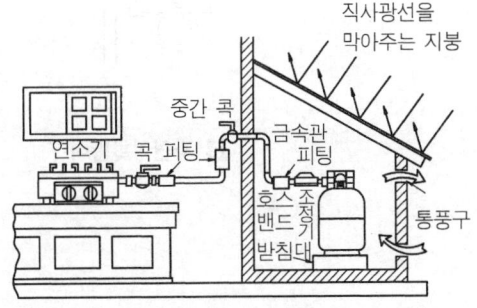

◘ LPG 용기와 연소기의 설치방법

7. LP가스 공급방식

(1) 자연기화방식

① 용기 내의 LP가스가 대기 중의 열을 흡수하여 기화하는 간단한 방식이다.
② 기화능력에 한계가 있어 소량소비시에 적당하다.
③ 가스의 조정변화량이 크다.
④ 발열량의 변화가 크다.

(2) 강제기화방식

강제기화는 용기 또는 탱크에서 액체의 LP가스를 배관으로 통하여 기화기에 의해 기화시키는 방식으로서 생가스 공급방식, 공기 혼합가스 공급방식, 변성가스 공급방식 등이 있다.

① **생가스 공급방식** : 기화기(베이퍼라이저)에 의하여 기화된 그대로의 가스를 공급하는 방식으로 0[°C] 이하가 되면 재액화되기 쉽기 때문에 가스배관은 보온처리를 한다.

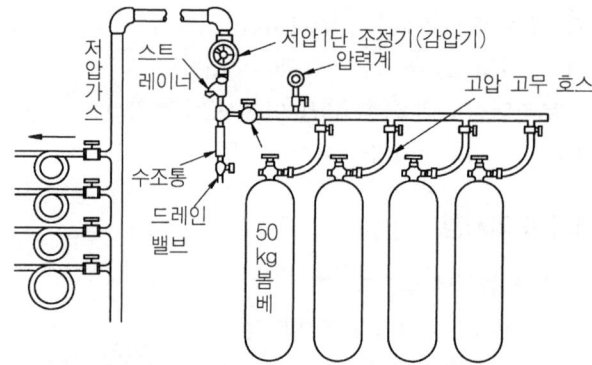

◘ 자연기화방식

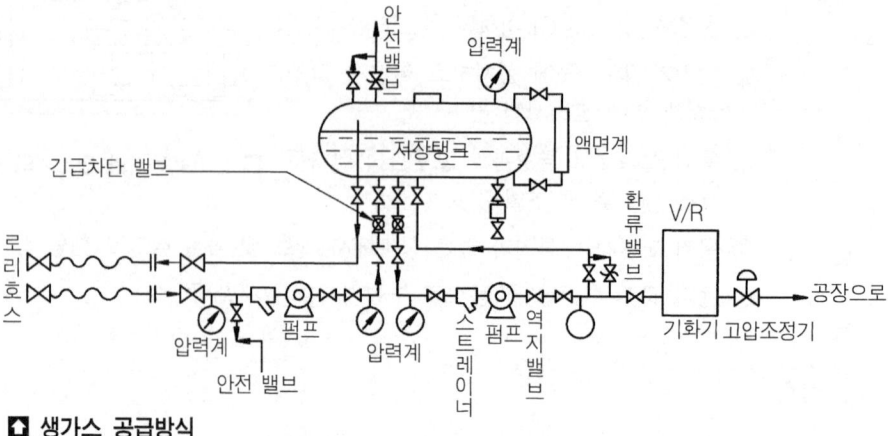

◘ 생가스 공급방식

② **공기 혼합가스 공급방식** : 기화한 부탄에 공기를 혼합하여 공급하는 방식으로 기화된 가스의 재액화 방지 및 발열량을 조절할 수 있으며 부탄을 다량 소비하는 경우 사용된다.

> **[참고] 공기혼합(air dilute)의 공급 목적**
> ① 재액화 방지 ② 발열량 조절 ③ 누설시의 손실감소 ④ 연소효율의 증대

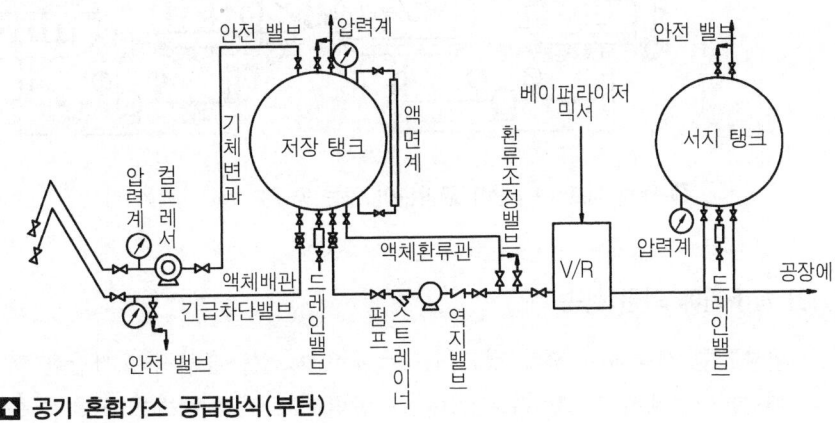

◘ 공기 혼합가스 공급방식(부탄)

③ **변성가스 공급방식** : 부탄을 고온의 촉매로서 분해하여 메탄, 수소, 일산화탄소 등의 연질가스로 변성시켜 공급하는 방식으로 금속의 열처리나 특수제품의 가열 등 특수용도에 사용하기 위해 이용되는 방식이다.

> **[참고]**
> ■ **LP가스를 변성하여 도시가스를 제조하는 방법**
> ① 공기 혼합방식 ② 직접 혼합방식 ③ 변성 혼합방식

8. LP가스 이송설비

LP가스를 탱크로리로부터 저장 탱크에 이송하는 경우에 사용되는 설비로서 액 펌프나 압축기가 주로 사용된다.

(1) 탱크 자체압력에 의한 이송

탱크로리는 수송도중 외부열(태양열) 등을 받아 온도가 상승하면 압력도 높아져 저장 탱크와 압력차가 생긴다. 그 차압을 이용하여 설비 등을 사용하지 않고 저장 탱크에 이송시키는 방식이다.

(2) 펌프에 의한 이송

펌프를 액 라인에 설치하여 탱크로리의 액상가스를 도중에서 가압시켜 저장 탱크로 이송시키는 방식으로 LP가스 이송 펌프로는 주로 기어 펌프나 원심 펌프 등이 이용된다.

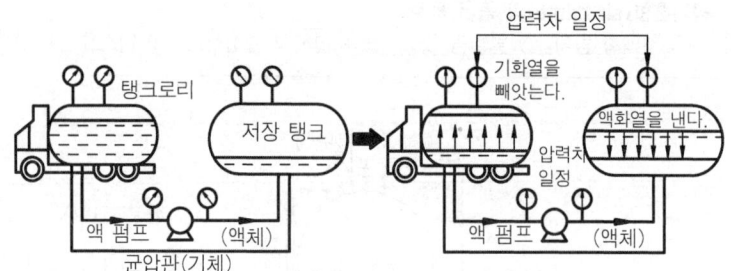

⬆ 액체 펌프 이송방식(균압관이 있는 경우)

(3) 압축기에 의한 이송

압축기를 사용하여 저장 탱크 기상부에서 가스를 흡입시켜 가압한 후 베이퍼라인(기체 배관)을 통해서 탱크로리로 보내 그 압력으로 저장 탱크에 액을 이송시키는 방식이다.

▨ 압축기를 사용함으로서 오는 장·단점

[장점] ① 펌프에 비해 이송시간이 짧다.
② 베이퍼록 현상의 우려가 없다.
③ 잔가스 회수가 용이하다.

[단점] ① 압축기 오일이 저장 탱크에 들어가 드레인의 원인이 된다.
② 저온에서 부탄이 재액화될 우려가 있다.

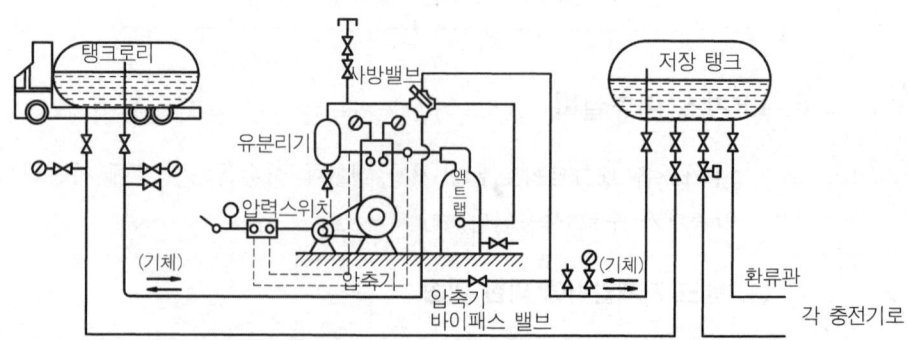

⬆ 압축기에 의한 이송방식

참고

■ LPG 충전소의 설비배치 및 작업도

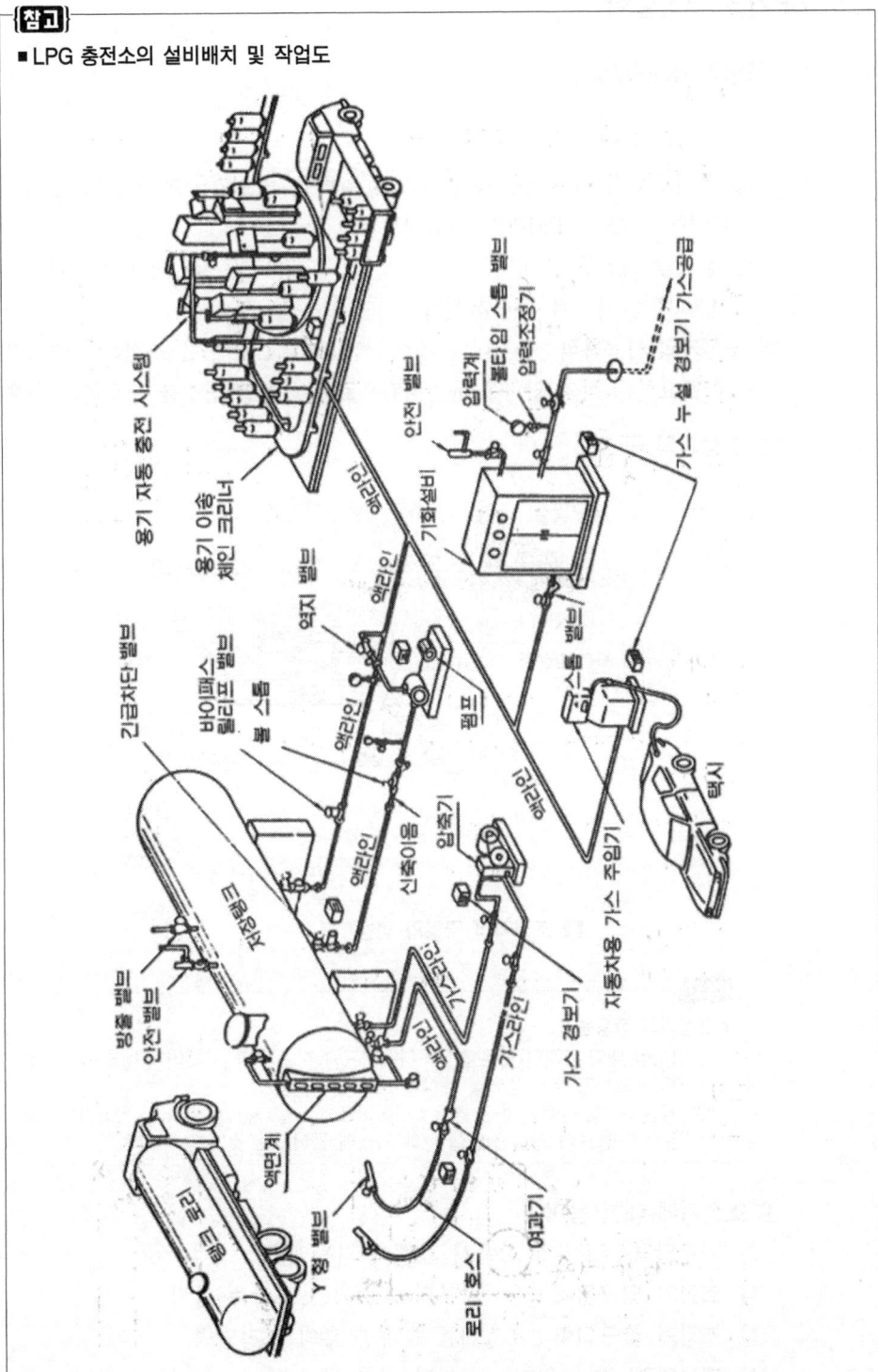

이 그림은 탱크로리에 의하여 수송되어온 LP가스를 저장 탱크에 저장하고 용기에 충전하여 수요자에게 공급하는 시스템을 자동화하여 작업의 능률을 증대시킨 설비로 현재 대형 용기 충전소에서 채택하는 경우가 많으며 또한 자동차 가스주입 설비를 약도한다.

9. LP가스 부속설비

(1) 조정기(regulator)

① 조정기의 역할
  ㉮ 용기로부터 유출되는 공급가스의 압력을 연소기구에 알맞은 압력(통상 일반연소기구는 2~3.3[kPa]까지 감압시킨다.
  ㉯ 용기내 가스를 소비하는 동안 공급가스 압력을 일정하게 유지하고 소비가 중단되었을 때는 가스를 차단시킨다.

② 조정기의 사용목적 : 용기내의 가스유출압력(공급압력)을 조정하여 연소기에서 연소시키는데 필요한 최적의 압력을 유지시킴으로서 안정된 연소를 도모하기 위해 사용된다.

③ 조정기의 구조

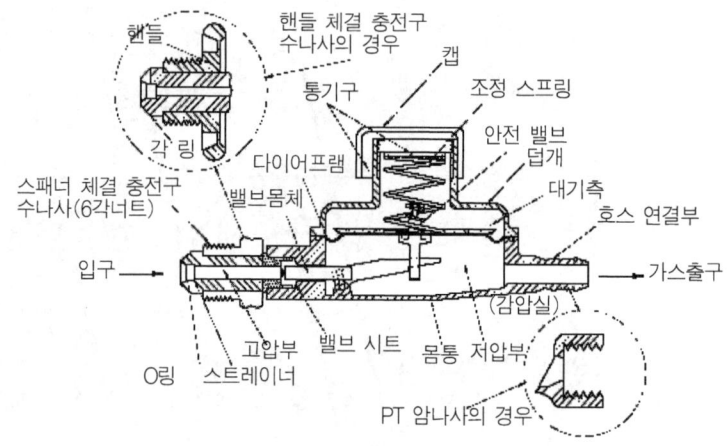

🔼 조정기의 구조와 명칭

> **[참고]**
> ■ 조정기의 작동원리
> ① 감압실 내의 압력이 낮은 경우 : 다이어프램이 내려간다-레버가 내려간다-밸브봉이 좌로 끌려간다-밸브가 열려 감압실 내에 가스가 들어간다.
> ② 감압실 내의 압력이 높은 경우 : 다이어프램이 올라간다-레버가 올라간다-밸브봉이 우측으로 끌린다-밸브가 닫혀 감압실 내에 가스에 들어가는 것이 정지된다.

④ 조정기에 대한 용어
  ㉮ 기준압력 : LP가스 사용시 표준이 되는 압력
  ㉯ 조정기 입구압력 : 용기로부터 유출되는 고압측 압력
  ㉰ 조정기 출구압력 : 조정기를 통과한 후의 조정압력
  ㉱ 폐쇄압력 : 가스유출이 정지될 때의 압력
  ㉲ 조정기 용량 : 조정기로부터 나온 가스 유출량
  ㉳ 안전장치 : 조정기의 압력상승을 방지하는 장치

⑤ 조정기의 종류
  ㉮ 1단(단단) 감압식 저압 조정기 : 일반 소비용(가정용)으로 LP가스를 공급하는 경우에 사용되며 현재 가장 많이 사용되고 있는 조정기이다.
  ㉯ 1단(단단)감압식 준저압 조정기 : 음식점 등의 조리용으로 사용되는 것으로 조정압력은 5~30[kPa]까지 여러 종류가 있으며 연소기구가 일반소비자용(가정용)과 동일 규격의 경우에는 단단감압식 저압 조정기를 사용한다.

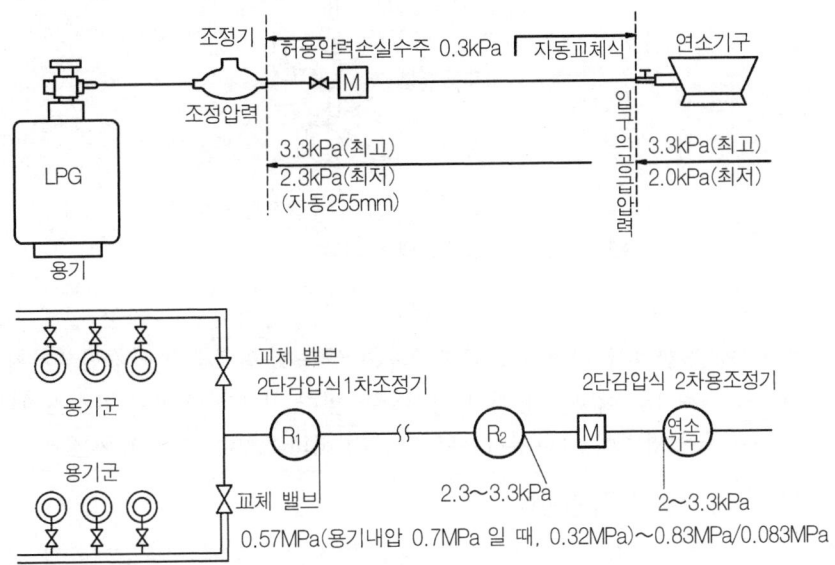

  ↑ 2단감압식 조정기의 성능

  ㉰ 2단 감압식 1차 조정기 : 2단 감압식의 1차용으로 사용되는 것으로서 중압조정기라고도 한다.
  ㉱ 2단 감압식 2차 조정기 : 2단 감압식의 2차용이나 자동 교체식 분리형의 2차용으로 사용되는 것으로 조정기 최대 압력이 0.35[MPa]로 설계되어 있으므로 1단 감압식 저압 조정기 대용으로 사용할 수 없다.
  ㉲ 자동 교체식 일체형 조정기 : 2차용 조정기가 1차용 조정기의 출구측에 직접 연결되어 있거나 또한 일체로서 구성되어 있는 점이 다른 점이며, 그 외엔 자동 교체식 분리형 조정기와 같은 구조기능을 갖고 있다.

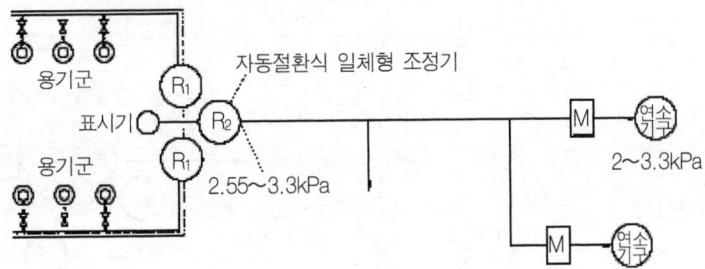

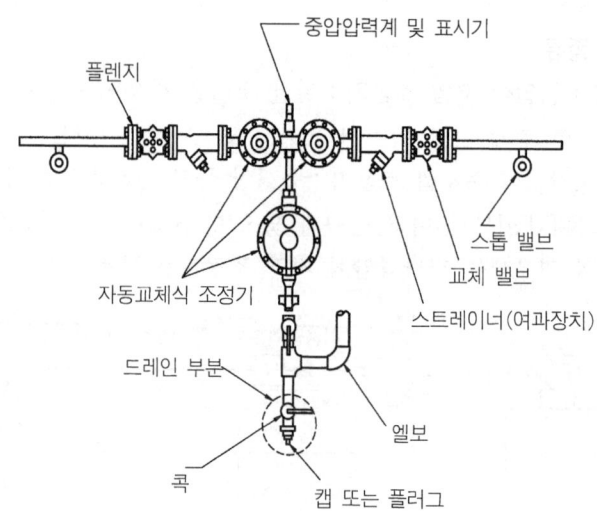

↑ 자동교체식 조정기의 설치예

㉥ 자동 교체식 분리형 조정기 : 2단 감압방식으로 자동 절체기능과 1차 감압기능을 겸한 1차 조정기로서 출구측은 배관에 의해서 2단 감압조정기에 연결된다. 사용측 용기와 예비측 용기가 설치되어 있어 사용측 용기의 가스소비량이 줄어들면 용기내의 압력이 낮아져서 자동적으로 예비측 용기로부터 가스가 공급된다.

⑥ 조정기의 감압방식

㉮ 1단감압방식 : 용기 내의 가스압력을 한번에 사용압력까지 낮추는 방식이다.
  [장점] ① 조작이 간단하다. ② 장치가 간단하다.
  [단점] ① 최종 공급압력의 정확을 기하기 힘들다.
       ② 배관의 굵기가 비교적 굵어진다.

㉯ 2단 감압방식 : 용기내의 가스압력을 소비압력보다 약간 높은 상태로 감압하고 다음 단계에서 소비압력까지 낮추는 방식이다.
  [장점] ① 공급압력이 안정하다. ② 중간배관이 가늘어도 된다.
       ③ 배관입상에 의한 압력손실을 보정할 수 있다.
       ④ 각 연소기구에 알맞은 압력으로 공급이 가능하다.
  [단점] ① 설비가 복잡하다.   ② 조정기가 많이 소요된다.
       ③ 검사방법이 복잡하다. ④ 재액화의 문제가 있다.

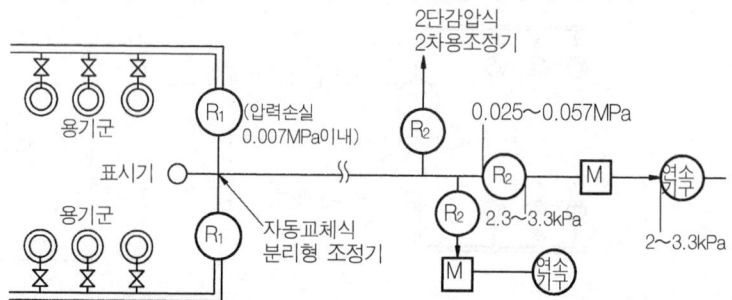

> **[참고]**
> ■ 자동 교체식 조정기 사용시의 잇점
> ① 용기 교환주기의 폭을 넓힐 수 있다.
> ② 잔액이 거의 없어질 때까지 소비된다.
> ③ 전체용기 수량이 수동교체식의 경우보다 작아도 된다.
> ④ 자동절체식 분리형을 사용할 경우 1단 감압식의 경우에 비해 배관의 압력손실을 크게 해도 된다.

⑦ 압력조정기의 압력범위

㉮ 압력조정기의 종류에 따른 입구압력·조정압력은 다음과 같다.

종 류	입구압력	조정압력
1단감압식저압조정기	0.07MPa~1.56MPa	2.3kPa~3.3kPa
1단감압식준저압조정기	0.1MPa~1.56MPa	5kPa~30kPa
2단감압식1차용조정기	0.1MPa~1.56MPa	0.057MPa~0.083MPa
2단감압식2차용조정기	0.01MPa~0.1MPa 또는 0.025MPa~0.1MPa	2.3kPa~3.3kPa
자동절체식일체형저압조정기	0.1MPa~1.56MPa	2.55kPa~3.3kPa
자동절체식분리형조절기	0.1MPa~1.56MPa	0.032MPa~0.083MPa
자동절체식일체형준저압조정기	0.1MPa~1.56MPa	5kPa~30kPa
그 밖의 압력조정기	조정압력 이상~1.56MPa	제조자가 표시한 사양에 따르되, 조정압력이 0.005MPa 초과 인것에 한한다.

㉯ 다음의 압력으로 실시하는 내압시험에 합격한 것일 것.
  ㉠ 입구측시험압력은 3MPa 이상(2단감압식2차용조정기의 경우 0.8MPa 이상)
  ㉡ 출구측시험압력은 0.3Mpa 이상(다만, 2단감압식2차용조정기 및 자동절체식분리형조절기의 경우에는 0.8MPa 이상, 기타 압력조정기의 경우에는 0.8MPa 이상 또는 조정압력의 0.5배 이상 중 압력이 높은 것으로 한다.)

㉰ 다음의 압력으로 실시하는 기밀시험에 합격한 것일 것.

구분 \ 종류	1단 감압식 저압 조정기	1단 감압식준 저압 조정기	2단 감압식 1차용 조정기	2단 감압식 2차용 조정기	자동 절체식 일체형 저압 조정기	자동 절체식 일체형 준저압 조정기	자동 절체식 분리형 조정기	그밖의 압력 조정기
입구측	1.56MPa 이상	1.56MPa 이상	1.8MPa 이상	0.5MPa 이상	1.8MPa 이상	1.8MPa 이상	1.8MPa 이상	최대입구압력의 1.1배이상
출구측	5.5kPa	조정압력의 2배이상	0.15MPa 이상	5.5kPa	5.5kPa	조정압력의 2배	0.15MPa 이상	조정압력의 1.5배

㉻ 조정기의 입구압력이 ㉰에 규정한 상한의 압력일 때는 그 최대폐쇄압력이 다음에 적합할 것.
  ㉠ 1단감압식저압조정기·2단감압식2차용조정기 및 자동절체식일체형조정기는 3.5 kPa이하
  ㉡ 2단감압식1차용조정기 및 자동절체식분리형조정기는 0.095MPa 이하
  ㉢ 1단감압식준저압조정기·자동절체식일체형준저압조정기 및 기타 압력조정기는 조정압력의 1.25배 이하
㉱ 조정압력이 3.3kPa 이하인 조정기의 안전장치의 작동압력은 다음에 적합할 것.
  ㉠ 작동표준압력은 7kPa
  ㉡ 작동개시압력은 5.6kPa ~ 8.4kPa
  ㉢ 작동정지압력은 5.04kPa ~ 8.4kPa

⑧ 조정기에 표시되는 사항
  ㉮ 품명 및 제조자명   ㉯ 약호 및 제조번호, 롯드번호   ㉰ 품질 보증 기간
  ㉱ 입구압력 및 조정압력   ㉲ 용량   ㉳ 가스의 흐름방향(화살표)
  ㉴ 핸들의 조임 및 풀림방향

⑨ 조정기의 설치시 주의사항
  ㉮ 조정기와 용기의 탈착작업은 판매자가 할 것.
  ㉯ 조정기의 규격용량은 사용 연소기구 총가스 소비량의 150[%]이상일 것.
  ㉰ 용기 및 조정기는 통풍이 양호한 곳에 설치할 것.
  ㉱ 용기 및 조정기 부근에 연소되기 쉬운 물질을 두지 말 것.
  ㉲ 조정기에 부착된 압력나사는 건드리지 말 것.
  ㉳ 조정기 부착시 접속구를 청소하고, 나사는 정확하고 바르게 접속후 너무 조이지 말 것.
  ㉴ 조정기를 부착후 접속부는 반드시 비눗물 등으로 검사할 것.

(2) 가스미터(gas meter)

① 가스미터의 사용목적
가스미터는 소비자에게 공급하는 가스의 부피를 측정하기 위하여 사용되는 것이다. 따라서 가스미터는 다음의 것을 고려하지 않으면 안 된다.
  ㉮ 가스의 사용 최대유량에 적합한 계량능력의 것일 것.
  ㉯ 사용중에 기차 변화가 없고 정확하게 계량함이 가능한 것일 것.
  ㉰ 내압, 내열성에 좋고 가스의 기밀이 양호하여 내구성이 좋으며 부착이 간단하여 유지관리가 용이할 것.

② 가스미터의 종류

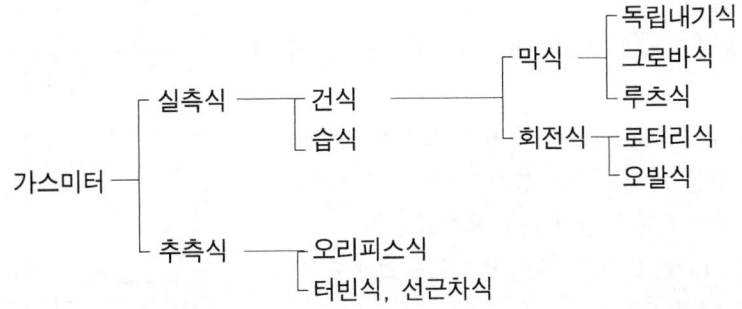

■ 각종 가스미터의 특징

분류	막식 가스미터	습식 가스미터	루트미터
장점	① 저가이다. ② 부착후의 유지관리에 시간을 요하지 않는다.	① 유량이 정확하다. ② 사용중의 기차의 변동이 거의 없다.	① 대용량의 가스측정에 적합하다. ② 중압가스의 유량측정이 쉽다. ③ 설치 스페이스가 적다.
단점	대용량에서는 설치 스페이스가 크다.	① 사용중에 수위조정등의 관리가 필요하다. ② 설치 스페이스가 크다.	① 스트레이너의 설치 및 설치 후의 유지관리가 필요하다. ② 소유량($0.5[m^3/h]$이하)에서는 작동하지 않을 우려가 있다.
일반적용도 용량 범위	일반 수요가, 1.5~200$[m^3/h]$	기준기, 실험실용, 0.2~3,000$[m^3/h]$	대량 수요가, 100~5,000$[m^3/h]$

일반적인 가스미터에는 여러 가지가 있으나 LP가스에서는 「독립내기식」이 많이 사용되고 있다. 가스미터는 사용하는 가스질에 따라 계량법에 의하여 도시가스용, LP가스용, 양자병용으로 구별되어 시판되고 있다.

③ **가스미터의 계량능력** : 막식 가스미터의 사용최대유량과 호수의 관계는 다음과 같이 정하여진다. 호수와 미터의 출입구의 압력차가 소정치로 되었을 경우의 유량을 $[m^3/h]$의 단위로 표시되며 계량법에서는 LP가스용 미터의 최대 유량은 압력차가 수주 0.3[kPa]에 의한 것으로 정하여지나 일반적으로 제조 시판되고 있는 것은 압력차가 수주 0.15[kPa]로 되어 있는 것이 많다.

■ 사용 최대유량과 호수의 관계

호수	3	5	7	10	15	30	50	90	120	150
사용최대유량$[m^3/h]$	3	5	7	10	15	30	50	90	120	150

〈주〉 3호 미만의 것은 호수 대신에 최대 유량을 표기한다.

④ 가스미터의 표시
  ㉮ 미터의 형식
  ㉯ MAX 1.5[m³/h] : 사용최대유량이 1.5[m³/h] 임을 표시
  ㉰ 0.5[*l*/rev] : 계량실의 1주기의 체적이 0.5[*l*]
  ㉱ 형식승인 제 ○○호 : 통상 산업부 공업기술원 계량연구소의 형식승인 합격번호
  ㉲ 병용 : LP가스, 도시가스 중 어느 것에도 사용 가능함을 표시
  ㉳ 가스의 유입방향(화살표 도시)
  ㉴ 검정증인 : $\frac{98}{5}$ (98년 5월까지 유효)
  ㉵ 합격증인

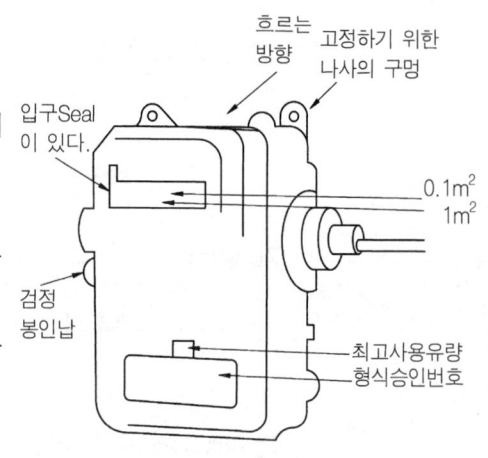

▲ 가스미터의 표시

⑤ 가스미터의 성능
  ㉮ 가스미터의 기밀시험 : 가스미터는 10[kPa]의 기밀시험에 합격한 것이어야 하나 최근의 것은 15[kPa]의 기밀시험에 합격한 것도 많다.
  ㉯ 가스미터의 선편 : 막식 가스미터를 통하여 출구로 나오고 있는 가스는 2개의 계량실로부터 1/4주기의 위상차를 갖고 배출되는 가스량의 합계이므로 그림에 나타난 것과 같이 유량에 맥동성이 있다. 이 맥동량이 압력차로 나타나는 것을 선편이라고 하며 이 선편의 양

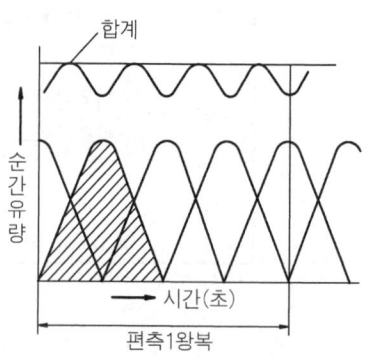

▲ 막식 가스미터 선편과 압력손실

이 많은 미터를 사용하면 도시가스와 같이 말단 공급압력이 저하되었을 경우 연소 불꽃이 흔들거리는 상태가 생길 염려가 있다.
  ㉰ 가스미터의 압력손실 : 가스미터를 포함한 배관 전체의 압력손실의 허용 최대치가 0.30[kPa]로 되어 있으므로 가스미터의 표시 용량을 흐르게 했을 때의 압력 손실이 큰 것을 부착하고 사용최대유량의 한도의 가스를 흐르게 하면 배관 전체의 압력손실이 0.3[kPa]를 초과하여 공급압력이 수주 0.2[kPa]를 하회하게 되므로 충분한 주의가 필요하다. 다음 그림은 유량 1.5[m³/h]에서 압력손실 0.15[kPa]의 가스미터 특성을 나타낸 것이다.
  ㉱ 사용공차 : 가스미터(막식)의 정도는 실제 사용되고 있는 상태에서 ±4[%]가 되어야 한다.
  ㉲ 검정공차 : 계량법에서 정해진 검정시의 오차의 한계(검정공차)는 사용최대유량의 20~80[%]의 범위에서 ±1.5[%]이다.

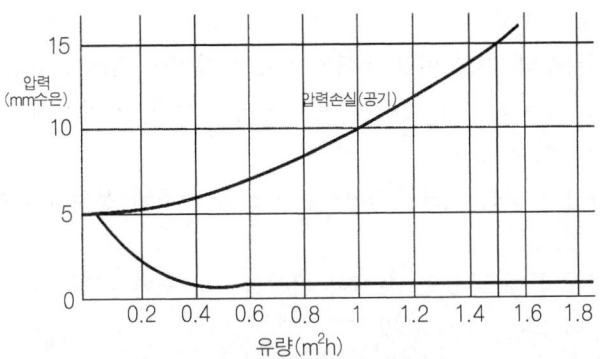

▲ 막식 가스미터의 시간과 유량의 관계

㉥ 감도유량 : 가스미터가 작동하는 최소유량을 말하며 계량법에서는 일반 가정용의 LP가스미터는 15[l/h] 이하로 되어 있고 일반 가스미터(막식)의 감도는 3[l/h] 이하로 되어 있다.

㉦ 검정유효기간 : 계량법에 의한 유효기간이며, 유효기간을 넘긴 것은 분해수리하고 재검사를 받는다. 유효기간 중이라도 사용공차 이상의 기차가 있는 것과 파손 고장을 일으킨 것 등도 재검사를 받아 사용해야 한다.

> [참고]
> ■ 막식 가스미터의 검정 유효기간은 검정을 받은 약월기산으로 만 7년동안이다.
>
>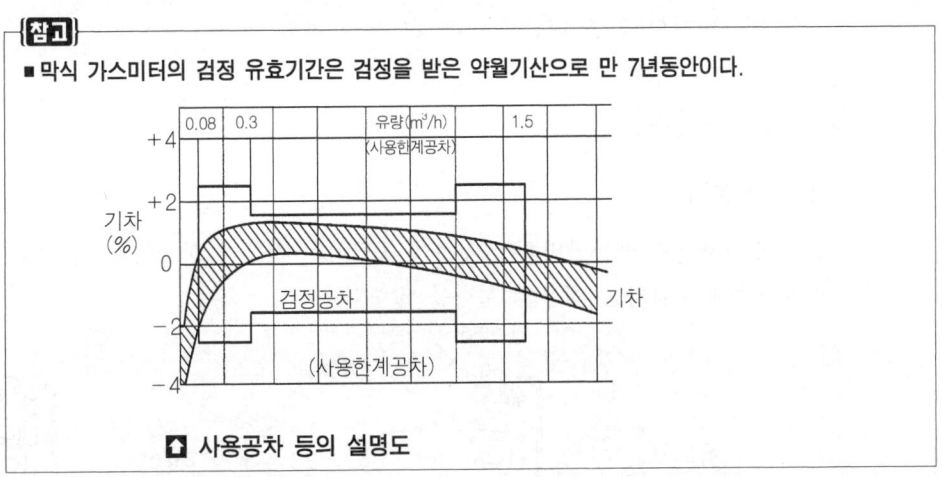
>
> ▲ 사용공차 등의 설명도

㉧ 계량실의 부피 : 계량단위는 명판에 [l/주기]의 단위로 표시되어 있다. 이 계량단위는 미터 기준의 가스부피이며 이치를 작게 하면 미터의 외형을 소형으로 할 수가 있지만 압력손실이나 내구력에 문제가 발생하기 쉬운 결점이 있다.

⑥ 가스미터의 설치기준 : 소비설비에는 다음 각 호의 기준에 의해 일반 소비자 1호에 대하여 1개소 이상의 가스미터를 부착하는 것으로 한다.

㉮ 가스미터는 저압 배관에 부착할 것.
㉯ 가스미터 부착 장소는 다음의 조건에 적합할 것.
  ㉠ 습도가 낮을 것.
  ㉡ 건물의 외부에 높이는 1.6[m] 이상 2[m] 이내로 수직 수평으로 설치하고 밴드

등으로 고정할 것.
ⓒ 화기로부터 2[m] 이상 떨어지고 또는 화기에 대하여 차열판을 설치하여 놓을 것.
② 전선으로부터 가스미터까지는 15[cm] 이상, 전기개폐기 및 안전기에 대하여는 60[cm] 이상 떨어진 장소일 것.
⑩ 직사광선 또는 빗물을 받을 우려가 있는 곳에 설치할 때에는 격납 상자 내에 설치할 것.
ⓑ 부식성의 가스 또는 용액이 비산하는 장소가 아닐 것.
ⓢ 진동이 적은 장소일 것.
ⓞ 검침이 용이한 장소일 것.
ⓩ 부착 및 교환작업이 용이할 것.
ⓒ 용기 등의 접촉에 의해 가스미터가 파손되지 않는 장소일 것.
ⓔ 가스미터는 다음의 기준에 따라서 부착할 것.
  ㉠ 수평으로 부착할 것.
  ㉡ 입구와 출구의 구별을 혼동치 말 것.
  ㉢ 가스미터 또는 배관의 상호 부당한 힘이 가해지지 않도록 주의할 것.
  ㉣ 배관에 접촉할 때는 배관중에 먼저 오수 등의 이물을 배제한 후에 부착할 것.
  ㉤ 가스미터의 입구 배관에는 드레인을 부착할 것.

10. LP가스 소비설비

(1) 소규모 설비

일반 소비자에게 공급설비를 설치하여 공급하는 경우나 한 개의 공급설비로 2호 이상의 소비자에게 공급하는 경우의 설비를 말한다.

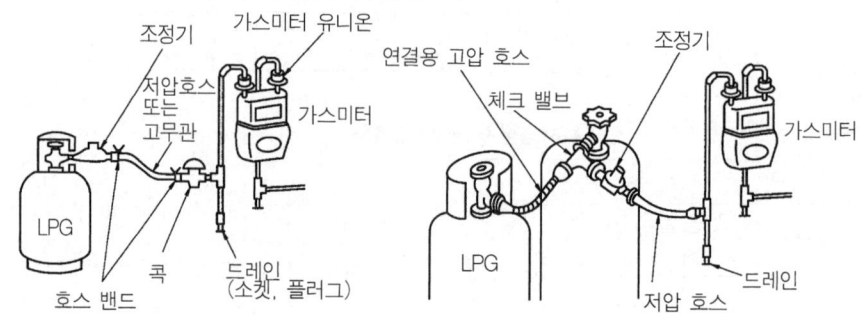

🔼 소규모 LP가스 공급설비의 예

① 용기의 종류(크기)와 용기의 가스발생능력
  ㉮ 용기의 크기
  ㉯ 용기 내의 LP가스 조성
  ㉰ 용기내의 잔유가스량
  ㉱ 연속소비시간
  ㉲ 용기의 주위분위기 온도
  ㉳ 용기의 주위 통풍 상황

② 최대소비수량의 결정

최대소비수량=1호당 1일평균가스소비량×소비호수×피크시 평균가스 소비율

③ 용기의 설치대수 결정)
㉮ 최대소비수량   ㉯ 용기의 종류(크기)
㉰ 용기로부터의 가스증발량(가스발생능력)

> **[참고]**
> ■ 용기설치대수 = $\dfrac{\text{최대소비수량 [kg/h]}}{\text{표준가스발생능력 [kg/h · 대]}}$

④ 소규모 설비의 검사

일반적으로 저압부 완성검사를 실시하며 내압시험, 기밀시험, 가스치환, 기능검사 등을 한다.

㉮ 내압시험 : 압축성이 적고 독성이 없는 물을 사용하므로 "수압시험"이라고도 하며 배관등이 사용압력에 충분히 견딜 수 있는 강도를 갖고 있는가를 확인하는 시험이다.
 ㉠ 시험매체 : 20[°C]의 순수한 물(물로 시험이 곤란한 경우 기체압이용)
 ㉡ 시험압력
  ⓐ 충전용기와 조정기 사이의 배관 : 3[MPa]
  ⓑ 조정기와 중간 밸브(폐지 밸브) 사이 : 0.8[MPa]
  ⓒ 용기에 접속하는 3[m] 미만의 배관(고무 호스) : 0.2[MPa]

㉯ 기밀시험
 ㉠ 시험매체 : 공기 및 질소 등의 불활성 가스
 ㉡ 시험압력 : 수주 8.4[kPa] 이상 10[kPa] 이하로 실시
 ㉢ 시험시간 : 10[l] 이하 5분, 10[l] 초과 50[l] 이하 10분, 50[l] 초과 24분

> **[참고]**
> ■ 기밀시험의 방법
> ① 조정기 출구에서 배관의 접속부분을 분리하여 그림과 같이 배관쪽에 A, B 콕을 갖는 삼방계수, 공기 펌프 및 자기압력계(마노미터 등)를 설치한다.
> ② 각 연소기구에 이르는 배관끝의 콕을 모두 닫는다.
> ③ 중간 콕을 연다.
> ④ 먼저 기밀시험에 사용하는 기구 또는 설비(삼방계수, 콕, 고무관 등) 등의 기밀을 조사하기 위해 A 콕을 열고 B 콕을 닫은 다음 공기 펌프를 천천히 작동하여 자기압력계의 지침이 8.4~10[kPa]가 되도록 압력을 높인 후 A 콕을 닫고 자기 압력계의 지침이 낮아지지 않는 것을 확인한다.
> ⑤ 그 다음 배관의 전체 기밀을 조사한다 : A, B 콕을 모두 열고 공기 펌프를 천천히 조작하여 배관계 전체 압력을 8.4~10[kPa]의 압력으로 가압한 다음 A 콕을 닫는다. 그 상태에서 소정시간 이상을 유지하여 자기압력계의 지침이 낮아지지 않으면 기밀시험은 합격으로 간주한다.
> ⑥ 자기압력계의 지침이 내려간 때에는 비눗물(또는 누설검지액 등)을 배관부의 누설이 예상되는 부위(계수 등)에 발라 누설이 발견되면 보수하고 보수가 끝나면 전과 동일한 방법으로 다시 기밀시험을 실시한다.

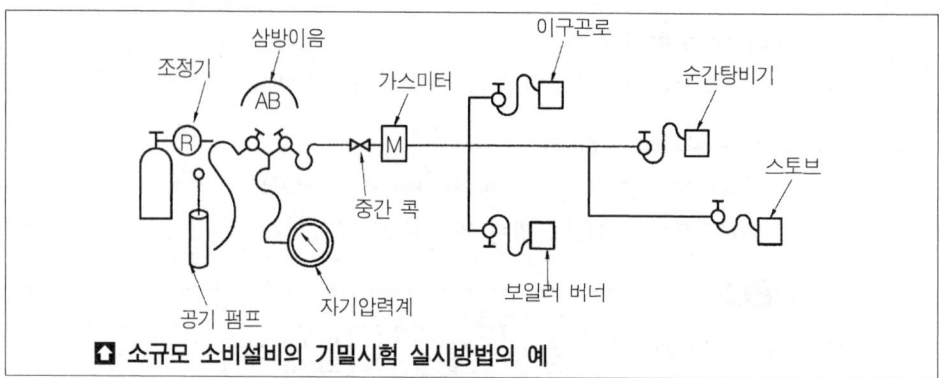

▲ 소규모 소비설비의 기밀시험 실시방법의 예

㉰ 가스치환 : LP 가스를 사용하기 위해 기밀시험한 관내의 공기 및 질소를 LP 가스를 봉입하여 배제하는 시험이다. 치환하는 방법은

㉠ 기밀시험후 말단 콕을 열어서 대기압이 될 때까지 공기를 방출한다.

㉡ LP가스 용기로부터 조정기를 통하여 LP가스를 배관내에 유입하여 배관 전체 말단으로부터 공기를 천천히 방출한다. 이 때 공기와 함께 나오는 LP가스는 화기에 인화, 폭발되지 않도록 주의를 요한다.

㉢ 완전하게 가스가 치환된 것이 확인되면 연소기구의 전부를 점화시켜 보고 치환 완료를 재확인한다.

㉱ 기능검사 : LP가스의 충전 용기로부터 조정기를 통하여 LP가스를 건설비에 도입하여 배관 등 전부의 설비 및 연소기구가 LP가스를 소비하는데 적당한가를 검사하는 작업이다.

> **[참고]**
> ■ 검사내용
> ① 자동 교체식 조정기는 정상 작동되는가를 검사한다.
> ② 조정기의 폐쇄압력은 수주 350[mm] 이하일 것.
> ③ 일반 가정용인 경우 조정기의 조정압력은 연소기 사용시 연소기 입구 압력이 200~300[mmH$_2$O] 범위일 것.
> ④ 연소기의 연소상태는 정상일 것.

(2) 중규모설비

LP가스를 자동교체식 조정기를 통해서 2호 이상 69호 이하의 일반 소비자에 집단 공급 방식을 이용하여 공급하는 설비

① 용기설치 본수의 설계

㉮ 최대소비수량 : 평균가스소비량×소비자호수×평균가스소비율

㉯ 피크시의 평균가스소비량[kg/h] : 1호당의 평균가스 소비량×호수×피크시의 가스 평균 소비율

㉰ 필요 최저용기 개수

$$= \frac{\text{피크시의 평균가스 소비량 [kg/h]}}{\text{피크시 용기가스 발생능력 [kg/h]}}$$

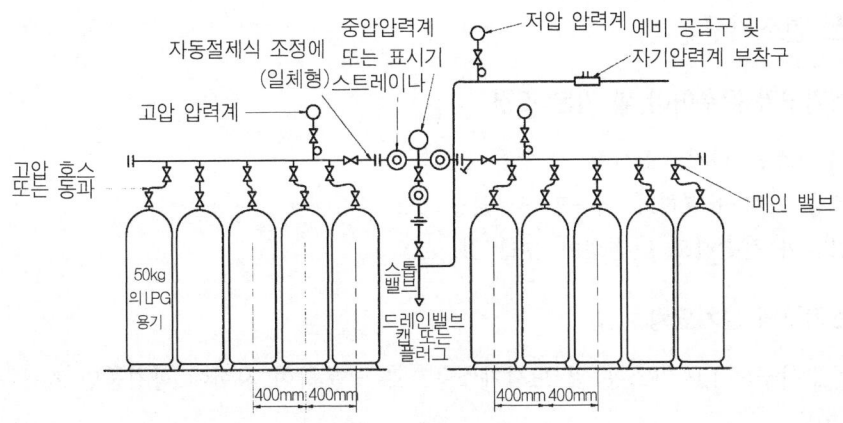

◘ 고압집합장치에 의한 중규모 공급설비의 예

㉣ 2일분의 용기 개수

$$= \frac{1호당 1일의 평균가스소비량 [kg/day \cdot 호] \times 2일 \times 호수}{용기의 질량(크기)}$$

㉤ 표준용기 설치 개수

= 필요 최저용기 개수 + 2일분 충당용기 개수

㉥ 2열의 합계용기 개수 = 표준용기설치 개수 × 2

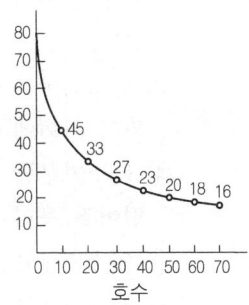

② 중규모 설비의 검사

중·고압의 완성검사(내압시험, 기밀시험, 누설시험, 가스치환, 기능검사)를 실시한다.

㉮ 내압시험
 ㉠ 물에 의해 2.6[MPa] 이상의 압력을 가해 파괴 등 이상이 없음을 확인할 것.
 ㉡ 내압시험은 집합장치를 조립하기 전에 실시한다.
 ㉢ 내압시험에 사용되는 압력계의 최고 눈금은 시험압력의 1.5배 이상 2배의 범위 내에 있는 것을 사용할 것.

㉯ 기밀시험
 ㉠ 중압배관
  ⓐ 기밀압력은 0.15[MPa] 이상으로 가압한다.
  ⓑ 시험기간은 해당배관의 총용량 50[l] 초과 1[m^3] 미만은 24분, 1[m^3] 이상 10[m^3] 미만은 240분 실시
 ㉡ 고압배관
  ⓐ 시험압력은 1.56[MPa] 이상으로 가압한다.
  ⓑ 시험시간은 5분 이상에서 누설이 없을 것.

11. LP가스 연소기구

(1) 연소기구가 갖추어야 할 기본 조건

① LP가스를 완전연소시킬 수 있을 것.
② 열을 가장 유효하게 이용할 수 있을 것.
③ 취급이 간편하고 안전성이 높을 것.

(2) 연소기구의 설치요령

① 연소기구는 LP 가스용 및 도시가스용으로 구분하여 시험에 합격품인 것을 사용, 설치한다.
② 연소기구 전부의 LP 가스 소비량이 공급설비(용기, 조정기 용량, 배관지름 등)의 공급능력 이하이어야 하며, 공급능력을 초과하는 경우는 공급설비의 변경공사를 해야 한다.
③ 연소기구를 설치하는 장소의 주위는 방화상 안전한 재료 구조이어야 하고, 연소기구와의 사이에 안전한 거리를 유지하며, 특히 커튼에 주의해야 한다.
④ 연소기구는 진동 등에 의한 충격, 낙하의 우려가 없고, 또 가연성의 물질이 기구상에 떨어질 우려가 없는 장소에 설치한다.
⑤ 연소기구는 흡·배기를 충분히 할 수 있는 장소에 설치한다.]
⑥ 연소기구는 가연성가스가 체류할 염려가 있는 장소, 부식성 물질, 폐수, 풍우(옥외용에 설계되는 것을 제외한다), 먼지 등이 노출되는 장소에 설치하지 아니한다.
⑦ 연소기구는 사람의 동작, 문의 개폐 등에 장애가 되는 장소에 설치하지 아니한다.
⑧ 연소기구는 사람의 동작, 문의 개폐로 인한 바람 등에 의하여 버너의 불이 꺼지지 않는 장소에 설치한다.
⑨ 연소기구는 말단 콕, 전기 스위치, 콘센트 등 기타 설비의 악영향을 미치는 장소에 설치하지 아니한다.
⑩ 가스 보일러 등의 연소기구와 냉방 또는 냉동설비를 병설하는 장소는 1[m] 이상의 거리를 확보하여야 하며, 1[m] 이상으로 되지 않는 장소는 불연성의 벽을 설치하던가 또는 별실에 각각 설치한다.

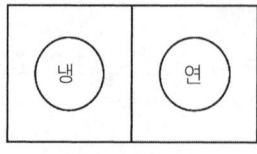
냉 : 냉동설비의 고압부분
연 : 연소기구
🔺 별실에서의 설치예

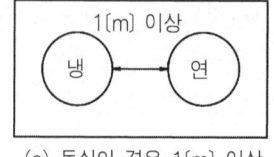
(a) 동실의 경우 1[m] 이상의 거리를 확보할 것.

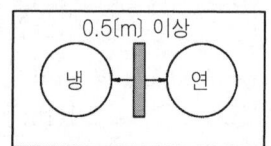
(b) 동실에서 격벽만 설치한 경우 0.5[m] 이상의 거리를 확보할 것.

🔺 동실에서의 설치 예

⑪ 연소기구의 주위는 항상 정리 정돈하여야 하며, 연료 및 기타의 가연성 물질을 방치하지 아니한다.
⑫ 연소기구는 고장 또는 파손된 것을 사용하지 아니한다.
⑬ 연소기구는 점검, 수리가 용이한 장소에 설치한다.
⑭ 밀폐 연소용(BF, FF형) 및 옥외용에 설계되는 연소기구의 설치는 제조회사에서 지정하는 방법으로 한다.
⑮ 연소기구는 기구에 첨부된 설명서에 기재되어 있는 사항을 준수하여 설치한다.
⑯ 연소기구 설치 후 점화시 기구사용법, 연소상의 문제점 등을 열거하여 보안상 필요한 사항을 소비자에게 충분히 설명한다.

(3) 연소방법

① **분젠식(Busen type) 연소법** : 가스를 노즐로부터 분출시켜 이 때 운동 에너지에 의해 공기 구멍에 연소에 필요한 공기(1차공기) 일부분을 흡입하고 연소불꽃 주위에서 확산에 의한 공기(2차공기)를 취해서 연소시키는 방법으로 일반가스기구, 온수기, 가스렌지 등에 널리 이용된다.

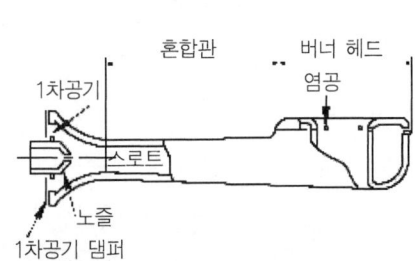

◘ 분젠식 버너의 주요부의 명칭

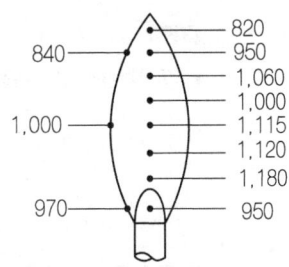

◘ 분젠식 불꽃의 온도(제조가스)

> **■ 분젠식 연소법의 특징**
> ① 연소실이 작아도 된다.
> ② 연소속도가 빠르고, 화염온도가 높다(제조가스는 1,200[℃], 천연가스는 1,800[℃] 정도).
> ③ 댐퍼의 조절이 필요하다.
> ④ 리프팅(선화) 현상과 소음이 발생된다.

② **세미 분젠식(Semi Bunsen) 연소법** : 분젠식과 적화식의 중간 형태의 연소법으로, 미리 1차 공기량을 제한하여 내염과 외염의 구별이 분명하지 않으며 역화의 우려가 없어 대용량의 연소실에서 가스를 연소시킬 때 파일럿 버너, 소형 온수기 등에 사용되고 있다.

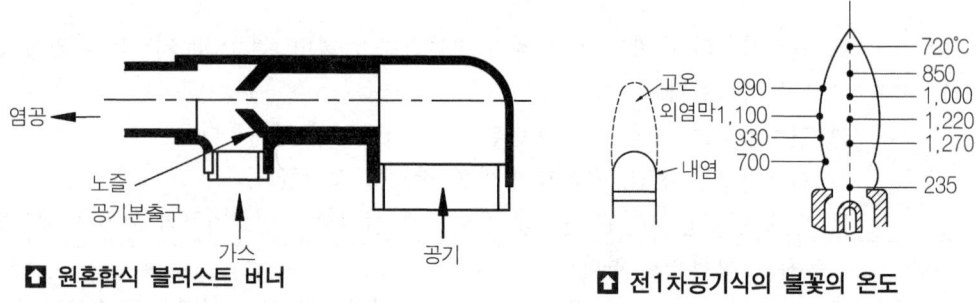

▲ 원혼합식 블러스트 버너   ▲ 전1차공기식의 불꽃의 온도

> **참고**
> ■ 세미 분젠식 연소법의 특징
> ① 역화의 우려가 없다.
> ② 불꽃의 색은 청색으로 1,000[℃] 정도이다.
> ③ 고온을 요구하는 곳에서는 적합하지 않다.

③ 적화식 연소법 : 가스를 그대로 대기 중에 분출하여 연소시키는 방법으로 연소에 필요한 공기는 모두 불꽃의 주변에서 확산에 의하여 취해진다. 일반적으로 연소반응이 완만하여 그 불꽃은 길게 늘어져 적황색으로 되며 불꽃의 온도도 비교적 저온이다.

> **참고**
> ■ 적화식 연소법의 특징
> ① 역화현상이 거의 없다.
> ② 가스압력이 낮은 곳에서도 사용할 수 있다.
> ③ 자동온도조절장치 사용이 용이하다.
> ④ 국부가열에 부적당하므로 연소실을 넓게 잡을 필요가 있다.
> ⑤ 불꽃의 온도가 낮다(적황색으로 900[℃] 정도)

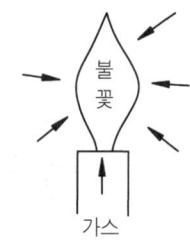

▲ 적화식 연소방식

(4) 연소의 이상현상

① 선화(lifting) : 가스의 유출속도가 연소속도에 비해 크게 되었을 때 불꽃이 염공(불꽃구멍)에 접하여 연소되지 않고 염공을 떠나 공중에서 연소되는 현상이다.

> **참고**
> ■ 선화의 원인
> ① 버너의 염공에 먼지 등이 끼어 염공이 작게 된 경우
> ② 가스의 공급압력이 너무 높은 경우
> ③ 노즐의 구경이 너무 작은 경우
> ④ 연소가스의 배기불충분이나 환기의 불충분시
> ⑤ 공기조절장치(damper)를 너무 많이 열었을 경우

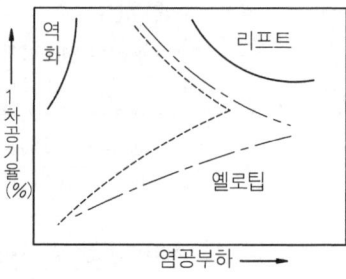

▲ 가스의 종류에 따른 연소특성그림

② 역화(back fire) : 가스의 연소속도가 유출속도에 비해 크게 되었을 때 불꽃이 염공에서 연소기 내부로 침입하는 현상이다.

> [참고]
> ■ 역화의 원인
> ① 부식에 의해 염공이 크게 되었을 때
> ② 노즐의 구경이 너무 큰 경우
> ③ 콕에 먼지나 이물질이 부착되었을 때
> ④ 가스의 압력이 너무 낮을 때
> ⑤ 콕이 충분히 열리지 않았을 경우
> ⑥ 가스렌지 위에 큰 남비 등을 올려서 장시간 사용할 경우

③ 블로 오프(bolw off) : 불꽃의 주위, 특히 불꽃의 기저부에 대한 공기의 움직임이 세어지면 불꽃이 노즐에서 정착하지 않고 떨어지게 되어 꺼져 버리는 현상을 말하며, 이것은 다른 요인에 의한 것이므로 선화와 구별된다.

④ 불완전 연소 : 연소 생성물 중의 가연성분이 산화반응을 완전히 완료하지 않으므로 일산화탄소, 그을음 등이 생기는 것과 같은 상태를 말하며, 그 원인으로는 공기의 공급이 부족할 때, 연소폐가스의 배출이 불량할 때, 과대한 가스량이 공급될 때, 프레임의 냉각시, 가스의 조성이 맞지 않을 때, 가스기구 및 연소기구가 맞지 않을 때 발생된다.

(5) 급배기 방식에 따른 연소기구의 분류

① 개방형 연소기구 : 실내의 공기를 흡입하여 연소를 지속하고 또한 연소에 의해 발생하는 폐가스를 직접 실내에 방출하는 것으로 보통 가스난로나 석유난로, 조리용 가스렌지, 소형 순가 온수기 등이 여기에 속한다.

② 반밀폐형 연소기구 : 실내에서 연소용의 공기를 흡입하여 폐가스를 배기통에 의해 옥외로 배출하는 것으로 가스온수기나 소형 가스보일러 등이 이 형에 속한다.

③ 밀폐형 연소기구 : 연소에 필요한 공기를 옥외에서 흡입하고 폐가스도 옥외로 배출하도록 되어 있는 것으로 연소기구의 내부는 실내에서 완전히 격리되어 밀폐되어 있는 것이다. 이 형식의 경우는 폐가스가 실내에 누설되지 않도록 주의해야 하며 대형 온수기나 대형 가스보일러가 이 형에 속한다.

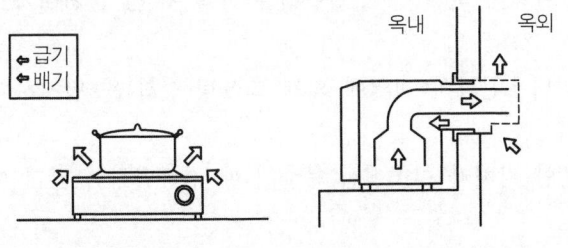
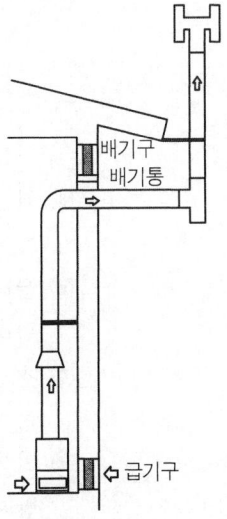

(a) 개방형 연소기구　　(b) 밀폐형 연소기구　　(c) 반밀폐형 연소기구

■ 급배기 방식에 따른 연소기구의 예

(6) 연소장치

① 버너(burner) : 연소장치는 가스기구에 있어서 가장 중요한 부분으로 버너, 노즐, 공기조절기 등으로 구성되어 있는데 가스를 연소시키는 부분을 버너라 한다.

㉮ 메인 버너(main burner)

㉠ 버너 모양에 따른 분류

ⓐ 링 버너 : 버너 헤드의 모양이 링으로 되어 있으며 렌지, 밥솥 등 가장 일반적으로 사용된다.

ⓑ 파이프 버너 : 버너 헤드가 파이프 모양으로 된 것으로 스케레톤식 난로에 사용된다.

ⓒ 익형 버너 : 내열강판(스테인레스강판 등)으로 익형을 만든 것으로 순간온수기 등에 사용한다.

ⓓ 윤켈 버너 : 링 버너의 일종으로 버너 상부에 뚜껑이 있어 떼어낼 수 있도록 한 구조로서 렌지나 가스테이블 등에 사용된다.

ⓔ 플레어 버너 : 익형 버너를 꽃모양으로 제작한 것으로 한 개의 노즐과 버너로 여러 가지의 익형 버너 역할을 담당할 수 있으며 순간온수기용으로 사용된다.

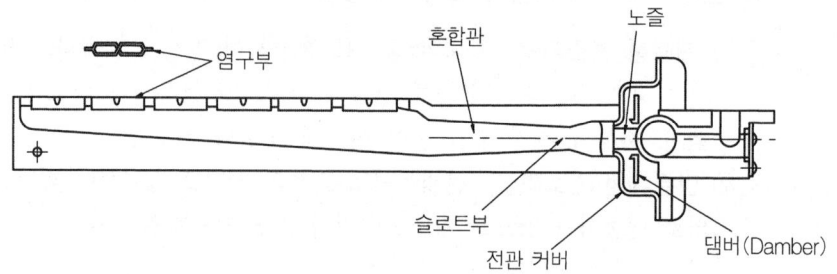

🔼 메인 버너의 구조도

㉡ 염구모양에 따른 분류

ⓐ 원공(圓孔) 버너 : 록을 들어올려 역화를 방지하고 2차 공기의 공급을 좋게 만든 구조의 버너

ⓑ 슬리트 버너 : 원공에 비해 큰 화염면적을 만들 수 있고 천연가스나 LPG용에 편리하다.

ⓒ 철망식 염공버너 : 철망의 적열에 의해 리프팅(선화)을 방지하며 순간온수기 등에 사용된다.

ⓓ 리본 버너 : 혼합 기체가 이곳에서 분출될 때 접촉면적이 많기 때문에 역화가 방지된다

㉯ 파일럿 버너(pilot burner) : 기구에 부착된 조그만 버너로서 메인 버너에 점화하기 위한 점화용 버너이다.

② 노즐(Nozzle) : 노즐은 일정량의 가스를 버너로 보내고 1차 공기를 흡입하는 구동력을 준다.

▣ 노즐의 종류와 용도

종류	모양	용도
평 노즐		LPG 등, 1차 공기를 다량으로 필요로 하는 버너에 사용된다.
튀어난 노즐		1차 공기를 제한할 때, 또는 역화 방지에 사용된다.
감속 노즐		저열량 특히 1차 공기를 제한 할 때에 사용된다.
매립 노즐		열변화 작업을 쉽게하기 위하여 사용된다. 그 외 비교적 가공보다 가스유량이 확보하기 쉬운 특징이 있다.

③ 가스 밸브 개폐장치

㉮ 관련 콕식 : 가스 밸브(gas valve)가 열림과 동시에 물 밸브(water valve)를 기계적으로 연동시켜서 열리게 하는 방법으로 가장 간단하다. 이 방법은 낮은 수압에서도 사용이 가능하나 단수시에도 가스가 연소되는 결점을 가지고 있다. 따라서 항상 물을 통수 시켜 가스 밸브를 열게끔 물, 가스 양쪽 밸브의 개도를 관련시키고 있다.

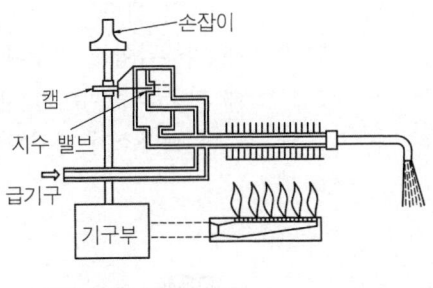

▲ 관련 콕크식

㉯ 원지식(냉수조절식) : 다이어프램이 부착된 수실의 한 쪽을 급수관에 연결하여 급수의 압력에 의한 다이어프램의 변위를 가스 밸브에 전달하여 개폐하는 것을 말하며, 수압이 걸리면 가스가 통하므로 물 밸브가 이 부분보다 앞에 있으면 수류에 관계없이 가스 밸브가 열린다. 물 밸브가 급수측에 있기 때문에 냉수조절식이라고 하는 것이며 소형 온수기 등에 사용된다.

㉰ 선지식(온수조절식) : 수류 중에 오리피스(orifice)를 만들어 다이어프램이 들어 있는 다이어프램실의 한 쪽을 그 앞에(고압측), 다른 한 쪽은 통과후 지점에 연결되어 있다. 수류에 의한 오리피스 전후의 압력차가 다이어프램의 양쪽에 생겨서 압력이

낮은 오리피스의 출구쪽(저압측)의 방향으로 밀린다. 이 변위가 가스 밸브에 전달되어 밸브가 열린다. 수류가 정지하면 오리피스 전후의 압력차가 없어지게 되어 가스밸브는 스프링의 힘으로 닫힌다. 즉, 기구의 2차측에 설치한 온수용 밸브용 개폐에 의하여 가스가 흐르고 멈추게 되는데 이것을 선지식(온수조절식)이라 한다.

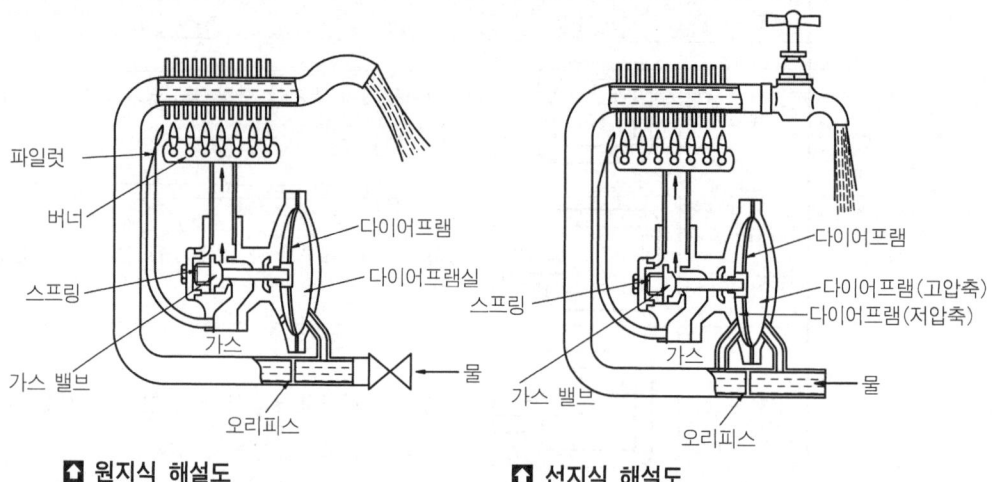

◘ 원지식 해설도　　◘ 선지식 해설도

(7) 연통

① **연통의 재질** : 배기탑(top) 및 연통의 재료는 불연성 및 내열성, 내식성의 것으로 한다.

② **1차 연통, 역풍막이의 위치 및 구조**
　㉮ 1차 연통은 기구의 일부분이므로 짧게 하고 구부려서는 안 된다.
　㉯ 역풍막이는 기구와 동일한 장소에 있어야 한다.
　㉰ 기구 역풍막이가 붙어 있는 경우는 그 위치를 바꾸거나 폐가스가 빠져나가는 구멍을 막으면 안 된다.

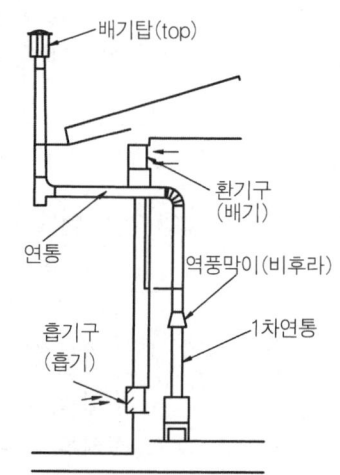

> [참고]
> 이 방식은 반밀폐형 기구의 기본적인 설치방법으로 한식 및 양식 단독주택이나 소규모의 집합주택(20평 이하의 연립주택) 등에 적용하는 것이 타당하다.

③ **연통의 구경** : 연통의 구경은 기구의 연결부분 구경보다 축소하지 않아야 한다.

④ **연통의 높이**
　㉮ 연통의 높이는 다음 식으로 구한값 이상으로 한다.

$$h = \frac{0.5 + 0.4n + 0.1[l]}{\left(\dfrac{A_v}{6H \times 10^{-7}}\right)^2 - 0.1}$$

또는, $h = 1.4 + 0.5(n-2) + 0.2[l]$

h : 연통의 높이[m], 역풍막이의 개구부의 중심으로부터 배기 top 개구부 중심까지
A_v : 연통의 유효단면적[cm2]
H : 가스 기구의 input[kcal/h]
n : 굴곡부의 수[개]
L : 연통 수평부의 길이[m]
l : 연통의 길이[m]

▶ 연통 구경의 일반예

가스소비량[kcal/h]	연통의 구경[mm]
9,600 이하	80
11,000	90
13,500	100
16,000	110
19,000	120
23,000	130
26,000	140
36,000	160
47,000	180
60,000	200

㉯ 연통 수평부의 길이는 5[m] 이하로 한다.

㉰ 굴곡부의 수(n)는 4개소 이하로 한다.

㉱ 높이(H)가 10[m]를 초과할 때에는 보온조치를 한다.

⑤ 연통의 위치 및 구조

㉮ 연통은 굴곡을 될 수 있는대로 작게 하고 그의 끝을 옥외로 내놓는다.

㉯ 연통의 수평부분은 될 수 있는대로 짧게하고, 중간부분은 아래로 경사지게 한다.

㉰ 역풍 막이, 수직부의 높이를 될 수 있는대로 길게 한다.

㉱ 지중, 풍압, 적설하중, 진동 등에 충분히 견딜 수 있도록 견고하게 설치한다.

㉲ 내부 청소를 할 수 있도록 청소구멍을 만든다.

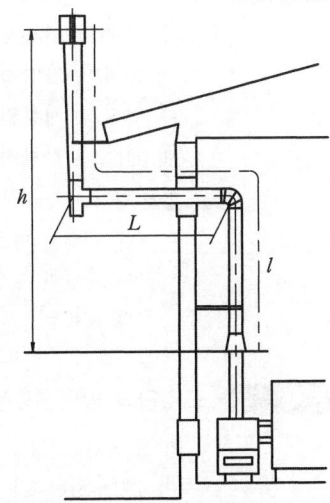

제 3 장 가스설비 예상문제

제2편 고압가스장치 및 기기
고압장치 | 저온장치 | 가스설비 | 측정기기 및 가스분석

문제 1 LPG의 일반적인 특성이 아닌 것은?

㉮ LPG는 공기보다 무겁다.
㉯ 1기압 상태에서 C_3H_8은 $-42.1[°C]$ 이하에서는 액체상태이다.
㉰ 액체시에는 물보다 무겁다.
㉱ 비교적 액화, 기화가 용이하다.

해설 C_3H_8의 액비중 : 0.508
C_4H_{10}의 액비중 : 0.58

문제 2 LPG의 연소 특성으로 거리가 먼 것은?

㉮ 발열량이 크다.
㉯ 연소시 다량의 공기가 필요하다.
㉰ LP가스가 완전 연소하면 물과 탄산가스가 생성된다.
㉱ 착화온도가 낮다.

해설 연소특성
① 착화온도가 높다.
② 연소속도가 느리다.
③ 폭발범위가 좁다.

문제 3 LPG와 도시가스를 비교한 설명 중 LP가스의 장점이 아닌 것은?

㉮ 작은 관지름으로 많은 양의 공급이 가능하다.
㉯ 특별한 가압장치가 필요치 않다.
㉰ 입지적 제한없이 공급이 가능하다.
㉱ 연소 공기량이 많지 않아도 된다.

해설 단점
① 다량의 연소용 공기필요(C_3H_8은 약 24배, 부탄은 31배, 도시가스는 10배 정도)
② 부탄의 경우 재액화 우려
③ 예비용기 확보 필요

문제 4 프로판의 발화온도는?

㉮ 615~682[°C]   ㉯ 460~520[°C]
㉰ 430~510[°C]   ㉱ 210~300[°C]

해설 ㉮는 메탄, ㉰는 부탄, ㉱는 휘발유

해답 1. ㉰ 2. ㉱ 3. ㉱ 4. ㉯

문제 5 LP가스를 자동차 연료로 사용시 장점이 아닌 것은?
- ㉮ 대기오염 성분이 적다.
- ㉯ 완전 연소가 가능하고 발열량이 높다.
- ㉰ 급속한 가속이 가능하다.
- ㉱ 엔진의 수명이 연장된다.

문제 6 LP가스 수송관의 연결부에 사용되는 패킹으로 가장 적합한 것은?
- ㉮ 종이
- ㉯ 천연고무
- ㉰ 실리콘고무
- ㉱ 구리

문제 7 다음은 LP가스용 저압배관의 완성검사방법 중 ( ) 속에 들어갈 수치는?

> 기밀시험은 불연성가스로 실시하되, 8.4~10[kPa]의 압력으로 가스미터로는 ( )분간 이상, 자기압력계는 ( )분간 이상 실시하여야 한다.

- ㉮ 10, 24
- ㉯ 5, 24
- ㉰ 5, 10
- ㉱ 3, 10

문제 8 다음 중 LP가스의 수송방법이 아닌 것은?
- ㉮ 용기에 의한 방법
- ㉯ 탱크로리에 의한 방법
- ㉰ 파이프 라인에 의한 방법
- ㉱ 압축기에 의한 방법

[해설] ㉮, ㉯, ㉰외에 철도차량 및 유조선에 의한 수송.

문제 9 LP가스를 공급하는 곳에 가보니 파이프가 보온되어 있다. 다음 어떤 가스를 공급하는 곳인가?
- ㉮ 생가스 공급
- ㉯ 공기 혼합가스 공급
- ㉰ 변성가스 공급
- ㉱ 개질가스 공급

문제 10 LP가스에 공기를 희석시키는 목적이 아닌 것은?
- ㉮ 재액화 촉진
- ㉯ 발열량 조절
- ㉰ 연소효율 증대
- ㉱ 누설시의 손실 감소

문제 11 다음 중 역화의 원인이 아닌 것은?
- ㉮ 염공이 커진 경우
- ㉯ 노즐 구경이 너무 큰 경우
- ㉰ 가스의 공급압이 과대한 경우
- ㉱ 가스압력이 작아진 경우

[해답] 5. ㉰ 6. ㉰ 7. ㉯ 8. ㉱ 9. ㉮ 10. ㉮ 11. ㉯

문제 12 LPG의 불완전 연소 원인이 아닌 것은?
　　　㉮ 프레임 냉각　　　　　　　　㉯ 공기량 부족
　　　㉰ 환기 불충분　　　　　　　　㉱ 가스의 조성이 맞을 경우
　　해설 ㉮, ㉯, ㉰ 외에
　　　　① 배기 불충분
　　　　② 가스 조성이 맞지 않을 때
　　　　③ 가스기구 및 연소기구가 맞지 않을 때

문제 13 탱크로리에서 저장 탱크로 액화석유가스를 이송하는 방법이 아닌 것은?
　　　㉮ 액화가스용기에 의한 방법　　㉯ 탱크의 자체 압력에 의한 방법
　　　㉰ 압축기를 이용하는 방법　　　㉱ 펌프에 의한 방법
　　해설 ① 차압방식
　　　　② 펌프 이용방식
　　　　③ 압축기 방식

문제 14 일반 수용가에서 가장 널리 사용되는 조정기는?
　　　㉮ 단단 감압식 저압 조정기　　　㉯ 단단 감압식 준저압 조정기
　　　㉰ 자동 교체식 분리형 조정기　　㉱ 2단 감압 1차 조정기

문제 15 단단 감압식 저압 조정기에서 연소기까지의 압력손실은 얼마 이하이어야 하는가?
　　　㉮ 0.1[kPa]　　　　　　　　㉯ 0.15[kPa]
　　　㉰ 0.3[kPa]　　　　　　　　㉱ 0.4[kPa]

문제 16 다음 중 가스미터의 구비조건이 아닌 것은?
　　　㉮ 가스의 사용 최소 유량에 적합한 계량 능력일 것.
　　　㉯ 사용 중 기기의 오차변화가 없고 정확하게 계량될 수 있을 것.
　　　㉰ 내압, 내열성 및 가스의 기밀성, 내구성이 우수할 것.
　　　㉱ 부착이 간단하고 유지 관리가 용이할 것.

문제 17 습식 가스미터에 대한 설명으로 잘못된 것은?
　　　㉮ 계량이 정확하다.　　　　　　㉯ 수위조정 등 관리가 필요하다.
　　　㉰ 일반 가정용에 많이 사용된다.　㉱ 시간당 0.2~300[m³] 정도 계량된다.
　　해설 ① 실험실용
　　　　② 사용 중 기차 변동이 크지 않다.
　　　　③ 설치면적이 비교적 크다.

해답 12. ㉱ 13. ㉮ 14. ㉮ 15. ㉰ 16. ㉮ 17. ㉰

문제 18 가스미터의 기밀시험압력은 얼마인가?

㉮ 10[kPa] 이내 ㉯ 8.4~10[kPa] 이내
㉰ 4.2~5.5[kPa] 이내 ㉱ 4.2[kPa] 이내

문제 19 어떤 식당에서 1시간당 0.4[kg]을 소비하는데 5시간동안 계속 사용하고 테이블 수가 8대였다면 필요 최저용기 본수는?(단, 잔액이 20[%]일 때 교환하고 최저 0[℃]에서 용기 1본의 가스 발생능력은 850[g/hr]이다.)

㉮ 4개 ㉯ 3.77개 ㉰ 5개 ㉱ 4.77개

해설 전체 사용량은
0.4[kg/hr]×8=3.2[kg/hr]
발생능력은 0.85[kg/hr]

용기수 = $\frac{3.2}{0.85}$ = 3.77 ≒ 4개

문제 20 LPG의 연소방식 중 모두 연소용 공기를 2차 공기로만 취하는 방식은?

㉮ 적화식 ㉯ 분젠식
㉰ 세미 분젠식 ㉱ 전1차 공기식

해설 ① 분젠식 : 1차 및 2차 공기 취함
② 세미분젠식 : 적화식과 분젠식의 중간형태
③ 전1차 공기식 : 2차 공기를 취하지 않고 모두 1차 공기로 취함.

문제 21 LPG 공급시설에서 소규모 집단 공급시설이란 용기 개수가 몇 개 이상 설치되어 있는 것을 말하는가?

㉮ 1개 ㉯ 2~10개
㉰ 11~69개 ㉱ 70개 이상

해설 ㉮는 가정용, ㉰는 중규모 공급설비

문제 22 액화석유가스 사용시설의 저압부분의 배관은 몇 [kg/cm²] 이상의 압력으로 하는 내압시험에 합격한 것이어야 하는가?

㉮ 0.8[MPa] 이상 ㉯ 2.6[MPa] 이상
㉰ 1.5[MPa] 이상 ㉱ 0.3[MPa] 이상

문제 23 분젠식 연소법의 특징이 아닌 것은?

㉮ 연소실이 작아도 된다.
㉯ 연소속도가 빠르고 화염온도가 높다.
㉰ 댐퍼의 조절이 불필요하다.
㉱ 리프팅 현상과 소음이 발생된다.

해답 18. ㉰ 19. ㉮ 20. ㉮ 21. ㉯ 22. ㉮ 23. ㉰

문제 24 급배기 방식에 따른 연소기구 중 실내에서 연소용 공기를 흡입하여 폐가스를 옥외로 배출하는 형식은?

㉮ 개방형   ㉯ 반밀폐형
㉰ 밀폐형   ㉱ 옥외방출형

문제 25 가정용 LP가스 용기에서 LP가스 누설시의 조치 사항을 순서대로 나열한 것은?

[보기] ① 창문을 열어 통풍시킨다.
② 중간 밸브를 닫는다.
③ 판매점에 연락한다.
④ 용기 밸브를 닫는다.

㉮ ①-②-③-④   ㉯ ④-②-①-③
㉰ ④-②-③-①   ㉱ ①-④-②-③

문제 26 LP가스 연소기구가 갖추어야 할 구비조건이 아닌 것은?

㉮ 전가스 소비량 및 각 버너의 가스 소비량은 표시값의 ±20[%] 이내이어야 한다.
㉯ 가스를 완전 연소시킬 수 있어야 한다.
㉰ 열을 가장 유효하게 이용할 수 있어야 한다.
㉱ 취급이 간단하고 안전성이 높아야 한다.

해설 전가스 소비량 및 각 버너의 가스 소비량은 표시값의 ±10[%] 이내이어야 한다.

문제 27 선화의 원인이 아닌 것은?

㉮ 염공이 작아진 경우
㉯ 노즐 구경이 작은 경우
㉰ 가스압(가스량)의 과소 및 1차 공기량이 적은 경우
㉱ 연소가스의 배기 불충분

문제 28 다음 설명 중 잘못된 것은?

㉮ 막식 가스미터의 사용공차는 ±4[%] 이내이어야 한다.
㉯ 검정공차는 유량이 20~80[%]시에는 ±1.5[%] 이내이어야 한다.
㉰ 막식 가스미터에서 MAX 1.5[m³/h]의 표시는 계량식 1주기 부피가 1.5[m³]라는 의미이다.
㉱ 가정용 막식 가스미터의 감도유량은 3[l/h]이다.

해설 ① MAX 1.5[m³/h] : 시간당 계량할 수 있는 최대량
② 0.5[l/rev] : 계량실 1주기 부피가 0.5[l]
③ 검정공차 : 유량 20~80[%]시에는 ±1.5[%] 이하
④ 유량 20[%] 이하, 80[%] 이상은 ±2.5[%] 이하

해답 24. ㉯ 25. ㉯ 26. ㉮ 27. ㉰ 28. ㉰

문제 29 펌프를 사용시 압축기보다 나쁜점이 아닌 것은?

㉮ 충전시간이 길다.
㉯ 베이퍼록 등으로 운전상 지장이 일어나기 쉽다.
㉰ 베이퍼록 현상이 생기지 않는다.
㉱ 잔가스의 회수가 어렵다.

해설 압축기 방식의 장점
① 이·충전시간이 짧다.
② 베이퍼록의 우려가 없다.
③ 잔가스의 회수가 가능하다.
④ 사방 밸브를 이용하여 간단히 압축방법을 바꿀 수 있다.

문제 30 조정기의 사용목적은?

㉮ 유량조절
㉯ 가스의 유출압력조절
㉰ 발열량조절
㉱ 가스의 유속조절

문제 31 가정용 LP가스 연소기 입구측 압력은?

㉮ 2.8~3.8[kPa]
㉯ 2.3~3.0[kPa]
㉰ 2.0~3.0[kPa]
㉱ 2.0~3.3[kPa]

문제 32 단단 감압식 저압 조정기의 조정압력은?

㉮ 2.8±5.0[kPa]
㉯ 2.2~3.3[kPa]
㉰ 5.5[kPa]
㉱ 4.2[kPa]

해설 ① 입구압력 : 15.6~0.7[kg/cm²]
② 폐쇄압력 : 350[mmAq]
③ 안전 밸브 작동압력 : 700±140[mmAq]

문제 33 LPG 준저압 조정기의 출구압은 얼마로 조정하여야 하나?

㉮ 0.0~0.07[MPa]
㉯ 0.5~0.04[MPa]
㉰ 5~30[kPa]
㉱ 3.0±1.4[kPa]

문제 34 단단 감압식 저압 조정기의 출구측 내압시험 압력은?

㉮ 3[MPa]
㉯ 0.3[MPa]
㉰ 0.2[MPa]
㉱ 1.56[MPa]

해설 ① 내압시험압력 출구 : 0.3[MPa]
입구 : 3zs[MPa]
② 기밀시험압력 출구 : 5.5[kPa]
입구 : 1.56[MPa]

해답 29. ㉰ 30. ㉯ 31. ㉱ 32. ㉮ 33. ㉰ 34. ㉯

문제 35 저압조정기 안전장치 작동개시 압력은?
㉮ 7±1.4[kPa] ㉯ 350±50[kPa]
㉰ 2.8±5.0[kPa] ㉱ 5±2[kPa]

문제 36 압력 조정기의 종류에 따른 조정압력 범위가 틀린 것은?
㉮ 단단감압식 조정기 : 2.3~3.0[kPa]
㉯ 단단감압식 준저압용 조정기 : 5.0~30[kPa]
㉰ 이단감압식 일차용 조정기 : 0.057~0.083[MPa]
㉱ 이단감압식 이차용 조정기 : 0.025~0.35[MPa]

해설 이단감압식 이차용 조정기의 조정압력은 2.30~3.3[kPa]이며, 자동 절체식 분리형 조정기의 조정압력은 0.032~0.083[MPa]이다.

문제 37 다음 중 일단 감압방식의 특징이 아닌 것은?
㉮ 장치가 간단하다. ㉯ 조작이 간단하다.
㉰ 배관이 일반적으로 굵어야 한다. ㉱ 정확한 압력 조정이 이루어진다.

문제 38 LPG 2단 감압 조정기의 장점이 아닌 것은?
㉮ 공급압력이 안정하다. ㉯ 중간 배관이 가늘어도 된다.
㉰ 장치가 간단하다. ㉱ 최종압력이 변함없다.

해설 ① 2단 감압의 장점
㉮, ㉯, ㉱ 외에
각 연소기구에 알맞은 압력으로 공급가능
② 2단 감압의 단점
㉠ 설비복잡 ㉡ 조정기가 많이 든다.
㉢ 재액화 우려 ㉣ 검사방법 복잡

문제 39 자동교체식 조정기가 수동식 조정기에 비해 좋은점이 아닌 것은?
㉮ 전체 용기수량이 수동교체식의 경우보다 많아도 된다.
㉯ 용기 교환주기의 폭을 넓힐 수 있다.
㉰ 분리형을 사용하면 단단 감압식 조정기의 경우보다 배관의 압력손실을 크게 해도 된다.
㉱ 잔액이 거의 없어질 때까지 사용이 가능하다.

문제 40 루츠식 가스미터는 소유량시 부동의 우려가 있는데 보통 얼마 이하시에 나타나는가?
㉮ 0.5[m³/hr] ㉯ 1[m³/hr]
㉰ 3[m³/hr] ㉱ 5[m³/hr]

해답 35. ㉮ 36. ㉱ 37. ㉱ 38. ㉰ 39. ㉮ 40. ㉮

문제 41 회전자식 가스미터의 특징에 속하지 않는 사항은?

㉮ 용량범위는 1.5~200[m³/hr]이다.
㉯ 설치면적이 적고 대유량가스의 측정에 적합하다.
㉰ 중압가스의 계량이 가능하다.
㉱ 적은 유량에는 계량되지 않을 우려가 있다.

해설 용량범위는 100~5,000[m³/hr]

문제 42 가스미터의 구비조건으로 잘못된 것은?

㉮ 내구성이 클 것.
㉯ 구조가 간단하고 수리가 용이할 것.
㉰ 감도가 예민하고 압력 손실이 작을 것.
㉱ 형상이 크고 탈착이 용이할 것.

해설 ① 고장이 없을 것.
② 검침이 용이할 것.
③ 형상이 적고 탈착이 용이할 것.

문제 43 가스미터 설치시 주의사항이 아닌 것은?

㉮ 가능한 입상배관은 피할 것.
㉯ 가스미터를 배관에 연결시 무리한 힘을 가하지 말 것.
㉰ 소중이 다룰 것.
㉱ 가능한 수평배관은 피할 것.

문제 44 가스미터(gas meter) 선정시의 주의사항이 아닌 것은?

㉮ 액화가스 전용의 것일 것.
㉯ 용량에 적합한 것일 것.
㉰ 계량법에 정한 유효기간 내의 것일 것.
㉱ 가스미터에 의한 압력 손실이 적을 것.

해설 용량에 여유가 있어야 하며, 또한 검사가 쉽고 탈착이 용이해야 한다.

문제 45 가스미터에는 실측식과 추측식이 있는데 다음 중 실측식에 속하지 않는 것은?

㉮ 건식   ㉯ 회전식   ㉰ 습식   ㉱ 오리피스식

해설 가스미터 ─ 실측식(직접식) ─ 건식 ─ 막식
                              ├ 회전식 ─ 루츠식
                              └ 습식   오발식
                                            로터리식
              └ 추측식(간접식) ─ 오리피스식
                                  터빈식
                                  선근차식

해답 41. ㉮ 42. ㉱ 43. ㉱ 44. ㉯ 45. ㉱

제 2 편 고압가스장치 및 기기

문제 46 다음 설명 중 잘못된 것은?
㉮ 막식 가스미터는 주로 가정용에 사용된다.
㉯ 루츠식 가스미터의 계량범위는 약 200~3,000[m³/hr] 정도이다.
㉰ 습식 가스미터는 주로 실험실용이다.
㉱ 터빈식은 간접식 가스미터에 속한다.
해설 ㉯는 100~5,000[m³/hr]

문제 47 다음은 가스미터의 설치 기준에 대한 사항이다. 틀린 것은?
㉮ 화기와는 2[m] 이상의 거리를 유지해야 한다.
㉯ 통풍이 양호한 장소에 설치한다.
㉰ 설치 높이는 지면으로부터 1[m] 이상의 높이에 설치한다.
㉱ 직사광선이나 빗물을 받을 우려가 있는 장소에 설치시는 격납상자 내에 설치하고, 격납상자 내에 설치시는 설치높이에 제한을 두지 않는다.

문제 48 다음은 가스미터의 계량에 대한 설명이다. 잘못 설명된 것은?
㉮ 막식 가스미터의 사용공차는 실제 사용량의 ±4[%] 정도이다.
㉯ 계량법상 검정시의 오차는 사용 최대유량의 20~80[%] 범위에서 ±1.5[%]이다.
㉰ MAX 1.5[m³/hr]란 사용 최대 유량이 시간당 1.5[m³/hr]란 뜻이다.
㉱ 0.5[l/rev] 감도유량이 1주기당 0.5[l]란 뜻이다.
해설 0.5[l/rev]란 계량실의 1주기 부피가 0.5[l]라는 뜻이다.

문제 49 LP가스용 배관설비의 완성검사에 속하지 않는 것은?
㉮ 내압시험   ㉯ 기밀시험   ㉰ 가스치환   ㉱ 외관검사
해설 ㉮, ㉯, ㉰ 외에 기능검사

문제 50 LPG를 용기에 충전할 때 $G=\dfrac{V}{C}$이다. 이때 C는 2.35이다. C를 정할 때는 48[°C]에서 용기의 안전공간이 몇 [%]를 기준한 것인가?
㉮ 0[%]   ㉯ 3[%]   ㉰ 5[%]   ㉱ 10[%]

문제 51 LPG를 펌프로 충전할 때 베이퍼록이 발생하면 어떤 장해가 발생하는지 옳지 않은 것은?
㉮ 펌프의 토출량이 감소한다.   ㉯ 펌프의 전력소모가 적어진다.
㉰ 펌프의 진동이 발생한다.   ㉱ 캐비테이션이 일어난다.

문제 52 다음은 펌프에서 발생하는 베이퍼록을 방지하는 방법으로 옳지 않는 것은?
㉮ 펌프의 흡입양정을 작게 한다.

해답 46. ㉯ 47. ㉰ 48. ㉱ 49. ㉱ 50. ㉰ 51. ㉯

㉯ 펌프의 흡입배관 지름을 크게 한다.
㉰ 펌프의 회전수를 증가시킨다.
㉱ 펌프의 흡입액 배관을 냉각시킨다.

문제 53 LPG조정기를 사용하여 2단 감압법으로 가스를 공급하려 한다. 장점이 될 수 없는 것은?
㉮ 공급 압력이 안정하다.
㉯ 중간배관이 가늘어도 지장이 없다.
㉰ 연소기구에 적당한 압력으로 공급된다.
㉱ 재액화의 우려가 있다.

문제 54 자동 교체식 조정기가 수동식 조정기에 비해 좋은 점이 아닌 것은?
㉮ 용기의 수동교체의 수고를 덜어준다.
㉯ 가스공급을 막아준다.
㉰ 잔액을 전부 사용할 수 있다.
㉱ 조정기의 수를 적게 할 수 있다.

문제 55 LPG 기체를 공기 혼합하여 공급처에 공급하면 어떤 잇점이 있는가. 틀린 것은?
㉮ 공급배관에서 가스의 재액화를 방지한다.
㉯ 발열량을 임의로 조절할 수 있다.
㉰ 화염을 임의로 조절할 수 있다.
㉱ 부족한 공기를 보충할 수 있다.

문제 56 다음 중 가스 밸브 개폐장치의 종류가 아닌 것은?
㉮ 원지식   ㉯ 선지식
㉰ 관련 콕식   ㉱ 버너식

문제 57 다음 메인 버너 중 염구모양에 따른 분류가 아닌 것은?
㉮ 원공 버너   ㉯ 슬릿 버너
㉰ 윤켈 버너   ㉱ 리본 버너

해설 이외에도 철망식 염공 버너가 있고 버너 모양에 따른 분류에는 링, 파이프, 익형, 윤켈, 플레어 버너 등이 있다.

문제 58 불꽃의 주위 특히 불꽃의 기저부에 대한 공기의 움직임이 세어지면 불꽃이 노즐에 정착하지 않고 꺼져버리는 현상을 무엇이라 하는가?
㉮ 블로 오프   ㉯ 역화
㉰ 선화   ㉱ 불안전연소

해답 52. ㉰ 53. ㉱ 54. ㉱ 55. ㉰ 56. ㉱ 57. ㉰ 58. ㉮

문제 59 LP가스 용기의 TP은?

㉮ 23[kg/cm²]   ㉯ 26[kg/cm²]
㉰ 15.6[kg/cm²]   ㉱ 20[kg/cm²]

해설 TP는 $FP \times \frac{5}{3}$ 배 이상이므로 $15.6 \times \frac{5}{3} = 26$

문제 60 액화석유가스 용기의 스커트 부착대상은?

㉮ 10~125[*l*] 미만   ㉯ 20~125[*l*] 미만
㉰ 10~25[*l*] 이상   ㉱ 20~125[*l*] 이상

문제 61 가스미터가 작동하는 최소유량이란?

㉮ 검정공차   ㉯ 사용공차
㉰ 검정유량   ㉱ 감도유량

문제 62 조정기에서 말한 폐쇄압력이란?

㉮ 용기로부터 유출되는 고압측 압력
㉯ 조정기로부터 나온 가스유출량
㉰ 가스유출이 정지될 때의 압력
㉱ 사용시 표준이 되는 압력

해설 ㉮는 입구압력 ㉯ 조정기용량 ㉱ 기준압력

문제 63 버너 및 연구기구 설치시 연통수평부의 길이 및 굴곡수는 몇 개소 이하로 하는가?

㉮ 5[m], 4개소   ㉯ 6[m], 3개소
㉰ 10[m], 4개소   ㉱ 3[m], 3개소

해답 59. ㉯ 60. ㉯ 61. ㉱ 62. ㉰ 63. ㉮

3-3. 도시가스설비

1. 도시가스의 원료

- 고체연료 : 석탄, 코크스
- 액체연료 : 나프타, LPG, LNG
- 기체연료 : 천연가스, off 가스(정유가스)

(1) 나프타(Naphtha) : 원유의 상압증류에 의해 얻어지는 비점이 200[°C] 이하의 유분을 말하며, 도시가스, 석유화학, 합성비료의 원료로 널리 사용된다. 나프타의 유분 중 경질의 것을 라이트 나프타(light naphtha), 중질의 것을 헤비 나프타(heavy naphtha)라 한다.(비점으로 구분할 때에는 130[°C]를 기준으로 하고, 비중으로 구분할 때에는 0.67을 기준으로 한다.)

① PONA 값
- P : 파라핀계 탄화수소 → 많은 것이 좋다.
- O : 올레핀계 탄화수소 ┐
- N : 나프텐계 탄화수소 │ → 적은 것이 좋다.
- A : 방향족계 탄화수소 ┘ (∵ 카본석출, 촉매노화로 가스화 효율의 저하)

② 탄소/수소비(C/H Ratio)
- ㉮ 탄소와 수소의 중량비를 C/H로 표시하고 원료의 가스화의 용이함을 평가하는 지수로 사용되고 있다.
- ㉯ C/H가 약 3에 가까운 원료쪽이 가스화가 용이하다.

    (CH_4의 경우 : $\frac{12}{4}=3$, C_4H_{10}는 $\frac{48}{10}=4.8$)

(2) 석탄가스 : 석탄을 저온(600[°C]) 또는 (고온 1,000[°C]) 건류시 발생하는 가스로서 저온잔류시는 CH_4 63[%], H_2 2[%], 발열량 7,500[kcal/m³]의 가스가 발생되며, 고온건류시에는 CH_4 30[%], H_2 40[%], 발열량 5,500[kcal/m³]의 가스가 발생된다.

(3) 액화천연가스(LNG) : 천연가스를 -162[°C]까지 냉각 액화한 것으로, 기화된 LNG는 불순물을 포함하지 않는다.

천연가스의 주성분인 메탄[CH_4]은 1[kg]당 0[°C] 1기압에서 기체상태로 1.4[m³]이며 이것을 -162[°C] 1기압으로 액화하면 부피가 0.0024[m³]로 되어 약 1/600이 줄어든다.

① LNG의 제조
천연가스를 깨끗하게 전처리한 것을 액화하는 것이다.
- 전처리 : 제진 - 탈유 - 탈황 - 탈수 - 탈습 등
- 액화방법 : ┌ 단열팽창법 : 압축가스를 팽창시키면 압력강하와 함께 온도가 내려간다.

(줄 톰슨 효과)
카스케이드법 : 초저온을 얻기 위해서 2개의 냉동 사이클을 조합시켜 비점이 다른 냉매를 사용하는 방식
혼합냉매 사이클을 이용하는 방법

② LNG의 성질
㉮ 무독, 무공해의 청결한 가스로 발열량이 높다(9,500~11,000[kcal/m^3]).
㉯ 폭발한계는 5~15[%]이며 연소속도가 느리다.
㉰ 공기보다 가벼워서 누설시 바닥에 체류하지 않는다.
㉱ LNG는 약 -162[℃]의 비점을 가지며 무색 투명하다.
㉲ LNG는 메탄이 주성분을 이루며, 에탄, 프로판, 부탄 등의 저급탄화수소류가 포함되어 있다.
㉳ 액비중은 약 0.425로서 물보다 가볍다.
㉴ 건성가스는 그 대부분이 CH_4으로 되어 있고 습성가스는 CH_4, C_2H_6등이다.

[참고]
(1) LNG의 탈수방법
① 압축후 상온까지 냉각하여 응축수로서 분리한다.
② 예냉기로서 응축수로 분리한다.
③ 액체의 흡수제를 이용한다.(그라이콜, 메타놀)
④ 고체의 흡착제를 이용한다.(몰리큘레시브, 활성알루미나)
■일반적으로 ②와 ④의 조합이 많이 사용된다.
(2) 천연가스를 도시가스로 공급하는 방법
① 천연가스를 그대로 공급한다.
② 천연가스를 공기로 희석하여 공급한다.
③ 종래의 도시가스에 혼입하여 공급한다.
④ 종래의 도시가스와 유사한 성질의 가스로 개질하여 공급한다.

(3) LNG 제조방법
㉠ 천연가스를 깨끗하게 전처리한 것을 액화한다.
㉡ 액화방법은 카스케이드법과 단열 팽창법이 있다.
㉢ 카스케이드법 : C_3H_8, C_2H_4, CH_4 등을 냉매로 한 3원 냉동방식

(4) 정유가스(off 가스)

석유 정제 또는 석유 화학계열 공장에서 부생되는 가스로서 석유정제시는 수소 66[%], 메탄 19[%], 발열량 9,800[kcal/m^3]의 가스가 발생되며 석유화학공장에서는 수소 13[%], 메탄 70[%], 발열량 6,680[kcal/m^3]의 가스가 발생된다.

> **참고**

원료 구분	천연가스	LNG	LPG	나프타
가 스 제조면	C/H비가 3으로 도시가스와 같으므로 그대로 사용할 수도 있지만, 천연가스 열량보다 저열량의 도시가스를 공급하는 경우는 다른 희석가스와 혼합 또는 개질하여 열량을 낮추어 공급된다.	C/H비가 3이므로 기화한 LNG는 그대로 도시가스로 이용할수도 있다. 이 경우 기화설비가 필요하다. LNG 열량보다 저열량의 도시가스를 공급하는 경우는 천연가스의 경우와 같다.	C/H비가 약 5(부탄)이며 도시가스의 C/H비 약 3이 되기 위해 가스 제조가 필요하다. 기화설비가 필요하므로 일반적으로 증기가 열에 의해 가스화 된다.	C/H비가 5~6이고, 도시가스의 C/H비 3이 되기 위해 가스제조가 필요하지만 원유 등에 비교해 용이하게 가스화할 수 있다.
정제면	국산 천연가스 중에 황화수소 등은 불순물이 적기 때문에 탈황 등의 정제장치를 필요로 하지 않는다.	LNG 제조장치로 LNG를 제조하기 전에 황화수소 등의 불순물은 제거되므로 탈황 등의 정제장치는 필요 없다.	황화수소 등의 불순물을 거의 지니고 있지 않기 때문에 탈황 등 정제장치가 필요없다.	황화수소 등의 불순물이 적기 때문에 탈황 등의 정제장치가 필요없다. 다만, 중질 나프타를 사용할 경우는 불순물 함유량에 따라 정제설비가 필요한 경우도 있다.
공해면	아황산가스, 매연 등의 대기오염 등의 공해문제가 없다.	천연가스의 경우와 같다.	천연가스의 경우와 같다.	아황산가스, 매연 등의 대기오염 등 공해문제가 적다.
원 료 저장면	천연가스는 상온에서 기체이기 때문에 구형 가스홀더 등에 용이하게 저장되며 관리가 용이하다.	LNG의 비점 -162[℃]의 초저온이기 때문에 초저온 저장설비가 필요하고 관리가 복잡한 편이다.	부탄의 비점은 0.5[℃]이기 때문에 저온 저장설비 또는 고압 저장설비가 필요하고 LNG보다 관리가 용이하다.	라이트 나프타의 비점은 40[℃]이기 때문에 상압 저장설비로 용이하게 저장할 수 있어 관리가 용이하다.

2. 도시가스의 제조

(1) 가스의 제조공정(process)

도시가스는 일반적으로 가스의 제조, 정제, 열량 조정 등의 공정에 의해 제조되어 이들의 가스제조방식은 다음과 같이 분류되고 있다.

> [참고]
>
> ☑ 가스제조방식(process)
> - 열분해 공정
> - 접촉분해(수증기 개질) 공정
>   - 사이크링식 접촉분해 공정
>   - 고온 수증기 개질 공정
>   - 중온 수증기 개질 공정
>   - 저온 수증기 개질 공정
> - 부분연소 공정
> - 수소화 분해공정
> - 대체 천연가스 공정
>
> 〈대체 천연가스(SNG)의 제조공정〉
> ① 석탄→석탄 전처리→석탄의 가스화→정제→메탄 합성→탈탄산→SNG
>   ↑ H_2 또는 O_2 등
> ② 수소 : 메탄 합성이나 탈탄산공정이 필요 없다.
> ※ SNG : 대체 천연가스 또는 합성 천연가스
> ※ CNG(압축천연가스) : 현재 대형 버스의 연료로 사용되며 성질은 천연가스와 비슷하며 NG를 압축시켜 만든 연료이다.

① 원료의 송입법에 의한 분류
  ㉮ 연속식 : 원료를 연속적으로 공급
  ㉯ 배치식 : 원료를 일정하게 투입시킨 다음 가스를 발생
  ㉰ 사이크링식 : 연속식과 배치식의 중간

② 가열방식에 의한 분류
  ㉮ 외열식 : 외부에서 가열
  ㉯ 축열식 : 반응기 내에서 연소 후 원료를 송입하여 열원으로 사용
  ㉰ 부분연소식 : 원료 일부를 산소를 공급하여 연소시켜 열을 이용
  ㉱ 자열식 : 산화나 수첨 분해반응에 의한 발열반응 이용

(2) 가스제조방식(process)

① **열분해 프로세스** : 나프타, 원유, 중유 등의 분자량이 큰 탄화수소 원료를 고온(800~900[℃])으로 분해하여 1,000[kcal/Nm^3] 정도의 고열량가스를 제조하는 방식이다.

② **접촉분해(수증기 개질) 프로세스** : 접촉분해(수증기 개질)는 촉매를 사용하여 사용온도 400~800[℃]에서 탄화수소와 수증기와 반응하여 수소, 메탄, 일산화탄소, 에틸렌, 탄산가스, 에탄, 프로필렌 등의 저급 탄화수소로 변환시키는 방법이다.

③ **부분연소 프로세스** : 부분연소에 의한 가스제조는 메탄에서 원유까지는 원료를 가스화하는 것으로 산소 또는 공기 및 수증기를 이용하여 CH_4, H_2, CO, CO_2로 변환하는 방법이며, 탄화수소의 분해 및 수증기와의 반응에 필요한 열은 원료의 일부 연소기에 의해 보급되어 가스화와 가열을 동일로 내에서 행하기 때문에 내연식 또는 오트사밍 프로세스라고도 한다. 탄화수소와 수증기, 산소(공기)와의 반응은 700[℃] 이상에서 고활성인 촉매(니켈계)를 매개체로 하여 일어난다.

④ 수소화(수첨)분해 프로세스 : 수소화 분해는 수소기류 중 탄화수소 원료를 열분해 또는 접촉분해하여 메탄을 주성분으로 하는 고열량의 가스를 제조하는 방법이며 현재는 주로 나프타를 원료로 이용하고 있다.

⑤ 대체 천연가스 프로세스(substitute natural gas) : 대체 천연가스 프로세스란 천연가스 이외의 석탄, 원유, 나프샤, LPG 등의 각종 탄화수소 원료에서 천연가스와 물리적, 화학적 성질(조성, 열량, 연소성)이 거의 비슷한 가스를 제조하는 것을 말한다. SNG의 주성분은 메탄이며 공업적 제조로는 H_2O, O_2, H_2를 원료탄화수소와 반응시켜 수증기 개질, 부분연소, 수첨분해에 의해 가스화하여 메탄합성, 탈탄산 등의 프로세스와 병용하여 사용하고 있다. 실체의 프로세스 원료는 경질유(LPG, 나프타), 중질유(중유, 원유) 및 석탄 등에서 분류하는 것이 편리하다.

3. 가스공급방식

공장에서 생산되는 도시가스는 지하에 매설되어 있는 배관에 의해 각 사용자에게 공급되고 있다. 공급 과정은 다음과 같은 방법으로 이루어진다.

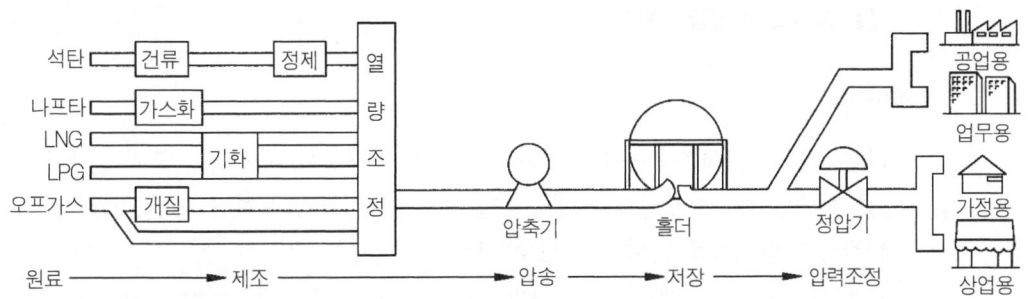

[참고]
고압 : 10[kg/cm²] 이상
중압 : 1[kg/cm²] 이상 10[kg/cm²] 미만
저압 : 1[kg/cm²] 미만

A : 3[kg/cm²] 이상 10[kg/cm²] 미만
B : 1[kg/cm²] 이상 3[kg/cm²] 미만

(1) 저압공급

일반 수용가를 대상으로 공급하는 방식으로 일반 주택의 공급에 주로 사용된다.

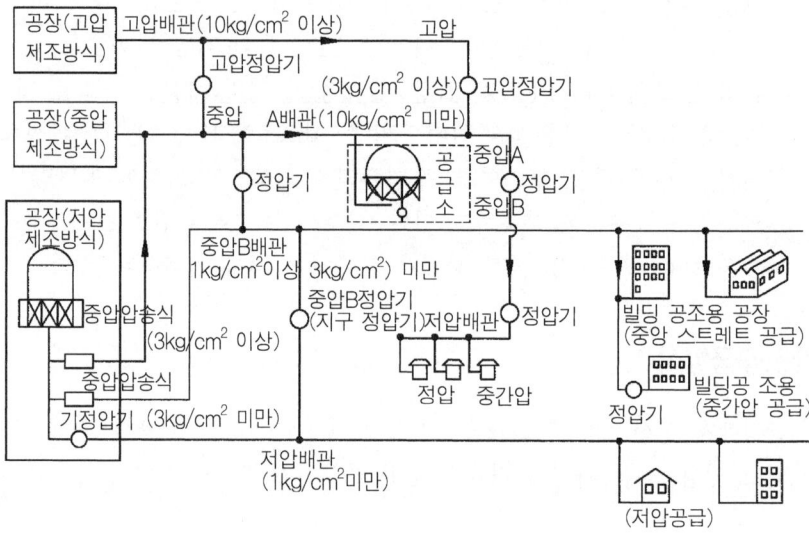

■ 고시가스의 공급 계통도

(2) 중압공급

① **기구 정압기 방식** : 도로에 매설된 중압가스 본관에서 직접 건물내로 공급되고 있다. 공급된 중압가스는 보일러나 냉온수기 등의 기구 앞에 설치된 기구 정압기에서 연소에 적당한 압력으로 감압하는 방법이다.

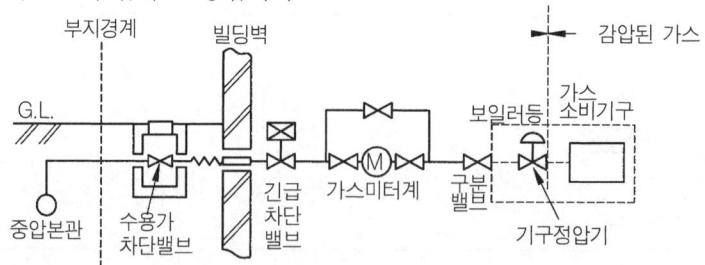

② **전용 정압기 방식** : 수용가의 건물 내에 정압기를 설치하여 중압의 가스를 저압으로 감압으로 가스 기구에 공급하는 방법이다.

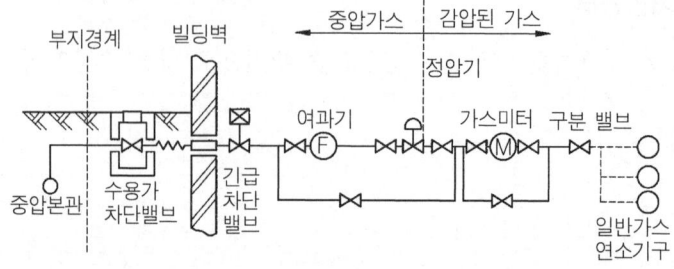

③ 기구 정압기 방식+전용 정압기 방식 : 업무용 빌딩에서는 이 공급방식에 의하는 경우가 있으나, 일반적으로 저압공급+중압공급에 의존한다.

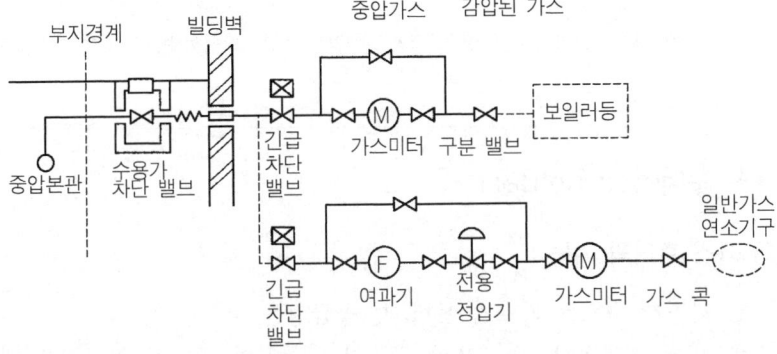

(3) 고압공급

수송할 가스량이 많고 배관의 길이가 길 때에 수송압력을 높여주게 되면 큰 배관을 사용하지 않아도 많은 양의 가스를 수송할 수 있으므로 배관 시설비를 절약하여 경제적이 된다. 고압공급방식의 특징은 다음과 같다.
① 작은 지름의 배관으로 많은 양의 가스를 수송할 수 있다.
② 고압 압송기 및 고압배관, 고압 정압기 등의 유지관리가 어려워지고 압송비도 높아진다.
③ 고압 홀더가 있을 경우에는 정전 등의 고장에 대하여 안전성이 좋고 고압 및 중압 본관 설계를 경제적으로 할 수 있다.
④ 공급 가스는 고압으로 압축되어 수분이 제거된 후 팽창된 것으로 건조되어 있으므로 배관 내의 녹 건조에 의해 정압기 및 가스미터 등의 고무막이 건조 및 열화되어 고장을 일으키므로 방지책이 필요하다.

(4) 저압공급+중압공급

일반적으로 건물내로 인입되는 배관은 하나를 원칙으로 하지만 업무용 빌딩 등에서는 대용량의 냉온수기용에 중압공급을, 일반 기구용에는 저압공급을 하여 사용 형태에 따라 다른 방식을 사용한다.

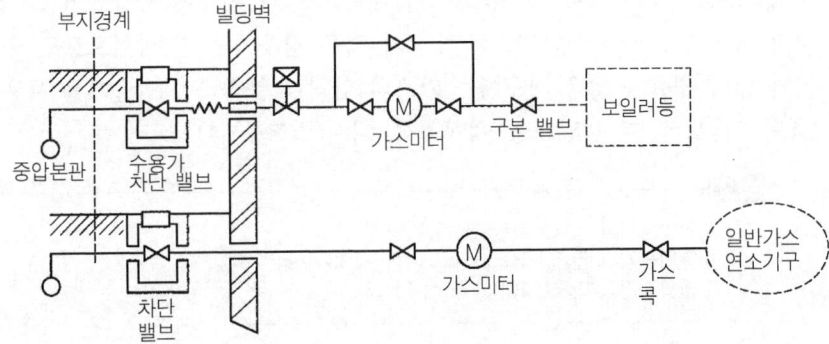

> [참고]
> ■ LPG를 이용한 도시가스 공급방식
> ① 직접혼입방식
> ② 공기혼합방식-공기희석 목적 : 발열량 조절, 재액화 방지, 누설시 손실량 감소, 연소효율증대(주의-폭발 범위 내에 들지 않도록 한다.)
> ③ 변성 혼입방식

4. 가스 홀더(gas holder)

(1) 가스 홀더의 기능

① 제조가 수요를 따르지 못할 때 공급량을 확보한다.
② 정전, 배관공사 등 제조나 공급의 일시적인 중단시 공급량을 확보한다.
③ 조성이 변동하는 제조가스를 넣어 혼합하고 공급가스의 성분, 열량, 연소성 등을 균일화한다.
④ 피크시 배관수송량을 감소시킨다.

(2) 가스 홀더의 종류

유수식, 무수식, 고압 홀더(구형)

> [참고]
> ■ 유수식 가스 홀더
> ① 제조 설비가 저압인 경우 사용한다.
> ② 구형 홀더에 비해 유효가동량이 크다.
> ③ 기초비가 크다.
> ④ 가스가 건조해 있으면 물의 수분을 흡수한다.
> ⑤ 동결방지장치가 필요하다.

5. 압송기

도시가스는 일반적으로 가스탱크에서 배관으로 각 지역에 공급되며 그 압력은 가스 홀더의 압력보다 낮다. 즉, 가스의 수요가 적은 경우에는 그 압력으로도 충분하나 공급지역이 넓어 수요가 많은 경우에는 가스의 압력이 부족하여 압송기를 사용하여 공급한다 (종류 : 터보식, 회전 날개형, 왕복동식, 나사(스크루)식)

> [참고]
> ① 저압압송기의 압력 : 1$[kg/cm^2]$ 미만
> ② 중압압송기의 압력 : 1$[kg/cm^2]$ 이상~10$[kg/cm^2]$ 미만
> ③ 고압압송기의 압력 : 10$[kg/cm^2]$ 이상.

6. 부취제

(1) 부취제의 구비조건

① 독성이 없을 것.
② 일반적인 일반생활의 냄새와는 명확히 구분될 것.
③ 저농도에 있어서도 냄새를 알 수 있을 것.
④ 가스배관이나 가스미터에 흡착되지 말 것.
⑤ 배관 내에서 응축하지 말 것.
⑥ 부식성이 없을 것.
⑦ 화학적으로 안정할 것.
⑧ 물에 용해되지 말 것.
⑨ 토양에 대한 투과성이 좋을 것.
⑩ 완전히 연소하고 연소후에는 유해물질을 남기지 말 것.
⑪ 가격이 저렴할 것.

(2) 부취제의 종류별 특성

구분	T.H.T (Tetra Hydro Thiophen)	T,B,M (Tertiary Buthyl Mercapton)	D.M.S (Di-Methy Sulfide)	비고
유해성 (LD50 기준)	피하주입 : 8,790[mg/kg] 경구투여 : 6,427[mg/kg]	피하주입 : 8,128[mg/kg] 경구투여 : 7,295[mg/kg]		LD50 : 체중 [kg]당의 치사량
냄새	석탄가스 냄새	양파 썩는 냄새	마늘 냄새	취기의 강도 TBM > THT > DMS
화학적안전성	안정화합물 (산화, 중압 일어나지 않음)	내산화성 우수	안정화합물 내산화성 우수	고무, 플라스틱에 대하여는 팽윤발생
토양투과성	보통이며, 토양에 흡착되기 쉽다.	우수하며, 토양에 흡착되기 어렵다.	상당히 우수하며, 토양에 흡착되기 어렵다.	
분자량	88	90	62	

(3) 부취제의 주입설비

① 액체주입 : 가스 흐름에 부취제를 액체상태 그대로 직접 주입하여 가스 중에서 기화 확산시키는 방식이다.
　㉮ 펌프 주입방식 : 부취제를 소용량의 다이어프램 펌프 등으로 직접 주입시키는 방식으로 비교적 규모가 큰 부취설비에 적합하다.
　㉯ 적하 주입방식 : 부취제 주입용기를 가스 압력으로 균형을 유지시켜 중력에 의해 부취제를 가스 흐름 중으로 떨어지게 하는 가장 간단한 액체 주입 방식이며, 주로 유량변동이 작은 소규모 부취설비에 적합하다.

㈐ 미터 연결 바이패스 방식 : 가스배관에 설치되어 있는 오리피스의 차압으로 바이패스 라인과 가스 라인의 유량을 변화시켜 가스미터에 부착된 부취제 첨가장치를 구동시켜 부취제를 가스 흐름 중에 주입하는 방식으로 대규모 설비에는 적합하지 않다.

② 증발식 부취 설비 : 가스 흐름에 부취제의 증기를 직접 혼합시키는 방식으로 동력을 필요로 하지 않고 설비비가 싸다는 장점이 있다.

㉮ 바이패스 증발식 : 부취제가 들어 있는 용기에 가스를 저속으로 흐르게 하면 가스는 부취제 증발로 인해 거의 포화상태가 된다. 이때 가스 배관이 설치된 오리피스로 부취제 용기에서 흐르는 유량을 조절하면 가스 유량에 상당하는 부취제 포화가스가 가스배관으로 흘러 들어가 일정 비율로 부취하는 방식으로 증발식 부취설비의 대표적인 형태이다.

㉯ 위크 증발식 : 아스베스토스(석면)심을 통하여 부취제가 상승하고 여기에 가스가 접촉하는데 따라 부취제가 증발되어 부취가 되는 것으로 부취제 첨가량의 조절이 어렵고 소규모 부취설비에 사용되는 방식이다.

> **【참고】**
> ■ 부취제가 누설되었을 때 제거하는 방법
> ① 연소법 ② 화학적 산화처리 ③ 활성탄에 의한 흡착

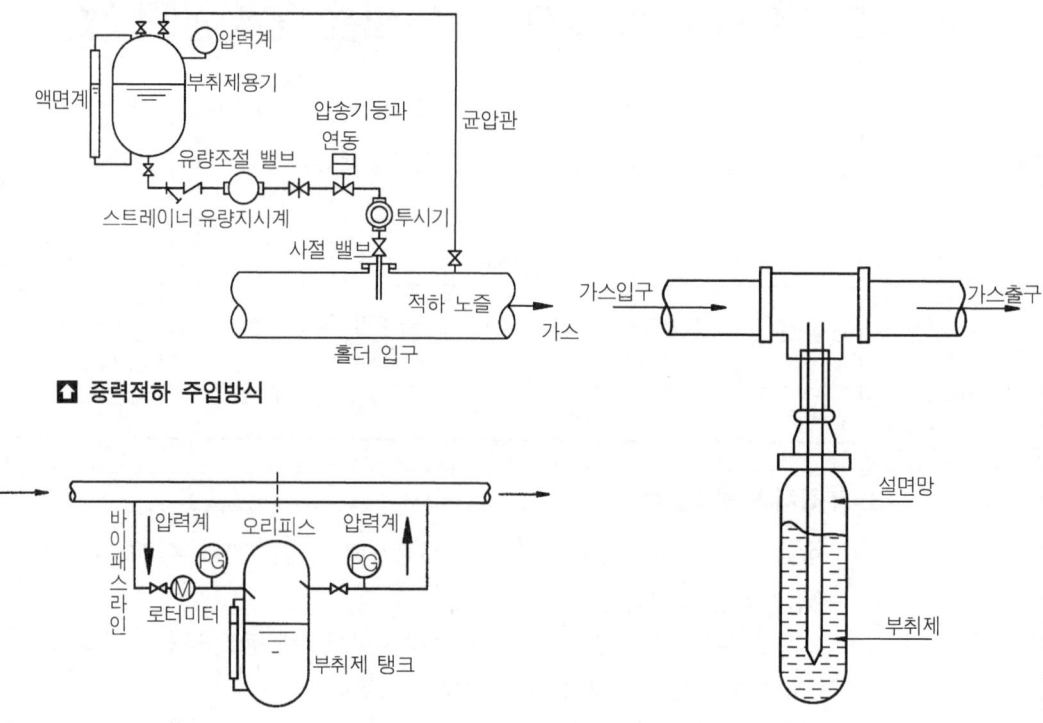

■ 중력적하 주입방식

■ 바이패스 증발식

■ 위크식 부취설비

제3장 가스설비 예상문제

제2편 고압가스장치 및 기기
고압장치 | 저온장치 | 가스설비 | 측정기기 및 가스분석

문제 1 다음 중 SNG에 대한 설명으로 맞는 것은?
㉮ SNG는 순수 천연가스를 말한다.
㉯ SNG는 각 부생가스로 고로가스가 주성분이다.
㉰ SNG는 각종 도시가스의 총칭이다.
㉱ SNG는 대체 천연가스 또는 합성 천연가스를 말한다.

문제 2 도시가스 제조방식에 속하지 않는 것은?
㉮ 열분해 공정 ㉯ 접촉분해 공정 ㉰ 부분연소 공정 ㉱ 암모니아분해 공정

해설
가스제조방식
- 열분해공정
- 접촉분해공정 ─ 사이클식 접촉분해공정 / 저온 수증기 개질공정 / 고온 수증기 개질공정
- 부분연소공정
- 수소화 분해공정
- 대체 천연 가스공정

문제 3 다음 부취제의 설명 중 틀린 것은?
㉮ 목적은 누설가스 조기발견과 중독 및 폭발사고 예방이다.
㉯ 부취제 종류에는 테트라히드로 티오펜이 있다.
㉰ 공급하는 가스에 공기중의 혼합비율이 1/1000 상태에서 감지할 수 있어야 한다.
㉱ 토양에 대해서 투과성이 적어야 한다.

해설 토양에 대한 투과성이 클 것.

문제 4 부취제 주입설비 중 대유량의 것에 가장 적합한 방법은?
㉮ 펌프 주입 방식 ㉯ 적하주입 방식
㉰ 위크 증발 방식 ㉱ 미터연결 바이패스 방식

문제 5 부취제를 엎질렀을 때 제거하는 방법과 거리가 먼 것은?
㉮ 방치법 ㉯ 연소법
㉰ 화학적 산화처리 ㉱ 활성탄에 의한 흡착

문제 6 다음 중 취기가 가장 강한 것은?
㉮ T·B·M ㉯ D·M·S ㉰ 에틸메갑탄 ㉱ T·H·T

해설 impact : 냄새를 맡을 때의 충격
TBM > THT > DMS

해답 1.㉱ 2.㉱ 3.㉱ 4.㉮ 5.㉮ 6.㉮

문제 7. 도시가스 연소성의 측정시기는?
㉮ 매일 1회 이상 ㉯ 매일 2회 이상
㉰ 매주 1회 이상 ㉱ 매월 1회 이상

문제 8. 도시가스의 제조공정에서 천연가스를 −162[℃] 이하로 냉각하여 액화한 가스는?
㉮ 천연가스 ㉯ 석탄가스
㉰ 납사 ㉱ 액화천연가스(LNG)

문제 9. 수증기를 이용하여 도시가스를 가스화시키는 방식은?
㉮ 열분해 프로세스 ㉯ 개질 프로세스
㉰ 대체 천연가스 프로세스 ㉱ 부분연소 프로세스

문제 10. 메탄, 에틸렌 등의 탄화수소 등을 개질한 것으로 석유정제와 석유화학의 부생물이 얻어지는 도시가스의 원료는 무엇인가?
㉮ 천연가스 ㉯ LNG ㉰ 정유가스 ㉱ 나프타

문제 11. 다음 도시가스의 원료 중에서 가장 발열량이 높은 것은?
㉮ 석탄가스 ㉯ 천연가스 ㉰ 나프타 ㉱ 정유가스

해설
- 석탄가스 : 5,500~7,500[kcal/m^2]
- 천연가스 : 2,300~14,400[kcal/m^2]
- LNG : 9,500~11,000[kcal/m^2]
- off가스 : 6,700~9,800[kcal/m^2]
- 나프타 : 6,500[kcal/m^2]

문제 12. 다음 중 도시가스의 원료가 될 수 없는 것은?
㉮ 원유 ㉯ 대체 천연가스[SNG]
㉰ 산화질소 ㉱ 액화 천연가스[LNG]

해설 원유, SNG, LNG, 업가스, LPG, 석탄 Naphtha 등

문제 13. 가스제조시 가열방식에 의한 분류 중 열을 산화반응 등에 의해 가스를 발생시키는 방법은?
㉮ 외열실 ㉯ 축열식 ㉰ 부분연소식 ㉱ 자열식

문제 14. 가스 홀더의 종류에 들어가지 않는 것은?
㉮ 유수식 ㉯ 무수식 ㉰ 중압식 ㉱ 고압식

해답 7. ㉰ 8. ㉱ 9. ㉯ 10. ㉰ 11. ㉯ 12. ㉰ 13. ㉱ 14. ㉰

문제 15 가스 배관에 설치되는 정압기가 하는 일은?

㉮ 시간별 가스사용량의 증감에 따라 가스압력을 공급량에 알맞게 조정한다.
㉯ 공급지역의 증가에 따른 가스의 부족압력을 충당한다.
㉰ 제조공장에서 정제된 가스를 저장한다.
㉱ 가스의 사용량을 눈금에 의해 알 수 있도록 되어 있다.

문제 16 다음과 같은 조건일 때 법적 도시가스 사용량은 몇 [m³]인가?(단, 공급 도시가스량은 월 5,000[m³]이고 발열량은 9,900[kcal/m³]이다)

㉮ 4,000[m³] ㉯ 4,500[m³]
㉰ 5,100[m³] ㉱ 5,500[m³]

해설 $Q = X[m^3] \times \dfrac{A[kcal/[m^3]}{11,000}$

$Q = \dfrac{9,900}{11,000} \times 5,000 = 4,500 [m^3]$

문제 17 도시가스의 유해성분 측정은 언제하는가?

㉮ 매일 1회 이상   ㉯ 매일 2회 이상
㉰ 매주 1회 이상   ㉱ 매월 1회 이상

해설 열량, 연소성 측정은 1일 2회 이상

문제 18 도시가스 계량기의 용량은 당해 도시가스 사용시설 최대 소비량의 몇 배 이상인가?

㉮ 1.0배   ㉯ 1.2배   ㉰ 1.5배   ㉱ 2.0배

문제 19 가스 홀더의 출구, 정압기의 출구 및 가스 공급시설의 끝 부분의 배관에서 가스 압력은?

㉮ 1.0~2.5[kPa]   ㉯ 1.5~3.0[kPa]
㉰ 2.3~3.5[kPa]   ㉱ 8.4~10[kPa]

문제 20 발열량이 11,000[kcal/m³]일 때 웨버 지수는 얼마인가?(단, 비중은 0.55이다.)

㉮ 11,025   ㉯ 12,452
㉰ 14,832   ㉱ 15,272

해설 $W = \dfrac{H}{\sqrt{d}}$ 이므로 $\dfrac{11,000}{\sqrt{0.55}} = 14,832$

문제 21 부취제 주입시 가스 주배관에 오리피스를 설치하는 방법은?

㉮ 펌프 주입 방식   ㉯ 적하주입 방식
㉰ 미터연결 바이패스 방식   ㉱ 위크 증발 방식

해답 15. ㉮   16. ㉯   17. ㉰   18. ㉯   19. ㉮   20. ㉰   21. ㉰

문제 22 부취제에서 impact란 무엇인가?
- ㉮ 화학적으로 반응치 않는 성질
- ㉯ 순간적으로 냄새가 판단되는 취질
- ㉰ 물에서 용해되는 정도를 나타내는 표시
- ㉱ 누설시 부취제를 제거시키는 방법

문제 23 가스제조시 원료 송입법에서 가스의 발생이 연속적으로 되는 방식은?
- ㉮ 사이클식 ㉯ 배치식 ㉰ 축열식 ㉱ 연속식

문제 24 가스 압송기에 사용되는 송풍기를 든 것이다. 아닌 것은?
- ㉮ 터보 송풍기
- ㉯ 루츠 송풍기
- ㉰ 왕복 피스톤 송풍기
- ㉱ 팬식 송풍기

문제 25 도시가스의 공급지역이 넓어 수요가 증가하므로써 가스압력이 부족하게 될 때 사용되는 공급시설은?
- ㉮ 가스 홀더 ㉯ 압송기 ㉰ 정압기 ㉱ 가스계량기

문제 26 도시가스는 무색, 무취, 무미이기 때문에 누설시, 가스중독이나 폭발사고를 미연에 방지하기 위하여 부취제를 혼합시킨다. 부취제의 공기중 용량은?
- ㉮ 1/200 ㉯ 1/500 ㉰ 1/700 ㉱ 1/1,000

문제 27 다음 중에서도 도시가스 부취제가 아닌 것은?
- ㉮ 티시어리 부틸 메르카부탄(T·B·M)
- ㉯ 테트라 히드로 티오펜(T·H·T)
- ㉰ 디 메틸 설파이드(D·H·S)
- ㉱ 아웃 터믹 프로세스(A·T·P)

문제 28 도시가스 부취제의 구비조건과 거리가 먼 것은?
- ㉮ 물에 잘 용해하고 토양에 대한 투과성이 클 것.
- ㉯ 극히 적은 농도에서 냄새를 확인할 수 있을 것.
- ㉰ 독성이 없을 것.
- ㉱ 부식성이 없을 것.

해설 ① 생활취와 명확히 구분될 것.
② 가스관, 가스미터 등에 흡착되지 말 것.
③ 배관 내에 응축되지 말 것.
④ 화학적으로 안정할 것.
⑤ 토양에 대한 투과성이 클 것.
⑥ 완전 연소하고 연소 후 유해성분이 남지 말 것.

해답 22. ㉯ 23. ㉱ 24. ㉰ 25. ㉯ 26. ㉱ 27. ㉱ 28. ㉮

문제 29 (그림)은 유수식 가스 홀더를 나타낸 것이다. 2층 이상의 다층 탱크로 되어 있는 것은 각 층의 연결부에 무엇을 장치하는가?

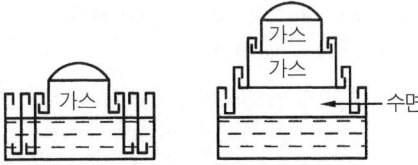

㉮ 봉수를 장치하여 가스의 누설을 방지한다.
㉯ 정압기를 장치하여 압력을 조정한다.
㉰ 압송기를 장치하여 부족 압력을 충진한다.
㉱ 격막을 장치하여 물의 동요를 막아준다.

문제 30 가스배관에 사용되는 가스배관에 대한 다음 설명 중 잘못된 것은?
㉮ 가스배관은 관내를 흐르는 가스의 압력에 의해 저압배관, 고압배관의 3종류로 나뉜다.
㉯ 가스배관의 재질은 고급주철, 강, 납 등이 대부분이다.
㉰ 가스배관으로 사용가능한 시멘트관은 흄관뿐이다.
㉱ 가스배관은 사용되는 범위에 따라 본관, 공급관, 옥내관으로 분류된다.

해설 가스배관으로 사용가능한 시멘트관은 에타니트관 뿐이며 에타니트관의 비중은 대단히 작고 부식에 강하며 지관설치, 관 접속 방법도 간단하다.

문제 31 나프타의 성질에서 PONA치라는 것이 있는데 다음 중 잘못된 것은?
㉮ P : 파라핀계 탄화수소계
㉯ O : 오레핀계 탄화수소계
㉰ N : 나프텐계 탄화수소계
㉱ A : 업가스 탄화수소계

해설 A : 방향족계 탄화수소계
효율이 좋은 것은 파라핀계 탄화수소가 많은 것이 좋고 카본 석출이 많고, 나프탈린이 많은 ㉯, ㉰ 방향족계는 좋지 않다.

문제 32 나프타(Naphtha)에 대한 설명 중 잘못된 것은?
㉮ 원유의 상압증류에서 비점이 200[°C]이하의 유분을 말한다.
㉯ 고비점 유분 및 황분이 많은 것은 바람직하지 않다.
㉰ 비점이 130[°C] 이하인 것을 보통 경질 나프타라 한다.
㉱ 나프타는 보통 50[%] 정도의 비율로 얻어 진다.

해설 비점이 130[°C] 이상인 것을 중질 나프타라고 하며 나프타의 득율은 보통 20[%] 정도이다.

해답 29. ㉮ 30. ㉰ 31. ㉱ 32. ㉱

문제 33 도시가스 공급압력에서 고압공급할 때의 특징 중 틀린 것은?
- ㉮ 공급가스는 고압으로 수분의 제거가 어렵다.
- ㉯ 작은 지름의 관으로 많은 양의 가스를 공급할 수 있다.
- ㉰ 압송기, 정압기 등의 유지, 관리가 어렵다.
- ㉱ 고압 홀더가 있을 때에는 정전 등이 고장에 공급의 안정성이 높다.

문제 34 도시가스 배관에 차단 밸브를 설치하는 것이 아닌 것은?
- ㉮ 배관에서 분기되는 곳
- ㉯ 중압을 저압으로 바꾸는 곳
- ㉰ 교량 및 철도 양쪽
- ㉱ 지하실 등에서 분기하는 장소

문제 35 다음 유수식 가스 홀더 설명 중 아닌 것은?
- ㉮ 다량의 물을 필요로 한다.
- ㉯ 유효 가동량이 구형 가스 홀더에 비해 크다.
- ㉰ 한냉지에서 물의 동결 방지가 필요하며 압력이 가스 탱크의 양에 따라 변한다.
- ㉱ 가스 압력이 일정하며 건조상태로 가스가 저장된다.

해설 ㉱ 무수식 가스 홀더

문제 36 다음 중 도시가스의 원료로 사용하지 않는 것은?
- ㉮ 나프타
- ㉯ LNG
- ㉰ 목탄
- ㉱ SNG

문제 37 도시가스 원료로 사용되는 LNG의 주성분은?
- ㉮ 메탄
- ㉯ 에탄
- ㉰ 프로판
- ㉱ 부탄

문제 38 비점이 −162(℃)까지 냉각 액화한 초저온 가스로 불순물을 전연 함유하지 않는 도시가스의 원료는?
- ㉮ 액화 천연가스
- ㉯ LPG
- ㉰ off가스
- ㉱ 나프타

문제 39 도시가스 부취제 중 T·H·T의 냄새는?
- ㉮ 양파 썩는 냄새
- ㉯ 마늘 냄새
- ㉰ 석탄가스 냄새
- ㉱ 암모니아 냄새

해설 ① T·H·T : 석탄가스 냄새
② T·B·M : 양파 썩는 냄새
③ D·M·S : 마늘 냄새

해답 33. ㉮ 34. ㉯ 35. ㉱ 36. ㉰ 37. ㉮ 38. ㉮ 39. ㉰

문제 40 가스 홀더의 압력을 이용하여 가스를 공급하며 가스제조 공장과 공급지역이 가깝거나 공급면적이 좁을 때 적당한 가스공급방법은?

㉮ 저압공급 ㉯ 중압공급
㉰ 고압공급 ㉱ 초고압공급

문제 41 다음은 중압가스 공급방법에 관한 설명이다. 잘못된 것은?

㉮ 게이지 압력 2,500[g/cm^2]을 초과하는 압력으로 공급한다.
㉯ 압송 시설비 및 동력비가 많이 든다.
㉰ 압송기→지구정압기→수요자의 순으로 공급한다.
㉱ 소구경으로 광범위한 지역에 균일한 가스를 보낼 수 있다.

문제 42 원거리 지역에 대량의 가스를 공급하기 위해 쓰이는 가스공급방식은?

㉮ 저압공급 ㉯ 중앙공급
㉰ 고압공급 ㉱ 초고압공급

문제 43 가스 홀더의 기능에 대하여 설명하였다. 틀린 것은?

㉮ 제조 가스량을 안정하게 공급하고 남은 가스를 저장한다.
㉯ 정전, 배관공사의 일시적 정지시에 대하여 어느 정도 공급을 확보한다.
㉰ 각 배관의 압력 파열을 방지하고 드레인을 제거한다.
㉱ 조성이 변하는 도시가스는 저장 혼합하여 열량, 성분, 연소성을 균일화한다.

해답 40. ㉮ 41. ㉮ 42. ㉰ 43. ㉰

제 4 장 측정기기 및 가스분석

4-1 측정기기

1. 압력계

압력계에는 크게 1차, 2차 압력계로 나눌 수 있다.
① 1차 압력계 : 지시된 압력을 직접 측정한다. 액주계(manometer), 자유 피스톤식 압력계 등이 여기에 속한다.
② 2차 압력계 : 물질의 성질이 압력에 의해 받는 변화를 탄성 등에 의해 측정하고 그 변화율로 압력을 계산한 것으로 부르동관식 압력계(Bourdon tube ressure gauge), 다이어프램 압력계, 벨로즈 압력계, 전기저항식 압력계, 피에조 전기 압력계 등이 여기에 속한다.

(1) 1차 압력계

① 액주식 압력계(마노미터)
㉮ U자관 압력계, 단관식 압력계, 경사관식 압력계 등 3가지로 구분한다.
㉯ 지름이 일정한 유리관 하부를 U자형으로 구부려 만든 가장 간단한 압력계로 내부에 액체(수은, 알콜)를 넣고 P_1과 P_2와의 압력계를 액주의 높이로 측정한다.

$$P = \rho h$$

P : 압력
ρ : 비중
h : 높이차

$$P_2 = \rho h + P_1$$

P_2 : 측정압력[kg/cm²a]
P_1 : 대기압[kg/cm²]

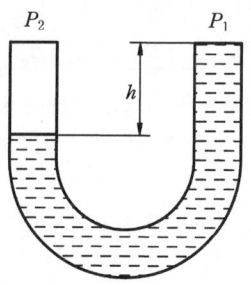

■ 액주식 압력계

㉰ 관안의 액체의 특성
• 점성이 작아야 한다.

- 온도변화에 의한 밀도가 작아야 한다.
- 모세관 현상과 표면장력이 작아야 된다.
- 화학적으로 안정되고, 휘발성, 활성이 작아야 된다.

> **[참고]**
> 액주식 압력계(마노미터)는 대기압 측정이나 저압의 측정에 많이 이용된다.

② **자유 피스톤형 압력계(부유 피스톤)**

피스톤 위에 추를 올려놓고 실린더 내의 액압과 균형을 이루면 게이지 압력은 추와 피스톤의 무게를 실린더의 단면적으로 나누면 된다. 압력계는 감도가 좋아 부르동관 압력계의 눈금 교정에 사용되며 또 연구실용에 사용되고 있다.

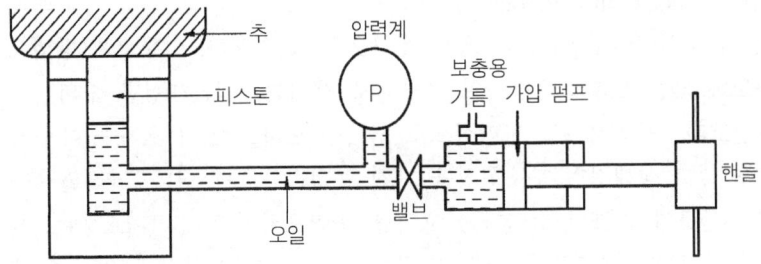

🔼 **자유 피스톤형 압력계**

㉠ 이상 상태에서 측정해야 될 절대압력(P)

$$P = \frac{W + W_1}{A} + P_1 = \frac{W + W_1}{\frac{\pi D^2}{4}} + P_1$$

$\quad\quad P$: 절대압력[kg/cm²a]
$\quad\quad W_1$: 추의 무게[kg]
$\quad\quad A$: 실린더 단면적[cm²]
$\quad\quad P_1$: 대기압[1.033kg/cm²]
$\quad\quad W$: 피스톤 무게[kg]
$\quad\quad D$: 실린더 지름[cm]

㉡ 온도변화를 고려한 보정에 의한 산식

$$P = \frac{(W + W_1)}{S \cdot A} + P_1 = \frac{W + W_1}{S \times \frac{\pi D^2}{4}} + P_1$$

③ **2차 압력계의 오차[%]**

$$오차[\%] = \frac{측정값 - 참값}{참값} \times 100$$

> [참고]
> ■ 오차
> 정확한 기기를 이용하여 측정하더라도 참값(진실값)을 얻기 어렵다. 이 때 측정값과 참값과의 차이를 절대오차 또는 오차라하며, 참값 또는 측정값에 대한 오차의 비율을 상대오차라 한다.
> 상대오차는 백분율[%]로 표시하며, 백분율 오차라고도 한다.
> - 오차 = 측정값 - 참값
> - 상대오차 = 오차/참값 또는 측정값

(2) 오차의 분류

오차는 그 발생원인을 기준으로 하여 분류하면 다음과 같다.
- 오차 - 과오에 의한 오차(erratic error)
- 우연오차(accidental error)
- 계통적 오차(systematic error) : 계기오차, 환경오차, 이론오차(방법오차), 개인오차

① 과오에 의한 오차 : 측정자의 부주의로 생기는 오차(세심한 주의를 요한다.)
② 우연오차 : 우연하고도 필연적으로 생기는 오차로서 이 오차는 아무리 노력하여도 피할 수 없고 상대적인 분포현상을 가진 측정값을 나타낸다. 이러한 분포현상을 산포라 하고, 산포에 의하여 일어나는 오차를 우연오차라고 말하며, 정밀도를 표시한다.
③ 계통적 오차 : 측정값에 어떤 일정한 영향을 주는 원인에 의하여 생기는 오차로서, 즉 평균값을 구하였으나 진실값과 차이가 생긴다.
이 차이를 편위라 하고 이 편위에 의하여 생기는 오차를 말하며, 정확도를 표시한다.

(3) 오차의 보정

① 보정 : 측정값이 참값에 가깝도록 하기 위해 수치적으로 가감하는 행위를 보정이라 하며, 오차의 크기는 같고 부호와 반대인 값을 보정값이라 한다.
② 기차의 보정 : 기준기를 사용할 때 기준기의 검사성적서에 명시된 기차(기재오차)를 보정방법에 따라 보정시켜 주는 것을 말한다.

(4) 2차 압력계

2차압력계의 측정 방법에는 탄성을 이용한 것, 물질변화를 이용한 것, 전기적 변화를 이용한 것 등이 있다.
① 부르동관 압력계(bourdon tube)
㉠ 고압장치에 가장 많이 사용되는 압력계로 2차 압력계의 대표적이다.
㉡ 부르동관의 재질은 저압인 경우에는 황동, 청동, 인청동 등을 사용하며 고압일 때는 니켈강 등 특수강을 사용한다.

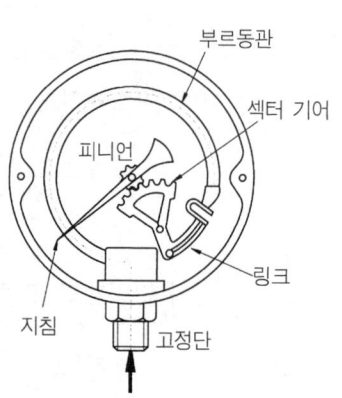

▲ 브로동관식 압력계

ⓒ 암모니아용, 아세틸렌용 압력계에는 Cu 및 Cu 합금의 사용을 금하고 연강재를 사용한다.
ⓔ 산소용 압력계는 '금유,라는 표시가 되어 있는 전용의 것을 사용한다.
ⓜ 금속의 탄성원리를 이용한 압력계로 상용압력의 1.5배 이상 2배 이하의 눈금이 있는 것을 사용한다.

> **[참고]**
> ■ 부르동관 압력계 사용시 유의사항
> ① 지시의 정확성을 확인해 두며 엄중한 검사를 행할 것.
> ② 압력계에 가스를 유입・유출시에는 천천히 조작할 것.
> ③ 안전장치한 것을 사용할 것.
> ④ 온도변화나 충격・진동이 적은 장소에 설치할 것.

② 다이어프램 압력계(격막식 압력계)
㉮ 미소한 압력을 측정할 때 사용(+, -차압을 측정할 수 있다)
㉯ 재질은 고무, 테프론, 양은, 스테인레스 등이 쓰이며 측정 가능 범위는 공업용이 20~5,000[mmAq]이다.
㉰ 부식성 유체의 측정이 가능하다.
㉱ 온도의 영향을 받기 쉽다.
㉲ 측정의 응답속도가 빠르다.
㉳ 이상압력으로 파손되어도 위험성이 작다.

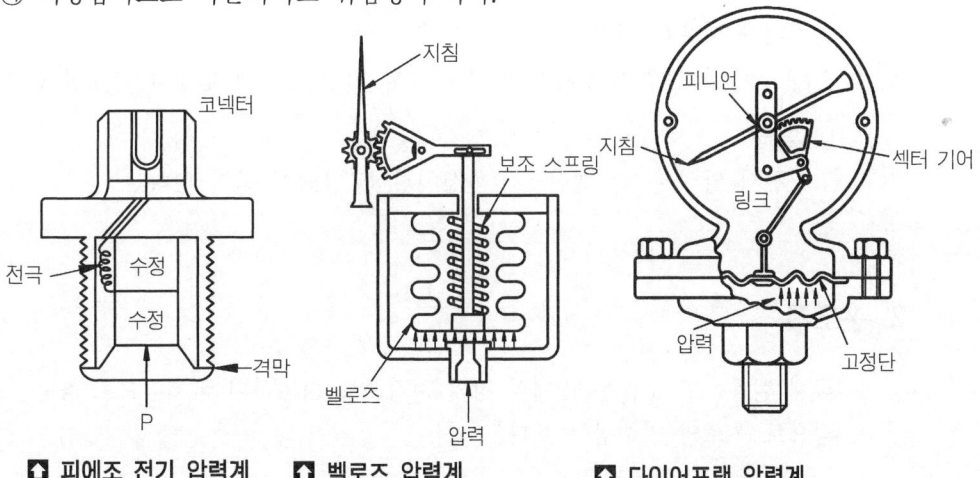

□ 피에조 전기 압력계   □ 벨로즈 압력계   □ 다이어프램 압력계

③ 벨로즈 압력계(bellowa type pressure gauge)
㉮ 신축에 의한 압력을 이용한다.
㉯ 유체 내의 먼지 등의 영향이 적고 압력 변동에 적응하기 어렵다.
㉰ 측정압력은 0.01~10[kg/cm^2], 정밀도는 ±1~2[%]이다.
㉱ 구조가 매우 간단하다.

④ 전기저항 압력계
  ㉮ 금속의 전기저항이 압력에 의해 변화되는 것을 이용하여 측정한다.
  ㉯ 재질은 망간선을 코일상으로 감아 이것을 가압하여 전기 저항을 측정한다.
  ㉰ 초고압이나 특수 목적에 사용한다.
  ㉱ 재질은 저항 변화가 압력과 더불어 직선적으로 변화되며 온도계수가 작은 것을 이용한다.

⑤ 피에조 전기 압력계
  ㉮ 수정이나 전기석, 롯셸염 등의 결정체의 특수방향에 압력을 가하면 그 표면에 전기가 발생되고 발생한 전기량은 압력에 비례하여 측정하는 원리이다.
  ㉯ 가스 폭발, 급속한 압력 변화를 측정하는 데 유효하다.
  ㉰ 고압 측정용 압력계이다.
  ㉱ 피에조 효과를 이용한 것이다.

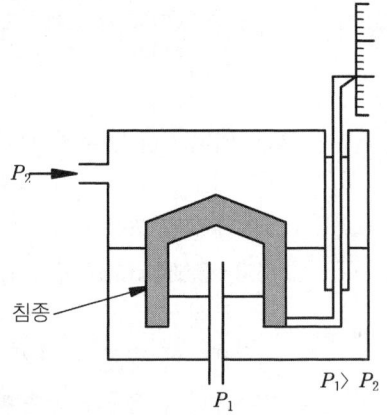

◘ 침종식 압력계

⑥ 스트레인 게이지(strain gauge)
  ㉮ 금속이나 합금, 금속산화물(반도체) 등에 기계적 변형이 일어나면 전기저항이 변화되는 것을 이용한 것이다.
  ㉯ 적당한 변형계 소자에 압력에 의한 변형을 주어 압력을 측정한다.

⑦ 기타
  침종식 압력계, 링 밸런스식(환상천평식) 압력계 등이 있다.

2. 온도계

국제 실용온도 눈금은 12개의 정의 정점으로 정의하며 국제적으로 통용되고 있는 온도점으로 온도의 기준점이 된다.

■ 국제 실용 온도 눈금

온도정점	온도[°C]	온도정점	온도[°C]
물의 3중점	+0.01	황의 비등점	444.60
얼음의 융점	0.00	안티몬의 응고점	630.50
주석의 응고점	231.83	금의 응고점	1064.43
물의 비등점	100.00	은의 응고점	961.93
납의 응고점	327.30	백금의 응고점	1773.00
아연의 응고점	419.50	산소의 비등점	-182.96

(1) 접촉식 온도계

① 유리 온도계

액체를 넣은 구부(bulb)와 가는 유리관으로 되고 있어 열팽창에 의한 액체(에테르, 수은, 알콜)의 변화를 이용한 것으로 액체의 관에 대한 겉보기 팽창을 눈금으로 읽게 하는 온도계이다.

㉮ 특징
  ㉠ 큰 오차가 생기지 않고 취급이 간단하다.
  ㉡ 파손되기 쉽고 연속기록, 자동제어가 불가능하다.
  ㉢ 원격온도 측정이 불가능하다.

㉯ 종류
  ㉠ 수은 온도계
    • 수은이 유리관에 묻지 않고 정도는 $\pm 0.2 \sim 1.0$[°C]로 비교적 높다.
    • 응고점 -38.9[°C], 비등점 375[°C], 측정범위는 보통 $-35 \sim 360$[°C]이다.
    • 상부에 고압에 의해 질소를 봉입하면 비등점이 높아져 650[°C]까지 측정가능
  ㉡ 알콜 온도계
    • 표면장력이 작고 열팽창계수가 크나 액주가 상승한 후에 내려가는데 시간이 걸리고 전도율이 나쁘다.
    • 저온 측정에 많이 쓰이고 정도는 $\pm 0.5 \sim 1.0$[°C] 가량으로 높다.
  ㉢ 베크만 온도계
    • 사용온도에 따라 수은량을 조절할 수 있다.
    • 정도는 $0.01 \sim 0.05$[°C], 미소한 온도차까지 측정할 수 있고 최고측정온도는 150[°C]이내이다.
    • 실험용으로 사용한다.
  ㉣ 유점온도계 : 주로 병원에서 사용하는 체온계 등을 의미한다.

② 금속 온도계

바이메탈을 구성한 각 금속들의 열 팽창률의 차이에 따라 금속판이 굽혀져 곡률이 변화되는 성질을 이용한 온도계를 말한다.

 ㉮ 특징
  ㉠ 구조가 간단하고 보수가 쉽고 견고하다.
  ㉡ 온도 지시를 바로 읽을 수 있고 압력용기 내의 온도를 측정할 수 있다.
  ㉢ 측정 온도 범위는 보통 -40~350[℃]이고 정도는 ±1~1/2[%]

③ 압력 온도계(아네로이드형 온도계)
일정한 부피의 액체나 기체의 압력이 온도 변화에 따른 것을 이용한 온도계를 압력온도계라 한다.

 ㉮ 특징
  ㉠ 진동이나 충격에 강하다.
  ㉡ 고온용에는 좋지 않고 낮은 온도 측정에 좋다.
  ㉢ 연속기록, 자동제어 등이 가능하며 연속 사용이 가능하다.
  ㉣ 금속의 피로에 의한 이상변형과 유도관이 파열될 우려가 있다.
  ㉤ 외기온도에 의한 영향으로 온도지시가 느리다.
  ㉥ 원격온도 측정이 가능하다.

 ㉯ 종류
  ㉠ 액체 압력식 온도계 ㉡ 고체 압력식 온도계
  ㉢ 기체 압력식 온도계

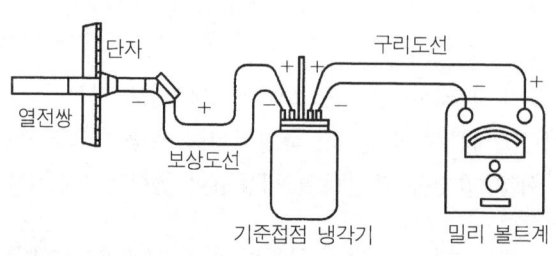

◘ 열전 온도계의 구성   ◘ 압력식 온도계

④ 열전대 온도계
열전쌍의 회로에서 두 접점 사이의 온도차로 열 기전력을 발생시켜 그 전위차를 측정하여 두 접점의 온도차를 알 수 있는 계기를 열전대 온도계라 한다.

 ㉮ 특징
  ㉠ 전원이 필요없고 원격, 자동제어 기록이 가능하다.
  ㉡ 선 굵기에 의해 측정 범위가 다르다.
  ㉢ 장시간 사용시 재질이 변화하며 가장 높은 온도를 측정할 수 있다.

 ㉯ 구비조건
  ㉠ 기전력이 크고 안정하며 장시간 사용에도 잘 견딜 것.

ⓒ 온도상승과 함께 기전력도 연속적으로 변화될 것.
ⓒ 고온가스에 대한 내열성이 크고 내식성이 클 것.
㉣ 전기저항 및 열전도율이 작고 가공하기 쉬울 것.
㉤ 가격이 저렴하고 구입이 쉬울 것.

⑤ 저항식 온도계
㉮ 종류 : 백금저항식 온도계(-200~500[℃]), 니켈 저항 온도계(-50~300[℃]), 동 저항 온도계(0~120[℃]), 더미스터(-100~300[℃])

▣ 열전대의 종류와 측정범위

종류	+측	-측	측정온도
철 – 콘스탄탄(IC)	순철	콘스탄탄 (Cu : 55[%], Ni : 45[%])	-20~800[℃]
크로멜 – 알로멜(CA)	크로멜 (Ni : 90[%], Cr : 10[%])	알로멜 (Ni : 94[%], Mn : 2.5[%]) (Al : 2[%], Fe : 0.5[%])	-20~1,200[℃]
구리 – 콘스탄탄(CC)	순구리	콘스탄탄 (Cu : 55[%], Ni : 45[%])	-200~350[℃]
백금 – 백금 로듐(PR)	(Rh : 13, Pt : 87[%]) 백금 로듐	순백금 (Cu : 60[%], Ni : 40[%])	0~1,600[℃]

㉯ 특징
ⓘ 정밀하고 비교적 낮은 온도측정이 가능하다.   ⓒ 원격 조정이 가능하다.
ⓒ 자동제어 및 기록이 용이하다.

> **[참고]**
> ■ **더미스터** : Ni, Mn, Co, Fe, Cu 등의 금속 산화물의 분말을 혼합소결시킨 반도체를 온도 증가에 따른 전기저항이 감소하며 25[℃]에서의 온도계수가 백금의 10배 정도이다.

(2) 비접촉식 온도계

① 색 온도계
고온 물체로부터 방사되는 고온의 복사 에너지는 온도가 낮은 상태에서는 파장이 길어지고 온도가 상승함에 따라 파장이 짧아진다. 이점을 이용하여 온도를 측정하는 계기를 색 온도계라 한다.
㉮ 특징
ⓘ 휴대 및 취급이 간편하다.
ⓒ 고장이 적으나 개인 오차가 있을 수 있다.
ⓒ 700~3,000[℃]까지 측정가능하다.

🔽 색깔과 온도

온도[°C]	색깔	온도[°C]	색깔
600	어두운색	1,500	황백색
800	붉은색	2,000	눈부신 흰색
1,000	오렌지색	2,500	푸른색기가 있는 흰백색
1,200	노란색		

② 방사온도계

측정 물체에서 방사되는 전방사 에너지를 렌즈 또는 반사경을 이용하여 온도를 측정하는 온도계이다.(스테판 볼쯔만 법칙이용)

㉮ 특징
  ㉠ 이동물체온도 측정에 적합하다.
  ㉡ 연속측정을 할 수 있고 기록이나 제어에 적합하다.
  ㉢ 측정 거리에 따라 오차가 발생한다.
  ㉣ 특히 수증기나 탄산가스 흡수에 주의해야 한다.
  ㉤ 방사 발신기 자신에 의한 오차가 발생되기 쉽다.
  ㉥ 측정범위는 $-50 \sim 3,000[°C]$까지 측정

③ 광전관식 온도계

광고 온도계의 결점을 보완한 자동화식이며 육안대신 2개의 광전관을 배열하여 측정한다.

㉮ 특징
  ㉠ 이동물체 측정에 적당하다.
  ㉡ 응답시간이 빠르다.
  ㉢ 구조가 복잡하다.
  ㉣ 측정범위는 $700 \sim 3,000[°C]$까지 측정한다.

④ 광고 온도계

피측정체에서 발하는 화염의 휘도와 전구내 필라멘트의 휘도를 비교하여 필라멘트가 상에 들어가 보이지 않을 때 지시온도를 측정한다.

㉮ 특징
  ㉠ 고온측정 적합하다.
  ㉡ 구조간단, 휴대가 편리하다.
  ㉢ 비교적 정도를 좋게 측정할 수 있다.
  ㉣ 연속 측정이나 자동제어는 이용이 곤란하다.
  ㉤ 측정에 시간을 요하며 개인차가 크다.
  ㉥ 측정범위는 $700 \sim 3,000[°C]$까지 측정한다.

> **참고**
> ■ 비접촉식 온도계의 특징
> ① 내구성이 있고 응답이 빠르다.
> ② 온도계 삽입에 의한 열교환이 없다.
> ③ 이동물체 측정에 적합하다.
> ④ 700[°C] 이하는 측정 곤란하다(방사는 제외).
> ⑤ 피측정체의 표면온도만 측정한다.
> ⑥ 방사율을 충분히 보정하지 않을 경우 오차가 크다.

3. 유량계

① **직접법** : 유체의 부피나 질량을 직접 측정하는 방식이다(습식 가스미터)
② **간접법** : 유량과 관계가 있는 다른 양인 유속이나 면적을 측정하고 이 값에 유량을 측정하는 방식(피토관, 오리피스미터, 벤튜리미터, 로터미터)

(1) 습식 가스미터(wet gas meter)

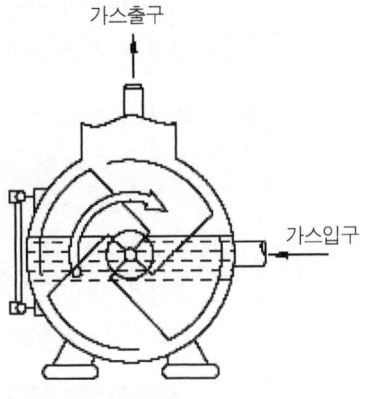

▲ 습식 가스미터

일정한 높이까지 물을 넣은 수평 원통 그릇과 이속에서 회전하는 동심의 회전 드럼(drum)으로 되어 있어 가스 압력에 따라 자동적으로 화살표 방향으로 회전하여 가스를 계량하는 방법으로 계량식 용적과 회수에 의해 정하여진다.

(2) 차압식 유량계

① 오리피스 미터(orifice meter)
   ㉮ 구조가 간단하여 제작이나 장착이 용이하다.
   ㉯ 좁은 장소에 설치 가능하다.
   ㉰ 유량계수의 신뢰도가 크나 유체의 압력손실이 크다.
   ㉱ 베르누이 정리를 이용한 차압식 유량계이다.
   ㉲ 침전물의 생성 우려가 있다.

〈유량계산식〉

$$Q = A \times \frac{C}{\sqrt{1-m^2}} \times \sqrt{\frac{2g(p_1 - p_2)}{r}} \times \varepsilon$$

$$= A \times \frac{C}{\sqrt{1-m^2}} \times \sqrt{2gh\left(\frac{S_0}{S} - 1\right)} \times \varepsilon$$

$$\begin{cases} Q : 유량체적[m^3/hr] \\ m : 교축비[d^2/D^2] \\ p_1 : 교축기구 유입축 압력[kg/cm^2] \\ r : 비중량[kg/cm^3] \\ p_2 : 교축기구의 유출측 압력[kg/cm^2] \\ C : 교축기구의 유량계수 \\ \varepsilon : 기체 팽창계수 \\ S : 측정유체의 비중 \\ S_0 : 마노미터속의 유체비중 \end{cases}$$

② 벤튜리 미터(venture meter)

㉮ 압력손실이 적고 침전물이 오리피스보다 생기지 않는다.

㉯ 구조가 대형이고 복잡하여 가격이 비싸다.

㉰ 차압식 유량계이다.

㉱ 교환이 곤란하며 장소를 많이 차지한다.

③ 피토관(pito tube)

㉮ 유체의 흐름 속도를 측정하는 장치로 속도를 알면 관의 단면적으로부터 유량을 구할 수 있는 유속식 측정 유량계이다.

㉯ 공업적으로 많이 이용되며 비행기 등의 속도 측정에 사용한다.

㉰ 유체의 유동속도에 의해 전압(total pressure)과 정압(static pressure)의 차이가 있는 것을 응용한 것이 피토관이다.

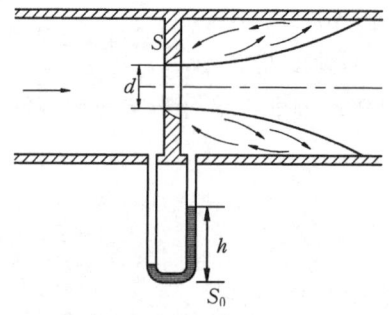

🔼 오리피스 미터   🔼 벤튜리 미터

〈전압계산식〉

$$p = p_0 + \frac{r}{2g}v^2, \quad p - p_0 = \frac{r}{2g}v^2$$

※ 전압=동압+정압

$$\begin{cases} r : 유체의 비중량[kg/cm^3] \\ g : 중력가속도[m/sec^2] \\ p - p_0 : 동압(diamic\ pressure)[kg/cm^2] \\ p : 전압[kg/cm^2] \\ p_0 : 정압[kg/cm^2] \\ v : 유속[m/sec] \end{cases}$$

〈유속계산식〉

$$V=\sqrt{2gh\left(\frac{\rho'}{\rho}-1\right)}=\sqrt{2 \cdot g \cdot \Delta h}$$

- V : 유속[m/sec]
- h : U자관의 압력차[m]
- ρ' : U자관 내의 유체밀도[kg/cm³]
- g : 중력가속도[m/sec²]
- ρ : 관에 흐르는 유체의 밀도[kg/cm³]

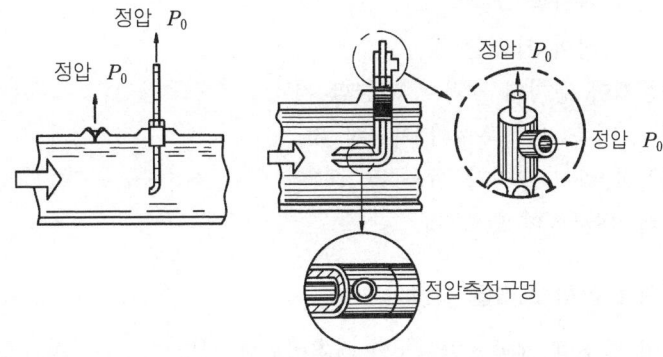

🔼 피토관

④ 로터 미터(Rota meter)
㉮ 수직 유리관 속에 원뿔 모양의 플로트를 넣어 관속에 흐르는 유체의 유량에 의해 밀어올리는 위치를 눈금으로 유량을 읽을 수 있는 계기를 로터 미터라 한다.
㉯ 면적식 유량계로 유량을 직접 읽을 수 있다.

⑤ 기타
고압용 유량계인 압력천평형, 플로트식, 전기저항식 유량계가 있으며 그 밖에 열선식, 전자식, 초음파식 유량계 유속식, 용적식 유량계 등이 있다.

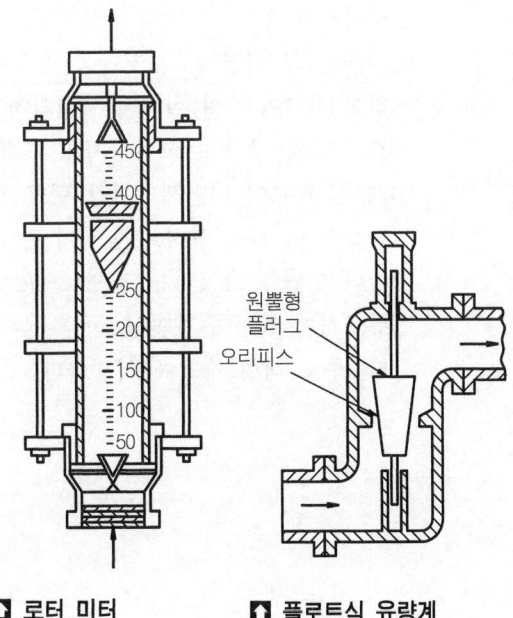

🔼 로터 미터   🔼 플로트식 유량계

4. 액면계

탱크속에 들어 있는 액체의 액면을 측정하는 계기이다.

(1) 액면계의 구비조건

① 고온, 고압에 충분히 견딜 수 있을 것.
② 구조가 간단할 것.
③ 연속 측정이 가능할 것.
④ 자동제어 장치에 적용이 가능할 것.
⑤ 지시, 기록, 원격측정이 가능할 것.
⑥ 가격이 싸고 수리가 쉬울 것.
⑦ 내식, 내구성이 있을 것.

(2) 액면계 선정시 고려할 사항

① 측정 장소와 제반조건   ② 측정범위와 정밀도
③ 안정성   ④ 설치 조건
⑤ 변동 상태

(3) 액면계의 종류

① **크린카식 액면계** : 평형 유리판과 금속판을 조합하여 사용되는 것으로 저장 탱크 내의 액면을 직접 읽을 수 있으므로 고압장치에 널리 사용되는 액면계로 유리판의 파손을 방지하기 위하여 피복을 해주며 프로텍터 및 자동식 또는 수동식의 스톱 밸브로 구성되어 있다.
② **유리관식 액면계** : 대기에 개방되어 있는 액체용 탱크에 많이 사용되며 구조가 간단하고 가격이 싸나 설치가 부정확하고 외부의 힘에 의해 파손되기 쉬우므로 비닐 등으로 피복을 해주며 고압장치에 환형 유리관식 액면계는 사용되지 않는다.
③ **슬립 튜브식 액면계** : 저장 탱크 정상부에서 탱크 저면까지 가는 스테인레스관을 부착하여 이 관을 상하로 움직여 관내에서 분출하는 가스 상태와 액체 상태의 경계면을 찾아 액면을 측정하는 것으로 튜브식에는 고정 튜브식, 회전 튜브식(로터리식), 슬립 튜브식이 있는데 가연성, 독성 액체의 액면 측정에는 인체에 해를 끼치므로 부적당하다. 주로 대형 탱크에 사용한다.

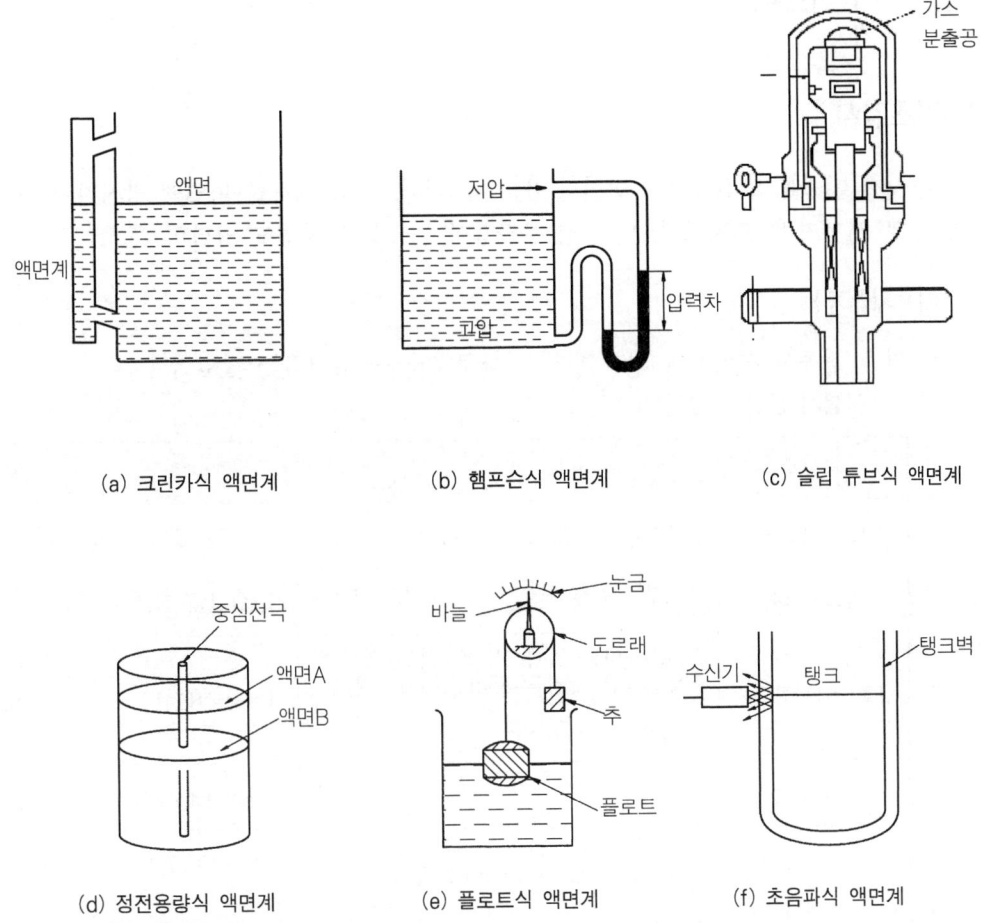

		🔼 **액면계의 종류**

④ **햄프슨식 액면계(차압식 액면계)** : 액화산소 등과 같은 극저온 저장 탱크 등의 액면측정에 사용하는 것으로 고압부와 저압부의 차압을 이용한 것이다.
⑤ **플로트식 액면계(부자식 액면계)** : 저장 탱크 내에 플로트(부자)를 띄워 놓고 그 움직임을 철사줄을 이용하여 외부로 전하여 액면을 측정하는 것이다.
⑥ **벨로즈식 액면계** : 벨로즈의 신축차에 의한 압력 변화를 이용하여 액면을 측정하는 것으로 햄프슨식과 더불어 극저온 저장 탱크의 액면을 측정할 때 사용되는 차압식 액면계이다.
⑦ **초음파식 액면계** : 저장 탱크 기상부에 초음파 발진기를 두고 초음파가 왕복하는 시간을 측정하여 액면까지의 길이를 재어 액면을 측정한다.
⑧ **기타** : 정전용량식, 전기저항식, 자석식 액면계 등이 있다.

4-2. 가스분석

1. 가스검지

누설 가스를 발견하여 폭발이나 유독가스의 중독 등 재해를 미연에 방지하기 위한 것으로 시험지법, 검지관식, 열선식, 광간섭식 등으로 검지하고 있다.

(1) 시험지법

가스 접촉시 시험지에 의한 변색 상태로 가스를 검지하는 방법이다.

〈시험지 종류의 검지〉

시험지	제법	검지가스	반응
KI-전분지	전분액과 N-KI액 동량혼합	NO_2, Cl_2 할로겐 가스	청~갈색
리트머스지	청색이나 붉은 리트머스 시험지를 사용한다.	산, 알칼리, NH_3	적색 청색
염화 제1동착염지	$CuSO_4 \cdot 5HO$ 3[g], NH_4Cl 3[g], 염산 히드록실아민 5[g]을 88[ml]H_2O로 용해한다. 이액 9[ml]와 암모니아성 $AgNO_3$액 1.5[ml]를 혼합액으로 만든다.	아세틸렌(C_2H_2)	적갈색
염화 파라듐지	$PdCl2$ 0.2[%]액에 침투 건조 후 5[%] 초산에 침투	일산화탄소(CO)	흑색
하리슨씨약	p-디멜틸 아미노벤즈 알데히드 및 디펠아민 1[g]을 $CCl4$ 10[ml]에 용해 제조	포스겐($COCl_2$)	오렌지색
연당지	초산연 10[l]를 물 90[ml]로 용해한다.	황화수소(H_2S)	회~흑색
초산 벤젠지 (질산구리벤젠지)	초산 벤젠지와 초산동의 수용액으로 제조	시안화수소(HCN)	청색

(2) 검지관법

지름 2~4[mm]정도의 유리관에 발색시약을 흡착시킨 검지제를 충진한 기구를 사용하여 측정가스를 흡수시켜 변색 상태를 표준 농도표와 비교하여 측정한다. 사용시에는 양 끝을 절단한 후 가스 취기로 시료 가스를 넣은 착색정도, 착색층의 길이 정도로 가스의 성분농도를 측정한다.

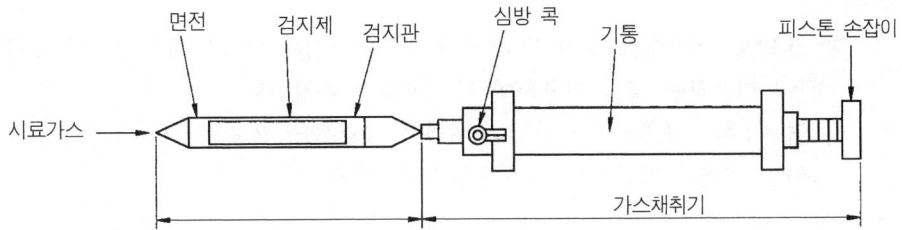

□ 검지관과 가스 채취기

□ 검지관에의 측정

측정대상가스	측정농도범위[%]	검지한도[ppm]	측정대상가스	측정농도범위[%]	검지한도[ppm]
아세틸렌	0~0.3	10	포스겐	0~0.005	0.02
암모니아	0~25	5	황화수소	0~0.18	0.5
일산화탄소	0~0.1	1	메틸에테르	0~10	10
염소	0~0.004	0.1	브롬메틸	0~0.05	1
산소	0~30	1000	부타디엔	0~2.6	10
시안화수소	0~0.01	0.2	이황화탄소	0~0.02	5
수소	0~1.5	250	이산화질소	0~0.1	0.1
이산화탄소	0~10	20	산화에틸렌	0~3.5	10
프로판	0~5	100	염화비닐	0~4	10
벤젠	0~0.04	0.1	아크로니트릴	0~5	1

(3) 가연성가스 검출기

공기와 혼합하여 폭발될 우려가 있는 가연성가스 등이 폭발범위 농도에 도달하기 전에 현장에서 신속하게 자동적으로 검출하는 검지기가 가연성가스 검출기이다.

① **간섭계형**
가연성가스의 굴절율 차이를 이용하여 농도를 측정한다.

$$X = \frac{Z}{(n_2 - n_1)[l]} \times 100$$

X : 성분가스의 농도[%]
n_2 : 성분가스 굴절율
Z : 공기의 굴절율 차이에 의한 간섭무늬 이동
n_1 : 공기의 굴절율

② **안전등형** : 등유를 사용하는 2중의 철강에 둘러싸인 석유 램프의 일종이며 CH_4이 존재할 때 발열량이 증가하여 불꽃의 형태 불꽃의 길이 등이 커지는 것을 이용하여 CH_4의 농도를 측정한다. 주로 탄광내에서 CH_4의 농도를 측정할 때 사용된다.
③ **열선형** : 브리지 회로의 편위 전류에 의하여 가스농도의 지시 또는 자동적으로 경보가 가능한 것이다.

㉮ 연소식 : 필라멘트(열선)로 검지가스를 연소시켜 생기는 전지저항의 변화가 연소온도에 비례하는 것을 이용하여 가스농도를 측정한다.

㉯ 열전소식 : 전기적으로 가열된 필라멘트(열선)로 가스를 검지하는 것으로 가스크로메토그래피의 열전도형 검출기와 같은 원리이다.

2. 가스분석

가스분석이란 가스를 흡수 또는 연소시키는 조작으로 체적의 변화를 측정하여 분석하는 것인데 최근에는 기기의 발달과 더불어 기기분석법이 많이 사용되고 있다.

(1) 흡수분석법

혼합가스를 각각 지정한 흡수액에 흡수시켜 흡수전후의 가스용량 차이에서 흡수된 가스량을 구하여 정량을 분석한다.

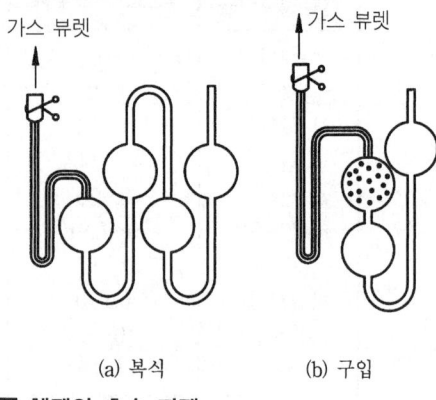

(a) 복식   (b) 구입

■ 헴펠의 흡수 피펫

① 헴펠법(Hempel) : 그림과 같은 흡수장치에 각각 흡수액을 흡수시켜 혼합가스를 통과시키면 $CO_2 - C_mH_n - O_2 - CO$의 순서로 가스가 흡수된다. 흡수가스량은 가스뷰렛으로 측정한다.

■ 헴펠법의 흡수액

성분가스	흡수액	피펫
CO_2	KOH 30[g], H_2O 100[ml]	단식,복식
C_mH_n	무수황산 25[%]를 포함한 발연황산	구입
O_2	KOH 60[g/H_2O] 100[ml]+피로카롤 12[g/H_2O] 100[ml]	복식
CO	NH_4Cl 33[g]+CuCl 27[g/H_2O] 100[ml]+암모니아수	복식

② 오르잣법(Orsat) : 가스와 흡수액의 접촉이 흡수 피펫을 사용하여 가스의 흡수는 섞이지 않도록 주의한다.

〈작동개요〉

㉠ 수준병 A의 조작에 의해 D에서 시료가스가 뷰렛 B속으로 유입된다.

㉡ 피펫 ③에는 흡수액 수산화 칼륨(KOH) 용액이 들어 있어 뷰렛 B내의 혼합가스

가 통과하여 CO_2가 전부 흡수된다.
ⓒ 피펫 ②에는 흡수액인 알칼리성 피로카롤 용액이 들어있어 O_2를 흡수한다.
ⓔ 남은 가스는 피펫 ①속에 있는 흡수액 암모니아성 염화제 1동 용액에 의해 CO가 흡수된다.

> [참고]
> ■ 흡수순서 $CO_2 - O_2 - CO$

③ 게겔(Gockel) : 저급 탄화수소의 분석용에 사용되는 것으로 CO_2(33[%] KOH 용액), C_2H_2(요드수은 칼륨 용액), C_3H_6, $n-C_4H_8$(87[%] H_2SO_4), C_2H_4(취소수용액), O_2(알칼리성 피로카롤 용액), CO(암모니아성 염화제1동용액)의 순으로 흡수된다.

(2) 연소분석법

공기 또는 산소, 산화제에 의하여 시료가스를 연소시켜 발생되는 부피의 감소, CO_2의 생성량, O_2의 소비량 등을 측정 가스의 농도를 측정하는 것이다.

① 폭발법
  ㉠ 뷰렛에 일정량의 가연성가스시료를 넣고 적당량의 공기 또는 산소를 혼합하여 폭발 피펫에 옮겨 전기 스파크로 폭발시킨다.
  ㉡ 가스를 다시 뷰렛에 되돌려 연소폭발에 의한 부피의 감소에 의해서 성분을 측정한다.
  ㉢ 연소에서 생성된 CO_2, 남아있는 O_2는 흡수법에 의한다.
  ㉣ 가스조성이 대체로 변할 때 적당한 연소 분석법이다.

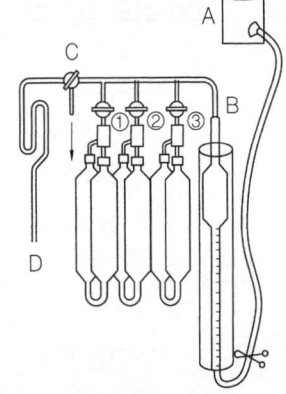

🔼 오르잣 분석기

② 완만연소법
  ㉠ 지름 0.5[mm]정도의 백금선을 3~4[mm]의 코일로 한 적열부를 가진 완만연소 피펫으로 시료가스를 연소시키는 방법으로 일명 우인클레법 또는 적열 백금법이라고 한다.
  ㉡ 산소와 시료가스를 피펫에 천천히 넣고 백금선으로 연소시키므로 폭발위험성이 작다.
  ㉢ N_2가 혼재되어 있을 때도 질소산화물의 생성을 방지할 수 있다.
  ㉣ 이 방법은 보통 흡수법과 조합하여 사용되며 H_2와 CH_4을 산출하는 것 이외에 H_2와 CO, H_2와 CH_4, C_2H_4 등의 체적의 수축과 CO_2의 생성량 및 소비산소량에서 농도를 측정한다.

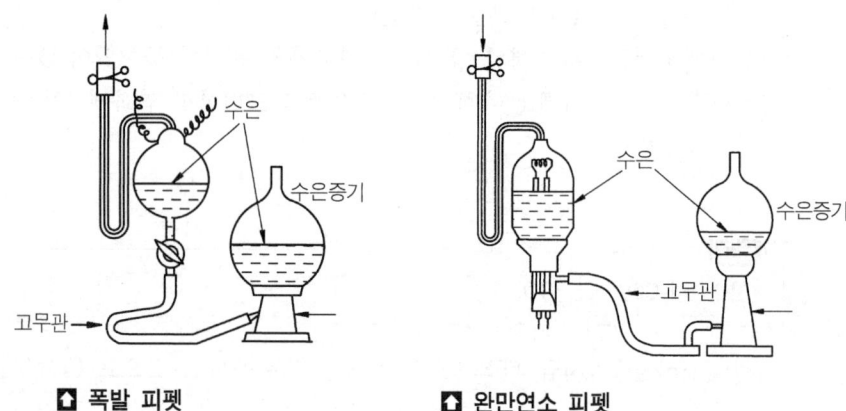

■ 폭발 피펫　　　　■ 완만연소 피펫

③ 분별 연소법

두 가지 이상의 동족탄화수소와 수소가 혼합된 시료에서 탄화수소를 산화시키지 않고 탄산가스와 수소가스만을 분별적으로 완전산화시키는 방법으로 파라듐관 연소법과 산화구리법이 있다.

(3) 화학 분석법

① 적정법

㉮ 요드(I_2) 적정법

〈직접법〉

요드(I_2) 표준 용액을 사용하여 황화수소(H_2S)의 정량을 구하는 방법이다.
$$H_2S + I_2 \rightarrow 2HI + S$$

〈간접법〉

유리되는 요드(I_2)를 티오 황산 나트륨 용액으로 적정하여 산소(O_2)의 정량을 측정하는 방법
$$O_3 + 2KI + H_2O \rightarrow 2KOH + O_2 + I_2$$

㉯ 중화 적정법 : 연소가스중에 있는 암모니아(NH_3)를 황산(H_2SO_4)에 흡수시켜 나머지 황산(H_2SO_4)을 가성소다(NaOH) 용액으로 적정하는 방법이다.

㉰ 킬레이트 적정법 : E.D.T.A(Ethylene Diamine Tetraacetic Acid) 용액으로 적정시키는 방법이다.

② 중량법 : 시료가스를 타물질과 반응하여 침전을 만들고 정량을 측정하는 황산바륨($BaSO_4$) 침전법 등이 있다.

③ 흡광광도법 : 시료가스를 타물질과의 반응으로 발색시켜 광전광도계를 사용하여 흡광도의 측정으로 정량을 분석하는 방법으로 보통 미량분석에 많이 사용된다.

$$E = \varepsilon \cdot c \cdot l \quad (램버트-비어법칙)$$

E : 흡광도
c : 농도
ε : 흡광계수
l : 광(빛)이 통하는 액층의 길이

(4) 기기분석법

① 가스 크로마토 그래피(gas chromato graphy)
  ㉮ 흡착 크로마토 그래피 : 흡착제를 충진한 관속에 혼합가스 시료를 넣고 용제를 유동시켜 전개하면 흡착력의 차이에 의해 시료가스 각 성분의 분리가 일어난다. 주로 기체시료 분석에 널리 사용된다.
  ㉯ 분배 크로마토 : 액체를 고정상태로 하여 이것과 자유롭게 혼합하지 않는 액체를 전개제로 하면 시료가스 각 성분의 분배율의 차이에 따라 분리되는 것으로 주로 액체시료 분석에 많이 사용된다.

> [참고]
> ① 캐리어 가스는 H_2, He, N_2, Ar 등이 쓰인다.
> ② 가스 크로마토 그래피는 크게 검출기, 칼럼(분리관), 기록계로 구성된다.
> ③ 검축기에는 열전도형(TCD), 수소이온(FID), 전자포획 이온화(ECD) 등이 많이 쓰인다.
> ④ 시료는 극미량(보통 0.01[cc])을 사용한다.
> ⑤ 정성, 정량 분석이 가능하다.

② **질량분석법** : 천연가스의 분석, 수성가스 분석 등에 사용되며 시료가스량이 미량이고 저농도에서 고농도까지 광범위한 분석에 응용된다.
③ **적외선 분광 분석법** : 가스분자의 진동중 진동에 의하여 적외선의 흡수가 일어나는 것을 이용한 것으로 H_2, O_2 Cl_2, N_2 등의 2원자가스는 적외선을 흡수하지 않으므로 분석이 불가능하다.
④ **기타** : 전기량 적정법, 저온정밀 증류법 등이 있다.

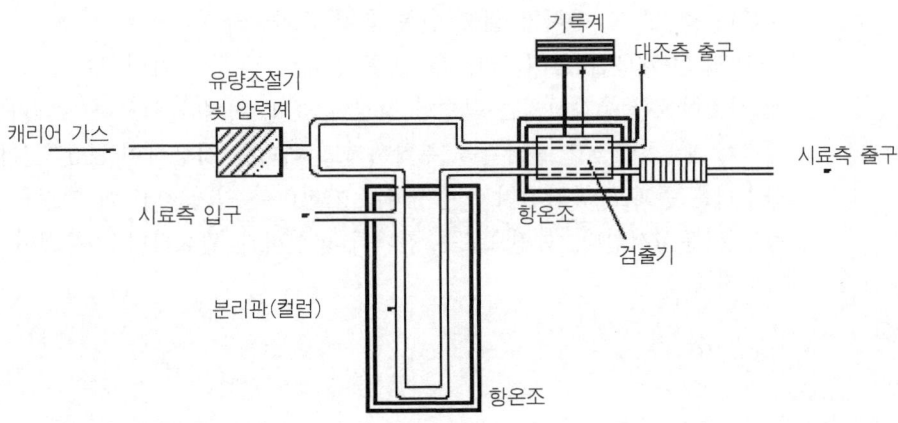

▣ 가스 크로마토 그래피

(5) 가스분석계

① **열전도율형 CO_2계** : 전기식 CO_2계라고도 부르며 널리 사용되고 있다. 측정가스를 측정실에 넣고 비교실에 공기를 넣어 백금선에 연결한다. 이선에 정전류를 통하여 열을 발생시키면(약 100[℃]) 비교실에 연결한 백금선과 측정실에 연결된 백금선의 온도차가 생긴다.

이 온도차에 의하여 휘트스톤 브리지(wheatstone bridge) 회로에는 불평형 전압이 발생되며 이 전압을 측정하여 CO_2 농도를 지시할 수 있다. 특히 혼합가스중에서 표준가스와 측정가스의 열전도율의 차이가 큰 것일수록 측정이 용이하며 공기분리 장치에서 N_2와 O_2중의 Ar측정, N_2중의 H_2 측정 등에 사용된다.

② **밀도식 CO_2계** : CO_2가 공기에 비하여 밀도가 현저하게 크다는 것을 이용한 것으로 비중식 CO_2계라고도 한다. NH_3 합성 원료가스중의 H_2나 연소가스 중 SO_2 등을 분석하는데 사용된다.

③ **반응열식** : 촉매를 이용하여 측정성분에 화학반응을 일으켜 이때 생성되는 반응열을 측정하여 함유량을 구하는 방식으로 가연성가스 또는 불활성가스 중의 미량산소 측정에 이용된다.

④ **용액전도율식** : 주로 미량 성분의 측정에 많이 사용되며 용액(흡수액)에 시료가스를 흡수시키면 측정성분에 따라 도전율이 변하는 원리를 이용한 방식이다. 특징으로 SO_2, CO_2, NH_3 등 미량분석에 사용된다.

⑤ **자기식 O_2계** : 가스는 반자성체에 속하지만 O_2는 자장에 흡인되는 강력한 상자성체인 점을 이용하는 산소분석계이다. 자기풍을 이용하는 O_2분석계는 비자성체로 된 측정식 내에 영구자석을 설치하며 가스를 흡인, 열선으로 가열한다. 특징으로는 자화율은 절대온도에 반비례하는 점을 이용하며 구조간단하여 취급이 용이하다.

⑥ **적외선 가스분석기** : 각 가스마다 적외선 흡수 스펙트럼의 차이를 이용하여 분석하여 적외선 흡수를 하지 않은 N_2, O_2, H_2, Cl_2 등과 대칭성 2원자분자 및 He, Ar 등의 단원자분자는 불가능하며 다른 모든 가스는 분석이 가능하다. 특징으로는 선택성이 우수하며 측정온도 범위가 넓고 연속 측정이 가능하다.

⑦ **세라믹 O_2계(지르코니아식)** : ZrO_2를 원료로 한 특수 세라믹은 온도 850[℃] 이상에서 산소이온만 통과시키는 특수한 성질이 있다. 이점을 이용하여 세라믹 파이프 내·외측에 백금 다공질 전극판을 부착시키고 히터를 사용하여 850[℃]이상 유지시키면 산소이온 통과로 농담전지가 형성되며 기전력이 얻어진다. 이 기전력을 측정하여 O_2 농도를 분석시킨다. 특징으로는 전기히터 설비가 필요하며 자동제어 장치와 결속이 용이하다.

제4장 측정기기 및 가스분석 예상문제

제2편 고압가스장치 및 기기
고압장치 | 저온장치 | 가스설비 | 측정기기 및 가스분석

문제 1 1차 압력계에서 가장 기본적인 압력계는?
㉮ 수은주 압력계　　　　㉯ 자유 피스톤형 압력계
㉰ 부르동관식 압력계　　㉱ 링 밸런스 압력계

문제 2 2차 압력계이며 탄성을 이용하는 대표적인 압력계는?
㉮ 부르동관식 압력계　　㉯ 자유 피스톤형 압력계
㉰ 벨로즈식 압력계　　　㉱ 다이어프램 압력계

문제 3 다음 1차 압력계는 어느 것인가?
㉮ 액주계　　　　　　　㉯ 부르동관 압력계
㉰ 다이어프램 압력계　　㉱ 벨로즈 압력계

문제 4 부르동관 압력계의 눈금 교정이나 연구실용으로 사용되는 압력계는?
㉮ 액주계　　　　　　　㉯ 부유 피스톤형 압력계
㉰ 피에조 전기 압력계　　㉱ 벨로즈 압력계

문제 5 금속의 전기 저항이 온도에 따라 변화하는 성질을 이용한 압력계를 무슨 압력계라 하는가?
㉮ 전기저항 압력계　　　㉯ 오리피스 압력계
㉰ 피토 압력계　　　　　㉱ 부르동관식 압력계

문제 6 다음 압력계 중에서 압력의 급격한 변화를 측정하는데 적당한 것은?
㉮ 부유 피스톤식 압력계　㉯ 부르동관식 압력계
㉰ 스트레인 게이지　　　㉱ U자관 압력계

문제 7 압력계에 관한 설명 중 틀리는 것은?
㉮ 부르동관의 단면은 원형의 금속관을 굽힌 구조이다.
㉯ 부르동관식 압력계의 눈금은 통상 게이지 압력을 표시한다.
㉰ 암모니아용 압력계의 부르동관의 재료는 동을 사용한다.
㉱ 압력계의 배관은 되도록 짧은 것이 좋다.

해설 암모니아는 동과 반응하여 부식성을 초래하여 보통 연강재로 사용

해답 1. ㉮　2. ㉮　3. ㉮　4. ㉯　5. ㉮　6. ㉰　7. ㉰

문제 8 부르동관식 압력계에 대한 설명 중 관계 없는 것은?

㉮ 고압 측정용으로 사용된다.
㉯ 부르동관의 재질은 인청동, 황동, 강 등을 사용한다.
㉰ 유입측에는 사이폰관을 사용한다.
㉱ 내부의 온도가 200[℃] 이상이 되지 않도록 한다.

해설 부르동관식 압력계의 내부 온도는 80[℃] 이상이 되지 않도록 한다.

문제 9 주름통의 압력에 의한 신축을 이용한 압력계로 유체 내의 먼지, 괴상물질에는 영향이 없으나 압력의 변동에는 적응하기 어려운 압력계는?

㉮ 벨로즈 압력계
㉯ 스트레인 게이지
㉰ 다이어프램 압력계
㉱ 피에조 전기 압력계

문제 10 다이어프램 압력계의 다이어프램 구비조건이 아닌 것은?

㉮ 내구성·인장강도가 클 것.
㉯ 전열성이 작을 것.
㉰ 영구변형이 적고, 내열, 내한성이 클 것.
㉱ 측정 유체에 침식치 말 것.

문제 11 다음 중 1차 압력계에 속하는 것은?

㉮ 자유 피스톤식 압력계
㉯ 부르동관식 압력계
㉰ 스트레인 게이지 압력계
㉱ 피에조 전기 압력계

해설 ① 1차 압력계 : 2차 압력계 보정용, 실험실용이며 마노미터(U자관), 부유 피스톤식 압력계
② 2차 압력계 : 부르동관 압력계, 다이어프램 압력계, 벨로즈 압력계, 전기저항 압력계, 피에조 전기 압력계

문제 12 부르동관 압력계를 사용할 때의 주의사항이 아닌 것은?

㉮ 압력계는 가급적 온도변화나 진동, 충격이 작은 장소를 선택할 것.
㉯ 압력계에 가스를 유입시키거나 또는 빼낼 때는 빠른 속도로 조작할 것.
㉰ 안전장치를 설치할 것을 사용할 것.
㉱ 정기적으로 감사를 행하고 지시의 정확성을 확인하여 둘 것.

문제 13 부식성 유체에 사용하는 압력계는?

㉮ 피에조 전기 압력계
㉯ 다이어프램 압력계
㉰ 부유 피스톤식 압력계
㉱ 전기저항 압력계

해답 8. ㉱ 9. ㉮ 10. ㉯ 11. ㉮ 12. ㉯ 13. ㉯

문제 14. 압력계에 관한 다음 설명 중에서 맞는 것은?

[보기] ① 압력계는 상용압력의 1.5~2배의 최고 눈금인 것을 사용한다.
② 공기용의 압력계는 산소에 사용하더라도 좋다.
③ 아세틸렌 압력계의 부르동관은 청동제가 좋다.
④ 압력계는 눈의 높이보다도 높은 위치에 부착시킨다.

㉮ ①, ② ㉯ ①, ④ ㉰ ③, ④ ㉱ ②, ③

문제 15. C₂H₂가스 등의 폭발등 급격한 압력변화 측정에 사용되는 압력계는?

㉮ 플로트식 ㉯ 피에조 전기 ㉰ 스트레인 게이지 ㉱ 차압식

문제 16. 수정이나 로셀염 등의 결정체의 특성방향에 압력을 가하면 그 표면에 전기가 생기는 원리를 이용한 것으로 전기적 변화를 측정하여 압력을 구하는 압력계는?

㉮ 피에조 전기 압력계
㉯ 오리피스 압력계
㉰ 전기 압력계
㉱ 부르동관식 압력계

문제 17. 초고압의 측정에 사용되는 압력계는?

㉮ 부르동관식 ㉯ 벨로즈식 ㉰ 전기저항식 ㉱ 링 밸런스식

문제 18. 부유 피스톤형 압력계에서 실린더 지름 2[cm], 추와 피스톤의 무게가 20[kg]일 때 이 압력계에 접속된 부르동관의 압력계 눈금이 7[kg/cm²]를 나타내었다. 이 부르동관 압력계의 오차는 몇 [%]인가?

㉮ 10[%] ㉯ 20[%] ㉰ 30[%] ㉱ 40[%]

해설 게이지 압력

$$P = \frac{W}{A} = \frac{20}{\frac{\pi}{4} \times 2^2} = 6.36 \, [kg/cm^2]$$

$$\therefore 오차[\%] = \frac{7-6.36}{6.36} \times 100 ≒ 10[\%]$$

문제 19. 부유 피스톤 압력계로 측정한 압력이 10[kg/cm²]였다. 부유 피스톤 압력계의 피스톤 지름이 2[cm], 실린더 지름이 4[cm]일 때, 추와 피스톤의 무게는 얼마인가?

㉮ 11.4[kg] ㉯ 21.4[kg]
㉰ 31.4[kg] ㉱ 41.4[kg]

해설 게이지 압력 = $\frac{추와\ 피스톤의\ 무게}{유효\ 피스톤의\ 단면적}$

즉 $P = \frac{(W+w)}{A}$ 에서 $10 = \frac{x}{\frac{\pi}{4} \times 2^2}$ 이므로

$x = \frac{\pi}{4} \times 2^2 \times 10 = 31.4[kg]$

해답 14. ㉰ 15. ㉯ 16. ㉮ 17. ㉰ 18. ㉮ 19. ㉰

문제 20 다음 온도계 중 가장 높은 온도를 측정할 수 있는 온도계는?
㉮ 유리 온도계 ㉯ 압력식 온도계
㉰ 전기식 온도계 ㉱ 복사 온도계

해설 복사 온도계의 측정온도범위 : $-50 \sim 3{,}000[℃]$

문제 21 수은을 이용한 U자관 액면계에서 $h : 500[mm]$일 때 P_2는 몇 $[kg/cm^2 a]$인가? (단, $P_1 = 1[kg/cm^2 a]$로 한다.)

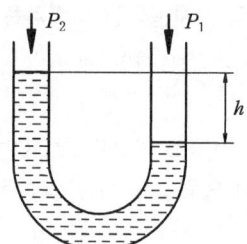

㉮ $0.5[kg/cm^2 a]$
㉯ $0.68[kg/cm^2 a]$
㉰ $1.5[kg/cm^2 a]$
㉱ $1.68[kg/cm^2 a]$

해설 $P_2 = P_1 + 1 + \gamma h = 1 + (0.0136 \times 50)$
$= 1.68[kg/cm^2 a]$

문제 22 다음 열전대 중 최고 사용온도가 1,200[℃] 정도인 것은?
㉮ P·R ㉯ C·A ㉰ I·C ㉱ C·C

해설 P·R : $0 \sim 1{,}600[℃]$
I·C : $-20[℃] \sim 800[℃]$
C·C : $-200[℃] \sim 350[℃]$

문제 23 열전대 재료의 구비조건이 아닌 것은?
㉮ 열기전력이 크고 온도상승에 따라 연속적인 상승을 할 것.
㉯ 열기전력이 안정되고 장시간 사용에 충분히 견딜 수 있을 것.
㉰ 고온의 가스, 공기 중에서 내식성이 작을 것.
㉱ 고온 중에서도 기계적 강도를 가지고 있을 것.

문제 24 수은 온도계의 일반적인 측정범위는?
㉮ $-10 \sim 100[℃]$ ㉯ $-35 \sim 650[℃]$ ㉰ $-50 \sim 300[℃]$ ㉱ $-70 \sim 500[℃]$

해설 ㉮ 알콜 온도계, ㉰ 바이메탈 온도계, ㉱ 기체 압력식 온도계에 해당.

문제 25 접촉식 온도계에 해당되지 않는 것은?
㉮ 유리 온도계 ㉯ 압력식 온도계 ㉰ 열전대 온도계 ㉱ 색 온도계

해설 색온도계는 비접촉식 온도계이며 접촉식 온도계에는 봉상식 온도계(유리 온도계), 압력 온도계, 전기저항 온도계, 더미스터 온도계, 열전대 온도계, 바이메탈식 온도계 등이 있다.

해답 20. ㉱ 21. ㉱ 22. ㉯ 23. ㉰ 24. ㉯ 25. ㉱

문제 26
다음은 알콜 온도계의 장점을 열거한 것이다. 틀린 것은?
㉮ 값이 싸다.
㉯ 감온색의 착색이 용이하다.
㉰ 수은보다 저온측정이 가능하다.
㉱ 수은보다 정밀측정이 적합하다.

문제 27
액체 봉입 봉상 온도계에서 사용되는 봉입액이 아닌 것은?
㉮ 수은   ㉯ 알콜   ㉰ 암모니아   ㉱ 실리콘

해설 유리관에 유체를 봉입하여 유체의 팽창이나 수축을 눈금으로 읽는 온도계로는 수은, 알콜, 톨루엔, 펜탄, 암모니아 유리 온도계 등이 있다.

문제 28
온도계 중 열전 온도계의 원리는?
㉮ 높은 고온을 측정하는데 쓰인다.
㉯ 두 물체의 열기전력을 이용한다.
㉰ 전기적으로 온도를 측정하는데 있다.
㉱ 두 물체의 열전도율이 큰 것을 이용한다.

문제 29
더미스터 온도계의 측온 소자가 아닌 것은?
㉮ 니켈(Ni)   ㉯ 코발트(Co)
㉰ 망간(Mn)   ㉱ 알루미늄(Al)

해설 더미스터 온도계란 전기저항의 변화가 큰 반도체를 이용한 온도계로 급격한 온도변화 측정에 사용되는 표면 온도의 측정이나 서비스용에 사용한다.
반도체로는 Ni, Co, Mn, Fe, Cu 등이 쓰인다.

문제 30
다음의 자동제어장치 중에서 온도제어 장치는?
㉮ 감온통식 더머스탯   ㉯ 안전 밸브
㉰ 언로더 기구   ㉱ 고압차단 스위치

문제 31
다음 중 C_2H_2 검지에 사용되는 시험지는?
㉮ 염화 파라듐지   ㉯ 염화 제1구리 착염지
㉰ 하리슨 시약   ㉱ 리트머스 시험지

해설
- CO : 염화 파라듐지(흑색)
- $COCl_2$: 하리슨 시약(심등색)
- NH_3 : 리트머스 시험지(청색)

문제 32
오르잣 가스분석기에서 흡수하지 않는 것은?
㉮ O_2 ㉯ H_2 ㉰ CO_2 ㉱ CO

해답 26.㉱ 27.㉱ 28.㉯ 29.㉱ 30.㉮ 31.㉯ 32.㉯

문제 33 유독가스 중 H_2S를 검지할 수 있는 시약은?

㉮ 하리슨 시약 ㉯ 연당지
㉰ 염화제일구리 ㉱ 염화 파라듐지

해설 $\dfrac{H_2S+(CH_3COO)_2Pb}{\text{연당지(초산납)}} \to \dfrac{PbS\downarrow}{\text{흑색}}+2CH_3COOH$

문제 34 기체연료의 시험방법 중 CO_2는 어느 흡수액에 흡수시키는가?

㉮ 수산화 칼륨 30[%] 수용액 ㉯ 암모니아 염화 제1구리용액
㉰ 알칼리성 피놀카놀 용액 ㉱ 발연 황산액

문제 35 아세틸렌가스의 불순물 착색 반응검사에 사용되는 시약은?

㉮ 질산은시약($AgNO_3$) ㉯ NaOH 수용액
㉰ 피로카롤 용액 ㉱ 암모니아수

문제 36 오르잣 가스 분석기의 가스 분석 순서로 옳은 것은?

㉮ CO_2-O_2-CO ㉯ $CO_2-O_2-C_2H_2$
㉰ $O_2-CO-CO_2$ ㉱ $CO-O_2-CO_2$

해설 가스분석 흡수순서(헴펠식)
$CO_2 \to C_mH_n \to O_2 \to CO \to$ 나머지

문제 37 가스 크로마토 그래피에서 전기체로 들어갈 수 있는 가스는?

㉮ Ne ㉯ He ㉰ Ar ㉱ Kr

해설 불활성 가스 중 He 이 필요하다.

문제 38 흡수법에 있어서 KOH 33[%] 수용액은 어떤 가스를 흡수하는가?

㉮ O_2 ㉯ CO ㉰ CO_2 ㉱ C_3H_8

문제 39 다음 유량계 중 유체의 압력 손실이 가장 큰 유량계는 어느 것인가?

㉮ 오리피스 유량계 ㉯ 벤튜리 유량계
㉰ 플로우 노즐 ㉱ 피토관

해설 압력손실이 큰 순서는,
오리피스 〉 플로우 노즐 〉 벤튜리 유량계 순이다.

문제 40 연소 분석법의 종류가 아닌 것은?

㉮ 폭발법 ㉯ 완만 연소법
㉰ 적정법 ㉱ 분별 연소법

해답 33. ㉯ 34. ㉮ 35. ㉮ 36. ㉮ 37. ㉯ 38. ㉰ 39. ㉮ 40. ㉰

문제 41 LP가스용 액면계 중 액의 방출구에서 액을 방출시켜 액면을 측정하는 것은 어느 것인가?
  ㉮ 고정 튜브 액면계   ㉯ 플로트 액면계
  ㉰ 크린카식 액면계   ㉱ 슬립 튜브식 액면계

문제 42 다음 중 직접법에 속하는 유량계는?
  ㉮ 피토관   ㉯ 오리피스미터   ㉰ 습식 가스미터   ㉱ 로터미터

문제 43 간접식 유량계가 아닌 것은?
  ㉮ 피토관 유량계   ㉯ 오리피스 유량계
  ㉰ 벤튜리미터 유량계   ㉱ 습식 가스미터 유량계

  해설 습식 가스미터는 직접식 유량계이며, 간접식 유량계로는 ㉮㉯㉰ 외에 면적식 유량계 등이 있다.

문제 44 유량을 측정하는데 사용하는 계기가 아닌 것은 어느 것인가?
  ㉮ 피토관   ㉯ 오리피스   ㉰ 아네로이드계   ㉱ 벤튜리계

문제 45 다음 유량계 중에서 차압식 유량계에 속하지 않는 것은?
  ㉮ 오리피스미터   ㉯ 벤튜리미터   ㉰ 플로노즐미터   ㉱ 피토관미터

문제 46 다음 중 간접식 액면계가 아닌 것은?
  ㉮ 압력식 액면계   ㉯ 초음파식 액면계
  ㉰ 부자식 액면계   ㉱ 정전용량식 액면계

문제 47 알칼리성 피놀카롤 용액을 흡수액으로 하는 가스는?
  ㉮ CO_2 ㉯ H_2S ㉰ CO ㉱ O_2

  해설
  · CO_2 : KOH 용액
  · CO : 암모니아성 CU_2Cl_2 용액
  · O_2 : 알칼리성 피놀카롤 용액

문제 48 다음 설명 중 틀린 것은?
  ㉮ 산소용 압력계에는 "금유"라고 명기한다.
  ㉯ 아세틸렌용 압력계의 부르동관은 황동으로 만든다.
  ㉰ 암모니아용 압력계의 부르동관은 연강으로 만든다.
  ㉱ 압력계의 최대 눈금은 측정 압력의 약 2배가 적당하다.

  해설 아세틸렌은 동 및 동합금(62[%] 이상의 Cu합금)과 폭발적으로 화합한다.

해답 41. ㉱ 42. ㉰ 43. ㉱ 44. ㉰ 45. ㉱ 46. ㉰ 47. ㉱ 48. ㉯

문제 49 고압가스 취급장치로부터 미량의 가스가 대기 중에 누설됨을 검지하기 위하여 사용되는 시험지와 변색이 옳게 짝지어진 것은 어느 것인가?

㉮ 암모니아－KI전분지－적변
㉯ 일산화탄소－염화 파라듐지－청변
㉰ 아세틸렌－염화제 1동 착염제－적변
㉱ 염소－적색 리트머스 시험지－청변

문제 50 오리피스 유량계는 어떤 정리를 이용한 것인가?

㉮ 베르누이 정리   ㉯ 토리첼리 정리   ㉰ 보일－샬의 정리   ㉱ 플랭크의 정리

문제 51 CO 가스를 검지하려고 한다. 다음 중 적당한 시험지는?

㉮ 염화 파라듐지   ㉯ 하리슨씨 시약   ㉰ 리트머스 시험지   ㉱ 초산 벤젠지

문제 52 다음 중 분별연소법의 가스분석에 속하는 것은?

㉮ 오르잣법   ㉯ 완만연소법   ㉰ 폭발법   ㉱ 산화구리법

해설 ① 흡수분석법 : 헴펠법, 오르잣법, 게겔법
② 연소분석법 : 폭발법, 완만연소법, 분별연소법
③ 화학분석법 : 적정법, 중량법, 흡광광도법

문제 53 가스 크로마토그래피 분석기는 어떤 성질을 이용한 것인가?

㉮ 비중   ㉯ 확산속도   ㉰ 비열   ㉱ 연소성

문제 54 가스크로마토 그래피에 사용되는 캐리어스의 종류가 아닌 것은?

㉮ H_2 ㉯ N_2 ㉰ Ar   ㉱ O_2

해설 분석하는 가스에 적당한 충전제(흡착제)가 든 분리관에 캐리어가스(운반가스), 즉 H_2, N_2, Ar, He 등을 송입하면 가스에 따라 정량 분석이 가능하다.

문제 55 가스검지기의 설치 높이로서 바른 것은?

㉮ 10[cm] 이내   ㉯ 30[cm] 이내   ㉰ 60[cm] 이내   ㉱ 100[cm] 이내

문제 56 프레온 누설검사 중 헤라이드 토치 시험에서 다량으로 누설될 때의 색변은?

㉮ 청색   ㉯ 녹색   ㉰ 노랑   ㉱ 자색

해설 ① 누설이 없을 때 : 파란색(청색)
② 약간 될 때 : 초록색
③ 많이 될 때 : 자색
④ 아주 많이 될 때 : 꺼진다.

해답 49. ㉰ 50. ㉮ 51. ㉮ 52. ㉱ 53. ㉯ 54. ㉱ 55. ㉯ 56. ㉱

문제 57 질소와 수소가스 중에서 수소를 연속적으로 기록 분석하는 경우의 시험법은?
㉮ 열전도도법 ㉯ 열전열법 ㉰ 열처리법 ㉱ 하우서법

문제 58 가스에 의한 인화, 중독의 우려가 없는 가스에만 사용할 수 있는 액면계는 어느 것인가?
㉮ 고정 튜브식 액면계 ㉯ 슬립 튜브식 액면계
㉰ 크린카식 액면계 ㉱ 회전 튜브식 액면계

문제 59 다음 중 연당지로 검지할 수 있는 가스는?
㉮ 포스겐 ㉯ CO ㉰ H_2S ㉱ HCN

해설 흑색으로 변색

문제 60 다음 중 액면측정장치가 아닌 것은?
㉮ 유리관식 액면계 ㉯ 부자식 액면계
㉰ 임펠러식 액면계 ㉱ 차압식 액면계

문제 61 극저온 저장 탱크의 액면측정에 사용되는 차압식 액면계로 차압에 의해 액면을 측정하는 액면계는?
㉮ 로터리식 액면계 ㉯ 햄프슨식 액면계
㉰ 슬립 튜브식 액면계 ㉱ 고정 튜브식 액면계

문제 62 유리판과 금속판을 조합하여 사용하여 파손될 때 액체의 유출을 최소한도로 줄이기 위하여 짧은 것을 서로 엇비슷(갈지자 형상)하게 배열된 형식의 액면계는?
㉮ 크린카식 액면계 ㉯ 부자식 액면계
㉰ 전기저항식 액면계 ㉱ 슬립 튜브식 액면계

해설 크린카식 액면계에는 직접액면을 관찰할 수 있는 투시식과 빛의 반사에 의해 측정되는 반사식이 있다.

문제 63 다음 중 용적식 유량 측정기기는?
㉮ 오리피스 ㉯ 오벌 유량계 ㉰ 피토관 ㉱ 벤튜리관

문제 64 차압을 일정히 유지하면서 조리개의 면적을 변화시켜 유량을 측정하는 방법은?
㉮ 유속식 ㉯ 면적식 ㉰ 열전식 ㉱ 용적식

문제 65 다음은 유독가스의 시험지 검지법이다. 서로 맞지 않은 것은?
㉮ 포스겐 : 하리슨 시험지-심등색 ㉯ 시안화수소 : 초산 벤젠지-청색
㉰ 아세틸렌 : 염화 파라듐지-흑색 ㉱ 황화수소 : 연당지-흑색

해답 57. ㉮ 58. ㉯ 59. ㉰ 60. ㉰ 61. ㉯ 62. ㉮ 63. ㉯ 64. ㉯ 65. ㉰

문제 66 다음 중 시안화수소를 검지할 때 사용되는 시험지는?
  ㉮ 하리슨 시험지
  ㉯ 염화 파라듐지
  ㉰ 질산구리 벤젠지
  ㉱ 연당지

  해설 포스겐 : 하리슨 시약→심등색(오렌지색)

문제 67 가스분석법 중 흡수분석법에 속하지 않는 것은?
  ㉮ 오르잣법
  ㉯ 게겔법
  ㉰ 헴펠법
  ㉱ 흡광 광도법

문제 68 부식성 유체나 고점도 유체에 적당한 유량계는?
  ㉮ 차압식 유량계
  ㉯ 면적식 유량계
  ㉰ 용적식 유량계
  ㉱ 유속식 유량계

문제 69 다음 온도계 중 실험용 온도계로 미세한 온도변화를 정밀하게 측정할 수 있는 온도계는?
  ㉮ 백크만 온도계
  ㉯ 알콜 온도계
  ㉰ 수은 온도계
  ㉱ 열전 온도계

문제 70 다음 중 흡착치환형 크로매터그래피(adsorption aisplacement chromatography)의 충전제가 아닌 것은?
  ㉮ 활성탄
  ㉯ 활성 알루미나
  ㉰ 몰레큘레시브
  ㉱ 소바비드

문제 71 높이 10[m]인 물 탱크에 구멍이 뚫렸을 때 분수되는 유속은?
  ㉮ 10[m/sec]
  ㉯ 14[m/sec]
  ㉰ 16[m/sec]
  ㉱ 20[m/sec]

  해설 $V[m/sec] = \sqrt{2 \cdot g \cdot h}$
  $= \sqrt{2 \times 9.8 \times 10}$
  $= 14[m/s]$

문제 72 차압식 유량계에서 유량은 속도와 면적의 곱으로 구할 때 관로를 흐르는 유체의 속도 V[m/sec]를 바르게 나타낸 식은?(단, C : 유량계수, P_1 : 교축전 압력, P_2 : 교축후 압력, ν : 유체의 비중량)

  ㉮ $V = C\sqrt{2g\dfrac{(P_1-P_2)}{\nu}}$
  ㉯ $V = 2g(P_2-P_1)\sqrt{\dfrac{C}{\nu}}$
  ㉰ $V = 2g\sqrt{C\dfrac{(P_2-P_1)}{\nu}}$
  ㉱ $V = C\sqrt{\dfrac{2g\nu}{(P_1-P_2)}}$

해답 66. ㉰ 67. ㉱ 68. ㉯ 69. ㉮ 70. ㉱ 71. ㉯ 72. ㉮

문제 73
LP가스 속에 함유된 산소의 양을 흡수법에 의해 정량할 때에 흡수액으로서 사용되는 것은?

㉮ 가성소다용액 ㉯ 요드화 칼리 수용액
㉰ 피로카롤의 알칼리성 용액 ㉱ 염산용액

문제 74
오리피스 유량계는 어떤 형식의 것인가?

㉮ 면적식 유량계 ㉯ 용적식 유량계
㉰ 차압식 유량계 ㉱ 터빈 유량계

문제 75
열전 온도계의 최고 측정온도는 얼마인가?

㉮ 300[°C] ㉯ 500[°C]
㉰ 1,000[°C] ㉱ 1,600[°C]

문제 76
레이놀드수란 어떻게 표현할 수 있겠는가?

㉮ 관성력대 점성력 ㉯ 관성력대 중력
㉰ 점성력대 탄성력 ㉱ 점성력대 중력

문제 77
깊이 20[m]로 바닷속을 항해하고 있는 잠수함이 받는 유체의 계기압력은?(단, 바닷물의 비중량은 1,025[kg/m³]이다.)

㉮ 1,025[kg/cm²] ㉯ 20,500[kg/cm²]
㉰ 31,250[kg/cm²] ㉱ 51,250[kg/cm²]

해설 $P\nu h$ 에서
$P = 1.025 \times 20 = 20,500 [kg/m^2]$
$= 20,500 \times 10^{-4} [kg/cm^2]$

문제 78
탄성식 압력계 중 주로 미압 및 저압의 측정에 적합한 압력계는?

㉮ 부르동관식 ㉯ 다이어프램식
㉰ 벨로즈식 ㉱ 바이메탈식

문제 79
알콜 온도계의 일반적인 온도측정범위는?

㉮ -100~100[°C] ㉯ 100~250[°C]
㉰ -150~200[°C] ㉱ 200~350[°C]

문제 80
다음 가스의 흡수제 및 중화제를 잘못 연결한 것은?

㉮ 염소-소석회 ㉯ 포스겐-가성소다
㉰ 시안화수소-탄산소다 ㉱ 산화 에틸렌-물

해답 73.㉰ 74.㉰ 75.㉱ 76.㉮ 78.㉯ 78.㉯ 79.㉮ 80.㉰

문제 81 다음 온도계 중 비접촉식 온도계가 아닌 것은?
㉮ 방사온도계　　　　　　㉯ 광고온도계
㉰ 광전관 온도계　　　　　㉱ 열전 온도계

해설 접촉식은 ㉱와 유리제, 저항식 등이다.

문제 82 다음 가장 고온을 측정할 수 있는 온도계는?
㉮ 열전 온도계　　　　　　㉯ 유리제 온도계
㉰ 바이메탈 온도계　　　　㉱ 방사 온도계

해설 방식은 −50~3,000[°C]까지 가장 고온.

해답 81. ㉱　82. ㉱

제 3 편 가스 안전관리

제1장 일반 고압가스 안전관리

1. 가스 안전관리 용어의 정리
2. 고압가스 제조에 관한 안전
3. 고압가스저장 및 판매상의 안전
4. 고압가스의 운반·취급에 관한 안전
5. 특정 고압가스 사용시설의 안전
6. 고압가스 품질검사
7. 용기·냉동기·특정설비의 제조 및 수리에 관한 안전

제2장 액화석유가스 안전관리

1. 정의
2. 액화석유가스 충전사업에 관한 사항
3. 액화석유가스 집단공급사업에 관한 안전
4. 액화석유가스 판매사업 및 영업소·용기 저장소에 관한 안전
5. 가스용품 제조사업의 기준
6. 액화석유가스 저장소의 시설기준 및 기술기준
7. 공급자의 안전점검기준
8. 용기의 안전점검기준
9. 액화석유가스 사용시설에 관한 안전

제3장 도시가스 안전관리

1. 정의
2. 가스도매사업의 가스공급시설의 시설·기술·검사·정밀안전진단·안전성평가의 기준
3. 일반 도시가스사업의 가스공급시설

제 3 부

개혁의 소리

제1장 일반 고압가스 안전관리

제3편 가스 안전관리
일반 고압가스 안전관리 | 액화석유가스 안전관리 | 도시가스 안전관리

적용범위에서 제외되는 고압가스(제2조 관련)

(1) 「에너지이용 합리화법」의 적용을 받는 안과 그 도관 안의 고압증기

(2) 철도차량의 에어콘디셔너 안의 고압가스

(3) 「선박안전법」의 적용을 받는 선박 안의 고압가스

(4) 「광산보안법」의 적용을 받는 광산에 소재하는 광업을 위한 설비 안의 고압가스

(5) 「항공법」의 적용을 받는 항공기 안의 고압가스

(6) 「전기사업법」에 따른 저기설비 중 발전·변전 또는 송전을 위하여 설치하는 전기설비 또는 전기를 사용하기 위하여 설치하는 변압기·리액틀·개폐기·자동 차단기로서 가스를 압축 또는 액화 그 밖의 방법으로 처리하는 그 전기설비 안의 고압가스

(7) 「원자력법」의 적용을 받는 원자로 및 그 부속설비 안의 고압가스

(8) 내연기관의 시공, 타이어의 공기충전, 리벳팅, 착암 또는 토목공사에 사용되는 압축장치 안의 고압가스

(9) 오토그레이브 안의 고압가스(수소·아세틸렌 및 염화비닐은 제외한다.)

(10) 액화브롬화메탄제조설비 외에 있는 액화브롬화메탄

(11) 등화용의 아세틸렌가스

(12) 청량음료수·과실주 또는 발포성주류에 혼합된 고압가스

(13) 냉동능력이 3톤 미만인 냉동설비 안의 고압가스

(14) 「소방시설설치유지 및 안전관리에 관한 법률」의 적용을 받는 총포에 충전하는 고압공기 또는 고압가스

(15) 정부·지방자치단체·자동차제작자 또는 시험연구기관이 시험·연구목적으로 제작하는 고압가스연료용 차량안의 고압가스

(16) 「총포·도검·화약류 등 단속법」의 적용을 받는 총포에 충전하는 고압공기 또는 고압가스

(17) 국가기관에서 특수한 목적으로 사용하는 휴대용 최루액 분사기에 최루액 추진제로 충전되는 고압가스

(18) 섭씨 35도의 온도에서 게이지압력이 4.9메가파스칼 이하인 유니트형 공기압축장치(압축기, 공기탱크, 배관, 유수분리기 등의 설비가 동일한 프레임 위에 일체로 조립된 것. 다만, 공기액화분리장치는 제외

한다)안의 압축공기

(19) 한국가스안전공사 또는 한국표준과학연구원에서 표준가스를 충전하기 위한 정밀충전 설비 안의 고압가스

(20) 그 밖에 지식경제부장관이 위해발생의 우려가 없다고 인정하는 고압가스

1-1 가스 안전관리 용어의 정의

1. 고압가스

압축가스와 액화가스로 구분된다.

(1) 압축가스

"압축가스"란 일정한 압력에 의하여 압축되어 있는 가스를 말한다.

(2) 액화가스

"액화가스"란 가압(가압)·냉각 등의 방법에 의하여 액체상태로 되어 있는 것으로서 대기압에서 끓는 점이 섭씨 40도 이하 또는 상용 온도 이하인 것을 말한다.

(3) 가연성가스

아크릴로니트릴, 아크릴알데히드, 아세트알데히드, 아세틸렌, 암모니아, 수소, 황화수소, 시안화수소, 일산화탄소, 이황화탄소, 메탄, 염화메탄, 브롬화메탄, 에탄, 염화에탄, 염화비닐, 에틸렌, 산화에틸렌, 프로판, 사이클로프로판, 프로필렌, 산화프로필렌, 부탄, 부타디엔, 부틸렌, 메틸에테르, 모노메틸아민, 디메틸아민, 에틸아민, 벤젠, 에틸벤젠 및 그 밖의 가스로서 폭발한계(공기와 혼합된 경우의 폭발한계를 말한다)의 하한이 10[%] 이하인 것과 폭발한계의 상한과 하한의 차가 20[%] 이상의 것.

(4) 독성가스

"액화가스"란 아크릴로니트릴·아크릴알데히드·아황산가스·암모니아·일산화탄소·이황화탄소·불소·염소·브롬화메탄·염화메탄·염화프렌·산화에틸렌·시안화수소·황화수소·모노메틸아민·디메틸아민·트리메틸아민·벤젠·포스겐·요오드화수소·브롬화수소·염화수소·불화수소·겨자가스·알진·모노실란·디실란·디보레인·세렌화수소·포스핀·모노게르만 및 그 밖에 공기 중에 일정량 이상 존재하는 경우 인체에 유해한 독성을 가진 가스로서 허용농도(해당가스를 성숙한 흰쥐 집단에게 대기 중에서 1시간 동안 계속하여 노출시킨 경우 14일 이내에 그 흰쥐 2분의 1이상이 죽게 되는 가스의 농도를 말한다. 이하같다)가 100만분의 5000이하인 것을 말한다.

해설

(1) 가연성가스(공기 중의 폭발한계)의 정의
① 폭발한계의 하한이 10[%] 이하인 것.
② 폭발한계의 상한과 하한의 차가 20[%] 이상인 것.

(2) 주요 가연성가스의 폭발범위

가스의 종류	폭발범위(공기 중)
C_2H_2	2.5~81[%](분해폭발)
C_2H_4O	3.0~80[%](분해 및 중합폭발)
H_2	4.0~75[%]
CO	12.5~74[%]
NH_3	15~28[%]
CH_4	5~15[%]
C_2H_6	3.0~12.5[%]
C_2H_4	3.1~32[%]
C_3H_8	2.1~9.5[%]
C_4H_{10}	1.8~8.4[%]
H_2S	4.3~45.5[%]
HCN	5.6~40.5[%]
CH_3Br	13.5~14.5[%]
CS_2	1.2~44[%]
CH_3CHO(아세트알데히드)	4.1~55[%]
C_2H_3Cl(염화비닐)	4.0~22[%]

(3) 가연성가스 전기설비구조는 방폭성능구조로 해야 한다. 단, 암모니아와 브롬화 메탄은 다른 가연성가스에 비해 폭발하한이 높기 때문에 제외한다.

(4) 독성가스의 정의
· 허용농도가 200[ppm] 이하의 것.
· 주요 독성가스의 허용 농도

허용농도[ppm]	가스의 종류
0.1[ppm]	$COCl_2$(포스겐)
0.1[ppm]	O_3, Br_2, F_2(불소)
0.3[ppm]	PH_3(인화수소)
1[ppm]	Cl_2
3[ppm]	HF(불화수소)
5[ppm]	SO_2(이산화황) HCl(염화수소) HCHO(포름알데히드)
10[ppm]	H_2S(황화수소) HCN(시안화수소) C_6H_6(벤젠)
20[ppm]	CH_3Br, ($CH_2=CHCN$)(아크릴로 니트릴)
25[ppm]	NH_3, NO(산화질소)
50[ppm]	CO, C_2H_4O(산화에틸렌)
100[ppm]	CH_3Cl(염화메틸) CH_3CHO(아세트알데히드)
200[ppm]	CH_3OH(메타놀)
5000[ppm]	CO_2 : 독성가스 제외

> ※ 허용농도란 : 공기중에 노출되더라도 통상적인 건강한 사람에게 나쁜 영향을 미치지 아니하는 정도의 공기중에 가스농도
> $$1\,[\text{ppm}] = \frac{1}{100만} \quad \text{ppm} = \text{part per million}$$
> • 허용농도 수치가 적으면 적을수록 맹독성이다.

2. 용기

고압가스를 충전하기 위한 것(부속품을 포함)으로서 이동할 수 있는 것.

(1) 초저온용기

"초저온 용기"란 섭씨 영하 50도 이하의 액화가스를 충전하기 위한 용기로서 단열재를 씌우거나 냉동설비로 냉각시키는 등의 방법으로 용기 내의 가스온도가 상용온도를 초과하지 아니하도록 한 것을 말한다.

(2) 저온용기

"저온용기"란 액화가스를 충전하기 위한 용기로서 단열재를 씌우거나 냉동설비로 냉각시키는 등의 방법으로 용기 내의 가스온도가 상용의 온도를 초과하지 아니하도록 한 것 중 초저온용기 외의 것을 말한다.

(3) 충전용기

고압가스의 충전질량 또는 충전압력의 1/2 이상 충전되어 있는 상태의 용기

(4) 잔가스용기

고압가스의 충전질량 또는 충전압력의 1/2 미만이 충전되어 있는 상태의 용기

(5) 접합용기 및 납붙임용기

"접합 또는 납붙임용기"란 동판 및 경판을 각각 성형하여 심(Seam)용접이나 그 밖의 방법으로 접합하거나 납붙임하여 만든 내용적(내용적)1리터 이하인 일회용 용기로서 에어졸제조용, 라이터충전용, 연료용 가스용, 절단용 또는 용접용으로 제조한 것을 말한다.

3. 저장 탱크

"저장탱크"란 고압가스를 충전·저장하기 위하여 지상 또는 지하에 고정 설치 된 탱크를 말한다.

(1) 저장설비

"저장설비"란 고압가스를 충전·저장하기 위한 설비로서 저장탱크 및 충전용기보관설비를 말한다.

(2) 가연성 저온저장 탱크

"가연성가스 저온저장탱크"란 대기압에서의 끓는 점이 섭씨 0도 이하인 가연성가스를 섭씨 0도 이하인 액체 또는 해당 가스의 기상부의 상용압력이 0.1메가파스칼 이하인 액체상태로 저장하기 위한 저장탱크로서 단열재를 씌우거나 냉동설비로 냉각하는 등의 방법으로 저장탱크 내의 가스온도가 상용온도를 초과하지 아니하도록 한 것을 말한다.

(3) 초저온저장 탱크

"초저온저장 탱크"란 섭씨 영하 50도 이하의 액화가스를 저장하기 위한 저장탱크로서 단열재를 씌우거나 냉동설비로 냉각시키는 등의 방법으로 저장탱크 내의 가스온도가 상용의 온도를 초과하지 아니하도록 한 것을 말한다.

(4) 저온저장 탱크

"저온저장 탱크"란 액화가스를 저장하기 위한 저장탱크로서 단열재를 씌우거나 냉동설비로 냉각시키는 등의 방법으로 저장탱크 내의 가스온도가 상용의 온도를 초과하지 아니하도록 한 것 중 초저온저장탱크와 가연성가스 저온저장탱크를 제외한 것을 말한다.

(5) 차량에 고정된 탱크

고압가스를 수송 및 운반하기 위하여 차량에 고정설치된 탱크

(6) 저장능력

저장설비에 저장할 수 있는 고압가스의 양

4. 가스설비

"가스설비"란 고압가스의 제조·저장 설비(제조·저장설비에 부착된 배관을 포함하며, 사업소 밖에 있는 배관은 제외한다)중 가스(제조·저장된 고압가스, 제조공정 중에 있는 고압가스가 아닌 상태의 가스 및 해당 고압가스제조의 원료가 되는 가스를 말한다)가 통하는 부분을 말한다.

(1) 고압가스설비

가스설비 중 고압가스가 통하는 부분

(2) 처리설비

압축, 액화 그 밖의 방법으로 가스를 처리할 수 있는 설비 중 고압가스를 제조(충전을 포함)하기 위한 설비 및 저장 탱크에 부속된 펌프, 압축기, 기화장치

(3) 감압설비

고압가스의 압력을 낮추는 설비

(4) 처리능력

"처리능력"이란 처리설비 또는 감압설비에 의하여 압축·액화나 그 밖의 방법으로 1일에 처리할 수 있는 가스의 양(온도 섭씨0도, 게이지압력 0파스칼의 상태를 기준으로 한다)

(5) 충전설비

"충전설비"란 용기 또는 차량에 고정된 탱크에 고압가스를 충전하기 위한 설비로서 충전기와 저장탱크에 딸린 펌프·압축기를 말한다.

(6) 특수고압가스

"특수고압가스"란 압축모노실란·압축디보레인·액화알진·포스핀·세렌화수소·게르만·디실란 및 그 밖에 반도체의 세정 등 지식경제부장관이 인정하는 특수한 용도에 사용되는 고압가스를 말한다.

(7) 고압가스 관련설비 (지식경제부령으로 정하는 고압가스 관련설비)

① 안전 밸브,긴급차단장치, 역화방지장치 ② 기화장치 ③ 압력용기 ④ 자동차용 가스자동주입기, ⑤ 독성가스배관용 밸브 ⑥ 냉동설비(일체형 냉동기는 제외)를 구성하는 압축기, 응축기, 증발기 또는 압력용기 ⑦ 특정고압가스용 실린더 캐비닛 ⑧ 액화석유가스용 용기잔류가드회수장치 ⑨ 자동차용 압축천연가드완속충전기(처리능력이 시간당 18.5세제곱미터미만인 충전설비를 말한다)

(8) 보안전력장치

정전시 자동제어장치들이 정상적인 작동을 할 수 있도록 하는 장치(자가발전, 타초로부터의 공급, 엔진 구동, 축전지 장치)

5. 그 밖의 용어

(1) 불연재료

콘크리트, 벽돌, 기와, 스레이트, 철재, 알루미늄, 모르타르, 유리 그 밖에 이와 유사한 것으로서 불에 타지 아니하는 것.

(2) 방호벽

높이 2[m] 이상, 두께 12[cm] 이상의 철근 콘크리트 또는 이와 동등 이상의 강도를 가지는 구조의 벽

(3) 안전거리

저장설비 및 처리설비의 외면으로부터 제1종 보호시설 또는 제2종 보호시설까지의 사이에 유지하여야 하는 거리

(4) 제1종 보호시설

① 학교·유치원·어린이집·놀이방·어린이놀이터·학원·병원(의원을 포함한다)·도서관·청소년수련시설·경로당·시장·공중목욕탕·호텔·여관·극장·교회 및 공회당(공회당)
② 사람을 수용하는 건축물(가설건축물은 제외한다)로서 사실상 독립된 부분의 연면적이 1천m^2 이상인 것
③ 예식장·장례식장 및 전시장, 그 밖에 이와 유사한 시설로서 300명 이상 수용할 수 있는 건축물
④ 아동복지시설 또는 장애인복지시설로 20명 이상 수용할 수 있는 건축물
⑤ 「문화재보호법」에 따라 지정문화재로 지정된 건축물

(5) 제2종 보호시설

① 주택
② 사람을 수용하는 건축물(가설건축물 제외)로서 사실상 독립된 부분의 연면적이 100[m^2] 이상, 1,000[m^2] 미만인 것

* 「고압가스 안전관리법」(이하 "법"이라 한다)" 지식경제부령으로 정하는 일정량" 이란 다음 각 호에 규정된 양을 말한다.

① 액화가스 : 5톤. 다만, 독성가스인 액화가스의 경우에는 1톤(허용농도가 100만분의 200이하인 독성가스인 경우에는 100킬로그램)을 말한다.
② 압축가스 : 500세제곱미터. 다만, 독성가스인 압축가스의 경우에는 100세제곱미터(허용농도가 100만분의 200이하인 독성가스인 경우에는 10세제곱미터)를 말한다.
③ "지식경제부령으로 정하는 냉동능력"이란 냉동능력 산정기준에 따라 계산된 냉동능력 3톤을 말한다.

1-2. 고압가스 제조에 관한 안전

(1) 안전거리

액화석유가스·일반 고압가스 제조시설의 저장·처리설비는 그 외면으로부터 다음표에 정한 안전거리를 유지할 것.

◘ 안전거리

처리능력 및 저장능력	독성 및 가연성가스		산소		기타의 가스	
	1종보호시설	2종보호시설	1종보호시설	2종보호시설	1종보호시설	2종보호시설
1만 이하	17[m]	12[m]	12[m]	8[m]	8[m]	5[m]
2만 이하	21[m]	14[m]	14[m]	9[m]	9[m]	7[m]
3만 이하	24[m]	16[m]	16[m]	11[m]	11[m]	8[m]
4만 이하	27[m]	18[m]	18[m]	13[m]	13[m]	9[m]
4만 초과	30[m]	20[m]	20[m]	14[m]	14[m]	10[m]
5만~99만	30[m] 1종 $\left[\frac{3}{25}\sqrt{x+10,000}\right]$[m]			20[m] 2종 $\left[\frac{2}{25}\sqrt{x+10,000}\right]$[m]		
99만 초과	30[m](가연성가스 저온저장 탱크)120[m]			20[m](가연성가스 저온저장 탱크)80[m]		

{참고}

■ 다른 고압가스 설비와의 거리

가연성가스 제조시설의 고압가스설비는 그 외면으로부터 다른 가연성가스 제조시설의 고압가스 설비와 5[m] 이상, 산소제조시설의 고압가스 설비와 10[m] 이상의 거리를 유지할 것.

(2) 방호벽

① **액화석유가스** : 저장 탱크와 가스 충전장소와의 사이(조업이 불가능하다고 시·도지사가 인정하거나 안전거리 유지시는 제외)

② **일반 고압가스**

압축기와 ┌ ㉮ 아세틸렌 가스를 ─────┐ 용기에 충전하는 장소 또는 그 충전
       └ ㉯ 9.8[MPa] 이상의 압축가스를 ─┘ 용기 보관 장소와의 사이

종류 \ 구분	규격		구조
	두께	높이	
철근콘크리트	12[cm] 이상	2[m] 이상	9[m] 이상의 철근을 40[cm]×40[cm] 이하의 간격으로 배근결속한다.
콘크리트블록	15[cm] 이상	2[m] 이상	9[m] 이상의 철근을 40[cm]×40[cm] 이하의 간격으로 배근결속하고, 블록 공동부에는 콘크리트, 모르타르로 채운다.
박강판	3.2[mm] 이상	2[m] 이상	30[mm]×30[mm] 이상의 앵글강을 40[cm]×40[cm] 이하의 간격으로 용접보강하고 1.8[m] 이하의 간격으로 지주를 세운다.
후강판	6[mm] 이상	2[m] 이상	1.8[m] 이하의 간격으로 지주를 세운다.

(3) 가연성가스(LPG 포함)는 저장 탱크 외부를 은백색으로 도색 후 가스의 명칭을 적색으로 표시하고 전기설비는 방폭설비(암모니아 및 브롬화 메탄은 제외)를 할 것.

(4) 가연성·독성의 위험시설은 양호한 통풍구조(지하 등은 강제 통풍시설)로 할 것.

(5) 가연성·독성의 액화가스 저장 탱크 액면계가 유리제일 때 그 파손방지장치(산소 또는 불활성가스의 초저온 저장 탱크에 한하여 환형유리제 액면계도 가능)를 설치하고 상·하 배관에는 자동 및 수동식의 스톱밸브 설치

(6) 가스설비 및 저장설비는 외면과 화기 취급장소까지 2[m](가연성가스 및 산소 가스저장설비는 8[m]의 우회거리를 유지할 것.)

(7) **비상전력 보유가 필요한 시설**

    ① 반응설비의 자동제어장치
    ② 살수장치·방소화설비·기타 안전 확대에 필요한 제조설비

(8) 독성가스는 흡입장치 또는 재해장치를 설치

(9) **고압가스설비시험** : 내압시험(상용압력의 1.5배) 이상에 합격한 것으로서 기밀시험은 상용압력 이상의 압력으로 질소·탄산가스·공기 등으로 실시(단, 산소는 사용금지)

(10) 나사는 무리한 하중이 걸리지 않게 하고, 상용압력 19.6[MPa] 이상은 나사 게이지로 검사한다.

(11) **가스방출장치** : 내용적 5[m^3] 이상의 가스를 저장하는 저장 탱크 및 가스 홀더에 설치

(12) **역화방지장치**

    ① 수소화염 또는 산소·아세틸렌화염 사용시설(특정 고압가스 사용시설 중)
    ② 가연성가스를 압축하는 압축기와 오토클레이브와의 사이
    ③ 아세틸렌의 고압 건조기와 충전용 교체 밸브 사이의 배관
    ④ 아세틸렌 충전용 지관

(13) 300[m^2](3[ton]) 이상의 저장 탱크와 다른 저장 탱크간의 사이는 1[m] 또는 두 저장 탱크 최대지름을 합산한 길이의 1/4중 큰 수치 이상을 이격(물 분무장치 설치시는 제외)

(14) **방류둑** : 1,000[ton] 이상의 가연성(LPG 포함)·산소의 액화가스 저장 탱크, 5[ton] 이상의 독성액화가스 저장 탱크, 500[ton] 이상의 특정제조시설의 가연성가스에 설치

(15) 방류제 내면과 그 외면 10[m] 이내에는 당해 저장 탱크 부속설비 이외의 것 설치 금지

(16) 고압가스설비는 상용압력의 2배 이상에서 항복을 일으키지 않는 두께로 할 것.

(17) 고압가스설비 기초는 부등침하 방지 및 100[m^3](1[ton]) 이상시 동일한 기초 위에 설치하고 지주 상호간은 단단히 연결

(18) 압력계

① 상용압력의 1.5배 이상~2배 이하의 최고 눈금이 있는 것을 사용
② 1일 100[m³] 이상인 사업소는 2개 이상의 표준압력계 설치

(19) 안전장치시 안전 밸브나 파열판에는 가스 방출관(가연성·독성)설치 : 내압시험의 8/10배(산소 탱크는 상용압력의 1.5배) 이하에서 작동

① **가연성** : 지상 5[m] 또는 저장 탱크 정상부로부터 2[m] 높이 중 높은 위치로 주위에 착화원이 없는 안전한 위치
② **독성** : 중화를 위한 설비내
③ **기타** : 인근 건축물이나 시설물이 높이 이상으로 주위에 착화원이 없는 안전한 위치

(20) 역류방지밸브

① 가연성가스 압축기와 충전용 주관사이
② 아세틸렌 압축기의 유분리기와 고압건조기와의 사이 또는 충전호스
③ 암모니아·메타놀의 합성탑이나 정제탑과 압축기와의 사이
④ 독성가스 감압설비와 당해가스의 반응설비 간의 배관(특정 고압가스 사용시설 중)

(21) 공기 액화 분리기

① 피트는 양호한 통풍구조로 할 것.
② 원료 공기의 취입구는 공기가 맑은 곳일 것.
③ 액화공기 탱크와 액화산소 증발기와의 사이에는 여과기설치(공기 압축량 1,000[m³/hr] 이하는 제외)
④ 액화산소통 내의 액화산소는 1일에 1회 이상 분석
⑤ 액화산소 5[l] 중 C_2H_2의 질량 5[mg] 또는 탄화수소의 탄소질량이 500[mg]을 넘을 때에는 운전 중지 후 액화산소 방출

> **[참고]**
>
> ■ **폭발원인**
> ① 공기취입구로 부터의 C_2H_2혼입
> ② 압축기용 윤활유 분해에 의해 탄화수소 생성
> ③ 공기중에 있는 질소화합물의 혼입
> ④ 액체공기중의 오존의 혼입
>
> ■ **대책**
> ① 분리장치 내에 여과기 설치
> ② 원료공기 취입구로부터 아세틸렌 용접 작업이나 카바이드 작업중지
> ③ 압축기의 윤활유는 양질의 광유사용
> ④ 분리장치는 CCl_4 등 세척제로 1년 1회 이상 청소

(22) 공기압축기의 내부 윤활유는 재생유 이외의 것으로 잔류탄소량이 전질량의 1[%] 이하는 인화점 200[℃] 이상 170[℃]에서 8시간 이상 교반해도 분해되지 않거나 잔류 탄소량이 1[%] 초과 1.5[%] 이하는 인화점 230[℃] 이상 170[℃]에서 12시간 이상 교반해도 분해되지 않는 것.

> **[참고]**
> ■ 압축기 종류에 따른 윤활유
> ① 산소 : 물, 10[%] 이하의 묽은 글리세린수
> ② 수소, 공기, C_2H_2 : 양질의 광유
> ③ 염소 : 진한 황산, LP가스 : 식물성유, 염화 메탄 : 화이트유
> ④ 아황산가스 : 화이트유, 정제된 터빈유

(23) 액화산소 탱크의 안전장치 : 상용압력의 1.5배 이하에서 작동

(24) 액화산소 접촉부 외면 : 불연성 단열재 사용

(25) 가연성·산소의 충전용기 보관실 : 불연성·난연성의 가벼운 지붕 설치

(26) 가연성 용기 보관실 : 가스경보기 설치 및 양호한 통풍구조

(27) 용기 보관장치 : 외부에 경계표시

(28) 아세틸렌 제조를 위한 설비

① 62[%] 이하의 동합금 사용 - 동·수은·은 등과 폭발성 물질 생성
② 충전용 지관에는 탄소함유량 0.1[%] 이하의 강사용
③ 충전용 교체 밸브는 충전장소에서 격리하여 설치
④ 용기 충전장소 및 충전용기 보관장소에는 살수장치(화재시 용기 파열 방지)설치
⑤ 미리 용기에 다공물질 (75[%] 이상 92[%] 미만)을 채운 후 아세톤 또는 디메틸 포름아미드(D.M.F)를 고루 침윤시킨 후 충전
⑥ 충전시 온도에 불구하고 2.5[MPa] 이하로 하며, 이때에는 질소·메탄·일산화탄소 또는 에틸렌 등의 희석제를 첨가, 충전후 15[℃]에서 1.5[MPa]가 될 때까지 정치
⑦ 습식 아세틸렌 발생기 표면온도 70[℃] 이하로 유지

(29) 산화 에틸렌

① 질소·탄산가스로 치환하고, 항상 5[℃] 이하로 유지
② 용기에 충전시 그 내부를 질소·탄소가스로 바꾼후 충전(산·알칼리를 함유치 않게)
③ 충전용기는 45[℃]에서 0.4[MPa] 이상 되도록 질소·탄산가스로 충전

(30) 시안화수소

① 충전시 순도가 98[%] 이상이고, 아황산가스・황산 등의 안정제 첨가

> **[참고]**
> ■ 안정제 : H_2SO_4(황산), SO_2, $CaCl_2$, H_3PO_4(인산), P_2O_5(오산화인), 동망(Cu)

② 충전후 24시간 정치후 누설검사 및 충전년월일을 명기한 표지 부착
③ 용기에 충전된 시안화수소는 60일이 경과되기 전에 다른 용기에 충전(순도 98[%] 이상으로 착색되지 않은 것은 제외)
④ 저장시 1일 1회 이상 질산구리 벤젠지로 누설검사

(31) 긴급차단장치

① 5[m^3] 이상의 가연성・독성 저장 탱크의 가스, 이 충전 배관(액상의 가스를 이입하기 위해 배관에는 역류방지 밸브로 대신 설치 가능)
② 일반제조시설 5[m] 이상에서 조작, 배관 외면 온도 110[℃] 이상시 자동 작동
③ 이외에도 2개 이상의 밸브 설치로 그 중 1개는 당해 배관에 속하는 저장 탱크의 가장 가까운 부근에 설치하고 가스의 이 충전 이외에는 폐쇄

(32) 독성가스 제조설비 : 그 외부에 식별표지, 누설 우려 부분은 위험표지를 할 것.

(33) 독성가스 제조설비의 접합 : 용접을 원칙(부적당시 필요한 강도의 플렌지 접합가능)

(34) 2중 배관으로 해야 할 독성가스 대상기준 : 아황산가스・산화에틸렌・암모니아・염화메탄・시안화수소・염소・포스겐・황화수소

(35) 통신시설 : 사업소 내의 긴급사태시 신속히 통보

(36) 액화가스 용량이 상용의 온도에서 90[%] 초과충전 및 저장금지 (독성은 90[%] 초과를 방지하는 과충전 방지장치를 설치)

(37) 물의 전기분해로 가연성・산소 제조시 발생장치, 정제장치 및 저장 탱크의 출구에서 1일에 1회 이상 그 가스를 채취하여 지체없이 분석할 것.

(38) 밀폐형 수전해조에는 액면계와 자동급수장치 설치

(39) 압축금지

① 가연성가스 중의 산소가 또는 산소 중의 가연성가스가 4[%] 이상시
② 수소・에틸렌・아세틸렌 중의 산소가 또는 산소 중의 그 합이 2[%] 이상시

(40) 충전용 주관의 압력계는 매월 1회 이상, 기타의 압력계는 3월에 1회 이상 표준이 되는 압력계로 기능검사

(41) 안전 밸브(액화산소는 안전장치)는 압축기 최종단은 1년에 1회 이상, 기타는 2년에 1회 이상 작동압력 조정(냉동설비에 쓰이는 압축기 최종단은 6개월에 1회 이상)

(42) 안전 밸브 · 방출 밸브에 설치된 스톱 밸브는 항상 완전 개방할 것.

(43) **산소 압축기의 내부 윤활유** : 석유류 · 유지류 · 글리세린 또는 농후한 글리세린 사용금지

(44) **공기 압축기의 내부 윤활유** : 통상산업부장관이 정하는 규격의 것 사용(양질의 광유사용)

(45) **드레인 세퍼레이터** : 산소 또는 천연 메탄을 수송하기 위한 배관과 이에 접속하는 압축이(내부 윤활제로 물사용)와의 사이에 설치하여 수분제거

(46) 용기 밸브 또는 충전용 지관 가열시 열습포, 40[°C] 이하의 물사용

(47) **산소를 용기에 충전시** : 내부의 석유류 · 유지류를 제거하고, 가연성 패킹은 사용금지

(48) 화기 · 인화성 및 발화성 물질이 있는 곳이나 그 부근에서는 가연성가스 충전 금지

(49) 5[l] 초과 용기의 밸브 돌출시 용기의 전도 및 밸브의 손상방지 조치

(50) **배관**

① 건물 내부 또는 기초의 밑에 설치하지 않을 것.
② 지상설치 : 지면으로부터 이격설치 및 표지판 설치
③ 지하설치 : 지면으로부터 1[m] 깊이 매설 및 표지판 설치
④ 수중설치 : 선박 · 파도의 영향이 없게 깊은 곳 설치
⑤ 상용압력의 2배 이상에서 항복을 일으키지 않는 두께
⑥ 배관은 항상 40[°C] 이하로 유지할 것.
⑦ 압축가스는 압력계, 액화가스는 압력계 및 온도계 설치
⑧ 안전 밸브 : 내압 시험 압력이 8/10 이하에서 작동하도록 조정
⑨ 완충장치 : 온도 변화시의 길이 변화에 대비
⑩ 기밀시험 : 상용압력 이상
⑪ 내압시험 : 상용압력의 1.5배 이상

고압가스의 종류	시설물	수평거리
독성가스	① 건축물(지하가 내의 건축물을 제외한다.) ② 지하가 및 터널 ③ 수도시설로서 독성가스가 혼입할 우려가 있는 것.	1.5[m] 10[m] 300[m]
독성가스외의 고압가스	① 건축물(지하가 내의 건축물을 제외한다.) ② 지하가 및 터널	1.5[m] 10[m]

① **지하매설**
  ㉮ 다른 시설물과 0.3[m] 이상 유지
  ㉯ 배관 외면과 지면과의 거리 : 산이나 들에서 1[m] 이상. 그 밖에 1.2[m] 거리 유지
② 도로밑에 매설

㉮ 도로경계와 수평거리 1[m] 이상 유지
㉯ 시가지의 도로 노면밑에 매설하는 경우 1.5[m], 방호되어 있는 경우 1.2[m] 이상
㉰ 시가지외 도로 노면 밑에 매설하는 경우 1.2[m]
㉱ 인도, 보도 등 노면밑 외의 경우 지면과 1.2[m](시가지의 경우 0.9[m] 방호구조물 안에 설치시 0.6[m])
③ 철도부지 밑 매설은 궤도 중심과 4[m] 이상, 그 철도부지의 수평거리 1[m] 이상 유지
④ 지상설치시 상용압력에 따른 폭 이상의 공지를 보유

상용압력	공지폭
0.2[MPa] 미만	5[m]
0.2[MPa] 이상 1[MPa] 미만	9[m]
1[MPa] 이상	15[m]

※ 공지폭은 배관 양쪽 외면으로부터 계산하되 산업자원부가 정하는 지역은 1/3로 할 수 있다.

⑤ 해저설치시 다른 배관과 교차하지 아니하고 다른 배관과 수평거리 30[m] 이상유지
⑥ 피뢰설비 KS C 9609(피뢰침)에 정하는 규격의 피뢰설비를 설치

(51) 제조설비의 밸브 또는 콕

① 개폐방향(개폐 상태)명시
② 유체의 종류 및 방향표시
③ 시건·봉하는 조치 : 안전상 중요한 밸브 중 항상 사용치 않는 것.
④ 받침대·조명장치 설치

(52) 아세틸렌 이외의 압축가스와 액화 암모니아·탄산가스·염소를 무이음새 용기에 충전시 음향검사(음향이 불량하면 내부 조명 검사)실시

(53) 차량 정지목 : 2,000[l] 이상의 차량에 고정된 저장 탱크(LPG는 5,000[l] 이상의 차량에 고정된 탱크가 해당)

(54) 차량에 고정된 이동식 제조설비 : 제조설비의 원동기로부터 불꽃 방출을 방지하는 조치

(55) 용기에 충전시 용기에 각인된 최고충전압력(압축가스) 또는 질량(액화가스) 이하로 충전(10[%]의 안전공간유지)

(56) 저장능력 산정기준

① 압축가스의 저장 탱크 및 용기의 저장설비

$$Q=(10p+1)V_1$$

Q : 저장능력[m^3]
P : 35[℃] (C_2H_2은 15[℃])에서의 최고충전압력[MPa]
V_1 : 내용적[m^3]

② 액화가스 저장 탱크의 저장설비

$$W = 0.9 d V_2$$

- W: 저장능력[kg]
- d: 상용온도에서 액화가스의 비중[kg/l]
- V_2: 내용적[l]

③ 액화가스용기 및 차량에 고정된 탱크의 저장능력

$$W = \frac{V_2}{C}$$

- W: 저장능력[kg]
- V_2: 내용적[l]
- C: 가스정수

액화가스의 종류	정수
액화에틸렌	3.50
액화에탄	2.80
액화 프로판	2.35
액화프로필렌	2.27
액화 부탄	2.05
액화부틸렌	2.00
액화씨클로프로판	1.87
액화 암모니아	1.86
액화시안화수소	1.57
액화황화수소	1.47
액화질소	1.47
액화탄산가스	1.47
액화아산화질소	1.34
액화산화에틸렌	1.30
액화염화메탈	1.25
액화염화비닐	1.22
액화4불화에틸렌	1.11
액화프레온 152a	1.08
액화산소	1.04
액화프레온 500	1.00
액화프레온 13	1.00
액화프레온 22	0.98
그 밖의 액화가스	1.05를 해당 액화가스의 48℃에서의 비중으로 나누어 얻은 수치

※ 저장탱크 및 용기가 다음 각 목록에 해당하는 경우에는 제1호에 따라 산정한 각각의 저장능력을 합산한다. 다만, 액화가스와 압축가스가 섞여 있는 경우에는 액화가스 10kg을 압축가스 1m3로 본다.
- 저장탱크 및 용기가 배관으로 연결된 경우
- 기록의 경우를 제외한 경우로서 저장탱크 및 용기 사이의 중심거리가 30m 이하인 경우 또는 같은 구축물에 설치되어 있는 경우. 다만, 소화설비용 저장탱크 및 용기는 제외한다.

(※)냉동능력 산정기준(제2조제3항 관련)

원심식 압축기를 사용하는 냉동설비는 그 압축기의 원동기 정격출력 1.2kW를 1일의 냉동능력 1톤으로 보고, 흡수식 냉동설비는 발생기를 가열하는 1시간의 입열량 6천 640kcal를 1일의 냉동능력 1톤으로 보며, 그 밖의 것은 다음 산식에 따른다.

$$R = \frac{V}{C}$$

위의 산식에서 R, V 및 C는 각각 다음의 수치를 표시한다.

- R : 1일의 냉동능력(단위 : 톤)
- V : 다단압축방식 또는 다원냉동방식에 따른 제조설비는 다음 ①의 산식에 따라 계산된 수치, 회전피스톤형 압축기를 사용하는 것은 다음 ②의 산식에 따라 계산된 수치, 스크류형 압축기는 다음 ③의 산식에 따라 계산된 수치, 왕복동형 압축기는 다음 ④의 산식에 따라 계산된 수치, 그 밖의 것은 압축기의 표준회전속도에 있어서의 1시간의 피스톤압출량 (단위 : m^3)

① $VH + 0.08VL$

② $60 \times 0.785 tn(D^2 - d^2)$

③ $K \times d^3 \times \dfrac{L}{D} \times n \times 60$

④ $0.785 \times D^2 \times L \times N \times n \times 60$

위의 ①부터 ④까지의 산식에서 VH, t, n, D, d, K, L 및 N은 각각 다음의 수치를 표시한다.

- VH : 압축기의 표준회전속도에 있어서 최종단 또는 최종원의 기통의 1시간의 피스톤 압출량 (단위 : m^2)
- VL : 압축기의 표준회전속도에 있어서 최종단 또는 최종원 앞의 기통의 1시간 피스톤 압출량 (단위 : m^2)
- t : 회전피스톤의 가스압축부분의 두께 (단위 : m)
- n : 회전피스톤의 1분간의 표준회전수 (스크류형의 것은 로우터의 회전수)
- D : 기통의 안지름 (스크류형은 로우터의 지름) (단위 : m)
- d : 회전피스톤의 바깥지름(단위 : m)

구분	대칭 치형	비대칭 치형
3%어덴덤	0.476	0.486
2%어덴덤	0.450	0.460

- K : 치형의 종류에 따른 다음 표의 계수
- L : 로우터의 압축에 유효한 부분의 길이 또는 피스톤의 행정 (行程) (단위 : m)
- N : 실린더 수
- C : 냉매가스의 종류에 따른 다음 표의 수치

냉매가스의 종류	압축기의 기통 1개의 체적이 5천 cm²이하인 것	압축기의 기통 1개의 체적이 5천cm²를 넘는 것
프레온 21	49.7	46.6
프레온 114	46.4	43.5
노멀부탄	37.2	34.9
이소부탄	27.1	25.4
아황산가스	22.1	20.7
염화메탄	14.5	13.6
프레온 134a	14.4	13.5
프레온 12	13.9	13.1
프레온 500	12.0	11.3
프로판	9.6	9.0
후레온 22	8.5	7.9
암모니아	8.4	7.9
프레온 502	8.4	7.9
프레온 13B1	6.4	5.8
프레온 13	4.4	4.2
에탄	3.1	2.9
탄산가스	1.9	1.8

비고
① 다원냉동방식에 따른 제조설비는 최종원의 냉매가스를 이 표의 냉매가스로 한다.
② 다단압축방식 또는 다원냉동방식에 따른 제조설비는 최종단 또는 최종원의 기통을 이 표의 압축기의 기통으로 한다.
③ 위 표에서 규정하지 않은 냉매가스의 C값은 다음의 계산식에 따른다.

$$C = \frac{3320 V_A}{(i_A - i_B)\eta V}$$

위 식에서 V_A, i_A, i_B 및 ηV는 각각 다음 수치를 표시한다.

V_A : -15℃에서의 그 가스의 건포화증기의 비체적
  (단위 : m³/kg)
i_A : -15℃에서의 rm 가스의 건포화증기의 엔탈피
  (단위 : kcal/kg)
i_B : 응축온도 30℃, 팽창밸브 직전의 온도가 25℃일 때 해당 액화가스의 엔탈피 (단위 : kcal/kg)
ηV : 압축기 기통 1개의 체적에 따른 체적효율로서 기통 한 개의 체적이 5000cm³이하인 경우에는 0.75, 5000 cm³를 초과하는 경우에는 0.8로 한다.

(57) 용기 보관 장소의 충전용기 보관기준

① 충전용기 · 빈용기는 각각 구분
② 가연성 · 독성 및 산소용기는 각각 구분
③ 작업에 필요한 물건(계량기 등) 이외에는 두지 않을 것.
④ 주위 2[m] 이내에는 화기 또는 인화성 · 발화성 물질 금지
⑤ 항상 40[℃] 이하 유지, 직사광선을 받지 않게 한다.

⑥ 5[*l*]를 넘는 충전용기는 전락·전도 등의 충격 및 밸브 손상방지 등의 조치와 난폭한 취급금지
⑦ 가연성가스 용기 보관장소에는 휴대용 손전등 이외의 등화휴대금지

(58) 가스설비의 수리 또는 청소 및 그 후의 제조 : 기술 위원회에서 정하는 기준에 따른다.

(59) 에어졸의 제조

① 성분 배합비 및 1일 제조 최대수량 이하로 할 것.
② 에어졸 분사제는 독성가스 사용금지
③ 인체 또는 가정에서 사용하는 에어졸 분사제는 가연성가스가 아닐 것.
④ 에어졸 제조설비 및 에어졸 충전용기 저장소는 화기 또는 인화성물질과 8[m] 이상의 우회거리
⑤ 35[℃]에서 내압이 0.8[MPa] 이하, 용량은 용기내용적의 90[%] 이하
⑥ 온수시험 탱크(46[℃] 이상~50[℃] 미만)에서 에어졸이 누출되지 않도록 할 것.
⑦ 용기기준
  ㉮ 100[cm^3] 초과용기는 강 또는 경금속을 사용하며, 내용적은 1[*l*] 미만일 것.
  ㉯ 두께 0.125[mm] 이상, 유리제 용기는 합성수지로 그 내·외면을 피복할 것.
  ㉰ 100[cm^3] 초과 용기는 제조자의 명칭·기호 명시
  ㉱ 30[cm^3] 이상 용기는 에어졸 제조에 사용된 일이 없는 것일 것.
  ㉲ 50[℃]에서 용기내 가스압력의 1.5배로 가압시 변형되지 않고, 50[℃]에서 용기내 가스압력의 1.8배로 가압시 파열치 않을 것.(단, 1.3[MPa]로 가압시 변형되지 않고, 1.5[MPa]로 가압시 파열치 않는 것은 제외)
⑧ 에어졸이 충전된 30[cm^3] 이상 용기에는 에어졸 제조자의 명칭·기호·제조번호 및 취급에 필요한 주의사항을 명시할 것(사용 후 폐기시 주의사항 포함)

(60) 제조소설비 사이의 거리

고압가스설비와 다른 고압가스설비는 30[m] 이상 유지, 제조설비는 제조소 경계와 20[m] 이상 유지, 가연성가스 저장 탱크와 처리능력이 20만[m^3] 이상인 압축기와 30[m] 이상거리 유지

1-3. 고압가스저장 및 판매상의 안전

1. 고압가스 저장시설

(1) 저장설비는 안전거리 유지

(2) 외부에 경계 표지, 가연성 저장 탱크 외부는 은백색 도색후 가스명칭을 붉은글씨로 표시

(3) 기화설비 주위는 방호벽 설치(안전거리 유지, 다만 시장·군수 및 구청장 인정시 제외)

(4) 가연성·산소의 저장식 : 불연재료로 할 것.

(5) 독성·가연성 저장실과 판매시설 : 양호한 통풍구조(지하 및 통풍 불량시 강제통풍시설요)

(6) 독성 저장 및 판매시설 : 누설시 흡수장치·중화장치설치

(7) 가연성·산소·도성 저장식 : 각각 구분하여 설치

(8) 공기보다 무거운 가연성 및 독성 저장설비와 판매시설의 보관실 : 누설 경보장치

(9) 저장실 주위 2[m] : 화기·인화성·발화성 물질 금지(가연성가스 저장실은 우회거리 8[m])

(10) 저장 탱크

① 상용온도에서 90[%] 초과 저장금지(소형 저장 탱크는 85[%] 초과 저장금지)
② 액화가스 1[ton](압축가스 100[m^3]) 이상의 기초 : 부등침하 방치 - 지주는 동일 기초위에 상호간을 단단히 연결

(11) 액화석유가스를 연료용으로 사용하는 저장시설

① 가스배관공사 면허자가 고압가스 기능사 1급 이상을 각각 1인 이상 채용한 자로 하여금 시공·감리
② 시공자는 고압가스 기능사 이상자로 하여금 감독
③ 배관은 건물 내부(당해 건물 가스공급배관은 제외) 또는 기초 밑에 설치하지 않으며, 건물의 배관은 노출하여 시공

(12) 충전용기는 전락·전도 및 충격방지 조치, 40[℃] 이하 유지(저장·판매동일)

(13) 가연성가스 저장소 : 휴대용 손전등만 휴대(판매시설 동일)

(14) 시안화수소 저장실

① 1일 1회 이상 질산구리 벤젠 등의 시험지로 누설검사
② 용기 충전후 60일 초과금지 (순도 98[%] 이상으로 착색 안된 것은 제외)

2. 고압가스 판매시설 (저장시설과 중복되는 내용은 생략)

(1) **용기보관실** : 방호벽 설치

(2) **액화가스 3[ton](압축가스 300[m³])을 넘는 보관실은 안전거리유지**

(3) **충전용기 보관실**

   ① 보관실 벽은 방호벽으로 할 것.
   ② 불연성이나 난연성 재료의 가벼운 지붕설치

(4) **압력계 또는 계량기 구비**(계량법상의 용적이나 질량으로 판매)

(5) **가연성·산소 및 독성의 용기 보관실** : 각각 구분설치 및 방폭성능의 전기설비

(6) **충전용기는 외면에 균열·구김이 없고 누설되지 않을 것.**

(7) **가연성·독성가스의 충전용기 인도시 인수자 입회하에 누설 여부 확인**

(8) **가연성가스 충전용기의 보관실 및 그 주위 2[m] 이내** : 화기 사용이나 인화성·발화성 물질 금지

(9) **검사 유효 기간의 경과·도색 불량의 충전용기는 그 용기 충전자에게 반송할 것.**

(10) **특정 고압가스 판매** : 인수자 신고·검사 여부 확인후 인도 또는 접속(미신고·미검사시 가스공급금지)

1-4. 고압가스의 운반·취급에 관한 안전

1. 고압가스 충전용기의 운반기준

(1) **차량 전후 경계표시** : 적색으로 '위험 고압가스' 경계표시와 같은 규격으로 전화번호를 표시

(2) **밸브 돌출 용기** : 고정식 프로텍터 또는 캡 부착으로 밸브 손상방지

(3) **와이어 로프 등을 결속** : 운반시 넘어짐 등으로 인한 충격방지

(4) **고무판·가마니 등 휴대** : 상·하차시 충격방지

(5) **40[°C] 이하 유지**(운반중의 충전 용기)

(6) **자전거·오토바이 적재금지** : 다만 차량통행이 곤란한 지역이나 시·도지사 인정시 가능

(7) 충전용기

① 소방법이 정하는 위험물과 동일 차량 적재 금지
② 차량의 동요로 용기가 충돌하지 아니하도록 고무 링을 씌우거나 적재함에 넣어 세워서 운반
③ 상·하차 이외에는 제1·2종 보호시설 부근 주차금지 및 교통량이 적은 안전한 장소에서 주차

(8) 독성가스

① 용기 사이에 목재 칸막이 또는 패킹을 끼울 것.
② 방독면·고무장갑·고무장화 기타 보호구 및 재해발생 방지용 응급조치 자재·제독제 및 공구휴대(통상산업부고시 참고)

(9) 가연성·산소 운반차량 : 소화설비 및 재해발생 방지용 응급조치 자재·제독제 및 공구휴대

(10) 가연성과 산소 : 동일 차량 적재시 그 충전용기 밸브가 서로 마주보지 않게 한다.

(11) 염소와 아세틸렌·암모니아 또는 수소는 동일 차량 적재 금지

(12) 운반 책임자 동승(운전자가 당해 자격시는 운반책임자 이외의 자 가능)

① 압축가스 ┌ 조연성 600[m^3] ┐
　　　　　│ 가연성 300[m^3] │ 이상시
　　　　　└ 독성 100[m^3] ┘

② 액화가스 ┌ 조연성 6[ton] ┐
　　　　　│ 가연성 3[ton] │ 이상시
　　　　　└ 독성 1[ton] ┘

　※ 납붙임 또는 접합용기의 경우 가연성은 2[ton] 이상시 해당

③ 이 때, 가스명칭·성질 및 이동중 주의사항 기재서면을 휴대
④ 장시간 정차금지 및 운반책임자와 운전자가 동시에 차량이탈 금지(차량고장·교통사정 또는 휴식 등 부득이한 경우는 제외)
⑤ 안전관리 책임자는 운반시 위해 예방에 필요한 사항 주지
⑥ 운반도중 주차시 안전한 장소에서 보관·관리

2. 차량에 고정된 저장 탱크의 운반기준

(1) 차량 전후 경계표시 : 적색으로 '위험 고압가스'

① 가로치수 : 차제폭의 30[%] 이상, 세로치수 : 가로치수의 20[%] 이상
② 부득이한 경우는 정사각형이나 이에 가까운 형상으로 600[cm^2] 이상

③ 차량 운전석 외부 : 적색 삼각기 게양
④ RTC 차량 : 좌우에도 표시

(2) 2개 이상의 저장 탱크 동일 차량에 고정 운반시

① 저장 탱크마다 주 밸브 설치
② 저장 탱크 상호간 또는 저장 탱크 차량과는 견고하게 부착
③ 충전관에는 안전 밸브·압력계 및 긴급 탈압 밸브 설치

(3) 가연성(LPG 제외) 및 산소는 18,000[l], 독성(암모니아 제외)은 12,000[l] 초과 운반금지(철도 차량에 고정된 저장 탱크 제외)

(4) 40[℃] 이하 유지, 액화가스가 충전된 저장 탱크는 온도계 또는 온도측정장치 설치

(5) 방파판 설치 : 액면 요동 방지를 위함.

(6) 차량 정상부 보다 높은 저장 탱크 : 높이 측정기구 설치

(7) ① 후부취출식 저장 탱크 : 주 밸브와 후 범퍼(bumper)는 40[cm] 이상 수평거리 유지

② 기타(측부 취출식) : 저장 탱크 후면과 후 범퍼(bumper)는 30[cm] 이상, 조작상자의 후 범퍼(bumper)는 20[cm] 이상(조작상자는 차량 우측면 이외에 설치) 수평거리유지

(8) 유리 등 손상되기 쉬운 재료의 액면계 사용금지

(9) 운반 책임자 동승(운전자가 당해 자격시는 제외)

① 압축가스 ┌ 조연성 600[m^3] ┐
　　　　　　│ 가연성 300[m^3] │ 이상시
　　　　　　└ 독성 100[m^3] ┘

② 액화가스 ┌ 조연성 6[ton] ┐
　　　　　　│ 가연성 3[ton] │ 이상시
　　　　　　└ 독성 1[ton] ┘

③ 운반경로 주위의 제조·저장·판매자 및 경찰서·소방서 상황을 파악
④ 이때, 가스명칭·성질 및 이동중 주의사항 기재 서면을 휴대
⑤ 현저히 우회하거나 부득이한 경우 외에는 번화가 또는 인파를 피해 운반

(10) 가스를 충전한 안전관리자는 누설여부 등의 안전확인 후 그 결과를 가스충전대장에 기록 보존

1-5. 특정 고압가스 사용시설의 안전

(1) **특정고압가스** : 사불화유황·사불화규소·삼불화인·삼불화질소·삼불화붕소·포스핀·셀렌화수소·게르만·디실란·오불화비소·오불화인

(2) **사용시설 주위** : 보기 쉽게 경계표시를 할 것.

(3) **화기와의 거리** : ① 가연성가스 사용시설 중 저장설비·기화장치 및 이들 사이의 배관 외면으로부터 화기 취급장소까지 8[m] 이상의 우회거리 유지

② 산소 저장설비 주위 5[m] 이내 화기취급 금지

(4) **내압 및 기밀시험** : ① 고압가스설비는 상용압력의 1.5배 이상의 내압시험에 합격할 것.

② 상용압력 이상의 기밀시험에 합격할 것.

(5) **고압설비의 두께** : 상용압력의 2배 이상의 압력에서 항복을 일으키지 않는 정도일 것.

(6) **안전 밸브** : 액화가스저장능력 300[kg] 이상의 고압가스설비에 설치

(7) **가연성·독성·산소설비의 수리·청소시** : 반응하지 않는 가스 또는 액체로 그 내부를 치환하는 등의 위해예방조치를 할 것.

(8) **역류방지장치** : 독성가스 감압설비와 당해가스와 반응설비간의 배관에 설치

(9) **경보설비 등** : 독성가스 사용시설에는 가스 누설검지 경보장치와 흡수 및 중화장치설비

(10) **이물질제거** : 산소 사용시 밸브 및 사용기구에 석유류, 유지류 기타 가연성물질제거

(11) **독성가스 사용시설의 배관** : 2중관 등 보호시설을 설치

(12) **시설점검** : 사용시설은 1일 1회 이상 소시설비의 작동상황을 점검

(13) **안전거리** : 저장능력 500[kg] 이상인 액화염소사용시설의 저장설비는 안전거리유지

(14) **방호벽** : 액화가스저장량 300[kg](압축가스는 60[m3]) 이상인 용기 보관실벽

(15) **충전용기 관리**

① 40[℃] 이하 유지

② 배관 및 밸브 가열시 열습포 또는 40[℃] 이하의 더운물 사용

③ 밸브 개폐는 천천히 하고 사용한 후 밸브는 폐쇄

(16) **배관설치** : 건축물의 기초밑이나 환기가 잘 되지 않는 곳은 설치 금지. 단, 동관 및 스테인레스강관 등 내식성 재료 배관(용접이음매 제외)운 매몰시공 가능

(17) **역화방지장치** : 수소화염 또는 산소·아세틸렌화염을 사용하는 시설에 설치

(18) 가연성가스 사용설비에는 정전지 제거 조치

(19) 특정고압가스 사용신고

① 법 규정에 따라 특정고압가스 사용신고를 하여야 하는 자는 다음 각 호와 같다.
㉮ 저장능력 250킬로그램이상인 액화가스저장설비를 갖추고 특정고압가스를 사용하려는 자
㉯ 저장능력 50세제곱미터이상인 압축가스저장설비를 갖추고 특정고압가스를 사용하려는 자
㉰ 배관으로 특정고압가스(천연가스는 제외한다)를 공급받아 사용하려는 자
㉱ 압축모노실란·압축디보레인·액화알진·포스핀·셀렌화수소·게르만·디실란·오불화비소·오불화인·삼불화인·삼불화질소·삼불화붕소·사불화유황·사불화규소·액화염소 또는 액화암모니아를 사용하려는 자. 다만, 시험용으로 사용하려 하거나 시장·군수 또는 구청장이 지정하는 지역에서 사료용으로 볏짚 등을 발효하기 위하여 액화암모니아를 사용하려는 경우는 제외한다.
㉲ 자동차 연료용으로 특정고압가스를 공급받아 사용하려는 자
㉳ 자동차용 압축천연가스 완속충전설비를 갖추고 천연가스를 자동차에 충전하려는 자

② 특정고압가스 사용신고를 하려는 자는 사용개시 7일 전까지 시장·군수 또는 구청장에게 제출하여야 한다.

1-6. 고압가스 품질검사

1. 품질검사 방법

(1) 산소

① 동암모니아 시약의 오르잣법
② 순도 99.5[%] 이상
③ 35[°C]에서 11.8[MPa] 이상일 것(충전 압력)

(2) 수소

① 피로카롤 또는 하이드로설파이드 시약의 오르잣법
② 순도 98.5[%] 이상
③ 35[°C]에서 11.8[MPa] 이상일 것(충전압력)

(3) 아세틸렌

① 발연 황산 시약의 오르잣법 또는 브롬 시약의 뷰렛법
② 순도 98[%] 이상, 질산은 시약은 정성시험에 합격한 것일 것.
③ 가스 충전량은 3[kg] 이상일 것.

> **[참고]**
> 산소와 수소의 최고충전압력(FP)은 35[°C]서 1.5[MPa]임에 주의한다.

1-7. 용기등의 수리자격자별 수리범위 등 (제10조제3항 관련)

[수리자격자별 수리범위]

수리자격자	수 리 범 위
가. 용기제조자	(1) 용기몸체의 용접 (2) 아세틸렌용기 내의 다공물질 교체 (3) 용기의 스커트·프로텍터 및 넥크링의 교체 및 가공 (4) 용기부속품의 부품교체 (5) 저온 또는 초저온용기의 단열재 교체 (6) 초저온용기부속품의 탈·부착
나. 특정설비제조자	(1) 특정설비몸체의 용접 (2) 특정설비의 부속품(그 부품을 포함한다)의 교체 및 가공 (3) 냉동기의 단열재 교체
다. 냉동기제조자	(1) 냉동기용접부분의 용접 (2) 냉동기부속품의 교체 및 가공 (3) 냉동기의 단열재교체
라. 고압가스제조자	(1) 초저온용기부속품의 탈·부착 및 용기부속품의 부품(안전장치는 제외한다) 교체(용기부속품제조자가 그 부속품 규격에 적합하게 제조한 부품의 교체만을 말한다.) (2) 특정설비의 부품교체 (3) 냉동기의 부품 교체 (4) 단열재 교체(고압가스 특정제조자만을 말한다.) (5) 용접가공[고압가스 특정제조자에 한정하며, 특정설비몸체의 용접가공은 제외한다. 다만, 특정설비몸체의 용접수리를 할 수 있는 능력을 갖추었다고 한국가스안전공사가 인정하는 경우에는 특정설비(차량에 고정된 탱크는 제외한다) 몸체의 용접가공도 할 수 있다.]

마. 검사기관	(1) 특정설비의 부품교체 및 용접(특정설비몸체의 용접은 제외한다. 다만, 특정설비제조자와 계약을 체결하고 해당 제조업소로 하여금 용접을 하게 하거나, 특정설비몸체의 용접수리를 할 수 있는 용접설비기능사 또는 용접기능사 이상의 자격자를 보유하고 있는 경우에는 그러하지 아니하다) (2) 냉동설비의 부품교체 및 용접 (3) 단열재교체 (4) 용기의 프로텍터·스커트 교체 및 용접(열처리설비를 갖춘 전문 검사기관만을 말한다) (5) 액화석유가스를 액체상태로 사용하기 위한 액화석유가스용기 액 출구의 나사사용 막음조치(막음조치에 사용하는 나사의 규격은 KS B 6212에 적합한 경우만을 말한다)
바. 액화석유가스 충전사업자	액화석유가스용기용 밸브의 부품교체(핸들 교체 등 그 부품의 교체 시 가스 누출의 우려가 없는 경우만을 말한다.)
사. 자동차관리사업자	자동차의 액화석유가스용기에 부착된 용기부속품의 수리

※ "지식경제부령으로 정하는 특정설비" 란 다음 각 호의 설비를 말한다.
1. 저장탱크 및 그 부속품
2. 차량에 고정된 탱크 및 그 부속품
3. 기화장치
4. 냉동용특정설비

1. 용기

(1) **용기재료** : 스테인레스강·알루미늄 합금 또는 C(탄소) : P(인) : S(황)의 함유량이 0.33[%](무이음새는 0.55[%]) : 0.04[%] : 0.05[%] 이하인 강 사용

(2) **용기동판** : 최대와 최소 두께의 차는 평균 두께의 20[%] 이하일 것.

(3) **초저온용기** : 오스테나이트계 스테인레스강 또는 알루미늄 합금, 동합금 사용

(4) 용기는 열처리후 세척하여 스케일·석유류 기타 이물질을 제거할 것.

(5) 무이음새 용기는 최고충전압력에 1.7 이상을 곱하여 얻은 압력으로 항복을 일으키지 않는 두께 이상일 것.

(6) **용접 용기는 다음식에 의해 얻은 두께 이상일 것.**

① 동판 $t = \dfrac{PD}{200S\eta - 1.2P} + C$

② 접시형 경판 $t = \dfrac{PDW}{200S\eta - 0.2P} + C$

③ 반타원형 경판 $t = \dfrac{PDV}{200S\eta - 0.2P} + C$

t : 두께[mm]
P : 최고충전압력[kg/cm2], C2H2은 최고충전압력의 1.62배
D : 동판은 동체 안지름, 접시형 경판은 그 중앙 만곡부 내면 반지름, 반타원형 경판은 내면 장축부의 길이에 각각 부식여유를 더한 길이[mm]
W : 접시형 경판 형상 계수로 $\dfrac{3+\sqrt{n}}{4}$
  (n은 경판 중앙 만곡부의 안지름과 경판둘레 단곡부의 안지름비)
V : 반타원형 경판의 형상 계수로 $\dfrac{2+m^2}{6}$
  (m은 반타원형 내면의 장축부와 단축부의 길이 비)
S : 재료의 허용응력[kg/mm2]
η : 용접효율
※ 방사선 검사정도 A : 용접부 전길이에 반사선 검사
   방사선 검사정도 B : 용접부 전길이의 1/2(두께 20[mm] 이하는 1/4)에 방사선 검사
C : 부식여유[mm]
 · 암모니아 1,000[l] 이하 : 1[mm]
            1,000[l] 초과 : 2[mm]
 · 염소 1,000[l] 이하 : 3[mm]
        1,000[l] 초과 : 5[mm]

(7) 용기는 방청도장을 할 것.

(8) 20[l] 이상 125[l] 미만 LPG 충전용기(자동차 용기 제외)의 저부에는 스커트 부착

(9) 밸브를 보호하기 위해 프로텍터 또는 캡 설치

(10) C_2H_2의 용기는 다공도 75[%] 이상 92[%] 미만의 다공질물을 고루 채운다 (용기벽을 따라 지름의 1/200 또는 3[mm]를 넘는 틈이 없어야 한다.)

(11) 수입용기는 재검사 기준을 준용

(12) 용착 금속 인장시험은 연신율 22[%] 이상일 것.

(13) 용접용기의 내압시험은 영구증가율 10[%] 이하일 것.

(14) 초저온 용기 (시험 : 외관검사, 인장시험, 압궤시험, 내압시험, 기밀시험, 용접부시험, 단열성능 시험)

① **용접부 시험** : 3개의 시험편으로 $-150[℃]$ 이하에서 충격값 최저 2[kg·m/cm^2] 이상, 평균 3[kg·m/cm^2] 이상

② **단열 성능시험** : 침입열량 0.0005[kcal/h·℃·l](1,000[l] 이상용기는 0.002[kcal/h·℃·l] 이하)

③ 특정설비제조의 8[mm] 미만인 판에 스테이를 부착하지 말 것.

> **[참고]**
> ■ 납붙임용기 또는 접합용기시험
>   · 외관검사   · 기밀시험   · 고압가압시험(최고충전압력의 4배로 실시)

(15) 아세틸렌 용기는 용접용기로 할 것.

(16) 용기 부속품의 검사

  ① 시험편 인장강도는 32[kg/mm^2] 이상 및 연신율은 15[%] 이상
  ② 충격시험(초저온 또는 저온용기에 해당)은 5[kg·m/cm^2] 이상
  ③ 화학성분 검사(아세틸렌에 해당)는 동함유량 62[%] 이하
  ④ 긴급차단장치의 성능시험 : 원격 조작 및 110[℃]에서 자동 작동할 것.

(17) 500[l] 미만인 용기(아세틸렌·저온 및 초저온용은 제외)는 제조시 각인 질량의 95[%] 이상(영구 증가율 6[%] 이하인 것은 90[%] 이상)인 것을 합격

(18) 초저온 용기 : 임계온도 −50[℃] 이하인 액화가스를 충전하기 위한 용기로 단열 피복하여 상용의 온도를 초과하지 않도록 한 용기.

(19) 저온용기 : 단열재 피복 또는 냉동설비로 냉각하여 용기내 가스 온도가 상용의 온도를 초과하지 아니하도록 조치된 액화가스 충전용기로 초저온 용기 이외의 것.

(20) 비열처리 재료 : 용기재료로 오스테나이트계 스테인레스강·내식 알루미늄 합금판·내식 알루미늄합금 단조품, 기타 열처리가 필요없는 것.

(21) 내압시험 압력

  ① 아세틸렌 : 최고충전압력(15[℃]에서 1.5[MPa])의 3배
  ② 아세틸렌 이외의 압축가스와 초저온 및 저온 액화가스 : 최고충전압력의 5/3배

> **[참고]**
>
> | | | | | | |
> |---|---|---|---|---|---|
> | 액화암모니아 | A | 30 | 액화염소 | A | 22 |
> | | B | 37 | | B | 26 |
> | 액화프레온 22 | A | 30 | 액화부탄 | A | 9 |
> | | B | 35 | | B | 11 |
> | 액화프로판 | A | 26 | 액화탄산가스 | 200(소화기용은 250) | |
> | | B | 30 | | | |
>
> 〈비고〉
> A : 내용적이 500[l] 이상인 용기로서, 그 외면이 두께 50[mm](내용적이 5천[l] 이상인 용기는 100[mm]) 이상의 코르크로 피복되어 있는 것 또는 이와 동등 이상의 단열조치를 한 것 및 내용적이 500[l] 미만인 용기를 말한다.
> B : 그 밖의 용기를 말한다.

(22) 기밀시험 압력

① 초저온 및 저온용기 : 최고충전압력의 1.1배
② 아세틸렌 : 최고충전압력의 1.8배
③ 그밖의 용기 : 최고충전압력

(23) 불합격 용기의 파기

① 절단 등의 방법으로 파기하여 원형으로 가공할 수 없도록 할 것.
② 잔류가스 전부 제거후 절단
③ 3일전까지 용기 검사 신청인에게 통지하고 검사원이 검사장소에서 직접파기
④ 파기용기는 인수시한(통지후 1월) 내에 인수치 않으면 임의로 매각 처분

(24) 합격용기의 각인 또는 표시

① 신규검사 합격용기
   ㉮ 용기 제조업자의 명칭 또는 약호
   ㉯ 충전 가스 명칭
   ㉰ 용기 번호
   ㉱ 내용적 : $V[l]$
   ㉲ 초저온용기 외의 용기 밸브 및 부속품을 분리한 용기 질량 : $W[\text{kg}]$
   ㉳ 아세틸렌은 용기·밸브·다공질물 및 용제질량 : $TW[\text{kg}]$
   ㉴ 내압시험 합격 년월
   ㉵ 내압시험 압력 : $TP[\text{MPa}]$
   ㉶ 압축가스의 용기 최고충전압력 : $FP[\text{MPa}]$
   ㉷ 내용적 500[l]를 넘는 용기의 동판 두께 : $t[\text{mm}]$

② 신규검사 합격 용기 부속품
   ㉮ 검사 합격 년월
   ㉯ 제조업자의 명칭 또는 약호
   ㉰ 질량 : $W[\text{kg}]$
   ㉱ 내압시험 압력 : $TP[\text{MPa}]$
   ㉲ 용기 부속품 기호와 번호
      ㉠ 아세틸렌 : AG
      ㉡ 압축가스 : PG
      ㉢ 액화석유가스 : LPG
      ㉣ 액화석유가스 이외의 액화가스 : LG
      ㉤ 초저온 및 저온 : LT

> **[참고]**
> 납붙임 용기 또는 접합용기는 다음 사항을 용기에 인쇄하여 표시한다.
> (1) 용기 제조업자의 명칭 또는 약호
> (2) 충전하는 가스의 명칭
> (3) 내용적 : V [cc 또는 ml]

③ 재검사에 합격한 용기 및 그 부속품
 ㉮ 재검사 기관의 명칭 또는 약호
 ㉯ 재검사 년월
 ㉰ 질량(전회와 차이가 있을 때 두 줄의 평행선으로 지우고 표기)
 ㉱ 가스명칭(가스 변경시 두 줄의 평행선으로 지우고 표기)

④ 용기도색

공 업 용		용기도색	의 료 용	
가스명칭표시	가스 종류		가스 종류	가스명칭표시
흑색	암모니아	백색	산소	녹색
백색	탄산가스	청색	아산화질소	전부백색
	염소	갈색	헬륨	
적색	기타	회색	탄산가스	
	LPG			
백색	수소	주황색	사이크로프로판	
-	-	흑색	질소	
흑색	아세틸렌	황색	-	
백색	산소	녹색	-	
		자색	에틸렌	

- 공업용의 경우 독성가스 ㉲ 가연성가스는 ㉳이라 $\phi 10$[cm]의 원에 1[cm] 굵기로 적색표기(단, 수소는 백색으로, LPG는 표기하지 않는다)하며, 내용적 2[l] 미만인 용기는 제조자가 정한다.
- 선박용 액화석유가스용기는 용기의 상단부에 폭 2[cm]의 백색띠를 두 줄로 표시하며 그 하단에 백색으로 가로·세로 5[cm]의 크기로 '선박용'이라 표기한다.
- 용기의 상단부에 폭 2[cm]의 백색(산소는 녹색)의 띠를 두 줄로 표시
- 각 글자마다 백색(산소는 녹색)으로 가로·세로 5[cm]로 띠와 가스명칭 사이에 표시

※ 충전기한의 색은 적색으로 표기한다.

2. 냉동기의 각인 또는 표시방법

※ 다른 금속 박판에 다음 사항을 각인하여 보기쉬운 곳에 견고하게 부착.

(1) 냉동기 제조업자의 명칭 및 약호
(2) 냉매가스의 종류
(3) 냉동능력[RT]

(4) 원동기 소요전력 및 전류[kW, A]
(5) 제조번호
(6) 내압시험에 합격한 연월일
(7) 내압시험 압 TP[MPa]
(8) 최고사용압 DP[MPa]

3. 합격 특정설비의 각인 또는 표시방법

(1) 저장 탱크 및 차량에 설치된 저장 탱크
① 특정설비 제조자의 명칭 및 약호
② 충전하는 가스의 명칭
③ 내용적 V[l]
④ 차량에 고정된 탱크는 분리할 수 있는 밸브 및 부속품을 포함하지 아니한 특정 설비의 합계질량 TW[kg]
⑤ 내압시험에 합격한 연월일
⑥ 내압시험 압력 TP[MPa]
⑦ 동판의 두께 t[mm]
⑧ 제조번호 및 제조년월일

(2) 기화장치
① 특정설비 제조자의 명칭 및 약호
② 사용하는 가스의 명칭
③ 내압시험에 합격한 연월일
④ 내압시험 압력 TP[MPa]
⑤ 제조번호 및 제조년월
⑥ 가열방식 및 형식
⑦ 최고사용압력 DP[MPa]
⑧ 기화능력[kg/hr 또는 m^3/hr] 및 열매체 소비량

(3) 기타의 특정설비
① 특정설비 제조자의 명칭 또는 약호
② 특정설비 검사에 합격한 년월
③ 질량 W[kg]
④ 내압시험에 합격한 년월
⑤ 내압시험압력 TP[MPa]

⑥ 특정설비별 기호 및 번호
　㉮ 아세틸렌 : AG
　㉯ 압축 가스용 : PG
　㉰ 액화석유 가스용 : LPG
　㉱ 저온 및 초저온 가스용 : LT
　㉲ 기타의 가스용 : LG

4. 재검사에 합격한 용기 및 특정설비의 각인 또는 표시방법

[참고]

1) 용기의 재검사 기간

용기의 종류		재검사주기 신규검사후 경과연수		
		15년미만	15년이상 20년미만	20년이상
용접용기	500[*l*]이상	5년마다	2년마다	1년마다
	500[*l*]미만	3년마다	2년마다	1년마다
이음매 없는 용기	500[*l*]이상	5년마다		
	500[*l*]미만	10년이하 5년, 10년초과 3년마다		
용기부속품 (통상산업부 장관이 정하여 고시하는 것을 제외한다.)	용기에 부착되지 아니한 것.	2년마다		
	용기에 부착된 것(CNG자동차용기용밸브 이외의 125[*l*] 이하 용기용 부속품 제외.)	검사 후 2년을 경과하여 용기부속품을 부차간 당해 용기의 재검사를 받을 때 마다		

비고
1. 재검사일은 재검사를 받지 않은 용기의 경우에는 신규검사일부터 신청하고 재검사를 받은 용기의 경우에는 최종 재검사일부터 산정한다.
2. 제조 후 경과연수가 15년 미만이고 내용적이 500L 미만인 용접용기에 대하여는 재검사주기를 다음과 같이 한다.
　가. 액화석유가스를 충전하기 위한 용기 중 첫 번째 재검사를 받는 용기로서 알루미늄합금, 스테인레스강 등 내식성 재료로 제조된 용기는 4년
　나. 용기내장형 가스난방기용 용기는 6년
　다. 내식성재료로 제조된 초저온 용기는 5년
3. 내용적 20L 미만인 용접용기 및 지게차용 용기는 10년, 자동차용 용기는 그 자동차를 폐차할 때까지의 기간(자동차운수사업에 사용되는 자동차용 용기는 「여객자동차 운수사업법」 제 84조에 규정된 해당 자동차의 차령기간)을 첫 번째 재검사주기로 한다.
4. 에어졸 제조용, 용접용 또는 절단용으로 사용하는 이음매 없는 용기와 접합용기 또는 납붙임용기로서 내용적이 1L이하인 1회용 용기는 사용 후 폐기한다.
5. 내용적 125L미만인 용기에 부착된 용기부속품(지식경제부장관이 정하여 고시하는 것은 제외한다)은 그 부속품의 제조 또는 수입 시의 검사를 받은 날부터 2년이 지난 후 해당 용기의 첫 번째 재검사를 받게 될 때 폐기한다.
6. 복합재료용기 및 압축천연가스자동차용 용기는 제조검사를 받은 날부터 15년이 되었을 때에 폐기한다.
7. 내용적이 50L 미만인 액화석유가스 용접용기의 신규검사 후 최초의 재검사주기는 4년으로 한다.

2) 특정설비의 재검사기간

특정설비의 종류		재검사주기 제조후 경과연수		
		15년미만	15년이상 20년미만	20년이상
차량에 고정된 탱크		5년마다	2년마다	1년마다
저장 탱크		5년마다. 다만, 재검사에 불합격되어 수리한 것은 3년마다, 다른 장소로 이동하여 설치한 저장탱크(액화석유가스의 안전 및 사업관리법시행규칙 제2조제1항제3호에 의한 소형 저장 탱크를 제외한다)는 이동하여 설치할 때마다		
안전 밸브 및 긴급차단장치		검사후 2년을 경과하여 당해 안전 밸브 또는 긴급차단 밸브가 설치된 저장 탱크 또는 차량에 고정된 탱크의 재검사시마다		
기화장치	저장 탱크와 함께 설치된 것.	검사후 2년을 경과하여 당해 탱크의 재검사마다		
	저장 탱크가 없는 곳에 설치된 것.	3년마다		
	설치되지 않은 곳	2년마다		
압력용기		4년마다 다만, 압력용기의 내부에 대한 재검사주기는 지식경제부장관이 정하여 고시하는 기법에 따라 산정하여 그 적합성을 인정받는 경우 그 주기로 할 수 있다.		

비고
1. 재검사를 받아야 하는 연도에 업소가 자체정기보수를 하고자 하는 경우에는 자체정기보수 시까지 재검사기간을 연장할 수 있다.
2. 「기업활동 규제완화에 관한 특별조치법 시행령」 제19조 제1항에 따라 동시검사를 받고자 하는 경우에는 재검사를 받아야 하는 연도 내에서 사업자가 희망하는 시기에 재검사를 받을 수 있다.

5. 공급자의 안전점검기준

(1) 점검자의 자격 및 인원

구분	안전점검자	자격	인원
고압가스제조(충전)자	충전원	안전관리책임자로부터 가스 충전에 관한 안전교육을 10시간 이상 받은 사람	충전 필요 인원
	주요자시설 점검원	안전관리책임자로부터 수요자시설에 관한 안전교육을 10시간 이상 받은 사람	가스배달 필요 인원
고압가스판매자	수요자시설 점검원	안전관리책임자로부터 수요자시설에 관한 안전교육을 10시간 이상 받은 사람	가스배달 필요 인원

(2) 점검장비 : 점검장비는 점검을 실시하는 자마다 다음의 표시장비를 갖출 것.

점검장치 \ 가스별	산소	불연성가스	가연성가스	독성가스
가스누출검지기			○	
가스누출시험지				○
가스누출검지액	○	○	○	○
그 밖에 점검에 필요한 시설 및 기구	○	○	○	○

(3) 점검기준

① 충전용기의 설치위치
② 충전용기와 화기와의 거리
③ 충전용기 및 배관의 설치상태
④ 충전용기, 충전용기로부터 압력조정기, 호스 및 가스사용기기에 이르는 각 접속부와 배관 또는 호스에서의 누출여부 및 그 가스의 적합여부
⑤ 독성가스의 경우 흡수장치, 재해장치 및 보호구등에 대한 적합여부

(4) 점검방법

① 가스공급시마다 점검실시
② 2년에 1회이상 정기점검 실시
③ 정기점검실시기록 2년간 보존

제 2 장  액화석유가스 안전관리

2-1 정의

(정의) 이 규칙에서 사용하는 용어의 뜻은 다음과 같다. < 개정 2008. 7. 18 >

(1) "저장설비"란 액화석유가스를 저장하기 위한 설비로서 저장탱크·마운드형 저장탱크·소형저장탱크·마운드형 저장탱크 및 용기(용기집합설비와 충전용기보관실을 포함한다. 이하같다)를 말한다.

(2) "저장설비"란 액화석유가스를 저장하기 위하여 지상또는 지하에 고정 설치된 원통형 탱크로서 그 저장능력이 3톤 이상인 탱크를 말한다.

2의2. "마운드형 저장탱크"란 액화석유가스를 저장하기 위하여 지상에 설치된 원통형 탱크에 흙과 모래를 사용하여 덮은 탱크로서 「액화석유가스의 안전관리 및 사업법 시행령」(이하 "영"이라 한다)제2조제1항제1호마목에 따른 자동차에 고정된 탱크 충전사업 시설에 설치되는 탱크를 말한다.

(3) "소형저장탱크"란 액화석유가스를 저장하기 위하여 지상 또는 지하에 고정 설치된 탱크로서 그 저장능력이 3톤 미만인 탱크를 말한다.

(4) "용기집합설비"란 2개 이상의 용기를 집합(집합)하여 액화석유가스를 저장하기 위한 설비로서 용기·용기집합장치·자동절체기(사용 중인 용기의 가스공급압력이 떨어지면 자동적으로 예비용기에서 가스가 공급되도록 하는 장치를 말한다)와 이를 접속하는 관 및 그 부속설비를 말한다.

(5) "자동차에 고정된 탱크"란 액화석유가스의 수송·운반을 위하여 자동차에 고정 설치된 탱크를 말한다.

(6) "충전용기"란 액화석유가스 충전 질량의 2분의 1이상이 충전되어 있는 상태의 용기를 말한다.

(7) "잔가스 용기"란 액화석유가스를 충전 질량의 2분의 1이상이 충전되어 있는 상태의 용기를 말한다.

(8) "가스설비"란 저장설비 외의 설비로서 액화석유가스가 통하는 설비(배관은 제외한다)와 그 부속설비를 말한다.

(9) "충전설비"란 용기 또는 자동차에 고정된 탱크에 액화석유가스를 충전하기 위한 설비로서 충전기와 저장탱크에 부속된 펌프 및 압축기를 말한다.

(10) "용기가스소비자"란 용기에 충전된 액화석유가스를 연료로 사용하는 자를 말한다. 다만, 다음 각 목의 자는 제외한다.

　① 액화석유가스를 자동차연료용, 용기내장형, 가스난방기용, 이동식부탄연소기용, 공업용 또는 선박용으로 사용하는 자

　② 액화석유가스를 이동하면서 사용하는 자

(11) "공급설비"란 용기가스소비자에게 액화석유가스를 공급하기 위한 설비로서 다음 각 목에서 정하는 설비를 말한다.

　① 액화석유가스를 부피단위로 계량하여 판매하는 방법(이하 "체적판매방법"이라 한다)으로 공급하는 경우에는 용기에서 가스계량기 출구까지의 설비

　② 액화석유가스를 무게단위로 계량하여 판매하는 방법(이하 "중량판매방법"이라 한다)으로 공급하는 경우에는 용기

12) "소비설비"란 용기가스소비자가 액화석유가스를 사용하기 위한 설비로서 다음 각 목에서 정하는 설비를 말한다.

　① 체적판매방법으로 액화석유가스를 공급하는 경우에는 가스계량기 출구에서 연소기까지의 설비

　② 중량판매방법으로 액화석우가스를 공급하는 경우에는 용기 출구에서 연소기까지의 설비

13) "불연재료"란 「건물의 피난·방화구조 등의 기준에 관한 규칙」 제 6조제1호에 따른 불연재료를 말한다.

14) "방호벽"이란 높이 2미터 이상, 두께 12센티미터 이상의 철근콘크리트 또는 이와 같은 수준 이상의 강도를 가지는 구조의 벽을 말한다.

15) "보호시설"이란 제1종 보호시설과 제 2종 보호시설로서 별표 1에서 정한 것을 말한다.

16) "다중이용시설"이란 많은 사람이 출입·이용하는 시설로서 별표 2 에서 정한 것을 말한다.

17) "저장능력"이란 저장설비에 저장할 수 있는 액화석유가스의 양으로서 별표 3의 저장능력산정 기준에 따라 산정된 것을 말한다.

18) "집단공급시설"이란 저장설비에서 가스사용자가 소유하거나 점유하고 있는 건축물의 외벽(외벽에 가스계량기가 설치된 경우에는 그 계량기의 전단밸브)까지의 배관과 그 밖의 공급시설을 말한다.

① 「액화석유가스의 안전관리 및 사업법」(이하 "법"이라 한다) 제2조제6호에서 "지식경제부령으로 정하는 기준에 맞는 것"이란 저장능력 10톤 이하인 탱크를 말한다.

② 법 제2조제6호에서 "지식경제부령으로 정하는 규모 이하의 저장설비"란 소형저장탱크를 말한다.

③ 법 제2조제10호에서 "지식경제부령으로 정하는 일정량"이란 다음 각 호의 양을 말한다.
   ㉮ 내용적(내용적) 1리터 미만의 용기에 충전하는 액화석유가스의 경우에는 다음 각 호의 양을 말한다.
   ㉯ 제1호 외의 저장설비(관리주체가 있는 공동주택의 저장설비는 제외한다)의 경우에는 저장능력 5톤

④ 법 제2조제1항 제1호가목 및 마목에서 "지식경제부령으로 정하는 탱크"란 저장탱크 및 소형저장탱크를 말한다.

2-2 액화석유가스 충전사업에 관한 사항

1. 용기 충전시설

(1) 액화석유가스 충전시설 중 저장설비 및 충전설비(전용공업지역내는 제외)는 그 외면으로부터 사업소 경계까지 다음의 기준에서 정한 거리 이상을 유지할 것. (단, 지하에 설치한 저장설비의 경우 1/2 이상 유지)

저장능력	사업소경계와의 거리
10톤 이하	17[m]
10톤 초과 20톤 이하	21[m]
20톤 초과 30톤 이하	24[m]
30톤 초과 40톤 이하	27[m]
40톤 초과	30[m]

(2) 저장 탱크와 가스충전장소와의 사이에는 방호벽을 설치

(3) 저장 탱크 및 그 지주에는 외면으로부터 5[m] 위치에서 조작할 수 있는 냉각살수장치를 설치

(4) 저장 탱크와 다른 저장 탱크 사이에는 저장 탱크 최대지름을 합산한 길이의 1/4이 1[m] 미만일 경우에는 1[m], 1[m] 이상일 경우에는 그 길이의 간격유지 (단, 물분무장치 설치시에는 제외)

(5) 저장 탱크를 지하에 묻을 때 기준

① 저장 탱크 외면에 부식방지 코팅 및 전기부식방지조치를 하고, 천정·벽 및 바닥의 두께가 각각 30[cm] 이상의 방수조치를 한 철근콘크리트 방에 설치
② 저장 탱크 주위에는 마른 모래를 채울 것.
③ 저장 탱크 정상부와 지면과의 거리는 60[cm] 이상으로 할 것.
④ 저장 탱크를 2개 이상 인접하여 설치하는 경우 상호간에 1[m] 이상 거리유지
⑤ 저장 탱크를 묻는 곳의 주위에는 지상에 경계를 표시
⑥ 안전 밸브에는 지상에서 5[m] 이상의 가스 방출관을 설치

(6) 저장 탱크에 부착된 배관에는 그 저장 탱크의 외면으로부터 5[m] 위치에서 조작할 수 있는 긴급차단장치를 설치(단, LPG를 이입하기 위한 배관은 역류방지 밸브로 갈음할 수 있다)

(7) 저장 탱크 외부에는 은백색 도료를 바르고 보기쉽도록 "액화석유가스" 또는 "LPG"를 붉은 글씨로 표시

(8) 저장 탱크에는 액면계(환형 유리제 액면계 제외)를 설치하고 파손을 방지하는 장치를 하며 상하 배관에는 자동 및 수동식 스톱 밸브를 설치

(9) 저장능력 1,000[ton] 이상인 저장 탱크 주위에 방류둑을 설치

(10) 방류둑의 내측과 그 외면으로부터 10[m] 이내에는 저장 탱크 부속설비 외의 것은 설치 금지

(11) 저장설비 및 가스설비는 살수장치 등의 설비를 갖출 것.

(12) 충전시설에는 가스누설경보기를 설치

(13) 가스설비에는 정전기를 제거하는 조치를 할 것.

(14) 전기설비는 방폭구조인 것일 것.

(15) 가스설비는 상용압력의 1.5배 이상(물에 의한 내압시험이 곤란하여 공기, 질소 등의 기체로 내압시험을 실시할 경우에는 1.25배)의 내압시험에서 이상이 없고, 상용압력 이상의 기밀 시험에서 이상이 없을 것.

(16) 가스설비에 장치하는 압력계의 최고눈금 : 상용압력의 1.5배 이상 2배 이하

(17) 가스설비에 설치한 안전장치의 방출구 위치 : 지면에서 5[m] 이상 또는 그 저장 탱크 정상부에서 2[m] 이상의 높이 중 높은 위치에 설치

(18) 가스설비와 화기 취급장소와의 우회거리는 8[m] 이상 유지

(19) 사업소에는 표준이 되는 압력계를 2개 이상 보유

(20) 배관을 지하에 매설시 전기부식방지 조치를 한 후 1[m] 이상 깊이에 매설

(21) 배관은 온도 변화에 의한 신축을 흡수하는 조치를 할 것.

(22) 배관은 항상 40[℃] 이하로 유지

(23) 배관의 적당한 곳에 압력계 및 온도계를 설치

(24) 배관의 적당한 곳에 안전 밸브를 설치하고, 그 분출면적은 배관의 최대지름부 단면적의 1/10 이상으로 하고, 작동압력은 내압시험압력의 8/10 이하이고, 배관의 설계압력 이상일 것.

(25) LPG가 충전된 납붙임용기 및 접합용기의 가스누출시험온도 : 46[℃] 이상 50[℃] 미만

(26) 충전시설은 연간 10,000[ton]의 LPG를 처리할 수 있는 규모(단, 1[*l*] 미만의 용기에 충전하는 시설은 제외)

(27) 저장 탱크의 저장능력은 (26)에 정한 1/50 이상일 것.

(28) 충전설비에는 충전기·잔량측정기 및 자동계량기를 갖출 것.

(29) 충전시설에는 용기보수를 위하여 잔가스제거장치·용기질량측정장치·밸브 탈착기 및 도색설비를 갖출 것.

(30) 주거지역·상업지역에 설치하는 저장능력 10[ton] 이상의 저장 탱크에는 폭발방지장치를 설치

(31) 배관접합은 용접시공에 의하고, 그 용접부는 전부에 대하여 비파괴시험을 실시

2. 자동차용기 충전시설

(1) 충전소에는 안전게시판을 보기 쉬운 곳에 설치하고 황색바탕에 흑색글씨로 "충전중 엔진정지"의 표지판과, 백색바탕에 붉은 글씨로 "화기엄금"의 게시판을 따로 설치

(2) 충전기의 충전 호스 길이는 5[m] 이내로 할 것.(단, 자동차 제조공정중에 설치된 것은 제외)

(3) 충전가스 주입기는 원터치형으로 할 것.

(4) 충전기 상부에는 닫집모양의 차양을 설치하고 그 면적은 공지면적의 1/2 이하로 할 것.

(5) 배관이 닫집모양의 차양 내부를 통과시 1개 이상의 점검구를 설치

(6) 충전기 주위에는 가스누설 경보기를 설치할 것.

3. 차량에 고정된 탱크 충전시설

(1) 저장 탱크에 가스를 충전시 내용적의 90[%]를 넘지 않을 것.

(2) 가스를 충전시 정전기를 제거하는 조치를 할 것.

(3) LPG에는 공기중의 혼합비율 용량이 1/1,000(0.1[%])의 상태에서 감지할 수 있는 향료를 섞어 탱크로리 및 용기에 충전(단, 공업용은 제외)

(4) 가스설비의 기밀시험이나 시운전시 불활성가스를 사용할 것(부득이한 경우 공기사용가능).

(5) 충전용 주관의 압력계는 매월 1회 이상, 기타 압력계는 3월에 1회 이상 오차 비교 검사

(6) 안전 밸브는 1년에 1회 이상 TP의 8/10 이하의 압력에서 작동하도록 조정

(7) 안전 밸브 및 방출 밸브에 설치된 스톱 밸브는 항상 열어둘 것.

(8) 차량에 고정된 5,000[l] 이상의 탱크인 경우 차량 정지목을 비치할 것.

(9) LPG 충전설비는 1일 1회 이상 그 설비의 작동상황을 점검·확인

(10) 수리 등을 위해 설비 내에 들어갈 때는 치환에 사용된 불활성가스 또는 액체를 공기로 재치환할 것. 이 경우 공기중의 산소 농도는 18[%]~22[%] 일 것.

(11) 용기보관장소에 충전용기를 보관할 때는 주의 8[m](우회거리) 이내 인화성·발화성 물질을 두지 말 것.

(12) 차량에 고정된 탱크는 저장 탱크 외면으로부터 3[m] 이상 떨어져 정지할 것.

(13) 가스를 용기 또는 차량에 고정된 탱크에 충전시 다음 계산식에 의해 산정된 충전량을 초과하지 않도록 할 것.

$$G = \frac{V}{C}$$

G : 액화석유가스의 질량[kg]
V : 용기 또는 차량에 고정된 탱크 내용적[l]
C : 프로판은 2.35, 부탄은 2.05

(14) 밸브 또는 충전용지관 가열시는 열습포 또는 40[℃] 이하의 물 사용

(15) 납붙임 또는 접합용기에 가스 충전시 충전압력은 35[℃]에서 0.4[MPa] 이하가 되도록 할 것.

2-3 액화석유가스 집단공급사업에 관한 안전

(1) 저장설비 주위에는 1.5[m] 높이에 경계책을 설치

(2) 집단공급시설의 저장설비는 저장 탱크 또는 소형 저장 탱크로 할 것(단, 저장능력이 1,000[kg] 미만이고, 수용가스가 70 미만인 경우는 용기 집합시설로 가능).

(3) 지상배관의 표면 색상은 황색, 지하 매몰배관은 적색, 황색으로 할 것.

(4) 배관을 지하에 매설할 경우 전기부식방지조치를 하고, 매설 깊이를 확보할 수 없는 곳의 배관은 당해 배관과 동등 이상의 강도를 갖는 2중관을 설치하며 안전상 지면으로부터 다음의 거리를 유지할 것.

   ① 공동주택의 부지 내에서는 0.6[m] 이상
   ② 차량이 통행하는 도로에서는 1.2[m] 이상
   ③ ① 및 ②에 해당하지 않는 곳은 1[m] 이상

(5) 배관은 상용압력의 2배 이상의 압력에 항복을 일으키지 않는 두께 이상일 것.

2-4 액화석유가스 판매사업 및 영업소·용기저장소에 관한 안전

(1) **안전거리** : 영업소의 용기보관실은 그 외면으로부터 제1종 또는 2종 보호시설까지 안전거리 유지

(2) 용기보관실 및 사무실은 동일 부지내에 구분하여 설치하되 용기보관실의 면적은 19[m^2], 사무실은 9[m^2] 이상일 것.

(3) 가스누출경보기는 용기보관실에 설치하되 분리형으로 설치할 것.

(4) 용기보관실의 전기시설은 방폭구조를 하고 전기스위치는 외부에 설치할 것.

(5) 용기보관실에는 온도계를 설치하고 40[℃] 이하로 유지할 것.

(6) 판매업소 및 영업소에는 계량기를 비치할 것.

(7) 판매업소 및 영업소에는 판매계획에 따라 4륜차 이상을 확보할 것.(가스전용운반차량)

(8) 충전용기는 항상 40[℃] 이하로 유지하고 잔가스용기와 구분할 것.

(9) 용기보관실 주위의 2[m](우회거리) 이내에는 화기취급을 하거나 인화성 및 가연성물질을 두지 아니할 것.

(10) 용기보관실 내에서 사용하는 휴대용 손전등은 방폭형일 것.

(11) 용기는 2단 이상으로 쌓지 말 것. 다만, 내용적 30[l] 미만의 용접용기는 2단으로 쌓을 수 있다.

2-5 가스용품 제조사업의 기준

1. 압력조정기

(1) 압력조정기 종류에 따른 입구압력 및 조정압력 범위

종 류	입 구 압 력	조 정 압 력
1단 감압식 저압조정기	0.07[MPa]~1.56[MPa]	2.3[KPa]~3.3[KPa]
1단 감압식 준저압조정기	0.1[MPa]~1.56[MPa]	5[KPa]~30[KPa]
2단 감압식 1차용 조정기	0.1[MPa]~1.56[MPa]	0.057[MPa]~0.083[MPa]
2단 감압식 2차용 조정기	0.01[MPa]~0.1[MPa] 또는 0.025[MPa]~0.1[MPa]	2.3[KPa]~3.3[KPa]
자동절체식일체형저압조정기	0.1[MPa]~1.56[MPa]	2.55[KPa]~3.3[KPa]
자동절체식분리형조정기	0.1[MPa]~1.56[MPa]	0.032[MPa]~0.083[MPa]
자동절체식일체형준저압조정기	0.1[MPa]~1.56[MPa]	5[KPa]~30[KPa]
그밖의 압력조정기	조정압력 이상~1.56[MPa]	제조자가 표시한 사양에 따르되, 조정압력이 0.005[MPa] 초과인 것에 한한다.

(2) 내압시험 합격기준

① 입구측 시험압력 : 30[MPa] 이상(단, 2단 감압식 2차용 조정기는 8[MPa] 이상)
② 출구측 시험압력 : 3[MPa] 이상(다만, 2단 감압식 1차용 조정기 및 자동절체식 분리형조정기의 경우에는 0.8[MPa] 이상, 1.5배 이상중 압력이 높은 것으로 한다.)

(3) 기밀시험 합격기준

종류 구분	1단 감압식 저압 조정기	1단 감압식 준저압 조정기	2단 감압식 1차용 조정기	2단 감압식 2차용 조정기	자동절체식 일체형 저압 조정기	자동절체식 일체형 준저압 조정기	자동절체식 분리형 조정기	그밖의 압력 조정기
입구측	15.6[MPa] 이상	15.6[MPa] 이상	18[MPa] 이상	5[MPa] 이상	18[MPa] 이상	18[MPa] 이상	18[MPa] 이상	최대입구 압력의 1.1배 이상
출구측	550[kPa]	조정압력의 2배이상	0.15[MPa] 이상	5.5[kPa]	5.5[kPa]	조정압력의 2배	0.15[MPa] 이상	조정압력의 1.5배

(4) 조정기의 최대 폐쇄압력

① 1단 감압식 저압조정기 및 2단 감압식 2차용 조정기·자동절체식 일체형 조정기 : 3.5[kPa] 이하
② 2단 감압식 1차용 조정기 및 자동 절체식 분리형 조정기 : 0.095[MPa] 이하
③ 1단 감압식 준저압조정기 및 조정압력의 1.25배 이하

(5) 조정압력이 330[mmH₂O] 이하인 조정기의 안전장치의 작동압력

① 작동 표준압력 : 7[kPa]
② 작동 개시압력 : 5.6[kPa]~8.4[kPa]
③ 작동 정지압력 : 5.04[kPa]~8.4[kPa]

2. 배관용 밸브

(1) O-링·시트링·패킹 및 가스에 접촉하는 비금속재료는 -20[℃]의 액화석유가스액·40[℃]의 LPG액 및 -25[℃]의 공기중에서 각각 24시간 이상 방치후 이상이 없을 것.

(2) 밸브를 열고 사용압력의 1.5배의 압력 또는 3[MPa] 중 높은 압력 이상으로 수압을 가했을 때 이상이 없고, 밸브의 내부에 물을 채운 후 밸브를 닫고 호칭압력의 1.1배의 수압을 가했을 때 이상이 없을 것.

(3) 밸브 시트는 6[MPa] 이상의 공기 또는 질소로 1분 이상 가압시 누설이 없을 것.

3. 콕

(1) 볼 또는 플러그의 구멍지름은 6[MPa] 이상일 것.

(2) 플러그의 몸통부분 테이퍼는 1/5~1/15 일 것.

(3) 콕은 퓨즈콕, 상자콕 및 주물 연소기용 노즐콕으로 구분한다.

(4) 콕은 0.035[MPa] 이상의 공기압을 1분간 가했을 때 누설이 없을 것.

(5) 과류차단안전기구가 부착된 콕의 작동유량은 입구압이 1±0.1kPa인 상태에서 측정하였을 때 표시유량의 ±10[%] 이내일 것.

(6) 퓨즈 콕 및 상자 콕 및 주물연소기용 노즐콕의 핸들 회전력은 58.8[N·cm] 이하일 것.

4. 저압호스

(1) 저압호스는 염화비닐호스, 금속플렉시블호스, 고무호스 및 수지호스를 말한다.

(2) 호스의 구조는 안층·보강층·바깥층으로 되어 있다.

(3) 호스의 안지름은 6.3[mm](1종), 9.5[mm](2종), 12.7[mm](3종)이 있고 그 허용차는 ±0.7[mm]로 할 것.

(4) 3[MPa] 이상의 내압시험에 이상이 없고 4[MPa] 이상에서 파열되지 않을 것.

(5) 0.2[MPa] 이하의 기밀시험에서 누설이 없을 것.

(6) −20[℃] 이하에서 24시간 이상 방치 후 5회 이상 굽힘시험을 한 후 기밀시험에 누설이 없을 것.

5. 고압 호스

(1) 고압호스는 고압 고무호스(투윈호스, 측도관, 자동차용 고압고무호스 및 자동차용 비금속 호스를 말한다.)

(2) 안지름은 4.8[mm] 또는 6.3[mm]이고, 허용차는 +0.5[mm], −0.3[mm]로 할 것.

(3) 용기 밸브 및 조정기에 연결하는 이음쇠의 나사는 왼나사로 W22.5×14T, 나사부의 길이는 12[mm] 이상이고, 용기 밸브에 연결하는 핸들 지름은 50[mm] 이상일 것.

(4) 트윈 호스 길이 : 900[mm], 1,200[mm]
    측도관의 길이 : 600[mm], 1,000[mm]   허용차는 +20[mm], −10[mm]로 할 것

(5) 3[MPa] 이상의 내압시험에 합격한 것일 것.

(6) 1.8[MPa] 이상의 기밀시험에 합격한 것일 것.

(6) 980.7[N] 이상의 힘을 가했을 때 이음쇠의 이탈 및 파손이 없을 것.

(7) 체크 밸브는 360회 반복하여 작동 시험후 이상이 없을 것.

(8) −25℃ 이하에서 5시간이상 방치한 후 최대반원으로 굽혔을 때 꺽임, 균열등이 없고 기밀시험에 누출이 없을 것.

6. 가스누출 자동차단 장치 중 가스누출 자동차단기

(1) 과류차단성능은 차단장치를 시험장치에 연결하고 유량이 표시유량의 1.1 배 범위 이내에서 차단되어야 하고, 가스계량기 출구 밸브를 완전개방하여 10회 이상 작동시 누설량이 200[cc] 이하일 것.

(2) 고압부 3[MPa] 이상, 저압부 0.3[MPa] 이상의 내압시험에 합격한 것일 것.

(3) 고압부 1.8[MPa] 이상, 저압부 8.4[kPa]~10[kPa]의 기밀시험에 합격한 것일 것.

(4) 전기충전부와 비충전금속부와의 절연저항은 1[MΩ] 이상일 것.

(5) 500[V]의 전압을 1분간 가했을 때 이상이 없을 것.

(6) 제어부는 온도 40[℃] 이상, 상대습도 90[%] 이상에서 1시간 이상 유지후 10분 이내에 작동 시험해야 이상이 없을 것.

(7) 6천회의 개폐조작 반복 후에 기밀시험, 과류차단성능 및 누출 점검성능에 이상이 없을 것

7. 연소기

(1) 연소기 종류와 가스 소비량별 사용압력 범위

종 류	가스소비량		사용압력 [kPa]
	전가스소비량	버너 1개의 소비량	
레인지	1.67kW(14,400kcal/h) 이하	5.8kW(5,000kcal/h) 이하	3.3 이하
오븐	5.8kW(5,000kcal/h) 이하	5.8kW(5,000kcal/h) 이하	
그릴	7.0kW(6,000kcal/h) 이하	4.2kW(3,600kcal/h) 이하	
오븐레인지	22.6kW(19,400kcal/h) 이하 [오븐부는 5.8kW(5,000kcal/h)이하]	4.2kW(3,600kcal/h) 이하 [오븐부는 5.8kW(5,000kcal/h)이하]	
밥솥	5.6kW(4,800kcal/h)이하	5.6kW(4,800kcal/h)이하	
온수기·온수 보일러·난방기·냉난방기 및 의류건조기	1.67kW(14.400kcal/h) 이하	—	
주물연소기	1.67kW(14.400kcal/h) 이하	—	
업무용 대형 연소기	위 종류마다의 전가스소비량 또는 버너 1개의 소비량을 초과하는 것		30 이하
	튀김기, 국솥, 그리들, 브로일러, 소독저, 다단식취반기 등		
이동식부탄연소기·부탄연소기 및 숯부루이점화용 연소기	232.6kW(20만kcal/h) 이하	—	—
그 밖의 연소기	232.6kW(20만kcal/h) 이하	—	—

(2) 상용압력의 1.5배 이상의 기밀시험에서 누출이 없을 것.

(3) 전가스소비량 및 각 버너의 가스소비량은 표시값의 ±10[%] 이내일 것.

(4) 전기점화장치는 10회 작동시 8회 이상 점화되고 연속하여 2회 이상의 점화불량이 없을 것.

(5) 콕 및 전기 점화 장치는 1만 2천회, 소화안전장치 및 호스 연결구는 1천회 반복조작시험 후 가스 누출이 없고 성능에 이상이 없을 것.

(6) 가스 버너는 3만회 반복조작시험 후 가스 누출이 없고 조정압력의 변화가 [0.05P(시험전 조정압력) +0.03] kPa이하 일 것

2-6 액화석유가스 저장소의 시설기준 및 기술기준

가. 저장 탱크에 의한 저장

(1) 저장 설비 주위 8[m](우회거리) 내에는 화기취급 물질을 두지 말 것.

(2) 5[m] 이상 떨어진 위치에서 조작할 수 있는 냉각살수장치를 설치할 것. (다만, 소형 저장 탱크인 경우는 그러하지 아니하다.)

(3) 저장 탱크와 다른 저장 탱크간의 거리는 두 저장 탱크의 최대지름을 합산한 길이가 1/4 이상에 해당하는 거리를 유지할 것.

(4) 지상에 설치하는 저장 탱크의 외면에는 은백색도료를 바르고 주위에서 보기 쉽도록 "액화석유가스" 또는 "LPG"를 붉은 글씨로 표시할 것.

(5) 기초는 지반 침하로 그 설비에 유해한 영향을 끼치지 아니하도록 할 것.(저장능력이 3[ton] 미만은 제외)

(6) 가스설비는 상용압력의 1.5배(물에 의한 내압시험이 곤란하여 공기, 질소등으로 하는 경우 1.25) 이상의 압력으로 실시하는 내압시험에 이상이 없고 상용압력으로 실시하는 기밀시험에 이상이 없을 것.

(7) 저장설비 및 가스설비에 장치하는 압력계는 사용압력의 1.5배 이상 2배 이하의 최고눈금이 있는 것일 것.

(8) 설비에 설치하는 안전장치의 경우 안전 밸브에는 가스방출관을 설치할 것.(방출구의 위치는 주위에 화기 등이 없는 안전한 위치에 설치하며 지면으로 5[m] 이상 또는 저장 탱크 정사부로부터 2[m] 이상의 높이중 높은 위치)

(9) 긴급차단장치를 설치할 것.(저장 탱크 외면으로부터 5[m] 이상 떨어진 위치)

(10) 배관은 상용압력의 2배 이상의 압력에서 항복을 일으키지 아니하는 두께 이상일 것.

(11) 배관은 지면으로부터 1[m] 이상의 깊이에 매설할 것.

(12) 배관은 항상 40[℃] 이하로 유지할 것.

(13) 배관의 적당한 곳에는 압력계 및 온도계를 설치할 것.

(14) 배관의 적당한 곳에 안전 밸브를 설치하고 그 분출 면적은 최대지름부 단면적의 10분의 1 이상이며 설정압력은 TP의 10분의 8 이하일 것.

(15) 저장설비는 그 외면으로부터 1종, 2종 보호시설까지 안전거리 유지할 것.

나. 충전용기 집적에 의한 저장 (다만, 30[l] 이하의 용접용기에 한한다.)

(1) 경계책 설치하고 경계책과 용기보관장소 사이에는 20[m] 이상의 거리를 유지할 것.

(2) 충전용기과 잔가스용기의 보관장소는 1.5[m] 이상의 간격을 두어 구분할 것.

(3) 지표면 아래의 장소에 용기를 보관하지 아니할 것.

(4) 바닥으로부터 3[m] 이내의 도랑이나 배수시설이 있을 경우에는 방수재료 이중복개할 것.

(5) 용기의 단위집적량은 30톤을 초과하지 아니할 것.

(6) 파렛트에 넣어 집적된 용기군 사이의 통로는 그 너비가 2.5[m] 이상일 것.

(7) 파렛트에 넣지 아니한 용기군 사이의 통로는 그 너비가 1.5[m] 이상일 것.

(8) 파렛트에 넣어 집적된 용기의 높이는 5[m] 이하일 것.

(9) 파렛트에 넣지 아니한 용기는 2단 이하로 쌓을 것.

(10) 저장 탱크에 가스를 충전할 때에는 상용의 온도에서 내용적의 90[%] 넘지 아니할 것.

(11) 차량에 고정된 탱크는 저장 탱크의 외면으로부터 3[m] 이상 떨어져 정지할 것.(저장 탱크와 차량에 고정된 탱크와의 사이에 방호책을 설치한 경우에는 그러하지 아니하다.)

(12) 가스를 충전하는 때에는 정전기를 제거하는 조치를 할 것.

(13) 안전 밸브 또는 방출 밸브에 설치된 스톱 밸브는 항상 열어둘 것.(다만, 수리·청소 등을 위해 특별한 경우는 그러하지 아니하다.)

(14) 차량에 고정된 탱크에는 차량정지목을 설치할 것.(내용적이 5천[l] 이상)

(15) 충전용 주관의 압력계는 매월 1회 이상 그 밖의 압력계는 3월에 1회 이상 표준이 되는 압력계로 그 기능을 검사할 것.

(16) 안전 밸브는 1년에 1회 이상 당해설비의 설계압력 이상 내압시험압력의 10분의 8 이하의 압력에서 작동하도록 조정할 것.

2-7 공급자의 안전점검기준

1. 안전 점검자의 자격과 인원

구분	안전점검자	자격	인원
액화석유가스 충전사업자	충전원	별표 22 제4호나목3)의 교육을 받은 자	충전소요인력
	수요자시설 점검원	별표 22 제4호나목2)의 교육을 받은 자	가스배달 및 점검 소요인력
액화석유가스 집단공급사업자	수요자시설 점검원	안전관리책임자로부터 10시간 이상의 안전교육을 받은 자	수용가 3,000개소마다 1명
액화석유가스 판매사업자	수요자시설 점검원	별표 22 제4호나목2)의 교육을 받은 자	가스배달 및 점검 소요인력

비고 : 안전관리책임자나 안전관리원이 직접 점검을 할 때에는 그를 안전점검자로 본다.

2. 점검장비

(1) 가스누출검지기
(2) 자기압력기록계
(3) 그 밖의 점검에 필요한 시설 및 기구

3. 점검기준

(1) 용기가스소비자와 액화석유가스 집단공급사업자로부터 가스를 공급받는 수요자의 가스 사용시설에 대한 안전점검속부의 가스누출 여부와 마감조치 여부

① 가스계량기(중량판매방법으로 공급하는 경우에는 용기를 말한다)출구에서 배관·호스 및 연소기에 이르는 각 접속부의 가스누출 여부와 마감조치 여부
② 가스용품의 한국가스안전공사 합격표시나 「산업표준화법」에 따른 한국산업표준에 적합한 것임을 나타내는 표시유무
③ 연소기마다 퓨즈콕·상자콕 또는 이와 같은 수준 이상의 안전장치 설치 여부
④ 호스의 "T"형 연결 여부와 호스밴드 접속 여부
⑤ 목욕탕이나 화장실에의 보일러·온수기 설치 여부
⑥ 전용보일러실에의 보일러(밀폐식 보일러는 제외한다)설치여부
⑦ 배기통재료의 내식성·불연성 여부
⑧ 배기통의 막힘 여부
⑨ 그 밖에 가스사고를 유발할 우려가 있는지 여부

(2) 자동차연료용으로 가스를 사용하는 가스사용시설에 대한 안전점검
　　① 용기의 고정상태와 용기에서의 가스누출 여부
　　② 액면표시장치와 과충전방지장치의 작동 여부

(3) 그 밖에 수요자의 가스사용시설에 대한 안전점검
　　① 저장설비가 시설기준에 적합한 지 여부
　　② 가목1)부터 9)까지에 적합 여부

2-8 용기의 안전검검기준

(1) 용기의 외면을 점검하여 안전을 저해할 우려가 있는 부식·금·주름 등이 없는 것인가 확인할 것.

(2) 용기는 도색 및 표시가 되어 있는지 확인할 것.

(3) 용기의 부식여부를 확인할 것.

(4) 스커트의 변형 등에 의한 용기가 넘어질 우려가 있는가 확인할 것.

(5) 유통 중 열영향을 받았는지의 여부를 점검할 것. 이 경우 열영향을 받은 용기는 이 사실을 명시하여 용기재검사를 받을 것.

(6) 용기 캡이 씌워져 있거나 프로텍터가 부착되어 있을 것.

(7) 재검사 기간의 도래여부를 확인할 것.

(8) 밸브의 몸통·충전구나사·안전 밸브는 안전을 저해할 우려가 있는 홈·주름·부식(스프링의 경우) 등이 없는가 확인할 것.

(9) 밸브의 그랜드 너트를 고정 핀으로 이탈을 방지한 것인가 확인할 것.

(10) 밸브는 개폐조작이 용이하고 핸들이 부착되어 있는지 확인할 것.

2-9 액화석유가스 사용시설에 관한 안전

(1) 저장능력 250[kg] 이상인 고압배관에는 안전장치를 설치할 것.

(2) 사용시설의 저압부 배관은 8[kg/cm^2] 이상의 내압시험에 합격한 것일 것.(용기와 조정기

입구측까지의 고압부 배관은 내압시험압력 이상)

(3) 가스사용시설을 시공한 후 조정기 출구로부터 연소기까지의 배관 또는 호스에 840~ 1,000[mmH₂O]의 압력으로 기밀시험하여 이상이 없을 것(압력이 330~3,000[mmH₂O]인 것은 3,500[mmH₂O] 이상을 실시).

(4) 가스계량기 설치장소

① 가스계량기는 화기와 2[m] 이상 우회거리
② 설치높이는 지면으로부터 1.6[m] 이상 2[m] 이내 설치
③ 가스계량기와 전기계량기 및 전기개폐기와의 거리 60[cm] 이상
　굴뚝, 전기점멸기, 전기접속기와의 거리 30[cm] 이상
　절연조치하지 아니한 전선과 15[cm] 이상

:::참고
■ 영업장의 면적이 100[m²] 이상인 가스시설 및 주거용 가스시설에는 가스계량기를 설치
:::

(5) 배관의 고정 · 부착조치

① 관지름이 13[mm] 미만의 것 : 1[m] 마다 고정
② 관지름이 13[mm] 이상 33[mm] 미만 : 2[m] 마다 고정
③ 관지름이 33[mm] 이상 : 3[m]마다 고정

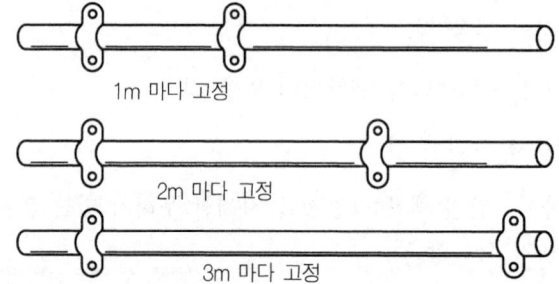

🔼 배관의 고정 부착 예

(6) 배관의 표시

① 지상배관의 표면색상 : 황색
② 지하 매몰배관 : 적색 또는 황색
③ 바닥으로부터 1[m] 높이에 폭 3[cm]의 띠를 2중으로 표시

(7) 가스사용시설 중 호스의 길이는 3[m] 이내로 하며 "T"형으로 연결하지 않을 것.(단, 퓨즈콕 등의 출구쪽에 설치하는 호스의 경우에는 3[m] 이상으로 할 수 있다.)

(8) 가스사용시설 중 저장설비·감압설비 및 배관(건축물 내에 설치된 것은 제외)은 화기취급 장소와 8[m](주거용 시설은 2[m]) 이상의 우회거리를 유지할 것.

허가대상 가스용품의 범위(제4조제3항 관련)

가스용품 제조허가를 받아야 하는 것은 다음 각 호와 같다.

(1) 압력조정기(용접 절단기용 액화석유가스 압력조정기를 포함한다)

(2) 가스누출자동차단장치

(3) 정압기용필터(정압기에 내장된 것은 제외한다)

(4) 매몰형정압기

(5) 호스

(6) 배관용 밸브(볼밸브와 글로우밸브만을 말한다)

(7) 콕(퓨즈콕·상자콕 및 주물연소기용노즐콕만을 말한다)

(8) 배관이음관

(9) 강제혼합식가스버너(제10호에 따른 연소기와 별표 7 제5호나목에서 정한 연소기에 부착하는 것은 제외한다)

(10) 연소기[연소장치중 가스버너를 사용할 수 있는 구조의 것으로서 가스소비량이 232.6kW(20만 kcal/h)이하인 것만을 말하되, 별표 7 제5호나목에서 정하는 것은 제외한다]

(11) 다기능가스안전계량기(가스계량기에 가스누출차단장치 등 가스안전기능을 수행하는 가스안전장치가 부착된 가스용품을 말한다. 이하 같다.)

(12) 로딩암

(13) 연료전지[가스소비량이 232.6kW(20만 kcal/h)이하인 것만을 말한다.이하 같다]

허가대상 가스용품의 범위(제4조제3항 관련)

가스용품 제조허가를 받아야 하는 것은 다음 각 호와 같다.

(1) 「유통산업발전법」에 따른 대형점·백화점·쇼핑센터 및 도매센터

(2) 「항공법」에 따른 공항의 여객청사

(3) 「여객자동차 운수사업법」에 따른 여객자동차터미널

(4) 「국유철도의 운영에 관한 특례법」에 따른 철도역사

(5) 「도로교통법」에 따른 고속도로의 휴게소

(6) 「관공진흥법」에 따른 관광호텔·관광객이용시설 및 종합유원시설 중 전문·종합휴향업으로 등록한 시설

(7) 「한국마사회법」에 따른 경마장

(8) 「청소년기본법」에 따른 청소년수련시설

(9) 「의료법」에 따른 종합병원

(11) 「항만법」에 따른 종합여객시설

(11) 그 밖에 시·도지사가 안전관리를 위하여 필요하다고 지정하는 시설 중 그 저장능력이 100킬로그램을 초과하는 시설

제 3 장 도시가스 안전관리

3-1 정의

1. 이 법에서 사용하는 용어의 뜻은 다음과 같다.

(1) "도시가스사업"이란 수요자에게 연료용 가스(이하 "가스"라 한다)를 공급하는 사업(「석유 및 석유대체연료 사업법」에 따른 석유정제업은 제외한다)으로서 가스도매사업 및 일반도시가스사업을 말한다.

(2) "도시가스사업자"란 제3조에 따라 도시가스사업의 허가를 받은 가스도매사업자와 일반도시가스사업자를 말한다.

(3) "가스도매사업"이란 일반도시가스사업자 외의 자가 일반도시가스사업자 또는 지식경제부령으로 정하는 대량수요자에게 천연가스(액화한 것을 포함한다. 이하 같다)를 공급하는 사업을 말한다.

(4) "일반도시가스사업"이란 가스를 제조하거나 가스도매사업자로부터 천연가스를 공급받아 일반의 수용에 따라 배관(배관)을 통하여 수요자에게 공급하는 사업을 말한다.

(5) "가스공급시설"이란 가스를 제조하거나 공급하기 위한 시설로서 지식경제부령으로 정하는 가스제조시설과 가스배관시설을 말한다.

(6) "가스사용시설"이란 가스공급시설 외의 가스사용자의 시설로서 지식경제부령으로 정하는 것을 말한다.

(7) "천연가스 수출입업"이란 천연가스를 수출하거나 수입하는 사업을 말한다.

(8) "천연가스수출입업자"란 제10조의2에 따라 등록을 하고 천연가스 수출입업을 하는 자를 말한다.

(9) "자가소비용 직수입자"란 자기가 소비할 목적으로 천연가스를 직접 수입하는 자를 말한다.

(10) "정밀안전진단"이란 가스안전관리 전문기관이 가스 사고를 방지하기 위하여 장비와 기술을 이용하여 가스공급시설의 잠재된 위험요소와 원인을 찾아내는 것을 말한다.

2. 이 규칙에서 사용하는 용어의 뜻은 다음과 같다.

(1) "배관"이란 본관, 공급관 및 내관을 말한다.

(2) "본관"이란 도시가스제조사업소(액화천연가스의 인수 기지를 포함한다.이하같다)의 부지경계에서 정압기(정압기)까지 이르는 배관을 말한다.

(3) "공급관"이란 다음 각 목의 것을 말한다.

① 공동주택, 오피스텔, 콘도미니엄, 그 밖에 안전관리를 위하여 지식경제부장관이 필요하다고 인정하여 정하는 건축물(이하 "공동주택등"이라 한다)에 가스를 공급하는 경우에는 정압기에서 가스사용자가 구분하여 소유하거나 점유하는 건축물 외벽에 설치하는 계량기의 전단밸브(계량기가 건축물의 내부에 설치된 경우에는 건축물의 외벽)까지 이르는 배관

② 공동주택등 외의 건축물 등에 가스를 공급하는 경우에는 정압기에서 가스사용자가 소유하거나 점유하고 있는 토지의 경계까지 이르는 배관

③ 가스도매사업의 경우에는 정압기에서 일반도시가스사업자의 가스공급시설이나 대량수요자의 가스사용시설까지 이르는 배관

(4) "사용자공급관"이란 제3호가목에 따른 공급관 중 가스사용자가 소유하거나 점유하고 있는 토지의 경계에서 가스사용자가 구분하여 소유하거나 점유하는 건축물의 외벽에 설치된 계량기의 전단밸브(계량기가 건축물의 내부에 설치된 경우에는 그 건축물의 외벽)까지 이르는 배관을 말한다.

(5) "내관"이란 가스사용자가 소유하거나 점유하고 Dlt는 토지의 경계(공동주택등으로서 가스사용자가 구분하여 소유하거나 점유하는 건축물의 외벽에 계량기가 설치된 경우에는 그 계량기의 전단밸브, 계량기가 건축물의 내부에 설치된 경우에는 건축물의 외벽)에서 연소기까지 이르는 배관을 말한다.

(6) "고압"이란 1메가파스칼 이상의 압력(게이지압력을 말한다. 이하 같다)을 말한다. 다만, 액체상태의 액화가스는 고압으로 본다.

(7) "중압"이란 0.1메가파스칼 이상의 1메가파스칼 미만의 압력을 말한다. 다만, 액화가스가 기화되고 다른 물질과 혼합되지 아니한 경우에는 0.01메가파스칼 이상 0.2메가파스칼 미만의 압력을 말한다.

(8) "저압"이란 0.1메가파스칼 미만의 압력을 말한다. 다만, 액화가스가 기화(기화)되고 다른 물질과 혼합되지 아니한 경우에는 0.01메가파스칼 미만의 압력을 말한다.

(9) "액화가스"란 상용의 온도 또는 섭씨 35도의 온도에서 압력이 0.2메가파스칼 이상이 되는 것을 말한다.

(10) "보호시설"이란 제1종보호시설 및 제2종 보호시설로서 별표 1에서 정하는 것을 말한다.

3. 「도시가스사업법」(이하 "법"이라 한다.)제2조제3조에서 "지식경제부령으로 정하는 대량수요자"란 다음 각 호의 어느 하나에 해당하는 자를 말한다.

(1) 월10만 세제곱미터 이상의 천연가스를 배관을 통하여 공급 받아 사용하는 자 중 다음 각 목의 어느 하나에 해당하는 자

① 일반도시가스사업자의 공급권역 외의 지역에서 천연가스를 사용하는 자
② 일반도시가스사업자의 공급권역에서 천연가스를 사용하는 자 중 정당한 사유로 일반도시가스사업자로부터 천연가스를 공급받지 못하는 천연가스 사용자

(2) 발전용(시설용량 100메가와트 이상만 해당한다)으로 천연가스를 사용하는 자

(3) 액화천연가스 저장탱크(시험·연구용으로 사용하기 위한 용기를 포함한다)를 설치하고 천연가스를 사용하는 자

4. "지식경제부령으로 정하는 가스제조시설과 가스배관시설"이란 다음 각 호의 시설을 말한다.

(1) **가스제조시설** : 가스의 하역·저장·기화·송출 시설 및 그 부속설비

(2) **가스배관시설** : 도시가스제조사업소로부터 가스사용자가 소유하거나 점유하고 있는 토지의 경계(공동주택등으로서 가스사용자가 구분하여 소유하거나 점유하는 건축물의 외벽에 계량기가 설치된 경우에는 그 계량기의 전단밸브, 계량기가 건축물의 내부에 설치된 경우에는 건축물의 외벽)까지 이르는 배관·공급설비 및 그 부속설비

5. "가스공급시설 외의 가스사용자의 시설로서 지식경제부령으로 정하는 것"이란 내관·연소기 및 그 부속설비와 공동주택등의 외벽에 설치된 가스계량기를 말한다.

3-2. 가스도매사업의 가스공급시설의 시설·기술·검사·정밀안전진단·안전성평가의 기준

1. 제조소 및 공급소

(1) 시설기준

① 배치기준

㉮ 액화석유가스의 저장설비와 처리설비는 그 외면으로부터 보호시설까지 30m 이상의 거리를 유지할 것. 다만, 지식경제부장관이 필요하다고 인정하는 지역의 경우에는 이 기준 외에 거리를 더하여 정할 수 있다.

㉯ 제조소 및 공급소에 설치하는 가스(저압의 것으로서 지면에 체류할 우려가 없는 것은 제외한다)가 통하는 가스공급시설(배관은 제외한다)은 그 외면으로부터 화기(그 설비 안의 것은 제외한다)를 취급하는 장소까지 8m 이상의 우회거리를 유지하고, 그 가스공급시설과 화기를 취급하는 장소와의 사이에는 그 가스공급시설에서 누출된 가스가 유동하는 것을 방지하기 위한 시설을 설치할 것

㉰ 액화천연가스(기화된 천연가스는 포함한다)의 저장설비와 처리설비(1일 처리능력이 5만2천500m2이하인 펌프·압축기·응축기·기화장치는 제외한다)는 그 외면으로부터 사업소경계[사업소경계가 바다·호수·하천(「하천법」에 따른 하천을 말한다.이하 같다)·연못 등의 경우에는 이들의 반대편 끝을 경계로 본다]까지 다음 계산식에 따라 얻은 거리(그 거리가 50m 미만의 경우에는 50m)이상을 유지할 것

$$L = C \times \sqrt[3]{143000W}$$

이 계산식에서 L, C 및 W는 각각 다음의 수치를 표시한다.

    L: 유지하여야 하는 거리(단위 : m)
    C: 저압 지하식 저장탱크는 0.240, 그 밖의 가스저장설비와 처리설비는 0.576
    W: 저장탱크는 저장능력(단위 : 톤)의 제곱근, 그 밖의 것은 그 시설 안의 액화천연가스의 질량(단위 : 톤)

㉱ 고압의 가스공급시설은 안전구획 안에 설치하고 그 안전구역의 면적은 2만m2 미만일 것. 다만, 공정상 밀접한 관련을 가지는 가스공급시설로서 두 개 이상의 안전구역을 구분함에 따라 그 가스공급시설의 운영에 지장을 줄 우려가 있는 경우에는 그러하지 아니하다.

㉲ 안전구역 안의 고압인 가스공급시설[배관은 제외하나 고압인 가스공급시설과 같은 제조설비에 속하는 가스설비는 포함한다. 이하 마)에서 같다]은 그 외면으로부터 다

른 안전구역 안에 있는 고압인 가스공급시설의 외면까지 30m 이상의 거리를 유지할 것
㉾ 두 개 이상의 제조소가 인접하여 있는 경우의 가스공급시설은 그 외면으로부터 다른 제조소의 경계까지 20m 이상의 거리를 유지할 것
㉿ 액화천연가스의 저장탱크는 그 외면으로부터 처리능력 20만m2이상인 압축기까지 30m이상의 거리를 유지할 것
㉫ 제조소 및 공급소에는 안전조업에 필요한 공지를 확보하여야 하며, 가스공급시설은 안전조업에 지장이 없도록 배치할 것

② 기초기준

저장탱크·가스홀더·압축기·펌프·기화기·열교환기·냉동설비의 지지구조물과 기초는 지진에 견딜 수 있도록 설계하고 지진의 영향으로부터 안전한 구조로 할 것. 다만, 다음 각 호의 어느 하나에 해당하는 시설은 내진 설계 대상에서 제외한다.
㉮ 건축법령에 따라 내진설계를 하여야 하는 것으로서 같은 법령이 정하는 바에 따라 내진설계를 한 시설
㉯ 저장능력이 3톤(압축가스의 경우에는 300m³) 미만인 저장탱크 또는 가스홀더
㉰ 지하에 설치되는 시설

③ 저장설비기준
㉮ 저장탱크와 다른 저장탱크 또는 가스홀더와의 사이에는 두 저장탱크의 최대지름을 더한 길이의 4분의 1이상에 해당하는 거리(두 저장탱크의 최대지름을 더한 길이의 4분의 1이 1m 미만인 경우에는 1m이상의 거리)를 유지(저장탱크 상호 간에 물 분무장치를 설치한 경우에는 제외한다)하는 등 하나의 저장탱크에서 발생한 위해요소가 다른 저장탱크로 전이되지 아니하도록 하고, 저장탱크를 지하나 실내에 설치하는 경우에는 그 저장탱크 설치실 안에서 가스폭발을 방지하기 위하여 필요한 조치를 마련 할 것.
㉯ 저장탱크에는 폭발방지장치, 액면계, 물분무장치, 방류둑, 긴급차단장치 등 저장탱크의 안전을 확보하기 위하여 필요한 설비를 설치하고, 압력저하 방지조치 등 저장탱크의 안전을 확보하기 위하여 필요한 조치를 마련할 것. 다만, 다음 각 호의 어느 하나를 설치한 경우에는 폭발방지장치를 설치한 것으로 볼 수 있다.
㉠ 물분무장치(살수장치는 포함한다)와 소화전을 설치하는 저장탱크
㉡ 저온저장탱크(2중각 단열구조의 것을 말한다)로서 그 단열재의 두께가 해당 저장탱크 주변의 화재를 고려하여 설계·시공된 저장탱크
㉢ 지하에 매몰하여 설치하는 저장탱크
㉰ 저장설비는 가스를 안전하게 저장할 수 있는 적절한 성능을 가지는 것으로 할 것.

④ 가스설비기준
  ㉮ 가스설비[가스발생설비, 가스기화설비 및 가스정제설비는 제외한다. 이하 4)에서와 같다]의 재료는 그 가스의 취급에 적합한 기계적 성질과 화학적 성분을 가지는 것일 것
  ㉯ 가스설비의 구조와 강도는 가스를 안전하게 제조·공급할 수 있는 적절한 것일 것
  ㉰ 가스발생설비, 가스기화설비 및 가스정제설비의 재료와 구조는 그 가스설비의 안전 확보에 적절한 것일 것
  ㉱ 가스설비, 가스발생설비, 가스기화설비 및 가스정제설비는 가스를 안전하게 취급할 수 있는 적절한 성능을 가지는 것으로 할 것.

⑤ 배관설비기준
  배관설비는 제3호가목1) 중 나)부터 바)까지, 사)①㉮, 사)⑤, 아)부터 카)까지를 준용할 것

⑥ 사고예방설비기준
  ㉮ 가스발생설비, 가스정제설비, 가스홀더 및 부대설비로서 제조설비에 속하는 것 중 최고압력이 고압이나 중압인 것에는 그 설비 안의 압력이 허용압력을 초과하는 경우 즉시 그 압력을 허용압력이하로 되돌릴 수 있는 적절한 조치를 강구할 것
  ㉯ 제조소 및 공급소의 가스공급시설에서 가스가 누출도어 체류할 우려가 있는 장소에는 가스가 누출될 경우 이를 신속히 검지하여 효과적으로 대응할 수 있도록 필요한 조치를 마련할 것
  ㉰ 제조소 및 공급소의 가스공급시설의 가스가 통하는 부분에 직접 액체를 옮겨 넣는 가스발생설비(액화석유가스를 원료로 하는 것은 제외한다)와 가스정제설비에는 액체의 역류를 방지하기 위한 장치를 설치할 것
  ㉱ 제조소에는 사용 중 발생할 수 있는 재해나 이상이 발생할 경우에 가스나 액화가스의 송출 또는 유입을 신속하게 차단하고, 해당 설비 안의 내용물을 설비 밖으로 신속하고 안전하게 이송할 수 있도록 적절한 조치를 마련 할 것
  ㉲ 제조소 또는 그 제조소에 속하는 계기를 장치한 회로에는 정상적인 가스의 제조 조건에서 벗어나는 것을 방지하기 위하여 제조설비 안 가스의 제조를 제어하는 장치(이하 "인터록기구"라 한다)를 설치할 것
  ㉳ 가스가 통하는 가스공급시설의 부근에 설치하는 전기설비에는 그 전기설비가 누출된 가스의 점화원이 되는 것을 방지하기 위하여 필요한 조치를 마련할 것
  ㉴ 가스공급시설을 설치한 곳에는 누출된 가스가 머물지 않도록 필요한 조치를 마련할 것
  ㉵ 저장탱크에는 그 저장탱크가 부식되는 것을 방지하기 위하여 필요한 조치를 마련할 것
  ㉶ 액화가스가 통하는 가스공급시설에는 그 설비에서 발생한 정전기가 점화원으로 되는 것을 방지하기 위하여 필요한 조치를 마련할 것
  ㉷ 제조소에는 누출된 가스를 신속히 감지하여 사고의 확대를 방지하기 위하여 공기

중의 혼합비율의 용량이 1천분의 1의 상태에서 감지할 수 있는 냄새가 나는 물질(이하 "냄새가 나는 물질"이라 한다)을 혼합하기 위한 장치를 설치할 것
㈔ 그 밖에 제3호 제조소 및 공급소 밖의 배관 기준의 가.시설기준 중 2) 사고예방설비기준을 준용할 것

⑦ 피해저감설비기준
　액화가스 저장탱크의 저장능력이 500톤 이상(서로 인접하여 설치된 것은 그 저장능력의 합계)인 것의 주위에는 액상의 가스가 누출된 경우에 그 유출을 방지하기 위한 조치를 마련 할 것

⑧ 부대설비기준
㈎ 제조소 및 공급소에는 이상사태가 발생하는 것을 방지하고 이상사태가 발생할 때 그 확대를 방지하기 위하여 액면계, 비상전력, 통신시설, 안전용 불활성가스 설비, 계기실, 열량조정장치, 플레어스텍, 벤트스텍 및 조명설비 등 필요한 설비를 설치할 것
㈏ 가스공급시설이 손상되거나 재해발생으로 인해 비상공급시설을 설치하는 경우에는 다음 기준에 따라 설치할 것
　㉠ 비상공급시설의 주위는 인화성 물질이나 발화성 물질을 저장·취급하는 장소가 아닐 것
　㉡ 비상공급시설에는 접근을 금지하는 내용의 경계표지를 할 것
　㉢ 고압이나 중압의 비상공급시설은 내압성능을 가지도록 할 것
　㉣ 비상공급시설 중 가스가 통하는 부분은 기밀성능을 가지도록 할 것
　㉤ 비상공급시설은 그 외면으로부터 제1종보호시설까지의 거리가 15m이상, 제2종보호시설까지의 거리가 10m 이상이 되도록 할 것
　㉥ 비상공급시설의 원동기에는 불씨가 방출되지 않도록 하는 조치를 할 것
　㉦ 비상공급시설에는 그 설비에서 발생하는 정전기를 제거하는 조치를 할 것
　㉧ 비상공급시설에는 소화설비와 재해발생방지를 위한 응급조치에 필요한 자재 및 용구 등을 비치할 것
　㉨ 이동식 비상공급시설은 엔진을 정지시킨 후 주차제동장치를 걸어놓고, 자동차 바퀴를 고정목 등으로 고정시킬 것
㈐ 제조소 또는 그 제조소에 속하는 계기를 장치한 회로에는 정상적인 가스의 제조 조건에서 벗어나는 것을 방지하기 위하여 제조설비 안 가스의 제조를 제어하는 인터록기구를 설치할 것
㈑ 그 밖에 제3호가목4) 중 가) 및 다)를 준용할 것

⑨ 표시기준
㈎ 저장탱크(국가보안목표시설로 지정된 것은 제외한다)의 외부에는 은색·백색 도료를 바르고 주위에서 보기 쉽도록 가스의 명칭을 붉은 글씨로 표시할 것
㈏ 제조소 및 공급소의 안전을 확보하기 위하여 필요한 곳에는 가스를 취급하는 시설이거나 일반인의 출입을 제한하는 시설이라는 것을 명확하게 알아볼 수 있도록 경

계표지를 하고, 외부인의 출입을 통제할 수 있도록 경계책을 설치할 것
   ㉢ 그 밖에 제3호가목5)를 준용할 것
   ⑩ 그 밖의 기준
   　제3호가목6)을 준용할 것

(2) 기술기준

① 가스를 안전하게 제조·공급하기 위하여 저장탱크의 기초(침하상태)를 정기적으로 점검할 것
② 물분무장치 등은 매월 1회 이상 확실하게 작동하는지를 확인하고 그 기록을 유지할 것
③ 긴급차단장치는 1년에 1회 이상 밸브시트의 누출검사와 작동검사를 실시하여 누출양이 안전 확보에 지장이 없는 양(量) 이하이고, 원활하며 확실하게 개폐될 수 있는 작동기능을 가졌음을 확인할 것
④ 비상전력은 그 기능을 정기적으로 검사하여 사용하는데 지장이 없도록 할 것
⑤ 냄새가 나는 물질을 첨가할 때에는 그 특성을 고려하여 적정한 농도로 주입하고 냄새가 나는 물질이 첨가된 도시가스는 매월 1회 이상 최종 소비 장소에서 채취한 시료를 적정한 측정 장비와 방법에 따라 측정·기록하고 이를 2년간 보존할 것
⑥ 제조소 및 공급소에 설치된 가스누출경보기는 1주일에 1회 이상 작동상황을 점검하고, 작동이 불량할 때는 즉시 교체하거나 수리하여 항상 정상적인 작동이 되도록 할 것
⑦ 제조소 및 공급소에 설치하는 냉동설비의 설치·운영 및 검사에 관한 사항은 「고압가스 안전관리법」에 따른 냉동제조시설의 기술기준에 따를 것

(3) 검사기준

① 시공감리·정기검사 및 수시검사의 항목은 제조소 시설이 적합하게 설치 또는 유지·관리되고 있는지를 확인하기 위하여 다음의 검사항목으로 할 것

검사종류	검사항목
가) 시공감리	가목의 시설기준에 규정된 항목
나) 정기검사 · 수시검사	① 가목의 시설기준에 규정된 항목 중 법 제17조의3제1항에 따른 상세기준(이하 "상세기준"이라 한다)에서 규정한 항목 ② 나목의 기술기준에 규정된 항목 중 상세기준에서 규정한 항목

② 시공감리·정기검사 및 수시검사는 시설이 검사항목에 적합한지를 명확하게 판정할 수 있는 방법으로 실시할 것

(4) 진단 및 평가기준

① 진단 및 평가기준
   ㉮ 정밀안전진단은 제조소의 안전성을 확인하기 위하여 분야별로 필요한 진단항목에 대하여 할 것

진단분야	진단항목
① 일반분야	안전장치 관리실태, 공정안전관리 실태, 저장탱크 운영 실태, 입·출하 설비의 운영실태
② 장치분야	외관검사, 배관 두께측정, 배관 경도측정, 배관 용접부 결함검사, 배관 내·외면 부식상태, 보온·보냉 상태 확인
③ 전기·계장분야	가스시설과 관련된 전기설비의 운전 중 열화상·절연저항 측정, 계측설비 유지관리 실태, 방폭설비 유지관리 실태, 방폭지역 구분의 적정성

　④ 안전성평가는 위험성인지(認知), 사고발생 빈도분석, 사고피해 영향분석, 위험의 해석 및 판단의 평가항목에 대하여 할 것
② 정밀안전진단 및 안전성평가는 그 진단 및 평가 대상 항목의 기술기준에 적합한지를 명확하게 판정할 수 있는 적절한 방법으로 할 것

2. 정압기(지) 및 밸브기지

(1) 시설기준

① 배치기준
　정압기지 및 밸브기지는 급경사 지역이나 붕괴할 위험이 있는 지역 안에 설치하지 아니할 것
② 배관설비기준
　정압기(지) 및 밸브기지의 배관설비기준은 제3호를 따를 것
③ 정압기지(밸브기지)기준
　㉮ 정압기실 및 밸브실은 그 정압기 및 밸브의 보호, 정압기실 및 밸브실 안에서의 작업성 확보와 위해발생 방지를 위하여 적절한 구조를 가지도록 하고, 예비정압기를 설치하는 등 안전 확보에 필요한 조치를 마련할 것
　㉯ 정압기지에는 가스공급시설 외의 시설물을 설치하지 아니할 것
　㉰ 가열설비·계량설비·정압설비의 지지구조물과 기초는 내진설계기준에 따라 설계하고 이에 연결되는 배관은 안전하게 고정할 것
　㉱ 정압기는 도시가스를 안전하고 원활하게 수송할 수 있도록 하기 위하여 적절한 기밀성능을 가지도록 할 것
④ 사고예방설비기준
　정압기지 및 밸브기지에는 압력감시장치·지진감지장치·누출된 가스를 검지하여 이를 안전관리자가 상주하는 곳에 통보할 수 있는 설비·불순물제거장치·안전밸브 등 그 정압기와 밸브의 보호 및 위해발생 방지와 가스의 안정공급을 위하여 필요한 설비를 설치하고, 전기설비의 방폭조치·동결방지조치 등 적절한 조치를 할 것

⑤ 피해저감설비기준
  ㉮ 지상에 설치하는 정압기실의 벽은 그 정압기를 보호하기 위하여 방호벽으로 하고, 지붕은 가벼운 불연성재료로 할 것
  ㉯ 정압기의 입구에는 압력이 이상 변동할 때 자동차단 및 원격조작이 가능한 긴급차단장치를 설치하고, 출구에는 원격조작이 가능한 차단장치를 설치할 것
  ㉰ 정압기지에는 가스방출을 위하여 벤트스택을 설치할 것
⑥ 부대설비기준
  정압기지 및 밸브기지에는 비상전력·조명설비·전기설비·통신설비·압력기록장치 등 그 정압기와 밸브의 기능을 유지하는데 필요한 설비를 설치할 것
⑦ 표시기준
  정압기지 및 밸브기지의 안전을 확보하기 위하여 필요한 곳에는 도시가스를 취급하는 시설이거나 일반인의 출입을 제한하는 시설이라는 것을 명확하게 알아볼 수 있도록 경계표지를 하고, 외부사람의 출입을 통제할 수 있도록 경계책을 설치할 것
⑧ 그 밖의 기준
  정압기지 및 밸브기지에 설치하는 특정설비와 가스용품이 「고압가스 안전관리법」 및 「액화석유가스의 안전관리 및 사업법」에 따른 검사대상에 해당될 경우에는 검사에 합격한 것일 것

(2) 기술기준

① 정압기는 설치 후 2년에 1회 이상 분해점검을 실시할 것
② 정압기, 그 안전관리설비 및 안정공급설비 중 도시가스의 안전을 확보하기 위하여 필요한 시설이나 설비에 대하여는 작동상황을 주기적으로 점검하고, 이상이 있을 경우에는 그 시설이나 설비가 정상적으로 작동될 수 있도록 필요한 조치를 할 것

(3) 검사기준

① 시공감리·정기검사 및 수시검사의 항목은 정압기(지) 및 밸브기지 시설이 적합하게 설치 또는 유지·관리되고 있는지를 확인하기 위하여 다음 검사항목으로 할 것

검사종류	대상시설	검사항목
가)시공감리	정압기(지)	가목의 시설기준에 규정된 항목
	밸브기지	가목의 시설기준에 규정된[3) 중 예비정압기·압력기록장치에 관한 사항, 4) 중 지진감지장치·압력이 이상 변동할 때 자동차단 및 원격조작이 가능한 긴급차단장치·불순물제거장치·동결방지조치에 관한 사항 및 5)는 제외한다] 항목

나)정기검사 · 수시검사	정압기(지)	① 가목의 시설기준에 규정된 항목 중 상세기준에서 규정한 항목 ② 나목의 기술기준에 규정된 항목 중 상세기준에서 규정한 항목
	밸브기지	① 가목의 시설기준에 규정된[3) 중 예비정압기·압력기록장치에 관한 사항, 4) 중 지진감지장치·압력이 이상 변동할 때 자동차단 및 원격조작이 가능한 긴급차단장치·불순물제거장치·동결방지조치에 관한 사항 및 5)는 제외한다] 항목 중 상세기준에서 규정한 항목 ② 나목의 기술기준에 규정된 항목 중 상세기준에서 규정한 항목

② 시공감리·정기검사 및 수시검사는 시설이 검사항목에 적합한지를 명확하게 판정할 수 있는 방법으로 할 것

3. 제조소 및 공급소 밖의 배관

(1) 시설기준

① 배관설비기준

㉮ 배관의 안전한 시공과 유지관리를 위하여 배관의 위치, 배관의 축척 등 배관에 관한 필요한 정보가 포함되도록 설계도면을 작성할 것

㉯ 배관등(배관, 관이음매 및 밸브를 말한다. 이하 같다)의 재료와 두께는 그 배관등의 안전성을 확보하기 위하여 사용하는 가스의 종류 및 압력, 사용하는 온도 및 환경에 적절한 것일 것

㉰ 배관등의 구조는 수송되는 가스의 중량, 배관등의 내압, 배관등 및 그 부속설비의 자체무게, 토압, 수압, 열차하중, 자동차하중, 부력 그 밖의 주하중과 풍하중, 설하중, 온도변화의 영향, 진동의 영향, 배닻으로 인한 충격의 영향, 파도와 조류의 영향, 설치할 때 하중의 영향, 다른 공사로 인한 영향, 그 밖의 종하중에 따라 생기는 응력에 대한 안전성이 있는 것으로 하고 지진의 영향으로부터 안전한 구조일 것

㉱ 배관은 그 배관의 강도 유지와 수송하는 도시가스의 누출 방지를 위하여 적절한 방법으로 접합하고, 이를 확인하기 위하여 중압 이상의 용접부(가스용 폴리에틸렌관은 제외한다)와 저압의 용접부(가스용 폴리에틸렌관, 노출된 사용자공급관 및 호칭지름 80㎜ 미만인 저압 배관은 제외한다)에 대하여 비파괴시험을 하여야 하며, 접합부의 안전을 유지하기 위하여 필요한 경우에는 응력제거를 할 것

㉲ 배관에 나쁜 영향을 미칠 정도의 신축이 생길 우려가 있는 부분에는 그 신축을 흡수하는 조치를 할 것

㉳ 배관장치(배관 및 그 배관과 일체가 되어 가스의 수송용으로 사용되는 압축기·펌프·밸브 및 이들의 부속설비를 포함한다. 이하 같다)에는 안전 확보를 위하여 필요한 경우에는 지지물 및 그 밖의 구조물로부터 절연시키고 절연용 물질을 삽입할 것

㉴ 배관은 그 배관의 유지관리에 지장이 없고, 그 배관에 대한 위해의 우려가 없도록

설치하되, 설치환경에 따라 다음과 같은 적절한 안전조치를 마련할 것
㉠ 배관을 매설하는 경우에는 설치환경에 따라 다음 기준에 따른 적절한 매설 깊이나 설치 간격을 유지할 것
  ⓐ 배관을 지하에 매설하는 경우에는 지표면으로부터 배관의 외면까지의 매설깊이는 산이나 들에서는 1m 이상, 그 밖의 지역에서는 1.2m 이상. 다만, 방호구조물 안에 설치하는 경우에는 그러하지 아니하다.
  ⓑ 배관의 외면으로부터 도로의 경계까지 수평거리 1m 이상, 도로 밑의 다른 시설물과는 0.3m 이상
  ⓒ 배관을 시가지의 도로 노면 밑에 매설하는 경우에는 노면으로부터 배관의 외면까지 1.5m 이상. 다만, 방호구조물 안에 설치하는 경우에는 노면으로부터 그 방호구조물의 외면까지 1.2m 이상
  ⓓ 배관을 시가지 외의 도로 노면 밑에 매설하는 경우에는 노면으로부터 배관의 외면까지 1.2m 이상
  ⓔ 배관을 포장되어 있는 차도에 매설하는 경우에는 그 포장부분의 노반(차단층이 있는 경우에는 그 차단층을 말한다. 이하 같다)의 밑에 매설하고 배관의 외면과 노반의 최하부와의 거리는 0.5m 이상
  ⓕ 배관을 인도·보도 등 노면 외의 도로 밑에 매설하는 경우에는 지표면으로부터 배관의 외면까지 1.2m 이상. 다만, 방호구조물 안에 설치하는 경우에는 그 방호구조물의 외면까지 0.6m(시가지의 노면 외의 도로 밑에 매설하는 경우에는 0.9m) 이상
  ⓖ 배관을 철도부지에 매설하는 경우에는 배관의 외면으로부터 궤도 중심까지 4m이상, 그 철도부지 경계까지는 1m이상의 거리를 유지하고, 지표면으로부터 배관의 외면까지의 깊이를 1.2m이상
  ⓗ 하천 밑을 횡단하여 매설하는 경우 배관의 외면과 계획하상높이(계획하상높이가 가장 깊은 하상높이보다 높을 때에는 가장 깊은 하상높이. 이하 아.에서 같다)와의 거리는 원칙적으로 4m 이상, 소하천·수로를 횡단하여 배관을 매설하는 경우에는 배관의 외면과 계획하상높이와의 거리는 원칙적으로 2.5m 이상, 그 밖의 좁은 수로(용수로·개천 또는 이와 유사한 것은 제외한다)를 횡단하여 배관을 매설하는 경우에는 배관의 외면과 계획하상높이와의 거리는 원칙적으로 1.2m 이상
㉡ 하상을 제외한 하천구역에 하천과 병행하여 배관을 설치하는 경우에는 다음의 기준에 적합하게 할 것
  ⓐ 정비가 완료된 하천으로서 지식경제부장관 또는 시장·군수·구청장이 하천구역 외에는 배관을 설치할 장소가 없다고 인정하는 경우일 것
  ⓑ 배관은 견고하고 내구력을 갖는 방호구조물 안에 설치할 것
  ⓒ 배관의 외면으로부터 2.5m 이상의 매설심도를 유지할 것

ⓓ 배관손상으로 인한 가스누출 등 위급한 상황이 발생한 때에 그 배관에 유입되는 가스를 신속히 차단할 수 있는 장치를 설치할 것. 다만, 고압배관으로서 매설된 배관이 포함된 구간의 가스를 30분 이내에 화기 등이 없는 안전한 장소로 방출할 수 있는 장치를 설치한 경우에는 그러하지 아니하다.
　　ⓒ 배관을 「하천법」에 따른 연안구역에 매설하는 경우에는 하천제방과 하천관리를 고려하여 필요한 거리를 유지할 것
　　ⓔ 배관을 해저·수중 및 해상에 설치하는 경우에는 선박·파도 등에 영향을 받지 아니하는 곳에 설치할 것
　　ⓜ 배관을 지상에 설치하는 경우에는 주택, 학교, 병원, 철도, 그 밖의 이와 유사한 시설과 안전 확보에 필요한 수평거리와 배관의 양측에 안전을 위하여 필요한 공지의 폭을 유지할 것
　ⓐ 자동차등의 충돌로 배관이나 그 지지물이 손상을 받을 우려가 있는 경우에는 단단하고 내구력이 있는 방호설비를 적절한 위치에 설치할 것
　ⓢ 가스용 폴리에틸렌관은 노출배관으로 사용하지 아니할 것. 다만, 지상배관과 연결을 위하여 금속관을 사용하여 보호조치를 한 경우로서 지면에서 30cm 이하로 노출하여 시공하는 경우에는 노출배관으로 사용할 수 있다.
　ⓒ 배관을 옥외의 공동구에 설치하는 경우에는 다음 기준에 따를 것
　　㉠ 환기장치가 있을 것
　　㉡ 전기설비가 있는 것은 그 전기설비가 방폭 구조일 것
　　㉢ 배관은 벨로즈형 신축이음매나 주름관 등으로 온도변화에 따른 신축을 흡수하는 조치를 할 것
　　㉣ 옥외 공동구벽을 관통하는 배관의 관통부와 그 부근에는 배관의 손상방지를 위한 조치를 할 것
　ⓚ 배관은 도시가스를 안전하게 수송할 수 있도록 하기 위하여 내압성능과 기밀성능을 가지도록 할 것
② 사고예방설비기준
　ⓐ 배관장치에는 그 배관장치의 작동 상황과 운영 상태를 감시하기 위하여 운영상태 감시장치·안전제어장치·가스누출 검지경보장치·안전용 접지장치 등 안전 확보와 정상 작동에 필요한 장치를 설치하고, 피뢰설비 설치 등 안전 확보에 필요한 조치를 할 것
　ⓑ 지하에 매설하거나 수중에 설치하는 강관에는 그 강관이 부식되는 것을 방지하기 위하여 필요한 설비를 설치할 것
　ⓒ 중압 이상의 배관에는 굴착공사로 인한 배관손상을 방지하기 위하여 보호조치를 강구할 것
③ 피해저감설비기준
　ⓐ 시가지·주요하천·호수 등을 횡단하거나 도로·농경지·시가지등을 따라 매설되

는 배관에는 사고가 발생하는 등의 경우에 가스공급을 긴급히 차단할 수 있도록 원격조작에 의한 긴급차단장치나 이와 동등 이상의 효과가 있는 장치를 설치할 것
㉯ 고압이나 중압 배관에서 분기되는 배관에는 그 분기점 부근 그 밖에 배관의 유지관리에 필요한 곳에는 위급한 때에 가스를 신속히 차단할 수 있는 장치를 설치할 것. 다만, 분기하여 설치하는 배관의 길이가 50m 이하인 것으로서 다)에 따라 가스차단장치를 설치하는 경우는 제외한다.
㉰ 도로와 평행하여 매설되어 있는 배관으로부터 가스의 사용자가 소유하거나 점유한 토지에 이르는 배관으로서 호칭지름 65mm를 초과하는 것에는 위급한 때에 가스를 신속히 차단시킬 수 있는 장치를 도로 또는 가스사용자의 동의를 얻어 그 토지 안의 경계선 가까운 곳에 설치할 것.
㉱ 지하실·지하도 그 밖의 지하에 가스가 체류될 우려가 있는 장소(이하 "지하실등"이라 한다)에 가스를 공급하는 배관에는 그 지하실등의 부근에 위급한 때 그 지하실등으로 가스공급을 지상에서 용이하게 차단시킬 수 있는 장치를 설치(지하실등의 외벽으로부터 50m 이내에 그 지하실등으로 가스공급을 지상에서 쉽게 차단할 수 있는 장치가 있는 경우는 제외한다)하고, 지하실등에서 분기되는 배관에는 가스가 누출될 때에 이를 차단할 수 있는 장치를 설치할 것

④ 부대설비기준
㉮ 배관장치에는 배관의 유지관리와 가스의 안정적인 공급을 위하여 비상전력, 내용물제거장치설치 등의 조치를 할 것
㉯ 순회감시 자동차를 보유하고, 필요한 경우에는 안전을 위한 기자재의 창고 등을 설치할 것
㉰ 물이 체류할 우려가 있는 배관에는 수취기를 콘크리트 등의 박스에 설치할 것. 다만, 수취기의 기초와 주위를 튼튼히 하여 수취기에 연결된 수취배관의 안전 확보를 위한 보호박스를 설치한 경우에는 콘크리트 등의 박스에 설치하지 아니할 수 있다.

⑤ 표시 기준
㉮ 배관의 안전을 확보하기 위하여 매설된 배관의 주위에는 그 배관이 매설되어 있음을 명확하게 알 수 있도록 표시할 것
㉯ 배관의 외부에 사용가스명, 최고사용압력 및 가스의 흐름방향을 표시할 것. 다만, 지하에 매설하는 경우에는 흐름방향을 표시하지 아니할 수 있다.
㉰ 가스배관의 표면색상은 지상배관은 황색으로, 매설배관은 최고사용압력이 저압인 배관은 황색·중압인 배관은 적색으로 할 것. 다만, 지상배관 중 건축물의 내·외벽에 노출된 것으로서 바닥(2층 이상 건물의 경우에는 각 층의 바닥을 말한다)으로부터 1m의 높이에 폭 3cm의 황색띠를 2중으로 표시한 경우에는 표면색상을 황색으로 하지 아니할 수 있다.

⑥ 그 밖의 기준
㉮ 배관에 설치하는 특정설비와 가스용품이 「고압가스 안전관리법」 및 「액화석유가

스의 안전관리 및 사업법」에 따른 검사대상에 해당할 경우에는 검사에 합격한 것일 것
㉴ 가스용폴리에틸렌관은 제50조제1항 별표14 제4호다목8)에 따른 폴리에틸렌융착원 양성교육을 이수한 자가 시공하도록 할 것

(2) 기술기준

① 법 제29조제2항 및 규칙 제49조에 따라 안전관리자 선임·해임·퇴직 신고를 해야 하는 자는 영 제15조제1항에 따른 안전관리 책임자로 한다.
② 도시가스사업자는 가스공급시설을 효율적으로 관리할 수 있도록 다음 기준에 따라 안전점검원을 배치할 것
  ㉮ 안전점검원의 증감인원산출은 다음 표의 증감항목별 산출방법에 따른다.

구분	항목	세부항목	산출방법
도시가스 시설 현대화	1. 배관망 전산화		$\dfrac{전산화실적}{총공급배관길이} \times 2$
	2. 관리개선 대상시설	심도미달 배관	$\dfrac{개선 배관길이}{대상 배관길이(전년말 기준)} \times 0.4$
		하수도 관통 배관	$\dfrac{이설개소}{대상개소(전년말 기준)} \times 0.4$
		학교 부지 안 정압기	$\dfrac{이설개소}{대상개소(전년말 기준)} \times 0.4$
		고가도로 밑 정압기	$\dfrac{이설개소}{대상개소(전년말 기준)} \times 0.4$
	3. 원격감시 및 차단장치		$\dfrac{원격차단밸브설치개소}{대상개소} \times 1$
	4. 노후배관 교체설치		$\dfrac{교체실적}{교체대상 배관총길이} \times 2$
	5. 노후배관 교체실적	배관, 정압기	$\dfrac{전년도사고건수 - 전전년도사고건수}{전전년도사고건수} \times (-4)$
안전성 재고를 위한 과학화	6. 시공감리 실시배관		$\dfrac{시공감리실시배관}{총공급배관 길이} \times 2$
	7. 배관순찰 자동차		$\dfrac{보유순찰차량}{안전점검 선임인원 \div 2} \times 1$
	8. 노출 배관		(노출배관 500m마다 0.1씩 가산치) $\times (-4)$
	9. 주민 모니터링제		$\dfrac{모니터선정인원}{총공급배관길이(km) \div 5(km)} \times 0.4$
	10. 매설배관의 설치위치		$\dfrac{농로설치배관}{총공급배관길이} \times (-2)$

비고
1. 원격밸브 설치대상 : 환상배관망(일반도시가스사업자), 정압기 또는 밸브기지(가스도매사업자)
2. 사고건수 : 한국가스안전공사에서 매년 공식 발행하는 사고연감을 기준으로 한다.
3. 시공감리 미실시 배관 : 1996년 3월 11일 이전에 설치된 공급관 중 완성검사(20%) 대상에서 제외되는 배관
4. 농로 : 「농지법」 제2조에 따른 농지에 농기계 및 농업인 등의 동행을 위해 설치된 전용도로를 말한다.

5. 증감인원 산출방법
 가. 계산식
   증감인원 = -(총 선임인원 × [(각 항목 합산치)/10) × 0.15]
 나. 산출방법에 따라 계산할 경우 가중치를 제외한 최대값은 1을 초과 할 수 없다.
 다. 2호의 관리개선 대상시설에서 세부항목별 개선대상이 없는 경우에는 세부항목별 최고점수로 산출하며, 학교부지 안과 고가도로 밑 정압기의 이전개소에는 매몰형정압기로 교체한 경우를 포함한다.
 라. 총 공급배관 길이의 산정
   굴착공사원콜시스템(EOCS)의 작용을 받는 지역으로서 배관 외면 간 거리가 1m미만으로 병렬로설치된 배관 길이는 병렬배관 길이 총합의 $\frac{1}{2}$로 한다.

㉯ 도시가스사업자는 전년 말을 기준으로 안전점검원의 배치계획서를 해당 연도 1월까지 작성하고 계획서에 따라 안전점검원을 배치하며 그 결과를 비치·보관할 것

㉰ 안전점검원의 배치는 다음 사항을 고려하여 배관(사용자공급관 및 내관은 제외한다) 길이 60㎞ 이하의 범위에서 나)에 따른 안전점검원의 배치계획에 따라 배치할 것
 ㉠ 배관의 매설지역(도심지역, 시 외곽지역 등)
 ㉡ 시설의 특성(배관의 설치년도, 배관의 재질, 사용압력, 매설심도 등)
 ㉢ 배관의 노출 유무, 굴착공사 빈도 등
 ㉣ 안전장치의 설치 유무(원격차단밸브, 전기방식 등)
 ㉤ 그 밖에 필요한 사항

③ 굴착공사로 인한 배관손상을 예방하기 위하여 굴착공사장에 위치한 배관에 대해서는 위해가 미치지 않도록 다음 기준에 따른 조치를 할 것

 ㉮ 굴착으로 주위가 노출된 고압배관의 길이가 100m 이상인 것은 배관 손상으로 인한 가스누출 등 위급한 상황이 발생한 때에 그 배관에 유입되는 가스를 신속히 차단할 수 있도록 노출된 배관 양 끝에 차단장치를 설치할 것. 다만, 노출된 배관 안의 가스를 30분 이내에 화기 등이 없는 안전한 장소로 방출할 수 있는 장치를 설치하거나 노출된 배관의 안전관리를 위하여 안전점검원의 자격을 가진 자를 상주 배치한 경우에는 차단장치를 설치한 것으로 본다.

 ㉯ 중압 이하의 배관(호칭지름이 100mm 미만인 저압배관은 제외한다)으로서 노출된 부분의 길이가 100m 이상인 것은 위급한 때에 그 부분에 유입되는 도시가스를 신속히 차단할 수 있도록 노출부분 양 끝으로부터 300m 이내에 차단장치를 설치하거나 500m 이내에 원격조작이 가능한 차단장치를 설치할 것

 ㉰ 굴착으로 인하여 20m 이상 노출된 배관에 대하여는 20m 마다 누출된 가스가 체류하기 쉬운 장소에 가스누출경보기를 설치할 것

 ㉱ 노출부분의 양끝은 지반붕괴의 우려가 없는 땅에 지지되어 있을 것. 다만, 부득이한 사유로 마)의 조치를 한 경우에는 그러하지 아니하다.

 ㉲ 노출부분이 다음 표에 따른 길이를 초과하는 경우와 노출 부분에 수취기·가스차단장치·정압기나 불순물을 제거하는 장치 또는 용접외의 방법으로 둘 이상의 접합부가 있는 경우에는 방호 또는 받침방호조치를 할 것

노출된 부분의 상황	양끝부의 상황	
	단단한 땅에 양끝이 지지된 경우	그 밖의 경우
강관으로서 접합부가 없는 것 또는 접합부의 접합방법이 용접으로 된 것	6.0m	3.0m
그 밖의 것	5.0m	2.5m

㉥ 그 밖에 노출배관에 위해가 미치지 않도록 필요한 조치를 할 것

(3) 검사기준

① 시공감리·정기검사 및 수시검사의 항목은 배관이 적합하게 설치 또는 유지·관리되고 있는지를 확인하기 위하여 다음의 검사항목으로 할 것

노출된 부분의 상황	양끝부의 상황	
	단단한 땅에 양끝이 지지된 경우	그 밖의 경우
강관으로서 접합부가 없는 것 또는 접합부의 접합방법이 용접으로 된 것	6.0m	3.0m
그 밖의 것	5.0m	2.5m

② 시공감리·정기검사 및 수시검사는 시설이 검사항목에 적합한지를 명확하게 판정할 수 있는 방법으로 할 것

(4) 진단기준

① 진단항목

정밀안전진단은 배관의 안전성을 확인하기 위하여 분야별로 필요한 진단항목에 대하여 실시할 것

노출된 부분의 상황	양끝부의 상황	
	단단한 땅에 양끝이 지지된 경우	그 밖의 경우
강관으로서 접합부가 없는 것 또는 접합부의 접합방법이 용접으로 된 것	6.0m	3.0m
그 밖의 것	5.0m	2.5m

② 진단방법

정밀안전진단은 배관이 그 진단 대상 항목의 기술기준에 적합한지를 명확하게 판정할 수 있는 적절한 방법으로 할 것

4. 도시가스의 유해성분, 열량, 압력 및 연소성의 측정

① 열량측정은 매일 06시30분~09시 사이, 17시부터 20시30분 사이 제조소의 배송기 또는 압송기 출구에서 자동열량측정기로 측정
② 압력측정은 가스홀더출구, 정압기출구 및 가스공급시설의 끝부분의 배관에서 자기압력계를 사용, 가스압력은 일반가정용 1[kPa] 이상 2.5[kPa] 이내 유지

③ 연소성측정은 매일 06시30분~09시 사이, 17시부터 20시30분 사이 각각 1회씩 가스홀더 및 압송기 출구에서 측정 웨베 지수가 표준 웨베 지수의 ±4.5[%] 이내 유지

㉮ 연소속도

KS M 2081(연료가스의 헴펠식 분석방법) 또는 KS M 2077(액화석유가스의 탄화수소성분시험방법)에 의하여 도시가스 중의 수소·일산화탄소·메탄 외의 탄화수소 및 산소의 함유율 및 도시가스의 비중을 측정하고, 다음의 산식에 의하여 계산한 값으로 한다.

$$C_p = K \frac{1.0 H_2 + 0.6(CO + C_m H_n) + 0.3 CH_4}{\sqrt{d}}$$

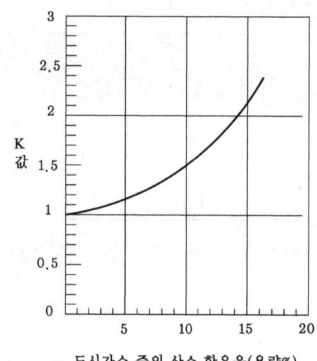

C_p : 연소속도
H_2 : 도시가스 중의 수소함유율(단위 : 용량[%])
CO : 도시가스 중의 일산화탄소함유율(단위 : 용량[%])
$C_m H_n$: 도시가스 중의 메탄 외의 탄화수소함유율(단위 : 용량[%])
CH_4 : 도시가스 중의 메탄함유율(단위 : 용량[%])
d : 도시가스의 공기에 대한 비중
K : 도시가스 중 산소함유율에 따라 정하는 정수로서 도표에서 구한 값

도시가스 중의 산소 함유율(용량%)

㉯ 웨베 지수

제①항의 규정에 의하여 구한 열량과 ㉮의 규정에 의하여 구한 비중을 다음 계산식에 의하여 계산한 값으로 한다.

$$WI = \frac{H_g}{\sqrt{d}}$$

WI : 웨베 지수
H_g : 도시가스의 총발열량(단위 : [kcal/m³])
d : 도시가스의 공기에 대한 비중

④ 유해성분측정

㉮ 도시가스(천연가스 또는 액화석유가스에 공기를 혼합한 것을 제외한다)의 황전량·황화수소 및 암모니아에 대하여는 매주 1회씩 가스홀더(다른 가스홀더에서 도시가스를 받아 성부의 변경없이 도시가스를 보내기 위한 가스홀더를 제외한다)의 추구(가스홀더가 없는 경우에는 정압기의 출구)에서 KS M 2082(연료가스의 특수성부 분석방법)에 의한 분석방법에 의하여 검사할 것.

㉯ ㉮의 규정에 의하여 측정한 도시가스성분 중 유해성분의 양은 0[℃], 101325[Pa]의 압력에서 건조한 도시가스 1[m³]당 황전량은 0.5[g], 황화수소는 0.02[g], 암모니아는 0.2[g]을 초과하지 못한다.

3-3 일반 도시가스사업의 가스공급시설

1. 제조소 및 공급소의 안전설비

(1) 안전거리

① 가스발생 및 가스홀더는 그 외면으로부터 사업장의 경계까지의 거리가 최고사용압력이 고압인 것은 20[m] 이상, 중압인 것은 10[m] 이상, 저압인 것은 5[m] 이상 유지
② 가스 혼합기·가스정제설비·배송기·압송기 그 밖에 가스공급시설의 부대설비(배관제외)는 그 외면으로부터 경계까지의 거리가 3[m] 이상 유지(단, 최고사용압력이 고압인 것은 20[m] 이상, 제1종 보호시설까지의 거리는 30[m] 이상 유지)

(2) 비상공급시설은 그 외면으로부터 제1종 보호시설까지의 거리가 15[m] 이상, 제2종은 10[m] 이상이 되도록 할 것.

2. 정압기

지하에 설치하는 지역정압기 시설의 조작을 안전하고 확실하게 하기 위해 필요한 조명도는 150룩스로 할 것.

3. 지하매설 배관의 깊이

(1) 공동주택 부지 내에서 0.6[m] 이상

(2) 8[m] 이상 도로에서 1.2[m] 이상(단, 저압인 배관에서 횡으로 분기하여 수요가에게 직접 연결되는 배관은 1[m] 이상)

(3) ① 및 ②에 해당되지 않는 것은 1[m] 이상(단, 저압인 배관에서 횡으로 분기하여 수요가에게 직접 연결되는 배관은 0.8[m] 이상)

(4) 지하 구조물·암반 그밖의 특수한 사정으로 매설 깊이를 확보할 수 없는 경우 폭이 배관지름의 1.5배 이상, 두께 4[mm] 이상인 부식방지 코팅 철판인 보호판 설치

① 배관접합은 용접시공을 원칙으로 하며 용접부에 비파괴시험 실시(단, PE관 및 안지름 80[mm] 이하 저압배관제외)
② 지하매설 배관 탐지장치 보유(배관 500[km] 마다 1대 이상)
③ 지하매설 배관 누설 탐지장치 보유(차량형은 사업장마다 1대 이상, 수레형은 100[km]마다 1대 이상)

4. 안전점검원

배관 길이 15[km] 마다 1인 배치

※안전점검원은 가스 배관 및 그 부속설비의 안전관리업무에 한정

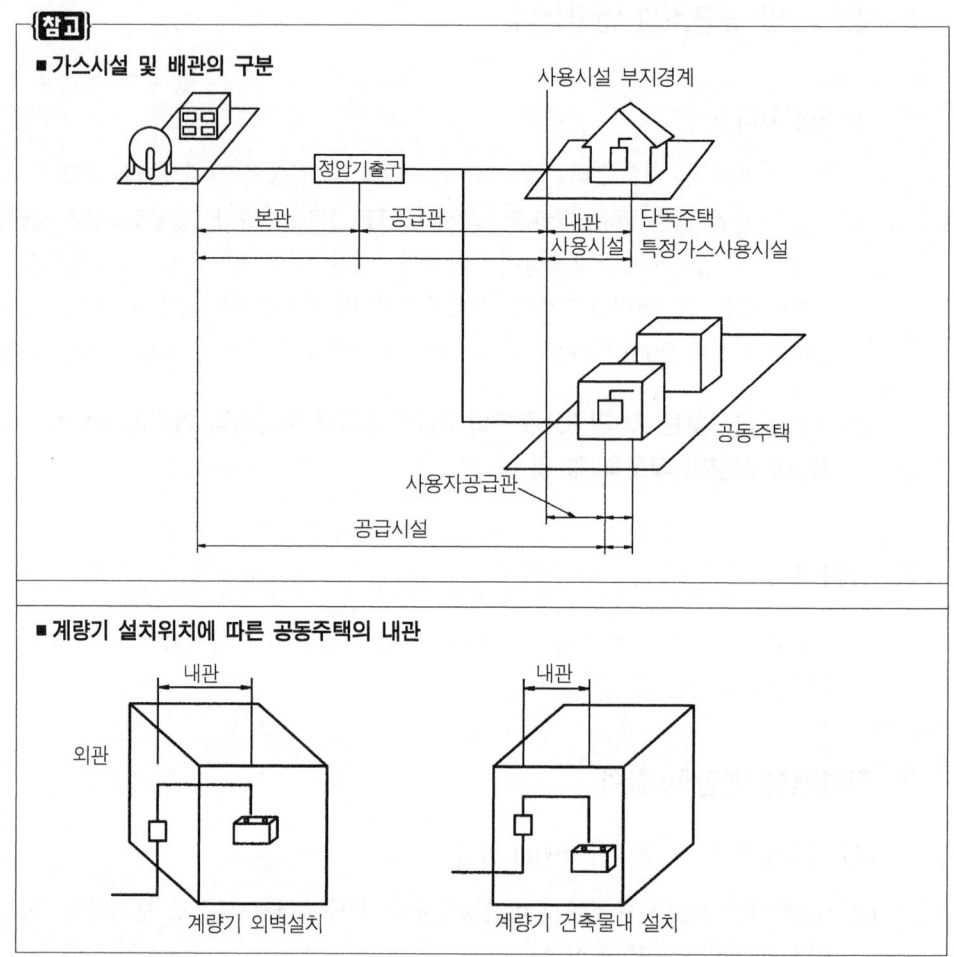

제 3 장 도시가스 안전관리 예상문제

제3편 가스 안전관리
일반고압가스 안전관리 | 액화석유가스 안전관리 | 도시가스 안전관리

문제 1 아세틸렌 가스를 용기에 충전시는 온도에 관계없이 (　)[kg/cm²] 이하로 하고, 충전한 후에 압력은(　)[℃]에서 1.5[MPa] 이하가 되도록 한다. (　)속에 알맞은 것은?

㉮ 4.65, 35　　　　　　　　　㉯ 3.5, 20
㉰ 2.5, 15　　　　　　　　　㉱ 1.8, 15

문제 2 독성가스의 허용농도가 틀린 것은?

㉮ 브롬화메탄 : 20[ppm]　　　㉯ 일산화탄소 : 50[ppm]
㉰ 염소 : 1[ppm]　　　　　　㉱ 시안화수소 : 20[ppm]

해설 시안화수소 : 10[ppm]
허용농도란 건강한 중년의 남자가 1일에 8시간을 중간 정도의 작업을 해도 지장을 초래하지 않는 농도의 평균값으로 사람에 따라서는 그 값이 다르므로 세계적으로 미국공업위생회에서 채택된 값을 채용하고 있다.

문제 3 '처리능력'은 다음 중 어떤 상태로 환산한 것인가?

㉮ 20[℃], 0[Pa abs]　　　　㉯ 0[℃], 0[Pa gage]
㉰ 15[℃], 0[Pa gage]　　　　㉱ 0[℃], 0[Pa abs]

문제 4 다음 보기의 독성가스 중 독성이 강한 순으로 나열한 것은?

[보기] ① 염소　② 시안화수소　③ 포스겐
　　　 ④ 암모니아　⑤ 일산화탄소

㉮ ①-③-②-④-⑤　　　　㉯ ③-①-②-④-⑤
㉰ ①-③-②-⑤-④　　　　㉱ ③-①-②-⑤-④

해설 독성가스의 허용농도
① 일산화탄소, 산화에틸렌 : 50[ppm]
② 암모니아, 산화질소 : 25[ppm]
③ 황화수소, 시안화수소, 벤젠 : 10[ppm]
④ 염화수소, 아황산수소 : 5[ppm]
⑤ 불화수소 : 3[ppm]
⑥ 염소 : 1[ppm]
⑦ 인화수소 : 0.3[ppm]
⑧ 취소, 불소, 오존 : 0.1[ppm]
⑨ 포스겐 : 0.1[ppm]
⑩ 니켈카보닐 : 0.001[ppm]

해답 1. ㉰　2. ㉱　3. ㉰　4. ㉯

문제 5 다음 중 독성, 가연성가스의 정의가 틀린 것은?

 ㉮ 독성가스 : 허용농도 200[ppm] 이하
 ㉯ 가연성가스 : 폭발하한이 10[%] 이하
 ㉰ 가연성가스 : 폭발상한이 20[%] 이상
 ㉱ 가연성가스 : 폭발하한과 상한의 차가 20[%] 이상

문제 6 다음 중 독성이면서 가연성인 가스로만 되어 있는 항목은?

 ㉮ 이황화탄소, 황화수소, 일산화탄소, 시안화수소
 ㉯ 암모니아, 염화메탄, 불소, 포스겐
 ㉰ 염소, 아황산가스, 브틸렌, 염화메탄
 ㉱ 이황화탄소, 아황산가스, 브틸렌, 염화메탄

문제 7 다음과 같은 보기 중 폭발범위가 넓은 순으로 나열된 것은?

[보기] ① 아세틸렌 ② 산화에틸렌 ③ 아세트알데히드
   ④ 염화비닐 ⑤ 이황화탄소

 ㉮ ①-②-③-④-⑤ ㉯ ①-②-③-⑤-④
 ㉰ ①-②-⑤-③-④ ㉱ ①-②-④-③-⑤

해설
- 아세틸렌(C_2H_2) : 2.5~81[%]
- 산화에틸렌(C_2H_4O) : 3.0~80[%]
- 아세트알데히드(CH_3CHO) : 4.1~55[%]
- 이황화탄소(CS_2) : 1.25~44[%]
- 염화비닐(C_2H_3Cl) : 4.0~22[%]

문제 8 다음 중 방호벽의 높이와 두께가 맞는 것은?

 ㉮ 높이가 1.5[m], 두께가 12[cm]의 철근 콘크리트벽
 ㉯ 높이가 2[m], 두께가 12[cm]의 철근 콘크리트벽
 ㉰ 높이가 1.5[m], 두께가 15[cm]의 철근 콘크리트벽
 ㉱ 높이가 2[m], 두께가 7[cm]의 철근 콘크리트벽

문제 9 다음 중 제1종 보호시설에 들지 않는 것은?

 ㉮ 국립박물관   ㉯ 주택
 ㉰ 도서관   ㉱ 병원

문제 10 다음 중 제1종 보호시설에 들지 않는 것은?

 ㉮ 연면적 200[m^2]의 양복점 ㉯ 국립극장
 ㉰ 수용정원 100인의 탁아소 ㉱ 국립도서관

해답 5. ㉰ 6. ㉮ 7. ㉯ 8. ㉯ 9. ㉯ 10. ㉮

문제 11 내용적 10[m³]의 액화산소 저장설비와 제1종 보호시설과 유지해야 할 안전거리는?(단, 액화산소의 상용온도에서의 액비중은 1.14로 본다)

㉮ 21[m]　　㉯ 14[m]　　㉰ 9[m]　　㉱ 7[m]

문제 12 고압가스 일반제조의 기술기준이다. 에어졸 제조기준에 맞지 않는 것은?

㉮ 에어졸의 분사제는 독성가스를 사용하지 말 것.
㉯ 에어졸 제조는 35[℃]에서 그 용기의 내압을 8[kg/cm²] 이하로 할 것.
㉰ 에어졸 제조설비의 주위 4[m] 이내에는 인화성 물질을 두지 말 것.
㉱ 에어졸을 충전하기 위한 충전용기를 가열할 때에는 열습포 또는 40[℃] 이하의 더운물을 사용할 것.

문제 13 다음 중 특정설비가 아닌 것은?

㉮ 역화방지장치, 자동차용가스 자동주입기
㉯ 액면계, 온도계, 유량계, 가스미터
㉰ 안전 밸브, 역류방지 밸브
㉱ 긴급차단장치, 기화장치

문제 14 고압가스 특정제조사업소의 액화가스 저장 탱크에서 방류둑을 설치해야 하는 규정이 틀린 것은?

㉮ 불활성 : 300[ton] 이상　　㉯ 독성 : 5[ton] 이상
㉰ 가연성 : 500[ton] 이상　　㉱ 산소 : 1,000[ton] 이상

문제 15 고압가스 특정제조사업소의 고압가스설비 중 특수반응설비와 긴급차단장치를 설치한 고압가스설비는 이상사태가 발생했을 때 그 설비내의 내용물을 설비밖으로 긴급하고 안전하게 이송하여 연소시키기 위한 것은?

㉮ 내부 반응감시장치　　㉯ 벤트스택
㉰ 플레어스택　　㉱ 인터록

문제 16 고압가스 특정제조시설의 저장 탱크에 설치한 긴급차단장치는 그 저장 탱크의 외면으로부터 몇 [m] 이상 떨어진 위치에서 조작할 수 있어야 하는가?

㉮ 10[m]　　㉯ 8[m]
㉰ 5[m]　　㉱ 3[m]

문제 17 액화산소 탱크에 설치할 안전 밸브의 작동압력으로 옳은 것은?

㉮ 상용압력×1.5배 이하　　㉯ 상용압력×1.5배×0.8배 이하
㉰ 상용압력×0.8배 이하　　㉱ 내압시험압력×0.8배 이하

해답 11. ㉯　12. ㉰　13. ㉯　14. ㉮　15. ㉰　16. ㉮　17. ㉮

문제 18 저장 탱크간의 상호 이격거리를 틀리게 설명한 것은?

㉮ 저장 탱크 상호간에 물분무장치를 설치한 후 규정된 상호 이격거리를 유지한다.
㉯ 두 저장 탱크의 최대 지름이 각각 4[m], 6[m]일 때에는 2.5[m]를 유지한다.
㉰ 두 저장 탱크의 최대 지름이 각각 0.5[m], 1.5[m]일 때에는 1[m]를 이격한다.
㉱ 저장능력이 압축가스는 300[m³] 액화가스는 3[ton] 이상의 것에 한해 이격한다.

문제 19 저장 탱크 2개를 인접하여 지하에 묻는 경우 규정상 상호간의 거리는?

㉮ 60[cm] 이상   ㉯ 2[m] 이상   ㉰ 1.5[m] 이상   ㉱ 1[m] 이상

문제 20 고압가스설비의 내압시험압력은?

㉮ 상용압력의 1.5배 이상   ㉯ 최고 충전 압력의 1.5배 이상
㉰ 항복점의 1.6배   ㉱ 기밀시험압력의 1.8배 이상

문제 21 고압가스 일반제조시설의 저장 탱크에 설치하는 긴급차단장치에 대한 설명이 틀린 것은?

㉮ 액상의 가연성가스·독성가스를 이입하기 위해 설치된 배관에는 역류방지 밸브로 대신할 수 있다.
㉯ 긴급차단장치에 속하는 밸브 외에 2개 이상의 밸브를 당해 배관에 설치하고 그중 1개는 저장 탱크의 가장 먼 위치에 설치하여 항상 개방시켜 둔다.
㉰ 당해 저장 탱크의 외면으로부터 5[m] 이상 떨어진 위치에서 조작할 수 있어야 한다.
㉱ 가연성 또는 독성가스의 저장 탱크로 5000[l] 이상에 부착된 이입 또는 이충전 배관에 적용된다.

문제 22 고압가스 일반제조시설에 대한 설명으로 틀린 것은?

㉮ 가연성가스의 가스설비는 그 외면으로부터 화기를 취급하는 장소까지 8[m] 이상의 우회거리를 두어야 한다.
㉯ 고압가스설비에 장치하는 압력계는 상용압력의 1.5배 이상 2배 이하의 최고눈금이 있는 것이어야 한다.
㉰ 고압가스설비는 상용압력의 1.5배 이상의 압력에서 항복을 일으키지 아니하는 두께이어야 한다.
㉱ 고압가스설비는 100[m³](또는 1[ton]) 이상의 저장 탱크의 기초가 지반침하 하지 아니하도록 하여야 한다.

문제 23 다음 중 역류방지 밸브를 설치해야 하는 배관으로 틀린 것은?

㉮ 가연성가스를 압축하는 압축기와 충전용 주관과의 사이
㉯ 가연성가스를 압축하는 압축기아 오토클레이브와의 사이
㉰ 아세틸렌을 압축하는 압축기와 유분리기의 고압건조기와의 사이
㉱ 암모니아 또는 메타놀의 합성탑이나 정제탑과 압축기와의 사이

해답 18. ㉮ 19. ㉱ 20. ㉮ 21. ㉯ 22. ㉰ 23. ㉯

문제 24
다음과 같은 고압가스 일반제조시설의 시설기준이 틀린 것은?
- ㉮ 아세틸렌의 충전용 교체 밸브는 충전하는 장소에서 격리하여 설치할 것.
- ㉯ 아세틸렌 제조설비 중 아세틸렌에 접촉하는 부분은 동 또는 동의 합금을 사용하여야 한다.
- ㉰ 아세틸렌 충전용지관에는 탄소의 함유량이 0.1[%] 이하의 강을 사용할 것.
- ㉱ 아세틸렌 가스를 용기에 충전하는 장소 및 용기보관소에는 살수장치를 설치할 것.

문제 25
배관의 설치기준으로 틀린 것은?
- ㉮ 배관은 지면으로부터 1[m] 이상의 깊이에 매설한다.
- ㉯ 배관에는 온도의 변화에 의한 길이의 변화에 따른 신축을 흡수하는 조치를 할 것.
- ㉰ 배관은 상용압력의 1.5배 이상의 압력에 항복을 일으키지 아니하는 두께 이상이어야 하며, 상용압력에 견디는 충분한 강도를 갖는 것일 것.
- ㉱ 배관은 상용압력으로 실시하는 기밀시험에 합격한 것일 것.

문제 26
산소 또는 천연 메탄을 수송하기 위한 배관과 이에 접속하는 압축기와의 사이에 설치하여 수분을 제거하는 것은?
- ㉮ 벤트스택
- ㉯ 역류방지장치
- ㉰ 수취기
- ㉱ 플레이어스택

문제 27
규정상 배관은 항상 몇 [°C] 이하로 유지하여야 하는가?
- ㉮ 60[°C]
- ㉯ 45[°C]
- ㉰ 40[°C]
- ㉱ 35[°C]

문제 28
아세틸렌 가스용기의 다공도는?
- ㉮ 65[%] 이하
- ㉯ 65[%] 이상 75[%] 미만
- ㉰ 75[%] 이상 92[%] 미만
- ㉱ 92[%] 이상

문제 29
아세틸렌을 용기에 충전시 충전 중의 압력 및 충전 후의 압력은 얼마 이하로 될 때까지 정치시키는가?
- ㉮ 1.5[kg/cm²] 이하, 35[°C]에서 2.55[MPa] 이하
- ㉯ 2.5[kg/cm²] 이하, 15[°C]에서 1.5[MPa] 이하
- ㉰ 2.6[kg/cm²] 이하, 48[°C]에서 1.8[MPa] 이하
- ㉱ 3.0[kg/cm²] 이하, 15[°C]에서 1.56[MPa] 이하

문제 30
저장 탱크에 액화가스를 충전할 때에는 액화가스의 용량이 상용의 온도에서 그 저장 탱크 내용적의 몇 [%]를 넘지 않아야 하는가?
- ㉮ 60[%]
- ㉯ 70[%]
- ㉰ 80[%]
- ㉱ 90[%]

해답 24. ㉯ 25. ㉰ 26. ㉰ 27. ㉰ 28. ㉰ 29. ㉯ 30. ㉱

문제 31 다음과 같은 농도일 경우 압축할 수 없는 것은?
- ㉮ 수소 3[%], 산소 97[%]
- ㉯ 산소 97[%], 메탄 3[%]
- ㉰ 프로판 98[%], 산소 2[%]
- ㉱ 아세틸렌 99[%], 산소 1[%]

문제 32 산소압축기의 내부 윤활제는?
- ㉮ 잔류탄소 1[%] 이하의 광유
- ㉯ 석유류나 유지류
- ㉰ 농후한 글리세린 수
- ㉱ 물 또는 10[%] 이하의 묽은 글리세린

문제 33 공기압축기의 내부윤활유는 재생유 이외의 것으로서 잔류탄소의 질량이 전질량의 1[%] 이하이며, 인화점이 (A) [°C] 이상으로 170[°C]에서 (B)시간 이상 교반해도 분해되지 않는 것이어야 한다. 이때 A, B 에 맞는 것은?
- ㉮ A : 200, B : 8
- ㉯ A : 200, B : 12
- ㉰ A : 230, B : 8
- ㉱ A : 230, B : 12

문제 34 고압가스제조설비의 기밀시험이나 시운전시의 가압용 고압가스로 사용할 수 없는 것은?
- ㉮ 산소
- ㉯ 질소
- ㉰ 공기
- ㉱ 탄산가스

문제 35 용기에 충전하는 시안화수소의 순도는 규정상 몇 [%] 이상이어야 하는가?
- ㉮ 92[%]
- ㉯ 95[%]
- ㉰ 96[%]
- ㉱ 98[%]

문제 36 규정상 산화에틸렌 저장 탱크의 내부를 질소 또는 탄산가스로 치환하고는 몇 [°C] 이하로 유지해야 하는가?
- ㉮ 5[°C]
- ㉯ 15[°C]
- ㉰ 25[°C]
- ㉱ 35[°C]

문제 37 차량에 고정된 탱크에 고압가스를 충전하거나 그로부터 가스를 이입받을 때에 차량 정지목 등을 설치하여 차량이 고정되도록 하여야 하는 차량에 고정된 탱크의 내용적은 규정상 몇 [*l*]인가?
- ㉮ 4,000[*l*]
- ㉯ 3,000[*l*]
- ㉰ 2,000[*l*]
- ㉱ 1,000[*l*]

문제 38 고압가스를 용기에 충전시 밸브 또는 충전용 지관을 가열할 때에는 무엇을 쓰는가?
- ㉮ 토치
- ㉯ 건조버너
- ㉰ 열습포
- ㉱ 60[°C] 이하의 물

문제 39 에어졸의 누설여부를 조사하는 온수시험 탱크에서의 온도는?
- ㉮ 45[°C] 이하
- ㉯ 46[°C] 이상~50[°C] 미만
- ㉰ 52[°C] 이상~60[°C] 미만
- ㉱ 65[°C] 이상

해답 31.㉮ 32.㉱ 33.㉮ 34.㉮ 35.㉱ 36.㉮ 37.㉰ 38.㉱ 39.㉯

문제 40 용기보관장소에 충전용기를 보관할 때의 기준으로 틀린 것은?

㉮ 충전용기는 항상 45[℃] 이하의 온도를 유지하고, 직사광선을 받지 아니하도록 조치할 것.
㉯ 충전용기와 잔가스용기는 각각 구분하여 용기 보관장소에 놓을 것.
㉰ 용기보관장소의 주위 2[m] 이내에는 화기 또는 인화성 물질이나 발화성 물질을 두지 아니할 것.
㉱ 가연성가스용기 보관장소에는 휴대용 손전등 외의 등화를 휴대하고 들어가지 아니할 것.

문제 41 다음 중 품질검사 대상가스에 대한 순도 기준이 틀린 것은?

㉮ 수소 : 98.5[%] 이상
㉯ 산소 : 99.5[%] 이상
㉰ 아세틸렌 : 98[%] 이상
㉱ LPG : 98.5[%] 이상

문제 42 독성가스를 냉매가스로 하는 냉매설비중 수액기로서 내용적이 얼마 이상인 경우 방류둑을 설치하여야 하는가?

㉮ 6,000[*l*]
㉯ 7,000[*l*]
㉰ 8,000[*l*]
㉱ 10,000[*l*]

문제 43 압축기 최종단에 설치한 냉동제조시설의 안전장치는 규정상 얼마나 작동압력을 조정하는가?

㉮ 1년에 1회 이상
㉯ 3월에 1회 이상
㉰ 6월에 1회 이상
㉱ 2년에 1회 이상

문제 44 고압가스 저장의 기술 기준으로 틀린 것은?

㉮ 시안화수소를 저장할 때에는 1일에 1회 이상 질산구리 벤젠 등의 시험지로 충전용기의 가스누설을 검사할 것
㉯ 시안화수소는 순도가 98[%] 이상으로서 착색되지 아니한 것은 충전 후 60일을 초과하지 아니할 것
㉰ 가연성가스를 저장하는 곳에는 휴대용 손전등 외의 등화를 휴대하지 아니할 것
㉱ 충전용기는 항상 40[℃] 이하의 온도를 유지할 것

문제 45 용접용기의 동판두께를 구하는 식은?

㉮ $t = \dfrac{PD}{200SP - 1.2\eta} + C$
㉯ $t = \dfrac{SD}{200P\eta - 1.2P} + C$
㉰ $t = \dfrac{PD}{200P\eta - 1.2S} + C$
㉱ $t = \dfrac{PD}{200S\eta - 1.2P} + C$

해답 40. ㉮ 41. ㉱ 42. ㉱ 43. ㉰ 44. ㉯ 45. ㉱

문제 46 부식여부값이 틀린 것은?

㉮ 1,000[l] 초과의 염소용기 : 4[mm]
㉯ 1,000[l] 이하의 염소용기 : 3[mm]
㉰ 1,000[l] 초과의 암모니아 충전용기 : 2[mm]
㉱ 1,000[l] 이하의 암모니아 충전용기 : 1[mm]

문제 47 특정 고압가스의 사용시설의 가연성의 저장설비·기화장치 및 이들 사이의 배관과 화기취급장소까지의 우회거리는?

㉮ 3[m] 이상   ㉯ 5[m] 이상   ㉰ 6[m] 이상   ㉱ 8[m] 이상

문제 48 초저온용기의 단열성능 시험시 내용적 1,000[l] 미만인 경우 침입열량의 합격기준은?

㉮ 0.002[kcal/h·℃·l] 이하   ㉯ 0.005[kcal/h·℃·l] 이하
㉰ 0.0002[kcal/h·℃·l] 이하]   ㉱ 0.0005[kcal/h·℃·l] 이하

문제 49 다음과 같은 특정고압가스 사용시설에 대한 기준이 틀린 것은?

㉮ 압축가스 저장량이 30[m³] 이상인 용기보관실의 벽은 방호벽으로 할 것.
㉯ 수소화염 또는 산소·아세틸렌 화염을 사용하는 시설에는 역화방지장치를 설치할 것.
㉰ 저장능력 500[kg] 이상의 액화염소 저장설비 및 기화장치는 그 외면으로부터 보호시설까지 안전거리를 유지할 것.
㉱ 액화가스 저장량이 300[kg] 이상인 용기보관실의 벽은 방호벽으로 할 것.

문제 50 특정 고압가스 사용시설의 산소저장설비와 화기취급장소와의 이격 거리는 규정상 몇 [m]인가?

㉮ 3[m] 이상   ㉯ 4[m] 이상   ㉰ 5[m] 이상   ㉱ 10[m] 이상

문제 51 고압가스설비는 그 두께가 상용압력의 몇 배 이상의 압력에서 항복을 일으키지 않아야 하는가?

㉮ 5배   ㉯ 3배   ㉰ 2배   ㉱ 1.5배

문제 52 특정 고압가스 사용시설 중 필요한 부분에는 2중관 보호시설을 설치해야 할 가스는?

㉮ 산소   ㉯ 아세틸렌   ㉰ 수소   ㉱ 암모니아

문제 53 용기의 종류별 부속품 기호가 틀린 것은?

㉮ 액화가스 : LPG   ㉯ 아세틸렌가스 : AG
㉰ 압축가스 : PG   ㉱ 초저온 및 저온가스 : LT

해답 46. ㉮ 47. ㉱ 48. ㉱ 49. ㉮ 50. ㉰ 51. ㉰ 52. ㉱ 53. ㉮

문제 54 고압가스의 충전용기 운반기준으로 틀린 것은?

㉮ 가연성가스의 산소를 동일차량에 적재 운반하지 아니할 것.
㉯ 항상 40[℃] 이하를 유지할 것.
㉰ 염소와 아세틸렌 암모니아 또는 수소는 동일 차량에 적재하여 운반하지 아니할 것.
㉱ 운반차량의 앞 뒤 보기쉬운 곳에는 붉은 글씨로 '위험고압가스'라는 경계표시를 할 것.

문제 55 다음과 같은 용기의 도색이 틀린 것은?

㉮ 질소 : 흑색
㉯ 액화탄산가스 : 청색
㉰ 산소 : 녹색
㉱ 소방용 용기 : 소방법에 의한 도색

문제 56 다음 중 의료용기에 대한 도색이 틀린 것은?

㉮ 헬륨 : 갈색
㉯ 질소 : 흑색
㉰ 산소 : 녹색
㉱ 액화탄산가스 : 회색

문제 57 다음과 같은 기준 이상의 고압가스를 적재운반시에는 '운반책임자'를 동승해야 하는데 이 운반책임자의 동승기준이 틀린 것은?

㉮ 조연성 압축가스 : 600[m³] 이상
㉯ 가연성 압축가스 : 300[m³] 이상
㉰ 가연성 액화가스 : 4,000[kg] 이상
㉱ 독성의 액화가스 : 1,000[kg] 이상

문제 58 차량에 고정된 탱크의 운반기준시 그 내용적의 한계로 틀린 것은?

㉮ 액화암모니아 : 12,000[l]
㉯ 액화염소 : 12,000[l]
㉰ 산소 : 18,000[l]
㉱ 수소 : 18,000[l]

문제 59 후부 취출식 탱크 외의 탱크는 후면과 차량의 뒷 범퍼와의 수평거리가 규정상 얼마나 되는가?

㉮ 50[cm] 이상
㉯ 40[cm] 이상
㉰ 30[cm] 이상
㉱ 25[cm] 이상

문제 60 납붙임 또는 접합용기의 고압가압시험압력은?

㉮ 상용압력의 1.5배
㉯ 상용압력의 3배
㉰ 내압시험압력의 2배
㉱ 최고충전압력의 4배

문제 61 다음 중 방청도장을 해야 할 용기의 적응 대상은?

㉮ 내용적 120[l] 미만의 LPG 용기
㉯ 내용적 120[l] 미만의 일반용기
㉰ 내용적 120[l] 이상의 LPG 용기
㉱ 내용적 120[l] 이상의 일반용기

해답 54. ㉮ 55. ㉮ 56. ㉰ 57. ㉰ 58. ㉮ 59. ㉰ 60. ㉱ 61. ㉮

제3편 가스 안전관리

문제 62 액화석유가스 충전사업자가 법의 규정에 의하여 액화석유가스의 충전량을 표시하는 증지를 붙여야 하는 용기의 종류는 액화석유가스를 질량 단위로 판매하는 경우로서 내용적은 얼마인가?

㉮ 10[*l*] 초과 125[*l*] 이하 ㉯ 10[*l*] 이상 125[*l*] 이하
㉰ 10[*l*] 초과 125[*l*] 미만 ㉱ 10[*l*] 이상 125[*l*] 미만

문제 63 액화석유가스의 비중이 0.52이고 내용적이 40[m^3]인 저장 탱크 5기에 저장되어 있다. 수용인원이 20인 이상의 아동복지시설과 안전거리는 몇 [m]인가?

㉮ 17[m] ㉯ 20[m] ㉰ 27[m] ㉱ 30[m]

문제 64 LPG의 저장 탱크 저장능력이 얼마 이상일 때 방류둑을 설치해야 하는가?

㉮ 1,000톤 이상 ㉯ 10,000톤 이상
㉰ 500톤 이상 ㉱ 5,000톤 이상

문제 65 LPG 저장 탱크 2기의 최대지름이 각각 5[m], 8[m]일 때 상호간의 이격거리는?

㉮ 3[m] ㉯ 3.25[m] ㉰ 2[m] ㉱ 1[m]

문제 66 다음은 LPG 저장 탱크를 지하에 묻을 때 기준에 적합하지 않은 것은?

㉮ 저장 탱크를 묻는 곳의 주위의 지상에 경계 표시를 할 것.
㉯ 저장 탱크의 정상부와 지면과의 거리는 60[cm] 이상으로 할 것.
㉰ 저장 탱크 주위에는 토사를 채울 것.
㉱ 저장 탱크 뚜껑, 벽 및 바닥의 두께가 각각 30[cm] 이상 방수조치를 한 철근 콘크리트로 만든 곳에 설치할 것.

문제 67 규정상 통풍구를 설치할 수 없는 장소에 있어서는 강제통풍장치를 설치해야 한다. 다음 강제통풍장치의 설치기준에 적합하지 않는 것은?

㉮ 흡입구는 바닥면 가까이 설치할 것.
㉯ 배기가스방출구의 위치는 안전한 높이(지상으로부터 5[m] 이상)에 설치할 것.
㉰ 배기가스 중에 당해 가스농도가 0.1[%] 정도 이상일 경우에는 가스누설장소를 정밀조사하여 즉시 보수할 것.
㉱ 통풍능력은 당해 설비실 또는 용기보관실의 바닥면적 1[m^2]당 0.5[m^3/분] 이상일 것.

문제 68 긴급차단장치의 조작 위치는 당해 저장 탱크의 외면으로부터 얼마나 떨어진 위치에서 조작할 수 있어야 하는가?

㉮ 15[m] ㉯ 10[m]
㉰ 5[m] ㉱ 2[m]

해답 62. ㉱ 63. ㉱ 64. ㉮ 65. ㉯ 66. ㉰ 67. ㉰ 68. ㉰

문제 69 LPG 충전시설 중 가스설비설치시 및 충전용기보관실에 설치하는 통풍구의 크기는?
- ㉮ 바닥면적 1[m²] 당 600[cm²]
- ㉯ 바닥면적 1[m²] 당 100[cm²]
- ㉰ 바닥면적 1[m²] 당 300[cm²]
- ㉱ 바닥면적 1[m²] 당 500[cm²]

문제 70 다음 액화석유가스 계량기의 설치장소에 대한 기준으로 적합하지 아니한 것은?
- ㉮ 가스계량기는 굴뚝, 전기 콘센트와 30[cm] 이상 이격시킬 것.
- ㉯ 화기와 8[m] 이상의 우회거리를 유지하는 곳으로서 수시로 환기가 가능한 장소에 설치할 것.
- ㉰ 당해 시설 내에서 사용하는 자체화기를 제외하고는 가스계량기와 화기는 2[m] 이상의 우회거리를 유지할 것.
- ㉱ 가스계량기는 전기계량기, 개폐기 및 안전기와 60[cm] 이상 이격시킬 것.

문제 71 다음 중 LPG의 충전시설기준으로 잘못된 것은?
- ㉮ 가스방출관의 방출구의 위치는 저장 탱크의 정상부에서 5[m] 이상의 높이에 설치할 것.
- ㉯ 가스설비는 상용압력의 2배 이상의 압력에서 항복을 일으키지 아니하는 두께를 가져야 할 것.
- ㉰ 사업소에는 표준이 되는 압력계를 2개 이상 보유할 것.
- ㉱ 가스설비에 장치하는 압력계는 최고 눈금이 상용압력의 1.5배 이상 2배 이하인 것일 것.

문제 72 LPG배관을 지하에 매설시 지면으로부터 얼마 이상 깊이에 매설하는가?
- ㉮ 2[m] 이하
- ㉯ 1[m] 이하
- ㉰ 1.2 이하
- ㉱ 60[cm] 이하

문제 73 액화석유가스가 충전된 납붙임용기 또는 접합용기의 가스누출을 시험하는 온도는 어느 것인가?
- ㉮ 46[°C] 이상 50[°C] 미만
- ㉯ 20[°C] 이상
- ㉰ 40[°C] 이하
- ㉱ 40[°C] 이상 50[°C] 미만

문제 74 다음 정전기 제거설치기준 중 맞지 않은 것은?
- ㉮ 피뢰설비를 설치하지 아니한 것은 접지 저항값 총합이 10[Ω] 이하일 것.
- ㉯ 접지 단면적이 5.5[mm²] 이상일 것.
- ㉰ 피뢰설비를 설치한 것은 10[Ω] 이하일 것.
- ㉱ 접지저항값 총합은 100[Ω] 이하일 것.

해답 69. ㉰ 70. ㉯ 71. ㉮ 72. ㉰ 73. ㉮ 74. ㉮

문제 75 액화석유가스는 공기 중에 혼합비율용량이 얼마의 상태에서 감지할 수 있는 향료를 섞어야 하는가?

㉮ $\frac{1}{100}$ ㉯ $\frac{1}{1000}$ ㉰ $\frac{1}{500}$ ㉱ $\frac{1}{1500}$

문제 76 다음 LPG 충전사업의 기술기준에서 충전용 압력계(A)와 그밖의 압력계(B)의 검사주기는?

㉮ A : 3월에 1회 이상 B : 매월 1회 이상
㉯ A : 매월 1회 이상 B : 3월 1회 이상
㉰ A : 6월에 1회 이상 B : 1년 1회 이상
㉱ A : 매월에 1회 이상 B : 6월 1회 이상

문제 77 다음 액화석유가스 사용시설의 조정기 출구로부터 연소기까지의 배관이나 호스에 기밀시험압력은?

㉮ 3.3~4.2[kPa]   ㉯ 2.3~2.8[kPa]
㉰ 8.4~10.0[kPa] ㉱ 2.8~5.5[kPa]

문제 78 액화석유가스 사용시설 중 배관과 60[cm] 이상 이격해야 할 것이 아닌 것은?

㉮ 전기개폐기   ㉯ 전기 콘센트
㉰ 전기안전기   ㉱ 전기계량기

문제 79 액화프로판가스 550[kg]을 내용적이 47[*l*]인 프로판용기에 충전한다면 몇 개의 용기가 필요하겠는가?

㉮ 24개 ㉯ 27개 ㉰ 28개 ㉱ 29개

문제 80 액화석유가스 집단공급시설에서 배관을 움직이지 아니하도록 고정 부착하는 조치로서 틀린 것은?

㉮ 관지름이 33[mm] 이상은 3[m] 마다
㉯ 관지름이 13[mm] 미만은 1[m] 마다
㉰ 관지름이 10[mm] 는 1[m] 마다
㉱ 관지름이 32[mm]는 3[m] 마다

문제 81 주거지역, 상업지역에 설치하는 저장 탱크의 저장능력이 얼마 이상일 때 폭발방지장치를 설치하는가?

㉮ 1,000톤 ㉯ 500톤 ㉰ 100톤 ㉱ 10톤

해답 75. ㉰ 76. ㉯ 77. ㉰ 78. ㉯ 79. ㉰ 80. ㉱ 81. ㉱

문제 82 다음 압력조정기의 종류에 따른 입구압력 범위가 잘못된 것은?
　㉮ 자동절체식 조정기 : 0.1~1.56[kPa]
　㉯ 1단 감압식 저압조정기 : 0.07~1.56[kPa]
　㉰ 1단 감압식 준저압조정기 : 0.032~0.083[kPa]
　㉱ 2단 감압식 2차용 조정기 : 0.025~0.35[kPa]

문제 83 다음 조정압력이 3.3(kPa) 이하인 조정기의 안전장치의 작동압력으로 잘못된 것은 어느 것인가?
　㉮ 작동개시압력 : 5.6~8.4[kPa]　　㉯ 작동최대압력 : 5.5~12[kPa]
　㉰ 작동정지압력 : 5.04~8.4[kPa]　㉱ 작동표준압력 : 7[kPa]

문제 84 도시가스사업법 시행규칙에서 정의된 고압의 표현으로 맞는 것은?
　㉮ 0.2[MPa] 이상
　㉯ 0.1[MPa] 이상
　㉰ 1[MPa] 이상
　㉱ 상용의 온도 또는 35[℃]에서 0.2[MPa] 이상인 액화가스

문제 85 도시가스 사업자가 가스를 제조하여 측정하여야 하는 것 중 맞지 않는 것은?
　㉮ 발열량　　㉯ 연소성　　㉰ 온도　　㉱ 압력

문제 86 규정상 일반도시가스 사업자는 정기 안전점검원을 수요가구수 몇 가구마다 1인 이상을 확보하고 있어야 하는가?
　㉮ 6,000 가구　㉯ 5,000 가구　㉰ 4,000 가구　㉱ 2,000가구

문제 87 CH_4의 폭발범위는?(단, 공기중)
　㉮ 5~15[%]　㉯ 4~75[%]　㉰ 2.1~81[%]　㉱ 2.1~9.5[%]

문제 88 액화천연가스(LNG)의 주성분인 가스는?
　㉮ CH_4　　　　　　　　　　㉯ C_3H_8
　㉰ C_4H_6　　　　　　　　　　㉱ C_2H_6

문제 89 고압가스 특정설비 검사시 자유굽힘 시험에서 가스로 절단한 경우 절단한 끝면을 얼마 이상 깎아야 하는가?
　㉮ 2[mm]　　　　　　　　　　㉯ 3[mm]
　㉰ 10[mm]　　　　　　　　　　㉱ 7[mm]

해답 82. ㉰　83. ㉯　84. ㉰　85. ㉰　86. ㉯　87. ㉮　88. ㉮　89. ㉯

문제 90 액화석유가스 충전사업시설 중 저장 탱크와 다른 저장 탱크와의 사이에는 두 저장 탱크의 최대지름을 합산한 길이의 4분의 1이 1[m] 이상일 경우에 얼마의 길이를 유지해야 하는가?

㉮ 2[m]
㉯ 그 길이의 간격
㉰ 그 길이의 $\frac{1}{2}$ 간격
㉱ 3[m] 이내

문제 91 C_2H_2 압축기에서 사용하는 희석제가 아닌 것은?

㉮ N_2　　㉯ CH_4　　㉰ O_2　　㉱ CO

문제 92 가스도매사업의 가스공급시설기준에서 액화천연가스의 저장 탱크는 그 외면으로부터 처리 능력이 20만[m^3] 이상인 압축기와의 안전거리는?

㉮ 10[m] 이상
㉯ 20[m]
㉰ 30[m] 이상
㉱ 50[m] 이상

문제 93 압축가스의 저장 탱크에 있어서 저장능력을 산정하는 계산식은?

㉮ $Q=(10P+1)V_1$
㉯ $W=0.9wV_2$
㉰ $W=V_2/C$
㉱ $R=V \cdot C$

문제 94 아세틸렌가스를 제조하기 위한 설비를 설치하고자 할 때 아세틸렌가스가 통하는 부분은 동 함유량이 몇 [%] 이하의 동합금을 사용해야 하는가?

㉮ 85　　㉯ 75　　㉰ 72　　㉱ 62

문제 95 다음 중 방류둑의 설치대상인 저장 탱크는 어느 것인가?

㉮ 저장능력이 200톤 이상인 액화석유가스 저장 탱크
㉯ 저장능력이 300톤 이상인 액화석유가스 저장 탱크
㉰ 저장능력이 500톤 이상인 액화석유가스 저장 탱크
㉱ 저장능력이 1,000톤 이상인 액화석유가스 저장 탱크

문제 96 고압가스 제조장치로부터 가연성가스가 대량으로 누출된 것을 발견한 자가 제일 먼저 조치하여야 할 사항은?

㉮ 가스검지기로 가연성가스의 농도가 폭발 범위내에 있는 가를 확인한다.
㉯ 제조장치에 설치되어 있는 유량계의 지시를 조사하고 누설 가스량을 확인한다.
㉰ 장치의 운전을 정지시키기 위하여 압축기의 정지 버튼을 누른다.
㉱ 누설가스에 착화하는 경우를 대비하여 소화기구를 준비한다.

해답 90. ㉯　91. ㉰　92. ㉰　93. ㉮　94. ㉱　95. ㉱　96. ㉰

문제 97 차량에 고정된 탱크를 운행도중 노상에 주차할 필요가 있을 경우로 1종 보호시설로부터 얼마 이상 떨어져야 하는가?

 ㉮ 12[m] ㉯ 13[m] ㉰ 14[m] ㉱ 15[m]

문제 98 가스설비의 수리 및 청소요령 중 대기압 이하의 가스치환이 생략되는 경우에서 제외되는 것은?

 ㉮ 내용적 15[m³] 이상의 가스설비에 이르는 사이에 2개 이상의 밸브를 설치할 것.
 ㉯ 사람이 그 설비의 밖에서 작업하는 것.
 ㉰ 당해 가스설비의 내용적이 1[m³] 이하인 것.
 ㉱ 화기를 사용하지 아니하는 작업인 것.

문제 99 도시가스의 가스발생설비, 가스 홀더 등이 설치장소 주위에는 철책 또는 철망 등의 경계책을 설치하여야 하는데 그 높이는 몇 [m] 이상으로 하여야 하는가?

 ㉮ 1[m] 이상 ㉯ 1.5[m] 이상
 ㉰ 2.0[m] 이상 ㉱ 3.0[m] 이상

문제 100 가스 계량기의 설치 높이는 바닥으로부터 얼마인가?

 ㉮ 1.2~1.5[m] ㉯ 1.6~2[m] ㉰ 2~2.5[m] ㉱ 3~4[m]

문제 101 아세틸렌 압축기의 윤활제로 적당한 것은?

 ㉮ 물 ㉯ 글리세린수 ㉰ 진한 황산 ㉱ 양질의 광유

문제 102 다음 부취제의 구비조건 중 맞지 않은 것은?

 ㉮ 화학적으로 안정할 것.
 ㉯ 가스배관, 가스미터 등에 흡착되지 않을 것.
 ㉰ 물에 잘 녹고 독성이 없을 것.
 ㉱ 가격이 저렴할 것.

문제 103 다음 검지가스의 시험지를 짝지어진 것 중에서 틀린 것은?

 ㉮ 암모니아 – 적색리트머스 시험지 ㉯ 일산화탄소 – 염화 파라듐지
 ㉰ 아세틸렌 – 염하 제1동 착염지 ㉱ 이산화탄소 – 하리슨씨 시험지

문제 104 이황화탄소(CS_2)의 폭발범위는?

 ㉮ 1.2~44[%] ㉯ 1~44.5[%]
 ㉰ 12~44[%] ㉱ 15~49[%]

해답 97.㉱ 98.㉮ 99.㉯ 100.㉯ 101.㉱ 102.㉰ 103.㉱ 104.㉮

문제 105 액화가스 충전소에 일반적으로 사용하는 압력계의 눈금 범위는?
㉮ 상용압력의 1.5배 이상 2배 이하 ㉯ 상용압력의 2배 이하
㉰ 상용압력의 3배 이하 ㉱ 상용압력의 1.5배 이상

문제 106 다음 가스 중 용접용기에 충전되는 가스가 아닌 것은?
㉮ H_2 ㉯ NH_3 ㉰ Cl_2 ㉱ H_2S

문제 107 가연성가스 제조시설의 고압가스설비는 그 외면과 산소제조시설의 고압가스설비와 얼마 이상 이격시켜야 하는가?
㉮ 5[m] ㉯ 8[m] ㉰ 10[m] ㉱ 15[m]

문제 108 액화석유가스 사용시설 중 저장량이 얼마 이상이면 소형 저장 탱크를 설치해야 하는가?
㉮ 0.2[ton] ㉯ 5.0[ton] ㉰ 250[kg] ㉱ 500[kg]

문제 109 공기 중에 혼합되어 있는 프로판가스는 다음 중 어느 범위에서 폭발하는가? (단, Volume[%] 이다.)
㉮ 2.4~9.5[%] ㉯ 5.6~12.7[%] ㉰ 2.4~7.4[%] ㉱ 5.6~14.3[%]

문제 110 다음 중 용접용기인 것은?
㉮ 산소용기 ㉯ LPG용기 ㉰ 질소용기 ㉱ 아르곤용기

문제 111 습식 아세틸렌가스 발생기의 표면유지 온도는?
㉮ 110[°C] 이하 ㉯ 100[°C] 이하 ㉰ 90[°C] 이하 ㉱ 70[°C] 이하

문제 112 액화석유가스 용기충전시설 방류둑의 내측과 그 외면으로부터 몇 [m] 이내에는 저장 탱크 부속설비 외의 것을 설치하지 않는가?
㉮ 5[m] ㉯ 7[m] ㉰ 10[m] ㉱ 15[m]

문제 113 수소의 순도는 피로칼롤(pyrogallol) 또는 하이드로 설파이드 시약을 사용한 오르잣법에 의해서 몇 [%] 이상이어야 하는가?
㉮ 98.5[%] ㉯ 90[%] ㉰ 99.9[%] ㉱ 99.5[%]

문제 114 가연성가스 이동시 휴대하는 공작용 공구가 아닌 것은?
㉮ 해머 ㉯ 펜치 ㉰ 가위 ㉱ 소석회

해답 105. ㉮ 106. ㉮ 107. ㉰ 108. ㉰ 109. ㉮ 110. ㉯ 111. ㉱ 112. ㉰ 113. ㉮ 114. ㉱

문제 115 가연성가스 저장실에는 소화기를 설치하게 되어 있는데 이때 사용되는 소화제는?
- ㉮ 물　　㉯ 모래　　㉰ 질산나트륨　　㉱ 중탄산소다

문제 116 도시가스의 부취제가 아닌 것은?
- ㉮ TBM　　㉯ DMS　　㉰ MMA　　㉱ THT

문제 117 독성이고 가연성이 있으며 냉동제로 이용할 수 있는 것은?
- ㉮ $CHCl_3$　　㉯ CO_2　　㉰ Cl_2　　㉱ NH_3

문제 118 아세틸렌 용기의 내용적이 10[l] 이하이고, 다공질물의 다공도가 90[%]일 때 디메틸포름아미드의 최대 충전량은 얼마인가?
- ㉮ 43.5[%] 이하　　㉯ 41.8[%] 이하　　㉰ 38.7[%] 이하　　㉱ 36.6[%] 이하

문제 119 염소(Cl_2)의 재해방지용으로서 흡수제 및 재해제가 아닌 것은?
- ㉮ 가성소다 수용액(NaOH)
- ㉯ 소석회($Ca(OH)_2$)
- ㉰ 탄산소다 수용액(Na_2CO_3)
- ㉱ 물(H_2O)

문제 120 다음 중 동일 차량에 적재하여 운반할 수 없는 경우는?
- ㉮ 산소와 질소
- ㉯ 염소와 아세틸렌
- ㉰ 질소와 탄산가스
- ㉱ 탄산가스와 아세틸렌

문제 121 LPG 사용시설의 배관중 호스의 길이 및 저압부분의 내압시험압력이 맞게 짝지어진 항목은?
- ㉮ 3[m] 이내, 0.8[MPa] 이상
- ㉯ 3[m] 이내, 1[MPa] 이상
- ㉰ 5[m] 이내, 0.5[MPa] 이상
- ㉱ 5[m] 이내, 0.3[MPa] 이상

문제 122 가연성가스를 취급하는 장소에서 사용하는 불꽃이 나지 않는 안전공구에 해당되지 않는 것은?
- ㉮ 고무
- ㉯ 나무
- ㉰ 베릴륨 합금
- ㉱ 알루미늄 합금

문제 123 도시가스설비의 내압시험(TP)압력은?
- ㉮ 항복점의 1.6배 이상
- ㉯ 최고사용압력의 1.1배 이상
- ㉰ 최고사용압력의 1.5배 이상
- ㉱ 8.4[kPa]의 압력

해답 115. ㉱　116. ㉰　117. ㉱　118. ㉮　119. ㉱　120. ㉯　121. ㉮　122. ㉱　123. ㉰

문제 124
다음 가스충전을 위한 용기의 밸브 충전구 나사가 오른 나사로 되어 있는 것은?

㉮ 수소 ㉯ 암모니아 ㉰ 아세틸렌 ㉱ 프로판

문제 125
아세틸렌가스의 압축시 희석제로서 적당하지 못한 것은?

㉮ 질소, 수소 ㉯ 산소, 염화칼슘 ㉰ 메탄, 탄산가스 ㉱ 프로판, 일산화탄소

문제 126
일반 가정의 취사용 도시가스정압기 출구 가스 압력은?

㉮ 1.0[kPa] 이상 2.5[kPa] 이내
㉯ 1.0[kPa] 이상 3.3[kPa] 이내
㉰ 2.8±5[kPa]
㉱ 1.8[kPa] 이상 3.3[kPa] 이내

문제 127
독성가스 저장 탱크에 과충전 방지장치를 장치하고자 한다. 과충전 방지장치는 가스충전량이 저장 탱크 내용적[%]를 초과하는 경우에 가스충전이 되지 않도록 하여야 하는가?

㉮ 80[%] ㉯ 85[%] ㉰ 90[%] ㉱ 95[%]

문제 128
산소의 가연성가스의 혼합가스의 폭굉범위가 가장 넓은 것은?

㉮ 암모니아 ㉯ 수소 ㉰ 일산화탄소 ㉱ 프로판

문제 129
최대 지름이 6[m]인 2개 가연성가스 저장 탱크에 있어서 물분무장치가 없을 때 유지하여야 할 거리는?(단, 저장능력은 3톤 이상이다.)

㉮ 0.6[m] ㉯ 1[m] ㉰ 2[m] ㉱ 3[m]

문제 130
500[kg]의 R-12를 내용적 50[ℓ] 용기에 충전하려할 때 최소한의 용기는?(단, 가스정수 C는 0.86이다.)

㉮ 5개 ㉯ 7개 ㉰ 9개 ㉱ 11개

문제 131
도시가스 사용시설 기밀시험은?(단, 연소기 제외)

㉮ 8.4[kPa] 이상 10[kPa] 이내
㉯ 5.0[kPa] 이상 10[kPa] 이내
㉰ 8.4[kPa] 이상 12[kPa]
㉱ 12[kPa] 이상

문제 132
암모니아가스는 검지경보장치의 검지에서 발산까지 몇 분 이내에 하는가?

㉮ 1분 ㉯ 2분 ㉰ 3분 ㉱ 4분

해답 124. ㉯ 125. ㉯ 126. ㉮ 127. ㉰ 128. ㉯ 129. ㉱ 130. ㉰ 131. ㉮ 132. ㉮

문제 133 도시가스 사용시설 중 호스의 길이는 몇 [m] 이내로 하는가?
　㉮ 1　　㉯ 2　　㉰ 3　　㉱ 4

문제 134 액화가스설비에 정전기를 제거하기 위한 접지 접속선의 단면적은 몇 [mm^2] 이상인가?
　㉮ 2　　㉯ 2.5　　㉰ 5　　㉱ 5.5

문제 135 다음 가스 중 폭발범위(상온, 상압, 공기 중)가 올바르게 된 것은?
　㉮ 수소 : 4~85[%]
　㉯ 메탄 : 5~25[%]
　㉰ 프로판 : 1.8~9.5[%]
　㉱ 일산화탄소 : 12.5~74[%]

문제 136 액화석유가스의 실량 표시 증지에 기재할 사항이 아닌 것은?
　㉮ 빈용기의 무게　㉯ 가스의 무게　㉰ 발행기관　㉱ 충전연월일

문제 137 일반도시가스사업의 가스공급 시설기준에서 배관을 지상에 설치할 경우 배관에 도색할 색깔은 어느 것인가?
　㉮ 흑색　　㉯ 황색　　㉰ 적색　　㉱ 회색

문제 138 공기보다 비중이 가벼운 도시가스의 공급시설로서 공급시설이 지하에 설치된 겨우 통풍구조는 흡입구 및 배기구의 관지름을 몇 [mm]이상으로 하는가?
　㉮ 50　　㉯ 75　　㉰ 100　　㉱ 150

문제 139 산소 압축기의 윤활유로 적합한 것은?
　㉮ 물 또는 묽은 글리세린수(10[%])
　㉯ 진한 황산
　㉰ 양질의 광유
　㉱ 디젤 엔진유

문제 140 다음 가스 중 냄새로 쉽게 알 수 있는 것은?
　㉮ 프레온가스(R-12), 질소, 이산화탄소
　㉯ 일산화탄소, 아르곤, 메탄
　㉰ 염소, 암모니아, 메타놀
　㉱ 아세틸렌, 부탄, 프로판

문제 141 공기액화 분리기에 설치된 액화산소 탱크 내의 액화산소는 1일 몇 회 이상 분석해야 하는가?
　㉮ 1일 1회　㉯ 주당 3회　㉰ 2일에 1회　㉱ 1일 2회 이상

문제 142 온도 0[℃], 101325[Pa]의 압력에서 도시가스 성분측정 중 유해 성분의 양이 건조한 도시가스 1[m^3]당 초과해서는 안되는 기준으로 옳은 것은?

해답 133. ㉰　134. ㉱　135. ㉰　136. ㉰　137. ㉯　138. ㉰　139. ㉮　140. ㉰　141. ㉮

㉮ 황전량 0.2[g], 황화수소 0.02[g], 암모니아 0.25[g]
㉯ 황전량 0.2[g], 황화수소 0.2[g], 암모니아 0.2[g]
㉰ 황전량 0.2[g], 황화수소 0.5[g], 암모니아 0.2[g]
㉱ 황전량 0.5[g], 황화수소 0.02[g], 암모니아 0.2[g]

문제 143 산소가스설비의 수리 및 청소를 위한 저장 탱크 내의 산소를 치환할 때 산소의 농도가 몇 [% 이하가 될 때까지 치환해야 하는가?

㉮ 22[%]   ㉯ 28[%]   ㉰ 31[%]   ㉱ 33[%]

문제 144 드라이 아이스의 주성분은?

㉮ SO_4 ㉯ CO_2 ㉰ H_2O ㉱ CO

문제 145 다음 중 독성이 가장 큰 가스는?

㉮ 염소   ㉯ 시안화수소   ㉰ 산화질소   ㉱ 불소

문제 146 공기 액화분리장치에서의 액화산소통 내의 액화산소 5[l] 중에 아세틸렌의 질량이 어느정도 존재시 폭발방지를 위하여 운전을 중지하고 액화산소를 방출시켜야 하는가?

㉮ 0.1[mg]   ㉯ 5[mg]   ㉰ 1.5[mg]   ㉱ 2[mg]

문제 147 차량에 고정된 탱크에 독성가스는 얼마 적재 할 수 있는가?

㉮ 12,000[l] 이하   ㉯ 18,000[l] 이하   ㉰ 15,000[l] 이하   ㉱ 16,000[l] 이하

문제 148 다음 중 폭발성이 예민하므로 마찰 및 타격으로 격렬히 폭발하는 물질에 해당되지 않는 것은?

㉮ 아세틸라이드   ㉯ 황화질소   ㉰ 메틸아민   ㉱ 염화질소

문제 149 압축 또는 액화 그밖의 방법으로 처리할 수 있는 용적이 1일 100[m³] 이상인 사업소는 표준압력계를 몇 개 이상 비치해야 하는가?

㉮ 1   ㉯ 2   ㉰ 3   ㉱ 4

문제 150 다음 설명 중 옳은 것은?

㉮ 용기에 충전한 가스의 압력은 대체로 충전가스의 질량에 비례한다.
㉯ 용기의 내압시험 압력이 20[MPa]일 때, 안전 밸브 작동 압력은 18[MPa]이다.
㉰ 가연성가스 용기 밸브의 충전구 나사는 왼나사이다.
㉱ 용기 각인사항 중 50은 액화가스 50[kg], 압축가스는 50[l]의 충전 표시이다.

해답 142.㉱ 143.㉮ 144.㉯ 145.㉱ 146.㉰ 147.㉮ 148.㉮ 149.㉯ 150.㉰

제 3 장 도시가스 안전관리 예상문제

문제 151 고압가스 특정제조설비는 그 외면으로부터 다른 시설물과 몇 [m] 이상 거리를 유지하는가?

㉮ 0.2[m]　　㉯ 0.3[m]　　㉰ 0.5[m]　　㉱ 1[m]

문제 152 고압가스의 충전용기는 그 온도를 항상 몇 [°C] 이하로 유지하도록 해야 하는가?

㉮ 40[°C]　　㉯ 30[°C]　　㉰ 20[°C]　　㉱ 15[°C]

문제 153 가연성 물질을 취급하는 설비는 그 외면으로부터 몇 [m] 이내에 온도상승 방지 조치를 하는가?

㉮ 10[m]　　㉯ 15[m]
㉰ 20[m]　　㉱ 30[m]

문제 154 LPG의 연소 명판에 기재할 사항이 아닌 것은?

㉮ 연소기명　　㉯ 가스소비량
㉰ 연소기 재질명　　㉱ 제조번호 또는 코드 번호

문제 155 LP가스의 용기 보관실 바닥면적이 3[m²]이라면 통풍구의 크기는 얼마로 하여야 하겠는가?

㉮ 300[cm²]　　㉯ 600[cm²]
㉰ 900[cm²]　　㉱ 1,200[cm²]

문제 156 고압가스 충전용기 운반기준에 대한 설명 중 틀린 것은?

㉮ 염소와 아세틸렌가스는 동일차량에 적재하여 운반해서는 안 된다.
㉯ 충전용기와 소방법이 정하는 위험물과는 동일 차량에 적재하여 운반해서는 안 된다.
㉰ 가연성가스와 산소는 동일차량에 적재하여 서로 마주보지 않게 운반할 수 있다.
㉱ 염소와 수소는 동일차량에 적재하여 운반 할 수 있다.

문제 157 독성가스 검지방법 중 암모니아수로 검지하는 가스는?

㉮ SO_2　　㉯ HCN
㉰ NH_3　　㉱ CO

문제 158 고압가스제조장치의 취급방법에 관한 설명 중 틀린 것은 어느 것인가?

㉮ 역류방지 밸브는 천천히 작동시킨다.
㉯ 압력계의 지변은 천천히 연다.
㉰ 액화가스를 탱크에 최초로 통과할 때는 천천히 넣는다.
㉱ 제조장치의 압력을 상승시키는 경우에는 천천히 상승한다.

해답 150. ㉰ 151. ㉯ 152. ㉮ 153. ㉰ 154. ㉰ 155. ㉰ 156. ㉱ 157. ㉮ 158. ㉮

제3편 가스 안전관리

문제 159 산소, 질소, 수소, 아르곤 등의 압축가스 또는 이산화탄소 등의 고압액화가스를 충전하는데 사용되는 용기는?

㉮ 심교용기 ㉯ 웰딩 용기 ㉰ 무계목용기 ㉱ 용접이음용기

문제 160 가스 중 L.N.G 지하매설 배관 퍼지용으로 널리 사용되는 가스는?

㉮ Ar ㉯ CO_2 ㉰ N_2 ㉱ O_2

문제 161 가스용접 중 고무 호스에 역화가 일어 났을 때 제일 먼저 해야 할 일은?

㉮ 즉시 산소용기의 밸브를 닫는다.
㉯ 토치에서 고무관을 뺀다.
㉰ 안전기에 규정의 물을 넣어 다시 사용한다.
㉱ 토치의 나사부를 충분히 조인다.

문제 162 도시가스 제조공급시설의 정압기에 대한 분해점검 시기에 대하여 다음 중 맞게 기술된 것은?

㉮ 6개월에 1회 이상 ㉯ 1년에 1회 이상
㉰ 2년에 1회 이상 ㉱ 3년에 1회 이상

문제 163 고압가스 충전용기에 대한 운반 기준으로서 적합하지 않는 것은?

㉮ 염소, 아세틸렌, 수소 등은 동일 차량에 적재 운반하지 않는다.
㉯ 질량 300[kg] 이상의 암모니아 운반시는 운반 책임자를 동승시킨다.
㉰ 독성가스 충전용기 운반시에는 용기 사이에 목재 칸막이를 한다.
㉱ 충전용기와 위험물과는 동일 차량에 적재 운반하지 않는다.

문제 164 아세틸렌 가스를 용기에 충전시는 온도에 관계없이 ( )[MPa] 이하로 하고, 충전한 후에 압력은 ( )[°C]에서 1.5[MPa] 이하가 되도록 한다. ( )속에 알맞은 것은?

㉮ 4.65, 35 ㉯ 3.5, 20 ㉰ 2.5, 15 ㉱ 1.8, 15

문제 165 특정고압가스 사용시설 중 화기취급 장소와의 사이에 8[m] 이상의 우회거리를 유지하지 않아도 되는 것은?

㉮ 방호벽 ㉯ 저장설비 ㉰ 기화장치 ㉱ 배관

문제 166 액화석유가스의 사용시설 중 관지름이 33[mm] 이상의 배관은 움직이지 않도록 몇 [m]마다 고정하여야 하는가?

㉮ 3[m] ㉯ 1[m] ㉰ 2[m] ㉱ 4[m]

해답 159. ㉰ 160. ㉰ 161. ㉮ 162. ㉰ 163. ㉯ 164. ㉰ 165. ㉮ 166. ㉮

문제 167 액화석유가스 사용시설 중 저장량이 얼마 이상이면 소형 저장 탱크를 설치해야 하는가?
㉮ 2.5[ton]　　㉯ 5.0[ton]　　㉰ 250[kg]　　㉱ 3.0[ton]

문제 168 다음 가스 중 독성이 강한 순서로 나열된 것은 어느 것인가?
[보기] ① CO ② HCN ③ COCl₂ ④ Cl₂
㉮ ④-③-②-①　　　　㉯ ③-④-②-①
㉰ ②-①-③-④　　　　㉱ ②-④-③-①

문제 169 가스의 폭발범위에 영향을 주는 인자가 아닌 것은?
㉮ 비열　　㉯ 압력　　㉰ 온도　　㉱ 가스량

문제 170 다음 중 같은 저장실에 혼합 저장할 수 있는 것은?
㉮ 수소와 염소가스　　　　㉯ 수소와 산소
㉰ 아세틸렌가스와 산소　　㉱ 수소와 질소

문제 171 액화석유가스용기 충전시설 방류둑의 내측과 그 외면으로부터 몇 [m] 이내에는 저장 탱크 부속설비 외의 것을 설치하지 않는가?
㉮ 5[m]　　㉯ 7[m]　　㉰ 10[m]　　㉱ 5[m]

문제 172 프로판 용기의 재료에 사용되는 금속은?
㉮ 주철　　㉯ 탄소강　　㉰ 내산강　　㉱ 듀랄루민

문제 173 공기 중에 가스가 누설했을 때 낮은 곳에 체류하지 않는 곳은?
㉮ 염소　　㉯ 아세틸렌　　㉰ 부탄　　㉱ 아황산가스

문제 174 내부용적이 40,000[l]인 액화수소 저장 탱크의 저장 능력은?(단, 비중은 1.04로 하고 차량에 고정된 탱크는 제외)
㉮ 40,000[kg]　　㉯ 38,640[kg]　　㉰ 37,440[kg]　　㉱ 36,630[kg]

문제 175 가스계량기는 저압전선과 몇 [cm] 이상 거리를 두는가?
㉮ 60[cm]　　㉯ 30[cm]　　㉰ 15[cm]　　㉱ 5[cm]

문제 176 고압배관을 맞대기 용접할 경우 배관 상호의 길이 이음매는 원주방향에서 원칙적으로 어느정도 이상 간격을 두어야 하는가?
㉮ 10[mm]　　㉯ 30[mm]　　㉰ 50[mm]　　㉱ 100[mm]

해답 167.㉰ 168.㉯ 169.㉮ 170.㉱ 171.㉰ 172.㉯ 173.㉯ 174.㉰ 175.㉰ 176.㉮

문제 177 부탄가스의 공기 중 폭발범위에 해당되는 것은?
㉮ 1.2~2[%]　　㉯ 1.8~8.4[%]　　㉰ 2~10[%]　　㉱ 2.5~12[%]

문제 178 고압가스의 운반 기준으로 적합하지 않는 것은?
㉮ 산소를 운반하는 차량은 소화설비를 갖춘다.
㉯ 프로판 3톤 이상은 운반 책임자를 동승시킨다.
㉰ 독성가스 운반차량은 방독면, 고무장갑 등을 휴대한다.
㉱ 고압가스 운반차량은 제1종 보호시설에서만 주차할 수 있다.

문제 179 다음 가스 중 폭발범위가 넓은 것부터 좁은 쪽으로 순서가 나열된 것은?
㉮ H_2, C_2H_2, CH_4, CO　　　　㉯ CH_4, CO, C_2H_2, H_2
㉰ C_2H_2, H_2, CO, CH_4　　　　㉱ C_2H_2, CO, H_2, CH_4

문제 180 고압가스 제조설비에 누설된 가스의 확산을 적절히 방지할 수 있는 등의 여러 가지 재해 조치를 하여야 하는 가스가 아닌 것은 어느 것인가?
㉮ 황화수소　　㉯ 탄산가스　　㉰ 염화메탄　　㉱ 아황산가스

문제 181 다음은 용기부속품의 종류별 기호를 표시한 것이다. 이중 압축가스를 충전하는 용기의 부속품을 나타낸 것은?
㉮ LG　　㉯ PG　　㉰ LT　　㉱ AG

문제 182 LP가스의 용기보관실 바닥면적이 30[m²]이라면 통풍구의 크기는 얼마로 하여야 하겠는가?
㉮ 3,000[cm²]　　㉯ 6,000[cm²]　　㉰ 9,000[cm²]　　㉱ 12,000[cm²]

문제 183 고압가스 저장능력 산출 계산식이다. 잘못된 것은?

V_1 : 내용적 [m³]
V_2 : 내용적 [l]
Q : 저장능력 [m³]
P : 35[℃]에서의 최고충전압력 [MPa]
W : 저장능력 [kg]
C : 가스의 종류에 따르는 정수
d : 상용온도에서 액화가스의 비중 [kg/l]

㉮ 압축가스의 저장 탱크 : $Q = \dfrac{(10P+1)}{V_1}$

㉯ 액화가스의 저장 탱크 : $W = 0.9 d V_2$

해답 177. ㉯　178. ㉱　179. ㉰　180. ㉯　181. ㉯　182. ㉰

㉰ 액화가스의 용기 및 차량에 고정된 탱크 : $W = \dfrac{(V_2)}{C}$

㉱ 압축가스의 저장 탱크 및 용기 : $Q = (10P+1)V_1$

문제 184 ( )와 아세틸렌, 암모니아 또는 수소를 동일차량에 적재 운반하지 아니한다. ( )내에 적당한 것은?

㉮ 염소　　㉯ 액화석유가스　　㉰ 질소　　㉱ 일산화탄소

문제 185 액화석유가스 설비의 내압시험 압력은?

㉮ 상용압력의 1.5배 이상　　㉯ 기밀시험압력 이상
㉰ 허용압력 이상　　㉱ 설계압력의 1.5배 이상

문제 186 다음 중 방호벽을 설치하지 아니하여도 되는 시설은?

㉮ 액화석유가스 영업소의 용기저장실(저장능력 50톤)
㉯ 액화석유가스 판매업소의 용기저장실
㉰ 아세틸렌 압축기의 충전장소
㉱ 아세틸렌 압축기가 충전용기 보관장소

문제 187 고압가스 공급자의 안전점검 항목 중 맞지 않는 것은?

㉮ 충전용기 설치위치
㉯ 충전용기의 운반 방법 및 상태
㉰ 충전용기와 화기와의 거리
㉱ 독성가스의 경우 흡수장치, 재해장치 및 보호구 등에 대한 적합여부

문제 188 냉동제조의 시설기준 및 기술기준이다. 잘못된 것은?

㉮ 압축기 최종단에 설치한 안전장치는 1년에 1회 이상 압력시험을 할 것.
㉯ 제조설비는 진동, 충격, 부식 등으로 냉매 가스가 누설되지 아니할 것.
㉰ 냉동제조시설 중 냉매 설비에는 자동제어 장치를 설치할 것.
㉱ 냉동제조시설 중 특정 설비는 검사에 합격한 것일 것.

문제 189 긴급사태가 발생하였을 경우 이를 사업소내 전역에 신속히 통보할 수 있도록 구비하여야 할 통신시설로 적합지 않은 것은?

㉮ 구내 방송 설비　　㉯ 페이징 설비
㉰ 인터폰　　㉱ 메가폰

해답 183. ㉮　184. ㉮　185. ㉮　186. ㉮　187. ㉯　188. ㉮　189. ㉰

문제 190 도시가스 사용시설에서 가스계량기의 설명이 바르지 못한 것은?
㉮ 가스계량기는 화기(자체화기는 제외)와 2[m] 이상의 우회거리를 유지해야 한다.
㉯ 가스계량기(30[m³/h]미만)의 설치 높이는 바닥으로부터 1.6[m] 이상 2[m] 이내이어야 한다.
㉰ 가스계량기를 격납상자 내에 설치하는 경우에는 설치 높이의 제한을 받지 아니한다.
㉱ 가스계량기는 전선과 30[cm] 이상의 거리를 유지해야 한다.

문제 191 다음은 고압가스설비 점검 요령이다. 다음 중 제조설비 등의 사용 개시전 점검 사항이 아닌 것은?
㉮ 제조설비 등에 있는 내용물의 상황 점검
㉯ 긴급차단 및 통신설비, 제어설비 등의 기능
㉰ 안전용 불활성 가스 등의 준비 상황
㉱ 개방하는 제조설비와 다른 제조설비 등과의 차단 상황

문제 192 일반소비자의 가정용 이외의 용도(음식점 등)로 공급하는 고압가스 조정기의 조정압력이 5[kPa] 이상 30[kPa] 까지인 조정기는?
㉮ 이단 감압식 이차 조정기   ㉯ 단단 감압식 준저압 조정기
㉰ 이단 감압식 일차 조정기   ㉱ 다단 감압식 저압 조정기

문제 193 차량에 고정된 탱크의 조작상자와 차량의 뒤 범퍼와의 수평거리는 규정상 얼마인가?
㉮ 20[cm] 이상   ㉯ 30[cm] 이상   ㉰ 40[cm] 이상   ㉱ 60[cm] 이상

문제 194 가스를 폭발 등급별로 분류시 잘못 분류된 것은?
㉮ 1등급-메탄, 에탄, 2등급-에틸렌
㉯ 1등급-메탄, 에탄, 2등급-석탄가스
㉰ 1등급-암모니아, 가솔린, 3등급-수소, 아세틸렌
㉱ 1등급-암모니아, 일산화탄소, 3등급-수성가스, 프로판

문제 195 다음 중 상압의 공기 중에서 가연성가스 폭발범위가 잘못된 것은?
㉮ CO : 12.5~74vol[%]   ㉯ NH_3 : 15~25vol[%]
㉰ C_2H_4O : 3~80vol[%]   ㉱ C_2H_2 : 2.5~81vol[%]

문제 196 고압가스 저장실(가연성가스 및 산소저장이 아님) 주위 몇 [m] 이내에는 화기 또는 인화성이나 발화성 물질을 두어서는 아니되는가?
㉮ 5[m]   ㉯ 3[m]   ㉰ 2[m]   ㉱ 1[m]

해답 190. ㉱   191. ㉱   192. ㉯   193. ㉮   194. ㉱   195. ㉯   196. ㉰

문제 197 저장 탱크 내 액화가스가 액체상태로 누설되는 경우에 대비하여 설치하는 방류둑을 설명한 것 중 틀린 것은?

㉮ 방류둑의 재료는 콘크리트, 철골, 철근 콘크리트를 사용하여 설치할 것.
㉯ 성토는 수평에 대하여 45[°] 이하의 기울기로하며 윗부분의 폭은 15[cm] 이상인 것.
㉰ 방류둑은 액밀한 것일 것.
㉱ 배관 관통부의 틈새로부터의 누설방지 및 부식방지를 위한 조치를 할 것.

문제 198 다음 희가스 중 공기성분에 가장 많이 함유하고 있는 것은?

㉮ 아르곤   ㉯ 네온   ㉰ 헬륨   ㉱ 라돈

문제 199 가스의 탱크 운반 중 다음과 같은 물질이 서로 반응하여 위험물질이 생성되지 않는 것은?

㉮ 아세틸렌과 은
㉯ 암모니아와 염소
㉰ 액체암모니아와 할로겐
㉱ 인화수소와 나트륨

문제 200 폭발방지장치를 설치한 탱크 외부의 가스명 밑에는 가스명 크기의 얼마 이상 되도록 폭발방지장치를 설치하였음을 표시하는가?

㉮ 1/5 이상   ㉯ 1/4 이상   ㉰ 1/3 이상   ㉱ 1/2 이상

문제 201 고압가스설비에 장치하는 압력계의 최고눈금에 대해서 맞는 것은 어느 것인가?

㉮ 상용압력 1.0배 이하
㉯ 상용압력 2.0배 이하
㉰ 상용압력 1.5배 이상 2.0배 이하
㉱ 상용압력의 2.0배 이상 2.5배 이하

문제 202 순수 아세틸렌은 1.5[kg/cm^2] 이상 압축시 위험하다. 그 이유는?

㉮ 중합폭발   ㉯ 분해폭발   ㉰ 화학폭발   ㉱ 촉매폭발

문제 203 액화천연가스(LNG) 제조 설비 중 보일 오프 가스(boil off gas)의 처리 설비가 아닌 것은?

㉮ 플레어 스택   ㉯ 밴트 스택   ㉰ BOG압축기   ㉱ 가스 반송기

해답 197. ㉯ 198. ㉮ 199. ㉱ 200. ㉱ 201. ㉰ 202. ㉯ 203. ㉮

부록 1

고압가스 안전관리 고시요약

고압가스 안전관리 고시요약

1. 경계표시등

(1) 사업소등의 경계표시

① 사업소등의 출입구(경계 울타리, 담 등에 설치되어 있는 것) : 외부에서 보기쉬운 곳에 게시한다.

② 사업소내 시설 중 일부가 고압가스 안전관리법 적용을 받을 때 : 당해시설이 설치되어 있는 구획건물, 구획된 출입구 등 외부의 보기쉬운 곳에 게시한다.

> ※ 경계표지는 고압가스 안전관리법의 적용을 받고 있는 사업소 또는 시설이라는 것을 외부인이 명확히 식별할 수 있는 충분한 크기로 한다.(안전상 필요한 주의사항 부기가능)

③ 경계표지의 예

고압가스제조사업소	○○가스충전소
○○가스저장소	○○가스기계실
화기절대엄금	출입금지

(2) 용기보관소(보관실)의 경계표지

① 출입구가 여러 방향인 경우 그 장소마다 게시
② 가스의 성질에 따라서
   ㉮ 가연성가스일 경우 "연"자 표시
   ㉯ 독성가스일 경우 "독"자 표시
③ 충전용기, 잔가스용기(반용기) 재검사 대상 용기는 각각 구획된 장소에 보관하고 용기 상태를 명확히 식별할 수 있는 조치를 할 것.
④ 표지의 예

| LP가스용기저장실㉯ | 잔가스용기보관소 |
| 염소가스용기저장실㉰ | 충전용기보관소 |

(3) 차량의 경계표지(고압가스 운반차량)

① 차량의 전후에서 명료하게 볼 수 있도록 "위험고압가스"라 표시하고 "적색삼각기"를 운전석 외부 보기쉬운 곳에 게양, 다만 RTC의 경우 좌우에서 볼 수 있도록 할 것.
② 경계표지의 크기(KS M 5334 적색 발광도료 사용)
  ㉮ 가로치수 : 차체폭의 30[%] 이상
  ㉯ 세로치수 : 가로치수의 20[%] 이상의 직사각형으로 표시
  ㉰ 정사각형의 경우 : 면적을 600[cm²] 이상의 크기로 표시
③ 표지의 예

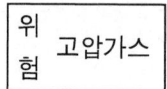 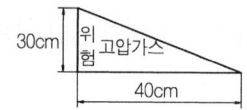

(4) 고압가스를 용기에 이입 및 충전

① 각각의 주변 보기쉬운 장소에 표시
② 표지에는 고압가스제조(충전, 이송) 작업중 화기 사용을 절대 금지한다는 주의문을 표기
③ 표지의 예

  고압가스 충전 중 화기 절대 엄금

(5) 지상에 설치된 배관의 위험표지

① 배관이 설치되어 있는 경로에 따라 교통의 장애가 없고 일반인이 쉽게 볼 수 있도록 설치
② 표지에는 고압가스 종류 또는 명칭 및 배관에 이상이 있을 시 알릴 수 있는 연락처, 전화번호 등을 명료하게 기재할 것.
③ 표지의 예

```
                    ○○가스연
이 배관에는 ○○가스가 통과하고 있습니다. 만일 가스가 새거나 기타 이상이 있으면
즉시 연락하여 주시기 바랍니다.
                연락처  ○○회사○○사업소
                전화    ○○○-○○○○
```

(6) 지하에 설치된 배관의 위험표지와 표지판

① 인구 밀집지역의 통과시 : 배관매설장소의 지상 부근 중 교통장해가 없는 곳을 선택하여 일반인이 보기쉬운 장소에 배관 매설표지를 할 것.
② 인구밀집 이외의 지역 통과시 : 1,000[m]의 간격으로 표지판 설치

(7) 냉동제조시설의 경계표지

① 냉동설비가 설치되어 있는 출입구 외부의 보기쉬운 장소에 표시
② 제3자가 명확히 구별할 수 있는 충분한 크기로 할 것(안전상 필요한 부기사항 첨가 가능)
③ 표지의 예

| 암모니아제조사업소 | | 프레온 22냉동시설 |

2. 독성가스의 식별표지 및 위험표지

(1) 적용

독성가스의 제조·저장·판매업소의 보기쉬운 곳에 표시

(2) 규격 및 내용

① 식별 표지

| 독성가스(염소)제조시설 |
| 독성가스(암모니아) 저장소 |

㉮ 백색바탕에 흑색글씨(가스의 명칭인 적색)로 기재
㉯ 문자의 크기는 가로 및 세로가 각각 10[cm] 이상으로 하고, 30[m] 이상의 거리에서도 식별할 수 있을 것.
㉰ 문자는 가로 또는 세로로 쓸 수 있다.
㉱ 다른 법령에 관한 지시사항 등을 명기할 수도 있다.

② 위험표지(가스의 누설 우려 부분에 표시)

| 독성가스누설(주의)부분 |

㉮ 백색바탕에 흑색글씨("주의"는 적색)로 기재
㉯ 문자의 크기는 가로 및 세로가 각각 5[cm] 이상으로 하고, 10[m] 이상의 위치에서도 식별이 가능할 것.
㉰ 문자는 가로 또는 세로로 쓸 수 있다.

3. 저장실의 경계책

(1) 적용시설

저장설비, 처리설비 및 감압설비를 설치한 장소 주위에 설치하여 일반인의 출입을 통제한다.(단, 건물내에 설치하였거나, 차량의 통행 등 조업시행에 위해 요건이 가중될 때는 제외)

(2) 규격 및 내용

① 시설물 주위의 1.5[m] 이상 높이의 철책 또는 철망 설치
② 경계책 주위에는 "무단출입금지"라는 내용의 경계표지 부착
③ 경계책 안에는 발화 및 인화성 물질 휴대금지(단, 수리 및 정비시에는 안전관리 책임자의 감독하에 휴대조치 가능)

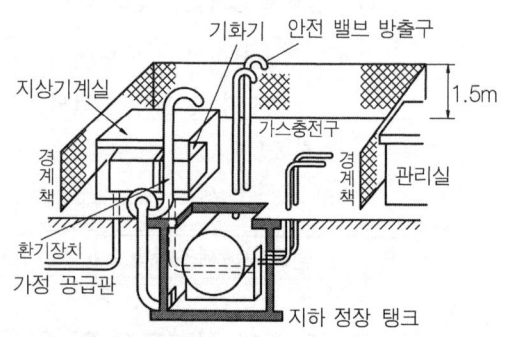

◘ 경계책의 예

4. 설비의 점검요령

(1) 고압가스 제조·저장 및 사용시설(이하 "제조설비 등"이라 한다)의 사용개시 및 종료시에는 다음 각호의 기준에 의하여 당해 제조설비 등의 이상유무를 점검한다.

① 점검준비
　㉮ 안전관리 총괄자는 점검계획을 정하고 이를 각각의 안전관리 부문 담당자에게 철저히 주지시킬 것. 이를 변경한 때도 또한 같다.
　㉯ 점검계획을 기준으로 점검표를 작성하고 점검원에게 실시요령 및 주의사항을 철저히 주지시킬 것.
　㉰ 점검계획에는 지시 및 보고체계를 명시할 것.
　㉱ 점검에 사용하는 공구, 측정기구, 보호구 등을 준비하고 이를 확인 할 것.

② 제조설비 등의 사용 개시전 점검사항
　㉮ 제조설비 등에 있는 내용물의 상황
　㉯ 기계류의 기능 특히, 인터록(inter lock), 긴급용 시퀜스 경보 및 자동제어 장치의 기능
　㉰ 긴급차단 및 긴급방출장치, 통신설비, 제어설비, 정전기방지 및 제거설비 그 밖에 안전설비의 기능
　㉱ 각 배관계통에 부착된 밸브 등의 개폐상황 및 맹판의 탈착상황
　㉲ 회전기계의 윤활유 보급상황 및 회전구동상황
　㉳ 제조설비 등 당해 설비의 전반적인 누설유무
　㉴ 가연성가스 및 독성가스가 체류하기 쉬운 곳의 당해 가스농도
　㉵ 전기, 물, 증기, 공기 등 유틸리티 시설의 준비상황
　㉶ 안전용 불활성가스 등의 준비상황

㋩ 비상 전력 등의 준비상황
㋖ 그 밖에 필요한 사항의 이상유무

③ 제조설비 등의 사용종료시 점검사항
㋐ 사용종료 직전에 있어서의 각 설비운전상황
㋑ 사용종료 후에 있어서의 제조설비 등에 있는 잔유물의 상황
㋒ 제조설비내의 가스액 등의 불활성가스 등에 의한 치환상황, 특히 수리점검작업상 설비내에 사람이 들어갈 경우에는 공기로의 치환상황.
㋓ 개방하는 제조설비와 다른 제조설비 등과의 차단상황
㋔ 제조설비 등의 전반에 대하여 부식, 마모, 손상, 폐쇄, 결합부의 풀림, 기초의 경사 및 침하, 그 밖의 이상유무

(2) 운전중의 제조설비에 대하여는 1일 1회 이상 다음 각호의 기준에 따라 당해 설비 등의 작동상황에 대하여 이상유무를 점검할 것.

① **점검기준**
㋐ 점검하는 설비, 부문, 항목, 점검방법, 판정기준, 조치 등을 기재한 점검표를 작성할 것.
㋑ 점검표에 지시, 보고체계 등을 정할 것.
㋒ 점검에 사용하는 공구, 측정기구, 보호구 등의 준비상황을 확인할 것.

② **운전중의 점검사항**
㋐ 제조설비 등으로부터의 누설검정
㋑ 계기류의 지시, 경보, 제어의 상태
㋒ 제조설비 등의 온도, 압력, 유량 등 조업조건의 변동상황
㋓ 제조설비 등의 외부부식, 마모, 균열, 그 밖의 손상유무
㋔ 회전기계의 진동, 이상음, 이상온도 상승, 그 밖의 작동상황
㋕ 탑, 저장 탱크류, 배관 등의 진동 및 이상음
㋖ 가스누설 경보장치 및 가스경보기의 상태
㋗ 저장 탱크 액면의 지시
㋘ 접지접속선의 단선, 그 밖의 손상 유무
㋙ 그 밖에 필요한 사항의 이상유무

(3) 점검결과 이상이 발견되었을 때에는 다음 각호의 기준에 따라 당해 설비의 보수 그 밖에 위험방지 조치를 강구할 것이며, 또한 제조설비 등에서 일어날 수 있는 이상사태를 가상하여 미리 각각의 조치에 대한 작업기준 등을 작성 비치하여 긴급시에 지시 보고 및 연락계통 그 밖에 필요한 조치에 관한 비상연락망 체제를 정하여 둘 것.

① 제조설비 등에서 발생한 이상의 정도에 따라 다음 각호의 조치중 적절한 것을 강구하여 위험을 방지할 것.
　㉮ 이상이 발견된 설비에 대한 원인의 규명과 제거
　㉯ 예비기로 교체
　㉰ 부하의 저하
　㉱ 이상을 발견한 설비 또는 공정의 운전정지후 보수
　㉲ 운전을 전부 정지하고 보수
② 이상 상태로 인하여 제조설비 등의 운전을 정지한 경우에는 이상 원인을 규명하여 적절한 조치를 하고 안전을 확인한 후 운전을 재개할 것.

(4) 제조설비 등의 점검 결과에 따른 보수 등 실시기록을 작성 비치하고 이를 검토하여 설비의 열화경향 그 밖의 특성을 파악하고 차기 점검, 보수 등의 계획과 설비개선 등에 활용할 것.

5. 에어졸 제품 시험합격 기준

(1) 인체용 에어졸

① 인체용 에어졸 제품의 용기에는 "인체용"이라는 표시와 다음의 주의사항을 규정에 따라 표시할 것.
　㉮ 특정부위에 계속하여 장시간 사용하지 말 것.
　㉯ 가능한한 인체에서 20[cm] 이상 떨어져서 사용할 것.
　㉰ 온도 40[℃] 이상의 장소에 보관하지 말 것.
　㉱ 사용 후 불속에 버리지 말 것.

(2) 가정용 에어졸

가정용 에어졸(가정에서 주로 사용하는 것으로서 인체용 에어졸을 제외한 제품을 말한다.) 불꽃길이 시험 기준에 접합하여야 하며, 에어졸제품 구분에 따라 기재하여야 할 사항은 다음표와 같다.

■ 에어졸제품 기재사항

에어졸의 종류	용기에 기재하여야 할 사항	
	연소성	주의사항
1. 불꽃길이 시험에 의한 화염이 인지되지 않는 것으로서 가연성가스를 사용하지 않는 것.		고압가스를 사용하여 위험하므로 다음의 주의를 지킬 것. ① 온도가 40[°C] 이상되는 장소에 보관하지 말 것. ② 불속에 버리지 말 것. ③ 사용후 잔가스가 없도록 하여 버릴 것. ④ 밀폐된 장소에 보관하지 말 것.
2. 제1항 이외의 것.	가연성화기주의	고압가스를 사용한 가연성제품으로서 위험하므로 다음의 주의를 지킬 것. ① 불꽃을 향하여 사용하지 말 것. ② 난로, 풍로 등 화기부근에서 사용하지 말 것. ③ 화기를 사용하고 있는 실내에서 사용하지 말 것. ④ 온도 40[°C] 이상의 장소에 보관하지 말 것. ⑤ 밀폐된 실내에서 사용한 후에는 반드시 환기를 실시할 것. ⑥ 불속에 버리지 말 것. ⑦ 사용후 잔가스가 없도록 하여 버릴 것. ⑧ 밀폐된 장소에 보관하지 말 것.

(3) 시험방법등

① 시료채취

㉮ 시료는 동일 에어졸 제조소에서 동일 충전 연월일에 내용물 조성을 동일하게 한 동일 롯트에서 에어졸을 충전한 용기를 1조로 하여 그 조에서 임의로 에어졸이 충전된 용기(이하 "시료"라 한다)3개를 취한다.

㉯ ㉮에 의하여 채취된 시료는 24[°C] 이상 26[°C] 이하가 되도록 온도를 유지하여 불꽃길이 시험을 실시한다.

㉰ 시험측정 결과는 시험시마다 롯트 번호, 시험년월일, 불꽃길이, 측정자, 에어졸제품의 종류 등을 기록하여 보존하여야 한다.

6. 통신시설

(1) 적용시설 : 고압가스의 제조·저장시설의 사업소 내

(2) 규격 및 내용

① 사업소 내에서 긴급사태 발생시 필요한 연락을 신속히 할 수 있도록 다음과 같은 통신시설을 갖출 것.

② 사업소 규모에 적합한 1가지 이상을 구비할 것.

통신범위	사업소내 전체	사무소와 사무소간	종업원 상호간
통신설비	① 페이징 설비 ② 구내 방송설비 ③ 휴대용 확성기 ④ 사이렌 ⑤ 메가폰(사업소 내의 면적 1,500[m²] 이하만)	① 페이징 설비 ② 구내 방송설비 ③ 구내 전화 ④ 인터폰	① 페이징 설비 ② 휴대용 확성기 ③ 트랜시버(계기 등에 영향이 없을 경우만) ④ 메가폰(사업소 내의 면적 1,500[m²] 이하만)

③ 각 통신시설 장비

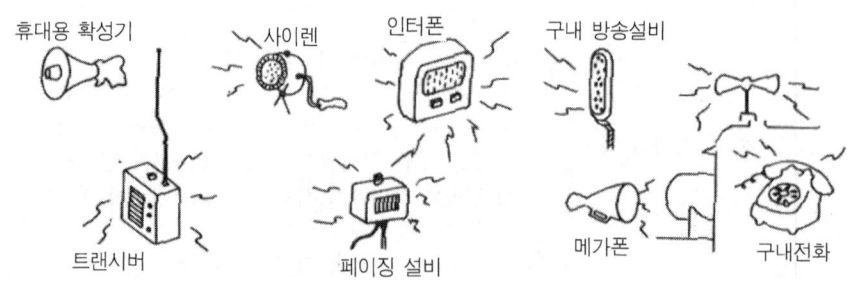

7. 방류둑

(1) 설치목적

저장 탱크 및 냉동제조시설 중 수액기의 액화가스가 액체상태로 누설될 경우 저장 탱크의 한정된 범위를 벗어나 다른 곳으로 유출되는 것을 방지

다음의 경우는 방류둑을 설치한 것으로 본다.
① 저장 탱크의 저부가 지하에 있고, 주위가 피트상(규정용량 이상)의 구조일 때
② 지하에 설치된 저장 탱크로서 저장 탱크 내의 액화가스가 전부 유출된 경우에 그 액면이 지반면보다 낮도록 된 구조일 때
③ 저장 탱크의 주위에 충분한 안전용 공지를 확보한 경우
④ 이중구조의 저장 탱크로써 외조(外槽)가 내조(內槽)의 상용온도에서 동등 이상의 내압 강도를 가지고 누설된 가스를 검지할 수 있는 것으로서 긴급차단장치를 내장한 것.

(2) 적용범위

① 고압가스 일반제조시설
㉮ 가연성 및 산소의 액화가스 저장능력이 1,000톤 이상일 때(독성가스는 5톤 이상)
② 냉동제조시설 : 독성가스를 냉매로하는 수액기의 내용적이 10,000[*l*] 이상인 것.

③ 액화석유가스 저장시설 : LPG의 저장능력이 1,000톤 이상일 때(충전사업에서)
④ 도시가스시설 중 LPG용량이 다음과 같을 때
   ㉮ 가스도매사업 : 저장능력이 500톤 이상
   ㉯ 일반 도시가스사업 : 저장능력이 1,000톤 이상

(3) 방류둑의 용량

① 저장능력에 해당하는 전량(100[%])이다.

   ※ 액화산소의 저장 탱크 : 저장능력 상당용적의 60[%]

② 2기 이상의 저장 탱크를 집합방류둑 내에 설치한 경우 : 최대 저장 탱크 능력 상당용적+잔여 저장 탱크 총능력 상당용적의 10[%](이때 격리벽의 높이는 방류둑 보다 10[cm] 낮게 할 것)
③ 냉동설비의 수액기 : 당해 방류둑 내에 설치된 수액기 내용적의 90[%] 이상의 용적

수액기 내의 압력[kg/cm²]	7.0 이상 21.0 미만	21.0 이상
압력에 따른 비율[%]	90	80

(4) 방류둑의 구조 및 기준

① 방류둑의 재료는 철근 콘크리트, 철골·철근 콘크리트, 금속, 흙 또는 이들을 혼합한 액밀한 구조일 것.
② 액이 체류하는 표면적은 가능한한 적게 할 것(대기와 접하는 부분이 많으면 기화량 증대)
③ 높이에 상당하는 당해가스의 액두압에 견딜 수 있을 것.
④ 배관관통부의 틈새로부터 누설방지 및 방식조치를 할 것.
⑤ 금속재료는 당해 가스에 부식되지 않게 방식 및 방청조치를 할 것.
⑥ 방류둑 내에 고인물을 외부에 배출하기 위한 배수조치를 할 것.
⑦ 가연성 및 독성 또는 가연성과 조연성의 액화가스 방류둑을 혼합배치하지 말 것.
⑧ 방류둑의 내면과 그 외면으로부터 10[m] 이내에는 저장 탱크 부속설비 이외의 것을 설치하지 아니할 것.
⑨ 성토는 수평에 대하여 45[°] 이하의 구배를 가지고 성토한 정상부의 폭은 30[cm] 이상일 것.
⑩ 방류둑의 계단 및 사다리는 출입구 둘레 50[m] 마다 1개 이상 설치하고 그 둘레가 50[m] 미만일 경우는 2개소 이상 분산 설치할 것.
⑪ 저장 탱크를 건물 내에 설치한 경우에는 그 건물구조가 방류둑의 구조를 갖는 것일 것.

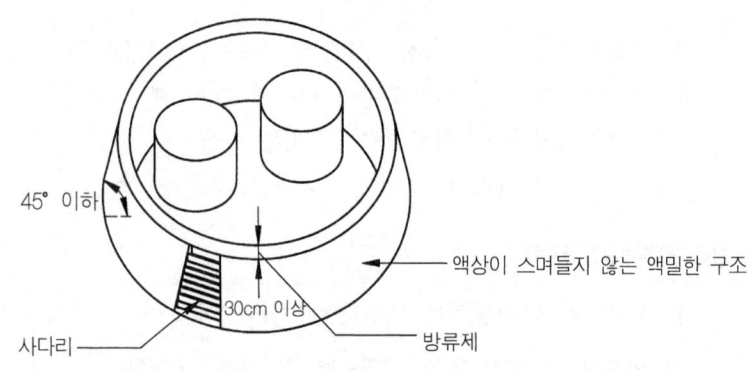

☐ 방류둑

8. 독성가스배관의 2중관

(1) 적용시설

① 일반고압가스 제조시설 중 독성가스 제조시설
② 일반고압가스 저장시설 중 독성가스 저장시설
③ 특정고압가스 사용시설 중 액화염소 및 액화암모니아 사용시설

(2) 대상가스

암모니아(NH_3), 아황산가스(SO_2), 염소(Cl_2), 염화메탄(CH_3Cl), 산화에틸렌(C_2H_4O), 시안화수소(HCN), 포스겐($COCl_2$), 황화수소(H_2S) 등

(3) 2중 관으로 설치해야 할 부분

배관 중 양단에 원격조작 밸브 등으로 차단할 경우에도 그 내부의 가스를 다른 설비에 이송할 수 없는 구간으로서 안전거리가 유지되지 아니한 배관부분(이때 안전거리는 당해구간 내에 가스량을 기준한다). 단, 보호관 내에 설치된 부분이나 방호구조물 중에 설치된 부분은 제외.

(4) 2중관의 규격

① 외층관 안지름은 내층관 바깥지름의 1.2배 이상으로 하고 그 강도를 같게 할 것.
② 재료·두께에 관한 사항은 고압설비 및 배관의 두께산정기준에 의한다.

9. 배관 등의 재료규격

(1) 적용시설

① 액화석유가스(L.P.G) 제조시설 중 배관
② 고압가스 저장시설 중 L.P가스 저장시설의 배관
③ 도시가스 사업법에 의한 가스공급시설의 배관

(2) 구비조건

① 관내의 가스유통이 원활한 것일 것.
② 내부의 가스압과 외부로부터의 하중 및 충격하중 등에 견디는 강도를 가지는 것일 것.
③ 토양, 지하수 등에 대하여 내식성을 가지는 것일 것.
④ 관의 접합이 용이하고 가스의 누설을 방지할 수 있는 것일 것.
⑤ 절단가공이 용이한 것일 것.
⑥ 관의 재료는 당해 가스로 인한 화학작용에 의하여 약화되지 않을 것.

10. 물 분무장치의 설치기준

(1) 적용시설

① 일반고압가스 제조시설 중 가연성 저장 탱크와 산소 저장 탱크(300[m^3], 3[ton] 이상)간에 1[m](지름이 다른 경우 $\frac{D_1 + D_2}{4}$[m])의 이격거리를 유지하지 않았을 경우
② 액화석유가스 제조시설 중 저장 탱크 2기가 설치되어 이격거리를 유지하지 않았을 경우
③ 저장시설 중 저장 탱크 2기가 설치되어 이격거리를 유지하지 않았을 경우

시설비 \ 저장 탱크의 내화 구조상 구분		노출된 경우	준내화 r조 저장 탱크 암면 : 두께 25[mm] 상 아연도 철판 : 두께 0.35[mm] 이상	내화구조 저장 탱크 주변화재를 고려하여 충분한 내화성능을 갖는 것.	비 고
① 저장 탱크간의 간격이 1[m] 이내 또는 최대 지름을 합산한 것이 1/4 중 큰 치수 이상을 이격하지 않은 경우	물분무장치 (표면적 1[m^2]당의 분무량)	8[l/분]	6.5[l/분]	4[l/분]	① 소화전 ㉮ 호스끝 수압은 3.5[kg/cm^2] 이상 ㉯ 방수능력은 400[l/분] 이상
	소화전(소화전 1개당의 표면적)	30[m^2]	38[m^2]	60[m^2]	
② 저장 탱크간이 인접한 경우 또는 산소저장 탱크와 인접하여, 두 탱크의 최대 지름을 합한 것의 1/4 보다 적게(위 ①에 해당하면 제외) 이격한 경우	물분무장치 (표면적 1[m^2]당의 분무량)	7[l/분]	4.5[l/분]	2[l/분]	② 물분무장치 ㉮ 탱크 외면(방류둑 외측) 15[m] 이상의 위치에서 조작 ㉯ 최대 수량은 동시방사 30분 이상의 수원에 접속
	소화전(소화전 1개당의 표면적)	35[m^2]	55[m^2]	125[m^2]	

11. 저장 탱크 주위의 온도상승방지 조치기준

(1) 적용범위

① 방류둑을 설치한 가연성가스 저장 탱크 : 방류둑 외면 10[m] 이내
② 방류둑을 설치하지 아니한 가연성가스 저장 탱크 : 저장 탱크 외면 20[m] 이내
③ 가연성 물질을 취급하는 설비 : 외면 20[m] 이내

(2) 기준

구분		내화구조	살수 또는 물분무능력	설치개수
액화가스 저장탱크	살수장치	-	표면적 1[m²] 당 5[l/분]	
		준 내화구조(안면 25[mm] 이상, 외면 0.35[mm] 이상 아연도 철판)	표면적 1[m²] 당 2.5[l/분]	-
	소화전	-	-	표면적 50[m²] 당 1개
		준내화구조(안면 25[mm] 이상, 외면 0.35[mm] 이상 아연도 철판)	수압 : 3.5[kg/cm²] 이상 방수능력 : 400[l/분]	표면적 100[m²] 당 1개

	지 주	• 지주가 1[m] 이상일 때 해당 • 두께 50[mm] 이상 내화 콘크리트로 피복하거나, 저장 탱크의 경우와 같이 살수장치 또는 소화전을 설치
압축가스	저장 탱크 및 지주	• 어느 부분에도 방사할 수 있는 소화전을 설치 • 소방 펌프용 자동차 비치
	수 원	30분 이상 동시 방사할 수 있는 수원을 가질 것.

12. 가스설비의 수리 및 청소요령

가스설비의 수리 및 청소시는 당해 수리의 작업내용, 일정 책임자 및 기타 작업담당구분, 지휘체제, 안전상의 조치, 소요자재 등을 정한 작업계획을 미리 당해 작업의 책임자 및 관계자에게 주지시키고 당해 책임자의 감독하에 실시

(1) 각 설비의 작업할 수 있는 허용농도

① 가연성가스 : 폭발하한계의 1/4 이하
② 독성가스 : 허용농도 이하
③ 산소가스 : 18~22[%] 이하

> **[참고]**
> ■ 산소(O_2) 결핍의 위험성
>   ① 21[%] - 정상 공기농도
>   ② 18[%] - 안전한계
>   ③ 16[%] - 호흡곤란, 두통 및 구토
>   ④ 12[%] - 현기증, 창백, 기력저하
>   ⑤ 10[%] - 안면창백, 의식불명
>   ⑥ 8 [%] - 혼수상태(8분 후 사망)
>   ⑦ 6 [%] - 호흡정지(사망)

(2) 가스설비수리시 미리 그 내부의 가스를 다른 가스(불활성 기체)로 치환과정

가연성가스 → 불활성가스 → 공기 → 가스분석 → 수리작업 → 불활성가스 → 가연성가스

(3) 가스설비 내를 대기압 이하까지 가스치환을 생략할 경우

① 당해가스설비의 내용적이 $1[m^3]$ 이하인 것.
② 출입구의 밸브가 확실히 폐지되어 있으며, 또한 내용적이 $5[m^3]$ 이상의 가스설비에 이르는 사이에 2개 이상의 밸브를 설치한 것.
③ 사람이 그 설비 밖에서 작업하는 것인 것.
④ 화기를 사용하지 아니하는 작업인 것.
⑤ 설비의 간단한 청소 또는 가스켓의 교환, 기타 이들에 준하는 경미한 작업인 것.

(4) 수리완료 후 정상작동 확인사항

① 용접부분의 비파괴검사, 내압시험으로 내압강도 확인
② 기밀시험으로 누설유무 확인
③ 계기류의 정상작동 확인
④ 밸브 개폐유무와 맹판 및 표시제거 유무 확인
⑤ 안전 밸브, 역류방지 밸브, 긴급차단장치, 기타 안전장치의 작동 유무
⑥ 회전기계부의 이물질이나 구동상태의 정상여부, 이상진동, 이상음 등의 확인
⑦ 가연성가스의 설비는 불활성가스(질소)등으로 치환되었는가를 확인

13. 독성가스 배관 접합기준

(1) **적용** : 일반고압가스 제조시설 중 독성가스가 통하는 배관·관이음매 및 밸브 등

(2) **용접을 원칙으로 해야 할 부분** : 압력계·액면계·온도계 기타 계기류를 부착하기 위한 지관과 시료가스 채취용 배관(단, 호칭 지름 25[mm] 이하의 것은 제외)

(3) 용접이 부적당하여 플랜지로 접합을 할 부분

① 수시분해하여 청소·점검을 하여야 하는 부분을 접합하는 곳
② 특히 부식이 우려되어 수시점검 또는 교환할 필요가 있는 부분
③ 정기적으로 분해하여 청소·점검·수리를 하여야 하는 반응기, 탑, 저장 탱크, 열교환기 또는 회전기계와 접합하는 곳(당해 설비전후의 첫 번째 이음매에 해당)
④ 수리, 청소시 맹판설치 필요부분이나 신축이음매의 접합부

14. 아세틸렌 용기에 침윤시키는 용제의 규격 및 침윤량

(1) 아세톤(CH_3COCH_3) 및 디메틸포름 아미드($HCON(CH_3)_2$)의 품질

① 다공질물에 침윤되는 아세톤의 품질은 KS M 1665의 종류 1호 및 동등 이상의 품질 사용
② 다공질물에 침윤되는 디메틸포름 아미드 품질은 품위 1등급 및 동등 이상의 품질사용

(2) 아세톤 및 디메틸포름 아미드(D.M.F)의 충전량

▶ 아세톤의 최대 충전량

용기부분 다공질물의 다공도[%]	내용적 10[l] 이하	내용적 10[l] 초과
90 이상~92 이하	41.8[%] 이하	43.4[%] 이하
87 이상~90 미만	–	42.0[%] 이하
83 이상~90 미만	38.5[%] 이하	–
80 이상~83 미만	37.1[%] 이하	–
75 이상~87 미만	–	40.0[%] 이하
75 이상~80 미만	34.8[%] 이하	–

▶ D.M.F의 최대 충전량

용기부분 다공질물의 다공도[%]	내용적 10[l] 이하	내용적 10[l] 초과
90 이상~92 이하	43.5[%] 이하	43.7[%] 이하
85 이상~90 미만	41.1[%] 이하	42.8[%] 이하
80 이상~85 미만	38.7[%] 이하	40.3[%] 이하
75 이상~80 미만	36.3[%] 이하	37.8[%] 이하

※ 이 표중 우(右)란의 [%]는 용제의 충전량과 용기의 내용적에 대한 백분율(20[℃] 기준)

(3) 다공질의 다공도 측정방법

① 용기에 다공질물을 충전한 상태에서 온도 20[°C]에서 아세톤, D.M.F 또는 물의 흡수량으로 측정한다.

② 다공질물의 구비조건 : 규조토, 석면, 석회석, 목탄, 산화철, 탄산마그네슘, 다공성 플라스틱 등을 사용해서 반죽해 넣고 200[°C]에서 건조고화시킨 것을 다공질물이라 한다.

㉮ 화학적으로 안정할 것.
㉯ 고다공도일 것.
㉰ 기계적 강도가 있을 것.
㉱ 안전성이 있을 것.
㉲ 가스충전이 쉬울 것.
㉳ 경제적이고 구입이 쉬울 것.

> **[참고]**
>
> ■ 다공도[%] = $\dfrac{(V-E)}{V} \times 100$
>
> V : 다공질물의 용적
> E : 아세톤 침윤잔용적

(4) 다공질물

아세톤 또는 D.M.F ㉮ 아세틸렌(C_2H_2)에 의해 침식되지 않는 성분일 것.(용기벽을 따라 용기지름의 1/200 또는 3[mm] 이하의 틈일 것)

(5) 성능시험(다공도 시험)

① 시험용기 : 디메틸포름 아미드(D.M.F)를 침윤시킨 다공질물을 채운 용기에 온도 15[°C]에서 압력이 1.5[MPa]가 되도록 아세틸렌을 충전한 100개의 용기 중에서 임의로 5개 이상을 시험용으로 채취

② 진동시험 : 용기내의 가스를 방출후 실시할 것.

다공도	바닥기준	높이	낙화 회수	판정기준
80[%] 이상	강괴	7.5[cm] 이상	1,000회 이상	침하·공동·갈라짐 등이 없을 것.
80[%] 미만	평평한 나무	5.0[cm] 이상	1,000회 이상	공동이 없고 침하량이 3[mm] 이하일 것.

15. 증지의 규격

(1) 적용대상: 액화석유가스의 내용적 10[l] 이상 125[l] 미만의 용기

(2) 봉인증기규격 및 내용

① 재료 : 50[g/m^2] 이하의 박지
② 증지이면은 접착성이 양호하도록 제작
③ 가스충전 질량은 적색문자(생략가능)
④ 기타 문자는 흑색 또는 청색으로 표시)

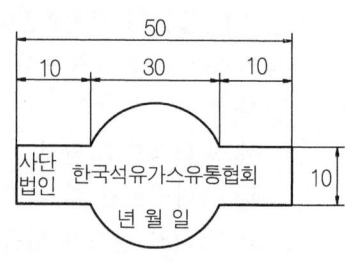

(3) 증지기재 사항

① 가스 충전질량(10[kg], 20[kg], 30[kg], 50[kg] 등)
② 충전년월일
③ 증지 발행(관리) 기관명 : 한국석유가스 유통협회
④ 기타(충전자 상호)

(4) 부착방법 : 충전자명, 충전년월일을 기재하여 가스충전구에 밀착시켜 부착하고 신축성이 양호한 봉인캡을 씌움.

(5) 관리방법 : 증지는 유통 중에 파손할 수 없고 훼손되었거나 미부착 용기는 판매금지

(6) 증지관리 요령 : 제작, 배구, 관리 등 증지관리 요령은 LPG 공업협회에서 정하여 통상산업부 장관의 승인을 얻어 시행

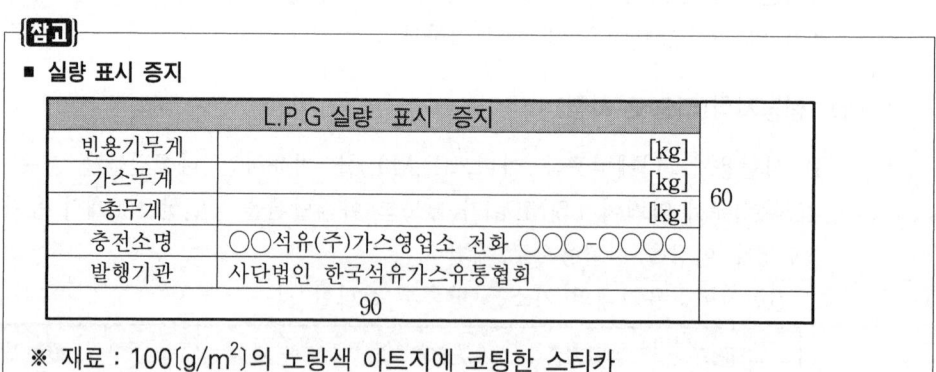

16. 방호벽의 규격

(1) 적용시설

① 고압가스 일반제조시설 중
  ㉮ C_2H_2 가스 압축기와 충전장소 사이, 그 압축기와 당해가스 또는 충전용기 보관장소의 사이

㉯ 압력 100[kg/cm²] 이상(C_2H_2는 제외)의 압축가스를 용기에 충전하는 압축기와 충전장소 사이 및 그 압축기와 당해가스 충전용기 보관장소와의 사이

② 특정고압가스 사용시설 : 액화가스 저장능력 300[kg](압축가스 60[m³]) 이상인 용기 보관 실벽(단, 안전거리 유지시는 제외)

③ 고압가스 저장시설 중 저장 탱크와 사업소 내의 보호시설과의 사이(단, 안전거리유지 시 또는 시장, 군수, 구청장이 방호벽의 설치로 조업에 지장이 있다고 인정할 경우는 제외)

④ 고압가스 판매시설의 고압가스용기 보관실벽

(2) 정의 및 규격 : 높이 2[m] 이상, 두께 12[cm] 이상의 철근 콘크리트 또는 이와 동등 이상의 강도를 가지는 구조벽

17. 고압가스설비 및 배관의 두께 산정에 관한 기준

(1) 적용범위 : 상용압력의 2배 이상에서 항복을 일으키지 않는 고압설비 및 배관

(2) 고압가스설비 : 상용압력 300[kg/cm²] 이하의 고압가스설비(다층원통은 제외) 두께 계산은 KS B 6231(압력용기의 구조)에 의함.

상용압력 1,000[kg/cm²] 미만의 고압가스설비(다층원통 제외) 두께 계산은 다음에 의한다.

① 구형의 것

$$t = \frac{P \cdot D}{100 f \eta - P} + C$$

t : 두께[mm]
P : 상용압력[kg/cm²]의 수치
  단, 가운데 볼록한 경판에 있어서는 1.67배의 압력수치
D : ㉮ 원통형의 경우
  ㉠ 동판 : 동체의 안지름[mm]
  ㉡ 접시형 경판 : 중앙만곡부 안지름
  ㉢ 반타원형 경판 : 반타원체 내면의 장축부 길이
  ㉣ 원뿔형 경판 : 단곡부 안지름
  ㉯ 구형의 경우 : 안지름에서 각각 부식 여부에 상당하는 부분을 제외한 부분의 수치
W : 접시형 경판의 형상에 의한 계수
  $\frac{3+\sqrt{n}}{4}$ n : 중앙만곡부의 안지름과 단곡부의 안지름의 비
V : 반타원체 경판의 형상에 의한 계수로 다음 산식에 의하여 계산된 수치
  $\frac{2+m^3}{3}$ m : 반타원체형의 내면의 장축부의 길이와 단축부의 길이비
d : 부식 여유에 상당하는 부분을 제외한 동체의 안지름[mm]
f : 재료의 항복점[kg/cm²]

② 원통형의 것.

고압가스 설비의 구분	고압가스설비의 구분	동체 내경과 외경의 비가 1.2 미만인 것	동체 내경과 외경의 비가 1.2 이상인 것
	동 판	$t=\dfrac{PD}{50f\eta-P}+C$	$t=\dfrac{D}{2}\left(\sqrt{\dfrac{25f\eta+P}{25f\eta-P}}\right)+C$
경 판	접시형의 경우	$t=\dfrac{PDW}{100f\eta-P}+C$	
	반타원체의 경우	$t=\dfrac{PDV}{100f\eta-P}+C$	
	원추형의 경우	$t=\dfrac{PD}{50f\eta\cos\alpha-P}+C$	
	기타의 경우	$t=d\sqrt{\dfrac{KP}{25f\eta}}+C$	

18. L.P.G 자동차 연료장치의 구조 및 부착방법

(1) 적용: L.P.G 자동차의 기밀한 구조 및 용기부착

(2) 연료장치의 구조

① 용기
   ㉮ 고압가스 안전관리법에 의한 검사 또는 재검사에 합격한 것일 것.
   ㉯ 용기에는 용기 밸브 및 안전 밸브가 부착되어 있을 것.
   ㉰ 용기내의 사이폰관은 충전시 및 주행중에 파손되지 않도록 부착하고, 또한 안전 밸브용 사이폰관은 용기내 기상부에 개구되어 있을 것.
   ㉱ 액면표시장치가 설치되어 있을 것.

② 용기 밸브 및 안전 밸브
   ㉮ 고압가스안전관리법에 의한 검사 및 재검사에 합격한 것일 것.
   ㉯ 액출구 밸브는 폐지유량 2[l/min]~6[l/min] 이하 폐지차압 0.5[kg/cm^2] 이하로서 지름 1[mm] 이하의 균압노즐이 있는 과류방지 밸브(E.F.V)를 장착할 것.
   ㉰ 안전밸브는 용기내 기상부에 개구되어 있을 것.
   ㉱ 밀폐된 장소에 용기를 격납하는 경우는 안전 밸브에서 분출되는 가스를 차외로 방출할 수 있는 구조일 것.
   ㉲ 안전 밸브에 주 밸브를 설치할 경우 분출성능을 현저하게 저하시키지 않는 양호한 밸브를 사용하고, 그 밸브는 항상 개방상태로 둘 것.

③ 액면표시장치
  ㉮ 플로트식 액면표시장치, 튜브 게이지(직시식 액면표시장치) 중 한 가지를 용기에 부착
  ㉯ 플로트식 사용하는 경우에는 시창식 액면표시장치를 병용(과충전장치가 있는 경우는 생략 가능)
  ㉰ 액면표시장치는 30[kg/cm^2] 이상의 압력을 실시하는 내압시험(18[kg/cm^2] 이상의 기밀시험)에 합격한 것일 것.
  ㉱ 튜브 게이지에는 프로텍터를 설치할 것.

④ 배관·전자 밸브·여과장치(필터)·이음매 등
  ㉮ 배관용 금속관은 열처리한 KS D 3562(압력배관용 탄소강관), KS D 5502(이음새 없는 동관)을 사용
  ㉯ 전자 밸브(S·V)는 검사에 합격한 것일 것.
  ㉰ 불순물을 충분히 여과할 수 있는 탈착이 양호한 필터사용
  ㉱ 고압부에 사용되는 고무 호스를 사용할 때에는 KS M 6629(L.P.G용 고무 호스)를 사용

⑤ 감압기화기 : 검사에 합격한 감압기화기 사용

(3) 연료장치의 부착방법

① 용기의 부착방법
  ㉮ 용기는 고정식으로 부착할 것.
  ㉯ 차량의 진동, 긴급발차 또는 정지에 의하여 손상되거나 고정부가 풀어지지 아니하도록 견고하게 부착할 것.
  ㉰ 용기는 가능한 차실에 가까운 위치에 부착할 것.
  ㉱ 용기 밸브, 액면표시장치 등의 돌출부 및 배관 등은 적재물품에 의하여 손상을 받지 아니하도록 앵글 등으로 보호장치를 설치하고, 또한 밸브의 조작이 용이하도록 할 것.

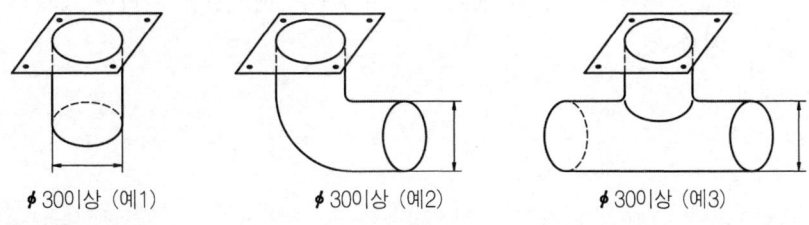

∅30이상 (예1) ∅30이상 (예2) ∅30이상 (예3)

◘ 환기통의 형상

㉭ 누설된 액화가스가 차실에 들어오지 않는 구조일 것.
　　　㉮ 용기의 부착장소가 외기에 의하여 환기되지 않을 때는 다음과 같은 환기통을 4개소 이상 설치하되 배기관 및 배기가스의 열영향을 받지 않는 곳에 설치할 것.
　　　㉯ 용기 및 배관 외면과 배기관 또는 소음기 외면과의 간격은 100[mm] 이상일 것(다만, 철판격벽을 설치한 경우는 40[mm]로 단축할 수 있다.)
　　　㉰ 용기밸브, 액면표시장치 등은 배기관 개구부로부터 300[mm] 이상, 노출된 전기단자로부터 200[mm] 이상 떨어져 있을 것.
　　　㉱ 용기의 프로텍터와 밸브 사이는 조작이 용이하게 간격을 둘 것.

　② 감압기화기의 부착방법
　　　㉮ 진동·충격에 의해 누설되지 않도록 밴드 등으로 견고하게 고정할 것.
　　　㉯ 엔진의 배기가스를 감압기화기의 가열원으로 직접 사용하지 않을 것.

　③ 전자 밸브 및 여과장치의 부착방법
　　　㉮ 전자 밸브 및 여과장치는 진동·충격으로 가스가 누설되지 않도록 견고하게 고정할 것.
　　　㉯ 전자 코일의 절연이 약화되지 않도록 고열 또는 습기가 적은 감압기화기 부근에 부착할 것.
　　　㉰ 여과장치는 용기와 전자 밸브 사이에 설치하고 보수·유지에 편리한 곳에 둘 것.

　④ 배관의 시공방법
　　　㉮ 양단이 고정된 배관은 그 중간에 적당한 완곡부를 두고 1[m] 마다 밴드 등으로 고정할 것.
　　　㉯ 각 완곡부의 곡률반지름은 바깥지름의 2배 이상으로 할 것.
　　　㉰ 고압배관부에는 운전석에서 조작할 수 있는 연료공급차단용 전자 밸브를 1개 이상 설치할 것.
　　　㉱ 배관은 배기관 또는 소음기에서 떨어지도록 하고 열을 받을 우려가 있는 부분은 방열 조치를 할 것.
　　　㉲ 배관 결합부에 패킹을 사용하는 경우에는 L.P.G용 실테이프 등을 사용할 것.
　　　㉳ 고압배관부의 안전 밸브 가스방출구는 배기관을 피하여 차량의 안전한 장소에 설치할 것.

19. 긴급차단장치(emergency shut off valve)

(1) 적용시설
① 액화석유가스(L.P.G) 저장 탱크(내용적 5,000[l] 이상)의 액상의 가스를 이입 또는 충전하는 배관
② 가연성가스, 독성가스, 산소의 저장 탱크(내용적 5,000[l] 이상)의 액상의 가스를 이입 또는 충전하는 배관(다만, 액상의 가스를 이입하기 위한 배관은 역류방지 밸브로 갈음할 수 있다)

(2) 부착위치
① 저장 탱크 주 밸브(main valve) 외측으로서 저장 탱크에 가까운 위치 또는 저장 탱크 내부에 설치(저장 탱크의 주 밸브와 겸용 금지)
② 저장 탱크의 침하 또는 부상, 배관의 열팽창, 지진 기타 외력의 영향을 고려할 것.

(3) 차단조작기구(mechanism)
① 동력원 : 액압(유압), 기압, 전기(보안전력 사용), 스프링 등
② 조작위치
　㉮ 저장 탱크로부터 5[m] 이상 떨어진 곳(가용전시 110[℃]에서 자동차단)
　㉯ 방류둑을 설치한 경우는 그 외측
　㉰ 주위 상황에 따라 신속히 작동할 수 있는 위치에 작동 레버 병설
　㉱ 차단조작은 간단·확실·신속히 차단되는 구조일 것.
　㉲ 작동 레버는 3개소 이상 설치할 것(사무실, 충전장소, 탱크로리)
③ 차단성능
　㉮ KS B 2304(밸브 검사 통칙)에 정한 수압(공기, 질소 등의 기압도 가능) 시험 방법으로 누설검사에 합격한 것.
　㉯ 매년 1회 이상 변좌의 누설 및 작동검사 실시 및 개폐·작동·기능점검
　㉰ 수리시는 소정의 검사에 합격한 것일 것.
　㉱ 개폐상태 표시 램프는 당해 계기실에 설치
　㉲ 조작시 워터 해머(water hammer)가 생기지 않는 조치

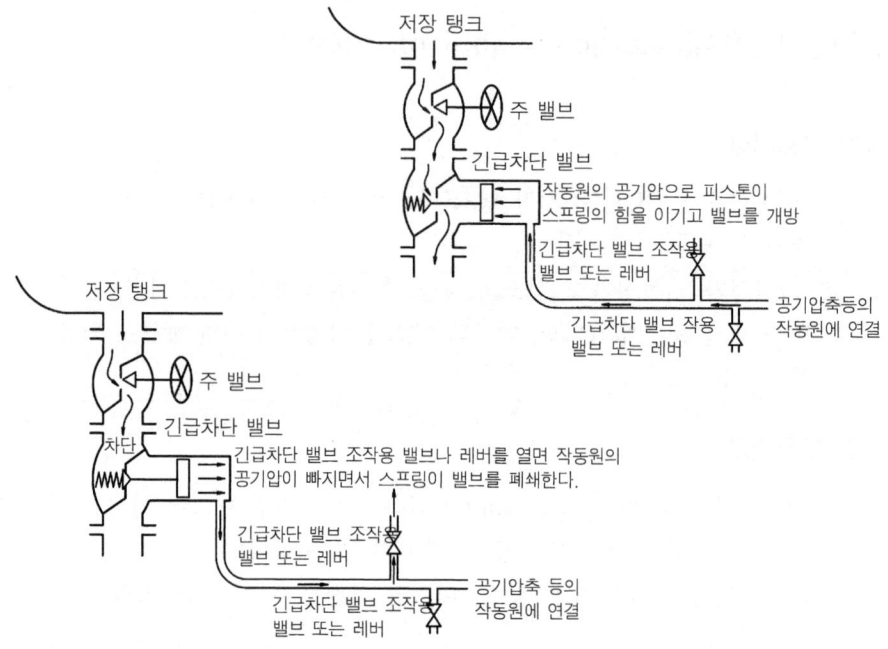

◘ 긴급차단장치의 작동원리

20. 정전기의 제거기준

(1) 적용시설

① 가연성가스 제조시설　② 액화석유가스 제조시설

(2) 기준 및 내용

① 각 설비는 단독접지(탑, 저장 탱크, 회전기계, 열교환기, 벤트스택 등)
② 복잡하게 연결된 설비에는 본딩용 접속선에 의하여 접지 경납붙임, 용접, 접속금구(接續金具)에 의해 확실하게 접속할 것 – 단면적 5.5[mm²] 이상(단선은 제외)
③ 접지저항값은 총합 100[Ω](피뢰설비는 10[Ω]) 이하일 것.
④ 탱크로리 및 충전에 사용하는 배관은 충전하기 전에 접지할 것(單線은 제외)

(3) 기능검사

① 지상에서 접지저항치의 값
② 지상에서의 접속부의 접속사항
③ 지상에서의 단선 기타 손상부분의 유무

21. 액면계 설치기준

(1) 적용시설 : 일반고압가스제조 또는 액화석유가스 제조시설 및 저장시설의 액화가스 저장 탱크나 냉동제조시설의 수액기

(2) 종류 및 내용

① 종류 : 평형반사식, 평형투시식, 정전용량식, 차압식, 편위식, 고정 튜브식, 플로트식, 슬립 튜브식, 마그네트식, 초음파식 액면계 등
② 기능 : 액화가스의 종류와 저장 탱크 구조에 적합한 기능을 갖는 것을 사용
③ 사용제한
　㉮ 유리액면계 : 유리는 KS B 6028(보일러용 수면계 유리) 중 기호 B 또는 P의 것만 사용
　㉯ 고정, 회전, 슬립 튜브식 액면계 : 불연성가스의 것에만 사용 가능

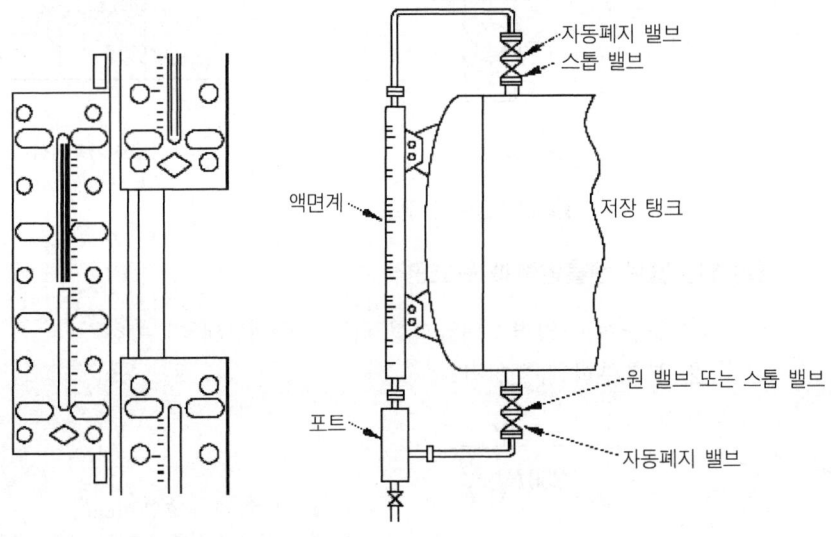

🔳 액면계 및 보호조치

④ 보호조치
　㉮ 유리를 사용한 액면계는 유리를 액면시킨 부분을 제외하고 금속제로 보호조치하고 프로텍터 등을 설치
　㉯ 액면계 상하 배관에 액가스분출을 방지할 수 있는 수동 및 자동 밸브를 각각 설치할 것(자동 및 수동기능을 함께 가지는 경우는 하나만 설치해도 된다.)

22. 고압설비의 안전 밸브

(1) 설치목적과 종류

① 당해 설비 내의 압력이 상용압력을 초과할 경우, 즉시 상용압력 이하로 되돌릴 수 있는 조치
② 당해 고압가스설비의 사용조건에 적응하기 좋은 것을 한 종류 이상 선정하여 설치하되, 당해 설비 내의 압력을 각각 정하여진 수치 이상의 압력으로 상승시키지 않을 것.
③ 안전장치의 종류
  ㉮ 안전 밸브(스프링식, 가용전, 파열판식)   ㉯ 바이패스 밸브
  ㉰ 파열판   ㉱ 자동제어장치

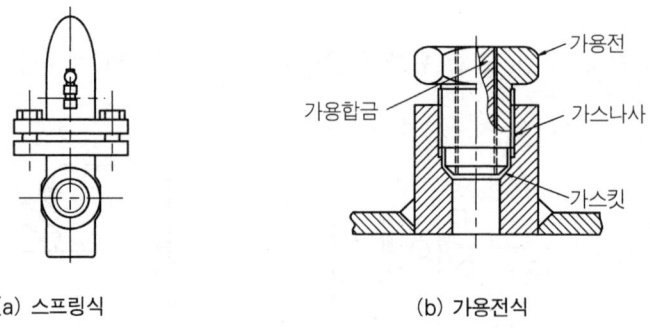

(a) 스프링식   (b) 가용전식

◘ 안전밸브의 구조

(2) 안전밸브 분출압력과 유효면적

① 분출개시 압력 : 내압시험 압력(TP)의 80[%] 이하
② 분출부의 유효면적

$$a = \frac{W}{230P\sqrt{\dfrac{M}{P}}}$$

a : 분출부의 유효면적[cm^2]
W : 1시간에 분출하는 가스량[kg/h]
P : 분출압력[kg/cm^{2}abs](설정된 분출개시 압력의 120[%] 이하)
M : 가스의 분자량
T : 분출압력에 있어서의 절대온도[°K]

(3) 바이패스 밸브

① 고압측의 고압가스를 저압측으로 바이패스시키는 구조
② 작동압력 : 규정압력이 넘을 때 작동
③ 바이패스량 : 펌프 배관 내의 1시간의 유량 이상의 것.

(4) 파열판

① 반응설비로서 이상반응이 예상되는 곳에 설치
② 파열압력 : 내압시험압력(TP) 이하
③ 안전 밸브와 병행하는 경우에는 안전 밸브 작동압력 이상

(5) 자동제어장치

① 압축기 또는 펌프의 토출압력을 검출하여 흡입량을 자동적으로 제한하거나 차단하는 구조
② 규정압력이 넘을 때 자동제어

23. 통풍구조 및 강제통풍 시설기준

(1) 적용시설

고압가스의 제조·저장·판매시설, 특정고압가스 사용시설 중 독성이나 가연성(L.P.G 포함)가스의 처리설비실, 위험시설이나 충전용기 보관실

(2) 기준 및 내용

① 가연성가스(L.P.G 제외)
  ㉮ 가스의 성질, 처리량, 저장량 설비의 특성 및 실의 넓이 등을 고려하여 충분한 면적을 가진 2방향 이상의 개구부나 통풍장치를 할 것.
  ㉯ 공기보다 무거운 가스는 바닥면이 접한 곳에 통풍구를 설치(가벼운 것은 천정부분에 설치)
② 액화석유가스

구 분	내 용
지상의 실	① 통풍구는 바닥면에 접하고 외기에 면할 것. ② 실의 바닥면적 1[m²]당 300[cm²](3[%]) 이상의 통풍구 면적 ③ 사방이 둘러쌓인 실은 2방향 이상 분산된 통풍구
지하실 또는 충분한 통풍구를 갖지 못하는 실.(강제통풍장치)	① 실의 바닥면적 1[m²]당 0.5[m³/분] 이상일 것. ② 흡입구는 바닥면 가까이 설치(비중이 무거우므로) ③ 배기가스 방출구는 지상 5[m] 이상의 안전한 위치 ※ 배기가스 중 당해 농도 0.5[%] 정도 이상일 경우 가스 누설장소를 정밀조사하여 즉시 보수할 것.
지하에 매설된 저장 탱크	매설된 저장 탱크 주위에 가스누설 검지관 설치 ① 저장 탱크실에 설치한 경우 : 1기당 2개소 이상 ② 저장 탱크실에 설치하지 않는 경우 : 1기당 4개소 이상

③ 냉동제조시설
  ㉮ 적용 : 가연성 및 독성인 냉매설비
  ㉯ 기준
    ㉠ 자연통풍 : 냉동능력 1[RT]당 0.5[m²] 이상의 개구부(창, 문)
    ㉡ 강제통풍 : 냉동능력 1[RT]당 2[m³/min] 이사의 통풍능력

24. 압력계(냉매설비용) 설치기준

(1) 적용시설

① 압축기의 흡입측 및 토출측
② 압축기가 강제윤활방식일 때는 유압계(단, 유압보호 스위치 설치시는 제외)
③ 흡수식 냉동설비의 발생기

(2) 기준

① 압력계 : KS B 5305(부르동관 압력계)에 적합하거나 이와 동등 이상의 성능을 가지는 것으로 냉매가스 흡수용액 및 윤활유의 화학작용에 견딜 것.
② 최고눈금
  ㉮ 당해 설비의 상용압력의 1.5배 이상 2배 이하의 압력을 표시한 것.
  ㉯ 진공부의 눈금은 최저눈금이 760[mmHg]로 된 것일 것.
③ 부착방법
  ㉮ 이동식 냉동설비의 압력계는 진동에 견디는 것일 것.
  ㉯ 맥동, 진동 등으로 눈금을 읽는데 지장이 없도록 부착할 것.

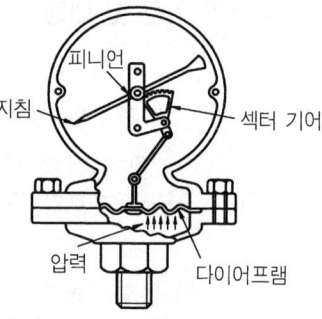

◘ 부르동관 압력계의 구조

25. 독성가스의 제독조치기준

(1) 적용대상가스 : 아황산가스·암모니아·염소·염화메탄·산화에틸렌·시안화수소·포스겐·황화수소

(2) 확산방지조치

독성가스의 종류 및 설비상황에 따라 다음 조치 중 한 가지 또는 두 가지 이상을 선택 (단, 염소와 포스겐은 ④의 기준에 의할 것.)
① 수용성이나 물이 독성이 희석되는 가스 : 물 등의 용매에 의하여 희석하고 증기압을 저하시키는 조치

② 설비내에 있는 액화가스 및 설리 외에 누설된 액화가스 : 다른 저장 탱크 또는 처리 설비의 안전한 장소에 이송하는 조치
③ 누설된 액화가스 : 액면을 제독제(흡착, 흡수, 중화제) 또는 기포성액체나 부유물 등으로 덮어 액화가스의 증발기화를 적게 하는 조치
④ 불연성가스 제조설비는 다음 기준에 의해 적합한 건물로 덮는 등의 조치
 ㉮ 외부에 누설되지 않는 구조로 건물 내부의 가스를 흡입제독할 수 있는 설비
 ㉯ 건물이 방류둑과 겸용일 경우는 외부에 누설되지 않는 구조
 ㉰ 건물은 밸브조작 등의 작업에 필요한 공간을 확보
 ㉱ 건물 흡입구는 불연성문 또는 밀폐구조로 할 것.
⑤ 장벽 또는 배기장치 등에 의해 가스가 주변으로 확산 방지하는 조치
⑥ 집액구(저장능력 5톤 미만의 저장 탱크에 한함) 또는 방류둑에 의하여 유출을 방지하는 조치

(3) 제독조치

① 물, 흡수제, 중화제에 의해 흡수 또는 중화하는 조치
② 흡착제에 의해 제거하는 조치
③ 집액구, 핏트 등에 회수된 액화가스를 펌프 등의 이송설비에 의해 반송하는 조치
④ 암모니아 또는 시안화수소에 있어서 연소설비(플레어스택, 보일러)로 연소시키는 조치

(4) 제독설비 및 제독제

① 제독설비
 ㉮ 가압식·동력식 등에 의해 작동되는 재해제 살포장치 또는 살수장치
 ㉯ 가스를 흡입하고 이를 제해제와 접촉시키는 장치
② 제독제의 보유량 : 용기보관실의 경우 다음 양의 1/2, 수용액은 용질을 100[%]로 환산한 수량
③ 제독제의 보관 : 제독제는 그 주변의 관리하기 용이한 곳에 분산 보관할 것.

가스별 제독제 및 보유량

가 스 별	제 독 제	보 유 량
염소	가성소다수용액	670[kg]<저장 탱크 등이 2기 이상 있을 경우, 저장 탱크는 그 수의 제곱근의 수치, 기타의 제조설비는 저장설비 및 처리설비(내용적이 5[m^3] 이상의 것에 한한다) 수의 제곱근의 수치를 곱하여 얻은 수량, 이하 염소에 있어서는 탄산소다 수용액 및 소석회에 대하여도 같다.>
	탄산소다수용액	870[kg]
	소석회	620[kg]
포스겐	가성소다수용액	390[kg]
	소석회	360[kg]
황화수소	가성소다수요액	1,140[kg]
	탄산소다수용액	1,500[kg]
시안화수소	가성소다수용액	250[kg]
아황산가스	가성소다수용액	530[kg]
	탄산소다수용액	700[kg]
	물	다량
암모니아·산화에틸렌·염화메탄	물	다량

(5) 제독에 필요한 보호구

① 보호구의 종류와 수량

종류	보유수량
① 공기호흡기 또는 송기식 마스크(전면형) ② 보호복(고무 또는 비닐제품)	긴급작업에 종사하는 작업원수의 수량
③ 격리식 방독 마스크(전면고농도형) ④ 보호장갑 및 보호장화(고무 또는 비닐제품)	독성가스를 취급하는 전 종업원수의 수량

㉮ 보관장소 : 독성가스가 누설되기 쉬운 곳, 긴급시 독성가스에 접하지 아니하고 반출할 수 있는 위치
㉯ 보관방법 : 항상 청결하고 기능이 양호한 상태로 보관하고 정기적인 점검 실시
㉰ 장착훈련 : 작업원에게 3개월마다 1회 이상 사용훈련 실시
㉱ 기록의 보관 : 보호구의 점검 및 변동사항, 장착훈련실적을 기록·보존

26. 가스보일러 제조기술기준

(1) 적용범위 : 액화석유가스의 안전 및 사업관리법 시행규칙에 의한 가스용품 중 가스 보일러의 제조

(2) 구비조건

① 가스보일러에 구비하여야 할 장치
  ㉮ 물온도 조절장치 및 전기점화장치
  ㉯ 파일럿 버너(자동점화장치가 있는 것은 제외한다)
  ㉰ 소화안전장치(파일럿 버너를 가진 것에 한한다)
  ㉱ 배기가스 및 물 과열방지장치
  ㉲ 과압방지장치
  ㉳ 수위조절장치(저장식에 한한다)
  ㉴ 역풍방지장치(자연배기식 반밀폐형에 한한다)
  ㉵ 물빼기장치 및 공기자동빼기장치
  ㉶ 가버너, 온도계 및 압력계
  ㉷ 방폭형 순환 펌프 및 팽창 탱크(저장식 보일러는 제외한다)

② 실내온도에 따라 자동으로 작동되고, 실외에 설치하는 것은 원격조작이 가능하며, 하나의 스위치로 모든 작동이 연동되는 구조일 것.

③ 배기 팬(fan)이 있는 것은 점화전에 배기 팬이 작동하고, 배기 팬이 이상 정지하면 자동으로 가스를 차단하는 구조일 것.

④ 가스압력이 규정된 압력 이하가 되면 자동으로 가스를 차단하는 차단장치를 갖출 것 <최대열량(진발열량)이 40,000[kcal/h] 이상인 것에 한한다.>

⑤ 각 부분은 안전성, 내구성 및 편리성을 고려하여 제작하고, 표면은 모양이 균일하고 흠이나 갈라짐 등이 없어야 하며, 사용중에나 청소할 때 손이 닿는 부분은 매끄러울 것.

⑥ 연소상태시험 및 각부 온도상승시험에 적합하고, 내구성시험 후 누설이 없고, CO/CO_2비 및 열효율에 적합할 것.

⑦ 버너, 노즐, 노즐 홀더, 공기조절기, 파일럿 배관 및 핀(fin) 등의 재료는 500[°C]에서, 그리고 가스가 통하는 부분(다이어프램, 패킹류 및 비금속은 제외) 가스관, 콕 등의 재료는 350[°C]에서 각각 용융되지 않는 것이어야 하고, 그 밖의 부분의 금속재료는 내식성재료 또는 표면에 내식처리를 한 것일 것.

⑧ 소화안전장치의 밸브 열림시간과 닫힘시간은 각각 90초 이하(재점화되는 것은 60초 이하)일 것.

⑨ 가스 밸브는 25,000회 반복사용 시험 후 누설이 없고 작동에 이상이 없을 것.

⑩ 가버너는 70[°C]에서 24시간 내열시험 후 조정압력이 시험전의 ±8[%] 이내이고, 30,000회 반복사용 시험 후 누설이 없고, 조정압력의 변화가 $(0.05P_1+3)$[mmH$_2$O] 이하일 것.

$P_1 =$ 시험전의 조정압력

⑪ 물통로는 최대사용압력의 1.5배의 수압(최소 4[kg/cm^2])을 20분간 가했을 때 누설, 변형 등의 이상이 없을 것. 다만, 순간식의 급탕회로는 17.5[kg/cm^2]에서 1분간 수압을 가하여 이상이 없을 것.

⑫ 반밀폐형 가스 보일러의 배기가스온도는 노점온도보다 20[°C] 이상이고, 밀폐형 가스보일러는 응결이 없을 것.

⑬ 최대유량 및 1/2유량일 때의 열효율은 다음 수치 이상이어야 하고 측정값은 표시값 이상일 것. 반밀폐형으로서 최대열량(진발열량)이 24,000[kcal/h] 미만인 것은 77[%], 24,000[kcal/h] 이상인 것은 80[%] 이상일 것.

27. 가스 보일러 설치기준

(1) 적용범위: 액화석유가스 안전 및 사업관리법 시행규칙에 의한 가스보일러 설치

(2) 보일러의 설치기준

① 바닥설치형 가스 보일러는 그 하중에 충분히 견디는 구조의 바닥면 위에 설치하고, 벽걸이형 가스 보일러는 그 하중에 충분히 견디는 구조의 벽면에 견고하게 설치할 것.

② 가스 보일러를 설치하는 주위는 가연성 물질 또는 인화성 물질을 상시 저장·취급하는 장소가 아니어야 하며, 조작·연소 확인 및 점검수리에 필요한 간격을 두어 설치할 것.

③ 가스 보일러를 설치하는 실의 내부는 화재예방상 안전한 것으로 할 것.

④ 가스 보일러의 가스접속배관은 금속관 또는 금속 플렉시블관을 사용하고, 가스의 누설이 없도록 확실히 접속할 것.

⑤ 가스 보일러의 급구·급탕배관의 접속부는 누설이 없도록 확실히 접속할 것.

(3) 급·배기장치의 처리기준

① 반밀폐형 보일러의 급·배기장치 : 반밀폐형 보일러는 보일러 본체를 옥내에 설치하며, 연소용 공기는 옥내에서 흡입하여 폐가스는 옥외로 방출하는 구조의 것을 말한다. 또한, 보일러에는 1차 배기통, 역풍방지장치(머플러 등)가 부착되어야 한다.

㉮ 자연배기식 보일러

㉠ 배기통 높이 및 설치방법은 다음 기준에 의할 것.
ⓐ 배기통의 높이(LPG)　　　　　　　　　　※ 도시가스

$$h = \frac{0.5 + 0.4n + 0.1l}{\left(\dfrac{A_v}{72Q}\right)^2} \qquad h = \frac{0.5 + 0.4n + 0.1l}{\left(\dfrac{1,000A_v}{6H}\right)^2}$$

위의 식에서 h, n, l, A_v, Q는 다음 수치를 표시한다.

h : 배기통의 높이[m]
n : 배기통의 굴곡수
l : 역풍방지장치 개구부 하단으로부터 배기통 끝의 배기구까지의 전길이[m]
A_v : 배기통의 유효단면적[cm^2]
Q : 가스소비량[kg/h]
H : 가스소비량[kcal/h]

ⓑ 배기통의 가로길이는 5[m] 이하로 할 것.
ⓒ 배기통의 굴곡수는 4개 이하로 할 것.
ⓓ 배기통의 높이는 10[m]를 넘는 경우에는 보온조치를 할 것.
ⓔ 배기통의 끝은 옥외로 뽑아낼 것.
ⓕ 배기통의 가로길이는 될 수 있는 한 짧고 물고임 등이나 기울기가 없도록 할 것.
ⓖ 배기톱(top)의 위치는 풍압대를 피하여 통풍이 양호한 곳에 설치할 것.
ⓗ 배기통은 자중, 풍압, 적설하중 및 진동 등에 견디게 견고하게 설치할 것.
ⓘ 배기통은 내부청소를 위한 청소구를 설치할 것.
ⓙ 배기통의 옥외부분의 가장 낮은 곳에 응축수를 제거할 수 있는 구조로 할 것.
ⓚ 배기톱의 옥상 돌출부는 지붕면으로부터 수직거리를 90[cm] 이상으로 하고 그 건축물의 처마로부터 90[cm] 이상 높게 할 것.

- 배기톱의 모양은 다익형, H형, 경사 H형, P형 등으로 할 것.

ⓛ 급기구 및 환기구는 다음 기준에 적합할 것.
  ⓐ 급기구는 보일러에 설치된 배기통의 유효면적 이상일 것.
  ⓑ 수시로 개방하도록 하는 구조의 급기구 또는 외기와 접하게 설치된 창 등으로서 급기에 이용되도록 한 구조의 개구부(수시 개방형 급기구)의 크기는 다음 식에 의하여 얻은 수치 이상일 것.

$$A_v = 0.12H\sqrt{\frac{3+5n+0.2l}{h}}$$

A_v : 개구부의 면적[cm^2]
H : 가스소비량[kcal/h]
n : 배기통의 굴곡수
l : 역풍방지장치의 개구부 하단으로부터 배기통 끝의 배기구까지의 길이[m]
h : 배기통의 높이[m]

  ⓒ 상부 환기구의 면적은 가스소비량 1,000[kcal/h]당 유효 개구면적 10[cm^2] 이상으로 할 것. 다만, 가스소비량이 36,000[kcal/h] 이하이고, 보일러가 설치된 실의 넓이가 1[m^2]당 소비가스량 7,000[kcal/h] 이하의 경우에 한하여 상부 환기구로서 급기구를 가름할 수 있다.
  ⓓ 상부 환기구는 될 수 있는 한 높게 설치하되, 최소한 보일러 역풍방지장치보다 높게 설치할 것.
  ⓔ 상부 환기구는 외기와의 통기성이 좋은 장소이고, 급기구는 통기성이 좋은 장소에 개구되어 있을 것.
  ⓕ 급기구 또는 상부 환기구는 유입된 공기가 직접 보일러 연소실에 흡입되어 불이 꺼지지 아니하는 구조일 것.
ⓑ 강제 배기방식 보일러 : 자연배기식의 배기통에 배기 팬(fan)을 설치하는 보일러
  ㉠ 배기통

ⓐ 배기통의 구경은 배기팬의 능력 이상일 것.
ⓑ 배기통의 수평부는 경사가 있어 응축수를 외부로 제거할 수 있는 구조일 것.
ⓒ 배기통톱에는 새·쥐 등이 들어가지 않도록 지름 16[mm]이상의 물체가 들어가지 않도록 방조망을 설치할 것.
ⓓ 배기통톱의 전방·측변·상하주위 60[cm](방열판이 설치된 것은 30[cm] 이내에 장애물이 없을 것.)
ⓔ 배기통톱 개구부로부터 60[cm] 이내에 배기가스가 실내로 유입할 우려가 있는 개구부가 없을 것.
ⓕ 배기 팬은 내열·내식성인 것일 것.
㉡ 급기구
ⓐ 급기구는 옥외 또는 현관 등 통기성이 좋은 위치에 설치하고, 배기톱으로부터 배기가스가 유입되지 아니하는 위치일 것.
ⓑ 급기구의 유효단면적은 배기통 단면적 이상일 것.
② 밀폐연소식 가스 보일러 급·배기장치 : 연소용 공기를 직접 옥외로부터 흡입하여 폐가스를 직접 옥외로 배출하는 구조의 보일러를 말한다.
㉮ 급·배기톱은 옥외에 약간의 기울기를 주어 설치할 것.
㉯ 급·배기톱의 주위에는 장애물이 없는 곳일 것.
㉰ 눈내림 구역에 설치하는 경우는 급·배기톱의 주위에 적설을 처리할 수 있는 것.
㉱ 환기통의 최대 연장길이는 보일러의 취급설명서에 기재한 최대연장길이 이내이고, 급·배기톱은 바깥벽에 설치할 것.
㉲ 급·배기톱과 부착된 벽, 보일러 본체와 벽은 단단하게 고정부착할 것.

28. 공기압축기의 내부윤활유규격

(1) **적용시설** : 일반고압가스 제조시설 중 산소제조시설의 공기압축기

(2) **규격 및 기준**

내부 윤활유의 구분	인화점	교반조건		성능
		온도	시간	
전질량의 1[%] 이하의 것	200[℃] 이상	170[℃]	8시간 이상	교반조건에서 분해되지 아니할 것.
전질량의 1[%] 초과 1.5[%] 이하	230[℃] 이상	170[℃]	12시간 이상	

29. 용기의 방청도장방법

(1) **적용대상**

① 부식방지도장을 하여야 할 용접용기에 한다.
② 제외대상 : 스테인레스강, 알루미늄 등 내식성 재료로 제조된 용기

(2) 방청도장방법

① 전처리
　㉠ 탈지　　　㉡ 피막화성처리　　　㉢ 산세척
　㉣ 숏 블라스팅　　㉤ 에칭프라이머
② 방청도장 시행

30. 합격용기의 표시방법 및 재검사 표시

(1) 적용시설 : 고압가스 안전관리법에 의해 합격된 용기

① 가연성가스 용기 : "**연**"자를 표시(적색으로 표시하되 수소는 백색)
② 독성가스인 용기 : "**독**"자를 표시
③ 유통중인 고압가스용기는 가스명 표시 아래부분에 적색으로 충전기한을 표기.
　※ L.P.G는 "**연**"자를 표시하지 않음.

(2) 고압가스용기에 표시하는 색상

① 재검사 합격표시

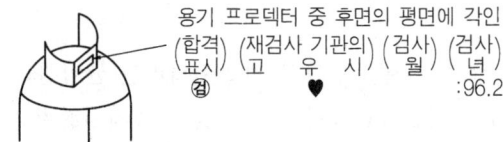

② 일반공업용

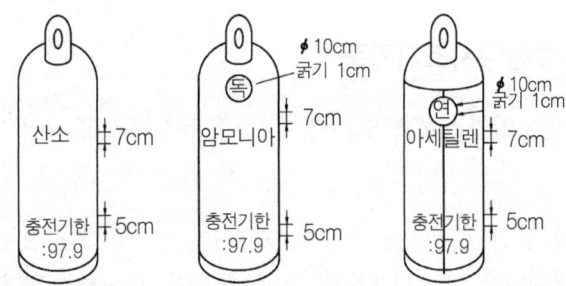

③ 의료용

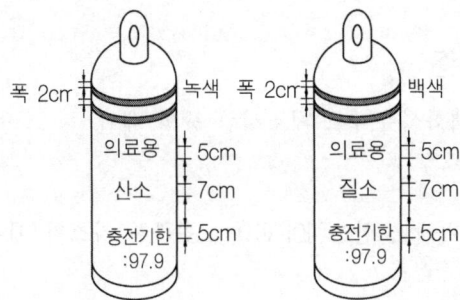

31. 냉동능력의 합산기준

(1) 합산기준

① 냉매가스가 배관에 의하여 공통으로 되어 있는 냉동설비
② 냉매계통을 달리하는 2개 이상의 설비가 1개의 규격품으로 인정되는 설비 내에 조립되어 있는 것(Unit형의 것).
③ 2원(元) 이상의 냉동방식에 의한 냉동설비
④ 모터 등이 압축기의 동력설비를 공통으로 하고 있는 냉동설비
⑤ Brine을 공통으로 하고 있는 2 이상의 냉동설비(Brine 중 물과 공기는 제외)

32. 부압을 방지하는 조치기준

(1) 적용시설 : 일반고압가스 제조시설이나 L.P.G 시설 중 가연성가스의 저온저장 탱크

(2) 부압방지 조치시설

① 압력계
② 압력경보설비
③ 기타(이 중 어느 한 개 이상의 설비)
  ㉮ 진공안전 밸브
  ㉯ 타 저장 탱크 또는 시설로부터의 가스도입배관(균압관)
  ㉰ 압력과 연동되는 긴급차단장치를 설치한 냉동제어장치
  ㉱ 압력과 연동되는 긴급차단장치를 설치한 송액(送液) 설비

33. 독성가스의 과충전방지조치기준

(1) 적용시설 : 일반고압가스제조 및 저장시설 중 독성가스의 저장 탱크
(2) 기준 및 방법

① 저장 탱크에 충전된 가스의 용량이 90[%]가 될 때 액면 또는 액두압을 검지
② 용량이 검지되었을 때 경보(부자 등의 음향)를 발신하는 것일 것.
③ 경보는 충전 작업 관계자가 상주하는 장소 및 작업장소에서 명확히 들을 수 있을 것.

34. 배관의 상온초과 방지조치기준

(1) 적용시설 : 일반고압가스 및 액화석유가스 제조시설 중의 배관
(2) 조치

① 배관에 가스를 공급하는 설비에는 상온(40[°C])을 초과한 가스가 배관으로 송입되지

않는 조치(예 : 압축기에서 냉각수가 단절되면 운전을 정지시키는 안전장치)
② 배관을 지상에 설치하는 경우 온도의 상승을 방지하기 위해 방식도료를 칠한 후 은백색 도료로 재도장 할 것.(설치부분이 단거리인 경우는 제외)
③ 배관은 교량 등에 설치한 경우 그 하부에 설치하여 직사광선을 피할 것.

35. 비상전력등 설비기준

(1) 적용시설 : 일반고압가스제조시설

(2) 기준 및 내용

① 비상전력이란 정전시 당해설비의 기능이 상실되지 않도록 최소 용량을 갖춘 전력 및 공기 또는 이와 동등 이상의 것.
② 자가발전은 항상 가동되는 것으로 동일선로에 타처로부터 공급되는 전력 또는 별도로 자가발전 설비로부터 병렬로 수전할 수 있는 것.
③ 살수장치, 방소화설비, 냉각수 펌프, 물분무장치 등의 엔진 또는 스팀 터빈 구동시 펌프를 사용할 수 있는 경우는 비상전력 등을 보유제외.
④ 다음과 같은 경우는 비상전력을 갖춘 것으로 본다.
　㉮ 긴급차단장치 중 와이어 등에 의하여 작동되는 것.
　㉯ 규정의 물분무장치, 방·소화설비 및 살수장치 중 일상 필요한 용수량, 수두압을 유지하는 수조 및 저수지 등이 있는 상태에서 사용하지 않는 경우
　㉰ 경보설비 중 메가폰
　㉱ 비상조명 또는 경보설비로부터 전지를 사용하는 것은 항시 예비전지를 보유하거나 충전적인 것.
⑤ 기능은 정기적으로 점검하여 사용에 지장이 없을 것.

(3) 보유설비(2종 이상 보유)

비상전력등 \ 설비	타처 공급전력	자가 발전	축전지 장치	엔진구동 발전	스팀터빈 구동발전	공기또는 질소저장 설비
자동제어장치	○	○	○			△
긴급차단장치	○	○	○			△
살수장치	○	○	○			
방·소화설비	○	○	○	○	○	
냉각수 펌프	○	○	○	○	○	
물분무장치	○	○	○	○	○	
비상조명설비	○	○	○			
가스누설검지경보설비	○	○	○			
경보설비	○	○	○			

※ △표는 공기를 사용하는 자동제어 장치, 긴급차단장치에 반드시 보유할 것.

36. 배관의 설치기준

(1) 설치장소의 선정

① 땅의 붕괴, 산사태 등의 발생이 추정되는 곳을 통과하지 않도록 할 것.
② 지반의 부등침하가 진행중인 곳이나 우려가 추정되는 곳은 설치하지 않는다.

(2) 지상설치 : 지면과의 거리는 30[cm] 이상 유지(방호책이나 가드 레일 등의 방호조치를 할 것)

(3) 지하매설

① 배관은 지면으로부터 1[m] 이상의 깊이에 매설할 것.
② 도로폭이 8[m] 이상인 공로의 횡단부 지하에는 지면으로부터 1.2[m] 이상인 곳에 매설할 것.(매설깊이를 유지할 수 없을 경우에는 카버 플레이트, 케이싱 등을 사용하여 보호)

(4) 철도부지 밑의 매설

① 철도 등의 횡단부 지하에는 지면으로부터 1.2[m] 이상인 곳에 매설하고, 또한 강제의 케이싱 등을 사용하여 보호할 것.
② 지하철도(전철)등을 횡단하여 매설할 경우 전기방식 조치를 강구할 것.

37. 독성가스 운반시 휴대하는 보호구 및 자재 등

(1) 적용시설 : 독성의 고압가스 운반차량

(2) 휴대설비

① 약제(상자에 넣어 휴대)

품명	운반하는 독성가스의 량		비고
	액화가스 질량 1,000[kg]		
	미만의 경우	이상의 경우	
소석회	20[kg] 이상	40[kg] 이상	염소, 염화수소, 포스겐, 아황산가스 등 효과가 있는 액화가스에 적용한다.

② 공구(가연성인 독성가스는 방폭공구를 사용)
　㋐ 공작용 공구

품명	사양	비고
해머 또는 목해머	차량비품공구로 대체 가함	
펜치	차량비품공구로 대체 가함	
몽키 스패너	차량비품공구로 대체 가함	
가위	차량비품공구로 대체 가함	
칼	차량비품공구로 대체 가함	
밸브 개폐용 핸들	각 밸브에 적합한 것.	차량에 고정된 탱크 및 용기에 개폐용 핸들일 부착된 것은 제외
밸브 그랜드 스패너	각 밸브에 적합한 것.	차량에 고정된 탱크 및 몽키 스패너로 대체할 수 있는 것은 제외

  ㉯ 누설방지용 공구 : 나무마개, 고무마개, 납마개, 고무 시트 또는 납 패킹, 자전거용 고무 튜브, 실 테이프, 철사, 헝겊, 용기 밸브용 플러그 너트
  ※ 이들 휴대품은 매월 1회 이상 점검할 것.
 ③ 보호구 : 방독 마스크, 공기호흡기, 보호의, 보호장갑, 보호장화
 ④ 자재 : 적색기, 휴대용 손전등, 메가폰 또는 휴대용 확성기, 로프(15[m] 이상), 멍석, 또는 쥬트포, 물통, 누설검지액(비눗물 및 10[%] 암모니아수, 5[%] 염산), 차바퀴 고정목(2개 이상)

38. 가연성가스 또는 산소의 운반시 휴대하는 소화설비 및 자재 등

 (1) 적용시설 : 가연성가스 또는 산소를 운반하는 고압가스 운반차량
 (2) 휴대설비

  ① 소화설비
   ㉮ 차량에 고정된 탱크에 의하여 운반할 때

가스의 구분	소화기의 종류		비치 갯수
	소화약제의 종류	소화기의 능력단위	
가연성가스	분말소화제	BC용, B-10 이상 또는 ABC용, B-12 이상	차량 좌우에 각각 1개 이상
산소	분말소화제	BC용, B-8 이상 또는 ABC용, B-10 이상	차량 좌우에 각각 1개 이상

   〈비고〉 BC용은 유류화재나 전기화재, ABC용은 보통화재, 유류화재 및 전기화재 각각에 사용된다. (이하 같다)

   ㉯ 충전용기 등을 차량에 적재하여 운반하는 경우(질량 5[kg] 이하의 고압가스를 운반하는 경우는 제외)

운반하는 가스량에 따른 구분	소화기의 종류		비치갯수
	소화약제의 종류	능력단위	
압축가스 100[m³] 또는 액화가스 1,000[kg] 이상인 경우	분말소화제	BC용, B-10 이상 또는 ABC용, B-12 이상	2개이상
압축가스 15[m³] 초과 100[m³] 미만, 또는 액화가스 150[kg] 초과, 1,000[kg] 미만인 경우	분말소화제	BC용, B-10 이상 또는 ABC용, B-12 이상	1개이상
압축가스 15[m³] 또는 액화가스 150[kg] 이하인 경우	분말소화제	B-3 이상	1개이상

② 자재

품명	규격	비고
적색기 휴대용 손전등 메가폰 로프 누설검지기 차바퀴 고정목	 길이 15[m] 이상의 것 2개 이상 2개 이상	※ 각각 1개 이상을 휴대

③ 공구
  ㉮ 공작용 공구 : 해머 또는 나무망치, 펜치, 몽키 스패너, 칼, 가위, 밸브 개폐용 핸들, 그랜드 스패너, 가죽장갑
  ㉯ 누설방지용 공구 : 납마개, 고무 시트, 납패킹, 자전거용 튜브, 링 또는 실 테이프, 철사, 헝겊

39. 초저온 용기의 기밀시험 및 단열성능시험 기준

(1) 적용시설 : 고압가스 안전관리법에 규정한 초저온용기의 검사

(2) 기준

① 기밀시험
  ㉮ 실시 : 외통, 단열재, 밸브 및 부속 배관을 부착한 상태로 실시
  ㉯ 기밀시험압력 : 최고충전압력(FP)의 1.1배
  ㉰ 시험방법 : 용기를 상온까지 가열 후 공기 또는 가스를 규정압력으로 가압하여 30분 이상 방치 후 압력계의 지침변화에 의해 누설 유무 확인
  ㉱ 판정 : 누설이 없는 것은 합격
② 단열성능 시험
  ㉮ 시험방법 : 시험용 저온 액화가스를 용기에 충전하여 밸브를 모두 닫고 가스방출

밸브를 열어 가스의 기화량이 일정량으로 균일한 상태에 이를 때까지 정지후 방출된 기화량을 측정

㉯ 시험용 저온 액화가스

시험용 액화가스의 종류	비점[°C]	기화잠열[kcal/kg]
액화질소	-196	48
액화산소	-183	51
액화 아르곤	-186	38

㉰ 시험시의 충전량 : 저온액화가스 용기의 내용적에 1/3 이상 1/2 이하가 되도록 충전
㉱ 침입열량의 측정 : 가스기화량의 측정은 저울 또는 유량계 사용
㉲ 판정

- 산식 : $Q = \dfrac{W \times q}{H \times t \times V}$

  Q : 침입열량[kcal/h,°C,l]
  W : 측정중의 기화가스량[kg]
  H : 측정시간[hr]
  Δt : 시험용 저온 액화가스의 비점과 외기와의 온도차[°C]
  V : 용기 내용적[l]
  q : 시험용 액화가스의 기화잠열[kcal/kg]

- 합격기준 내용적 1,000[l] 이하 : 0.0005[kcal/h,°C,l] 이하일 것.

  내용적 1,000[l] 초과 : 0.002[kcal/h,°C,l] 이하일 것.

40. 기화장치의 제조 및 검사기준

(1) 적용시설 : 액화가스를 가열하여 기화시키는 기화기(단, 자동차용 기화기와 직화식 기화기는 제외)

(2) 구조 : 기화통과 그 부속품으로 구성

① 형식 : 다관식, 코일식, 캐비넷식 등
② 가열방식에 따라 : 온수가스 가열식, 온수전기 가열식, 온수 스팀 가열식, 대기온 이용식 등
③ 부속품 : 액유출방지장치(이동식은 제외), 안전장치, 온도계(-50[°C] 이하의 임계온도인 초저온용은 제외), 압력계(온수가열방식의 온수부분은 제외), 드레인 밸브, 가연성가스용 전기설비는 방폭구조

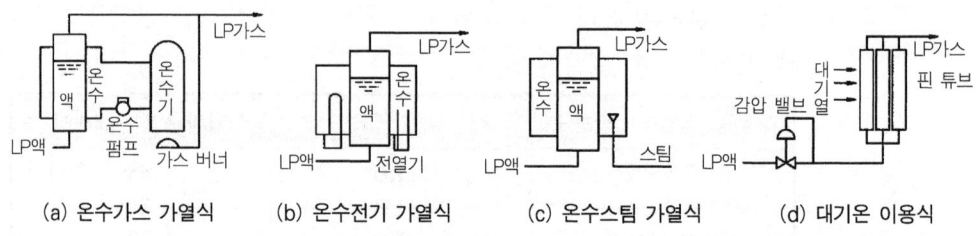

(a) 온수가스 가열식　(b) 온수전기 가열식　(c) 온수스팀 가열식　(d) 대기온 이용식

(3) 재료

① 가스가 접촉되는 부분 : 동, 스테인레스강, 알루미늄합금 등을 사용하며 탄소, 인, 황의 함유량이 0.33[%](이음새 없는 재료는 0.55[%]), 0.04[%], 0.05[%] 이하의 강을 사용
② 가스가 접촉되지 않는 부분 : 액화가스에 적합한 기계적 성질 및 가공성을 갖는 재료를 사용하고 두께는 고압가스설비 및 배관의 두께 산정에 관한 기준 및 비가열 압력용기의 구조에 따른다.

(4) 성능

① 온도가열방식의 온도는 80[°C] 이하
② 증기가열방식의 증기의 온도는 120[°C] 이하
③ 접기저항값 : 10[Ω]
④ 압력계 : 최고 눈금은 상용압력의 1.5배~2배 이하
⑤ 안전장치 : 내압시험(TP)의 8/10배 이하에서 작동
⑥ 기밀시험 : 공기 또는 불활성 가스를 사용하여 상용압력을 가해 누설이 없을 것.
⑦ 내압시험 : 물로 상용압력의 1.5Q배 이상으로 가압하여 누수, 변형, 이상팽창이 없을 것.
⑧ 비파괴시험
　㉮ 내압시험 합격 후 실시
　㉯ 용접부 중 2개소 이상의 부분에서 실시
　㉰ 자분탐상 시험, 초음파탐상 시험, 방사선투과 시험 중 1개의 방법 채택
⑨ 액유출방지장치(초저온가스는 제외) : 액면이 규정 이상 높아지지 않게 하거나 가스 출구 노즐 폐쇄로 액유출 방지

41. 역화방지장치의 제조 및 검사기준

(1) 적용범위 : 아세틸렌, 수소 및 기타 가연성가스의 제조 및 사용설비에 부착하는 건식 또는 수봉식(1[kg/cm²] 이하인 아세틸렌에 한함)의 역화방지장치

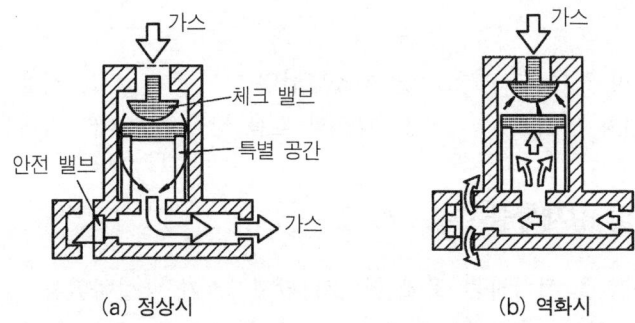

(a) 정상시   (b) 역화시

(2) 구조 : 소염소자, 역류방지장치 및 방출장치 등을 구비(단, 액화석유가스 및 도시가스용의 것은 방출장치를 생략 가능)

(3) 재료

① 몸통 : 단조용 황동 또는 고압배관용 탄소강관
② 스프링 : 스프링용 스테인레스강관, 피아노선, 경강선으로 내식처리한 것.
③ 소염소자 : 당해가스의 침식 및 화학적으로 충분한 내식성을 가진 것.

(4) 성능시험

① 역류방지장치 : $0.1[kg/cm^2]$ 이하의 압력에서 작동되어 역류 방지
② 방출장치 : 작동압력이 $3[kg/cm^2]$ 이상 $4[kg/cm^2]$ 이하이고 정지압력은 작동압력의 2/3 이상일 것.
③ 소염소자 : 금속망, 소결금속, 스틸올, 발포금속, 물(C_2H_2용에 한함) 또는 이와 동등 이상의 소염 성능을 갖는 것일 것.
④ 소염소자 통과시의 압력손실
　㉮ 유량이 $1[m^3/h]$ 일 때 $900[mmH_2O]$ 이하일 것.
　㉯ 유량이 $3[m^3/h]$ 일 때 $2,000[mmH_2O]$ 이하일 것.
⑤ 장치는 역화를 방지한 후 곧 복원이 가능하여 사용할 수 있을 것.
⑥ 내압시험 : $50[kg/cm^2]$ 이상의 압력으로 가압 후 변형 및 누설이 없을 것.
⑦ 기밀시험 : FP×1.1배 이상의 압력으로 가압 후 누설이 없을 것.
⑧ 역화방지시험
　㉮ 조건 : ・시험가스－아세틸렌, 수소, 에틸렌 등의 경우 산소중의 아세틸렌가스가 30[%] 이상 50[%] 이하인 가스
　　　　　・도시가스, 액화석유가스 등의 경우 산소중의 액화석유가스가 17[%] 이상 23[%] 이하인 가스
　㉯ 시험압력 : $0.1[kg/cm^2]$ 이상 $1[kg/cm^2]$ 이하
　㉰ 시험가스의 유량 : $600[l/h]$ 이상 $1,800[l/h]$ 이하

(5) 표시

① 제조자명 또는 그 기호   ② 제조년월일   ③ 사용 가스명
④ 최고 사용 압력   ⑤ 가스의 흐름 방향   ⑥ 최대유량

42. 통풍구조 및 강제통풍시설

가스공급시설을 설치하는 곳에 있어서 당해가스가 누설하였을 때 그 가스가 체류하지 아니하도록 하는 구조는 다음 각호의 기준에 적합한 것일 것.

(1) 바닥면에 접하고 또한 외기에 면하여 설치된 환기구의 통풍가능 면적의 합계가 바닥면적 1[m^2] 마다 300[cm^2](철망 등을 부착할 때는 철망이 차지하는 면적을 뺀 면적으로 한다)의 비율로 계산한 면적 이상(1개 환기구의 면적은 2,400[cm^2] 이하로 한다)일 것.
이 때 사방을 방호벽 등으로 설치할 경우에는 환기구를 2방향 이상으로 분산 설치할 것.

(2) (1)에 규정한 통풍구조를 설치할 수 없는 경우에는 다음 기준에 적합한 강제통풍장치를 설치할 것.

① 통풍 능력이 바닥면적 1[m^2] 마다 0.5[m^3/분] 이상으로 할 것.
② 배기구는 바닥면(공기보다 가벼운 경우에는 천정면) 가까이에 설치할 것.
③ 배기가스 방출구를 지면에서 5[m](공기보다 비중이 가벼운 경우에는 3[m]) 이상의 높이에 설치할 것.

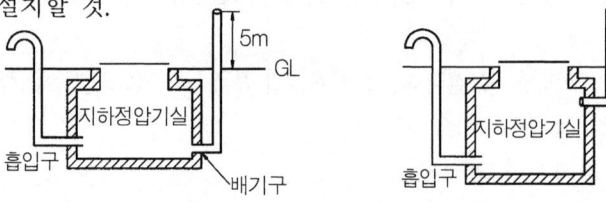

(a) 공기보다 무거운 경우   (b) 공기보다 가벼운 경우

■ 지하정압기 환기구 설치 예

(3) 공기보다 비중이 가벼운 도시가스의 공급시설로서 공급시설이 지하에 설치된 경우의 통풍구조는 다음 기준으로 할 수 있다.

① 통풍구조는 환기구를 2방향 이상 분산하여 설치할 것.
② 배기구는 천정면 가까이에 설치할 것.
③ 흡입구 및 배기구의 관지름은 100[mm] 이상으로 하되, 통풍이 양호하도록 할 것.
④ 배기가스 방출구는 지면에서 3[m] 이상의 높이에 설치하되, 화기가 없는 안전한 장소에 설치할 것.

43. 가스누설 검지경보장치의 설치장소

(1) 기능

가스누설 검지경보장치(이하 "검지경보장치"라 한다)는 다음 기능을 가진 것으로 한다.
① 가스의 누설을 검지하여 그 농도를 지시함과 동시에 경보를 울리는 것일 것.
② 미리 설정된 가스농도(폭발하한계의 1/4 이하)에서 자동적으로 경보를 울리는 것일 것.
③ 경보를 울린 후에는 주위의 가스농도가 변화되어도 계속 경보를 울리며, 그 확인 또는 대책을 강구함에 따라 경보정지가 되어야 할 것.
④ 담배연기 등 잡가스에 경보를 울리지 아니하는 것일 것.
⑤ 경보기의 정밀도는 경보농도 설정값에 대하여 가연성가스용에 있어서는 ±25[%] 이하, 독성가스용에 있어서는 ±30[%] 이하로 할 것.
⑥ 검지경보장치의 검지에서 발신까지 걸리는 시간은 경보농도의 1.6배 농도에서 보통 30초 이내일 것. 다만, 검지경보장치의 구조상 또는 이론상 30초가 넘게 걸리는 가스(암모니아, 일산화탄소 또는 이와 유사한 가스)에 있어서는 1분 이내로 한다.
⑦ 전원의 전압 등 변동이 ±10[%] 정도일 때에도 경보정밀도가 저하되지 않을 것.
⑧ 지시계의 눈금은 가연성 가스용은 0~폭발하한계 값, 독성가스는 0~허용농도의 3배 값(암모니아를 실내에서 사용하는 경우에는 150[ppm]을 각각의 눈금의 범위에 명확하게 지시하는 것일 것.
⑨ 경보를 발신한 후에는 원칙적으로 분위기중 가스농도가 변화하여도 계속 경보를 울리고, 그 확인 또는 대책을 강구함에 따라 경보정지가 되어야 할 것.

(2) 구조

검지경보장치의 구조는 다음 기준에 적합한 것으로 한다.
① 충분한 강도를 가지며, 취급과 정비(특히 엘리먼트의 교체)가 용이할 것.
② 가스에 접촉하는 부분은 내식성의 재료 및 부식방지처리를 한 재료를 사용할 것.
③ 가연성가스(암모니아제외)의 검지경보장치는 방폭성능을 갖는 것일 것.
④ 경보는 램프의 점등 또는 점멸과 동시에 경보를 울리는 것일 것.
⑤ 수신회로가 작동상태에 있는 것을 쉽게 식별할 수 있도록 할 것.

(3) 설치장소

① 제조설비(냉동제조시설 및 배관을 제외한다. 이하 "①"에 있어서 같다)에 있어서 검지 경보장치의 검출부 설치장소 및 개수는 다음 각호에 의할 것.
  ㉮ 건출물 내에 설치되어 있는 압축기, 밸브, 반응설비, 저장 탱크 등 가스가 누설하기 쉬운 고압가스설비 등(㉯ 및 ㉰에 기재한 것을 제외한다)이 설치되어 있는 장소의 주위에는 누설한 가스가 체류하기 쉬운 곳에 이들 설비군의 바닥면 둘레(10[m])에 대하여 1개 이상의 비율로 계산한 수.

㉯ 건축물 밖에 설치되어 있는 ㉮에 기재된 고압가스설비가 다른 고압가스설비, 벽이나 그 밖의 구조물에 인접하거나 피트 등의 내부에 설치되어 있는 경우, 누설한 가스가 체류할 우려가 있는 경우, 누설한 가스가 체류할 우려가 있는 장소에 그 설비군의 바닥면 둘레 20[m]에 대하여 1개 이상의 비율로 계산한 수>

㉰ 특수 반응설비(동법시행규칙 제6조 별표 2 제2호(1)에서 정한 설비)로서 그 주위에 누설한 가스가 체류하기 쉬운 장소에는 그 바닥면 둘레(10[m]에 대하여 1개 이상의 비율로 계산한 수.

㉱ 가열로 등 발화원이 있는 제조설비의 주위에 가스가 체류하기 쉬운 장소에는 그 바닥면 둘레 (20[m])에 대하여 1개 이상의 비율로 계산한 수.

㉲ 계기실 내부에 1개 이상

㉳ 독성가스의 충전용 접속구 군의 주위에 1개 이상.

② 저장시설·판매시설 또는 특정고압가스사용시설(배관을 제외한다. 이하 "②"에 있어서는 같다)에서의 검지경보장치의 검출부설치장소 및 개수는 다음 각호에 의할 것.

㉮ 건축물 안에 설치되어 있는 감압설비, 저장설비, 판매설비, 특정 고압가스 사용설비(버너 등에 있어서는 파일럿 버너방식에 의한 인터록 기구를 설치하여 가스누설의 우려가 없는 것에는 당해 버너 등의 부분을 제외한다) 등 가스가 누설하기 쉬운 설비를 설치한 곳 주위에는 누설한 가스가 체류하기 쉬운 장소에 이들 설비군의 바닥면 둘레(10[m])에 대하여 1개 이상의 비율로 계산한 수.

㉯ 건축물밖에 설치되어 있는 ㉮에 기재한 설비외의 설비, 벽 등 구조물에 인접하거나 피트 등의 내부에 설치되어 있는 경우에는 누설한 가스가 체류할 우려가 있는 장소에 그 설비군의 바닥면 둘레(20[m]) 대하여 1개 이상의 비율로 계산한 수.

44. 가스누설 자동차단장치 설치기준

(1) 용어의 정의

① 검지부 : 누설된 가스를 검지하여 제어부로 신호를 보내는 기능을 가진 것을 말한다.
② 차단부 : 제어부로부터 보내진 신호에 따라 가스의 유로를 개폐하는 기능을 가진 것을 말한다.
③ 제어부 : 차단부에 자동 차단신호를 보내는 기능, 차단부를 원격 개폐할 수 있는 기능 및 경보기능을 가진 것을 말한다.

(2) 검지부의 설치기준

① 설치수 : 검지부의 설치수는 연소기(가스누설 자동차단기의 경우에는 소화안전장치가 부착되지 아니한 연소기에 한한다) 버너의 중심부분으로부터 수평거리 8[m](공기보다 무거운 가스를 사용하는 경우에는 4[m]) 이내에 검지부 1개 이상이 설치되도록 할 것. 다만, 연소기 설치실이 별실로 구분되어 있는 경우에는 실별로 산정하여야 한다.

② 설치위치
　㉮ 검지부는 천정으로부터 검지부 하단까지의 거리가 30[cm] 이하로 되도록 설치할 것. 다만, 공기보다 무거운 가스를 사용하는 경우에는 바닥면으로부터 검지부 상단까지의 거리가 30[cm] 이하로 되어야 한다.
　㉯ 검지부는 다음 장소에 설치하지 아니할 것.
　　㉠ 출입구의 부근 등으로서 외부의 기류가 통하는 곳.
　　㉡ 환기구 등 공기가 들어오는 곳으로부터 1.5[m] 이내의 곳.
　　㉢ 연소기의 폐가스에 접촉하기 쉬운 곳.

45. 내압 및 기밀시험에 관한 기준

(1) 내압시험 기준

① 고압 또는 중압인 가스공급시설 중 내압시험을 생략할 수 있는 가스공급시설은 다음과 같다.
　㉮ 내압시험을 위하여 구분된 구간과 구간을 연결하는 이음관으로서 그 관의 용접구가 방사선투과 시험에 합격된 것.
　㉯ 길이가 15[m] 미만으로 최고사용압력이 중압 이상인 배관 및 그 부대설비로서 그들의 이음부와 동일재료, 동일치수 및 동일시공 방법으로 접합시킨 시험을 위한 관을 이용하여 미리 최고사용압력의 1.5배 이상인 압력으로 시험을 하였을 때 이에 견디는 것.
　㉰ 배송기, 압송기, 압축기, 송풍기, 액화가스용 펌프 및 정압기
② 맞대기 용접부의 모두에 대하여 방사선 투과시험 또는 용접부의 모두에 대하여 자분탐상시험(자분탐상시험이 곤란한 경우에는 침투탐상시험)에 합격된 가스 홀더로써 공기로 시험을 하는 것은 시험압력을 최고사용압력의 1.25배 이상으로 할 수 있다.

(2) 기밀시험기준

① 기밀시험을 생략할 수 있는 가스공급시설은 최고사용압력이 0[kg/cm^2] 이하의 것 또는 항상 대기로 개방되어 있는 것으로 한다.
② 기밀시험의 방법은 다음 각호에서 정한 방법중 어떤 방법(매몰된 배관은 제㉯호 내지 제㉱호에서 정한 방법)으로도 좋다.
　㉮ 발포액을 이음부에 도포하여 거품의 발생 여부로 판정하는 방법
　㉯ 시험에 사용하는 가스농도가 0.2[%] 이하에서 작동하는 가스검지를 사용하여 당해 검지기가 작동되지 않는 것으로 판정하는 방법(매몰된 배관은 시험가스를 넣어서 12시간 경과후 판정할 것)
　㉰ 프레온가스의 농도가 0.2[%] 이상의 공기 또는 불활성가스를 시험 매체로 하여 프레온가스의 흡인속도가 1[ml/h] 이하에서 작동하는 할로겐 검지기를 사용하여 당해

검지기가 작동되지 않는 것으로 판정하는 방법(매몰된 배관에서는 시험가스를 넣어 12시간 경과후 판정할 것)

㉣ 아래 표에 열거한 압력 측정기구의 종류와 시험할 부분의 용적 및 최고사용압력에 따라 정한 기밀 유지시간 이상을 유지하여 처음과 마지막 시험의 측정압력차가 압력 측정기구의 허용오차 내에 있는 것을 확인하므로써 판정하는 방법(처음과 마지막 시험의 온도차가 있는 경우에는 압력차에 대하여 보정할 것)

종류	최고사용압력	용적	기밀유지시간
수은주 게이지	$3[kg/cm^2]$ 미만	$1[m^3]$ 미만	2분
		$1[m^3]$ 이상 $10[m^3]$ 미만	10분
		$10[m^3]$ 이상 $300[m^3]$ 미만	V분(다만, 120분을 초과할 경우는 120분으로 할 수 있다.)
수주 게이지	저압	$1[m^3]$ 미만	1분
		$1[m^3]$ 이상 $10[m^3]$ 미만	5분
		$10[m^3]$ 이상 $300[m^3]$ 미만	$0.5 \times V$분(다만, 60분을 초과한 경우는 60분으로 할 수 있다.)
압력계	중압 저압	$1[m^3]$ 미만	24분
		$1[m^3]$ 이상 $10[m^3]$ 미만	240분
		$10[m^3]$ 이상 $300[m^3]$ 미만	$24 \times V$분(다만, 1,440분을 초과한 경우는 1,440분으로 할 수 있다.)
	고압	$1[m^3]$ 미만	48분
		$1[m^3]$ 이상 $10[m^3]$ 미만	480분
		$10[m^3]$ 이상 $300[m^3]$ 미만	$48 \times V$분(다만, 2,880분을 초과한 경우는 2,880분으로 할 수 있다.)

〈비고〉 V는 피시험부분의 용적(단위 : $[m^3]$)이다.

③ 단서에서의 부득이한 때 시험압력을 최고사용압력으로 할 수 있는 가스공급시설은 다음과 같다.
  ㉮ 최고사용압력이 저압인 가스 홀더
  ㉯ 배관 및 그 부대설비 이외의 것으로서 최고사용압력이 30[kPa] 이하인 것.
④ 단서에서의 부득이한 때 시험압력을 통하여 가스압력으로 할 수 있는 가스공급시설은 다음과 같다.
  ㉮ 최고사용압력이 고압 또는 중압으로 길이가 15[m] 미만인 배관 및 정압기 또는 그 부대설비로서 그 이음부와 동일재료, 동일 치수 및 동일 시공방법에 따르고 최고사용압력의 1.1배 이상인 압력에서 누설이 없는가를 확인하고 ②항 ㉮ 또는 ㉯에 기재한 방법으로 기밀시험을 한 것.
  ㉯ 최고사용압력이 저압인 배관 및 정압기 또는 그 부대설비로서 ②항 ㉮ 또는 ㉯에 기재한 방법으로 기밀시험을 한 것.

⑤ 도시가스사용시설 중 배관 및 호스의 기밀시험은 다음의 순서에 따라 실시한다.
  ㉮ 배관 또는 호스 중 임의의 장소에 기밀 시험압력에 적절한 압력 측정기구 및 압력 발생기구 등을 전용이음관 또는 고무관 등을 사용하여 부착한다.
  ㉯ 밸브를 잠그고 압력 발생기구 등을 사용하여 당해 배관 또는 호스 내부에 천천히 공기 또는 불활성가스 등으로 8.4[kPa] 이상 10[kPa] 이하의 압력에 이를 때까지 가압후 압력 발생기구 등과 배관 등과의 사이의 밸브를 잠그고 압력 발생기구 등을 떼어낸다.
  ㉰ 다음 표에 나타난 배관의 내용적에 따라 기밀시험압력 유지시간 이상 ㉯의 상태를 유지하여 압력의 변동을 압력측정기구에 따라 측정한다.

당해배관의 내용적	기밀시험 압력자유시간
10[*l*] 이하	5분
10[*l*] 초과 50[*l*] 이하	10분
50[*l*] 이상	24분

  ㉱ ㉰의 상태로 측정한 결과 압력의 변동이 없는 것은 합격으로 한다.

46. 벤트스택

(1) 긴급용 벤트스택

① 벤트스택의 높이는 방출된 가스의 착지농도(着地濃度)가 폭발 하한계값 미만이 되도록 충분한 높이로 할 것.
② 벤트스택 방출구의 위치는 작업원이 정상 작업을 하는데 필요한 장소 및 작업원이 항시 통행하는 장소로부터 10[m] 이상 떨어진 곳에 설치할 것.
③ 벤트스택에서는 정전기 또는 낙뢰 등에 의한 착화를 방지하는 조치를 강구하고 만일 착화된 경우에는 즉식 소화할 수 있는 조치를 강구할 것.
④ 벤트스택 또는 그 벤트스택에 연결된 배관에는 응축액의 고임을 제거 또는 방지하기 위한 조치를 강구할 것.
⑤ 액화가스가 함께 방출되거나 또는 급냉될 우려가 있는 벤트스택에는 그 벤트스택과 연결된 가스 공급 시설의 가장 가까운 곳에 기액분리기(氣液分離器)를 설치할 것.

(2) 그 밖의 벤트스택

① 벤트스택의 높이는 방출된 가스의 착지농도(着地濃度)가 폭발 하한계값 미만이 되도록 충분한 높이로 할 것.
② 벤트스택 방출구의 위치는 작업원이 정상작업을 하는데 필요한 장소 및 작업원이 항시 통행하는 장소로부터 5[m] 이상 떨어진 곳에 설치할 것.
③ 벤트스택에는 정전기 또는 낙뢰 등에 의하여 착화된 경우에는 소화할 수 있는 조치를 강구할 것.

④ 벤트스택 또는 그 벤트스택에 연결된 배관에는 응축액의 고임을 제거 또는 방지하기 위한 조치를 할 것.
⑤ 액화가스가 함께 방출되거나 급냉될 우려가 있는 벤트스택에는 액화가스가 함께 방출되지 않는 조치를 할 것.

47. 플레어스택

(1) 위치 및 높이

플레어스택의 설치 위치 및 높이는 플레어스택 바로 밑의 지표면에 미치는 복사열이 4,000[kcal/m^2·hr]이하가 되도록 할 것. 다만, 4,000[kcal/m^2·hr]를 초과하는 경우로써 출입이 통제되어 있는 지역은 그러하지 아니한다.

(2) 구조

플레어스택의 구조는 통상산업부고시 제 85-143호(긴급이송설비)에 의하여 이송되는 가스를 연소시켜 대기로 안전하게 방출시킬 수 있도록 다음의 조치를 하여야 한다.
① 파일럿 버너 또는 항상 작동할 수 있는 자동점화장치를 설치하고 파일럿 버너가 꺼지지 않도록 하거나, 자동점화장치의 기능이 완전하게 유지되도록 할 것.
② 역화 및 공기 등과의 혼합폭발을 방지하기 위하여 당해 제조시설의 가스의 종류 및 시설의 구조에 따라 다음 각호 중에서 1 또는 2 이상을 갖출 것.
　㉮ Liquid Seal의 설치
　㉯ Flame Arresstor의 설치
　㉰ Vapor Seal의 설치
　㉱ Purge Gas(N$_2$, Off gas 등)의 지속적인 주입 등

48. 긴급이송설비

(1) 이송능력과 이송시간

인접한 설비에 재해가 발생하였을 경우 당해 구간으로 연소(燃燒) 또는 급격히 이송되므로서 당해 구간의 설비에 손상 등으로 2차적인 재해가 발생되지 않도록 긴급이송설비가 설치되어 있는 구간안에 보유하고 있는 양의 가스를 안전하게 이송할 수 있어야 한다.

(2) 처리방법

① 긴급이송설비에 부속된 처리설비는 이송되는 설비 내의 내용물을 다음과 같은 방법으로 처리할 수 있어야 한다.
　㉮ 플레어스택에서 안전하게 연소시킬 것.
　㉯ 안전한 장소에 설치되어 있는 저장 탱크 등에 임시 이송할 것.

㉰ 벤트스택에서 안전하게 방출시킬 것.

(3) 긴급이송설비에는 가스를 방출 또는 이송하는 경우 압력 등의 강하로 인하여 공기가 유입되지 않도록 방지조치를 할 것.

(4) 긴급이송설비에는 배관안에 응축액의 고임을 제거 또는 방지하기 위한 조치를 할 것.

49. 계기실

(1) 계기실의 위치

① 계기실은 다음에 정하는 설비(배관을 제외한다)의 외면으로부터 계기실 외벽의 가장 가까운 위치까지 15[m] 이상의 거리를 유지하여야 한다.
　㉮ 저장설비 및 처리설비 중 긴급차단장치로서 차단되어 있지 않는 것.
　㉯ 연소열량의 수치가 1.2×10^7[kcal] 이상이 되는 가스 공급시설

② ①에서 정하는 가스공급시설 중 기존시설은 계기실까지의 거리를 ①의 규정에 관계없이 7.5[m] 이상으로 한다. 다만, 위험의 정도에 따라 다음에 정하는 조치중 1 또는 2 이상의 조치를 한 경우에는 그러하지 아니하다.
　㉮ 당해 가스공급시설과 계기실 사이에는 계기실에 인접하여 두께 12[cm] 이상의 철근 콘크리트 구조 또는 이와 동등 이상의 강도를 가진 충분한 높이의 방호벽(계기실의 당해 설비로 향한 벽을 이와 동등 이상의 강도로 만든 것을 포함한다.)을 설치할 것.
　㉯ 계기실은 반지하식 또는 지하식의 방폭구조(이와 동등 이상의 강도를 가진 지하식의 것을 포함한다)로 하고, 충분한 강도를 가진 것으로 한 것.
　㉰ 계기실의 당해 가스공급시설로 향한 벽은 충분한 강도를 가진 방폭벽을 설치한 것.

(2) 구조

계기실의 구조는 다음 기준에 따른다.
① ② 내지 ④에서 정하는 장소를 제외하고는 내화구조로 할 것.
② 내장재는 불연성 재료일 것. 다만, 바닥재료는 난연성재료를 사용할 수 있다.
③ 출입구는 2곳 이상에 설치하고 출입문은 방화문으로 하고, 그중 1곳은 위험한 장소로 향하지 않도록 설치할 것. 또한, 출입문은 쉽게 열리지 않도록 조치를 해 둘 것.
④ 창문은 망입(網入)유리 또는 안전유리로 할 것. 또한 운전관리 하는데 있어 안전확보에 필요한 최소한의 창문을 제외한 창문에 대해서는 가스공급시설에 인접한 방향으로 향하지 않도록 설치할 것.

(3) 계기실에는 외부의 가스침입을 막기 위하여 다음과 같은 조치를 하여 필요한 압력을 유지할 것. 다만, 가스침입의 우려가 없는 경우에는 그러하지 아니하다.
① 실내로 들어가는 배선 및 배관류의 인입구 주위에는 불연재료로 충분히 채울 것.

② 실내로 공기를 흡입하기 위한 설비를 보유하고 공기를 흡입할 것. 이 경우 공기흡입구는 가스공급시설이 있는 방향과 반대방향에 설치하고 누설된 가스를 흡입할 우려가 없는 위치와 높이에 설치할 것.

50. 공동구벽의 관통부의 배관손상 방지조치

(1) 공동구벽의 관통부는 배관 바깥지름에 5[cm]를 더한 지름 또는 바깥지름의 1.2배의 지름 중 작은 지름 이상의 보호관을 설치할 것.

(2) 보호관과 배관과의 사이에 가황고무 등을 충전하던가 공동구의 내외에서 배관에 작용하는 응력이 상호간에 전달되지 않도록 조치할 것.

(3) 지반의 부등침하에 대한 영향을 줄이는 조치를 할 것.

51. 운전상태의 감시장치

(1) 배관장치에는 당해 배관장치의 운전장치의 운전상태를 감시하기 위하여 다음에 따라 감시장치를 설치할 것.

① 배관장치에는 적절한 장소에 압력계, 유량계, 온도계(필요한 경우에 한한다) 등의 계기류(計器類)를 설치할 것.
② 압축기 또는 펌프에 관련되는 계기실(배관장치의 경로에 설치한 관리실을 포함한다)에는 당해 압축기 또는 펌프의 작동상황을 나타내는 표시등 및 긴급차단 밸브의 개폐 상태를 나타내는 표시등을 설치할 것.

(2) 배관장치에는 다음에 따라 이상상태가 발생한 경우에 그 상황을 경보하는 장치(이하 "경보장치"라 한다)를 설치할 것.

① 경보장치의 경보수신부는 당해 경보장치가 경보를 울리는 때에 지체없이 필요한 조치를 할 수 있는 장소에 설치할 것.
② 경보장치는 다음의 경우에 경보가 울리는 것일 것.
  ㉮ 배관내의 압력이 상용압력의 1.05배(상용압력이 40[kg/cm^2] 이상인 경우에는 상용압력에 2.0[kg/cm^2]를 더한 압력을 초과한 때
  ㉯ 배관내의 압력이 정상운전시의 압력보다 15[%] 이상 강하한 경우 이를 검지한 때
  ㉰ 긴급차단 밸브의 조작회로가 고장난 때 또는 긴급차단 밸브가 폐쇄된 때
  ㉱ 배관내의 유량이 정상운전시의 유량보다 7[%] 이상 변동한 경우

52. 배관의 전기방식조치 기준

(1) 지하 또는 해저에 매설하는 피복 배관 중 다음 각호의 배관에는 부식에 대처할 수 있는 전기방식조치를 하여야 한다. 다만, 임시 사용하기 위한 배관인 경우에는 그러하지 아니하다.

① 본관　　② 공급관

(2) 배관의 부식방지를 위한 전위상태는 다음의 "①" 또는 "②"에 적합하게 설치 유지되어야 한다.

① 부식방지전류가 흐르는 상태에는 토양 중에 있는 배관의 부식방지전위는 포화황산동기준전극을 $-0.85[V]$ 이하이어야 하며 황산염환원 박테리아가 번식하는 토양에서는 $-0.95[V]$ 이하일 것.
② 부식방지전류가 흐르는 상태에서 자연전위와의 전위변화가 최소한 $-300[mV]$ 이하 일것.(다른 금속과 접촉하는 배관은 제외한다)

(3) 배관에 대한 전위측정은 가능한 가까운 위치에서 기준전극으로 실시할 것.

(4) 전기방식시설의 유지관리를 위하여 다음 각호에서 정한 장소와 그밖에 배관을 따라 300[m] 이내의 간격으로 전위측정용 터미널을 설치할 것. 다만, 각종 부식의 위험이 거의 없는 곳에는 간격을 더 크게 할 수 있다.

① 직류전철횡단부 주위
② 배관절연부의 양측
③ 강재보호관 부분의 배관과 강재보호관
④ 타금속구조물과 근접 교차 부분
⑤ 밸브 스테이션

(5) 전기방식 시설의 효과적인 유지관리를 위하여 다음 각호에 따른 측정 및 점검을 실시하여 이상이 발견될 경우에는 지체없이 정상기능 유지에 필요한 조치를 강구하고 그 실시 기록유지를 위한 전기방식 시설 관리대장을 작성·비치할 것.

① 전기방식 조치를 한 전체배관망에 대하여는 2년에 1회 이상 관대지전위(管對地電位) 등의 전위를 측정할 것.
② 외부전원에 의하여 부식이 방지되는 전류출력, 계기류, 접점부 등의 상태는 6개월에 1회 이상 점검할 것.
③ 전기방식 시설중 역전류 방지장치, 다이오드, 간섭 방지용 결선 등의 작동상태는 6개월에 1회 이상 점검할 것.
④ 절연부속품, 결선(bonding) 및 보호 절연체의 효과는 6개월에 1회 이상 점검할 것.

⑤ 외부전원에 의하여 부식이 방지되는 시설에는 전기적인 단락, 접지연결, 계기의 정확성, 효율, 회로 저항 등을 1년에 1회 이상 점검할 것.

53. 배관의 가스누설검사 기준

도로에 매설되어 있는 배관의 누설검사는 다음의 (1) 또는 (2)의 방법으로 실시하고 누설이 확인된 경우에는 지체없이 필요한 조치를 강구할 것.
다만, 공기보다 무거운 도시가스인 경우에는 (1)의 방법으로 실시하여야 한다.

(1) 배관의 노선상을 약 50[m] 간격으로 깊이 약 50[cm] 이상의 보링을 하고 관을 이용하여 흡입한 후, 가스검지기 등으로 누설유무를 검사하는 방법. 다만, 벽돌, 콘크리트 및 아스팔트 포장 등 도로구조상 보링이 곤란한 경우에는 그 주변의 맨홀 등을 이용하여 누설유무를 검사할 수 있다.

(2) 수소염이온화식 가스검지기를 이용하여 배관노선상의 지표에서 공기를 흡입하여 누설유무를 검사하는 방법

54. 누설확산방지 조치

(1) 배관을 2중관으로 하여야 하는 곳은 고압가스가 통과하는 부분으로서 가스의 종류에 따라 주위의 상황이 다음 표와 같은 경우로 한다.

가스의 종류	주위의 상황	
	지상설치(하천 위 또는 수로 위를 포함한다)	지하설치
염소 포스겐 불소 산화에틸렌	고시 제85-221호(주택 등의 시설에 대한 지상배관의 수평거리 등)에 정한 수평거리의 2.0배 (500[m]를 초과한 경우는 500[m]로 한다) 미만인 거리에 배관을 설치하는 구간	시행규칙 별표 2 제3호 (6)의 ①에 정한 수평거리 미만인 거리에 배관을 설치하는 구간
아황산가스 시안화수소 황화수소	고시 제85-221호에 정한 수평거리의 1.5배 미만인 거리에 배관을 설치하는 구간	

(2) 2중관의 규격은 다음과 같이 하여야 한다.
   2중관의 바깥층관 안지름은 안층관 바깥지름의 1.2배 이상으로 한다.

55. 각 가스의 시험지 및 변색상태

가스의 명칭	시험지	변색상태
암모니아(NH_3)	붉은 리트머스 시험지	청색
일산화탄소(CO)	염화 파라듐지	흑색
포스겐($COCl_2$)	하리슨 시험지	심등색(오렌지색)
염소(Cl_2)	요드화칼륨 녹말종이(KI 전분지)	청색
황화수소(H_2S)	초산납 시험지(연당지)	흑색
시안화수소(HCN)	질산 구리 벤젠지	청색
아세틸렌(C_2H_2)	염화 제1동 착염지	적색
아황산가스(SO_2)	암모니아 적신 헝겊	흰연기
L.P.G.	비눗물	기포

56. 전기설비의 방폭성능기준

1. 방폭성능을 가진 전기기기(이하 "방폭전기기기"라 한다)는 그 구조에 따라 다음과 같이 분류하고, 표시한다.

(1) 내압(耐壓)방폭구조

방폭전기기기의 용기(이하 "용기"라 한다) 내부에서 가연성가스의 폭발이 발생할 경우 그 용기가 폭발압력에 견디고, 접합면, 개구부 등을 통하여 외부의 가연성가스에 인화되지 아니하도록 한 구조를 말한다.

(2) 유입(油入)방폭구조

용기 내부에 기름을 주입하여 불꽃·아크 또는 고온발생부분이 기름 속에 잠기게 함으로써 기름면 위에 존재하는 가연성가스에 인화되지 아니하도록 한 구조를 말한다.

(3) 압력(壓力)방폭구조

용기 내부에 보호가스(신선한 공기 또는 불활성가스)를 압입하여 내부압력을 유지함으로써 가연성가스가 용기 내부로 유입되지 아니하도록 한 구조를 말한다.

(4) 안전증(安全增)방폭구조

정상운전 중에 가연성가스의 점화원이 될 전기불꽃·아크 또는 고온부분 등의 발생을 방지하기 위하여 기계적·전기적 구조상 또는 온도상승에 대하여, 특히 안전도를 증가시킨 구조를 말한다.

(5) 본질안전(本質安全)방폭구조

정상시 및 사고(단선, 단락, 지락 등)시에 발생하는 전기불꽃·아크 또는 고온부에 의하여 가연성가스가 점화되지 아니하는 것이 점화시험, 기타 방법에 의하여 확인된 구조를 말한다.

(6) 특수(特殊)방폭구조

"(1)" 내지 "(5)"에서 규정한 구조 이외의 방폭구조로서 가연성가스에 점화를 방지할 수 있다는 것이 시험, 기타의 방법에 의하여 확인된 구조를 말한다.

▶ 방폭전기기기의 구조별 표시방법

방폭전기기기의 구조	표시방법
내압(耐壓) 방폭구조	d
유입(油入) 방폭구조	o
압력(壓力) 방폭구조	p
안전증(安全增) 방폭구조	e
본질안전(本質安全) 방폭구조	ia 또는 ib
특수(特殊) 방폭구조	s

2. 가연성가스가 폭발할 위험이 있는 농도에 도달할 우려가 있는 장소(이하 "위험장소"라 한다)의 등급 및 방폭전기기기의 등급은 다음과 같이 분류한다.

(1) 1종 장소

① 상용상태에서 가연성가스가 체류하여 위험하게 될 우려가 있는 장소
② 정비보수 또는 누설 등으로 인하여 종종 가연성가스가 체류하여 위험하게 될 우려가 있는 장소

(2) 2종 장소

① 밀폐된 용기 또는 설비내에 밀봉된 가연성가스가 그 용기 또는 설비의 사고로 인해 파손되거나 오조작의 경우에만 누설할 위험이 있는 장소
② 환기장치에 이상이나 사고가 발생한 경우 가연성가스가 체류하여 위험하게 될 우려가 있는 장소
③ 1종 장소 주변 또는 인접한 실내에서 위험한 농도의 가연성가스가 종종 침입할 우려가 있는 장소

(3) 0종 장소

상용의 상태에서 가연성가스의 농도가 연속해서 폭발하한계 이상으로 되는 장소(폭발상한계를 넘는 경우에는 폭발한계 내로 들어갈 우려가 있는 경우를 포함한다.)

57. 냉동기에 사용하는 재료중 금지할 재료

(1) 암모니아 : 동 및 동합금

(2) 염화메탄 : 알루미늄 합금

(3) 프레온 : 2[%]를 넘는 Mg을 함유한 Al합금

58. 차량에 고정된 탱크를 운행할 경우 구비할 서류 및 기준

(1) 고압가스 이동 계획서

(2) 고압가스 관련 자격증(양성교육 및 정기교육 이수증)

(3) 운전면허증

(4) 탱크 테이블(용량환산표)

(5) 차량운행일지

※ 주차 : 운행중 노상에 주차할 필요가 있는 경우 제1종 보호시설로부터 15[m] 이상 이격

59. 충전용기 등의 적재 · 하역 · 운반요령

(1) 충전용기 등을 적재한 차량은 제1종 보호시설에서 15[m] 이상 이격

(2) 적재기준

① 차량의 최대 적재량을 초과하여 적재하지 않을 것.
② 차량의 적재함을 초과하여 적재하지 않을 것.
③ 압축가스의 충전용기 등은 원칙적으로 눕혀져 적재할 것.
④ 아세틸렌 및 액화가스의 충전용기 등은 세워서 적재할 것.
※ LPG충전용기 중 용량이 10[kg] 미만인 것 이외에는 1단으로 쌓을 것.

60. 고압가스 운반시 재해발생 또는 확대를 방지하기 위한 필요조치 및 주의사항

(1) 가스의 명칭 및 성상

① 가스의 명칭
② 가스의 특성(온도 · 압력 · 비중 · 색깔 · 냄새)
③ 화재 · 폭발의 위험성 유무
④ 인체에 대한 독성 유무

(2) 운반중의 주의사항

　① 점검부분과 방법
　② 휴대품의 종류와 수량
　③ 경계표지 부착
　④ 온도상승 방지조치
　⑤ 주차시 주의
　⑥ 안전운행 요령

(3) 충전용기 등을 적재한 경우는 짐을 내릴 때의 주의사항

(4) 사고발생시 응급조치

61. 액화가스 중 독성가스 저장 탱크 부속설비 이외의 설비와 방류둑의 외면 사이에 유지하여야 할 안전거리

독성가스의 종류	저장능력	안전거리(m)
가연성	5톤 이상 1,000톤 미만 1,000톤 이상	$\frac{4}{995}(X-5)+6$ 10
그 밖의 것	5톤 이상 1,000톤 미만 1,000톤 이상	$\frac{4}{995}(X-5)+4$ 8

〈비고〉 X는 저장능력(ton)을 말한다.

가스 안전관리 고시요약 예상문제

문제 1 다음 경계 표지를 설명한 것 중 틀린 것은?

㉮ 용기보관소 또는 용기 보관실의 출입구마다 표시한다.
㉯ 가스 성질에 따라 "연"자 또는 "독"자를 부기하거나 성질을 별도로 표시하고 빈 용기와 충전용기를 구분한다.
㉰ 운반차량의 경계표지는 차량 전후에서 "고압가스"라 표시하고, 황색 삼각기를 운전석 외부의 보기쉬운 곳에 게양한다.
㉱ 도로를 따라 지하에 설치된 도관의 경우 1,000[m] 간격을 표준하여 필요한 수의 표지판을 설치한다.

해설 ㉰항에서는 "위험고압가스"라 표시하고 적색 삼각기를 게양한다.

문제 2 다음과 같은 적색 삼각기(경계표지)의 크기를 옳게 나타낸 것은?

㉮ A : 20[cm], B : 30cm]
㉯ A : 20[cm], B : 40[cm]
㉰ A : 30[cm], B : 40[cm]
㉱ A : 10[cm], B : 20[cm]

해설 고압가스 운반차량의 운전석 외부 보기쉬운 곳에 게시한다.

문제 3 고압가스의 운반하는 차량에는 경계표지를 하는 경우, 정사각형의 면적은 얼마인가?

㉮ 150[cm²] 이상
㉯ 300[cm²] 이상
㉰ 400[cm²] 이상
㉱ 600[cm²] 이상

해설 경계표지가 직사각형인 경우 가로치수는 차체폭의 30[%] 이상, 세로치수는 가로치수의 20[%] 이상

문제 4 고압가스 운반차량의 경계표시에 대한 내용으로 옳은 것은?

㉮ 적색 글씨로 "위험고압가스"라고 표시
㉯ 황색 글씨로 "위험고압가스"라고 표시
㉰ 적색 글씨로 "고압가스 주의"라고 표시
㉱ 황색 글씨로 "고압가스 주의"라고 표시

문제 5 다음은 고압가스를 운반하는 차량의 경계표지에 관한 기준이다. 관계되지 않는 것은?

㉮ 경계표지는 차량의 전후에서 명료하게 볼 수 있도록 "고압가스"라 표시하고, 적색 삼각기를 운전석 외부 보기쉬운 곳에 게양할 것.

해답 1. ㉰ 2. ㉯ 3. ㉱ 4. ㉮

㉣ RTC(철도 차량 탱크)의 경우는 경계표지를 좌우에서 볼 수 있도록 할 것.
㉤ 경계표지 크기는 가로치수는 차체폭의 30[%] 이상, 세로치수는 가로치수의 20[%] 이상으로 된 직사각형으로 한다.
㉥ 차량 구조상 정사각형 또는 이에 가까운 형상으로 표시하여야 할 경우에는 그 면적을 500[cm²] 이상으로 한다.

해설 정사각형인 경우에는 면적 600[cm²] 이상으로 한다.

문제 6 저장설비, 처리설비, 감압설비를 설치한 장소 주위에 경계책을 설치할 경우, 그 높이는?

㉮ 120[cm] 이상 ㉯ 150[cm] 이상
㉰ 170[cm] 이상 ㉱ 200[cm] 이상

해설 높이 1.5[m] 이상의 철책 또는 철망 등의 경계책을 설치하여 일반인의 출입을 통제한다.

문제 7 다음 독성가스의 위험표지 문자크기와 식별 가능 거리는?

㉮ 가로 세로 10[cm] 이상 30[m] ㉯ 가로 세로 5[cm] 이상 10[m]
㉰ 가로 세로 10[cm] 이상 10[m] ㉱ 가로 세로 5[cm] 이상 30[m]

해설

구분	글씨	가스명칭의 글씨	문자크기	식별가능 여부
식별표지	백색바탕에 흑색	적색	가로·세로 10[cm] 이상	30[m]
위험표지	백색바탕에 흑색	"주위" 적색	가로·세로 5[cm]이상	10[m]

문제 8 지하에 매설된 배관의 경계표지는 외곽지대 도로에 매설되었다면 그 간격은?

㉮ 200[m] 마다 ㉯ 500[m] 마다
㉰ 1,000[m] 마다 ㉱ 1,500[m] 마다

문제 9 고압가스 운반차량의 경계표지의 가로치수와 세로치수가 맞게 나열된 것은?

㉮ 가로치수 : 차체폭의 30[%] 이상, 세로치수 : 가로치수의 20[%] 이상
㉯ 가로치수 : 차체폭의 20[%] 이상, 세로치수 : 가로치수의 30[%] 이상
㉰ 가로치수 : 차체폭의 40[%] 이상, 세로치수 : 가로치수의 20[%] 이상
㉱ 가로치수 : 차체폭의 20[%] 이상, 세로치수 : 가로치수의 40[%] 이상

문제 10 사업소 내에서 긴급사태 발생시 연락을 신속히 할 수 있도록 구비하여야 할 통신시설 중 메가폰의 설치 경우는?

㉮ 사업소 내의 면적이 1,000[m²] 이상 ㉯ 사업소 내의 면적이 1,000[m²] 이하
㉰ 사업소 내의 면적이 1,500[m²] 이하 ㉱ 사업소 내의 면적이 1,500[m²] 이상

해답 5.㉱ 6.㉯ 7.㉰ 8.㉯ 9.㉮ 10.㉰

문제 11 다음 통신시설 중 종업원 상호간에 구비하여야 할 통보설비로 맞지 않는 것은?

㉮ 구내전화   ㉯ 트랜시버
㉰ 메가폰   ㉱ 페이징 설비

문제 12 다음 통신시설 중 사업소 내의 전체에 구비해야 할 통보설비로 맞지 않는 것은?

㉮ 페이징 설비   ㉯ 휴대용 확성기
㉰ 트랜시버   ㉱ 사이렌

문제 13 다음 통신시설 중 사무소와 사무소간에 구비해야 할 통보설비로 맞지 않는 것은?(단, 1,500[m²] 이상인 사업소)

㉮ 구내 방송설비   ㉯ 구내전화
㉰ 페이징 설비   ㉱ 메가폰

[해설] 사업소 내 긴급사태 발생시 신속히 연락할 수 있도록 구비하여야 할 통신시설은 다음과 같다.

(1) 안전관리자가 상주하는 사업소와 현장 사업소와의 사이 또는 현장 사무소 상호간	① 구내전화 ② 구내방송설비 ③ 인터폰 ④ 페이징 설비
(2) 사업소 내 전체	① 구내방송설비 ② 사이렌 ③ 휴대용 확성기 ④ 페이징 설비 ⑤ 메가폰
(3) 종업원 상호간(사업소내 임의의 장소)	① 페이징 설비 ② 휴대용 확성기 ③ 트랜시버(계기 등에 대하여 영향이 없는 경우에 한한다) ④ 메가폰

문제 14 독성가스의 설비중 2중배관을 해야 할 경우 외층관 안지름은 내층관 바깥지름의 몇배 이상을 표준으로 하는가?

㉮ 1.2배   ㉯ 1.5배
㉰ 2배   ㉱ 2.5배

문제 15 가스설비의 배관을 2중관으로 해야 할 가스의 대상이 아닌 것은?

㉮ 암모니아(NH_3)   ㉯ 불소(F_2)
㉰ 산화에틸렌(C_2H_4O)   ㉱ 염화메탄(CH_4Cl)

[해설] 독성가스의 가스설비의 배관으로서 NH_3, SO_2, Cl_2, CH_3Cl, C_2H_4O, HCN, $COCl_2$, H_2S등이다.

문제 16 독성가스의 가스설비에 관한 배관 중 2중관으로 하여야 하는 대상 가스로만 된 것은?

[해답] 11. ㉮ 12. ㉰ 13. ㉱ 14. ㉮ 15. ㉯

㉮ 염소, 암모니아, 염화메탄, 포스겐
㉯ 황화수소, 아황산가스, 메틸, 벤젠, 브롬화메탄
㉰ 산화에틸렌, 시안화수소, 아세틸렌, 염화메탄
㉱ 포스겐, 염소, 석탄가스, 아세트 알데히드

문제 17 다음 중 독성가스 배관의 2중관 적용범위에 해당되지 않는 것은?

㉮ 일반 고압가스 제조시설 중에서 독성가스 제조시설
㉯ 고압가스 저장시설 중에서 독성가스 저장시설
㉰ 특정고압가스 사용시설 중에서 액화 암모니아 및 액화 염소의 소비시설
㉱ 가연성가스 및 LP가스 제조시설

문제 18 다음 중 독성가스 배관의 2중관 대상가스의 종류에 해당되지 않는 것은?

㉮ 암모니아, 아황산가스
㉯ 염소, 염화메탄
㉰ 산화에틸렌, 포스겐
㉱ 시안화수소, 인화수소

문제 19 물분무장치는 당해 저장 탱크의 외면으로부터 몇 [m] 이상의 원격거리에서 조작할 수 있어야 하는가?

㉮ 5[m]
㉯ 10[m]
㉰ 15[m]
㉱ 20[m]

문제 20 저장시설 등의 온도 상승 방지를 위하여 설치하는 물분무장치의 수량은 몇 분 이상 방사할 수 있는 수원과 연결되어야 하는가?

㉮ 10
㉯ 30
㉰ 60
㉱ 180

문제 21 다음 물분무장치에서 소화전의 방수능력 및 호스 끝수압의 설명이 맞는 것은?

㉮ 방수능력 : 300[l/min], 호수끝수압 : 4.5[kg/cm^2] 이상
㉯ 방수능력 : 400[l/min], 호수끝수압 : 3.5[kg/cm^2] 이상
㉰ 방수능력 : 200[l/min], 호수끝수압 : 4.5[kg/cm^2] 이상
㉱ 방수능력 : 300[l/min], 호수끝수압 : 3.5[kg/cm^2] 이상

문제 22 내화구조의 가연성가스의 저장 탱크 상호간의 거리가 4[m] 또는 두 저장 탱크의 최대 지름을 합산한 길이의 1/4길이 중 큰 쪽의 거리를 유지하지 아니한 경우 물분무장치의 수량으로써 옳은 것은?

㉮ 4[$l/m^2 \cdot min$]
㉯ 5[$l/m^2 \cdot min$]
㉰ 6[$l/m^2 \cdot min$]
㉱ 7[$l/m^2 \cdot min$]

해설 준내화구조인 경우는 6.5[$l/m^2 \cdot min$]이다.

해답 16. ㉮ 17. ㉱ 18. ㉱ 19. ㉰ 20. ㉯ 21. ㉯ 22. ㉮

문제 23 액화석유가스 저장 탱크의 온도상승 방지를 위한 살수장치의 시설규정으로 옳은 것은?

㉮ 탱크의 표면적 1[m^2]당 10[l/분] 이상의 수량을 전표면에 1시간 이상 연속적으로 살수할 수 있는 수원에 연결하고 탱크 외면으로부터 10[m] 이상의 원격거리에서 조작할 수 있어야 한다.

㉯ 탱크의 표면적 1[m^2]당 5[l/분] 이상의 수량을 전표면에 30분 이상 연속적으로 살수 할 수 있는 수원에 연결하고 탱크 외면으로부터 5[m] 이상의 원격거리에서 조작할 수 있어야 한다.

㉰ 탱크의 표면적 1[m^2]당 3.5[l/분] 이상의 수량을 전표면에 30분 이상 연속적으로 살수할 수 있어야 하고 탱크 외면으로부터 10[m] 이상의 원격거리에서 조작할 수 있어야 한다.

㉱ 탱크의 표면적 1[m^2]당 7.5[l/분] 이상의 수량을 전표면에 15분 이상 연속적으로 살수할 수 있어야 하고 탱크 외면에서 10[m] 이상 떨어진 위치에서 원격조작할 수 있어야 한다.

문제 24 액화석유가스 저장 탱크의 안전용 살수장치는 몇 [m] 이상에서 조작 가능해야 하는가?

㉮ 1.5[m] 이상   ㉯ 3[m] 이상
㉰ 5[m] 이상   ㉱ 7[m] 이상

문제 25 다음 중 가연성가스 저장 탱크 및 가연물을 취급하는 설비의 주위 범위에 속하는 것으로 그 기준이 맞는 것은?

㉮ 방류둑을 설치한 가연성가스의 저장 탱크에 있어서는 당해 방류둑 외면으로부터 20[m] 이내

㉯ 방류둑을 설치하지 아니한 가연성가스의 저장 탱크에 있어서는 당해 저장 탱크 외면으로부터 30[m] 이내

㉰ 가연성 물질을 취급하는 설비의 외면으로부터 20[m] 이내

㉱ 방호벽을 설치한 가연성가스 저장 탱크에 있어서는 탱크외면으로부터 5[m] 이내

해설 ㉮ 10[m] 이내 ㉯ 20[m] 이내

문제 26 가연성가스의 내부 가스를 치환하여 수리를 할 때 농도가 폭발하한계의 얼마 이하까지 치환시키는가?

㉮ 1/4 이하   ㉯ 1/3 이하
㉰ 1/2 이하   ㉱ 3/4 이하

문제 27 독성가스 설비를 수리할 때 농도가 얼마 이하까지 치환시키는가?

㉮ 허용농도 이하   ㉯ 허용농도 1/2 이하
㉰ 허용농도 1/3 이하   ㉱ 허용농도 1/2 이상

해답 23. ㉯   24. ㉰   25. ㉰   26. ㉮   27. ㉮

문제 28 산소가스 설비를 수리할 때 농도가 얼마 이하까지 치환하는가?

㉮ 18[%] 이하 ㉯ 20[%] 이하
㉰ 22[%] 이하 ㉱ 25[%] 이하

해설 설비의 개방검사 및 수리시의 허용농도는 다음과 같다.
① 가연성가스 : 폭발하한계의 1/4 이하
② 독성가스 : 허용농도 이하
③ 산소 : 산소농도 : 18~22[%]

문제 29 수소가스 저장 탱크 내부를 검사하려고 할 때 작업이 허용되는 농도는?

㉮ 1[%] ㉯ 2[%]
㉰ 4[%] ㉱ 5[%]

해설 수소가스의 폭발범위가 4~75[%]이므로 폭발하한계의 1/4 이하인 1[%]부터 작업이 허용된다.

문제 30 고압가스 제조설비를 검사 수리하기 위하여 가스분석 결과 가스농도가 다음과 같다. 작업상 허용농도가 넘는 것은?

㉮ CO 20[ppm] 수소 0.8[ppm]이다. 장치내부에 작업원이 들어가서 용접수리한다.
㉯ 염소 1[ppm]이다. 장치 내부에 들어가 작업원이 검사를 한다.
㉰ 메탄 1[%]이다. 용접 토치를 사용하여 용접을 한다.
㉱ 시안화수소 15[ppm]이다. 작업원이 장치 내부에 들어가서 검사를 실시한다.

해설 시안화수소 허용농도는 10[ppm]이므로 검사가 불가능하다.

문제 31 가스설비의 작업할 수 있는 가스설비 내의 대기압 이하의 가스치환을 생략할 수 없는 경우는?

㉮ 사람이 그 설비 밖에서 작업하는 것일 것.
㉯ 화기를 사용하지 아니하는 작업인 경우
㉰ 당해가스 설비의 내용적이 10[m³] 이하인 경우
㉱ 설비의 간단한 청소 또는 가스킷의 교환, 기타 이들에 준하는 경미한 작업인 것.

문제 32 가스설비의 내부가스를 그 압력이 대기압 이하의 가스치환을 생략할 경우에서 제외된 것은?

㉮ 사람이 그 설비의 밖에서 작업하는 경우
㉯ 당해 가스설비의 내용적이 1[m³] 이하인 것
㉰ 화기를 사용하지 아니하는 작업인 것
㉱ 내용적이 10[m³] 이상의 가스설비에 이르는 사이에 2개 이상의 밸브를 설치한 것

해설 ㉱항에서는 5[m³] 이상

해답 28. ㉰ 29. ㉮ 30. ㉱ 31. ㉰ 32. ㉱

문제 33 고압가스용기의 보수시 주의사항으로 옳지 않은 것은?

㉮ 가스를 안전한 방법으로 방출할 것.
㉯ 가스 방출 후 가연성가스로 치환 할 것.
㉰ 용기 보수전에 공기로 다시 치환할 것.
㉱ 보수 후 가스충전전에 불활성가스로 치환할 것.

문제 34 다음 가스설비의 수리 및 청소시 가스치환에 대하여 적당하지 못한 것은?

㉮ 가연성설비의 경우 : 폭발하한계의 $\frac{1}{4}$ 이하
㉯ 독성가스설비의 경우 : 허용농도 이하
㉰ 산소의 경우 : 산소농도가 22[%] 이하
㉱ 산소의 경우 : 산소농도가 18[%] 이하

문제 35 다음 중 방호벽의 높이 및 두께의 규격이 틀린 것은?

㉮ 철근 콘크리트 : 높이 2[m], 두께 12[cm]
㉯ 콘크리트 블록 : 높이 2[m], 두께 15[cm]
㉰ 후강판 : 높이 2[m], 두께 6[mm]
㉱ 박강판 : 높이 2[m], 두께 4.2[mm]

해설 박강판의 두께는 3.2[mm] 이상이다.

문제 36 액화가스가 통하는 가스공급시설에서 정전기를 제거하기 위한 접지선의 단면적은?

㉮ 2[mm²] 이상   ㉯ 2.5[mm²] 이상
㉰ 5[mm²] 이상   ㉱ 5.5[mm²] 이상

문제 37 다음 정전기 제거 기준에서 단독으로 접지하지 않아도 되는 것은?

㉮ 회전기계   ㉯ 열교환기
㉰ 긴급 차단장치   ㉱ 벤트스택

해설 단독으로 접지해야 되는 것은 탑, 저장 탱크, 열교환기, 회전기계, 벤트 스택 등이 있다.

문제 38 다음 정전기 제거 기준에서 틀리게 나열된 것은?

㉮ 접지저항값의 총합 : 100[Ω] 이하
㉯ 피뢰설비를 설치할 경우 접지저항값의 총합 : 10[Ω] 이하
㉰ 본딩용 접속선 및 접지접속선 : 5.5[mm²] 이상인 것
㉱ 적용 대상은 LP가스, 독성가스 제조시설이다.

문제 39 액화석유가스의 저장설비 바닥면적이 90[m²]일 때 통풍구의 전체면적과 강제통풍능력

해답 33.㉯ 34.㉱ 35.㉱ 36.㉱ 37.㉰ 38.㉱

은 얼마 이상이어야 하는가?

㉮ 9[m²] 이상과 9[m²/min] 이상
㉯ 4.5[m²] 이상과 8.1[m²/min] 이상
㉰ 2.7[m²] 이상과 45[m²/min] 이상
㉱ 9[m²] 이상과 18[m²/min] 이상

해설 ・통풍구의 크기는 바닥면적의 3[%] 이상 : 90×0.03=2.7
・강제통풍능력은 바닥면적 1[m²]당 0.5[m²/min] 이상 : 90×0.5=45

문제 40 LP가스의 용기보관실 바닥면적이 30[m²]라 할 때 통풍구의 전체 크기는 얼마로 하여야 하겠는가?

㉮ 5,000[cm²] ㉯ 7,000[cm²]
㉰ 9,000[cm²] ㉱ 11,000[cm²]

문제 41 액화석유가스의 사용설비 설치실 바닥면적 30[m²]라 할 때 통풍구의 전체 크기는?(자연통풍)

㉮ 0.3[m²] 이상 ㉯ 0.6[m²] 이상
㉰ 0.9[m²] 이상 ㉱ 3[m²] 이상

문제 42 LPG 용기는 반드시 옥외에 보관실을 설치하여 보관하여야 하고 보관소를 짓는 재료는 불연성 물질(벽돌, 철판 등)을 사용하여야 한다. 또한 통풍구는 바닥면과 외기에 접하여 설치하게 되어 있는데 바닥면적이 2[m²]인 보관실에는 통풍구의 크기를 얼마로 하여야 하는가?

㉮ 100[cm²] 이상 ㉯ 300[cm²] 이상
㉰ 500[cm²] 이상 ㉱ 600[cm²] 이상

문제 43 냉동제조시설에서 가연성가스 또는 독성가스를 냉매로 사용하는 냉동설비의 압축기, 유분리기, 응축기 및 수액기와 이들 사이의 배관을 설치한 계기실에는 자연환기 및 기계적 통풍장치를 설치해야 하는데 1[RT]당 통풍능력기준이 맞게된 것은?

㉮ 자연환기 : 0.05[m²] 이상, 기계적 통풍 : 2[m³/분]
㉯ 자연환기 : 0.05[m²] 이상, 기계적 통풍 : 3[m³/분]
㉰ 자연환기 : 0.02[m²] 이상, 기계적 통풍 : 2[m³/분]
㉱ 자연환기 : 0.02[m²] 이상, 기계적 통풍 : 3[m³/분]

문제 44 액화석유가스의 저장설비에는 통풍구조를 설치할 수 없는 경우에는 강제 통풍시설을 설치하여야 한다. 다음 중 그 기준에 적합한 것은?

㉮ 통풍능력이 바닥면적 1[m²] 마다 0.5[m³/분] 이상

해답 39.㉰ 40.㉰ 41.㉰ 42.㉱ 43.㉮

㉯ 통풍능력이 바닥면적 1[m²] 마다 0.5[m³/시간] 이상
㉰ 배기가스 방출구를 지면에서 0.5[m] 이상의 높이에 설치
㉱ 배기가스 방출구를 지면에서 0.2[m] 이상의 높이에 설치

문제 45 염소(Cl_2)의 재해 방지용으로 흡수제 및 재해제가 아닌 것은?
㉮ 가성소다 수용액(NaOH)　　㉯ 소석회($Ca(OH)_2$)
㉰ 탄산소다 수용액(Na_2CO_3)　　㉱ 물(H_2O)

문제 46 다음 중 암모니아, 산화에틸렌, 염화메탄이 누설시 제독제로서 맞는 것은?
㉮ 가성소다 수용액　　㉯ 탄산소다 수용액
㉰ 소석회　　㉱ 물

문제 47 다음 중 독성가스 누설시 누설가스에 대한 제독제로서 종류가 틀린 것은?
㉮ 염소 : 가성소다 수용액, 탄산소다 수용액, 소석회
㉯ 포스겐 : 가성소다 수용액, 탄산소다 수용액
㉰ 황화수소 : 가성소다 수용액, 탄산소다 수용액
㉱ 아황산가스 : 가성소다 수용액, 탄산소다 수용액, 물

문제 48 다음의 가스 중에서 물을 재해제로 사용하는 가스가 아닌 것은?
㉮ 암모니아　　㉯ 염화메탄
㉰ 산화에틸렌　　㉱ 시안화수소

문제 49 아황산가스의 제독제로 적당하지 않은 것은?
㉮ 가성소다수용액　　㉯ 소석회
㉰ 탄산소다수용액　　㉱ 물

문제 50 액화 독성가스 1,000[kg] 이상을 이동시 휴대하여야 할 제독제의 소석회는 몇 [kg] 이상을 비에 맞지 않게 상자에 넣어 휴대하여야 하는가?
㉮ 20[kg] 이상　　㉯ 40[kg] 이상
㉰ 60[kg] 이상　　㉱ 80[kg] 이상

해설 이동하는 액화 독성가스량이 1,000[kg] 미만의 경우에는 소석회 20[kg] 이상을 휴대하여야 한다. 또한 제독제 소석회는 염소, 염화수소, 포스겐, 아황산가스 등 효과가 있는 액화가스에 적용한다.

문제 51 독성가스 운반차량에 휴대해야 할 약재에서 액상의 독성가스량이 1,000[kg] 미만의 경우(A)를 (B)[kg] 이상 휴대하여야 한다. 빈칸에 알맞은 것은?

해답 44. ㉮　45. ㉱　46. ㉱　47. ㉯　48. ㉱　49. ㉯　50. ㉯

㉮ A : 탄산소다, B : 20[kg] 이상　　㉯ A : 가성소다, B : 20[kg] 이상
㉰ A : 소량의 물, B : 20[kg] 이상　㉱ A : 소석회, B : 20[kg] 이상

문제 52 다음 중 봉인증지 규격 및 내용으로 틀리게 설명된 것은?

㉮ 재료 : 50[g/m³] 이하의 방지
㉯ 증지이면은 접착성이 양호하도록 제작
㉰ 가스충전 질량은 청색문자(생략가능)
㉱ 기타 문자는 흑색 또는 청색으로 표시

해설 가스충전질량은 적색문자로 표시

문제 53 액화석유가스에는 증지를 붙이는데 내용적이 얼마 이상일 때 부착하는가?

㉮ 10[l]~125[l] 미만　　㉯ 10[l]~130[l] 미만
㉰ 20[l]~125[l] 미만　　㉱ 20[l]~130[l] 미만

문제 54 독성가스설비의 배관을 접합함에 있어서 원칙적으로 용접을 하여야 할 배관부분은 압력계, 온도계 기타 기계류를 부착하기 위한 지관과 시료가스 채취용 배관 등으로 하고, 호칭지름( ) 이하의 것은 제외한다.( ) 내에 맞는 것은?

㉮ 20[mm]　　㉯ 25[mm]
㉰ 30[mm]　　㉱ 35[mm]

문제 55 독성가스 배관 접합기준 중 용접하여야 할 배관의 접합이 용접으로는 부적당하다고 인정되어 플랜지 접합을 해야 할 경우에 해당하지 않는 것은?

㉮ 정기적으로 분해하여 청소·점검·수리를 하여야 되는 반응기·탑·저장 탱크·열교환기 또는 회전기계와 접합하는 곳
㉯ 수시 분해하여 청소·점검을 하여야 하는 부분을 접합하는 곳
㉰ 압력계, 액면계 기타 계기류를 부착하기 위한 지관과 시료가스 채취용 배관
㉱ 신축 이음매의 접합부분을 접합하는 곳

문제 56 다음 중 배관을 지상에 설치할 때와 지하에 설치할 경우의 이격거리로서 맞는 것은?

㉮ 지상 : 30[cm] 이상, 지하 : 1[m] 이하
㉯ 지상 : 20[cm] 이상, 지하 : 1.5[m] 이하
㉰ 지상 : 20[cm] 이상, 지하 : 1[m] 이하
㉱ 지상 : 30[cm] 이상, 지하 : 1.5[m] 이하

문제 57 초저온용기의 단열성능 시험용 저온 액화가스가 아닌 것은?

㉮ 액화아르곤　　㉯ 액화공기

해답 51. ㉱　52. ㉰　53. ㉮　54. ㉯　55. ㉰　56. ㉮

㉰ 액화산소   ㉱ 액화질소

해설 초저온용기 시험용 저온 액화 가스의 종류

가스 종류	비점[°C]	기화잠열[kcal/kg]
액화질소	-196	48
액화산소	-183	51
액화아르곤	-186	38

문제 58 초저온용기의 단열성능 시험시의 충전량이 맞게 설명된 것은?

㉮ 용기의 내용적에 1/3 이상 1/2 이하가 되도록 충전
㉯ 용기의 내용적에 1/2 이상 2/3 이하가 되도록 충전
㉰ 용기의 내용적에 1/4 이상 1/2 이하가 되도록 충전
㉱ 용기의 내용적에 1/2 이상 1/4 이하가 되도록 충전

문제 59 내용적 3,000[l]인 액화질소의 초저온용기에 단열성능시험을 하기 위하여 최초에 1,500[kg]을 충전하여 2시간이 경과한 후 잔량이 1448[kg]이었다면 이 용기의 침입열량에 따른 합격 여부로 옳은 것은?(단, 시험시 외기의 온도는 20[°C]이며 액화질소의 비등점은 -196[-C], 기화잠열 48[kcal/kg]이다.)

㉮ 0.0031[kcal/h·°C·l]로 합격   ㉰ 0.0019[kcal/h·°C·l]로 불합격
㉯ 0.0019[kcal/h·°C·l]로 합격   ㉱ 0.0024[kcal/h·°C·l]로 불합격

해설 내용적이 1,000[l] 이상의 용기는 침입열량이 0.002[kcal/h·°C·l] 이하면 합격

침입열량$(Q) = \dfrac{W \cdot g}{H \times V \times \Delta t}$ 에서

$\dfrac{(1,500-1,448) \times 48}{2 \times 3,000 \times 20-(-196)} = 0.00192\,[kcal/h \cdot °C \cdot l]$

문제 60 초저온용기의 단열시험용 저온 액화가스가 아닌 것은?

㉮ 액화아르곤   ㉯ 액화공기
㉰ 액화산소   ㉱ 액화질소

문제 61 다음 방류둑의 재료로써 옳지 않은 것은?

㉮ 철근 콘크리트   ㉯ 철골·철근 콘크리트
㉰ 금속   ㉱ 다공성 플라스틱

해설 ㉮㉯㉰ 이외에도 흙이 있다.

문제 62 방류둑의 성토 윗부분의 폭은 규정상 얼마 이상으로 해야 하나?

㉮ 10[cm]   ㉯ 15[cm]
㉰ 20[cm]   ㉱ 30[cm]

해답 57.㉰ 58.㉮ 59.㉯ 60.㉯ 61.㉱ 62.㉱

문제 63 방류둑의 성토는 수평에 대하여 얼마 이하의 기울기를 가져야 하는가?

㉮ 70[°] ㉯ 60[°]
㉰ 45[°] ㉱ 55[°]

문제 64 액화 산소 저장 탱크의 방류둑 용량은 액화산소 저장 능력 상당용적의 몇 [%]인가?

㉮ 50[%] ㉯ 80[%]
㉰ 70[%] ㉱ 60[%]

문제 65 방류둑을 설치하지 아니한 가연성가스의 저장 탱크에 있어서 당해 저장 탱크 외면으로부터 몇 미터 이내에 온도 상승방지 조치를 하여야 하는가?

㉮ 10[m] ㉯ 15[m]
㉰ 20[m] ㉱ 30[m]

해설 ① 방류둑을 설치한 가연성가스 저장 탱크=둑 외면으로부터 10[m] 이내
② 가연성 물질을 취급하는 설비=설비 외면으로부터 20[m] 이내

문제 66 방류둑의 둘레가 50[m] 미만일 경우 계단 및 사다리의 설치 개수는?

㉮ 2개 이상 ㉯ 1개 이상
㉰ 3개 이상 ㉱ 설치하지 않아도 된다.

해설 방류둑 둘레 50[m] 마다 1개 이상(둘레가 50[m] 미만인 경우에는 2개 이상)설치한다.

문제 67 긴급차단 밸브의 동력원이 아닌 것은?

㉮ 액압 ㉯ 기압
㉰ 전기 ㉱ 차압

해설 ㉮㉯㉰이외에 스프링식이 있다.

문제 68 긴급차단장치를 조작할 수 있는 위치에 대하여 틀리게 나열한 것은?

㉮ 특정제조시설 : 10[m] 이상 떨어진 곳
㉯ 일반제조시설 : 5[m] 이상 떨어진 곳
㉰ LPG제조시설 : 5[m] 이상 떨어진 곳
㉱ 도시가스제조시설 : 10[m] 이상 떨어진 곳

해설 ㉱항은 5[m] 이상

문제 69 긴급차단장치 및 역류방지 밸브의 부착 위치가 맞지 않는 것은?

㉮ 저장 탱크의 침하 또는 부상, 배관의 열팽창, 지진 기타 외력의 영향을 고려할 것.
㉯ 저장 탱크 주 밸브 외측으로서 가능한 한 저장 탱크에 가까운 곳.
㉰ 저장 탱크 내부에 설치하되 저장 탱크의 주 밸브와 겸용하여서는 안 된다.

해답 63.㉰ 64.㉱ 65.㉰ 66.㉮ 67.㉱ 68.㉱

㈃ 저장 탱크 주 밸브 외측으로서 가능한 저장 탱크에 먼 위치

해설 주 밸브 외측으로 가능한 저장 탱크 가까운 곳에 설치한다.

문제 70 아세틸렌 용기의 내용적이 10[l] 이하이고, 다공질물의 다공도가 90[%]일 때 디메틸포름아미드의 최대 충전량은 얼마인가?

㈎ 43.5[%] 이하　　　　　　　　㈏ 41.8[%] 이하
㈐ 38.7[%] 이하　　　　　　　　㈑ 36.3[%] 이하

문제 71 아세틸렌 용기의 내용적이 10[l] 이하이고, 다공질물의 다공도가 78[%]일 때 디메틸포름아미드의 최대 충전량은 얼마인가?

㈎ 43.7[%] 이하　　　　　　　　㈏ 42.8[%] 이하
㈐ 38.7[%] 이하　　　　　　　　㈑ 36.3[%] 이하

문제 72 아세틸렌 용기에 침윤시키는 아세톤의 최대충전량은 용기 내용적 다공질물의 다공도에 따라 다른데 다음 중 틀리게 나열한 것은?

㈎ 다공도 : 90[%] 이상~92[%] 이하, 내용적 10[l] 이하 : 41.8[%] 이하
㈏ 다공도 : 87[%] 이상~90[%] 미만, 내용적 10[l] 초과 : 42[%] 이하
㈐ 다공도 : 83[%] 이상~90[%] 미만, 내용적 10[l] 이하 : 38.5[%] 이하
㈑ 다공도 : 80[%] 이상~83[%] 미만, 내용적 10[l] 이하 : 37.1[%] 이하

문제 73 아세틸렌 용기에 침윤시키는 디메틸포름아미드의 최대충전량은 용기 내용적 다공질물의 다공도에 따라 다른데 다음 중 틀리게 나열한 것은?

㈎ 다공도 : 90[%] 이상~92[%] 이하, 내용적 10[l] 이하 : 43.5[%] 이하
㈏ 다공도 : 85[%] 이상~90[%] 미만, 내용적 10[l] 이하 : 41.1[%] 이하
㈐ 다공도 : 80[%] 이상~85[%] 미만, 내용적 10[l] 이하 : 38.7[%] 이하
㈑ 다공도 : 75[%] 이상~80[%] 미만, 내용적 10[l] 이하 : 35.3[%] 이하

해설 (1) 아세톤의 최대충전량

다공질물의 다공도[%] \ 용기구분	내용적 10[l] 이하	내용적 10[l] 초과
90 이상 92 이하	41.8[%] 이하	43.4[%] 이하
87 이상 90 미만	–	42.0[%] 이하
83 이상 90 미만	38.5[%] 이하	–
80 이상 83 미만	37.1[%] 이하	–
75 이상 87 미만	–	40.0[%] 이하
75 이상 80 미만	34.8[%] 이하	–

해답 69.㈑　70.㈎　71.㈑　72.㈑　73.㈑

(2) 디메틸포름아미드의 최대충전량

다공질물의 다공도[%] \ 용기구분	내용적 10[*l*] 이하	내용적 10[*l*] 초과
90 이상 92 이하	43.5[%] 이하	43.7[%] 이하
85 이상 90 미만	41.1[%] 이하	42.8[%] 이하
80 이상 85 미만	38.7[%] 이하	40.3[%] 이하
75 이상 80 미만	36.3[%] 이하	37.8[%] 이하

문제 74 다음 독성가스 누설방지용구의 종류에 해당하지 않는 것은?

㉮ 나무마개, 고무마개
㉯ 고무 시트 또는 납 패킹
㉰ 자전거용 고무 튜브, 실테이프
㉱ 철사 또는 펜치

해설 누설방지용구 : 나무마개, 고무마개, 납마개, 고무 시트 또는 납 패킹, 자전거용 고무 튜브, 실테이프, 철사, 헝겊, 용기 밸브용 플러그 너트

문제 75 다음 독성가스 누설시 제독에 필요한 보호구의 종류로써 틀린 것은?

㉮ 공기호흡기 또는 송기식 마스크(전면형)
㉯ 격리식 방독 마스크(전면고농도형)
㉰ 보호장갑 및 보호장화(고무 또는 비닐제품)
㉱ 보안경

문제 76 재해 작업에 필요한 보호구가 아닌 것은?

㉮ 공기 호흡기 또는 공기식 마스크
㉯ 격리식 방독 마스크
㉰ 보호장치 및 보호장화
㉱ 보호우의 및 보호내의

해설 보호구 종류 : 방독 마스크, 공기호흡기, 보호우의, 보호장갑, 보호장화

문제 77 가연성가스 이동시 휴대하는 공작용 공구가 아닌 것은?

㉮ 해머
㉯ 펜치
㉰ 가위
㉱ 로프

해설 공작용 공구 : 해머 또는 나무망치, 펜치, 몽키 스패너, 칼, 가위, 밸브 개폐용 핸들, 그랜드 스패너

문제 78 다음 가연성가스 또는 산소의 운반시 휴대하는 자재의 품명에 해당되지 않는 것은?

㉮ 적색기 및 휴대용 손전등
㉯ 메가폰 및 차바퀴 고정목(2개 이상)
㉰ 누설검지기
㉱ 해머 또는 나무망치

해설 자재 종류 : 적색기, 휴대용 손전등, 메가폰, 로프, 누설검지기, 차바퀴 고정목

해답 74. ㉱ 75. ㉱ 76. ㉰ 77. ㉱ 78. ㉱

문제 79 독성가스 운반시 휴대하는 자재 중 로프의 길이는 몇 [m] 이상인가?
- ㉮ 5[m]
- ㉯ 10[m]
- ㉰ 15[m]
- ㉱ 20[m]

해설 길이 15[m] 이상의 것 2개 이상 보유할 것.

문제 80 역화방지장치의 내압시험 압력은 몇 [kg/cm^2] 이상으로 실시하는가?
- ㉮ 30[kg/cm^2]
- ㉯ 40[kg/cm^2]
- ㉰ 50[kg/cm^2]
- ㉱ 60[kg/cm^2]

문제 81 인체용 에어졸 제품의 용기에 기재할 사항 중 틀린 것은?
- ㉮ 특정 부위에 계속하여 장시간 사용하지 말 것.
- ㉯ 가능한한 인체에서 30[cm] 이상 떨어져서 사용할 것.
- ㉰ 온도 40[°C] 이상의 장소에 보관하지 말 것.
- ㉱ 사용 후 불 속에 버리지 말 것.

해설 인체에서 20[cm] 이상 떨어져 사용할 것.

문제 82 가연성가스의 경우 가스누설 검지경보장치의 검지에서 발신까지의 걸리는 시간은 경보농도의 1.6배에서 몇 초 이내이어야 하는가?
- ㉮ 10
- ㉯ 20
- ㉰ 30
- ㉱ 40

해설 암모니아와 일산화탄소는 60초 이내에 경보를 울려야 한다.(기타 가연성가스는 30초 이내)

문제 83 가스누설경보장치의 설치기준으로 옳지 않는 것은?
- ㉮ 통풍이 양호한 곳에 설치할 것.
- ㉯ 가스 종류에 적절한 기능을 갖출 것.
- ㉰ 가스의 누설을 신속하게 검지하고 경보하기 충분한 수일 것.
- ㉱ 가스가 체류할 우려가 있는 곳에 적절히 설치

문제 84 다음은 가스누설경보기의 기능으로 옳지 않은 것은?
- ㉮ 가스의 누설을 검지하여 그 농도를 지시함과 동시에 경보를 울린다.
- ㉯ 폭발하한계의 1/2 이하에서 자동적으로 경보를 한다.
- ㉰ 경보를 울린 후에 가스농도가 변하더라도 계속 경보를 한다.
- ㉱ 담배연기 등의 잡가스에 울리지 아니한다.

해설 폭발하한계의 1/4 이하에서 경보한다.

문제 85 소형 저장 탱크에 설치하는 액면계의 표시눈금은 용적의 몇 [%] 범위로 표시하는가?
- ㉮ 10[%] 이하
- ㉯ 5[%] 이하

해답 79.㉰ 80.㉰ 81.㉯ 82.㉰ 83.㉮ 84.㉯

㉰ 10[%] 이상　　　　　　　㉱ 5[%] 이상

문제 86 차량에 고정된 탱크를 운행 도중 노상에 주차할 필요가 있는 경우에 1종 보호시설로부터 얼마 이상 떨어져야 하는가?

㉮ 12[m]　　　　　　　㉯ 13[m]
㉰ 14[m]　　　　　　　㉱ 15[m]

문제 87 역류방지 밸브의 내압시험 압력은 설계 압력의 몇배 이상으로 실시하는가?

㉮ 2배　　　　　　　㉯ 1.2배
㉰ 3배　　　　　　　㉱ 1.5배

문제 88 긴급용 벤트스택 방출구의 위치는 작업원이 작업을 하는 장소 및 항시 통행하는 장소로부터 몇 [m] 이상 떨어진 곳에 설치하는가?

㉮ 10[m]　　　　　　　㉯ 15[m]
㉰ 20[m]　　　　　　　㉱ 5[m]

해설 긴급용 이외의 벤트스택은 5[m] 이상

문제 89 플레어스택의 설치 높이는 지표면에 미치는 복사열이 얼마 이하가 되도록 설치하는가?

㉮ 10,000[kcal/m^{2}hr]　　　　㉯ 20,000[kcal/m^{2}hr]
㉰ 30,000[kcal/m^{2}hr]　　　　㉱ 4,000[kcal/m^{2}hr]

문제 90 고압가스 계기실의 출입구는 몇 개소 이상 설치하는가?

㉮ 1개소　　　　　　　㉯ 2개소
㉰ 3개소　　　　　　　㉱ 4개소

문제 91 다음 중 일반고압가스 또는 액화석유가스 제조시설 및 저장시설의 액화가스 저장 탱크나 냉동제조시설의 수액기에 설치해야 할 것은?

㉮ 수면계　　　　　　　㉯ 액면계
㉰ 유량계　　　　　　　㉱ 온도계

문제 92 다음 기화장치의 성능기준에서 기준이 틀린 것은?

㉮ 온수가열방식의 온수는 80[°C] 이하
㉯ 증기가열방식의 온도는 100[°C] 이하
㉰ 접지저항값은 10[Ω] 이하
㉱ 안전장치는 내압시험(TP)의 8/10 이하에서 작동

해답 85. ㉮　86. ㉱　87. ㉱　88. ㉮　89. ㉱　90. ㉯　91. ㉯

해설 증기가열 방식의 온도는 120[°C] 이하 일 것

문제 93 다음 중 당해 설비내의 압력이 상용압력을 초과할 경우, 즉시 사용압력 이하로 되돌릴 수 있는 안전장치의 종류에 해당하지 않는 것은?

㉮ 안전 밸브 ㉯ 바이패스 밸브
㉰ 파열판 ㉱ 감압 밸브

문제 94 다음 중 화재의 기호가 잘못 짝지어진 것은 어느 것인가?

㉮ A급 – 일반화재 ㉯ B급 – 유류화재
㉰ C급 – 전기화재 ㉱ D급 – 가스화재

해설 D급 – 금속화재

문제 95 다음 중 화재와 기호가 잘못 짝지어진 것은 어느 것인가?

㉮ A급 – 백색 ㉯ B급 – 황색
㉰ C급 – 청색 ㉱ D급 – 적색

문제 96 고압가스 안전관리법에 의해 합격된 용기의 표시방법에서 맞지 않은 것은?

㉮ 가연성가스용기는 "연"자를 표시(적색으로 표시하되 수소는 백색)한다.
㉯ 독성가스용기는 "독"자를 표시한다.
㉰ 엘피(L.P)가스는 "연"자를 표시한다.
㉱ 유통중인 고압가스용기는 가스명 표시 아래부분에 적색으로 충전기한을 표시한다.

해설 LPG는 가연성이지만 ㉰자 표시를 하지 않는다.

문제 97 다음 중 용기의 방청도장 적용대상에서 제외되는 대상재질로써 틀린 것은?

㉮ 스테인레스강 ㉯ 알루미늄
㉰ 내식성 재료로 제조된 용기 ㉱ 강 파이프

문제 98 다음은 용기의 부식방지를 위한 방청도장 방법의 전처리 사항이 아닌 것은?

㉮ 탈지 ㉯ 피막화성처리
㉰ 숏 블라스팅 ㉱ 산화물처리

해설 ㉮㉯㉰이외에 산세척, 에칭프라이머 등이 있다.

문제 99 다음 중 액화석유가스를 가열하여 기화시키는 기화기의(단, 자동차용 기화기와 직화식 기화기는 제외)가열방식에 따른 분류한 것 중 종류에 해당하지 않는 것은?

㉮ 온수가스 가열식 ㉯ 온수전기 가열식

해답 92. ㉯ 93. ㉱ 94. ㉱ 95. ㉱ 96. ㉰ 97. ㉱ 98. ㉱

　　　　　　다 냉수스팀 가열식　　　　　　　라 대기온 이용식

문제 100 다음 부취제의 구비조건 중 맞지 않는 것은?
　　　　　가 화학적으로 안정할 것.
　　　　　나 가스배관, 가스미터 중에 흡착되지 않을 것.
　　　　　다 물에 잘 녹고 독성이 없을 것.
　　　　　라 가격이 저렴할 것.
　　　　해설 물에 녹지 않아야 된다.

문제 101 다음 중 독성가스 누설시 누설검지를 위한 시험지와 변색 상태가 올바르게 나열된 것은/
　　　　　가 질산구리 벤젠지 : 청색　　　　나 염화제1동착염지 : 흑색
　　　　　다 염화 파라듐지 : 오렌지색　　　라 하리슨 시험지 : 적색

문제 102 다음 배관재료의 구비조건에 해당되지 않는 것은?
　　　　　가 배관의 가스유통이 원활할 것.
　　　　　나 절단가공이 용이할 것.
　　　　　다 토양 지하수에 대하여 내식성을 갖을 것.
　　　　　라 관의 접합이 용이하고 가스의 누설을 방지할 수 없을 것.

문제 103 공기압축기의 내부 윤활유는 재생유 이외의 것으로서 잔류 탄소의 질량이 전 질량의 1[%] 이하일 때 인화점은 몇 [℃] 이상이어야 하는가?
　　　　　가 170[℃]　　　　　　　　　나 200[℃]
　　　　　다 230[℃]　　　　　　　　　라 250[℃]
　　　　해설 탄소 질량이 1[%] 초과 1.5[%] 이하일 때는 230[%C]

문제 104 안전 밸브의 분출 개시 압력은?
　　　　　가 내압시험압력의 80[%] 이하　　나 내압시험압력의 120[%] 이하
　　　　　다 사용압력의 $\frac{8}{10}$배 이하　　　라 사용압력의 1.5배 이하
　　　　해설 TP×0.8 이하

문제 105 다음 냉동기기 안전장치의 작동압력에 대한 설명 중 틀린 것은?
　　　　　가 가용전식 안전장치의 설치위치는 압축기 고온 토출가스에 영향을 받지 아니하는 것일 것
　　　　　나 안전 밸브의 작동압력은 기밀시험 이하의 압력으로서 내압시험 압력의 6/10 이하의 압력이어야 한다.

해답 99. 다   100. 다   101. 가   102. 라   103. 다   104. 가

㉰ 가용전의 용융온도가 70[°C]를 넘는 경우는 냉매가스의 포화증기 압력의 1.2배 이상의 압력으로 내압시험을 해야 한다.
㉱ 가용전식 안전장치의 설치위치는 압축기 고온 토출가스에 영향을 받지 아니하는 곳일 것.

문제 106 다음과 같은 독성가스제조시설 식별표지의 가스명칭은?

독성가스(염소)제조시설

㉮ 노란색　　　　　　　　㉯ 청색
㉰ 적색　　　　　　　　　㉱ 흰색

문제 107 고압가스 점검요령 중 사용 개시 전 점검할 사항으로 옳지 않은 것은?

㉮ 제조설비 등의 내용물 사항
㉯ 긴급차단, 통신설비 기능점검
㉰ 안전용 불활성가스 점검사항
㉱ 개방하는 제조설비와 다른 설비와의 차단사항

문제 108 다음은 저장설비나 가스설비를 수리 또는 청소를 할 때 가스치환을 생략할 수 있는 조건들이다. 이 조건에 적합하지 않은 항은 어느 것인가?

㉮ 설비 등의 내용적이 2[m³] 이하일 경우
㉯ 작업원이 설비 내부로 들어가지 않고 작업을 할 경우
㉰ 화기를 사용하지 아니하는 작업일 경우
㉱ 간단한 청소, 가스킷의 교환이나 이와 유사한 경미한 작업일 경우

문제 109 다음은 방류둑의 구조를 설명한 것이다. 옳지 아니한 것은?

㉮ 방류둑의 재료는 철근 콘크리트, 철골, 흙 또는 이들을 조합하여 만든다.
㉯ 철근 콘크리트, 철골은 수밀성 콘크리트를 사용한다.
㉰ 방류둑의 높이는 당해 가스의 액두압에 견디어야 한다.
㉱ 성토는 수평에 대하여 40도 이하의 기울기로 하여 다져 쌓는다.

문제 110 가스설비의 개방검사가 가스치환에 관한 설명이 맞는 것은?

㉮ 가연성가스일 때는 불활성가스로 치환하여 잔류가스가 폭발하한계 이하이어야 한다.
㉯ 독성가스일 때는 질소로 치환하여 가스농도가 허용농도 이하이어야 한다.
㉰ 산소일 때는 공기로 치환하여 산소 농도가 21[%] 이하이어야 한다.
㉱ 질소와 다른 불활성가스일 때는 공기로 치환하여 산소 산소농도가 18[%] 이하이어야 한다.

해답 105. ㉯　106. ㉱　107. ㉱　108. ㉮　109. ㉱　110. ㉯

문제 111 고압용기용 밸브를 조립 후 기밀시험은 공기 또는 질소, 탄산가스 등을 사용하며 내압시험압력의 3/5으로 한다. 이 때 시험 후 몇 분 이상 방치하여야 하는가?

㉮ 30분 ㉯ 10분 ㉰ 5분 ㉱ 1분

문제 112 용기의 안전 밸브는 몇 도 이상이 되면 밸브 속의 얇은 금속판이 용융되는가?

㉮ 40[°C] ㉯ 50[°]
㉰ 70[°C] ㉱ 200[°C]

문제 113 충전용기를 차량에 적재 운반할 때 당해 차량에 기재할 경계표지의 내용은?

㉮ "위험" ㉯ "고압가스"
㉰ "요주의" ㉱ "위험 고압가스"

문제 114 자연배기식 보일러설치 기준에서 배기통의 가로 길이는 몇 [m] 이하로 하는가?

㉮ 2[m] ㉯ 3[m]
㉰ 4[m] ㉱ 5[m]

문제 115 자연배기식 보일러설치 기준에서 배기통의 굴곡부는 몇 개소 이하로 하는가?

㉮ 2개소 ㉯ 3개소
㉰ 4개소 ㉱ 5개소

문제 116 자연배기식 보일러설치시 배기통의 높이가 몇 [m]를 넘는 경우 보온조치를 하는가?

㉮ 5[m] ㉯ 10[m]
㉰ 15[m] ㉱ 20[m]

문제 117 저장 탱크 내부압력이 외부의 압력보다 낮아져 저장 탱크가 파괴되는 것을 방지하는 설비가 아닌 것은?

㉮ 압력경보설비
㉯ 압력계
㉰ 다른 저장 탱크 또는 시설로부터의 가스 도입 배관
㉱ 역류방지 밸브

해설 ㉮㉯㉰ 이외에도 진공안전 밸브 및 압력과 연동되는 긴급차단장치를 설치한 냉동제어장치와 압력과 연동되는 긴급차단장치를 설치한 송액설비가 있다.

문제 118 다음 고압가스 전기설비의 방폭구조에 속하지 않는 것은?

㉮ 내압 방폭구조 ㉯ 유입 방폭구조
㉰ 접지 방폭구조 ㉱ 본질안전증 방폭구조

해답 111. ㉱ 112. ㉰ 113. ㉱ 114. ㉱ 115. ㉰ 116. ㉯ 117. ㉱ 118. ㉰

문제 119 가연성가스의 점화원이 될 전기불꽃, 아크, 고온부분 등을 발생을 방지하기 위하여 기계적·전기적 구조상 또는 온도상승에 대한 폭발을 방지하기 위한 구조는?
- ㉮ 압력 방폭구조
- ㉯ 안전증 방폭구조
- ㉰ 특수 방폭구조
- ㉱ 본질 안전증 방폭구조

문제 120 가스전기설비 중 내압(耐壓) 방폭구조의 표시 방법은?
- ㉮ d
- ㉯ o
- ㉰ p
- ㉱ e

문제 121 차량에 고정된 탱크를 운반할 경우 구비할 서류 기준에 속하지 않는 것은?
- ㉮ 운전면허증
- ㉯ 용량환산표
- ㉰ 차량운행일지
- ㉱ 가스충전 및 판매대장

해답 119. ㉯ 120. ㉮ 121. ㉱

부록 2 과년도 출제문제

과년도 출제문제

(2012년 2월 12일 시행)

문제 1 고압가스 용접용기 제조 시 용기동판의 최대 두께와 최소 두께의 차이는 평균 두께의 몇 % 이하로 하여야 하는가?
- ㉮ 10%
- ㉯ 20%
- ㉰ 30%
- ㉱ 40%

문제 2 정압기지의 방호벽을 철근콘크리트 구조로 설치할 경우 방호벽 기초의 기준에 대한 설명 중 틀린 것은?
- ㉮ 일체로 된 철근콘크리트 기초로 한다.
- ㉯ 높이 350mm 이상, 되메우기 깊이는 300mm이상으로 한다.
- ㉰ 두께 200mm 이상, 간격 3200mm 이하의 보조벽을 본체와 직각으로 설치한다.
- ㉱ 기초의 두께는 방호벽 최하부 두께의 120% 이상으로 한다.

문제 3 충전용기 보관실의 온도는 항상 몇 ℃이하를 유지하여야 하는가?
- ㉮ 40℃
- ㉯ 45℃
- ㉰ 50℃
- ㉱ 55℃

문제 4 용기의 파열사고 원인으로 가장 거리가 먼 것은?
- ㉮ 용기의 내압력 부족
- ㉯ 용기의 내압 상승
- ㉰ 용기내에서 폭발성 혼합가스에 의한 발화
- ㉱ 안전밸브의 작동

문제 5 도시가스 배관의 철도궤도 중심과 이격거리 기준으로 옳은 것은?
- ㉮ 1m 이상
- ㉯ 2m 이상
- ㉰ 4m 이상
- ㉱ 5m 이상

문제 6 다음 중 냄새로 누출여부를 쉽게 알 수 있는 가스는?
- ㉮ 질소, 이산화탄소
- ㉯ 일산화탄소, 아르곤
- ㉰ 염소, 암모니아
- ㉱ 에탄, 부탄

해답 1.㉯ 2.㉰ 3.㉮ 4.㉱ 5.㉯ 6.㉰

문제 7 독성가스 배관을 지하에 매설할 경우 배관은 그 가스가 혼입될 우려가 있는 수도시설과 몇 m 이상의 거리를 유지하여야 하는가?

㉮ 50m　　㉯ 100m　　㉰ 200m　　㉱ 300m

문제 8 다음 중 같은 성질을 가진 가스로만 나열된 것은?

㉮ 에탄, 에틸렌　　㉯ 암모니아, 산소
㉰ 오존, 아황산가스　　㉱ 헬륨, 염소

문제 9 액화석유가스 충전소에서 저장탱크를 지하에 설치하는 경우에는 철근콘크리트로 저장탱크실을 만들고 그 실내에 설치하여야 한다. 이 때 저장탱크 주위의 빈 공간에는 무엇을 채워야 하는가?

㉮ 물　　㉯ 마른 모래　　㉰ 자갈　　㉱ 콜타르

문제 10 도시가스 사용시설의 배관은 움직이지 아니하도록 고정부착하는 조치를 하도록 규정하고 있는데 다음 중 배관의 호칭지름에 따른 고정간격의 기준으로 옳은 것은?

㉮ 배관의 호칭지름 20mm인 경우 2m마다 고정
㉯ 배관의 호칭지름 32mm인 경우 3m마다 고정
㉰ 배관의 호칭지름 40mm인 경우 4m마다 고정
㉱ 배관의 호칭지름 65mm인 경우 5m마다 고정

문제 11 탱크를 지상에 설치하고자 할 때 방류둑을 설치하지 않아도 되는 저장탱크는?

㉮ 저장능력 1000톤 이상의 질소탱크
㉯ 저장능력 1000톤 이상의 부탄탱크
㉰ 저장능력 1000톤 이상의 산소탱크
㉱ 저장능력 5톤 이상의 염소탱크

문제 12 고압가스 운반 등의 기준으로 틀린 것은?

㉮ 고압가스를 운반하는 때에는 재해방지를 위하여 필요한 주의사항을 기재한 서면을 운전자에게 교부하고 운전 중 휴대하게 한다.
㉯ 차량의 고장, 교통사정 또는 운전자의 휴식 등 부득이한 경우를 제외하고는 장시간 정차하여서는 안 된다.
㉰ 고속도로 운행 중 점심식사를 하기 위해 운반책임자와 운전자가 동시에 차량을 이탈할 때에는 시건장치를 하여야 한다.
㉱ 지정한 도로, 시간, 속도에 따라 운반하여야 한다.

해답 7.㉱　8.㉮　9.㉯　10.㉮　11.㉮　12.㉰

문제 13 고압가스 제조설비의 계장회로에는 제조하는 고압가스의 종류·온도 및 압력과 제조설비의 상황에 따라 안전확보를 위한 주요 부문에 설비가 잘못 조작되거나 정상적인 제조를 할 수 없는 경우에 자동으로 원재료의 공급을 차단시키는 등 제조설비 안의 제조를 제어할 수 있는 장치를 설치하는데 이를 무엇이라 하는가?

㉮ 인터록제어장치   ㉯ 긴급차단장치
㉰ 긴급이송설비   ㉱ 벤트스택

문제 14 아세틸렌을 용기에 충전할 때에는 미리 용기에 다공 물질을 고루 채운 후 침윤 및 충전을 하여야 한다. 이 때 다공도는 얼마로 하여야 하는가?

㉮ 75% 이상 92% 미만   ㉯ 70% 이상 95% 미만
㉰ 62% 이상 75% 미만   ㉱ 92% 이상

문제 15 다음 중 독성이면서 가연성의 가스는?

㉮ SO_2 ㉯ $COCl_2$ ㉰ HCN ㉱ C_2H_6

문제 16 고압가스 일반제조소에서 저장탱크 설치 시 물분무장치는 동시에 방사할 수 있는 최대 수량을 몇 분 이상 연속하여 방사할 수 있는 수원에 접속되어 있어야 하는가?

㉮ 30분   ㉯ 45분   ㉰ 60분   ㉱ 90분

문제 17 자연환기설비 설치시 LP가스의 용기 보관실 바닥 면적이 $3m^2$이라면 통풍구의 크기는 몇 cm^2이상으로 하도록 되어 있는가?(단, 철망 등이 부착되어 있지 않은 것으로 간주한다.)

㉮ 500   ㉯ 700   ㉰ 900   ㉱ 1100

문제 18 제조소의 긴급용 벤트스택 방출구의 위치는 작업원이 항시 통행하는 장소로부터 얼마나 이격되어야 하는가?

㉮ 5m 이상   ㉯ 10m 이상
㉰ 15m 이상   ㉱ 30m 이상

문제 19 독성가스 배관은 안전한 구조를 갖도록 하기 위해 2중관 구조로 하여야 한다. 다음 가스 중 2중 관으로 하지 않아도 되는 가스는?

㉮ 암모니아   ㉯ 염화메탄
㉰ 시안화수소   ㉱ 에틸렌

해답 13. ㉮ 14. ㉮ 15. ㉰ 16. ㉮ 17. ㉰ 18. ㉯ 19. ㉱

문제 20 시안화수소 가스는 위험성이 매우 높아 용기에 충전 보관할 때에는 안정제를 첨가하여야 한다. 적합한 안정제는?

㉮ 염산　　㉯ 이산화탄소　　㉰ 황산　　㉱ 질소

문제 21 가연성 가스로 인한 화재의 종류는?

㉮ A급 화재　　㉯ B급 화재
㉰ C급 화재　　㉱ D급 화재

문제 22 다음 중 독성(TLV-TWA)이 가장 강한 가스는?

㉮ 암모니아　　㉯ 황화수소
㉰ 일산화탄소　　㉱ 아황산가스

문제 23 일반도시가스사업의 가스공급시설에서 중압 이하의 배관과 고압배관을 매설하는 경우 서로 몇 m 이상의 거리를 유지하여 설치하여야 하는가?

㉮ 1　　㉯ 2　　㉰ 3　　㉱ 5

문제 24 고압가스용기의 안전점검 기준에 해당되지 않는 것은?

㉮ 용기의 부식, 도색 및 표시 확인
㉯ 용기의 캡이 씌워져 있거나 프로텍터의 부착여부 확인
㉰ 재검사 기간의 도래 여부를 확인
㉱ 용기의 누출을 성냥불로 확인

문제 25 일반도시가스사업자가 선임하여야 하는 안전점검원 선임의 기준이 되는 배관길이 산정시 포함되는 배관은?

㉮ 사용자공급관
㉯ 내관
㉰ 가스사용자 소유 토지내의 본관
㉱ 공공 도로내의 공급관

문제 26 자동차 용기 충전시설에 게시한 "화기엄금"이라 표시한 게시판의 색상은?

㉮ 황색바탕에 흑색문자　　㉯ 백색바탕에 적색문자
㉰ 흑색바탕에 황색문자　　㉱ 적색바탕에 백색문자

해답 20. ㉰　21. ㉯　22. ㉱　23. ㉯　24. ㉱　25. ㉯　26. ㉯

문제 27 고압가스(산소, 아세틸렌, 수소)의 품질검사 주기의 기준은?
- ㉮ 1월 1회 이상
- ㉯ 1주 1회 이상
- ㉰ 3일 1회 이상
- ㉱ 1일 1회 이상

문제 28 가스 공급시설의 임시사용 기준 항목이 아닌 것은?
- ㉮ 도시가스 공급이 가능한지의 여부
- ㉯ 도시가스의 수급상태를 고려할 때 해당지역에 도시가스의 공급이 필요한지의 여부
- ㉰ 공급의 이익 여부
- ㉱ 가스공급시설을 사용할 때 안전을 해칠 우려가 있는지의 여부

문제 29 내용적이 1천 L를 초과하는 염소용기의 부식 여유 두께의 기준은?
- ㉮ 2mm 이상
- ㉯ 3mm 이상
- ㉰ 4mm 이상
- ㉱ 5mm 이상

문제 30 저장능력이 1ton인 액화염소 용기의 내용적(L)은? (염소의 정수 0.8)
- ㉮ 400
- ㉯ 600
- ㉰ 800
- ㉱ 1000

문제 31 2000rpm으로 회전하는 펌프를 3500rpm으로 변환하였을 경우 펌프의 유량과 양정은 각각 몇 배가 되는가?
- ㉮ 유량 : 2.65 양정 : 4.12
- ㉯ 유량 : 3.06 양정 : 1.75
- ㉰ 유량 : 3.06 양정 : 5.36
- ㉱ 유량 : 1.75 양정 : 3.06

문제 32 다음 가스분석법 중 흡수분석법에 해당하지 않는 것은?
- ㉮ 헴펠법
- ㉯ 구우데법
- ㉰ 오르자트법
- ㉱ 게겔법

문제 33 서로 다른 두 종류의 금속을 연결하여 폐회로를 만든 후, 양접점에 온도차를 두면 금속 내에 열기전력이 발생하는 원리를 이용한 온도계는?
- ㉮ 광전관식 온도계
- ㉯ 바이메탈 온도계
- ㉰ 서미스터 온도계
- ㉱ 열전대 온도계

해답 27. ㉱ 28. ㉰ 29. ㉱ 30. ㉰ 31. ㉱ 32. ㉯ 33. ㉱

문제 34 도시가스의 총발열량이 10,400kcal/m^3, 공기에 대한 비중이 0.55 일 때 웨베지수는 얼마인가?

㉮ 11023 ㉯ 12023
㉰ 13023 ㉱ 14023

문제 35 가연성가스 검출기 중 탄광에서 발생하는 CH_4의 농도를 측정하는데 주로 사용되는 것은?

㉮ 간섭계형 ㉯ 안전등형
㉰ 열선형   ㉱ 반도체형

문제 36 가스분석 시 이산화탄소 흡수제로 주로 사용되는 것은?

㉮ NaCl ㉯ KCl
㉰ KOH   ㉱ $Ca(OH)_2$

문제 37 땅 속의 애노드에 강제 전압을 가하여 피 방식 금속제를 캐소드로 하는 전기방식법은?

㉮ 희생양극법 ㉯ 외부전원법
㉰ 선택배류법 ㉱ 강제배류법

문제 38 파일럿 정압기 중 구동압력이 증가하면 개도도 증가하는 방식으로서 정특성, 동특성이 양호하고 비교적 컴팩트한 구조의 로딩형정압기는?

㉮ Fisher식   ㉯ axial flow식
㉰ Reynolds식 ㉱ KRF식

문제 39 가스 폭발 사고의 근본적인 원인으로 가장 거리가 먼 것은?

㉮ 내용물의 누출 및 확산
㉯ 화학반응열 또는 잠열의 축적
㉰ 누출경보장치의 미비
㉱ 착화원 또는 고온물의 생성

문제 40 다음 [그림]은 무슨 공기 액화장치인가?

㉮ 클라우드식 액화장치
㉯ 린데식 액화장치
㉰ 캐피자식 액화장치
㉱ 필립스식 액화장치

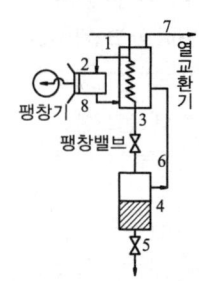

해답 34.㉱ 35.㉯ 36.㉰ 37.㉯ 38.㉮ 39.㉯ 40.㉮

문제 41 정압기의 선정 시 유의사항으로 가장 거리가 먼 것은?
- ㉮ 정압기의 내압성능 및 사용 최대차압
- ㉯ 정압기의 용량
- ㉰ 정압기의 크기
- ㉱ 1차 압력과 2차 압력범위

문제 42 화학적 부식이나 전기적 부식의 염려가 없고 0.4MPa 이하의 매몰배관으로 주로 사용하는 배관의 종류는?
- ㉮ 배관용 탄소강관
- ㉯ 폴리에틸렌피복강관
- ㉰ 스테인리스강관
- ㉱ 폴리에틸렌관

문제 43 액주식 압력계가 아닌 것은?
- ㉮ U자관식
- ㉯ 경사관식
- ㉰ 벨로우즈식
- ㉱ 단관식

문제 44 이동식부탄연소기의 용기연결방법에 따른 분류가 아닌 것은?
- ㉮ 카세트식
- ㉯ 직결식
- ㉰ 분리식
- ㉱ 일체식

문제 45 가스용품제조허가를 받아야 하는 품목이 아닌 것은?
- ㉮ PE 배관
- ㉯ 매몰형 정압기
- ㉰ 로딩암
- ㉱ 연료전지

문제 46 자동절체식조정기의 경우 사용쪽 용기안의 압력이 얼마 이상일 때 표시 용량의 범위에서 예비쪽 용기에서 가스가 공급되지 않아야 하는가?
- ㉮ 0.05MPa
- ㉯ 0.1MPa
- ㉰ 0.15MPa
- ㉱ 0.2MPa

문제 47 에틸렌 제조의 원료로 사용되지 않는 것은?
- ㉮ 나프타
- ㉯ 에탄올
- ㉰ 프로판
- ㉱ 염화메탄

해답 41. ㉰ 42. ㉱ 43. ㉰ 44. ㉱ 45. ㉮ 46. ㉯ 47. ㉱

문제 48 질소에 대한 설명으로 틀린 것은?

㉮ 질소는 다른 원소와 반응하지 않아 기기의 기밀시험용 가스로 사용된다.
㉯ 촉매 등을 사용하여 상온 (35℃)에서 수소와 반응시키면 암모니아를 생성한다.
㉰ 주로 액체 공기를 비점 차이로 분류하여 산소와 같이 얻는다.
㉱ 비점이 대단히 낮아 극저온의 냉매로 이용된다.

문제 49 다음 중 비중이 가장 작은 가스는?

㉮ 수소　　㉯ 질소　　㉰ 부탄　　㉱ 프로판

문제 50 암모니아 가스의 특성에 대한 설명으로 옳은 것은?

㉮ 물에 잘 녹지 않는다.　　㉯ 무색의 기체이다.
㉰ 상온에서 아주 불안정하다.　　㉱ 물에 녹으면 산성이 된다.

문제 51 밀폐된 공간 안에서 LP가스가 연소되고 있을 때의 현상으로 틀린 것은?

㉮ 시간이 지나감에 따라 일산화탄소가 증가된다.
㉯ 시간이 지나감에 따라 이산화탄소가 증가된다.
㉰ 시간이 지나감에 따라 산소농도가 감소된다.
㉱ 시간이 지나감에 따라 아황산가스가 증가된다.

문제 52 공기 중에서 폭발하한이 가장 낮은 탄화수소는?

㉮ CH_4　　㉯ C_4H_{10}　　㉰ C_3H_8　　㉱ C_2H_6

문제 53 60K를 랭킨온도로 환산하면 약 몇 °R인가?

㉮ 109　　㉯ 117　　㉰ 126　　㉱ 135

문제 54 다음 중 액화가 가장 어려운 가스는?

㉮ H_2　　㉯ He　　㉰ N_2　　㉱ CH_4

문제 55 다음 중 아세틸렌의 발생방식이 아닌 것은?

㉮ 주수식 : 카바이드에 물을 넣는 방법
㉯ 투입식 : 물에 카바이드를 넣는 방법
㉰ 접촉식 : 물과 카바이드를 소량씩 접촉시키는 방법
㉱ 가열식 : 카바이드를 가열하는 방법

해답 48. ㉯　49. ㉮　50. ㉯　51. ㉱　52. ㉯　53. ㉮　54. ㉯　55. ㉱

문제 56 성능계수(ϵ)가 무한정한 냉동기의 제작은 불가능하다 라고 표현되는 법칙은?
㉮ 열역학 제0법칙 ㉯ 열역학 제1법칙
㉰ 열역학 제2법칙 ㉱ 열역학 제3법칙

문제 57 가연성가스 정의에 대한 설명으로 맞는 것은?
㉮ 폭발한계의 하한이 10% 이하인 것과 폭발한계의 상한과 하한의 차가 20% 이상인 것을 말한다.
㉯ 폭발한계의 하한이 20% 이하인 것과 폭발한계의 상한과 하한의 차가 10% 이상인 것을 말한다.
㉰ 폭발한계의 상한이 10% 이하인 것과 폭발한계의 상한과 하한의 차가 20% 이하인 것을 말한다.
㉱ 폭발한계의 상한이 10% 이상인 것과 폭발한계의 상한과 하한의 차가 10% 이하인 것을 말한다.

문제 58 탄소 12g을 완전연소 시킬 경우 발생되는 이산화탄소는 약 몇 L인가?
㉮ 11.2 ㉯ 12 ㉰ 22.4 ㉱ 32

문제 59 산소의 성질에 대한 설명 중 옳지 않은 것은?
㉮ 자신은 폭발위험은 없으나 연소를 돕는 조연제이다.
㉯ 액체산소는 무색, 무취이다.
㉰ 화학적으로 활성이 강하며, 많은 원소와 반응하여 산화물을 만든다.
㉱ 상자성을 가지고 있다.

문제 60 다음 중 압력이 가장 높은 것은?
㉮ 10 lb/in^2 ㉯ 750 mmHg
㉰ 1 atm ㉱ 1 kg/cm^2

해답 56. ㉰ 57. ㉮ 58. ㉰ 59. ㉯ 60. ㉰

과년도 출제문제

(2012년 4월 8일 시행)

문제 1 가스배관의 주위를 굴착하고자 할 때에는 가스배관의 좌우 얼마 이내의 부분은 인력으로 굴착해야 하는가?
- ㉮ 30cm 이내
- ㉯ 50cm 이내
- ㉰ 1m 이내
- ㉱ 1.5m 이내

문제 2 가스누출자동차단장치 및 가스누출자동차단기의 설치기준에 대한 설명으로 틀린 것은?
- ㉮ 가스공급이 불시에 자동 차단됨으로서 재해 및 손실이 클 우려가 있는 시설에는 가스누출경보차단장치를 설치하지 않을 수 있다.
- ㉯ 가스누출자동차단기를 설치하여도 설치목적을 달성할 수 없는 시설에는 가스누출자동차단기를 설치하지 않을 수 있다.
- ㉰ 월사용예정량이 1,000m^3 미만으로서 연소기에 소화안전장치가 부착되어 있는 경우에는 가스누출경보차단장치를 설치하지 않을 수 있다.
- ㉱ 지하에 있는 가정용 가스사용시설은 가스누출경보차단 장치의 설치대상에서 제외된다.

문제 3 사고를 일으키는 장치의 이상이나 운전자 실수의 조합을 연역적으로 분석하는 정량적 위험성평가 기법은?
- ㉮ 사건수 분석(ETA) 기법
- ㉯ 결함수 분석(FTA) 기법
- ㉰ 위험과 운전분석(HAZOP) 기법
- ㉱ 이상위험도 분석(FMECA) 기법

문제 4 고압가스 운반, 취급에 관한 안전사항 중 염소와 동일 차량에 적재하여 운반이 가능한 가스는?
- ㉮ 아세틸렌
- ㉯ 암모니아
- ㉰ 질소
- ㉱ 수소

해답 1. ㉰ 2. ㉱ 3. ㉯ 4. ㉱

문제 5 고압가스 충전용기의 적재 기준으로 틀린 것은?
- ㉮ 차량의 최대적재량을 초과하여 적재하지 아니한다.
- ㉯ 충전 용기를 차량에 적재하는 때에는 뉘여서 적재한다.
- ㉰ 차량의 적재함을 초과하여 적재하지 아니한다.
- ㉱ 밸브가 돌출한 충전 용기는 밸브의 손상을 방지하는 조치를 한다.

문제 6 저장 능력 300m³ 이상인 2개의 가스 홀더 A, B 간에 유지해야 할 거리는? (단, A와 B의 최대 지름은 각각 8m, 4m이다.)
- ㉮ 1m
- ㉯ 2m
- ㉰ 3m
- ㉱ 4m

문제 7 다음 가스 중 독성이 가장 강한 것은?
- ㉮ 염소
- ㉯ 불소
- ㉰ 시안화수소
- ㉱ 암모니아

문제 8 용기 동판의 최대 두께와 최소 두께와의 차이는 평균 두께의 몇 % 이하로 하여야 하는가?
- ㉮ 5%
- ㉯ 10%
- ㉰ 20%
- ㉱ 30%

문제 9 도시가스의 유해성분 측정에 있어 암모니아는 도시가스 1m³당 몇 g을 초과해서는 안되는가?
- ㉮ 0.02
- ㉯ 0.2
- ㉰ 0.5
- ㉱ 1.0

문제 10 지하에 매설된 도시가스 배관의 전기방식 기준으로 틀린 것은?
- ㉮ 전기방식전류가 흐르는 상태에서 토양 중에 있는 배관 등의 방식전위 상한값은 포화황산 등 기준전극으로 −0.85V 이하일 것
- ㉯ 전기방식전류가 흐르는 상태에서 자연전위와의 전위변화가 최소한 −300mV 이하일 것
- ㉰ 배관에 대한 전위측정은 가능한 배관 가까운 위치에서 실시할 것
- ㉱ 전기방식시설의 관대지전위 등을 2년에 1회 이상 점검할 것

문제 11 압력용기의 내압부분에 대한 비파괴 시험으로 실시되는 초음파탐상시험 대상은?
- ㉮ 두께가 35mm인 탄소강
- ㉯ 두께가 5mm인 9% 니켈강
- ㉰ 두께가 15mm인 2.5% 니켈강
- ㉱ 두께가 30mm인 저합금강

해답 5. ㉯ 6. ㉰ 7. ㉯ 8. ㉰ 9. ㉯ 10. ㉱ 11. ㉰

문제 12 천연가스의 발열량이 10,400kal/Sm³이다. SI단위인 MJ/Sm³으로 나타내면?

㉮ 2.47   ㉯ 43.68   ㉰ 2,476   ㉱ 43,680

문제 13 인체용 에어졸 제품의 용기에 기재하여야 할 사항으로 틀린 것은?

㉮ 특정부위에 계속하여 장시간 사용하지 말 것
㉯ 가능한 한 인체에서 10cm 이상 떨어져서 사용할 것
㉰ 온도가 40℃ 이상 되는 장소에 보관하지 말 것
㉱ 불 속에 버리지 말 것

문제 14 프로판 15vol% 와 부탄 85vol% 로 혼합된 가스의 공기 중 폭발하한 값은 약 몇 %인가? (단, 프로판의 폭발하한 값은 2.1%이고, 부탄은 1.8%이다.)

㉮ 1.84   ㉯ 1.86   ㉰ 1.94   ㉱ 1.98

문제 15 도시가스 배관을 지하에 설치 시공 시 다른 배관이나 타시설물과의 이격거리 기준은?

㉮ 30cm 이상   ㉯ 50cm 이상
㉰ 1m 이상   ㉱ 1.2m 이상

문제 16 충전 용기를 차량에 적재하여 운반시 차량의 앞뒤 보기 쉬운 곳에 표시하는 경계표시의 글씨 색깔 및 내용으로 적합한 것은?

㉮ 노랑 글씨 – 위험고압가스   ㉯ 붉은 글씨 – 위험고압가스
㉰ 노랑 글씨 – 주의고압가스   ㉱ 붉은 글씨 – 주의고압가스

문제 17 가스보일러의 설치기준 중 자연배기식 보일러의 배기통 설치방법으로 옳지 않은 것은?

㉮ 배기통의 굴곡수는 6개 이하로 한다.
㉯ 배기통의 끝은 옥외로 뽑아낸다.
㉰ 배기통의 입상높이는 원칙적으로 10m 이하로 한다.
㉱ 배기통의 가로 길이는 5m 이하로 한다.

문제 18 지상에 설치하는 액화석유가스의 저장탱크 안전밸브에 가스 방출관을 설치하고자 한다. 저장탱크의 정상부가 8m 일 경우 방출관의 방출구 높이는 지상에서 얼마 이상의 높이에 설치하여야 하는가?

㉮ 5m   ㉯ 8m   ㉰ 10m   ㉱ 12m

해답 12. ㉯ 13. ㉯ 14. ㉮ 15. ㉮ 16. ㉯ 17. ㉮ 18. ㉰

문제 19 냉동기 제조시설에서 내압성능을 확인하기 위한 시험압력의 기준은?

㉮ 설계압력 이상
㉯ 설계압력의 1.25 배 이상
㉰ 설계압력의 1.5 배 이상
㉱ 설계압력의 2 배 이상

문제 20 가스용 폴리에틸렌관의 굴곡허용반경은 외경의 몇 배 이상으로 하여야 하는가?

㉮ 10   ㉯ 20   ㉰ 30   ㉱ 50

문제 21 특정고압가스용 실린더캐비닛 제조설비가 아닌 것은?

㉮ 가공설비   ㉯ 세척설비
㉰ 판넬설비   ㉱ 용접설비

문제 22 가스 설비를 수리할 때 산소의 농도가 약 몇 % 이하가 되면 산소 결핍 현상을 초래하게 되는가?

㉮ 8%   ㉯ 12%   ㉰ 16%   ㉱ 20%

문제 23 도시가스 사용시설 중 가스계량기의 설치기준으로 틀린 것은?

㉮ 가스계량기는 화기(자체 화기는 제외)와 2m 이상의 우회 거리를 유지하여야 한다.
㉯ 가스계량기($30m^3/h$ 미만)의 설치 높이는 바닥으로부터 1.6m이상, 2m 이내이어야 한다.
㉰ 가스계량기를 격납상자 내에 설치하는 경우에는 설치 높이의 제한을 받지 아니한다.
㉱ 가스계량기는 절연조치를 하지 아니한 전선과 30cm 상의 거리를 유지하여야 한다.

문제 24 아세틸렌 가스 압축시 희석제로서 적당하지 않은 것은?

㉮ 질소   ㉯ 메탄
㉰ 일산화탄소   ㉱ 산소

문제 25 가스가 누출된 경우 제2의 누출을 방지하기 위하여 방류둑을 설치한다. 방류둑을 설치하지 않아도 되는 저장탱크는?

㉮ 저장능력 1000톤의 액화질소탱크
㉯ 저장능력 10톤의 액화암모니아탱크
㉰ 저장능력 1000톤의 액화산소탱크
㉱ 저장능력 5톤의 액화염소탱크

해답 19. ㉰ 20. ㉯ 21. ㉰ 22. ㉰ 23. ㉱ 24. ㉱ 25. ㉮

문제 26 방류둑에는 계단, 사다리 또는 토사를 높이 쌓아올림 등에 의한 출입구를 둘레 몇 m 마다 1개 이상을 두어야 하는가?
- ㉮ 30
- ㉯ 50
- ㉰ 75
- ㉱ 100

문제 27 부취제의 구비조건으로 적합하지 않은 것은?
- ㉮ 연료가스 연소시 완전연소될 것
- ㉯ 일상생활의 냄새와 확연히 구분될 것
- ㉰ 토양에 쉽게 흡수될 것
- ㉱ 물에 녹지 않을 것

문제 28 다음 중 가연성이면서 유독한 가스는?
- ㉮ NH_3
- ㉯ H_2
- ㉰ CH_4
- ㉱ N_2

문제 29 다음 중 지식경제부령이 정하는 특정설비가 아닌 것은?
- ㉮ 저장탱크
- ㉯ 저장탱크의 안전밸브
- ㉰ 조정기
- ㉱ 기화기

문제 30 시안화수소 충전 시 한 용기에서 60일을 초과할 수 있는 경우는?
- ㉮ 순도가 90% 이상으로서 착색이 된 경우
- ㉯ 순도가 90% 이상으로서 착색되지 아니한 경우
- ㉰ 순도가 98% 이상으로서 착색이 된 경우
- ㉱ 순도가 98% 이상으로서 착색되지 아니한 경우

문제 31 고압가스 배관재료로 사용되는 동관의 특징에 대한 설명으로 틀린 것은?
- ㉮ 가공성이 좋다.
- ㉯ 열전도율이 적다.
- ㉰ 시공이 용이하다.
- ㉱ 내식성이 크다.

문제 32 원통형의 관을 흐르는 물의 중심부의 유속을 피토관으로 측정하였더니 수주의 높이가 10m이었다. 이 때 유속은 약 몇 m/s인가?
- ㉮ 10
- ㉯ 14
- ㉰ 20
- ㉱ 26

해답 26. ㉯ 27. ㉰ 28. ㉮ 29. ㉰ 30. ㉱ 31. ㉯ 32. ㉯

문제 33 다음 중 흡수 분석법의 종류가 아닌 것은?
- ㉮ 헴펠법
- ㉯ 활성알루미나겔법
- ㉰ 오르자트법
- ㉱ 게겔법

문제 34 LPG 기화장치의 작동원리에 따른 구분으로 저온의 액화가스를 조정기를 통하여 감압한 후 열교환기에 공급해 강제 기화시켜 공급하는 방식은?
- ㉮ 해수가열 방식
- ㉯ 가온감압 방식
- ㉰ 감압가열 방식
- ㉱ 중간 매체 방식

문제 35 액화천연가스(LNG) 저장탱크 중 액화천연가스의 최고 액면을 지표면과 동등 또는 그 이하가 되도록 설치하는 형태의 저장탱크는?
- ㉮ 지상식 저장탱크(Aboveground Storage Tank)
- ㉯ 지중식 저장탱크(Inground Storage Tank)
- ㉰ 지하식 저장탱크(Underground Storage Tank)
- ㉱ 단일방호식 저장탱크(Single Containment Tank)

문제 36 액화가스의 고압가스설비에 부착되어 있는 스프링식 안전밸브는 상용의 온도에서 그 고압가스 설비 내의 액화가스의 상용의 체적이 그 고압가스설비 내의 몇 % 까지 팽창하게 되는 온도에 대응하는 그 고압가스설비 안의 압력에서 작동하는 것으로 하여야 하는가?
- ㉮ 90
- ㉯ 95
- ㉰ 98
- ㉱ 99.5

문제 37 안정된 불꽃으로 완전연소를 할 수 있는 염공의 단위 면적당 인풋(in put)을 무엇이라고 하는가?
- ㉮ 염공부하
- ㉯ 연소실부하
- ㉰ 연소효율
- ㉱ 배기 열손실

문제 38 도시가스 제조 공정에서 사용되는 촉매의 열화와 가장 거리가 먼 것은?
- ㉮ 유황화합물에 의한 열화
- ㉯ 불순물의 표면 피복에 의한 열화
- ㉰ 단체와 니켈과의 반응에 의한 열화
- ㉱ 불포화탄화수소에 의한 열화

해답 33. ㉯ 34. ㉰ 35. ㉯ 36. ㉰ 37. ㉮ 38. ㉱

문제 39 모듈 3, 잇수 10개, 기어의 폭이 12mm인 기어펌프를 1200rpm으로 회전할 때 송출량은 약 얼마인가?

- ㉮ 9030cm³/s
- ㉯ 11260cm³/s
- ㉰ 12160cm³/s
- ㉱ 13570cm³/s

문제 40 저장능력 50톤인 액화산소 저장탱크 외면에서 사업소경계선까지의 최단거리가 50m일 경우 이 저장탱크에 대한 내진설계 등급은?

- ㉮ 내진 특등급
- ㉯ 내진 1등급
- ㉰ 내진 2등급
- ㉱ 내진 3등급

문제 41 공기보다 비중이 가벼운 도시가스의 공급시설로서 공급시설이 지하에 설치된 경우의 통풍구조에 대한 설명으로 옳은 것은?

- ㉮ 환기구를 2방향 이상 분산하여 설치한다.
- ㉯ 배기구는 천장 면으로부터 50cm 이내에 설치한다.
- ㉰ 흡입구 및 배기구의 관경은 80mm 이상으로 한다.
- ㉱ 배기가스 방출구는 지면에서 5m 이상의 높이에 설치한다.

문제 42 특정가스 제조시설에 설치한 가연성 독성가스 누출감지경보장치에 대한 설명으로 틀린 것은?

- ㉮ 누출된 가스가 체류하기 쉬운 곳에 설치한다.
- ㉯ 설치수는 신속하게 감지할 수 있는 숫자로 한다.
- ㉰ 설치위치는 눈에 잘 보이는 위치로 한다.
- ㉱ 기능은 가스의 종류에 적합한 것으로 한다.

문제 43 자동교체식 조정기 사용 시 장점으로 틀린 것은?

- ㉮ 전체용기 수량이 수동식보다 적어도 된다.
- ㉯ 배관의 압력손실을 크게 해도 된다.
- ㉰ 잔액이 거의 없어질 때까지 소비된다.
- ㉱ 용기 교환주기의 폭을 좁힐 수 있다.

문제 44 열전대 온도계는 열전쌍회로에서 두 접점의 발생되는 어떤 현상의 원리를 이용한 것인가?

- ㉮ 열기전력
- ㉯ 열팽창계수
- ㉰ 체적변화
- ㉱ 탄성계수

해답 39. ㉱ 40. ㉰ 41. ㉮ 42. ㉰ 43. ㉱ 44. ㉮

문제 45 실린더 중에 피스톤과 보조 피스톤이 있고 양 피스톤의 작용으로 상부에 팽창기가 있는 액화 사이클은?

㉮ 클라우드 액화 사이클
㉯ 캐피자 액화 사이클
㉰ 필립스 액화 사이클
㉱ 캐스케이드 액화 사이클

문제 46 도시가스 정압기의 특성으로 유량이 증가됨에 따라 가스가 송출될 때 출구측 배관(밸브 등)의 마찰로 인하여 압력이 약간 저하되는 상태를 무엇이라 하는가?

㉮ 히스테리시스(Hysteresis) 효과
㉯ 록업(Lock-up) 효과
㉰ 충돌(Impingement) 효과
㉱ 형상(Body-Configuration) 효과

문제 47 다음 중 압력단위의 환산이 잘못된 것은?

㉮ $1\ kg/cm^2 ≒ 14.22\ psi$
㉯ $1\ psi ≒ 0.0703\ kg/cm^2$
㉰ $1\ mbar ≒ 14.7\ psi$
㉱ $1\ kg/cm^2 ≒ 98.07\ kPa$

문제 48 다음 가스 중 상온에서 가장 안정한 것은?

㉮ 산소
㉯ 네온
㉰ 프로판
㉱ 부탄

문제 49 다음 중 카바이드와 관련이 없는 성분은?

㉮ 아세틸렌(C_2H_2)
㉯ 석회석($CaCO_3$)
㉰ 생석회(CaO)
㉱ 염화칼슘($CaCl_2$)

문제 50 브롬화메탄에 대한 설명으로 틀린 것은?

㉮ 용기가 열에 노출되면 폭발할 수 있다.
㉯ 알루미늄을 부식하므로 알루미늄 용기에 보관할 수 없다.
㉰ 가연성이며 독성가스이다.
㉱ 용기의 충전구 나사는 왼나사이다.

해답 45.㉰ 46.㉮ 47.㉰ 48.㉯ 49.㉱ 50.㉱

문제 51 다음 중 메탄의 제조방법이 아닌 것은?

㉮ 석유를 크래킹하여 제조한다.
㉯ 천연가스를 냉각시켜 분별 증류한다.
㉰ 초산나트륨에 소다회를 가열하여 얻는다.
㉱ 니켈을 촉매로 하여 일산화탄소에 수소를 작용시킨다.

문제 52 아세틸렌의 특징에 대한 설명으로 옳은 것은?

㉮ 압축 시 산화폭발한다.
㉯ 고체 아세틸렌은 융해하지 않고 승화한다.
㉰ 금과는 폭발성 화합물을 생성한다.
㉱ 액체 아세틸렌은 안정하다.

문제 53 어떤 물질의 질량은 30g이고 부피는 600cm^{3}이다. 이것의 밀도(g/cm^3)는 얼마인가?

㉮ 0.01   ㉯ 0.05
㉰ 0.5   ㉱ 1

문제 54 대기압이 1.0332kg$_f$/cm^2 이고, 계기압력이 10kg$_f$/cm^2 일 때 절대압력은 약 몇 kg$_f$/cm^{2}인가?

㉮ 8.9668   ㉯ 10.332
㉰ 11.0332   ㉱ 103.32

문제 55 다음 중 휘발분이 없는 연료로서 표면연소를 하는 것은?

㉮ 목탄, 코크스   ㉯ 석탄, 목재
㉰ 휘발유, 등유   ㉱ 경유, 유황

문제 56 0℃ 물 10kg을 100℃ 수증기로 만드는데 필요한 열량은 약 몇 kcal인가?

㉮ 5390   ㉯ 6390
㉰ 7390   ㉱ 8390

문제 57 설비나 장치 및 용기 등에서 취급 또는 운용되고 있는 통상의 온도를 무슨 온도로 하는가?

㉮ 상용온도   ㉯ 표준온도
㉰ 화씨온도   ㉱ 캘빈온도

해답 51. ㉮ 52. ㉯ 53. ㉯ 54. ㉰ 55. ㉮ 56. ㉯ 57. ㉮

문제 58 도시가스의 주원료인 메탄(CH_4)의 비점은 약 얼마인가?
- ㉮ $-50℃$
- ㉯ $-82℃$
- ㉰ $-120℃$
- ㉱ $-162℃$

문제 59 다음 화합물 중 탄소의 함유율이 가장 많은 것은?
- ㉮ CO_2
- ㉯ CH_4
- ㉰ C_2H_4
- ㉱ CO

문제 60 다음 중 온도의 단위가 아닌 것은?
- ㉮ °F
- ㉯ ℃
- ㉰ °R
- ㉱ °T

해답 58. ㉱ 59. ㉰ 60. ㉱

과년도 출제문제

(2012년 7월 22일 시행)

문제 1 안전관리자가 상주하는 사무소와 현장사무소와의 사이 또는 현장사무소 상호간 신속히 통보할 수 있도록 통신시설을 갖추어야 하는데 이에 해당되지 않는 것은?
- ㉮ 구내방송설비
- ㉯ 메가폰
- ㉰ 인터폰
- ㉱ 페이징설비

문제 2 1몰의 아세틸렌가스를 완전연소하기 위하여 몇 몰의 산소가 필요한가?
- ㉮ 1몰
- ㉯ 1.5몰
- ㉰ 2.5몰
- ㉱ 3몰

문제 3 고압가스의 용어에 대한 설명으로 틀린 것은?
- ㉮ 액화가스란 가압, 냉각 등의 방법에 의하여 액체상태로 되어 있는 것으로서 대기압에서의 끓는점이 섭씨 40도 이하 또는 상용의 온도 이하인 것을 말한다.
- ㉯ 독성가스란 공기 중에 일정량이 존재하는 경우 인체에 유해한 독성을 가진 가스로서 허용농도가 100만분의 2000이하인 가스를 말한다.
- ㉰ 초저온저장탱크라 함은 섭씨 영하 50도 이하의 액화가스를 저장하기 위한 저장탱크로서 단열재로 씌우거나 냉동설비로 냉각하는 등의 방법으로 저장탱크 내의 가스온도가 상용의 온도를 초과하지 아니하도록 한 것을 말한다.
- ㉱ 가연성가스라 함은 공기 중에서 연소하는 가스로서 폭발한계의 하한이 10% 이하인 것과 상한과 하한의 차가 20% 이상인 것을 말한다.

문제 4 고압가스안전관리법에서 정하고 있는 특수고압가스에 해당되지 않는 것은?
- ㉮ 아세틸렌
- ㉯ 포스핀
- ㉰ 압축모노실란
- ㉱ 디실란

문제 5 다음 중 동일차량에 적재하여 운반할 수 없는 경우는?
- ㉮ 산소와 질소
- ㉯ 질소와 탄산가스
- ㉰ 탄산가스와 아세틸렌
- ㉱ 염소와 아세틸렌

해답 1. ㉯ 2. ㉰ 3. ㉯ 4. ㉮ 5. ㉱

문제 6 천연가스 지하 매설 배관의 퍼지용으로 주로 사용되는 가스는?

㉮ N_2　　㉯ Cl_2　　㉰ H_2　　㉱ O_2

문제 7 독성가스 제조시설 식별표지의 글씨 색상은? (단, 가스의 명칭은 제외한다.)

㉮ 백색　　㉯ 적색
㉰ 황색　　㉱ 흑색

문제 8 다음 중 폭발성이 예민하므로 마찰 타격으로 격렬히 폭발하는 물질에 해당되지 않는 것은?

㉮ 메틸아민　　㉯ 유화질소
㉰ 아세틸라이드　　㉱ 염화질소

문제 9 고압가스를 제조하는 경우 가스를 압축해서는 아니되는 경우에 해당하지 않는 것은?

㉮ 가연성가스(아세틸렌, 에틸렌 및 수소 제외) 중 산소용량이 전체용량의 4% 이상인 것
㉯ 산소 중의 가연성가스의 용량이 전체 용량의 4% 이상인 것
㉰ 아세틸렌, 에틸렌 또는 수소 중의 산소용량이 전체 용량의 2% 이상인 것
㉱ 산소 중의 아세틸렌, 에틸렌 및 수소의 용량 합계가 전체용량의 4% 이상인 것

문제 10 지하에 설치하는 지역정압기에서 시설의 조작을 안전하고 확실하게 하기 위하여 필요한 조명도는 얼마를 확보하여야 하는가?

㉮ 100룩스　　㉯ 150룩스
㉰ 200룩스　　㉱ 250룩스

문제 11 공기 중에서의 폭발 하한값이 가장 낮은 가스는?

㉮ 황화수소　　㉯ 암모니아
㉰ 산화에틸렌　　㉱ 프로판

문제 12 가스도매사업의 가스공급시설 중 배관을 지하에 매설할 때의 기준으로 틀린 것은?

㉮ 배관은 그 외면으로부터 수평거리로 건축물까지 1.0m 이상을 유지한다.
㉯ 배관은 그 외면으로부터 지하의 다른 시설물과 0.3m 이상의 거리를 유지한다.
㉰ 배관을 산과 들에 매설할 때는 지표면으로부터 배관의 외면까지의 매설깊이를 1m 이상으로 한다.
㉱ 배관은 지반 동결로 손상을 받지 아니하는 깊이로 매설한다.

해답　6. ㉮　7. ㉱　8. ㉮　9. ㉱　10. ㉯　11. ㉱　12. ㉮

문제 13 아세틸렌을 용기에 충전하는 때에 사용하는 다공물질에 대한 설명으로 옳은 것은?

㉮ 다공도가 55% 이상 75% 미만의 석회를 고루 채운다.
㉯ 다공도가 65% 이상 82% 미만의 목탄을 고루 채운다.
㉰ 다공도가 75% 이상 92% 미만의 규조토를 고루 채운다.
㉱ 다공도가 95% 이상인 다공성 플라스틱을 고루 채운다.

문제 14 고압가스 안전관리법에서 정하고 있는 보호시설이 아닌 것은?

㉮ 의원   ㉯ 학원
㉰ 가설건축물   ㉱ 주택

문제 15 다음 가스폭발의 위험성 평가기법 중 정량적 평가방법은?

㉮ HAZOP(위험성운전 분석기법)
㉯ FTA(결함수 분석기법)
㉰ Check List법
㉱ WHAT-IF(사고예상질문 분석기법)

문제 16 도시가스사업법령에 따른 안전관리자의 종류에 포함되지 않는 것은?

㉮ 안전관리 총괄자   ㉯ 안전관리 책임자
㉰ 안전관리 부책임자   ㉱ 안전점검원

문제 17 독성가스 배관은 2중관 구조로 하여야 한다. 이 때 외층관 내경은 내층관 외경의 몇 배 이상을 표준으로 하는가?

㉮ 1.2   ㉯ 1.5   ㉰ 2   ㉱ 2.5

문제 18 액화석유가스 충전사업자의 영업소에 설치하는 용기저장소 용기보관실 면적의 기준은?

㉮ $9m^2$ 이상   ㉯ $12m^2$ 이상
㉰ $19m^2$ 이상   ㉱ $21m^2$ 이상

문제 19 자연발화의 열의 발생 속도에 대한 설명으로 틀린 것은?

㉮ 초기 온도가 높은 쪽이 일어나기 쉽다.
㉯ 표면적이 작을수록 일어나기 쉽다.
㉰ 발열량이 큰 쪽이 일어나기 쉽다.
㉱ 촉매 물질이 존재하면 반응 속도가 빨라진다.

해답 13. ㉰ 14. ㉰ 15. ㉯ 16. ㉰ 17. ㉮ 18. ㉰ 19. ㉯

문제 20 암모니아 충전용기로서 내용적이 1000L 이하인 것은 부식 여유치가 A 이고, 염소 충전용기로서 내용적이 1000L 초과하는 것은 부식여유치가 B 이다. A와 B항의 알맞은 부식여유치는?

㉮ A : 1mm, B : 2mm ㉯ A : 1mm, B : 3mm
㉰ A : 2mm, B : 5mm ㉱ A : 1mm, B : 5mm

문제 21 다음 중 고압가스관련설비가 아닌 것은?

㉮ 일반 압축가스 배관용 밸브
㉯ 자동차용 압축천연가스 완속충전설비
㉰ 액화석유가스용 용기잔류가스회수장치
㉱ 안전밸브, 긴급차단장치, 역화방지장치

문제 22 고압가스일반제조시설의 저장탱크 지하 설치기준에 대한 설명으로 틀린 것은?

㉮ 저장탱크 주위에는 마른모래를 채운다.
㉯ 지면으로부터 저장탱크 정상부까지의 깊이는 30cm 이상으로 한다.
㉰ 저장탱크를 매설한 곳의 주위에는 지상에 경계표지를 한다.
㉱ 저장탱크에 설치한 안전밸브는 지면에서 5m 이상 높이에 방출구가 있는 가스방출관을 설치한다.

문제 23 아황산가스의 제독제로 갖추어야 할 것이 아닌 것은?

㉮ 가성소다수용액   ㉯ 소석회
㉰ 탄산소다수용액   ㉱ 물

문제 24 산소 압축기의 윤활유로 사용되는 것은?

㉮ 석유류   ㉯ 유지류   ㉰ 글리세린   ㉱ 물

문제 25 아세틸렌이 은, 수은과 반응하여 폭발성의 금속 아세틸라이드를 형성하여 폭발하는 형태는?

㉮ 분해폭발   ㉯ 화합폭발
㉰ 산화폭발   ㉱ 압력폭발

문제 26 가연성가스 또는 독성가스의 제조시설에서 자동으로 원재료의 공급을 차단시키는 등 제조설비 안의 제조를 제어할 수 있는 장치를 무엇이라고 하는가?

㉮ 인터록기구   ㉯ 벤트스택
㉰ 플레어스택   ㉱ 가스누출검지경보장치

해답 20. ㉱ 21. ㉮ 22. ㉯ 23. ㉱ 24. ㉱ 25. ㉯ 26. ㉮

문제 27 지상에 설치하는 정압기실 방호벽의 높이와 두께 기준으로 옳은 것은?

㉮ 높이 2m, 두께 7cm 이상의 철근콘크리트벽
㉯ 높이 1.5m, 두께 12cm 이상의 철근콘크리트벽
㉰ 높이 2m, 두께 12cm 이상의 철근콘크리트벽
㉱ 높이 1.5m, 두께 15cm 이상의 철근콘크리트벽

문제 28 도시가스 도매사업제조소에 설치된 비상공급시설 중 가스가 통하는 부분은 최소사용압력의 몇 배 이상의 압력으로 기밀시험이나 누출검사를 실시하여 이상이 없는 것으로 하는가?

㉮ 1.1　　㉯ 1.2
㉰ 1.5　　㉱ 2.0

문제 29 용기 종류별 부속품의 기호 중 압축가스를 충전하는 용기의 부속품은 나타낸 것은?

㉮ LG　　㉯ PG
㉰ LT　　㉱ AG

문제 30 다음 (　) 안에 알맞은 말은?

"시·도지사는 도시가스를 사용하는 자에게 퓨즈 콕 등 가스안전 장치의 설치를 (　) 할 수 있다."

㉮ 권고　　㉯ 강제
㉰ 위탁　　㉱ 시공

문제 31 고압식 액화산소 분리장치에서 원료공기는 압축기에서 어느 정도 압축되는가?

㉮ 40 ~ 60atm　　㉯ 70 ~ 100atm
㉰ 80 ~ 120atm　　㉱ 150 ~ 200atm

문제 32 수은을 이용한 U자관 압력계에서 액주높이(h) 600mm, 대기압(P_1)은 1kg/cm^{2}일 때, P_2는 약 몇 kg/cm^{2}인가?

㉮ 0.22　　㉯ 0.92
㉰ 1.82　　㉱ 9.16

해답　27. ㉰　28. ㉮　29. ㉯　30. ㉮　31. ㉱　32. ㉰

문제 33 조정기를 사용하여 공급가스를 감압하는 2단 감압방법의 장점이 아닌 것은?
- ㉮ 공급압력이 안정하다.
- ㉯ 중간배관이 가늘어도 된다.
- ㉰ 각 연소기구에 알맞은 압력으로 공급이 가능하다.
- ㉱ 장치가 간단하다.

문제 34 LNG의 주성분인 CH_4의 비점과 임계온도를 절대온도(K)로 바르게 나타낸 것은?
- ㉮ 435K, 355K
- ㉯ 111K, 355K
- ㉰ 435K, 283K
- ㉱ 111K, 283K

문제 35 재료의 저온하에서의 성질에 대한 설명으로 가장 거리가 먼 것은?
- ㉮ 강은 암모니아 냉동기용 재료로서 적당하다.
- ㉯ 탄소강은 저온도가 될수록 인장강도가 감소한다.
- ㉰ 구리는 액화분리장치용 금속재료로 적당하다.
- ㉱ 18-8 스테인리스강은 우수한 저온장치용 재료이다.

문제 36 수소취성을 방지하는 원소로 옳지 않은 것은?
- ㉮ 텅스텐(W)
- ㉯ 바나듐(V)
- ㉰ 규소(Si)
- ㉱ 크롬(Cr)

문제 37 온도계의 선정방법에 대한 설명 중 틀린 것은?
- ㉮ 지시 및 기록 등을 쉽게 행할 수 있을 것
- ㉯ 견고하고 내구성이 있을 것
- ㉰ 취급하기가 쉽고 측정하기 간편할 것
- ㉱ 피측 온체의 화학반응 등으로 온도계에 영향이 있을 것

문제 38 펌프의 캐비테이션에 대한 설명으로 옳은 것은?
- ㉮ 캐비테이션은 펌프 임펠러의 출구 부근에 더 일어나기 쉽다.
- ㉯ 유체 중에 그 액온의 증기압보다 압력이 낮은 부분이 생기면 캐비테이션이 발생한다.
- ㉰ 캐비테이션은 유체의 온도가 낮을수록 생기기 쉽다.
- ㉱ 이용 NPSH > 필요 NPSH 일 때 캐비테이션을 발생한다.

해답 33. ㉱ 34. ㉯ 35. ㉯ 36. ㉰ 37. ㉱ 38. ㉯

문제 39 LP가스를 자동차용 연료로 사용할 때의 특징에 대한 설명 중 틀린 것은?

㉮ 완전연소가 쉽다.
㉯ 배기가스에 독성이 적다.
㉰ 기관의 부식 및 마모가 적다.
㉱ 시동이나 급가속이 용이하다.

문제 40 원거리 지역에 대량의 가스를 공급하기 위하여 사용되는 가스 공급 방식은?

㉮ 초저압 공급　　　　㉯ 저압 공급
㉰ 중압 공급　　　　　㉱ 고압 공급

문제 41 다음은 무슨 압력계에 대한 설명인가?

> "주름관이 내압변화에 따라서 신축되는 것을 이용한 것으로 진공압 및 차압 측정에 주로 사용된다."

㉮ 벨로우즈압력계　　　㉯ 다이어프램압력계
㉰ 부르동관압력계　　　㉱ U자관식압력계

문제 42 공기의 액화 분리에 대한 설명 중 틀린 것은?

㉮ 질소가 정류탑의 하부로 먼저 기화되어 나간다.
㉯ 대량의 산소, 질소를 제조하는 공업적 제조법이다.
㉰ 액화의 원리는 임계온도 이하로 냉각시키고 임계압력 이상으로 압축하는 것이다.
㉱ 공기 액화 분리장치에서는 산소가스가 가장 먼저 액화된다.

문제 43 증기 압축식 냉동기에서 실제적으로 냉동이 이루어지는 곳은?

㉮ 증발기　　　　　　㉯ 응축기
㉰ 팽창기　　　　　　㉱ 압축기

문제 44 직동식 정압기의 기본 구성요소가 아닌 것은?

㉮ 안전밸브　　　　　㉯ 스프링
㉰ 메인밸브　　　　　㉱ 다이어프램

해답 39. ㉱　40. ㉱　41. ㉮　42. ㉮　43. ㉮　44. ㉮

문제 45 가연성가스의 제조설비 내에 설치하는 전기기기에 대한 설명으로 옳은 것은?

㉮ 1종 장소에는 원칙적으로 전기설비를 설치해서는 안된다.
㉯ 안전증 방폭구조는 전기기기의 불꽃이나 아크를 발생하여 착화원이 될 염려가 있는 부분을 기름 속에 넣은 것이다.
㉰ 2종 장소는 정상의 상태에서 폭발성 분위기가 연소하여 또는 장시간 생성되는 장소를 말한다.
㉱ 가연성가스가 존재할 수 있는 위험장소는 1종 장소, 2종 장소 및 0종 장소로 분류하고 위험장소에서는 방폭형 전기기기를 설치하여야 한다.

문제 46 다음 중 온도가 가장 높은 것은?

㉮ 450 °R
㉯ 220K
㉰ 2°F
㉱ -5℃

문제 47 다음 중 염소의 용도로 적합하지 않는 것은?

㉮ 소독용으로 사용된다.
㉯ 염화비닐 제조의 원료이다.
㉰ 표백제로 사용된다.
㉱ 냉매로 사용된다.

문제 48 부탄(C_4H_{10})용기에서 액체 580g이 대기 중에 방출되었다. 표준 상태에서 부피는 몇 L가 되는가?

㉮ 150
㉯ 210
㉰ 224
㉱ 230

문제 49 다음 중 비점이 가장 낮은 기체는?

㉮ NH_3
㉯ C_3H_8
㉰ N_2
㉱ H_2

문제 50 도시가스에 첨가되는 부취제 선정 시 조건으로 틀린 것은?

㉮ 물에 잘 녹고 쉽게 액화될 것
㉯ 토양에 대한 투과성이 좋을 것
㉰ 독성 및 부식성이 없을 것
㉱ 가스배관에 흡착되지 않을 것

해답 45.㉱ 46.㉱ 47.㉱ 48.㉰ 49.㉱ 50.㉮

문제 51 가연성가스 배관의 출구 등에서 공기 중으로 유출하면서 연소하는 경우는 어느 연소 형태에 해당하는가?

㉮ 확산연소　　　　　　　　㉯ 증발연소
㉰ 표면연소　　　　　　　　㉱ 분해연소

문제 52 다음 중 수소가스와 반응하여 격렬히 폭발하는 원소가 아닌 것은?

㉮ O_2　　㉯ N_2　　㉰ Cl_2　　㉱ F_2

문제 53 다음에서 설명하는 법칙은?

"모든 기체 1몰의 체적(V)은 같은 온도(T), 같은 압력(P)에서는 모두 일정하다."

㉮ Dalton의 법칙　　　　　　㉯ Henry의 법칙
㉰ Avogadro의 법칙　　　　　㉱ Hess의 법칙

문제 54 액화석유가스에 관한 설명 중 틀린 것은?

㉮ 무색투명하고 물에 잘 녹지 않는다.
㉯ 탄소의 수가 3~4개로 이루어진 화합물이다.
㉰ 액체에서 기체로 될 때 체적은 150배로 증가한다.
㉱ 기체는 공기보다 무거우며, 천연고무를 녹인다.

문제 55 0℃에서 온도를 상승시키면 가스의 밀도는?

㉮ 높게 된다.　　　　　　　　㉯ 낮게 된다.
㉰ 변함이 없다.　　　　　　　㉱ 일정하지 않다.

문제 56 이상기체에 잘 적용될 수 있는 조건에 해당되지 않는 것은?

㉮ 온도가 높고 압력이 낮다.
㉯ 분자 간 인력이 작다.
㉰ 분자크기가 작다.
㉱ 비열이 작다.

문제 57 60℃의 물 300kg과 20℃의 물 800kg을 혼합하면 약 몇 ℃의 물이 되겠는가?

㉮ 28.2　　　　　　　　　　㉯ 30.9
㉰ 33.1　　　　　　　　　　㉱ 37

해답 51. ㉮　52. ㉯　53. ㉰　54. ㉰　55. ㉯　56. ㉱　57. ㉯

문제 58 착화원이 있을 때 가연성액체나 고체의 표면에 연소하한계 농도의 가연성 혼합기가 형성되는 최저온도는?

㉮ 인화온도   ㉯ 임계온도
㉰ 발화온도   ㉱ 포화온도

문제 59 암모니아의 성질에 대한 설명으로 옳은 것은?

㉮ 상온에서 약 8.46atm이 되면 액화한다.
㉯ 불연성의 맹독성 가스이다.
㉰ 흑갈색의 기체로 물에 잘 녹는다.
㉱ 염화수소와 만나면 검은 연기를 발생한다.

문제 60 표준상태에서 에탄 2mol, 프로판 5mol, 부탄 3mol로 구성된 LPG에서 부탄의 중량은 몇 % 인가?

㉮ 13.2   ㉯ 24.6
㉰ 38.3   ㉱ 48.5

58. ㉮   59. ㉮   60. ㉰

과년도 출제문제

(2012년 10월 20일 시행)

문제 1 고압가스 배관에 대하여 수압에 의한 내압시험을 하려고 한다. 이 때 압력은 얼마 이상으로 하는가?
- ㉮ 사용압력×1.1배
- ㉯ 사용압력×2배
- ㉰ 상용압력×1.5배
- ㉱ 상용압력×2배

문제 2 일반 도시가스 사업자는 공급권역을 구역별로분할하고 원격조작에 의한 긴급차단장치를 설치하여 대형가스누출, 지진발생 등 비상시 가스차단을 할 수 있도록 하고 있는데 이 구역의 설정기준은?
- ㉮ 수요자 수가 20만 미만이 되도록 할 것
- ㉯ 수요자 수가 25만 미만이 되도록 할 것
- ㉰ 배관길이가 20km 미만이 되도록 설정
- ㉱ 배관길이가 25km 미만이 되도록 설정

문제 3 고압가스 특정제조시설에서 배관을 해저에 설치하는 경우의 기준으로 틀린 것은?
- ㉮ 배관은 해저면 밑에 설치한다.
- ㉯ 배관은 원칙적으로 다른 배관과 교차하지 아니하여야 한다.
- ㉰ 배관은 원칙적으로 다른 배관과 수평거리로 20m 이상을 유지하여야 한다.
- ㉱ 배관의 입상부에는 방호시설물을 설치한다.

문제 4 가스도매사업의 가스공급시설에서 배관을 지하에 매설할 경우의 기준으로 틀린 것은?
- ㉮ 배관을 시가지 외의 도로 노면 밑에 매설할 경우 노면으로부터 배관외면 까지 1.2m이상 이격할 것
- ㉯ 배관의 깊이는 산과 들에서는 1m 이상으로 할 것
- ㉰ 배관을 시가지의 도로 노면 밑에 매설할 경우 노면으로부터 배관외면까지 1.5m 이상 이격할 것
- ㉱ 배관을 철도부지에 매설할 경우 배관 외면으로부터 궤도 중심까지 5m 이상 이격할 것

해답 1. ㉰ 2. ㉮ 3. ㉰ 4. ㉱

문제 5 고압가스 특정제조시설 중 비가연성 가스의 저장탱크는 몇 m³ 이상일 경우에 지진영향에 대한 안전한 구조로 설계하여야 하는가?

㉮ 300　　㉯ 500
㉰ 1000　　㉱ 2000

문제 6 액화석유가스 저장탱크에 가스를 충전하고자 한다. 내용적이 15m³인 탱크에 안전하게 충전할 수 있는 가스의 최대용량은 몇 m³인가?

㉮ 12.75　　㉯ 13.5
㉰ 14.25　　㉱ 14.7

문제 7 가연성가스 및 방폭 전기기기의 폭발등급 분류 시 사용하는 최소점화전류비는 어느 가스의 최소 점화전류를 기준으로 하는가?

㉮ 메탄　　㉯ 프로판
㉰ 수소　　㉱ 아세틸렌

문제 8 도시가스사업법상 제1종 보호시설이 아닌 것은?

㉮ 아동 50명이 다니는 유치원
㉯ 수용인원이 340명인 예식장
㉰ 객실 20개를 보유한 여관
㉱ 250세대 규모의 개별난방 아파트

문제 9 아세틸렌 제조설비의 기준에 대한 설명으로 틀린 것은?

㉮ 압축기와 충전장소 사이에는 방호벽을 설치한다.
㉯ 아세틸렌 충전용 교체밸브는 충전장소와 격리하여 설치한다.
㉰ 아세틸렌 충전용 지관에는 탄소함유량이 0.1% 이하의 강을 사용한다.
㉱ 아세틸렌에 접촉하는 부분에는 동 또는 동 함유량이 72% 이하의 것을 사용한다.

문제 10 다음 중 가연성이면서 독성인 가스는?

㉮ 아세틸렌, 프로판
㉯ 수소, 이산화탄소
㉰ 암모니아, 산화에틸렌
㉱ 아황산가스, 포스겐

해답 5. ㉰　6. ㉯　7. ㉮　8. ㉱　9. ㉱　10. ㉰

문제 11 다음 가스 중 폭발범위의 하한값이 가장 높은 것은?
　㉮ 암모니아　　　　　　　㉯ 수소
　㉰ 프로판　　　　　　　　㉱ 메탄

문제 12 고압가스의 충전 용기를 차량에 적재하여 운반하는 기준에 대한 설명으로 옳은 것은?
　㉮ 염소와 아세틸렌 충전 용기는 동일 차량에 적재 운반이 가능하다.
　㉯ 염소와 수소 충전 용기는 동일 차량에 적재하는 것이 가능하다.
　㉰ 독성가스가 아닌 300m³의 압축 가연성 가스를 적재하여 운반하는 때에는 운반책임자를 동승한다.
　㉱ 독성가스가 아닌 2000kg의 액화 조연성 가스를 적재하여 운반하는 때에는 운반책임자를 동승한다.

문제 13 다음 중 풍압대와 관계없이 설치할 수 있는 방식의 가스 보일러는?
　㉮ 자연배기식(CF) 단독배기통 방식
　㉯ 자연배기식(CF) 복합배기통 방식
　㉰ 강제배기식(FE) 단독배기통 방식
　㉱ 강제배기식(FE) 공동배기구 방식

문제 14 도시가스사용시설에서 입상관과 화기사이에 유지하여야 하는 거리는 우회거리 몇 m 이상 인가?
　㉮ 1m　　　　　　　　　　㉯ 2m
　㉰ 3m　　　　　　　　　　㉱ 4m

문제 15 일반도시가스 공급시설의 시설기준으로 틀린 것은?
　㉮ 가스공급 시설을 설치한 곳에는 누출된 가스가 머물지 아니하도록 환기설비를 설치한다.
　㉯ 공동구 안에는 환기장치를 설치하며 전기설비가 있는 공동구에는 그 전기설비를 방폭구조로 한다.
　㉰ 저장탱크의 안전장치인 안전밸브나 파열판에는 가스 방출관을 설치한다.
　㉱ 저장탱크의 안전밸브는 다이어프램식 안전밸브로 한다.

문제 16 방류둑의 성토는 수평에 대하여 몇 도 이하의 기울기로 하여야 하는가?
　㉮ 30°　　　　　　　　　　㉯ 45°
　㉰ 60°　　　　　　　　　　㉱ 75°

해답 11. ㉮　12. ㉰　13. ㉱　14. ㉯　15. ㉱　16. ㉯

문제 17 고압가스 저장탱크 및 가스홀더의 가스방출장치는 가스 저장량이 몇 m³ 이상인 경우 설치하여야 하는가?

㉮ 1m³ ㉯ 3m³ ㉰ 5m³ ㉱ 10m³

문제 18 다음 중 LNG의 주성분은?

㉮ CH_4 ㉯ CO
㉰ C_2H_4 ㉱ C_3H_8

문제 19 가스제조시설에 설치하는 방호벽의 규격으로 옳은 것은?

㉮ 철근콘크리트 벽으로 두께 12cm 이상, 높이 2m 이상
㉯ 철근콘크리트블록 벽으로 두께 20cm 이상, 높이 2m 이상
㉰ 박강판 벽으로 두께 3.2cm 이상, 높이 2m 이상
㉱ 후강판 벽으로 두께 19mm 이상, 높이 2.5m 이상

문제 20 고압가스 특정제조시설에서 플레어스택의 설치기준으로 틀린 것은?

㉮ 파이롯트버너를 항상 꺼두는 등 플레어스택에 관련된 폭발을 방지하기 위한 조치가 되어 있는 것으로 한다.
㉯ 긴급이송설비로 이송되는 가스를 안전하게 연소시킬 수 있는 것으로 한다.
㉰ 플레어스택에서 발생하는 복사열이 다른 제조시설에 나쁜 영향을 미치지 아니하도록 안전한 높이 및 위치에 설치한다.
㉱ 플레어스택에서 발생하는 최대열량에 장시간 견딜 수 있는 재료 및 구조로 되어 있는 것으로 한다.

문제 21 다음은 어떤 안전설비에 대한 설명인가?

> 설비가 잘못 조작되거나 정상적인 제조를 할 수 없는 경우 자동으로 원재료의 공급을 차단시키는 등 고압가스 제조설비 안의 제조를 제어하는 기능을 한다.

㉮ 안전밸브 ㉯ 긴급차단장치
㉰ 인터록기구 ㉱ 벤트스택

문제 22 허용농도가 100만분의 200이하인 독성가스 용기 운반차량은 몇 km 이상의 거리를 운행할 때 중간에 충분한 휴식을 취한 후 운행하여야 하는가?

㉮ 100km ㉯ 200km
㉰ 300km ㉱ 400km

해답 17. ㉰ 18. ㉮ 19. ㉮ 20. ㉮ 21. ㉰ 22. ㉯

문제 23 방폭전기 기기의 구조별 표시방법으로 틀린 것은?
㉮ 내압방폭구조 - s
㉯ 유입방폭구조 - o
㉰ 압력방폭구조 - p
㉱ 본질안전방폭구조 - ia

문제 24 고압가스에 대한 사고예방설비기준으로 옳지 않은 것은?
㉮ 가연성가스의 가스설비 중 전기설비는 그 설치장소 및 그 가스의 종류에 따라 적절한 방폭성능을 가지는 것 일 것.
㉯ 고압가스설비에는 그 설비안의 압력이 내압압력을 초과 하는 경우 즉시 그 압력을 내압압력 이하로 되돌릴 수 있는 안전장치를 설치하는 등 필요한 조치로 할 것.
㉰ 폭발 등의 위해가 발생할 가능성이 큰 특수반응설비에는 그 위해의 발생을 방지하기 위하여 내부반응 감시 설비 및 위험사태발생 방지설비의 설치 등 필요한 조치를 할 것.
㉱ 저장탱크및 배관에는 그 저장탱크 및 배관이 부식되는 것을 방지하기 위하여 필요한 조치를 할 것.

문제 25 고압용기에 각인되어있는 내용적의기호는?
㉮ V   ㉯ FP
㉰ TP   ㉱ W

문제 26 고압가스 냉동제조의 시설 및 기술기준에 대한 설명으로 틀린 것은?
㉮ 냉동제조시설 중 냉매설비에는 자동제어장치를 설치할 것.
㉯ 가연성가스 또는 독성가스를 냉매로 사용하는 냉매설비 중 수액기에 설치하는 액면계는 환형유리관액면계를 사용할 것.
㉰ 냉매설비에는 압력계를 설치할 것.
㉱ 압축기 최종단에 설치한 안전장치는 1년에 1회 이상 점검을 실시할 것.

문제 27 도시가스공급시설에 대하여 공사가 실시하는 정밀안전단의 실시시기 및 기준에 의거 본관 및 공급관에 대하여 최초로 시공감리증명서를 받은 날부터 (   )년이 지난날이 속하는 해 및 그 이후 매 (   )년이 지난날이 속하는 해에 받아야 한다. (   )안에 각각 들어갈 숫자는?
㉮ 10, 5   ㉯ 15, 5
㉰ 10, 10   ㉱ 15, 10

해답 23. ㉮ 24. ㉯ 25. ㉮ 26. ㉯ 27. ㉯

문제 28 0℃ · 1atm에서 6L 인 기체가 273℃ · 1atm일 때 몇 L가 되는가?
⑦ 4　　　　㉯ 8　　　　㉰ 12　　　　㉱ 24

문제 29 다음 중 2중관으로 하여야 하는 고압 가스가 아닌 것은?
⑦ 수소　　　　　　　㉯ 아황산가스
㉰ 암모니아　　　　　㉱ 황화수소

문제 30 도시가스사용시설에서 배관의 용접부 중 비파괴시험을 하여야 하는 것은?
⑦ 가스용 폴리에틸렌관
㉯ 호칭지름 65mm인 매몰된 저압배관
㉰ 호칭지름 150mm인 노출된 저압배관
㉱ 호칭지름 65mm인 노출된 중압배관

문제 31 펌프의 축봉 장치에서 아웃사이드 형식이 쓰이는 경우가 아닌 것은?
⑦ 구조재, 스프링재가 액의 내식성에 문제가 있을 때
㉯ 점성계수가 100cP를 초과하는 고점도 액일 때
㉰ 스타핑 복스 내가 고진공일 때
㉱ 고 응고점 액일 때

문제 32 자유 피스톤식 압력계에서 추와 피스톤의 무게가 15.7kg일 때 실린더 내의 액압과 균형을 이루었다면 게이지 압력은 몇 kg/cm²이 되겠는가? (단, 피스톤의 지름은 4cm이다.)
⑦ 1.25kg/cm²　　　　㉯ 1.57kg/cm²
㉰ 2.5kg/cm²　　　　㉱ 5kg/cm²

문제 33 왕복식 압축기에서 피스톤과 크랭크 샤프트를 연결하여 왕복운동을 시키는 역할을 하는 것은?
⑦ 크랭크　　　　　　㉯ 피스톤링
㉰ 커넥팅로드　　　　㉱ 톱클리어런스

문제 34 액화천연가스(LPG) 저장탱크 중 내부 탱크의 재료로 사용되지 않는 것은?
⑦ 자기 지지형(Self Supporting) 9%니켈강
㉯ 알루미늄 합금
㉰ 멤브레인식 스테인레스강
㉱ 프리스트레스트 콘크리트(PC. Prestressed Concrete)

해답 28. ㉰　29. ⑦　30. ㉱　31. ㉱　32. ⑦　33. ㉰　34. ㉱

문제 35 유리 온도계의 특징에 대한 설명으로 틀린 것은?
- ㉮ 일반적으로 오차가 적다.
- ㉯ 취급은 용이하나 파손이 쉽다.
- ㉰ 눈금 읽기가 어렵다.
- ㉱ 일반적으로 연속기록자동제어를 할 수 있다.

문제 36 자동차에 혼합 적재가 가능한 것끼리 연결된 것은?
- ㉮ 염소-아세틸렌
- ㉯ 염소-암모니아
- ㉰ 염소-산소
- ㉱ 염소-수소

문제 37 고압식 액체산소분리장치에서 원료공기는 압축기에서 압축된 후 압축기의 중간단에서는 몇 atm 정도로 탄산가스 흡수기에 들어가는가?
- ㉮ 5atm
- ㉯ 7atm
- ㉰ 15atm
- ㉱ 20atm

문제 38 실린더의 단면적 50cm^2, 행정 10cm, 회전수 200rpm 체적 효율 80%인 왕복 압축기의 토출량은?
- ㉮ 60L/min
- ㉯ 80L/min
- ㉰ 120L/min
- ㉱ 140L/min

문제 39 C_4H_{10}의 제조시설에 설치하는 가스누출 경보기는 가스누출 농도가 얼마일 때 경보를 울려야 하는가?
- ㉮ 0.45% 이상
- ㉯ 0.53% 이상
- ㉰ 1.8% 이상
- ㉱ 2.1% 이상

문제 40 카플러안전기구와 과류차단안전기구가 부착된 것으로서 배관과 카플러를 연결하는 구조의 콕은?
- ㉮ 퓨즈콕
- ㉯ 상자콕
- ㉰ 노즐콕
- ㉱ 커플콕

문제 41 재료에 하중을 작용하여 항복점 이상의 응력을 가하면, 하중을 제거 하여도 본래의 형상으로 돌아가지 않도록 하는 성질을 무엇이라고 하는가?
- ㉮ 피로
- ㉯ 크리프
- ㉰ 소성
- ㉱ 탄성

해답 35. ㉱ 36. ㉰ 37. ㉰ 38. ㉯ 39. ㉮ 40. ㉯ 41. ㉰

문제 42 관 도중에 조리개(교축기구)를 넣어 조리개 전후의 차압을 이용하여 유량을 측정하는 계측기기는?
- ㉮ 오벌식 유량계
- ㉯ 오리피스 유량계
- ㉰ 막식 유량계
- ㉱ 터빈 유량계

문제 43 펌프가 운전중에 한숨을 쉬는 것과 같은 상태가 되어 토출구 및 흡입구에서 압력계의 바늘이 흔들리며 동시에 유량이 변화하는 현상을 무엇이라고 하는가?
- ㉮ 캐비테이션
- ㉯ 워터햄머링
- ㉰ 바이브레이션
- ㉱ 서징

문제 44 공기에 의한 전열은 어느 압력까지 내려가면 급히 압력에 비례하여 적어지는 성질을 이용하는 저온 장치에 사용되는 진공단열법은?
- ㉮ 고진공 단열법
- ㉯ 분말진공단열법
- ㉰ 다층진공 단열법
- ㉱ 자연진공 단열법

문제 45 다음 중 저온장치의 가스 액화 사이클이 아닌것은?
- ㉮ 린데식 사이클
- ㉯ 클라우드식 사이클
- ㉰ 필립스식 사이클
- ㉱ 카자레식 사이클

문제 46 다음 중 암모니아 가스의 검출방법이 아닌것은?
- ㉮ 네슬러시약을 넣어본다.
- ㉯ 초산연 시험지를 대어 본다.
- ㉰ 진한 염산에 접촉시켜 본다.
- ㉱ 붉은 리트머스지를 대어 본다.

문제 47 가스의 비열비의 값은?
- ㉮ 언제나 1보다 작다.
- ㉯ 언제나 1보다 크다.
- ㉰ 1보다 크기도 하고 작기도 하다.
- ㉱ 0.5와 1사이의 값이다.

문제 48 염소의 특징에 대한 설명 중 틀린 것은?
- ㉮ 염소자체는 폭발성, 인화성을 가진다.
- ㉯ 상온에서 자극성의 냄새가 있는 맹독성을 가진다.
- ㉰ 염소와 산소의 1:1 혼합물을 염소 폭명기라 한다.
- ㉱ 수분이 있으면 염산이 생성되어 부식성이 강해진다.

해답 42. ㉯ 43. ㉱ 44. ㉮ 45. ㉱ 46. ㉯ 47. ㉯ 48. ㉰

문제 49 국가표준기본법에서 정의하는 기본단위가 아닌 것은?

㉮ 질량 – kg ㉯ 시간 – s
㉰ 전류 – a ㉱ 온도 – ℃

문제 50 다음 중 불꽃의 표준온도가 가장 높은 연소 방식은?

㉮ 분젠식 ㉯ 적화식
㉰ 세미분젠식 ㉱ 전1차 공기식

문제 51 10%의 소금물 500g을 증발시켜 400g으로 농축하였다면 이 용액은 몇 %의 용액인가?

㉮ 10 ㉯ 12.5
㉰ 15 ㉱ 20

문제 52 다음 중 드라이아이스의 제조에 사용되는 가스는?

㉮ 일산화탄소 ㉯ 이산화탄소
㉰ 아황산가스 ㉱ 염화수소

문제 53 다음 중 표준상태에서 비점이 가장 높은 것은?

㉮ 나프타 ㉯ 프로판
㉰ 에탄 ㉱ 부탄

문제 54 도시가스의 유해성분을 측정하기 위한 도시가스 품질검사의 성분분석은 주로 어떤 기기를 사용하는가?

㉮ 기체크로마토그래피 ㉯ 분자흡수분광기
㉰ NMR ㉱ ICP

문제 55 가스누출자동차단기의 내압시험 조건으로 맞는 것은?

㉮ 고압부 1.8MPa 이상, 저압부 8.4~10MPa
㉯ 고압부 1MPa 이상, 저압부 0.1MPa 이상
㉰ 고압부 2MPa 이상, 저압부 0.2MPa 이상
㉱ 고압부 3MPa 이상, 저압부 0.3MPa 이상

해답 49. ㉱ 50. ㉮ 51. ㉯ 52. ㉯ 53. ㉮ 54. ㉮ 55. ㉱

문제 56 47L 고압가스 용기에 20℃의 온도로 15MPa의 게이지 압력으로 충전하였다. 40℃로 온도를 높이면 게이지 압력은 약 얼마가 되겠는가?

㉮ 16.031MPa ㉯ 17.132MPa
㉰ 18.031MPa ㉱ 19.031MPa

문제 57 염화수소(HCL)의 용도가 아닌 것은?

㉮ 강판이나 강재의 녹 제거
㉯ 필름 제조
㉰ 조미료 제조
㉱ 향료, 염료, 의약 등의 중간물 제조

문제 58 다음 중 독성도 없고 가연성도 없는 기체는?

㉮ NH_3 ㉯ C_2H_4O
㉰ CS_2 ㉱ $CHClF_2$

문제 59 절대온도 300K는 랭킨 온도 (R)로 약 몇도 인가?

㉮ 27 ㉯ 167
㉰ 541 ㉱ 572

문제 60 천연가스(LNG)의 특징에 대한 설명으로 틀린 것은?

㉮ 메탄이 주성분이다.
㉯ 공기보다 가볍다.
㉰ 연소에 필요한 공기량은 LPG에 비해 적다.
㉱ 발열량($kcal/m^3$)은 LPG에 비해 크다.

해답 56. ㉮ 57. ㉯ 58. ㉱ 59. ㉰ 60. ㉱

과년도 출제문제

(2013년 1월 27일 시행)

문제 1 액화석유가스 또는 도시가스용으로 사용되는 가스용 염화 비닐호스는 그 호스의 안전성, 편리상 및 호환성을 확보하기 위하여 안지름 치수를 규정하고 있는데 그 치수에 해당하지 않는 것은?

㉮ 4.8mm ㉯ 6.3mm ㉰ 9.5mm ㉱ 12.7mm

문제 2 가스누출 자동차단장치의 검지부 설치금지 장소에 해당하지 않는 것은?

㉮ 출입구 부근 등으로서 외부의 기류가 통하는 곳
㉯ 가스가 체류하기 좋은 곳
㉰ 환기구 등 공기가 들어오는 곳으로부터 1.5m 이내의 곳
㉱ 연소기의 폐가스에 접촉하기 쉬운 곳

문제 3 가연성 고압가스 제조소에서 다음 중 착화원인이 될 수 없는 것은?

㉮ 정전기 ㉯ 베릴륨 합금제 공구에 의한 타격
㉰ 사용 촉매의 접촉 ㉱ 밸브의 급격한 조작

문제 4 LP 가스의 일반적인 성질에 대한 설명 중 옳은 것은?

㉮ 공기보다 무거워 바닥에 고인다.
㉯ 액의 체적팽창율이 적다.
㉰ 증발잠열이 적다.
㉱ 기화 및 액화가 어렵다.

문제 5 도시가스 사용시설에서 배관의 호칭지름이 25mm인 배관은 몇 m 간격으로 고정하여야 하는가?

㉮ 1m 마다 ㉯ 2m 마다 ㉰ 3m 마다 ㉱ 4m 마다

문제 6 액화석유가스는 공기 중의 혼합비율의 용량이 얼마인 상태에서 감지할 수 있도록 냄새가 나는 물질을 섞어 용기에 충전하여야 하는가?

㉮ $\dfrac{1}{10}$ ㉯ $\dfrac{1}{100}$ ㉰ $\dfrac{1}{1000}$ ㉱ $\dfrac{1}{10000}$

해답 01. ㉮ 02. ㉯ 03. ㉰ 04. ㉮ 05. ㉯ 06. ㉰

문제 7 다음 중 천연가스(LNG)의 주성분은?

㉮ CO ㉯ CH_4 ㉰ C_2H_4 ㉱ C_2H_2

문제 8 건축물 안에 매설할 수 없는 도시가스 배관의 재료는?

㉮ 스테인리스강관 ㉯ 동관
㉰ 가스용 금속플렉시블호스 ㉱ 가스용 탄소강관

문제 9 고압가스용 용접용기 동판의 최대 두께와 최소 두께와의 차이는?

㉮ 평균두께의 5% 이하 ㉯ 평균두께의 10% 이하
㉰ 평균두께의 20% 이하 ㉱ 평균두께의 25% 이하

문제 10 공기 중에서 폭발 범위가 가장 넓은 가스는?

㉮ 메탄 ㉯ 프로판
㉰ 에탄 ㉱ 일산화탄소

문제 11 다음 중 마찰, 타격 등으로 격렬히 폭발하는 예민한 폭발물질로써 가장 거리가 먼 것은?

㉮ AgN_2 ㉯ H_2S ㉰ AgC_2 ㉱ N_4S_4

문제 12 독성가스 용기 운반기준에 대한 설명으로 틀린 것은?

㉮ 차량의 최대 적재량을 초과하여 적재하지 아니한다.
㉯ 충전용기는 자전거나 오토바이에 적재하여 운반하지 아니한다.
㉰ 독성가스 중 가연성가스와 조연성가스는 같은 차량의 적재함으로 운반하지 아니한다.
㉱ 충전용기를 차량에 적재하여 운반할 때에는 적재함에 넘어지지 않게 뉘어서 운반한다.

문제 13 도시가스계량기와 화기 사이에 유지하여야 하는 거리는?

㉮ 2m 이상 ㉯ 4m 이상
㉰ 5m 이상 ㉱ 8m 이상

문제 14 용기 밸브 그랜드너트의 6각 모서리에 V형의 홈을 낸 것은 무엇을 표시하기 위한 것은?

㉮ 왼나사임을 표시 ㉯ 오른나사임을 표시
㉰ 암나사임을 표시 ㉱ 수나사임을 표시

해답 07. ㉯ 08. ㉱ 09. ㉰ 10. ㉱ 11. ㉯ 12. ㉱ 13. ㉮ 14. ㉮

문제 15 부탄가스용 연소기의 명판에 기재할 사항이 아닌 것은?
  ㉮ 연소기명   ㉯ 제조자의 형식호칭
  ㉰ 연소기 재질   ㉱ 제조(로트)번호

문제 16 도시가스도매사업자가 제조소에 다음 시설을 설치하고자 한다. 다음 중 내진 설계를 하지 않아도 되는 시설은?
  ㉮ 저장능력이 2톤인 지상식 액화천연가스 저장탱크의 지지구조물
  ㉯ 저장능력이 300m³인 천연가스 홀더의 지지구조물
  ㉰ 처리능력이 10m³인 압축기의 지지구조물
  ㉱ 처리능력이 15m³인 펌프의 지지구조물

문제 17 저장탱크의 지하설치기준에 대한 설명으로 틀린 것은?
  ㉮ 천정, 벽 및 바닥의 두께가 각각 30cm 이상인 방수조치를 한 철근콘크리트로 만든 곳에 설치한다.
  ㉯ 지면으로부터 저장탱크의 정상부까지의 깊이는 1m 이상으로 한다.
  ㉰ 저장탱크에 설치한 안전밸브에는 지면에서 5m 이상의 높이에 방출구가 있는 가스 방출관을 설치한다.
  ㉱ 저장탱크를 매설한 곳의 주위에는 지상에 경계표시를 설치한다.

문제 18 가스 중 음속보다 화염전파 속도가 큰 경우 충격파가 발생하는 이 때 가스의 연소 속도로써 옳은 것은?
  ㉮ 0.3~100m/s   ㉯ 100~300m/s
  ㉰ 700~800m/s   ㉱ 1000~3500m/s

문제 19 도시가스사용시설의 가스계량 시 설치기준에 대한 설명으로 옳은 것은?
  ㉮ 시설 안에서 사용하는 자체 화기를 제외한 화기와 가스계량기와 유지하여야 하는 거리는 3m 이상이어야 한다.
  ㉯ 시설 안에서 사용하는 자체 화기를 제외한 화기와 입상관과 유지하여야 하는 거리는 3m 이상이어야 한다.
  ㉰ 가스계량기와 단열조치를 하지 아니한 굴뚝과의 거리는 10cm 이상 유지하여야 한다.
  ㉱ 가스계량기와 전기개폐기와의 거리는 60cm 이상 유지하여야 한다.

문제 20 비등액체팽창증기폭발(BELVE)이 일어날 가능성이 가장 낮은 곳은?
  ㉮ LPG저장탱크   ㉯ 액화가스 탱크로리
  ㉰ 천연가스 지구정압기   ㉱ LNG저장탱크

해답 15. ㉰ 16. ㉮ 17. ㉯ 18. ㉱ 19. ㉱ 20. ㉰

문제 21 액화석유가스를 탱크로리로부터 이·충전할 때 정전기를 제거하는 조치로 접지하는 접지접속선의 규격은?

㉮ 5.5mm² 이상 ㉯ 6.7mm² 이상 ㉰ 9.6mm² 이상 ㉱ 10.5mm² 이상

문제 22 가연성가스, 독성가스 및 산소설비의 수리 시 설비 내의 가스 치환용으로 주로 사용되는 가스는?

㉮ 질소 ㉯ 수소 ㉰ 일산화탄소 ㉱ 염소

문제 23 다음 중 지연성 가스에 해당되지 않는 것은?

㉮ 염소 ㉯ 불소 ㉰ 이산화질소 ㉱ 이황화탄소

문제 24 내용적이 300L인 용기에 액화암모니아를 저장하려고 한다. 이 저장설비의 저장능력은 얼마인가? (단, 액화암모니아의 충전정수는 1.86이다.)

㉮ 161kg ㉯ 232kg ㉰ 279kg ㉱ 558kg

문제 25 다음 중 방류둑을 설치하여야 할 기준으로 옳지 않은 것은?

㉮ 저장능력이 5톤 이상인 독성가스 저장탱크
㉯ 저장능력이 300톤 이상인 가연성가스 저장탱크
㉰ 저장능력이 1000톤 이상인 액화석유가스 저장탱크
㉱ 저장능력이 1000톤 이상인 액화산소 저장탱크

문제 26 다음은 도시가스사용시설의 월사용예정량을 산출하는 식이다. 이 중 기호 "A"가 의미하는 것은?

$$Q = \frac{[(A \times 240) + (B \times 90)]}{11000}$$

㉮ 월사용예정량
㉯ 산업용으로 사용하는 연소기의 명판에 기재된 가스소비량의 합계
㉰ 산업용이 아닌 연소기의 명판에 기재된 가스소비량의 합계
㉱ 가정용 연소기의 가스소비량 합계

문제 27 LPG용 압력조정기 중 1단 감압식 저압조정기의 조정압력의 범위는?

㉮ 2.3~3.3kPa
㉯ 2.55~3.3kPa
㉰ 57~83kPa
㉱ 5.0~3.0kPa 이내에 제조자가 설정한 기준압력의 ±20%

해답 21. ㉮ 22. ㉮ 23. ㉱ 24. ㉮ 25. ㉯ 26. ㉯ 27. ㉮

문제 28 용기의 내용적 40L에 내압 시험 압력의 수압을 걸었더니 내용적이 40.24L로 증가하였고, 압력을 제거하여 대기압으로 하였더니 용적은 40.02L가 되었다. 이 용기의 항구 증가량과 또 이 용기의 내압시험에 대한 합격여부는?

㉮ 1.6%, 합격 ㉯ 1.6%, 불합격
㉰ 8.3%, 합격 ㉱ 8.3%, 불합격

문제 29 산소가스 설비의 수리를 위한 저장탱크 내의 산소를 치환할 때 산소측정기 등으로 치환결과를 수시로 측정하여 산소의 농도가 원칙적으로 몇 % 이하가 될 때까지 치환하여야 하는가?

㉮ 18% ㉯ 20%
㉰ 22% ㉱ 24%

문제 30 최근 시내버스 및 청소차량 연료로 사용되는 CNG 충전소 설계시 고려하여야 할 사항으로 틀린 것은?

㉮ 압축장치와 충전설비 사이에는 방호벽을 설치한다.
㉯ 충전기에는 90kgf 미만의 힘에서 분리되는 긴급분리 장치를 설치한다.
㉰ 자동차 충전기(디스펜서)의 충전호스 길이는 8m 이하로 한다.
㉱ 펌프 주변에는 1개 이상 가스누출검지경보장치를 설치한다.

문제 31 다이어프램식 압력계의 특징에 대한 설명 중 틀린 것은?

㉮ 정확성이 높다.
㉯ 반응속도가 빠르다.
㉰ 온도에 따른 영향이 적다.
㉱ 미소압력을 측정할 때 유리하다.

문제 32 어떤 도시가스의 발열량이 15000kcal/Sm³일 때 웨버지수는 얼마인가?(단, 가스의 비중은 0.5로 한다.)

㉮ 12121 ㉯ 20000
㉰ 21213 ㉱ 30000

문제 33 염화파라듐지로 검지할 수 있는 가스는?

㉮ 아세틸렌 ㉯ 황화수소
㉰ 염소 ㉱ 일산화탄소

해답 28. ㉰ 29. ㉰ 30. ㉯ 31. ㉰ 32. ㉰ 33. ㉱

문제 34 전위측정기로 관대지전위(pipe to soil potential)측정시 측정방법으로 적합하지 않은 것은? (단, 기준전극은 포화황산동전극이다.)
- ㉮ 측정선 말단의 부식부분을 연마 후에 측정한다.
- ㉯ 전위측정기의 (+)는 T/B(Test Box), (-) 기준전극에 연결한다.
- ㉰ 콘크리트 등으로 기준전극을 토양에 접지할 수 없을 경우에는 물에 적신 스폰지 등을 사용하여 측정한다.
- ㉱ 전위측정은 가능한 한 배관에서 먼 위치에 측정한다.

문제 35 주로 탄광 내에서 CH_4의 발생을 검출하는데 사용되며 청염(푸른 불꽃)의 길이로써 그 농도를 알 수 있는데 가스 검지기는?
- ㉮ 안전등형
- ㉯ 간섭계형
- ㉰ 열선형
- ㉱ 흡광 광도형

문제 36 다음 중 용적식 유량계에 해당하는 것은?
- ㉮ 오리피스 유량계
- ㉯ 플로노즐 유량계
- ㉰ 벤투리관 유량계
- ㉱ 오벌 기어식 유량계

문제 37 가스난방기의 명판에 기재하지 않아도 되는 것은?
- ㉮ 제조자의 형식호칭(모델번호)
- ㉯ 제조자명이나 그 약호
- ㉰ 품질보증기간과 용도
- ㉱ 열효율

문제 38 진탕형 오토클레이브의 특징에 대한 설명으로 틀린 것은?
- ㉮ 가스누출의 가능성이 적다.
- ㉯ 고압력에 사용할 수 있고 반응물의 오손이 적다.
- ㉰ 장치전체가 진동하므로 압력계는 본체로부터 떨어져 설치한다.
- ㉱ 뚜껑판에 뚫어진 구멍에 촉매가 끼어들어갈 염려가 없다.

문제 39 송수량 12000L/min, 전양정 45m인 볼류트 펌프의 회전수를 1000rpm에서 1100rpm으로 변화시킨 경우 펌프의 축동력은 약 몇 PS인가? (단, 펌프의 효율은 80%이다.)
- ㉮ 165
- ㉯ 180
- ㉰ 200
- ㉱ 250

문제 40 펌프의 실제 송출유량을 Q, 펌프 내부에서의 누설 유량을 $\triangle Q$, 임펠러 속을 지나는 유량을 $Q+\triangle Q$라 할 때 펌프의 체적효율(η_v)를 구하는 식은?
- ㉮ $\eta_v = \dfrac{Q}{Q+\triangle Q}$
- ㉯ $\eta_v = \dfrac{Q+\triangle Q}{Q}$
- ㉰ $\eta_v = \dfrac{Q-\triangle Q}{Q+\triangle Q}$
- ㉱ $\eta_v = \dfrac{Q+\triangle Q}{Q-\triangle Q}$

해답 34.㉱ 35.㉮ 36.㉱ 37.㉱ 38.㉱ 39.㉰ 40.㉮

문제 41 염화메탄을 사용하는 배관에 사용하지 못하는 금속은?
- ㉮ 주강
- ㉯ 강
- ㉰ 동합금
- ㉱ 알루미늄 합금

문제 42 고압가스용기의 관리에 대한 설명으로 틀린 것은?
- ㉮ 충전 용기는 항상 40℃ 이하를 유지하도록 한다.
- ㉯ 충전 용기는 넘어짐 등으로 인한 충격을 방지하는 조치를 하여야 하며 사용한 후에는 밸브를 열어둔다.
- ㉰ 충전 용기 밸브는 서서히 개폐한다.
- ㉱ 충전 용기 밸브 또는 배관을 가열하는 때에는 열습포나 40℃ 이하의 더운물을 사용한다.

문제 43 저온장치의 분말진공단열법에서 충진용 분말로 사용되지 않는 것은?
- ㉮ 펄라이트
- ㉯ 알루미늄분말
- ㉰ 글라스울
- ㉱ 규조토

문제 44 다음 중 저온을 얻는 기본적인 원리는?
- ㉮ 등압 팽창
- ㉯ 단열 팽창
- ㉰ 등온 팽창
- ㉱ 등적 팽창

문제 45 압축기를 이용한 LP가스 이·충전 작업에 대한 설명으로 옳은 것은?
- ㉮ 충전시간이 길다.
- ㉯ 잔류가스를 회수하기 어렵다.
- ㉰ 베이퍼록 현상이 일어난다.
- ㉱ 드레인 현상이 일어난다.

문제 46 다음 중 가장 높은 압력은?
- ㉮ 1atm
- ㉯ 100kPa
- ㉰ 10mH$_2$O
- ㉱ 0.2MPa

문제 47 다음 중 비점이 가장 낮은 것은?
- ㉮ 수소
- ㉯ 헬륨
- ㉰ 산소
- ㉱ 네온

문제 48 공기 중에 10vol% 존재 시 폭발의 위험성이 없는 가스는?
- ㉮ CH$_3$Br
- ㉯ C$_2$H$_6$
- ㉰ C$_2$H$_4$O
- ㉱ H$_2$S

해답 41. ㉱ 42. ㉯ 43. ㉱ 44. ㉯ 45. ㉱ 46. ㉱ 47. ㉯ 48. ㉮

문제 49 다음 중 LP 가스의 일반적인 연소특성이 아닌 것은?
  ㉮ 연소 시 다량의 공기가 필요하다.   ㉯ 발열량이 크다.
  ㉰ 연소속도가 늦다.   ㉱ 착화온도가 낮다.

문제 50 LNG의 특징에 대한 설명 중 틀린 것은?
  ㉮ 냉열을 이용할 수 있다.
  ㉯ 천연에서 산출한 천연가스를 약 -162℃까지 냉각하여 액화시킨 것이다.
  ㉰ LNG는 도시가스, 발전용 이외에 일반 공업용으로도 사용된다.
  ㉱ LNG로부터 기화한 가스는 부탄이 주성분이다.

문제 51 가정용 가스보일러에서 발생하는 가스중독사고의 원인으로 배기가스의 어떤 성분에 의하여 주로 발생하는가?
  ㉮ CH_4 ㉯ CO_2
  ㉰ CO ㉱ C_3H_8

문제 52 순수한 물 1g을 온도 14.5℃에서 15.4℃ 까지 높이는데 필요한 열량을 의미하는 것은?
  ㉮ 1cal   ㉯ 1BTU   ㉰ 1J   ㉱ 1CHU

문제 53 물질이 융해, 응고, 증발, 응축 등과 같은 상의 변화를 일으킬 때 발생 또는 흡수하는 열을 무엇이라 하는가?
  ㉮ 비열   ㉯ 현열
  ㉰ 잠열   ㉱ 반응열

문제 54 에틸렌(C_2H_4)의 용도가 아닌 것은?
  ㉮ 폴리에틸렌의 제조   ㉯ 산화에틸렌의 원료
  ㉰ 초산비닐의 제조   ㉱ 메탄올 합성의 원료

문제 55 공기 100kg 중에는 산소가 약 몇 kg 포함되어 있는가?
  ㉮ 12.3kg   ㉯ 23.2kg
  ㉰ 31.5kg   ㉱ 43.7kg

문제 56 100°F를 섭씨온도로 환산하면 약 몇 ℃인가?
  ㉮ 20.8   ㉯ 27.8
  ㉰ 37.8   ㉱ 50.8

해답 49. ㉱ 50. ㉱ 51. ㉰ 52. ㉮ 53. ㉰ 54. ㉱ 55. ㉯ 56. ㉰

문제 57 0℃, 2기압 하에서 1L의 산소와 0℃, 3기압 2L의 질소를 혼합하여 2L로 하면 압력은 몇 기압이 되는가?

㉮ 2기압　　　　　　　　　　㉯ 4기압
㉰ 6기압　　　　　　　　　　㉱ 8기압

문제 58 다음 중 상온에서 비교적 낮은 압력으로 가장 쉽게 액화되는 가스는?

㉮ CH_4　　　　　　　　　　㉯ C_3H_8
㉰ O_2　　　　　　　　　　　㉱ H_2

문제 59 완전연소 시 공기량이 가장 많이 필요로 하는 가스는?

㉮ 아세틸렌　　　　　　　　　㉯ 메탄
㉰ 프로판　　　　　　　　　　㉱ 부탄

문제 60 산소의 물리적 성질에 대한 설명 중 틀린 것은?

㉮ 물에 녹지 않으며 액화산소는 담녹색이다.
㉯ 기체, 액체, 고체 모두 자성이 있다.
㉰ 무색, 무취, 무미의 기체이다.
㉱ 강력한 조연성가스로서 자신은 연소하지 않는다.

해답 57. ㉯　58. ㉯　59. ㉰　60. ㉮

과년도 출제문제

(2013년 4월 14일 시행)

문제 1 LPG충전시설의 충전소에 기재한 "화기엄금"이라고 표시한 게시판의 색깔로 옳은 것은?
- ㉮ 황색바탕에 흑색글씨
- ㉯ 황색바탕에 적색글씨
- ㉰ 흰색바탕에 흑색글씨
- ㉱ 흰색바탕에 적색글씨

문제 2 특정고압가스사용시설 중 고압가스 저장량이 몇 kg 이상인 용기보관실에 있는 벽을 방호벽으로 설치하여야 하는가?
- ㉮ 100
- ㉯ 200
- ㉰ 300
- ㉱ 500

문제 3 도시가스 중 음식물쓰레기, 가축·분뇨, 하수 슬러지 등 유기성 폐기물로부터 생성된 기체를 정제한 가스로서 메탄이 주성분인 가스를 무엇이라 하는가?
- ㉮ 천연가스
- ㉯ 나프타부생가스
- ㉰ 석유가스
- ㉱ 바이오가스

문제 4 방폭전기기기의 용기 내부에서 가연성가스의 폭발이 발생할 경우 그 용기가 폭발압력에 견디고, 접합면, 개구부 등을 통해 외부의 가연성가스에 인화되지 않도록 한 방폭구조는?
- ㉮ 내압(耐壓)방폭구조
- ㉯ 유입(油入)방폭구조
- ㉰ 압력(壓力)방폭구조
- ㉱ 본질안전방폭구조

문제 5 독성가스 여부를 판정할 때 기준이 되는 "허용농도"를 바르게 설명한 것은?
- ㉮ 해당가스를 성숙한 흰쥐 집단에게 대기 중에서 1시간 동안 계속하여 노출시킨 경우 7일 이내에 그 흰쥐의 1/2 이상이 죽게 되는 가스의 농도를 말한다.
- ㉯ 해당가스를 성숙한 흰쥐 집단에게 대기 중에서 24시간 동안 계속하여 노출시킨 경우 7일 이내에 그 흰쥐의 1/2 이상이 죽게 되는 가스의 농도를 말한다.
- ㉰ 해당가스를 성숙한 흰쥐 집단에게 대기 중에서 1시간 동안 계속하여 노출시킨 경우 14일 이내에 그 흰쥐의 1/2 이상이 죽게 되는 가스의 농도를 말한다.
- ㉱ 해당가스를 성숙한 흰쥐 집단에게 대기 중에서 24시간 동안 계속하여 노출시킨 경우 14일 이내에 그 흰쥐의 1/2 이상이 죽게 되는 가스의 농도를 말한다.

해답 01. ㉰ 02. ㉰ 03. ㉱ 04. ㉮ 05. ㉰

문제 6 다음 〔보기〕의 독성가스 중 독성(LC_{50})이 가장 강한 것과 가장 약한 것을 바르게 나열한 것은?

〈보기〉 ① 염화수소 ② 암모니아 ③ 황화수소 ④ 일산화탄소

㉮ ①, ②　　㉯ ①, ④　　㉰ ③, ②　　㉱ ③, ④

문제 7 다음 가연성가스 중 공기 중에서의 폭발 범위가 가장 좁은 것은?
㉮ 아세틸렌　　㉯ 프로판
㉰ 수소　　㉱ 일산화탄소

문제 8 산소 가스설비의 수리 및 청소를 위한 저장탱크 내의 산소를 치환할 때 산소측정기 등으로 치환결과를 측정하여 산소의 농도가 최대 몇 % 이하가 될 때까지 계속하여 치환작업을 하여야 하는가?
㉮ 18%　　㉯ 20%　　㉰ 22%　　㉱ 24%

문제 9 원심식압축기를 사용하는 냉동설비는 그 압축기의 원동기 정격출력 몇 kW를 1일의 냉동능력 1톤으로 산정하는가?
㉮ 1.0　　㉯ 1.2　　㉰ 1.5　　㉱ 2.0

문제 10 다음 고압가스의 용량을 차량에 적재하여 운반할 때 운반책임자를 동승시키지 않아도 되는 것은?
㉮ 아세틸렌 : $400m^3$　　㉯ 일산화탄소 : $700m^3$
㉰ 액화염소 : 6500kg　　㉱ 액화석유가스 : 2000kg

문제 11 고압가스 제조시설에 설치되는 피해저감설비로 방호벽을 설치해야하는 경우가 아닌 것은?
㉮ 압축기와 충전장소 사이
㉯ 압축기와 가스충전용기 보관 장소 사이
㉰ 충전장소와 충전용 주관밸브 조작밸브 사이
㉱ 압축기와 저장탱크 사이

문제 12 고압가스의 제조시설에서 실시하는 가스설비의 점검 중 사용개시 전에 점검할 사항이 아닌 것은?
㉮ 기초의 경사 및 침하　　㉯ 인터록, 자동제어장치의 기능
㉰ 가스설비의 전반적인 누출 유무　　㉱ 배관 계통의 밸브 개폐 상황

해답 06. ㉰　07. ㉯　08. ㉰　09. ㉯　10. ㉱　11. ㉱　12. ㉮

문제 13 액화가스를 운반하는 탱크로리(차량에 고정된 탱크)의 내부에 설치하는 것으로 탱크 내 액화가스 액면요동을 방지하기 위해 설치하는 것은?

㉮ 폭발방지장치 ㉯ 방파판
㉰ 압력방출장치 ㉱ 다공성 충진제

문제 14 가스공급 배관 용접 후 검사하는 비파괴 검사방법이 아닌 것은?

㉮ 방사선투과검사 ㉯ 초음파탐상검사
㉰ 자분탐상검사 ㉱ 주사전자현미경검사

문제 15 산소 저장설비에서 저장능력이 9000m^3일 경우 1종 보호시설 및 2종 보호시설과의 안전거리는?

㉮ 8m, 5m ㉯ 10m, 7m ㉰ 12m, 8m ㉱ 14m, 9

문제 16 액화석유가스의 시설기준 중 저장탱크의 설치 방법으로 틀린 것은?

㉮ 천장, 벽 및 바닥의 두께가 각각 30cm 이상의 방수조치를 한 철근콘크리트구조로 한다.
㉯ 저장탱크실 상부 윗면으로부터 저장탱크 상부까지의 깊이는 60cm 이상으로 한다.
㉰ 저장탱크에 설치한 안전밸브에는 지면으로부터 5m 이상의 방출관을 설치한다.
㉱ 저장탱크 주위 빈 공간에는 세립분을 25% 이상 함유한 마른 모래를 채운다.

문제 17 다음 중 고압가스의 성질에 따른 분류에 속하지 않는 것은?

㉮ 가연성 가스 ㉯ 액화 가스 ㉰ 조연성 가스 ㉱ 불연성 가스

문제 18 다음 중 화학적 폭발로 볼 수 없는 것은?

㉮ 증기폭발 ㉯ 중합폭발 ㉰ 분해폭발 ㉱ 산화폭발

문제 19 가연성가스의 위험성에 대한 설명으로 틀린 것은?

㉮ 누출시 산소결핍에 의한 질식의 위험성이 있다.
㉯ 가스의 온도 및 압력이 높을수록 위험성이 커진다.
㉰ 폭발한계가 넓을수록 위험하다.
㉱ 폭발하한이 높을수록 위험하다.

문제 20 시안화수소의 중합폭발을 방지할 수 있는 안정제로 옳은 것은?

㉮ 수증기, 질소 ㉯ 수증기, 탄산가스
㉰ 질소, 탄산가스 ㉱ 아황산가스, 황산

해답 13. ㉯ 14. ㉱ 15. ㉰ 16. ㉱ 17. ㉯ 18. ㉮ 19. ㉱ 20. ㉱

문제 21 LPG를 수송할 때의 주의사항으로 틀린 것은?

㉮ 운전 중이나 정차 중에도 허가된 장소를 제외하고는 담배를 피워서는 안 된다.
㉯ 운전자는 운전기술 외에 LPG의 취급 및 소화기 사용 등에 관한 지식을 가져야 한다.
㉰ 주차할 때는 안전한 장소에 주차하며, 운반책임자와 운전자는 동시에 차량에서 이탈하지 않는다.
㉱ 누출됨을 알았을 때는 가까운 경찰서, 소방서까지 직접 운행하여 알린다.

문제 22 염소의 성질에 대한 설명으로 틀린 것은?

㉮ 상온, 상압에서 황록색의 기체이다.
㉯ 수분 존재 시 철을 부식시킨다.
㉰ 피부에 닿으면 손상의 위험이 있다.
㉱ 암모니아와 반응하여 푸른 연기를 생성한다.

문제 23 수소에 대한 설명 중 틀린 것은?

㉮ 수소용기의 안전밸브는 가용전식과 파열판식을 병용한다.
㉯ 용기밸브는 오른나사이다.
㉰ 수소 가스는 피로카롤 시약을 사용한 오르자트법에 의한 시험법에서 순도가 98.5% 이상이어야 한다.
㉱ 공업용 용기의 도색은 주황색으로 하고 문자의 표시는 백색으로 한다.

문제 24 다음 중 폭발성이 예민하므로 마찰 및 타격으로 격렬히 폭발하는 물질에 해당되지 않는 것은?

㉮ 황화질소　　㉯ 메틸아민
㉰ 염화질소　　㉱ 아세틸라이드

문제 25 고압가스 특정제조시설 중 철도부지 밑에 매설하는 배관에 대한 설명으로 틀린 것은?

㉮ 배관의 외면으로부터 그 철도부지의 경계까지는 1m 이상의 거리를 유지한다.
㉯ 지표면으로부터 배관의 외면까지의 깊이를 60cm 이상 유지한다.
㉰ 배관은 그 외면으로부터 궤도 중심과 4m 이상 유지한다.
㉱ 지하철도 등을 횡단하여 매설하는 배관에는 전기방식조치를 강구한다.

문제 26 다음 중 같은 저장실에 혼합 저장이 가능한 것은?

㉮ 수소와 염소 가스　　㉯ 수소와 산소
㉰ 아세틸렌가스와 산소　　㉱ 수소와 질소

해답 21.㉱　22.㉱　23.㉯　24.㉯　25.㉯　26.㉱

문제 27 용기 부속품에 각인하는 문자 중 질량을 나타내는 것은?

㉮ TP ㉯ W ㉰ AG ㉱ V

문제 28 고압가스 특정제조시설에서 지하매설 배관은 그 외면으로부터 지하의 다른 시설물과 몇 m 이상 거리를 유지하여야 하는가?

㉮ 0.1 ㉯ 0.2 ㉰ 0.3 ㉱ 0.5

문제 29 도시가스 사용시설 중 가스계량기와 다음 설비와 안전거리의 기준으로 옳은 것은?

㉮ 전기계량기와는 60cm 이상
㉯ 전기접속기와는 60cm 이상
㉰ 전기점멸기와는 60cm 이상
㉱ 절연조치를 하지 않는 전선과는 30cm 이상

문제 30 고압가스 제조설비에서 누출된 가스의 확산을 방지할 수 있는 제해조치를 하여야 하는 가스가 아닌 것은?

㉮ 이산화탄소 ㉯ 암모니아
㉰ 염소 ㉱ 염화메틸

문제 31 흡수식냉동기에서 냉매로 물을 사용할 경우 흡수제로 사용하는 것은?

㉮ 암모니아 ㉯ 사염화에탄
㉰ 리튬브로마이드 ㉱ 파라핀유

문제 32 다음 중 이음매 없는 용기의 특징이 아닌 것은?

㉮ 독성 가스를 충전하는데 사용한다.
㉯ 내압에 대한 응력 분포가 균일하다.
㉰ 고압에 견디기 어려운 구조이다.
㉱ 용접용기에 비해 값이 비싸다.

문제 33 부유 피스톤형 압력계에 실린더 지름 5cm, 추와 피스톤의 무게가 130kg일 때 이 압력계에 접속된 부르동관의 압력계 눈금이 7kg/cm^{2}를 나타내었다. 이 부르동관 압력계의 오차는 약 몇 %인가?

㉮ 5.7 ㉯ 6.6
㉰ 9.7 ㉱ 10.5

해답 27. ㉯ 28. ㉰ 29. ㉮ 30. ㉮ 31. ㉰ 32. ㉰ 33. ㉮

문제 34 다음 고압가스 설비 중 축열식 반응기를 사용하여 제조하는 것은?
- ㉮ 아크릴로라이드
- ㉯ 염화비닐
- ㉰ 아세틸렌
- ㉱ 에틸벤젠

문제 35 열기전력을 이용한 온도계가 아닌 것은?
- ㉮ 백금 - 백금·로듐 온도계
- ㉯ 동 - 콘스탄탄 온도계
- ㉰ 철 - 콘스탄탄 온도계
- ㉱ 백금 - 콘스탄탄 온도계

문제 36 다음 중 유체의 흐름방향을 한 방향으로만 흐르게 하는 밸브는?
- ㉮ 글로우밸브
- ㉯ 체크밸브
- ㉰ 앵글밸브
- ㉱ 게이트밸브

문제 37 다음 가스 분석 중 화학분석법에 속하지 않는 방법은?
- ㉮ 가스크로마토그래피법
- ㉯ 중량법
- ㉰ 분광광도법
- ㉱ 요오드적정법

문제 38 다음 고압장치의 금속재료 사용에 대한 설명으로 옳은 것은?
- ㉮ LNG 저장탱크 - 고장력강
- ㉯ 아세틸렌 압축기 실린더 - 주철
- ㉰ 암모니아 압력계 도관 - 동
- ㉱ 액화산소 저장탱크 - 탄소강

문제 39 고압가스 설비의 안전장치에 관한 설명 중 옳지 않은 것은?
- ㉮ 고압가스 용기에 사용되는 가용전은 열을 받으면 가용합금이 용해되어 내부의 가스를 방출한다.
- ㉯ 액화가스용 안전밸브의 토출량은 저장탱크 등의 내부의 액화가스가 가열될 때의 증발량 이상이 필요하다.
- ㉰ 급격한 압력상승이 있는 경우에는 파열판은 부적당하다.
- ㉱ 펌프 및 배관에는 압력상승 방지를 위해 릴리프 밸브가 사용된다.

문제 40 다음 중 압력계 사용 시 주의사항으로 틀린 것은?
- ㉮ 정기적으로 점검한다.
- ㉯ 압력계의 눈금판은 조작자가 보기 쉽도록 안면을 향하게 한다.
- ㉰ 가스의 종류에는 적합한 압력계를 선정한다.
- ㉱ 압력의 도입이나 배출은 서서히 행한다.

해답 34. ㉰ 35. ㉱ 36. ㉯ 37. ㉮ 38. ㉯ 39. ㉰ 40. ㉯

문제 41 LPG(C_4H_{10}) 공급방식에서 공기를 3배 희석했다면 발열량은 약 몇 kcal/Sm^3이 되는가? (단, C_4H_{10}의 발열량은 30000kcal/Sm^3으로 가정한다.)

㉮ 5000　　㉯ 7500　　㉰ 10000　　㉱ 11000

문제 42 고압가스 제조소의 작업원은 얼마의 기간 이내에 1회 이상 보호구의 사용훈련을 받아 사용방법을 숙지하여야 하는가?

㉮ 1개월　　㉯ 3개월　　㉰ 6개월　　㉱ 12개월

문제 43 고점도 액체나 부유 현탁액의 유체 압력측정에 가장 적당한 압력계는?

㉮ 벨로우즈　　㉯ 다이어프램　　㉰ 부르동관　　㉱ 피스톤

문제 44 내산화성이 우수하고 양파 썩는 냄새가 나는 부취제는?

㉮ T.H.T　　㉯ T.B.M　　㉰ D.M.S　　㉱ NAPHTHA

문제 45 계측기기의 구비조건으로 틀린 것은?

㉮ 설치장소 및 주위조건에 대한 내구성이 클 것
㉯ 설비비 및 유지비가 적게 들 것
㉰ 구조가 간단하고 정도(精度)가 낮을 것
㉱ 원거리 지시 및 기록이 가능할 것

문제 46 다음 중 화씨온도와 가장 관계가 깊은 것은?

㉮ 표준대기압에서 물의 어는점을 0으로 한다.
㉯ 표준대기압에서 물의 어는점을 12으로 한다.
㉰ 표준대기압에서 물의 끓는점을 100으로 한다.
㉱ 표준대기압에서 물의 끓는점을 212으로 한다.

문제 47 다음 중 부탄가스의 완전연소 반응식은?

㉮ $C_3H_8 + 4O_2 \rightarrow 3CO_2 + 5H_2O$
㉯ $C_3H_8 + 5O_2 \rightarrow 3CO_2 + 4H_2O$
㉰ $C_4H_{10} + 6O_2 \rightarrow 4CO_2 + 5H_2O$
㉱ $2C_4H_{10} + 13O_2 \rightarrow 8CO_2 + 10H_2O$

문제 48 LP 가스의 성질에 대한 설명으로 틀린 것은?

㉮ 온도변화에 따른 액 팽창률이 크다.
㉯ 석유류 또는 동, 식물유나 천연고무를 잘 용해시킨다.
㉰ 물에 잘 녹으며, 알코올과 에테르에 용해된다.
㉱ 액체는 물보다 가볍고, 기체는 공기보다 무겁다.

해답 41.㉯　42.㉰　43.㉯　44.㉯　45.㉰　46.㉱　47.㉱　48.㉰

문제 49 가스배관 내 잔류물질을 제거할 때 사용하는 것이 아닌 것은?
- ㉮ 피그
- ㉯ 거버너
- ㉰ 압력계
- ㉱ 컴프레서

문제 50 염소에 대한 설명 중 틀린 것은?
- ㉮ 황록색을 띠며 독성이 강하다.
- ㉯ 표백작용이 있다.
- ㉰ 액상은 물보다 무겁고 기상은 공기보다 가볍다.
- ㉱ 비교적 쉽게 액화된다.

문제 51 도시가스 제조공정 중 접촉분해공정에 해당하는 것은?
- ㉮ 저온수증기 개질법
- ㉯ 열분해 공정
- ㉰ 부분연소 공정
- ㉱ 수소화분해 공정

문제 52 -10℃인 얼음 10KG을 1기압에서 증기로 변화시킬 때 필요한 열량은 약 몇 kcal인가? (단, 얼음의 비열은 0.5kcal/kg·℃, 얼음의 용해열을 80kcal/kg, 물의 기화열은 539 kcal/kg 이다.)
- ㉮ 5400
- ㉯ 6000
- ㉰ 6240
- ㉱ 7240

문제 53 다음 중 1atm과 다른 것은?
- ㉮ $9.8N/m^2$
- ㉯ $101325Pa$
- ㉰ $14.7lb/in^2$
- ㉱ $10.332mH_2O$

문제 54 산소 가스의 품질검사에 사용되는 시약은?
- ㉮ 동·암모니아 시약
- ㉯ 피로카롤 시약
- ㉰ 브롬 시약
- ㉱ 하이드로 썰파이드 시약

문제 55 표준상태에서 산소의 밀도는 몇 g/L 인가?
- ㉮ 1.33
- ㉯ 1.43
- ㉰ 1.53
- ㉱ 1.63

문제 56 공기 중에서 누출 시 폭발 위험이 가장 큰 가스는?
- ㉮ C_3H_8
- ㉯ C_4H_{10}
- ㉰ CH_4
- ㉱ C_2H_2

해답 49. ㉰ 50. ㉰ 51. ㉮ 52. ㉱ 53. ㉮ 54. ㉮ 55. ㉯ 56. ㉱

문제 57 표준물질에 대한 어떤 물질의 밀도의 비를 무엇이라고 하는가?
⑦ 비중 ④ 비중량
⑤ 비용 ④ 비열

문제 58 LP가스가 증발할 때 흡수하는 열을 무엇이라 하는가?
⑦ 현열 ④ 비열
⑤ 잠열 ④ 융해열

문제 59 LP가스를 자동차연료로 사용할 때의 장점이 아닌 것은?
⑦ 배기가스의 독성이 가솔린보다 적다.
④ 완전연소로 발열량이 높고 청결한다.
⑤ 옥탄가가 높아서 녹킹현상이 없다.
④ 균일하게 연소되므로 엔진수명이 연장된다.

문제 60 다음 중 염소의 주된 용도가 아닌 것은?
⑦ 표백 ④ 살균
⑤ 염화비닐 합성 ④ 강재의 녹 제거용

해답 57. ⑦ 58. ⑤ 59. ⑤ 60. ④

과년도 출제문제

(2013년 7월 21일 시행)

문제 1 용기에 의한 고압가스 판매시설 저장실 설치기준으로 틀린 것은?
㉮ 고압가스의 용적이 300m³을 넘는 저장설비는 보호시설과 안전거리를 유지하여야 한다.
㉯ 용기보관실 및 사무실은 동일 부지 내에 구분하여 설치한다.
㉰ 사업소의 부지는 한 면이 폭 5m 이상의 도로에 접하여야 한다.
㉱ 가연성가스 및 독성가스를 보관하는 용기보관실의 면적은 각 고압가스별로 10m² 이상으로 한다.

문제 2 가연성가스의 제조설비 또는 저장설비 중 전기설비 방폭구조를 하지 않아도 되는 가스는?
㉮ 암모니아, 시안화수소 ㉯ 암모니아, 염화메탄
㉰ 브롬화메탄, 일산화탄소 ㉱ 암모니아, 브롬화메탄

문제 3 재검사 용기에 대한 파기방법의 기준으로 틀린 것은?
㉮ 절단 등의 방법으로 파기하여 원형으로 가공할 수 없도록 할 것
㉯ 허가관청에 파기의 사유·일시·장소 및 인수시한 등에 대한 신고를 하고 파기할 것
㉰ 잔 가스를 전부 제거한 후 절단할 것
㉱ 파기하는 때에는 검사원이 검사 장소에서 직접 실시할 것

문제 4 LP가스가 누출될 때 감지할 수 있도록 첨가하는 냄새가 나는 물질의 측정방법이 아닌 것은?
㉮ 유취실법 ㉯ 주사기법
㉰ 냄새주머니법 ㉱ 오더(odor)미터법

문제 5 고압가스 공급자 안전 점검 시 가스 누출검지기를 갖추어야 할 대상은?
㉮ 산소 ㉯ 가연성 가스
㉰ 불연성 가스 ㉱ 독성 가스

해답 01. ㉰ 02. ㉱ 03. ㉯ 04. ㉮ 05. ㉯

문제 6 신규검사에 합격된 용기의 각인사항과 그 기호의 연결이 틀린 것은?
㉮ 내용적 : V ㉯ 최고충전압력 : FP
㉰ 내압시험압력 : TP ㉱ 용기의 질량 : M

문제 7 독성가스의 저장탱크에는 그 가스의 용량이 탱크 내용적의 몇 %까지 채워야 하는가?
㉮ 80% ㉯ 85%
㉰ 90% ㉱ 95%

문제 8 역화방지장치를 설치하지 않아도 되는 곳은?
㉮ 가연성가스 압축기와 충전용 주관 사이의 배관
㉯ 가연성가스 압축기와 오토클레이브 사이의 배관
㉰ 아세틸렌 충전용 지관
㉱ 아세틸렌 고압건조기와 충전용 교체밸브 사이의 배관

문제 9 독성가스 허용농도의 종류가 아닌 것은?
㉮ 시간가중 평균농도(TLV-TWA) ㉯ 단시간 노출허용농도(TLV-STEL)
㉰ 최고 허용농도(TLV-C) ㉱ 순간 사망허용농도(TLV-D)

문제 10 고압가스 설비에 설치하는 압력계의 최고눈금의 범위는?
㉮ 상용압력의 1배 이상, 1.5배 이하
㉯ 상용압력의 1.5배 이상, 2배 이하
㉰ 상용압력의 2배 이상, 3배 이하
㉱ 상용압력의 3배 이상, 5배 이하

문제 11 가스의 폭발에 대한 설명 중 틀린 것은?
㉮ 폭발범위가 넓은 것은 위험하다.
㉯ 폭굉은 화염전파속도가 음속보다 크다.
㉰ 안전간격이 큰 것일수록 위험하다.
㉱ 가스의 비중이 큰 것은 낮은 곳에 체류할 위험이 있다.

문제 12 내용적 94L인 액화프로판 용기의 저장능력은 몇 kg 인가? (단, 충전상수 C는 2.35이다.)
㉮ 20 ㉯ 40
㉰ 60 ㉱ 80

해답 06. ㉱ 07. ㉰ 08. ㉮ 09. ㉱ 10. ㉯ 11. ㉰ 12. ㉰

문제 13 액화석유가스 충전사업장에서 가스충전준비 및 충전작업에 대한 설명으로 틀린 것은?
  ㉮ 자동차에 고정된 탱크는 저장탱크의 외면으로부터 3m 이상 떨어져 정지한다.
  ㉯ 안전밸브에 설치된 스톱밸브는 항상 열어둔다.
  ㉰ 자동차에 고정된 탱크(내용적이 1만 리터 이상의 것에 한한다.)로부터 가스를 이입 받을 때에는 자동차가 고정되도록 자동차 정지목 등을 설치한다.
  ㉱ 자동차에 고정된 탱크로부터 저장탱크에 액화석유가스를 이입 받을 때에는 5시간 이상 연속하여 자동차에 고정된 탱크를 저장탱크에 접속하지 아니한다.

문제 14 저장량이 1000kg인 산소저장설비는 제1종 보호시설과의 거리가 얼마 이상이면 방호벽을 설치하지 아니할 수 있는가?
  ㉮ 9m   ㉯ 10m   ㉰ 11m   ㉱ 12m

문제 15 고압가스특정제조시설에서 고압가스설비의 설치기준에 대한 설명으로 틀린 것은?
  ㉮ 아세틸렌의 충전용교체밸브는 충전하는 장소에 직접 설치한다.
  ㉯ 에어졸제조시설에는 정량을 충전할 수 있는 자동충전기를 설치한다.
  ㉰ 공기액화분리기로 처리하는 원료공기의 흡입구는 공기가 맑은 곳에 설치한다.
  ㉱ 공기액화분리기에 설치하는 피트는 양호한 환기구조로 한다.

문제 16 고압가스특정제조시설에서 사용압력 0.2MPa 미만의 가연성가스 배관을 지상에 노출하여 설치 시 유지하여야 할 공지의 폭 기준은?
  ㉮ 2m 이상   ㉯ 5m 이상   ㉰ 9m 이상   ㉱ 15m 이상

문제 17 액화석유가스 용기를 실외저장소에 보관하는 기준으로 틀린 것은?
  ㉮ 용기보관장소의 경계 안에서 용기를 보관할 것
  ㉯ 용기는 눕혀서 보관할 것
  ㉰ 충전용기는 항상 40℃ 이하를 유지할 것
  ㉱ 충전용기는 눈·비를 피할 수 있도록 할 것

문제 18 수소와 다음 중 어떤 가스를 동일차량에 적재하여 운반하는 때에 그 충전용기의 밸브가 서로 마주보지 않도록 적재하여야 하는가?
  ㉮ 산소   ㉯ 아세틸렌   ㉰ 브롬화메탄   ㉱ 염소

문제 19 아세틸렌 용접용기의 내압시험 압력을 옳은 것은?
  ㉮ 최고 충전압력의 1.5배   ㉯ 최고 충전압력의 1.8배
  ㉰ 최고 충전압력의 5/3배   ㉱ 최고 충전압력의 3배

해답 13. ㉰ 14. ㉱ 15. ㉮ 16. ㉯ 17. ㉯ 18. ㉮ 19. ㉱

문제 20 고압가스특정제조시설에서 안전구역 설정 시 사용하는 안전구역안의 고압가스설비 연소열량수치(Q)의 값은 얼마 이하로 정해져 있는가?

㉮ $6×10^8$ ㉯ $6×10^9$
㉰ $7×10^8$ ㉱ $7×10^9$

문제 21 도시가스사용시설에 정압기를 2013년에 설치하였다. 다음 중 이 정압기의 분해점검 만료시기로 옳은 것은?

㉮ 2015년   ㉯ 2016년   ㉰ 2017년   ㉱ 2018년

문제 22 운전 중인 액화석유가스 충전설비의 작동상황에 대하여 주기적으로 점검하여야 한다. 점검 주기는?

㉮ 1일에 1회 이상   ㉯ 1주일에 1회 이상
㉰ 3월에 1회 이상   ㉱ 6월에 1회 이상

문제 23 가스계량기와 전기계량기와는 최소 몇 cm 이상의 거리를 유지하여야 하는가?

㉮ 15cm   ㉯ 30cm
㉰ 60cm   ㉱ 80cm

문제 24 시내버스의 연료로 사용되고 있는 CNG의 주요 성분은?

㉮ 메탄(CH_4)   ㉯ 프로판(C_3H_8)
㉰ 부탄(C_4H_{10})   ㉱ 수소(H_2)

문제 25 액상의 염소가 피부에 닿았을 경우의 조치로써 가장 적절한 것은?

㉮ 암모니아로 씻어낸다.   ㉯ 이산화탄소로 씻어낸다.
㉰ 소금물로 씻어낸다.   ㉱ 맑은 물로 씻어낸다.

문제 26 아세틸렌 용기에 다공질 물질로 고루 채운 후 아세틸렌을 충전하기 전에 침윤시키는 물질은?

㉮ 알코올   ㉯ 아세톤
㉰ 규조토   ㉱ 탄산마그네슘

문제 27 가연성가스의 제조설비 중 1종 장소에서의 변압기의 방폭구조는?

㉮ 내압방폭구조   ㉯ 안전증방폭구조
㉰ 유입방폭구조   ㉱ 압력방폭구조

해답 20. ㉮ 21. ㉯ 22. ㉮ 23. ㉰ 24. ㉮ 25. ㉱ 26. ㉯ 27. ㉮

문제 28 액화석유가스의 냄새측정 기준에서 사용하는 용어에 대한 설명으로 옳지 않은 것은?
- ㉮ 시험가스란 냄새를 측정할 수 있도록 액화석유가스를 기화시킨 가스를 말한다.
- ㉯ 시험자란 미리 선정한 정상적인 후각을 가진 사람으로서 냄새를 판정하는 자를 말한다.
- ㉰ 시료기체란 시험가스를 청정한 공기로 희석한 판정용 기체를 말한다.
- ㉱ 희석배수란 시료기체의 양을 시험가스의 양으로 나눈 값을 말한다.

문제 29 산소에 대한 설명 중 옳지 않은 것은?
- ㉮ 고압의 산소와 유지류의 접촉은 위험하다.
- ㉯ 과잉의 산소는 인체에 유해하다.
- ㉰ 내산화성 재료로서는 주로 납(Pb)이 사용된다.
- ㉱ 산소의 화학반응에서 과산화물은 위험성이 있다.

문제 30 LP가스사용시설에서 호스의 길이는 연소기까지 몇 m 이내로 하여야 하는가?
- ㉮ 3m
- ㉯ 5m
- ㉰ 7m
- ㉱ 9m

문제 31 오리피스 미터로 유량을 측정할 때 갖추지 않아도 되는 조건은?
- ㉮ 관로가 수평일 것
- ㉯ 정상류 흐름일 것
- ㉰ 관속에 유체가 충만되어 있을 것
- ㉱ 유체의 전도 및 압축의 영향이 클 것

문제 32 액화천연가스(LNG)저장탱크의 지붕 시공 시 지붕에 대한 좌굴강도(Buckling Strength)를 검토하는 경우 반드시 고려하여야 할 사항이 아닌 것은?
- ㉮ 가스압력
- ㉯ 탱크의 지붕판 및 지붕뼈대의 중량
- ㉰ 지붕부위 단열재의 중량
- ㉱ 내부탱크 재료 및 중량

문제 33 압력계의 측정 방법에는 탄성을 이용하는 것과 전기적 변화를 이용하는 방법 등이 있다. 다음 중 전기적 변화를 이용하는 압력계는?
- ㉮ 부르동관 압력계
- ㉯ 벨로우즈 압력계
- ㉰ 스트레인게이지
- ㉱ 다이어프램 압력계

해답 28. ㉯ 29. ㉰ 30. ㉮ 31. ㉱ 32. ㉱ 33. ㉰

문제 34 염화메탄을 사용하는 배관에 사용해서는 안되는 금속은?
㉮ 철   ㉯ 강   ㉰ 동합금   ㉱ 알루미늄

문제 35 회전 펌프의 특징에 대한 설명으로 틀린 것은?
㉮ 고압에 적당하다.
㉯ 점성에 있는 액체에 성능이 좋다.
㉰ 송출량의 맥동이 거의 없다.
㉱ 왕복펌프와 같은 흡입·토출 밸브가 있다.

문제 36 고압식 액화산소분리 장치의 원료공기에 대한 설명 중 틀린 것은?
㉮ 탄산가스가 제거된 후 압축기에서 압축된다.
㉯ 압축된 원료공기는 예냉기에서 열교환하여 냉각된다.
㉰ 건조기에서 수분이 제거된 후에는 팽창기와 정류탑의 하부로 열교환하며 들어간다.
㉱ 압축기로 압축한 후 물로 냉각한 다음 축냉기에 보내진다.

문제 37 연소기의 설치방법에 대한 설명으로 틀린 것은?
㉮ 가스온수기나 가스보일러는 목욕탕에 설치할 수 있다.
㉯ 배기통이 가연성 물질로 된 벽 또는 천장 등을 통과하는 때에는 금속 외의 불연성 재료로 단열조치를 한다.
㉰ 배기팬이 있는 밀폐형 또는 반 밀폐형의 연소기를 설치한 경우 그 배기팬의 배기가스와 접촉하는 부분은 불연성재료로 한다.
㉱ 개방형 연소기를 설치한 실에는 환풍기 또는 환기구를 설치한다.

문제 38 관내를 흐르는 유체의 압력강하에 대한 설명으로 틀린 것은?
㉮ 가스비중에 비례한다.
㉯ 관 길이에 비례한다.
㉰ 관내경의 5승에 반비례한다.
㉱ 압력에 비례한다.

문제 39 공기액화분리기에서 이산화탄소 7.2kg을 제거하기 위해 필요한 건조제(NaOH)의 양은 약 몇 kg인가?
㉮ 6   ㉯ 9   ㉰ 13   ㉱ 15

문제 40 LP가스 수송관의 이음부분에 사용할 수 있는 패킹 재료로 적합한 것은?
㉮ 종이   ㉯ 천연고무   ㉰ 구리   ㉱ 실리콘 고무

해답 34. ㉱ 35. ㉮ 36. ㉱ 37. ㉮ 38. ㉱ 39. ㉰ 40. ㉱

문제 41 금속 재료에서 고온일 때 가스에 의한 부식으로 틀린 것은?
- ㉮ 산소 및 탄산가스에 의한 산화
- ㉯ 암모니아에 의한 강의 질화
- ㉰ 수소가스에 의한 탈탄작용
- ㉱ 아세틸렌에 의한 황화

문제 42 액화석유가스용 강제용기란 액화석유가스를 충전하기 위한 내용적이 얼마 미만인 용기를 말하는가?
- ㉮ 30L
- ㉯ 50L
- ㉰ 100L
- ㉱ 125L

문제 43 저온장치에 사용하는 금속재료로 적합하지 않은 것은?
- ㉮ 탄소강
- ㉯ 18-8 스테인리스강
- ㉰ 알루미늄
- ㉱ 크롬 - 망간강

문제 44 고압가스설비는 그 고압가스의 취급에 적합한 기계적 성질을 가져야 한다. 충전용 지관에는 탄소 함유량이 얼마 이하의 강을 사용하여야 하는가?
- ㉮ 0.1%
- ㉯ 0.33%
- ㉰ 0.5%
- ㉱ 1%

문제 45 나사압축기에서 숫로터의 직경 150mm, 로터 길이 100mm 회전수가 350rpm이라고 할 때 이론적 토출량은 약 몇 m^3/min인가? (단, 로터 형상에 의한 계수[Cv]는 0.476이다.)
- ㉮ 0.11
- ㉯ 0.21
- ㉰ 0.37
- ㉱ 0.47

문제 46 다음 중 액화석유가스의 주성분이 아닌 것은?
- ㉮ 부탄
- ㉯ 헵탄
- ㉰ 프로판
- ㉱ 프로필렌

문제 47 도시가스에 사용되는 부취제 중 DMS의 냄새는?
- ㉮ 석탄가스 냄새
- ㉯ 마늘 냄새
- ㉰ 양파 썩는 냄새
- ㉱ 암모니아 냄새

문제 48 '자연계에 아무런 변화도 남기지 않고 어느 열원의 열을 계속해서 일로 바꿀 수 없다. 즉 고온물체의 열을 계속해서 일로 바꾸려면 저온물체로 열을 버려야만 한다.'라고 표현되는 법칙은?
- ㉮ 열역학 제0법칙
- ㉯ 열역학 제1법칙
- ㉰ 열역학 제2법칙
- ㉱ 열역학 제3법칙

해답 41. ㉱ 42. ㉱ 43. ㉮ 44. ㉮ 45. ㉰ 46. ㉯ 47. ㉯ 48. ㉰

문제 49 브로민화수소의 성질에 대한 설명으로 틀린 것은?
- ㉮ 독성가스이다.
- ㉯ 기체는 공기보다 가볍다.
- ㉰ 유기물 등과 격렬하게 반응한다.
- ㉱ 가열시 폭발 위험성이 있다.

문제 50 압력에 대한 설명으로 옳은 것은?
- ㉮ 절대압력 = 게이지압력+대기압이다.
- ㉯ 절대압력 = 대기압+진공압이다.
- ㉰ 대기압은 진공압보다 낮다.
- ㉱ 1atm은 1033.2kg/m^{2}이다.

문제 51 천연가스(NG)를 공급하는 도시가스의 주요 특성이 아닌 것은?
- ㉮ 공기보다 가볍다.
- ㉯ 메탄이 주성분이다.
- ㉰ 발전용, 일반공업용 연료로도 널리 사용된다.
- ㉱ LPG보다 발열량이 높아 최근 사용량이 급격히 많아졌다.

문제 52 0℃, 1atm인 표준상태에서 공기와의 같은 부피에 대한 무게비를 무엇이라고 하는가?
- ㉮ 비중
- ㉯ 비체적
- ㉰ 밀도
- ㉱ 비열

문제 53 절대온도 40K를 랭킨온도로 환산하여 몇 °R인가?
- ㉮ 36
- ㉯ 54
- ㉰ 72
- ㉱ 90

문제 54 수분이 존재할 때 일반 강재를 부식시키는 가스는?
- ㉮ 황화수소
- ㉯ 수소
- ㉰ 일산화탄소
- ㉱ 질소

문제 55 다음 중 엔트로피의 단위는?
- ㉮ kcal/h
- ㉯ kcal/kg
- ㉰ kcal/kg · m
- ㉱ kcal/kg · K

해답 49. ㉯ 50. ㉮ 51. ㉱ 52. ㉮ 53. ㉰ 54. ㉮ 55. ㉱

문제 56 공기 중에서의 프로판의 폭발범위(하한과 상한)을 바르게 나타낸 것은?

㉮ 1.8~8.4% ㉯ 2.2~9.5%
㉰ 2.1~8.4% ㉱ 1.8~9.5%

문제 57 고압가스안전관리법령에 따라 "상용의 온도에서 압력이 1MPa 이상이 되는 압축가스로서 실제로 그 압력이 1MPa 이상이 되는 경우에는 고압가스에 해당한다" 여기에서 압력은 어떠한 압력을 말하는가?

㉮ 대기압 ㉯ 게이지압력
㉰ 절대압력 ㉱ 진공압력

문제 58 증기압이 낮고 비점이 높은 가스는 기화가 쉽게 되지 않는다. 다음 가스 중 기화가 가장 안되는 가스는?

㉮ CH_4 ㉯ C_2H_4
㉰ C_3H_8 ㉱ C_4H_{10}

문제 59 가스를 그대로 대기 중에 분출시켜 연소에 필요한 공기를 전부 불꽃의 주변에서 취하는 연소방식은?

㉮ 적화식 ㉯ 분젠식
㉰ 세미분젠식 ㉱ 전1차공기식

문제 60 비중병의 무게가 비었을 때는 0.2kg이고, 액체로 충만되어 있을 때에는 0.8kg이었다. 액체의 체적이 0.4L이라면 비중량(kg/m^3)은 얼마인가?

㉮ 120 ㉯ 150
㉰ 1200 ㉱ 1500

해답 56.㉯ 57.㉯ 58.㉱ 59.㉮ 60.㉱

과년도 출제문제

(2013년 10월 12일 시행)

문제 1 가스가 누출되었을 때 조치로써 가장 적당한 것은?

㉮ 용기 밸브가 열려서 누출 시 부근 화기를 멀리하고 즉시 밸브를 잠근다.
㉯ 용기 밸브 파손으로 누출 시 전부 대피한다.
㉰ 용기 안전밸브 누출 시 그 부위를 열습포로 감싸준다.
㉱ 가스 누출로 실내에 가스 체류 시 그냥 놔두고 밖으로 피신한다.

문제 2 무색, 무미, 무취의 폭발범위가 넓은 가연성가스로서 할로겐원소와 격렬하게 반응하여 폭발반응을 일으키는 가스는?

㉮ H_2
㉯ Cl_2
㉰ HCl
㉱ C_6H_6

문제 3 가스사용시설의 연소기 각각에 대하여 퓨즈콕을 설치하여야 하나, 연소기 용량이 몇 kcal/h를 초과할 때 배관용밸브로 대용할 수 있는가?

㉮ 12500
㉯ 15500
㉰ 19400
㉱ 25500

문제 4 C_2H_2 제조설비에서 제조된 C_2H_2를 충전용기에 충전시 위험한 경우는?

㉮ 아세틸렌이 접촉되는 설비부분에 동함량 72%의 동합금을 사용하였다.
㉯ 충전 중의 압력을 2.5MPa 이하로 하였다.
㉰ 충전 후에 압력이 15℃에서 1.5MPa 이하로 될 때까지 정치하였다.
㉱ 충전용 지관은 탄소함유량 0.1% 이하의 강을 사용하였다.

문제 5 LP가스 저장탱크를 수리할 때 작업원이 저장탱크 속으로 들어가서는 아니 되는 탱크 내의 산소농도는?

㉮ 16%
㉯ 19%
㉰ 20%
㉱ 21%

해답 01. ㉮ 02. ㉮ 03. ㉰ 04. ㉮ 05. ㉮

문제 6 고압가스용기 등에서 실시하는 재검사 대상이 아닌 것은?

㉮ 충전할 고압가스 종류가 변경된 경우
㉯ 합격표시가 훼손된 경우
㉰ 용기밸브를 교체한 경우
㉱ 손상이 발생된 경우

문제 7 다음 중 제독제로서 다량의 물을 사용하는 가스는?

㉮ 일산화탄소 ㉯ 이황화탄소
㉰ 황화수소   ㉱ 암모니아

문제 8 고압가스 냉매설비의 기밀시험시 압축공기를 공급할 때 공기의 온도는 몇 ℃이하로 할 수 있는가?

㉮ 40℃ 이하   ㉯ 70℃ 이하
㉰ 100℃ 이하 ㉱ 140℃ 이하

문제 9 LP가스 저온 저장탱크에 반드시 설치하지 않아도 되는 장치는?

㉮ 압력계   ㉯ 진공안전밸브
㉰ 가압밸브   ㉱ 압력경보설비

문제 10 가연성가스 제조설비 중 전기설비는 방폭성능을 가지는 구조이어야 한다. 다음 중 반드시 방폭성능을 가지는 구조로 하지 않아도 되는 가연성 가스는?

㉮ 수소   ㉯ 프로판
㉰ 아세틸렌   ㉱ 암모니아

문제 11 도시가스 품질검사 시 허용기준 중 틀린 것은?

㉮ 전유황 : 30 mg/m^3 이하
㉯ 암모니아 : 10 mg/m^3 이하
㉰ 할로겐총량 : 10 mg/m^3 이하
㉱ 실록산 : 10 mg/m^3 이하

문제 12 포스겐의 취급 방법에 대한 설명 중 틀린 것은?

㉮ 환기시설을 갖추어 작업한다.
㉯ 취급 시에는 반드시 방독마스크를 착용한다.
㉰ 누출 시 용기가 부식되는 원인이 되므로 약간의 누출에도 주의한다.
㉱ 포스겐을 함유한 폐기액은 염화수소로 충분히 처리한 후 처분한다.

해답 06. ㉰ 07. ㉱ 08. ㉱ 09. ㉰ 10. ㉱ 11. ㉯ 12. ㉱

문제 13 가스보일러의 공통 설치기준에 대한 설명으로 틀린 것은?
- ㉮ 가스보일러는 전용보일러실에 설치한다.
- ㉯ 가스보일러는 지하실 또는 반 지하실에 설치하지 아니한다.
- ㉰ 전용보일러실에는 반드시 환기팬을 설치한다.
- ㉱ 전용보일러실에는 사람이 거주하는 곳과 통기될 수 있는 가스렌지 배기덕트를 설치하지 아니한다.

문제 14 수소 가스의 위험도(H)는 약 얼마인가?
- ㉮ 13.5
- ㉯ 17.8
- ㉰ 19.5
- ㉱ 21.3

문제 15 액화석유가스 용기충전시설의 저장탱크에 폭발방지장치를 의무적으로 설치하여야 하는 경우는?
- ㉮ 상업지역에 저장능력 15톤 저장탱크를 지상에 설치하는 경우
- ㉯ 녹지지역에 저장능력 20톤 저장탱크를 지상에 설치하는 경우
- ㉰ 주거지역에 저장능력 5톤 저장탱크를 지상에 설치하는 경우
- ㉱ 녹지지역에 저장능력 30톤을 저장탱크를 지상에 설치하는 경우

문제 16 다음 가스 저장시설 중 환기구를 갖추는 등의 조치를 반드시 하여야 하는 곳은?
- ㉮ 산소 저장소
- ㉯ 질소 저장소
- ㉰ 헬륨 저장소
- ㉱ 부탄 저장소

문제 17 고압가스 용기를 내압 시험한 결과 전증가량은 400mL, 영구증가량이 20mL이었다. 영구증가율은 얼마인가?
- ㉮ 0.2%
- ㉯ 0.5%
- ㉰ 5%
- ㉱ 20%

문제 18 염소의 일반적인 성질에 대한 설명으로 틀린 것은?
- ㉮ 암모니아와 반응하여 염화암모늄을 생성한다.
- ㉯ 무색의 자극적인 냄새를 가진 독성, 가연성가스이다.
- ㉰ 수분과 작용하면 염산을 생성하여 철강을 심하게 부식시킨다.
- ㉱ 수돗물의 살균 소독제, 표백분 제조에 이용된다.

문제 19 독성가스 용기 운반차량의 경계표지를 정사각형으로 할 경우 그 면적의 기준은?
- ㉮ 500cm² 이상
- ㉯ 600cm² 이상
- ㉰ 700cm² 이상
- ㉱ 800cm² 이상

해답 13. ㉰ 14. ㉯ 15. ㉮ 16. ㉱ 17. ㉰ 18. ㉯ 19. ㉯

문제 20 독성가스인 염소를 운반하는 차량에 반드시 갖추어야 할 용구나 물품에 해당되지 않는 것은?

㉮ 소화장비　　㉯ 제독제　　㉰ 내산장갑　　㉱ 누출검지기

문제 21 다음 중 연소기구에서 발생할 수 있는 역화(back fire)의 원인이 아닌 것은?

㉮ 염공이 적게 되었을 때
㉯ 가스의 압력이 너무 낮을 때
㉰ 콕이 충분히 열리지 않았을 때
㉱ 버너 위에 큰 용기를 올려서 장시간 사용할 경우

문제 22 다음 중 특정고압가스에 해당되지 않는 것은?

㉮ 이산화탄소　　㉯ 수소　　㉰ 산소　　㉱ 천연가스

문제 23 일반 도시가스 배관의 설치기준 중 하천 등을 횡단하여 매설하는 경우로서 적합하지 않은 것은?

㉮ 하천을 횡단하여 배관을 설치하는 경우에는 배관의 외면과 계획하상(河床, 하천의 바닥)높이와의 거리는 원칙적으로 4.0m 이상으로 한다.
㉯ 소하천, 수로를 횡단하여 배관을 매설하는 경우 배관의 외면과 계획하상(河床, 하천의 바닥)높이와의 거리는 원칙적으로 2.5m 이상으로 한다.
㉰ 그 밖의 좁은 수로를 횡단하여 배관을 매설하는 경우 배관의 외면과 계획하상(河床, 하천의 바닥)높이와의 거리는 원칙적으로 1.5m 이상으로 한다.
㉱ 하상변동, 패임, 닻내림 등의 영향을 받지 아니하는 깊이에 매설한다.

문제 24 일반 공업지역의 암모니아를 사용하는 A공장에서 저장능력 25톤의 저장탱크를 지상에 설치하고자 한다. 저장설비 외면으로부터 사업소 외의 주택까지 몇 m 이상의 안전거리를 유지하여야 하는가?

㉮ 12m　　㉯ 14m　　㉰ 16m　　㉱ 18m

문제 25 다음 중 폭발범위의 상한값이 가장 낮은 가스는?

㉮ 암모니아　　㉯ 프로판　　㉰ 메탄　　㉱ 일산화탄소

문제 26 고압가스 설비의 내압 및 기밀시험에 대한 설명으로 옳은 것은?

㉮ 내압시험은 상용압력의 1.1배 이상의 압력으로 실시한다.
㉯ 기체로 내압시험을 할 경우에는 기밀시험을 생략할 수 있다.
㉰ 내압시험을 할 경우에는 기밀시험을 생략할 수 있다.
㉱ 기밀시험은 상용압력 이상으로 하되 0.7MPa을 초과하는 경우 0.7MPa 이상으로 한다.

해답　20. ㉮　21. ㉮　22. ㉮　23. ㉰　24. ㉰　25. ㉯　26. ㉱

문제 27 저장탱크에 의한 LPG 사용시설에서 가스계량기의 설치기준에 대한 설명으로 틀린 것은?
㉮ 가스계량기와 화기와의 우회거리 확인은 계량기의 외면과 화기를 취급하는 설비의 외면을 실측하여 확인한다.
㉯ 가스계량기는 화기와 3m 이상의 우회거리를 유지하는 곳에 설치한다.
㉰ 가스계량기의 설치높이는 1.6m 이상, 2m 이내에 설치하여 고정한다.
㉱ 가스계량기와 굴뚝 및 전기점멸기와의 거리는 30cm 이상의 거리를 유지한다.

문제 28 차량에 고정된 탱크로서 고압가스를 운반할 때 그 내용적의 기준으로 틀린 것은?
㉮ 수소 : 18000L
㉯ 액화 암모니아 : 12000L
㉰ 산소 : 18000L
㉱ 액화 염소 : 12000L

문제 29 고압가스특정제조시설에서 안전구역 안의 고압가스 설비는 그 외면으로부터 다른 안전구역 안에 있는 고압가스 설비의 외면까지 몇 m 이상의 거리를 유지하여야 하는가?
㉮ 5m   ㉯ 10m   ㉰ 20m   ㉱ 30m

문제 30 다음 중 독성가스에 해당하지 않는 것은?
㉮ 이황산가스
㉯ 암모니아
㉰ 일산화탄소
㉱ 이산화탄소

문제 31 고압식 공기액화 분리장치의 복식정류탑 하부에서 분리되어 액체산소 저장탱크에 저장되는 액체 산소의 순도는 약 얼마인가?
㉮ 99.6~99.8%
㉯ 96~98%
㉰ 90~92%
㉱ 88~90%

문제 32 초저온 용기의 단열성능 검사 시 측정하는 침입열량의 단위는?
㉮ kcal/h·L·℃
㉯ kcal/m²·h·℃
㉰ kcal/m·h·℃
㉱ kcal/m·h·L·bar

문제 33 저장능력 10톤 이상의 저장탱크에는 폭발방지장치를 설치한다. 이때 사용되는 폭발방지제의 재질로서 가장 적당한 것은?
㉮ 탄소강
㉯ 구리
㉰ 스테인리스
㉱ 알루미늄

문제 34 긴급차단장치의 동력원으로 가장 부적당한 것은?
㉮ 스프링
㉯ X선
㉰ 기압
㉱ 전기

해답 27.㉯ 28.㉰ 29.㉱ 30.㉱ 31.㉮ 32.㉮ 33.㉱ 34.㉯

문제 35 다음 중 1차 압력계는?
　㈎ 부르동관 압력계　　　　　㈏ 전기 저항식 압력계
　㈐ U자관형 마노미터　　　　㈑ 벨로우즈 압력계

문제 36 압축기의 윤활에 대한 설명으로 옳은 것은?
　㈎ 산소압축기의 윤활유로는 물을 사용한다.
　㈏ 염소압축기의 윤활유로는 양질의 광유가 사용된다.
　㈐ 수소압축기의 윤활유로는 식물성유가 사용된다.
　㈑ 공기압축기의 윤활유로는 식물성유가 사용된다.

문제 37 다음 금속재료 중 저온재료로 가장 부적당한 것은?
　㈎ 탄소강　　　　　　　　　　㈏ 니켈강
　㈐ 스테인리스강　　　　　　　㈑ 황동

문제 38 다음 유량 측정방법 중 직접법은?
　㈎ 습식가스미터　　　　　　　㈏ 니켈강
　㈐ 오리피스미터　　　　　　　㈑ 피토튜브

문제 39 내용적 47L인 LP 가스 용기의 최대 충전량은 몇 kg인가? (단, LP가스 정수는 2.35이다.)
　㈎ 20　　　㈏ 42　　　㈐ 50　　　㈑ 110

문제 40 다음 중 정압기의 부속설비가 아닌 것은?
　㈎ 불순물 제거장치　　　　　㈏ 이상 압력상승 방지장치
　㈐ 검사용 맨홀　　　　　　　㈑ 압력기록장치

문제 41 다음 [보기]의 특징을 가지는 펌프는?

　　[보기]
　－ 고압, 소유량에 적당하다.　　－ 토출량이 일정하다.
　－ 송수량의 가감이 가능하다.　－ 맥동이 일어나기 쉽다.

　㈎ 원심 펌프　　　　　　　　㈏ 왕복 펌프
　㈐ 축류 펌프　　　　　　　　㈑ 사류 펌프

문제 42 터보식 펌프로서 비교적 저양정에 적합하며, 효율 변화가 비교적 급한 펌프는?
　㈎ 원심 펌프　　　　　　　　㈏ 축류 펌프
　㈐ 왕복 펌프　　　　　　　　㈑ 베인 펌프

해답 35. ㈐　36. ㈎　37. ㈎　38. ㈎　39. ㈎　40. ㈐　41. ㈏　42. ㈐

문제 43 산소용기의 최고 충전압력이 15MPa 일 때 이 용기의 내압시험압력은 얼마인가?

㉮ 15MPa ㉯ 20MPa
㉰ 22.5MPa ㉱ 25MPa

문제 44 기화기에 대한 설명으로 틀린 것은?

㉮ 기화기 사용 시 장점은 LP가스 종류에 관계없이 한냉 시에도 충분히 기화시킨다.
㉯ 기화 장치의 구성요소 중에는 기화부, 제어부, 조압부 등이 있다.
㉰ 감압가열 방식은 열교환기에 의해 액상의 가스를 기화시킨 후 조정기로 감압시켜 공급하는 방식이다.
㉱ 기화기를 증발형식에 의해 분류하면 순간 증발식과 유입 증발식이 있다.

문제 45 펌프에서 유량을 Qm³/min, 양정을 Hm, 회전수 Nrpm 이라 할 때 1단 펌프에서 비교회전도 ηs를 구하는 식은?

㉮ $\eta s = \dfrac{Q^2\sqrt{N}}{H^{3/4}}$ ㉯ $\eta s = \dfrac{N^2\sqrt{Q}}{H^{3/4}}$ ㉰ $\eta s = \dfrac{\sqrt[N]{Q}}{H^{3/4}}$ ㉱ $\eta s = \dfrac{\sqrt{NQ}}{H^{3/4}}$

문제 46 액체 산소의 색깔은?

㉮ 담황색 ㉯ 담적색 ㉰ 회백색 ㉱ 담청색

문제 47 LPG에 대한 설명 중 틀린 것은?

㉮ 액체 상태는 물(비중 1)보다 가볍다.
㉯ 기화열이 커서 액체가 피부에 닿으면 동상의 우려가 있다.
㉰ 공기와 혼합시켜 도시가스 원료로도 사용된다.
㉱ 가정에서 연료용으로 사용하는 LPG는 올레핀계 탄화수소이다.

문제 48 "기체의 온도를 일정하게 유지할 때 기체가 차지하는 부피는 절대 압력에 반비례한다." 라는 법칙은?

㉮ 보일의 법칙 ㉯ 샤를의 법칙
㉰ 헨리의 법칙 ㉱ 아보가드로의 법칙

문제 49 압력 환산 값을 서로 가장 바르게 나타낸 것은?

㉮ $1\text{lb/ft}^2 \fallingdotseq 0.142\text{kg/cm}^2$ ㉯ $1\text{kg/cm}^2 \fallingdotseq 13.7\text{lb/in}^2$
㉰ $1\text{atm} \fallingdotseq 1033\text{g/cm}^2$ ㉱ $76\text{cmHg} \fallingdotseq 1013\text{dyne/cm}^2$

문제 50 절대온도 0°K는 섭씨온도 약 몇 ℃인가?

㉮ -273 ㉯ 0 ㉰ 32 ㉱ 273

해답 43. ㉱ 44. ㉰ 45. ㉰ 46. ㉱ 47. ㉱ 48. ㉮ 49. ㉰ 50. ㉮

문제 51 수소와 산소 또는 공기와의 혼합기체에 점화하면 급격히 화합하여 폭발하므로 위험하다. 이 혼합기체를 무엇이라고 하는가?
  ㉮ 염소 폭명기   ㉯ 수소 폭명기
  ㉰ 산소 폭명기   ㉱ 공기 폭명기

문제 52 기체연료의 일반적인 특징에 대한 설명으로 틀린 것은?
  ㉮ 완전연소가 가능하다.
  ㉯ 고온을 얻을 수 있다.
  ㉰ 화재 및 폭발의 위험성이 적다.
  ㉱ 연소조절 및 점화, 소화가 용이하다.

문제 53 다음 중 압력단위가 아닌 것은?
  ㉮ Pa   ㉯ atm   ㉰ bar   ㉱ N

문제 54 공기비가 클 경우 나타나는 현상이 아닌 것은?
  ㉮ 통풍력이 강하여 배기가스에 의한 열손실 증대
  ㉯ 불완전연소에 의한 매연발생이 심함
  ㉰ 연소가스 중 SO_3의 양이 증대되어 저온 부식 촉진
  ㉱ 연소가스 중 NO_2의 발생이 심하여 대기오염 유발

문제 55 표준상태에서 1몰의 아세틸렌이 완전연소될 때 필요한 산소의 몰 수는?
  ㉮ 1몰   ㉯ 1.5몰
  ㉰ 2몰   ㉱ 2.5몰

문제 56 다음 [보기]에서 설명하는 가스는?

  - 독성이 강하다.
  - 연소시키면 잘 탄다.
  - 물에 매우 잘 녹는다.
  - 각종 금속에 작용한다.
  - 가압·냉각에 의해 액화가 쉽다.

  ㉮ HCl   ㉯ NH_3 ㉰ CO   ㉱ C_2H_2

문제 57 질소의 용도가 아닌 것은?
  ㉮ 비료에 이용   ㉯ 질산제조에 이용
  ㉰ 연료용에 이용   ㉱ 냉매로 이용

해답 51. ㉯ 52. ㉰ 53. ㉱ 54. ㉯ 55. ㉱ 56. ㉯ 57. ㉰

문제 58 27℃, 1기압 하에서 메탄가스 80g이 차지하는 부피는 약 몇 L인가?

㉮ 112 ㉯ 123
㉰ 224 ㉱ 246

문제 59 산소 농도의 증가에 대한 설명으로 틀린 것은?

㉮ 연소속도가 빨라진다.
㉯ 발화온도가 올라간다.
㉰ 화염온도가 올라간다.
㉱ 폭발력이 세어진다.

문제 60 다음 중 보관 시 유리를 사용할 수 없는 것은?

㉮ HF ㉯ C_6H_6
㉰ $NaHCO_3$ ㉱ KBr

58. ㉯ 59. ㉯ 60. ㉮

과년도 출제문제

(2014년 1월 26일 시행)

문제 1 도로굴착공사에 의한 도시가스배관 손상 방지 기준으로 틀린 것은?

㉮ 착공 전 도면에 표시된 가스배관과 기타 지장물 매설유무를 조사하여야 한다.
㉯ 도로굴착자의 굴착공사로 인하여 노출된 배관길이가 10m 이상인 경우에는 점검통로 및 조명 시설을 하여야 한다.
㉰ 가스배관이 있을 것으로 예상되는 지점으로부터 2m 이내에서 줄파기를 할 때에는 안전관리전담자의 입회하에 시행하여야 한다.
㉱ 가스배관의 주의를 굴착하고자 할 때에는 가스배관의 좌우 1m 이내의 부분은 인력으로 굴착한다.

문제 2 도시가스 배관이 하천을 횡단하는 배관 주위의 흙이 사질토의 경우 방호구조물의 비중은?

㉮ 배관 내유체의 비중 이상의 값
㉯ 물의 비중 이상의 값
㉰ 토양의 비중 이상의 값
㉱ 공기의 비중 이상의 값

문제 3 액화석유가스 사용시설에서 LPG용기 집합설비의 저장능력이 얼마 이하일 때 용기, 용기밸브, 압력 조정기가 직사광선, 눈 또는 빗물에 노출되지 않도록 해야 하는가?

㉮ 50kg 이하
㉯ 100kg 이하
㉰ 300kg 이하
㉱ 500kg 이하

문제 4 아세틸렌 용기를 제조하고자 하는 자가 갖추어야 하는 설비가 아닌 것은?

㉮ 원료혼합기
㉯ 건조로
㉰ 원료충전기
㉱ 소결로

문제 5 가스의 연소한계에 대하여 가장 바르게 나타낸 것은?

㉮ 착화온도의 상한과 하한
㉯ 물질이 탈 수 있는 최저온도
㉰ 완전연소가 될 때의 산소공급 한계
㉱ 연소가 가능한 가스의 공기와의 혼합비율의 상한과 하한

해답 1.㉯ 2.㉯ 3.㉰ 4.㉱ 5.㉱

문제 6 LPG 사용시설에서 가스누출경보장치 검지부 설치높이 기준으로 옳은 것은?

㉮ 지면에서 30cm 이내 ㉯ 지면에서 60cm 이내
㉰ 천장에서 30cm 이내 ㉱ 천장에서 60cm 이내

문제 7 도시가스사업자는 가스공급시설을 효율적으로 관리하기 위하여 배관·정압기에 대하여 도시가스 배관망을 전산화하여야 한다. 이 때 전산관리 대상이 아닌 것은?

㉮ 설치도면 ㉯ 시방서
㉰ 시공자 ㉱ 배관제조자

문제 8 겨울철 LP 가스용기 표면에 성에가 생겨 가스가 잘 나오지 않을 경우 가스를 사용하기 위한 가장 적절한 조치는?

㉮ 연탄불에 쪼인다. ㉯ 용기를 힘차게 흔든다.
㉰ 열 습포를 사용한다. ㉱ 90℃ 정도의 물을 용기에 붓는다.

문제 9 액화석유가스를 저장하기 위하여 지상 또는 지하에 고정 설치된 탱크로서 액화석유가스의 안전관리 및 사업법에서 정한 "소형저장탱크"는 그 저장능력이 얼마인 것을 말하는가?

㉮ 1톤 미만 ㉯ 3톤 미만 ㉰ 5톤 미만 ㉱ 10톤 미만

문제 10 차량에 고정된 탱크로 염소를 운반할 때 탱크의 최대 내용적은?

㉮ 12000L ㉯ 18000L ㉰ 20000L ㉱ 38000L

문제 11 굴착으로 인하여 도시가스배관이 65m가 노출되었을 경우 가스누출경보기의 설치 개수로 알맞은 것은?

㉮ 1개 ㉯ 2개 ㉰ 3개 ㉱ 4개

문제 12 도시가스 제조소 저장탱크의 방류둑에 대한 설명으로 틀린 것은?

㉮ 지하에 묻은 저장탱크 내의 액화가스가 전부 유출된 경우에 그 액면이 지면보다 낮도록 된 구조는 방류둑을 설치한 것으로 본다.
㉯ 방류둑의 용량은 저장탱크 저장능력의 90%에 상당하는 용적 이상이어야 한다.
㉰ 방류둑의 재료는 철근콘크리트, 금속, 흙, 철골·철근콘크리트 또는 이들을 혼합하여야한다.
㉱ 방류둑은 액밀한 것이어야 한다.

문제 13 냉동기란 고압가스를 사용하여 냉동하기 위한 기기로서 냉동능력 산정기준에 따라 계산된 냉동능력 몇 톤 이상인 것을 말하는가?

㉮ 1 ㉯ 1.2 ㉰ 2 ㉱ 3

해답 6.㉮ 7.㉱ 8.㉰ 9.㉯ 10.㉮ 11.㉰ 12.㉰ 13.㉱

문제 14 에어졸 제조설비와 인화성 물질과의 최소 우회거리는?
㉮ 3m 이상 ㉯ 5m 이상 ㉰ 8m 이상 ㉱ 10m 이상

문제 15 지상 배관은 안전을 확보하기 위해 그 배관의 외부에 다음의 항목들을 표기하여야 한다. 해당하지 않는 것은?
㉮ 사용가스명 ㉯ 최고사용압력
㉰ 가스의 흐름방향 ㉱ 공급회사명

문제 16 고압가스제조시설에서 가연성가스 가스설비 중 전기설비를 방폭구조로 하여야 하는 가스는?
㉮ 암모니아 ㉯ 브롬화메탄
㉰ 수소 ㉱ 공기 중에서 자기 발화하는 가스

문제 17 용기종류별 부속품의 기호 중 아세틸렌을 충전하는 용기의 부속품 기호는?
㉮ AT ㉯ AG
㉰ AA ㉱ AB

문제 18 도시가스 배관을 노출하여 설치하고자 할 때 배관 손상방지를 위한 방호조치 기준으로 옳은 것은?
㉮ 방호철판 두께는 최소 10mm 이상으로 한다.
㉯ 방호철판의 크기는 1m 이상으로 한다.
㉰ 철근 콘크리트재 방호 구조물은 두께가 15cm 이상이어야 한다.
㉱ 철근 콘크리트재 방호 구조물은 높이가 1.5m 이상이어야 한다.

문제 19 다음 중 누출시 다량의 물로 제독할 수 있는 가스는?
㉮ 산화에틸렌 ㉯ 염소
㉰ 일산화탄소 ㉱ 황화수소

문제 20 시안화수소의 충전 시 사용되는 안정제가 아닌 것은?
㉮ 암모니아 ㉯ 황산
㉰ 염화칼슘 ㉱ 인산

문제 21 가스계량기와 전기개폐기와의 최소 안전거리는?
㉮ 15cm ㉯ 30cm
㉰ 60cm ㉱ 80cm

해답 14.㉰ 15.㉱ 16.㉰ 17.㉰ 18.㉰ 19.㉮ 20.㉮ 21.㉰

문제 22 다음 중 공동주택 등에 도시가스를 공급하기 위한 것으로서 압력조정기의 설치가 가능한 경우는?
㉮ 가스압력이 중압으로서 전체세대수가 100세대인 경우
㉯ 가스압력이 중압으로서 전체세대수가 150세대인 경우
㉰ 가스압력이 저압으로서 전체세대수가 250세대인 경우
㉱ 가스압력이 저압으로서 전체세대수가 300세대인 경우

문제 23 다음 중 동일차량에 적재하여 운반할 수 없는 가스는?
㉮ 산소와 질소
㉯ 염소와 아세틸렌
㉰ 질소와 탄산가스
㉱ 탄산가스와 아세틸렌

문제 24 고압가스 배관의 설치기준 중 하천과 병행하여 매설하는 경우에 대한 설명으로 틀린 것은?
㉮ 배관은 견고하고 내구력을 갖는 방호구조물 안에 설치한다.
㉯ 배관의 외면으로부터 2.5m 이상의 매설심도를 유지한다.
㉰ 하상(河床, 하천의 바닥)을 포함한 하천구역에 하천과 병행하여 설치한다.
㉱ 배관손상으로 인한 가스누출 등 위급한 상황이 발생한 때에 그 배관에 유입되는 가스를 신속히 차단할 수 있는 장치를 설치한다.

문제 25 가스사용시설에서 원칙적으로 PE배관을 노출배관으로 사용할 수 있는 경우는?
㉮ 지상배관과 연결하기 위하여 금속관을 사용하는 보호조치를 한 경우로서 지면에서 20cm 이하로 노출하여 시공하는 경우
㉯ 지상배관과 연결하기 위하여 금속관을 사용하는 보호조치를 한 경우로서 지면에서 30cm 이하로 노출하여 시공하는 경우
㉰ 지상배관과 연결하기 위하여 금속관을 사용하는 보호조치를 한 경우로서 지면에서 50cm 이하로 노출하여 시공하는 경우
㉱ 지상배관과 연결하기 위하여 금속관을 사용하는 보호조치를 한 경우로서 지면에서 1m 이하로 노출하여 시공하는 경우

문제 26 가연물의 종류에 따른 화재의 구분이 잘못된 것은?
㉮ A급 : 일반화재
㉯ B급 : 유류화재
㉰ C급 : 전기화재
㉱ D급 : 식용유 화재

문제 27 정전기에 대한 설명 중 틀린 것은?
㉮ 습도가 낮을수록 정전기를 축적하기 쉽다.
㉯ 화학섬유로 된 의류는 흡수성이 높으므로 정전기가 대전하기 쉽다.
㉰ 액상의 LP가스는 전기 절연성이 높으므로 유동 시에는 대전하기 쉽다.
㉱ 재료 선택시 접촉 전위차를 적게 하여 정전기 발생을 줄인다.

해답 22.㉮ 23.㉯ 24.㉰ 25.㉯ 26.㉱ 27.㉯

문제 28. 비중이 공기보다 커서 바닥에 체류하는 가스로만 나열된 것은?
   ㉮ 프로판, 염소, 포스겐
   ㉯ 프로판, 수소, 아세틸렌
   ㉰ 염소, 암모니아, 아세틸렌
   ㉱ 염소, 포스겐, 암모니아

문제 29. 아세틸렌을 용기에 충전시 미리 용기에 다공물질을 채우는데 이때 다공도의 기준은?
   ㉮ 75% 이상 92% 미만
   ㉯ 80% 이상 95% 미만
   ㉰ 95% 이상
   ㉱ 98% 이상

문제 30. 다음 중 폭발방지대책으로서 가장 거리가 먼 것은?
   ㉮ 압력계 설치
   ㉯ 정전기 제거를 위한 접지
   ㉰ 방폭성능 전기설비 설치
   ㉱ 폭발한 이내로 불활성가스에 의한 희석

문제 31. 재료에 인장과 압축하중을 오랜 시간 반복적으로 작용시키면 그 응력이 인장강도보가 작은 경우에도 파괴되는 현상은?
   ㉮ 인성파괴   ㉯ 피로파괴
   ㉰ 취성파괴   ㉱ 크리프파괴

문제 32. 아세틸렌용기에 주로 사용되는 안전밸브의 종류는?
   ㉮ 스프링식   ㉯ 가용전식
   ㉰ 파열판식   ㉱ 압전식

문제 33. 다량의 메탄을 액화시키려면 어떤 액화사이클을 사용해야 하는가?
   ㉮ 케스케이드 사이클   ㉯ 필립스 사이클
   ㉰ 캐피자 사이클   ㉱ 클라우드 사이클

문제 34. 저온 액체 저장설비에서 열의 침입요인으로 가장 거리가 먼 것은?
   ㉮ 단열재를 직접 통한 열대류
   ㉯ 외면으로부터의 열복사
   ㉰ 연결 파이프를 통한 열전도
   ㉱ 밸브 등에 의한 열전도

해답 28.㉮ 29.㉮ 30.㉮ 31.㉯ 32.㉯ 33.㉮ 34.㉮

문제 35 LP가스 이송설비 중 압축기의 부속장치로서 토출측과 흡압측을 전환시키며 액송과 가스 회수를 한 동작으로 할 수 있는 것은?
- ㉮ 액트랩
- ㉯ 액가스분리기
- ㉰ 전자밸브
- ㉱ 사방밸브

문제 36 다음 중 고압배관용 탄소강 강관의 KS규격 기호는?
- ㉮ SPPS
- ㉯ SPHT
- ㉰ STS
- ㉱ SPPH

문제 37 저온장치용 재료 선정에 있어서 가장 중요하게 고려해야 하는 사항은?
- ㉮ 고온 취성에 의한 충격치의 증가
- ㉯ 저온 취성에 의한 충격치의 감소
- ㉰ 고온 취성에 의한 충격치의 감소
- ㉱ 저온 취성에 의한 충격치의 증가

문제 38 다음 가연성 가스검출기 중 가연성가스의 굴절률 차이를 이용하여 농도를 측정하는 것은?
- ㉮ 열선형
- ㉯ 안전등형
- ㉰ 검지관형
- ㉱ 간섭계형

문제 39 다음 곡률 반지름(r)이 50mm일 때 90°구부림 곡선 길이는 얼마인가?
- ㉮ 48.75mm
- ㉯ 58.75mm
- ㉰ 68.75mm
- ㉱ 78.75mm

문제 40 다음 펌프 중 시동하기 전에 프라이밍이 필요한 펌프는?
- ㉮ 기어펌프
- ㉯ 원심펌프
- ㉰ 축류펌프
- ㉱ 왕복펌프

문제 41 강관의 녹을 방지하기 위해 페인트를 칠하기 전에 먼저 사용하는 도료는?
- ㉮ 알루미늄 도료
- ㉯ 산화철 도료
- ㉰ 합성수지 도료
- ㉱ 광명단 도료

문제 42 "압축된 가스를 단열 팽창시키면 온도가 강하 한다"는 것은 무슨 효과라고 하는가?
- ㉮ 단열효과
- ㉯ 줄-톰슨효과
- ㉰ 정류효과
- ㉱ 팽윤효과

해답 35.㉱ 36.㉱ 37.㉯ 38.㉱ 39.㉱ 40.㉯ 41.㉱ 42.㉯

문제 43 다음 중 저온 장치 재료로서 가장 우수한 것은?
- ㉮ 13% 크롬강
- ㉯ 9% 니켈강
- ㉰ 탄소강
- ㉱ 주철

문제 44 펌프의 회전수를 1000rpm에서 1200rpm으로 변화시키면 동력은 약 몇배가 되는가?
- ㉮ 1.3
- ㉯ 1.5
- ㉰ 1.7
- ㉱ 2.0

문제 45 다음 중 왕복동 압축기의 특징이 아닌 것은?
- ㉮ 압축하면 맥동이 생기기 쉽다.
- ㉯ 기체의 비중에 관계없이 고압이 얻어진다.
- ㉰ 용량 조절의 폭이 넓다.
- ㉱ 비용적식 압축기이다.

문제 46 다음 각 가스의 성질에 대한 설명으로 옳은 것은?
- ㉮ 질소는 안정한 가스로서 불활성가스라고도 하고, 고온에서도 금속과 화합하지 않는다.
- ㉯ 염소는 반응성이 강한 가스로 강재에 대하여 상온에서도 무수(無水) 상태로 현저한 부식성을 갖는다.
- ㉰ 암모니아는 동을 부식하고 고온고압에서는 강재를 침식한다.
- ㉱ 산소는 액체 공기를 분류하여 제조하는 반응성이 강한 가스로 그 자신이 잘 연소한다.

문제 47 어떤 액의 비중을 측정하였더니 2.5이었다. 이 액의 액주 6m의 압력은 몇 kg/cm^2인가?
- ㉮ $15kg/cm^2$
- ㉯ $1.5kg/cm^2$
- ㉰ $0.15kg/cm^2$
- ㉱ $0.015kg/cm^2$

문제 48 100℃를 화씨온도로 단위 환산하면 몇 °F인가?
- ㉮ 212
- ㉯ 234
- ㉰ 248
- ㉱ 273

문제 49 밀도의 단위로 옳은 것은?
- ㉮ g/s^2
- ㉯ L/g
- ㉰ g/cm^3
- ㉱ Ib/in^2

해답 43.㉯ 44.㉰ 45.㉱ 46.㉰ 47.㉯ 48.㉮ 49.㉰

문제 50 수돗물의 살균과 섬유의 표백용으로 주로 사용되는 가스는?

㉮ F_2 ㉯ Cl_2
㉰ O_2 ㉱ CO_2

문제 51 다음 중 1atm에 해당하지 않는 것은?

㉮ 760mmHg ㉯ 14.7psi
㉰ 29.92inHg ㉱ 1013kg/m²

문제 52 다음 중 액화석유가스의 일반적인 특성이 아닌 것은?

㉮ 기화 및 액화가 용이하다.
㉯ 공기보다 무겁다.
㉰ 액상의 액화석유가스는 물보다 무겁다.
㉱ 증발잠열이 크다.

문제 53 다음 가스 1몰을 완전연소 시키고자 할 때 공기가 가장 적게 필요한 것은?

㉮ 수소 ㉯ 메탄
㉰ 아세틸렌 ㉱ 에탄

문제 54 다음 중 열(熱)에 대한 설명이 틀린 것은?

㉮ 비열이 큰 물질은 열용량이 크다. ㉯ 1cal는 약 4.2J이다.
㉰ 열은 고온에서 저온으로 흐른다. ㉱ 비열은 물보다 공기가 크다.

문제 55 다음 중 무색, 무취의 가스가 아닌 것은?

㉮ O_2 ㉯ N_2
㉰ CO_2 ㉱ O_3

문제 56 불완전연소 현상의 원인으로 옳지 않은 것은?

㉮ 가스압력에 비하여 공급 공기량이 부족할 때
㉯ 환기가 불충분한 공간에 연소기가 설치되었을 때
㉰ 공기와의 접촉혼합이 불충분할 때
㉱ 불꽃의 온도가 증대되었을 때

문제 57 무색의 복숭아 냄새가 나는 독성가스는?

㉮ Cl_2 ㉯ HCN
㉰ NH_3 ㉱ PH_3

해답 50.㉯ 51.㉱ 52.㉰ 53.㉮ 54.㉱ 55.㉱ 56.㉱ 57.㉯

문제 58 다음 가스 중 기체밀도가 가장 적은 것은?
㉮ 프로판
㉯ 메탄
㉰ 부탄
㉱ 아세틸렌

문제 59 수소의 성질에 대한 설명 중 틀린 것은?
㉮ 무색, 무미, 무취의 가연성 기체이다.
㉯ 밀도가 아주 작아 확산속도가 빠르다.
㉰ 열전도율이 작다.
㉱ 높은 온도일 때에는 강재, 기타 금속재료라도 쉽게 투과한다.

문제 60 액화천연가스(LNG)의 폭발성 및 인화성에 대한 설명으로 틀린 것은?
㉮ 다른 지방족 탄화수소에 비해 연소속도가 느리다.
㉯ 다른 지방족 탄화수소에 비해 최소발화에너지가 낮다.
㉰ 다른 지방족 탄화수소에 비해 폭발한 농도가 높다.
㉱ 전기저항이 작으며 유동 등에 의한 정전기 발생은 다른 가연성 탄화수소류보다 크다.

해답 58.㉯ 59.㉰ 60.㉯

과년도 출제문제

(2014년 4월 6일 시행)

문제 1 다음 중 가연성이면서 독성가스인 것은?
- ㉮ NH_3
- ㉯ H_2
- ㉰ CH_4
- ㉱ N_2

문제 2 가연성 물질을 공기로 연소시키는 경우 공기 중의 산소농도를 높게 하면 연소속도와 발화온도는 어떻게 변하는가?
- ㉮ 연소속도는 빠르게 되고, 발화온도는 높아진다.
- ㉯ 연소속도는 빠르게 되고, 발화온도는 낮아진다.
- ㉰ 연소속도는 느리게 되고, 발화온도는 높아진다.
- ㉱ 연소속도는 느리게 되고, 발화온도는 낮아진다.

문제 3 고압가스 특정제조시설에서 긴급이송설비에 의하여 이송되는 가스를 안전하게 연소 시킬 수 있는 장치는?
- ㉮ 플레어스택
- ㉯ 벤트스택
- ㉰ 인터록기구
- ㉱ 긴급차단장치

문제 4 도시가스로 천연가스를 사용하는 경우 가스 누출경보기의 검지부 설치위치로 가장 적합한 것은?
- ㉮ 바닥에서 15cm 이내
- ㉯ 바닥에서 30cm 이내
- ㉰ 천장에서 15cm 이내
- ㉱ 천장에서 30cm 이내

문제 5 다음 중 독성(LC_{50})이 가장 강한 가스는?
- ㉮ 염소
- ㉯ 시안화수소
- ㉰ 산화에틸렌
- ㉱ 불소

문제 6 LPG 저장탱크 지하 설치시 저장탱크실 상부 윗면으로부터 저장탱크 상부까지의 깊이는 얼마 이상으로 하여야 하는가?
- ㉮ 0.6m
- ㉯ 0.8m
- ㉰ 1m
- ㉱ 1.2m

해답 01.㉮ 02.㉯ 03.㉮ 04.㉱ 05.㉯ 06.㉮

문제 7 차량에 고정된 충전탱크는 그 온도를 항상 몇 ℃ 이하로 유지하여야 하는가?
- ㉮ 20
- ㉯ 30
- ㉰ 40
- ㉱ 50

문제 8 초저온용기나 저온용기의 부속품에 표시하는 기호는?
- ㉮ AG
- ㉯ PG
- ㉰ LG
- ㉱ LT

문제 9 상용의 온도에서 사용압력이 1.2MPa인 고압가스 설비에 사용되는 배관의 재료로서 부적합한 것은?
- ㉮ KS D 3562(압력배관용 탄소 강관)
- ㉯ KS D 3570(고온 배관용 탄소 강관)
- ㉰ KS D 3507(배관용 탄소 강관)
- ㉱ KS D 3576(배관용 스테인리스 강관)

문제 10 도시가스 사용시설의 지상배관은 표면색상을 무슨 색으로 도색하여야 하는가?
- ㉮ 황색
- ㉯ 적색
- ㉰ 회색
- ㉱ 백색

문제 11 액화석유가스 충전시설 중 충전설비는 그 외면으로부터 사업소 경계까지 몇 m 이상의 거리를 유지하여야 하는가?
- ㉮ 5
- ㉯ 10
- ㉰ 15
- ㉱ 24

문제 12 가스의 경우 폭굉(Detonation)의 연소속도는 약 몇 m/s 정도인가?
- ㉮ 0.03~10
- ㉯ 10~50
- ㉰ 100~600
- ㉱ 1000~3000

문제 13 의료용 가스용기의 도색구분이 틀린 것은?
- ㉮ 산소 - 백색
- ㉯ 액화탄산가스 - 회색
- ㉰ 질소 - 흑색
- ㉱ 에틸렌 - 갈색

문제 14 다음 가스 중 위험도(H)가 가장 큰 것은?
- ㉮ 프로판
- ㉯ 일산화탄소
- ㉰ 아세틸렌
- ㉱ 암모니아

해답 07.㉰ 08.㉱ 09.㉰ 10.㉮ 11.㉱ 12.㉱ 13.㉯ 14.㉰

문제 15 용기의 안전점검 기준에 대한 설명으로 틀린 것은?
㉮ 용기의 도색 및 표시 여부를 확인
㉯ 용기의 내·외면을 점검
㉰ 재검사 기간의 도래 여부를 확인
㉱ 열 영향을 받은 용기는 재검사와 상관이 없이 새 용기로 교환

문제 16 다음 각 독성가스 누출시 사용하는 제독제로서 적합하지 않은 것은?
㉮ 염소 : 탄산소다수용액
㉯ 포스겐 : 소석회
㉰ 산화에틸렌 : 소석회
㉱ 황화수소 : 가성소다수용액

문제 17 에어졸 시험방법에서 불꽃길이 시험을 위해 채취한 시료의 온도 조건은?
㉮ 24℃ 이상, 26℃ 이하
㉯ 26℃ 이상, 30℃ 미만
㉰ 46℃ 이상, 50℃ 미만
㉱ 60℃ 이상, 66℃ 미만

문제 18 교량에 도시가스 배관을 설치하는 경우 보호조치 등 설계 · 시공에 대한 설명으로 옳은 것은?
㉮ 교량첨가 배관은 강관을 사용하며 기계적접합을 원칙으로 한다.
㉯ 제 3자의 출입이 용이한 교량설치 배관의 경우 보행방지철조망 또는 방호철조망을 설치한다.
㉰ 지진발생시 등 비상 시 긴급차단을 목적으로 첨가배관의 길이가 200m 이상인 경우 교량 양단의 가까운 곳에 밸브를 설치토록 한다.
㉱ 교량첨가 배관에 가해지는 여러 하중에 대한 합성응력이 배관의 허용응력을 초과하도록 설계한다.

문제 19 고압가스 저장실 등에 설치하는 경계책과 관련된 기준으로 틀린 것은?
㉮ 저장설비·처리설비 등을 설치한 장소의 주위에는 높이 1.5m 이상의 철책 또는 철망 등의 경계표지를 설치하여야 한다.
㉯ 건축물 내에 설치하였거나, 차량의 통행 등 조업시행이 현저히 곤란하여 위해 요인이 가중될 우려가 있는 경우에는 경계책 설치를 생략할 수 있다.
㉰ 경계책 주위에는 외부사람이 무단출입을 금하는 내용의 경계표지를 보기 쉬운 장소에 부착하여야 한다.
㉱ 경계책 안에는 불가피한 사유발생 등 어떠한 경우라도 화기, 발화 또는 인화하기 쉬운 물질을 휴대하고 들어가서는 아니 된다.

해답 15.㉱ 16.㉰ 17.㉮ 18.㉯ 19.㉱

문제 20 독성가스 사용시설에서 처리설비의 저장능력이 45,000kg인 경우 제2종 보호시설까지 안전거리는 얼마 이상 유지하여야 하는가?

㉮ 14m ㉯ 16m
㉰ 18m ㉱ 20m

문제 21 아세틸렌의 성질에 대한 설명으로 틀린 것은?

㉮ 색이 없고 불순물이 있을 경우 악취가 난다.
㉯ 융점과 비점이 비슷하여 고체 아세틸렌은 융해하지 않고 승화한다.
㉰ 발열화합물이므로 대기 개방시 분해폭발할 우려가 있다.
㉱ 액체 아세틸렌보다 고체 아세틸렌이 안정하다.

문제 22 고압가스용 이음매 없는 용기의 재검사시 내압시험 합격판정의 기준이 되는 영구증가율은?

㉮ 0.1% 이하 ㉯ 3% 이하
㉰ 5% 이하 ㉱ 10% 이하

문제 23 프로판을 사용하고 있던 버너에 부탄을 사용하려고 한다. 프로판의 경우보다 약 몇 배의 공기가 필요한가?

㉮ 1.2배 ㉯ 1.3배
㉰ 1.5배 ㉱ 2.0배

문제 24 가스의 연소에 대한 설명으로 틀린 것은?

㉮ 인화점은 낮을수록 위험하다.
㉯ 발화점은 낮을수록 위험하다.
㉰ 탄화수소에서 착화점은 탄소수가 많은 분자일수록 낮아진다.
㉱ 최소점화에너지는 가스의 표면장력에 의해 주로 결정된다.

문제 25 아세틸렌의 취급방법에 대한 설명으로 가장 부적절한 것은?

㉮ 저장소는 화기엄금을 명기한다.
㉯ 가스 출구 동결 시 60℃ 이하의 온수로 녹인다.
㉰ 산소용기와 같이 저장하지 않는다.
㉱ 저장소는 통풍이 양호한 구조이어야 한다.

문제 26 가스 폭발을 일으키는 영향 요소로 가장 거리가 먼 것은?

㉮ 온도 ㉯ 매개체
㉰ 조성 ㉱ 압력

해답 20.㉱ 21.㉰ 22.㉯ 23.㉯ 24.㉱ 25.㉯ 26.㉯

문제 27 어떤 도시가스의 웨버지수를 측정하였더니 36.52MJ/m³이었다. 품질검사기준에 의한 합격 여부는?

㉮ 웨버지수 허용기준보다 높으므로 합격이다.
㉯ 웨버지수 허용기준보다 낮으므로 합격이다.
㉰ 웨버지수 허용기준보다 높으므로 불합격이다.
㉱ 웨버지수 허용기준보다 낮으므로 불합격이다.

문제 28 300kg의 액화프레온12(R-12)가스를 내용적 50L 용기에 충전할 때 필요한 용기의 개수는? (C=0.86)

㉮ 5개 ㉯ 6개
㉰ 7개 ㉱ 8개

문제 29 저장탱크에 의한 액화석유가스 사용시설에서 가스계량기는 화기와 몇 m 이상의 우회거리를 유지해야 하는가?

㉮ 2m ㉯ 3m
㉰ 5m ㉱ 8m

문제 30 가스사고가 발생하면 산업통상자원부령에서 정하는 바에 따라 관계기관에 가스사고를 통보해야 한다. 다음 중 사고통보내용이 아닌 것은?

㉮ 통보자의 소속, 직위, 성명 및 연락처
㉯ 사고원인자 인적사항
㉰ 사고발생 일시 및 장소
㉱ 시설현황 및 피해현황(인명 및 재산)

문제 31 가스크로마토그래피의 구성 요소가 아닌 것은?

㉮ 광원 ㉯ 칼럼
㉰ 검출기 ㉱ 기록계

문제 32 도시가스공급시설에서 사용되는 안전제어장치와 관계가 없는 것은?

㉮ 중화장치 ㉯ 압력안전장치
㉰ 가스누출검지경보장치 ㉱ 긴급차단장치

문제 33 LPG나 액화가스와 같이 비점이 낮고 내압이 0.4~0.5MPa 이상인 액체에 주로 사용되는 펌프의 메카니컬 시일의 형식은?

㉮ 더블시일형 ㉯ 인사이드시일형
㉰ 아웃사이드시일형 ㉱ 밸런스시일형

해답 27.㉱ 28.㉯ 29.㉮ 30.㉯ 31.㉮ 32.㉮ 33.㉱

문제 34 유량을 측정하는데 사용하는 계측기기가 아닌 것은?
- ㉮ 피토관
- ㉯ 오리피스
- ㉰ 벨로우즈
- ㉱ 벤투리

문제 35 기화기의 성능에 대한 설명으로 틀린 것은?
- ㉮ 온수 가열방식은 그 온수의 온도가 90℃ 이하일 것
- ㉯ 증기 가열방식은 그 증기의 온도가 120℃ 이하일 것
- ㉰ 압력계는 그 최고눈금이 상용압력의 1.5~2배일 것
- ㉱ 기화통 안의 가스액이 토출배관으로 흐르지 않도록 적합한 자동제어장치를 설치할 것

문제 36 고압장치의 재료로서 가장 적합하게 연결된 것은?
- ㉮ 액화염소용기-화이트메탈
- ㉯ 압축기의 베어링-13% 크롬강
- ㉰ LNG 탱크-9% 니켈강
- ㉱ 고온고압의 수소반응탑-탄소강

문제 37 구조에 따라 외치식, 내치식, 편심로터리식 등이 있으며 베이퍼록 현상이 일어나기 쉬운 펌프는?
- ㉮ 제트펌프
- ㉯ 기포펌프
- ㉰ 왕복펌프
- ㉱ 기어펌프

문제 38 다음 중 터보(Turbo)형 펌프가 아닌 것은?
- ㉮ 원심 펌프
- ㉯ 사류 펌프
- ㉰ 축류 펌프
- ㉱ 플런저 펌프

문제 39 가스 액화 분리장치에서 냉동사이클과 액화사이클을 응용한 장치는?
- ㉮ 한냉발생장치
- ㉯ 정유분출장치
- ㉰ 정유흡수장치
- ㉱ 분순물제거장치

문제 40 저압가스 수송배관의 유량공식에 대한 설명으로 틀린 것은?
- ㉮ 배관길이에 반비례한다.
- ㉯ 가스비중에 비례한다.
- ㉰ 허용압력손실에 비례한다.
- ㉱ 관경에 의해 결정되는 계수에 비례한다.

해답 34.㉰ 35.㉮ 36.㉰ 37.㉱ 38.㉱ 39.㉮ 40.㉯

문제 41 탄소강 중에 저온취성을 일으키는 원소로 옳은 것은?
  ㉮ P ㉯ S
  ㉰ Mo ㉱ Cu

문제 42 가스의 연소방식이 아닌 것은?
  ㉮ 적화식 ㉯ 세미분젠식
  ㉰ 분젠식 ㉱ 원지식

문제 43 양정 90m, 유량이 90m^3/h인 송수 펌프의 소요동력은 약 몇 kW인가? (단, 펌프의 효율은 60%이다.)
  ㉮ 30.6 ㉯ 36.8
  ㉰ 50.2 ㉱ 56.8

문제 44 재료가 일정 온도 이상에서 응력이 작용할 때 시간이 경과함에 따라 변형이 증대되고 때로는 파괴되는 현상을 무엇이라 하는가?
  ㉮ 피로 ㉯ 크리프
  ㉰ 에로숀 ㉱ 탈탄

문제 45 LP가스 공급방식 중 강제기화방식의 특징에 대한 설명 중 틀린 것은?
  ㉮ 기화량 가감이 용이하다.
  ㉯ 공급가스의 조성이 일정하다.
  ㉰ 계량기를 설치하지 않아도 된다.
  ㉱ 한랭시에도 충분히 기화시킬 수 있다.

문제 46 다음 설명과 관계있는 법칙은?

  > 열은 스스로 저온의 물체에서 고온의 물체로 이동하는 것은 불가능하다.

  ㉮ 에너지 보존의 법칙 ㉯ 열역학 제2법칙
  ㉰ 평형 이동의 법칙 ㉱ 보일 – 샤를의 법칙

문제 47 산소(O$_2$)에 대한 설명 중 틀린 것은?
  ㉮ 무색, 무취의 기체이며, 물에는 약간 녹는다.
  ㉯ 가연성가스이나 그자신은 연소하지 않는다.
  ㉰ 용기의 도색은 일반 공업용이 녹색, 의료용이 백색이다.
  ㉱ 저장용기는 무계목 용기를 사용한다.

해답 41.㉮ 42.㉱ 43.㉯ 44.㉯ 45.㉰ 46.㉯ 47.㉯

문제 48 다음 중 암모니아 건조제로 사용되는 것은?
- ㉮ 진한 황산
- ㉯ 할로겐 화합물
- ㉰ 소다석회
- ㉱ 황산동 수용액

문제 49 10L 용기에 들어있는 산소의 압력이 10MPa이었다. 이 기체를 20L 용기에 옮겨놓으면 압력은 몇 MPa로 변하는가?
- ㉮ 2
- ㉯ 5
- ㉰ 10
- ㉱ 20

문제 50 다음 〔보기〕와 같은 성질을 갖는 것은?

〔보기〕
- 공기보다 무거워 누출시 낮은 곳에 체류한다.
- 기화 및 액화가 용이하며 발열량이 크다.
- 증발잠열이 크기 때문에 냉매로도 이용된다.

- ㉮ O_2
- ㉯ CO
- ㉰ LPG
- ㉱ C_2H_4

문제 51 다음 압력 중 가장 높은 압력은?
- ㉮ $1.5kg/cm^2$
- ㉯ $10H_2O$
- ㉰ 745mmHg
- ㉱ 0.6atm

문제 52 다음 중 게이지압력을 옳게 표시한 것은?
- ㉮ 게이지압력 = 절대압력 − 대기압
- ㉯ 게이지압력 = 대기압 − 절대압력
- ㉰ 게이지압력 = 대기압 + 절대압력
- ㉱ 게이지압력 = 절대압력 + 진공압력

문제 53 같은 조건일 때 액화시키기 가장 쉬운 가스는?
- ㉮ 수소
- ㉯ 암모니아
- ㉰ 아세틸렌
- ㉱ 네온

문제 54 가스분석 시 이산화탄소의 흡수제로 사용되는 것은?
- ㉮ KOH
- ㉯ H_2SO_4
- ㉰ NH_4Cl
- ㉱ $CaCl_2$

해답 48.㉰ 49.㉯ 50.㉰ 51.㉮ 52.㉮ 53.㉯ 54.㉮

문제 55 연소기 연소상태 시험에 사용되는 도시가스 중 역화하기 쉬운 가스는?
- ㉮ 13A-1
- ㉯ 13A-2
- ㉰ 13A-3
- ㉱ 13A-R

문제 56 나프타(Naphtha)의 가스화 효율이 좋으려면?
- ㉮ 올레핀계 탄화수소 함량이 많을수록 좋다.
- ㉯ 파라핀계 탄화수소 함량이 많을수록 좋다
- ㉰ 나프텐계 탄화수소 함량이 많을수록 좋다.
- ㉱ 방향족계 탄화수소 함량이 많을수록 좋다.

문제 57 순수한 물 1kg을 1℃ 높이는데 필요한 열량을 무엇이라 하는가?
- ㉮ 1kcal
- ㉯ 1B.T.U
- ㉰ 1C.H.U
- ㉱ 1kJ

문제 58 기체의 성질을 나타내는 보일의 법칙(Boyleslaw)에서 일정한 값으로 가정한 인자는?
- ㉮ 압력
- ㉯ 온도
- ㉰ 부피
- ㉱ 비중

문제 59 섭씨온도( )의 눈금과 일치하는 화씨온도( )는?
- ㉮ 0
- ㉯ 10
- ㉰ 30
- ㉱ 40

문제 60 다음 중 폭발범위가 가장 넓은 가스는?
- ㉮ 암모니아
- ㉯ 메탄
- ㉰ 황화수소
- ㉱ 일산화탄소

해답 55.㉰ 56.㉯ 57.㉮ 58.㉯ 59.㉱ 60.㉱

과년도 출제문제

(2014년 7월 20일 시행)

문제 1 아세틸렌은 폭발 형태에 따라 크게 3가지로 분류된다. 이에 해당되지 않는 폭발은?
- ㉮ 화합폭발
- ㉯ 중합폭발
- ㉰ 산화폭발
- ㉱ 분해폭발

문제 2 연소에 대한 일반적인 설명 중 옳지 않은 것은?
- ㉮ 인화점이 낮을수록 위험성이 크다.
- ㉯ 인화점보다 착화점의 온도가 낮다.
- ㉰ 발열량이 높을수록 착화온도는 낮아진다.
- ㉱ 가스의 온도가 높아지면 연소범위는 넓어진다.

문제 3 일반도시가스사업 가스공급시설의 입상관 밸브는 분리가 가능한 것으로서 바닥으로부터 몇 m 범위에 설치하여야 하는가?
- ㉮ 0.5 ~ 1m
- ㉯ 1.2 ~ 1.5m
- ㉰ 1.6 ~ 2.0m
- ㉱ 2.5 ~ 3.0m

문제 4 액화석유가스 사용시설을 변경하여 도시가스를 사용하기 위해서 실시하여야 하는 안전조치 중 잘못 설명한 것은?
- ㉮ 일반도시가스사업자는 도시가스를 공급한 이후에 연소기 열량의 변경 사실을 확인하여야 한다.
- ㉯ 액화석유가스의 배관 양단에 막음조치를 하고 호스는 철거하여 설치하려는 도시가스 배관과 구분되도록 한다.
- ㉰ 용기 및 부대설비가 액화석유가스 공급자의 소유인 경우에는 도시가스공급 예정일까지 용기 등을 철거해 줄 것을 공급자에게 요청해야 한다.
- ㉱ 도시가스로 연료를 전환하기 전에 액화석유가스 안전공급계약을 해지하고 용기 등의 철거와 안전조치를 확인하여야 한다.

문제 5 시안화수소(HCN)의 위험성에 대한 설명으로 틀린 것은?
- ㉮ 인화온도가 아주 낮다.
- ㉯ 오래된 시안화수소는 자체 폭발할 수 있다.
- ㉰ 용기에 충전한 후 60일을 초과하지 않아야 한다.
- ㉱ 호흡 시 흡입하면 위험하나 피부에 묻으면 아무 이상이 없다.

해답 01.㉯ 02.㉯ 03.㉰ 04.㉮ 05.㉱

문제 6 고정식 압축도시가스자동차 충전의 저장설비, 처리설비, 압축가스설비 외부에 설치하는 경계책의 설치기준으로 틀린 것은?

㉮ 긴급차단장치를 설치할 경우는 설치하지 아니할 수 있다.
㉯ 방호벽(철근콘크리트로 만든 것)을 설치하지 아니할 수 있다.
㉰ 처리설비 및 압축가스설비가 밀폐형 구조물 안에 설치된 경우는 설치하지 아니할 수이 있다.
㉱ 저장설비 및 처리설비가 액확산방지시설 내에 설치된 경우는 설치하지 아니할 수 있다.

문제 7 다음 ( ) 안의 Ⓐ과 Ⓑ에 들어갈 명칭은?

> "아세틸렌을 용기에 충전하는 때에는 미리 용기에 다공물질을 고루 채워 다공도가 75% 이상, 92% 미만이 되도록 한 후 (Ⓐ) 또는 (Ⓑ)를(을) 고루 침윤시키고 충전하여야 한다."

㉮ Ⓐ 아세톤, Ⓑ 알코올　　㉯ Ⓐ 아세톤, Ⓑ 물(H_2O)
㉰ Ⓐ 아세톤, Ⓑ 디메틸포름아미드　　㉱ Ⓐ 아세톤, Ⓑ 물(H_2O)

문제 8 고압가스용 냉동기에 설치하는 안전장치의 구조에 대한 설명으로 틀린 것은?

㉮ 고압차단장치는 그 설정압력이 눈으로 판별할 수 있는 것으로 한다.
㉯ 고압차단장치는 원칙적으로 자동복귀방식으로 한다.
㉰ 안전밸브는 작동압력을 설정한 후 봉인될 수 있는 구조로 한다.
㉱ 안전밸브 각부의 가스통과 면적은 안전밸브의 구경면적 이상으로 한다.

문제 9 공기 중에서 폭발하한치가 가장 낮은 것은?

㉮ 시안화수소　　㉯ 암모니아
㉰ 에틸렌　　㉱ 부탄

문제 10 도시가스사용시설 중 자연배기식 반밀폐식 보일러에서 배기톱의 옥상돌출부는 지붕면으로부터 수직거리로 몇 cm 이상으로 하여야 하는가?

㉮ 30　　㉯ 50
㉰ 90　　㉱ 100

문제 11 고압가스 제조설비에 설치하는 가스누출경보 및 자동차단장치에 대한 설명으로 틀린 것은?

㉮ 계기실 내부에도 1개 이상 설치한다.
㉯ 잡가스에는 경보하지 아니하는 것으로 한다.
㉰ 누출을 검지하여 그 농도를 지시함과 동시에 경보를 울리는 방식으로 한다.
㉱ 가연성 가스의 제조설비에 격막 갈바니 전지방식의 것을 설치한다.

해답 06.㉮ 07.㉰ 08.㉯ 09.㉱ 10.㉰ 11.㉱

문제 12 고압가스 용기의 파열사고 원인으로서 가장 거리가 먼 내용은?

㉮ 압축산소를 충전한 용기를 차량에 눕혀서 운반하였을 때
㉯ 용기의 내압이 이상 상승하였을 때
㉰ 용기 재질의 불량으로 인하여 인장강도가 떨어질 때
㉱ 균열 되었을 때

문제 13 공기 중 폭발범위에 따른 위험도가 가장 큰 가스는?

㉮ 암모니아 ㉯ 황화수소
㉰ 석탄가스 ㉱ 이황화탄소

문제 14 LP가스 충전설비의 작동 상황 점검주기로 옳은 것은?

㉮ 1일 1회 이상 ㉯ 1주일 1회 이상
㉰ 1월 1회 이상 ㉱ 1년 1회 이상

문제 15 고압가스설비에 장치하는 압력계의 눈금은?

㉮ 상용압력의 2.5배 이상, 3배 이하
㉯ 상용압력의 2배 이상, 2.5배 이하
㉰ 상용압력의 1.5배 이상, 2배 이하
㉱ 상용압력의 1배 이상, 1.5배 이하

문제 16 도시가스공급시설의 공사계획 승인 및 신고대상에 대한 설명으로 틀린 것은?

㉮ 제조소 안에서 액화가스용저장탱크의 위치변경 공사는 공사계획 신고대상이다.
㉯ 밸브기지의 위치변경 공사는 공사계획 신고대상이다.
㉰ 호칭지름이 50mm 이하인 저압의 공급관을 설치하는 공사는 공사계획 신고대상에서 제외한다.
㉱ 저압인 사용자공급관 50m를 변경하는 공사는 공사계획 신고대상이다.

문제 17 공정과 설비의 공장형태 및 영향, 고장형태별 위험도 순위 등을 결정하는 안전성평가기법은?

㉮ 위험과 운전분석(HAZOP)
㉯ 예비위험분석(PHA)
㉰ 결함수분석(FTA)
㉱ 이상 위험도 분석(FMECA)

해답 12.㉮ 13.㉱ 14.㉮ 15.㉰ 16.㉯ 17.㉱

문제 18 다음은 이동식 압축도시가스 자동차충전시설을 점검한 내용이다. 이 중 기준에 부적합한 경우는?

㉮ 이동충전차량과 가스배관구를 연결하는 호스의 길이가 6m 이었다.
㉯ 가스배관구 주위에는 가스배관구를 보호하기 위하여 높이 40cm, 두께 13cm인 철근 콘크리트 구조물이 설치되어 있었다.
㉰ 이동충전차량과 충전설비 사이 거리는 8m 이었고, 이동충전차량과 충전설비 사이에 강판제 방호벽이 설치되어 있었다.
㉱ 충전설비 근처 및 충전설비에서 6m 떨어진 장소에 수동 긴급차단장치가 각각 설치되어 있었으며 눈에 잘 띄었다.

문제 19 독성가스 저장시설의 제독 조치로써 옳지 않은 것은?

㉮ 흡수 중화조치
㉯ 흡착 제거조치
㉰ 이송설비로 대기 중에 배출
㉱ 연소조치

문제 20 도시가스 배관의 지하매설시 사용하는 침상재료(Bedding)는 배관 하단에서 배관 상단 몇 cm까지 포설하는가?

㉮ 10 ㉯ 20 ㉰ 30 ㉱ 50

문제 21 시안화수소를 충전한 용기는 충전 후 몇 시간 정치한 뒤 가스의 누출검사를 해야 하는가?

㉮ 6 ㉯ 12 ㉰ 18 ㉱ 24

문제 22 폭발등급은 안전간격에 따라 구분한다. 폭발등급 1급이 아닌 것은?

㉮ 일산화탄소
㉯ 메탄
㉰ 암모니아
㉱ 수소

문제 23 염소(Cl_2)의 재해 방지용으로서 흡수제 및 제해제가 아닌 것은?

㉮ 가성소다 수용액
㉯ 소석회
㉰ 탄산소다 수용액
㉱ 물

문제 24 다음 굴착공사 중 굴착공사를 하기 전에 도시가스사업자와 협의를 하여야 하는 것은?

㉮ 굴착공사 예정지역 범위에 묻혀 있는 도시가스배관의 길이가 110m인 굴착공사
㉯ 굴착공사 예정지역 범위에 묻혀 있는 송유관의 길이가 200m인 굴착공사
㉰ 해당 굴착공사로 인하여 압력이 3.2kPa인 도시가스배관의 길이가 30m 노출될 것으로 예상되는 굴착공사
㉱ 해당 굴착공사로 인하여 압력이 0.8MPa인 도시가스배관의 길이가 8m 노출될 것으로 예상되는 굴착공사

해답 18.㉮ 19.㉰ 20.㉰ 21.㉱ 22.㉱ 23.㉱ 24.㉮

문제 25 건축물 내 도시가스 매설배관으로 부적합한 것은?
- ㉮ 동관
- ㉯ 강관
- ㉰ 스테인리스강
- ㉱ 가스용 금속플렉시블호스

문제 26 고압가스안전관리법의 적용을 받는 가스는?
- ㉮ 철도차량의 에어콘디셔너 안의 고압가스
- ㉯ 냉동능력 3톤 미만인 냉동설비 안의 고압가스
- ㉰ 용접용 아세틸렌가스
- ㉱ 액화브롬화메탄 제조설비 외에 있는 액화브롬화메탄

문제 27 일반도시가스사업자의 가스공급시설 중 정압기의 분해 점검 주기의 기준은?
- ㉮ 1년에 1회 이상
- ㉯ 2년에 1회 이상
- ㉰ 3년에 1회 이상
- ㉱ 5년에 1회 이상

문제 28 자동차용 압축천연가스 완속충전설비에서 실린더 내경이 100mm, 실린더의 행정이 200mm, 회전수가 100rpm 일 때 처리능력(m^3/h)은 얼마인가?
- ㉮ 9.42
- ㉯ 8.21
- ㉰ 7.05
- ㉱ 6.15

문제 29 다음 중 가연성이면서 유독한 가스는?
- ㉮ NH_3
- ㉯ H_2
- ㉰ CH_4
- ㉱ N_2

문제 30 다음은 어떤 안전설비에 대한 설명인가?

> 설비가 잘못 조작되거나 정상적인 제조를 할 수 없는 경우 자동으로 원재료의 공급을 차단시키는 등 고압가스 제조설비 안의 제조를 제어하는 기능을 한다.

- ㉮ 긴급이송설비
- ㉯ 인터록기구
- ㉰ 안전밸브
- ㉱ 벤트스택

문제 31 LPG를 탱크로리에서 저장탱크로 이송 시 작업을 중단해야 되는 경우가 아닌 것은?
- ㉮ 과충전이 된 경우
- ㉯ 충전기에서 자동차에 충전하고 있을 때
- ㉰ 작업 중 주위에 화재 발생 시
- ㉱ 누출이 생길 경우

해답 25.㉯ 26.㉰ 27.㉯ 28.㉮ 29.㉮ 30.㉯ 31.㉯

문제 32 다음 배관재료 중 사용온도 350℃ 이하, 압력이 10MPa 이상의 고압관에 사용되는 것은?
㉮ SPP   ㉯ SPPH   ㉰ SPPW   ㉱ SPPG

문제 33 대형 저장탱크 내를 가는 스테인리스관으로 상하로 움직여 관내에서 분출하는 가스상태와 액체상태의 경계면을 찾아 액면을 측정하는 액면계로 옳은 것은?
㉮ 슬립튜브식 액면계   ㉯ 유리관식 액면계
㉰ 클링커식 액면계   ㉱ 플로트식 액면계

문제 34 내압이 0.4~05.MPa이상이고, LPG나 액화가스와 같이 낮은 비점의 액체일 때 사용되는 터보식 펌프의 메카니컬시일 형식은?
㉮ 더블 시일   ㉯ 아웃사이드 시일
㉰ 밸런스 시일   ㉱ 언밸런스 시일

문제 35 3단 토출압력이 2MPa·g이고, 압축비가 2인 4단공기압축기에서 1단 흡입 압력은 약 몇 MPa·g 인가? (단, 대기압은 0.1MPa로 한다.)
㉮ 0.16MPa·g   ㉯ 0.26MPa·g
㉰ 0.36MPa·g   ㉱ 0.46MPa·g

문제 36 반복하중에 의해 재료의 저항력이 저하하는 현상을 무엇이라고 하는가?
㉮ 교축   ㉯ 크리프
㉰ 피로   ㉱ 응력

문제 37 가연성가스 검출기 중 탄광에서 발생하는 CH_4의 농도를 측정하는데 주로 사용되는 것은?
㉮ 간섭계형   ㉯ 안전등형
㉰ 열선형   ㉱ 반도체형

문제 38 저온액화가스 탱크에서 발생할 수 있는 열의 침입현상으로 가장 거리가 먼 것은?
㉮ 연결된 배관을 통한 열전도
㉯ 단열재를 충전한 공간에 남은 가스분자의 열전도
㉰ 내면으로부터의 열전도
㉱ 외면의 열복사

문제 39 가연성가스를 냉매로 사용하는 냉동제조시설의 수액기에는 액면계를 설치한다. 다음 중 수액기의 액면계로 사용할 수 없는 것은?
㉮ 환형유리관 액면계   ㉯ 차압식 액면계
㉰ 초음파식 액면계   ㉱ 방사선식 액면계

해답 32.㉯ 33.㉮ 34.㉰ 35.㉮ 36.㉰ 37.㉯ 38.㉰ 39.㉮

문제 40 LP가스 자동차충전소에서 사용하는 디스펜서(Dispenser)에 대하여 옳게 설명한 것은?

㉮ LP가스 충전소에서 용기에 일정량의 LP가스를 충전하는 충전기기이다.
㉯ LP가스 충전소에서 용기에 충전하는 가스용적을 계량하는 기기이다.
㉰ 압축기를 이용하여 탱크로리에서 저장탱크로 LP가스를 이송하는 장치이다.
㉱ 펌프를 이용하여 LP가스를 저장탱크로 이송할 때 사용하는 안전장치이다.

문제 41 다음 중 왕복식 펌프에 해당하는 것은?

㉮ 기어펌프 ㉯ 베인펌프
㉰ 터빈펌프 ㉱ 플런저펌프

문제 42 도시가스의 측정 사항에 있어서 반드시 측정하지 않아도 되는 것은?

㉮ 농도 측정 ㉯ 연소성 측정
㉰ 압력 측정 ㉱ 열량 측정

문제 43 펌프의 실제 송출유량을 Q, 펌프 내부에서의 누설유량을 0.6Q, 임펠러 속을 지나는 유량을 1.6Q라 할 때 펌프의 체적효율(η_v)은?

㉮ 37.5% ㉯ 40%
㉰ 60% ㉱ 62.5%

문제 44 LP가스 공급방식 중 자연기화 방식의 특징에 대한 설명으로 틀린 것은?

㉮ 기화능력이 좋아 대량 소비시에 적당하다.
㉯ 가스 조성의 변화량이 크다.
㉰ 설비장소가 크게 된다.
㉱ 발열량의 변화량이 크다.

문제 45 다음 [보기]에서 설명하는 정압기의 종류는?

[보기]
- unloading형이다.
- 본체는 복좌밸브로 되어 있어 상부에 다이어프램을 가진다.
- 정특성은 아주 좋으나 안정성은 떨어진다.
- 다른 형식에 비하여 크기가 크다.

㉮ 레이놀드 정압기 ㉯ 엠코 정압기
㉰ 피셔식 정압기 ㉱ 엑셀 플로우식 정압기

해답 40.㉮ 41.㉱ 42.㉮ 43.㉱ 44.㉮ 45.㉮

문제 46 도시가스 제조방식 중 촉매를 사용하여 사용온도 400~800℃에서 탄화수소와 수증기를 반응시켜 수소, 메탄, 일산화탄소, 탄산가스 등의 저급 탄화수소로 변환시키는 프로세스는?

㉮ 열분해 프로세스 ㉯ 접촉분해 프로세스
㉰ 부분연소 프로세스 ㉱ 수소화분해 프로세스

문제 47 수소의 공업적 용도가 아닌 것은?

㉮ 수증기의 합성 ㉯ 경화유의 제조
㉰ 메탄올의 합성 ㉱ 암모니아 합성

문제 48 다음 각 온도의 단위환산 관계로서 틀린 것은?

㉮ 0℃ = 273K ㉯ 32°F = 492°R
㉰ 0K = -273℃ ㉱ 0K = 460°R

문제 49 다음 중 저장소의 바닥부 환기에 가장 중점을 두어야 하는 가스는?

㉮ 메탄 ㉯ 에틸렌
㉰ 아세틸렌 ㉱ 부탄

문제 50 고압가스의 성질에 따른 분류가 아닌 것은?

㉮ 가연성 가스 ㉯ 액화 가스
㉰ 조연성 가스 ㉱ 불연성 가스

문제 51 압력이 일정할 때 기체의 절대온도와 체적은 어떤 관계가 있는가?

㉮ 절대온도와 체적은 비례한다.
㉯ 절대온도와 체적은 반비례한다.
㉰ 절대온도는 체적의 제곱에 비례한다.
㉱ 절대온도는 체적의 제곱에 반비례한다.

문제 52 100J의 일의 양을 Cal 단위로 나타내면 약 얼마인가?

㉮ 24 ㉯ 40
㉰ 240 ㉱ 400

문제 53 표준상태에서 분자량이 44인 기체의 밀도는?

㉮ 1.96g/L ㉯ 1.96kg/L
㉰ 1.55g/L ㉱ 1.55kg/L

해답 46.㉯ 47.㉮ 48.㉱ 49.㉱ 50.㉯ 51.㉮ 52.㉮ 53.㉮

문제 54 고압가스 종류별 발생 현상 또는 작용으로 틀린 것은?

㉮ 수소 - 탈탄작용
㉯ 염소 - 부식
㉰ 아세틸렌 - 아세틸라이드 생성
㉱ 암모니아 - 카르보닐 생성

문제 55 정압비열(C_p)와 정적비열(C_v)의 관계를 나타내는 비열비(k)를 옳게 나타낸 것은?

㉮ $k = \dfrac{C_p}{C_v}$
㉯ $k = \dfrac{C_v}{C_p}$
㉰ $k < 1$
㉱ $k = C_v - C_p$

문제 56 다음 중 수소(H_2)의 제조법이 아닌 것은?

㉮ 공기액화 분리법
㉯ 석유 분해법
㉰ 천연가스 분해법
㉱ 일산화탄소 전화법

문제 57 수은주 760mmHg 압력은 수주로는 얼마가 되는가?

㉮ 9.33mH_2O
㉯ 10.33mH_2O
㉰ 11.33mH_2O
㉱ 12.33mH_2O

문제 58 일산화탄소의 성질에 대한 설명 중 틀린 것은?

㉮ 산화성이 강한 가스이다.
㉯ 공기보다 약간 가벼우므로 수상치환으로 포집한다.
㉰ 개미산에 진한 황산을 작용시켜 만든다.
㉱ 혈액 속의 헤모글로빈과 반응하여 산소의 운반력을 저하시킨다.

문제 59 프로판의 완전연소 반응식으로 옳은 것은?

㉮ $C_3H_8 + 4O_2 \rightarrow 3CO_2 + 2H_2O$
㉯ $C_3H_8 + 5O_2 \rightarrow 3CO_2 + 4H_2O$
㉰ $C_3H_8 + 2O_2 \rightarrow 3CO + H_2O$
㉱ $C_3H_8 + O_2 \rightarrow CO_2 + H_2O$

문제 60 다음 중 확산 속도가 가장 빠른 것은?

㉮ O_2
㉯ N_2
㉰ CH_4
㉱ CO_2

해답 54.㉱ 55.㉮ 56.㉮ 57.㉯ 58.㉮ 59.㉯ 60.㉰

과년도 출제문제

(2014년 10월 11일 시행)

문제 1 다음 각 가스의 정의에 대한 설명으로 틀린 것은?

㉮ 압축가스란 일정한 압력에 의하여 압축되어 있는 가스를 말한다.
㉯ 액화가스란 가압·냉각 등의 방법에 의하여 액체상태로 되어 있는 것으로서 대기압에서의 끓는점이 40℃ 이하 또는 상용온도 이하인 것을 말한다.
㉰ 독성가스란 인체에 유해한 독성을 가진 가스로서 허용농도가 100만분의 3000 이하인 것을 말한다.
㉱ 가연성가스란 공기 중에서 연소하는 가스로서 폭발한계의 하한이 10% 이하인 것과 폭발한계의 상한과 하한의 차가 20% 이상인 것을 말한다.

문제 2 용기 신규검사에 합격된 용기 부속품 각인에서 초저온 용기나 저온용기의 부속품에 해당하는 기호는?

㉮ LT ㉯ PT
㉰ MT ㉱ UT

문제 3 용기의 재검사 주기에 대한 기준으로 맞는 것은?

㉮ 압력용기는 1년마다 재검사
㉯ 저장탱크가 없는 곳에 설치한 기화기는 2년마다 재검사
㉰ 500L 이상 이음매 없는 용기는 5년마다 재검사
㉱ 용접용기로서 신규검사 후 15년 이상 20년 미만인 용기는 3년마다 재검사

문제 4 가스사용시설인 가스보일러의 급·배기방식에 따른 구분으로 틀린 것은?

㉮ 반밀폐형 자연배기식(CF)
㉯ 반밀폐형 강제배기식(FE)
㉰ 밀폐형 자연배기식(RF)
㉱ 밀폐형 강제급·배기식(FF)

문제 5 도시가스 배관을 지상에 설치 시 검사 및 보수를 위하여 지면으로부터 몇 cm 이상의 거리를 유지하여야 하는가?

㉮ 10cm ㉯ 15cm
㉰ 20cm ㉱ 30cm

해답 01.㉰ 02.㉮ 03.㉰ 04.㉰ 05.㉱

문제 6 차량에 고정된 산소용기 운반 차량에는 일반인이 쉽게 식별할 수 있도록 표시하여야 한다. 운반차량에 표시하여야 하는 것은?

㉮ 위험고압가스, 회사명
㉯ 위험고압가스, 전화번호
㉰ 화기엄금, 회사명
㉱ 화기엄금, 전화번호

문제 7 LPG 충전·집단공급 저장시설의 공기에 의한 내압시험시 상용압력의 일정 압력 이상으로 승압한 후 단계적으로 승압시킬 때, 상용압력의 몇 % 씩 증가시켜 내압시험압력에 달하였을 때 이상이 없어야 하는가?

㉮ 5%
㉯ 10%
㉰ 15%
㉱ 20%

문제 8 도시가스도매사업자가 제조소 내에 저장능력이 20만톤인 지상식 액화천연가스 저장탱크를 설치하고자 한다. 이때 처리능력이 30만m³인 압축기와 얼마 이상의 거리를 유지하여야 하는가?

㉮ 10m
㉯ 24m
㉰ 30m
㉱ 50m

문제 9 특정고압가스사용시설에서 독성가스 감압설비와 그 가스의 반응설비 간의 배관에 반드시 설치하여야 하는 설비는?

㉮ 안전밸브
㉯ 역화방지장치
㉰ 중화장치
㉱ 역류방지장치

문제 10 과압안전장치 형식에서 용전의 용융온도로서 옳은 것은? (단, 저압부에 사용하는 것은 제외한다.)

㉮ 40℃ 이하
㉯ 60℃ 이하
㉰ 75℃ 이하
㉱ 105℃ 이하

문제 11 차량에 고정된 탱크 중 독성가스는 내용적을 얼마 이하로 하여야 하는가?

㉮ 12000L
㉯ 15000L
㉰ 16000L
㉱ 18000L

문제 12 다음 중 2중관으로 하여야 하는 가스가 아닌 것은?

㉮ 일산화탄소
㉯ 암모니아
㉰ 염화메탄
㉱ 염소

해답 06.㉰ 07.㉯ 08.㉰ 09.㉱ 10.㉰ 11.㉮ 12.㉮

문제 13 LPG 저장탱크에 설치하는 압력계는 상용압력 몇 배 범위의 최고눈금이 있는 것을 사용하여야 하는가?

㉮ 1 ~ 1.5배   ㉯ 1.5 ~ 2배
㉰ 2 ~ 2.5배   ㉱ 2.5 ~ 3배

문제 14 암모니아 취급 시 피부에 닿았을 때 조치사항으로 가장 적당한 것은?

㉮ 열습포로 감싸준다.
㉯ 아연화 연고를 바른다.
㉰ 산으로 중화시키고 붕대로 감는다.
㉱ 다량의 물로 세척 후 붕산수를 바른다.

문제 15 압축, 액화 등의 방법으로 처리할 수 있는 가스의 용적이 1일 100m³ 이상인 사업소에는 표준이 되는 압력계를 몇 개 이상 비치하여야 하는가?

㉮ 1개   ㉯ 2개   ㉰ 3개   ㉱ 4개

문제 16 압력조정기 출구에서 연소기 입구까지의 호스는 얼마 이상의 압력으로 기밀시험을 실시하는가?

㉮ 2.3kPa   ㉯ 3.3kPa   ㉰ 5.63kPa   ㉱ 8.4kPa

문제 17 가연성가스 및 독성가스의 충전용기보관실에 대한 안전거리 규정으로 옳은 것은?

㉮ 충전용기 보관실 1m 이내에 발화성물질을 두지 말 것
㉯ 충전용기 보관실 2m 이내에 인화성물질을 두지 말 것
㉰ 충전용기 보관실 5m 이내에 발화성물질을 두지 말 것
㉱ 충전용기 보관실 8m 이내에 인화성물질을 두지 말 것

문제 18 액화염소가스 1375kg을 용량 50L인 용기에 충전하려면 몇 개의 용기가 필요한가? (단, 액화염소가스의 정수(C)는 0.8이다.)

㉮ 20   ㉯ 22   ㉰ 35   ㉱ 37

문제 19 고압가스 품질검사에 대한 설명으로 틀린 것은?

㉮ 품질검사 대상 가스는 산소, 아세틸렌, 수소이다.
㉯ 품질검사는 안전관리책임자가 실시한다.
㉰ 산소는 동·암모니아 시약을 사용한 오르자트법에 의한 시험결과 순도가 99.5% 이상이어야 한다.
㉱ 수소는 하이드로썰파이드 시약을 사용한 오르자트법에 의한 시험결과 순도가 99.0% 이상이어야 한다.

해답 13.㉰ 14.㉱ 15.㉯ 16.㉱ 17.㉯ 18.㉰ 19.㉱

문제 20 저장탱크 방류둑 용량은 저장능력에 상당하는 용적 이상의 용적이어야 한다. 다만, 액화산소 저장탱크의 경우에는 저장능력 상당용적의 몇 % 이상으로 할 수 있는가?

- ㉮ 40
- ㉯ 60
- ㉰ 80
- ㉱ 90

문제 21 도시가스 중압 배관을 매몰할 경우 다음 중 적당한 색상은?

- ㉮ 회색
- ㉯ 청색
- ㉰ 녹색
- ㉱ 적색

문제 22 가연성가스를 취급하는 장소에서 공구의 재질로 사용하였을 경우 불꽃이 발생할 가능성이 가장 큰 것은?

- ㉮ 고무
- ㉯ 가죽
- ㉰ 알루미늄합금
- ㉱ 나무

문제 23 고압가스 저장능력 산정기준에서 액화가스의 저장탱크 저장능력을 구하는 식은? (단, Q, W는 저장능력, P는 최고충전압력, V는 내용적, C는 가스종류에 따른 정수, d는 가스의 비중이다.)

- ㉮ $W = 0.9dV$
- ㉯ $Q = 10PV$
- ㉰ $W = \dfrac{V}{C}$
- ㉱ $Q = (10P+1)V$

문제 24 도시가스 공급시설의 안전조작에 필요한 조명 등의 조도는 몇 럭스 이상이어야 하는가?

- ㉮ 100
- ㉯ 150
- ㉰ 200
- ㉱ 300

문제 25 도시가스사업법에서 정한 특정가스사용시설에 해당하지 않는 것은?

- ㉮ 제 1종 보호시설 내 월사용예정량 1,000m³ 이상인 가스사용시설
- ㉯ 제 2종 보호시설 내 월사용예정량 2,000m³ 이상인 가스사용시설
- ㉰ 월사용예정량 2,000m³ 이하인 가스사용시설 중 많은 사람이 이용하는 시설로 시·도지사가 지정하는 시설
- ㉱ 전기사업법, 에너지이용합리화법에 의한 가스사용시설

문제 26 가연성 가스용 가스누출경보 및 자동차단장치의 경보농도설정치의 기준은?

- ㉮ ±5% 이하
- ㉯ ±10% 이하
- ㉰ ±15% 이하
- ㉱ ±25% 이하

해답 20.㉯ 21.㉱ 22.㉰ 23.㉮ 24.㉯ 25.㉱ 26.㉱

문제 27. 액화가스를 충전하는 탱크는 그 내부에 액면요동을 방지하기 위하여 무엇을 설치하여야 하는가?
- ㉮ 방파판
- ㉯ 안전밸브
- ㉰ 액면계
- ㉱ 긴급차단장치

문제 28. 고압가스 충전용 밸브를 가열할 때의 방법으로 가장 적당한 것은?
- ㉮ 60℃ 이상의 더운물을 사용한다.
- ㉯ 열습포를 사용한다.
- ㉰ 가스버너를 사용한다.
- ㉱ 복사열을 사용한다.

문제 29. 일반도시가스사업 정압기실에 설치되는 기계환기설비 중 배기구의 관경은 얼마 이상으로 하여야 하는가?
- ㉮ 10cm
- ㉯ 20cm
- ㉰ 30cm
- ㉱ 50cm

문제 30. 도시가스 공급시설을 제어하기 위한 기기를 설치한 계기실의 구조에 대한 설명으로 틀린 것은?
- ㉮ 계기실의 구조는 내화구조로 한다.
- ㉯ 내장재는 불연성 재료로 한다.
- ㉰ 창문은 망입(網入)유리 및 안전유리 등으로 한다.
- ㉱ 출입구는 1곳 이상에 설치하고 출입문은 방폭문으로 한다.

문제 31. 가스미터의 설치장소로서 가장 부적당한 곳은?
- ㉮ 통풍이 양호한 곳
- ㉯ 전기공작물 주변의 직사광선이 비치는 곳
- ㉰ 가능한 한 배관의 길이가 짧고 꺾이지 않는 곳
- ㉱ 화기와 습기에서 멀리 떨어져 있고 청결하며 진동이 없는 곳

문제 32. 액주식 압력계에 사용되는 액체의 구비조건으로 틀린 것은?
- ㉮ 화학적으로 안정되어야 한다.
- ㉯ 모세관 현상이 없어야 한다.
- ㉰ 점도와 팽창계수가 작아야 한다.
- ㉱ 온도변화에 의한 밀도변화가 커야 한다.

문제 33. 고압가스안전관리법령에 따라 고압가스 판매시설에서 갖추어야 할 계측설비가 바르게 짝지어진 것은?
- ㉮ 압력계, 계량기
- ㉯ 온도계, 계량기
- ㉰ 압력계, 온도계
- ㉱ 온도계, 가스분석계

해답 27.㉮ 28.㉯ 29.㉮ 30.㉱ 31.㉯ 32.㉱ 33.㉮

문제 34 사용 압력이 2MPa, 관의 인장강도가 20kg/mm^{2}일 때의 스케줄 번호(Sch No)는? (단, 안전율은 4로 한다.)
⑦ 10 ④ 20
④ 40 ④ 80

문제 35 부취제 주입용기를 가스압으로 밸런스시켜 중력에 의해서 부취제를 가스 흐름 중에 주입하는 방식은?
⑦ 적하 주입방식
④ 펌프 주입방식
④ 위크증발식 주입방식
④ 미터연결 바이패스 주입방식

문제 36 도시가스의 품질검사 시 가장 많이 사용되는 검사방법은?
⑦ 원자흡광광도법
④ 가스크로마토그래피법
④ 자외선, 적외선 흡수분광법
④ ICP법

문제 37 도시가스시설 중 입상관에 대한 설명으로 틀린 것은?
⑦ 입상관이 화기가 있을 가능성이 있는 주위를 통과하여 불연재료로 차단조치를 하였다.
④ 입상관의 밸브는 분리 가능한 것으로서 바닥으로부터 1.7m의 높이에 설치하였다.
④ 입상관의 밸브를 어린 아이들이 장난을 못하도록 3m의 높이에 설치하였다.
④ 입상관의 밸브 높이가 1m 이어서 보호상자 안에 설치하였다.

문제 38 배관 속을 흐르는 액체의 속도를 급격히 변화시키면 물이 관벽을 치는 현상이 일어나는데 이런 현상을 무엇이라 하는가?
⑦ 캐비테이션 현상 ④ 워터햄머링현상
④ 서징 현상 ④ 맥동 현상

문제 39 연소기의 설치방법으로 틀린 것은?
⑦ 환기가 잘 되지 않은 곳에는 가스온수기를 설치하지 아니한다.
④ 밀폐형 연소기는 급기구 및 배기통을 설치하여야 한다.
④ 배기통의 재료는 불연성 재료로 한다.
④ 개방형 연소기가 설치된 실내에는 환풍기를 설치한다.

해답 34.④ 35.⑦ 36.④ 37.④ 38.④ 39.④

문제 40 오리피스 미터의 특징에 대한 설명으로 옳은 것은?
- ㉮ 압력손실이 매우 작다.
- ㉯ 침전물이 관벽에 부착되지 않는다.
- ㉰ 내구성이 좋다.
- ㉱ 제작이 간단하고 교환이 쉽다.

문제 41 압력조정기의 종류에 따른 조정압력이 틀린 것은?
- ㉮ 1단 감압식 저압조정기 : 2.3~3.3kPa
- ㉯ 1단 감압식 준저압조정기 : 5~30kPa 이내에서 제조자가 설정한 기준압력의 ±20%
- ㉰ 2단 감압식 2차용 저압조정기 : 2.3~3.3kPa
- ㉱ 자동절체식 일체형 조압조정기 : 2.3~3.3kPa

문제 42 용기의 내용적이 105L인 액화암모니아 용기에 충전할 수 있는 가스의 충전량은 약 몇 kg인가? (단, 액화암모니아의 가스정수 C 값은 1.86 이다.)
- ㉮ 20.5
- ㉯ 45.5
- ㉰ 56.5
- ㉱ 117.5

문제 43 증기 압축식 냉동기에서 냉매가 순환되는 경로로 옳은 것은?
- ㉮ 압축식 → 증발기 → 응축기 → 팽창밸브
- ㉯ 증발기 → 응축기 → 압축기 → 팽창밸브
- ㉰ 증발기 → 팽창밸브 → 응축기 → 압축기
- ㉱ 압축기 → 응축기 → 팽창밸브 → 증발기

문제 44 도시가스 정압기에 사용되는 정압기용 필터의 제조기술기준으로 옳은 것은?
- ㉮ 내가스 성능시험의 질량변화율은 5~8%이다.
- ㉯ 입, 출구 연결부는 플랜지식으로 한다.
- ㉰ 기밀시험은 최고사용압력 1.25배 이상의 수압으로 실시한다.
- ㉱ 내압시험은 최고사용압력 2배의 공기압으로 실시한다.

문제 45 구조가 간단하고 고압, 고온 밀폐탱크의 압력까지 측정이 가능하여 가장 널리 사용되는 액면계는?
- ㉮ 크린카식 액면계
- ㉯ 벨로우즈식 액면계
- ㉰ 차압식 액면계
- ㉱ 부자식 액면계

해답 40. ㉱ 41. ㉱ 42. ㉰ 43. ㉱ 44. ㉯ 45. ㉰

문제 46 주기율표의 0 족에 속하는 불활성 가스의 성질이 아닌 것은?
- ㉮ 상온에서 기체이며, 단원자 분자이다.
- ㉯ 다른 원소와 잘 화합한다.
- ㉰ 상온에서 무색, 무미, 무취의 기체이다.
- ㉱ 방전관에 넣어 방전시키면 특유의 색을 낸다.

문제 47 LPG 1L가 기화해서 약 250L의 가스가 된다면 10kg의 액화 LPG가 기화하면 가스 체적은 얼마나 되는가? (단, 액화 LPG의 비중은 0.5 이다.)
- ㉮ $1.25m^3$
- ㉯ $5.0m^3$
- ㉰ $10.0m^3$
- ㉱ $25m^3$

문제 48 공급가스인 천연가스 비중이 0.6이라 할 때 45m 높이의 아파트 옥상까지 압력손실은 약 몇 mmH_2O인가?
- ㉮ 18.0
- ㉯ 23.3
- ㉰ 34.9
- ㉱ 27.0

문제 49 시안화수소 충전에 대한 설명 중 틀린 것은?
- ㉮ 용기에 충전하는 시안화수소는 순도가 98% 이상이어야 한다.
- ㉯ 시안화수소를 충전한 용기는 충전 후 24시간 이상 정치한다.
- ㉰ 시안화수소는 충전 후 30일이 경과되기 전에 다른 용기에 옮겨 충전하여야 한다.
- ㉱ 시안화수소 충전용기는 1일 1회 이상 질산구리 벤젠 등의 시험지로 가스누출 검사를 한다.

문제 50 다음 중 절대압력을 정하는데 기준이 되는 것은?
- ㉮ 게이지 압력
- ㉯ 국소 대기압
- ㉰ 완전 진공
- ㉱ 표준 대기압

문제 51 일산화탄소 전화법에 의해 얻고자 하는 가스는?
- ㉮ 암모니아
- ㉯ 일산화탄소
- ㉰ 수소
- ㉱ 수성가스

문제 52 도시가스는 무색, 무취이기 때문에 누출 시 중독 및 사고를 미연에 방지하기 위하여 부취제를 첨가하는데 그 첨가비율의 용량이 얼마의 상태에서 냄새를 감지할 수 있어야 하는가?
- ㉮ 0.1%
- ㉯ 0.01%
- ㉰ 0.2%
- ㉱ 0.02%

해답 46.㉯ 47.㉯ 48.㉰ 49.㉰ 50.㉰ 51.㉰ 52.㉮

문제 53 절대온도로 표시한 것 중 가장 거리가 먼 것은?

㉮ −273.15℃ ㉯ 0°K
㉰ 0°R   ㉱ 0°F

문제 54 염소(Cl_2)에 대한 설명으로 틀린 것은?

㉮ 황록색의 기체로 조연성이 있다.
㉯ 강한 자극성의 취기가 있는 독성기체이다.
㉰ 수소와 염소의 등량 혼합기체를 염소폭명기라 한다.
㉱ 건조 상태의 상온에서 강재에 대하여 부식성을 갖는다.

문제 55 '효율이 100%인 열기관은 제작이 불가능하다.'라고 표현되는 법칙은?

㉮ 열역학 제 0법칙   ㉯ 열역학 제 1법칙
㉰ 열역학 제 2법칙   ㉱ 열역학 제 3법칙

문제 56 순수한 물의 증발 잠열은?

㉮ 539kcal/kg   ㉯ 79.68kcal/kg
㉰ 639cal/kg   ㉱ 80.68cal/kg

문제 57 게이지압력 1520mmHg는 절대압력으로 몇 기압인가?

㉮ 0.33atm   ㉯ 3atm
㉰ 30atm   ㉱ 33atm

문제 58 압력단위를 나타낸 것은?

㉮ kg/cm^2 ㉯ kL/m^2
㉰ $kcal/mm^2$ ㉱ kV/km^2

문제 59 A의 분자량은 B의 분자량의 2배이다. A와 B의 확산속도의 비는?

㉮ $\sqrt{2}:1$ ㉯ 4:1
㉰ 1:4   ㉱ $1:\sqrt{2}$

문제 60 부탄(C_4H_{10})가스의 비중은?

㉮ 0.55   ㉯ 0.9
㉰ 1.5   ㉱ 2

해답 53.㉱ 54.㉱ 55.㉰ 56.㉮ 57.㉯ 58.㉮ 59.㉱ 60.㉱

과년도 출제문제

(2015년 1월 25일 시행)

문제 1 메탄가스의 특성에 대한 설명으로 틀린 것은?
- ㉮ 메탄은 프로판에 비해 연소에 필요한 산소량이 많다.
- ㉯ 폭발하한농도가 프로판보다 높다.
- ㉰ 무색·무취이다.
- ㉱ 폭발상한농도가 부탄보다 높다.

문제 2 하버-보시법으로 암모니아 44g을 제조하려면 표준상태에서 수소는 약 몇 L가 필요한가?
- ㉮ 22
- ㉯ 44
- ㉰ 87
- ㉱ 100

문제 3 섭씨온도로 측정할 때 상승된 온도가 5℃이었다. 이 때 화씨온도로 측정하면 상승온도는 몇 도인가?
- ㉮ 7.5
- ㉯ 8.3
- ㉰ 9.0
- ㉱ 41

문제 4 다음 중 표준상태에서 가스상 탄화수소의 점도가 가장 높은 가스는?
- ㉮ 에탄
- ㉯ 메탄
- ㉰ 부탄
- ㉱ 프로판

문제 5 SNG에 대한 설명으로 가장 적당한 것은?
- ㉮ 액화석유가스
- ㉯ 액화천연가스
- ㉰ 정유가스
- ㉱ 대체천연가스

문제 6 암모니아의 성질에 대한 설명으로 옳지 않은 것은?
- ㉮ 가스일 때 공기보다 무겁다.
- ㉯ 물에 잘 녹는다.
- ㉰ 구리에 대하여 부식성이 강하다.
- ㉱ 자극성 냄새가 있다.

문제 7 액체는 무색 투명하고, 특유의 복숭아향을 가진 맹독성 가스는?
- ㉮ 일산화탄소
- ㉯ 포스겐
- ㉰ 시안화수소
- ㉱ 메탄

해답 01.㉮ 02.㉰ 03.㉰ 04.㉯ 05.㉱ 06.㉮ 07.㉰

문제 8 도시가스의 원료인 메탄가스를 완전연소시켰다. 이 때 어떤 가스가 주로 발생되는가?
- ㉮ 부탄
- ㉯ 암모니아
- ㉰ 콜타르
- ㉱ 이산화탄소

문제 9 어떤 물질의 고유의 양으로 측정하는 장소에 따라 변함이 없는 물리량은?
- ㉮ 질량
- ㉯ 중량
- ㉰ 부피
- ㉱ 밀도

문제 10 다음 중 지연성 가스로만 구성되어 있는 것은?
- ㉮ 일산화탄소, 수소
- ㉯ 질소, 아르곤
- ㉰ 산소, 이산화질소
- ㉱ 석탄가스, 수성가스

문제 11 표준대기압 하에서 물 1kg의 온도를 1℃ 올리는데 필요 열량은 얼마인가?
- ㉮ 0kcal
- ㉯ 1kcal
- ㉰ 80kcal
- ㉱ 539kcal/kg · ℃

문제 12 고압가스판매자가 실시하는 용기의 안전점검 및 유지관리의 기준으로 틀린 것은?
- ㉮ 용기 아랫부분의 부식상태를 확인할 것
- ㉯ 완성검사 도래 여부를 확인할 것
- ㉰ 밸브의 그랜드너트가 고정핀으로 이탈방지를 위한 조치가 되어 있는지의 여부를 확인할 것
- ㉱ 용기캡이 씌워져 있거나 프로텍터가 부착되어 있는지의 여부를 확인할 것

문제 13 가연성가스의 제조설비 중 전기설비를 방폭성능을 가지는 구조로 갖추지 아니하여도 되는 가스는?
- ㉮ 암모니아
- ㉯ 염화메탄
- ㉰ 아크릴알데히드
- ㉱ 산화에틸렌

문제 14 수소의 특징에 대한 설명으로 옳은 것은?
- ㉮ 조연성 기체이다.
- ㉯ 폭발범위가 넓다.
- ㉰ 가스의 비중이 커서 확산이 느리다.
- ㉱ 저온에서 탄소와 수소취성을 일으킨다.

해답 08.㉱ 09.㉮ 10.㉰ 11.㉯ 12.㉰ 13.㉮ 14.㉯

문제 15 다음 중 제1종 보호시설이 아닌 것은?
- ㉮ 가설건축물이 아닌 사람을 수용하는 건축물로서 사실상 독립된 부분의 연면적이 1500m²인 건축물
- ㉯ 문화재보호법에 의하여 지정문화재로 지정된 건축물
- ㉰ 수용 능력이 100인(人) 이상인 공연장
- ㉱ 어린이집 및 어린이놀이시설

문제 16 공기 중에서 폭발범위가 가장 좁은 것은?
- ㉮ 메탄
- ㉯ 프로판
- ㉰ 수소
- ㉱ 아세틸렌

문제 17 운반 책임자를 동승시키지 않고 운반하는 액화석유가스용 차량에서 고정된 탱크에 설치하여야 하는 장치는?
- ㉮ 살수장치
- ㉯ 누설방지장치
- ㉰ 폭발방지장치
- ㉱ 누설경보장치

문제 18 용기에 의한 액화석유가스 저장소에서 실외저장소 주위의 경계 울타리와 용기보관장소 사이에는 얼마 이상의 거리를 유지하여야 하는가?
- ㉮ 2m
- ㉯ 8m
- ㉰ 15m
- ㉱ 20m

문제 19 일반도시가스사업의 가스공급시설 기준에서 배관을 지상에 설치할 경우 가스 배관의 표면 색상은?
- ㉮ 흑색
- ㉯ 청색
- ㉰ 적색
- ㉱ 황색

문제 20 고압가스안전관리법상 독성가스는 공기 중에 일정량 이상 존재하는 경우 인체에 유해한 독성을 가진 가스로서 허용 농도(해당 가스를 성숙한 흰쥐 집단에게 대기 중에서 1시간 동안 계속하여 노출시킨 경우 14일 이내에 그 흰쥐의 2분의 1 이상이 죽게 되는 가스의 농도를 말한다.)가 얼마인 것을 말하는가?
- ㉮ 100만분의 2000 이하
- ㉯ 100만분의 3000 이하
- ㉰ 100만분의 4000 이하
- ㉱ 100만분의 5000 이하

문제 21 오리피스 유량계는 어떤 형식의 유량계인가?
- ㉮ 차압식
- ㉯ 면적식
- ㉰ 용적식
- ㉱ 터빈식

해답 15. ㉰ 16. ㉯ 17. ㉰ 18. ㉱ 19. ㉱ 20. ㉱ 21. ㉮

문제 22 빙점 이하의 낮은 온도에서 사용되며 LPG 탱크, 저온에서도 인성이 감소되지 않는 화학공업 배관 등에 주로 사용되는 관의 종류는?

㉮ SPLT ㉯ SPHT ㉰ SPPH ㉱ SPPS

문제 23 1단 감압식 저압조정기의 조정압력(출구압력)은?

㉮ 2.3~3.3kPa ㉯ 5~30kPa ㉰ 32~83kPa ㉱ 57~83kPa

문제 24 도시가스용 압력조정기에 대한 설명으로 옳은 것은?

㉮ 유량성능은 제조자가 제시한 설정압력의 ±10% 이내로 한다.
㉯ 합격표시는 바깥지름이 5mm의 "K"자 각인을 한다.
㉰ 입구측 연결배관 관경은 50A 이상의 배관에 연결되어 사용되는 조정기이다.
㉱ 최대 표시유량 $300Nm^3/h$ 이상인 사용처에 사용되는 조정기이다.

문제 25 고압가스용 이음매 없는 용기에서 내력비란?

㉮ 내력과 압궤강도의 비를 말한다. ㉯ 내력과 파열강도의 비를 말한다.
㉰ 내력과 압축강도의 비를 말한다. ㉱ 내력과 인장강도의 비를 말한다.

문제 26 단위 체적당 물체의 질량은 무엇을 나타내는 것인가?

㉮ 중량 ㉯ 비열 ㉰ 비체적 ㉱ 밀도

문제 27 수소에 대한 설명으로 틀린 것은?

㉮ 상온에서 자극성을 갖는 가연성 기체이다.
㉯ 폭발범위는 공기 중에서 약 4~75%이다.
㉰ 염소와 반응하여 폭명기를 형성한다.
㉱ 고온·고압에서 강재 중 탄소와 반응하여 수소취성을 일으킨다.

문제 28 비중이 13.6인 수은은 76cm의 높이를 갖는다. 비중이 0.5인 알코올로 환산하면 그 수주는 몇 m인가?

㉮ 20.67 ㉯ 15.2 ㉰ 13.6 ㉱ 5

문제 29 기체연료의 연소 특성으로 틀린 것은?

㉮ 소형 버너도 매연이 적고, 완전연소가 가능하다.
㉯ 하나의 연료 공급원으로부터 다수의 연소로와 버너에 쉽게 공급된다.
㉰ 미세한 연소 조정이 어렵다.
㉱ 연소율의 가변범위가 넓다.

해답 22. ㉮ 23. ㉮ 24. ㉯ 25. ㉱ 26. ㉱ 27. ㉮ 28. ㉮ 29. ㉰

문제 30 다음 중 허가대상 가스용품이 아닌 것은?
- ㉮ 용접절단기용으로 사용되는 LPG 압력조정기
- ㉯ 가스용 폴리에틸렌 플러그형 밸브
- ㉰ 가스소비량이 132.6kW인 연료전지
- ㉱ 도시가스정압기에 내장된 필터

문제 31 천연가스의 발열량이 10400kcal/Sm³이다. SI 단위인 MJ/Sm³으로 나타내면?
- ㉮ 2.47
- ㉯ 43.68
- ㉰ 2476
- ㉱ 43680

문제 32 LPG 충전소에는 시설의 안전확보상 "충전 중 엔진 정지"를 주위의 보기 쉬운 곳에 설치해야 한다. 이 표지판의 바탕색과 문자색은?
- ㉮ 흑색바탕에 백색글씨
- ㉯ 흑색바탕에 황색글씨
- ㉰ 백색바탕에 흑색글씨
- ㉱ 황색바탕에 흑색글씨

문제 33 가스도매사업 제조소의 배관장치에 설치하는 경보장치가 울려야 하는 시기의 기준으로 잘못된 것은?
- ㉮ 배관 안의 압력이 상용압력의 1.05배를 초과한 때
- ㉯ 배관 안의 압력이 정상운전 때의 압력보다 15% 이상 강하한 경우 이를 검지한 때
- ㉰ 긴급차단밸브의 조작회로가 고장난 때 또는 긴급차단 밸브가 폐쇄된 때
- ㉱ 상용압력이 5MPa 이상인 경우에는 상용압력에 0.5MPa를 더한 압력을 초과한 때

문제 34 다음 중 상온에서 가스를 압축, 액화상태로 용기에 충전시키기가 가장 어려운 가스는?
- ㉮ C_3H_8
- ㉯ CH_4
- ㉰ Cl_2
- ㉱ CO_2

문제 35 가스 운반 시 차량 비치 항목이 아닌 것은?
- ㉮ 가스 표시 색상
- ㉯ 가스 특성(온도와 압력과의 관계, 비중, 색깔, 냄새)
- ㉰ 인체에 대한 독성 유무
- ㉱ 화재, 폭발의 위험성 유무

문제 36 처리능력이 1일 35,000m³인 산소 처리설비로 전용공업지역이 아닌 지역일 경우 처리설비 외면과 사업소 밖에 있는 병원과는 몇 m 이상 안전거리를 유지하여야 하는가?
- ㉮ 16m
- ㉯ 17m
- ㉰ 18m
- ㉱ 20m

해답 30.㉱ 31.㉯ 32.㉱ 33.㉱ 34.㉯ 35.㉮ 36.㉰

문제 37 용기에 의한 고압가스 판매시설의 충전용기 보관실 기준으로 옳지 않은 것은?
　㉮ 가연성가스 충전용기 보관실은 불연성 재료나 난연성의 재료를 사용한 가벼운 지붕을 설치한다.
　㉯ 공기보다 무거운 가연성가스의 용기보관실에는 가스누출검지경보장치를 설치한다.
　㉰ 충전용기 보관실은 가연성가스가 새어나오지 못하도록 밀폐구조로 한다.
　㉱ 용기보관실의 주변에는 화기 또는 인화성 물질이나 발화성 물질을 두지 않는다.

문제 38 다음 중 연소의 3요소가 아닌 것은?
　㉮ 가연물　　㉯ 산소공급원　　㉰ 점화원　　㉱ 인화점

문제 39 액화 암모니아 10kg을 기화시키면 표준상태에서 약 몇 m^3의 기체로 되는가?
　㉮ 4　　㉯ 5　　㉰ 13　　㉱ 26

문제 40 가연성가스 충전용기 보관실의 벽 재료의 기준은?
　㉮ 불연재료　　㉯ 난연재료
　㉰ 가벼운 재료　　㉱ 불연 또는 난연재료

문제 41 질소를 취급하는 금속재료에서 내질화성을 증대시키는 원소는?
　㉮ Ni　　㉯ Al　　㉰ Cr　　㉱ Ti

문제 42 비점이 점차 낮은 냉매를 사용하여 저비점의 기체를 액화하는 사이클은?
　㉮ 클라우드 액화사이클
　㉯ 필립스 액화사이클
　㉰ 캐스케이드 액화사이클
　㉱ 캐피자 액화사이클

문제 43 분말진공단열법에서 충진용 분말로 사용되지 않는 것은?
　㉮ 탄화규소　　㉯ 펄라이트
　㉰ 규조토　　㉱ 알루미늄 분말

문제 44 압축기에서 다단 압축을 하는 목적으로 틀린 것은?
　㉮ 소요 일량의 감소　　㉯ 이용 효율의 증대
　㉰ 힘의 평형 향상　　㉱ 토출온도 상승

37.㉰　38.㉱　39.㉰　40.㉮　41.㉮　42.㉰　43.㉮　44.㉱

문제 45 다음 각 가스에 의한 부식현상 중 틀린 것은?
- ㉮ 암모니아에 의한 강의 질화
- ㉯ 황화수소에 의한 철의 부식
- ㉰ 일산화탄소에 의한 금속의 카르보닐화
- ㉱ 수소원자에 의한 강의 탈수소화

문제 46 초저온 저장탱크에 주로 사용되며, 차압에 의하여 측정하는 액면계는?
- ㉮ 시창식
- ㉯ 햄프슨식
- ㉰ 부자식
- ㉱ 회전 튜브식

문제 47 측정압력이 0.01~10kg/cm² 정도이고, 오차가 ±1~2% 정도이며 유체 내의 먼지 등의 영향이 적으나, 압력 변동에 적응하기 어렵고 주위 온도 오차에 의한 충분한 주의를 요하는 압력계는?
- ㉮ 전기저항 압력계
- ㉯ 벨로우즈(Bellows) 압력계
- ㉰ 부르돈(bourdon)관 압력계
- ㉱ 피스톤 압력계

문제 48 유체가 5m/s의 속도로 흐를 때 이 유체의 속도수두는 약 몇 m인가? (단, 중력가속도는 9.8m/s²이다.)
- ㉮ 0.98
- ㉯ 1.28
- ㉰ 12.2
- ㉱ 14.1

문제 49 1000L의 액산 탱크에 액산을 넣어 방출밸브를 개방하여 12시간 방치하였더니 탱크 내의 액산이 4.8kg 방출되었다면 1시간당 탱크에 침입하는 열량은 약 몇 kcal인가? (단, 액산의 증발잠열은 60kcal/kg이다.)
- ㉮ 12
- ㉯ 24
- ㉰ 70
- ㉱ 150

문제 50 다음 중 아세틸렌과 치환반응을 하지 않는 것은?
- ㉮ Cu
- ㉯ Ag
- ㉰ Hg
- ㉱ Ar

문제 51 도시가스 사업자는 굴착공사 정보지원센터로부터 굴착 계획의 통보내용을 통지받은 때에는 얼마 이내에 매설된 배관이 있는지를 확인하고 그 결과를 굴착공사 정보지원센터에 통지하여야 하는가?
- ㉮ 24시간
- ㉯ 36시간
- ㉰ 48시간
- ㉱ 60시간

해답 45.㉱ 46.㉰ 47.㉯ 48.㉯ 49.㉯ 50.㉱ 51.㉮

문제 52 도시가스 배관의 지름이 15mm인 배관에 대한 고정장치의 설치간격은 몇 m 이내마다 설치하여야 하는가?

㉮ 1　　　㉯ 2　　　㉰ 3　　　㉱ 4

문제 53 독성가스인 암모니아의 저장탱크에는 그 가스의 용량이 그 저장탱크 내용적의 몇 %를 초과하지 않아야 하는가?

㉮ 80%　　　㉯ 85%　　　㉰ 90%　　　㉱ 95%

문제 54 도시가스의 매설 배관에 설치하는 보호판은 누출가스가 지면으로 확산되도록 구멍을 뚫는데 그 간격의 기준으로 옳은 것은?

㉮ 1m 이하 간격　　　㉯ 2m 이하 간격
㉰ 3m 이하 간격　　　㉱ 5m 이하 간격

문제 55 가스도매사업의 가스공급시설 중 배관을 지하에 매설할 때의 기준으로 틀린 것은?

㉮ 배관은 그 외면으로부터 수평거리로 건축물까지 1.0m 이상을 유지한다.
㉯ 배관은 그 외면으로부터 지하의 다른 시설물과 0.3m 이상의 거리를 유지한다.
㉰ 배관을 산과 들에 매설할 때는 지표면으로부터 배관의 외면까지의 매설깊이를 1m 이상으로 한다.
㉱ 배관은 지반 동결로 손상을 받지 아니하는 깊이로 매설한다.

문제 56 고압가스 용기 재료의 구비조건이 아닌 것은?

㉮ 내식성, 내마모성을 가질 것
㉯ 무겁고 충분한 강도를 가질 것
㉰ 용접성이 좋고 가공 중 결함이 생기지 않을 것
㉱ 저온 및 사용온도에 견디는 연성과 점성강도를 가질 것

문제 57 다음 중 고압가스 특정제조 허가의 대상이 아닌 것은?

㉮ 석유정제시설에서 고압가스를 제조하는 것으로서 그 저장능력이 100톤 이상인 것
㉯ 석유화학공업시설에서 고압가스를 제조하는 것으로서 그 처리능력이 1만 세제곱미터 이상인 것
㉰ 철강공업시설에서 고압가스를 제조하는 것으로서 그 처리능력이 1만세 제곱미터 이상인 것
㉱ 비료제조시설에서 고압가스를 제조하는 것으로서 그 저장능력이 100톤 이상인 것

해답 52.㉰　53.㉰　54.㉰　55.㉮　56.㉯　57.㉰

문제 58 고압가스 저장의 시설에서 가연성가스 시설에 설치하는 유동방지 시설의 기준은?

㉮ 높이 2m 이상의 내화성 벽으로 한다.
㉯ 높이 1.5m 이상의 내화성 벽으로 한다.
㉰ 높이 2m 이상의 불연성 벽으로 한다.
㉱ 높이 1.5m 이상의 불연성 벽으로 한다.

문제 59 도시가스배관의 용어에 대한 설명으로 틀린 것은?

㉮ 배관이란 본관, 공급관, 내관 또는 그 밖의 관을 말한다.
㉯ 본관이란 도시가스제조사업소의 부지경계에서 정압기까지 이르는 배관을 말한다.
㉰ 사용자 공급관이란 공급관 중 정압기에서 가스사용자가 구분하여 소유하는 건축물의 외벽에 설치된 계량기까지 이르는 배관을 말한다.
㉱ 내관이란 가스사용자가 소유하거나 정유하고 있는 토지의 경계에서 연소기까지 이르는 배관을 말한다.

문제 60 가연성가스와 동일차량에 적재하여 운반할 경우 충전용기의 밸브가 서로 마주보지 않도록 적재해야 할 가스는?

㉮ 수소   ㉯ 산소   ㉰ 질소   ㉱ 아르곤

해답 58.㉮ 59.㉰ 60.㉯

과년도 출제문제

(2015년 4월 4일 시행)

문제 1 고압가스 충전용기는 항상 몇 ℃ 이하의 온도를 유지하여야 하는가?
- ㉮ 10℃
- ㉯ 30℃
- ㉰ 40℃
- ㉱ 50℃

문제 2 액화석유가스 저장탱크 벽면의 국부적인 온도 상승에 따른 저장탱크의 파열을 방지하기 위하여 저장탱크 내벽에 설치하는 폭발방지장치의 재료로 맞는 것은?
- ㉮ 다공성 철판
- ㉯ 다공성 알루미늄판
- ㉰ 다공성 아연판
- ㉱ 오스테나이트계 스테인리스판

문제 3 최대 지름이 6m인 가연성 가스 저장탱크 2개가 서로 유지하여야 할 최소 거리는?
- ㉮ 0.6m
- ㉯ 1m
- ㉰ 2m
- ㉱ 3m

문제 4 방호벽을 설치하지 않아도 되는 곳은?
- ㉮ 아세틸렌가스 압축기와 충전장소 사이
- ㉯ 판매소의 용기 보관실
- ㉰ 고압가스 저장설비와 사업소 안의 보호시설과의 사이
- ㉱ 아세틸렌가스 발생장치와 당해 가스충전용기 보관장소 사이

문제 5 다음 중 연소의 형태가 아닌 것은?
- ㉮ 분해연소
- ㉯ 확산연소
- ㉰ 증발연소
- ㉱ 물리연소

문제 6 가스누출검지경보장치의 설치에 대한 설명으로 틀린 것은?
- ㉮ 통풍이 잘 되는 곳에 설치한다.
- ㉯ 가스의 누출을 신속하게 검지하고 경보하기에 충분한 개수 이상 설치한다.
- ㉰ 장치의 기능은 가스의 종류에 적절한 것으로 한다.
- ㉱ 가스가 체류할 우려가 있는 장소에 적절하게 설치한다.

해답 1.㉰ 2.㉯ 3.㉱ 4.㉱ 5.㉱ 6.㉮

문제 7 신규검사 후 20년이 경과한 용접용기(액화석유가스용 용기는 제외한다)의 재검사 주기는?

㉮ 3년 마다　㉯ 2년 마다　㉰ 1년 마다　㉱ 6개월 마다

문제 8 액화석유가스의 안전관리 및 사업법에서 정한 용어에 대한 설명으로 틀린 것은?

㉮ 저장설비란 액화석유가스를 저장하기 위한 설비로서 각종 저장탱크 및 용기를 말한다.
㉯ 저장탱크란 액화석유가스를 저장하기 위하여 지상 또는 지하에 고정 설치된 탱크로서 그 저장능력이 3톤 이상인 탱크를 말한다.
㉰ 용기 집합설비란 2개 이상의 용기를 집합하여 액화석유가스를 저장하기 위한 설비를 말한다.
㉱ 충전용기란 액화석유가스 충전질량의 90% 이상이 충전되어 있는 상태의 용기를 말한다.

문제 9 도시가스 사용시설에서 안전을 확보하기 위하여 최고사용압력의 1.1배 또는 얼마의 압력 중 높은 압력으로 실시하는 기밀시험에 이상이 없어야 하는가?

㉮ 5.4kPa　㉯ 6.4kPa　㉰ 7.4kPa　㉱ 8.4kPa

문제 10 충전용기 등을 적재한 차량의 운반 개시 전 용기 적재상태의 점검내용이 아닌 것은?

㉮ 차량의 적재중량 확인
㉯ 용기의 고정상태 확인
㉰ 용기 보호캡의 부착유무 확인
㉱ 운반계획서 확인

문제 11 방류둑의 내측 및 그 외면으로부터 몇 m 이내에 그 저장탱크의 부속설비 외의 것을 설치하지 못하도록 되어 있는가?

㉮ 3m　㉯ 5m　㉰ 8m　㉱ 10m

문제 12 가스의 성질에 대하여 옳은 것으로만 나열된 것은?

㉠ 일산화탄소는 가연성이다.
㉡ 산소는 조연성이다.
㉢ 질소는 가연성도 조연성도 아니다.
㉣ 아르곤은 공기 중에 함유되어 있는 가스로서 가연성이다.

㉮ ㉠, ㉡, ㉣　㉯ ㉠, ㉡, ㉢
㉰ ㉡, ㉢, ㉣　㉱ ㉠, ㉢, ㉣

해답 7.㉰　8.㉱　9.㉱　10.㉱　11.㉱　12.㉯

문제 13 고압가스 일반제조시설 중 에어졸의 제조 기준에 대한 설명으로 틀린 것은?

㉮ 에어졸의 분사제는 독성가스를 사용하지 않는다.
㉯ 35℃에서 그 용기의 내압이 0.8MPa 이하로 한다.
㉰ 에어졸 제조설비는 화기 또는 인화성 물질과 5m 이상의 우회거리를 유지한다.
㉱ 내용적이 30cm^3 이상인 용기는 에어졸의 제조에 재사용하지 아니한다.

문제 14 도시가스 사용시설에서 PE배관은 온도가 몇 ℃ 이상이 되는 장소에 설치하지 아니 하는가?

㉮ 25℃ ㉯ 30℃
㉰ 40℃ ㉱ 60℃

문제 15 용기에 의한 고압가스 운반기준으로 틀린 것은?

㉮ 3000kg의 액화 조연성 가스를 차량에 적재하여 운반할 때는 운반책임자가 동승하여야 한다.
㉯ 허용농도가 500ppm인 액화 독성가스 1000kg을 차량에 적재하여 운반할 때는 운반책임자가 동승하여야 한다.
㉰ 충전용기와 위험물안전관리법에서 정하는 위험물과는 동일차량에 적재하여 운반할 수 없다.
㉱ 300m^{3}의 압축 가연성 가스를 차량에 적재하여 운반할 때에는 운전자가 운반책임자의 자격을 가진 경우에는 자격이 없는 사람을 동승시킬 수 있다.

문제 16 0종 장소에는 원칙적으로 어떤 방폭구조의 것으로 하여야 하는가?

㉮ 내압방폭구조 ㉯ 본질안전방폭구조
㉰ 특수방폭구조 ㉱ 안전증방폭구조

문제 17 공기와 혼합된 가스가 압력이 높아지면 폭발범위가 좁아지는 가스는?

㉮ 메탄 ㉯ 프로판
㉰ 일산화탄소 ㉱ 아세틸렌

문제 18 아세틸렌(C_2H_2)에 대한 설명으로 틀린 것은?

㉮ 폭발범위는 수소보다 넓다.
㉯ 공기보다 무겁고 황색의 가스이다.
㉰ 공기와 혼합되지 않아도 폭발하는 수가 있다.
㉱ 구리, 은, 수은 및 그 합금과 폭발성 화합물을 만든다.

해답 13. ㉰ 14. ㉰ 15. ㉮ 16. ㉯ 17. ㉰ 18. ㉯

문제 19 지하에 매설된 도시가스 배관의 전기방식 기준으로 틀린 것은?

㉮ 전기방식 전류가 흐르는 상태에서 토양 중에 있는 배관 등의 방식 전위 상한 값은 포화황산동 기준전극으로 −0.85V 이하일 것
㉯ 전기방식 전류가 흐르는 상태에서 자연전위와의 전위 변화가 최소한 300mV 이하일 것
㉰ 배관에 대한 전위 측정은 가능한 배관 가까운 위치에서 실시할 것
㉱ 전기 방식 시설의 관대지전위 등을 2년에 1회 이상 점검할 것

문제 20 천연가스 지하매설 배관의 퍼지용으로 주로 사용되는 가스는?

㉮ N_2 ㉯ Cl_2 ㉰ H_2 ㉱ O_2

문제 21 고압가스설비에 설치하는 압력계의 최고눈금에 대한 측정범위의 기준으로 옳은 것은?

㉮ 상용압력의 1.0배 이상 1.2배 이하
㉯ 상용압력의 1.2배 이상 1.5배 이하
㉰ 상용압력의 1.5배 이상 2.0배 이하
㉱ 상용압력의 2.0배 이상 3.0배 이하

문제 22 상용압력 15MPa, 배관내경 15mm, 재료의 인장강도 480N/mm², 관내면 부식여유 1mm, 안전율 4, 외경과 내경의 비가 1.2 미만인 경우 배관의 두께는?

㉮ 2mm   ㉯ 3mm   ㉰ 4mm   ㉱ 5mm

문제 23 정압기의 기능을 모두 옳게 나열한 것은?

㉮ 감압기능
㉯ 정압기능
㉰ 감압기능, 정압기능
㉱ 감압기능, 정압기능, 폐쇄기능

문제 24 고압식 액화분리 장치의 작동 개요에 대한 설명이 아닌 것은?

㉮ 원료공기는 여과기를 통하여 압축기로 흡입하여 약 150~200kg/cm²으로 압축시킨다.
㉯ 압축기를 빠져나온 원료공기는 열교환기에서 약간 냉각되고 건조기에서 수분이 제거된다.
㉰ 압축공기는 수세정탑을 거쳐 축냉기로 송입되어 원료공기와 불순 질소류가 서로 교환된다.
㉱ 액체공기는 상부 정류탑에서 약 0.5atm 정도의 압력으로 정류된다.

해답 19.㉱ 20.㉮ 21.㉰ 22.㉮ 23.㉱ 24.㉰

문제 25 압축기에 사용하는 윤활유 선택시 주의사항으로 틀린 것은?
  ㉮ 인화점이 높을 것
  ㉯ 잔류탄소의 양이 적을 것
  ㉰ 점도가 적당하고 항유화성 적을 것
  ㉱ 사용가스와 화학반응을 일으키지 않을 것

문제 26 금속재료의 저온에서의 성질에 대한 설명으로 거리가 먼 것은?
  ㉮ 강은 암모니아 냉동기용 재료로서 적당하다.
  ㉯ 탄소강은 저온도가 될수록 인장강도가 감소한다.
  ㉰ 구리는 액화분리장치용 금속재료로서 적당하다.
  ㉱ 18-8 스테인리스강은 우수한 저온장치용 재료이다.

문제 27 압력배관용 탄소강관의 사용압력 범위로 가장 적당한 것은?
  ㉮ 1~2MPa   ㉯ 1~10MPa   ㉰ 10~20MPa   ㉱ 10~50MPa

문제 28 수소불꽃을 이용하여 탄화수소의 누출을 검지할 수 있는 가스누출검지기는?
  ㉮ FID   ㉯ OMD   ㉰ 접촉연소식   ㉱ 반도체식

문제 29 부유피스톤형 압력계에서 실린더 지름이 0.02m이고 추와 피스톤의 무게가 20000g일 때 이 압력계에 접속된 부르동관의 압력계 눈금이 7kg/cm²를 나타내었다. 이 부르동관의 압력계의 오차는 약 몇 % 인가?
  ㉮ 5   ㉯ 10   ㉰ 15   ㉱ 20

문제 30 부취제를 외기로 분출하거나 부취설비로부터 부취제가 흘러나오는 경우 냄새를 감소시키는 방법으로 가장 거리가 먼 것은?
  ㉮ 연소법   ㉯ 수동조절
  ㉰ 화학적 산화처리   ㉱ 활성탄에 의한 흡착

문제 31 산화에틸렌 취급시 주로 사용되는 제독제는?
  ㉮ 가성소다 수용액   ㉯ 탄산소다 수용액
  ㉰ 소석회 수용액   ㉱ 물

문제 32 산소압축기의 내부 윤활유제로 주로 사용되는 것은?
  ㉮ 석유   ㉯ 물
  ㉰ 유지   ㉱ 황산

해답 25.㉰ 26.㉯ 27.㉯ 28.㉮ 29.㉯ 30.㉯ 31.㉱ 32.㉯

문제 33 공기 중으로 누출시 냄새로 쉽게 알 수 있는 가스로만 나열된 것은?

- ㉮ Cl_2, NH_3
- ㉯ CO, Ar
- ㉰ C_2H_2, CO
- ㉱ O_2, Cl_2

문제 34 일반 액화석유가스 압력 조정기에 표시하는 사항이 아닌 것은?

- ㉮ 제조자명이나 그 약호
- ㉯ 제조번호나 로트번호
- ㉰ 입구압력(기호 : P, 단위 : MPa)
- ㉱ 검사 연월일

문제 35 가스용기의 취급 및 주의사항에 대한 설명으로 틀린 것은?

- ㉮ 충전시 용기는 용기 재검사 기간이 지나지 않았는지 확인한다.
- ㉯ LPG 용기나 밸브를 가열할 때는 뜨거운 물(40℃ 이상)을 사용한다.
- ㉰ 충전한 후에는 용기 밸브의 누출여부를 확인한다.
- ㉱ 용기 내에 잔류물이 있을 때에는 잔류물을 제거하고 충전한다.

문제 36 다음 각 폭발의 종류와 그 관계로서 맞지 않은 것은?

- ㉮ 화학폭발 : 화약의 폭발
- ㉯ 압력폭발 : 보일러의 폭발
- ㉰ 촉매폭발 : C_2H_2의 폭발
- ㉱ 중합의 폭발 : HCN의 폭발

문제 37 용기 신규검사에 합격된 용기 부속품기호 중 압축가스를 충전하는 용기 부속품의 기호는?

- ㉮ AG
- ㉯ PG
- ㉰ LG
- ㉱ LT

문제 38 일반도시가스 사업자가 설치하는 가스공급시설 중 정압기의 설치에 대한 설명으로 틀린 것은?

- ㉮ 건축물 내부에 설치된 도시가스 사업자의 정압기로서 가스누출경보기와 연동하여 작동하는 기계환기설비를 설치하고 1일 1회 이상 안전점검을 실시하는 경우에는 건축물 내부에 설치할 수 있다.
- ㉯ 정압기에 설치되는 가스방출관의 방출구는 주위에 불 등이 없는 안전한 위치로서 지면으로부터 3m 이상의 높이에 설치하여야 하며 전기시설물과의 접촉으로 사고의 우려가 있는 장소에서는 5m 이상의 높이로 설치한다.
- ㉰ 정압기에 설치하는 가스차단장치는 정압기의 입구 및 출구에 설치한다.
- ㉱ 정압기는 2년에 1회 이상 분해점검을 실시하고 필터는 가스공급 개시 후 1월 이내 및 가스 공급 개시 후 매년 1회 이상 분해점검을 실시한다.

해답 33.㉮ 34.㉱ 35.㉯ 36.㉰ 37.㉯ 38.㉯

문제 39 충전용 주관의 압력계는 정기적으로 표준압력계로 그 기능을 검사하여야 한다. 다음 중 검사의 기준으로 옳은 것은?

㉮ 매월 1회 이상 ㉯ 3개월에 1회 이상
㉰ 6개월에 1회 이상 ㉱ 1년에 1회 이상

문제 40 백금-백금로듐 열전대 온도계의 온도측정범위로 옳은 것은?

㉮ 180~350℃ ㉯ 20~80℃
㉰ 0~1700℃ ㉱ 300~2000℃

문제 41 다음 중 가장 높은 온도는?

㉮ -35℃ ㉯ -45℃
㉰ 213°K ㉱ 450°R

문제 42 현열에 대한 가장 적절한 설명은?

㉮ 물질의 상태 변화 없이 온도가 변할 때 필요한 열이다.
㉯ 물질이 온도 변화 없이 상태가 변할 때 필요한 열이다.
㉰ 물질이 상태, 온도 모두 변할 때 필요한 열이다.
㉱ 물질이 온도 변화 없이 압력이 변할 때 필요한 열이다.

문제 43 수소(H_2)에 대한 설명으로 옳은 것은?

㉮ 3중 수소는 방사능을 갖는다.
㉯ 밀도가 크다.
㉰ 금속재료를 취화시키지 않는다.
㉱ 열전달율이 아주 작다.

문제 44 샤를의 법칙에서 기체의 압력이 일정할 때 모든 기체의 부피는 온도가 1℃ 상승함에 따라 0℃ 때의 부피보다 어떻게 되는가?

㉮ 22.4배씩 증가한다.
㉯ 22.4배씩 감소한다.
㉰ 1/273씩 증가한다.
㉱ 1/273씩 감소한다.

문제 45 다음 화합물 중 탄소의 함유율이 가장 많은 것은?

㉮ CO_2 ㉯ CH_4 ㉰ C_2H_4 ㉱ CO

해답 39.㉮ 40.㉰ 41.㉱ 42.㉮ 43.㉮ 44.㉰ 45.㉰

문제 46 다음에 설명하는 열역학 법칙은?

> 어떤 물체의 외부에서 일정량의 열을 가하면 물체는 이 열량의 일부분을 소비하여 외부에 대하여 일을 하고 남은 부분은 전부 내부에너지로 내부에 저장되고 그 사이에 소비된 열을 일과 같다.

㉮ 열역학 제0법칙　　㉯ 열역학 제1법칙
㉰ 열역학 제2법칙　　㉱ 열역학 제3법칙

문제 47 다음 가스 중 가장 무거운 것은?

㉮ 메탄　　㉯ 프로판　　㉰ 암모니아　　㉱ 헬륨

문제 48 대기압 하에서 0℃ 기체의 부피가 500mL였다. 이 기체의 부피가 2배될 때의 온도는 몇 ℃인가? (단, 압력은 일정하다.)

㉮ -100　　㉯ 32　　㉰ 273　　㉱ 500

문제 49 다음 중 불연성 가스는?

㉮ CO_2　　㉯ C_3H_6　　㉰ C_2H_2　　㉱ C_2H_4

문제 50 일산화탄소와 염소가 반응하였을 때 주로 생성되는 것은?

㉮ 포스겐　　㉯ 카르보닐　　㉰ 포스핀　　㉱ 사염화탄소

문제 51 황화수소의 주된 용도는?

㉮ 도료　　　　　　㉯ 냉매
㉰ 형광물질 원료　　㉱ 합성고무

문제 52 고압가스 매설배관에 실시하는 전기방식 중 외부 전원법의 장점이 아닌 것은?

㉮ 과방식의 염려가 없다.
㉯ 전압 전류의 조정이 용이하다.
㉰ 전식에 대해서도 방식이 가능하다.
㉱ 전극의 소모가 적어서 관리가 용이하다.

문제 53 1단감압식 저압조정기의 성능에서 조정기 최대 폐쇄압력은?

㉮ 2.5kPa 이하　　㉯ 3.5kPa 이하
㉰ 4.5kPa 이하　　㉱ 5.5kPa 이하

해답 46.㉯　47.㉯　48.㉰　49.㉮　50.㉮　51.㉰　52.㉮　53.㉯

문제 54 저비점 액체용 펌프 사용상의 주의사항으로 틀린 것은?
- ㉮ 밸브와 펌프사이에 기화가스를 방출할 수 있는 안전밸브를 설치한다.
- ㉯ 펌프의 흡입 토출관에는 신축조인트를 장치한다.
- ㉰ 펌프는 가급적 저장용기로부터 멀리 설치한다.
- ㉱ 운전개시 전에는 펌프를 청정하여 건조한 다음 펌프를 충분히 예냉한다.

문제 55 정압기의 분해점검 및 고장에 대비하여 예비정압기를 설치하여야 한다. 다음 중 예비정압기를 설치하여야 한다. 다음 중 예비정압기를 설치하지 않아도 되는 경우는?
- ㉮ 캐비넷형 구조의 정압기실에 설치된 경우
- ㉯ 바이패스관이 설치되어 있는 경우
- ㉰ 단독 사용자에게 가스를 공급하는 경우
- ㉱ 공동 사용자에게 가스를 공급하는 경우

문제 56 공기에 의한 전열은 어느 압력까지 내려가면 급히 압력에 비례하여 적어지는 성질을 이용하는 저온장치에 사용되는 진공단열법은?
- ㉮ 고진공단열법
- ㉯ 분말진공단열법
- ㉰ 다층진공단열법
- ㉱ 자연진공단열법

문제 57 다음 보기에서 압력이 높은 순서대로 나열된 것은?

[보기]
㉠ 100atm   ㉡ 2kg/mm^2 ㉢ 15m 수은주

- ㉮ ㉠>㉡>㉢
- ㉯ ㉡>㉢>㉠
- ㉰ ㉢>㉠>㉡
- ㉱ ㉡>㉠>㉢

문제 58 산소에 대한 설명으로 옳은 것은?
- ㉮ 안전밸브는 파열판식을 주로 사용한다.
- ㉯ 용기는 탄소강으로 된 용접용기이다.
- ㉰ 의료용 용기는 녹색으로 도색한다.
- ㉱ 압축기 내부 윤활유는 양질의 광유를 사용한다.

문제 59 에틸렌(C_2H_4)이 수소와 반응할 때 일으키는 반응은?
- ㉮ 환원반응
- ㉯ 분해반응
- ㉰ 제거반응
- ㉱ 첨가반응

해답 54.㉰ 55.㉯ 56.㉮ 57.㉱ 58.㉮ 59.㉱

문제 60 비열에 대한 설명 중 틀린 것은?

㉮ 단위는 kcal/kg℃이다.
㉯ 비열비는 항상 1보다 크다.
㉰ 정적비열은 정압비열보다 크다.
㉱ 물의 비열은 얼음의 비열보다 크다.

해답 60. ㉰

(2015년 7월 19일 시행)

문제 1 액화산소 저장탱크의 저장능력이 1000m³일 때 방류둑의 용량은 얼마 이상으로 설치하여야 하는가?
- ㉮ 400m³
- ㉯ 500m³
- ㉰ 600m³
- ㉱ 1000m³

문제 2 당해 설비 내의 압력이 상용압력을 초과 할 경우 즉시 상용압력 이하로 되돌릴 수 있는 안전장치의 종류에 해당하지 않는 것은?
- ㉮ 안전밸브
- ㉯ 감압밸브
- ㉰ 바이패스밸브
- ㉱ 파열판

문제 3 일반 도시가스 배관을 지하에 매설하는 경우에는 표지판을 설치해야 하는데 몇 m 간격으로 1개 이상 설치하는가?
- ㉮ 100m
- ㉯ 200m
- ㉰ 500m
- ㉱ 1000m

문제 4 도시가스 보일러 중 전용 보일러실에 반드시 설치하여야 하는 것은?
- ㉮ 밀폐식 보일러
- ㉯ 옥외에 설치하는 가스 보일러
- ㉰ 반밀폐형 자연배기식 보일러
- ㉱ 전용급기통을 부착시키는 구조로 검사에 합격한 강제 배기식 보일러

문제 5 산소압축기의 내부 윤활제로 적당한 것은?
- ㉮ 광유
- ㉯ 유지류
- ㉰ 물
- ㉱ 황산

문제 6 고압가스 용기제조 시설 기준에 대한 설명으로 옳은 것은?
- ㉮ 용접용기 동판의 최대두께와 최소두께와의 차이는 평균두께의 5% 이하로 한다.
- ㉯ 초저온 용기는 고압배관용 탄소강관으로 제조한다.
- ㉰ 아세틸렌 용기에 충전하는 다공물질은 다공도가 72% 이상 95% 미만으로 한다.
- ㉱ 용접용기에는 그 용기의 부속품을 보호하기 위하여 프로텍터 또는 캡을 고정식 또는 체인식으로 부착한다.

해답 01.㉰ 02.㉯ 03.㉰ 04.㉰ 05.㉰ 06.㉱

문제 7 도시가스 배관 이음부와 전기점멸기, 전기접속기와는 몇 cm 이상의 거리를 유지해야 하는가?

㉮ 10cm ㉯ 15cm ㉰ 30cm ㉱ 40cm

문제 8 용기 종류별 부속품의 기호표시로서 틀린 것은?

㉮ AG : 아세틸렌가스를 충전하는 용기의 부속품
㉯ PG : 압축가스를 충전하는 용기의 부속품
㉰ LG : 액화석유가스를 충전하는 용기의 부속품
㉱ LT : 초저온용기 및 저온용기의 부속품

문제 9 독성가스 제독작업에 필요한 보호구의 보관에 대한 설명으로 틀린 것은?

㉮ 독성가스가 누출할 우려가 있는 장소에 가까우면서 관리하기 쉬운 장소에 보관한다.
㉯ 긴급시 독성가스에 접하고 반출할 수 있는 장소에 보관한다.
㉰ 정화통 등의 소모품은 정기적 또는 사용 후에 점검하여 교환 및 보충한다.
㉱ 항상 청결하고 그 기능이 양호한 장소에 보관한다.

문제 10 일반 공업용 용기 도색의 기준으로 틀린 것은?

㉮ 액화염소-갈색 ㉯ 액화암모니아-백색
㉰ 아세틸렌-황색 ㉱ 수소-회색

문제 11 압축 또는 액화 그 밖의 방법으로 처리 할 수 있는 가스의 용적이 1일 100m³ 이상인 사업소는 압력계를 몇 개 이상 비치하도록 되어 있는가?

㉮ 1 ㉯ 2 ㉰ 3 ㉱ 4

문제 12 고압가스의 충전용기는 항상 몇 ℃ 이하의 온도를 유지하여야 하는가?

㉮ 15 ㉯ 20 ㉰ 30 ㉱ 40

문제 13 암모니아 200kg을 내용적 50L 용기에 충전할 경우 필요한 용기의 개수는?(충전정수 1.86)

㉮ 4개 ㉯ 6개 ㉰ 8개 ㉱ 12개

해답 07.㉯ 08.㉰ 09.㉯ 10.㉱ 11.㉯ 12.㉱ 13.㉰

문제 14 가스도매사업자 가스공급시설의 시설기준 및 기술기준에 의한 배관의 해저 설치의 기준에 대한 설명으로 틀린 것은?

㉮ 배관은 원칙적으로 다른 배관과 교차하지 않는다.
㉯ 두 개 이상의 배관을 동시에 설치하는 경우에는 배관이 서로 접촉하지 아니하도록 필요한 조치를 한다.
㉰ 배관이 부양하거나 이동할 우려가 있는 경우에는 이를 방지하기 위한 조치를 한다.
㉱ 배관은 원칙적으로 다른 배관과 20m 이상의 수평거리를 유지한다.

문제 15 도시가스 제조시설의 플레어스택 기준에 적합하지 않은 것은?

㉮ 스택에서 방출된 가스가 지상에서 폭발 한계에 도달하지 아니하도록 할 것
㉯ 연소능력은 긴급이송설비로 이송되는 가스를 안전하게 연소시킬 수 있을 것
㉰ 스택에서 발생하는 최대열량에 장시간 견딜 수 있는 재료 및 구조로 되어 있을 것
㉱ 폭발을 방지하기 위한 조처가 되어 있을 것

문제 16 초저온 용기에 대한 정의로 옳은 것은?

㉮ 임계온도가 50℃ 이하인 액화가스를 충전하기 위한 용기
㉯ 강판과 동판으로 제조된 용기
㉰ -50℃ 이하인 액화가스를 충전하기 위한 용기로서 용기 내의 가스온도가 상용의 온도를 초과하지 않도록 한 용기
㉱ 단열재로 피복하여 용기 내의 가스온도 가상용의 온도를 초과하지 않도록 조치된 용기

문제 17 독성가스 제독제로 물을 사용하는 가스는?

㉮ 염소   ㉯ 포스겐
㉰ 황화수소   ㉱ 산화에틸렌

문제 18 특정설비 중 압력용기의 재검사 주기는?

㉮ 3년 마다   ㉯ 4년 마다
㉰ 5년 마다   ㉱ 10년 마다

문제 19 아세틸렌 제조설비의 방호벽 설치기준으로 틀린 것은?

㉮ 압축기와 충전용 주관밸브 조작밸브 사이
㉯ 압축기와 가스충전용기 보관장소 사이
㉰ 충전장소와 가스충전용기 보관장소 사이
㉱ 충전장소와 충전용 주관밸브 조작밸브 사이

해답 14.㉱ 15.㉮ 16.㉰ 17.㉱ 18.㉯ 19.㉮

문제 20 용기 파열사고의 원인으로 가장 거리가 먼 것은?
㉮ 용기의 내압력 부족
㉯ 용기 내의 규정압력의 초과
㉰ 용기 내 폭발성 혼합가스에 의한 발화
㉱ 안전밸브의 작동

문제 21 액화가스의 이송펌프에서 발생하는 케비테이션 현상을 방지하기 위한 대책으로서 틀린 것은?
㉮ 흡입배관을 크게 한다.
㉯ 펌프의 회전수를 크게 한다.
㉰ 펌프의 설치위치를 낮게 한다.
㉱ 펌프의 흡입구 부근을 냉각한다.

문제 22 다음 중 대표적인 차압식 유량계는?
㉮ 오리피스미터　　　㉯ 로터미터
㉰ 마노미터　　　　　㉱ 습식가스미터

문제 23 공기액화 분리기 내의 CO_2를 제거하기 위해 NaOH 수용액을 사용한다. 1.0kg의 CO_2를 제거하기 위해서는 약 몇 kg의 NaOH를 가해야 하는가?
㉮ 0.9　　㉯ 1.8　　㉰ 3.0　　㉱ 3.8

문제 24 왕복동 압축기 용량조정 방법 중 단계적으로 조절하는 방법에 해당하지 않는 것은?
㉮ 회전수를 변경하는 방법
㉯ 흡입 주밸브를 폐쇄하는 방법
㉰ 타임드밸브 제어에 의한 방법
㉱ 클리어런스밸브에 의해 용접효율을 낮추는 방법

문제 25 LP가스에 공기를 희석시키는 목적이 아닌 것은?
㉮ 발열량 조절
㉯ 연소효율 증대
㉰ 누설시 손실 감소
㉱ 재액화 촉진

해답 20.㉱　21.㉯　22.㉮　23.㉯　24.㉮　25.㉱

문제 26 다음 중 정압기의 부속설비가 아닌 것은?
- ㉮ 불순물 제거 장치
- ㉯ 이상 압력 상승방지 장치
- ㉰ 검사용 맨홀
- ㉱ 압력기록장치

문제 27 금속재료 중 저온 재료로 적당하지 않은 것은?
- ㉮ 탄소강
- ㉯ 황동
- ㉰ 9% 니켈강
- ㉱ 18-8 스테인레스강

문제 28 다음 중 터보압축기에서 주로 발생할 수 있는 현상은?
- ㉮ 수격작용(water hammer)
- ㉯ 베이퍼 록(vapor lock)
- ㉰ 서징(surging)
- ㉱ 캐비테이션(cavitation)

문제 29 파이프 커터로 강관을 절단하여 거스러미(burr)가 생긴다. 이것을 제거하는 공구는?
- ㉮ 파이프 벤더
- ㉯ 파이프 렌치
- ㉰ 파이프 바이스
- ㉱ 파이프 리머

문제 30 고속 회전하는 임펠러의 원심력에 의해 속도에너지를 압력에너지로 바꾸어 압축하는 형식으로 유량이 크고 설치면적이 적게 차지하는 압축기의 종류는?
- ㉮ 왕복식
- ㉯ 터보식
- ㉰ 회전식
- ㉱ 흡수식

문제 31 액화석유가스의 안전관리 및 사업에 규정된 용어의 정의에 대한 설명으로 틀린 것은?
- ㉮ 저장설비라 함은 액화석유가스를 저장하기 위한 설비로서 저장탱크, 마운드형 저장탱크 소형저장탱크 및 용기를 말한다.
- ㉯ 자동차에 고정된 탱크라 함은 액화석유 가스의 수송, 운반을 위하여 자동차에 고정설치된 탱크를 말한다.
- ㉰ 소형저장탱크라 함은 액화석유가스를 저장하기 위하여 지상 또는 지하에 고정 설치된 탱크로서 그 저장능력이 3톤 미만인 탱크를 말한다.
- ㉱ 가스설비라 함은 저장설비 외의 설비로서 액화석유가스가 통하는 설비(배관을 포함한다)와 그 부속설비를 말한다.

문제 32 1%에 해당하는 ppm의 값은?
- ㉮ 10^2 ppm
- ㉯ 10^3 ppm
- ㉰ 10^4 ppm
- ㉱ 10^5 ppm

해답 26.㉰ 27.㉮ 28.㉰ 29.㉱ 30.㉯ 31.㉱ 32.㉰

문제 33 가스배관의 시공 신뢰성을 높이는 일환으로 실시하는 비파괴검사 방법 중 내부 선원법, 이중벽이중상법 등을 이용하는 방법은?

㉮ 초음파탐상시험 ㉯ 자분탐상시험
㉰ 방사선투과시험 ㉱ 침투탐상시험

문제 34 차량에 고정된 저장탱크로 염소를 운반할 때 용기의 내용적(L)은 얼마 이하가 되어야 하는가?

㉮ 10000 ㉯ 12000
㉰ 15000 ㉱ 18000

문제 35 일산화탄소와 공기의 혼합가스는 압력이 높아지면 폭발범위는 어떻게 되는가?

㉮ 변함없다. ㉯ 좁아진다.
㉰ 넓어진다. ㉱ 일정치 않다.

문제 36 도시가스 배관을 폭 8m 이상의 도로에서 지하에 매설시 지표면으로부터 배관의 외면까지의 매설깊이의 기준은?

㉮ 0.6m 이상 ㉯ 1.0m 이상 ㉰ 1.2m 이상 ㉱ 1.5m 이상

문제 37 도시가스 시설의 설치공사 또는 변경공사를 하는 때에 이루어지는 주요공정시공감리 대상은?

㉮ 도시가스사업자 외의 가스공급시설 설치자의 배관 설치공사
㉯ 가스도매사업자의 가스공급시설 설치공사
㉰ 일반도시가스사업자의 정압기 설치공사
㉱ 일반도시가스사업자의 제조소 설치공사

문제 38 고압가스 공급자의 안전점검 항목이 아닌 것은?

㉮ 충전용기의 설치위치
㉯ 충전용기의 운반방법 및 상태
㉰ 충전용기와 화기와의 거리
㉱ 독성가스의 경우 흡수장치, 제해장치 및 보호구 등에 대한 적합 여부

문제 39 액화석유가스 판매업소의 충전용기 보관실에 강제 통풍장치 설치시 통풍능력의 기준은?

㉮ 바닥면적 $1m^2$당 $0.5m^3$/분 이상
㉯ 바닥면적 $1m^2$당 $1.0m^3$/분 이상
㉰ 바닥면적 $1m^2$당 $1.5m^3$/분 이상
㉱ 바닥면적 $1m^2$당 $2.0m^3$/분 이상

해답 33.㉰ 34.㉯ 35.㉯ 36.㉰ 37.㉮ 38.㉯ 39.㉮

문제 40 다음 중 동일 차량에 적재하여 운반할 수 없는 경우는?
- ㉮ 산소와 질소
- ㉯ 질소와 탄산가스
- ㉰ 탄산가스와 아세틸렌
- ㉱ 염소와 아세틸렌

문제 41 다음 중 아세틸렌의 발생방식이 아닌 것은?
- ㉮ 주수식 : 카바이드에 물을 넣는 방법
- ㉯ 투입식 : 물에 카바이드를 넣는 방법
- ㉰ 접촉식 : 물과 카바이드를 소량씩 접촉시키는 방법
- ㉱ 가열식 : 카바이드를 가열하는 방법

문제 42 이상기체의 등온과정에서 압력이 증가하면 엔탈피(H)는?
- ㉮ 증가한다.
- ㉯ 감소한다.
- ㉰ 일정하다.
- ㉱ 증가하다가 감소한다.

문제 43 1kW의 열량을 환산한 것으로 옳은 것은?
- ㉮ 536kcal/h
- ㉯ 632kcal/h
- ㉰ 720kcal/h
- ㉱ 860kcal/h

문제 44 섭씨온도와 화씨온도가 같은 것은?
- ㉮ -40℃
- ㉯ 32°F
- ㉰ 273℃
- ㉱ 45°F

문제 45 다음 중 1기압(1atm)과 같지 않은 것은?
- ㉮ 760mmHg
- ㉯ 0.987bar
- ㉰ 10.332mH$_2$O
- ㉱ 101.3kPa

문제 46 어떤 기구가 1atm 30℃에서 10000L의 헬륨으로 채워져 있다. 이 기구가 압력이 0.6atm이고 온도가 -20℃인 고도까지 올라갔을 때 부피는 약 몇 L가 되는가?
- ㉮ 10000
- ㉯ 12000
- ㉰ 14000
- ㉱ 16000

문제 47 다음 중 ℃의 절대온도 단위는?
- ㉮ °K
- ㉯ °R
- ㉰ °F
- ㉱ ℃

문제 48 이상기체를 정적 하에서 가열하면 압력과 온도의 변화는?
- ㉮ 압력 증가, 온도 일정
- ㉯ 압력 일정, 온도 일정
- ㉰ 압력 증가, 온도 상승
- ㉱ 압력 일정, 온도 상승

해답 40.㉱ 41.㉱ 42.㉰ 43.㉱ 44.㉮ 45.㉯ 46.㉰ 47.㉮ 48.㉰

문제 49 산소의 물리적인 성질에 대한 설명으로 틀린 것은?

㉮ 산소는 약 -183℃에서 액화한다.
㉯ 액체산소는 청색으로 비중이 약 1.13이다.
㉰ 무색, 무취의 기체이며 물에는 약간 녹는다.
㉱ 강력한 조연성 가스이므로 자신이 연소한다.

문제 50 도시가스의 주원료인 메탄(CH_4)의 비점은 약 얼마인가?

㉮ -50℃ ㉯ -82℃
㉰ -120℃ ㉱ -162℃

문제 51 가스홀더의 압력을 이용하여 가스를 공급하며 가스 제조공장과 공급지역이 가깝거나 공급 면적이 좁을 때 적당한 가스 공급 방법은?

㉮ 저압공급방식 ㉯ 중앙공급방식
㉰ 고압공급방식 ㉱ 초고압공급방식

문제 52 가스 종류에 따른 용기의 재질로서 부적합한 것은?

㉮ LPG : 탄소강 ㉯ 암모니아 : 동
㉰ 수소 : 크롬강 ㉱ 염소 : 탄소강

문제 53 오르자트법으로 시료가스를 분석할 때의 성분 분석 순서로서 옳은 것은?

㉮ $CO_2 \rightarrow O_2 \rightarrow CO$ ㉯ $CO \rightarrow CO_2 \rightarrow O_2$
㉰ $O_2 \rightarrow CO \rightarrow CO_2$ ㉱ $O_2 \rightarrow CO_2 \rightarrow CO$

문제 54 수소염 이온화식(FID) 가스 검출기에 대한 설명으로 틀린 것은?

㉮ 감도가 우수하다.
㉯ CO_2, NO_2는 검출할 수 없다.
㉰ 연소하는 동안 시료가 파괴된다.
㉱ 무기화합물의 가스검지에 적합하다.

문제 55 다음 [보기]와 관련 있는 분석방법은?

| ㉠ 쌍극자 모멘트의 알짜변화 | ㉡ 진동 짝지움 |
| ㉢ Nernst 백열등 | ㉣ Fourier 변환분광계 |

㉮ 질량분석법 ㉯ 흡광광도법
㉰ 적외선 분광분석법 ㉱ 킬레이트 적정법

해답 49.㉱ 50.㉱ 51.㉮ 52.㉯ 53.㉮ 54.㉱ 55.㉰

문제 56 표준상태에서 1000L의 체적을 갖는 가스 상태의 부탄은 약 몇 kg인가?
㉮ 2.6 ㉯ 3.1 ㉰ 5.5 ㉱ 6.1

문제 57 다음 중 일반 기체상수(R)의 단위는?
㉮ kg·m/kmol·K
㉯ kg·m/kcal·K
㉰ kg·m/m³·K
㉱ kcal/kg·℃

문제 58 열역학 제1법칙에 대한 설명이 아닌 것은?
㉮ 에너지 보존의 법칙이라고 한다.
㉯ 열은 항상 고온에서 저온으로 흐른다.
㉰ 열과 일은 일정한 관계로 서로 상호 교환한다.
㉱ 제1종 영구기관이 영구적으로 일하는 것은 불가능하다는 것을 알려 준다.

문제 59 표준상태 가스 1m³를 완전연소시키기 위하여 필요한 최소한의 공기를 이론 공기량이라고 한다. 다음 이론 공기량으로 적합한 것은? (단, 공기 중에 산소는 21% 존재한다.)
㉮ 메탄 : 9.5배 ㉯ 메탄 : 12.5배 ㉰ 프로판 : 15배 ㉱ 프로판 : 30배

문제 60 다음 중 액화가 가장 어려운 가스는?
㉮ H_2 ㉯ He ㉰ N_2 ㉱ CH_4

56.㉮ 57.㉮ 58.㉯ 59.㉮ 60.㉯

과년도 출제문제

(2015년 10월 10일 시행)

문제 1 인화온도가 약 -30℃이고 발화온도가 매우 낮아 전구 표면이나 증기 파이프 등의 열에 의해 발화할 수 있는 가스는?
  ㉮ CS_2 ㉯ C_2H_2 ㉰ C_2H_4 ㉱ C_3H_8

문제 2 발열량이 9500kcal/m³이고 가스비중이 0.65인(공기1) 가스의 웨버지수는 약 얼마인가?
  ㉮ 6175 ㉯ 9500 ㉰ 11780 ㉱ 14615

문제 3 고압가스 제조허가의 종류가 아닌 것은?
  ㉮ 고압가스 특수제조
  ㉯ 고압가스 일반제조
  ㉰ 고압가스 충전
  ㉱ 냉동 제조

문제 4 아세틸렌 용기에 대한 다공물질 충전검사 적합판정기준은?
  ㉮ 다공물질은 용기 벽을 따라서 용기 안지름의 1/200 또는 1mm를 초과하는 틈이 없는 것으로 한다.
  ㉯ 다공물질은 용기 벽을 따라서 용기 안지름의 1/200 또는 3mm를 초과하는 틈이 없는 것으로 한다.
  ㉰ 다공물질은 용기 벽을 따라서 용기 안지름의 1/100 또는 5mm를 초과하는 틈이 없는 것으로 한다.
  ㉱ 다공물질은 용기 벽을 따라서 용기 안지름의 1/100 또는 10mm를 초과하는 틈이 없는 것으로 한다.

문제 5 비등액체팽창증기폭발(BLEVE)이 일어날 가능성이 가장 낮은 곳은?
  ㉮ LPG 저장탱크
  ㉯ LNG 저장탱크
  ㉰ 액화가스 탱크로리
  ㉱ 천연가스 지구정압기

문제 6 가스누출자동차단장치의 구성요소에 해당하지 않는 것은?
  ㉮ 지시부 ㉯ 검지부 ㉰ 차단부 ㉱ 제어부

해답 01.㉮ 02.㉰ 03.㉮ 04.㉯ 05.㉱ 06.㉮

문제 7 다음 가스의 용기보관실 중 그 가스가 누출된 때에 체류하지 않도록 통풍구를 갖추고, 통풍이 잘되지 않는 곳에는 강제환기시설을 설치하여야 하는 곳은?
㉮ 질소 저장소
㉯ 탄산가스 저장소
㉰ 헬륨 저장소
㉱ 부탄 저장소

문제 8 고압가스안전관리법의 적용을 받는 고압가스의 종류 및 범위로서 틀린 것은?
㉮ 상용의 온도에서 압력이 1MPa 이상이 되는 압축가스
㉯ 섭씨 35도의 온도에서 압력이 0Pa을 초과하는 아세틸렌가스
㉰ 상용의 온도에서 압력이 0.2MPa 이상이 되는 액화가스
㉱ 섭씨 35도의 온도에서 압력이 0Pa을 초과하는 액화가스 중 액화시안화수소

문제 9 LP가스 저장탱크 지하에 설치하는 기준에 대한 설명으로 틀린 것은?
㉮ 저장탱크실 상부 윗면으로부터 저장탱크 상부까지의 깊이는 1m 이상으로 한다.
㉯ 저장탱크 주위 빈 공간에는 세립분을 함유하지 않는 것으로서 손으로 만졌을 때 물이 손에서 흘러내리지 않는 상태의 모래를 채운다.
㉰ 저장탱크를 2개 이상 인접하여 설치하는 경우에는 상호간에 1m 이상의 거리를 유지한다.
㉱ 저장탱크실은 천장, 벽 및 바닥의 두께가 각각 30cm 이상의 방수조치를 한 철근콘크리트구조로 한다.

문제 10 다음 중 사용신고를 하여야 하는 특정고압 가스에 해당하지 않는 것은?
㉮ 게르만
㉯ 삼불화질소
㉰ 사불화규소
㉱ 오불화붕소

문제 11 플레어스택에 대한 설명으로 틀린 것은?
㉮ 플레어스택에서 발생하는 복사열이 다른 제조시설에 나쁜 영향을 미치지 아니하도록 안전한 높이 및 위치에 설치한다.
㉯ 플레어스택에서 발생하는 최대열량에 장시간 견딜 수 있는 재료 및 구조로 되어 있는 것으로 한다.
㉰ 파이롯트버너를 항상 점화하여 두는 등 플레어스택에 관련된 폭발을 방지하기 위한 조치가 되어 있는 것으로 한다.
㉱ 특수반응설비 또는 이와 유사한 고압가스설비마다 설치한다.

해답 07.㉱ 08.㉯ 09.㉮ 10.㉱ 11.㉱

문제 12 초저온용기의 단열성능시험에서 침입열량산식은 다음과 같이 구해진다. 여기서 "q"가 의미하는 것은?

$$Q = \frac{W \cdot q}{H \cdot \triangle t \cdot V}$$

㉮ 침입열량 ㉯ 측정시간
㉰ 기화된 가스량 ㉱ 시험용 가스의 기화잠열

문제 13 고압가스용 저장탱크 및 압력용기 제조시설에 대하여 실시하는 내압검사에서 압력용기 등의 재질이 주철인 경우 내압시험압력의 기준은?

㉮ 설계압력의 1.2배의 압력
㉯ 설계압력의 1.5배의 압력
㉰ 설계압력의 2배의 압력
㉱ 설계압력의 3배의 압력

문제 14 가스도매사업시설에서 배관 지하매설의 설치기준으로 옳은 것은?

㉮ 산과 들 이외의 지역에서 배관의 매설깊이는 1.5m 이상
㉯ 산과 들에서의 배관의 매설깊이는 1m 이상
㉰ 배관은 그 외면으로부터 수평거리로 건축물까지 1.2m 이상 거리 유지
㉱ 배관은 그 외면으로부터 지하의 다른 시설물과 1.2m 이상 거리 유지

문제 15 일반도시가스의 배관을 철도부지 밑에 매설할 경우 배관의 외면과 지표면과의 거리는 몇 m 이상으로 하여야 하는가?

㉮ 1.0m ㉯ 1.2m ㉰ 1.3m ㉱ 1.5m

문제 16 도시가스 배관의 매설심도를 확보할 수 없거나 타시설물과 이격거리를 유지하지 못하는 경우 등에는 보호관을 설치한다. 압력이 중압배관일 경우 보호관의 두께 기준은?

㉮ 3mm ㉯ 4mm ㉰ 5mm ㉱ 6mm

문제 17 자연발화의 열의 발생 속도에 대한 설명으로 틀린 것은?

㉮ 발열량이 큰 쪽이 일어나기 쉽다.
㉯ 표면적이 적을수록 일어나기 쉽다.
㉰ 초기 온도가 높은 쪽이 일어나기 쉽다.
㉱ 촉매 물질이 존재하면 반응 속도가 빨라진다.

해답 12.㉱ 13.㉰ 14.㉯ 15.㉯ 16.㉰ 17.㉯

문제 18 가연성가스의 지상저장 탱크의 경우 외부에 바르는 도료의 색깔을 무엇인가?
- ㉮ 청색
- ㉯ 녹색
- ㉰ 은백색
- ㉱ 검정색

문제 19 산화에틸렌 충전용기에는 질소 또는 탄산가스를 충전하는데 그 내부가스 압력의 기준으로 옳은 것은?
- ㉮ 상온에서 0.2MPa 이상
- ㉯ 35℃에서 0.2MPa 이상
- ㉰ 40℃에서 0.4MPa 이상
- ㉱ 45℃에서 0.4MPa 이상

문제 20 다음 중 보일러 중독사고의 주원인이 되는 가스는?
- ㉮ 이산화탄소
- ㉯ 일산화탄소
- ㉰ 질소
- ㉱ 염소

문제 21 연소에 필요한 공기를 전부 2차 공기로 취하며 불꽃 길이가 같고 온도가 가장 낮은 연소 방식은?
- ㉮ 분젠식
- ㉯ 세미분젠식
- ㉰ 적화식
- ㉱ 전 1차 공기식

문제 22 압축천연가스 자동차 충전소에 설치하는 압축가스설비의 설계압력이 25MPa인 경우 이 설비에 설치하는 압력계의 지시눈금은?
- ㉮ 최소 25.0MPa까지 지시할 수 있는 것
- ㉯ 최소 27.5MPa까지 지시할 수 있는 것
- ㉰ 최소 37.5MPa까지 지시할 수 있는 것
- ㉱ 최소 50.0MPa까지 지시할 수 있는 것

문제 23 저온, 고압의 액화석유가스 저장 탱크가 있다. 이 탱크를 퍼지하여 수리 점검 작업할 때에 대한 설명으로 옳지 않는 것은?
- ㉮ 공기로 재치환하여 산소 농도가 최소 18%인지 확인한다.
- ㉯ 질소가스로 충분히 퍼지하여 가연성 가스의 농도가 폭발하한계의 1/4 이하가 될 때까지 치환을 계속한다.
- ㉰ 단시간에 고온으로 가열하면 탱크가 손상될 우려가 있으므로 국부가열이 되지 않게 한다.
- ㉱ 가스는 공기보다 가벼우므로 상부 맨홀을 열어 자연적으로 퍼지가 되도록 한다.

해답 18.㉰ 19.㉱ 20.㉯ 21.㉰ 22.㉰ 23.㉱

문제 24 공개액화분리장치에는 다음 중 어떤 가스 때문에 가연성 물질을 단열재로 사용할 수 없는가?

㉮ 질소 ㉯ 수소 ㉰ 산소 ㉱ 아르곤

문제 25 도시가스사용시설의 정압기실에 설치된 가스 누출경보기의 점검주기는?

㉮ 1일 1회 이상 ㉯ 1주일 1회 이상
㉰ 2주일 1회 이상 ㉱ 1개월 1회 이상

문제 26 도시가스 공급 시설이 아닌 것은?

㉮ 압축기 ㉯ 홀더 ㉰ 정압기 ㉱ 용기

문제 27 저압식 공기액화 분리장치의 정류탑 하부의 압력은 어느 정도인가?

㉮ 1기압 ㉯ 5기압 ㉰ 10기압 ㉱ 20기압

문제 28 액주식 압력계에 대한 설명으로 틀린 것은?

㉮ 경사관식은 정도가 좋다.
㉯ 단관식은 차압계로도 사용된다.
㉰ 링 밸런스식은 저압가스의 압력측정에 적당하다.
㉱ U자관은 메니스커스의 영향을 받지 않는다.

문제 29 액화산소, LNG 등에 일반적으로 사용될 수 있는 재질이 아닌 것은?

㉮ Al 및 Al 합금 ㉯ Cu 및 Cu 합금
㉰ 고장력 주철강 ㉱ 18-8 스테인리스강

문제 30 암모니아 용기의 재료로 주로 사용되는 것은?

㉮ 동 ㉯ 알루미늄합금 ㉰ 동합금 ㉱ 탄소강

문제 31 LPG 자동차에 고정된 용기충전시설에서 저장탱크의 물분무장치는 최대 수량을 몇 분 이상 연속해서 방사할 수 있는 수원에 접속되어 있도록 하여야 하는가?

㉮ 20분 ㉯ 30분 ㉰ 40분 ㉱ 60분

문제 32 용기의 설계단계 검사 항목이 아닌 것은?

㉮ 단열성능 ㉯ 내압성능
㉰ 작동성능 ㉱ 용접부의 기계적 성능

해답 24.㉰ 25.㉯ 26.㉱ 27.㉯ 28.㉱ 29.㉰ 30.㉱ 31.㉯ 32.㉰

문제 33 액화석유가스가 공기 중에 얼마의 비율로 혼합되었을 때 그 사실을 알 수 있도록 냄새가 나는 물질을 섞어 용기에 충전하여야 하는가?

㉮ $\frac{1}{1,000}$　㉯ $\frac{1}{10,000}$　㉰ $\frac{1}{100,000}$　㉱ $\frac{1}{1,000,000}$

문제 34 도시가스사용시설에서 도시가스 배관의 표시등에 대한 기준으로 틀린 것은?
㉮ 지하에 매설하는 배관은 그 외부에 사용 가스명, 최고사용압력, 가스의 흐름방향을 표기한다.
㉯ 지상배관은 부식방지 도장 후 황색으로 도색한다.
㉰ 지하매설배관은 최고사용압력이 저압인 배관은 황색으로 한다.
㉱ 지하매설배관은 최고사용압력이 중압 이상이 배관은 적색으로 한다.

문제 35 특정고압가스 사용시설에서 용기의 안전조치 방법으로 틀린 것은?
㉮ 고압가스의 충전용기는 항상 40℃ 이하를 유지하도록 한다.
㉯ 고압가스의 충전용기 밸브는 서서히 개폐한다.
㉰ 고압가스의 충전용기 밸브 또는 배관을 가열할 때에는 열습포나 40℃ 이하의 더운 물을 사용한다.
㉱ 고압가스의 충전용기를 사용한 후에는 밸브를 열어 둔다.

문제 36 액화가스를 충전하는 차량에 고정된 탱크는 그 내부에 액면요동을 방지하기 위하여 액면요동방지조치를 하여야 한다. 다음 중 액면요동방지조치로 올바른 것은?
㉮ 방파판　㉯ 액면계　㉰ 온도계　㉱ 스톱밸브

문제 37 암모니아 충전용기로서 내용적이 1000L 이하인 것은 부식여유 두께의 수치가 (A)mm이고, 염소 충전용기로서 내용적이 1000L 초과하는 것은 부식여유 두께의 수치가 (B)mm이다. A와 B에 알맞은 부식 여유치는?
㉮ A:1, B:3　㉯ A:2, B:3　㉰ A:1, B:5　㉱ A:2, B:5

문제 38 아르곤(Ar) 가스 충전용기의 도색은 어떤 색상으로 하여야 하는가?
㉮ 백색　㉯ 녹색　㉰ 갈색　㉱ 회색

문제 39 인체용 에어졸 제품의 용기에 기재하여야 할 사항으로 틀린 것은?
㉮ 불 속에 버리지 말 것
㉯ 가능한 한 인체에서 10cm 이상 떨어져서 사용할 것
㉰ 온도가 40℃ 이상되는 장소에 보관하지 말 것
㉱ 특정부위에 계속하여 장시간 사용하지 말 것

해답 33.㉮　34.㉮　35.㉱　36.㉮　37.㉰　38.㉱　39.㉯

문제 40 지하에 매몰하는 도시가스 배관의 재료로 사용할 수 없는 것은?
- ㉮ 가스용 폴리에틸렌관
- ㉯ 압력 배관용 탄소강관
- ㉰ 압축식 폴리에틸렌 피복강관
- ㉱ 분말용착식 폴리에틸렌 피복강관

문제 41 황화수소에 대한 설명으로 틀린 것은?
- ㉮ 무색이다.
- ㉯ 유독하다.
- ㉰ 냄새가 없다.
- ㉱ 인화성이 아주 강하다.

문제 42 표준상태에서 산소의 밀도(g/L)는?
- ㉮ 0.7
- ㉯ 1.43
- ㉰ 2.72
- ㉱ 2.88

문제 43 다음 중 가장 낮은 압력은?
- ㉮ 1atm
- ㉯ 1kg/cm^2
- ㉰ 10.33mH$_2$O
- ㉱ 1MPa

문제 44 시안화수소를 충전한 용기는 충전 후 얼마를 정치해야 하는가?
- ㉮ 4시간
- ㉯ 8시간
- ㉰ 16시간
- ㉱ 24시간

문제 45 메탄(CH$_4$)의 공기 중 폭발범위 값에 가장 가까운 것은?
- ㉮ 5~15.4%
- ㉯ 3.2~12.5%
- ㉰ 2.4~9.5%
- ㉱ 1.9~8.4%

문제 46 다음 가스 중 비중이 가장 적은 것은?
- ㉮ CO
- ㉯ C$_3$H$_8$
- ㉰ Cl$_2$
- ㉱ NH$_3$

문제 47 포스겐의 화학식은?
- ㉮ COCl$_2$
- ㉯ COCl$_3$
- ㉰ PH$_2$
- ㉱ PH$_3$

문제 48 표준상태에서 부탄가스의 비중은 약 얼마인가?(단, 부탄의 분자량은 58이다.)
- ㉮ 1.6
- ㉯ 1.8
- ㉰ 2.0
- ㉱ 2.2

문제 49 다음 중 헨리의 법칙에 잘 적용되지 않은 가스는?
- ㉮ 암모니아
- ㉯ 수소
- ㉰ 산소
- ㉱ 이산화탄소

해답: 40.㉯ 41.㉰ 42.㉯ 43.㉯ 44.㉱ 45.㉮ 46.㉱ 47.㉮ 48.㉰ 49.㉮

문제 50 아세틸렌(C_2H_2)에 대한 설명 중 틀린 것은?
㉮ 공기보다 무거워 낮은 곳에 체류한다.
㉯ 카바이트(CaC_2)에 물을 넣어 제조한다.
㉰ 공기 중 폭발범위는 약 2.5~81%이다.
㉱ 흡혈화합물이므로 압축하면 폭발을 일으킬 수 있다.

문제 51 이동식 부탄연소기의 용기 연결방법에 따른 분류가 아닌 것은?
㉮ 용기이탈식   ㉯ 분리식
㉰ 카세트식   ㉱ 직결식

문제 52 저온장치에서 열의 침입 원인으로 가장 거리가 먼 것은?
㉮ 내면으로부터의 열전도
㉯ 연결 배관 등에 의한 열전도
㉰ 지지 요크 등에 의한 열전도
㉱ 단열재를 넣은 공간에 남은 가스의 분자 열전도

문제 53 고압가스 제조설비에서 정전기의 발생 또는 대전 방지에 대한 설명으로 옳은 것은?
㉮ 가연성가스 제조설비의 탑류, 벤트스택 등은 단독으로 접지한다.
㉯ 제조장치 등에 본딩용 접속선은 단면적이 $5.5mm^2$ 미만의 단선을 사용한다.
㉰ 대전 방지를 위하여 기계 및 장치에 절연재료를 사용한다.
㉱ 접지 저항치 총합이 100Ω 이하의 경우에는 정전기 제거 조치가 필요하다.

문제 54 저장탱크 내부의 압력이 외부의 압력보다 낮아져 그 탱크가 파괴되는 것을 방지하기 위한 설비와 관계없는 것은?
㉮ 압력계   ㉯ 진공안전밸브
㉰ 압력경보설비   ㉱ 벤트스택

문제 55 LP가스 저압배관 공사를 완료하여 기밀시험을 하기 위해 공기압을 $1000mmH_2O$로 하였다. 이 때 관지름 25mm, 길이 30m로 할 경우 배관의 전체 부피는 약 몇 L인가?
㉮ 5.7L   ㉯ 12.7L
㉰ 14.7L   ㉱ 23.7L

해답 50.㉮ 51.㉮ 52.㉮ 53.㉮ 54.㉱ 55.㉰

문제 56 이상기체의 정압비열(C_p)과 정적비열(C_v)에 대한 설명 중 틀린 것은? (단, k는 비열비이고, R은 이상기체 상수이다.)

㉮ 정적비열과 R의 합은 정압비열이다.

㉯ 비열비(k)는 $\dfrac{C_p}{C_v}$로 표현된다.

㉰ 정적비열은 $\dfrac{R}{k-1}$로 표현된다.

㉱ 정압비열은 $\dfrac{k-1}{k}$으로 표현된다.

문제 57 부탄가스의 주된 용도가 아닌 것은?

㉮ 산화에틸렌 제조 ㉯ 자동차 연료
㉰ 라이터 연료 ㉱ 에어졸 제조

문제 58 LNG의 주성분은?

㉮ 메탄 ㉯ 에탄 ㉰ 프로판 ㉱ 부탄

문제 59 부양기구의 수소 대체용으로 사용되는 가스는?

㉮ 아르곤 ㉯ 헬륨 ㉰ 질소 ㉱ 공기

문제 60 착화원이 있을 때 가연성 액체나 고체의 표면에 연소하한계 농도의 가연성 혼합기가 형성되는 최저온도는?

㉮ 인화온도 ㉯ 임계온도 ㉰ 발화온도 ㉱ 포화온도

해답 56.㉱ 57.㉮ 58.㉮ 59.㉯ 60.㉮

과년도 출제문제

(2016년 1월 24일 시행)

문제 1 고압가스 제조설비에서 기밀시험용으로 사용할 수 없는 것은?
① 산소
② 질소
③ 공기
④ 탄산가스

문제 2 액화석유가스 자동차에 고정된 용기충전시설에 설치하는 긴급차단장치에 접속하는 배관에 대하여 어떠한 조치를 하도록 되어 있는가?
① 워터햄머가 발생하지 않도록 조치
② 긴급차단에 따른 정전기 등이 발생하지 않도록 하는 조치
③ 체크 밸브를 설치하여 과량 공급이 되지 않도록 조치
④ 바이패스 배관을 설치하여 차단성능을 향상시키는 조치

문제 3 액화석유가스 자동차에 고정된 용기 충전시설에 게시한 "화기엄금"이라 표시한 게시판의 색상은?
① 황색바탕에 흑색글씨
② 흑색바탕에 황색글씨
③ 백색바탕에 적색글씨
④ 적색바탕에 백색글씨

문제 4 특정고압가스 사용시설의 시설기준 및 기술기준으로 틀린 것은?
① 가연성가스의 사용설비에는 정전기 제거설비를 설치한다.
② 지하에 매설하는 배관에는 전기부식 방지조치를 한다.
③ 독성가스의 저장설비에는 가스가 누출된 때 이를 흡수 또는 중화할 수 있는 장치를 설치한다.
④ 산소를 사용하는 밸브에는 밸브가 잘 동작할 수 있도록 석유류 및 유지류를 주유하여 사용한다.

문제 5 다음 중 가연성이면서 독성가스는?
① $CHClF_2$
② HCl
③ C_2H_2
④ HCN

해답 01.① 02.① 03.③ 04.④ 05.④

문제 6 액화석유가스 집단공급 시설에서 가스설비의 상용압력이 1MPa일 때 이 설비의 내압시험 압력은 몇 MPa으로 하는가?

① 1 ② 1.25
③ 1.5 ④ 2.0

문제 7 아세틸렌가스 또는 압력이 9.8MPa 이상인 압축가스를 용기에 충전하는 경우 방호벽을 설치하지 않아도 되는 곳은?

① 압축기와 충전장소 사이
② 압축가스 충전장소와 그 가스충전용기 보관장소 사이
③ 압축기와 그 가스 충전용기 보관장소 사이
④ 압축가스를 운반하는 차량과 충전용기 사이

문제 8 저장탱크에 의한 액화석유가스 저장소에서 지상에 노출된 배관을 차량 등으로부터 보호하기 위하여 설치하는 방호철판의 두께는 얼마 이상으로 하여야 하는가?

① 2mm ② 3mm
③ 4mm ④ 5mm

문제 9 가스제조시설에 설치하는 방호벽의 규격으로 옳은 것은?

① 박강판 벽으로 두께 3.2cm 이상, 높이 3m 이상
② 후강판 벽으로 두께 10mm 이상, 높이 3m 이상
③ 철근콘크리트 벽으로 두께 12cm 이상, 높이 2m 이상
④ 철근콘크리트블록 벽으로 두께 20cm 이상, 높이 2m 이상

문제 10 고압가스안전관리법의 적용범위에서 제외되는 고압가스가 아닌 것은?

① 섭씨 35℃의 온도에서 게이지 압력이 4.9MPa 이하인 유니트형 공기압축장치 안의 압축공기
② 섭씨 15℃의 온도에서 압력이 0Pa를 초과하는 아세틸렌가스
③ 내연기관의 시동, 타이어의 공기 충전, 리벳팅, 착암 또는 토목공사에 사용되는 압축장치 안의 고압가스
④ 냉동능력이 3톤 미만인 냉동설비 안의 고압가스

문제 11 도시가스배관에 설치하는 희생양극법에 의한 전위 측정용 터미널은 몇 m 이내의 간격으로 하여야 하는가?

① 200m ② 300m
③ 500m ④ 600m

해답 06.③ 07.④ 08.③ 09.③ 10.② 11.②

문제 12 고압가스 용기를 취급 또는 보관할 때의 기준으로 옳은 것은?
① 충전용기와 잔가스용기는 각각 구분하여 용기보관장소에 놓는다.
② 용기는 항상 60℃ 이하의 온도를 유지한다.
③ 충전용기는 통풍이 잘 되고 직사광선을 받을 수 있는 따스한 곳에 둔다.
④ 용기 보관장소의 주위 5m 이내에는 화기, 인화성물질을 두지 아니한다.

문제 13 도시가스에 대한 설명 중 틀린 것은?
① 국내에서 공급하는 대부분의 도시가스는 메탄을 주성분으로 하는 천연가스이다.
② 도시가스는 주로 배관을 통하여 수요가에게 공급된다.
③ 도시가스의 원료로 LPG를 사용할 수 있다.
④ 도시가스는 공기와 혼합만 되면 폭발한다.

문제 14 고압가스의 용어에 대한 설명으로 틀린 것은?
① 액화가스란 가압, 냉각 등의 방법에 의하여 액체상태로 되어 있는 것으로서 대기압에서의 끓는점이 섭씨 40도 이하 또는 상용의 온도 이하인 것을 말한다.
② 독성가스란 공기 중에 일정량이 존재하는 경우 인체에 유해한 독성을 가진 가스로서 허용농도가 100만분의 2000 이하인 가스를 말한다.
③ 초저온저장탱크라 함은 섭씨 영하 50도 이하의 액화가스를 저장하기 위한 저장탱크로서 단열재로 씌우거나 냉동설비로 냉각하는 등의 방법으로 저장탱크 내의 가스온도가 상용의 온도를 초과하지 아니하도록 한 것을 말한다.
④ 가연성가스라 함은 공기 중에서 연소하는 가스로서 폭발한계의 하한이 10% 이하인 것과 폭발한계의 상한과 하한의 차가 20% 이상인 것을 말한다.

문제 15 도시가스 배관에는 도시가스를 사용하는 배관임을 명확하게 식별할 수 있도록 표시를 한다. 다음 중 그 표시방법에 대한 설명으로 옳은 것은?
① 지상에 설치하는 배관 외부에는 사용가스명, 최고사용압력 및 가스의 흐름방향을 표시한다.
② 매설배관의 표면색상은 최고사용압력이 저압인 경우에는 녹색으로 도색한다.
③ 매설배관의 표면색상은 최고사용압력이 중압인 경우에는 황색으로 도색한다.
④ 지상배관의 표면색상은 백색으로 도색한다. 다만, 흑색으로 2중 띠를 표시한 경우 백색으로 하지 않아도 된다.

문제 16 고압가스 특정제조시설에서 선임하여야 하는 안전관리원의 선임인원 기준은?
① 1명 이상   ② 2명 이상
③ 3명 이상   ④ 5명 이상

해답 12.① 13.④ 14.② 15.① 16.②

문제 17 일반도시가스 공급시설에 설치하는 정압기의 분해점검 주기는?
① 1년에 1회 이상 ② 2년에 1회 이상
③ 3년에 1회 이상 ④ 1주일에 1회 이상

문제 18 방폭전기 기기구조별 표시방법 중 "e"의 표시는?
① 안전증방폭구조 ② 내압방폭구조
③ 유입방폭구조 ④ 압력방폭구조

문제 19 자연환기설비 설치 시 LP가스의 용기 보관실 바닥 면적이 $3m^2$이라면 통풍구의 크기는 몇 cm^2 이상으로 하도록 되어 있는가? (단, 철망 등이 부착되어 있지 않은 것으로 간주한다.)
① 500 ② 700
③ 900 ④ 1100

문제 20 고속도로 휴게소에서 액화석유가스 저장능력이 얼마를 초과하는 경우에 소형저장탱크를 설치하여야 하는가?
① 300kg ② 500kg
③ 1000kg ④ 3000kg

문제 21 액화석유가스의 용기보관소 시설기준으로 틀린 것은?
① 용기보관실은 사무실과 구분하여 동일 부지에 설치한다.
② 저장 설비는 용기 집합식으로 한다.
③ 용기보관실은 불연재료를 사용한다.
④ 용기보관실 창의 유리는 망입유리 또는 안전유리로 한다.

문제 22 액화석유가스 사용시설의 연소기 설치방법으로 옳지 않은 것은?
① 밀폐형 연소기는 급기구, 배기통과 벽과의 사이에 배기가스가 실내로 들어올 수 없게 한다.
② 반밀폐형 연소기는 급기구와 배기통을 설치한다.
③ 개방형 연소기를 설치한 실에는 환풍기 또는 환기구를 설치한다.
④ 배기통이 가연성 물질로 된 벽을 통과 시에는 금속 등 불연성 재료로 단열조치한다.

문제 23 상용압력이 10MPa인 고압설비의 안전밸브 작동압력은 얼마인가?
① 10MPa ② 12MPa
③ 15MPa ④ 20MPa

해답 17.② 18.① 19.③ 20.② 21.② 22.④ 23.②

문제 24 다음 가스 중 독성(LC_{50})이 가장 강한 것은?
① 암모니아
② 디메틸아민
③ 브롬화메탄
④ 아크릴로니트릴

문제 25 특정고압가스 사용시설에서 취급하는 용기의 안전조치 사항으로 틀린 것은?
① 고압가스 충전용기는 항상 40℃ 이하를 유지한다.
② 고압가스 충전용기 밸브는 서서히 개폐하고 밸브 또는 배관을 가열하는 때에는 열 습포나 40℃ 이하의 더운 물을 사용한다.
③ 고압가스 충전용기를 사용한 후에는 폭발을 방지하기 위하여 밸브를 열어 둔다.
④ 용기보관실에 충전용기를 보관하는 경우에는 넘어짐 등으로 충격 및 밸브 등의 손상을 방지하는 조치를 한다.

문제 26 LPG 충전자가 실시하는 용기의 안전점검기준에서 내용적 얼마 이하의 용기에 대하여 "실내보관 금지" 표시여부를 확인하여야 하는가?
① 15L
② 20L
③ 30L
④ 50L

문제 27 독성가스 충전용기를 차량에 적재할 때의 기준에 대한 설명으로 틀린 것은?
① 운반차량에 세워서 운반한다.
② 차량의 적재함을 초과하여 적재하지 아니한다.
③ 차량의 최대적재량을 초과하여 적재하지 아니한다.
④ 충전용기는 2단 이상으로 겹쳐 쌓아 용기가 서로 이격되지 않도록 한다.

문제 28 허용농도가 100만분의 200 이하인 독성가스 용기 중 내용적이 얼마 미만인 충전용기를 운반하는 차량의 적재함에 대하여 밀폐된 구조로 하여야 하는가?
① 500L
② 1000L
③ 2000L
④ 3000L

문제 29 도시가스 배관 굴착작업 시 배관의 보호를 위하여 배관 주위 얼마 이내에는 인력으로 굴착하여야 하는가?
① 0.3m
② 0.6m
③ 1m
④ 1.5m

문제 30 차량에 고정된 고압가스 탱크를 운행할 경우에 휴대하여야 할 서류가 아닌 것은?
① 차량등록증
② 탱크 테이블(용량 환산표)
③ 고압가스 이동계획서
④ 탱크 제조시방서

해답 24.④ 25.③ 26.① 27.④ 28.② 29.③ 30.④

문제 31 다단 왕복동 압축기의 중간단의 토출온도가 상승하는 주된 원인이 아닌 것은?
① 압축비 감소
② 토출 밸브 불량에 의한 역류
③ 흡입밸브 불량에 의한 고온가스 흡입
④ 전단쿨러 불량에 의한 고온가스의 흡입

문제 32 LP 가스의 자동 교체식 조정기 설치 시의 장점에 대한 설명 중 틀린 것은?
① 도관의 압력손실을 적게 해야 한다.
② 용기 숫자가 수동식보다 적어도 된다.
③ 용기 교환 주기의 폭을 넓힐 수 있다.
④ 잔액이 거의 없어질 때까지 소비가 가능하다.

문제 33 수은을 이용한 U자관 압력계에서 액주높이(h) 600mm, 대기압(P_1)은 1kg/cm^{2}일 때 P_2는 약 몇 kg/cm^{2}인가?
① 0.22
② 0.92
③ 1.82
④ 9.16

문제 34 오리피스 유량계의 특징에 대한 설명으로 옳은 것은?
① 내구성이 좋다.
② 저압, 저유량에 적당하다.
③ 유체의 압력손실이 크다.
④ 협소한 장소에는 설치가 어렵다.

문제 35 공기액화 분리장치의 내부를 세척하고자 할 때 세정액으로 가장 적당한 것은?
① 염산(HCl)
② 가성소다(NaOH)
③ 사염화탄소(CCl_4)
④ 탄산나트륨(Na_2CO_3)

문제 36 가스 유량 2.03kg/h, 관의 내경 1.61cm, 길이 20m의 직관에서의 압력손실은 약 몇 mm 수주인가? (단, 온도 15℃에서 비중 1.58, 밀도 2.04kg/m^3, 유량계수 0.436이다.)
① 11.4
② 14.0
③ 15.2
④ 17.5

문제 37 암모니아를 사용하는 고온, 고압가스 장치의 재료로 가장 적당한 것은?
① 동
② PVC 코팅강
③ 알루미늄 합금
④ 18-8 스테인리스강

해답 31.① 32.① 33.③ 34.③ 35.③ 36.③ 37.④

문제 38 가스보일러의 본체에 표시된 가스소비량이 100,000kcal/h이고, 버너에 표시된 가스소비량이 120,000kcal/h일 때 도시가스 소비량 산정은 얼마를 기준으로 하는가?

① 100,000kcal/h
② 105,000kcal/h
③ 110,000kcal/h
④ 120,000kcal/h

문제 39 다음 중 다공도를 측정할 때 사용되는 식은? (단, V : 다공물질의 용적, E : 아세톤 침윤 잔용적이다.)

① 다공도 $= \dfrac{V}{(V-E)}$
② 다공도 $= (V-E) \times \dfrac{100}{V}$
③ 다공도 $= (V+E) \times V$
④ 다공도 $= (V+E) \times \dfrac{V}{100}$

문제 40 공기액화분리장치의 부산물로 얻어지는 아르곤가스는 불활성가스이다. 아르곤가스의 원자가는?

① 0
② 1
③ 3
④ 8

문제 41 로터미터는 어떤 형식의 유량계인가?

① 차압식
② 터빈식
③ 회전식
④ 면적식

문제 42 LP가스 사용 시의 주의사항으로 틀린 것은?

① 용기밸브, 콕 등은 신속하게 열 것
② 연소기구 주위에 가연물을 두지 말 것
③ 가스누출 유무를 냄새 등으로 확인할 것
④ 고무호스의 노화, 갈라짐 등은 항상 점검할 것

문제 43 원심펌프의 양정과 회전속도의 관계는?(단, N_1 : 처음 회전수, N_2 : 변화된 회전수)

① $\left(\dfrac{N_2}{N_1}\right)$
② $\left(\dfrac{N_2}{N_1}\right)^2$
③ $\left(\dfrac{N_2}{N_1}\right)^3$
④ $\left(\dfrac{N_2}{N_1}\right)^5$

문제 44 조정압력이 2.8kPa인 액화석유가스 압력조정기의 안전장치 작동표준압력은?

① 5.0kPa
② 6.0kPa
③ 7.0kPa
④ 8.0kPa

해답 38.① 39.② 40.① 41.④ 42.① 43.② 44.③

문제 45 오스테나이트계 스테인리스강에 대한 설명으로 틀린 것은?
① Fe-Cr-Ni 합금이다.
② 내식성이 우수하다.
③ 강한 자성을 갖는다.
④ 18-8 스테인리스강이 대표적이다.

문제 46 임계온도에 대한 설명으로 옳은 것은?
① 기체를 액화할 수 있는 절대온도
② 기체를 액화할 수 있는 평균온도
③ 기체를 액화할 수 있는 최저온도
④ 기체를 액화할 수 있는 최고온도

문제 47 암모니아에 대한 설명 중 틀린 것은?
① 물에 잘 용해된다.
② 무색, 무취의 가스이다.
③ 비료의 제조에 이용된다.
④ 암모니아가 분해하면 질소와 수소가 된다.

문제 48 LNG의 특징에 대한 설명 중 틀린 것은?
① 냉열을 이용할 수 있다.
② 천연에서 산출한 천연가스를 약 -162℃까지 냉각하여 액화시킨 것이다.
③ LNG는 도시가스, 발전용 이외에 일반 공업용으로도 사용된다.
④ LNG로부터 기화한 가스는 부탄이 주성분이다.

문제 49 불꽃의 끝이 적황색으로 연소하는 현상을 의미하는 것은?
① 리프트   ② 옐로우팁
③ 캐비테이션   ④ 워터해머

문제 50 랭킨온도가 420R일 경우 섭씨온도로 환산한 값으로 옳은 것은?
① -30℃   ② -40℃
③ -50℃   ④ -60℃

문제 51 도시가스의 제조공정이 아닌 것은?
① 열분해 공정   ② 접촉분해 공정
③ 수소화분해 공정   ④ 상압증류 공정

해답 45.③ 46.④ 47.② 48.④ 49.② 50.② 51.④

문제 52 포화온도에 대하여 가장 잘 나타낸 것은?
① 액체가 증발하기 시작할 때의 온도
② 액체가 증발현상 없이 기체로 변하기 시작할 때의 온도
③ 액체가 증발하여 어떤 용기 안이 증기로 꽉 차 있을 때의 온도
④ 액체와 증기가 공존할 때 그 압력에 상당한 일정한 값의 온도

문제 53 다음 중 1MPa과 같은 것은?
① $10N/cm^2$
② $100N/cm^2$
③ $1000N/cm^2$
④ $10000N/cm^2$

문제 54 20℃의 물 50kg을 90℃로 올리기 위해 LPG를 사용하였다면, 이때 필요한 LPG의 양은 몇 kg인가? (단, LPG 발열량은 10000kcal/kg이고, 열효율은 50%이다.)
① 0.5
② 0.6
③ 0.7
④ 0.8

문제 55 다음 중 압축가스에 속하는 것은?
① 산소
② 염소
③ 탄산가스
④ 암모니아

문제 56 진공도 200mmHg는 절대압력으로 약 몇 $kg/cm^2 \cdot abs$인가?
① 0.76
② 0.80
③ 0.94
④ 1.03

문제 57 다음 중 압력단위로 사용하지 않는 것은?
① kg/cm^2
② Pa
③ mmH_2O
④ kg/m^3

문제 58 다음 중 엔트로피의 단위는?
① kcal/h
② kcal/kg
③ $kcal/kg \cdot m$
④ $kcal/kg \cdot K$

해답 52.④ 53.② 54.③ 55.① 56.① 57.④ 58.④

문제 59 다음 각 가스의 특성에 대한 설명으로 틀린 것은?
① 수소는 고온, 고압에서 탄소강과 반응하여 수소취성을 일으킨다.
② 산소는 공기액화분리장치를 통해 제조하며, 질소와 분리 시 비등점 차이를 이용한다.
③ 일산화탄소는 담황색의 무취 기체로 허용농도는 TLV-TWA 기준으로 50ppm이다.
④ 암모니아는 붉은 리트머스를 푸르게 변화시키는 성질을 이용하여 검출할 수 있다.

문제 60 대기압하에서 다음 각 물질별 온도를 바르게 나타낸 것은?
① 물의 동결점 : $-273K$
② 질소 비등점 : $-183℃$
③ 물의 동결점 : $32°F$
④ 산소 비등점 : $-196℃$

59.③ 60.③

과년도 출제문제

(2016년 4월 2일 시행)

문제 1 다음 중 전기설비 방폭구조의 종류가 아닌 것은?
① 접지 방폭구조   ② 유입 방폭구조
③ 압력 방폭구조   ④ 안전증 방폭구조

문제 2 다음 중 특정고압가스에 해당되지 않는 것은?
① 이산화탄소   ② 수소
③ 산소   ④ 천연가스

문제 3 내부 용적이 25000L인 액화산소 저장탱크의 저장능력은 얼마인가?
(단, 비중은 1.14이다.)
① 21930kg   ② 24780kg
③ 25650kg   ④ 28500kg

문제 4 배관의 설치방법으로 산소 또는 천연메탄을 수송하기 위한 배관과 이에 접속하는 압축기와의 사이에 반드시 설치하여야 하는 것은?
① 방파판   ② 솔레노이드
③ 수취기   ④ 안전밸브

문제 5 공정에 존재하는 위험요소와 비록 위험하지는 않더라도 공정의 효율을 떨어뜨릴 수 있는 운전상의 문제를 파악하기 위한 안전성 평가기법은?
① 안전성 검토(Safety Review)기법
② 예비위험성 평가(Preliminary Hazard Analysis)기법
③ 사고예상 질문(What If Analysis)기법
④ 위험과 운전분석(HAZOP)기법

문제 6 다음 특정설비 중 재검사 대상인 것은?
① 역화방지장치
② 차량에 고정된 탱크
③ 독성가스 배관용 밸브
④ 자동차용가스 자동주입기

해답 01.① 02.① 03.③ 04.③ 05.④ 06.②

문제 7 　독성가스 외의 고압가스 충전 용기를 차량에 적재하여 운반할 때 부착하는 경계표지에 대한 내용으로 옳은 것은?

① 적색글씨로 "위험 고압가스"라고 표시
② 황색글씨로 "위험 고압가스"라고 표시
③ 적색글씨로 "주의 고압가스"라고 표시
④ 황색글씨로 "주의 고압가스"라고 표시

문제 8 　LP 가스설비를 수리할 때 내부의 LP가스를 질소 또는 물로 치환하고, 치환에 사용된 가스나 액체를 공기로 재치환하여야 하는데, 이 때 공기에 의한 재치환 결과가 산소농도 측정기로 측정하여 산소 농도가 얼마의 범위 내에 있을 때까지 공기로 재치환하여야 하는가?

① 4 ~ 6%　　　　　　　　② 7 ~ 11%
③ 12 ~ 16%　　　　　　　④ 18 ~ 22%

문제 9 　고압가스특정제조시설 중 도로 밑에 매설하는 배관의 기준에 설명으로 틀린 것은?

① 시가지의 도로 밑에 배관을 설치하는 경우에는 보호판을 배관의 정상부로부터 30cm 이상 떨어진 그 배관의 직상부에 설치한다.
② 배관은 그 외면으로부터 도로의 경계와 수평거리로 1m 이상을 유지한다.
③ 배관은 원칙적으로 자동차 등의 하중의 영향이 적은 곳에 매설한다.
④ 배관은 그 외면으로부터 도로 밑의 다른 시설물과 60cm 이상의 거리를 유지한다.

문제 10 　공기보다 비중이 가벼운 도시가스의 공급시설로서 공급시설이 지하에 설치된 경우의 통풍구조의 기준으로 틀린 것은?

① 통풍구조는 환기구를 2방향 이상 분산하여 설치한다.
② 배기구는 천장면으로부터 30cm 이내에 설치한다.
③ 흡입구 및 배기구의 관경은 500mm 이상으로 하되, 통풍이 양호하도록 한다.
④ 배기가스 방출구는 지면에서 3m 이상의 높이에 설치하되, 화기가 없는 안전한 장소에 설치한다.

문제 11 　다음 중 폭발한계의 범위가 가장 좁은 것은?

① 프로판　　　　　　　　② 암모니아
③ 수소　　　　　　　　　④ 아세틸렌

문제 12 　도시가스 사용시설에서 정한 액화가스란 상용의 온도 또는 섭씨 35도의 온도에서 압력이 얼마 이상이 되는 것을 말하는가?

① 0.1MPa　　　　　　　② 0.2MPa
③ 0.5MPa　　　　　　　④ 1MPa

해답　07.①　08.④　09.④　10.③　11.①　12.②

문제 13 염소가스 저장탱크의 과충전 방지장치는 가스 충전량이 저장탱크 내용적의 몇 %를 초과할 때 가스충전이 되지 않도록 동작하는가?

① 60% ② 80%
③ 90% ④ 95%

문제 14 도시가스사고의 사고 유형이 아닌 것은?

① 시설 부식 ② 시설 부적합
③ 보호포 설치 ④ 연결부 이완

문제 15 가연성가스 저온저장탱크 내부의 압력이 외부의 압력보다 낮아져 저장탱크가 파괴되는 것을 방지하기 위한 조치로서 갖추어야 할 설비가 아닌 것은?

① 압력계 ② 압력 경보설비
③ 정전기 제거설비 ④ 진공 안전밸브

문제 16 일반 도시가스 배관 중 중압 이하의 배관과 고압배관을 매설하는 경우 서로 간의 거리를 몇 m 이상을 유지하여야 하는가?

① 1 ② 2
③ 3 ④ 5

문제 17 초저온 용기의 단열 성능시험용 저온 액화가스가 아닌 것은?

① 액화아르곤 ② 액화산소
③ 액화공기 ④ 액화질소

문제 18 고압가스 판매소의 시설기준에 대한 설명으로 틀린 것은?

① 충전용기의 보관실은 불연재료를 사용한다.
② 가연성가스·산소 및 독성가스의 저장실은 각각 구분하여 설치한다.
③ 용기보관실 및 사무실은 부지를 구분하여 설치한다.
④ 산소, 독성가스 또는 가연성가스를 보관하는 용기보관실의 면적은 각 고압가스별로 $10m^2$ 이상으로 한다.

문제 19 운전 중인 액화석유가스 충전설비의 작동상황에 대하여 주기적으로 점검하여야 한다. 점검 주기는?

① 1일에 1회 이상 ② 1주일에 1회 이상
③ 3월에 1회 이상 ④ 6월에 1회 이상

해답 13.③ 14.③ 15.③ 16.② 17.③ 18.③ 19.①

문제 20 재검사 용기 및 특정설비의 파기방법으로 틀린 것은?
　① 잔가스를 전부 제거한 후 절단한다.
　② 절단 등의 방법으로 파기하여 원형으로 가공할 수 없도록 한다.
　③ 파기 시에는 검사장소에서 검사원 입회하에 사용자가 실시할 수 있다.
　④ 파기 물품은 검사 신청인이 인수시한 내에 인수하지 아니한 때도 검사인이 임의로 매각 처분하면 안 된다.

문제 21 도시가스 배관이 굴착으로 20m 이상이 노출되어 누출가스가 체류하기 쉬운 장소일 때 가스누출경보기는 몇 m 마다 설치해야 하는가?
　① 5　　　　　　　　　② 10
　③ 20　　　　　　　　 ④ 30

문제 22 시안화수소의 중합폭발을 방지하기 위하여 주로 사용할 수 있는 안정제는?
　① 탄산가스　　　　　② 황산
　③ 질소　　　　　　　④ 일산화탄소

문제 23 고압가스 용접용기 동체의 내경은 약 몇 mm 인가?

• 동체두께 : 2mm	• 최고충전압력 : 2.5MPa
• 인장강도 : 480N/mm²	• 부식여유 : 0
• 용접효율 : 1	

　① 190mm　　　　　　② 290mm
　③ 660mm　　　　　　④ 760mm

문제 24 고압가스관련법에서 사용되는 용어의 정의에 대한 설명 중 틀린 것은?
　① 가연성가스라 함은 공기 중에서 연소하는 가스로서 폭발한계의 하한이 10% 이하인 것과 폭발한계의 상한과 하한의 차가 20% 이상인 것을 말한다.
　② 독성가스라 함은 인체에 유해한 독성을 가진 가스로서 허용농도가 100만분의 100 이하인 것을 말한다.
　③ 액화가스라 함은 가압·냉각 등의 방법에 의하여 액체 상태로 되어 있는 것으로서 대기압에서의 비점이 섭씨 40도 이하 또는 상용의 온도 이하인 것을 말한다.
　④ 초저온저장탱크라 함은 섭씨 영하 50도 이하의 저장탱크로서 단열재로 피복하거나 냉동설비로 냉각하는 등의 방법으로 저장탱크 내의 가스온도가 상용의 온도를 초과하지 아니하도록 한 것을 말한다.

해답 20.④ 21.③ 22.② 23.① 24.②

문제 25 다음 고압가스 압축작업 중 작업을 즉시 중단해야 하는 경우인 것은?
① 산소 중의 아세틸렌, 에틸렌 및 수소의 용량합계가 전체 용량의 2% 이상인 것
② 아세틸렌 중의 산소용량이 전체 용량의 1% 이하인 것
③ 산소 중의 가연성가스(아세틸렌, 에틸렌 및 수소를 제외한다.)의 용량이 전체 용량의 2% 이하인 것
④ 시안화수소 중의 산소용량이 전체 용량의 2% 이상인 것

문제 26 다음 중 가스사고를 분류하는 일반적인 방법이 아닌 것은?
① 원인에 따른 분류   ② 사용처에 따른 분류
③ 사고형태에 따른 분류 ④ 사용자의 연령에 따른 분류

문제 27 고압가스 저장시설에 설치하는 방류둑에는 계단, 사다리 또는 토사를 높이 쌓아올림 등에 의한 출입구를 둘레 몇 m 마다 1개 이상을 두어야 하는가?
① 30   ② 50   ③ 75   ④ 100

문제 28 LPG 용기 및 저장탱크에 주로 사용되는 안전밸브의 형식은?
① 가용전식   ② 파열판식
③ 중추식   ④ 스프링식

문제 29 가스 충전용기 운반 시 동일 차량에 적재할 수 없는 것은?
① 염소와 아세틸렌   ② 질소와 아세틸렌
③ 프로판과 아세틸렌 ④ 염소와 산소

문제 30 다음 ( ) 안에 들어갈 수 있는 경우로 옳지 않은 것은?

> "액화천연가스의 저장설비와 처리설비는 그 외면으로부터 사업소 경계까지 일정규모 이상의 안전거리를 유지하여야 한다. 이 때 사업소 경계가 ( )의 경우에는 이들의 반대편 끝을 경계로 보고 있다."

① 산   ② 호수
③ 하천   ④ 바다

문제 31 비중이 0.5인 LPG를 제조하는 공장에서 1일 10만L를 생산하여 24시간 정치 후 모두 산업현장으로 보낸다. 이 회사에서 생산하는 LPG를 저장하려면 저장용량이 5톤인 저장탱크 몇 개를 설치해야 하는가?
① 2   ② 5   ③ 7   ④ 10

해답 25.① 26.④ 27.② 28.④ 29.① 30.① 31.④

문제 32 고압용기나 탱크 및 라인(line) 등의 퍼지(perge)용으로 주로 쓰이는 기체는?
 ① 산소 ② 수소
 ③ 산화질소 ④ 질소

문제 33 고압가스 제조의 작업원은 얼마의 기간 이내에 1회 이상 보호구의 사용훈련을 받아 사용방법을 숙지하여야 하는가?
 ① 1개월 ② 3개월
 ③ 6개월 ④ 12개월

문제 34 LPG 기화장치의 작동원리에 따른 구분으로 저온의 액화가스를 조정기를 통하여 감압한 후 열교환기에 공급해 강제 기화시켜 공급하는 방식은?
 ① 해수가열 방식 ② 가온감압 방식
 ③ 감압가열 방식 ④ 중간 매체 방식

문제 35 도시가스사업법령에서는 도시가스를 압력에 따라 고압, 중압 및 저압으로 구분하고 있다. 중압의 범위로 옳은 것은? (단, 액화가스가 기화되고 다른 물질과 혼합되지 않은 경우로 가정한다.)
 ① 0.1MPa 이상 1MPa 미만
 ② 0.2MPa 이상 1MPa 미만
 ③ 0.1MPa 이상 0.2MPa 미만
 ④ 0.01MPa 이상 0.2MPa 미만

문제 36 가연성가스 누출검지 경보장치의 경보농도는 얼마인가?
 ① 폭발 하한계 이하 ② LC_{50} 기준농도 이하
 ③ 폭발하한계 1/4 이하 ④ TLV-TWA 기준농도 이하

문제 37 내용적 47L인 LP 가스 용기의 최대 충전량은 몇 kg인가?
 (단, LP가스 정수는 2.35이다.)
 ① 20 ② 42
 ③ 50 ④ 110

문제 38 부식성 유체나 고점도의 유체 및 소량의 유체 측정에 가장 적합한 유량계는?
 ① 차압식 유량계 ② 면적식 유량계
 ③ 용적식 유량계 ④ 유속식 유량계

해답 32.④ 33.② 34.③ 35.④ 36.③ 37.① 38.②

문제 39 LP가스 이송설비 중 압축기에 의한 이송 방식에 대한 설명으로 틀린 것은?
① 베이퍼록 현상이 없다.
② 잔가스 회수가 용이하다.
③ 펌프에 비해 이송시간이 짧다.
④ 저온에서 부탄가스가 재액화되지 않는다.

문제 40 공기, 질소, 산소 및 헬륨 등과 같이 임계온도가 낮은 기체를 액화하는 액화사이클의 종류가 아닌 것은?
① 구데 공기액화사이클
② 린데 공기액화사이클
③ 필립스 공기액화사이클
④ 캐스케이드 공기액화사이클

문제 41 다기능 가스안전계량기에 대한 설명으로 틀린 것은?
① 사용자가 쉽게 조작할 수 있는 테스트차단기능이 있는 것으로 한다.
② 통상의 사용 상태에서 빗물, 먼지 등이 침입할 수 없는 구조로 한다.
③ 차단밸브가 작동한 후에는 복원조작을 하지 아니하는 한 열리지 않는 구조로 한다.
④ 복원을 위한 버튼이나 레버 등은 조작을 쉽게 실시할 수 있는 위치에 있는 것으로 한다.

문제 42 계측기기의 구비조건으로 틀린 것은?
① 설비비 및 유지비가 적게 들 것
② 원거리 지시 및 기록이 가능할 것
③ 구조가 간단하고 정도(精度)가 낮을 것
④ 설치장소 및 주위 조건에 대한 내구성이 클 것

문제 43 압축기에서 두압이란?
① 흡입 압력이다.
② 증발기 내의 압력이다.
③ 피스톤 상부의 압력이다.
④ 크랭크 케이스 내의 압력이다.

문제 44 반밀폐식 보일러의 급·배기설비에 대한 설명으로 틀린 것은?
① 배기통의 끝은 옥외로 뽑아낸다.
② 배기통의 굴곡수는 5개 이하로 한다.
③ 배기통의 가로 길이는 5m 이하로서 될 수 있는 한 짧게 한다.
④ 배기통의 입상높이는 원칙적으로 10m 이하로 한다.

해답 39.④ 40.① 41.① 42.③ 43.③ 44.②

문제 45 흡입압력이 대기압과 같으며 최종압력이 15kgf/cm² · g인 4단 공기압축기의 압축비는 약 얼마인가? (단, 대기압은 1kgf/cm²로 한다.)
① 2
② 4
③ 8
④ 16

문제 46 순수한 것은 안정하나 소량의 수분이나 알칼리성 물질을 함유하면 중합이 촉진되고 독성이 매우 강한 가스는?
① 염소
② 포스겐
③ 황화수소
④ 시안화수소

문제 47 다음 중 비점이 가장 높은 가스는?
① 수소
② 산소
③ 아세틸렌
④ 프로판

문제 48 단위질량인 물질의 온도를 단위온도차 만큼 올리는데 필요한 열량을 무엇이라고 하는가?
① 일률
② 비열
③ 비중
④ 엔트로피

문제 49 LNG의 성질에 대한 설명 중 틀린 것은?
① LNG가 액화되면 체적이 약 1/600로 줄어든다.
② 무독, 무공해의 청정가스로 발열량이 약 9500kcal/m³ 정도이다.
③ 메탄을 주성분으로 하며 에탄, 프로판 등이 포함되어 있다.
④ LNG는 기체상태에서는 공기보다 가벼우나 액체 상태에서는 물보다 무겁다.

문제 50 압력에 대한 설명 중 틀린 것은?
① 게이지압력은 절대압력에 대기압을 더한 압력이다.
② 압력이란 단위 면적당 작용하는 힘의 세기를 말한다.
③ 1.0332kg/cm²의 대기압을 표준대기압이라고 한다.
④ 대기압은 수은주를 76cm 만큼의 높이로 밀어 올릴 수 있는 힘이다.

문제 51 프로판을 완전연소시켰을 때 주로 생성되는 물질은?
① CO_2, H_2
② CO_2, H_2O
③ C_2H_4, H_2O
④ C_4H_{10}, CO

해답 45.① 46.④ 47.④ 48.② 49.④ 50.① 51.②

문제 52 요소비료 제조 시 주로 사용되는 가스는?
① 염화수소 ② 질소
③ 일산화탄소 ④ 암모니아

문제 53 수분이 존재할 때 일반 강재를 부식시키는 가스는?
① 황화수소 ② 수소
③ 일산화탄소 ④ 질소

문제 54 폭발위험에 대한 설명 중 틀린 것은?
① 폭발범위의 하한값이 낮을수록 폭발위험은 커진다.
② 폭발범위의 상한값과 하한값의 차가 작을수록 폭발위험은 커진다.
③ 프로판보다 부탄의 폭발범위 하한값이 낮다.
④ 프로판보다 부탄의 폭발범위 상한값이 낮다.

문제 55 액체가 기체로 변하기 위해 필요한 열은?
① 융해열 ② 응축열
③ 승화열 ④ 기화열

문제 56 부탄 $1Nm^3$을 완전연소시키는데 필요한 이론 공기량은 약 몇 Nm^3인가? (단, 공기 중의 산소농도는 21v%이다.)
① 5 ② 6.5
③ 23.8 ④ 31

문제 57 온도 410°F을 절대온도로 나타내면?
① 273K ② 483K
③ 512K ④ 612K

문제 58 도시가스에 사용되는 부취제 중 DMS의 냄새는?
① 석탄가스 냄새
② 마늘 냄새
③ 양파 썩는 냄새
④ 암모니아 냄새

해답 52.④ 53.① 54.② 55.④ 56.④ 57.② 58.②

문제 59 다음에서 설명하는 기체와 관련된 법칙은?

> 기체의 종류에 관계없이 모든 기체 1몰은 표준상태(0℃, 1기압)에서 22.4L의 부피를 차지한다.

① 보일의 법칙 ② 헨리의 법칙
③ 아보가드로의 법칙 ④ 아르키메데스의 법칙

문제 60 내용적 47L인 용기에 C_3H_8 15kg이 충전되어 있을 때 용기 내 안전공간은 약 몇 %인가? (단, C_3H_8의 액 밀도는 0.5kg/L이다.)

① 20 ② 25.2
③ 36.1 ④ 40.1

59. ③ **60.** ③

과년도 출제문제

(2016년 7월 10일 시행)

문제 1 가스 공급시설의 임시사용 기준 항목이 아닌 것은?

① 공급의 이익 여부
② 도시가스의 공급이 가능한지의 여부
③ 가스공급시설을 사용할 때 안전을 해칠 우려가 있는지 여부
④ 도시가스의 수급상태를 고려할 때 해당지역에 도시가스의 공급이 필요한지의 여부

문제 2 다음 〔보기〕의 독성가스 중 독성(LC_{50})이 가장 강한 것과 가장 약한 것을 바르게 나열한 것은?

| ㉠ 염화수소 | ㉡ 암모니아 |
| ㉢ 황화수소 | ㉣ 일산화탄소 |

① ㉠, ㉡
② ㉢, ㉡
③ ㉠, ㉣
④ ㉢, ㉣

문제 3 가연성 가스의 발화점이 낮아지는 경우가 아닌 것은?

① 압력이 높을수록
② 산소 농도가 높을수록
③ 탄화수소의 탄소수가 많을수록
④ 화학적으로 발열량이 낮을수록

문제 4 다음 각 가스의 품질검사 합격기준으로 옳은 것은?

① 수소 : 99.0% 이상
② 산소 : 98.5% 이상
③ 아세틸렌 : 98.0% 이상
④ 모든 가스 : 99.5% 이상

문제 5 0℃에서 10L의 밀폐된 용기 속에 32g 의 산소가 들어있다. 온도를 150℃로 가열하면 압력은 약 얼마가 되는가?

① 0.11atm
② 3.47atm
③ 34.7atm
④ 111atm

문제 6 염소에 다음 가스를 혼합하였을 때 가장 위험할 수 있는 가스는?

① 일산화탄소
② 수소
③ 이산화탄소
④ 산소

해답 01.① 02.② 03.④ 04.③ 05.② 06.②

문제 7 고압가스 특정제조시설에서 배관을 해저에 설치하는 경우의 기준으로 틀린 것은?
① 배관은 해저면 밑에 매설한다.
② 배관은 원칙적으로 다른 배관과 교차하지 아니하여야 한다.
③ 배관은 원칙적으로 다른 배관과 수평거리로 30m 이상을 유지하여야 한다.
④ 배관의 입상부에는 방호시설물을 설치하지 아니한다.

문제 8 고압가스 특정제조시설 중 비가연성 가스의 저장탱크는 몇 m^3 이상일 경우에 지진 영향에 대한 안전한 구조로 설계하여야 하는가?
① 300　② 500
③ 1000　④ 2000

문제 9 압축도시가스 이동식 충전차량 충전시설에서 가스누출 검지경보장치의 설치위치가 아닌 것은?
① 펌프 주변　② 압축설비 주변
③ 압축가스설비 주변　④ 개별 충전설비 본체 외부

문제 10 흡수식 냉동설비의 냉동능력 정의로 옳은 것은?
① 발생기를 가열하는 1시간의 입열량 3천 320kcal를 1일의 냉동능력 1톤으로 본다.
② 발생기를 가열하는 1시간의 입열량 6천 640kcal를 1일의 냉동능력 1톤으로 본다.
③ 발생기를 가열하는 24시간의 입열량 3천 320kcal를 1일의 냉동능력 1톤으로 본다.
④ 발생기를 가열하는 24시간의 입열량 6천 640kcal를 1일의 냉동능력 1톤으로 본다.

문제 11 폭발범위에 대한 설명으로 옳은 것은?
① 공기 중의 폭발범위는 산소 중의 폭발범위보다 넓다.
② 공기 중 아세틸렌가스의 폭발범위는 약 4~71%이다.
③ 한계산소 농도치 이하에서는 폭발성 혼합가스가 생성된다.
④ 고온 고압일 때 폭발범위는 대부분 넓어진다.

문제 12 도시가스 사용시설에서 배관의 이음부와 절연전선과의 이격거리는 몇 cm 이상으로 하여야 하는가?
① 10　② 15　③ 30　④ 60

문제 13 압축기 최종단에 설치된 고압가스 냉동제조시설의 안전밸브는 얼마마다 작동압력을 조정하여야 하는가?
① 3개월에 1회 이상　② 6개월에 1회 이상
③ 1년에 1회 이상　④ 2년에 1회 이상

해답 07.④ 08.③ 09.④ 10.② 11.④ 12.① 13.③

문제 14 고압가스 특정제조시설에서 플레어스택의 설치기준으로 틀린 것은?
① 파이롯트버너를 항상 점화하여 두는 등 플레어스택에 관련된 폭발을 방지하기 위한 조치가 되어 있는 것으로 한다.
② 긴급이송설비로 이송되는 가스를 대기로 방출할 수 있는 것으로 한다.
③ 플레어스택에서 발생하는 복사열이 다른 제조시설에 나쁜 영향을 미치지 아니하도록 안전한 높이 및 위치에 설치한다.
④ 플레어스택에서 발생하는 최대열량에 장시간 견딜 수 있는 재료 및 구조로 되어 있는 것으로 한다.

문제 15 액화석유가스 판매시설에 설치되는 용기보관실에 대한 시설기준으로 틀린 것은?
① 용기보관실에는 가스가 누출될 경우 이를 신속히 검지하여 효과적으로 대응할 수 있도록 하기 위하여 반드시 일체형 가스누출경보기를 설치한다.
② 용기보관실에 설치되는 전기설비는 누출된 가스의 점화원이 되는 것을 방지하기 위하여 반드시 방폭구조로 한다.
③ 용기보관실에는 누출된 가스가 머물지 않도록 하기 위하여 그 용기보관실의 구조에 따라 환기구를 갖추고 환기가 잘되지 아니하는 곳에는 강제통풍시설을 설치한다.
④ 용기보관실에는 용기가 넘어지는 것을 방지하기 위하여 적절한 조치를 마련한다.

문제 16 20kg LPG 용기의 내용적은 몇 L인가? (단, 충전상수 C는 2.35이다.)
① 8.51   ② 20   ③ 42.3   ④ 47

문제 17 독성가스 용기를 운반할 때에는 보호구를 갖추어야 한다. 비치하여야 하는 기준은?
① 종류별로 1개 이상   ② 종류별로 2개 이상
③ 종류별로 3개 이상   ④ 그 차량의 승무원수에 상당한 수량

문제 18 가스보일러의 안전사항에 대한 설명으로 틀린 것은?
① 가동 중 연소상태, 화염유무를 수시로 확인한다.
② 가동 중지 후 노내 잔류가스를 충분히 배출한다.
③ 수면계의 수위는 적정한가 자주 확인한다.
④ 점화 전 연료가스를 노내에 충분히 공급하여 착화를 원활하게 한다.

문제 19 고압가스배관의 설치기준 중 하천과 병행하여 매설하는 경우로서 적합하지 않은 것은?
① 배관은 견고하고 내구력을 갖는 방호구조물 안에 설치한다.
② 매설심도는 배관의 외면으로부터 1.5m 이상 유지한다.
③ 설치지역은 하상(河床, 하천의 바닥)이 아닌 곳으로 한다.
④ 배관 손상으로 인한 가스누출 등 위급한 상황이 발생한 때에 그 배관에 유입되는 가스를 신속히 차단할 수 있는 장치를 설치한다.

해답 14.② 15.① 16.④ 17.④ 18.④ 19.②

문제 20 LP GAS 사용 시 주의사항에 대한 설명으로 틀린 것은?
　① 중간 밸브 개폐는 서서히 한다.
　② 사용 시 조정기 압력은 적당히 조절한다.
　③ 완전 연소되도록 공기조절기를 조절한다.
　④ 연소기는 급배기가 충분히 행해지는 장소에 설치하여 사용하도록 한다.

문제 21 도시가스 매설배관의 주위에 파일박기 작업 시 손상방지를 위하여 유지하여야 할 최소 거리는?
　① 30cm　　　　　　　　② 50cm
　③ 1m　　　　　　　　　④ 2m

문제 22 액화독성가스의 운반질량이 1000kg 미만 이동 시 휴대해야할 소석회는 몇 kg 이상이어야 하는가?
　① 20kg　　　　　　　　② 30kg
　③ 40kg　　　　　　　　④ 50kg

문제 23 고압가스를 취급하는 자가 용기 안전 점검 시 하지 않아도 되는 것은?
　① 도색 표시 확인
　② 재검사 기간 확인
　③ 프로텍터의 변형 여부 확인
　④ 밸브의 개폐조작이 쉬운 핸들 부착 여부 확인

문제 24 도시가스 도매사업의 가스공급시설 기준에 대한 설명으로 옳은 것은?
　① 고압의 가스공급시설은 안전구획 안에 설치하고 그 안전구역의 면적은 1만m^2 미만으로 한다.
　② 안전구역 안의 고압인 가스공급시설은 그 외면으로부터 다른 안전구역 안에 있는 고압인 가스공급시설의 외면까지 20m 이상의 거리를 유지한다.
　③ 액화천연가스의 저장탱크는 그 외면으로부터 처리능력이 20만m^3 이상인 압축기까지 30m 이상의 거리를 유지한다.
　④ 두 개 이상의 제조소가 인접하여 있는 경우의 가스공급시설은 그 외면으로부터 그 제조소와 다른 제조소의 경계까지 10m 이상의 거리를 유지한다.

문제 25 가연성가스의 폭발등급 및 이에 대응하는 본질안전방폭구조의 폭발등급 분류 시 사용하는 최소점화전류비는 어느 가스의 최소점화전류를 기준으로 하는가?
　① 메탄　　　　　　　　② 프로판
　③ 수소　　　　　　　　④ 아세틸렌

해답 20.② 21.① 22.① 23.③ 24.③ 25.①

문제 26 수소의 성질에 대한 설명 중 옳지 않은 것은?

① 열전도도가 적다.
② 열에 대하여 안정하다.
③ 고온에서 철과 반응한다.
④ 확산속도가 빠른 무취의 기체이다.

문제 27 용기 종류별 부속품 기호로 틀린 것은?

① AG : 아세틸렌가스를 충전하는 용기의 부속품
② LPG : 액화석유가스를 충전하는 용기의 부속품
③ TL : 초저온용기 및 저온용기의 부속품
④ PG : 압축가스를 충전하는 용기의 부속품

문제 28 공기액화 분리장치의 폭발원인이 아닌 것은?

① 액체공기 중의 아르곤의 흡입
② 공기 취입구로부터 아세틸렌 혼입
③ 공기 중의 질소화합물(NO, NO_2)의 혼입
④ 압축기용 윤활유 분해에 따른 탄화수소 생성

문제 29 고압가스 충전용기를 운반할 때 운반책임자를 동승시키지 않아도 되는 경우는?

① 가연성 압축가스 − $300m^3$
② 조연성 액화가스 − 5000kg
③ 독성 압축가스(허용농도가 100만분의 200 초과, 100만분의 5000 이하) − $100m^3$
④ 독성 압축가스(허용농도가 100만분의 200 초과, 100만분의 5000 이하) − 1000kg

문제 30 다음 중 폭발범위의 상한값이 가장 낮은 가스는?

① 암모니아
② 프로판
③ 메탄
④ 일산화탄소

문제 31 고압가스 배관 재료로 사용되는 동관의 특징에 대한 설명으로 틀린 것은?

① 가공성이 좋다.
② 열전도율이 적다.
③ 시공이 용이하다.
④ 내식성이 크다.

문제 32 자동절체식 일체형 저압조정기의 조정압력은?

① 2.30 ~ 3.30kPa
② 2.55 ~ 3.30kPa
③ 57 ~ 83kPa
④ 5.0 ~ 30kPa 이내에서 제조자가 설정한 기준압력의 ±20%

26.① 27.③ 28.① 29.② 30.② 31.② 32.②

문제 33 ┃ 수소(H₂)가스 분석방법으로 가장 적당한 것은?
① 팔라듐관 연소법 ② 헴펠법
③ 황산바륨 침전법 ④ 흡광광도법

문제 34 ┃ 터보압축기의 구성이 아닌 것은?
① 임펠러 ② 피스톤
③ 디퓨저 ④ 증속기어장치

문제 35 ┃ 피토관을 사용하기에 적당한 유속은?
① 0.001m/s 이상 ② 0.1m/s 이상
③ 1m/s 이상 ④ 5m/s 이상

문제 36 ┃ 수소를 취급하는 고온, 고압 장치용 재료로서 사용할 수 있는 것은?
① 탄소강, 니켈강
② 탄소강, 망간강
③ 탄소강, 18-8 스테인리스강
④ 18-8 스테인리스강, 크롬-바나듐강

문제 37 ┃ 원심식 압축기 중 터보형의 날개출구각도에 해당하는 것은?
① 90°보다 작다. ② 90°이다.
③ 90°보다 크다. ④ 평행이다.

문제 38 ┃ 압력변화에 의한 탄성변위를 이용한 탄성압력계에 해당하지 않는 것은?
① 플로트식 압력계 ② 부르동관식 압력계
③ 벨로우즈식 압력계 ④ 다이어프램식 압력계

문제 39 ┃ 액면측정 장치가 아닌 것은?
① 임펠러식 액면계 ② 유리관식 액면계
③ 부자식 액면계 ④ 퍼지식 액면계

문제 40 ┃ 나사압축기에서 숫로터의 직경 150mm, 로터 길이 100mm, 회전수가 350rpm 이라고 할 때 이론적 토출량은 약 몇 m³/min인가? (단, 로터 형상에 의한 계수[Cv]는 0.476 이다.)
① 0.11 ② 0.21
③ 0.37 ④ 0.47

해답 ┃ 33.① 34.② 35.④ 36.④ 37.① 38.① 39.① 40.③

문제 41 아세틸렌의 정성시험에 사용되는 시약은?

① 질산은
② 구리암모니아
③ 염산
④ 피로카롤

문제 42 정압기를 평가·선정할 경우 고려해야 할 특성이 아닌 것은?

① 정특성
② 동특성
③ 유량특성
④ 압력특성

문제 43 액화석유가스 소형저장탱크가 외경 1000mm, 로터길이 100mm, 길이 2000mm, 충전상수 0.03125, 온도보정계수 2.15일 때의 자연기화능력(kg/h)은 얼마인가?

① 11.2
② 13.2
③ 15.2
④ 17.2

문제 44 가스누출을 감지하고 차단하는 가스누출 자동차단기의 구성요소가 아닌 것은?

① 제어부
② 중앙통제부
③ 검지부
④ 차단부

문제 45 다음 중 단별 최대 압축비를 가질 수 있는 압축기는?

① 원심식
② 왕복식
③ 축류식
④ 회전식

문제 46 C_3H_8 비중이 1.5라고 할 때 20m 높이 옥상까지의 압력손실은 약 몇 mmH_2O인가?

① 12.9
② 16.9
③ 19.4
④ 21.4

문제 47 실제기체가 이상기체의 상태식을 만족시키는 경우는?

① 압력과 온도가 높을 때
② 압력과 온도가 낮을 때
③ 압력이 높고 온도가 낮을 때
④ 압력이 낮고 온도가 높을 때.

문제 48 다음 중 유리병에 보관해서는 안 되는 가스는?

① O_2
② Cl_2
③ HF
④ Xe

해답 41.① 42.④ 43.① 44.② 45.② 46.① 47.④ 48.③

문제 49 황화수소에 대한 설명으로 틀린 것은?
① 무색의 기체로서 유독하다.
② 공기 중에서 연소가 잘 된다.
③ 산화하면 주로 황산이 생성된다.
④ 형광물질 원료의 제조 시 사용된다.

문제 50 다음 중 가연성 가스가 아닌 것은?
① 일산화탄소　　　　② 질소
③ 에탄　　　　　　　④ 에틸렌

문제 51 나프타의 성상과 가스화에 미치는 영향 중 PONA 값의 각 의미에 대하여 잘못 나타낸 것은?
① P : 파라핀계 탄화수소　　② O : 올레핀계 탄화수소
③ N : 나프텐계 탄화수소　　④ A : 지방족 탄화수소

문제 52 25℃의 물 10kg을 대기압하에서 비등시켜 모두 기화시키는데 약 몇 kcal의 열이 필요한가? (단, 물의 증발잠열은 540kcal/kg이다.)
① 750　　　　　　　② 5400
③ 6150　　　　　　　④ 7100

문제 53 다음에서 설명하는 법칙은?

> 같은 온도(T)와 압력(P)에서 같은 부피(V)의 기체는 같은 분자수를 가진다.

① Dalton의 법칙　　　② Henry의 법칙
③ Avogadro의 법칙　　④ Hess의 법칙

문제 54 LP가스의 제법으로서 가장 거리가 먼 것은?
① 원유를 정제하여 부산물로 생산
② 석유정제공정에서 부산물로 생산
③ 석탄을 건류하여 부산물로 생산
④ 나프타 분해공정에서 부산물로 생산

문제 55 가스의 연소와 관련하여 공기 중에서 점화원 없이 연소하기 시작하는 최저온도를 무엇이라 하는가?
① 인화점　　　　　　② 발화점
③ 끓는점　　　　　　④ 융해점

해답　49.③　50.②　51.④　52.③　53.③　54.③　55.②

문제 56 아세틸렌가스 폭발의 종류로서 가장 거리가 먼 것은?
① 중합폭발 ② 산화폭발
③ 분해폭발 ④ 화합폭발

문제 57 도시가스 제조 시 사용되는 부취제 중 T.H.T의 냄새는?
① 마늘 냄새
② 양파 썩는 냄새
③ 석탄가스 냄새
④ 암모니아 냄새

문제 58 압력에 대한 설명으로 틀린 것은?
① 수주 280cm는 0.28kg/cm^{2}와 같다.
② 1kg/cm^{2}은 수은주 760mm와 같다.
③ 160kg/mm^{2}은 16000kg/cm^{2}에 해당한다.
④ 1atm이란 1cm^2 당 1.033kg의 무게와 같다.

문제 59 프레온(Freon)의 성질에 대한 설명으로 틀린 것은?
① 불연성이다.
② 무색, 무취이다.
③ 증발잠열이 적다.
④ 가압에 의해 액화되기 쉽다.

문제 60 다음 중 가장 낮은 온도는?
① $-40°F$ ② $430°R$
③ $-50°C$ ④ $240K$

해답 56.① 57.③ 58.② 59.③ 60.③

[고압가스 성질표]

종류	구분	가스명	화학식	분자량	밀도 [kg/m³] 0℃·1atm	비중 (공기=1)	비중(물=1)	비점 [℃]	융점 [℃]	임계온도 [℃]	임계압력 [atm]	허용농도 [ppm]	인체에 대한 영향	연소성	폭발범위 (공기중)	발화점 [℃]	색취	부식성
압축가스	아르곤	Ar	39.95	1.78	1.38	-	-185.7	-189.2	-122.4	48.0	-	-	불연성	-	-	무색, 무취	무
	일산화탄소	CO	28.01	1.25	0.98	0.81	-192	-207	-140	34.5	50	마취성	가연성, 독성	12.5~74	605	"	"
	크세논	Xe	131.3	5.86	4.56	-	-108.1	-112	58.0	-	-	불연성	-	-	"	"
	공기	Air	28.8	1.29	1.00	1.4	-191.5	-213	-140.7	37.2	-	-	조연성	-	-	"	"
	크립톤	Kr	83.8	3.74	2.91	-	-152.9	-157.2	-63.8	54.3	-	-	불연성	-	-	"	"
	산소	O₂	32.0	1.43	1.11	1.14	-182.9	-218	-118.4	50.1	-	-	조연성	-	-	"	"
압축가스/액화가스	산화질소	NO	30.01	1.34	1.27	1.27	-151	-163.7	-93	64	25	자극성	독성	-	-	무색, 자극취	"
	수소	H₂	2.02	0.09	0.07	0.07	-252	-259	-239.9	12.8	-	-	가연성	4.0~75	400	무색, 무취	"
	질소	N₂	28.01	1.25	0.97	0.81	-195.8	-210	-147	33.5	-	-	불연성	-	-	"	"
	네온	Ne	20.18	0.9	0.7	1.20	-245.9	-248.6	-228.7	26.9	-	-	"	-	-	"	"
	헬륨	He	4.00	0.18	0.14	0.15	-268.9	-272.1	-267.9	2.2	-	-	"	-	-	"	"
	메탄	CH₄	16.04	0.72	0.55	0.42	-161.4	-182.7	-82.1	45.8	-	-	가연성	5~15	537	"	"
불연가스	수소	H₂	38.0	1.7	1.3	1.54	-188	-217.9	-129	-	0.1	자극성	조연성, 독성	-	-	황록색	유
	석탄가스	H₂, CH₄, CO등	-	-	-	-	-	-	-	-	-	-	가연성	5.3~31	650	무색, 무취	"
액화가스	암모니아	NH₃	17.03	0.77	0.58	0.82	-33.4	-77.7	-132.3	111.3	25	자극성	가연성, 독성	15~28	651	무색, 자극취	유
	아산화질소	N₂O	44.01	1.96	1.53	1.23	-88.5	-90.9	36.5	71.7	-	질식성	조연성	-	-	무색, 방향성	무
	아황산가스	SO₂	64.06	2.86	2.26	1.46	-10.0	-15.5	157.5	77.8	5	자극성	불연성, 독성	-	-	무색, 자극취	유
	에탄	C₂H₆	30.07	1.36	1.04	0.69	-886	-172	32.3	48.2	-	마취성	가연성	3.0~12.5	515	무색, 무취	무
	메틸아민	C₂H₅NH₂	45.09	2.01	1.56	0.69	16.7	-83.3	183	55.5	25	자극성	가연성, 독성	3.5~14.0	384	무색,암모니아취	유
	에틸렌	C₂H₄	28.05	1.26	0.98	0.63	-103.8	-169.5	9.2	50.0	1,000	마취성	가연성	3.1~32	450	무색, 감미취	무
	염화에틸	C₂H₅Cl	64.05	2.88	2.22	0.92	13.1	-138.5	187.2	52	5	자극성	가연성, 독성	3.8~15.4	519	무색, 자극취	유
	염화수소	HCl	36.5	1.3	-	1.27	-85	-112	51.4	81.5	500	마취성	불연성, 독성	-	-	무색, 감미취	"
	염화비닐	CH₂=CHCl	62.50	2.79	2.15	0.97	-13.9	-159.7	156.5	55.2	0.1	마취성	가연성	4.0~22.0	472	무색, 감미취	"
	포스겐	COCl₂	99.01	4.02	1.39	1.42	8.3	-104	182	56	-	질식성	불연성, 독성	-	-	무색, 풀냄새	유
	부탄	C₄H₁₀	58.12	2.60	2.07	0.58	0.56	-135	152.0	37.5	-	마취성	가연성	1.9~8.5	405	무색, 착취	무
	이소부탄	(CH₃)₃CH	58.12	2.60	2.07	0.6	-11.7	-145	134.9	36.0	-	"	"	1.8~8.4	△62	"	"
	1-부텐	CH₂CH₂CH=CH₂	56.11	2.51	1.94	0.6	-6.3	-130	146.4	39.7	-	"	"	1.6~9.3	384	"	"
	부타디엔	CH₂=CHCH=CH₂	54.11	2.42	1.87	0.6	-4.4	-113	152	42.7	1,000	-	"	2.0~11.5	429	"	"

종류	가스명	화학식	분자량	밀도 [kg/m² 0℃,1atm]	비중 (공기=1)	비중(물=1)	비점 [℃]	융점 [℃]	임계온도 [℃]	임계압력 [atm]	허용농도 [ppm]	인체에 대한 영향	연소성	폭발범위 (공기중)	발화점 [℃]	색취	부식성
2	부텐	CH₃CH=CHCH₃	56.11	2.51	1.94	0.6(15℃)	-6	-146	144.7	39.5	-	-	가연성	1.8~9.7	323	무색, 취취	무
	플루오르화수소	HF	20.01	0.89	0.69	-	-19.4	92.3	230.2	-	3	자극성	불연성	-	-	무색	유
	프레온-22	CHClF₂	86.57	3.86	3.01	1.18(30℃)	-40.8	-160	96.4	48.5	-	-	불연성	-	-	무색, 약방향	무
액	프로판	CH₃CH₂CH₃	44.10	1.56	1.56	0.51(15℃)	-44.8	-189.9	96.8	42.0	-	-	가연성	2.1~9.5	466	무색, 취취	"
	프로필렌	CH₃CH=CH₂	42.08	1.49	1.49	0.52(15℃)	-47.7	-185.2	91.8	45.6	-	-	"	2.4~10.3	410	"	"
	메틸에테르	CH₃OCH₃	46.07	1.59	1.59	0.72(-24.8℃)	-24.9	-140	126.9	53	-	-	"	3.4~18.0	350	무색, 약에테르향	"
	황화수소	H₂S	34.08	1.18	1.18	0.99(-5.96℃)	-60	-82.9	100.4	8.95	-	자극성	가연성, 독성	4.3~45.0	260	무색, 썩은 계단취	유
	염화에틸	CH₃Cl	48.5	1.78	1.78	1.01(-20℃)	-23.9	-97.4	143.1	65.9	-	마취성	조연성, 독성	10.7~17.4	632	무색, 예테르향	"
	염소	Cl₂	70.91	2.46	2.20	1.56(-34℃)	-34.1	-100.9	144.0	76.1	20	자극성	-	-	-	황록색, 자극취	"
화	이산화질소	NO₂	46.00	1.60	2.46	1.49(0℃)	21.3	-9.9	158	100	1	마취성	조연성, 독성	-	-	적갈색, 자극취	"
	시안화에틸렌	C₂H₄O	44.05	1.52	1.60	0.89(6℃)	10.7	-111.3	195.8	7.2	1	마취성	가연성, 독성	3.0~80	529	무색, 예테르향	무
	브롬화수소	HCN	27.03	0.96	1.52	0.69(20℃)	25.0	-13.4	183.5	53	50	마취성	-	6~41	537	무색, 자극취	유
	브롬화메틸	HBr	80.92	2.71	0.96	-	-67.0	-88.5	90.0	84.0	10	-	-	-	-	무색, 예테프향	"
가	브롬화비닐	CH₃Br	94.94	3.27	2.71	1.73(0℃)	4.4	-93	194.0	51.6	10	-	-	12.5~14.5	535	무색, 무취	무
	시클로프로판	CH₂=CHBr	110.915	3.85	3.27	-	15.8	-137.8	-	-	3	-	가연성	2.4~10.4	498	무색, 무취	유
	디메틸아민	(CH₂)₃	48.07	1.48	3.85	1.72(-79℃)	-34.4	-126.6	124.6	54.9	20	-	가연성	2.4~10.4	498	무색, 암모니아취	"
소	이산화탄소	(CH₂)₂NH	44.07	1.55	1.48	1.11(-37℃)	7.4	-96	164.5	52.4	-	-	불연성	2.8~14.4	400	무색, 암모니아취	무
	트리메틸아민	CO₂	44.01	1.56	1.55	0.66(-5℃)	-	-78	31.0	72.8	-	자극성	냉독성	-	-	무색, 암모니아취	유
	니켈카보닐	(CH₃)₂N₃	59.11	2.03	1.56	-	2.8	-124	161.1	40.2	10	마취성	가연성, 독성	2.0~11.6	190	무색, 화발성	"
	아세틸렌	Ni(CO)₄	170.71	6.01	2.03	0.62(-82℃)	43	-25	200	31.6	0.001	-	가연성	-	-	무색, 예테르향	"
	아크릴로니트릴	CH≡CH	26.04	0.90	6.01	-	-75.0	-83.8	35.5	61.6	-	마취성	-	2.5~81	299	무색, 무취	무
	아세트알데히드	CH₂CHCN	53.06	1.83	0.90	-	77.3	-83.5	-	-	100	-	-	3.0~28	480	무색, 자극취	"
	벤젠	CH₃CHO	44.05	1.52	1.83	-	21	-121	-	-	-	-	-	4.0~60	175	무색, 방향	"
	에틸벤젠	C₆H₆	78.11	2.7	1.52	0.88	80.5	5.4	-	-	-	-	-	1.3~7.9	560	무색	"
	염화메틸	C₆H₅C₂H₅	106.17	3.66	2.73.66	-	136.15	-94.4	-	-	-	-	가연성, 독성	1.0~6.7	430	"	유
	이황화탄소	CH₃Cl	48.5	1.65	1.65	-	-24.1	-97.7	143	-	-	자극성	-	10.7~17.4	625	무색	무
	산화프로필렌	CS₂	76.14	2.63	2.63	1.0(20℃)	46.45	-111.6	-	-	-	-	-	1.3~50	90	"	"
	메틸아민	C₃H₆O	58.08	2.00	2.00	-	35	-112	-	-	-	-	-	2.8~37	430	"	무
		CH₃NH₂	30.05	1.07	1.07	-	6.7	-92.5	157	-	-	-	-	5.0~20.7	430	무색, 암모니아취	유

원소주기율표

가스 기능사 필기

초 판 인 쇄	2005년 1월 20일
초 판 발 행	2005년 1월 25일
개정20판 발 행	2014년 1월 20일
개정21판 발 행	2015년 1월 10일
개정22판 발 행	2016년 1월 10일
개정23판 발 행	2017년 1월 5일
개정24판 1쇄 발 행	2018년 1월 25일
개정24판 2쇄 발 행	2020년 4월 5일

저　　자 | 김용진
발 행 인 | 조규백
발 행 처 | 도서출판 구민사
　　　　　(07293) 서울특별시 영등포구 문래북로 116, 604호(문래동3가 46, 트리플렉스)
전　　화 | (02) 701-7421(~2)
팩　　스 | (02) 3273-9642
홈페이지 | www.kuhminsa.co.kr
신고번호 | 제2012-000055호 (1980년 2월 4일)
ＩＳＢＮ | 979-11-5813-509-6 [13500]

값 26,000원

※ 낙장 및 파본은 구입하신 서점에서 바꿔드립니다.
※ 본서를 허락없이 부분 또는 전부를 무단복제, 게재행위는 저작권법에 저촉됩니다.